머리말

소방설비기사(기계분야) 필기

인류문명의 발전으로 건축물은 대형화·고층화와 함께 우리의 삶은 풍요롭고 안락한 생활을 할 수 있게 되었으나 경제발전의 속도보다 화재피해의 증가속도는 빠르게 진행되고 있습니다.

따라서 그 어느 때 보다도 화재예방과 화재진압에 대한 체계적이고 전문적인 지식을 갖춘 소방전문인력의 필요성이 크게 대두되고 있는 현실입니다.

이에 저자는 소방 전문 인력이 되기 위한 소방설비기사 및 소방설비산업기사 등 각종 소방분야의 자격시험에 응시하고자 하는 많은 수험생들을 위하여 본서를 집필하게 되었습니다.

이 책의 특징은

1. 모든 과목에 대한 **핵심 요약정리**를 통하여 학습시간을 단축할 수 있고
2. 최근 8년간의 과년도문제를 총정리하여 초보자 입장에서 상세한 해설을 하였으며
3. 한국 산업인력공단의 출제기준을 토대로 **최근 출제경향을 완전 분석**할 수 있습니다.
4. 소방 관계 법규 해설 란의 참고사항은 아래와 같습니다.
   ① 소방기본법 ◐ 기본법
   ② 소방시설 설치 및 관리에 관한 법률 ◐ 소방시설법
   ③ 화재의 예방 및 안전관리에 관한 법률 ◐ 화재예방법
   ④ 소방시설공사업법 ◐ 공사업법
   ⑤ 위험물안전관리법 ◐ 위험물법

부족한 부분은 신속히 수정·보완하여 소방분야 수험서로서 최고가 되도록 열심히 노력할 것을 약속드리며 이 수험서가 출간하기까지 애써주신 세진북스 편집부 직원과 홍세진 사장님께 감사드리며 수험생 여러분의 합격을 진심으로 기원합니다.

저자 정 진 홍(119sbsb@hanmail.net)드림

출제기준

1. 필기

직무분야	안전관리	중직무분야	안전관리	자격종목	소방설비기사(기계분야)	적용기간	2026.1.1~2027.12.31

• **직무내용** : 소방시설(기계)의 설계, 공사, 감리 및 점검업체 등에서 설계 도서류를 작성하거나, 소방설비 도서류를 바탕으로 공사 관련 업무를 수행하고, 완공된 소방설비의 점검 및 유지관리업무와 소방계획수립을 통해 소화, 화재통보 및 피난 등의 훈련을 실시하는 소방안전관리자로서의 주요사항을 수행하는 직무이다.

필기검정방법	객관식	문제수	80	시험시간	2시간

필기 과목명	문제수	주요항목	세부항목	세세항목
소방원론	20	1. 연소이론	1. 연소 및 연소현상	1. 연소의 원리와 성상 2. 연소생성물과 특성 3. 열 및 연기의 유동의 특성 4. 열에너지원과 특성 5. 연소물질의 성상 6. LPG, LNG의 성상과 특성
		2. 화재현상	1. 화재 및 화재현상	1. 화재의 정의, 화재의 원인과 영향 2. 화재의 종류, 유형 및 특성 3. 화재 진행의 제요소와 과정
			2. 건축물의 화재현상	1. 건축물의 종류 및 화재현상 2. 건축물의 내화성상 3. 건축구조와 건축내장재의 연소 특성 4. 방화구획 5. 피난공간 및 동선계획 6. 연기확산과 대책
		3. 위험물	1. 위험물 안전관리	1. 위험물의 종류 및 성상 2. 위험물의 연소특성 3. 위험물의 방호계획
		4. 소방안전	1. 소방안전관리	1. 가연물·위험물의 안전관리 2. 화재시 소방 및 피난계획 3. 소방시설물의 관리유지 4. 소방안전관리계획 5. 소방시설물 관리
			2. 소화론	1. 소화원리 및 방식 2. 소화부산물의 특성과 영향 3. 소화설비의 작동원리 및 점검
			3. 소화약제	1. 소화약제이론 2. 소화약제 종류와 특성 및 적응성 3. 약제유지관리
소방 유체역학	20	1. 소방유체역학	1. 유체의 기본적 성질	1. 유체의 정의 및 성질 2. 차원 및 단위 3. 밀도, 비중, 비중량, 음속, 압축률 4. 체적탄성계수, 표면장력, 모세관현상 등 5. 유체의 점성 및 점성측정
			2. 유체정역학	1. 정지 및 강체유동(등가속도)유체의 압력 변화, 부력 2. 마노미터(액주계), 압력측정 3. 평면 및 곡면에 작용하는 유체력
			3. 유체유동의 해석	1. 유체운동학의 기초, 연속방정식과 응용 2. 베르누이 방정식의 기초 및 기본응용 3. 에너지 방정식과 응용 4. 수력기울기선, 에너지선 5. 유량측정(속도계수, 유량계수, 수축계수), 피토관, 속도 및 압력측정 6. 운동량 이론과 응용
			4. 관내의 유동	1. 유체의 유동형태(층류, 난류), 완전발달유동 2. 무차원수, 레이놀즈수, 관내 유량측정 3. 관내 유동에서의 마찰손실

필기 과목명	문제수	주요항목	세부항목	세세항목
				4. 부차적 손실, 등가길이, 비원형관손실
			5. 펌프 및 송풍기의 성능 특성	1. 기본개념, 상사법칙, 비속도, 펌프의 동작(직렬, 병렬) 및 특성곡선, 펌프 및 송풍기 종류 2. 펌프 및 송풍기의 동력 계산 3. 수격, 서징, 캐비테이션, NPSH, 방수압과 방수량
		2. 소방 관련 열역학	1. 열역학 기초 및 열역학 법칙	1. 기본개념(비열, 일, 열, 온도, 에너지, 엔트로피 등) 2. 물질의 상태량(수증기 포함) 3. 열역학 1법칙(밀폐계, 교축과정 및 노즐) 4. 열역학 2법칙
			2. 상태변화	1. 상태변화(폴리트로픽 과정 등)에 따른 일, 열, 에너지 등 상태량의 변화량
			3. 이상기체 및 카르노사이클	1. 이상기체의 상태방정식 2. 카르노사이클 3. 가역 사이클 효율 4. 혼합가스의 성분
			4. 열전달 기초	1. 전도, 대류, 복사의 기초
소방관계 법규	20	1. 소방기본법	1. 소방기본법, 시행령, 시행규칙	1. 소방기본법 2. 소방기본법 시행령 3. 소방기본법 시행규칙
		2. 화재의 예방 및 안전관리에 관한 법	1. 화재의 예방 및 안전관리에 관한 법, 시행령, 시행규칙	1. 화재의 예방 및 안전관리에 관한 법률 2. 화재의 예방 및 안전관리에 관한 시행령 3. 화재의 예방 및 안전관리에 관한 시행규칙
		3. 소방시설 설치 및 관리에 관한 법	1. 소방시설 설치 및 관리에 관한 법, 시행령, 시행규칙	1. 소방시설 설치 및 관리에 관한 법률 2. 소방시설 설치 및 관리에 관한 시행령 3. 소방시설 설치 및 관리에 관한 시행규칙
		4. 소방시설공사업법	1. 소방시설공사업법, 시행령, 시행규칙	1. 소방시설공사업법 2. 소방시설공사업법 시행령 3. 소방시설공사업법 시행규칙
		5. 위험물안전관리법	1. 위험물안전관리법, 시행령, 시행규칙	1. 위험물안전관리법 2. 위험물안전관리법 시행령 3. 위험물안전관리법 시행규칙
소방기계 시설의 구조 및 원리	20	1. 소방기계 시설 및 화재안전성능기준 · 화재안전기술기준	1. 소화기구	1. 소화기구의 화재안전성능기준 · 화재안전기술기준 2. 설치대상과 기준, 종류, 특징, 동작원리 및 기타 관련사항
			2. 옥내 · 외 소화전설비	1. 옥내소화전설비의 화재안전성능기준 · 화재안전기술기준 및 기타 관련사항 2. 옥외소화전설비의 화재안전성능기준 · 화재안전기술기준 및 기타 관련사항 3. 설치대상과 기준, 종류, 특징, 동작원리 및 기타 관련사항
			3. 스프링클러설비	1. 스프링클러설비의 화재안전성능기준 · 화재안전기술기준 및 기타 관련사항 2. 간이스프링클러소화설비의 화재안전성능기준 · 화재안전기술기준 및 기타 관련사항 3. 화재조기진압용 스프링클러설비의 화재안전성능기준 · 화재안전기술기준 기타 관련사항 4. 설치대상과 기준, 종류, 특징, 동작원리 및 기타 관련사항
			4. 포 소화설비	1. 포 소화설비의 화재안전성능기준 · 화재안전기술기준 2. 설치대상과 기준, 종류, 특징, 동작원리 및 기타 관련사항

출제기준

필기 과목명	문제수	주요항목	세부항목	세세항목
			5. 이산화탄소, 할론, 할로겐화합물 및 불활성기체 소화설비	1. 이산화탄소 소화설비의 화재안전성능기준·화재안전기술기준 및 기타 관련사항 2. 할론 소화설비의 화재안전성능기준·화재안전기술기준 기타 관련사항 3. 할로겐화합물 및 불활성기체소화설비 화재안전성능기준·화재안전기술기준 기타 관련사항 4. 설치대상과 기준, 종류, 특징, 동작원리 및 기타 관련사항
			6. 분말 소화설비	1. 분말소화설비의 화재안전성능기준·화재안전기술기준 2. 설치대상과 기준, 종류, 특징, 동작원리 및 기타 관련사항
			7. 물분무 및 미분무 소화설비	1. 물분무 및 미분무 소화설비의 화재안전성능기준·화재안전기술기준 2. 설치대상과 기준, 종류, 특징, 동작원리 및 기타 관련사항
			8. 피난구조설비	1. 피난기구의 화재안전성능기준·화재안전기술기준 2. 인명구조기구의 화재안전성능기준·화재안전기술기준 및 기타 관련사항
			9. 소화 용수 설비	1. 상수도소화용수설비 2. 소화수조 및 저수조화재안전성능기준·화재안전기술기준 및 기타관련사항
			10. 소화 활동 설비	1. 제연설비의 화재안전성능기준·화재안전기술기준 및 기타 관련사항 2. 특별피난계단 및 비상용승강기 승강장제연설비 3. 연결송수관설비의 화재안전성능기준·화재안전기술기준 4. 연결살수설비의 화재안전성능기준·화재안전기술기준 및 기타 관련사항 5. 지하구의 화재안전성능기준·화재안전기술기준
			11. 기타 소방기계설비	1. 기타 소방기계설비의 화재안전성능기준·화재안전기술기준

2. 실기

직무분야	안전관리	중직무분야	안전관리	자격종목	소방설비기사(기계분야)	적용기간	2026. 1. 1~2027. 12. 31

- **직무내용**: 소방시설(기계)의 설계, 공사, 감리 및 점검업체 등에서 설계 도서류를 작성하거나, 소방설비 도서류를 바탕으로 공사 관련 업무를 수행하고, 완공된 소방설비의 점검 및 유지관리업무와 소방계획수립을 통해 소화, 화재통보 및 피난 등의 훈련을 실시하는 소방안전관리자로서의 주요사항을 수행하는 직무이다.
- **수행준거**: 1. 소방기계시설의 구성요소에 대한 조작과 특성을 설명할 수 있다.
    2. 소방시설의 시스템을 설계 할 수 있다.
    3. 소방시설의 배치계획 및 설계서류 작성 및 적산을 수행할 수 있다.
    4. 소방시설의 작동 및 유지관리 업무를 수행할 수 있다.
    5. 소방시설 시공 실무를 수행할 수 있다.

실기검정방법	필답형	시험시간	3시간

실기 과목명	주요항목	세부항목	세세항목
소방기계시설 설계 및 시공 실무	1. 소방기계시설 설계	1. 작업분석하기	1. 현장 여건, 요구사항 분석을 할 수 있다. 2. 기본계획 수립, 기본설계서, 실시설계서를 작성할 수 있다. 3. 공사시방서, 공사내역서, 운영관리지침서를 작성할 수 있다.
		2. 소방기계시설 구성하기	1. 재료의 상호 연관성에 대해 설명할 수 있다. 2. 소방기계시설의 기기 및 부품을 조작할 수 있다. 3. 소방기계시설의 기능 및 특성을 설명할 수 있다.
		3. 소방시설의 시스템 설계하기	1. 소방기계시설을 구성하는 재료의 규격 및 크기를 산정할 수 있다. 2. 소방기계시설의 물량을 결정하기 위한 계산을 수행할 수 있다. 3. 소방기계시설 자료의 활용을 할 수 있다. 4. 도면작성 및 판독을 할 수 있다. 5. 시방서의 작성 등을 할 수 있다.
		4. 소방시설의 배치계획 및 설계서류 작성하기	1. 계통도를 작성할 수 있다. 2. 평면도를 작성할 수 있다. 3. 상세도를 작성할 수 있다. 4. 소방기계시설의 설계 및 시공 관련 업무를 수행할 수 있다. 5. 소방기계설비의 적산 등을 할 수 있다.
	2. 소방기계시설 시공	1. 설계도서 검토하기	1. 설계도서상의 누락, 오류, 문제점을 검토하여 설계도서 검토서를 작성할 수 있다. 2. 설계도면, 시공 상세도, 계산서를 검토하여 시공상의 문제점을 파악하고 조치할 수 있다.
		2. 소방기계시설 시공하기	1. 소화기구를 설치할 수 있다. 2. 옥내·외소화전설비를 설치할 수 있다. 3. 스프링클러(간이스프링클러)설비를 설치할 수 있다. 4. 물분무소화설비를 설치할 수 있다. 5. 포소화설비를 설치할 수 있다. 6. 이산화탄소소화설비를 설치할 수 있다. 7. 할론소화설비를 설치할 수 있다. 8. 분말소화설비를 설치할 수 있다. 9. 할로겐화합물 및 불활성기체소화설비를 설치할 수 있다. 10. 피난기구 및 인명구조기구를 설치할 수 있다. 11. 소화용수설비를 설치할 수 있다. 12. 거실제연 및 특별피난계단 및 비상용 승강기 승강장의 제연설비를 설치할 수 있다. 13. 연결송수관설비, 연결살수설비, 연소방지설비를 설치할 수 있다. 14. 기타 소방기계시설 관련 설비를 설치할 수 있다
		3. 공사 서류 작성하기	1. 시공된 시설을 검사하여 설계도서와 일치여부를 판단할 수 있다. 2. 시공된 시설을 검사하여 관련 서류를 작성할 수 있다. 3. 공정관리 일정을 계획하여 공사일지를 작성 할 수 있다.
	3. 소방기계시설 유지관리	1. 소방시설의 작동 및 유지관리 하기	1. 소방시설의 기술공무 관리 및 실무 작업을 할 수 있다. 2. 기계시설의 점검 및 조작을 할 수 있다. 3. 계측 및 사고요인을 파악할 수 있다. 4. 재해방지 및 안전관리 업무를 수행할 수 있다. 5. 자재관리 업무를 수행할 수 있다.
		2. 소방기계 시설의 유지보수 및 시험점검하기	1. 유지보수 관리 및 계획을 수립할 수 있다. 2. 시험 및 검사를 할 수 있다. 3. 기계기구 점검 및 보수작업을 할 수 있다. 4. 설치된 소방시설을 정상 가동하고, 작동기능 점검 사항을 기록할 수 있다. 5. 종합정밀 점검 사항을 기록할 수 있다. 6. 소방시설 운영에 관한 업무 일지를 작성할 수 있다. 7. 기록 사항을 분석하여 보수·정비를 할 수 있다. 8. 보수에 필요한 부품 및 장비를 확보하고, 점검 기록부를 작성 보존할 수 있다.

차례 Contents

핵심요점정리

제1편 소방원론 · 13

제1장 화재론 · 13
- 1-1 화재의 특성과 종류 및 원인 — 13
- 1-2 연소이론과 형태 — 16
- 1-3 열 및 연기에 대한 특성 — 22
- 1-4 건축물의 화재성상 — 24
- 1-5 물질의 화재위험 — 26

제2장 방화론 · 31
- 2-1 건축물의 내화성상 — 31
- 2-2 건축물의 피난 및 안전계획 — 34
- 2-3 소화방법 및 원리 — 36

제3장 약제화학 · 38
- 3-1 물소화약제 — 38
- 3-2 포소화약제 — 39
- 3-3 이산화탄소소화약제 — 42
- 3-4 할로겐화합물소화약제 — 43
- 3-5 분말소화약제 — 47

제2편 소방유체역학 · 49

- 제1장 유체의 정의 및 성질 — 49
- 제2장 유체의 정역학 — 54
- 제3장 유체의 운동역학 및 계측 — 58
- 제4장 배관의 마찰손실 및 배관 — 67
- 제5장 펌프의 종류, 발생현상, 동력계산식 — 70

제3편 소방기계시설의 구조 및 원리 · 75

제1장 소화설비 · 75
- 1-1 소화기구 및 자동소화장치 — 75
- 1-2 옥내소화전설비(NFTC 102) — 79
- 1-3 옥외소화전설비(NFTC 109) — 85
- 1-4 스프링클러설비(NFTC 103) — 86
- 1-5 물분무소화설비(NFTC 104) — 92
- 1-6 미분무소화설비 — 94
- 1-7 포소화설비(NFTC 105) — 96

- 1-8 이산화탄소소화설비(NFTC 106) ——— 100
- 1-9 할론소화설비(NFTC 107) ——— 104
- 1-10 할로겐화합물 및 불활성기체 소화설비(NFTC 107A) — 106
- 1-11 분말소화설비(NFTC 108) ——— 109
- 1-12 연결송수관설비(NFTC 502) ——— 111
- 1-13 연결살수설비(NFTC 503) ——— 113
- 1-14 소화수조 및 저수조(NFTC 402) & 상수도소화용수설비(NFTC 401) ——— 114
- 1-15 지하구의 소방시설(NFTC 605) ——— 115
- 1-16 도로터널(NFTC 603) ——— 116

제 2 장 피난구조설비(NFTC 301) 118
- 2-1 피난설비 ——— 118
- 2-2 인명구조기구의 화재안전기술기준(NFTC 302) ——— 123

제 3 장 제연설비(NFTC 501) 125
- 3-1 제연설비 ——— 125
- 3-2 특별피난계단의 계단실 및 부속실 제연설비(NFTC 501A) – 128
- 3-3 공동주택(NFTC 608) ——— 129
- 3-4 창고시설(NFTC 609) ——— 131

제 4 편 소방관계법규 133

제 1 장 소방기본법 133
- 1-1 소방기본법 ——— 133
- 1-2 소방기본법 시행령 ——— 139
- 1-3 소방기본법 시행규칙 ——— 140

제 2 장 소방시설 설치 및 관리에 관한 법률(약칭 : 소방시설법) 144
- 2-1 소방시설 설치 및 관리에 관한 법률 ——— 144
- 2-2 소방시설 설치 및 관리에 관한 법률 시행령 ——— 148
- 2-3 소방시설 설치 및 관리에 관한 법률 시행규칙 ——— 164

제 3 장 화재의 예방 및 안전관리에 관한 법률(약칭 : 화재예방법) 168
- 3-1 화재의 예방 및 안전관리에 관한 법률 ——— 168
- 3-2 화재의 예방 및 안전관리에 관한 법률 시행령 ——— 173
- 3-3 화재의 예방 및 안전관리에 관한 법률 시행규칙 ——— 178

제 4 장 소방시설공사업법 181
- 4-1 소방시설공사업법 ——— 181
- 4-2 소방시설공사업법 시행령 ——— 184
- 4-3 소방시설공사업법 시행규칙 ——— 188

제 5 장 위험물안전관리법 191
- 5-1 위험물안전관리법 ——— 191
- 5-2 위험물안전관리법 시행령 ——— 195
- 5-3 위험물안전관리법 시행규칙 ——— 197

Contents

과년도 출제문제

2018년도
2018년 3월 4일 시행 ＊ 203
2018년 4월 28일 시행 ＊ 225
2018년 9월 15일 시행 ＊ 249

2019년도
2019년 3월 3일 시행 ＊ 279
2019년 4월 27일 시행 ＊ 302
2019년 9월 21일 시행 ＊ 325

2020년도
2020년 6월 6일 시행 ＊ 349
2020년 8월 22일 시행 ＊ 373
2020년 9월 27일 시행 ＊ 396

2021년도
2021년 3월 7일 시행 ＊ 423
2021년 5월 15일 시행 ＊ 446
2021년 9월 12일 시행 ＊ 469

2022년도
2022년 3월 5일 시행 ＊ 495
2022년 4월 24일 시행 ＊ 519
2022년 9월 CBT 시행 ＊ 543

2023년도
2023년 3월 CBT 시행 ＊ 567
2023년 5월 CBT 시행 ＊ 589
2023년 9월 CBT 시행 ＊ 611

2024년도
2024년 3월 CBT 시행 ＊ 637
2024년 5월 CBT 시행 ＊ 660
2024년 7월 CBT 시행 ＊ 680

2025년도
2025년 2월 CBT 시행 ＊ 705
2025년 5월 CBT 시행 ＊ 729
2025년 8월 CBT 시행 ＊ 750

무료 동영상과 함께하는 소방설비(기계분야) 필기

핵심요점정리

제 1 편　　　　　　　　소방원론
제 2 편　　　　　　　　소방유체역학
제 3 편　소방기계시설의 구조 및 원리
제 4 편　　　　　　　　소방관계법규

제 1 편 소방원론

제 1 장 화 재 론

 1-1 화재의 특성과 종류 및 원인

1. 화재의 정의 ★
(1) 불로 사람의 신체, 생명 및 **재산상 손실을 주는 재앙**
(2) 소화에 필요성이 있는 불

2. 화재의 분류 ★★ 자주출제(필수암기) ★★

종 류	등 급	색 표 시	주된 소화 방법
일반화재	A급	백색	냉각소화
유류 및 가스화재	B급	황색	질식소화
전기화재	C급	청색	질식소화
금속화재	D급	–	피복소화
주방화재	K급	–	냉각 및 질식소화

 필수암기 ★★★★

❶ 화재원인 중 1위 : 전기
❷ 유류화재 시 주수소화 금지 이유 : 화재면 확대
❸ 금속화재 시 주수소화 금지 이유 : 가연성기체(H_2) 발생
❹ 알킬알루미늄 화재 소화약제 : 팽창질석, 팽창진주암, 마른모래
❺ 화재의 일반적 특성 : 확대성, 불안정성, 우발성, 성장성

Pass Point

◉ 전기화재 원인
① 합선
② 과부하
③ 누전
④ 절연불량

◉ 제4류 위험물
(석유류 계통)
- 특수인화물
- 제1석유류
- 알코올류
- 제2석유류
- 제3석유류
- 제4석유류
- 동식물유류

◉ 석유류 분류기준
- 인화점 기준

3. 산불화재 ★

(1) **지표화** : 지표의 **낙엽** 등의 화재
(2) **수관화** : **나무가지**의 화재
(3) **수간화** : 나무기둥의 화재
(4) **지중화** : 지표 아래 썩은 나무의 화재

4. 폭굉(폭발)과 폭연의 차이점 ★★★

(1) **폭굉**(디토네이션 : Detonation)
   연소속도가 **음속보다 빠르다**.(초음속)
(2) **폭연**(디플러그레이션 : Deflagration)
   연소속도가 **음속보다 느리다**.(아음속)

◆ 폭굉
 1000~3500m/s

◆ 폭연
 0.1~10m/s

◆ 폭굉유도거리
 - 가스가 체류하고 있을 때 완만한 연소가 폭굉으로 변할 때까지 거리
 - 폭굉유도거리가 짧을수록 위험

5. 폭발(연소)범위(explosion limit) ★★

필수정리 ★★★★

폭발범위(연소범위)의 영향인자와 관계

❶ 온도상승 시 : 넓어진다.
❷ 압력상승 시 : 넓어진다.(하한계 불변, 상한계 증가)
   [예외] ㉠ 일산화탄소(CO)는 압력이 상승 시 좁아진다.
         ㉡ 수소(H_2)는 10기압까지는 좁아지고, 그 이상의 압력에서는 넓어진다.
❸ 불활성기체(헬륨, 네온, 아르곤) 첨가 시 : 좁아진다.
❹ 산소농도 증가 시 : 넓어진다.

6. 혼합가스의 폭발범위 계산식 ★★자주출제(필수정리)★★

$$\frac{V}{L}=\frac{V_1}{L_1}+\frac{V_2}{L_2}+\frac{V_3}{L_3}+\cdots\cdots+\frac{V_n}{L_n}$$

V : 혼합가스 중 가연성가스의 합계농도
L : 혼합가스의 폭발한계 값(상한값 또는 하한값)
$L_1, L_2, L_3, \cdots$: 각 가스성분의 폭발한계 값(상한값 또는 하한값)
$V_1, V_2, V_3, \cdots$: 각 가스성분의 부피(%)

7. 물리적 폭발과 화학적 폭발 ★★

(1) 물리적 폭발
① 분진폭발 ② 가스폭발 ③ 증기운 폭발
④ 미스트 폭발 ⑤ 유막폭발 ⑥ 고체폭발

(2) 화학적 폭발
① 산화폭발 ② 분해폭발 ③ 중합폭발

8. 주요가스의 공기 중 폭발범위(연소범위)(1atm, 상온에서) ★★

가스명	화학식	하한계(%)	상한계(%)
아세틸렌	C_2H_2	2.5	81
수 소	H_2	4	75
일산화탄소	CO	12.5	74.2
암모니아	NH_3	15	28
메틸알콜	CH_3OH	7.3	36.0
메 탄	CH_4	5	15
에 탄	C_2H_6	3.2	12.4
프로판	C_3H_8	2.1	9.5
부 탄	C_4H_{10}	1.8	8.4

※ 연소범위가 가장 넓고, 연소 상한값이 가장 큰 가스 : 아세틸렌

폭발범위와 위험도 관계
❶ 폭발하한계가 낮을수록 위험
❷ 폭발상한계가 높을수록 위험
❸ 폭발범위가 넓을수록 위험

9. 분진폭발 공정설비 ★

① 탄광 : 석탄분진
② 섬유공장 : 섬유분진
③ 제분공장 : 곡물분진
④ 제지공장 : 종이분진
⑤ 목재공장 : 목분(나무분진)
⑥ 고무가공공장 : 배합제분진
⑦ 플라스틱공장 : 플라스틱분진

분진폭발의 농도범위
❶ 하한농도 : 20~60g/m³ ❷ 상한농도 : 2000~6000g/m³
❸ 분진폭발 입자크기 : 100μm 이하

Pass Point

◉ **폭발범위**
- 온도 증가시 넓어진다.
- 압력 상승시 넓어진다.
- 불활성기체 첨가시 좁아진다.
- 산소농도 증가시 넓어진다.

◉ **일산화탄소(CO)**
압력이 상승하면 폭발범위가 좁아진다.

◉ **수소(H_2)**
10기압까지는 압력 상승시 폭발범위는 좁아지고 그 이상의 압력에서는 넓어진다.

◉ **황가루**
분진폭발 발생

- 생석회(CaO)
  제3류 위험물

- 소석회(Ca(OH)₂)

10. 분진폭발 없는 물질 ★

① 생석회(시멘트의 주성분)
② 석회석 분말
③ 시멘트

11. 위험성의 영향인자 ★★

영향인자	위험성
❶ 온도, 압력, 산소농도	높을수록 위험
❷ 연소범위(폭발범위)	넓을수록 위험
❸ 연소열, 증기압	클수록 위험
❹ 연소속도	빠를수록 위험
❺ 인화점, 착화점, 비점, 융점, 비중, 점성	낮을수록 위험

- 화상의 정의
  불이나 뜨거운 물에 의한 피부조직의 상해이며 열상이라고도 한다.

12. 화상(火傷, burn)의 정도 ★

(1) **1도 화상** : 국소가 붉어지고 **따끔따끔**
(2) **2도 화상** : 수포(물집)형성 및 **분비액**
(3) **3도 화상** : 국소는 회백색 또는 흑갈색의 덴 **딱지**
(4) **4도 화상** : 화상 입은 부위조직이 **탄화됨**

13. 화재의 소실정도에 따른 분류 ★

(1) **전소 화재** : 전체의 70% 이상이 소실 또는 보수하여 재사용 불가
(2) **반소 화재** : 전체의 30% 이상 70% 미만 소실된 경우
(3) **부분소 화재** : 전소, 반소, 즉소 화재에 해당되지 않는 경우
(4) **즉소 화재** : 즉시 소화된 화재로 인명피해가 없고 피해규모가 경미한 화재로 화재건수에 포함.

1-2 연소이론과 형태

1. 연소의 정의 ★

빛과 발열을 동반한 급격한 산화반응

2. 연소시 색과 온도 ★★★

색	암적색	적색	황색	황적색	백적색	휘백색
온도(℃)	700	850	900	1100	1300	1500

3. 연소의 3요소 및 4요소 ★★★★

(1) 가연물의 조건
① 산소와 **친화력**이 클 것
② **발열량**이 클 것
③ **표면적**이 넓을 것
④ **열전도도**가 작을 것
⑤ **활성화 에너지**가 적을 것
⑥ **연쇄반응**을 일으킬 것
⑦ **활성**이 강할 것

(2) 가연물이 될 수 없는 조건
① 산화반응이 완전히 끝난 물질
② **질소** 또는 질소산화물(흡열반응하기 때문)
③ 주기율표상 18족 원소(**불활성 기체**)
He(헬륨), Ne(네온), Ar(아르곤), Kr(크립톤), Xe(크세논), Rn(라돈)

❶ 연소의 3요소 : 가연물＋산소＋점화원
❷ 연소의 4요소 : 가연물＋산소＋점화원＋연쇄반응

※ 기화열(기화잠열)은 점화원이 될 수 없다.

4. 열 에너지원의 종류 ★★자주출제(필수정리)★★

(1) **화학 에너지**(chemical energy)
① 연소열(산화물)   ② 분해열   ③ 용해열   ④ **자연발화**

(2) **전기 에너지**(electric energy)
① 저항가열   ② 유도가열   ③ 유전가열
④ 아크가열   ⑤ 정전스파크   ⑥ 낙뢰

(3) **기계적 에너지**(mechanical energy)
① 마찰열   ② 압축열   ③ 충격 스파크

제 1 장 화재론

Pass Point

◎ 연소범위가 가장 넓고 연소상한값이 가장 큰 가스 :
아세틸렌

◎ 연소범위
- 아세틸렌 : 2.5~81%
- 수소 : 4~75%

◎ 공기의 조성(부피 %)
- 산소 : 21%
- 질소 : 78%
- 아르곤 : 1%

◎ 자연발화의 종류
- 분해열
- 산화열
- 미생물열
- 흡착열

5. 열전달의 방법 ★★★

(1) **전도**(Conduction)　(2) **대류**(Convection)　(3) **복사**(Radiation)

① 스테판-볼츠만(stefan-boltzman)의 법칙

$$Q = aAF(T_1^4 - T_2^4)$$

Q : 복사열(kcal/hr)　　　　a : 스테판-볼츠만의 상수
A : 단면적　　　　　　　　F : 기하학적 Factor(상수)
T_1 : 고온물체의 절대온도(273+t℃)°K
T_2 : 저온물체의 절대온도(273+t℃)°K

※ 복사열은 절대온도 4제곱의 차 및 단면적에 비례한다.

② 열전도율 단위 : kcal/m, hr, ℃ 또는 BTU/ft, hr, °F

> **필수정리 ★★★★**
>
> ❶ 열의 전달방법 : ㉮ 전도 ㉯ 대류 ㉰ 복사
> ❷ 화재 시 열전달에 가장 크게 작용하는 열 : 복사열
> ❸ 화재 시 격리된 건축물에 화재를 옮기는 열 : 복사열
> ❹ 금속이 비금속보다 열전도율이 큰 이유 : 자유전자흐름
> ❺ 복사열 흡수되지 않고 통과되는 것 : 질소

6. 연소의 형태 ★★★★★

> **필수정리 ★★★★**
>
> **연소의 종류**
> ❶ 표면연소(surface reaction) : 숯, 코크스, 목탄, 금속분
> ❷ 증발 연소(evaporating combustion) : 파라핀(양초), 황, 나프탈렌, 왁스, 휘발유, 등유, 경유, 아세톤 등 제4류 위험물
> ❸ 분해연소(decomposing combustion) : 석탄, 목재, 플라스틱, 종이, 합성수지(고분자)
> ❹ 자기연소(내부연소) : 질화면 (나이트로셀룰로오즈), 셀룰로이드, 나이트로글리세린등 제5류 위험물
> ❺ 확산연소(diffusive burning) : 아세틸렌, LPG, LNG 등 가연성 기체
> ❻ 불꽃연소＋표면연소 : 목재, 종이, 셀룰로이드류, 열경화성 합성수지

◎ **복사열**
절대온도 4제곱의 차에 비례

◎ **표면연소**
- 물질 자체가 연소하는 현상
- 연쇄반응이 없다.

필수정리 ★★★★

❶ 화염의 안정범위 넓고 역화위험 없는 연소 : 확산연소
❷ 불꽃을 내면서 연소하는 것 : 분해연소, 확산연소, 증발연소
❸ 작열연소(표면연소, 응축연소) : 연쇄반응과 관계없다.

7. 불꽃연소와 표면연소(응축연소, 작열연소) ★

	가연물	
산소	불꽃연소	점화원
	연쇄반응	

【불꽃연소의 4요소】

	가연물	
산소	표면연소	점화원

【표면연소의 3요소】

① 불꽃연소 : 액체 및 기체연료, 열가소성 합성수지
② 표면연소 : 코크스, 목탄(숯), 금속분(알루미늄, 마그네슘, 나트륨)
③ 불꽃연소 + 표면연소 : 목재, 종이, 셀룰로이드류, 열경화성 합성수지

8. 블로우 오프(Blow-off) 현상 ★

화염이 노즐에 정착하지 못하고 떨어지게 되어 **화염이 꺼지는** 현상

9. 역화(back fire)현상 ★

가스분출속도가 연소속도보다 느려 화염이 **버너 내부로 들어가 착화**하는 현상

필수정리 ★★★★

❶ 화염의 안정범위 넓고 역화위험 없는 연소 : 확산연소
❷ 불꽃을 내면서 연소하는 것 : 분해연소, 확산연소, 증발연소
❸ 작열연소(표면연소, 응축연소) : 연쇄반응과 관계없다.
❹ 불꽃없이 착화하는 것 : 무염착화
❺ 가연성 가스의 연소 : 확산연소
❻ 연소의 형태는 크게 불꽃연소와 표면연소로 나눈다.

✪ **표면연소**
= 응축연소
= 작열연소

✪ **증발연소**
- 제4류 위험물
  (석유류 계통)
- 파라핀(양초)
  황, 나프탈렌, 왁스

10. 자연발화 *****

(1) **자연발화의 형태**
① **산화열** : 석탄, 건성유, 탄소분말, 금속분, 기름걸레
② **분해열** : 셀룰로이드, 나이트로셀룰로오스, 나이트로글리세린
③ **흡착열** : 활성탄, 목탄분말
④ **미생물열** : 퇴비, 먼지

(2) **자연발화의 방지대책**
① 저장실 주위온도를 **낮춘다**.
② 물질을 **건조하게** 유지
③ **통풍**하여 열의 축적을 방지
④ 저장용기에 불활성기체 봉입하여 **공기접촉 차단**
⑤ 물질의 **표면적을 최소화**

 필수정리 ****

❶ 불연성 가스 : He(헬륨), Ne(네온), Ar(아르곤), CO_2
❷ 정전기 발생 방지 대책
 ㉮ 본딩과 접지 ㉯ 공기이온화 ㉰ 상대습도 70% 이상유지
❸ 자연발화가 쉬운 건성유 : 아마인유
❹ 햇빛에 방치한 기름걸레 자연발화 : 산화열의 축적

11. 연소시 발생하는 유해가스의 종류 ****

유해가스	화학식	내　　용
이산화탄소	CO_2	• 연소가스 중 **가장 많은 양**을 차지 • 자체 독성이 없고 호흡속도를 증가시켜 질식사 (20% 농도에서 30분내 사망) • **허용농도는 0.5%(5000ppm)**
일산화탄소	CO	• 연소가스 중 **인명피해**를 가장 많이 준다. • 불완전 연소 시 많이 발생 • 산소와 결합력이 극히 강하여 **질식작용의 독성** • 1시간 치사농도 : 0.4%(4000ppm) 1시간 위험농도 : 0.2%(2000ppm) • 피 속의 헤모글로빈과 결합(CO+Hb) **산소운반 작용을 방해**하여 질식사
황화수소	H_2S	• 황 함유 유기물질이 불완전 연소 시 발생 • **달걀 썩는 냄새**가 난다.
이산화황	SO_2	• 황 함유 유기물질이 **완전연소 시 발생**

✪ **건성유**
 - 아마인유
 - 들기름
 - 오동기름
 - 해바라기기름
 - 아이오딘값 130 이상

✪ **이산화탄소**
 허용농도 : 0.5%

✪ **일산화탄소**
 헤모글로빈과 결합하여 산소운반 방해

✪ **황화수소**
 달걀 썩는 냄새

유해가스	화학식	내용
암모니아	NH_3	• **자극성**이며 냉동기의 냉매로도 사용.
포스겐	$COCl_2$	• **염소함유 물질**이 화염에 연소되어 발생한다. • 유해가스 중 **독성이 제일 강하다**.
아크로레인	CH_2CHCHO	• **석유제품** 또는 **유지류** 등 유기물질 연소 시 발생
염화수소	HCl	• **염소함유 물질**(PVC 등) 연소 시 발생 • 자극성이며 흰색기체이다.
사이안화수소	HCN	• 폴리우레탄, 플라스틱, 직물류 등이 불완전연소 시 발생

Pass Point

○ **포스겐**
유해가스 중 독성이 가장 크다.

○ **아크로레인**
석유제품, 유지류 연소시 발생

○ **염화수소**
PVC 연소시 발생

12. 유류저장탱크 및 가스저장탱크의 화재발생 현상 ★★★★★

 요점정리 ★★★★

❶ 보일 오버 : 탱크 바닥의 물이 비등하여 유류가 연소하면서 분출
❷ 슬롭 오버 : 물이 **연소유** 표면으로 들어갈 때 유류가 연소하면서 분출
❸ 프로스 오버 : 탱크 바닥의 물이 비등하여 유류가 **연소하지 않고** 분출
❹ 블레비 : 액화가스 저장탱크 폭발현상

13. 열량, 비열, 현열, 잠열 ★★

(1) **열량**(Quantity of Heat)
  ① cal(kcal) : 표준대기압 상태에서 순수한 물 1g(1kg)을 1℃(14.5℃ → 15.5℃) 높이는데 필요한 열량
  ② BTU : 표준대기압 상태에서 순수한 물 1lb을 1℉ 높이는데 필요한 열량
  ③ Chu : 표준대기압 상태에서 순수한 물 1lb을 1℃ 높이는데 필요한 열량

$$1BTU = 252cal \qquad 1Chu = 1.8BTU$$

(2) **비열**(Specific Heat) : 어떤 물질 1g을 1℃ 높이는데 필요한 열량 [cal/g · ℃]

$$물의 비열 = 1cal/g · ℃ \quad or \quad 1kcal/kg · ℃$$

(3) **현열** : 상태 변화 없이 온도 변화에 필요한 열량

Q_1(현열 : cal)
 $= m$(질량 : g)$\times C$(비열 : cal/g · ℃)$\times \Delta t$(온도차 : ℃)

○ 1cal = 4.186J

○ **산소지수**[LOI]
 - 연소가 계속될 수 있는 산소의 최저농도
 - 폴리염화비닐(PVC)이 45%로 가장 높다.

Pass Point

✪ 증기밀도
$$\frac{M(분자량)}{29}$$

✪ 연소점
인화점보다 5~10℃ 높다.

✪ 연기 입자크기
0.01~10μm

(4) **잠열**
① 물의 기화잠열(기화열) = 539cal/g 또는 539kcal/kg
② 얼음의 융해잠열(융해열) = 80cal/g 또는 80kcal/kg
Q(총열량 : cal)
$= m(g) \times C(cal/g \cdot ℃) \times \Delta t(℃) + r(cal/g) \times m(g)$

14. 인화점, 발화점, 연소점 ★

(1) **인화점**(flash point) : **점화원에 의하여 점화되는 최저온도**
(2) **발화점**(ignition point) : **점화원 없이 점화되는 최저온도**
　※ 발화점 : 압력이 증가하면 발화점은 낮아진다.
(3) **연소점**(fire point) : 가연성 물질이 발화한 후 연속적으로 연소할 수 있는 **최저온도**

1-3 열 및 연기에 대한 특성

1. 연기의 이동속도 ★★

이동 방향	수 평	수 직	실내 계단
이동속도(m/s)	0.5~1	2~3	3~5

2. 연기의 이동원인 ★

① 온도상승에 의한 **가스팽창**　② 굴뚝효과(연돌효과)
③ 외부 풍압의 영향　　　　　　④ 건축물 공조설비(강제 환기장치)
⑤ 열, 대류, 공기의 유동

3. 연기로 인한 피해 ★

① 질식사　　　　　　　　　　② **인지능력감소**
③ 정신적 동요(**패닉**(panic)**상태**)　④ **가시거리가 짧아져 피난 장애**

4. 연기의 농도 표시방법 ★

① 중량 농도법(mg/m³) ② 입자 농도법(개/cm³)
③ 투과율법(감광계수)

5. 연기의 농도에 따른 가시거리 ★★★

감광계수	가시거리	상 태
0.1	20~30m	연기 감지기가 작동하는 정도의 연기농도
0.3	5m	피난에 지장을 주기 시작하는 연기농도
0.5	3m	어두움을 느끼기 시작하는 연기농도
1.0	1~2m	거의 앞이 보이지 않을 정도의 연기농도
10	0.2~0.5m	화재 최성기의 연기농도
30	-	출화실에서 연기가 분출될 때의 연기농도

※ **감광계수** : 연기속을 투과한 빛의 양으로 연기농도를 **광화학적**으로 표시하는 방법

6. 플래쉬 오버(flash over) 현상 ★★★★

폭발적인 착화현상 및 급격한 화염의 확대현상

※ 플래쉬 오버발생시기 : **성장기**
　　주요발생원인 : **열의 공급**

7. 플래쉬 오버의 발생시각 ★★

① **개구율**(개구부 크기) : 클수록 빠르다
② **내장재료** : 가연성일수록 빠르다
③ **화원의 크기** : 클수록 빠르다.
④ **열전도율** : 작을수록 빠르다.
⑤ 내장재료의 두께 : 얇을수록 빠르다.
⑥ 가연물의 표면적 : 넓을수록 빠르다.
⑦ 화재하중 : 클수록 빠르다.

8. 플래쉬 오버의 지연대책 ★★

① 열전도율이 큰 내장재를 사용
② 주요 구조부를 내화구조로 한다.
③ 개구부를 적게 설치
④ 두께가 두꺼운 내장재를 사용

Pass Point

◎ **감광계수 0.1**
– 연기감지기 작동 농도

◎ **감광계수 10**
– 화재 최성기때 농도

◎ **발연량(K)**
$K = $ 발연계수(C_s)
$\times \dfrac{\text{연기체적}(V)}{\text{연소된재료중량}(W)}$

◎ **플래쉬 오버**
발생시 폭풍 또는 충격파는 없음

⑤ 실내 가연물은 소량씩 분산 저장
⑥ 내장재 불연화

9. 백 드래프트(Back Draft) 현상 ★★★

폭발적 연소와 함께 폭풍을 동반하여 화염이 외부로 분출되는 현상

※ 백드래프트의 발생 시기 : **감쇠기**
　주요 발생원인 : 산소의 공급
※ 백드래프트 현상 발생 시 폭풍 또는 충격파 있음

●백드래프트 방지 대책
① 적절한 배열
② 환기
③ 폭발력의 억제
④ 격리

 1-4 건축물의 화재성상

1. 목조건축물의 화재 ★

(1) 목재의 수분함량이 15% **이상**이면 고온에 장시간 접촉해도 착화하기 어렵다.
(2) 겨울철 상대습도가 여름철보다 매우 낮아 목재의 수분함량이 적어 연소가 쉽다.

●목조건축물 화재
 - 고온 단시간형
 - 최성기온도 : 1300℃

【목재의 외형에 따른 연소속도】

목재의 외형 \ 연소속도	빠르다	느리다
수분함량	적은 것	많은 것
크기와 두께	잘고 얇은 것	두껍고 굵은 것
외형	사각형이고 거칠은 것	둥근형이고 매끄러운 것
열전도도	적은 것	큰 것
접촉면적	큰 것	작은 것
밀도	작은 것	큰 것

2. 목조건축물 화재의 특징 ★★★★

 필수정리 ★★★★

❶ 목조 건축물 화재특징 : 고온 단시간형
❷ 목조 건축물의 화재 최성기 때 온도 : 1300℃
❸ 목조건축물의 화재발생 원인 : ㉮ 접염 ㉯ 복사열 ㉰ 비화

●목조건축물 화재
 - 발염착화에서 최성기까지 걸리는 시간은 약 5~15분
 - 최성기에서 연소낙하까지 걸리는 시간은 약 6~19분

3. 내화건축물의 화재 ****

중요사항****

❶ 내화 건축물 화재특징 : 저온 장시간형
❷ 내화 건축물의 화재 최성기 때 온도 : 1000℃

Pass Point

🔹 내화건축물의 온도-시간
 표준곡선
 ① 1시간후 : 950℃
 ② 2시간후 : 1000℃

4. 옥내출화 **

(1) **천장속, 벽속** 등에서 발염착화한 때
(2) 가옥구조 형태인 경우 **천장판**에 발염착화한 때
(3) 불연천정인 경우 **실내의 뒷면**에 발염착화한 때

5. 옥외출화 **

(1) **창**이나 **출입구** 등에 발염착화한 때
(2) 가옥외부의 **추녀 밑**에 발염착화한 때

6. 화재하중(fire load) [kg/m²] ****

바닥면적(m²)당 가연물의 양(kg)

$$Q = \frac{\Sigma(GtHt)}{HA} = \frac{\Sigma Qt}{4500A} (kg/m^2)$$

Q : 화재하중(kg/m²)
Gt : 가연물의 양(kg)
Ht : 가연물의 단위 발열량(kcal/kg)
H : 목재 단위발열량(4500kcal/kg)
ΣQt : 화재실 가연물 전발열량
A : 바닥면적(m²)

🔹 화재하중
 - 가장 큰 곳은 도서관

1-5 물질의 화재위험

1. 위험물의 분류 및 성상

(1) **제1류 위험물**(산화성 고체)★★★

구분	내 용
성질	산화성 고체
품명	❶ 아염소산염류, 염소산염류, 과염소산염류, 무기과산화물류 ❷ 브로민산염류, 질산염류, 아이오딘산염류, 과망가니즈산염류, 다이크로뮴산염류
소화 방법	❶ 알칼리금속 과산화물 : 건조사로 소화 ❷ 알칼리금속 이외의 것 : 다량의 물로 주수소화

[참고] 무기과산화물(과산화칼륨, 과산화나트륨) + 물 ⇒ 산소발생

(2) **제2류 위험물**(가연성 고체)★★

구분	내 용
성질	가연성 고체
품명	❶ 황화인, 적린, 황 ❷ 철분, 마그네슘, 금속분, 인화성고체
소화 방법	❶ 금속분은 건조사로 피복소화 ❷ 금속분 이외의 것은 다량의 물로 주수소화

(3) **제3류 위험물**(자연발화성 및 금수성 물질)★★

구분	내 용
성질	자연발화성 및 금수성물질
품명	❶ 칼륨, 나트륨, 알킬알루미늄, 알킬리튬 ❷ 황린, 알칼리금속 및 알칼리토금속 ❸ 유기금속화합물류, 금속수소화합물 ❹ 금속인화합물, 칼슘 또는 알루미늄 탄화물
소화 방법	❶ 초기소화는 건조사로 질식소화 ❷ 알킬알루미늄은 **팽창질석** 또는 **팽창진주암**으로 소화 ❸ 주수소화는 **가연성가스** 발생으로 절대금지

필수정리★★★★

❶ 칼륨(K), 나트륨(Na)은 석유속에 저장
❷ $2K + 2H_2O \rightarrow 2KOH + H_2 \uparrow$ (수소발생)
❸ 황린(3류) 및 이황화탄소(4류)는 물속에 저장(PH = 9 유지)

Pass Point

● **염소산의 종류**
① 차아염소산 $HClO$
② 아염소산 $HClO_2$
③ 염소산 $HClO_3$
④ 과염소산 $HClO_4$

● **황**
60중량% 이상

● **철분**
53μm 표준체 통과하는 것이 50중량% 미만 제외

● **금속분**
구리분, 니켈분 및 150μm 체를 통과하는 것이 50중량% 미만 제외

● **마그네슘**
- 2mm체를 통과 못하는 덩어리 제외
- 직경 2mm 이상 막대모양 제외

(4) **제4류 위험물**(인화성 액체) ★★★★★

구분	내 용
성질	인화성 액체
품명	❶ 특수인화물(다이에틸에터, 이황화탄소, 아세트알데하이드, 산화프로필렌) ❷ 제1석유류(아세톤, 가솔린(휘발유)) ❸ 제2석유류(등유, 경유) ❹ 제3석유류(중유, 크레오소트유) ❺ 제4석유류(기계유, 실린더유) ❻ 알코올류(**탄소수 1~3까지의 1가 포화알콜**(**변성알콜 포함**)) ❼ 동식물유류(건성유, 반건성유, 불건성유)
소화 방법	❶ 주수소화는 화재면 확대로 위험(수용성 제외) ❷ 포, CO_2, 할론, 분말 등으로 질식소화 ❸ 소포성이 있는 것(수용성)은 알코올포로 소화

> **Pass Point**
>
> ✪ **제1석유류**
> 인화점 21℃ 미만
>
> ✪ **제2석유류**
> 인화점 21℃ 이상
> 70℃ 미만
>
> ✪ **제3석유류**
> 인화점 70℃ 이상
> 200℃ 미만
>
> ✪ **제4석유류**
> 인화점 200℃ 이상
> 250℃ 미만
>
> ✪ **알코올류**
> C_1~C_3까지 포화1가 알
> 코올(변성알코올 포함)

(5) **제5류 위험물**(자기반응성(내부연소성) 물질) ★★

구분	내 용
성질	자기반응성 물질 = 자기연소성 물질 = 내부연소성 물질
품명	❶ 유기과산화물류, 질산에스터류 ❷ 나이트로화합물, 나이트로소화합물 ❸ 아조화합물, 다이아조화합물 ❹ 하이드라진 유도체, 하이드록실아민, 하이드록실아민염류
소화 방법	❶ 다량의 물로 주수소화 ❷ 산소함유 물질로 **질식소화는 효과가 없다.** ❸ 연소속도가 너무 빨라 초기화재 또는 소량화재 이외는 소화가 곤란

(6) **제6류 위험물**(산화성액체) ★★

구분	내 용
성질	산화성 액체
품명	❶ 과염소산　　❷ 과산화수소　　❸ 질산
소화 방법	❶ 건조사로 소화 ❷ 물과는 발열반응하여 냉각소화는 별 효과가 없으나 다량의 물로 주수 소화는 가능하다.

> ✪ **과산화수소**
> 36중량% 이상
>
> ✪ **질산**
> 비중이 1.49 이상

제1편 소방원론

○ 혼재할 수 있는 것
① 1류+6류
② 2류+4류
③ 2류+5류
④ 3류+4류
⑤ 4류+5류

2. 유별을 달리하는 위험물의 혼재기준 ★

위험물의 구분	제1류	제2류	제3류	제4류	제5류	제6류
제1류		×	×	×	×	○
제2류	×		×	○	○	×
제3류	×	×		○	×	×
제4류	×	○	○		○	×
제5류	×	○	×	○		×
제6류	○	×	×	×	×	

[비고] 1. "×" 표시는 혼재할 수 없음을 표시
2. "○" 표시는 혼재할 수 있음을 표시
3. 이 표는 지정수량의 $\frac{1}{10}$ 이하의 위험물에 대하여는 적용하지 아니한다.

○ 특수가연물
대통령령으로 정한다.

3. 특수가연물 ★★

품 명		수 량
면 화 류		200kg 이상
나무껍질 및 대팻밥		400kg 이상
넝마 및 종이부스러기 사류(絲類) 볏짚류		1,000kg 이상
가연성고체류		3,000kg 이상
석탄·목탄류		10,000kg 이상
가연성액체류		$2m^3$ 이상
목재가공품 및 나무부스러기		$10m^3$ 이상
합성 수지류	발포시킨 것	$20m^3$ 이상
	그 밖의 것	3,000kg 이상

○ 면화류
섬유와 마사원료

○ 사류
실과 누에고치

○ 볏짚류
– 마른 볏짚
– 마른 북더기

4. 특수가연물의 저장 및 취급의 기준 ★★★

(1) 품명·최대저장수량 및 화기취급의 금지표지 설치
(2) 저장 기준(단, 석탄·목탄류를 발전(發電)용으로 저장하는 경우에는 예외)
 ① 물질별로 구분하여 쌓을 것
 ② 쌓는 높이는 **10m 이하**
 ③ 쌓는 부분의 바닥면적은 **50m² 이하**
  (석탄·**목탄류**의 경우에는 **200m²**) 이하

④ 쌓는 부분의 바닥면적 사이는 1m 이상이 되도록 할 것

 살수설비 또는 대형 소화기를 설치하는 경우
❶ 쌓는 높이는 15m 이하
❷ 쌓는 부분의 바닥면적은 200m² (석탄 · 목탄류 300m² 이하)

5. 산소지수(한계산소농도) (LOI : Limited Oxygen Index) ★

폴리에틸렌(PE)	폴리프로필렌(P.P)	폴리스티렌(P.S)	폴리염화비닐(PVC)
17.4 %	18.0 %	19.0 %	45%

※ 폴리프로필렌의 산소지수가 18%이므로 산소농도가 18% 이하에서는 연소할 수 없다는 뜻.

○ **산소지수**
가장 큰 것이 PVC(폴리염화비닐)이다.

6. 증기-공기밀도(vapor-air density) ★★

$$\text{증기} - \text{공기밀도} = \frac{P'd}{P} + \frac{P - P'}{P}$$

P : 대기압 (mmHg), P' : 증기압 (mmHg), d : 증기밀도

7. 증기 비중 ★★★★

(1) 공기의 조성

질소(N_2) 78.03%, 산소(O_2) 20.99%, 아르곤(Ar) 0.94%, 이산화탄소(CO_2) 0.03% 등으로 구성

※ 공기 중 산소의 **부피**(%) = 21%
※ 공기 중 산소의 **중량(무게)**(%) = 23%

(2) 공기의 평균 분자량

$28(N_2) \times 0.7803 + 32(O_2) \times 0.2099 + 40(Ar) \times 0.0094$
$+ 44(CO_2) \times 0.0003 = 28.95 ≒ 29$

※ 공기의 평균 분자량 = 29
※ 증기비중 $= \dfrac{M(분자량)}{29(공기평균분자량)}$

○ **원자량**
질소(N) : 14
산소(O) : 16
탄소(C) : 12
아르곤(Ar) : 40

Pass Point

✪ **열가소성 수지**
열을 가하고 힘을 가하면 변형이 되고 그 힘을 제거하면 그 때의 형태를 유지하는 고분자 물질

✪ **열경화성 수지**
열을 가하면 더 굳어지고 변형이 되지 않는 고분자 물질

8. 열가소성 수지와 열경화성 수지 ★★

(1) **열가소성수지**
  ① 폴리에틸렌(PE)수지
  ② 폴리프로필렌(PP)수지
  ③ 폴리스티렌(PS)수지
  ④ 폴리염화비닐(PVC)수지
  ⑤ 아크릴수지

(2) **열경화성수지**
  ① 페놀수지(베이클라이트)
  ② 요소수지
  ③ 멜라민 수지

9. 동소체 ★

같은 원소로 구성되어 있으나 성질이 다른 단체

원소	동 소 체
산소	산소와 오존
탄소	다이아몬드, 흑연, 숯
황	사방황, 단사황, 고무상황
인	적린, 황린

※ 동소체가 성질이 다른 이유 : 원자배열상태가 다르기 때문.
※ 동소체의 증명 : **연소 시 같은 물질이 생성되면 동소체이다.**

제 2 장 방화론

2-1 건축물의 내화성상

1. 건축법상 용어의 정의 ★

무창층 : 지상층 중 개구부의 면적의 합계가 그 층의 바닥면적의 $\frac{1}{30}$이하가 되는 층

2. 주요 구조부 ★★

① 내력벽 ② 기둥 ③ 바닥
④ 보   ⑤ 지붕틀 ⑥ 주계단

3. 내화구조 ★★

화재에 견딜 수 있는 성능을 가진 구조로서 국토교통부령으로 정하는 기준에 적합한 구조

4. 내화구조의 요구기능 ★

① 차열과 화염의 차단
② 장기 설계 하중의 지지
③ 충격과 소방주수에 대한 강도 유지
④ 부재의 성능 유지
⑤ 화재 후 건물 재사용 문제
⑥ 불연성

5. 불연재료 ★★

콘크리트, 석재, 벽돌, 기와, 철강, 알루미늄, 유리, 시멘트모르타르, 회
[어두문자 기억법 : 콘/알철모/석유/벽기]

✪ 개구부 인정요건
① 크기가 지름 50cm 이상
② 개구부 밑부분까지 1.2m 이내
③ 차량 진입 가능한 공지
④ 창살, 장애물 없을 것
⑤ 쉽게 파괴, 개방 가능할 것

✪ 준불연재료
① 석고보드
② 시멘트판

제1편 소방원론

✪ 내화구조의 벽
① 철근콘크리트조 : 10cm 이상
② 철망모르타르 : 4cm 이상
③ 콘크리트블록 : 5cm 이상

✪ 방화구조
화재에 대한 내력은 없어도 인접부분으로 연소확대를 방지할 수 있는 구조

6. 주요 구조부의 내화구조 기준 ★★

주요 구조부	내화구조 기준
벽	• 철근 콘크리트조 또는 철골 철근 콘크리트조로 두께가 10cm 이상 • 골구를 철골조로 하고 그 양면을 두께 4cm 이상의 철망 모르타르 또는 두께 5cm 이상의 콘크리트 블록, 벽돌 또는 석재로 덮은 것
기둥 (작은지름 25cm 이상)	• 철근 콘크리트조 또는 철골·철근 콘크리트조 • 철골을 두께 6cm 이상의 철망 모르타르 또는 두께 7cm 이상의 콘크리트 블록, 벽돌 또는 석재로 덮은 것 • 철골을 두께 5cm 이상의 콘크리트로 덮은 것
바닥	• 철근 콘크리트조 또는 철골 철근 콘크리트조로서 두께가 10cm 이상인 것

7. 방화구조의 기준 ★★

방화 구조 내용	두께 기준
• 석고판 위에 **시멘트 모르타르 또는 회반죽**을 바른 것 • 시멘트 모르타르 위에 **타일**을 붙인 것	2.5cm 이상
• 철망 모르타르 바름	2cm 이상
• 심벽에 흙으로 **맞벽치기** 한 것 • **방화** 2급 이상에 해당하는 것	그대로 인정

8. 방화벽의 설치기준

(1) **개구부 크기** : 2.5m × 2.5m 이하
(2) **출입구** : 60분+방화문 또는 60분방화문

대상 건축물	구획 면적	방화벽의 구조
주요 구조부가 내화구조 또는 불연재료가 아닌 연면적 1000m² 이상인 건축물	바닥면적의 합계는 1000m² 미만	• 내화구조로서 홀로 설 수 있는 구조일 것 • 방화벽의 양쪽 끝과 윗쪽 끝을 건축물의 외벽면 및 지붕면으로부터 **0.5m 이상** 튀어나오게 할 것 • 방화벽에 설치하는 출입문의 너비 및 높이는 각각 **2.5m 이하**로 하고, 해당 출입문에는 60분+방화문 또는 60분방화문을 설치 • 방화구획으로 사용하는 **60분+방화문 또는 60분방화문**은 언제나 닫힌 상태를 유지하거나 화재감지기와 연동하여 **자동적으로 닫히는 구조**

9. 방화문

구 분	정 의
60분+방화문	연기 및 불꽃을 차단할 수 있는 시간이 60분 이상이고, 열을 차단할 수 있는 시간이 30분 이상인 방화문
60분방화문	연기 및 불꽃을 차단할 수 있는 시간이 60분 이상인 방화문
30분방화문	연기 및 불꽃을 차단할 수 있는 시간이 30분 이상 60분 미만인 방화문

10. 방화구획의 기준 ★★★

구획 구분	구획 단위	구획 부분의 구조
면적별	• 10층 이하의 층 : 1,000m²(3,000m²) • 11층 이상의 층 : 200m²(600m²) • 11층 이상의 층(불연재료 사용) : 500m²(1,500m²)	• 내화구조의 바닥, 벽 • 60분+방화문 또는 60분방화문 • 자동방화셔터
층별	• 매 층마다 (다만, 지하1층에서 지상으로 직접 연결하는 경사로 부위는 제외.)	
용도별	• 필로티나 이와 비슷한 구조의 부분을 주차장으로 사용하는 경우 그 부분은 건축물의 다른 부분과 구획 • 주요구조부를 내화구조로 하여야 하는 대상 부분과 기타 부분 사이의 구획	

(주) ( )안은 자동식소화설비를 설치한 경우

댐퍼의 설치기준
① **철재**로서 철판의 두께가 **1.5mm 이상**인 것
② 화재 발생 시 연기의 발생 또는 온도상승에 따라 자동적으로 닫힐 것
③ 닫힌 경우에는 방화에 지장이 있는 틈이 생기지 아니할 것

11. 연소할 우려가 있는 부분 ★
(건축물의 피난·방화구조 등의 기준에 관한 규칙)

인접대지 경계선, 도로 중심선, 동일한 대지 안에 있는 2동 이상의 건축물 상호 외벽간의 중심선으로부터의 거리

1층	2층 이상
3m 이내	5m 이내

○ **경계벽**
공동주택의 각 세대간의 벽을 말하며 내화구조로 할 것

○ **칸막이 벽**
학교교실, 의료시설의 병실, 숙박시설의 객실, 기숙사의 침실 등을 구획하기 위하여 쓰이는 벽으로 내화구조로 할 것

제1편 소방원론

12. 공간적 대응과 설비적 대응 ★★

(1) 공간적 대응
　① **대항성** 대응 : 내화 및 방연성능, 방화구획, 화재방어, 최소화
　② **회피성** 대응 : 난연 및 불연화, 방화훈련
　③ **도피성** 대응 : 방재계획, **피난구조설비**

(2) 설비적 대응
　① **대항성** 대응 : 제연설비, 방화문, 방화셔터
　② 도피성 대응 : **피난유도설비**

2-2 건축물의 피난 및 안전계획

○ 피난대책
① 2방향
② 원시적
③ 고정식 설비
④ Fool proof와 Fail safe
⑤ 간단 명료

1. 건축물 화재시 피난대책 ★★★★

(1) **2방향** 원칙 피난통로를 확보
(2) 피난수단은 **원시적 방법** 원칙
(3) 피난구조설비는 **고정식 설비**를 원칙, **보조적으로 이동식 설비**를 고려
(4) 피난대책은 Fool proof와 Fail safe의 원칙을 중요시 할 것
(5) 피난경로는 **간단 명료**

2. Fool proof와 Fail safe ★★

(1) Fool proof
　화재 시 인간의 행동특성에 따라 행동하는 것을 고려하여 **원시적**이고 **간단 명료**하게 배려한 대책(유도표지가 문자보다는 **색과 형태**를 이용, **피난방향**으로 문을 열 수 있도록 하는 것)

(2) Fail safe
　피난 시 하나의 수단 또는 방법이 고장 등으로 불가능하더라도 **다른 방법**에 의하여 피난할 수 있도록 고려하는 것을 말한다. **2방향** 이상의 **피난통로**를 확보한다든가 또는 **예비 전원**을 확보하는 것이 이에 속한다.

3. 피난로 형태 ★★

형태	피난방향	특 징
T형	↕	피난자에게 피난경로를 확실히 알려주는 형태
X형	↔↕	피난로가 확실하며 양방향으로 피난이 가능
H형	↔↕↔	중앙코너방식으로 **패닉현상 발생우려가 있다** (피난자의 집중)
Z형	↔↓↔	코너식 중에서 제일 안전한 형태로 중앙 복도형 건축물의 피난경로

> **◎ H형**
> 패닉현상 발생 우려가 있다.

4. 건축물 설계시의 화재안전 계획 ★

① 건물 배치계획 ② 평면계획
③ 단면계획 ④ 재료계획
⑤ 제연계획 ⑥ 피난계획

> **◎ 제연계획**
> ① 불연화, 난연화
> ② 제연설비
> ③ 화재하중 최소화

5. 안전 구획 ★★★

(제1차 안전구획) 복 도 → (제2차 안전구획) 계단 부속실 → (제3차 안전구획) 피난계단(현관, 로비)

6. 화재시 인간의 본능 ★★

(1) **귀소 본능**
   화재시 인간은 피닌을 위하여 자신이 들어온 길 또는 **평상시 사용하던 통로**(복도, 계단)로 탈출하려는 경향이 있다. 즉 자신이 들어온 길로 되돌아가려는 본능인 것이다.

(2) **지광 본능**
   화재시 인간은 주위가 어두워지면 **밝은 곳으로** 피난하려는 경향

(3) **추종 본능**
   화재시(비상시) 인간은 군중 중 한사람의 지도자가 나타나면 그 **지도자를 따라** 행동하려는 경향

(4) **퇴피 본능**
   인간은 화재를 감지하면 반사적으로 **화재지역으로부터 멀리** 피난하려는 경향

> **◎ 피난계획**
> ① 피난로 확보
> ② 간단명료
> ③ 양방향 피난 원칙
> ④ 인간본능 고려하여 피난로 설계

(5) **좌회 본능**

인간은 대부분 오른손이나 오른발을 사용하여 발달하였으므로 회전할 경우에는 주로 오른손이나 오른발을 이용하여 **왼쪽으로 회전**(좌회전)하려는 경향

7. 출화부(발화부) 추정의 원칙 ★

(1) 도괴 방향법
(2) 탄화 심도법
(3) 화염진행방향 비교법
(4) 목재표면의 균열흔 비교법
(5) 목재표면과 발열체와의 거리

○ **도괴 방향법**
발화부를 향하여 도괴(무너짐)되는 경향을 이용하여 출화부를 추정하는 방법

2-3 소화방법 및 원리

1. 소화방법 ★★★★★

(1) **냉각소화** : 가연성 물질을 발화점 이하로 온도를 냉각시키는 방법

물이 소화제로 이용되는 이유
❶ 물의 기화열(539kcal/kg)이 크기 때문
❷ 물의 비열 (1kcal/kg℃)이 크기 때문

물의 냉각특성
❶ 물의 온도가 낮을수록 냉각효과가 크다.
❷ 건조한 상태에서 증발이 용이하다.
❸ 분무상태(안개모양)일 때 냉각효과가 크다.

○ **소화의 정의**
연소의 3요소인 가연물, 산소, 점화원 중 한 가지 이상 요소를 제거하여 연소가 지속될 수 없도록 하는 것

(2) **질식소화** : 산소농도를 21%에서 15% 이하로 감소시켜 소화

질식소화시 산소의 유지농도 : 10~15%

(3) **억제소화**(부촉매소화, 화학적소화) : **연쇄반응을 억제**시켜 소화

① **부촉매** : 화학적 반응의 속도를 느리게 하는 것
② **부촉매 효과** : 할론소화약제
　　(할로젠족 원소 : 불소(F), 염소(Cl), 브로민(취소)(Br), 아이오딘(I))
③ **부촉매(소화효과)의 크기 순서** :
　　불소(F) < 염소(Cl) < 브로민(취소)(Br) < 아이오딘(I)
④ **반응력(친화력)의 크기 순서** :
　　불소(F) > 염소(Cl) > 브로민(취소)(Br) > 아이오딘(I)

(4) **제거소화** : 화재구역에서 가연성물질을 제거시켜 소화

제거소화의 예
❶ 산불이 발생하면 화재의 진행방향을 앞질러 벌목한다.
❷ 화학반응기의 화재시 원료공급관의 밸브를 잠근다.
❸ 유전화재시 폭약으로 폭풍을 일으켜 화염을 제거한다.
❹ 촛불을 입김으로 불어 화염을 제거한다.

(5) **피복소화** : 가연물 주위를 공기와 차단시켜 소화

　(예) 방안에서 화재가 발생시 이불이나 담요로 덮는다.

(6) **희석소화** : 수용성액체 화재시 물을 방사하여 **연소농도를 희석**하여 소화

　(예) **아세톤**에 물을 다량으로 섞는다.

(7) **유화소화**(에멀전소화) : 비수용성 인화성액체의 유류화재 시 물분무로 방사하여 액체표면에 **불연성의 유막**을 형성하여 소화

　물의 유화효과 (에멀전 효과)를 이용한 방호대상설비 : 기름탱크

● **촉매**
　- 반응속도를 느리게 또는 빠르게 하기 위하여 첨가하는 물질
　- 정촉매와 부촉매로 구분

● **정촉매**
　반응속도를 빠르게

● **부촉매**
　반응속도를 느리게

● **아세톤**
　- CH_3COCH_3
　- 제4류 1석유류
　- 물에 잘 녹는다.

제1편 소방원론

핵심요점정리

제3장 약제화학

3-1 물소화약제

1. 물소화약제의 장점 및 단점 ★★

(1) 장 점

① 물의 비열(1kcal/kg℃)과 증발잠열(539kcal/kg)이 크다.
② 물은 쉽게 구할 수 있고 값이 저렴하고 장기보관이 가능하다.
③ 물은 기화되면 체적이 **약 1700배**로 팽창되어 산소농도를 감소시킨다.
④ 인체에 무해하고 비압축성 액체로 배관 등으로 쉽게 이송이 가능하다.

(2) 단 점

① 빙점(어는점)이 0℃로 낮아서 한랭지나 겨울철에는 사용하기 어렵다.
② 빙점을 낮추기 위하여 동결 방지제를 첨가하거나 보온이 필요하다.
③ 유류화재에 물 방사 시(무상제외) 연소면(화면)이 확대되어 오히려 위험
④ 전기화재에 물 방사 시(무상제외) 감전우려가 있다.
⑤ 금속화재에 물 방사 시 가연성 기체의 발생으로 위험하다.

❶ 금속화재에 물 방사시 가연성가스(H_2 : 수소가스)발생으로 위험
   $Mg + 2H_2O \rightarrow Mg(OH)_2 + H_2 \uparrow$
❷ 유류화재에 물 방사시 연소면(화면) 확대로 위험
❸ 강화액 : 물에 탄산칼륨(K_2CO_3)을 첨가하여 물의 어는점을 낮춘 수용액으로 추운지방(한랭지)에서 사용 [빙점 : 약 −17℃~−30℃]

○ 물이 소화약제로 사용되는 이유
① 비열이 크기 때문
② 기화열이 크기 때문

2. 물의 소화능력 증가를 위한 첨가제 ★★★

(1) **부동액**(Anti-freeze agent)
  ① 물의 빙점을 낮추는 첨가제
  ② 종류 : **에틸렌글리콜**, 프로필렌글리콜, 글리세린, **염화나트륨**, 염화칼슘, 탄산칼륨

(2) **침윤제**(Wetting agent)
  ① 물의 **표면장력 감소** 첨가제
  ② 재연소 방지에 적합
  ③ **심부화재**에 적합

(3) **농축제**(Thickening agent 또는 Viscosity agent)
  ① 물의 **점도 향상** 첨가제
  ② **산림화재**에 적합

(4) **밀도 개질제**(Density modifier)
  물의 **밀도를 개질**하기 위하여 첨가시키는 첨가제로서 물의 소화능력을 증가시키기 위한 것이다. 대표적인 것으로는 수용성 폼(foam)이 있다.

> ✪ **부동액**
> 물의 어는점을 낮춘다.
>
> ✪ **침윤제**
> 심부화재에 적합
>
> ✪ **농축제=증점제**
> 산불화재에 적합

3-2 포소화약제

1. 화학포의 반응식 ★

$$6NaHCO_3 + Al_2(SO_4)_3 \cdot 18H_2O \rightarrow 3Na_2SO_4 + 2Al(OH)_3 + 6CO_2 + 18H_2O$$

2. 포소화약제의 종류 및 사용 농도(%) ★★★

구분	종류	사용농도	팽창비
저발포 (저팽창포)	단백포 불화단백포 **합성계면활성제포** 수성막포 알코올포	3%, 6%	6배 이상 20배 이하
고발포 (고팽창포)	**합성계면활성제포**	1%, 1.5%, 2%	80배 이상 1000배 미만

> ✪ **화학포**
> – 현재 생산이 중단된 약제이다.
> – 시험에는 출제된다.
>
> ✪ **사용농도**
> 저발포: 3%, 6%
> 고발포: 1%, 1.5%, 2%
>
> ✪ **합성계면활성제포**는 저발포 및 고발포 모두 사용이 가능하다.

제 1 편 소방원론

(1) 단백포 소화약제
① 동물 및 식물성 **단백질을 가수분해**한 물질에 포안정제(염화제일철염 : FeCl₂염) 방부제, 동결방지제(부동액) 등을 첨가한 저발포용
② 부동액이 첨가되어 영하 15℃까지는 얼지 않으나 수명이 3~4년으로 짧다.
③ 장기보관 시 산화하여 변질이 되고 침전물이 생성된다.
④ **유동성이 좋지 않으나** 내화성이 우수하여 발포된 포가 화염에 잘 깨지지 않는다.
⑤ 내유성이 약하고 합성계면활성제포보다 소화시간이 길다.
⑥ 다른 포약제에 비해 **부식성이 크다.**

(2) 불화 단백포 소화약제
① 단백질 가수분해 물질에 **불소(F)계면활성제**를 첨가한 포약제이다.
② 부동액이 첨가되어 영하15℃까지는 얼지 않고 수명이 8~10년으로 길다.
③ 유동성 및 내유성이 좋아서 소화속도가 빠르고 **표면하 주입방식**에도 사용
④ **분말 소화약제와 겸용**이 가능하다.

불화단백포
▶ 표면하 주입방식에 사용할 수 있다.
▶ 분말 소화약제와 겸용이 가능하다.

(3) 합성계면활성제포 소화약제
① 합성계면활성제(탄화수소계)에 기포 안정제, 부동액, 방부제 등을 첨가한 포약제
② 유동성이 좋아 소화속도도 빠르며 수명이 반영구적이다.
③ **적열된 유류저장탱크 화재**에는 **부적합**하다.

(4) 수성막포 소화약제
① 불소계통의 습윤제에 합성계면활성제 첨가한 포약제이며 주성분은 **불소계 계면활성제**이다.
② 미국에서는 **AFFF**(Aqueous Film Forming Foam)로 불리며 3M사가 개발한 것으로 상품명은 **라이트 워터**(light water)이다.
③ 분말약제와 겸용이 가능하고 **액면하 주입방식**에도 사용할 수 있다.
※ 유류화재용으로 **가장 뛰어난 포약제**는 수성막포이다.

❋ **수성막포**
- 포약제중 소화효과 가장 우수
- 분말약제와 겸용이 가능
- AFFF라고도 한다.

❋ **알코올포**
수용성 위험물 화재에 적합하다.

(5) 알코올포 소화약제
① **수용성 액체**(알코올류, 케톤류, 에스터류, 아민류)화재에 일반포 약제를 적용하면 거품이 순식간에 파괴되는 소포성(파포현상) 때문에 소화효과가 없다. 따라서 이러한 소포현상이 발생되지 않도록 특별히 제조된 것이 알코올포 소화약제이다.
② 알코올포 소화약제의 종류
㉮ 금속비누형
㉯ 불화 단백형
㉰ 고분자 겔형
※ Transfer Time(이전시간) : 포약제 원액과 물이 혼합되어 발포시킬 때까지 소요되는 시간을 말한다.

3. 25% 환원시간 ★

채취한 포로부터 낙하하는 포수용액의 25%($\frac{1}{4}$)을 배액 하는데 요하는 시간을 분으로 나타낸 것

$$25\%\text{용량값(mL)} = \frac{\text{포시료의 무게(g)}}{4}$$

4. 포 약제의 종류에 따른 25% 환원시간 ★

포 약제의 종류	25% 환원시간
저발포용 소화약제	1분 이상
고발포용 소화약제	3분 이상
방수포용 소화약제	2분 이상

5. 발포배율(팽창비) ★★

$$\text{팽창비} = \frac{\text{발포후 포의 체적}}{\text{발포전 포수용액(포원액+물)의 체적}}$$

Pass Point

◎ **알코올포**
수용성 위험물 화재에 적합하다.

◎ **소포성=파포성**
수용성 위험물 화재시 일반포를 사용하면 거품이 소멸되는 성질

◎ **25% 환원시간**
– 25% 환원시간이 길수록 소화효과가 크다.

3-3 이산화탄소소화약제

1. 이산화탄소의 인체에 대한 위험성 ★

농도(%)	인체에 대한 영향
2	불쾌감
4	눈, 목에 점막 자극, 두통, 귀울림, 현기증, 혈압상승
8	호흡곤란
10	시력장애, 몸이 떨리며 1분 이내 의식불명이 되고 그대로 방치 시 사망
20	중추신경 마비되어 사망

※ 이산화탄소의 허용농도 : 5000ppm(0.5%)

◆ CO_2 저장방식
- 고압식 :
  15℃, 5.3MPa
- 저압식 :
  18℃, 2.1MPa

2. 이산화탄소 저장용기의 충전비(L/kg) ★★★

저장 방식	충 전 비
저 압 식	1.1 ~ 1.4
고 압 식	1.5 ~ 1.9

※ 소화기의 저장방식은 고압식으로 충전비는 1.5 이상 1.9 이하이다.

3. 이산화탄소 소화설비의 장점과 단점 ★★★

장 점	단 점
❶ 화재 진화 후 **깨끗**하다.	❶ 설비가 고압 특별한 주의 요구
❷ **심부 화재**에 적합하다.	❷ CO_2 방사 시 **동상우려**
❸ 증거보존 양호하여 **화재원인조사 용이**	❸ 인체에 **질식**의 우려
❹ 비전도성이므로 전기화재에 유효.	❹ CO_2방사 시 소음이 크다.
❺ 피연소물에 피해가 적다.	

4. 이산화탄소의 소화효과 ★★

① 피복효과   ② 질식효과   ③ 냉각효과

5. 이산화탄소 소화설비 설계공식 ★★★★★

(1) 액화 이산화탄소의 기화시 가스의 체적(부피)

$$PV = \frac{W}{M}RT = nRT$$

P : 압력(atm)　　　　　　V : 부피(m^3)
W : CO_2 무게(kg)　　　　M : 분자량(44)
R : 기체상수($0.082 atm \cdot m^3/kmol \cdot K$)
T : 절대온도($273+t℃$)　　n : 몰수

(2) CO_2농도(%)의 계산

$$G = \frac{21-Q_1}{Q_1} \times V$$

G : 방출된 CO_2가스부피(m^3)　　Q_1 : 산소농도(%)
V : 방호구역 체적(m^3)

$$CO_2(\%) = \frac{21-O_2(\%)}{21} \times 100$$

$$CO_2(\%) = \frac{\text{방출된}CO_2\text{가스부피}(m^3)}{\text{방호구역체적}(m^3)+\text{방출된}CO_2\text{가스부피}(m^3)} \times 100$$

● CO_2 농도계산
2차 실기시험에 자주 출제되므로 필히 암기할 것

3-4 할로겐화합물소화약제

1. 할론소화약제의 특징 ★

① **부촉매효과**가 크며 소화능력이 우수
② 금속에 대한 부식성이 적고, 전기화재에 적합. 화재 진화 후 깨끗
③ 약제의 변질 및 분해 없고 설계농도 5~10%의 적은 농도로 소화가 가능
④ 가격이 비싸고 **오존층 파괴**로 인한 환경피해가 심하다.

2. 할론소화약제의 소화효과 ★★★

① **연쇄반응을 억제**하는 부촉매효과
② 냉각효과
③ 질식효과
④ 희석효과

● 할론소화효과
　– 화학적 소화
　– 부촉매 소화
　– 억제 소화

3. 할론소화약제의 명명법 ★★★★★

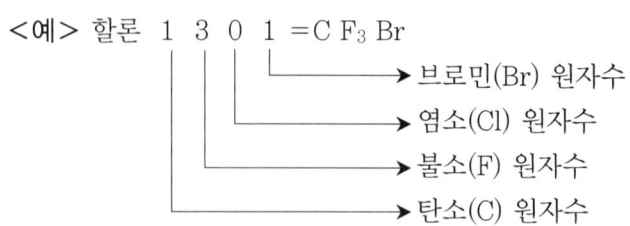

○ 할론 및 CO_2 약제
  액체상태로 저장

4. 할론소화약제의 물리적 성질 ★

구 분	할론 1301	할론 1211	할론 2402
화학식	CF_3Br	CF_2ClBr	$C_2F_4Br_2$
상온(20℃)에서 상태	기체	기체	액체
오존층 파괴지수(ODP)	14.1	2.4	6.6

5. 할론 1301의 농도에 따른 인체의 영향 ★★

농도(%)	인체 영향
7% 이하	5분 정도까지 흡수 시 별 영향 없음
7~10%	수분간 흡수 시 현기증 및 기억력 감퇴
10~15%	30초 이상 흡수 시 참기 어렵다
15~20%	장기간 흡수 시 의식불명 및 사망우려

6. 오존파괴지수(ODP) 및 지구온난화지수(GWP) ★★★

(1) **오존파괴지수**(ODP : Ozone Depletion Potential)
  어떤 물질의 **오존 파괴능력**을 상대적으로 나타내는 지표의 정의

$$ODP = \frac{\text{어떤 물질 1kg이 파괴하는 오존량}}{CFC-11\ 1\text{kg이 파괴하는 오존량}}$$

[참고] CFC [chloro(C), Fluoro(F), Carbon(C)]

○ ODP 기준물질
  $CFC-11(CFCl_3)$

(2) **지구 온난화지수**(GWP : Global Warming Potential)
  어떤 물질이 기여하는 **온난화 정도**를 상대적으로 나타내는 지표의 정의

$$GWP = \frac{\text{어떤 물질 1kg이 기여하는 온난화정도}}{CO_2-1\text{kg이 기여하는 온난화정도}}$$

○ GWP 기준물질
  이산화탄소(CO_2)

7. NOAEL 및 LOAEL ★★

(1) **NOAEL**(No Observed Adverse Effect Level)
심장 독성시험에서 심장에 영향을 미치지 않는 농도
(2) **LOAEL**(Lowest Observed Adverse Effect Level)
심장 독성시험에서 심장에 영향을 미칠 수 있는 최소농도

8. 할로겐화합물소화약제의 소화능력

소화약제명	화학식	소화능력
할론 1301	CF_3Br	3.0
할론 2402	$C_2F_4Br_2$	1.7
할론 1211	CF_2ClBr	1.4
분말소화약제		2.0
이산화탄소약제	CO_2	1.0(기준)

●할론1301
 - 소화능력 가장 우수
 - 독성이 가장 적다.

9. 할론소화약제의 충전비 ★★★

약제		할론 2402 ($C_2F_4Br_2$)	할론 1211 (CF_2ClBr)	할론 1301 (CF_3Br)
충전비	가압식	0.51 이상 0.67 미만	0.7 이상	0.9 이상
	축압식	0.67 이상 2.75 이하	1.4 이하	1.6 이하

10. 할로젠족 원소의 반응력(친화력)과 소화효과 ★★

① 반응력 세기 : F > Cl > Br > I
② 소화효과 크기 : F < Cl < Br < I

 필수암기 ★★★★

할로젠족 원소의 원자량
F(불소) = 19
Cl(염소) = 35.5
Br(브로민, 취소) = 79.9

● IG 명명법
  IG-ABC
  A : N_2 함량
  B : Ar 함량
  C : CO_2 함량

● IG-541
  - N_2 : 52%
  - Ar : 40%
  - CO_2 : 8%

● ODP 기준물질
  - CFC-11($CFCl_3$)

● GWP(지구 온난화지수) 기준물질
  - CO_2(이산화탄소)

11. 할로겐화합물 및 불활성기체 소화약제의 종류
★★★★★ (2차 실기 출제)

소화약제	화학식
도데카플루오린-2-메틸펜탄-3-원 (FK-5-1-12)	$CF_3CF_2C(O)CF(CF_3)_2$
퍼플루오린부탄(FC-3-1-10)	C_4F_{10}
하이드로클로로플루오린카본혼화제 (HCFC BLEND A)	HCFC-123($CHCl_2CF_3$) : 4.75% HCFC-22($CHClF_2$) : 82% HCFC-124($CHClFCF_3$) : 9.5% $C_{10}H_{16}$: 3.75%
클로로테트라플루오린에탄(HCFC-124)	$CHClFCF_3$
펜타플루오린에탄(HFC-125)	CHF_2CF_3
헵타플루오린프로판(HFC-227ea)	CF_3CHFCF_3
트라이플루오린메탄(HFC-23)	CHF_3
헥사플루오린프로판(HFC-236fa)	$CF_3CH_2CF_3$
트라이플루오린이오다이드(FIC-13 I 1)	CF_3I
불연성·불활성기체혼합가스(IG-01)	Ar
불연성·불활성기체혼합가스(IG-100)	N_2
불연성·불활성기체혼합가스(IG-541)	N_2 : 52%, Ar : 40%, CO_2 : 8%
불연성·불활성기체 혼합가스(IG-55)	N_2 : 50%, Ar : 50%

12. 할로겐화합물이 지구환경에 미치는 영향 ★★

① 지구환경 파괴
② 오존층 파괴
③ 지구 온난화

【ODP(Ozone Depletion potential) : 오존파괴지수】

물질명	$CFCl_3$(CFC-11)	할론 1211	할론 2402	할론 1301
ODP	1	3	6	10

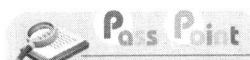

3-5 분말소화약제

1. 분말 소화약제의 입도와 소화성능 ★

① 입도가 너무 미세하거나 커도 **소화성능**이 저하된다.
② **미세도의 분포**가 골고루 되어 있어야 한다.
③ 분말입도는 20~25μm의 범위에서 소화효과가 가장 좋다.

2. 분말 소화약제의 종류 ★★★★★ (2차 실기에도 출제)

종별	화학식	주성분 명칭	적응화재	착색
제1종	$NaHCO_3$	중탄산나트륨, 탄산수소나트륨, 중조	B·C급	백색
제2종	$KHCO_3$	중탄산칼륨, 탄산수소칼륨	B·C급	담회색
제3종	$NH_4H_2PO_4$	인산암모늄 (제1인산 암모늄)	A·B·C급	담홍색
제4종	$KHCO_3+(NH_2)_2CO$	탄산수소칼륨+요소	B·C급	회색

○ **분말약제의 주성분**
2차 실기시험에 자주 출제되므로 화학식 및 명칭 필히 암기 요망

(1) **제1종 분말약제의 열분해 반응식**

$$2NaHCO_3 \xrightarrow{\triangle} Na_2CO_3 + CO_2 + H_2O$$
(탄산나트륨) (이산화탄소) (수증기)

★ 주방에서 지방 또는 **식용유 화재시** 가연물인 지방산과 Na^+이온이 비누화 현상을 일으켜 비누거품을 생성하여 연소를 억제하는 효과가 크다.

※ **비누화 현상** : 알칼리를 작용하면 가수분해되어 그 성분의 산의 염과 알코올이 생성되는 현상

○ **식용유 화재시**
제1종분말이 가장 적당하다.

(2) **제2종 분말약제의 열분해 반응식**

$$2KHCO_3 \xrightarrow{\triangle} K_2CO_3 + CO_2 + H_2O$$
(탄산칼륨) (이산화탄소) (수증기)

(3) **제3종 분말약제의 열분해 반응식**

$$NH_4H_2PO_4 \xrightarrow{\triangle} HPO_3 + NH_3 + H_2O$$
(메타인산) (암모니아) (수증기)

(4) **제4종 분말약제의 열분해 반응식**

$$2KHCO_3 + (NH_2)_2CO \xrightarrow{\triangle} \underset{(탄산칼륨)}{K_2CO_3} + \underset{(암모니아)}{2NH_3} + \underset{(이산화탄소)}{2CO_2}$$

제2편 소방유체역학

제1장 유체의 정의 및 성질

1. 유체의 종류 ★

① **점성**유체 : 점성을 가지고 있는 유체 즉 전단응력이 발생하는 유체
② **비점성**유체 : 점성력이 없는 유체 즉, 전단응력이 발생 않는 가상적인 유체
① **이상**유체 : **점성이 없고**(마찰손실이 없고) **비압축성인 유체**
② **실제**유체 : 점성이 있고(마찰손실이 있고) 압축성인 유체
※ 이상유체는 점성이 없고 에너지 손실도 없는 가상적인 유체이다.

2. 비중(Speific Gravity : SpGr)【S】★★

$$S = \frac{\rho}{\rho_w} = \frac{\gamma}{\gamma_w}$$

ρ : 물질의 밀도 γ : 물질의 비중량
ρ_w : 물의 밀도 γ_w : 물의 비중량

3. 비체적(Specific Volume)【V_S】★★

$$V_S = \frac{1}{\rho}$$

V_S : 비체적(m^3/kg) ρ : (kg/m^3)

Pass Point

◎ **압축성 유체**
온도나 압력에 따라 밀도가 변화하는 유체(기체)

◎ **비압축성 유체**
온도나 압력에 따라 밀도의 변화가 없는 유체(액체)

◎ **비체적**
- 밀도의 역수
- 체적을 질량으로 나눈 것

4. 점성계수 【μ】 ★★

$N \cdot s/m^2 = Pa \cdot s = kg/m \cdot s$
$1P(poise) = 1g/cm \cdot s(질량단위) = dyne \cdot s/cm^2(중량단위)$
$1P(poise) = 100Cp(Centi\ Poise)$ $1Cp = 0.01g/cm \cdot s$
※ 물의 점성계수(25℃) = $1Cp = 0.01g/cm \cdot s$

(1) **액체의 점성계수** : 온도가 상승시 **감소**
(2) **기체의 점성계수** : 온도가 상승시 **증가**

○ **동점성계수**
점성계수를 밀도로 나눈 값

5. 동점성계수 【ν】 ★★

$$\nu = \frac{\mu}{\rho}$$

ν : 동점성계수(m^2/s) μ : 점성계수($N \cdot s/m^2$, $Pa \cdot s$)
ρ : 밀도($N \cdot s^2/m^4$, kg/m^3)

※ $1stokes = 1cm^2/s$

○ **밀도**
단위 체적당 질량

6. 밀도(Density) 【ρ】 ★★★

$$\rho = \frac{m}{V}$$

m : 질량(kg) V : 체적(m^3)

(1) **물의 밀도** 【ρ_W】

필수암기 ★★★★

> 물의 밀도(ρ_W) = $1000 kg/m^3$(절대단위) = $1000 N \cdot s^2/m^4$
> = $102 kgf \cdot s^2/m^4$(중력단위)

(2) **기체의 밀도** 【ρ】

$\rho = \dfrac{P}{RT}$ P : 압력(N/m^2), R : 기체상수($N \cdot m/kg \cdot K$)
T : 절대온도($273 + t℃$)K

$\rho = \dfrac{PM}{RT}$ P : 압력(atm), M : 분자량
R : 기체상수($atm \cdot m^3/kmol \cdot K$)
T : 절대온도($273 + t℃$)K

7. 비중량(Specific weight) 【γ】 ★★

$$\gamma = \frac{W}{V}$$

W : 중량(kN) V : 체적(m³)

(1) 물의 비중량(γ_w)

필수암기 ★★★★

물의 비중량(γ_w) = 9.8kN/m³(중력단위) = 9800N/m³(중력단위)

(2) 비중량(γ)과 밀도(ρ)의 관계

$$\rho = \frac{\gamma}{g}$$

r : 비중량(kN/m³, 물 = 9.8kN/m³)
g : 중력가속도(9.8m/s²)
ρ : 밀도(kN·s²/m⁴, 물 = 1000N·s²/m⁴)

8. 대기압. 절대압

(1) 표준 대기압(atmospheric pressure) ★★★★★

1atm = 760mmHg = 1.0332kgf/cm² = 1.0332 × 10⁴kgf/m²
= 10332mmH₂O(mmAq) = 10.332mH₂O(mAq)
= 1013mbar = 1.013bar = 101.325kPa(kN/m²)
= 101325Pa(N/m²) = 14.7psi(lb/in²)

(2) 절대압(absolute pressure)

절대압 = 국소대기압 $\genfrac{}{}{0pt}{}{+ 계기압}{- 진공압}$

9. 열량(Quantity of Heat) ★

① cal : 표준상태에서 순수한 물 1g을 1℃ 높이는데 필요한 열량
② BTU : 표준상태에서 순수한 물 1lb을 1℉ 높이는데 필요한 열량
③ Chu : 표준상태에서 순수한 물 1lb을 1℃ 높이는데 필요한 열량

Pass Point

◎ 비중량
단위 체적당 무게

◎ 물의 비중량(γ_w)
- γ_w = 9.8kN/m³
- ρ_w = 1000N·s²/m⁴

◎ 절대압
- 국소대기압 + 계기압
- 국소대기압 - 진공압

● 현열
- 상태 변화없이 온도 변화에 필요한 열량
- $Q = mc\Delta t$

④ 비열 : 어떤 물질 1g을 1℃ 높이는데 필요한 열량[cal/g · ℃]

※ 물의 비열 = 1cal/g · ℃ ※ 표준상태 = 0℃, 1atm

⑤ 잠열 : 온도변화 없이 상태변화에 필요한 열량

물의 기화잠열 : 539cal/g 또는 539kcal/kg
얼음의 융해잠열 : 80cal/g 또는 80kcal/kg

⑥ 정압비열(C_P) : 기체의 압력을 일정하게 하고 측정한 비열

$$C_P = \frac{Q}{m\Delta t}$$

C_P : 정압비열(cal/g℃) Q : 열량(cal)
m : 질량(g) Δt : 온도차(℃)

⑦ 정적비열(C_V) : 기체의 체적을 일정하게 하고 측정한 비열

$$C_V = \frac{Q}{m\Delta t}$$

C_V : 정적비열(cal/g℃) Q : 열량(cal)
m : 질량(g) Δt : 온도차(℃)

⑧ 비열비(k) = $\dfrac{C_P(정압비열)}{C_V(정적비열)} > 1$ (**비열비(k)는 항상 1보다 크다.**)

10. 뉴우톤(Newton)의 점성법칙 ★★

전단응력은 점성계수와 속도구배(속도기울기)에 비례한다.

$$\tau = \mu \frac{du}{dy} \qquad \tau = \frac{F}{A}$$

● 뉴우톤 유체
뉴우톤의 점성법칙에 따르는 유체

● 이상유체
점성이 없고 비압축성인 유체

τ : 전단응력(N/m^2(Pa)) μ : 점성계수(N · s/m^2)
$\dfrac{du}{dy}$: 속도구배(속도기울기)(s^{-1})
F : 힘(N) A : 단면적(m^2)

11. 열역학의 법칙 ★★★

(1) **열역학 0법칙**(열의 평형법칙)
(2) **열역학 1법칙**(에너지보존의 법칙 = 에너지 불변의 법칙)
  ① 열과 일은 본질적으로 에너지의 한 형태이며 **서로 교환이 가능하** 다.

② 열과 일은 **상호변환이 가능**하다.
③ 열전달의 총합은 이루어진 일의 총합과 **같다**.
(3) **열역학 2법칙**(비가역과정에 관한 법칙)
① 열은 스스로(자연적으로) 저온체에서 고온체로 **흐르지 않는다**.
② 열을 완전히 일로 바꿀 수 있는 **열기관을 만들 수 없다**.
③ 자연의 변화는 **비가역과정**을 한다.
(자발적인 변화는 비가역적이다.)
④ 엔트로피는 **증가하는** 쪽으로 흐른다.
(4) **열역학 3법칙**(엔트로피에 관한 법칙)
열역학 과정에서 엔트로피의 변화 ΔS는 절대온도 T가 0이 됨에 따라 0이 된다.

12. 상태량 ★

(1) **강도성 상태량**(시강 특성치) : 물질의 양과 무관한 상태량
    [**온도**, **밀도**, **압력**, 비체적, 비내부에너지, 비엔탈피, 비엔트로피]
(2) **용량성 상태량**(시량 특성치) : 물질의 양에 비례하는 상태량
    [내부에너지, **엔탈피**, 엔트로피]

✱ **엔트로피**
물질계의 열적상태를 나타내는 물리량

제2장 유체의 정역학

1. 압력(pressure) 【P】 ★★★

$$P = \frac{F}{A}$$

P : 압력(kN/m²) F : 힘(kN) A : 단면적(m²)

2. 힘(Force) 【F】 ★★

필수암기 ★★★★

| 1gf = 980dyne | 1kgf = 9.8N(kg·m/s²) |

(1) 수평면에 작용하는 힘

P(압력 : kN/m²) = γ(비중량 : kN/m³) × h(깊이 : m)
F(힘) = P(압력) × A(단면적)

$$F = \gamma h A$$

F : 힘(kN), γ : 비중량(kN/m³), h : 높이(m), A : 단면적(m²)

(2) 경사면에 작용하는 힘

$$F = \gamma \bar{y} \sin\theta A = \gamma \bar{h} A$$

F : 힘(kN) $\bar{y} = \dfrac{y}{2}$ $\bar{h} = \bar{y}\sin\theta$ A : 단면적(m²)

3. 부력(buoyant force) 【F_B】 ★★★

F_B(부력) = F_W(물체의 무게)
$F_B = \gamma$(유체) × V(잠긴) = S(유체) × γ_W × V(잠긴체적)
$F_W = \gamma$(물체) × V(전체) = S(물체) × γ_W × V(전체체적)

γ : 비중량(kN/m³) V : 체적(m³)
S : 비중 γ_W : 물의 비중량(9.8kN/m³)

Pass Point

● **압력**
단위면적에 작용하는 힘

● **1N**
= 1kg·m/s²

● **부력**
정지된 유체에 물체가 떠 있거나 잠겨 있을 때 물체가 수직방향으로 받는 힘

4. 체적탄성계수 ★★★★

$$K = -\frac{\Delta P}{\Delta V/V} = \frac{\Delta P}{\Delta \rho/\rho}$$

K : 체적탄성계수(kN/m^2) ΔP : 증가시킨 압력(kN/m^2)
ΔV : 감소한 체적(m^3)
V : 처음 체적(m^3) [$\Delta V/V$의 부호는 $-$]
$\Delta \rho$: 증가한 밀도(kg/m^3)
ρ : 처음밀도(kg/m^3) [$\Delta \rho/\rho$의 부호는 $+$]

① 압축율 : 체적탄성계수의 역수

$$\beta = \frac{1}{K}$$

β : 압축율(m^2/kN), K : 체적탄성계수(kN/m^2)
② 등온변화 : K(체적탄성계수) $= P$(압력)
③ 단열변화 : K(체적탄성계수) $= k$(비열비)$\times P$(압력)
④ 비열비(k) $= \dfrac{C_P(정압비열)}{C_V(정적비열)}$

5. 파스칼(pascal)의 원리 ★★★

$$P_1 = P_2 \qquad \therefore \frac{F_1}{A_1} = \frac{F_2}{A_2}$$

F : 힘(kgf), P : 압력(kgf/m^2), A : 단면적(m^2)

6. 모세관 현상 ★★

$$h = \frac{4\sigma \cos\theta}{rd}$$

액면상승 : 응집력 $<$ 부착력
액면하강 : 응집력 $>$ 부착력

h : 상승높이(m) σ : 표면장력(kN/m)
$\cos\theta$: 접촉각도 r : 유체의 비중량(kN/m^3)
d : 모세관 내경(m)

※ $h \propto \dfrac{1}{d}$ (상승높이는 모세관의 내경 및 유체의 비중량의 크기에 반비례)

제 2 장 유체의 정역학

Pass Point

✪ kPa = kN/m^2
✪ Pa = N/m^2

✪ 비열비
항상 1보다 크다.

✪ 파스칼의 원리
파스칼의 원리를 이용하여 수압기를 만들었다.

제 2 편 소방유체역학

Pass Point

○ 표면장력
액체표면을 작게 하려는 장력

○ 기호표시
- P(압력) : Pressure
- V(부피) : Volume
- T(온도) : Temperature

7. 표면장력 ★

$$\sigma_1 = \frac{\Delta P d}{4} \qquad \sigma_2 = \frac{\Delta P d}{8}$$

σ_1(물방울), σ_2(비눗방울) : 표면장력(N/m)
ΔP : 압력차(N/m^2), d : 내경(m)

8. 보일의 법칙 ★★★★★ (2차 실기에도 출제)

온도가 일정할 때 일정량의 기체가 차지하는 **부피는 절대압력에 반비례**

$$T(온도) = 일정 \qquad P_1 V_1 = P_2 V_2$$

9. 샤를의 법칙 ★★★★★ (2차 실기에도 출제)

압력이 일정할 때 일정량의 기체가 차지하는 **부피는 절대온도에 비례**

$$P(압력) = 일정 \qquad \frac{V_1}{T_1} = \frac{V_2}{T_2}$$

○ 보일-샤를의 법칙
2차 실기시험에서 이용되므로 필수정리

10. 보일-샤를의 법칙 ★★★★★ (2차 실기에도 출제)

일정량의 기체가 차지하는 부피는 **절대압력에 반비례**하고 **절대온도에 비례**

$$\frac{P_1 V_1}{T_1} = \frac{P_2 V_2}{T_2}$$

P : 절대압(국소대기압 + 계기압(게이지압)), V : 부피
T : 절대온도(273 + t℃)K

【보일의 법칙】   【샤를의 법칙】

【보일-샤를의 법칙】

11. 이상기체 상태방정식 ★★★★★

(1) **이상기체**(Ideal gas) **또는 완전기체**(perfect gas)
실제로는 존재할 수 없는 기체이며 분자 **상호간의 인력도 무시**되고 분자가 차지하는 부피도 무시되는 즉 **완전탄성체**로 가정한 기체
[이상기체 또는 완전기체의 성질]
① **보일 – 샤를의 법칙을 만족**
② **아보가드로의 법칙을 따른다.**
③ 분자 상호간의 인력 및 분자가 차지하는 **부피는 무시**
④ 내부에너지는 **체적과 무관**하고 오직 온도에 의하여 결정
⑤ 비열비(정압비열(C_P)/정적비열(C_V))는 온도와 무관하며 일정
⑥ 분자간의 충돌은 **완전탄성체**로 이루어진다.

(2) **이상기체 상태방정식** (2차 실기에도 출제)

$$PV = nRT = \frac{m}{M}RT$$

P : 압력(atm), $\quad V$: 부피(m^3), $\quad n$: 몰수($\frac{m}{M}$)
T : 절대온도($273+t\,℃$)K $\quad m$: 질량(kg), $\quad M$: 분자량
R : 기체상수($0.082\,atm \cdot m^3/kmol \cdot K$)

기체상수 R의 값
❶ $0.082\,atm \cdot L/mol \cdot K$ ❷ $0.082\,atm \cdot m^3/kmol \cdot K$

(3) **완전기체 방정식**

$$PV_S = RT \text{ 또는 } \frac{P}{\rho} = RT \; (\because V_S(비체적) = \frac{1}{\rho(밀도)})$$

P : 압력(N/m^2), $\quad V$: 부피(m^3), $\quad W$: 무게(N)

$$PV = WRT$$

R : 기체상수($8.314\,N \cdot m/mol \cdot K$)
T : 절대온도($273+t\,℃$)°K

Pass Point

◎ **이상기체**
– 보일–샤를 법칙
– 아보가드로 법칙
– 인력 및 부피 무시
– 온도에 의하여 결정
– 완전 탄성체

◎ **mol**
분자량에 g단위를 붙인 것

◎ **kmol**
분자량에 kg단위를 붙인 것

◎ $Pa = N/m^2$
◎ $J = N \cdot m$

제3장 유체의 운동역학 및 계측

1. 유체 흐름의 형태 ★★

유체흐름형태	층 류	임계영역(전이영역)	난 류
레이놀드수(ReNo)	ReNo < 2100	2100 < ReNo < 4000	ReNo > 4000

2. 레이놀드수(Reynold Number : ReNo) ★★★★★

$$ReNo = \frac{Du\rho}{\mu} = \frac{Du}{\nu} [\text{무차원}]$$

D : 내경(m)
u : 유속(m/s)
ρ : 밀도($N \cdot s^2/m^4$)
μ : 유체의 점성계수($N \cdot s/m^2$)
ν : 동점성계수(m^2/s)

$$\nu : \text{동점성계수}[m^2/s] = \frac{\mu(\text{점성계수})[N \cdot s/m^2]}{\rho(\text{밀도})[N \cdot s^2/m^4]}$$

▶ **상임계 레이놀드수**(4000) : 층류에서 난류로 변하는 레이놀드수
▶ **하임계 레이놀드수**(2100) : 난류에서 층류로 변하는 레이놀드수

3. 관마찰 손실 계수(f) ★★★

(1) **층류 영역**(ReNo < 2100)

상대조도와 무관하고 **레이놀드수만**의 함수이며 레이놀드수에 반비례

$$f = \frac{64}{ReNo}$$

(2) **난류영역**(ReNo > 4000)

상대조도와 무관하고 레이놀드수에 의하여 좌우

(3) **전이영역**(임계영역) (2100 < ReNo < 4000)

상대조도와 레이놀드수의 함수이다.

※ 일반적으로 관마찰 손실계수(f)는 상대조도와 레이놀드수의 함수

● **층류**
규칙적인 흐름

● **난류**
불규칙적인 흐름

● **레이놀드수**
$\dfrac{4Q}{\pi D \nu}$

● $kg/m^3 = N \cdot s/m^4$

● $kg/m \cdot s = N \cdot s/m^2$

● **무디선도**
관마찰 손실계수와 레이놀드수 및 상대조도와의 상관관계를 나타낸 도표

4. 수평원관에서 층류흐름 ★★★★★

(1) **전단응력**(τ)

$$\tau = -\frac{dP}{dl} \times \frac{r}{2} = \frac{\Delta P \, (P_A - P_B)}{l} \times \frac{r}{2}$$

- τ : 전단응력(kN/m^2)
- l : 배관길이(m)
- r : 배관 중심으로부터 거리(m)
- ΔP : 압력강하(kN/m^2)

○ 전단응력
- 배관 중심점에서 0
- 반지름에 비례
- 배관벽으로 갈수록 직선적으로 증가

(2) **속도분포**

수평 원관에서 속도분포는 **배관 벽에서 0**이고 배관 중심선에 가까울수록 **포물선적으로 증가**한다.

$$\frac{U}{U_{max}} = 1 - \frac{r^2}{r_o^2}$$

- U : 평균유속
- r : 배관중심으로부터 거리
- U_{max} : 최대유속
- r_0 : 배관중심에서 벽까지 거리

○ 속도분포
- 배관벽에서 0
- 배관 중심선으로 갈수록 포물선적으로 증가

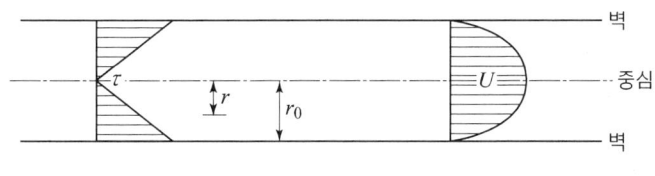

【전단응력분포도】   【속도분포도】

○ 전단응력분포
- 배관 중심선에서 0
- 배관 중심선에서 관벽으로 갈수록 직선적으로 증가

5. 연속방정식 ★★★★★ (2차 실기에도 출제)

질량보존의 법칙을 유체의 흐름에 적용한 방정식

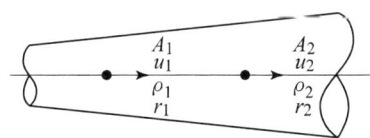

【연속의 방정식】

○ 연속방정식의 근거
- 질량보존의 법칙
- 2차 실기시험에 이용되므로 필수정리

(1) **질량유량**($\overline{m}$: kg/s)

$$\overline{m} = A_1 U_1 \rho_1 = A_2 U_2 \rho_2$$

(2) **중량유량**($\overline{G}$: kN/s)

$$\overline{G} = A_1 U_1 \gamma_1 = A_2 U_2 \gamma_2$$

(3) **체적유량** = 용량유량($\overline{Q}$: m³/s)

$$\overline{Q} = A_1 U_1 = A_2 U_2$$

A : 단면적(m²)　　　　　U : 유속(m/s)
ρ : 밀도(kg/m³)　　　　γ : 비중량(kN/m³)

(4) **연속방정식의 미분**

$$\frac{d\rho}{\rho} + \frac{dA}{A} + \frac{dU}{U} = 0$$

● **정상유동**
유체가 흐를 때 흐름의 특성(속도, 밀도, 압력, 온도)이 시간에 따라 변하지 않는 흐름

● **비정상유동**
유체가 흐를 때 흐름의 특성이 시간에 따라 변하는 흐름

6. 유선, 유적선, 유맥선 ★★

(1) **유선**(streamline)
　유동장의 한 선상의 모든 점에서 그은 **접선**이며 그 점에서의 속도 방향과 일치하도록 그려진 **가상 곡선**

$$\text{유선의 방정식} : \frac{dx}{u} = \frac{dy}{v} = \frac{dz}{w}$$

(2) **유적선**(pathline) : 한 유체 입자가 일정한 기간 내에 움직인 **경로**
(3) **유맥선**(streakline) : 공간 내의 한 점을 지나는 모든 유체 입자들의 **순간 궤적**

7. 오일러의 운동방정식 ★★

$$\frac{dP}{\rho} + udu + gdz = 0$$

[오일러(Euler)의 운동방정식 유도시 가정]
① **정상류**(정상유동)이다.
② 유체 입자는 **유선에 따라 이동**한다.
③ 유체는 **마찰이 없다.**(점성력=0)

● **베르누이 방정식의 근거**
에너지 보존의 법칙

8. 베르누이 방정식(Bernoulli equation) ★★★★ (2차 실기에도 출제)

(1) **이상유체인 경우**

$$\frac{u_1^2}{2g} + \frac{p_1}{r} + z_1 = \frac{u_2^2}{2g} + \frac{p_2}{r} + z_2 = \text{일정(constant)}$$

(2) **실제유체인 경우**

$$\frac{u_1^2}{2g}+\frac{p_1}{r}+z_1 = \frac{u_2^2}{2g}+\frac{p_2}{r}+z_2+\Delta H_L = 일정(\text{constant})$$

u : 평균속도(m/s) p : 압력(kN/m^2)
r : 비중량(kN/m^3) z_1 : 높이(m)
ΔH_L : 손실수두(m) g : 중력가속도(9.8m/s^2)

속도수두 : $H=\dfrac{u^2}{2g}$, 압력수두 : $H=\dfrac{P}{r}$, 위치수두 : $H=Z$

※ 수평 배관에서 위치수두는 같다. 즉 $z_1 = z_2$ 이다.

(3) **에너지선** (전수두선) (E.L=Energy Line)

$$H = \frac{u^2}{2g}+\frac{p}{r}+Z$$

(4) **수력구배선** (H.G.L=Hydraulic Grade Line)

$$H = \frac{p}{r}+Z$$

※ 수력구배선은 언제나 에너지선보다 속도수두($H=\dfrac{u^2}{2g}$)만큼 아래에 위치

※ 에너지선은 언제나 수력구배선보다 속도수두($H=\dfrac{u^2}{2g}$)만큼 위에 위치

(5) **베르누이 방정식의 성립조건**
① **정상류**(정상흐름)
② 적용되는 임의의 두점은 같은 유선상
 (유체입자는 유선에 따라 유동한다.)
③ **비압축성** 유체의 흐름.
④ 유체의 **점성이나 마찰이 없다.**

◎ **에너지선(E. L)**
=전수두선
=속도수두+압력수두+위치수두

◎ **수평배관에서**
위치에너지는 모든 지점에서 같다.

◎ **베르누이 정리**
2차 실기시험에 이용되는 식이므로 필히 정리 요망

9. 유체의 운동량 방정식 ★★

(1) **운동량 방정식** (2차 실기에도 출제)

$$F = Q \Delta u \rho$$

F : 힘(N=kg·m/s²) Q : 유량(m³/s)
Δu : 유속의 차이(m/s) ρ : 밀도(kg/m³)

[운동량 방정식 유도시 필요한 가정]
① 단면에서 평균유속은 일정하다.
② 정상유동이다.

(2) **운동량 수정계수**

$$\beta = \frac{1}{A}\int_A \left(\frac{U}{V}\right)^2 dA = \frac{1}{AV^2}\int_A U^2 dA$$

(3) **운동에너지 수정계수**

$$\alpha = \frac{1}{A}\int_A \left(\frac{U}{V}\right)^3 dA = \frac{1}{AV^3}\int_A U^3 dA$$

A : 단면적(m²) V : 평균속도(m/s)
U : 국부속도(m/s) dA : 미소 단면적(m²)

10. 무차원수(단위가 없는 수) ★★★

★ **관성**
외력이 없는 물체가 운동 상태를 유지하려는 성질

★ **관성력**
관성에 의해 관찰되는 가상의 힘

★ **점성력**
유체의 흐름에 대한 저항

★ **탄성력**
외부의 힘에 변형된 물체가 원래 모양으로 되돌아가려는 힘

무차원수의 명칭	관계식	물리적 의미
레이놀드수(Reynold number)	$Re\,No = \dfrac{\rho UL}{\mu}$	관성력/점성력
프루우드수(Froude number)	$Fr\,No = \dfrac{U}{\sqrt{Lg}}$	관성력/중력
웨버수(Weber number)	$We\,No = \dfrac{\rho U^2 L}{\sigma}$	관성력/표면장력
코우시수(Cauchy number)	$Ca\,No = \dfrac{U^2}{K/\rho}$	관성력/탄성력
마하수(Mach number)	$Ma\,No = \dfrac{U}{C}$	관성력/탄성력
오일러수(Euler number)	$Eu\,No = \dfrac{P}{\rho U^2/2}$	압축력/관성력

11. 토리첼리(Torricelli)의 정리 ★★

$$u = \sqrt{2gH} \cdots \text{이론식} \qquad u = C\sqrt{2gH} \cdots \text{실제식}$$

u : 유속(m/s)
C : 유출계수
g : 중력가속도(9.8m/s^2)
H : 수두(높이)(m)

12. 수력반경(Hydraulic Radius) ★★★

수력반지름이라고도 하며 **유동단면적을 접수길이로 나눈 값**

$$Rh = \frac{A}{l}$$

Rh : 수력반경 A : 단면적 l : 접수길이

※ 접수길이 : 물과 접한 둘레길이

(1) 원형관의 수력반경

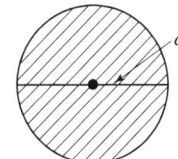

$$Rh = \frac{A(\frac{\pi}{4}d^2 \,:\, \text{관단면적})}{l(\pi d \,:\, \text{관둘레길이})}$$

$$\therefore Rh = \frac{d}{4} \qquad d = 4Rh$$

(2) 이중 원형관의 수력반경

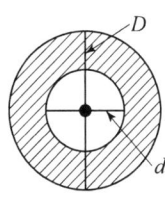

$$Rh = \frac{A}{l}$$

$$= \frac{\text{외경관단면적} - \text{내경관단면적}}{\text{외경관둘레길이} + \text{내경관둘레길이}}$$

$$= \frac{\frac{\pi}{4}D^2 - \frac{\pi}{4}d^2}{\pi D + \pi d} = \frac{\frac{\pi}{4}(D+d)(D-d)}{\pi(D+d)}$$

$$= \frac{1}{4}(D-d)$$

$$\therefore Rh = \frac{1}{4}(D-d)$$

(3) 사각형관의 수력반경

$$\therefore Rh = \frac{ab}{2(a+b)}$$

Pass Point

◎ **수력반경**
= 수력반지름
= 물의단면적 / 접수길이

◎ **원형관**
$Rh = \dfrac{d}{4}$

◎ **이중 원형관**
$Rh = \dfrac{1}{4}(D-d)$

◎ **사각형**
$Rh = \dfrac{ab}{2(a+b)}$

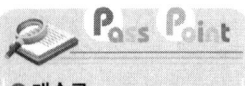

● 개수로

$$Rh = \frac{WH}{W+2H}$$

(4) 개수로의 수력반경

(5) 수력반경과 달시방정식 관계

$$\Delta hL = \frac{fl U^2}{2gD} \qquad d(D) = 4Rh를 대입 \qquad \Delta hL = f\frac{lU^2}{4Rh\,2g}$$

(6) 수력반경과 레이놀드수(ReNo) 및 상대조도 관계

$$ReNo = \frac{4Rh\,U}{\nu} \qquad \frac{e}{d}(상대조도) = \frac{e}{4Rh}$$

13. 유체의 계측 ★★★

(1) 비중량의 측정

U자관 마노미터(manometer)

● 압력

$P = \gamma h$

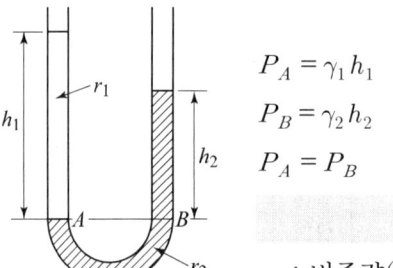

$P_A = \gamma_1 h_1$
$P_B = \gamma_2 h_2$
$P_A = P_B$

$$\gamma_1 h_1 = \gamma_2 h_2$$

γ : 비중량(kN/m³) h : 높이(m)

(2) 점성계수의 측정(점도의 측정) ★★★

점도계의 종류	이용한 법칙
❶ 낙구식 점도계	스토크스 법칙
❷ 오스트왈드(Ostwald)점도계	하겐-포아젤의 법칙
❸ 세이볼트(Saybolt) 점도계	
❹ 맥마이첼(MacMichael) 점도계	뉴우톤의 점성법칙
❺ 스토머(Stomer) 점도계	

● 점성계수
=점성도
=점성율
유체점성을 나타내는 물질고유의 상수

(3) 정압측정
▶ 유체가 유동시 교란되지 않는 유체의 정압 측정
① **피에죠미터**(piezometer) ② **정압관**(static tube)

(4) 유속의 측정
피토관(pitot tube)

$$U = \sqrt{2g\Delta H}$$

u : 유속(m/s) g : 중력가속도($9.8 m/s^2$) ΔH : 높이(m)

(5) 유량의 측정
① 오리피스 미터(orifice meter)
  ㉮ **차압식 유량계**
  ㉯ 설치가 쉽고 가격이 저렴
  ㉰ **압력 손실이 크다.**
  ㉱ 교체가 쉽고 설치장소를 적게 차지
② 벤츄리 미터(Venturi meter)
  ㉮ **차압식 유량계**
  ㉯ 유량측정이 정확하고 설치비가 비싸다.
  ㉰ **압력손실이 적다.**
  ㉱ 설치장소를 많이 차지한다.

$$Q(m^3/s) = \frac{C_O(C_V)A_2}{\sqrt{1-m^2}}\sqrt{\frac{2g(\gamma_1-\gamma_2)}{\gamma_2}R}$$

  γ_1 : 마노미터 속 유체비중량(kN/m^3)
  m : 개구비 $= \dfrac{A_2}{A_1} = \left(\dfrac{D_2}{D_1}\right)^2$
  γ_2 : 배관 속 유체비중량(kN/m^3)
  C_O 또는 C_V : 오리피스 또는 벤츄리계수
  R : U자관 마노미터읽음(m)
  A_2 : $\dfrac{\pi}{4}D_2^2$
  g : 중력가속도($9.8m/s^2$)
③ 로타미터(rotameter)
  ㉮ 유체 속에 부자를 띄운다.
  ㉯ **유량을 직접 눈으로 읽을 수 있다.**

✿ 유량 측정
① 오리피스미터
   – 차압식 유량계
   – 압력손실이 크다.
② 벤츄리미터
   – 차압식 유량계
   – 압력손실이 작다.
③ 로타미터
   직접 유량을 눈으로 읽을 수 있다.
④ 위어
   개수로(강, 하천)의 유량 측정

㉰ 압력손실이 적다.
㉱ 유량 측정 범위가 넓다.
④ 위어(Weir)
개수로에서 흐르는 다량의 유량 측정
㉮ 직각삼각위어
$$Q(m^3/\text{min}) = Kh^{5/2}$$
Q : 유량(m^3/min) K : 유량계수 h : 위어수두(m)
㉯ 사각위어
$$Q(m^3/\text{min}) = Kbh^{3/2}$$
Q : 유량(m^3/min) K : 유량계수
b : 위어폭(m) h : 위어수두(m)
㉰ V-notch (V-놋치) 위어
$$Q(\text{m}^3/\text{min}) = \frac{8}{15}\sqrt{2g}\tan\frac{\theta}{2}h^{5/2}$$
Q : 유량(m^3/min) g : 중력가속도(9.8m/s^2)
θ : V-notch의 각도 h : 위어수두(m)

★ **액주계**
측정하여야 할 압력을 액주의 압력과 어울리게 하여 압력을 재는 압력계

(6) **액주계**(마노미터 : manometer) : 압력차 측정
① 피에죠미터(Piezometer)
② U자관 마노미터

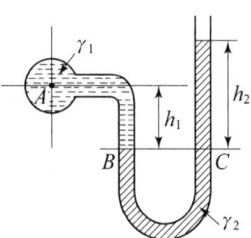

$P_A = \gamma h$ $P_A = -\gamma h$ $P_A = \gamma_2 h_2 - \gamma_1 h_1$

P : 압력(kN/m^2) γ : 비중량(kN/m^3) h : 높이(m)

제4장 배관의 마찰손실 및 배관

1. 배관의 마찰손실 ★★

(1) **주 손실**
　배관 내 유체가 흐를 때 **직관에서의 마찰손실**을 말한다.

(2) **부차적 손실** (2차 실기에도 출제)
　① 배관의 **급격한 확대**에 의한 손실
　② 배관의 **급격한 축소**에 의한 손실
　③ **배관 부속품**에 의한 손실
　④ 유로의 **급격한 변경부분**에서의 손실

$$\Delta H_L = K\frac{u^2}{2g}$$

ΔH_L : 부차적 손실수두(m)　　K : 실험적으로 구한 손실계수
u : 유속(m/s)　　g : 중력가속도(9.8m/s²)

2. 배관의 축소 및 확대손실 ★★ 2차 실기에도 출제 ★★

(1) **관이 급격히 축소하는 경우**

$$\Delta H_L(m) = K\frac{u_2^2}{2g}$$

$K(\text{축소손실계수}) = \left(\frac{1}{Ac} - 1\right)^2$

Ac : A_2/A_1에 대한 축소계수

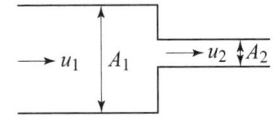

(2) **관이 급격히 확대하는 경우**

$$\Delta H_L(m) = \frac{(u_1 - u_2)^2}{2g} = K\frac{u_1^2}{2g}$$

$K(\text{확대손실계수}) = \left[1 - \left(\frac{d_1}{d_2}\right)^2\right]^2$

d_2가 무한히 크면 즉, $d_2 \gg d_1$이면 $K = 1$

∴ $\Delta H_L(m) = \dfrac{(u_1 - u_2)^2}{2g}$

◎ 주 손실
　직관의 마찰손실

◎ 부 손실
　직관 이외의 마찰손실

◎ 축소관의 손실수두는 유속의 제곱에 비례한다.

◎ 확대관의 손실수두는 유속의 제곱에 비례한다.

제 2 편 소방유체역학

Pass Point

⊙ 직관마찰손실
① 배관길이에 비례
② 유속의 제곱에 비례
③ 관경에 반비례

⊙ 달시 방정식
2차 실기시험에 이용되므로 필수정리

⊙ kPa = kN/m²
⊙ Pa = N/m²

⊙ 하겐-포아젤 방정식
주로 1차 필기시험에서 출제된다.

⊙ 헤이젠-윌리엄스 공식
2차 실기시험에서 자주 이용된다.

(3) 손실계수 K값의 최소 및 최대
▶ 최소 : 6°～ 7° 사이　　▶ 최대 : 65° 근처

3. 배관마찰손실의 관계식 ★★필수정리(2차 실기에도 출제)★★

(1) Darcy-Weisbach 방정식

$$\Delta H_L = f \times \frac{l}{D} \times \frac{u^2}{2g}$$

$$\Delta P_L = f \times \frac{l}{D} \times \frac{u^2}{2g} \times r \text{ or } \Delta P_L = \Delta H_L r$$

ΔH_L : 마찰손실수두(m)　　f : 마찰손실계수
l : 배관길이(m)　　　　　　u : 유속(m/s)
g : 중력가속도(9.8m/s²)　　D : 배관내경(m)
ΔP_L : 압력차(kN/m²)
r : 유체의비중량(kN/m³, 물=9.8kN/m³)

(2) 하겐-포아젤 방정식(Hagen-Poiseuille equation)

$$\Delta H_L = \frac{\Delta P}{r} = \frac{128\mu l Q}{r \pi d^4} = \frac{32 \mu l u}{d^2}$$

ΔH_L : 마찰손실수두(m)　　r : 유체의 비중량(kN/m³)
l : 배관길이(m)　　　　　　d : 배관내경(m)

$$\Delta P = \frac{128\mu l Q}{\pi d^4} \quad \text{or} \quad \Delta P = \Delta H_L \cdot r$$

ΔP : 마찰손실압력(kN/m²)　　μ : 유체의 점성계수(kN·s/m²)
Q : 유량(m³/s)

(3) 헤이젠-윌리엄스(Hagen-William's) 방정식 ★★(2차 실기에도 출제)

$$\Delta Pm = 6.053 \times 10^4 \times \frac{Q^{1.85}}{C^{1.85} \times D^{4.87}}$$

ΔPm : 배관 1m당 마찰손실압력(MPa)
Q : 유량(L/min)
C : 조도(Roughness) (배관의 거칠음 계수)
D : 배관내경(mm)

4. 관부속품의 상당관 길이 ★

관부속품을 동일구경, 동일유량에 대하여 같은 크기의 마찰손실을 갖는 직관의 길이

$$\therefore K\frac{u^2}{2g} = \frac{flu^2}{2gD} \qquad \therefore l = \frac{KD}{f}$$

l : 상당관 길이(m) f : 마찰손실계수
K : 손실계수 D : 관내경(m)

> **상당관길이**
> = 등가길이

5. 배관의 두께 ★★ (2차 실기에도 출제) ★★★

▶ 관의 두께는 규격번호(스케쥴 번호 : Schedule No)로 표시

① $\text{Schedule No} = \dfrac{\text{사용압력(kPa)}}{\text{허용응력(kPa)}} \times 1000$

② 허용응력 $= \dfrac{\text{인장강도}}{\text{안전율}}$

> **스케쥴 번호**
> – 배관의 두께를 나타낸다.
> – 2차 실시시험에 자주 출제된다.
>
> **kPa = kN/m²**
> **Pa = N/m²**

6. 배관의 이음 ★★

(1) **강관의 이음**
  ① 나사이음 : 일반적으로 나사이음은 **50A 이하**의 관연결시 사용
  ② 용접 이음 : 일반적으로 **50A 이상**의 관연결시 사용
  ③ 플랜지 이음 : 배관 중간에 설치한 기기의 **고장 수리시, 배관해체시 편리**

(2) **동관의 이음**
  플레어 이음(flare joint) : 일반적으로 20A 이하의 동관 이음시 사용한다.

> **강관 이음**
> ① 나사이음
> 50A 이하
> • A는 mm를 뜻한다.
> ② 용접 이음
> 50A 이상
> ③ 플랜지 이음
> 자주 교체되는 배관에 사용

7. 신축 이음 (expantion joint) ★★★

① 슬리브형(Sleeve type) ② 벨로우즈형(Bellows type)
③ 루우프형(Loop type)   ④ 스위블형(Swivel type)
⑤ 볼 죠인트형

> **신축 이음 종류**
> 5가지는 실기시험에 출제된다.

제 5 장 펌프의 종류, 발생현상, 동력계산식

1. 펌프의 종류 ★

(1) **터보형**
① 원심식 : 볼류트(Volute)펌프, 터빈(Turbine)펌프(디퓨져펌프)
② 사류식 : 사류펌프
③ 축류식 : 축류펌프

(2) **용적형**
① 왕복식 : 피스톤 펌프, 플런져 펌프, 다이아프램 펌프, 워싱턴 펌프
② 회전식 : 베인펌프, 기어펌프, 나사(스크류)펌프

2. 펌프의 구조 ★

(1) **원심 펌프의 분류**

【볼류트(Volute) 펌프와 터빈(Turbine) 펌프의 차이점】

구 분	볼류트 펌프	터빈 펌프
안내깃(guide vane)	없음	있음
양수량 및 동력변화	양수량 조절이 쉬운 편이다.	동력변화가 심하다.
소음 및 진동	작은 편이다.	발생하기 쉽다.
효율의 변화	큰 편이다.	적은 편이다.
양수량의 차이	소유량~대유량	중유량~대유량
적응 양정	비교적 저양정(저압)에 적합	비교적 고양정(고압)에 적합

(2) **왕복 펌프**
① 피스톤 펌프   ② 플런져 펌프
③ 다이아프램 펌프

3. 펌프의 발생현상 ★★★★★ (2차 실기에도 출제)

(1) **공동현상**(Cavitation)
유체 중 물 온도의 증기압보다 낮은 부분이 발생하면 물은 증발되고 물 속에 있던 공기와 물이 분리되어 **기포가 발생하는 현상**

● 동관용 공구
① 사이징 투울
  동관 접합시 원형으로 교정
② 튜브벤더
  동관 구부릴 때 사용
③ 플레어링 투울 셋
  동관 압축이음시 나팔 모양으로 만들 때 사용
④ 익스팬더
  동관 끝을 확장할 때 사용

● 왕복 펌프
① 피스톤 펌프
② 플런져 펌프
③ 다이아프램 펌프
④ 워싱턴 펌프

● 회전식 펌프
① 베인 펌프
② 기어 펌프
③ 나사(스크류) 펌프

(2) 공동현상 발생원인
① 펌프의 **흡입측 수두**가 클 경우
② 펌프의 **마찰 손실**이 클 경우
③ 펌프의 **흡입관경**이 너무 작을 경우
④ 펌프의 **흡입압력**이 유체의 증기압보다 낮은 경우
⑤ 펌프의 **임펠러 속도**가 너무 클 경우
⑥ 배관내의 유체가 고온일 경우

(3) 공동현상의 발생현상
① 펌프의 성능저하(토출량, 양정, 효율감소)
② 진동과 소음발생
③ 임펠러(Impeller)의 **침식 발생**
④ 심하면 양수불능 또는 양수량 감소

(4) 공동현상 방지대책
① 펌프의 설치 위치를 가능한 **수원보다 낮게**
② 흡입배관의 **마찰 손실**을 최대한 **작게**
③ 임펠러 **회전속도를 작게**
④ 흡입배관 **관경을 크게**
⑤ 단흡입 보다 양흡입 펌프를 사용
⑥ 펌프를 2대 이상 설치
⑦ 지나친 고양정 펌프 사용을 지양

4. 수격작용(Water hammering) ★★★★★ (2차 실기에도 출제)

펌프에서 유체 압송 시 배관 내 유체의 운동에너지가 압력에너지로 변하여 고압이 발생, 배관 벽면을 치는 현상

(1) 수격작용 발생원인
① 정전 등으로 **펌프가 급정지**하는 경우
② 밸브를 급히 개폐하는 경우
③ 펌프의 정상운전 시 **유체의 압력 변동**이 있는 경우

(2) 수격작용 방지대책
① **관경을 크게** 하여 유속을 낮춘다.
② 펌프에 플라이 휠(Fly wheel)을 설치

Pass Point

❂ **공동현상 발생원인**
2차 실기시험 자주출제

❂ **공동현상 방지대책**
2차 실기시험 자주출제

❂ **수격작용 발생원인**
2차 실기시험 출제

❂ **수격작용 방지대책**
2차 실기시험 출제

③ 펌프 토출측에 에어챔버 또는 **수격방지기**를 설치
④ 배관은 가능한 **직선적으로 시공**
⑤ 밸브는 펌프 송출구 가까이 설치하고 **적당한 밸브제어**

5. 써징(맥동)현상(Surging) ★★★

펌프 운전 중 주기적으로 **운동, 양정, 토출량**이 변화하는 현상 즉, 송출압력과 송출유량의 주기적인 변동이 발생하는 현상

(1) 써징(맥동)현상 발생원인
 ① 펌프의 양정곡선이 산형특성이며 사용범위가 **우상특성**일 것
 ② 토출측 배관이 길고 중간에 수조, 공기저장기가 있을 때
 ③ 토출량 조절밸브가 수조나 공기저장기보다 아래에 있을 때

(2) 써징(맥동)현상 방지대책
 ① 펌프의 양수량을 증가시키거나 **임펠러 회전수를 변화**시킨다.
 ② 배관 내 공기제거 및 단면적, 유속, 유량조절
 ③ 유량조절밸브는 펌프의 토출측 직후에 설치
 ④ 배관 중에 수조나 공기 저장조 제거한다.

6. 펌프의 양정 ★★★★★ (2차 실기에도 출제)

(1) 이용가능한 유효흡입양정($NPSH_{av}$)

$$NPSH_{av} = H_a - H_P \pm H_s - H_L$$

 $NPSH_{av}$: 이용 가능한 유효흡입양정(m)
 H_a : 대기압두(m) H_P : 증기압두(m)
 H_s : 흡입수두(m) (＋ : 압입상, － : 흡입상)
 H_L : 흡입배관 마찰 손실수두(m)

$$수두 H(m) = \frac{압력 P(kN/m^2)}{비중량 \gamma(kN/m^3)}$$

(2) 필요한 유효흡입양정($NPSH_{re}$)

$$NPSH_{re} = \lambda \frac{u^2}{2g}$$

 λ : 깃의 형상에 따른 압력강하계수
 u : 유속(m/s) g : 9.8m/s^2

● $NPSH_{av}$는 실기시험에 자주 출제되므로 필히 정리요망

● kPa = kN/m^2
● Pa = N/m^2

(3) $NPSH_{av}$와 $NPSH_{re}$의 관계
  ① 캐비테이션 발생한계조건(임계조건) $NPSH_{av} = NPSH_{re}$
  ② 캐비테이션 발생방지 조건 $NPSH_{av} > NPSH_{re}$
  ③ 캐비테이션 발생방지 설계조건 $NPSH_{av} \geqq NPSH_{re} \times 1.3$

7. 펌프의 직렬 및 병렬운전 ★★★★

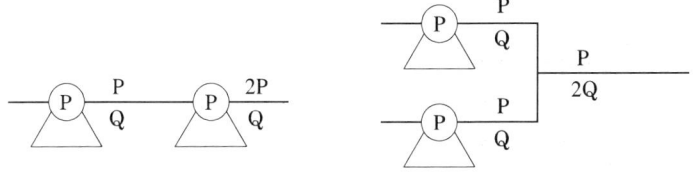

펌프 운전 방법	토출량(Q)	토출압(P)
직렬 운전	Q	2P
병렬 운전	2Q	P

8. 펌프의 상사 법칙 ★★★★★ (2차 실기에도 출제)

(1) 유량

$$Q_2 = Q_1 \times \left(\frac{N_2}{N_1}\right) \times \left(\frac{D_2}{D_1}\right)^3$$

(2) 양정(압력)

$$H_2 = H_1 \times \left(\frac{N_2}{N_1}\right)^2 \times \left(\frac{D_2}{D_1}\right)^2$$

(3) 동력

$$P_2 = P_1 \times \left(\frac{N_2}{N_1}\right)^3 \times \left(\frac{D_2}{D_1}\right)^5$$

Q_1 : 변경 전 유량 Q_2 : 변경 후 유량
H_1 : 변경 전 양정(압력) H_2 : 변경 후 양정(압력)
N_1 : 변경 전 rpm N_2 : 변경 후 rpm
D_1 : 변경 전 임펠러직경 D_2 : 변경 후 임펠러직경

> **Pass Point**
>
> ◎ $NPSH_{av}$와 $NPSH_{re}$ 관계는 실기시험에 출제
>
> ◎ 펌프의 상사법칙
> 2차 실기시험에 자주 출제되므로 필수 정리 요망

9. 펌프의 동력계산 ★★★★★ (2차 실기에도 출제)

(1) 전동기 용량(모터동력)

$$P(\text{kW}) = \frac{\gamma Q H}{E} K$$

γ : 비중량(kN/m^3, 물의 비중량 = $9.8kN/m^3$)
Q : 유량(m^3/s) H : 전양정(m)
E : 펌프의 효율(%/100) K : 전달계수

참고 — 내연기관의 용량
1HP = 0.746kW [76.07(kgf·m/s) ÷ 101.97(kgf·m/s)]
1PS = 0.7355kW [75(kgf·m/s) ÷ 101.97(kgf·m/s)]

(2) 축동력

$$L_S(\text{kW}) = \frac{\gamma Q H}{E}$$

γ : 비중량(kN/m^3) Q : 유량(m^3/s)
H : 전양정(m) E : 펌프의 효율(%/100)

※ 주의 : 축동력 계산 시 전달계수 K값은 무시한다.

(3) 수동력

$$L_W(\text{kW}) = \gamma Q H$$

γ : 비중량(kN/m^3) Q : 유량(m^3/s)
H : 전양정(m)

※ 주의 : 수동력 계산 시 펌프의 효율 및 전달계수 K값은 무시한다.

Pass Point

⊛ 펌프의 동력계산
① 모터동력
② 축동력
③ 수동력
위의 3가지 동력 구하는 문제는 2차 실기시험에 매회 출제되므로 필히 정리할 것

제3편 소방기계시설의 구조 및 원리

제1장 소화설비

1-1 소화기구 및 자동소화장치

1. 소화기구의 설치기준 ★★ 자주출제(필수정리) ★★

① 소화기의 설치기준

구 분	소형 소화기	대형 소화기
보행거리	20m 이내	30m 이내

② 소화기구(자동식소화장치 제외)는 **바닥에서 1.5m 이하**의 곳에 비치

2. 간이소화용구의 능력단위 ★★

간이소화 용구		능력 단위
1. 마른 모래	삽을 상비한 50L 이상의 것 1포	0.5 단위
2. 팽창 질석 및 팽창 진주암	삽을 상비한 80L 이상의 것 1포	0.5 단위

3. 주거용 주방자동소화장치의 설치기준

아파트의 각 세대별 주방 및 오피스텔의 각실 별 주방에 다음 기준에 따라 설치할 것

① 소화약제 방출구는 환기구의 청소부분과 분리되어 있어야 하며, 형식승인 받은 유효설치 높이 및 방호면적에 따라 설치할 것

  Pass Point

🔹 **소형소화기**
- 보행거리 20m 이내
- 능력단위 1단위 이상이면서 대형소화기 능력단위 미만

🔹 **대형소화기**
- 보행거리 30m 이내
- 능력단위
  A급 : 10단위 이상
  B급 : 20단위 이상

🔹 **소화능력시험**
- 무풍상태에서 실시
- 방화복 착용하지 않고 실시

② 감지부는 형식승인 받은 유효한 높이 및 위치에 설치할 것
③ 차단장치(전기 또는 가스)는 상시 확인 및 점검이 가능하도록 설치할 것
④ 가스용 주방자동소화장치를 사용하는 경우 탐지부는 수신부와 분리하여 설치하되, 공기보다 가벼운 가스를 사용하는 경우에는 천장 면으로부터 30cm 이하의 위치에 설치하고, 공기보다 무거운 가스를 사용하는 장소에는 바닥 면으로부터 30cm 이하의 위치에 설치할 것

가스의 구분	공기보다 가벼운 가스 사용시	공기보다 무거운 가스 사용시
탐지부 설치위치	천장면 30cm 이하	바닥면 30cm 이하

⑤ 수신부는 주위의 열기류 또는 습기 등과 주위온도에 영향을 받지 아니하고 사용자가 상시 볼 수 있는 장소에 설치할 것

4. 캐비닛형 자동소화장치

① 분사헤드의 설치 높이는 방호구역의 바닥으로부터 최소 0.2m 이상 최대 3.7m 이하로 하여야 한다. 다만, 별도의 높이로 형식승인 받은 경우에는 그 범위 내에서 설치할 수 있다.
② 화재감지기는 방호구역내의 천장 또는 옥내에 면하는 부분에 설치하되 화재안전기술기준에 적합하도록 설치할 것
③ 방호구역내의 화재감지기의 감지에 따라 작동되도록 할 것
④ 화재감지기의 회로는 교차회로방식으로 설치할 것.
⑤ 교차회로내의 각 화재감지기 회로별로 설치된 화재감지기 1개가 담당하는 바닥면적은 화재안전기술기준에 따른 바닥면적으로 할 것
⑥ 개구부 및 통기구(환기장치를 포함)를 설치한 것에 있어서는 약제가 방사되기 전에 해당 개구부 및 통기구를 자동으로 폐쇄할 수 있도록 할 것. 다만, 가스압에 의하여 폐쇄되는 것은 소화약제 방출과 동시에 폐쇄할 수 있다.
⑦ 작동에 지장이 없도록 견고하게 고정시킬 것
⑧ 구획된 장소의 방호체적 이상을 방호할 수 있는 소화성능이 있을 것

5. 가스, 분말, 고체에어로졸 자동소화장치

① 소화약제 방출구는 형식승인 받은 유효설치범위 내에 설치할 것
② 자동소화장치는 방호구역내에 형식승인 된 1개의 제품을 설치할

✪ **공기보다 가벼운 가스** : 액화천연가스(LNG)

✪ **공기보다 무거운 가스** : 액화석유가스(LPG)

것. 이 경우 연동방식으로서 하나의 형식을 받은 경우에는 1개의 제품으로 본다.
③ 감지부는 형식승인된 유효설치범위 내에 설치하여야 하며 설치장소의 평상시 최고주위온도에 따라 다음 표에 따른 표시온도의 것으로 설치할 것. 다만, 열감지선의 감지부는 형식승인 받은 최고주위온도범위 내에 설치하여야 한다.

설치장소의 최고주위온도	표시온도
39℃ 미만	79℃ 미만
39℃ 이상 64℃ 미만	79℃ 이상 121℃ 미만
64℃ 이상 106℃ 미만	121℃ 이상 162℃ 미만
106℃ 이상	162℃ 이상

④ ③항에도 불구하고 화재감지기를 감지부로 사용하는 경우에는 4.의 ②부터 ⑤까지의 설치방법에 따를 것

6. CO_2 또는 할로겐화합물 소화기구 설치 제외 장소 ★★★

(단, 자동확산소화기 제외)
① 지하층, 무창층
② 밀폐된 거실로서 **바닥면적이 20m^2 미만**의 장소

7. 소방대상물별 소화기구의 능력단위기준

소 방 대 상 물	소화기구의 능력단위
1. 위락시설	당해 용도의 바닥면적 30m^2 마다 능력단위 1단위 이상
2. 공연장 · 집회장 · 관람장 · 문화재 · 장례식장 및 의료시설	당해 용도의 바닥면적 50m^2 마다 능력단위 1단위 이상
3. 근린생활시설 · 판매시설 및 운수시설 · 숙박시설 · 노유자시설 · 전시장 · 공동주택 · 업무시설 · 방송통신시설 · 공장 · 창고 · 항공기 및 자동차관련시설 · 관광휴게시설	당해 용도의 바닥면적 100m^2 마다 능력단위 1단위 이상
4. 그 밖의 것	당해 용도의 바닥면적 200m^2 마다 능력단위 1단위 이상

(주) 소화기구의 능력단위를 산출함에 있어서 건축물의 주요구조부가 내화구조이고, 벽 및 반자의 실내에 면하는 부분이 불연재료 · 준불연재료 또는 난연재료로 된 소방대상물에 있어서는 위 표의 기준면적의 2배를 당해 소방대상물의 기준면적으로 한다.

8. 부속용도별 추가 소화기구 및 자동소화장치 ★

① 전기설비 : **바닥면적이 50m² 마다** 소화기 1개 이상 설치
② 보일러실의 자동확산 소화기 설치기준

바닥면적	10m² 이하	10m² 초과
자동확산 소화기 설치 기준개수	1개	2개

9. 대형 소화기의 기준 ★★ 자주출제(필수정리) ★★

● 대형소화기의 기준
2차 실기시험 출제

소화기의 종류	소화약제의 충전량
물소화기	80L 이상
포소화기	20L 이상
강화액소화기	60L 이상
할로겐화합물소화기	30kg 이상
이산화탄소소화기	50kg 이상
분말소화기	20kg 이상

어두문자 암기법 : 포 강 물 2 6 8 못 집고, 분 할 탄 2 3 5 집고

10. 소화기별 사용 온도 범위 ★★

● C급 소화기
능력단위가 없다.

소화기의 종류	사용 온도 범위
강화액 소화기	−20℃ 이상~40℃ 이하
분말 소화기	−20℃ 이상~40℃ 이하
그밖의 소화기	0℃ 이상~40℃ 이하

11. 소화기구 설치대상 소방대상물 ★★

(1) 소화기 또는 간이소화용구
　① 연면적 33m² 이상인 것
　② 가스시설, 전기저장시설 및 국가유산
　③ 터널
(2) **주거용 주방 자동소화장치 설치대상** : 아파트 등 및 오피스텔의 모든 층

1-2 옥내소화전설비(NFTC 102)

1. 옥내소화전설비의 수원 ★★ 자주출제(필수정리) ★★

(1) 수원의 양

① 29층 이하

$$Q(\text{m}^3) = N \times 2.6\text{m}^3 \text{ 이상}$$
N : 가장 많은 층의 소화전 설치개수(최대 2개)

② 30층 이상 49층 이하

$$Q(\text{m}^3) = N \times 5.2\text{m}^3 \text{ 이상}$$
N : 가장 많은 층의 소화전 설치개수(최대 5개)

③ 50층 이상

$$Q(\text{m}^3) = N \times 7.8\text{m}^3 \text{ 이상}$$
N : 가장 많은 층의 소화전 설치개수(최대 5개)

(2) 펌프의 분당 토출량

$$Q(\text{L/분}) = N \times 130\text{L/분 이상}$$
N : 가장 많은 층의 옥내소화전 설치개수(최대 2개)

2. 수원의 저장 방법 ★★

옥내소화전설비의 수원은 산출된 유효 수량 외에 유효 수량의 1/3 이상을 옥상에 저장

1/3을 옥상에 저장하지 아니하여도 되는 경우
❶ 지하층만 있는 건축물
❷ 고가 수조를 가압송수장치로 설치한 옥내소화전설비
❸ 수원이 건축물의 최상층에 설치된 방수구보다 높은 위치에 설치된 경우
❹ 건축물의 높이가 지표면으로부터 10m 이하인 경우
❺ 주 펌프와 동등 이상의 성능이 있는 펌프로서 내연기관의 기동과 연동하여 작동하거나 비상전원을 연결하여 설치한 경우
❻ 학교·공장·창고시설로서 동결의 우려가 있는 장소
❼ 가압수조를 가압송수장치로 설치한 옥내소화전 설비

✪ 1/3 이상을 옥상에 저장 예외인 경우는 2차 실기 시험에 자주 출제되므로 필히 암기할 것

3. 옥내소화전설비의 가압송수장치 설치기준 ★★★

(1) 노즐 선단의 방수 압력 및 방수량
> ▶ 방수압력 : 0.17MPa 이상 ~ 0.7MPa 이하
> ▶ 방 수 량 : 130L/분 이상

(단, 방수압력이 0.7MPa을 초과시 호스 접결구의 인입측에 감압장치 설치)

(2) 압력계 및 진공계 설치
① 펌프의 **토출측** : **압력계**(체크밸브 이전에 플랜지에서 가까운 곳에 설치)
② 펌프의 **흡입측** : **연성계 또는 진공계**

※ 펌프의 토출측
　압력계

※ 펌프의 흡입측
　연성계 또는 진공계

(3) 기동용 수압개폐장치(압력챔버)
① 압력 챔버의 용량 : **100L 이상**
② 기능 : ▶ 충압 펌프의 기동과 정지 및 주 펌프의 기동
　　　　▶ 수격작용방지 및 규격 방수압 유지

※ 수원이 펌프보다 높은 위치에 있는 경우 필요 없는 것
　① 풋밸브
　② 진공계 또는 연성계
　③ 물올림 장치

(4) 물올림장치(물마중장치, 호수조)
① 설치목적 : 공동 현상 방지
② 물올림수조(호수조) 유효수량 : **100L 이상**
③ 물올림수조 급수배관 구경 : **15mm 이상**
④ 오버플로 배관 및 배수관 구경 : **50mm 이상**

(5) 순환 배관
① 설치목적 : 수온상승방지하기 위하여 배관내 과압방출
② 순환 배관의 구경 : **20mm 이상**
③ 릴리프밸브 작동 압력 : 체절압력 이하
④ 설치시 주위사항 : 순환배관은 펌프의 토출측 체크 밸브 이전에서 분기

※ 펌프의 성능 및 성능시험 배관설치 기준
　2차 실기시험에 출제되므로 필수정리

(6) 성능 시험 배관
① 펌프의 성능
　　▶ 체절 운전시 정격토출압력의 **140%**를 초과 금지
　　▶ 정격토출량의 150%로 운전시 **정격토출압력의 65% 이상** 될 것

제 1 장 소화설비

▶ 정격 토출압력 : 소화펌프의 전양정(m)을 전압력(MPa)으로 환산한 값
▶ 정격 토출량 : 소화 펌프의 분당 토출량(L/분)

② 성능시험배관 설치위치 : 펌프의 토출측에 설치된 **개폐밸브 이전에서 분기**하여 직선적으로 설치
③ 유량측정장치를 기준으로 **전단직관부에 개폐밸브**를 후단직관부에는 유량조절밸브를 설치할 것
④ 유량측정장치는 펌프의 정격토출량의 175% 이상까지 측정할 수 있는 성능이 있을 것
⑤ 성능시험배관의 호칭지름은 유량측정장치의 호칭지름에 따를 것

(7) **펌프**
① 펌프는 전용으로 할 것
다만, 다른 소화설비와 겸용하는 경우 각각의 소화설비의 성능에 지장이 없는 경우에는 예외
② 주 펌프는 전동기에 따른 펌프로 설치할 것

4. 충압펌프 설치기준 ★★

① 설치 목적 : 배관 내의 적은 양의 압력 누수 시 충압 펌프가 기동하여 압력을 보충해 줌으로서 주 펌프의 잦은 기동을 방지
② 펌프의 정격 토출압력 : 최고위 호스 접결구의 자연압 + 0.2MPa 이상

5. 옥내소화전 설비의 가압송수방식 ★★ 자주출제(필수정리) ★★

(1) **고가수조방식**

$$H = h_1 + h_2 + 17\text{m}$$

H : 필요한 낙차(m)
h_1 : 소방용 호스 마찰손실수두(m)
h_2 : 배관의 마찰손실수두(m)

▶ 고가 수조에는 수위계, 배수관, 급수관 및 오버플로우관, 맨홀을 설치(어두문자 기억법 : 오 급 수 / 배 트 맨)★★

● **충압펌프의 기능**
배관내 적은 양의 압력누수를 보충하여 주펌프의 잦은 기동 방지

● **가압송수방식**
① 고가수조방식
② 압력수조방식
③ 펌프방식
④ 가압수조방식

(2) 압력 수조 방식

$$P = p_1 + p_2 + p_3 + 0.17 \text{MPa}$$

P : 필요한 압력(MPa)

p_1 : 소방용 호스의 마찰손실수두압(MPa)

p_2 : 배관의 마찰손실수두압(MPa)

p_3 : 낙차의 환산수두압(MPa)

▶ 압력수조에는 수위계, 급수관, 급기관, 맨홀, 압력계, 안전장치, 자동식 공기 압축기 설치(어두문자 기억법 : 맨압차 / 급수 / 자급 방안) ★★

(3) 펌프 방식

$$H = h_1 + h_2 + h_3 + 17\text{m}$$

H : 전양정(m)

h_1 : 소방용호스 마찰손실수두(m)

h_2 : 배관의 마찰 손실 수두(m)

h_3 : 실양정(흡입양정 + 토출양정)(m)

(4) 가압수조방식

① 가압수조의 압력은 규정에 따른 방수량 및 방수압이 20분 이상, 층수가 30층 이상 49층 이하는 40분 이상, 50층 이상은 60분 이상 유지되도록 할 것

② 가압수조 및 가압원은 방화구획 된 장소에 설치 할 것

③ 가압수조를 이용한 가압송수장치는 제품검사에 합격한 것으로 설치 할 것

6. 펌프의 전동기 용량 계산 방법 ★★ 자주출제(필수정리) ★★

전동기 용량 $P(\text{kW}) \geq \dfrac{\gamma \times Q \times H}{E} \times K$

내연 기관의 용량 $P'(\text{HP}) \geq \dfrac{\gamma \times Q \times H}{E \times 0.746} \times K$

P : 전동기의 출력(kW) γ : 물의 비중량(9.8kN/m³)

Q : 토출량(m³/s) P' : 내연 기관의 출력(HP)

✪ 가압송수방식 중 2차 실기시험에는 펌프방식이 대부분이므로 필수정리

✪ ① 모터동력
② 축동력
③ 수동력
위의 3가지를 구하는 문제는 매회 출제되므로 필히 정리할 것

H : 전양정(m) E : 펌프의 효율
K : 전달계수

[참고] 1PS=75kgf·m/s, 1HP=76.07kgf·m/s, 1kW=101.97kgf·m/s

7. 옥내소화전 설비의 배관 등 ★★★

(1) 배관과 배관이음쇠
   ① 배관 내 사용압력이 1.2MPa 미만일 경우
      ㉠ 배관용 탄소강관(KS D 3507)
      ㉡ 이음매 없는 구리 및 구리합금관(KS D 5301). 다만, 습식의 배관에 한한다.
      ㉢ 배관용 스테인리스강관(KS D 3576) 또는 일반배관용 스테인리스강관(KS D 3595)
      ㉣ 덕타일 주철관(KS D 4311)
   ② 배관 내 사용압력이 1.2MPa 이상일 경우
      ㉠ 압력배관용탄소강관(KS D 3562)
      ㉡ 배관용 아크용접 탄소강강관(KS D 3583)

(2) 펌프의 흡입측 배관
   ① 공기고임이 생기지 아니하는 구조
   ② 여과 장치(스트레이너)를 설치

(3) 펌프의 토출측 **주배관의 구경** ★★ 자주출제(필수정리) ★★
   유속이 4m/s 이하가 될 수 있는 크기 이상

(4) 옥내소화전설비 전용설비의 방수구와 연결되는 배관
   ① 주배관중 입상관의 구경 : 50mm 이상(호스릴방식 : 32mm 이상)
   ② 가지배관 구경 : 40mm 이상(호스릴 방식 : 25mm 이상)

(5) 연결 송수관설비의 배관과 겸용할 경우
   ① 주배관 구경 : 100mm 이상
   ② 가지배관 구경 : 65mm 이상

(6) 급수배관
   급수배관은 전용으로 할 것. 다만, 옥내소화전의 기동장치의 조작과 동시에 다른 설비의 용도에 사용하는 배관의 송수를 차단할 수 있거나, 옥내소화전설비의 성능에 지장이 없는 경우에는 다른 설비와 겸용할 수 있다.

제 3 편 소방기계시설의 구조 및 원리

핵심요점정리

✪ 송수구 설치높이
0.5m~1m

✪ 함의 재질
- 1.5mm 이상 강판
- 4mm 이상 합성수지재

✪ 표시등
- 15도
- 10m
- 적색등

✪ 방수구
- 수평거리 25m 이하
- 1.5m 이하

8. 옥내소화전설비의 송수구 설치기준 ★★

① 소방펌프 자동차가 쉽게 접근할 수 있고 노출된 장소에 설치
② 송수구로부터 주 배관에 이르는 연결배관에는 개폐밸브를 설치금지
③ 지면으로부터 높이가 **0.5m 이상 1m 이하**의 위치에 설치
④ 구경 65mm의 쌍구형 또는 단구형

9. 옥내소화전설비의 함등 ★★

(1) 옥내소화전설비의 함 설치기준
  ① 함의 재질 : 두께 **1.5mm 이상의 강판** 또는 두께 **4mm 이상의 합성수지재**
  ② 문짝의 면적 : $0.5m^2$ 이상
  ③ 함의 재질
    ▶ 강판 : 염수분무시험방법(KS D 9502)에 의하여 시험한 경우 변색 또는 부식되지 아니할 것
    ▶ 합성수지재 : 내열성 및 난연성으로 80℃의 온도에서 24시간 이내에 열로 인한 변형이 생기지 아니할 것

(2) 표시등의 설치기준
  ① 옥내소화전 설비의 위치 표시등
    ▶ 함의 상부에 설치
    ▶ 불빛은 부착면으로부터 **15도 이상**의 범위안에서 부착지점으로부터 **10m 이내**의 어느 곳에서도 쉽게 식별할 수 있는 **적색등** 설치
  ② 가압송수장치의 **기동 표시등** : 옥내소화전함의 내부 또는 그 직근에 설치하되 **적색등**으로 할 것

10. 옥내소화전 방수구 설치기준 ★★★

① 소방대상물의 층마다 **설치할 것**
② 수평거리 : 25m 이하
③ 설치 높이 : 바닥으로부터의 높이가 **1.5m 이하**가 되도록 할 것
④ 호스의 구경 : 40mm(호스릴 방식 : 25mm) 이상

1-3 옥외소화전설비(NFTC 109)

1. 옥외소화전설비의 수원 ★★★★★

수원의 양 $Q(m^3) = N \times 7m^3$ (350L/분×20분) 이상

N : 옥외소화전 설치개수로서 최대 2개

2. 옥외소화전설비의 가압송수 장치 등 ★★★

▶ 노즐의 규격 방수압 : 0.25MPa 이상
노즐의 규격 방수량 : 350L/분 이상
▶ 소화펌프의 토출량 $Q(L/분) = N \times 350L/분$ [N : 최대 2개]

3. 옥외소화전설비의 배관등 ★★

호스 접결구	호스의 구경
수평거리가 40m 이하	구경 65mm의 것

4. 옥외소화전설비의 소화전함 ★★★

▶옥외소화전마다 그로부터 5m 이내의 장소에 소화전함을 설치

옥외소화전의 개수	소화전함의 설치개수
10개 이하	소화전마다 5m 이내에 1개 이상
11개 이상 30개 이하	11개의 소화전함 분산 설치
31개 이상	소화전 3개마다 1개 이상

Pass Point

◎ 옥외소화전
- 방수압 : 0.25MPa 이상
- 방수량 : 350L/분 이상

◎ 옥외소화전함
5m 이내

◎ 노즐구경
- 옥내 : 13mm
- 옥외 : 19mm

1-4 스프링클러설비(NFTC 103)

1. 스프링클러설비의 장점 및 단점 ★★

장 점	단 점
❶ 초기화재 진압에 적합하다. ❷ 소화약제가 물이므로 경제적이다. ❸ 화재감지부가 기계적으로 오보 및 오동작이 적다. ❹ 설비의 조작이 간편하고 안전하다. ❺ 화재 진화작업후 복구가 간편하다.	❶ 설비의 초기 설치비용이 크다. ❷ 다른 소화설비에 비해 비교적 시공이 복잡하다. ❸ 소화시 사용한 물로 인한 피해가 심하다.

❂ 리타딩 챔버
  습식에만 설치됨

2. 리타딩 챔버(Retarding chamber) ★★

> 참고
> **리타딩 챔버의 주요기능 : 비화재인 오보방지**
> 수격작용과 같은 순간압력으로 자동경보밸브의 클래퍼가 순간적으로 개방되었다 폐쇄될 때 유입된 압력수는 리타딩 챔버 하부에 설치된 오리피스를 통하여 자동배수하여 오보를 방지

❂ 건식설비
 - 1차측 : 가압수
 - 2차측 : 압축공기
 - 배기가속장치
   • 엑셀레이터
   • 익져스터

3. 건식 스프링클러설비의 주요 구성부분 ★

(1) **건식밸브**(Dry valve)
(2) **엑셀레이터**(Accelater) **및 익져스터**(exhauster)
  ▶ 화재시 2차측(헤드측) 배관내에 채워져 있던 압축공기 또는 압축질소의 방출속도를 빠르게 해주는 장치이다. 즉, **배기가속장치**이다.

4. 펌프의 토출량 및 수원의 양 ★★ 자주출제(필수정리) ★★

(1) 펌프의 토출량
  • 폐쇄형 스프링클러설비

$$Q = N \times 80 \text{L/min 이상}$$

  Q : 펌프의 분당 토출량(L/min)
  N : 폐쇄형 헤드의 기준개수
    (기준개수보다 적은 경우에는 설치개수)

❂ 헤드 방수량
  80L/분 이상

(2) **수원의 양**

① 폐쇄형스프링클러설비

㉮ 29층 이하

$$Q(\text{m}^3) = N \times 1.6\text{m}^3 \text{ 이상}$$

N : 폐쇄형헤드 기준개수(기준개수보다 적은 경우 설치개수)

㉯ 30층 이상 49층 이하

$$Q(\text{m}^3) = N \times 3.2\text{m}^3 \text{ 이상}$$

N : 폐쇄형헤드 기준개수(기준개수보다 적은 경우 설치개수)

㉰ 50층 이상

$$Q(\text{m}^3) = N \times 4.8\text{m}^3 \text{ 이상}$$

N : 폐쇄형헤드 기준개수(기준개수보다 적은 경우 설치개수)

【헤드의 기준개수(폐쇄형)】

소방대상물			기준개수
지하층제외 10층 이하	공장	특수가연물	30개
		그 밖의 것	20개
	근린생활시설·판매시설·운수시설 또는 복합건축물	판매시설 또는 복합건축물(판매시설 설치 복합건축물)	30개
		그 밖의 것	20개
	그 밖의 것	헤드높이 8m 이상	20개
		헤드높이 8m 이하	10개
아파트			10개
지하층 제외 11층 이상·지하가 또는 지하역사			30개

※ 아파트등의 각 동이 주차장으로 서로 연결된 구조인 경우 해당 주차장 부분의 기준개수는 30개로 할 것

② 개방형 스프링클러 설비

㉮ 헤드의 설치개수가 30개 이하

$$Q = N \times 1.6\text{m}^3 \text{ 이상}$$

Q : 수원의 양(m^3) N : 개방형 헤드의 설치개수

㉯ 헤드의 설치개수가 30개 초과

$$Q = [\text{가압송수장치의 송수량(L/min)}] \times 20\text{분 이상}$$

Q : 수원의 양(L)

✿ **소방대상물별 폐쇄형헤드 기준개수**
2차 실기시험에 자주 이용되므로 필히 암기할 것

5. 가압송수장치 ★★

(1) 가압송수장치 설치기준

① 정격토출압력 : 0.1MPa 이상 1.2MPa 이하의 헤드선단 방수압력 유지

② 펌프의 송수량 : 0.1MPa의 방수압력으로 80L/min 이상의 방수성능을 가진 기준개수의 전 헤드로부터 방수량을 충족시킬 수 있는 양 이상(단, 속도수두는 계산에 포함하지 않는다.)

③ 충압펌프 설치기준
  ▶ 펌프의 정격토출압력
    최고위 살수장치의 자연압(일제개방밸브의 경우 그 밸브)+0.2MPa 이상

6. 스프링클러헤드의 배치기준과 방법 ★★

(1) 헤드의 배치기준

① 천장·반자·천장과 반자사이, 닥트·선반 기타 이와 유사한 부분(폭이 1.2m를 초과하는 것)에 설치(단, 폭이 9m 이하인 실내에 있어서는 측벽에 설치)

② 각 부분으로부터 하나의 스프링클러헤드까지의 수평거리

【스프링클러헤드의 배치기준】 ★★★★

설치장소			설치기준
천장·반자·천장과 반자 사이·덕트·선반 기타 이와 유사한 부분 (폭이 1.2m를 초과하는 것)	무대부, 특수가연물 저장취급 장소 및 창고		수평거리 1.7m 이하
	특정소방대상물 및 창고	기타구조	수평거리 2.1m 이하
		내화구조	수평거리 2.3m 이하
	아파트		수평거리 2.6m 이하
랙식창고			랙 높이 3m 이하 마다

③ 무대부 또는 연소할 우려가 있는 개구부 : 개방형 스프링클러헤드를 설치

④ 공동주택에는 조기 반응형 스프링클러헤드를 설치

(2) 스프링클러헤드의 배치방법 ★★★

① 정사각형(정방형)형
  헤드 2개의 거리가 스프링클러 파이프 두 가닥의 거리와 같은 경우

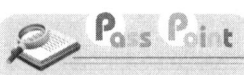

❋ 헤드 방수압
0.1~1.2MPa

❋ 충압펌프 정격토출압
=자연압+0.2MPa

❋ 헤드의 수평거리
① 무대부, 특수가연물
   1.7m 이하
② 비내화구조(기타구조)
   2.1m 이하
③ 내화구조
   2.3m 이하
④ 랙크식 창고
   랙높이 3m 이하 마다
⑤ 아파트
   2.6m 이하
위의 수평거리는 2차 실기시험에 이용되므로 필히 암기할 것

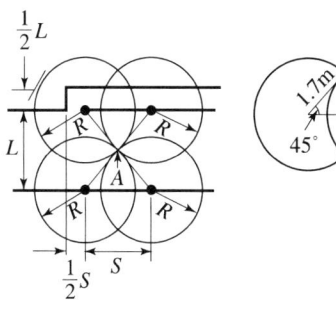

L : 배수관 간격
S : 헤드간격
R : 수평거리(m)
S=L
S=2Rcos45°

헤드의 간격

- 1.7m의 경우 : $2 \times 1.7 \times \cos 45° = 2.4m$
- 2.1m의 경우 : $2 \times 2.1 \times \cos 45° = 3m$
- 2.3m의 경우 : $2 \times 2.3 \times \cos 45° = 3.2m$

② 직사각형(장방형)형

헤드 2개의 거리가 스프링클러 파이프 두 가닥의 거리와 같지 않은 경우

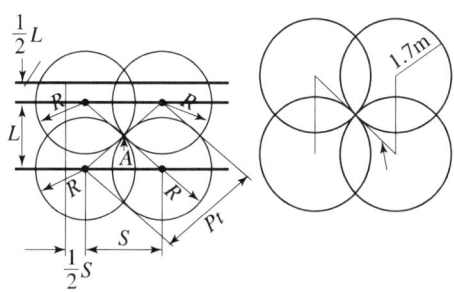

대각선의 헤드간격(Pt)

- 1.7m의 경우 : $2 \times 1.7 = 3.4m$
- 2.1m의 경우 : $2 \times 2.1 = 4.2m$
- 2.3m의 경우 : $2 \times 2.3 = 4.6m$

(3) 스프링클러헤드의 설치기준

【폐쇄형헤드의 표시온도】 ★★

설치장소의 최고 주위온도	표시온도
39℃ 미만	79℃ 미만
39℃ 이상 64℃ 미만	79℃ 이상 121℃ 미만
64℃ 이상 106℃ 미만	121℃ 이상 162℃ 미만
106℃ 이상	162℃ 이상

헤드의 설치
정방형
S=2r cos 45°

폐쇄형헤드의 표시온도
2차 실기시험에 ( ) 넣기로 자주 출제됨

제 3 편 소방기계시설의 구조 및 원리

○ 하향식 헤드
설치할 수 있는 경우
– 2차 실기 출제

(4) 습식 또는 부압식 스프링클러 설비외의 설비에는 상향식헤드를 설치

하향식 헤드를 설치할 수 있는 경우
▶ 드라이펜던트 스프링클러헤드를 사용하는 경우
▶ 헤드의 설치장소가 동파의 우려가 없는 곳인 경우
▶ 개방형 헤드를 사용하는 경우

7. 스프링클러의 배관 ★★

(1) 급수배관의 구경
  ① 가지배관의 유속 : 6m/s 이하
  ② 그 밖의 배관의 유속 : 10m/s 이하

(2) 가지배관의 배열
  ① 토너먼트(tournament)방식이 아닐 것
  ② 한쪽 가지배관에 설치되는 헤드의 개수는 **8개 이하**

○ 토너먼트 배관 방식으로 하지 않는 이유
① 수격작용으로 배관파손 우려
② 마찰손실 커져 규격방수압 및 방수량 유지 곤란

(3) 습식설비의 교차배관의 위치·청소구 및 가지배관의 헤드설치
  ① 교차배관은 가지배관 밑에 수평으로 설치하고 구경은 40mm 이상
  ② 청소구는 교차배관 끝에 **40mm 이상 개폐밸브**를 설치
  ③ 하향식헤드를 설치시 가지관상부에서 분기

(4) 배관의 행가 설치기준
  ① 가지배관
    ▶ 헤드의 설치지점 사이마다 1개 이상의 행가를 설치
    ▶ 상향식헤드의 경우에는 그 헤드와 행가 사이에 **8cm 이상**의 간격을 둘 것(단, 헤드간의 거리가 **3.5m를 초과 시 3.5m 이내마다** 1개 이상 설치)

○ 토너먼트 배관 방식으로 하여야 하는 소화설비
① 이산화탄소소화설비
② 할론소화설비
③ 할로겐화합물 및 불활성기체 소화설비
④ 분말 소화설비

  ② 교차배관
    ▶ 가지배관과 가지배관 사이마다 1개 이상의 행가를 설치
    (단, 가지배관 사이의 거리가 **4.5m를 초과 시 4.5m 이내마다** 1개 이상 설치)
  ③ 수평주행배관
    ▶ **4.5m 이내마다** 1개 이상 설치할 것

(5) **수직 배수배관의 구경** : **50mm 이상**으로 할 것
(6) 주차장의 스프링클러설비는 **습식외의 방식**으로 할 것

습식설비로 하여도 되는 경우
▶ 동절기에 상시 난방이 되는 곳이거나 그 밖에 동결의 염려가 없는 곳
▶ 스프링클러설비의 동결을 방지할 수 있는 구조 또는 장치가 된 것

(7) **스프링클러설비 배관의 배수를 위한 기울기**
① 습식 또는 부압식 스프링클러설비의 배관은 수평으로 할 것(단, 배관의 구조상 소화수가 남아 있는 곳에는 배수밸브를 설치할 것)
② 습식 또는 부압식 스프링클러설비외의 설비
▶ 수평주행배관의 기울기 : 1/500 이상
▶ 가지배관의 기울기 : 1/250 이상

8. 폐쇄형헤드를 사용하는 설비의 방호구역·유수검지장치

① 하나의 방호구역의 바닥면적은 3000m²를 초과하지 아니할 것
다만, 폐쇄형스프링클러설비에 격자형배관방식(2 이상의 수평주행배관 사이를 가지배관으로 연결하는 방식)을 채택하는 때에는 3,700m² 범위 내에서 펌프용량, 배관의 구경 등을 수리학적으로 계산한 결과 헤드의 방수압 및 방수량이 방호구역 범위 내에서 소화목적을 달성하는데 충분할 것
② 하나의 방호구역에는 1개 이상의 유수검지장치를 설치
③ 하나의 방호구역은 2개층에 미치지 아니하도록, 1개층에 설치되는 스프링클러헤드의 수가 10개 이하인 경우와 복층형구조의 공동주택에는 3개층 이내로 할 수 있다.
④ 유수검지장치 등은 바닥으로부터 0.8m 이상 1.5m 이하의 위치에 설치하되, 그 실 등에는 개구부가 가로 0.5m 이상 세로 1m 이상의 출입문을 설치
⑤ 조기반응형 스프링클러헤드를 설치하는 경우에는 습식유수검지장치 또는 부압식스프링클러설비를 설치할 것

9. 개방형 스프링클러 설비의 방수구역 및 일제개방밸브 ★★

① 하나의 방수구역은 **2개 층에 미치지 아니할 것**
② 방수구역마다 일제개방밸브를 설치
③ **하나의 방수구역**을 담당하는 헤드의 개수는 **50개 이하**(단, 2개 이상의 방수구역 분할시 하나의 방수구역 담당 헤드수는 25개 이상)

○ **하나의 방호구역**
3000m² 이내

10. 드렌처 설비 ★★★

① 드렌처헤드는 개구부 위측에 2.5m 이내마다 1개를 설치할 것
② 제어밸브는 바닥면으로부터 0.8m 이상 1.5m 이하의 위치에 설치할 것
③ 수원의 수량

드렌처설비의 수원의 양
$Q(m^3) = N \times 1.6m^3$ 이상   N : 드렌처헤드의 설치개수

④ 헤드선단에 방수압력이 0.1MPa 이상, 방수량이 80L/min 이상

11. 간이스프링클러설비(NFTC 103A) ★

(1) 수원

① 상수도직결형의 경우에는 수돗물
② 2개의 간이헤드에서 최소 10분(근린생활시설 $1000m^2$ 이상, 생활형숙박시설 $600m^2$ 이상, 복합건축물 $1000m^2$ 이상의 경우 5개의 간이헤드에서 최소 20분) 이상 방수할 수 있는 양 이상

12. 화재조기진압용 스프링클러설비(NFTC 103B) ★

(1) 수원의 양

$$Q = K\sqrt{10P} \times 12 \times 60$$

Q : 수원의 양(L) K : 상수[L/min/(MPa)$^{1/2}$]
P : 헤드선단의 압력(MPa)

1-5 물분무소화설비(NFTC 104)

1. 물분무소화효과 ★★★

① 냉각효과   ② 질식효과
③ 희석효과   ④ 유화효과(에멀전효과)

2. 물분무헤드의 종류 ★

① 충돌형   ② 분사형   ③ 선회류형
④ 디프렉터형   ⑤ 슬리트형

3. 물분무소화설비의 펌프토출량 및 수원의 양 ★★★★★

소방대상물	펌프의 토출량(L/분)
특수가연물	바닥면적(m^2)(최대방수구역 기준 최소 $50m^2$)×$10L/m^2$·분
차고, 주차장	바닥면적(m^2)(최대방수구역 기준 최소 $50m^2$)×$20L/m^2$·분
절연유 봉입 변압기	표면적(바닥부분제외)(m^2)×$10L/m^2$·분
케이블 트레이, 닥트	투영된 바닥면적(m^2)×$12L/m^2$·분
콘베이어벨트	벨트부분의 바닥면적(m^2)×$10L/m^2$·분

★ 어두문자 암기법 : 특, 절, 콘10 / 케12 / 차20 ★
● 수원의 양(L) = 펌프의 토출량(L/분)×20분

> **Pass Point**
>
> ● 물분무 수원의 양
> 2차 실기시험에 자주 출제되므로 필수 정리

4. 물분무소화설비의 배관 등 ★

▶ 한 개의 일제개방밸브가 담당하는 유량은 8300L/min 이하

5. 물분무소화설비의 제어밸브 등 설치기준 ★

① 제어밸브는 바닥으로부터 0.8m 이상 1.5m 이하의 위치에 설치
② 제어밸브의 가까운 곳의 보기 쉬운 곳에 "제어밸브"라고 표시한 표지를 할 것
③ 기동 조작부 및 수동식 개방밸브는 바닥으로부터 0.8m이상 1.5m 이하의 위치에 설치

6. 물분무헤드 ★★

【물분무헤드와 전기기기와의 이격거리】

전압(KV)	거리(cm)	전압(KV)	거리(cm)
66 이하	70 이상	154 초과 181 이하	180 이상
66 초과 77 이하	80 이상	181 초과 220 이하	210 이상
77 초과 110 이하	110 이상	220 초과 275 이하	260 이상
110 초과 154 이하	150 이상		

> ● 물분무헤드와 전기기기의 이격거리
> 2차 실기시험에 ( )넣기로 가끔 출제

7. 물분무소화설비의 배수설비 ★★ 자주출제(필수정리) ★★

① 높이 10cm **이상의 경계 턱**으로 배수구를 설치할 것
② 길이 40m 이하마다 집수관·소화핏트 등 **기름분리장치**를 설치할 것
③ 바닥은 배수구를 향하여 **2/100 이상의 기울기**를 유지할 것
④ 배수설비는 유효하게 배수할 수 있는 크기 및 기울기로 할 것

8. 물분무소화설비의 설치제외 ★

① 물에 심하게 반응하는 물질 저장 또는 취급하는 장소
② 고온의 물질 및 증류범위가 넓어 끓어 넘치는 위험이 있는 물질을 저장 또는 취급하는 장소
③ 운전시에 표면의 온도가 260℃ **이상**으로 되는 등 직접 분무를 하는 경우 그 부분에 손상을 입힐 우려가 있는 기계장치 등이 있는 장소

1-6 미분무소화설비

1. 용어의 정의

(1) **미분무**

① 물만을 사용하여 소화하는 방식
② 최소설계압력에서 헤드로부터 방출되는 물입자 중 99%의 누적 체적분포가 400μm 이하로 분무
③ A, B, C급 화재에 적응성을 갖는 것

(2) **압력에 따른 미분무 소화설비**

구 분	사용압력
저압	최고사용압력 1.2MPa 이하
중압	사용압력 1.2MPa 초과 3.5MPa 이하
고압	최저사용압력 3.5MPa 초과

2. 설계도서 작성

(1) **일반설계도서와 특별설계도서로 구분**

① 점화원의 형태

Pass Point

◎ **배수설비 설치기준**
2차 실기시험에 자주 출제되므로 필히 암기할 것

◎ **물분무 설치제외**
- 3류 위험물
- 1류 중 무기과산화물
- 2류 중 금속분
- 표면온도 260℃ 이상

◎ **압력에 따른 미분무 소화설비**
- 저압: 1.2MPa 이하
- 중압: 1.2~3.5MPa
- 고압: 3.5MPa 초과

◎ **설계도서**
- 일반설계도서
- 특별설계도서

② 초기 점화되는 연료 유형
③ 화재 위치
④ 문과 창문의 초기상태(열림, 닫힘) 및 시간에 따른 변화상태
⑤ 공기조화설비, 자연형(문, 창문) 및, 기계형 여부
⑥ 시공 유형과 내장재 유형

(2) **일반설계도서**

유사한 특정소방대상물의 화재사례 등을 이용하여 작성

(3) **특별설계도서**

일반설계도서에서 발화 장소 등을 변경하여 위험도를 높게 만들어 작성

3. 수원

① 용수는「먹는물관리법」제5조에 적합하고, 저수조 등에 충수할 경우 필터 또는 스트레이너를 통하여야 하며, 사용되는 물에는 입자·용해 고체 또는 염분이 없을 것
② 배관의 연결부 또는 주배관의 유입측에는 필터 또는 스트레이너를 설치할 것
③ 스트레이너에는 청소구가 있을 것
④ 검사·유지관리 및 보수 시에 배치위치를 변경하지 아니할 것
⑤ 필터 또는 스트레이너의 메쉬는 헤드 오리피스 지름의 80% 이하
⑥ 수원의 양

$$Q = N \times D \times T \times S + V$$

Q : 수원의 양(m^3) N : 방호구역(방수구역)내 헤드의 개수
D : 설계유량(m^3/min) T : 설계방수시간(min)
S : 안전율(1.2 이상) V : 배관의 총체적(m^3)

4. 헤드

① 미분무 설비에 사용되는 헤드는 조기반응형 헤드를 설치
② 폐쇄형 미분무헤드는 그 설치장소의 평상시 최고주위온도에 따라 다음 식에 따른 표시온도의 것으로 설치

$$T_a = 0.9 T_m - 27.3 ℃$$

T_a : 최고주위온도 T_m : 헤드의 표시온도

✪ **미분무 설비 헤드**
조기반응형 헤드

제 3 편 소방기계시설의 구조 및 원리

핵심요점정리

★ 청소, 시험, 유지, 관리
최소 연 1회 이상

5. 청소 · 시험 · 유지 및 관리 등

완성한 시점부터 최소 연 1회 이상 실시

 1-7 포소화설비(NFTC 105)

1. 포 소화약제의 팽창비에 따른 종류 ★★

★ 저팽창포
팽창비 20배 이하

★ 고팽창포
팽창비 80배 이상 1000배 이하

2. 포 소화약제의 저장량 및 수원의 양 ★★

(1) 포 헤드방식

★ 표준방사량 K 값
차고, 주차장은 2차 실기 시험에 이용되므로 필수 정리

소방대상물	적용 설비	수원의 양		약제량
특수가연물 저장, 취급하는 공장 및 창고	- 포워터스프링클러설비 - 포헤드설비 - 고정포 방출설비 - 압축공기포소화설비	- 포워터스프링클러설비 [헤드수×75L/분×10분] - 포헤드설비 [바닥면적(200m² 이상인 경우 200)×표준방사량(K값)×10분] [표준방사량 K값(L/m²·분)]		수원의 양 × 약제의 농도 (%/100)
차고, 주차장	- 포워터스프링클러설비 - 포헤드설비 - 고정포 방출설비 - 압축공기포소화설비	차고, 주차장 및 항공기 격납고	단백포 6.5 합성계면활성제포 8 수성막포 3.7	
		위험물 특수가연물	단백포 6.5 합성계면활성제포 6.5 수성막포 6.5	
항공기 격납고	- 포워터스프링클러설비 - 포헤드설비 - 고정포방출설비 - 압축공기포소화설비	- 호스릴포설비 또는 포소화전설비 [방수구수(5이상인 경우5)×6m³] - 고정포방출방식 [고정포방출구 필요량+보조 포소화전 필요량+배관보정 필요량]		

96

(2) 고정포 방출구 방식 ★★ 자주출제(필수정리) ★★

구 분	약제 저장량
❶ 고정포 방출구	$Q = A \times Q_1 \times T \times S$ Q : 포소화약제의 양(L) A : 저장탱크의 액표면적(m^2) Q_1 : 단위 포소화수용액의 양(L/m^2분) T : 방출시간(분) S : 포소화약제의 사용농도(%)
❷ 보조 포소화전	$Q = N \times S \times 8000L$ Q : 포소화약제의 양(L) N : 호스 접결구 개수(3개 이상의 경우는 3) S : 포소화약제의 사용농도(%)
❸ 배관보정	가장 먼 탱크까지의 송액관(내경 75mm 이하 제외)에 충전하기 위하여 필요한 양 $Q = V \times S \times 1000$ Q : 포소화약제의 양(L) V : 송액관 내부의 체적(m^3) S : 포소화약제의 사용농도(%)
❹ 합 계	고정포 방출구방식의 약제량 = ❶ + ❷ + ❸

○ 고정포 방출구에 필요한 약제량
2차 실기시험에 자주 출제되므로 필히 정리할 것

(3) 옥내포소화전방식 또는 호스릴방식 ★★★★★

약제 저장량	수원의 양

$Q = N \times S \times 6000L$
 	
Q : 포소화약제의 양(L)
N : 호스 접결구 개수
   (5개 이상의 경우는 5)
S : 포소화약제의 사용농도(%)
	$Q = N \times S_W \times 6000L$
	
	Q : 수원의 양(L)
	N : 호스 접결구 개수
	   (5개 이상의 경우는 5)
	S_W : 포수용액 중 물의 농도(%)

※ 바닥면적이 200m^2 미만인 건축물에 있어서는 계산량의 75%로 할 수 있다.

○ 옥내포소화전방식
2차 실기시험에 자주 출제되므로 필히 정리할 것

3. 포헤드의 설치기준 ★★

① 포워터 스프링클러헤드 : 바닥면적 8m^2마다 1개 이상 설치
② 포헤드 : 바닥면적 9m^2마다 1개 이상 설치

4. 고정포 방출구의 종류 ★★

포 방출구의 종류	포 주입법	탱크 종류	특 징
Ⅰ형	상부포주입법	고정지붕구조 (콘루프탱크)	통계단, 미끄럼판
Ⅱ형		고정지붕구조 (콘루프탱크) 부상덮개부착고정지붕구조	반사판
특형		부상지붕구조 (플루팅루프탱크)	금속제칸막이, 환상부분
Ⅲ형	저부포주입법	고정지붕구조 (콘루프탱크)	송포관
Ⅳ형		고정지붕구조 (콘루프탱크)	격납통, 특수호스

※ 수용성 액체용 포소화약제(알콜형포)는 Ⅰ형 포방출구를 사용

5. 차고·주차장의 호스릴포설비 또는 포소화전설비 ★

【이동식 포노즐 선단의 성능기준】

구 분	성 능 기 준
노즐의 방사압력	0.35MPa 이상
노즐의 방사량	300L/분 이상 (바닥면적 200m^2 이하는 230L/분 이상)
노즐의 방사거리	수평거리 15m 이상

【방수구의 종류에 따른 수평거리】

구 분	수 평 거 리
호스릴 방수구	15m 이하
포소화전 방수구	25m 이하

6. 포 소화약제의 혼합장치 ★★ 자주출제(필수정리) ★★

① **펌프 프로포셔너 방식**(pump proportioner type)(펌프 조합방식)
펌프의 토출관과 흡입관 사이의 배관도중에 설치한 흡입기에 펌프에서 **토출된 물의 일부를 보내고**, 농도 조정밸브에서 조정된 포 소화약제의 필요량을 포 소화약제 탱크에서 펌프 흡입측으로 보내어 이를 혼합하는 방식

핵심요점정리

◆ **약제저장탱크에서 시료 채취 방법**
상, 중, 하부에서 채취

◆ **호스릴 방식**
3m 이내의 거리에 호스릴함 또는 호스함 설치

◆ **호스함 설치**
바닥으로부터 1.5m 이하

◆ **펌프 프로포셔너**
펌프에서 토출된 물의 일부를 보내고

② **프레져 프로포셔너 방식**(pressure proportioner type)(차압 조합방식)
펌프와 발포기의 중간에 설치된 벤추리관의 **벤추리작용과 펌프 가압수**의 포 소화약제 저장탱크에 대한 압력에 의하여 포 소화약제를 흡입 · 혼합하는 방식

○ **프레져 프로포셔너**
벤츄리 작용+펌프가압수

③ **라인 프로포셔너 방식**(line proportioner type)(관로 조합방식)
펌프와 발포기의 중간에 설치된 벤추리관의 **벤추리 작용**에 의하여 포 소화약제를 흡입 · 혼합하는 방식

○ **라인 프로포셔너**
벤츄리 작용

④ **프레져 사이드 프로포셔너 방식**(pressure side proportioner type)(압입 혼합방식)
펌프의 토출관에 압입기를 설치하여 **포 소화약제 압입용 펌프**로 포 소화약제를 압입시켜 혼합하는 방식

○ **프레져 사이드 프로포셔너**
압입용 펌프

제 3 편 소방기계시설의 구조 및 원리

7. 포 소화설비의 자동식 기동장치 ★★

 폐쇄형 스프링클러헤드를 사용하는 경우
❶ 표시온도가 79℃ 미만인 것을 사용하고, 1개의 스프링클러헤드의 경계면적은 20m² 이하로 할 것
❷ 부착면의 높이는 바닥으로부터 5m 이하
❸ 하나의 감지장치 경계구역은 하나의 층이 되도록 할 것

1-8 이산화탄소소화설비(NFTC 106)

★ CO_2 소화설비 장단점
2차 실기시험에 자주출제

1. 소화설비의 장, 단점 ★★★

장 점	단 점
❶ 화재 진화후 깨끗	❶ 설비가 고압이므로 특별한 주의가 필요
❷ 심부 화재에 적합	❷ CO_2 방사시 동상우려
❸ 증거 보존 양호 및 화재원인 조사 용이	❸ 인체에 질식의 우려
❹ 피연소물에 피해가 적다.	❹ CO_2 방사시 소음이 크다.

★ 저장용기 설치장소
2차 실기시험에 자주 출제되므로 필수 암기할 것

2. 소화약제의 저장용기등 ★★ 자주출제(필수정리) ★★

(1) 소화약제의 저장용기 설치장소
① 방호구역외의 장소에 설치할 것
② 온도가 40℃ 이하이고 온도변화가 적은 곳에 설치할 것
③ 직사광선 및 빗물이 침투할 우려가 없는 곳에 설치할 것
④ 방화문으로 방화 구획된 실에 설치할 것
⑤ 용기의 설치장소에는 해당 용기가 설치된 곳임을 표시하는 표지를 할 것

⑥ 용기간의 간격은 점검에 지장이 없도록 **3cm 이상**의 간격을 유지할 것

⑦ 저장용기와 집합관을 연결하는 연결배관에는 체크밸브를 설치할 것(단, 저장용기가 하나의 방호구역만을 담당하는 경우에는 예외)

(2) **소화약제의 저장용기** ★★ 자주출제(필수정리) ★★

① 저장용기의 충전비(용기 내용적 V(L)과 약제량 G(kg)의 비율)

구 분	고 압 식	저 압 식
충전비(L/kg)	1.5 이상 1.9 이하	1.1 이상 1.4 이하
CO_2의 기화잠열(kJ/kg)	149	279

② 저압식 저장용기 설치기준 ★★★★★

설치 장치	작동압력 및 기타
안전밸브	내압시험압력의 0.64배 ~ 0.8배의 압력에서 작동
봉 판	내압시험압력의 0.8배 ~ 내압시험압력에서 작동
압력경보장치	2.3MPa 이상 1.9MPa 이하의 압력에서 작동
자동냉동장치	용기내부의 온도가 -18℃ 이하에서 2.1MPa 이상의 압력 유지
액면계 및 압력계	

③ 저장용기의 내압시험 압력

고 압 식	저 압 식
25MPa 이상	3.5MPa 이상

(3) **소화약제 저장용기의 개방밸브** : 전기식 · 가스압력식 또는 기계식

(4) **안전장치** : 배관의 **최소사용설계압력과 최대허용압력** 사이의 압력에서 작동(용전식은 금지)

3. 이산화탄소소화약제의 저장량 ★★ 자주출제(필수정리) ★★

(1) 전역방출방식의 표면화재(가연성 액체 및 가스)인 경우

【표면화재의 방호구역 체적계수 및 개구부 면적계수】

방호구역의 체적(m³)	방호구역의 체적1m³에 대한 소화약제의 양 kg (K_1 : kg/m²)	저장량의 최저한도량 (kg)	개구부 가산량 (K_2 : kg/m²) (자동폐쇄장치 미설치시)
45 미만	1	45	5
45 이상 150 미만	0.9		
150 이상 1450 미만	0.8	135	
1450 이상	0.75	1125	

○ **소화약제 저장용기**
2차 실기시험에 자주 출제되므로 필수 정리

○ **용전식**
압력용기 등이 이상온도가 되면 금속이 용융해서 용기의 파괴를 방지하는 안전장치

○ **소화약제저장량**
표면화재 및 심부화재에 대한 약제량 기준은 2차 실기시험에 이용되므로 필히 암기할 것

제 3 편 소방기계시설의 구조 및 원리

(2) 전역방출방식의 심부화재(종이 · 목재 · 석탄 · 섬유류 · 합성수지류)인 경우

【심부화재의 방호구역 체적계수 및 개구부 면적계수】

방호대상물	방호구역의 체적 $1m^3$에 대한 소화약제의 양 kg (K_1 : kg/m^3)	설계 농도 (%)	개구부 가산량 (K_2 : kg/m^2) (자동폐쇄장치 미설치시)
유압기기를 제외한 전기설비, 케이블실	1.3	50%	10
체적 $55m^3$ 미만의 전기설비	1.6	50%	10
서고, 전자제품창고, 목재가공품창고, 박물관	2.0	65%	10
고무류, 면화류창고, 모피창고, 석탄창고, 집진설비	2.7	75%	10

4. 소화설비의 자동식 기동장치 ★★★

① 자동화재탐지설비는 감지기의 작동과 연동
② 자동식 기동장치에는 수동으로도 기동할 수 있는 구조
③ 전기식 기동장치로서 7병 이상의 저장용기를 동시에 개방하는 설비에 있어서는 2병 이상의 저장용기에 전자개방밸브를 부착
④ 가스 압력식 기동장치의 설치기준

○ 전자개방밸브
  =솔레노이드 밸브

○ 설비 기동방식
  ① 가스압력식
  ② 전기식
  ③ 기계식

 가스압력식 기동장치
❶ 밸브 : 25MPa 이상 압력에 견딜 수 있는 것
❷ 안전장치 : 내압시험압력의 0.8배부터 내압시험압력 이하에서 작동
❸ 기동용 가스용기 : 용적=5L 이상, 질소 등의 비활성 기체는 6MPa 이상 (21℃ 기준)
❹ 충전여부 확인할 수 있는 압력 게이지 설치

5. 소화설비의 배관 등 ★★★

(1) 소화설비의 배관 설치기준
  ① 배관은 전용으로 할 것
  ② 강관을 사용하는 경우의 배관
    압력배관용 탄소강관(KS D 3526) 중 **스케줄 80**(저압식에 있어서는 **스케줄 40**)이상의 것 또는 이와 동등 이상의 강도를 가진

○ 배관
  - 고압식 : 스케줄 80 이상
  - 저압식 : 스케줄 40 이상

것으로 아연도금 등으로 방식처리된 것을 사용할 것

③ 동관을 사용하는 경우의 배관(이음이 없는 동 및 동합금관(KS D 5301)

고압식	16.5MPa 이상의 압력에 견딜 수 있는 것
저압식	3.75MPa 이상의 압력에 견딜 수 있는 것

④ 개폐밸브 또는 선택밸브의 배관부속

고압식	1차측(개폐밸브 또는 선택밸브 이전) 배관부속의 최소사용설계압력은 9.5MPa
	2차측 배관부속의 최소사용설계압력은 4.5MPa
저압식	배관부속의 최소사용설계압력은 4.5MPa

> **◉ 동관사용**
> – 고압식 : 16.5MPa
> – 저압식 : 3.75MPa
>
> **◉ 배관부속**
> – 고압식
>   1차측 : 4MPa
>   2차측 : 2MPa
> – 저압식
>   1차측 : 2MPa
>   2차측 : 2MPa

(2) **소화설비의 배관구경** ★★

이산화탄소의 소요량이 다음의 기준에 의한 시간 내에 방사될 수 있을 것

구 분	전역방출방식		국소방출방식
	표면 화재 (가연성 액체 및 가스)	심부 화재 (종이, 목재, 석탄, 섬유류, 합성수지류)	
방사시간 기준	1분이내	7분 이내 (설계농도가 2분 이내 30%에 도달할 것)	30초 이내

6. 소화설비의 분사헤드 ★★★

(1) **전역방출 방식의 분사헤드 방사압력**

고압식 : 2.1MPa 이상   저압식 : 1.05MPa 이상

(2) **호스릴 이산화탄소 소화설비**

수평거리	노즐방사량(20℃)	약제저장량(노즐당)	개 방 밸 브
15m이하	60kg/min 이상	90kg 이상	수동으로 개폐 가능할 것

7. CO₂ 소화설비 설계공식 ★★ 자주출제(필수정리) ★★

(1) **CO₂ 농도 계산방법**

$$CO_2(\%) = \frac{21 - O_2(\%)}{21} \times 100$$

$$CO_2(\%) = \frac{\text{방출된 } CO_2 \text{가스체적}(m^3)}{\text{방호구역체적}(m^3) + \text{방출된 } CO_2 \text{가스체적}(m^3)} \times 100$$

> **◉ CO₂ 설계공식**
> 2차 실기시험에 이용되는 식이므로 필수정리

(2) 방출된 CO_2 가스량 계산방법

$$G_V = \frac{21-Q_1}{Q_1} \times V$$

G_V : 방출된 CO_2 가스량(m^3)
Q_1 : 물질의 연소한계산소농도(%) 또는 측정된 산소농도(%)
V : 방호구역체적(m^3)

1-9 할론소화설비(NFTC 107)

1. 소화설비의 장점 및 단점 ★★

장 점	단 점
❶ 부촉매 작용으로 연소억제 작용이 크다.	❶ 가격이 비싸다.
❷ 금속에 대한 부식성이 작다.	❷ 소화약제를 수입에 의존해야 한다.
❸ 소화약제의 변질 및 분해가 없다.	❸ 대기오염이 크다.
❹ 화재 진화 후 깨끗하다.	
❺ 비전도성으로 전기화재에도 적합하다.	

2. 소화약제의 저장용기 등 ★★★

(1) 축압식 저장용기의 압력

소화약제의 종별	저 장 압 력	충전가스
할론1211	1.1MPa (저압식) 또는 2.5MPa(고압식)	질소(N_2)
할론1301	2.5MPa (저압식) 또는 4.2MPa (고압식)	질소(N_2)

(2) 저장용기의 충전비

소화약제의 종별		충 전 비(L/kg)
할론1211		0.7 이상 1.4 이하
할론1301		0.9 이상 1.6 이하
할론2402	가 압 식	0.51 이상 0.67 미만
	축 압 식	0.67 이상 2.75 이하

✪ 소화설비 장단점
2차 실기시험에 가끔 출제

✪ 할로겐 원소
- F(불소)
- Cl(염소)
- Br(브로민)
- I(아이오딘)

✪ 축압식 저장용기 압력
실기시험에 ( ) 넣기로 가끔 출제됨

✪ 저장용기 충전비
2차 실기시험 대비 필수 정리

3. 할론소화약제 ★★★

(1) **전역방출 방식**[방호구역 체적계수 및 개구부 면적계수]

소방대상물	소화약제의 종별	방호구역의 체적 1m³에 대한 소화약제의 양 kg (K1 : kg/m³)	개구부 가산량 (자동폐쇄장치 미설치시) (K2 : kg/m²)
차고, 주차장, 전기실, 통신기기실,	할론1301	0.32kg 이상 0.64kg 이하	2.4kg

(2) 호스릴 할론소화설비의 약제저장량

소화약제의 종별	소화약제의 양
할론2402	50kg
할론1211	
할론1301	45kg

4. 할론소화설비의 배관 ★★★

① 전용으로 할 것
② 강관을 사용하는 경우의 배관
  압력배관용 탄소강관(KS D 3562) 중 이음이 없는 **스케줄 40 이상**의 것 또는 이와 동등 이상의 강도를 가진 것으로서 아연도금 등에 의하여 방식처리된 것을 사용할 것
③ 동관을 사용하는 경우(이음이 없는 동 및 동합금관(KS D 5301)

고압식	16.5MPa 이상의 압력에 견딜 수 있는 것
저압식	3.75MPa 이상의 압력에 견딜 수 있는 것

5. 할론소화설비의 분사헤드 ★★

(1) 전역방출방식 및 국소방출방식
  ① 할론2402는 무상으로 분무되는 것으로 할 것
  ② 분사헤드의 방사압력

소화약제의 종별	헤드의 방사압력(MPa)
할론2402	0.1
할론1211	0.2
할론1301	0.9

● 할론1301 약제량
 0.32kg/m³(5%)~0.64 kg/m³(10%)

● 상온에서 기체
 - 할론1211
 - 할론1301

● 상온에서 액체
 - 할론2402
 - 할론1011

③ 기준저장량의 소화약제를 10초 이내에 방사할 수 있는 것으로 할 것

(2) 호스릴 할론소화설비 설치기준
① 호스 접결구까지의 수평거리 : **20m 이하**
② 노즐은 20℃에서 하나의 노즐마다 1분당 방사량

할론 번호	1분당 방사하는 소화약제의 양
할론2402	45kg
할론1211	40kg
할론1301	35kg

● 가압용 가스
질소(N_2)

1-10 할로겐화합물 및 불활성기체 소화설비(NFTC 107A)

1. 할로겐화합물 및 불활성기체 소화약제의 개요 ★★★

(1) **ODP**(Ozone Depletion Potential) : 오존파괴지수
오존파괴지수(ODP)=어떤물질 1kg이 파괴하는 오존량/CFC-11 1kg이 파괴하는 오존량

물질명	$CFCl_3$(CFC-11)	할론1211	할론2402	할론1301
ODP	1	3	6	10

● ODP
● GWP
● NOAEL
● LOAEL
위의 용어에 대한 설명이 2차 실기에 가끔 출제된다.

(2) **GWP**(Global Warming Potential) : 지구온난화지수
지구온난화지수(GWP)=어떤 물질 1kg이 기여하는 지구온난화정도/CO_2 1kg이 기여하는 지구온난화정도

(3) **ALT**(Atmospheric Life Time)
어떤 물질이 대기권에 방출된 후 분해되지 않고 체류하는 잔존시간 (단위 : 년)

(4) **NOAEL**(No Observed Adverse Effect Level)
심장 독성 시험시 심장에 영향을 **미치지 않는 농도**

(5) **LOAEL**(Lowest Observed Adverse Effect Level)
심장 독성 시험시 심장에 영향을 **미치는 최소 농도**

2. 할로겐화합물 및 불활성기체 소화약제의 종류 ★★

번호	소화약제명	화학식	비고
1	FK-5-1-12	$CF_3CF_2C(O)CF(CF_3)_2$	할로겐화합물 소화약제
2	FC-3-1-10	C_4F_{10}	
3	HCFC BLEND A	$HCFC-123(CHCl_2CF_3)$: 4.75% $HCFC-22(CHClF_2)$: 82% $HCFC-124(CHClFCF_3)$: 9.5% $C_{10}H_{16}$: 3.75%	할로겐화합물 소화약제
4	HCFC-124	$CHClFCF_3$	
5	HFC-125	CHF_2CF_3	
6	HFC-227ea	CF_3CHFCF_3	
7	HFC-23	CHF_3	
8	HFC-236fa	$CF_3CH_2CF_3$	
9	FIC-13I1	CF_3I	
10	IG-01	Ar	불활성 기체소화약제
11	IG-100	N_2	
12	IG-541	N_2 : 52%, Ar : 40%, CO_2 : 8%	
13	IG-55	N_2 : 50%, Ar : 50%	

> **Pass Point**
>
> ✪ IG 명명법
> IG-ABC
> A : N_2 함량
> B : Ar 함량
> C : CO_2 함량
>
> ✪ IG-541
> - N_2 : 52%
> - Ar : 40%
> - CO_2 : 8%
>
> ✪ 할로겐화합물소화약제의 용기교체
> - 약제량 손실 5% 초과
> - 압력손실 10% 초과
>
> ✪ 불활성기체 용기교체
> - 압력손실 5% 초과
>
> ✪ 할로겐화합물 및 불활성 기체 소화약제량 산출공식 필히 암기

3. 저장용기의 재충전 및 교체 ★★

① 할로겐화합물소화약제
▶ 약제량 손실이 **5% 초과** 또는 압력손실이 **10% 초과**할 경우에는 재충전하거나 저장용기를 교체
② 불활성기체소화약제
▶ 저장용기의 압력손실이 **5%를 초과**할 경우 재충전하거나 저장용기를 교체

4. 전역방출방식 소화약제 저장량 ★★

(1) 할로겐화합물소화약제

$$W = \frac{V}{S} \times \left[\frac{C}{(100-C)} \right]$$

W : 소화약제의 무게(kg) V : 방호구역의 체적(m^3)
S : 소화약제별 선형상수$(K_1 + K_2 \times t)(m^3/kg)$
C : 체적에 따른 소화약제의 설계농도(%)
t : 방호구역의 최소예상온도(℃)

제 3 편 소방기계시설의 구조 및 원리

불활성기체
약제량 산출공식 필히 암기

(2) 불활성기체 소화약제

$$X = 2.303 \left(\frac{Vs}{S}\right) \times \log_{10} \left[\frac{100}{(100-C)}\right]$$

X : 공간체적당 더해진 소화약제의 부피(m^3/m^3)
S : 소화약제별 선형상수($K_1 + K_2 \times t$)(m^3/kg)
C : 체적에 따른 소화약제의 설계농도(%)
Vs : 20℃에서 소화약제의 비체적(m^3/kg)
t : 방호구역의 최소예상온도(℃)

5. 분사헤드의 설치기준 ★

(1) ◆ **분사헤드의 설치 높이** : 바닥으로부터 최소 0.2m 이상 최대 3.7m 이하
    ◆ **천장높이가 3.7m를 초과할 경우** : 추가로 다른 열의 분사헤드를 설치할 것

(2) **분사헤드의 개수**
규정된 방사 시간내 약제량의 95% 이상이 방출되도록 설치

약제 방사시간
- 할론 : 10초 이내
- 불활성 : A, C급 화재 2분 이내, B급 화재 1분 이내

【규정된 방사시간】

할로겐화합물 및 불활성기체 소화약제의 구분	방사시간
할로겐화합물소화약제	10초 이내
불활성기체소화약제	A, C급 화재 2분 이내 B급 화재 1분 이내

(3) **분사헤드의 오리피스의 면적** : 연결되는 배관구경면적의 70% 초과 금지

1-11 분말소화설비(NFTC 108)

1. 분말소화약제의 저장용기 ★★ 자주출제(필수정리) ★★

① 저장용기의 충전비(L/kg)

소화약제의 종별	주 성 분	화 학 식	충 전 비(L/kg)
제1종 분말	탄산수소나트륨	$NaHCO_3$	0.80 이상
제2종 분말	탄산수소칼륨	$KHCO_3$	1.00 이상
제3종 분말	제1인산암모늄	$NH_4H_2PO_4$	1.00 이상
제4종 분말	탄산수소칼륨과 요소	$KHCO_3+(NH_2)_2CO$	1.25 이상

② 저장용기에 설치하는 안전밸브의 작동압력

작 동 방 식	작 동 압 력
가 압 식	용기의 최고사용압력의 1.8배 이하
축 압 식	용기의 내압시험압력의 0.8배 이하

③ 저장용기의 충전비는 0.8 이상으로 할 것

2. 분말소화약제의 가압용 가스용기 ★★★

① 가압용 가스용기를 3병 이상 설치한 경우에 2개 이상의 용기에 전자개방밸브 부착
② 가압용 가스용기에는 **2.5MPa 이하**의 압력에서 조정이 가능한 압력조정기를 설치
③ 가압용 또는 축압용 가스

구 분	질소가스 사용시	이산화탄소 사용시
가압용 가스	40L(질소)/1kg(약제) 이상 (35℃, 1기압 기준)	20g(CO_2)/1kg(약제) +배관청소에 필요한 양
축압용 가스	10L(질소)/1kg(약제) 이상 (35℃, 1기압 기준)	20g(CO_2)/1kg(약제) +배관청소에 필요한 양

Pass Point

○ **탄산수소나트륨**
=중탄산나트륨
=중조

○ **탄산수소칼륨**
=중탄산칼륨

○ **가압식**
약제 및 가압용 가스를 별도 용기에 각각 저장

○ **축압식**
하나의 용기 안에 약제 및 가압용 가스를 함께 저장

제 3 편 소방기계시설의 구조 및 원리

분말약제저장량은 필히 암기할 것

3. 분말소화약제의 저장량 ★★ 자주출제(필수정리) ★★

(1) 전역방출방식

【방호구역체적에 대한 약제량 및 개구부 가산량】

소화약제의 종별	방호구역의 체적 1m³에 대한 소화약제의 양 kg(K1 : kg/m³)	개구부 가산량(K2 : kg/m²) (자동폐쇄장치 미설치시)
제1종	0.60kg/m³	4.5kg/m²
제2종 또는 제3종	0.36kg/m³	2.7kg/m²
제4종	0.24kg/m³	1.8kg/m²

(2) 호스릴 분말소화설비

하나의 노즐에 대하여 다음 표에 의한 양 이상으로 할 것

소화약제의 종별	노즐당 약제 저장량(kg)
제1종	50kg
제2종 또는 제3종	30kg
제4종	20kg

4. 분말소화설비의 배관 설치기준 ★★

분말소화설비의 배관은 토너먼트 방식으로 한다.

(1) 강관을 사용하는 경우

아연도금에 의한 배관용 탄소강관(KS D 3507)이나 이와 동등 이상의 강도·내식성 및 내열성을 가진 것으로 할 것. 다만, 축압식 분말소화설비에 사용하는 것 중 20℃에서 압력이 **2.5MPa 이상 4.2MPa 이하**인 것에 있어서는 압력배관용 탄소강관(KS D 3562) 중 이음이 없는 **스케줄 40 이상**의 것 또는 이와 동등 이상의 강도를 가진 것으로서 아연도금으로 방식처리된 것을 사용

(2) 동관을 사용하는 경우의 배관은 고정압력 또는 최고사용압력의 1.5배 이상의 압력에 견딜 수 있는 것을 사용

5. 분말소화설비의 분사헤드 설치기준 ★★

약제방사시간
전역 및 국소방식 모두 30초 이내

(1) 전역방출방식 및 국소방출방식의 분사헤드

소화약제 저장량을 30초 이내에 방사할 수 있는 것으로 할 것

(2) 호스릴 분말소화설비

▶ 수평거리가 15m 이하
▶ 약제별 노즐의 방사량

소화약제의 종별	노즐의 방사량(kg/min)
제1종	45
제2종 또는 제3종	27
제4종	18

6. 정압작동장치의 기능 및 종류 ★

(1) 기능
가압용 가스용기로부터 가압용 가스가 분말약제 저장용기에 유입되어 약제를 혼합 유동시킨 후 설정된 방출압력이 되면 주 밸브(메인밸브)를 개방시키는 역할

(2) 종류
① 압력스위치 방식
② 기계적 방식(스프링식)
③ 시한릴레이 방식(전기식)

○ 정압작동장치의 종류
① 압력스위치 방식
② 기계적 방식
③ 시한릴레이 방식
 (타이머방식)

1-12 연결송수관설비(NFTC 502)

1. 송수구 설치기준 ★★
① 송수구는 연결송수관의 수직배관마다 1개 이상을 설치
② 송수구의 부근에 자동배수밸브 또는 체크밸브 설치순서
  ㉮ 습식: 송수구 → 자동배수밸브 → 체크밸브(송자체)
  ㉯ 건식: 송수구 → 자동배수밸브 → 체크밸브 → 자동배수밸브(송자체자)

○ 송수구
 - 설치높이: 0.5~1m
 - 65mm 쌍구형
 - 수직배관마다 1개 이상

【습식】　　　　　【건식】

✪ 방수구
계단으로부터 5m 이내에 설치

✪ 방수구 수평거리
① 지하가 또는 지하층 바닥면적 합계가 3000m² 이상인 것은 수평거리 25m 이하
② ①이외는 수평거리 50m 이하

✪ 가압송수장치
- 높이 70m 이상
- 토출량 2400L/분 이상
- 노즐압 : 0.35MPa 이상

2. 배관 설치기준 ★★

▶ 주배관의 구경은 100mm 이상
▶ [습식설비로 하여야 하는 경우]
　① 지면으로부터의 높이가 31m 이상인 특정 소방대상물
　② 지상 11층 이상인 특정 소방대상물

3. 방수구 설치기준 ★★

① 연결송수관설비의 방수구는 그 소방대상물의 층마다 설치

방수구설치 예외
▶ 아파트의 1층 및 2층　　▶ 피난층

② 11층 이상의 방수구는 **쌍구형**으로 설치

단구형으로 할 수 있는 장소
❶ 아파트의 용도로 사용되는 층
❷ 스프링클러설비가 유효하게 설치되어 있고 방수구가 2개소 이상 설치된 층

③ 방수구의 호스접결구 설치위치 : 바닥으로부터 **높이 0.5m 이상 1m 이하**
④ 방수구의 구경 : 65mm의 것
⑤ 방수구는 개폐기능을 가진 것으로 할 것

4. 방수기구함 설치기준 ★

① 피난층과 가장 가까운 층을 기준하여 3개층마다 설치
② 그 층의 방수구마다 보행거리 5m 이내에 설치

5. 가압송수장치 설치기준 ★★

높이 70m 이상의 특정 소방대상물에는 연결송수관설비의 가압송수장치를 설치
① 펌프의 토출량은 2400L/min(계단식 아파트는 1200L/min) **이상**
　(단, 방수구가 3개 초과(방수구가 5개 이상인 경우 5개)는 **1개마다 800L**(계단식 아파트는 400L/min) 를 가산한 양)
② 펌프양정은 최상층에 설치된 노즐선단의 압력이 **0.35MPa 이상**

1-13 연결살수설비(NFTC 503)

1. 연결살수설비의 송수구 설치기준 ★★★

① 소방펌프자동차가 쉽게 접근할 수 있고 노출된 장소에 설치
② 송수구 구경 : 65mm 쌍구형
(단, 살수헤드의 수가 10개 이하인 것은 단구형의 것으로 할 수 있다.)

> **송수구 설치높이**
> 지면으로부터 0.5m 이상 1m 이하

2. 자동배수밸브 및 체크밸브 설치순서 ★★★

① 폐쇄형헤드 사용(습식) : 송수구 → 자동배수밸브 → 체크밸브
② 개방형헤드 사용(건식) : 송수구 → 자동배수밸브

【폐쇄형헤드 사용 시(습식)】　　　【개방형헤드 사용 시(건식)】

3. 살수헤드의 수 ★★

▶ 개방형 헤드를 사용하는 살수헤드의 수는 10개 이하.

4. 연결살수설비의 배관 ★★ 자주출제(필수정리) ★★

(1) 연결살수 설비의 배관구경

필수암기 ★★★★

연결살수설비 전용헤드 개수와 배관구경

살수헤드의 개수	1개	2개	3개	4개 또는 5개	6개 이상 10개 이하
배관의 구경(mm)	32	40	50	65	80

> **한쪽 가지배관에 설치되 헤드수**
> - 8개 이하

> **개방형 헤드사용시**
> 수평주행배관 기울기는 헤드를 향하여 상향으로 $\frac{1}{100}$ 이상 기울기로 설치

(2) 개방형 헤드를 사용시 : 1/100 이상의 기울기

5. 연결살수설비의 헤드 ★★

(1) 연결살수설비 전용헤드 또는 스프링클러헤드로 설치
(2) 건축물에 설치하는 연결살수설비의 헤드 설치기준

살수헤드의 종류	수평 거리
연결살수설비 전용헤드	3.7m 이하
스프링클러헤드	2.3m 이하

1-14 소화수조 및 저수조(NFTC 402) & 상수도소화용수설비(NFTC 401)

1. 소화수조 등 ★★★

① 소방차가 채수구 또는 흡수관 투입구로부터 **2m 이내**의 지점까지 접근할 수 있는 위치에 설치
② 소화수조 또는 저수조의 저수량

【소방대상물의 기준면적】

소방대상물의 구분	기준면적
1층 및 2층의 바닥면적 합계가 15000m² 이상인 소방대상물	7500m²
그 밖의 소방대상물	12500m²

 소화용수설비의 수원의 양

수원의 양 Q(m³)

$$= \frac{\text{연면적}(m^2)}{\text{기준면적}(m^2)} (\text{소수점 이하의 수는 1로 본다}) \times 20m^3$$

2. 소화수조 또는 저수조의 설치기준 ★★★

[지하에 설치하는 소화용수설비의 흡수관투입구]
① 한 변이 **0.6m 이상**이거나 직경이 0.6m 이상으로 할 것
② 소요수량이 80m³ **미만**인 것에 있어서는 **1개 이상** 설치
③ 소요수량이 80m³ **이상**인 것에 있어서는 **2개 이상** 설치
④ "흡수관투입구"라고 표시한 표지를 설치

3. 채수구 설치기준 ★★

① 구경 65mm 이상의 나사식 결합금속구를 설치

【소요수량과 채수구수】

소요수량	20m³ 이상 40m³ 미만	40m³ 이상 100m³ 미만	100m³ 이상
채수구수	1개	2개	3개

② 채수구 설치위치 : 지면으로부터의 **높이가 0.5m 이상 1m 이하**의 위치에 설치
③ "채수구"라고 표시한 표지 설치
④ 0.8m³/min 이상인 유수를 사용할 수 있는 경우는 소화수조 설치예외

○ **채수구**
0.5~1m

4. 소화용수의 가압송수장치 ★★

① 소화수조 또는 저수조가 4.5m 이상인 지하에 있는 경우에 가압송수장치 설치

【소요수량과 가압송수장치의 분당 양수량】

소 요 수 량	20m³ 이상 40m³ 미만	40m³ 이상 100m³ 미만	100m³ 이상
1분당 양수량	1100L 이상	2200L 이상	3300L 이상

② 채수구의 압력이 0.15 MPa 이상

○ **가압송수장치**
지하 4.5m 이상인 경우 설치

5. 상수도 소화용수설비 ★★★★★

① 호칭지름 75mm 이상의 수도배관에 호칭지름 100mm **이상의 소화전을 접속**
② 소화전은 수평투영면의 각 부분으로부터 140m **이하**가 되도록 설치

○ **상수도 소화용수설비**
- 수도배관 : 75mm 이상
- 소화전 : 100mm 이상
- 140m 이하

1-15 지하구의 소방시설(NFTC 605)

1. 연소방지설비의 송수구 설치기준 ★

① 송수구는 구경 65mm의 쌍구형
② 송수구로부터 1m 이내에 살수구역 안내표지를 설치

○ **송수구**
- 65mm 쌍구형
- 0.5~1m

2. 연소방지설비의 배관 설치기준

① 배관용 탄소강관 또는 압력배관용 탄소강관
② 연소방지설비전용헤드수별 급수관의 구경

전용헤드의 개수	1개	2개	3개	4개~5개	6개 이상
배관의 구경(mm)	32	40	50	65	80

3. 연소방지설비의 헤드 설치기준

① 천장 또는 벽면에 설치할 것
② 헤드간의 수평거리

전용헤드	개방형 스프링클러헤드
2m 이하	1.5m 이하

③ 소방대원의 출입이 가능한 **환기구·작업구마다** 지하구의 양쪽방향으로 살수헤드를 설정하되, **한쪽 방향의 살수구역의 길이는 3m 이상**으로 할 것. 다만, 환기구 사이의 간격이 700m를 초과할 경우에는 700m 이내마다 **살수구역**을 설정할 것.

1-16 도로터널(NFTC 603)

○ 소화기
- 총중량 : 7kg 이하
- 50m 이내 간격 설치

1. 소화기 설치기준

(1) 능력단위는 A급 화재는 **3단위 이상**, B급 화재는 **5단위 이상** 및 C급 화재는 적응성이 있는 것
(2) 총중량은 7kg **이하**
(3) 주행차로의 우측 측벽에 50m **이내**의 간격으로 2개 이상을 설치하며, 편도2차선 이상의 양방향 터널과 4차로 이상의 일방향 터널의 경우에는 양쪽 측벽에 각각 50m 이내의 간격으로 엇갈리게 2개 이상을 설치
(4) 바닥면으로부터 1.5m **이하**의 높이에 설치

2. 옥내소화전설비 설치기준

(1) **소화전함과 방수구**
  ① 주행차로 우측 측벽을 따라 **50m 이내**의 간격으로 설치
  ② 편도 2차선 이상의 양방향 터널이나 4차로 이상의 일방향 터널의 경우 양쪽 측벽에 각각 **50m 이내**의 간격으로 엇갈리게 설치

(2) **수원의 양**

$$Q(L) = N \times 190L/min \times 40min \text{ 이상}$$

  N : 옥내소화전 설치개수 2개 (4차로 이상의 터널 : 3개)

(3) 방수압력은 **0.35MPa 이상**
(4) 방수량은 **190L/min 이상**
(5) 방수구는 **40mm 구경**의 단구형을 바닥면으로부터 **1.5m 이하**의 높이에 설치
(6) 소화전함에는 옥내소화전 방수구 1개, 15m 이상의 소방호스 3개 이상 및 방수노즐을 비치
(7) **비상전원은 40분 이상** 작동할 수 있을 것

3. 제연설비 설치기준

(1) 설계화재강도 20MW를 기준
(2) 연기발생률은 80m³/s로 할 것 → $80m^3/s$

4. 연결송수관설비의 기준

(1) **방수압력** : 0.35MPa **이상, 방수량** : 400L/min **이상**
(2) 방수구는 **50m 이내**의 간격으로 설치
(3) **방수 기구함**
  ① 50m 이내의 간격으로 옥내소화전함 안에 설치
  ② 65mm 방수노즐 1개와 15m 이상의 호스 3개를 설치

5. 물분무소화설비

(1) **방수량** : 도로면 $1m^2$당 6L/min 이상
(2) 하나의 방수구역은 25m 이상으로 하며 3개 방수구역을 동시에 40분 이상 방수할 수 있는 수량을 확보할 것
(3) **비상전원 용량** : 40분 이상

Pass Point

🔵 **방수구**
 – 50m 이내 간격 설치
 – 방수압 : 0.35MPa 이상
 – 방수량 : 190L/분 이상

🔵 제연설비의 전원공급장치는 250℃ 온도에서 60분 이상 운전유지

🔵 제연설비의 비상전원 60분 이상 작동

제 3 편 소방기계시설의 구조 및 원리

제2장 피난구조설비(NFTC 301)

2-1 피난설비

1. 피난기구 ★★

(1) **피난기구의 종류**
① 피난사다리 ② 완강기 ③ 구조대
④ 피난교 ⑤ 미끄럼대 ⑥ 간이완강기
⑦ 피난용트랩 ⑧ 공기안전매트 ⑨ 다수인 피난장비
⑩ 승강식 피난기

(2) **피난기구 설치대상**
소방대상물의 피난층, 2층 및 11층 이상을 제외한 모든 층
(즉 지하층 및 지상 3층~10층은 피난기구를 설치)

(3) **인명구조 기구**
① 인명구조기구의 종류 : ㉮ 방열복 또는 방화복 ㉯ 공기호흡기
㉰ 인공소생기(병원은 제외)
② 인명구조기구 설치대상 : ㉮ **7층 이상**(지하층 포함)인 **관광호텔**
㉯ **5층 이상**(지하층 포함)인 **병원**

2. 적응 및 설치개수 등

① 설치개수

특수장소	숙박시설, 노유자시설, 의료시설로 사용되는 층	위락시설, 문화집회 및 운동시설, 판매시설, 복합용도의 층	아파트	그 밖의 용도의 층
설치개수	500m²마다 1개 이상	800m²마다 1개 이상	각 세대마다	바닥면적 1000m² 마다 1개 이상

② 숙박시설(휴양 콘도미니엄 제외)은 추가로 객실마다 완강기 또는 둘 이상의 간이완강기를 설치할 것

Pass Point

⭐ **완강기**
사용자가 연속적으로 사용할 수 있는 것

⭐ **간이완강기**
사용자가 연속적으로 사용할 수 없는 것

⭐ **숙박시설**
피난기구외에 추가로 객실마다 간이완강기를 설치할 것

③ 공동주택의 경우는 공기안전매트 1개 이상 추가로 설치할 것(다만, 옥상으로 피난 가능 및 인접세대 피난가능한 구조인 경우는 예외)

3. 피난기구 설치기준

① 피난기구는 계단·피난구 기타 피난시설로부터 적당한 거리에 있는 안전한 구조로 된 피난 또는 소화활동상 유효한 개구부(가로 0.5m 이상 세로 1m 이상인 것을 말한다. 이 경우 개부구 하단이 바닥에서 1.2m 이상이면 발판 등을 설치하여야 하고, 밀폐된 창문은 쉽게 파괴할 수 있는 파괴장치를 비치하여야 한다)에 고정하여 설치하거나 필요한 때에 신속하고 유효하게 설치할 수 있는 상태에 둘 것

② 피난기구를 설치하는 개구부는 서로 동일직선상이 아닌 위치에 있을 것. 다만, 피난교·피난용트랩·간이완강기·아파트에 설치되는 피난기구(다수인 피난장비는 제외한다) 기타 피난 상 지장이 없는 것에 있어서는 그러하지 아니하다.

4. 승강식피난기 및 하향식 피난구용 내림식사다리 설치기준

① 승강식피난기 및 하향식 피난구용 내림식사다리는 설치경로가 설치층에서 피난층까지 연계될 수 있는 구조로 설치할 것. 단, 건축물 규모가 지상 5층 이하로서 구조 및 설치 여건상 불가피한 경우는 그러하지 아니 한다.

② 대피실의 면적은 $2m^2$(2세대 이상일 경우에는 $3m^2$) 이상으로 하고, 하강구(개구부) 규격은 직경 60cm 이상일 것.

③ 하강구 내측에는 기구의 연결 금속구 등이 없어야 하며 전개된 피난기구는 하강구 수평투영면적 공간 내의 범위를 침범하지 않는 구조이어야 할 것. 단, 직경 60cm 크기의 범위를 벗어난 경우이거나, 직하층의 바닥 면으로부터 높이 50cm 이하의 범위는 제외 한다.

④ 대피실의 출입문은 60분+방화문 또는 60분방화문으로 설치하고, 피난방향에서 식별할 수 있는 위치에 "대피실" 표지판을 부착할 것. 단, 외기와 개방된 장소에는 그러하지 아니 한다.

⑤ 착지점과 하강구는 상호 수평거리 15cm 이상의 간격을 둘 것

⑥ 대피실 내에는 비상조명등을 설치할 것

⑦ 대피실에는 층의 위치표시와 피난기구 사용설명서 및 주의사항 표지판을 부착할 것

⑧ 대피실 출입문이 개방되거나, 피난기구 작동 시 해당층 및 직하층 거실에 설치된 표시등 및 경보장치가 작동되고, 감시 제어반에서는 피난기구의 작동을 확인 할 수 있어야 할 것
⑨ 사용 시 기울거나 흔들리지 않도록 설치할 것
⑩ 승강식피난기는 한국소방산업기술원 또는 성능시험기관으로 지정받은 기관에서 그 성능을 검증받은 것으로 설치할 것

5. 축광표지의 식별도시험
(축광표지의 성능인증 및 제품검사의 기술기준)

① 축광유도표지 및 축광위치표지는 200㎕x 밝기의 광원으로 **20분간** 조사시킨 상태에서 다시 주위조도를 0㎕x로 하여 **60분간** 발광시킨 후 **직선거리 20m(축광위치표지의 경우 10m)** 떨어진 위치에서 유도표지 또는 위치표지가 있다는 것이 식별되어야 할 것
② 보조축광표지는 200㎕x 밝기의 광원으로 20분간 조사 시킨 상태에서 다시 주위조도를 0㎕x로 하여 60분간 발광시킨 후 직선거리 10m 떨어진 위치에서 식별되어야 할 것

6. 피난기구 설치제외

다음 각 호의 어느 하나에 해당하는 소방대상물 또는 그 부분에는 피난기구를 설치하지 아니할 수 있다. 다만, 숙박시설(휴양콘도미니엄을 제외)에 설치되는 완강기 및 간이완강기의 경우에는 그러하지 아니하다.

(1) **다음 각 목의 기준에 적합한 층**
  ① 주요구조부가 내화구조로 되어 있어야 할 것
  ② 실내의 면하는 부분의 마감이 불연재료·준불연재료 또는 난연재료로 되어 있고 방화구획이 건축법시행령 제46조의 규정에 적합하게 구획되어 있어야 할 것
  ③ 거실의 각 부분으로부터 직접 복도로 쉽게 통할 수 있어야 할 것
  ④ 복도에 2 이상의 특별피난계단 또는 피난계단이 「건축법시행령」제35조에 적합하게 설치되어 있어야 할 것
  ⑤ 복도의 어느 부분에서도 2 이상의 방향으로 각각 다른 계단에 도달할 수 있어야 할 것

(2) **다음 각 목의 기준에 적합한 소방대상물 중 그 옥상의 직하층 또는 최상층**(관람집회 및 운동시설 또는 판매시설을 제외)

① 주요구조부가 내화구조로 되어 있어야 할 것
② 옥상의 면적이 1,500m² 이상이어야 할 것
③ 옥상으로 쉽게 통할 수 있는 창 또는 출입구가 설치되어 있어야 할 것
④ 옥상이 소방사다리차가 쉽게 통행할 수 있는 도로(폭 6m 이상의 것) 또는 공지(공원 또는 광장 등)에 면하여 설치되어 있거나 옥상으로부터 피난층 또는 지상으로 통하는 2 이상의 피난계단 또는 특별피난계단이 적합하게 설치되어 있어야 할 것

(3) 주요구조부가 내화구조이고 지하층을 제외한 층수가 4층 이하이며 소방사다리차가 쉽게 통행할 수 있는 도로 또는 공지에 면하는 부분에 기준에 적합한 개구부가 2 이상 설치되어 있는 층(문화집회 및 운동시설·판매시설 및 영업시설 또는 노유자시설의 용도로 사용되는 층으로서 그 층의 바닥면적이 1,000m² 이상인 것을 제외)

(4) 갓복도식 아파트 또는 인접세대(수평 또는 수직)로 피난할 수 있는 아파트

(5) 주요구조부가 내화구조로서 거실의 각 부분으로 직접 복도로 피난할 수 있는 학교(강의실 용도로 사용되는 층에 한한다)

(6) 무인공장 또는 자동창고로서 사람의 출입이 금지된 장소(관리를 위하여 일시적으로 출입하는 장소를 포함)

7. 피난기구설치의 감소

(1) **피난기구의 2분의 1을 감소할 수 있는 경우**
다음 각 호의 기준에 적합한 층에는 설치하여야하는 피난기구의 2분의 1을 감소할 수 있다. 이 경우 설치하여야 할 피난기구의 수에 있어서 소수점 이하의 수는 1로 한다.
① 주요구조부가 내화구조로 되어 있을 것
② 직통계단인 피난계단 또는 특별피난계단이 2 이상 설치되어 있을 것

(2) **피난기구의 수에서 해당 건널 복도의 수의 2배의 수를 뺀 수로 하는 경우**
주요구조부가 내화구조이고 다음 각 호의 기준에 적합한 건널 복도가 설치되어 있는 층에는 설치하여야하는 피난기구의 수에서 해당 건널 복도의 수의 2배의 수를 뺀 수로 한다.

① 내화구조 또는 철골조로 되어 있을 것
② 건널 복도 양단의 출입구에 자동폐쇄장치를 한 60분+방화문 또는 60분방화문(방화셔터를 제외한다)이 설치되어 있을 것
③ 피난·통행 또는 운반의 전용 용도일 것

(3) **피난기구의 설치개수 산정을 위한 바닥면적에서 이를 제외하는 경우**
다음 각 호에 기준에 적합한 노대가 설치된 거실의 바닥면적은 피난기구의 설치개수 산정을 위한 바닥면적에서 이를 제외한다.
① 노대를 포함한 소방대상물의 주요구조부가 내화구조일 것
② 노대가 거실의 외기에 면하는 부분에 피난 상 유효하게 설치되어 있어야 할 것
③ 노대가 소방사다리차가 쉽게 통행할 수 있는 도로 또는 공지에 면하여 설치되어 있거나, 또는 거실부분과 방화 구획되어 있거나 또는 노대에 지상으로 통하는 계단 그 밖의 피난기구가 설치되어 있어야 할 것

8. 소방대상물의 설치장소별 피난기구의 적응성

구분 \ 층별	1층	2층	3층	4층 이상 10층 이하
노유자시설			미구교다승	구[1]교다승
의료시설·근린생활시설 중 입원실이 있는 의원·접골원·조산원			미트구교다승	트구교다승
다중이용업소로서 영업장의 위치가 4층 이하인 다중이용업소			미사구완다승	
그 밖의 것			트공간교미사구완다승	공간[2]교사구완다승

[비고] 1) 구조대의 적응성은 장애인 관련 시설로서 주된 사용자 중 스스로 피난이 불가한 자가 있는 경우 추가로 설치하는 경우에 한한다.
2) 간이완강기의 적응성은 숙박시설의 3층 이상에 있는 객실에 추가로 설치하는 경우에 한한다.

어두문자 암기방법

피난용트랩 ⇒ 트   피난교 ⇒ 교   피난사다리 ⇒ 사
미끄럼대 ⇒ 미   구조대 ⇒ 구   다수인피난장비 ⇒ 다
승강식피난기 ⇒ 승   완강기 ⇒ 완   간이완강기 ⇒ 간
공기안전매트 ⇒ 공

9. 피난사다리의 일반구조 기준 ★

① 피난사다리의 종봉 간격은 안치수가 30cm 이상 50cm 이하
② 피난사다리의 횡봉은 지름 14mm 이상 35mm의 원통인 단면
③ 피난사다리의 횡봉의 간격은 25cm 이상 35cm 이하

10. 구조대의 종류 ★

① 사강식   ② 수직 하강식

Pass Point

○ 피난기구의 개구부는 서로 동일 직선상이 아닌 위치에 설치

○ 4층 이상의 층에는 금속성 고정사다리 설치

2-2 인명구조기구의 화재안전기술기준 (NFTC 302)

1. 인명구조기구를 설치해야 하는 특정소방대상물

(1) **방열복 또는 방화복**(안전모, 보호장갑 및 안전화를 포함), **인공소생기 및 공기호흡기를 설치해야 하는 특정소방대상물**

지하층을 포함하는 층수가 7층 이상인 것 중 **관광호텔** 용도로 사용하는 층

(2) **방열복 또는 방화복**(안전모, 보호장갑 및 안전화를 포함) **및 공기호흡기를 설치해야 하는 특정소방대상물**

지하층을 포함하는 층수가 5층 이상인 것 중 **병원** 용도로 사용하는 층

(3) **공기호흡기를 설치해야 하는 특정소방대상물**

① 수용인원 100명 이상인 문화 및 집회시설 중 **영화상영관**
② 판매시설 중 **대규모점포**
③ 운수시설 중 **지하역사**
④ **지하상가**
⑤ **이산화탄소소화설비**(호스릴이산화탄소소화설비는 제외)를 설치해야 하는 특정소방대상물

2. 인명구조기구의 설치기준

【특정소방대상물의 용도 및 장소별로 설치해야 할 인명구조기구】

특정소방대상물	인명구조기구	설치수량
1. 지하층을 포함하는 층수가 7층 이상인 관광호텔 및 5층 이상인 병원	방열복 또는 방화복(안전모, 보호장갑 및 안전화를 포함한다), 공기호흡기, 인공소생기	각 2개 이상 비치할 것. 다만, 병원의 경우에는 인공소생기를 설치하지 않을 수 있다.
2. 문화 및 집회시설 중 수용인원 100명 이상의 영화상영관 3. 판매시설 중 대규모 점포 4. 운수시설 중 지하역사 5. 지하상가	공기호흡기	층마다 2개 이상 비치할 것. 다만, 각 층마다 갖추어 두어야 할 공기호흡기 중 일부를 직원이 상주하는 인근 사무실에 갖추어 둘 수 있다.
6. 물분무등소화설비 중 이산화탄소소화설비를 설치하여야 하는 특정소방대상물	공기호흡기	이산화탄소소화설비가 설치된 장소의 출입구 외부 인근에 1대 이상 비치할 것

제3장 제연설비(NFTC 501)

3-1 제연설비

1. 제연방식의 종류 ★★★

① **밀폐제연방식** : 제연의 기본방식이며 공동주택, 여관, 호텔 등에 적합
② **자연제연방식** : 창문 또는 전용 배연구로 연기를 배출시키는 방식
③ **스모그타워 제연방식** : 제연전용굴뚝 또는 환기통을 설치하여 화재 시 발생한 열기류의 부력이나 지붕 상부에 설치된 루프모니터 등이 바람에 의한 회전력으로 생긴 흡인력을 이용하여 연기를 배출시키는 방식으로 자연제연의 일종이며 고층빌딩에 적합하다.
④ **기계제연방식**(강제제연방식) : 화재시 발생한 연기를 화재실 상부 또는 화재실 입구에 송풍기나 배풍기를 설치하여 연기를 강제로 배출시키는 방식으로 배연구역이 너무 크면 곤란하며 유지관리비가 많이 든다.

2. 제연구역의 구획 ★★★★★

① 하나의 제연구역의 면적은 **1,000m² 이내**로 할 것
② 거실과 통로(복도를 포함)는 각각 제연구획할 것
③ 통로상의 제연구역은 보행중심선이 길이가 **60m**를 초과하지 아니할 것
④ 하나의 제연구역은 직경 **60m 원내**에 들어갈 수 있을 것
⑤ 하나의 제연구역은 **둘 이상의 층**에 미치지 아니하도록 할 것

3. 제연구역의 보, 제연경계벽(제연경계) 및 벽의 설치 기준 ★★★

제연경계의 폭이 0.6m 이상이고, 수직거리가 2m 이내

【제연경계의 폭과 수직거리】

> **제연방식 종류**
> ① 밀폐제연
> ② 자연제연
> ③ 스모그타워제연
> ④ 기계제연(강제제연)

> **제연구역의 구획**
> 2차 실기시험에 자주 출제되므로 필히 암기할 것

> **제연경계의 구획**
> ① 보
> ② 제연경계벽
> ③ 벽

제 3 편 소방기계시설의 구조 및 원리

✪ **바닥면적이 400m² 미만**
- 배출량은 1m³/m² · 분으로 한다.
- 최소값 : 5000m³/hr 이상

4. 배출량 및 배출방식 ★★

(1) 거실의 바닥면적이 400m² 미만인 예상제연구역의 배출량
- 바닥면적 1m²당 1m³/min 이상으로 하되, 예상제연구역 전체에 대한 **최저 배출량은 5000m³/hr 이상**으로 할 것.

$$Q = S \times 1m^3/min \cdot m^2 \times 60min/hr$$

Q : 배출량(m³/hr : 최소값은 5,000m³/hr 이상)
S : 바닥면적(m²)

(2) 거실의 바닥면적이 400m² 이상인 예상제연구역의 배출량
① 예상제연구역이 40m 원의 범위안에 있을 경우 : 40,000m³/hr 이상
② 예상제연구역이 40m 원의 범위를 초과할 경우 : 45,000m³/hr 이상

(3) 예상제연구역이 통로인 경우의 배출량 : 40,000m³/hr 이상

5. 공기유입구

(1) 공기유입순간의 풍속은 5m/s 이하, 유입구의 구조는 유입공기를 상향으로 분출하지 않도록 설치하여야 한다. 다만, 유입구가 바닥에 설치되는 경우에는 상향으로 분출이 가능하며 이때의 풍속은 1m/s 이하가 되도록 해야 한다.

(2) 공기유입구의 크기는 예상제연구역 배출량 1m³/min에 대하여 35cm² 이상

6. 배출풍도의 강판의 두께 ★★

【배출풍도의 강판의 두께】

풍도단면의 긴변 또는 직경의 크기	450mm 이하	450mm 초과 750mm 이하	750mm 초과 1500mm 이하	1500mm 초과 2250mm 이하	2250mm 초과
강판두께	0.5mm 이상	0.6mm 이상	0.8mm 이상	1.0mm 이상	1.2mm 이상

7. 배출기 풍도안의 풍속 ★★ 자주출제(필수정리) ★★

① 배출기의 **흡입측** 풍도안의 풍속 : 15m/s 이하
② 배출기의 **배출측** 풍속 : 20m/s 이하

8. 유입풍도 및 제연설비의 기동 ★★

(1) **유입풍도안의 풍속** : 20m/s 이하
(2) **제연설비의 기동** : 가동식의 벽·제연경계벽·댐퍼 및 배출기의 작동은 화재감지기와 연동

9. 배출기의 전동기출력 산출 ★★ 자주출제(필수정리) ★★

$$P(\text{kW}) = \frac{Q \times P_T}{102 \times 60 \times E} \times K$$

P : 배출기의 전동기출력(kW)　Q : 풍량(m³/min)
P_T : 전압(mmH$_2$O)　　　　　E : 전동기효율　K : 전달계수

10. 급기풍량 계산방법 ★★ 자주출제(필수정리) ★★

$$Q = 0.827 \times A \times P^{1/N}$$

Q : 급기풍량(m³/s)　　　A : 문의 틈새면적(m²)
P : 문을 경계로한 실내외 기압차(N/m² = Pa)
N : 누설면적상수(일반출입문 = 2, 창문 = 1.6)

Pass Point

✿ **공기유입풍속**
5m/s 이하

✿ **공기유입구 크기**
배출량 1m³/분에 대하여 35cm² 이상

✿ **배출기 전동기 출력**
2차 실기시험에 자주 출제되므로 필수정리

3-2 특별피난계단의 계단실 및 부속실 제연설비(NFTC 501A)

1. 제연구역의 선정

(1) 계단실 및 그 부속실을 동시에 제연하는 것
(2) 부속실만을 단독으로 제연하는 것
(3) 계단실 단독 제연하는 것
(4) 비상용승강기 승강장 단독 제연하는 것

2. 제연구역과 옥내와의 사이에 유지 최소차압

40Pa(옥내에 스프링클러설비가 설치된 경우 : 12.5Pa) 이상

3. 제연설비가 가동되었을 경우 출입문의 개방에 필요한 힘

110N 이하

● 출입문 개방에 필요한 힘
110N 이하

● 1kgf=9.8N

4. 방연풍속

제 연 구 역		방연풍속
• 계단실 및 그 부속실을 동시에 제연하는 것 • 계단실만 단독으로 제연하는 것		0.5m/s 이상
• 부속실만 단독으로 제연하는 것	• 부속실 또는 승강장이 면하는 옥내가 거실인 경우	0.7m/s 이상
	• 부속실 또는 승강장이 면하는 옥내가 복도로 구조가 방화구조(내화시간 30분 이상 구조 포함)	0.5m/s 이상

5. 수직풍도의 내부단면적

(1) 자연배출식의 경우

$$A_P = Q_N / 2$$

A_P : 수직풍도의 내부단면적 (m^2)
Q_N : 수직풍도가 담당하는 1개층의 제연구역의 출입문 1개의 면적 (m^2)과 방연풍속(m/s)를 곱한 값(m^3/s)

(단, 수직풍도의 길이가 100m를 초과 시 산출수치의 1.2배 이상의 수치)

(2) **송풍기를 이용한 기계배출식의 경우**
자연배출식 수직풍도의 **내부단면적의 4분의 1 이상** 또는 **풍속 15m/s 이하**로 할 것

6. 개폐기(배출구)의 개구면적

$$A_Q = \frac{Q_N}{2.5}$$

A_Q : 개폐기의 개구면적(m²)
Q_N : 수직풍도가 담당하는 1개 층의 제연구역의 출입문(옥내와 면하는 출입문) 1개의 면적(m²)과 방연풍속(m/s)를 곱한 값(m³/s)

◆ **개폐기의 개구면적**
개구면적 구하는 문제가 실기에 자주 출제되므로 공식을 암기할 것

3-3 공동주택(NFTC 608)

1. 소화기의 설치기준

(1) 바닥면적 100m² 마다 1단위 이상
(2) 아파트등의 경우 **각 세대 및 공용부**마다 설치

◆ **공동주택**
1단위/100m²

2. 스프링클러설비

(1) 수원의 양

$$Q = N \times 1.6\text{m}^3$$

N : 기준개수 10개(기준개수보다 작은 경우 설치개수)
N : 기준개수 30개(각 동이 주차장으로 서로 연결된 구조인 경우 해당 주차장)

(2) 화장실 반자 내부에는 **소방용 합성수지배관**으로 배관을 설치할 수 있다.(다만, 소방용 합성수지배관 내부에 항상 소화수가 채워진 상태를 유지할 것)

◆ **소방용 합성수지배관**
화장실 반자 내부

✿ 공동주택 헤드
 - 수평거리 2.6m 이하

✿ 공동주택 피난기구
 - 각 세대마다

(3) 하나의 방호구역은 **2개 층**에 미치지 아니하도록 할 것
  (다만, 복층형에는 **3개 층 이내**로 할 수 있다.)
(4) **수평거리는 2.6 m 이하**
(5) 외벽에 설치된 창문에서 **0.6m 이내**에 배치
  (다만, 다음에 해당하는 경우는 예외.)
  ① 창문에 **드렌처설비**가 설치된 경우
  ② 창문과 창문 사이의 수직부분이 내화구조로 **90cm 이상 이격**되어 있거나, 방화판 또는 방화유리창을 설치한 경우
  ③ **발코니**가 설치된 부분
(6) 거실에는 **조기반응형 헤드**를 설치
(7) 대피공간에는 헤드를 설치하지 않을 수 있다.

5. 피난기구

(1) **각 세대마다 설치**
(2) 개구부는 동일 직선상이 아닌 위치에 있을 것.
(3) 구역마다 공기안전매트 1개 이상을 추가 설치.

6. 연결송수관설비의 방수구 설치기준

(1) **층마다 설치**할 것
(2) 계단의 출입구로부터 **5m 이내**에 설치
(3) 수평거리가 50m를 초과시 **방수구 추가** 설치
(3) **쌍구형**으로 할 것(다만, 아파트등의 층에는 **단구형**으로 설치할 수 있다)
(4) **송수구는 동별**로 설치
(5) 펌프의 토출량
  ① 2,400L/min 이상(계단식 1,200L/min 이상)
  ② 방수구가 3개 초과(5개 이상인 경우 5개)하는 경우 **1개 마다 800L/min**(**계단식** 400L/min 이상)를 **가산할 것**

구 분	계단식외 아파트	계단식 아파트
방수구 3개 이하	2,400L/min 이상	1,200L/min 이상
방수구 4개	2,400+800L/min 이상	1,200+400L/min 이상
방수구 5개	2,400+1,600L/min 이상	1,200+800L/min 이상
방수구 6개 이상	2,400+1,600L/min 이상	1,200+800L/min 이상

3-4 창고시설(NFTC 609)

1. 옥내소화전설비의 수원 저수량

$$Q = N \times 5.2\text{m}^3 (130\text{L/min} \times 40\text{min})$$

N : 가장 많은 층의 설치개수(최대 2개)

2. 스프링클러설비

(1) **라지드롭형** 헤드를 **습식**으로 설치
 다만, 다음의 경우에는 **건식스프링클러설비**로 설치할 수 있다.
 ① **냉동창고** 또는 영하의 온도로 저장하는 **냉장창고**
 ② **난방을 하지 않는 창고시설**

(2) **라지드롭형** 헤드를 **랙 높이 3m 이하마다** 설치

(3) **높이가 4m 이상**인 폐쇄형헤드는 **표시온도 121℃ 이상**의 것으로 할 수 있다.

(4) 수원의 저수량

 ① **일반 창고** $Q = N \times 3.2\text{m}^3 (160\text{L/min} \times 20\text{min})$
 ② **랙식 창고** $Q = N \times 9.6\text{m}^3 (160\text{L/min} \times 60\text{min})$

 N : 라지드롭형 헤드의 설치개수(최대 30개)

(5) 가압송수장치의 송수량
 모든 헤드로부터 **0.1MPa**의 방수압력, **160L/min 이상**의 방수량을 충족시킬 수 있는 양 이상

(6) 교차배관의 분기점을 기준으로 **한쪽 가지배관의 헤드의 개수는 4개 이하**

(7) 라지드롭형 스프링클러헤드의 **수평거리**

창고시설의 구분	수평거리
특수가연물 저장 또는 취급	1.7m 이하
기타구조	2.1m 이하
내화구조	2.3m 이하

3. 소화수조 및 저수조의 저수량

$$Q = \frac{연면적}{5000\text{m}^2}(\text{소수점 이하는 절상}) \times 20\text{m}^3$$

○ **창고시설 헤드**
 - 라지드롭형
 - 랙높이 3m 이하

○ **창고시설의 헤드 수평거리**
 - 특수가연물 1.7m 이하

제 4 편 소방관계법규

제 1 장 소방기본법

1-1 소방기본법

1. 소방기본법의 목적 ★

(1) 화재를 **예방, 경계, 진압**하고 구조, 구급활동
(2) 국민의 생명, 신체 및 재산을 보호
(3) 공공의 안녕질서의 유지와 복리증진에 이바지함

2. 용어의 정의 ★★★★

(1) **소방대상물**

① 건축물 ② 차량 ③ 선박(항구안에 매어둔 선박)
④ 선박건조구조물 ⑤ 산림 ⑥ 인공구조물
⑦ 물건

(2) **관계지역** : 소방대상물이 있는 장소 및 그 이웃지역으로서 소방상 필요한 지역
(3) **관계인** : 소방대상물의 **소유자, 관리자** 또는 **점유자**
(4) **소방본부장** : 시·도에서 화재 등의 업무를 담당하는 부서의 장
(5) **소방대구성원**

① 소방공무원 ② 의무소방원 ③ 의용소방대원

Pass Point

◎ **기본법 목적**
 - 예방, 경계, 진압
 - 구조, 구급활동
 - 안녕질서 유지
 - 복리증진

◎ **관계인**
 - 소유자
 - 관리자
 - 점유자

◉ 소방업무
  - 본부장, 서장

◉ 지휘감독
  - 시·도지사

◉ 소방박물관
  소방청장

◉ 소방체험관
  시·도지사

◉ 소방력
  행정안전부령

3. 소방기관의 설치 ★★

(1) **필요한 사항** : 대통령령
(2) **소방업무 수행** : 소방본부장 또는 소방서장
(3) **소방본부장 또는 소방서장 지휘감독** : 특별시장·광역시장, 시·도지사

4. 종합상황실의 설치와 운영 ★★

(1) 소방청장·소방본부장 및 소방서장
(2) 필요한 사항 : 행정안전부령

5. 소방박물관 등의 설립과 운영 ★★

구 분	소방 박물관	소방 체험관
설립운영	소방청장	시·도지사
설립과 운영 사항	행정안전부령	시·도의 조례

6. 소방업무에 관한 종합계획의 수립·시행 등 : 소방청장 ★★★

(1) 소방청장은 소방업무에 관한 종합계획을 5년마다 수립·시행
(2) 시·도지사는 세부계획을 계획 시행 전년도 12월 31일까지 소방청장에게 제출

7. 소방력의 기준 : 행정안전부령 ★

8. 소방장비 등에 대한 보조대상사업의 범위와 기준보조율 : 대통령령 ★

9. 소방용수시설의 설치 및 관리 ★★

종 류	유지관리	설치의 기준
소화전·급수탑·저수조	시·도지사	행정안전부령

10. 소방업무의 응원 ★★

(1) 파견된 소방대원은 응원을 요청한 소방본부장 또는 소방서장의 지휘에 따라야 함.
(2) 시·도지사는 **출동의 대상지역** 및 **규모와 소요경비의 부담** 등에 관하여 필요한 사항을 이웃하는 **시·도지사**와 협의하여 미리 규약을 정함

11. 소방지원활동 : 소방청장·소방본부장 또는 소방서장

(1) 산불에 대한 예방·진압 등 지원활동
(2) 자연재해에 따른 급수·배수 및 제설 등 지원활동
(3) 집회·공연 등 각종 행사 시 사고에 대비한 근접대기 등 지원활동
(4) 화재, 재난·재해로 인한 피해복구 지원활동
(5) 그 밖에 행정안전부령으로 정하는 활동

12. 소방활동 : 소방청장·소방본부장 또는 소방서장 ★★

13. 소방신호 ★★

(1) **목적** : 화재예방·소방활동 또는 소방훈련
(2) **종류와 방법** : 행정안전부령

14. 화재 등의 통지 ★

화재로 오인할 만한 우려가 있는 **불을 피우거나 연막소독**을 실시하고자 하는 자는 **시·도의 조례**가 정하는 바에 따라 관할 **소방본부장** 또는 **소방서장**에게 신고

소방본부장 또는 소방서장에게 신고 대상 지역
❶ 시장지역
❷ 공장·창고가 밀집한 지역
❸ 목조건물이 밀집한 지역
❹ 위험물의 저장 및 처리시설이 밀집한 지역
❺ 석유화학 제품을 생산하는 공장이 있는 지역
❻ 그 밖에 시·도의 조례가 정하는 지역 또는 장소

◆ 응원협정
시·도지사

◆ 화재 등의 통지 대상지역
화재예방강화지구와 거의 같다.

소방활동구역
소방대장

소방대장
화재현장에서 소방대를 지휘하는 자

15. 소방활동 구역의 설정 : 소방대장 ★★

16. 소방 활동 종사명령권자 : 소방본부장·소방서장 또는 소방대장 ★★

(1) 소방활동을 위하여 필요할 때에는 그 관할구역에 사는 사람 또는 그 현장에 있는 사람으로 하여금 사람을 구출하는 일 또는 불을 끄거나 불이 번지지 아니하도록 하는 일을 하게 할 수 있다. 이 경우 소방활동에 필요한 보호장구를 지급하는 등 안전을 위한 조치를 하여야 한다.

(2) 소방활동에 종사한 사람은 시·도지사로부터 소방활동의 비용을 지급받을 수 있다.

비용지급 예외 대상
❶ 관계인
❷ 고의 또는 과실로 상황을 발생시킨 사람
❸ 현장에서 물건을 가져간 사람

강제처분권자
- 본부장
- 서장
- 대장

17. 강제처분권자 : 소방본부장·소방서장 또는 소방대장 ★★

시·도지사는 처분으로 손실을 받은 자가 있는 경우에는 그 손실을 보상

18. 화재의 원인 및 피해 조사권자 : 소방청장·소방본부장 또는 소방서장 ★★ ["화재조사법(시행 2022. 6. 9)"으로 이동]

19. 소방안전원의 업무 ★★

(1) 소방기술과 안전관리에 관한 **교육** 및 **조사·연구**
(2) 소방기술과 안전관리에 관한 각종 **간행물의 발간**
(3) 화재예방과 안전관리의식의 고취를 위한 **대국민 홍보**
(4) 소방업무에 관하여 **행정기관이 위탁하는 업무**
(5) 그 밖에 회원의 복리증진 등 **정관이 정하는 사항**

20. 소방안전원의 정관 ★

(1) **정관의 기재사항** : 대통령령
(2) **정관 변경** : 소방청장 인가

21. 5년 이하의 징역 또는 5천만원 이하의 벌금 ★★★

(1) 다음 각 목의 어느 하나에 해당하는 행위를 한 사람
  ① 위력(威力)을 사용하여 출동한 소방대의 화재진압·인명구조 또는 구급활동을 방해하는 행위
  ② 소방대가 화재진압·인명구조 또는 구급활동을 위하여 현장에 출동하거나 현장에 출입하는 것을 고의로 방해하는 행위
  ③ 출동한 소방대원에게 폭행 또는 협박을 행사하여 화재진압·인명구조 또는 구급활동을 방해하는 행위
  ④ 출동한 소방대의 소방장비를 파손하거나 그 효용을 해하여 화재진압·인명구조 또는 구급활동을 방해하는 행위
(2) 소방자동차의 **출동을 방해한 자**
(3) 사람을 구출하는 일 또는 불을 끄거나 불이 번지지 아니하도록 하는 **일을 방해한 자**
(4) 정당한 사유 없이 소방용수시설 또는 비상소화장치를 사용하거나 소방용수시설 또는 비상소화장치의 효용을 해하거나 그 정당한 **사용을 방해한 자**

22. 3년 이하의 징역 또는 3천만원 이하의 벌금 ★★

(1) **강제처분**(소방대상물 및 토지의 사용 또는 제한, 소방활동처분)을 **방해한 자**
(2) 정당한 사유 없이 그 처분에 따르지 아니한 자

23. 300만원 이하의 벌금 ★

강제처분(소방대상물 또는 토지외의 소방대상물과 토지, 주차차량, 정차차량 및 물건의 제거이동)을 방해한 자 또는 정당한 사유 없이 그 처분에 따르지 아니한 자

❂ 5년 이하 또는 5천만원 이하
 - 출동 방해
 - 소화활동 방해자
 - 소방용수시설 또는 비상소화장치 사용 방해

❂ 3년 이하 또는 3천 만원
강제처분(토지, 소방활동) 방해자

24. 100만원 이하의 벌금 ★

(1) 정당한 사유 없이 소방대의 **생활안전활동을 방해**한 자
(2) 정당한 사유 없이 소방대가 현장에 도착할 때까지 사람을 **구출**하는 조치 또는 불을 **끄거나 불이 번지지 아니하도록 하는** 조치를 하지 아니한 사람
(3) **피난 명령**을 위반한 사람
(4) 정당한 사유 없이 물의 사용이나 수도의 개폐장치의 사용 또는 **조작**을 하지 못하게 하거나 방해한 자
(5) 위험시설 등에 대한 **긴급조치**를 정당한 사유 없이 **방해한 자**

● 500만원 이하 과태료
 - 화재허위신고

25. 500만원 이하의 과태료

(1) 화재 또는 구조·구급이 필요한 상황을 **거짓으로 알린 사람**
(2) 정당한 사유 없이 화재, 재난·재해, 그 밖의 **위급한 상황**을 소방본부, 소방서 또는 관계 행정기관에 **알리지 아니한 관계인**

26. 200만원 이하의 과태료 ★★

(1) 한국119청소년단 또는 이와 **유사한 명칭**을 사용한 자
(2) 소방자동차의 **출동에 지장**을 준 자
(3) 규정을 위반하여 **소방활동구역**을 출입한 사람
(4) 한국소방안전원 또는 이와 **유사한 명칭**을 사용한 자

● 100만원 이하 과태료
 - 전용구역 주차
 - 전용구역 진입 방해자

27. 100만원 이하의 과태료

소방자동차 전용구역에 차를 주차하거나 전용구역에의 진입을 가로막는 등의 방해행위를 한 자

28. 20만원 이하의 과태료 ★

화재 오인우려 있는 불을 피우거나 연막소독 실시자가 관할 소방본부장 또는 소방서장에게 신고를 하지 아니하여 소방자동차를 출동하게 한 자

29. 과태료 부과권자 : 소방본부장 또는 소방서장

1-2 소방기본법 시행령

1. **국고보조의 대상사업의 범위와 기준보조율** ★★★
   (1) **소방 활동장비 및 설비**
      ① 소방자동차
      ② 소방헬리콥터 및 소방정
      ③ 소방전용 통신설비 및 전산설비
      ④ 그 밖에 방화복 등 소방 활동에 필요한 **소방장비**
   (2) **소방관서용 청사의 건축**
   (3) **국고의 보조 대상사업의 기준보조율**
      보조금 관리에 관한 법률 시행령에서 정하는 바에 따른다.

2. **소방활동구역의 출입자** ★★★
   (1) 소유자・관리자 또는 점유자
   (2) 소방활동을 위하여 필요한 사람
   (3) **의사・간호사** 그밖의 구조・구급업무에 종사하는 사람
   (4) **보도업무**에 종사하는 사람
   (5) 수사업무에 종사하는 사람
   (6) 소방대장이 출입을 허가한 사람

◎**국고보조대상**
- 소방차
- 헬리콥터 및 소방정
- 통신설비 및 전산설비
- 방화복
- 소방관서용 청사
• 소방의는 국고보조 대상이 아니다.

◎**국고보조기준**
보조금 관리에 관한 법률 시행령

◎**소방자동차 전용구역 설치대상**
- 100세대 이상 아파트
- 3층 이상의 기숙사

1-3 소방기본법 시행규칙

상황 발생 신고 사항
- 사망자 5인 이상
- 사상자 10인 이상
- 이재민 100인 이상
- 피해 50억 이상
- 11층 이상
- 백화점
- 5층 이상 또는 30실 이상 여관
- 화재예방강화지구

1. 종합상황실의 실장의 상황 발생 보고 사항 ★★

(1) **사망자가 5인 이상** 발생하거나 **사상자가 10인 이상** 발생한 화재
(2) **이재민이 100인 이상** 발생한 화재
(3) **재산피해액이 50억원 이상** 발생한 화재
(4) 관공서 · 학교 · 정부미도정공장 · 문화재 · 지하철 또는 지하구의 화재
(5) 관광호텔, 층수가 **11층 이상인 건축물**
(6) 지하상가, **시장**, 백화점,
(7) 지정수량의 **3천배 이상**의 위험물의 제조소 · 저장소 · 취급소
(8) 층수가 **5층 이상**이거나 **객실이 30실 이상인 숙박시설**
(9) 층수가 5층 이상이거나 병상이 30개 이상인 종합병원 · 정신병원 · 한방병원 · 요양소
(10) 연면적 **1만5천m² 이상인 공장** 또는 화재예방강화지구에서 발생한 화재
(11) 항구에 매어둔 총 톤수가 1천톤 이상인 선박에서 발생한 화재
(12) 가스 및 화약류의 폭발에 의한 화재
(13) 다중이용업소의 화재

용수시설 및 지리조사
- 본부장, 서장
- 월 1회 이상

2. 소방용수시설 및 지리조사 ★★★

(1) **조사권자** : 소방본부장 또는 소방서장
(2) **조사주기** : 월 1회 이상
(3) **조사 내용**
　① 소방용수시설에 대한 조사
　② 도로의 폭, 교통상황, 도로주변의 토지의 고저
　③ 건축물의 개황
　④ 그 밖의 소방활동에 필요한 지리에 대한 조사
(4) **조사결과 보관 기간** : 2년간

3. 소방업무의 상호응원협정 사항 ★★★

(1) 소방활동에 관한 사항
(2) 응원출동 대상지역 및 규모
(3) 소요경비의 부담에 관한 사항
(4) 응원출동의 요청방법
(5) 응원출동훈련 및 평가

4. 소방신호의 종류 ★★★★★

(1) **경계신호** : 화재예방상 필요하다고 인정되거나 화재위험경보시 발령
(2) **발화신호** : 화재가 발생한 때 발령
(3) **해제신호** : 소화활동이 필요 없다고 인정되는 때 발령
(4) **훈련신호** : 훈련상 필요하다고 인정되는 때 발령

5. 소방신호의 방법 ★★

신호방법 종별	타종신호	싸이렌 신호
경 계 신 호	1타와 연2타를 반복	5초 간격을 두고 30초씩 3회
발 화 신 호	난타	5초 간격을 두고 5초씩 3회
해 제 신 호	상당한 간격을 두고 1타씩 반복	1분간 1회
훈 련 신 호	연 3타 반복	10초 간격을 두고 1분씩 3회

6. 화재조사의 방법 : 화재 사실을 인지하는 즉시 실시 ★★★★★

7. 소방용수시설의 설치기준 ★★★★

(1) **공통기준**

지역 구분	수평거리
주거지역, 상업지역 및 공업지역	100m 이하
기타 지역	140m 이하

(2) **소화전의 설치기준** : 상수도와 연결하여 지하식 또는 지상식의 구조로 하고, 소방용 호스와 연결하는 소화전의 **연결금속구의 구경**은 **65mm**로 할 것

○ **소방신호 종류**
① 경계
② 발화
③ 해제
④ 훈련

○ **화재조사**
화재 사실을 인지하는 즉시 실시

○ **소방용수시설**
- 100m 이하
  주거, 상업, 공업
- 140m 이하
  기타

(3) **급수탑의 설치기준** : 급수배관의 구경은 100mm 이상으로 하고, **개폐밸브**는 지상에서 1.5m 이상 1.7m 이하의 위치에 설치하도록 할 것

(4) **저수조의 설치기준**
① 지면으로부터의 **낙차가 4.5m 이하**일 것
② 흡수부분의 **수심이 0.5m 이상**일 것
③ 소방펌프자동차가 쉽게 접근할 수 있도록 할 것
④ 흡수에 지장이 없도록 토사 및 쓰레기 등을 제거할 수 있는 설비를 갖출 것
⑤ 흡수관의 투입구
  ◆ 사각형의 경우 : 한 변의 길이가 **60cm 이상**
  ◆ 원형의 경우 : 지름이 **60cm 이상**
⑥ 저수조에 물을 공급하는 방법은 상수에 연결하여 자동으로 급수되는 구조

8. 소방용수표지 설치기준 ★

(1) 지하에 설치하는 소화전 또는 저수조의 경우
① 맨홀뚜껑은 **지름 648mm 이상**의 것으로 할 것(다만, 승하강식 소화전의 경우에는 예외)
② 맨홀뚜껑에는 "소화전, 주차금지" 또는 "저수조, 주차금지"의 표시를 할 것
③ 맨홀뚜껑 부근에는 황색반사도료로 **폭 15cm의 선**을 그 둘레를 따라 칠할 것

(2) 급수탑 및 지상에 설치하는 소화전, 저수조의 경우

○ **저수조**
- 낙차 4.5m 이하
- 수심 0.5m 이상
- 투입구 60cm 이상

○ **소방용수표지**
- 문자는 백색
- 내측바탕 적색
- 외측바탕 청색
- 반사도료

◈ 문자는 백색, 내측바탕은 적색, 외측바탕은 청색으로 하고 반사도료를 사용

9. 화재조사의 종류 및 조사의 범위 ★★

화재원인조사	화재피해조사
❶ 발화원인 조사 ❷ 발견, 통보 및 초기 소화상황조사 ❸ 연소상황 조사 ❹ 피난상황 조사 ❺ 소방시설 등 조사	❶ 인명피해조사 ❷ 재산피해조사

✪ 화재조사 종류
① 화재원인
② 화재피해

제 4 편 소방관계법규

핵심요점정리

제 2 장

소방시설 설치 및 관리에 관한 법률
(약칭 : 소방시설법)

2-1 소방시설 설치 및 관리에 관한 법률

**★소방시설의 종류
(3소/경피)**
- 소화설비
- 경보설비
- 피난구조설비
- 소화용수설비
- 소화활동설비

★주택용 소방시설
- 단독주택
- 공동주택
 (아파트 및 기숙사 제외)

★주택용소방시설의 설치기준
- 조례

**★강화된 기준적용
(소비자/자피)**
- 소화기구
- 비상경보설비
- 자동화재탐지설비
- 자동화재속보설비
- 피난구조설비

1. 용어의 정의 ★★★

(1) **소방시설**
  소화설비, 경보설비, 피난구조설비, 소화용수설비, 소화활동설비
(2) **소방시설등**
  소방시설과 비상구, 그 밖에 소방 관련 시설
(3) **소방용품**
  소방시설 등을 구성하거나 소방용으로 사용되는 제품 또는 기기

2. 건축허가등의 동의 등 ★★

(1) 건축허가 동의권자 : 소방본부장 또는 소방서장
(2) 건축허가 건축물 등의 범위 : 대통령령

3. 자동차에 설치 또는 비치하는 소화기

(1) 5인승 이상의 승용자동차
(2) 승합자동차
(3) 화물자동차
(4) 특수자동차

4. 소방시설기준 적용의 특례 ★

(1) 강화된 기준을 적용할 수 있는 경우
  ① 다음의 소방시설 중 대통령령 또는 화재안전기술기준으로 정하는 것

- 소화기구
- 자동화재탐지설비
- 피난구조설비
- 비상경보설비
- 자동화재속보설비

② 다음에 설치하는 소방시설 중 대통령령 또는 화재안전기술기준으로 정하는 것

- 공동구
- 노유자시설
- 전력 또는 통신사업용 지하구
- 의료시설

(2) 소방시설을 설치하지 아니할 수 있는 경우
  ① **화재위험도**가 낮은 특정소방대상물
  ② 화재안전기술기준을 **적용하기가 어려운** 특정소방대상물
  ③ 특수한 용도 또는 구조를 가진 특정소방대상물
  ④ **자체소방대**가 설치된 특정소방대상물

5. 소방기술심의위원회 심의사항

중앙소방기술심의위원회	지방소방기술심의위원회
❶ 화재안전기준에 관한 사항 ❷ 공법이 특수한 설계 및 시공에 관한 사항 ❸ 설계 및 공사감리의 방법에 관한 사항 ❹ 하자를 판단하는 기준에 관한 사항 ❺ 대통령령으로 정하는 사항	❶ 하자가 있는지의 판단에 관한 사항 ❷ 대통령령으로 정하는 사항

6. 소방대상물의 방염 등 ★

(1) 방염성능기준 : 대통령령
(2) 방염성능의 검사 : 소방청장
(3) 방염처리업의 등록 : 시·도지사

7. 소방시설관리사의 결격사유

(1) 피성년후견인
(2) 이 법에 따른 **금고 이상의 실형**의 선고를 받고 그 집행이 끝나거나 집행이 면제된 날부터 **2년**이 지나지 아니한 사람
(3) 이 법에 따른 금고 이상의 형의 집행유예선고를 받고 그 **유예기간 중**에 있는 사람
(4) 자격이 취소된 날부터 **2년**이 지나지 아니한 사람

Pass Point

✪ 방염성능기준
 - 대통령령

✪ 자체점검
소방시설등이 신설된 경우 : 건축물을 사용할 수 있게 된 날부터 **60일** 이내

✪ 자체점검 결과조치
관계인은 점검결과를 이행계획(중대위반사항에 대한 조치사항을 포함)을 첨부하여 소방본부장 또는 소방서장에게 보고

8. 소방시설관리사의 자격의 취소·정지

(1) 거짓이나 그 밖의 **부정한 방법**으로 시험에 합격한 경우(**자격취소**)
(2) 대행인력의 배치기준·자격·방법 등 준수사항을 지키지 아니한 경우
(3) 자체점검을 하지 아니하거나 거짓으로 한 경우
(4) 소방시설관리사증을 다른 사람에게 **빌려준 경우**(**자격취소**)
(5) 동시에 **둘 이상**의 업체에 취업한 경우(**자격취소**)
(6) 성실하게 자체점검 업무를 수행하지 아니한 경우
(7) **결격사유**에 해당하게 된 경우(**자격취소**)

9. 소방시설관리업 ★

(1) 등록 : 시·도지사
(2) 등록사항의 변경신고 : 시·도지사
(3) 지위승계 신고 : 시·도지사
(4) 과징금처분 금액 : **3천만원 이하**

10. 관리업 등록의 취소와 영업정지 등

(1) 거짓이나 그 밖의 **부정한 방법**으로 등록을 한 경우(**등록취소**)
(2) **자체점검**을 하지 아니하거나 **거짓**으로 한 경우
(3) 등록기준에 **미달**하게 된 경우
(4) 등록의 **결격사유**에 해당하게 된 경우(**등록취소**)
(5) 등록증 또는 등록수첩을 **빌려준 경우**(**등록취소**)
(6) **점검능력 평가**를 받지 아니하고 자체점검을 한 경우

11. 소방용품의 품질관리

(1) 소방용품의 형식승인, 제품검사, 변경승인 : **소방청장**
(2) 우수품질인증 소방용품을 우선 구매·사용

> ① 중앙행정기관
> ② 지방자치단체
> ③ **공공기관**
> ④ 그 밖에 대통령령으로 정하는 기관

- **영업정지처분 갈음 과징금**
  - 3천만원 이하

- **점검기록표 게시**
  - 점검일시, 점검자

- **관리사시험에 필요한 사항**
  - 대통령령

- **관리사시험 부정행위자**
  - 2년간 응시자격 정지

- **관리업자**
  등록사항 변경신고, 지위승계신고 : 시·도지사

- **소방청장**
  - 형식승인
  - 제품검사
  - 형식승인 변경
  - 형식승인 취소
  - 성능인증
  - 성능인증 변경
  - 성능인증 취소
  - 우수품질 제품인증

12. 청문 ★

(1) 청문 실시권자 : 소방청장 또는 시·도지사
(2) 청문대상
　① **관리사** 자격의 취소 및 정지
　② **관리업**의 등록취소 및 영업정지
　③ 소방용품의 **형식승인취소** 및 제품검사중지
　④ **성능인증**의 취소
　⑤ **우수품질인증**의 취소
　⑥ **전문기관**의 지정취소 및 업무정지

13. 10년 이하의 징역 또는 1억원 이하의 벌금

폐쇄·**차단** 등의 행위의 죄를 범하여 사람을 **사망**에 이르게 한 때

14. 7년 이하의 징역 또는 7천만원 이하의 벌금

폐쇄·**차단** 등의 행위의 죄를 범하여 사람을 **상해**에 이르게 한 때

15. 5년 이하의 징역 또는 5천만원 이하의 벌금 ★

폐쇄·**차단** 등의 행위를 한 자

16. 3년 이하의 징역 또는 3000만원 이하의 벌금 ★★★

(1) **조치명령**을 위반한 자
(2) 관리업의 **등록**을 하지 아니하고 영업을 한 자
(3) **형식승인**을 얻지 아니하고 소방용품을 제조 또는 수입한 자
(4) **제품검사**를 받지 아니한 자
(5) 규정을 위반하여 소방용품을 **판매**·**진열** 또는 사용한 자
(6) 부정한 방법으로 **전문기관의 지정**을 받은 자

17. 1년 이하의 징역 또는 1000만원 이하의 벌금 ★★

(1) 정기적으로 **점검**하게 하지 아니한 자
(2) 소방시설관리사증을 **빌려주거나 알선**한 자
(3) 동시에 **둘 이상**의 업체에 취업한 자
(4) **영업정지기간 중**에 관리업의 업무를 한 자

Pass Point

◎ 기술원에 위탁업무
　- 방염성능검사
　- 소방용품의 형식승인
　- 형식승인의 변경승인
　- 형식승인의 취소
　- 성능인증
　- 성능인증의 취소
　- 성능인증의 변경인증
　- 우수품질인증 및 취소

(5) 형식승인의 **변경승인**을 받지 아니한 자
(6) 업무수행하면서 알게 된 **비밀 누설**한 자

18. 300만원 이하의 벌금 ★

(1) 업무수행하면서 알게 된 **비밀을 제공** 누설 자
(2) 방염성능검사의 합격표시를 **위조하여** 사용 자
(3) **거짓 시료**를 제출 자
(4) **중대위반사항**을 알리지 아니한 관리업자등

19. 300만원 이하의 과태료 ★★

(1) **화재안전기술기준**에 따라 설치·관리하지 아니한 자
(2) **임시소방시설**을 설치·관리하지 아니한 자
(3) 방화시설의 **폐쇄·훼손·변경** 등의 행위를 한 자
(4) **방염성능기준** 이상으로 설치하지 아니한 자
(5) **점검 결과**를 거짓으로 보고한 자
(6) **지위승계, 행정처분** 또는 휴업·**폐업**의 사실을 거짓으로 알린 관리업자
(7) **공무원의 출입** 또는 검사를 거부·방해 또는 기피한 자

2-2 소방시설 설치 및 관리에 관한 법률 시행령

1. 용어의 정의 ★★★★

(1) **무창층** : 지상층 중 개구부의 면적의 합계가 해당 층의 바닥면적의 30분의 1 이하가 되는 층

> **필수정리** ★★★★
>
> **무창층의 개구부 인정요건**
> ❶ 크기는 지름 50cm의 원이 내접할 수 있는 크기일 것
> ❷ 해당 층의 바닥면으로 부터 개구부 밑부분까지의 **높이가 1.2m 이내**일 것
> ❸ 도로 또는 차량이 진입할 수 있는 빈터를 향할 것
> ❹ 창살 또는 그 밖의 장애물이 설치되지 아니 할 것
> ❺ 쉽게 부수거나 열 수 있을 것

◎ **피난층**
곧바로 **지상**으로 갈 수 있는 **출입구**가 있는 층

◎ **그 밖에 소방 관련 시설로서 대통령령으로 정하는 것**
– 방화문 및 자동방화셔터
– 방염대상물품

◎ **무창층**
– 개구부 1/30 이하

◎ **개구부 인정요건**
– 지름 50cm
– 높이 1.2m
– 빈터

2. 소화설비 ★★★★★

(1) 소화기구
   ① 소화기
   ② 간이소화용구
   ③ 자동확산소화기

(2) 자동소화장치
   ① 주거용 주방자동소화장치
   ② 상업용 주방자동소화장치
   ③ 캐비닛형 자동소화장치
   ④ 가스자동소화장치
   ⑤ 분말자동소화장치
   ⑥ 고체에어로졸 자동소화장치

필수정리 ★★★★

> **간이소화용구의 종류**
> ❶ 에어로졸식 소화용구
> ❷ 투척용 소화용구
> ❸ 소공간용 소화용구
> ❹ 소화약제 외의 것을 이용한 간이소화용구

(3) 옥내소화전설비(호스릴 옥내소화전설비 포함)
(4) 옥외소화전설비
(5) 스프링클러설비등
   ① 스프링클러설비
   ② 간이스프링클러설비(캐비닛형 간이스프링클러설비 포함)
   ③ 화재조기진압용 스프링클러설비
(6) 물분무등 소화설비
   ① 물분무소화설비   ② 미분무소화설비
   ③ 포소화설비   ④ 이산화탄소소화설비
   ⑤ 할론소화설비   ⑥ 할로겐화합물 및 불활성기체 소화설비
   ⑦ 분말소화설비   ⑧ 강화액 소화설비
   ⑨ 고체에어로졸소화설비

◎ 소화기구
 - 소/간/자

◎ 자동소화장치
 - 주상/캐가/고분

◎ 스프링클러설비등
 - 스/간/화

◎ 물분무등소화설비
 - 포강물/분할탄/할미고

제 4 편 소방관계법규

Pass Point

✪ **경보설비**
- 시방/누가/비방/단속/자통

✪ **피난구조설비**
- 비피/유인

✪ **소화용수설비**
- 상/소

✪ **소화활동설비**
- 3연/무제비
※ 소화활동설비는 매회 출제되므로 필수암기

3. 경보설비 ★★★★★

필수정리 ★★★★

❶ 단독경보형감지기
❷ 비상경보설비(비상벨설비, 자동식사이렌설비)
❸ 시각경보기   ❹ 자동화재탐지설비
❺ 화재알림설비   ❻ 비상방송설비
❼ 자동화재속보설비   ❽ 통합감시시설
❾ 누전경보기   ❿ 가스누설경보기

4. 피난구조설비 ★★

(1) 피난기구
　① 피난사다리　② 구조대　③ 완강기
　④ 간이완강기　⑤ 그 밖에 화재안전기술기준으로 정하는 것
(2) 인명구조기구
　① 방열복, 방화복(안전모, 보호장갑, 안전화 포함)
　② 공기호흡기　③ 인공소생기
(3) 유도등
　① 피난유도선　② 피난구유도등　③ 통로유도등
　④ 객석유도등　⑤ 유도표지
(4) 비상조명등 및 휴대용비상조명등

5. 소화용수설비 ★

(1) 상수도소화용수설비
(2) 소화수조, 저수조 그 밖의 소화용수설비

6. 소화활동설비 ★★★★★

(1) **제연설비**　　　　　(2) 연결송수관설비
(3) 연결살수설비　　　　(4) **비상콘센트설비**
(5) **무선통신보조설비**
(6) 연소방지설비 (쉬운 암기법 : 3연 무제비)

7. 소방시설 등

"그 밖에 소방 관련 시설로서 대통령령으로 정하는 것"
방화문 및 자동방화셔터

8. 특정소방대상물

(1) 공동주택
　① 아파트등　　　　　② 연립주택
　③ 다세대주택　　　　④ 기숙사

(2) **근린생활시설** ★★
　① **슈퍼마켓**($1000m^2$ **미만**)
　② 기원, 노래연습장·단란주점(바닥면적 합계 $150m^2$ 미만)
　③ 의원, **안마원**
　④ 탁구장, 테니스장, 볼링장, 체육도장, 체력단련장, 그 밖의 이와 비슷한 것으로 같은 건축물에 해당 용도로 쓰는 바닥면적의 합계가 $500m^2$ **미만인 것**
　⑤ 종교집회장으로 바닥면적의 합계가 $300m^2$ 미만인 것
　⑥ 금융업소
　⑦ 학원($500m^2$ 미만), 독서실

(3) **문화 및 집회 시설** ★★
　① 공연장　　　　　② 집회장
　③ 관람장　　　　　④ 전시장
　⑤ 동식물원

(4) **판매시설** ★
　① 도매시장　　　　② 소매시장
　③ **전통시장**　　　　④ 상점

(5) **의료시설** ★★
　① 병원 : 종합병원, 병원, 치과병원, 한방병원, 요양병원
　② 격리병원 : **전염병원, 마약진료소**
　③ 정신의료기관
　④ 장애인 의료재활시설

(6) **교육연구시설**
　① 학교　　　　　　② 교육원
　③ 직업훈련소　　　④ 연구소

Pass Point

◉ **공동주택**
　- 아연/다기

◉ **근린생활시설**
　- 슈퍼마켓$1000m^2$ 미만
　- 단란주점$150m^2$ 미만
　- 안마시술소
　- 조산원, 산후조리원
　- 체력단련장$500m^2$ 미만
　- 종교집회장$300m^2$ 미만
　- 학원$500m^2$ 미만
　- 고시원$500m^2$ 미만

◉ **문화 및 집회시설**
　- 공연장, 집회장
　- 관람장, 전시장

◉ **종교시설**
　- 종교집회장

◉ **판매시설**
　- 도매, 소매, 전통시장

◉ **운수시설**
　- 공항시설, 항만시설

◉ **의료시설**
　- 병원

◉ **교육연구시설**
　- 학교, 도서관

제 4 편 소방관계법규

핵심요점정리

✪ 노유자시설
- 노인, 아동, 장애인
- 정신질환자, 노숙인

✪ 업무시설
- 동사무소, 마을회관
- 공공도서관, 변전소

✪ 수련시설
- 생활권, 자연권

✪ 운동시설
- 체력단련장, 당구장, 체육관, 운동장

✪ 숙박시설
- 일반형, 생활형
- 고시원

✪ 위락시설
- 단란주점
- 유흥주점
- 무도학원

✪ 항공기 및 자동차관련시설
- 운전학원
- 정비학원

✪ 방송통신시설
- 전신전화국, 촬영소

✪ 관광휴게시설
- 야외음악당
- 어린이회관
- 관망탑

✪ 발전시설
- 발전소

✪ 묘지관련시설
- 화장시설

✪ 장례시설
- 장례식장

✪ 복합건축물
- 하나의 건물에 둘 이상의 용도 사용

---

⑤ 도서관

⑥ 학원(근린생활시설에 해당하는 것과 자동차운전학원 및 무도학원 제외)

(7) **노유자시설** ★★

① 노인관련시설 : 노인주거복지시설, 노인여가복지시설

② 아동관련시설 : 아동복지시설, 어린이집, 유치원

③ 장애인관련시설 : 장애인재활시설, 요양시설, 이용시설, 점자도서관

④ 정신질환자관련시설 : 정신질환자 사회복지시설, 정신요양시설

(8) **업무시설** ★

① 공공업무시설

② 일반업무시설

③ 주민자치센터(동사무소) **경찰서, 소방서**, 공공도서관

④ 마을회관, 마을공동작업소, 마을공동구판장

⑤ **변전소, 양수장, 정수장**

(9) **숙박시설** ★

① **일반형** 숙박시설 : 손님이 잠을 자고 머물 수 있도록 시설(취사시설 제외) 및 설비 등의 서비스를 제공하는 영업

② **생활형** 숙박시설 : 손님이 잠을 자고 머물 수 있도록 시설(취사시설 포함) 및 설비 등의 서비스를 제공하는 영업

③ 고시원(근린생활시설에 해당하지 않는 것)

(10) **위락시설** ★★★

① 근린생활시설외 **단란주점**   ② 유흥주점

③ 카지노영업소   ④ **무도장 및 무도학원**

(11) **항공기 및 자동차 관련시설**

① 항공기격납고   ② 차고, 주차용 건축물

③ 세차장   ④ 폐차장

⑤ 자동차 검사장   ⑥ **운전학원 · 정비학원**

(12) **방송통신시설**

① 방송국   ② 전신전화국

③ 촬영소   ④ 통신용시설

(13) **관광휴게시설**

① 야외음악당   ② **어린이회관**

③ 휴게소   ④ 관망탑

9. 소방용품 ★★★★★

(1) **소화설비**를 구성하는 제품 또는 기기
  ① 소화기구(소화약제 외의 것을 이용한 간이소화용구는 제외)
  ② 자동소화장치
  ③ 소화설비를 구성하는 소화전, 관창, 소방호스, 스프링클러헤드, 기동용 수압개폐장치, 유수제어밸브 및 가스관 선택밸브

(2) **경보설비**를 구성하는 제품 또는 기기
  ① 누전경보기 및 가스누설경보기
  ② 경보설비를 구성하는 발신기, 수신기, 중계기, 감지기 및 음향장치(경종만 해당)

(3) **피난구조설비**를 구성하는 제품 또는 기기
  ① 피난사다리, 구조대, 완강기(간이완강기 및 지지대를 포함)
  ② 공기호흡기(충전기를 포함)
  ③ 피난구유도등, 통로유도등, 객석유도등 및 예비 전원이 내장된 비상조명등

(4) **소화용**으로 사용하는 제품 또는 기기
  ① 소화약제(소화설비용으로 한정)
  ② 방염제(**방염액**, **방염도료** 및 방염성물질)

(5) 그 밖에 행정안전부령으로 정하는 소방 관련 제품 또는 기기

10. 건축허가등의 동의대상물의 범위 등

(1) 연면적 $400m^2$ 이상
  다만, 다음에 해당하는 경우에는 기준 이상
  ① 학교시설 : $100m^2$
  ② 노유자시설 및 수련시설 : $200m^2$
  ③ 정신의료기관 : $300m^2$
  ④ 장애인 의료재활시설 : $300m^2$

(2) **지하층 또는 무창층** $150m^2$(공연장 $100m^2$)

(3) 차고·주차장 또는 주차용도로 사용시설
  ① 차고·주차장 : $200m^2$ 이상
  ② 기계장치에 의한 **자동차 20대 이상**

(4) 층수가 **6층 이상**인 건축물

(5) 항공기격납고, 관망탑, 항공관제탑, 방송용 송수신탑

Pass Point

◎ **소방용품**
 – 소화설비
 – 경보설비
 – 피난구조설비
 – 소화용 제품, 기기

◎ **건축허가동의 대상물**
 – 400 이상
   학(100) 노(200)
   정(300) 장(300)
 – 지무150(공100)
 – 차주200, 기계20
 – 6층
 – 항공기 격납고
 – 조산원, 산후조리원

◎ **건축허가동의대상 제외**
 – 소화기구
 – 자동소화장치
 – 누전경보기
 – 단독경보형감지기
 – 가스누설경보기
 – 피난구조설비

(6) 공동주택, 의원(입원실, 인공신장실이 있는 것)·조산원·산후조리원, 숙박시설, 위험물 저장 및 처리 시설, 풍력발전소·전기저장시설, 지하구

(7) 노유자시설((1)의 ②에 해당하지 않는 시설)

(8) **요양병원**(의료재활시설은 제외)

(9) **750배** 이상의 **특수가연물**을 저장·취급

(10) **가스시설**로서 지상 노출 탱크 **100톤** 이상

11. 소방시설의 내진설계 대상

(1) **옥내**소화전설비

(2) **스**프링클러설비

(3) **물**분무등소화설비

12. 성능위주설계를 하여야 하는 특정소방대상물의 범위

(1) 연면적 **20만㎡** 이상(아파트 등은 제외) ★★★★★(자주출제)

(2) **50층** 이상(지하층 제외)이거나 높이가 **200m** 이상인 아파트 등

(3) **30층** 이상(지하층 포함)이거나 높이가 **120m** 이상(아파트 등은 제외)

(4) 연면적 **3만㎡** 이상인 특정소방대상물
   ① 철도 및 도시철도 시설
   ② 공항시설

(5) **창고시설** 중 연면적 **10만㎡** 이상인 것 또는 **지하층**의 층수가 **2개 층** 이상이고 지하층의 바닥면적의 합계가 **3만㎡** 이상인 것

(6) 하나의 건축물에 **영화상영관이 10개** 이상

(7) **지하연계** 복합건축물

(8) 터널 중 수저터널 또는 길이가 **5천m** 이상인 것

13. 주택용 소방시설

① 소화기　　　　　　　② 단독경보형감지기

14. 강화된 소방시설기준의 적용대상

(1) 공동구
   ① 소화기　　　　　　② 자동소화장치
   ③ 자동화재탐지설비　④ 통합감시시설

⑤ 유도등 및 연소방지설비
(2) 전력 및 통신사업용 지하구
　① 소화기　　　　　　　② 자동소화장치
　③ 자동화재탐지설비　　④ 통합감시시설
　⑤ 유도등 및 연소방지설비
(3) 노유자시설
　① 간이스프링클러설비
　② 자동화재탐지설비 및 단독경보형 감지기
(4) 의료시설
　① 스프링클러설비
　② 간이스프링클러설비
　③ 자동화재탐지설비 및 자동화재속보설비

15. 수용인원의 산정 방법

(1) **숙박시설이 있는** 특정소방대상물

침대가 있는 숙박시설	침대가 없는 숙박시설
종사자수+침대수 (2인용침대는 2인 산정)	종사자수+바닥면적 합계(m^2)/$3m^2$

(2) **숙박시설이 없는** 특정소방대상물
　① 강의실 · 교무실 · 상담실 · 실습실 · 휴게실 용도로 쓰이는 특정소방대상물
　　• 바닥면적의 합계(m^2)/$1.9m^2$
　② 강당 · 문화집회시설 및 운동시설
　　• 바닥면적의 합계(m^2)/$4.6m^2$(고정식 의자 : 의자수
　　　　　　　　　　　　　긴 의자 : 정면너비/0.45m)
　③ 그 밖의 특정소방대상물
　　• 바닥면적의 합계(m^2)/$3m^2$

16. 특정소방대상물의 규모 등에 따라 갖추어야 하는 소방시설

(1) **소화기구** ★★★★
　① 소화기 또는 간이소화용구 ★★ 자주출제(필수정리) ★★
　　㉠ 연면적 $33m^2$ 이상인 것
　　㉡ 가스시설, 발전시설 중 전기저장시설 및 국가유산
　　㉢ 터널

❂ 소화기구
　－ $33m^2$
　－ 터널, 지하구

제 4 편 소방관계법규

- **주거용자동소화장치**
  - 아파트 등 및 오피스텔의 모든 층

- **옥내소화전설비**
  - 3000
  - 지무600
  - 4층600

- **스프링클러설비**
  - 6층 이상 : 모든 층
  - 기숙사, 복합 5000
  - 판매, 운수, 창고 5000
  - 조산원, 산후조리원 600 이상

- **간이스프링클러설비**
  - 근생1000
  - 조산원, 산후조리원 600 미만
  - 교육연구시설합숙소 100
  - 노유자시설 300~600
  - 숙박시설 300~600

　　ㄹ 지하구
② **주거용 주방자동소화장치** : 아파트 등 및 오피스텔의 모든 층
③ **상업용 주방자동소화장치**(후드 및 덕트가 설치되어 있는 주방)
　　ㄱ 집단급식소
　　ㄴ 판매시설 중 대규모점에 입점해 있는 일반음식점

(2) **옥내소화전설비** ★★★
① 연면적 3000m² **이상**이거나 지하층, 무창층 또는 층수가 4층 이상인 것 중 바닥면적이 600m² **이상**인 층이 있는 것은 모든 층
② 터널로서 길이가 **1천m 이상**인 **터널**
③ 복합건축물로서 연면적 1500m² 이상
④ 옥상에 설치된 차고 또는 주차의 용도 부분의 면적이 200m² 이상
⑤ 공장 또는 창고로서 **750배 이상**의 특수가연물을 저장, 취급하는 것

(3) **스프링클러설비** ★★★
① 문화 및 집회 시설
　　ㄱ 수용인원이 **100인 이상**인 것
　　ㄴ 영화상영관의 바닥면적이 지하층 또는 무창층인 경우 500m² 이상, 그 밖의 층의 경우에는 1000m² 이상인 것
　　ㄷ 무대부가 지하층, 무창층 또는 4층 이상의 무대부의 면적이 300m² 이상인 것
② **판매시설**, 운수시설 및 창고시설 중 물류터미널
　　ㄱ 바닥면적 합계가 5000m² **이상**인 경우에는 모든 층
　　ㄴ 수용인원 500명 **이상**인 경우 모든 층
③ 층수가 **6층 이상**인 특정소방대상물의 경우에는 **모든 층**
④ 의료시설 중 병원(정신병원은 제외)으로서 바닥면적의 합계가 600m² 이상인 것은 모든 층
⑤ 노유자 시설, 숙박이 가능한 수련시설로서 바닥면적의 합계가 600m² 이상인 것은 모든 층
⑥ 복합건축물 또는 기숙사로서 연면적 5000m² 이상인 경우에는 모든 층

(4) **간이스프링클러설비** ★
① 공동주택 중 연립주택 및 다세대주택
② **근린생활시설**로서 바닥면적의 합계가 1000m² **이상**인 것은 모든 층
③ 의원, 치과의원 및 한의원으로서 **입원실 또는 인공신장실이 있는** 시설

제 2 장 소방시설 설치 및 관리에 관한 법률(약칭 : 소방시설법)

④ 병원(의료재활시설은 제외)으로 사용되는 바닥면적의 합계가 600m² 미만인 시설

⑤ 교육연구시설 내에 있는 **합숙소**로서 연면적 100m² **이상**인 것

(5) 물분무등 소화설비 ★★ 자주출제(필수정리) ★★

① 항공기격납고

② 주차용 건축물로서 연면적 800m² 이상인 것

③ **차고 또는 주차**의 용도로 사용되는 부분의 바닥면적의 합계가 200m² **이상**인 것

④ 기계식주차장으로서 **20대 이상**의 차량을 주차할 수 있는 것

⑤ 전기실, 발전실, 변전실로서 바닥면적이 300m² 이상인 것

(6) 옥외소화전설비 ★★ 자주출제(필수정리) ★★

① 지상 1층 및 2층의 바닥면적의 합계가 9000m² **이상**인 것

② 국보 또는 보물로 지정된 목조 건축물

③ 공장 또는 창고로서 **750배 이상**의 특수가연물을 저장, 취급하는 것

(7) 비상경보설비 ★

① 연면적 400m² **이상**인 것은 모든 층

② **지하층 또는 무창층**의 바닥면적이 150m²(**공연장의 경우** 100m²) 이상인 것은 모든 층

③ 터널로서 길이가 500m 이상인 것

④ **50명 이상**의 근로자가 작업하는 옥내작업장

(8) 비상방송설비 ★

① 연면적 **3천5백**m² **이상**인 것은 모든 층

② 층수가 11층 이상인 것은 모든 층

③ 지하층의 층수가 3층 이상인 것은 모든 층

(9) 누전경보기

계약전류용량이 **100암페어**를 초과하는 것 ★

⑩ **자동화재탐지설비** ★

① 층수가 6층 이상인 경우에는 모든 층

② 근린생활시설, 위락시설, 의료시설 및 복합건축물로서 연면적 600m² **이상**인 경우에는 모든 층

③ 문화 및 집회시설, 판매시설로서 연면적 1000m² 이상인 경우에는 모든 층

④ 교육연구시설로서 연면적 2000m² **이상**인 경우에는 모든 층

⑤ 지하구

Pass Point

○ 물분무등소화설비
- 항공기격납고
- 차고, 주차용 800
- 기계장치20대

○ 옥외소화전설비
- 1, 2층 9000

○ 비상경보설비
- 400

○ 비상방송설비
- 3500 이상
- 11층 이상
- 지하3층 이상

○ 누전경보기
- 100A초과

○ 자동화재탐지설비
- 6층 이상
- 근생 600 이상
- 교육연구시설 2000 이상

제 4 편 소방관계법규

🟢 화재알림설비
- 전통시장

🟢 자동화재속보설비
- 노유자생활시설
- 노유자시설500
- 수련시설500

🟢 단독경보형 감지기
- 연립주택 및 다세대주택은 연동형
- 유치원400미만

🟢 시각경보기
- 종교시설
- 의료시설
- 노유자시설
- 도서관

🟢 통합감시시설
- 지하구

🟢 피난기구
- 모든 층
- 피난층, 지상1층, 지상2층, 11층 이상은 제외

⑥ 길이가 1000m 이상의 터널
⑦ 공장 및 창고시설로서 **500배 이상**의 특수가연물을 저장, 취급하는 것

⑾ **화재알림설비**
  판매시설 중 전통시장

⑿ **자동화재속보설비**
  ① 노유자 생활시설
  ② **노유자시설로서 바닥면적이 500m² 이상**인 층이 있는 것
  ③ 수련시설(숙박시설이 있는 것)로서 바닥면적이 500m² 이상인 층이 있는 것
  ④ 근린생활시설 중 의원, 치과의원 및 한의원으로서 입원실이 있는 시설
  ⑤ 종합병원, 병원, 치과병원, 한방병원 및 요양병원(의료재활시설은 제외)

⒀ **단독경보형 감지기**
  ① 교육연구시설 또는 수련시설 내에 있는 합숙소 또는 기숙사로서 연면적 2천m² 미만인 것
  ② 수용인원 100명 이상에 해당하지 않는 수련시설(숙박시설이 있는 것)
  ③ 연면적 400m² 미만인 유치원
  ④ 공동주택 중 연립주택 및 다세대주택

⒁ **시각경보기**
  ① 근린생활시설, 위락시설, 문화 및 집회시설, 운동시설, 판매시설
  ② 숙박시설, 노유자시설, 의료시설 및 업무시설
  ③ 방송통신시설 중 방송국, 교육연구시설 중 도서관
  ④ 지하상가

⒂ **가스누설경보기**
  ① 문화 및 집회시설, 종교시설, 판매시설, 운수시설, 의료시설, 노유자시설
  ② 수련시설, 운동시설, 숙박시설, 창고시설 중 물류터미널, 장례시설

⒃ **피난구조설비** ★★★
  ① 피난기구는 모든 층에 설치(단, 피난층, 지상1층, 지상2층 및 층수가 11층 이상의 층, 가스시설, 지하구 또는 지하구 중 터널의

경우는 예외)
② 인명구조기구 ★★ 자주출제 (필수정리) ★★
  ㉠ 방열복 또는 방화복, 인공소생기 및 공기호흡기 : 지하층을 포함하는 층수가 7층 이상인 관광호텔 용도로 사용하는 층
  ㉡ 방열복 또는 방화복 및 공기호흡기 : 지하층을 포함하는 5층 이상인 병원 용도로 사용하는 층
  ㉢ **공기호흡기**
    • 수용인원 100명 **이상**인 문화 및 집회시설 중 영화상영관
    • 판매시설 중 **대규모점포**
    • 운수시설 중 **지하역사**
    • **지하상가**
    • **이산화탄소소화설비**를 설치하여야 하는 특정소방대상물
③ 피난구유도등, 통로유도등 및 유도표지는 모든 특정소방대상물에 객석유도등은 유흥주점영업과 문화 및 집회시설, 종교시설, 운동시설에 설치
④ 비상조명등
  ㉠ 지하층을 포함하는 층수가 5층 이상인 건축물로서 연면적 3000m² 이상인 경우에는 모든 층
  ㉡ 지하층 또는 무창층의 바닥면적이 450m² 이상인 경우에는 해당 층
  ㉢ 터널로서 그 길이가 500m 이상인 것
⑤ 휴대용비상조명등
  ㉠ 숙박시설
  ㉡ 수용인원 100인 이상의 영화상영관, 판매시설 중 대규모점포, 철도 및 도시철도 시설 중 지하역사, 지하상가
(17) **소화용수설비** ★
  ① 상수도소화용수설비
    ㉠ 연면적 5000m² **이상**인 것
    ㉡ 가스시설로서 지상에 노출된 탱크의 저장용량의 합계가 100**톤 이상**인 것
    ㉢ 폐기물재활용시설 및 폐기물처분시설
(18) **제연설비** ★★
  ① 문화 및 집회시설, 운동시설로서 무대부의 바닥면적이 200m² 이상 또는 문화 및 집회시설 중 영화상영관으로서 수용인원 100인 이상

Pass Point

◎ **인명구조기구**
 ‑ 7층 이상 관광호텔
 ‑ 5층 이상 병원

◎ **비상조명등**
 ‑ 5층 이상

◎ **휴대용비상조명등**
 ‑ 숙박시설
 ‑ 100명 이상 영화상영관

◎ **소화용수설비**
 ‑ 5000 이상
 ‑ 100톤 이상

◎ **제연설비**
 ‑ 운동시설 200 이상 무대부
 ‑ 영화상영관 100명 이상

인 부분

② 지하층이나 무창층에 설치된 근린생활시설, 판매시설, 운수시설, 의료시설, 노유자시설, 숙박시설, 위락시설, 창고시설(물류터미널만 해당한다)로서 해당 용도로 사용되는 바닥면적의 합계가 1천m^2 이상인 부분

③ 운수시설 중 시외버스정류장, 철도역사, 공항시설, 항만시설의 대합실 또는 휴게시설로서 지하층 또는 무창층의 바닥면적이 1000m^2 이상인 것

④ 지하상가로서 연면적 1000m^2 이상인 것

(19) 연결송수관설비 ★★

① 층수가 5층 이상으로서 연면적 **6000m^2 이상**인 경우에는 모든 층
② 지하층을 포함하는 층수가 **7층 이상**인 경우에는 모든 층
③ 지하층의 층수가 3층 이상이고 지하층의 바닥면적의 합계가 1000m^2 이상인 경우에는 모든 층
④ 터널로서 길이가 1000m 이상인 것

(20) 연결살수설비

① 물류터미널로서 바닥면적의 합계가 **1000m^2 이상**인 경우에는 해당 시설
② 지하층으로서 바닥면적의 합계가 150m^2 이상인 경우에는 지하층의 모든 층(**교육연구시설 중 학교**의 지하층의 경우에는 700m^2 이상인 것)
③ 가스시설 중 지상에 노출된 탱크의 용량이 **30톤 이상**인 탱크시설

(21) 비상콘센트설비 ★★

① 층수가 11층 이상인 경우에는 11층 이상의 층
② 지하층의 층수가 3개층 이상이고 지하층의 바닥면적의 합계가 1000m^2 이상인 것은 지하층의 모든 층
③ 터널로서 길이가 500m 이상인 것

(22) 무선통신보조설비

① 지하상가로서 연면적 1000m^2 이상인 것
② 지하층의 바닥면적의 합계가 3000m^2 **이상**인 것 또는 지하층의 층수가 3개층 이상이고 지하층의 바닥면적의 합계가 1000m^2 **이상**인 것은 지하층의 모든 층
③ 터널로서 길이가 500m 이상인 것
④ 공동구

◉ 연결송수관설비
- 5층이상 6000
- 7층 이상

◉ 연결살수설비
- 판매시설 1000 이상
- 지하층 150 이상
  (교육연구시설 700 이상)

◉ 비상콘센트설비
- 11층 이상의 층

◉ 무선통신보조설비
- 지하상가 1000 이상
- 지하층 3000 이상
- 30층 이상인 것 중 16층 이상

⑤ 층수가 30층 이상인 것으로서 16층 이상 부분의 모든 층

㉓ **연소방지설비**

지하구(전력 또는 통신사업용인 것만 해당)

● 연소방지설비
 - 지하구

17. 유사한 소방시설의 설치면제의 기준

설치가 면제되는 소방시설	설치면제 기준
스프링클러	자동소화장치 및 물분무등
물분무등	스프링클러(차고,주차장)
간이스프링클러	스프링클러, 물분무 또는 미분무
비상경보설비 또는 단독경보형 감지기	자동화재탐지 또는 화재알림설비
연결송수관설비	연결송수구 및 옥내, 스프링클러, 간이스프링 또는 연결살수

18. 내용연수 설정 대상 소방용품

① 분말형태의 소화약제를 사용하는 소화기
② 내용연수는 10년

● 내용연수
 - 분말소화기
 - 10년

19. 임시소방시설의 종류와 설치기준 등

(1) **임시소방시설의 종류**

① 소화기   ② 간이소화장치   ③ 비상경보장치
④ 가스누설경보기   ⑤ 간이피난유도선   ⑥ 비상조명등
⑦ 방화포

● 임시소방시설 종류
 - 소간/비가/간비방

(2) **임시소방시설 공사의 종류와 규모**

종류	공사의 종류와 규모
소화기	• 동의 특정소방대상물
간이소화장치	• 연면적 3천m² 이상 • **지하층, 무창층 또는 4층 이상의 층** (층의 바닥면적 600m² 이상)
비상경보장치	• 연면적 400m² 이상 • 지하층 또는 무창층(층의 바닥면적 150m² 이상)
가스누설경보기 간이피난유도선 비상조명등	• 바닥면적 150m² 이상인 **지하층 또는 무창층**
방화포	• **용접·용단** 작업장

● 임시소방시설 설치대상
 - 간이 : 3천,
       지무 4층 600
 - 비상경보 : 400
         지무 150
 - 가스, 간이, 비조 :
   지무 150

제 4 편 소방관계법규

중앙소방기술심의
- 10만 이상 하자유무
- 소방청장 심의

지방소방기술심의
- 10만 미만 하자유무
- 시.도지사 심의

방염대상
- 근생 중
  - 의조산/체공종
  - 문종운
  - 의,합,노,수,숙,방, 장,다,11층

20. 소방기술심의위원회 심의사항

중앙소방기술심의위원회	지방소방기술심의위원회
"대통령령으로 정하는 사항" (1) 10만m^2 이상의 하자 유무 (2) 새로운 소방시설과 소방용품 등의 도입 여부에 관한 사항 (3) 소방청장이 심의에 부치는 사항	"대통령령으로 정하는 사항" (1) 10만m^2 미만의 하자 유무 (2) 소방본부장 또는 소방서장이 기술검토를 요청하는 사항 (3) 시 · 도지사가 심의에 부치는 사항

21. 방염성능기준 이상의 실내장식물 설치 대상

(1) 근린생활시설 중 **의원, 치과의원, 한의원, 조산원, 산후조리원, 체력단련장, 공연장 및 종교집회장**

(2) 건축물의 옥내에 있는 시설
  ① 문화 및 집회시설
  ② 종교시설
  ③ 운동시설(수영장은 제외)

(3) 의료시설

(4) 교육연구시설 중 **합숙소**

(5) 노유자시설

(6) 숙박이 가능한 **수련시설**

(7) **숙박**시설

(8) 방송통신시설 중 **방송국 및 촬영소**

(9) 다중이용업소

(10) 층수가 11층 이상인 것(아파트는 제외)

방염대상물품
- 커튼
- 카펫, 벽지류(2mm 미만 종이벽지 제외)

22. 제조 또는 가공 공정에서 방염 처리하여야 하는 방염대상물품

(합판 · 목재류의 경우에는 설치 현장에서 방염처리를 한 것을 포함)

① 창문에 설치하는 **커튼류**(블라인드 포함)
② 카펫, 벽지류(두께가 2mm 미만 종이벽지 제외)
③ **전시용** 합판 · 목재 또는 섬유판, **무대용** 합판 · 목재 또는 섬유판
④ 암막 · 무대막(영화상영관과 **가상체험 체육시설업**에 설치하는 스크린을 포함)
⑤ 섬유류, 합성수지류로 제작된 소파 · 의자
  (단란주점, 유흥주점, 노래연습장업)

⑥ 붙박이 가구류
⑦ 침구류, 소파 및 의자(권장)

23. 건축물 내부의 천장이나 벽에 부착하거나 설치하는 다음의 것(방염)

(다만, 가구류와 너비 10cm이하인 반자돌림대 등과 내부마감재료는 제외)

① **종이류(두께 2mm이상인 것)** · 합성수지류 또는 섬유류를 주원료로 한 물품
② 합판이나 목재
③ 간이 칸막이
④ 흡음재(흡음커튼 포함), 방음재(방음커튼 포함)

24. 방염성능기준

① 불꽃을 올리며 20초 이내
② 불꽃을 올리지 아니하고 30초 이내
③ 탄화면적 50cm² 이내, 탄화길이 20cm 이내
④ 불꽃의 접촉 횟수 3회 이상
⑤ 최대연기밀도 400 이하

25. 방염처리된 제품 사용권장(소방본부장 또는 소방서장)

① 다중이용업소 · 의료시설 · 노유자시설 · 숙박시설 또는 장례식장에서 사용하는 **침구류 · 소파 및 의자**
② 건축물 내부의 천장 또는 벽에 부착하거나 설치하는 가구류

26. 시 · 도지사가 실시하는 방염성능검사

"대통령령으로 정하는 방염대상물품"
방염대상물품 중 **설치 현장**에서 방염처리를 하는 **합판 · 목재류**

● 방염성능기준
- 올리며 20초
- 올리지 아니하고 30초
- 면적 50 길이 20
- 접촉회수 3회
- 밀도 400

● 방염권장
- 침구류, 소파, 의자

제 4 편 소방관계법규

Pass Point

⊙ 중대위반사항
- 배수/펌/방자

⊙ 자체점검 결과 공개
- 30일 이상

27. 소방시설등의 자체점검 결과의 조치 등

"대통령령으로 정하는 중대위반사항"
(1) 화재 **수신반**의 고장
(2) **소화펌프**(가압송수장치), 동력·감시 제어반 또는 소방시설용 전원(비상전원을 포함)의 고장
(3) **소화배관** 등이 폐쇄·차단
(4) **방화문**, **자동방화셔터** 등이 훼손 또는 철거

 2-3 소방시설 설치 및 관리에 관한 법률 시행규칙

1. 건축허가 등의 동의요구 ★★

(1) 첨부서류
① 건축허가신청서 및 건축허가서 또는 건축·대수선·용도변경신고서 등 건축허가 등을 확인할 수 있는 서류의 사본
② 다음 각목의 설계도서
    ㉠ 건축물 설계도서
    ㉡ 소방시설 설계도서
③ 소방시설 설치계획표
④ 임시소방시설 설치계획서
⑤ 소방시설설계업등록증과 기술자격증 사본
⑥ 소방시설 설계계약서 사본

⊙ 동의여부회신
- 특급 외 5일 이내
- 특급 10일 이내

(2) 동의여부 회신기간 및 보완

구 분		회신기간
동의 여부 회신 기간	특급 이외의 것	5일 이내
	특급	10일 이내
동의요구서 및 첨부서류 보완		4일 이내

⊙ 동의요구, 서류보완
- 4일 이내

2. 연소 우려가 있는 건축물의 구조

다음 각 호의 기준에 모두 해당하는 구조를 말한다.
① 건축물대장의 건축물 현황도에 표시된 **대지경계선** 안에 둘 이상의

건축물이 있는 경우
② 각각의 건축물이 다른 건축물의 외벽으로부터 **수평거리가** 1층의 경우에는 **6m 이하**, **2층 이상의 층의 경우에는 10m 이하**인 경우

층별	1층	2층 이상
수평거리	6m 이하	10m 이하

③ **개구부가** 다른 건축물을 향하여 설치되어 있는 경우

3. 점검대상 및 점검자의 자격(주된 인력)

점검구분		점검 대상	점검자의 자격(주된 인력)
작동점검		3급 소방안전관리대상물	• 관계인 • 선임된 소방시설관리사 또는 소방기술사 • 등록된 소방시설관리사 또는 특급점검자 (24년12월1일부터 적용)
		1급 또는 2급 소방안전관리대상물	• 등록된 소방시설관리사 • 선임된 소방시설관리사 또는 소방기술사
종합점검	최초점검	해당 특정소방대상물의 소방시설 등이 신설된 경우	• 등록된 소방시설관리사 • 선임된 소방시설관리사 또는 소방기술사
	그 밖의 종합점검	(1) 스프링클러설비가 설치된 것 (2) 물분무등(호스릴방식 제외)이 설치된 **연면적 5천m² 이상**(위험물제조소등 제외) (3) **단란주점영업과 유흥주점영업, 영화상영관ㆍ비디오물감상실업ㆍ복합영상물제공업, 노래연습장업, 산후조리업, 고시원업, 안마시술소가** 설치된 **연면적이 2천m² 이상인 것** (4) 제연설비 설치된 **터널** (5) **공공기관** 중 연면적 1,000m² 이상인 것으로서 옥내 또는 **자동화재탐지설비가** 설치된 것. 다만, 소방대 근무하는 공공기관 제외	

○ **연소우려**
- 1층 : 6m 이하
- 2층 이상 : 10m 이하

○ **점검인력 배치신고**
- 5일 이내

○ **자체점검의 면제 또는 연기**
- 실시만료 3일 전까지
- 연기신청결과통보
  (3일 이내)

○ **자체점검결과 게시**
- 보고한 날로부터 10일 이내
- 30일 이상 게시

○ **점검능력평가**
- 실적
- 기술력
- 경력
- 신인도

○ **점검능력평가의 유효기간**
- 1년간

제 4 편 소방관계법규

4. 점검 횟수 및 시기

점검구분	점검 횟수 및 점검 시기 등
최초점검	• 건축물을 사용할 수 있게 된 날부터 60일 이내
작동점검	• 연 1회 이상 실시 • 점검시기 ① 종합대상은 종합을 받은 달부터 6개월이 되는 달에 실시 ② 종합대상 외는 **사용승인일**이 속하는 달의 말일까지 실시
종합점검	• 사용승인일이 속하는 달에 **연 1회 이상**(특급은 반기 1회 이상) 실시 • 학교의 경우 사용승인일이 1월에서 6월 사이인 경우 6월 30일까지 실시

비고 : 작동점검 및 종합점검은 **건축물 사용승인** 후 그 다음 해부터 실시한다.

5. 점검인력 1단위가 하루 동안 점검할 수 있는 점검한도 면적

※ 점검인력 1단위 : 소방시설관리사 또는 특급점검자 1명+보조인력 2명

구 분	점검한도 면적
종합점검	8,000m^2
작동점검	10,000m^2

6. 소방시설등의 자체점검 결과의 조치 등

(1) **관리업자등**은 점검이 끝난 날부터 **10일 이내**에 보고서를 **관계인**에게 제출
(2) **관계인**은 점검이 끝난 날부터 **15일 이내**에 **소방본부장 또는 소방서장**에게 보고
(3) 보고서 **보고기간의 산입**
    공휴일 및 토요일은 산입하지 아니한다.
(4) 관계인은 그 점검결과를 **2년간 자체 보관**
(5) 관계인의 **이행계획** 완료기간
    ① 수리하거나 정비 : 10일 이내
    ② 철거하고 새로 교체 : 20일 이내
(6) **관계인**은 완료한 날부터 **10일 이내**에 **소방본부장 또는 소방서장**에게 보고

◆ **공동주택(아파트)**
세대별 점검방법
 - 2년 이내 전수점검
 - 작동 30%이상
 - 종합 50%이상

◆ **점검한도면적 추가**
(보조인력 1명 추가)
 - 종합 : 2000m^2
 - 작동 : 2500m^2

◆ **1일 점검인력배치**
 - 최대 5개

7. 등록사항의 변경신고 사항

(1) 명칭 · 상호 또는 영업소소재지
(2) 대표자
(3) 기술인력

8. 등록사항의 변경신고 등

30일 이내에 서류를 첨부하여 시 · 도지사에게 제출 ★

(1) 명칭 · 상호 또는 영업소 소재지를 변경하는 경우
  소방시설관리업등록증 및 등록수첩
(2) 대표자를 변경하는 경우
  소방시설관리업등록증 및 등록수첩
(3) 기술인력을 변경하는 경우
  ① 소방시설관리업 등록수첩
  ② 변경된 기술인력의 기술자격증(경력수첩 포함)
  ③ 소방기술인력대장

○ 관리업 등록서류보완
- 10일 이내

○ 관리업 변경신고
- 명칭 · 상호 또는 영업소소재지
- 대표자
- 기술인력

○ 관리업 지위승계
- 30일 이내

○ 점검능력평가신청
- 매년 2월 15일까지

제 3 장

화재의 예방 및 안전관리에 관한 법률
(약칭 : 화재예방법)

 3-1 화재의 예방 및 안전관리에 관한 법률

1. 화재안전조사

소방관서장은 다음에 해당하는 경우 화재안전조사를 실시할 수 있다.
다만, **개인의 주거**에 대한 화재안전조사는 **관계인의 승낙**이 있거나 화재발생의 우려가 뚜렷하여 **긴급한 필요**가 있는 때에 한정한다.

① 자체점검이 **불성실하거나 불완전**하다고 인정되는 경우
② 화재예방강화지구 등 법령에서 화재안전조사를 하도록 **규정되어 있는 경우**
③ 화재예방안전진단이 **불성실하거나 불완전**하다고 인정되는 경우
④ 소방안전관리 실태를 조사할 필요가 있는 경우
⑤ 화재가 자주 발생하였거나 **발생할 우려가 뚜렷한 곳**에 대한 조사가 필요한 경우
⑥ 소방대상물에 화재의 발생 위험이 크다고 판단되는 경우
⑦ 그 밖의 긴급한 상황이 발생할 경우 인명 또는 재산 피해의 우려가 현저하다고 판단되는 경우

2. 화재안전조사의 방법·절차 등

(1) **소방관서장**은 화재안전조사를 실시하려는 경우 사전에 관계인에게 **조사대상, 조사기간 및 조사사유** 등을 우편, 전화, 전자메일 또는 문자전송 등을 통하여 통지하고 이를 대통령령으로 정하는 바에 따라 인터넷 홈페이지나 전산시스템 등을 통하여 공개하여야 한다. 다만, 다음 각호의 어느 하나에 해당하는 경우에는 그러하지 아니하다.

제 3 장 화재의 예방 및 안전관리에 관한 법률(약칭 : 화재예방법)

① 화재가 발생할 우려가 뚜렷하여 **긴급하게 조사할 필요**가 있는 경우
② 화재안전조사의 실시를 사전에 통지하거나 공개하면 **조사목적을 달성할 수 없다고 인정**되는 경우

(2) 화재안전조사는 관계인의 승낙 없이 소방대상물의 **공개시간** 또는 근무시간 이외에는 할 수 없다.

3. 손실보상

소방청장 또는 **시·도지사**는 화재안전조사 결과에 따른 **조치명령**으로 인하여 손실을 입은 자가 있는 경우에는 대통령령으로 정하는 바에 따라 **보상**하여야 한다.

4. 화재의 예방조치 등 ★★(자주출제)

누구든지 화재예방강화지구 및 이에 준하는 대통령령으로 정하는 장소에서는 다음에 해당하는 행위를 하여서는 아니 된다.
① 모닥불, 흡연 등 **화기의 취급**
② 풍등 등 **소형열기구 날리기**
③ 용접·용단 등 **불꽃을 발생**시키는 행위
④ 그 밖에 **대통령령**으로 정하는 화재 발생 위험이 있는 행위

5. 화재예방강화지구의 지정 등

시·도지사는 다음에 해당하는 지역을 **화재예방강화지구로 지정**하여 관리할 수 있다.

화재예방강화지구 ★★★★★(자주출제)
① **시장지역**
② **공장·창고**가 밀집한 지역
③ **목조건물**이 밀집한 지역
④ 노후·**불량건축물**이 밀집한 지역
⑤ **위험물**의 저장 및 처리 시설이 밀집한 지역
⑥ **석유화학제품**을 생산하는 공장이 있는 지역
⑦ **산업단지**
⑧ 소방시설·소방용수시설 또는 소방출동로가 **없는 지역**
⑨ **물류단지**
⑩ 그 밖에 **소방관서장**이 화재예방강화지구로 지정할 **필요가 있다고 인정**하는 지역

6. 소방안전관리자의 업무 ★★★(자주출제)

① **소방계획서의 작성 및 시행**
② **자위소방대 및 초기대응체계**의 구성, 운영 및 교육
③ 피난시설, 방화구획 및 **방화시설의 관리**
④ 소방시설이나 그 밖의 **소방 관련 시설의 관리**
⑤ 소방**훈련 및 교육**
⑥ 화기 취급의 **감독**
⑦ 소방안전관리에 관한 업무수행에 관한 **기록·유지**
⑧ 화재발생 시 **초기대응**
⑨ 그 밖에 소방안전관리에 필요한 업무

7. 소방안전관리자 선임신고 등 ★★★(자주출제)

(1) 관계인이 **소방안전관리자 또는 소방안전관리보조자를 선임**한 경우에는 행정안전부령으로 정하는 바에 따라 선임한 날부터 **14일 이내**에 **소방본부장 또는 소방서장에게 신고**

(2) 소방안전관리대상물의 출입자가 쉽게 알 수 있도록 **소방안전관리자의 성명**과 그 밖에 행정안전부령으로 정하는 사항을 **게시**

8. 관리의 권원이 분리된 특정소방대상물의 소방안전관리 ★★(자주출제)

(1) 다음의 어느 하나에 해당하는 특정소방대상물로서 그 관리의 권원이 분리되어 있는 특정소방대상물의 경우 그 관리의 권원별 관계인은 소방안전관리자를 선임하여야 한다.

① **복합건축물**(지하층을 제외한 층수가 **11층** 이상 또는 연면적 **3만㎡ 이상**인 건축물)
② **지하가**
③ 판매시설 중 **도매시장, 소매시장 및 전통시장**

(2) 관리의 권원별 관계인은 상호 협의하여 **총괄소방안전관리자**를 선임된 소방안전관리자 중에서 선임하거나 별도로 **선임**하여야 한다.

9. 근무자 및 거주자 등에 대한 소방훈련 등

(1) 소방안전관리대상물의 관계인은 근무자등에게 **소화·통보·피난** 등의 훈련과 소방안전관리에 필요한 교육을 하여야 하고, 피난훈련은 그

소방대상물에 출입하는 사람을 안전한 장소로 대피시키고 유도하는 훈련을 포함하여야 한다.

(2) 소방안전관리대상물 중 소방안전관리업무의 전담이 필요한 대통령령으로 정하는 소방안전관리대상물의 관계인은 제1항에 따른 소방훈련 및 교육을 한 날부터 **30일 이내**에 **소방훈련 및 교육 결과**를 행정안전부령으로 정하는 바에 따라 **소방본부장 또는 소방서장에게 제출**하여야 한다.

소방안전관리 업무를 전담하여야 하는 특정소방대상물의 규모
① **특급** 소방안전관리대상물
② **1급** 소방안전관리대상물

10. 소방안전 특별관리시설물의 안전관리

① 공항시설　　　② 철도시설　　　③ 도시철도시설
④ 항만시설　　　⑤ 지정문화유산 및 천연기념물 등인 시설
⑥ 산업기술단지　⑦ 산업단지
⑧ 초고층 건축물 및 지하연계 복합건축물
⑨ 수용인원 1천명 이상인 영화상영관
⑩ 전력용 및 통신용 지하구　　⑪ 석유비축시설
⑫ 천연가스 인수기지 및 공급망　⑬ 점포가 500개 이상인 전통시장
⑭ 발전소, 물류창고(연면적 10만m² 이상), 가스공급시설

11. 권한의 위임 · 위탁 등

소방관서장은 다음 각 호에 해당하는 업무를 **안전원에 위탁**
① 소방안전관리자 또는 소방안전관리보조자 **선임신고의 접수**
② 소방안전관리자 또는 소방안전관리보조자 **해임 사실의 확인**
③ **강습교육 및 실무교육**

12. 벌칙

(1) **3년 이하의 징역 또는 3천만원 이하의 벌금** ★★(자주출제)
① **조치명령**을 정당한 사유 없이 **위반한 자**
② 소방안전관리자 **선임명령** 등을 정당한 사유 없이 **위반한 자**
③ 보수 · 보강 등의 **조치명령**을 정당한 사유 없이 **위반한 자**

④ 거짓이나 그 밖의 **부정한 방법으로 진단기관**으로 지정을 받은 자

(2) **1년 이하의 징역 또는 1천만원 이하의 벌금**

① 관계인의 정당한 업무를 방해하거나, **조사업무를 수행**하면서 취득한 자료나 알게 된 **비밀**을 다른 사람 또는 기관에게 제공 또는 **누설**하거나 목적 외의 용도로 사용한 자

② 자격증을 다른 사람에게 **빌려 주거나 빌리거나** 이를 알선한 자

③ 진단기관으로부터 **화재예방안전진단**을 받지 아니한 자

(3) **300만원 이하의 벌금**

① 화재안전조사를 정당한 사유 없이 **거부 · 방해 또는 기피**한 자

② 소방안전관리자, 총괄소방안전관리자 또는 소방안전관리보조자를 **선임하지 아니한 자**

③ 업무를 수행하면서 알게 된 **비밀**을 이 법에서 정한 목적 외의 용도로 사용하거나 다른 사람 또는 기관에 제공하거나 **누설한 자**

13. 과태료

(1) **300만원 이하의 과태료** ★★(자주출제)

① 정당한 사유 없이 화재 발생 위험이 있는 행위를 한 자

② **겸직금지를 위반**하여 소방안전관리자를 겸한 자

③ 소방안전관리업무를 하지 아니한 특정소방대상물의 관계인 또는 소방안전관리자

④ 소방**훈련 및 교육**을 하지 아니한 자

(2) **200만원 이하의 과태료**

① 불을 사용할 때 지켜야 하는 사항 및 **특수가연물**의 저장 및 취급 기준을 위반한 자

② 소방설비등의 설치 명령을 정당한 사유 없이 따르지 아니한 자

③ **기간 내에 선임신고**를 하지 아니하거나 소방안전관리자의 성명 등을 게시하지 아니한 자

④ 기간 내에 소방안전관리자 선임신고를 하지 아니한 자

⑤ 기간 내에 **소방훈련 및 교육 결과**를 제출하지 아니한 자

(3) **100만원 이하의 과태료**

실무교육을 받지 아니한 소방안전관리자 및 소방안전관리보조자

(4) **과태료의 부과 · 징수**

소방청장, 시 · 도지사, 소방본부장 또는 소방서장

3-2 화재의 예방 및 안전관리에 관한 법률 시행령

1. 화재안전조사의 항목

(1) 화재의 **예방조치** 등에 관한 사항
(2) 소방안전관리 업무 수행에 관한 사항
(3) 피난계획의 수립 및 시행에 관한 사항
(4) 소방**훈련 및 교육**에 관한 사항
(5) 소방자동차 전용구역의 설치에 관한 사항
(6) 감리 및 **감리원 배치** 등에 관한 사항
(7) 소방시설의 설치 및 관리에 관한 사항
(8) 건설현장 임시소방시설의 설치 및 관리에 관한 사항
(9) 피난시설, 방화구획 및 방화시설의 관리에 관한 사항
(10) 방염에 관한 사항
(11) 소방시설등의 **자체점검**에 관한 사항
(12) 다중이용업소의 안전관리에 관한 사항
(13) 위험물안전관리법에 따른 안전관리에 관한 사항
(14) 초고층 및 지하연계 복합건축물의 안전관리에 관한 사항
(15) 소방관서장이 필요하다고 인정하는 사항

2. 화재안전조사의 방법·절차 등

소방관서장은 화재안전조사를 실시하려는 경우 사전에 조사대상, 조사기간 및 조사사유 등 조사계획을 인터넷 홈페이지나 전산시스템 등을 통해 7일 이상 공개하여야 한다.

3. 화재안전조사의 연기

"**대통령령으로 정하는 사유**"란 다음의 어느 하나에 해당하는 사유를 말한다.
① 재난이 발생한 경우
② 관계인의 질병, 사고, 장기출장의 경우
③ 권한있는 기관에 자체점검기록부, 교육·훈련 일지 등 화재안전조사에 필요한 장부·서류 등이 압수되거나 영치되어 있는 경우

Pass Point

○ 세부시행계획 수립
 - 12월31일까지

○ 화재안전조사
 - 종합조사
 - 부분조사

○ 화재안전조사공개
 - 7일 이상

○ 화재안전조사단
 - 50명 이내

○ 화재안전조사위원회
 - 7명 이내

○ 손실보상
 - 소방청장 또는 시·도지사와 협의

○ 화재안전조사 공개
 - 30일 이상
 - 이의신청 10일 이내

Pass Point

○ 옮긴 물건 등
- 공고 14일 동안
- 보관기간 7일까지

○ 불을 사용하는 설비의 관리기준 등

○ 액체연료사용 보일러
- 연료탱크 1m 이상 간격
- 개폐밸브 0.5m 이내

○ 기체연료사용 보일러
- 개폐밸브 0.5m 이내

○ 고체연료사용 보일러
- 연료 2m이상 간격
- 연통 : 천장으로부터 0.6m 이상
- 연통배출구 : 0.6m 밖으로
- 연통배출구 : 2m 이상 높게 설치

○ 난로
- 연통 : 천장 0.6m 이상
- 연통배출구 : 0.6m 이상 밖으로

○ 불꽃을 사용하는 용접·용단 기구
- 5m 이내 소화기
- 주변 10m 이내 가연물 금지

○ 노·화덕설비
- 30만kcal 이상

○ 음식조리설비
- 조리기구 0.6m 이상

○ 특수가연물
- 대통령령

④ 소방대상물의 증축, 용도변경 또는 대수선 등의 공사로 화재안전조사를 실시하기 어려운 경우

4. 옮긴 물건의 보관기간 및 보관기간 경과 후 처리 등 ★★(자주출제)

① 소방관서장은 옮긴 물건을 보관하는 경우에는 그 날부터 **14일 동안** 해당소방관서의 인터넷 홈페이지에 그 사실을 **공고**
② 옮긴 물건 등의 보관기간은 소방관서 홈페이지에 공고 **기간의 종료일 다음 날부터 7일까지**

5. 화재의 확대가 빠른 특수가연물 ★★★★(자주출제)

품 명		수 량
면 화 류		200kg 이상
나무껍질 및 대팻밥		400kg 이상
넝마 및 종이부스러기, 사류(絲類), 볏짚류		1,000kg 이상
가연성고체류		3,000kg 이상
석탄·목탄류		10,000kg 이상
가연성액체류		$2m^3$ 이상
목재가공품 및 나무부스러기		$10m^3$ 이상
합성수지류	발포시킨 것	$20m^3$ 이상
	그 밖의 것	3,000kg 이상

6. 특수가연물의 저장 및 취급기준 ★★★(자주출제)

(1) 품명·최대저장수량·단위부피(체적)당 질량·관리책임자 성명·직책, 연락처 및 화기취급의 금지표시 설치
(2) 기준(석탄·목탄류를 발전용은 예외)
  ① **품명별**로 구분하여 쌓을 것
  ② 저장 기준

구 분	쌓는 높이	바닥면적(m^2)
일반기준	10m 이하	50(석탄·목탄류 200) 이하
살수설비, 대형소화기	15m 이하	200(석탄·목탄류 300) 이하

  ③ **최소 6m 이상 간격을 유지**(쌓은 높이보다 0.9m 이상 높은 내화구조 벽체 설치 시 예외)

④ 쌓는 부분의 바닥면적 사이 간격

구 분	쌓는 부분의 바닥면적 사이 이격거리
실내	1.2m 또는 쌓는 높이의 1/2 중 큰 값 이상
실외	3m 또는 쌓는 높이 중 큰 값 이상

7. 화재예방강화지구의 관리

① 화재안전조사를 **연 1회 이상** 실시
② 필요한 훈련 및 교육을 **연 1회 이상** 실시
③ 관계인에게 훈련 또는 교육 **10일 전**까지 그 사실을 통보

8. 소방안전관리자 선임대상물 ★★★★★(자주출제)

(1) **특급** 소방안전관리대상물
  ① **50층** 이상(지하층 제외)이거나 지상 **200m** 이상 **아파트**
  ② **30층** 이상(지하층 포함)이거나 지상 **120m** 이상(**아파트 제외**)
  ③ 연면적 **10만㎡** 이상(**아파트 제외**)

(2) **1급** 소방안전관리대상물
  ① **30층** 이상(지하층 제외)이거나 지상 **120m** 이상 **아파트**
  ② 연면적 **1만5천㎡** 이상(**아파트 및 연립주택 제외**)
  ③ 지상층의 층수가 **11층** 이상(**아파트 제외**)
  ④ 가연성 가스 **1천톤** 이상

(3) **2급** 소방안전관리대상물
  ① **옥내, 스프링, 물분무등** 소화설비 설치대상(**옥스물**)
    (호스릴 방식의 물분무등 소화설비만을 설치한 경우는 제외)
  ② 가연성 가스 **100톤** 이상 **1천톤** 미만
  ③ 지하구
  ④ 공동주택
  ⑤ **보물 또는 국보**로 지정된 목조건축물

(4) **3급** 소방안전관리대상물
  간이스프링클러설비 또는 **자동화재탐지**설비 설치대상물

Pass Point

○ **특급 대상물**
 - 50층(지제)
   200m 아파트
 - 30층(지포)
   120m(아제)
 - 10만(아제)

○ **1급 대상물**
 - 30층(지제)
   120m 아파트
 - 1만5천(아, 연 제외)
 - 11층 이상(아제)
 - 가스1천톤

○ **2급 대상물**
 - 옥내, 스프링, 물분무등
   (호스릴제외)설치대상
 - 가스100톤~1천톤
 - 지하구
 - 공동주택
 - 보물, 국보 목조건축물

○ **3급 대상물**
 - 간이스프링 설치대상
 - 자동화재탐지설비
   설치대상

9. 소방안전관리자 선임자격 ★★★★★(자주출제)

(1) 특급 소방안전관리자 선임자격
 ① 소방기술사 또는 소방시설관리사
 ② 소방설비기사 : 5년 이상 1급 실무경력
 ③ 소방설비산업기사 : 7년 이상 1급 실무경력
 ④ 소방공무원 : 20년 이상
 ⑤ 특급 소방안전관리 시험에 합격한 사람

(2) 1급 소방안전관리자 선임자격
 ① 소방설비기사 또는 소방설비산업기사
 ② 소방공무원 : 7년 이상
 ③ 1급 소방안전관리 시험에 합격한 사람
 ④ 특급 또는 1급 자격증 발급받은 사람

(3) 2급 소방안전관리자 선임자격
 ① 위험물(기능장·산업기사 또는 기능사)
 ② 소방공무원 : 3년 이상
 ③ 2급 소방안전관리 시험에 합격한 사람
 ④ 「특별조치법」에 따라 선임된 사람
 ⑤ 특급, 1급, 2급 자격증 발급받은 사람

(4) 3급 소방안전관리자 선임자격
 ① 소방공무원 : 1년 이상
 ② 3급 소방안전관리 시험에 합격한 사람
 ③ 「특별조치법」에 따라 선임된 사람
 ④ 특급, 1급, 2급, 3급 자격증 발급받은 사람

✪ 소방안전관리보조자 선임대상
 – 아300
 – 1만5천(아제)
 – 기/의/노/수/숙

10. 소방안전관리보조자를 두어야 하는 특정소방대상물 ★★(자주출제)

특정소방대상물	보조자의 최소 선임기준
• 아파트(300세대 이상 아파트만 해당)	1명(초과 300세대마다 1명 이상 추가 선임)
• 연면적 1만5천m² 이상 (아파트 및 연립주택 제외)	1명(초과 연면적 1만5천m²마다 1명 이상 추가 선임)
• 공동주택 중 기숙사 • 의료시설 • 노유자시설 • 수련시설 • 숙박시설(1천500m² 미만이고 관계인 24시간 상주 숙박시설은 제외)	1명

11. 소방안전관리업무 전담 대상물

① 특급 소방안전관리대상물
② 1급 소방안전관리대상물

12. 소방계획서에 포함되어야 하는 사항 ★★★(자주출제)

① 일반 현황
② 소방·방화, 전기·가스 및 **위험물시설의 현황**
③ 자체점검계획 및 **대응대책**
④ 소방·피난 및 방화시설의 **점검·정비계획**
⑤ **피난계획**
⑥ 내부 마감재료 및 방염대상물품의 사용현황과 방화구조 및 설비의 유지·관리계획
⑦ 관리의 권원이 분리된 **소방안전관리에 관한 사항**
⑧ 소방훈련 및 **교육에 관한 계획**
⑨ 자위소방대 조직과 대원 **임무에 관한 사항**
⑩ 공사 중 소방안전관리에 관한 사항
⑪ **소화와 연소 방지**에 관한 사항
⑫ 위험물의 저장·취급에 관한 사항(예방규정을 정하는 제조소등은 제외)
⑬ 업무수행에 관한 **기록 및 유지에 관한 사항**
⑭ **초기대응에 관한 사항**
⑮ 소방본부장 또는 소방서장이 **요청하는 사항**

13. 소방훈련 및 교육 결과 제출 대상

① 특급 소방안전관리대상물
② 1급 소방안전관리대상물

14. 화재예방안전진단 대상

① 공항시설 중 여객터미널의 연면적이 $1천m^2$ 이상인 공항시설
② 철도시설 중 역 시설의 연면적이 $5천m^2$ 이상인 **철도시설**
③ 도시철도시설 중 역사 및 역 시설의 연면적이 $5천m^2$ 이상인 도시철도시설

○ **소방안전관리 전담**
 - 특급 및 1급

○ **불시 소방훈련·교육의 대상**
 - 의료시설
 - 교육연구시설
 - 노유자시설
 - 본부장, 서장 인정대상물

○ **소방안전 특별관리시설물**
 - 공항시설, 철도시설
 - 도시철도, 항만시설
 - 지정문화유산
 - 산업기술단지
 - 초고층 건축물 및 지하연계 복합건축물
 - 수용인원 1천명 이상 영화상영관
 - 전력용 및 통신용 지하구
 - 석유비축시설
 - 천연가스 인수기지 및 공급망
 - 점포 500개 이상인 전통시장
 - 발전소
 - 물류창고 10만 이상
 - 가스공급시설

○ **소방훈련·교육 결과 제출의 대상**
 - 특급 및 1급

④ 항만시설 중 여객이용시설 및 지원시설의 연면적이 **5천m²** 이상인 **항만시설**
⑤ 전력용 및 통신용 지하구 중 **공동구**
⑥ 천연가스의 인수기지 및 공급망 중 **가스시설**

3-3 화재의 예방 및 안전관리에 관한 법률 시행규칙

1. 화재예방 안전조치를 한 경우 할 수 있는 행위

(1) **지정된 장소**에서 화기 등을 취급하는 경우
(2) 소화기 등 안전시설을 비치 또는 설치하여 **안전조치를 한 장소**에서 화기 등을 취급하는 경우
(3) 화재감시자 등 **안전요원이 배치된 장소**에서 화기 등을 취급하는 경우
(4) 그 밖에 소방관서장과 사전 협의하여 **안전조치한 경우**

2. 소방안전관리업무 수행에 관한 기록·유지

(1) 소방안전관리업무 수행에 관한 기록의 작성주기 : **월 1회 이상**
(2) 보수 또는 정비가 필요한 사항을 발견한 경우 : 관계인에게 알리고, 서식에 기록
(3) 업무 수행에 관한 기록 : 작성한 날부터 **2년간 보관**

3. 소방안전관리자의 선임신고 등 ★★(자주출제)

관계인은 소방안전관리자를 다음에서 정하는 날부터 **30일 이내에 선임**

(1) 신규로 선임해야 하는 경우 : **사용승인일**
(2) 소방안전관리대상물로 된 경우 또는 등급이 변경된 경우 : 사용승인일 또는 용도변경 사실을 건축물관리대장에 기재한 날
(3) 관계인의 권리를 취득한 경우 : **권리를 취득한 날** 또는 선임 안내를 받은 날
(4) 관리의 권원이 분리된 특정소방대상물의 경우 : 권원이 분리되거나 **권원을 조정한 날**

● **화재안전조사 연기신청**
– 조사 3일전까지
– 소방본부장, 서장

● **손실보상**
– 소방청장, 시·도지사

(5) 업무가 종료된 경우 : 해임된 날, 퇴직한 날 등 **근무를 종료한 날**
(6) 업무대행 계약이 해지 또는 종료된 경우 : 소방안전관리업무 **대행이 끝난 날**
(7) 자격이 정지 또는 취소된 경우 : 자격이 **정지 또는 취소된 날**

4. 소방안전관리자 정보의 게시 사항

(1) 소방안전관리대상물의 **명칭 및 등급**
(2) 소방안전관리자의 **성명 및 선임일자**
(3) 소방안전관리자의 **연락처**
(4) 소방안전관리자의 근무위치(화재수신기 또는 종합방재실)

5. 강습교육의 실시

① 소방청장은 강습교육의 대상·일정·횟수 등을 포함한 강습교육의 실시계획을 매년 수립·시행
② 강습교육 실시 **20일 전까지** 안전원의 인터넷 홈페이지 및 게시판에 공고

6. 실무교육의 실시

(1) **소방청장**은 실무교육의 대상·일정·횟수 등을 포함한 **실무교육의 실시 계획**을 매년 수립·시행
(2) 실무교육 실시 **30일 전까지** 일시·장소, 그 밖에 실무교육 실시에 필요한 사항을 인터넷 홈페이지에 공고하고 교육대상자에게 통보
(3) 소방안전관리자로 선임된 날부터 **6개월 이내에 실무교육**을 받아야 하며, 그 이후에는 **2년마다 1회 이상 실무교육**을 받을 것
(4) 소방안전관리보조자는 그 선임된 날부터 **6개월 이내에 실무교육**을 받아야 하며, 그 이후에는 **2년마다 1회 이상 실무교육**을 받을 것

7. 피난계획에 포함되어야 할 사항

(1) 화재경보의 **수단 및 방식**
(2) 층별, 구역별 **피난대상 인원의 현황**
(3) **피난약자**의 현황
(4) 각 거실에서 옥외로 이르는 **피난경로**

Pass Point

● **소방안전관리자 업무수행 기록, 유지**
 - 월 1회 이상

● **소방안전관리자**
 - 30일 이내 선임

● **화재예방안전진단**
 - 위험요인 조사
 - 위험성 평가
 - 위험성 감소대책의 수립

(5) 피난약자 및 피난약자를 동반한 사람의 **피난동선과 피난방법**
(6) **피난시설, 방화구획**, 그 밖에 피난에 영향을 줄 수 있는 제반 사항

8. 피난유도 안내정보의 제공 방법

(1) **연 2회 피난안내 교육**을 실시하는 방법
(2) **분기별 1회 이상 피난안내방송**을 실시하는 방법
(3) **피난안내도**를 층마다 보기 쉬운 위치에 게시하는 방법
(4) 엘리베이터, 출입구 등 시청이 용이한 지역에 **피난안내영상**을 제공하는 방법

9. 근무자 및 거주자에 대한 소방훈련과 교육

(1) 관계인은 소방훈련과 교육을 **연 1회 이상** 실시
(2) 소방본부장 또는 소방서장이 화재예방을 위하여 필요하다고 인정하여 **2회의 범위에서 추가**로 실시할 것을 요청하는 경우에는 소방훈련과 교육을 실시

✪ **소방 훈련 및 교육**
- 연 1회 이상
- 추가 2회

제 4 장 소방시설공사업법

제4장 소방시설공사업법

4-1 소방시설공사업법

1. 소방시설업의 분류 ★★★★

소방시설설계업	소방시설공사업	소방공사감리업	방염처리업
공사계획·설계도면·시방서·기술계산서 등 서류를 작성 영업	신설·증설·개설·이전 및 정비하는 영업	적법하게 시공되는지 여부의 확인과 기술지도 영업	방염대상물품에 대하여 방염처리 하는 영업

2. 소방기술자 ★★

(1) 소방시설관리사
(2) 소방기술사·소방설비기사·소방설비산업기사
(3) 위험물기능장·위험물산업기사·위험물기능사

3. 소방시설업의 등록 ★★★

등록 기관	등록 기준
특별시장, 광역시장, 시·도지사	자본금(개인은 자산평가액), 기술인력

4. 등록의 결격사유 ★★★

(1) 피성년후견인
(2) 금고 이상의 실형의 선고를 받고 그 집행이 종료되거나 집행이 면제된 날부터 **2년이 지나지 아니한 자**
(3) 금고 이상의 형의 집행유예선고를 받고 그 유예기간 중에 있는 자
(4) 등록이 취소된 날부터 **2년이 지나지 아니한 자**
(5) 법인의 대표자가 결격사유자에 해당하는 경우 그 법인
(6) 법인의 임원이 결격사유자에 해당하는 경우 그 법인

5. 등록사항의 변경신고 및 소방시설업자의 지위승계 : 시·도지사에게 신고 ★★

Pass Point

◎ 소방시설업 종류
① 설계업
② 공사업
③ 감리업
④ 방염처리업

◎ 소방시설업 등록기준
① 자본금
② 기술인력

- **반드시 등록취소**
  - 거짓, 부정한 방법 등록
  - 결격사유자
  - 영업정지 기간 중 공사

- **과징금 부과금액**
  2억원 이하

- **착공신고 및 완공검사**
  본부장, 서장

- **하자보수**
  3일 이내

- **하도급 제한**
  원칙적으로 하도급금지
  (일부만 한번만 하도급 가능)

6. 등록의 취소와 영업정지 등 ★★★★★

시·도지사는 다음에 해당하는 때에는 그 등록을 취소하거나 6월 이내의 기간을 정하여 이의 시정이나 영업의 정지를 명할 수 있다.
(1) **거짓** 그 밖의 **부정한 방법**으로 등록을 한 경우 ★ 【등록취소】
(2) 등록기준에 미달하게 된 후 30일이 경과한 경우
(3) 등록의 **결격사유**에 해당하게 된 경우 ★ 【등록취소】
(4) 다른 자에게 등록증 또는 등록수첩을 **빌려준 때**
(5) 영업정지 기간 중에 소방시설 공사 등을 한 경우 【등록취소】
(6) 정당한 사유 없이 **1년 이상 휴업**한 경우
(7) 동일인이 공사 및 감리를 한 경우
(8) 이 법에 따른 명령을 위반한 경우

7. 영업정지 처분에 갈음하는 과징금처분 ★★ 자주출제(필수정리) ★★

과징금 처분권자	과징금 부과금액
시·도지사	2억원 이하

8. 착공신고 및 완공검사 : 소방본부장 또는 소방서장 ★★

9. 공사의 하자보수 등 ★

(1) 관계인은 공사업자에게 그 사실을 통보
(2) 공사업자는 **3일 이내**에 보수 또는 하자보수계획을 관계인에게 서면 통보

10. 공사감리결과의 통보 등 ★

(1) **감리결과 서면 통보** : 관계인, 도급인 및 건축사
(2) **공사감리결과보고서 제출** : 소방본부장 또는 소방서장

11. 하도급의 제한 ★★★

도급을 받은 자는 소방시설의 설계, 시공, 감리를 제3자에게 하도급 할 수 없다. (단, 시공의 경우에는 대통령령에 따라 도급받은 **공사의 일부**를 다른 공사업자에게 하도급할 수 있다.)

12. 도급계약의 해지 ★★

(1) 등록취소 되거나 영업정지된 경우
(2) 휴업 또는 폐업한 때
(3) 정당한 사유없이 30일 이상 소방시설공사를 계속하지 아니하는 때
(4) 하도급의 통지를 받은 경우 정당한 사유 없이 이에 따르지 아니한 때

13. 공사업자의 감리 제한

다음 각 호의 어느 하나에 해당되면 동일한 특정소방대상물의 소방시설에 대한 시공과 감리를 함께 할 수 없다.
(1) 공사업자와 감리업자가 같은 자인 경우
(2) 기업집단의 관계인 경우
(3) 법인과 그 법인의 임직원의 관계인 경우
(4) 친족관계인 경우

14. 시공능력평가 및 공시 ★

(1) **시공능력평가 및 공시권자** : 소방청장
(2) **시공능력평가 및 공시기준**
　① 소방시설공사 실적　　② 자본금

15. 소방기술자의 의무 ★★★

(1) 자격증 대여 금지
(2) 동시에 둘 이상의 업체에 취업 금지.

16. 벌칙 : 3년 이하의 징역 또는 3000만원 이하의 벌금 ★★★

소방시설업의 등록을 하지 아니하고 영업을 한 자

17. 벌칙 : 1년 이하의 징역 또는 1000만원 이하의 벌금 ★★

(1) 영업정지처분을 받고 그 **영업정지기간에** 영업을 한 자
(2) 화재안전기술기준 규정을 위반하여 설계 또는 시공을 한 자
(3) 감리규정을 위반하여 감리를 하거나 **거짓으로 감리한 자**
(4) 공사감리자를 지정하지 아니한 자
(5) 공사업자가 아닌 자에게 소방시설공사를 도급한 자
(6) **소방시설의 설계, 시공, 감리를 하도급한 자**

Pass Point

◎ 도급계약해지
- 등록취소
- 영업정지
- 휴업
- 폐업
- 30일 이상 공사 중지

◎ 기술자 의무
동시에 둘 이상 업체 취업 금지

◎ 3년 이하 또는 3천만원 이하
- 등록 없이 영업한 자

◎ 1년 이하 또는 1천만원 이하
- 영업정지 기간 중 영업
- 공사감리자 미지정
- 설계, 시공, 감리를 하도급

제 4 편 소방관계법규

300만원 이하 벌금
- 자격증 대여
- 둘 이상 업체에 취업

18. 벌칙 : 300만원 이하의 벌금 ★
(1) 등록증 또는 등록수첩을 다른 자에게 **빌려준 자**
(2) 소방시설 공사현장에 감리원을 배치하지 아니한 자
(3) 시정 또는 보완하도록 한 감리업자의 요구에 따르지 아니한 자
(4) 소방기술인정 자격수첩을 빌려준 자
(5) **동시에 둘 이상의 업체에 취업한 자**

19. 벌칙 : 100만원 이하의 벌금 ★
(1) 명령을 위반하여 보고 또는 자료제출을 하지 아니 한 자
(2) 관계공무원의 출입 또는 검사 · **조사를 거부 · 방해 또는 기피한 자**

20. 과태료 : 200만원 이하의 과태료 ★
(1) 등록사항의 변경신고, **지위승계신고, 착공신고**를 하지 아니한 자
(2) 완공검사를 받지 아니한 자
(3) 규정을 위반하여 **3일 이내에 보수**하지 아니 한 자
(4) 공사감리결과의 통보 또는 **공사감리결과보고서의 제출**을 거짓으로 한 자
(5) 하도급 등의 통지를 하지 아니한 자

4-2 소방시설공사업법 시행령

1. 소방시설업의 업종별 등록기준 및 영업범위

설계업등록 기준 및 영업범위는 자주출제

(1) **소방시설설계업의 등록기준 및 영업범위** ★★ 자주출제 (필수정리) ★★

종류		기술인력	영업범위
전문		❶ 주인력 : 기술사1인 이상 ❷ 보조인력 : 1인 이상	· 모든 소방시설의 설계
일반	기계분야	❶ 주인력 : 기술사 또는 기사(기계분야) 1인 이상 ❷ 보조인력 : 1인 이상	· 아파트 (제연설비제외) · 연면적 3만m^2(공장 1만m^2) 미만 (제연설비제외) · 위험물제조소등
	전기분야	❶ 주인력 : 기술사 또는 기사(전기분야) 1인 이상 ❷ 보조인력 : 1인 이상	· 아파트 · 연면적 3만m^2(공장 1만m^2) 미만 · 위험물제조소등

(2) 소방시설공사업의 등록기준 및 영업범위 ★★ 자주출제 (필수정리) ★★

종류		기술인력	자본금(자산평가액)	영업 범위
전문		❶ 주인력 : 기술사 또는 기계와 전기의 기사 각 1인(기계와 전기를 겸하여 취득한 자) 이상 ❷ 보조인력 : 2인 이상	❶ 법인 : 자본금 1억원 이상 ❷ 개인 : 자산평가액 1억원 이상	• 기계 및 전기분야
일반	기계분야	❶ 주인력 : 기술사, 기사(기계) 1인 이상 ❷ 보조인력 : 1인 이상	❶ 법인 : 자본금 1억원 이상 ❷ 개인 : 자산평가액 1억원 이상	• 연면적 1만m^2 미만 • 위험물제조소 등
	전기분야	❶ 주인력 : 기술사, 기사(전기) 1인 이상 ❷ 보조인력 : 1인 이상		

Pass Point

✪ 공사업 등록기준 및 영업범위는 자주출제

(3) 소방공사감리업의 등록기준 및 영업범위 ★★ 자주출제 (필수정리) ★★

종류		기술인력	영업 범위
전문		❶ 소방기술사 1인 이상 ❷ 특급감리원 각 1인 이상 ❸ 고급감리원 각 1인 이상 ❹ 중급감리원 각 1인 이상 ❺ 초급감리원 각 1인 이상	• 모든 특정소방대상물
일반	기계분야	❶ 기계분야 특급감리원 1인 이상 ❷ 기계분야 고급 또는 중급감리원 1인 이상 ❸ 기계분야 초급감리원 1인 이상	❶ 연면적 3만m^2(공장1만m^2) 미만(제연설비제외) ❷ 아파트(제연설비제외) ❸ 위험물제조소등
	전기분야	❶ 전기분야 특급 감리원 1인 이상 ❷ 전기분야 고급 또는 중급감리원 1인 이상 ❸ 전기분야 초급감리원 1인 이상	❶ 연면적 3만m^2(공장1만m^2) 미만 ❷ 아파트 ❸ 위험물제조소

✪ 감리업 등록기준 및 영업범위는 자주출제

2. 소방시설공사의 착공신고 대상 ★★

공사 종류	소화 설비
신설	❶ **옥내**소화전설비, **옥외**소화전설비, **스프링클러**설비등, 물분무등소화설비, **연결송수관**설비, **연결살수**설비, **제연**설비, 소화용수설비 또는 연소방지설비 ❷ **자동화재탐지설비**, 비상경보설비, 비상방송설비, 비상콘센트설비, 무선통신보조설비
증설	❶ 옥내·옥외소화전설비 ❷ 스프링클러설비·간이스프링클러설비 또는 물분무등소화설비의 방호구역, 자동화재탐지설비의 경계구역, 제연설비의 제연구역, 연결살수설비의 살수구역, 연결송수관설비의 송수구역, 비상콘센트설비의 전용회로, 연소방지설비의 방수구역
개설, 이전, 정비	❶ 수신반　❷ 소화펌프　❸ 동력(감시)제어반

3. 완공검사를 위한 현장 확인 대상 특정소방대상물의 범위 ★★

(1) 문화 및 집회시설, **종교시설**, 판매시설, **노유자시설**, 수련시설, 운동시설, 숙박시설, 창고시설, 지하상가 및 **다중이용업소**
(2) **스프링클러설비등, 물분무등소화설비**(호스릴방식 제외)가 설치되는 특정소방대상물
(3) 연면적 1만m² 이상이거나 11층 이상인 특정소방대상물(아파트 제외)
(4) 지상에 노출된 가연성가스 1000톤 이상인 시설

4. 하자보수대상 소방시설과 하자보수보증기간

★★ 자주출제 (필수정리) ★★

보증기간	소방시설
2년	❶ 피난기구　❷ 유도등　❸ 유도표지 ❹ 비상경보설비　❺ 비상조명등　❻ 비상방송설비 ❼ 무선통신보조설비
3년	❶ 자동소화장치　❷ 옥내　❸ 옥외 ❹ 스프링클러　❺ 간이스프링클러　❻ 물분무등 ❼ 자동화재탐지설비　❽ 상수도소화용수설비 ❾ 소화활동설비(무선통신보조설비 제외)

✪ **하자보수보증**
기간은 자주 출제되므로 필히 정리할 것
- 소화설비 : 3년
- 자동화재탐지 : 3년
- 소화활동설비 : 3년 (무선통신제외)
- 상수도소화용수 : 3년
- 피난구조설비 : 2년
- 무선통신 : 2년

5. 소방공사감리의 종류와 방법 ★★ 자주출제 (필수정리) ★★

종류	대상
상주공사감리	❶ 연면적 3만m² 이상(아파트 제외) (자동화재탐지설비, 옥내소화전설비, 옥외소화전설비 또는 소화용수시설만 설치되는 공사를 제외). ❷ 지하층을 포함한 층수가 16층 이상으로서 500세대 이상인 아파트
일반공사감리	상주공사감리에 해당하지 아니하는 소방시설의 공사

Pass Point

◉ 상주공사감리
 - 3만m² 이상
 - 16층 이상 500세대 이상인 아파트

6. 공사감리자 지정대상 특정소방대상물의 범위 ★★★

다음의 소방시설을 신설·개설 또는 증설할 때
① 옥내소화전설비
② 스프링클러설비등(캐비닛형 간이스프링클러설비 제외)
③ 물분무등소화설비(호스릴 방식 제외)
④ 옥외소화전설비   ⑤ 자동화재탐지설비
⑥ 비상방송설비   ⑦ 통합감시시설
⑧ 비상조명등   ⑨ 소화용수설비
⑩ 소화활동설비

7. 소방공사 감리원의 배치기준

감리원의 배치기준		소방시설공사 현장의 기준
책임감리원	보조감리원	
소방기술사	초급감리원 이상	• 20만m² 이상 • (지하층 포함) 40층 이상
특급감리원 이상	초급감리원 이상	• 3만m² 이상 20만m² 미만 • (지하층 포함) 16층 이상 40층 미만
고급감리원 이상	초급감리원 이상	• 물분무등소화설비 (호스릴방식의 소화설비는 제외) 또는 제연설비가 설치되는 공사현장 • 3만m² 이상 20만m² 미만 아파트
중급감리원 이상		• 5천m² 이상 3만m² 미만
초급감리원 이상		• 5천m² 미만 • 지하구

8. 소방시설공사의 시공을 하도급할 수 있는 경우 ★

(1) 주택건설사업   (2) 건설업
(3) 전기공사업   (4) 정보통신공사업

◉ 하도급 할 수 있는 경우
① 주택건설사업
② 건설업
③ 전기공사업
④ 정보통신공사업

제 4 편 소방관계법규

핵심요점정리

✪ **실무교육**
한국소방안전원에 위탁

9. 업무의 위탁 ★

(1) 방염처리능력 평가 및 공시에 관한 업무를 협회에 위탁
(2) 시공능력 평가 및 공시에 관한 업무를 협회에 위탁

 4-3 소방시설공사업법 시행규칙

1. 소방시설업의 등록신청 민원인 제출서류 ★

(1) 기술인력의 기술자격증(자격수첩)
(2) 출자, 예치, 담보금액확인서
(3) 다음에 해당하는 자가 신청일 전 최근 90일 이내에 작성한 자산평가액 또는 기업진단보고서(소방시설공사업의 경우)
    ① 공인회계사   ② 세무사   ③ 전문경영진단기관

✪ **자산평가액 및 기업진단 보고서**
최근 90일 이내 작성한 것

2. 소방시설업등록증 및 등록수첩의 발급 등 ★★

(1) **등록증 발급권자** : 시·도지사
(2) **등록의 기준**
    ① 자본금(개인은 자산평가액)   ② 기술인력
(3) **등록증 발급 기간** : 등록신청을 받은 날부터 15일 이내
(4) **등록서류 보완 기간** : 10일 이내

✪ **등록변경신고**
- 명칭, 상호
- 영업소소재지
- 대표자
- 기술인력

3. 등록사항의 변경신고사항 ★★★

(1) 상호(명칭) 또는 영업소소재지
(2) 대표자
(3) 기술인력

4. 등록사항의 변경신고 등 ★★

(1) 변경일부터 30일 이내에 시·도지사에게 신고
(2) 시·도지사는 5일 이내에 변경된 사항을 기재하여 발급

5. 지위승계신고 등 : 30일 이내에 서류를 첨부하여 시·도지사에게 제출 ★

6. 소방시설업자가 보관하여야 하는 관계서류 ★

(1) **설계업** : 설계기록부 및 설계도서
(2) **공사업** : 공사기록부
(3) **감리업** : 감리기록부, 감리일지 및 설계도서

7. 착공신고 등 ★★★

소방시설공사의 착공 전까지 소방본부장 또는 소방서장에게 신고

8. 감리원의 세부배치기준 등 ★★ 자주출제(필수정리) ★★

종 류	세부배치기준
상주공사 감리대상	❶ 기계, 전기의 감리원 자격을 취득한 사람 각 1명 이상을 배치할 것. (다만, 기계+전기 함께 취득한 사람 1명 이상) ❷ 배관(전선관 포함)설치, 매립하는 때부터 완공검사증명서를 발급받을 때까지 현장에 배치할 것
일반공사 감리대상	❶ 기계, 전기의 감리원 자격을 취득한 사람 각 1명 이상을 배치할 것. (다만, 기계+전기 함께 취득한 사람 1명 이상) ❷ 별표 3에 따른 기간 동안 감리원을 배치할 것 ❸ 감리원은 주 1회 이상 감리현장에 배치되어 감리할 것 ❹ 1명의 감리원이 담당하는 감리현장은 5개 이하로서 연면적의 총 합계가 10만m² 이하일 것. 다만, 아파트의 경우에는 연면적의 합계에 관계없이 1명의 감리원이 5개 이내의 공사현장을 감리할 수 있다.

9. 감리원 배치통보 등 ★★

(1) 감리입자는 감리원 배치일부터 **7일 이내**에 소방본부장 또는 소방서장에게 통보
(2) 소방본부장 또는 소방서장은 소방시설업 종합정보시스템에 입력해야 한다.

○ 감리원 배치통보
- 7일 이내
- 본부장, 서장에게 통보

10. 감리결과의 통보 등 ★

(1) **통보 기간** : 공사가 완료된 날부터 **7일 이내**
(2) **통보 대상** : 관계인, 도급인 및 건축사
(3) **서면 보고** : 소방본부장 또는 소방서장

○ 감리결과 통보
- 기간 : 7일 이내
- 대상 : 관계인, 도급인, 건축사
- 서면보고 : 본부장, 서장

11. 소방시설공사 시공능력 평가의 신청 ★

공사업자는 공사시공능력평가신청서를 "시공능력평가자"에게 **법인의 경우 매년 4월 15일, 개인의 경우 6월 10일** 까지 제출

12. 시공능력의 평가 ★

(1) 시공능력평가의 방법

① 시공능력평가액 = 실적평가액 + 자본금평가액 + 기술력평가액
　　　　　　　　　　+ 경력평가액 ± 신인도평가액
② 실적평가액 = 연평균공사실적액
③ 자본금평가액 = (실질자본금 × 실질자본금의 평점 + 소방청장이 지정
　　　　　　　　한 금융기관 또는 소방산업공제조합에 출자·예
　　　　　　　　치·담보한 금액) × 70/100
④ 기술력평가액 = 전년도 공사업계의 기술자 1인당 평균생산액
　　　　　　　　× 보유기술인력 가중치합계 × 30/100
　　　　　　　　+ 전년도 기술개발투자액
⑤ 경력평가액 = 실적평가액 × 공사업영위기간 평점 × 20/100
⑥ 신인도평가액 = (실적평가액 + 자본금평가액 + 기술력평가액
　　　　　　　　+ 경력평가액) × 신인도 반영비율 합계

(2) **보유기술인력의 등급별 가중치**

보유기술인력	특급기술자	고급기술자	중급기술자	초급기술자
가중치	2.5	2	1.5	1

● 시공능력평가 유효기간
1년

(3) 평가된 시공능력은 공사업자가 도급받을 수 있는 1건의 공사도급금액으로 하고, 시공능력평가의 **유효기간**은 공시일 부터 **1년 동안**으로 한다.
(4) 시공능력평가자는 매년 7월 31일까지 각 공사업자의 시공능력을 일간신문 또는 인터넷 홈페이지를 통하여 공시

● 실무교육
1회/2년 이상

13. 소방기술자의 실무교육 ★★

(1) **교육 주기**: 2년마다 1회 이상
(2) **교육대상 통지**: 교육실시 10일 전까지

제 5 장 위험물안전관리법

 5-1 위험물안전관리법

1. 용어의 정의 ★★

(1) **위험물** : 인화성 또는 발화성 등의 성질을 가지는 것으로 대통령령이 정하는 물품
(2) **제조소등** : 제조소 · 저장소 및 취급소

2. 적용제외 ★★★

① 항공기
② 선박
③ 철도 및 궤도에 의한 위험물의 저장 · 취급 및 운반

3. 지정수량 미만인 위험물의 저장 · 취급 : 시 · 도의 조례 ★★★

4. 위험물의 저장 및 취급의 제한 ★★

★ 제조소등이 아닌 장소에서 지정수량 이상의 위험물을 취급할 수 있는 경우 ★
① 시 · 도의 조례에 따라 관할소방서장의 승인을 받아 지정수량 이상의 위험물을 **90일 이내의 기간 동안 임시로 저장** 또는 취급하는 경우
② 군부대가 위험물을 군사목적으로 임시로 저장 또는 취급하는 경우

5. 위험물시설의 설치 및 변경 등 ★★

(1) **설치 허가권자** : 시 · 도지사
(2) **품명 · 수량 또는 지정수량배수 변경신고** : 변경하고자 하는 날의 1일 전까지
(3) **설치허가 및 변경신고 예외**
① **주택의 난방시설**을 위한 저장소 또는 취급소(공동주택 중앙난방 제외)
② 농예용 · 축산용 · 수산용의 난방시설, 건조시설을 위한 **지정수량 20배 이하의 저장소**

◎ 위험물
- 인화성 또는 발화성
- 대통령령

◎ 제조소등
① 제조소
② 저장소
③ 취급소

◎ 위험물 법 적용제외
① 항공기
② 선박
③ 철도 및 궤도에 의한 저장, 취급, 운반

● 지위승계신고
- 30일 이내
- 시·도지사

● 용도폐지신고
- 14일 이내
- 시·도지사

6. **지위승계신고** : 30일 이내에 시·도지사에게 신고 ★★

7. **제조소등의 용도 폐지** : 14일 이내에 시·도지사에게 신고 ★

8. **제조소등 설치허가의 취소와 사용정지 등** ★

   (1) 변경허가를 받지 아니하고 제조소등의 위치·구조 또는 설비를 변경한 때
   (2) 완공검사를 받지 아니하고 제조소등을 사용한 때
   (3) 수리·개조 또는 이전의 명령에 위반한 때
   (4) 위험물 안전관리자를 선임하지 아니한 때
   (5) 규정을 위반하여 대리자를 지정하지 아니한 때
   (6) 정기점검을 하지 아니한 때
   (7) 정기검사를 받지 아니한 때
   (8) 저장·취급기준 준수명령에 위반한 때

● 과징금처분
- 처분권자 : 시·도지사
- 금액 : 2억원 이하

9. **과징금처분** ★★★

   (1) **과징금 처분권자** : 시·도지사
   (2) **과징금 금액** : 2억원 이하
   (3) **과징금의 금액 그 밖의 필요한 사항** : 행정안전부령

10. **영업정지 처분에 갈음하는 과징금처분** ★★ 자주출제(필수정리) ★★

과징금 처분권자	과징금 부과금액		
	소방시설관리업	소방시설업	위험물 제조소
시·도지사	3천만원 이하	2억원 이하	2억원 이하

● 위험물안전관리자
- 선임 : 30일 이내
- 선임신고 : 14일 이내
- 본부장, 서장에게 신고

11. **위험물안전관리자** ★★★★★

   (1) **위험물 안전관리자 선임의무자** : 관계인
   (2) **위험물 안전관리자 선임 및 선임 신고기간**
       ① 선임 기간 : 해임, 퇴직한 날부터 30일 이내
       ② 선임신고 기간 : 선임, 해임, 퇴직한 날부터 14일 이내
       ③ 선임신고 기관 : 소방본부장. 소방서장
   (3) 안전관리자 직무대행 최대기간 : 30일

● 안전관리자 직무대행
30일 이내

12. **예방규정 및 변경신고** : 사용을 시작하기 전에 시·도지사에게 제출

필수암기 ★★★★

관계인이 예방규정을 정하여야 하는 제조소등
❶ 지정수량의 10배 이상의 제조소
❷ 지정수량의 100배 이상의 옥외저장소
❸ 지정수량의 150배 이상의 옥내저장소
❹ 지정수량의 200배 이상의 옥외탱크저장소
❺ 암반탱크저장소
❻ 이송취급소
❼ 지정수량의 10배 이상의 일반취급소

● 관계인이 예방규정 정하여야 하는 제조소등은 자주 출제되므로 필히 정리할 것

13. **위험물의 운반** ★★

    ① 용기   ② 적재방법   ③ 운반방법

● 위험물 운반기준
  ① 용기
  ② 적재방법
  ③ 운반방법

14. **출입·검사 등** ★★

    (1) **출입. 검사권자** : 시·도지사, 소방본부장 또는 소방서장
    (2) **개인의 주거를 출입 할 수 있는 경우**
        ① 관계인의 승낙을 얻은 경우
        ② 긴급한 필요가 있는 경우

15. **청문** ★

    (1) **청문 실시권자** : 시·도지사, 소방본부장 또는 소방서장
    (2) **청문 대상**
        ① 제조소등 설치허가의 취소
        ② 탱크시험자의 등록취소

16. **벌칙**

1년 이상 10년 이하의 징역	무기 또는 3년 이상의 징역	무기 또는 5년 이상의 징역	7년 이하의 금고 또는 2천만원 이하의 벌금	10년 이하의 징역 또는 금고나 5천만원 이하의 벌금
위험을 발생시킨 자	상해에 이르게 한 때	사망에 이르게 한 때	업무상 과실로 위험을 발생시킨 자	업무상 과실로 사상에 이르게 한 자

17. 5년 이하의 징역 또는 1억원 이하의 벌금

제조소등의 설치허가를 받지 아니하고 제조소등을 설치한 자

18. 3년 이하의 징역 또는 3천만원 이하의 벌금

저장소 또는 제조소등이 아닌 장소에서 지정수량 이상의 위험물을 저장 또는 취급한 자

19. 벌칙 : 1년 이하의 징역 또는 1000만원 이하의 벌금 ★★

(1) 탱크시험자로 등록하지 아니하고 탱크시험자의 업무를 한 자
(2) **정기점검**을 하지 아니하거나 점검기록을 허위로 허가를 받은 자
(3) 정기검사를 받지 아니한 관계인으로서 허가를 받은 자
(4) 자체소방대를 두지 아니한 관계인으로서 허가를 받은 자
(5) 운반용기에 대한 검사를 받지 아니하고 운반용기를 사용하거나 유통시킨 자

✪ 1년 이하 또는 1천 만원 이하
- 탱크시험자 위반
- 정기점검 위반

20. 벌칙 : 1500만원 이하의 벌금 ★

(1) 위험물의 저장 또는 취급에 관한 중요기준에 따르지 아니한 자
(2) 변경허가를 받지 아니하고 제조소등을 변경한 자
(3) 제조소등의 완공검사를 받지 아니하고 위험물을 저장·취급한 자
(4) 제조소등의 사용정지명령을 위반한 자
(5) 수리·개조 또는 이전의 명령에 따르지 아니한 자
(6) **안전관리자를 선임하지 아니한 관계인**으로서 규정에 따른 **허가를 받은 자**
(7) 예방규정을 제출하지 아니하거나 변경명령을 위반한 관계인으로서 허가를 받은 자
(8) 관계공무원의 **출입 또는 조사·검사를 거부·방해 또는 기피한 자**

✪ 1500만원 이하
- 중요기준 위반
- 변경허가 위반
- 정지명령 위반
- 예방규정 미제출
- 검사거부, 방해자

21. 벌칙 : 1000만원 이하의 벌금 ★

(1) 위험물의 취급에 관한 안전관리와 감독을 하지 아니한 자
(2) 안전관리자 또는 그 대리자가 참여하지 아니한 상태에서 위험물을 취급한 자
(3) 변경한 예방규정을 제출하지 아니한 관계인으로서 설치 및 변경 허

가를 받은 자
(4) 위험물의 운반에 관한 **중요기준에 따르지 아니한 자**
(5) 위험물의 운송 규정을 위반한 위험물 운송자
(6) 출입·검사 등을 수행하면서 알게 된 **비밀을 누설한 자**

22. 500만원 이하의 과태료 ★

(1) 관할소장서장의 **승인을 받지 아니하고 위험물을 임시로 저장 취급한 자**
(2) 세부기준을 위반한 자
(3) 품명 등의 **변경신고**를 기간 이내에 하지 아니하거나 허위로 한 자
(4) **지위승계신고**를 기간 이내에 하지 아니하거나 허위로 한 자
(5) 제조소등의 폐지신고 또는 안전관리자의 선임신고·해임신고 또는 퇴직신고를 기간 이내에 하지 아니하거나 허위로 한 자

5-2 위험물안전관리법 시행령

1. 위험물 ★★

(1) **특수인화물** : 이황화탄소, 다이에틸에터 그밖에 1기압에서 **발화점 100℃ 이하인 것 또는 인화점 영하 20℃ 이하이고 비점이 40℃ 이하**
(2) **제1석유류** : 아세톤, 휘발유 그밖에 1기압에서 **인화점 21℃ 미만**
(3) **알코올류** : 탄소원자의 수가 1개부터 3개까지인 포화 1가 알코올 (변성알코올 포함)
(4) **제2석유류** : 등유, 경유 그밖에 1기압에서 **인화점 21℃ 이상 70℃ 미만**
(5) **제3석유류** : 중유, 크레오소트유 그밖에 1기압에서 **인화점 70℃ 이상 200℃ 미만**
(6) **제4석유류** : 기어유, 실린더유 그밖에 1기압에서 **인화점 200℃ 이상 250℃ 미만**
(7) **과산화수소** : 농도가 36중량 퍼센트 이상
(8) **질산** : 비중이 1.49 이상

○ **제4류 위험물**
① 특수인화물
② 1석유류
③ 알코올류
④ 2석유류
⑤ 3석유류
⑥ 4석유류
⑦ 동식물유류

○ **과산화수소**
농도 36중량% 이상

○ **질산**
비중 1.49 이상

2. 제조소등의 설치 및 변경의 허가 : 시·도지사 ★

3. 탱크안전성능검사의 대상이 되는 탱크 등 ★

(1) **기초·지반검사** : 액체위험물탱크 중 그 용량이 100만L 이상인 탱크
(2) **충수(充水)·수압검사** : 액체위험물을 저장 또는 취급하는 탱크
(3) **용접부검사** : (1)의 규정에 의한 탱크
(4) **암반탱크검사** : 액체위험물을 저장 또는 취급하는 암반내의 공간을 이용한 탱크

4. 완공검사의 신청 : 시·도지사 ★

5. 관계인이 예방규정을 정하여야 하는 제조소등
★★ 자주출제 (필수정리) ★★

(1) 지정수량의 **10배** 이상의 위험물을 취급하는 **제조소**
(2) 지정수량의 **100배** 이상의 위험물을 저장하는 **옥외저장소**
(3) 지정수량의 **150배** 이상의 위험물을 저장하는 **옥내저장소**
(4) 지정수량의 **200배** 이상의 위험물을 저장하는 **옥외탱크저장소**
(5) **암반탱크저장소**
(6) **이송취급소**
(7) 지정수량의 **10배** 이상의 위험물을 취급하는 **일반취급소**

6. 정기점검의 대상인 제조소등 ★

(1) 예방규정을 정하여야 하는 제조소등
(2) 지하탱크저장소
(3) 이동탱크저장소
(4) 지하에 매설된 탱크가 있는 제조소·주유취급소 또는 일반취급소

7. 자체소방대를 설치하여야 하는 사업소 ★★ 자주출제 (필수정리) ★★

(1) 지정수량의 3천배 이상의 제4류 위험물을 취급하는 제조소 또는 일반취급소(단, 보일러로 위험물을 소비하는 일반취급소 등 일반취급소를 제외)
(2) 지정수량의 50만배 이상의 제4류 위험물을 저장하는 옥외탱크저장소

⊕ 예방규정 정하여야 하는 제조소등은 자주 출제되므로 필히 정리할 것

⊕ **자체소방대**
- 지정수량의 3천배 이상 4류 위험물 취급하는 제조소 또는 일반취급소
- 지정수량의 50만배 이상의 제4류 위험물을 저장하는 옥외탱크저장소

8. 운송책임자의 감독·지원을 받아 운송하여야 하는 위험물
★★ 자주출제(필수정리) ★★

(1) 알킬알루미늄
(2) 알킬리튬
(3) 알킬알루미늄, 알킬리튬의 물질을 함유하는 위험물

❂ 운송책임자
 ① 알킬알루미늄(3류)
 ② 알킬리튬(3류)
 ③ 알킬알루미늄, 알킬리튬 함유 위험물

5-3 위험물안전관리법 시행규칙

1. 지위승계의 신고 ★

(1) **지위승계신고서 첨부 서류**
  ① 제조소등의 완공검사합격확인증
  ② 지위승계를 증명하는 서류
(2) **지위승계신고** : 시·도지사 또는 소방서장

2. 용도폐지의 신고 ★

(1) 용도폐지신고서 첨부 서류
  ◆ 제조소등의 완공검사합격확인증
(2) 용도폐지신고 : 시·도지사 또는 소방서장

3. 제조소의 기준

(1) **제조소의 안전거리** ★★ 자주출제(필수정리) ★★

구 분	안전거리
사용전압이 7,000V 초과 35,000V 이하	3m 이상
사용전압이 35,000V를 초과	5m 이상
주거용	10m 이상
고압가스, 액화석유가스, 도시가스	20m 이상
학교·병원·극장	30m 이상
지정문화유산 및 천연기념물 등	50m 이상

❂ 제조소의 안전거리는 자주 출제됨

○ 표지 및 게시판
- 0.3×0.6m 이상
- 백색바탕
- 흑색문자

○ 위험물에 따른 주의사항은 자주 출제됨

○ 주의사항 및 색
- 물기엄금
  : 청색바탕 백색문자
- 화기주의 및 화기 엄금
  : 적색바탕 백색문자

(2) 보유공지

위험물의 지정수량	공지의 너비
10배 미만	3m 이상
10배 이상	5m 이상

(3) 표지 및 게시판
① 표지
  ㉠ 한 변의 길이가 0.3m 이상, 다른 한 변의 길이가 0.6m 이상
  ㉡ **바탕은 백색**으로, 문자는 **흑색**으로 할 것
② 게시판
  ㉠ 한 변의 길이가 0.3m 이상, 다른 한 변의 길이가 0.6m 이상
  ㉡ 게시판 기재사항
    • 위험물의 유별
    • 품명
    • 저장최대수량 또는 취급최대수량
    • 지정수량의 배수
    • 안전관리자의 성명 또는 직명
  ㉢ 바탕은 백색으로, 문자는 흑색으로 할 것
  ㉣ 위험물에 따른 주의사항

위험물의 유별	주의사항 및 색
제1류 위험물(알칼리금속의 과산화물) 제3류 위험물(금수성물품)	"물기엄금" : 청색바탕에 백색문자로
제2류 위험물(인화성고체를 제외)	"화기주의" : 적색 바탕에 백색문자
제2류 위험물(인화성고체) 제3류 위험물(자연발화성물품) 제4류 위험물 제5류 위험물	"화기엄금" : 적색 바탕에 백색문자

(4) 환기설비 설치기준
① 환기 : 자연배기방식
② 급기구 : 바닥면적 $150m^2$마다 1개 이상

(5) 배출설비
① 배출설비는 국소방식
② 배출설비는 배풍기, 배출닥트, 후드 등을 이용하여 강제적으로 배출

③ 배출능력은 1시간당 배출장소 **용적의 20배 이상**
(단, **전역방식**의 경우에는 바닥면적 **1m² 당 18m³ 이상**)

(6) **정전기 제거설비** ★★ 자주출제 (필수정리) ★★
① **접지**에 의한 방법
② 공기중의 **상대습도를 70% 이상**으로 하는 방법
③ 공기를 **이온화**하는 방법

(7) **피뢰설비** ★★ 자주출제 (필수정리) ★★
피뢰침 설치 대상 : **지정수량의 10배 이상**의 위험물을 취급하는 제조소(단, 제 6류 위험물을 취급하는 제조소 제외)

(8) **위험물취급탱크의 방유제** ★★★ 자주출제 ★★★
① 취급탱크 1인 경우 : 방유제의 용량은 탱크용량의 50% 이상
② 취급탱크 2이상인 경우 : 최대탱크용량의 50% + 나머지 탱크용량 합계의 10% 이상

4. 옥내저장소의 기준 ★

(1) **저장창고의 처마높이** : 6m 미만인 단층건물
(2) 저장창고의 주위에는 다음 표에 정하는 너비의 공지를 보유할 것

저장 또는 취급하는 위험물의 최대수량	공지의 너비
지정수량의 5배 이하	
지정수량의 5배 초과 20배 이하	1m 이상
지정수량의 20배 초과 50배 이하	2m 이상

5. 옥외탱크저장소의 기준 ★★ 자주출제 (필수정리) ★★

(1) **방유제 용량**
① 탱크가 하나인 때 : 탱크 용량의 **110% 이상**
② 탱크가 2기 이상인 때 : 최대탱크용량의 **110% 이상**
(2) **방유제의 높이** : 0.5m 이상 3m 이하
(3) 방유제 내의 면적은 **8만m² 이하**

6. 암반탱크저장소의 기준 ★★

◆ **암반투수계수** : 1초당 10만분의 1m 이하

○ **정전기 방지대책**
① 접지
② 상대습도 70% 이상
③ 공기이온화

○ **피뢰침 설치대상**
- 지정수량 10배 이상
- 6류 위험물 제외

○ **옥내저장소**
처마높이 6m 미만

○ **옥외탱크 방유제**
- 탱크용량의 110% 이상
- 0.5m 이상 3m 이하
- 면적 8만m² 이하

○ **암반탱크저장소**
암반투수계수 :
$\frac{1}{10만}$ m/s 이하

7. 주유취급소의 기준 ★★

(1) **표지 및 게시판**
　① 표지 : "위험물 주유취급소"라는 표지 설치
　② 게시판 : 황색바탕에 흑색문자로 "주유 중 엔진정지"라는 게시판 설치

(2) **고정주유설비 등**
　주유관의 길이 : 5m(현수식의 경우는 지면위 0.5m의 수평면에 **반경 3m**)이내

(3) **주유취급소에 설치 할 수 있는 시설** ★★ 자주출제(필수정리) ★★
　① 주유 또는 등유, 경유를 채우기 위한 **작업장**
　② 주유취급소의 **업무**를 행하기 위한 **사무소**
　③ 자동차 등의 점검 및 간이정비를 위한 작업장
　④ 자동차 등의 **세정**을 위한 작업장
　⑤ 주유취급소에 출입하는 사람을 대상으로 한 점포, 휴게음식점 또는 전시장
　⑥ 주유취급소의 **관계자**가 거주하는 **주거시설**

8. 판매취급소의 배합실 설치 기준 ★★ 자주출제(필수정리) ★★

① 바닥면적은 $6m^2$ 이상 $15m^2$ 이하일 것
② 내화구조로 된 벽으로 구획할 것
③ 바닥은 위험물이 침투하지 않는 구조 및 집유설비 설치
④ 출입구에는 자동폐쇄식의 60분+방화문 또는 60분방화문을 설치
⑤ 출입구 문턱의 높이 : 바닥면으로부터 0.1m 이상

○ 주유관
- 길이 : 5m 이하
- 현수식인 경우
  • 지면위 0.5m
  • 반경 3m

○ 배합실
- $6m^2 \sim 15m^2$
- 내화구조벽
- 출입구 문턱높이는 0.1m 이상

무료 동영상과 함께하는 소방설비(기계분야) 필기

2018

2018년 3월 4일 시행
2018년 4월 28일 시행
2018년 9월 15일 시행

소방설비기사 – 기계분야

2018년 3월 4일 시행

제1과목 소방원론

01 분진폭발의 위험성이 가장 낮은 것은?

① 알루미늄분   ② 황
③ 팽창질석   ④ 소맥분

해설 ※ 팽창질석 – 소화약제
분진폭발 물질
최소발화 에너지는 10~80mJ이다.
① 금속분(알루미늄분, 철분)
② 농산물가루(밀가루, 설탕)
③ 석탄가루
④ 플라스틱가루
분진폭발 없는 물질
① 생석회 : CaO(시멘트의 주성분)
② 소석회(Ca(OH)$_2$)
③ 석회석(주성분 : CaCO$_3$)
④ 시멘트

해답 ③

02 0℃, 1atm 상태에서 부탄(C$_4$H$_{10}$) 1mol을 완전연소 시키기 위해 필요한 산소의 mol 수는?

① 2   ② 4
③ 5.5 ④ 6.5

해설 부탄의 완전연소 반응식

$2C_4H_{10} + 13O_2 \rightarrow 8CO_2 + 10H_2O$
$(C_4H_{10} + 6.5O_2 \rightarrow 4CO_2 + 5H_2O)$

해답 ④

03 고분자 재료와 열적 특성의 연결이 옳은 것은?

① 폴리염화비닐 수지 – 열가소성
② 페놀 수지 – 열가소성
③ 폴리에틸렌 수지 – 열경화성
④ 멜라민 수지 – 열가소성

해설 열가소성수지와 열경화성수지
① 열가소성 수지 : 열을 가하면 변형되는 것 (**폴리에틸렌(PE), 폴리프로필렌(PP), 폴리스틸렌(PS), 폴리염화비닐(PVC)**
② 열경화성 수지 : 열을 가하면 굳어지는 것 (**페놀수지, 베이클라이트, 요소수지, 멜라민수지**)

해답 ①

04 상온, 상압에서 액체인 물질은?

① CO$_2$ ② Halon 1301
③ Halon 1211   ④ Halon 2402

해설 할론소화약제의 상온, 상압에서 상태

할론 소화약제	상태
할론 1301, 할론 1211	기체
할론 2402, 할론 1011	액체

해답 ④

05 다음 그림에서 목조 건물의 표준화재 온도-시간 곡선으로 옳은 것은?

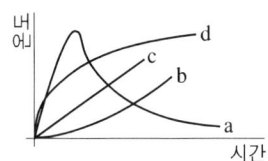

① a   ② b
③ c   ④ d

해설 건축물 구조형태에 따른 화재특징

구 분	목조건축물	내화건축물
연소 형태	고온 단시간형	저온 장시간형
최고 온도	1300℃	1000℃

① 곡선 a : 목조건축물(고온 단기형)
② 곡선 d : 내화건축물(저온 장기형)

해답 ①

06 1기압 상태에서 100℃ 물 1g이 모두 기체로 변할 때 필요한 열량은 몇 cal인가?

① 429 ② 499
③ 539 ④ 639

해설 필요한 열량

$$Q = r \cdot m$$

$Q = 539\,\text{cal/g} \times 1\,\text{g} = 539\,\text{cal}$

- 물의 비열(C) = 1kcal/kg · ℃(1cal/g · ℃)
- 물의 기화열(r) = 539kcal/kg(539cal/g)

해답 ③

07 pH9 정도의 물을 보호액으로 하여 보호액 속에 저장하는 물질은?

① 나트륨 ② 탄화칼슘
③ 칼륨   ④ 황린

해설 황린(P_4)-제3류 위험물중 자연발화성물질
① 착화점(약 34℃)이 낮아 물속에 보관
② 물의 pH9(약알칼리)정도(포스핀(PH_3)의 생성을 방지)

보호액속에 저장 위험물
① 석유(파라핀, 경유, 등유) 속 보관 : 칼륨(K), 나트륨(Na)
② 물속에 보관 : 이황화탄소(CS_2), 황린(Pt)

금수성 위험물의 물과 반응식
- 칼륨 $2K + 2H_2O \rightarrow 2KOH + H_2 \uparrow$
- 나트륨 $2Na + 2H_2O \rightarrow 2NaOH + H_2 \uparrow$
- 탄화칼슘 $CaC_2 + 2H_2O \rightarrow Ca(OH)_2 + C_2H_2 \uparrow$

해답 ④

08 포소화약제가 갖추어야 할 조건이 아닌 것은?

① 부착성이 있을 것
② 유동성과 내열성이 있을 것
③ 응집성과 안정성이 있을 것
④ 소포성이 있고 기화가 용이 할 것

해설 포 소화약제의 구비조건
① 유동성을 가지고 내열성이 있을 것
② 독성이 적을 것
③ 부착성이 있을 것
④ 응집성과 안정성이 있을 것
⑤ 소포성이 적을 것
※ 소포성 : 포가 소멸되는 성질

해답 ④

09 소화의 방법으로 틀린 것은?

① 가연성 물질을 제거한다.
② 불연성 가스의 공기 중 농도를 높인다.
③ 산소의 공급을 원활히 한다.
④ 가연성 물질을 냉각시킨다.

해설 소화의 방법
① 가연성 물질을 제거-제거소화
② 불연성가스의 공기 중 농도를 높인다-질식소화
③ 산소의 공급을 차단-질식소화
④ 가연성물질을 냉각-냉각소화

해답 ③

10 대두유가 침적된 기름 걸레를 쓰레기통에 장시간 방치한 결과 자연발화에 의하여 화재가 발생한 경우 그 이유로 옳은 것은?

① 분해열 축적   ② 산화열 축적
③ 흡착열 축적   ④ 발효열 축적

해설 ※ 대두유 : 콩기름(반건성유)
자연발화의 형태
① 산화열 : 석탄, 건성유, 탄소분말, 금속분, 기름걸레
② 분해열 : 셀룰로이드, 나이트로셀룰로오스, 나이트로글리세린
③ 흡착열 : 활성탄, 목탄분말
④ 미생물열 : 퇴비, 먼지

해답 ②

11 탄화칼슘이 물과 반응 시 발생하는 가연성 가스는?

① 메탄 ② 포스핀
③ 아세틸렌 ④ 수소

해설 탄화칼슘(CaC$_2$) : 제3류 위험물
① 물과 접촉시 **아세틸렌을 생성**하고 열을 발생
CaC$_2$ + 2H$_2$O → Ca(OH)$_2$ + C$_2$H$_2$↑ (아세틸렌)
② 물 및 포 약제에 의한 소화는 절대 금하고 마른 모래 등으로 피복소화

해답 ③

12 위험물안전관리법령에서 정하는 위험물의 한계에 대한 정의로 틀린 것은?

① 황은 순도가 60 중량퍼센트 이상인 것
② 인화성고체는 고형알코올 그 밖에 1기압에서 인화점이 섭씨 40도 미만인 고체
③ 과산화수소는 그 농도가 35 중량 퍼센트 이상인 것
④ 제1석유류는 아세톤, 휘발유 그 밖에 1기압에서 인화점이 섭씨 21도 미만 인 것

해설 제6류 위험물(산화성액체)

품 명	판단기준	지정수량
과염소산(HClO$_4$)		
과산화수소(H$_2$O$_2$)	농도 36중량% 이상	300kg
질산(HNO$_3$)	비중 1.49 이상	
할로젠간화합물		

해답 ③

13 Fourier법칙(전도)에 대한 설명으로 틀린 것은?

① 이동열량은 전열체의 단면적에 비례한다.
② 이동열량은 전열체의 두께에 비례한다.
③ 이동열량은 전열체의 열전도도에 비례한다.
④ 이동열량은 전열체 내·외부의 온도차에 비례한다.

해설 ※ 이동열량은 전열체의 두께에 반비례한다.

푸리에(Fourier)의 법칙

$$P = \frac{Q}{t} = \frac{KA(T_H - T_C)}{L}$$

여기서, P : 열전도율(kcal/h)
t_H : 고온의 열저장고의 온도(℃)
t_C : 저온의 열저장고의 온도
A : 전달되는 판의 면적(m^2)
Q : 열의 형태로 전달된 에너지(kcal)
L : 전달되는 판의 두께(m)
t : 열이 전달되는 시간(hr)
K : 열전도도(kcal/m · hr · ℃)

해답 ②

14 건축물 내 방화벽에 설치하는 출입문의 너비 및 높이의 기준은 각각 몇 m 이하인가?

① 2.5 ② 3.0
③ 3.5 ④ 4.0

해설 방화벽의 구조
① 내화구조로서 홀로 설 수 있는 구조
② 방화벽의 양쪽 끝과 위쪽 끝을 건축물의 외벽면 및 지붕면으로부터 0.5m 이상 튀어나오게 할 것
③ 방화벽에 설치하는 출입문의 너비 및 높이는 각각 **2.5m 이하**로 하고, 당해 출입문에는 60분+방화문 또는 60분방화문을 설치
④ 60분+방화문 또는 60분방화문은 항상 닫힌 상태 또는 자동 폐쇄 구조

해답 ①

15 다음 중 발화점이 가장 낮은 물질은?

① 휘발유 ② 이황화탄소
③ 적린 ④ 황린

해설 위험물의 발화점

종류	휘발유	이황화탄소	적린	황린
유별	제4류 제1석유류	제4류 특수인화물	제2류	제3류
발화점(℃)	300	100	260	약 40~50

해답 ④

16 MOC(Minimum Oxygen Concentration : 최소 산소 농도)가 가장 작은 물질은?

① 메탄 ② 에탄
③ 프로판 ④ 부탄

해설 **최소산소농도**
(Minmum Oxygen Concentration) : MOC
화염을 전파하기 위하여 요구되는 최소한의 산소 농도로서 공기와 연료의 혼합기 중 산소의 부피를 나타낸다.

> MOC = 산소몰수 × 연소하한계

해답 ①

17 수성막포 소화약제의 특성에 대한 설명으로 틀린 것은?

① 내열성이 우수하여 고온에서 수성막의 형성이 용이하다.
② 기름에 의한 오염이 적다.
③ 다른 소화약제와 병용하여 사용이 가능하다.
④ 불소계 계면활성제가 주성분이다.

해설 **수성막포 소화약제**
① 불소계통의 습윤제에 합성계면활성제 첨가한 포약제이며 주성분은 불소계 계면활성제
② 분말약제와 겸용이 가능하고 액면하 주입방식에도 사용
③ 내유성과 유동성이 좋아 유류화재 및 항공기화재, 화학공장화재에 적합
④ 화학적으로 안정하며 수명이 반영구적이다.
※ 유류화재용으로 가장 뛰어난 포약제는 수성막포이다.

해답 ①

18 다음 가연성 물질 중 위험도가 가장 높은 것은?

① 수소   ② 에틸렌
③ 아세틸렌   ④ 이황화탄소

해설 **위험도**(Degree of Hazards)

$$H = \frac{U-L}{L}$$

여기서, H : 위험도, U : 폭발상한계
L : 폭발하한계

① 수소의 폭발범위 : 4%~75%

$$H = \frac{75-4}{4} = 17.75$$

② 에틸렌의 폭발범위 : 2.7%~36%

$$H = \frac{36-2.7}{2.7} = 12.33$$

③ 아세틸렌의 폭발범위 : 2.5%~81%

$$H = \frac{81-2.5}{2.5} = 31.4$$

④ 이황화탄소의 폭발범위 : 1.2%~44%

$$H = \frac{44-1.2}{1.20} = 35.67$$

해답 ④

19 소화약제로 물을 주로 사용하는 주된 이유는?

① 촉매역할을 하기 때문에
② 증발잠열이 크기 때문에
③ 연소작용을 하기 때문에
④ 제거작용을 하기 때문에

해설 **물이 소화약제로 사용되는 이유**
① 증발잠열(기화잠열)(539kcal/kg)이 크기 때문
② 비열(1kcal/kg℃)이 크기 때문
③ 가격이 저렴하다.
④ 쉽게 구할 수 있다.

해답 ②

20 건축물의 바깥쪽에 설치하는 피난 계단의 구조 기준 중 계단의 유효 너비는 몇 m 이상으로 하여야 하는가?

① 0.6   ② 0.7
③ 0.8   ④ 0.9

해설 **건축물의 바깥쪽에 설치하는 피난계단의 구조**
① 계단은 그 계단으로 통하는 출입구외의 창문등(망이 들어 있는 유리의 붙박이창으로서 그 면적이 각각 1m² 이하인 것을 제외)으로부터 **2m 이상**의 거리를 두고 설치할 것
② 건축물의 내부에서 계단으로 통하는 출입구에는 60분+방화문 또는 60분방화문을 설치할 것
③ 계단의 유효너비는 **0.9m 이상**으로 할 것
④ 계단은 내화구조로 하고 지상까지 직접 연결되도록 할 것

해답 ④

제2과목 소방유체역학

21 유속 6m/s로 정상류의 물이 화살표 방향으로 흐르는 배관에 압력계와 피토계가 설치되어 있다. 이때 압력계의 계기압력이 300kPa 이었다면 피토계의 계기압력은 약 몇 kPa인가?

① 180   ② 280
③ 318   ④ 336

해설 압력계와 피토계
① 압력계의 압력 = 정압(압력수두압)
② 피토계의 압력 = 정압 + 동압(속도수두압)
③ 동압(속도수두압) 계산

$$H = \frac{u^2}{2g} = \frac{6^2}{2 \times 9.8} = 1.8367\text{m}$$

$$P = 1.8367\text{m} \times \frac{101.325\text{kPa}}{10.332\text{m}} \fallingdotseq 18\text{kPa}$$

④ 피토계의 압력 = 300kPa + 18kPa = 318kPa

해답 ③

22 관내에 흐르는 유체의 흐름을 구분하는데 사용되는 레이놀즈 수의 물리적인 의미는?

① 관성력/중력   ② 관성력/탄성력
③ 관성력/압축력   ④ 관성력/점성력

해설 무차원 수

무차원수	관 계 식	물리적 의미
웨버수	$WeNo = \dfrac{\rho U^2 L}{\sigma}$	관성력/표면장력
코우시수	$CaNo = \dfrac{U^2}{K/\rho}$	관성력/탄성력
마하수	$MaNo = \dfrac{U}{C}$	관성력/탄성력
오일러수	$EuNo = \dfrac{P}{\rho U^2/2}$	압축력/관성력

무차원수	관 계 식	물리적 의미
레이놀드수	$ReNo = \dfrac{\rho UL}{\mu}$	관성력/점성력
프루우드수	$FrNo = \dfrac{U}{\sqrt{Lg}}$	관성력/중력

해답 ④

23 정육면체의 그릇에 물을 가득 채울 때, 그릇 밑면이 받는 압력에 의한 수직방향 평균 힘의 크기를 P라고 하면, 한 측면이 받는 압력에 의한 수평방향 평균 힘의 크기는 얼마인가?

① 0.5P   ② P
③ 2P   ④ 4P

해설 ① 수직분력 $F_x = \gamma h A$
② 수평분력 $F_y = \gamma \bar{h} A$
③ $\bar{h} = \dfrac{h}{2}$, $F_x = P$ 라고 가정하면
④ $F_y = \dfrac{P}{2} = 0.5P$

해답 ①

24 그림과 같이 수직 평판에 속도 2m/s로 단면적이 0.01m²인 물제트가 수직으로 세워진 벽면에 충돌하고 있다. 벽면의 오른쪽에서 물제트를 왼쪽 방향으로 쏘아 벽면의 평형을 이루게 하려면 물제트의 속도를 약 몇 m/s로 해야 하는가? (단, 오른쪽에서 쏘는 물제트의 단면적은 0.005m²이다.)

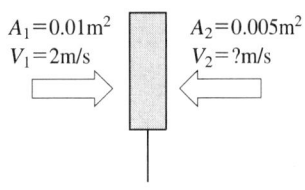

① 1.42   ② 2.00
③ 2.83   ④ 4.00

해설 운동량 방정식

$$F = \rho Q V = \rho A V^2$$

여기서, F : 힘(N), ρ : 밀도(kg/m³)
Q : 유량(m³/s), V : 유속(m/s)

① $F_1 = F_2$, $F_1 = \rho_1 A_1 V_1^2$, $F_2 = \rho_2 A_2 V_2^2$
② $\rho_1 A_1 V_1^2 = \rho_2 A_2 V_2^2$
③ $1000 \times 0.01 \times 2^2 = 1000 \times 0.005 \times V_2^2$
④ $V^2 = \dfrac{0.01 \times 2^2}{0.005}$
⑤ $V = \sqrt{\dfrac{0.01 \times 2^2}{0.005}} = 2.83 \text{m/s}$

해답 ③

25 그림과 같은 사이펀에서 마찰손실을 무시할 때, 사이펀 끝단에서의 속도(V)가 4m/s이기 위해서는 h가 약 몇 m이어야 하는가?

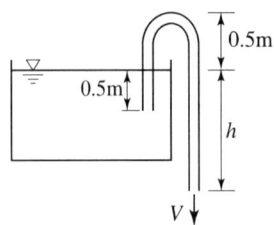

① 0.82m ② 0.77m
③ 0.72m ④ 0.87m

$h = \dfrac{u^2}{2g} = \dfrac{4^2}{2 \times 9.8} = 0.82\text{m}$

최대유속
$$u = \sqrt{2gh}$$

여기서, u : 유속(m/s)
g : 중력가속도(9.8m/s²)
h : 수두(m)

해답 ①

26 펌프에 의하여 유체에 실제로 주어지는 동력은? (단, L_w는 동력(kW), γ는 물의 비중량(N/m³), Q는 토출량(m³/min), H는 전양정(m), g는 중력가속도(m/s²)이다.)

① $L_w = \dfrac{\gamma QH}{102 \times 60}$ ② $L_w = \dfrac{\gamma QH}{1000 \times 60}$

③ $L_w = \dfrac{\gamma QHg}{102 \times 60}$ ④ $L_w = \dfrac{\gamma QHg}{1000 \times 60}$

해설 수동력

$$L_s(\text{kW}) = \dfrac{\gamma QH}{1000 \times 60}$$

여기서, γ : 물의 비중량(9800N/m³)
Q : 유량(m³/min)
H : 전양정(m)

해답 ②

27 성능이 같은 3대의 펌프를 병렬로 연결하였을 경우 양정과 유량은 얼마인가? (단, 펌프 1대에서 유량은 Q, 양정은 H라고 한다.)

① 유량은 9Q, 양정은 H
② 유량은 9Q, 양정은 3H
③ 유량은 3Q, 양정은 3H
④ 유량은 3Q, 양정은 H

해설 펌프의 직·병렬 운전

운전방법	토출양정(H)	토출량(Q)
직렬운전	2H	Q
병렬운전	H	2Q

해답 ④

28 비압축성 유체의 2차원 정상 유동에서 x방향의 속도를 u, y방향의 속도를 v라고 할 때 다음에 주어진 식들 중에서 연속 방정식을 만족하는 것은 어느 것인가?

① $u = 2x + 2y$, $v = 2x - 2y$
② $u = x + 2y$, $v = x^2 - 2y$
③ $u = 2x + y$, $v = x^2 + 2y$
④ $u = x + 2y$, $v = 2x - y^2$

해설 비압축성유체의 2차원 정상유동
① x방향의 속도 : $u = 2x + 2y$
② y방향의 속도 : $v = 2x - 2y$

해답 ①

29 다음 중 동력의 단위가 아닌 것은?
① J/s
② W
③ kg·m²/s
④ N·m/s

해설 (1) 동력
동력(W) = 힘(N) × 속도(m/s) = N·m/s
(2) 동력의 단위
① W = J/s = N·m/s
② kW = kJ/s = kN·m/s

해답 ③

30 지름 10cm인 금속구가 대류에 의해 열을 외부공기로 방출한다. 이때 발생하는 열전달량이 40W이고, 구 표면과 공기 사이의 온도차가 50℃라면 공기와 구 사이의 대류 열전달계수(W/(m²·℃))는 약 얼마인가?
① 25
② 50
③ 75
④ 100

해설 ① $Q = 40W$, $D = 10cm = 0.1m$, $r = 0.05m$
A(구의 표면적) $= 4\pi r^2 = 4 \times \pi \times (0.05m)^2$
$= 0.0314m^2$
$\Delta t = 50℃$
② $h = \dfrac{40W}{0.0314m^2 \times 50℃} = 25.48W/m^2·℃$

열전달계수
$$h = \dfrac{Q}{A \times \Delta t}$$
여기서, h : 열전달계수(W/m²·℃)
A : 표면적(m²)
Δt : 온도차(℃)
Q : 열전달량(W)

해답 ①

31 지름 0.4m인 관에 물이 0.5m³/s로 흐를 때 길이 300m에 대한 동력손실은 60kW였다. 이때 관마찰계수 f는 약 얼마인가?
① 0.015
② 0.020
③ 0.025
④ 0.030

해설 ① 손실수두 계산
동력 계산공식을 이용
$$P(kW) = 9.8 \times H(m) \times Q(m^3/s)$$
$H = \dfrac{P}{9.8 \times Q} = \dfrac{60}{9.8 \times 0.5} = 12.25m$

② 달시 공식을 이용하여 마찰손실계수 계산
달시(Darcy) 공식
$$\Delta h_L(m) = f \times \dfrac{l}{D} \times \dfrac{u^2}{2g}$$

• $\Delta h_L = 12.25m$
$u = \dfrac{Q}{A} = \dfrac{0.5}{\dfrac{\pi}{4} \times 0.4^2} = 3.98m/s$

• $g = 9.8m/s^2$, $l = 300m$, $D = 0.4m$

• $f = \Delta h_L \times \dfrac{2g}{u^2} \times \dfrac{D}{l}$
$= 12.25 \times \dfrac{2 \times 9.8}{3.98^2} \times \dfrac{0.4}{300}$
$= 0.020$

해답 ②

32 체적이 10m³인 기름의 무게가 30000N이라면 이 기름의 비중은 얼마인가? (단, 물의 밀도는 1000kg/m³이다.)
① 0.153
② 0.306
③ 0.459
④ 0.612

해설 $W = 3 \times 10^4 N \times \dfrac{1kgf}{9.8N} = 3061.22kgf$
$\therefore r = 3061.22kgf/10m^3 = 306.12kgf/m^3$
$S = \dfrac{r}{r_w} = \dfrac{306.12kgf/m^3}{1000kgf/m^3} = 0.306$

해답 ②

33 비열에 대한 다음 설명 중 틀린 것은?

① 정적비열은 체적이 일정하게 유지되는 동안 온도변화에 대한 내부에너지 변화율이다.
② 정압비열을 정적비열로 나눈 것이 비열비이다.
③ 정압비열은 압력이 일정하게 유지될 때 온도변화에 대한 엔탈피 변화율이다.
④ 비열비는 일반적으로 1보다 크나 1보다 작은 물질도 있다.

해설 비열비

$$k = \frac{C_p(\text{정압비열})}{C_v(\text{정적비열})} > 1$$

※ 비열비(k)는 항상 1보다 크다.

해답 ④

34 비중 0.92인 빙산이 비중 1.025의 바닷물 수면에 떠 있다. 수면 위에 나온 빙산의 체적이 150m³이면 빙산의 전체 체적은 약 몇 m³인가?

① 1314   ② 1464
③ 1725   ④ 1875

해설 부력

$$F_B = \gamma_{\text{액체}} \times V_{\text{잠긴}}$$

여기서, F_B : 부력(N)
$\gamma_{\text{액체}}$: 액체의 비중량(N/m³)
$V_{\text{잠긴}}$: 물속에 잠긴 부피(m³)

물체의 무게

$$F_w = \gamma_{\text{물체}} \times V_{\text{전체}}$$

여기서, F_w : 무게(N)
$\gamma_{\text{물체}}$: 물체의 비중량(N/m³)
$V_{\text{전체}}$: 전체부피(m³)

① $F_B = F_W$ (부력 = 물체의 무게)
② $\gamma_{(\text{비중량})} = \gamma_{W(\text{물})} \times S_{(\text{비중})}$
③ $\gamma_{(\text{물})} \times S_{(\text{액체})} \times V_{(\text{잠긴체적})}$
  $= \gamma_{(\text{물})} \times S_{(\text{물체})} \times V_{(\text{전체체적})}$

④ 전체체적을 V라 가정하면
⑤ $1000 \times 1.025 \times (V - 150) = 1000 \times 0.92 \times V$
⑥ $1.025V - 153.75 = 0.92V$
⑦ $V = \frac{153.75}{0.105} = 1464.29 \text{m}^3$

해답 ②

35 초기 상태에서 압력 100kPa, 온도 15℃인 공기가 있다. 공기의 부피가 초기 부피의 1/200이 될 때까지 단열압축할 때 압축 후의 온도는 약 몇 ℃인가? (단, 공기의 비열비는 1.4이다.)

① 54   ② 348
③ 682   ④ 912

해설 단열압축시 온도와 부피 관계

$$\frac{T_2}{T_1} = \left(\frac{V_1}{V_2}\right)^{k-1}$$

여기서, T_1 : 처음 절대온도(K)
T_2 : 나중 절대온도(K)
V_1 : 처음 부피, V_2 : 나중 부피
k : 공기의 비열비

① $T_1 = 273 + 15\text{K}$, $V_1 = 1$, $V_2 = \frac{1}{20} = 0.05$,
  $k = 1.4$
② $\frac{T_2}{(273+15)} = \left(\frac{1}{0.05}\right)^{1.4-1}$
③ $T_2 = 288 \times \left(\frac{1}{0.05}\right)^{1.4-1} = 954.56\text{K}$
④ $t_2 = 954.56 - 273 = 682℃$

해답 ③

36 수격작용에 대한 설명으로 맞는 것은?

① 관로가 변할 때 물의 급격한 압력 저하로 인해 수중에서 공기가 분리되어 기포가 발생하는 것을 말한다.
② 펌프의 운전 중에 송출압력과 송출유량이 주기적으로 변동하는 현상을 말한다.
③ 관로의 급격한 온도변화로 인해 응결되는 현상을 말한다.
④ 흐르는 물을 갑자기 정지시킬 때 수압이 급

격히 변화하는 현상을 말한다.

해설
(1) **수격작용**
배관내 유체의 운동에너지가 압력에너지로 변하면서 배관 벽면을 치는 현상
(2) **수격작용 방지대책**
① 관경을 크게 하고 유속을 낮춘다.
② 펌프에 프라이 휠을 설치한다.
   (회전체의 관성모멘트를 크게 한다)
③ 조압수조(에어챔버) 또는 수격방지기 설치
④ 밸브는 펌프 송출구 가까이 설치하고 적당한 밸브제어
⑤ 배관은 가능한 직선적으로 시공

해답 ④

37 그림에서 $h_1 = 120\text{mm}$, $h_2 = 180\text{mm}$, $h_3 = 100\text{mm}$일 때 A에서의 압력과 B에서의 압력의 차이($P_A - P_B$)를 구하면? (단, A, B 속의 액체는 물이고, 차압 액주계에서의 중간 액체는 수은(비중 13.6)이다.)

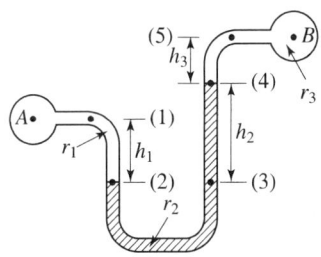

① 20.4kPa   ② 23.8kPa
③ 26.4kPa   ④ 29.8kPa

해설 **액주계의 압력**

$$P = \gamma h = S\gamma_w h$$

여기서, γ : 비중량, S : 비중, h : 높이(m)
γ_w : 물비중량(9.8kN/m^3)

$\gamma = S \times \gamma_w$
$\gamma_1(\text{물}) = 9.8\text{kN/m}^3$, $h_1 = 120\text{mm} = 0.12\text{m}$
$\gamma_2 = 13.6 \times 9.8 = 133.28\text{kN/m}^3$,
$h_2 = 180\text{mm} = 0.18\text{m}$
$\gamma_3(\text{물}) = 9.8\text{kN/m}^3$, $h_3 = 100\text{mm} = 0.1\text{m}$
① $P_{(2)} = P_A + \gamma_1 h_1$
② $P_{(3)} = P_B + \gamma_3 h_3 + \gamma_2 h_2$
③ $P_{(2)} = P_{(3)}$, $P_A + \gamma_1 h_1 = P_B + \gamma_3 h_3 + \gamma_2 h_2$
④ $P_A - P_B = \gamma_3 h_3 + \gamma_2 h_2 - \gamma_1 h_1$
⑤ $P_A - P_B$
  $= 9.8 \times 0.1 + 133.28 \times 0.18 - 9.8 \times 0.12$
⑥ $P_A - P_B = 23.8\text{kN/m}^2(\text{kPa})$

해답 ②

38 원형 단면을 가진 관내에 유체가 완전 발달된 비압축성 층류유동으로 흐를 때 전단응력은?

① 중심에서 0이고, 중심선으로부터 거리에 비례하여 변한다.
② 관벽에서 0이고, 중심선에서 최대이며 선형분포한다.
③ 중심에서 0이고, 중심선으로부터 거리의 제곱에 비례하여 변한다.
④ 전 단면에 걸쳐 일정하다.

해설 **원형관에서 전단응력 및 속도분포**
① **전단응력** : 흐름의 중심선에서 0이고 반지름에 비례하면서 관벽으로 직선적으로 상승한다.

② **속도분포** : 관벽에서 0이고 흐름의 중심선에서 최대가 되며 관벽에서 중심선으로 포물선적으로 상승한다.

해답 ①

39 부피가 0.3m³으로 일정한 용기 내의 공기가 원래 300kPa(절대압력), 400K의 상태였으나, 일정 시간동안 출구가 개방되어 공기가 빠져나가 200kPa(절대압력), 350K의 상태가 되었다. 빠져나간 공기의 질량은 약 몇 g인가? [단, 공기는 이상기체로 가정하며 기체상수는 287J/(kg·K)이다.]

① 74　　② 187
③ 295　　④ 388

해설 ① 빠져나간 공기의 부피계산
보일-샤를의 법칙

$$\frac{P_1 V_1}{T_1} = \frac{P_2 V_2}{T_2}$$

$P_1 = 300\text{kPa}$, $V_1 = 0.3\text{m}^3$, $T_1 = 400\text{K}$
$P_2 = 200\text{kPa}$, $V_2 = ?$, $T_2 = 350\text{K}$

$$\frac{300 \times 0.3}{400} = \frac{200 \times V_2}{350}, \quad V_2 = 0.39375\text{m}^3$$

빠져나간 공기의 부피 $= 0.39375\text{m}^3 - 0.3\text{m}^3$
$= 0.09375\text{m}^3 = 93.75l$

② 빠져나간 공기의 부피를 무게로 환산
(200kPa, 350K기준)
이상기체상태방정식

$$PV = WRT \qquad W = \frac{PV}{RT}$$

$P = 200\text{kPa} = 200 \times 10^3 \text{Pa}(\text{N/m}^2)$
$V = 93.75l$
$R = 287\text{J/kg} \cdot \text{K}$
$T = 350\text{K}$

$$W = \frac{200 \times 10^3 \times 93.75}{287 \times 350} = 186.66\text{g} \fallingdotseq 187\text{g}$$

해답 ②

40 한 변의 길이가 L인 정사각형 단면의 수력지름 (hydraulic diameter)은?

① $\dfrac{L}{4}$　　② $\dfrac{L}{2}$
③ L　　　④ $2L$

해설 ① 수력반경(Rh)

$$Rh = \frac{A(\text{유동단면적} = \text{물의 단면적})}{l(\text{접수길이} = \text{물과 접한 둘레길이})}$$

② 수력직경(Dh)

$$Dh = 4Rh$$

③ 사각형관의 수력반경

$$\therefore Rh = \frac{ab}{2(a+b)} = \frac{L \times L}{2(L+L)} = \frac{L}{4}$$

④ 수력직경(Dh)

$$Dh = 4Rh = 4 \times \frac{L}{4} = L$$

해답 ③

제3과목　소방관계법규

41 소방시설 설치 및 관리에 관한 법령상 종합점검 실시 대상이 되는 특정소방대상물의 기준 중 다음 (　) 안에 알맞은 것은?

- (㉠)설비가 설치된 특정소방대상물
- 물분무등소화설비[호스릴(Hose Reel) 방식의 물분무등소화설비만을 설치한 경우는 제외]가 설치된 연면적 (㉡)m² 이상인 특정소방대상물 (위험물 제조소등은 제외)

① ㉠ 스프링클러, ㉡ 3000
② ㉠ 옥내소화전, ㉡ 5000
③ ㉠ 옥내소화전, ㉡ 3000
④ ㉠ 스프링클러, ㉡ 5000

해설 종합점검대상
(1) 해당 특정소방대상물의 소방시설 등이 신설된 경우
(2) **스프링클러설비**가 설치된 특정소방대상물
(3) **물분무등 소화설비**(호스릴방식 제외)가 설치된

연면적 5천m² 이상(위험물제조소등을 제외)
(4) 단란주점영업과 유흥주점영업, 영화상영관·비디오물감상실업·복합영상물제공업, 노래연습장업, 산후조리업, 고시원업, 안마시술소의 영업장이 설치된 **연면적이 2천m² 이상**인 것
(5) **제연설비**가 설치된 **터널**
(6) **공공기관** 중 연면적 1,000m² 이상인 것으로서 **옥내소화전설비** 또는 **자동화재탐지설비**가 설치된 것. 다만, 소방대가 근무하는 공공기관은 제외

해답 ④

42 화재의 예방 및 안전관리에 관한 법령상 일반음식점에서 조리를 위하여 불을 사용하는 설비를 설치하는 경우 지켜야 하는 사항 중 다음 ( ) 안에 알맞은 것은?

- 주방설비에 부속된 배기닥트는 (㉠) mm 이상의 아연도금 강판 또는 이와 동등 이상의 내식성 불연재료로 설치할 것
- 열을 발생하는 조리기구로부터 (㉡) m 이내의 거리에 있는 가연성 주요 구조부는 석면판 또는 단열성이 있는 불연재료로 덮어씌울 것

① ㉠ 0.5, ㉡ 0.15   ② ㉠ 0.5, ㉡ 0.6
③ ㉠ 0.6, ㉡ 0.15   ④ ㉠ 0.6, ㉡ 0.5

해설 (화재예방법 시행령 제18조제2항의 별표1)
불을 사용할 때 지켜야 하는 사항
① 주방설비에 부속된 배출덕트는 **0.5mm 이상**의 **아연도금강판** 또는 이와 같거나 그 이상의 내식성 불연재료로 설치할 것
② 주방시설에는 동물 또는 식물의 기름을 제거할 수 있는 **필터** 등을 설치할 것
③ 열을 발생하는 **조리기구는 반자 또는 선반**으로부터 **0.6m 이상** 떨어지게 할 것
④ 열을 발생하는 조리기구로부터 0.15m 이내의 거리에 있는 가연성 주요구조부는 단열성이 있는 **불연재료**로 덮어씌울 것

해답 ①

43 위험물 안전관리법상 시·도지사의 허가를 받지 아니하고 당해 제조소등을 설치 할 수 있는 기준 중 다음 ( ) 안에 알맞은 것은?

농예용·축산용 또는 수산용으로 필요한 난방시설 또는 건조시설을 위한 지정수량 ( )배 이하의 저장소

① 20   ② 30
③ 40   ④ 50

해설 (위험물법 제6조)[위험물의 설치 및 변경등]
허가 및 변경신고 예외
(1) **주택**의 난방시설 위한 저장 및 취급소
(2) **농예용·축산용·수산용 난방시설·건조시설**을 위한 지정수량 **20배 이하** 저장소

해답 ①

44 소방기본법상 소방업무의 응원에 대한 설명 중 틀린 것은?

① 소방본부장이나 소방서장은 소방활동을 할 때에 긴급한 경우에는 이웃한 소방본부장 또는 소방서장에게 소방업무의 응원을 요청 할 수 있다.
② 소방업무의 응원 요청을 받은 소방본부장 또는 소방서장은 정당한 사유 없이 그 요청을 거절하여서는 아니 된다.
③ 소방업무의 응원을 위하여 파견된 소방대원은 응원을 요청한 소방본부장 또는 소방서장의 지휘에 따라야 한다.
④ 시·도지사는 소방업무의 응원을 요청하는 경우를 대비하여 출동 대상지역 및 규모와 필요한 경비의 부담 등에 관하여 필요한 사항을 대통령으로 정하는 바에 따라 이웃하는 시·도지사와 협의하여 미리 규약으로 정하여야 한다.

해설 ④ 대통령령 → 행정안전부령
기본법 시행규칙 제8조(소방업무의 상호응원협정)
(시·도지사의 상호응원협정 체결사항)
(1) 소방활동에 관한 사항
  ① 화재의 경계·진압활동
  ② 구조·구급업무의 지원
  ③ 화재조사활동
(2) 응원출동대상지역 및 규모
(3) 소요경비의 부담에 관한 사항

① 출동대원의 수당·식사 및 의복의 수선
② 소방장비 및 기구의 정비와 연료의 보급
③ 그 밖의 경비
④ 응원출동의 요청방법
⑤ 응원출동훈련 및 평가

해답 ④

45 화재의 예방 및 안전관리에 관한 법령상 소방안전관리대상물의 소방안전관리자가 소방훈련 및 교육을 하지 않은 경우 1차 위반 시 과태료 금액 기준으로 옳은 것은?

① 200만원 ② 100만원
③ 50만원   ④ 30만원

해설 과태료의 부과기준
(화재예방법 시행령 제51조 관련)[별표 9]

위반행위	과태료 금액(단위 : 만원)		
	1차 위반	2차 위반	3차 이상 위반
카. 소방훈련 및 교육을 하지 않은 경우	100	200	300

해답 ②

46 소방기본법령상 소방용수시설별 설치기준 중 옳은 것은?

① 저수조는 지면으로부터의 낙차가 4.5m 이상일 것
② 소화전은 상수도와 연결하여 지하식 또는 지상식의 구조로 하고, 소방용 호스와 연결하는 소화전의 연결금속구의 구경은 50mm로 할 것
③ 저수조 흡수관의 투입구가 사각형의 경우에는 한 변의 길이가 60cm 이상일 것
④ 급수탑 급수배관의 구경은 65mm 이상으로 하고, 개폐밸브는 지상에서 0.8m 이상 1.5m 이하의 위치에 설치하도록 할 것

해설 소방용수시설의 설치기준
(1) 공통기준
① 주거지역·상업지역 및 공업지역 : 수평거리 100m 이하
② ①외의 지역 : 수평거리 140m 이하

(2) 소방용수시설별 설치기준
① 소화전의 설치기준 : 상수도와 연결하여 지하식 또는 지상식의 구조로 하고, 소방용호스와 연결하는 소화전의 연결금속구의 구경은 65mm로 할 것
② 급수탑의 설치기준 : 급수배관의 구경은 100mm 이상으로 하고, 개폐밸브는 지상에서 1.5m 이상 1.7m 이하의 위치에 설치하도록 할 것
③ 저수조의 설치기준
  ㉠ 지면으로부터의 **낙차가 4.5m 이하**일 것
  ㉡ 흡수부분의 **수심이 0.5m 이상**일 것
  ㉢ 소방펌프자동차가 쉽게 접근할 수 있도록 할 것
  ㉣ 흡수에 지장이 없도록 토사 및 쓰레기 등을 제거할 수 있는 설비를 갖출 것
  ㉤ 흡수관의 투입구가 사각형의 경우에는 한 변의 길이가 60cm 이상, 원형의 경우에는 **지름이 60cm 이상**일 것
  ㉥ 저수조에 물을 공급하는 방법은 상수도에 연결하여 자동으로 급수되는 구조일 것

해답 ③

47 소방시설 설치 및 관리에 관한 법상 중앙소방기술 심의위원회의 심의사항이 아닌 것은?

① 화재안전기준에 관한사항
② 소방시설의 설계 및 공사감리의 방법에 관한 사항
③ 소방시설에 하자가 있는지의 판단에 관한 사항
④ 소방시설공사의 하자를 판단하는 기준에 관한 사항

해설 소방시설법 제18조(소방기술심의 위원회)
(1) 중앙소방기술심의위원회(중앙위원회)
① 화재안전기준에 관한 사항
② 소방시설의 구조와 원리 등에서 공법이 특수한 설계 및 시공에 관한 사항
③ 소방시설의 설계 및 공사감리의 방법에 관한 사항
④ 소방시설공사의 하자를 판단하는 기준에 관한 사항

⑤ 신기술·신공법 등 검토·평가에 고도의 기술이 필요한 경우로서 중앙위원회에 심의를 요청한 사항
⑥ 그밖에 소방기술 등에 관하여 대통령령으로 정하는 사항
(2) 지방소방기술심의위원회(지방위원회)
① 소방시설에 하자가 있는지의 판단에 관한 사항
② 그밖에 소방기술 등에 관하여 대통령령으로 정하는 사항

해답 ③

48 화재의 예방 및 안전관리에 관한 법령상 특수가연물의 품명별 수량 기준으로 틀린 것은?

① 합성수지류 (발포시킨 것) : $20m^3$ 이상
② 가연성 액체류 : $2m^3$ 이상
③ 넝마 및 종이부스러기 : 400kg 이상
④ 볏짚류 : 1000kg 이상

해설 ③ 400kg 이상 → 1000kg 이상
(화재예방법 시행령 제19조) [별표 2]
특수가연물

품명		수량(이상)
면화류		200kg
나무껍질 및 대팻밥		400kg
넝마 및 종이부스러기, 사류, 볏짚류		1,000kg
가연성고체류		3,000kg
석탄·목탄류		10,000kg
가연성액체류		$2m^3$
목재가공품 및 나무부스러기		$10m^3$
합성수지류	발포시킨 것	$20m^3$
	그 밖의 것	3,000kg

해답 ③

49 소방시설 설치 및 관리에 관한 법령상 단독 경보형 감지기를 설치하여야 하는 특정소방대상물의 기준 중 옳은 것은?

① 연면적 $600m^2$ 미만의 아파트 등
② 연면적 $400m^2$ 미만의 유치원
③ 연면적 $1000m^2$ 미만의 숙박시설
④ 교육연구시설 또는 수련시설 내에 있는 합숙소 또는 기숙사로서 연면적 $3000m^2$ 미만인 것

해설 (소방시설법 시행령 제11조 [별표4])
단독경보형 감지기 설치대상
(1) 교육연구시설 내에 있는 기숙사 또는 합숙소로서 연면적 $2천m^2$ 미만인 것
(2) 수련시설 내에 있는 기숙사 또는 합숙소로서 연면적 $2천m^2$ 미만인 것
(3) 수용인원 100명 이상에 해당하지 않는 수련시설(숙박시설이 있는 것만 해당)
(3) 연면적 $400m^2$ 미만의 유치원
(4) 공동주택 중 연립주택 및 다세대주택

해답 ②

50 소방시설 설치 및 관리에 관한 법령상 화재안전기술기준을 달리 적용하여야하는 특수한 용도 또는 구조를 가진 특정소방 대상물인 원자력발전소에 설치하지 아니할 수 있는 소방시설은?

① 물분무등소화시설
② 스프링클러설비
③ 상수도소화용수설비
④ 연결살수설비

해설 소방시설법(소방시설을 설치하지 아니할 수 있는 특정소방대상물 및 소방시설의 범위)

구분	특정소방대상물	소방시설
화재안전기술기준을 달리 적용하여야 하는 특수한 용도 또는 구조를 가진 특정소방대상물	원자력발전소, 핵폐기물처리시설	연결송수관설비 및 연결살수설비

해답 ④

51 소방시설공사업법령상 소방시설공사 완공검사를 위한 현장 확인 대상 특정소방대상물의 범위가 아닌 것은?

① 위락시설   ② 판매시설
③ 운동시설   ④ 창고시설

해설 소방공사업법(완공검사를 위한 현장확인 대상 특정소방대상물의 범위)
① 문화 및 집회시설, 종교시설, 판매시설, 노유자

시설, 수련시설, 운동시설, 숙박시설, 창고시설, 지하상가 및 다중이용업소
② 스프링클러설비등, 물분무등소화설비(호스릴 방식 제외)가 설치되는 특정소방대상물
③ 연면적 1만제곱미터 이상이거나 11층 이상인 특정소방대상물(아파트는 제외)
④ 가연성가스를 제조·저장 또는 취급하는 시설 중 지상에 노출된 가연성가스탱크의 저장용량 합계가 1천톤 이상인 시설

해답 ①

52 화재의 예방 및 안전관리에 관한 법령상 시·도지사가 화재예방강화지구로 지정할 필요가 있는 지역을 화재예방강화지구로 지정하지 아니하는 경우 해당 시·도지사에게 해당지역의 화재예방강화지구 지정을 요청할 수 있는 자는?

① 행정안전부장관   ② 소방청장
③ 소방본부장   ④ 소방서장

해설 **(화재예방법 제18조) 화재예방강화지구의 지정 등**
(1) 지정권자: 시·도지사
(2) 화재안전조사: 소방관서장
(3) 화재안전조사 실시주기: 연1회 이상
(4) 소방훈련과 교육: 연1회 이상
(5) 훈련 및 교육통보: 10일 전까지

화재예방강화지구의 지정대상지역 ★★필수암기★★
① 시장지역
② 공장·창고가 밀집한 지역
③ 목조건물이 밀집한 지역
④ 노후·불량건축물이 밀집한 지역
⑤ 위험물의 저장 및 처리시설이 밀집한 지역
⑥ 석유화학제품을 생산하는 공장이 있는 지역
⑦ 산업단지
⑧ 소방시설·소방용수시설 또는 소방 출동로가 **없는** 지역
⑨ 물류단지
⑩ 소방관서장이 화재예방강화지구로 인정하는 지역

해답 ②

53 위험물안전관리법령상 제조소의 위치·구조 및 설비의 기준 중 위험물을 취급하는 건축물 그 밖의 시설의 주위에는 그 취급하는 위험물의 최대수량이 지정수량의 10배 이하인 경우 보유하여야 할 공지의 너비는 몇 m 이상이어야 하는가?

① 3   ② 5
③ 8   ④ 10

해설 **위험물 제조소의 보유공지**

취급 위험물의 최대수량	공지의 너비
지정수량의 10배 이하	3m 이상
지정수량의 10배 초과	5m 이상

해답 ①

54 위험물안전관리법령상 인화성액체위험물(이황화탄소를 제외)의 옥외탱크저장소의 탱크주위에 설치하여야 하는 방유제의 설치기준 중 틀린 것은?

① 방유제내의 면적은 60000m² 이하로 하여야 한다.
② 방유제는 높이 0.5m 이상 3m 이하, 두께 0.2m 이상, 지하매설깊이 1m 이상으로 할 것. 다만, 방유제와 옥외저장탱크 사이의 지반면 아래에 불침윤성 구조물을 설치하는 경우에는 지하매설깊이를 해당 불침윤성 구조물까지로 할 수 있다.
③ 방유제의 용량은 방유제안에 설치된 탱크가 하나인 때에는 그 탱크 용량의 110% 이상, 2기 이상인 때에는 그 탱크 중 용량이 최대인 것의 용량의 110% 이상으로 하여야 한다.
④ 방유제는 철근콘크리트로 하고, 방유제와 옥외저장탱크 사이의 지표면은 불연성과 불침윤성이 있는 구조(철근콘크리트 등)로 할 것. 다만, 누출된 위험물을 수용할 수 있는 전용유조 및 펌프 등의 설비를 갖춘 경우에는 방유제와 옥외저장탱크 사이의 지표면을 흙으로 할 수 있다.

해설 ① 60,000m² 이하→80,000m² 이하
인화성액체위험물(이황화탄소를 제외)의 옥외탱크저장소의 방유제
① 방유제의 용량

탱크가 하나인 때	탱크 용량의 110% 이상
2기 이상인 때	탱크 중 용량이 최대인 것의 용량의 110% 이상

② 방유제의 높이는 **0.5m 이상 3m 이하**로 할 것
③ 방유제 내의 면적은 **8만m² 이하**로 할 것
④ 방유제 내에 설치하는 옥외저장탱크의 수는 **10 이하**로 할 것.
⑤ 방유제는 탱크의 옆판으로부터 거리를 유지할 것.

지름이 15m 미만인 경우	탱크 높이의 3분의 1 이상
지름이 15m 이상인 경우	탱크 높이의 2분의 1 이상

해답 ①

55 소방시설 설치 및 관리에 관한 법령상 용어의 정의 중 다음 ( )안에 알맞은 것은?

> 특정 소방대상물이란 소방시설을 설치하여야 하는 소방대상물로서 ( )으로 정하는 것을 말한다.

① 행정안전부령 ② 국토교통부령
③ 고용노동부령 ④ 대통령령

해설 소방시설법 제2조(용어의 정의)
① 소방시설
   소화설비, 경보설비, 피난구조설비, 소화용수설비, 그 밖에 소화활동설비로서 **대통령령**으로 정하는 것
② 소방시설등
   소방시설과 비상구(非常口), 그 밖에 소방 관련 시설로서 **대통령령**으로 정하는 것
③ 특정소방대상물
   소방시설을 설치하여야 하는 소방대상물로서 **대통령령**으로 정하는 것
④ 소방용품
   소방시설등을 구성하거나 소방용으로 사용되는 제품 또는 기기로서 **대통령령**으로 정하는 것

해답 ④

56 소방시설공사업법상 특정소방대상물의 관계인 또는 발주자가 해당 도급계약의 수급인을 도급계약 해지할 수 있는 경우의 기준 중 틀린 것은?

① 하도급 계약의 적정성 심사 결과 하수급인 또는 하도급계약 내용의 변경 요구에 정당한 사유 없이 따르지 아니하는 경우
② 정당한 사유 없이 15일 이상 소방시설공사를 계속하지 아니하는 경우
③ 소방시설업이 등록 취소되거나 영업 정지된 경우
④ 소방시설업을 휴업하거나 폐업한 경우

해설 ② 15일 → 30일
소방공사업법 제23조(도급계약의 해지)
① 소방시설업이 **등록취소**되거나 **영업정지**된 경우
② 소방시설업을 **휴업**하거나 **폐업**한 경우
③ 정당한 사유 없이 **30일 이상** 소방시설공사를 계속하지 아니하는 경우
④ 하도급계약 내용의 변경 요구에 정당한 사유 없이 따르지 아니하는 경우

해답 ②

57 위험물안전관리법상 업무상 과실로 제조소등에서 위험물을 유출·방출 또는 확산시켜 사람의 생명·신체 또는 재산에 대하여 위험을 발생시킨 자에 대한 벌칙 기준으로 옳은 것은?

① 10년 이하의 징역 또는 금고나 1억원 이하의 벌금
② 7년 이하의 금고 또는 7천만원 이하의 벌금
③ 5년 이하의 징역 또는 1억원 이하의 벌금
④ 3년 이하의 징역 또는 3천만원 이하의 벌금

해설 위험물법 제33조~제34조의3(벌칙)

행위	벌칙
위험을 발생시킨 자	1년이상 10년이하의 징역
상해에 이르게 한 때	무기 또는 3년 이상의 징역
사망에 이르게 한 때	무기 또는 5년 이상의 징역
업무상 과실로 위험을 발생시킨 자	7년 이하의 금고 또는 7천만원 이하의 벌금
사람을 **사상**에 이르게 한 자	10년 이하의 징역 또는 금고나 1억원 이하의 벌금
설치허가를 받지 아니하고 제조소등을 설치한 자	5년 이하의 징역 또는 1억원 이하의 벌금
제조소등이 **아닌 장소**에서 지정수량 이상의 위험물을 저장 또는 취급한 자	3년 이하의 징역 또는 3천만원 이하의 벌금

해답 ②

58 화재의 예방 및 안전관리에 관한 법상 소방안전 특별관리시설물의 대상기준 중 틀린 것은?

① 수련시설
② 항만시설
③ 전력용 및 통신용 지하구
④ 지정문화유산 및 천연기념물 등인 시설(시설이 아닌 지정문화유산 및 천연기념물 등을 보호하거나 소장하고 있는 시설을 포함)

해설 화재예방법 제40조
(소방안전 특별관리시설물의 안전관리)
① 공항시설
② 철도시설
③ 도시철도시설
④ 항만시설
⑤ 지정문화유산 및 천연기념물 등인 시설
⑥ 산업기술단지
⑦ 산업단지
⑧ 초고층 건축물 및 지하연계 복합건축물
⑨ 영화상영관 중 수용인원 1,000명 이상인 영화상영관
⑩ 전력용 및 통신용 지하구
⑪ 석유비축시설
⑫ 천연가스 인수기지 및 공급망
⑬ 전통시장
⑭ 그 밖에 대통령령으로 정하는 시설물

해답 ①

59 화재의 예방 및 안전관리에 관한 법령상 권원별 소방안전관리자 선임대상 특정소방대상물의 기준 중 틀린 것은?

① 판매시설 중 상점
② 복합건축물로서 지하층 제외한 11층 이상인 건축물
③ 지하가(지하의 인공구조물 안에 설치된 상점 및 사무실, 그밖에 이와 비슷한 시설이 연속하여 지하도에 접하여 설치 된 것과 그 지하도를 합한 것)
④ 복합건축물로서 연면적이 3만제곱미터 이상인 건축물

해설 (화재예방법 제35조)
관리의 권원이 분리된 소방안전관리
(총괄소방안전관리자)
(1) 복합건축물(지하층 제외 11층 이상 또는 연면적 3만m² 이상)
(2) 지하가
(3) 판매시설 중 도매시장, 소매시장 및 전통시장

해답 ①

60 화재의 예방 및 안전관리에 관한 법령상 특수가연물의 저장 및 취급의 기준 중 다음 ( )안에 알맞은 것은? (단, 석탄·목탄류를 발전용으로 저장하는 경우는 제외한다.)

살수설비를 설치하거나, 방사능력 범위에 해당 특수가연물이 포함되도록 대형수동식소화기를 설치하는 경우에는 쌓는 높이를 (㉠)m 이하, 석탄·목탄류의 경우에는 쌓는 부분의 바닥면적을 (㉡)m² 이하로 할 수 있다.

① ㉠ 10, ㉡ 50   ② ㉠ 10, ㉡ 200
③ ㉠ 15, ㉡ 200   ④ ㉠ 15, ㉡ 300

해설 특수가연물의 저장 및 취급기준
(화재예방법 시행령 제19조 제2항 [별표3])
(1) 품명·최대저장수량·단위부피(체적)당 질량·관리책임자 성명·직책, 연락처 및 화기취급의 금지표시 설치
(2) 기준(석탄·목탄류를 발전용은 예외)
① 품명별로 구분하여 쌓을 것
② 저장 기준

구분	높이	바닥면적(m²)
일반기준	10m 이하	50(석탄·목탄류 200) 이하
살수설비, 대형소화기	15m 이하	200(석탄·목탄류 300) 이하

③ 최소 6m 이상 간격을 유지(쌓은 높이보다 0.9m 이상 높은 내화구조 벽체 설치 시 예외)
④ 쌓는 부분의 바닥면적 사이 간격

구분	쌓는 부분의 바닥면적 사이 이격거리
실내	1.2m 또는 쌓는 높이의 1/2 중 큰 값 이상
실외	3m 또는 쌓는 높이 중 큰 값 이상

해답 ④

제4과목 소방기계시설의 구조 및 원리

61 제연설비의 배출량 기준 중 다음 ( ) 안에 알맞은 것은?

> 거실의 바닥면적이 400m² 미만으로 구획된 예상제연구역에 대한 배출량은 바닥면적 1m² 당 (㉠)m³/min 이상으로 하되, 예상제연구역 전체에 대한 최저 배출량은 (㉡)m³/hr 이상으로 하여야 한다.

① ㉠ 0.5, ㉡ 10000
② ㉠ 1, ㉡ 5000
③ ㉠ 1.5, ㉡ 15000
④ ㉠ 2, ㉡ 5000

해설 배출량 및 배출방식
① 거실의 바닥 면적이 400m² 미만으로 구획된 예상제연구역에 대한 배출량은 바닥면적 1m² 당 1m³/min 이상으로 할 것
② 예상 제연구역 전체에 대한 최저 배출량은 5,000m³/hr 이상으로 할 것.

해답 ②

62 케이블트레이에 물분무소화설비를 설치하는 경우 저장하여야 할 수원의 최소 저수량은 몇 m³인가? (단, 케이블트레이의 투영된 바닥면적은 70m²이다.)

① 12.4 ② 14
③ 16.8 ④ 28

해설 $Q = 70m^2 \times 12L/m^2 \cdot min \times 20min$
    $= 16800L = 16.8m^3$

물분무소화설비의 수원의 양

소방대상물	수원의 저수량
특수가연물	바닥면적(m²)(최소 50m²)× 10L/m²·분×20min
차고, 주차장	바닥면적(m²)(최소 50m²)× 20L/m²·분×20min
절연유 봉입 변압기	표면적(바닥부분제외)(m²)× 10L/m²·분×20min
케이블트레이, 닥트	투영된 바닥면적(m²)× 12L/m²·분×20min
콘베이어벨트	벨트부분의 바닥면적(m²)× 10L/m²·분×20min

해답 ③

63 호스릴 이산화탄소소화설비의 노즐은 20℃에서 하나의 노즐마다 몇 kg/min 이상의 소화약제를 방사할 수 있는 것이어야 하는가?

① 40 ② 50
③ 60 ④ 80

해설 호스릴 이산화탄소소화설비

수평거리	저장량(노즐당)	방사량(20℃)	개방밸브
15m 이하	90kg 이상	60kg/min 이상	수동 개폐가능

해답 ③

64 차고·주차장의 부분에 호스릴포소화설비 또는 포소화전설비를 설치할 수 있는 기준 중 틀린 것은?

① 지상 1층으로서 지붕이 없는 부분
② 고가 밑의 주차장 등으로서 주된 벽이 없고 기둥뿐이거나 주위가 위해방지용 철주 등으로 둘러싸인 부분
③ 옥외로 통하는 개구부가 상시 개방된 구조의 부분으로서 그 개방된 부분의 합계면적이 해당 차고 또는 주차장의 바닥면적의 20% 이상인 부분
④ 완전 개방된 옥상주차장

해설 차고·주차장의 부분에 호스릴포소화설비 또는 포소화전설비를 설치할 수 있는 경우
① 완전 개방된 옥상주차장 또는 고가 밑의 주차장으로서 주된 벽이 없고 기둥뿐이거나 주위가 위해방지용 철주 등으로 둘러싸인 부분
② 지상 1층으로서 지붕이 없는 부분

해답 ③

65 특별피난계단의 계단실 및 부속실 제연설비의 수직풍도에 따른 배출기준 중 각층의 옥내와 면하는 수직풍도의 관통부에 설치하여야 하는 배출댐퍼 설치기준으로 틀린 것은?

① 화재층의 옥내에 설치된 화재감지기의 동작에 따라 당해층의 댐퍼가 개방될 것
② 풍도의 배출댐퍼는 이·탈착구조가 되지 않도록 설치할 것
③ 개폐여부를 당해 장치 및 제어반에서 확인할 수 있는 감지기능을 내장하고 있을 것
④ 배출댐퍼는 두께 1.5mm 이상의 강판 또는 이와 동등 이상의 성능이 있는 것으로 설치하여야 하며 비 내식성 재료의 경우에는 부식방지 조치를 할 것

해설 각층의 옥내와 면하는 수직풍도의 관통부에 설치하여야하는 배출댐퍼의 설치기준
① 배출댐퍼는 두께 **1.5mm 이상의 강판** 또는 이와 동등 이상의 성능이 있는 것으로 설치하여야 하며 비 내식성 재료의 경우에는 부식방지 조치를 할 것
② 평상시 닫힌 구조로 **기밀상태**를 유지할 것
③ 개폐여부를 당해 장치 및 제어반에서 확인할 수 있는 **감지기능**을 내장하고 있을 것
④ 구동부의 작동상태와 닫혀 있을 때의 **기밀상태**를 수시로 점검할 수 있는 구조일 것
⑤ 풍도의 내부마감상태에 대한 점검 및 댐퍼의 정비가 가능한 **이·탈착구조로 할 것**
⑥ 화재층의 옥내에 설치된 화재감지기의 동작에 따라 당해층의 댐퍼가 개방될 것
⑦ 개방 시의 실제개구부(개구율을 감안한 것을 말한다)의 크기는 수직풍도의 내부단면적과 같도록 할 것
⑧ 댐퍼는 풍도내의 공기흐름에 지장을 주지 않도록 수직풍도의 내부로 돌출하지 않게 설치할 것

해답 ②

66 인명구조기구의 종류가 아닌 것은?

① 방열복   ② 구조대
③ 공기호흡기   ④ 인공소생기

해설 용도 및 장소별로 설치하여야 할 인명구조기구

특정소방대상물	종류	설치 수량
• 지하층을 포함하는 층수가 7층 이상인 관광호텔 및 5층 이상인 병원	• **방열복 또는 방화복** • **공기호흡기** • **인공소생기**	각 2개 이상 비치할 것. 다만, 병원의 경우에는 인공소생기를 설치하지 않을 수 있다.
• 문화 및 집회시설 중 수용인원 100명 이상의 영화상영관 • 판매시설 중 대규모 점포 • 운수시설 중 지하역사 • **지하상가**	• 공기호흡기	**층마다 2개 이상** 비치할 것. 다만, 각 층마다 갖추어 두어야 할 공기호흡기 중 일부를 직원이 상주하는 인근 사무실에 갖추어 둘 수 있다.
• 물분무등소화설비 중 이산화탄소소화설비를 설치하여야 하는 특정소방대상물	• 공기호흡기	이산화탄소소화설비가 설치된 장소의 출입구 외부 인근에 1대 이상 비치할 것

해답 ②

67 분말소화약제의 가압용 가스용기의 설치기준 중 틀린 것은?

① 분말 소화약제의 저장용기에 접속하여 설치하여야 한다.
② 가압용가스는 질소가스 또는 이산화탄소로 하여야 한다.
③ 가압용 가스용기를 3병 이상 설치한 경우에 있어서는 2개 이상의 용기에 전자개방밸브를 부착하여야 한다.
④ 가압용 가스용기에는 2.5 MPa 이상의 압력에서 압력 조정이 가능한 압력조정기를 설치하여야 한다.

해설 ④ 2.5MPa 이상 → 2.5MPa 이하
분말약제의 가압용 가스용기
① 가스용기는 분말소화약제의 저장용기에 접속하여 설치
② 가압용가스 용기를 **3병 이상** 설치한 경우에는 **2개 이상**의 용기에 **전자개방밸브**를 부착
③ 가압용가스 용기에는 2.5MPa **이하**의 압력에서 조정이 가능한 **압력조정기**를 설치
④ 가압용가스 또는 축압용가스는 **질소가스 또는 이산화탄소**로 할 것

해답 ④

68 스프링클러헤드의 설치기준 중 옳은 것은?

① 살수가 방해되지 아니하도록 스프링클러헤드로부터 반경 30cm 이상의 공간을 보유할 것
② 스프링클러헤드와 그 부착면과의 거리는 60cm 이하로 할 것
③ 측벽형 스프링클러헤드를 설치하는 경우 긴 변의 한쪽 벽에 일렬로 설치하고 3.2 m 이내마다 설치할 것
④ 연소할 우려가 있는 개구부에는 그 상하좌우에 2.5m 간격으로 스프링클러 헤드를 설치하되, 스프링클러헤드와 개구부의 내측 면으로부터 직선거리는 15cm 이하가 되도록 할 것

해설 스프링클러헤드

① 살수가 방해되지 아니하도록 스프링클러헤드로부터 **반경 60cm 이상**의 공간을 보유할 것. 다만, **벽과 스프링클러헤드간의 공간은 10cm 이상**으로 한다.
② 스프링클러헤드와 그 부착면과의 거리는 30cm 이하로 할 것
③ **측벽형 스프링클러헤드**를 설치하는 경우 긴 변의 한쪽 벽에 일렬로 설치(폭이 4.5m 이상 9m 이하인 실에 있어서는 긴변의 양쪽에 각각 일렬로 설치하되 마주보는 스프링클러헤드가 나란히꼴이 되도록 설치)하고 **3.6m 이내마다** 설치할 것
④ **연소할 우려가 있는 개구부**에는 그 상하좌우에 **2.5m 간격으로** 스프링클러헤드를 설치하되, 스프링클러헤드와 개구부의 내측 면으로부터 **직선거리는 15cm 이하**가 되도록 할 것. 이 경우 사람이 상시 출입하는 개구부로서 통행에 지장이 있는 때에는 개구부의 상부 또는 측면(개구부의 폭이 9m 이하인 경우)에 설치하되, **헤드 상호간의 간격은 1.2m 이하**로 설치하여야 한다.

해답 ④

69 포헤드의 설치기준 중 ( ) 안에 알맞은 것은?

> 압축공기포소화설비의 분사헤드는 천장 또는 반자에 설치하되 방호대상물에 따라 측벽에 설치할 수 있으며 유류탱크 주위에는 바닥면적 (㉠)m² 마다 1개 이상, 특수가연물 저장소에는 바닥면적 (㉡)m² 마다 1개 이상으로 당해 방호대상물의 화재를 유효하게 소화할 수 있도록 할 것

① ㉠ 8, ㉡ 9
② ㉠ 9, ㉡ 8
③ ㉠ 9.3, ㉡ 13.9
④ ㉠ 13.9, ㉡ 9.3

해설 압축공기포소화설비의 분사헤드

① 천장 또는 반자에 설치하되 방호대상물에 따라 측벽에 설치할 수 있다
② 유류탱크주위에는 바닥면적 13.9m²마다 1개 이상, 특수가연물저장소에는 바닥면적 9.3m²마다 1개 이상으로 당해 방호대상물의 화재를 유효하게 소화할 수 있도록 할 것

방호대상물	방호면적 1m²에 대한 1분당 방출량
특수가연물	2.3L
기타의 것	1.63L

해답 ④

70 분말소화설비의 수동식 기동장치의 부근에 설치하는 방출지연스위치에 대한 설명으로 옳은 것은?

① 자동복귀형 스위치로서 수동식 기동장치의 타이머를 순간정지 시키는 기능의 스위치를 말한다.
② 자동복귀형 스위치로서 수동식 기동장치가 수신기를 순간정지 시키는 기능의 스위치를 말한다.
③ 수동복귀형 스위치로서 수동식 기동장치의 타이머를 순간정지 시키는 기능의 스위치를 말한다.
④ 수동복귀형 스위치로서 수동식 기동장치가 수신기를 순간정지 시키는 기능의 스위치를 말한다.

해설 분말소화설비의 수동식 기동장치
수동식 기동장치의 부근에는 **방출지연스위치**(자동복귀형 스위치로서 수동식 기동장치의 타이머

를 순간정지 시키는 기능의 스위치)를 설치
① 전역방출 방식은 **방호구역**마다 국소방출 방식은 **방호대상물**마다 설치할 것
② 조작을 하는 자가 쉽게 피난할 수 있는 장소에 설치할 것
③ 조작부는 바닥으로부터 높이 **0.8m 이상 1.5m 이하**의 위치에 설치하고 보호판 등에 의한 보호장치를 설치할 것
④ 기동장치에는 그 가까운 곳의 보기 쉬운 곳에 "이산화탄소 소화설비 기동장치"라고 표시한 표지를 할 것
⑤ 전기를 사용하는 기동장치에는 **전원표시등**을 설치할 것
⑥ 기동장치의 방출용 스위치는 **음향경보장치와 연동**하여 조작될 수 있는 것으로 할 것

해답 ①

71 이산화탄소 소화설비의 배관의 설치기준 중 다음 ( ) 안에 알맞은 것은?

> 고압식의 1차측(개폐밸브 또는 선택밸브 이전) 배관부속의 최소사용설계압력은 (㉠)MPa로 하고, 고압식의 2차측과 저압식의 배관부속의 최소사용설계압력은 (㉡)MPa로 할 것

① ㉠ 9.0, ㉡ 4.0   ② ㉠ 9.5, ㉡ 4.5
③ ㉠ 8.0, ㉡ 3.0   ④ ㉠ 8.5, ㉡ 3.5

해설 이산화탄소 소화설비의 배관 설치기준
① 배관은 전용으로 할 것
② 강관을 사용하는 경우의 배관
  압력배관용 탄소강관중 스케줄 80(저압식은 스케줄 40) 이상의 것
  (다만, 배관의 호칭이 20mm **이하**인 경우에는 **스케줄 40 이상**인 것을 사용할 수 있다.)
③ 동관을 사용하는 경우의 배관(이음이 없는 동 및 동합금관)

고압식	16.5MPa 이상의 압력에 견딜 수 있는 것
저압식	3.75MPa 이상의 압력에 견딜 수 있는 것

④ 개폐밸브 또는 선택밸브의 배관부속

고압식	1차측(개폐밸브 또는 선택밸브 이전) 배관부속의 최소사용설계압력은 9.5MPa	
	2차측 배관부속의 최소사용설계압력은 4.5MPa	
저압식	배관부속의 최소사용설계압력은 4.5MPa	

해답 ②

72 옥외소화전설비 설치 시 고가수조의 자연 낙차를 이용한 가압송수장치의 설치기준 중 고가수조의 최소 자연낙차수두 산출 공식으로 옳은 것은? (단, H : 필요한 낙차(m), h_1 : 소방용호스 마찰손실 수두(m), h_2 : 배관의 마찰손실 수두(m)이다.)

① $H = h_1 + h_2 + 25$ ② $H = h_1 + h_2 + 17$
③ $H = h_1 + h_2 + 12$ ④ $H = h_1 + h_2 + 10$

해설 옥외소화전설비
(1) 고가수조의 자연낙차수두

$$H = h_1 + h_2 + 25$$

여기서, H : 필요한 낙차(m)
  h_1 : 소방용호스 마찰손실수두(m)
  h_2 : 배관의 마찰손실수두(m)

(2) 압력수조를 이용한 압력수조의 압력

$$P = p_1 + p_2 + p_3 + 0.25$$

여기서, P : 필요한 압력(MPa)
  p_1 : 소방용호스의 마찰손실수두압(MPa)
  p_2 : 배관의 마찰손실수두압(MPa)
  p_3 : 낙차의 환산수두압(MPa)

해답 ①

73 물분무헤드의 설치제외 기준 중 다음 ( ) 안에 알맞은 것은?

> 운전 시에 표면의 온도가 ( )℃ 이상으로 되는 등 직접 분무를 하는 경우 그 부분에 손상을 입힐 우려가 있는 기계장치 등이 있는 장소

① 100   ② 260
③ 280   ④ 980

해설 물분무헤드 설치 제외 장소
① 물에 심하게 반응하는 물질 또는 물과 반응하여 위험한 물질을 생성하는 물질을 저장 또는 취급하는 장소
② 고온의 물질 및 증류범위가 넓어 끓어 넘치는 위험이 있는 물질을 저장 또는 취급하는 장소

③ 운전시에 표면의 온도가 260℃ 이상으로 되는 등 직접 분무를 하는 경우 그 부분에 손상을 입힐 우려가 있는 기계장치 등이 있는 장소

해답 ②

74 연면적이 35000m²인 특정소방대상물에 소화용수설비를 설치하는 경우 소화수조의 최소 저수량은 약 몇 m³인가? (단, 지상 1층 및 2층의 바닥면적 합계가 15000m² 이상인 경우이다.)

① 30　　② 50
③ 60　　④ 100

해설 $Q = \dfrac{35000}{7500} = 4.67 \Rightarrow 5 \times 20\text{m}^3 = 100\text{m}^3$

소화수조 또는 저수조의 저수량
연면적을 다음 표에 따른 기준면적으로 나누어 얻은 수(소수점 이하의 수는 1로 본다)에 20m³를 곱한 양 이상이 되도록 하여야 한다.

[소방대상물의 기준면적]

소방대상물의 구분	기준면적
1층 및 2층의 바닥면적 합계가 15000m² 이상인 소방대상물	7,500m²
그 밖의 소방대상물	12,500m²

해답 ④

75 소화기에 호스를 부착하지 아니할 수 있는 기준 중 틀린 것은?

① 소화약제의 중량이 2kg 이하인 분말소화기
② 소화약제의 중량이 3kg 이하인 이산화탄소소화기
③ 소화약제의 중량이 4kg 이하인 할로겐화합물소화기
④ 소화약제의 중량이 5kg 이하인 산알칼리소화기

해설 **소화기의 호스부착 예외**

구 분	약제의 중량
할로겐화합물소화기	4kg 이하
이산화탄소소화기	3kg 이하
분말소화기	2kg 이하
액체계 소화약제 소화기	3L 이하

해답 ④

76 고정식 사다리의 구조에 따른 분류로 틀린 것은?

① 굽히는식　　② 수납식
③ 접는식　　　④ 신축식

해설 (1) **피난사다리의 종류**
　① 고정식사다리
　② 올림식사다리
　③ 내림식사다리
(2) **고정식사다리의 종류**
　① 수납식사다리
　② 접는식사다리
　③ 신축식사다리

해답 ①

77 폐쇄형 스프링클러헤드 퓨지블링크형의 표시온도가 121℃~162℃인 경우 후레임의 색별로 옳은 것은? (단, 폐쇄형헤드이다.)

① 파랑　　② 빨강
③ 초록　　④ 흰색

해설 **표시온도에 따른 색표시**(폐쇄형헤드)

유리벌브형		퓨지블링크형	
표시온도	액체의 색별	표시온도	프레임의 색별
57℃	오렌지	77℃ 미만	색 표시 안함
68℃	빨강	78℃~120℃	흰색
79℃	노랑	121℃~162℃	파랑
93℃	초록	163℃~203℃	빨강
141℃	파랑	204℃~259℃	초록
182℃	연한 자주	260℃~319℃	오렌지
227℃ 이상	검정	320℃ 이상	검정

해답 ①

78 발전실의 용도로 사용되는 바닥면적이 280m²인 발전실에 부속용도별로 추가하여야 할 적응성이 있는 소화기의 최소 수량은 몇 개인가?

① 2　　② 4
③ 6　　④ 12

해설 **부속용도별 추가 소화기구**
발전실·변전실·송전실·변압기실·배전반실·통신기기실·전산기기실·기타 이와 유사한

시설이 있는 장소에는 당해 용도의 바닥면적 50m²마다 적응성이 있는 소화기 1개 이상

추가 소화기 계산

$$N = \frac{280m^2}{50m^2} = 5.6 \quad \therefore \ 6개$$

해답 ③

79 습식유수검지장치를 사용하는 스프링클러 설비에 동장치를 시험할 수 있는 시험 장치의 설치위치 기준으로 옳은 것은?

① 유수검지 장치에서 가장 먼 가지 배관의 끝으로부터 연결하여 설치할 것
② 교차관의 중간 부분에 연결하여 설치할 것
③ 유수검지장치의 측면배관에 연결하여 설치할 것
④ 유수검지장치에서 가장 먼 교차배관의 끝으로부터 연결하여 설치할 것

해설 **말단 시험장치 설치기준**(습식, 건식, 부압식)
① **습식스프링클러설비** 및 **부압식스프링클러설비**에 있어서는 유수검지장치 **2차측 배관**에 연결하여 설치할 것
② **건식스프링클러설비**인 경우 유수검지장치에서 가장 먼 거리에 위치한 **가지배관의 끝**으로부터 연결하여 설치할 것.
③ 유수검지장치 2차측 설비의 내용적이 2,840L를 초과하는 건식스프링클러설비의 경우 시험장치 개폐밸브를 완전 개방 후 1분 이내에 물이 **방사**되어야 한다.
④ 시험장치 배관의 구경은 **25mm 이상**으로 하고, 그 끝에 **개폐밸브 및 개방형헤드** 또는 스프링클러헤드와 동등한 방수성능을 가진 **오리피스**를 설치할 것. 이 경우 **개방형헤드는 반사판 및 프레임을 제거한 오리피스만으로** 설치할 수 있다.
⑤ 시험배관의 끝에는 **물받이 통 및 배수관**을 설치하여 시험 중 방사된 물이 바닥에 흘러내리지 아니하도록 할 것. 다만, 목욕실·화장실 또는 그 밖의 곳으로서 배수처리가 쉬운 장소에 시험 배관을 설치한 경우에는 그러하지 아니하다.

해답 ①

80 물분무소화설비 수원의 저수량 설치기준으로 옳지 않은 것은?

① 특수가연물을 저장 또는 취급하는 특정소방대상물 또는 그 부분에 있어서 그 바닥면적 1m²에 대하여 10L/min으로 20분간 방수할 수 있는 양 이상으로 할 것
② 차고 또는 주차장은 그 바닥면적 1m²에 대하여 20L/min으로 20분간 방수할 수 있는 양 이상으로 할 것
③ 케이블 덕트는 투영된 바닥면적 1m²에 대하여 12L/min으로 20분간 방수할 수 있는 양 이상으로 할 것
④ 콘베이어 벨트 등은 벨트부분의 바닥면적 1m²에 대하여 20L/min으로 20분간 방수할 수 있는 양 이상으로 할 것

해설 **물분무소화설비의 수원의 양**

소방대상물	수원의 저수량
특수가연물	바닥면적(m²)(최소 50m²)× 10L/m²·분×20min
차고, 주차장	바닥면적(m²)(최소 50m²)× 20L/m²·분×20min
절연유 봉입 변압기	표면적(바닥부분제외)(m²)× 10L/m²·분×20min
케이블트레이, 닥트	투영된 바닥면적(m²)× 12L/m²·분×20min
콘베이어벨트	벨트부분의 바닥면적(m²)× 10L/m²·분×20min

해답 ④

소방설비기사 - 기계분야

2018년 4월 28일 시행

제1과목 소방원론

01 액화석유가스(LPG)에 대한 성질로 틀린 것은?

① 주성분은 프로판, 부탄이다.
② 천연고무를 잘 녹인다.
③ 물에 녹지 않으나 유기용매에 용해된다.
④ 공기보다 1.5배 가볍다.

해설
(1) 액화석유가스(LPG)
  ① Liquefied Petroleum Gas의 약자이다.
  ② 주성분은 프로판(C_3H_8) 및 부탄(C_4H_{10}) 이다.
  ③ 증기는 공기보다 무겁다.(1.5~2배)
  ④ 무색 및 무취이나 누출시 쉽게 감지할 수 있도록 부취제를 첨가한다.
  ⑤ 물에는 녹지 않고 유기용매에 용해된다.
(2) 액화천연가스(LNG)
  ① Liquefied Natural Gas의 약자이다
  ② 주성분은 메탄(CH_4)이다.
  ③ 증기는 공기보다 가볍다.(0.56배)

해답 ④

02 다음의 소화약제 중 오존 파괴 지수(ODP)가 가장 큰 것은?

① 할론 104   ② 할론 1301
③ 할론 1211   ④ 할론 2402

해설 ① 할론소화약제의 오존파괴지수(ODP)

구 분	할론 1301	할론 2402	할론 1211	할론 104
화학식	CF_3Br	$C_2F_4Br_2$	CF_2ClBr	CCl_4
ODP	10	6.0	3.0	1.1

② ODP(Ozone Depletion Potential) 오존파괴지수
  어떤 물질의 오존파괴능력을 상대적으로 나타내는 지표

$$ODP = \frac{\text{어떤 물질 1kg이 파괴하는 오존량}}{\text{CFC} - 11 \text{ 1kg이 파괴하는 오존량}}$$

★ CFC-11 : $CFCl_3$

③ GWP(Global Warming Potential) 지구 온난화 지수
  일정무게의 CO_2가 대기 중에 방출되어 지구온난화에 기여하는 정도

$$GWP = \frac{\text{어떤 물질 1kg이 기여하는 온난화 정도}}{CO_2 - 1\text{kg이 기여하는 온난화 정도}}$$

④ ALT(Atmospheric Life Time) 대기잔존년수
  어떤 물질이 방사되어 분해되지 않은 채로 존재하는 기간
⑤ NOAEL(No Observable Adverse Effect Level)
  농도를 증가시킬 때 아무런 악영향을 감지할 수 없는 최대농도(심장에 영향을 미치지 않는 최대농도, 최대허용 설계농도)
⑥ LOAEL(Lowest Observable Adverse Effect Level)
  농도를 감소시킬 때 악영향을 감지할 수 있는 최소농도(심장독성 시험시 심장에 영향을 미치는 최소농도)
⑦ ALC(근사치농도)
  15분간 노출시켜 그 반수가 사망하는 농도

해답 ②

03 건축물에 설치하는 방화구획의 설치기준 중 스프링클러설비를 설치한 11층 이상의 층은 바닥면적 몇 m² 이내마다 방화구획을 하여야 하는가? (단, 벽 및 반자의 실내에 접하는 부분의 마감은 불연재료가 아닌 경우이다.)

① 200 ② 600
③ 1000 ④ 3000

해설 (건축물방화구조규칙 제14조) 방화구획의 기준

구획 구분	구획 단위	구획 부분의 구조
면적별	• 10층 이하의 층 : 1,000m² (3,000m²) • 11층 이상의 층 : 200m² (600m²) • 11층 이상의 층 (불연재료 사용) : 500m² (1,500m²)	• 내화구조의 바닥, 벽 • 60분+방화문 또는 60분방화문 • 자동방화셔터
층별	• 매 층마다 (다만, 지하1층에서 지상으로 직접 연결되는 경사로 부위는 제외)	
용도별	• 필로티나 이와 비슷한 구조의 부분을 주차장으로 사용하는 경우 그 부분은 건축물의 다른 부분과 구획 • 주요구조부를 내화구조로 하여야 하는 대상 부분과 기타 부분 사이의 구획	

(주) ( )안은 자동식소화설비를 설치한 경우

해답 ②

04 산림화재 시 소화효과를 증대시키기 위해 물에 첨가하는 증점제로서 적합한 것은?

① Ethylene Glycol
② Potassium Carbonate
③ Ammonium Phosphate
④ Sodium Carboxy Methyl Cellulose

해설 물의 소화능력 향상 첨가제
(1) 부동액(Anti-freeze agent)
에틸렌글리콜, 프로필렌글리콜, 글리세린등 첨가
  ① 물의 빙점(어는점) 낮추는 첨가제
  ② 한랭지역에서 사용
(2) 침투제(침윤제)(Wetting agent)
계면활성제 첨가
  ① 물의 표면장력 감소 위한 첨가제
  ② 심부화재에 적합
(3) 증점제(농축제)(Viscosity agent)
CMC(Sodium Carboxy Methyl Cellulose), Gelgard등 첨가
  ① 물의 점도향상 첨가제
  ② 산불화재에 적합
(4) 밀도 개질제(Density modifier)
물의 밀도를 개질하기 위한 첨가제로 수용성 폼이 있다.

해답 ④

05 소화방법 중 제거소화에 해당되지 않는 것은?

① 산불이 발생하면 화재의 진행방향을 앞질러 벌목
② 방안에서 화재가 발생하면 이불이나 담요로 덮음
③ 가스 화재 시 밸브를 잠궈 가스흐름을 차단
④ 불타고 있는 장작더미 속에서 아직 타지 않은 것을 안전한 곳으로 운반

해설 ② 방안에서 화재시 이불이나 담요로 덮음 : 질식소화
제거소화 : 가연성물질을 제거시켜 소화
① 산불이 발생하면 화재의 진행방향을 앞질러 벌목
② 화학반응기의 화재 시 원료공급관의 밸브를 폐쇄
③ 유전화재 시 폭약으로 폭풍을 일으켜 화염을 제거
④ 촛불을 입김으로 불어 화염을 제거

해답 ②

06 포소화약제의 적응성이 있는 것은?

① 칼륨 화재 ② 알킬리튬 화재
③ 가솔린 화재 ④ 인화알루미늄 화재

해설 **금속화재**
마른모래, 탄산수소염류분말약제, 팽창질석, 팽창진주암
유류화재
포소화약제, 물분무
① 칼륨화재(금속화재)
② 알킬리튬화재(금속화재)
③ 가솔린화재(유류화재)
④ 인화알루미늄화재(금속화재)

해답 ③

07 제2류 위험물에 해당하는 것은?

① 황　　　　　② 질산칼륨
③ 칼륨　　　　④ 톨루엔

해설 제2류 위험물(가연성고체)

품명	지정수량
황화인, 적린, **황**	100kg
철분, 금속분, 마그네슘	500kg
인화성고체	1,000kg

해답 ①

08 주수소화 시 가연물에 따라 발생하는 가연성 가스의 연결이 틀린 것은?

① 탄화칼슘 – 아세틸렌
② 탄화알루미늄 – 프로판
③ 인화칼슘 – 포스핀
④ 수소화리튬 – 수소

해설
① 탄화칼슘(3류)+물
　$CaC_2 + 2H_2O \rightarrow Ca(OH)_2 + C_2H_2$(아세틸렌)
② 탄화알루미늄(3류)+물
　$Al_4C_3 + 12H_2O \rightarrow 4Al(OH)_3 + 3CH_4$(메탄)
③ 인화칼슘(3류)+물
　$Ca_3P_2 + 6H_2O \rightarrow 3Ca(OH)_2 + 2PH_3$(포스핀=인화수소)
④ 수소화리튬(3류)+물
　$LiH + H_2O \rightarrow LiOH + H_2$(수소)

해답 ②

09 물리적 폭발에 해당하는 것은?

① 분해 폭발　　② 분진 폭발
③ 증기운 폭발　④ 수증기 폭발

해설 화학적 폭발
① 분해 폭발　② 중합 폭발　③ 산화 폭발
④ 가스 폭발　⑤ 증기운 폭발　⑥ 유증기 폭발
물리적 폭발
① 수증기 폭발　② 전선폭발
③ 상전이 폭발

해답 ④

10 위험물안전관리법령상 지정된 동식물유류의 성질에 대한 설명으로 틀린 것은?

① 아이오딘가가 작을수록 자연발화의 위험성이 크다.
② 상온에서 모두 액체이다.
③ 물에 불용성이지만 에터 및 벤젠 등의 유기용매에는 잘 녹는다.
④ 인화점은 1기압하에서 250℃ 미만이다.

해설 ① 아이오딘가가 **클수록** 자연발화의 위험성이 크다.

동식물유류 : 제4류 위험물
① 1기압에서 인화점이 250℃ 미만인 것
② 아이오딘값이 130 이상인 건성유는 자연발화 위험이 있다.

동식물유의 분류

구분	아이오딘값	종류
건성유	130 이상	해바라기기름, 동유(오동기름), 정어리기름, **아마인유**, 들기름
반건성유	100~130	채종유, 쌀기름, **참기름**, 면실유, 옥수수기름, 청어기름, 콩기름
불건성유	100 이하	자유, 팜유, **올리브유**, 피마자기름, 낙화생기름, 돈지, 우지, 고래기름

해답 ①

11 피난계획의 일반원칙 Fool Proof 원칙에 대한 설명으로 옳은 것은?

① 1가지가 고장이 나도 다른 수단을 이용하는 원칙
② 2방향의 피난동선을 항상 확보하는 원칙
③ 피난수단을 이동식 시설로 하는 원칙
④ 피난수단을 조작이 간편한 원시적 방법으로 하는 원칙

해설 Fool proof와 Fail safe
(1) Fool proof
　화재 시 사람의 심리상태는 긴장상태가 되어 인간의 행동특성에 따라 행동하는 것을 고려하여 **원시적이고 간단명료하게 배려한 대책**을 말한다. 피난 또는 유도표지가 문자보다는 색과 형태를 이용한다든가 피난방향으로 문을 열 수 있도록 하는 것이 이에 속한다.

(2) Fail safe
피난 시 하나의 수단 또는 방법이 고장 등으로 불가능하더라도 다른 방법에 의하여 피난할 수 있도록 고려하는 것을 말한다. **2방향** 이상의 피난통로를 확보한다든가 또는 **예비 전원**을 확보하는 것이 이에 속한다.

해답 ④

12 인화점이 낮은 것부터 높은 순서로 옳게 나열된 것은?

① 에틸알코올＜이황화탄소＜아세톤
② 이황화탄소＜에틸알코올＜아세톤
③ 에틸알코올＜아세톤＜이황화탄소
④ 이황화탄소＜아세톤＜에틸알코올

해설 제4류 위험물의 인화점

명 칭	이황화탄소	아세톤	에틸알코올
화학식	CS_2	CH_3COCH_3	C_2H_5OH
분 류	특수인화물	제1석유류	알코올류
인화점	-30℃	-18℃	13℃

해답 ④

13 화재발생 시 발생하는 연기에 대한 설명으로 틀린 것은?

① 연기의 유동속도는 수평방향이 수직방향보다 빠르다.
② 동일한 가연물에 있어 환기지배형 화재가 연료지배형 화재에 비하여 연기발생량이 많다.
③ 고온상태의 연기는 유동확산이 빨라 화재전파의 원인이 되기도 한다.
④ 연기는 일반적으로 불완전 연소시에 발생한 고체, 액체, 기체 생성물의 집합체이다.

해설 연기의 이동속도 ★★

이동방향	수평	수직	실내계단
이동속도(m/s)	0.5~1	2~3	3~5

해답 ①

14 물과 반응하여 가연성 기체를 발생하지 않는 것은?

① 칼륨
② 인화아연
③ 산화칼슘
④ 탄화알루미늄

해설 물과 반응식
① 칼륨
$2K+2H_2O \rightarrow 2KOH+H_2\uparrow$
② 인화아연
$Zn_3P_2 + 6H_2O \rightarrow 3Zn(OH)_2 + 2PH_3$
③ 산화칼슘
$CaO + H_2O \rightarrow Ca(OH)_2$
④ 탄화알루미늄
$Al_4C_3 + 12H_2O \rightarrow 4Al(OH)_3 + 3CH_4\uparrow$

해답 ③

15 건축물의 화재발생 시 인간의 피난 특성으로 틀린 것은?

① 평상 시 사용하는 출입구나 통로를 사용하는 경향이 있다.
② 화재의 공포감으로 인하여 빛을 피해 어두운 곳으로 몸을 숨기는 경향이 있다.
③ 화염, 연기에 대한 공포감으로 발화지점의 반대방향으로 이동하는 경향이 있다.
④ 화재 시 최초로 행동을 개시한 사람을 따라 전체가 움직이는 경향이 있다.

해설 화재 시 인간의 본능
① 귀소 본능 : 화재시 인간은 피난을 위하여 자신이 들어온 길 또는 평상시 사용하던 통로(복도, 계단)로 탈출하려는 경향
② 지광 본능 : 화재시 인간은 주위가 어두워지면 밝은 곳으로 피난하려는 경향
③ 추종 본능 : 화재시(비상시) 인간은 군중 중 한 사람의 지도자가 나타나면 그 지도자를 따라 행동하려는 경향
④ 퇴피 본능 : 인간은 화재를 감지하면 반사적으로 화재지역으로부터 멀리 피난하려는 경향
⑤ 좌회 본능 : 인간은 대부분 오른손이나 오른발을 사용하여 발달하였으므로 회전할 경우에는 주로 오른손이나 오른발을 이용하여 왼쪽으로 회전(좌회전)하려는 경향

해답 ②

16 물체의 표면온도가 250℃에서 650℃로 상승하면 열 복사량은 약 몇 배 정도 상승하는 가?

① 2.5　　② 5.7
③ 7.5　　④ 9.7

해설 스테판 – 볼츠만의 법칙

$$Q = aAF(T_1^4 - T_2^4)$$

열복사량은 복사체의 절대온도 4제곱의 차에 비례하고 열전달면적에 비례한다.

여기서, Q : 복사열(kcal/hr)
　　　　a : 스테판 – 볼츠만의 상수
　　　　A : 단면적
　　　　F : 기하학적 Factor(상수)
　　　　T_1 : 고온물체의 절대온도(273+t℃)K
　　　　T_2 : 저온물체의 절대온도(273+t℃)K

$$Q = \frac{Q_2}{Q_1} = \frac{T_2^4}{T_1^4} = \frac{(273+650)^4}{(273+250)^4} \fallingdotseq 9.7$$

해답 ④

17 조연성 가스에 해당하는 것은?

① 일산화탄소　　② 산소
③ 수소　　　　　④ 부탄

해설 지연성(조연성)가스

자기 자신은 타지 않고 남의 연소를 도와주는 가스

조연성 가스
산소, 오존, 불소, 염소, 일산화질소, 이산화질소

해답 ②

18 자연발화 방지대책에 대한 설명 중 틀린 것은?

① 저장실의 온도를 낮게 유지한다.
② 저장실의 환기를 원활히 시킨다.
③ 촉매물질과의 접촉을 피한다.
④ 저장실의 습도를 높게 유지한다.

해설 자연발화

자연발화의 조건	자연발화 방지대책	자연발화의 형태
주위의 온도가 높을 것	통풍이나 환기 등을 통하여 열의 축적을 방지	산화열에 의한 자연발화 • 석탄　• 건성유 • 탄소분말　• 금속분 • 기름걸레
표면적이 넓을 것	저장실의 온도를 낮춘다.	분해열에 의한 자연발화 • 셀룰로이드 • 나이트로셀룰로오스 • 나이트로글리세린
열전도율이 적을 것	습도를 낮게 유지	흡착열에 의한 자연발화 • 활성탄　• 목탄분말
발열량이 클 것	용기내에 불활성 기체를 주입하여 공기와 접촉방지	미생물열에 의한 자연발화 • 퇴비　• 먼지

해답 ④

19 분말소화약제로서 ABC급 화재에 적응성이 있는 소화약제의 종류는?

① $NH_4H_2PO_4$　　② $NaHCO_3$
③ Na_2CO_3　　　④ $KHCO_3$

해설 분말약제의 종류

종 별	약제명	착 색	적응화재
제1종	탄산수소나트륨, 중탄산나트륨($NaHCO_3$)	백색	B, C급
제2종	탄산수소칼륨, 중탄산칼륨($KHCO_3$)	담회색	B, C급
제3종	제1인산암모늄($NH_4H_2PO_4$)	담홍색	A, B, C급
제4종	탄산수소칼륨+요소 ($KHCO_3$+$(NH_2)_2CO$)	회 색	B, C급

해답 ①

20 과산화칼륨이 물과 접촉하였을 때 발생하는 것은?

① 산소　　② 수소
③ 메탄　　④ 아세틸렌

해설 과산화칼륨–제1류–무기과산화물

화학식	분자량	비중	분해온도
K_2O_2	110	2.9	490℃

① 무색 또는 오렌지색 분말상태
② 물과 격렬히 반응하여 산소(O_2)를 방출

$$2K_2O_2 + 2H_2O \rightarrow 4KOH + O_2 \uparrow$$

③ 공기 중 CO_2와 반응하여 산소(O_2)를 방출

$$2K_2O_2 + 2CO_2 \rightarrow 2K_2CO_3 + O_2 \uparrow$$

④ 산과 반응하여 과산화수소(H_2O_2)를 생성

$$K_2O_2 + H_2SO_4 \rightarrow K_2SO_4 + H_2O_2 \uparrow$$

⑤ 열분해시 산소(O_2)를 방출

$$2K_2O_2 \rightarrow 2K_2O + O_2 \uparrow$$

⑥ 주수소화는 금물이고 마른모래 등으로 소화

해답 ①

제2과목 소방유체역학

21 효율이 50%인 펌프를 이용하여 저수지의 물을 1초에 10L씩 30m 위 쪽에 있는 논으로 퍼 올리는데 필요한 동력은 약 몇 kW인가?

① 18.83　　② 10.48
③ 2.94　　　④ 5.88

해설 펌프의 동력

$$P(kW) = \frac{\gamma QH}{E}K$$

γ : 비중량(kN/m^3, 물 비중량 = $9.8kN/m^3$)
Q : 유량(m^3/s), H : 전양정(m)
E : 펌프의 효율(%/100), K : 전달계수

① $Q = 10L/s = 0.01 m^3/s$, $H = 30m$

② $P = \dfrac{9.8 \times 0.01 \times 30}{0.5} = 5.88 kW$

해답 ④

22 펌프가 실제 유동시스템에 사용될 때 펌프의 운전점은 어떻게 결정하는 것이 좋은가?

① 시스템 곡선과 펌프 성능곡선의 교점에서 운전한다.
② 시스템 곡선과 펌프 효율곡선의 교점에서 운전한다.
③ 펌프 성능곡선과 펌프 효율곡선의 교점에서 운전한다.
④ 펌프 효율곡선의 최고점, 즉 최고 효율점에서 운전한다.

해설 펌프의 운전점 = 시스템 곡선(특성곡선)과 펌프 성능곡선(특성곡선)의 교차점

해답 ①

23 비중이 1.03인 바닷물에 비중 0.9인 빙산이 떠 있다. 전체 부피의 몇 %가 해수면 위로 올라와 있는가?

① 12.6　　② 10.8
③ 7.2　　　④ 6.3

해설 부력과 무게 관계

$$F_B(부력) = F_w(무게)$$
$$r_{액체} \times V_{잠긴} = r_{물체} \times V_{전체}$$
$$S_1 \times \gamma_W \times V_{(잠긴)} = S_2 \times \gamma_W \times V_{(전체)}$$

$\gamma_w(물) = 9800 N/m^3 = 9.8 kN/m^3$

① 전체 부피 = 1로 가정
② $S_1 \times \gamma_w \times V_{(잠긴)} = S_2 \times \gamma_w \times V_{(전체)}$
　$1.03 \times 9.8 \times V_{(잠긴)} = 0.9 \times 9.8 \times 1_{(전체)}$

$$V_{(잠긴)}\% = \frac{0.9 \times 9.8 \times 1_{(전체)}}{1.03 \times 9.8} \times 100 = 87.38\%$$

③ 해수면 위로 떠오른 부피
　$V = 100\%(전체) - 87.38\%(잠긴 부피)$
　$= 12.62\%$

해답 ①

24 그림과 같이 중앙부분에 구멍이 뚫린 원판에 지름 D의 원형 물제트가 대기압 상태에서 V의 속도로 충돌하여, 원판 뒤로 지름 $D/2$의 원형 물제트가 V의 속도로 흘러나가고 있을 때, 이 원판이 받는 힘은 얼마인가? (단, ρ는 물의 밀도이다.)

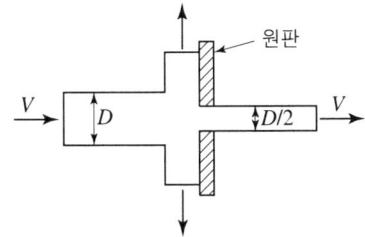

① $\dfrac{3}{16}\rho\pi V^2 D^2$ ② $\dfrac{3}{8}\rho\pi V^2 D^2$

③ $\dfrac{3}{4}\rho\pi V^2 D^2$ ④ $3\rho\pi V^2 D^2$

해설 운동량 방정식

$$F = \rho QV = \rho AV^2$$

여기서, F : 힘(N)
　　　　ρ : 밀도(kg/m³)
　　　　Q : 유량(m³/s)
　　　　V : 유속(m/s)

① 구멍이 없을 경우 원판이 받는 힘
$$F_1 = \rho \times \dfrac{\pi}{4} \times D^2 \times V^2 = \dfrac{1}{4}\rho\pi V^2 D^2$$

② 구멍 $\dfrac{D}{2}$ 인 원판이 받는 힘
$$F_2 = \rho \times \dfrac{\pi}{4} \times \left(\dfrac{D}{2}\right)^2 \times V^2 = \dfrac{1}{16}\rho\pi V^2 D^2$$

③ 구멍이 있는 경우 원판이 받는 힘
$$F_3 = F_1 - F_2 = \dfrac{1}{4}\rho\pi V^2 D^2 - \dfrac{1}{16}\rho\pi V^2 D^2$$
$$F_3 = \dfrac{4}{16}\rho\pi V^2 D^2 - \dfrac{1}{16}\rho\pi V^2 D^2$$
$$F_3 = \dfrac{3}{16}\rho\pi V^2 D^2$$

해답 ①

25 저장용기로부터 20℃의 물을 길이 300m, 지름 900mm인 콘크리트 수평 원관을 통하여 공급하고 있다. 유량이 1m³/s일 때 원관에서의 압력강하는 약 몇 kPa인가? (단, 관마찰계수는 약 0.023이다.)

① 3.57   ② 9.47
③ 14.3   ④ 18.8

해설 달시(Darcy) 공식
$$\Delta h_L(\text{m}) = f \times \dfrac{l}{D} \times \dfrac{u^2}{2g}$$

① $u = \dfrac{Q}{A} = \dfrac{1\text{m}^3/\text{s}}{\dfrac{\pi}{4}\times(0.9\text{m})^2} = 1.5719\text{m/s}$

② $\Delta h_L = 0.023 \times \dfrac{300}{0.9} \times \dfrac{1.5719^2}{2\times 9.8} = 0.9665\text{m}$

③ $\Delta P = 0.9665\text{m} \times \dfrac{101.325\text{kPa}}{10.332\text{m}} = 9.48\text{kPa}$

해답 ②

26 물탱크에 담긴 물의 수면의 높이가 10m인데, 물탱크 바닥에 원형 구멍이 생겨서 10L/s만큼 물이 유출되고 있다. 원형 구멍의 지름은 약 몇 cm인가? (단, 구멍의 유량 보정계수는 0.6이다.)

① 2.7   ② 3.1
③ 3.5   ④ 3.9

해설 유량산출공식
$$Q = uA = c\sqrt{2gh} \times \dfrac{\pi}{4} \times d^2$$

① 위의 식을 변형하면
$$d = \sqrt{\dfrac{4Q}{C\sqrt{2gh}\times\pi}}$$

② $Q = 10\text{L/s} = 0.01\text{m}^3/\text{s}$
$C = 0.6,\ g = 9.8\text{m/s}^2,\ h = 10\text{m}$
$$d = \sqrt{\dfrac{4\times 0.01}{0.6\sqrt{2\times 9.8\times 10}\times\pi}}$$
$$= 0.0389\text{m} = 3.9\text{cm}$$

해답 ④

27 20℃ 물 100L를 화재현장의 화염에 살수하였다. 물이 모두 끓는 온도(100℃)까지 가열되는 동안 흡수하는 열량은 약 몇 kJ인가? (단, 물의 비열은 4.2kJ/(kg · K)이다.)

① 500   ② 2000
③ 8000   ④ 33600

해설 **필요한 열량**

$$Q = mc\Delta t + rm$$

여기서, Q : 필요한 열량(kJ), m : 질량(kg)
C : 비열(kJ/kg · K), Δt : 온도차(K)
r : 기화잠열(kJ/kg)

① 20℃물 → 100℃물로 되기 위한 필요한 열량 이므로
$$Q = mc\Delta t$$
② $m = 100L = 100kg$(물은 비중이 1이므로)
$C = 4.2 kJ/kg \cdot K$
$\Delta t = (273+100) - (273+20) = 80K$
$Q = 100 \times 4.2 \times 80 = 33600 kJ$

해답 ④

28 아래 그림과 같은 반지름이 1m이고, 폭이 3m 인 곡면의 수문 AB가 받는 수평분력은 약 몇 N인가?

① 7350   ② 14700
③ 23900 ④ 29400

해설 수평분력   수직분력
$$F_H = \gamma \bar{h} A \qquad F_V = \gamma V$$

① γ_W(물) $= 9800 N/m^3$
② $\bar{h} = \dfrac{1m}{2} = 0.5m$
③ $A = 1m \times 3m = 3m^2$
④ $F_H = 9800 \times 0.5 \times 3 = 14700N$

해답 ②

29 초기온도와 압력이 50℃, 600kPa인 완전가 스를 100kPa까지 가역 단열팽창시켰을 때 온 도는 약 몇 K인가? (단, 이 기체의 비열비는 1.4 이다.)

① 194   ② 216
③ 248   ④ 262

해설 **가역 단열팽창**

$$\frac{T_2}{T_1} = \left(\frac{P_2}{P_1}\right)^{\frac{k-1}{k}} = \left(\frac{V_1}{V_2}\right)^{k-1}$$

$$\therefore \frac{T_2}{(273+50)K} = \left(\frac{100}{600}\right)^{\frac{1.4-1}{1.4}}$$

$$\therefore T_2 = \left(\frac{100}{600}\right)^{\frac{1.4-1}{1.4}} \times (273+50)K = 194K$$

해답 ①

30 100cm × 100cm이고, 300℃로 가열된 평판 에 25℃의 공기를 불어준다고 할 때 열전달량 은 약 몇 kW인가? (단, 대류열전달계수는 30W/(m^2 · K)이다.)

① 2.98   ② 5.34
③ 8.25   ④ 10.91

해설 **대류에 의한 열전달량**

$$Q = hA\Delta T$$

여기서, Q : 대류 열전달량(W)
h : 열전달계수(W/m^2 · K)
A : 표면적(m^2)
ΔT : 절대온도 차(K)

① $h = 30 W/m^2 \cdot K$
$A = 1m(100cm) \times 1m(100cm) = 1m^2$
$\Delta T = (273+300) - (273+25) = 275K$
② $Q = 30 \times 1 \times 275 = 8250 W = 8.25 kW$

복사에 의한 열전달량

$$Q = aAF(T_1^4 - T_2^4)$$

여기서, Q : 복사 열전달량(W)
a : 스테판-볼츠만의 상수
A : 표면적(m^2)
F : 기하학적 factor(상수)
T_1 : 고온물체의 절대온도(273+t℃)K
T_2 : 저온물체의 절대온도(273+t℃)K

해답 ③

31 호주에서 무게가 20N인 어떤 물체를 한국에서 재어보니 19.8N이었다면 한국에서의 중력가속도는 약 몇 m/s²인가? (단, 호주에서의 중력가속도는 9.82m/s²이다.)

① 9.72 ② 9.75
③ 9.78 ④ 9.80

해설 중력가속도
20N → 9.82m/s²
19.8N → X

$\therefore X = \dfrac{19.8}{20} \times 9.82 = 9.72 \text{m/s}^2$

해답 ①

32 비압축성 유체를 설명한 것으로 가장 옳은 것은?

① 체적탄성계수가 0인 유체를 말한다.
② 관로 내에 흐르는 유체를 말한다.
③ 점성을 갖고 있는 유체를 말한다.
④ 난류 유동을 하는 유체를 말한다.

해설 (1) 압축성유체와 비압축성유체
  ① 압축성 유체
    온도나 압력에 따라 밀도가 변화하는 유체 (기체)
  ② 비압축성 유체
    온도나 압력에 따라 밀도의 변화가 없는 유체(액체), 즉 유체의 압축성계수(체적탄성계수)가 0인 유체

(2) 점성유체와 비점성유체
  ① 점성 유체
    점성을 가지고 있는 유체 즉 전단응력이 발생하는 유체
  ② 비점성 유체
    점성이 없다고 가정한 유체 즉, 전단응력이 발생하지 않는 가상적인 유체

(3) 이상유체와 실제유체
  ① 이상유체
    점성이 없고(마찰손실이 없고) 비압축성인 유체. 높은 압력에서 밀도가 변화 하지 않는 유체

  ② 실제유체
    점성이 있고(마찰손실이 있고) 압축성인 유체. 높은 압력에서 밀도가 변화 하는 유체

해답 ①

33 직경 20cm의 소화용 호스에 물이 질량유량 80kg/s로 흐른다. 이때의 평균유속은 약 몇 m/s 인가?

① 0.58 ② 2.55
③ 5.97 ④ 25.48

해설 질량유량

$$\overline{m} = A u \rho$$

$$U = \dfrac{\overline{m}}{A\rho} = \dfrac{80 \text{kg/s}}{\dfrac{\pi}{4} \times (0.2\text{m})^2 \times 1000\text{kg/m}^3}$$

$= 2.55 \text{m/s}$

해답 ②

34 깊이 1m까지 물을 넣은 물탱크의 밑에 오리피스가 있다. 수면에 대기압이 작용할 때의 초기 오리피스에서의 유속 대비 2배 유속으로 물을 유출시키려면 수면에는 몇 kPa의 압력을 더 가하면 되는가? (단, 손실은 무시한다.)

① 9.8   ② 19.6
③ 29.4 ④ 39.2

해설 유속 계산 공식

$$U = \sqrt{2gH}$$

① 물의 깊이가 1m일 때 유속을 구하면
$u = \sqrt{2 \times 9.8 \times 1} = 4.4272 \text{m/s}$

② 2배 유속이므로
$2 \times 4.4272 = \sqrt{2 \times 9.8 \times H}$
$\therefore H = 4\text{m}$

③ 물의 깊이가 1m 있으므로
$H = 4\text{m} - 1\text{m} = 3\text{m}$

④ $\Delta P = 3\text{m} \times \dfrac{101.325 \text{kPa}}{10.332 \text{m}} = 29.42 \text{kPa}$

해답 ③

35 그림과 같은 거꾸로 된 마노미터에서 물과 기름, 수은이 채워져 있다. $a=10\text{cm}$, $c=25\text{cm}$ 이고 A의 압력이 B의 압력보다 80kPa작을 때 b의 길이는 약 몇 cm인가? (단, 수은의 비중량은 133100N/m³, 기름의 비중은 0.9이다.)

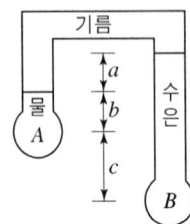

① 17.8 ② 27.8
③ 37.8 ④ 47.8

해설

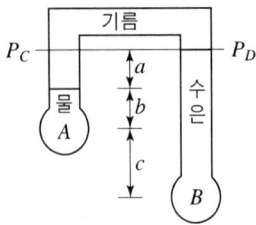

① $P_C = P_D$
$P_C = P_A - \gamma_w \times b - \gamma_{기름} \times a$
$P_D = P_B - \gamma_{Hg} \times (a+b+c)$
$P_A - \gamma_w \times b - \gamma_{기름} \times a$
$\quad\quad\quad\quad = P_B - \gamma_{Hg} \times (a+b+c)$
$P_B - P_A = 80\text{kPa}(\text{kN/m}^2)$
$\gamma_w(물) = 9.8\text{kN/m}^3$
$\gamma_{기름} = \gamma_w \times S = 9.8 \times 0.9 = 8.82\text{kN/m}^3$
$\gamma_{Hg} = 133100\text{N/m}^3 = 133.1\text{KN/m}^3$
$a = 10\text{cm} = 0.1\text{m}$, $c = 25\text{cm} = 0.25\text{m}$

② $P_A - \gamma_w \times b - \gamma_{기름} \times a$
$\quad\quad\quad = P_B - \gamma_{Hg} \times (a+b+c)$을 적용
$P_B - P_A = \gamma_{Hg}(a+b+c) - \gamma_w \times b - \gamma_{기름} \times a$
$80 = 133.1 \times (0.1+b+0.25) - 9.8 \times b$
$\quad\quad\quad\quad\quad\quad\quad\quad\quad - 8.82 \times 0.1$
$80 = 133.1 \times (0.35+b) - 9.8b - 0.882$
$80 = 46.585 + 133.1b - 9.8b - 0.882$
$123.3b = 34.297$

$b = \dfrac{34.297}{123.3} = 0.2782\text{m} = 27.82\text{cm}$

해답 ②

36 공기를 체적비율이 산소(O_2, 분자량 32g/mol) 20%, 질소(N_2, 분자량 28g/mol) 80%의 혼합기체라 가정할 때 공기의 기체상수는 약 몇 kJ/(kg · K)인가? [단, 일반기체상수는 8.3145 kJ/(kmol · K)이다.]

① 0.294 ② 0.289
③ 0.284 ④ 0.279

해설 기체상수

$$R = \frac{P(\text{kN/m}^2) \times V(\text{m}^3)}{n(\text{mol}) \times T(273+℃)}$$

0℃, 1atm 기준
$P = 1\text{atm} = 101.3\text{kPa}(\text{kN/m}^2)$
$V = 22.4\text{m}^3$
공기 $1\text{kmol} = 32 \times 0.2 + 28 \times 0.8 = 28.8\text{kg}$
$T = 273 + 0 = 273\text{K}$
$R = \dfrac{101.3(\text{kN/m}^2) \times 22.4(\text{m}^3)}{28.8\text{kg} \times (273+0)\text{K}}$
$\quad = 0.289\text{kN} \cdot \text{m/kg} \cdot \text{K} = 0.289\text{kJ/kg} \cdot \text{K}$

※ kJ=kN · m, J=N · m

해답 ②

37 물이 소방노즐을 통해 대기로 방출될 때 유속이 24m/s가 되도록 하기 위해서는 노즐입구의 압력은 몇 kPa가 되어야 하는가? (단, 압력은 계기 압력으로 표시되며 마찰손실 및 노즐입구에서의 속도는 무시한다.)

① 153 ② 203
③ 288 ④ 312

해설 ① 속도수두

$$H = \frac{P}{\gamma} = \frac{u^2}{2g}$$

② 압력(P)계산
$\gamma(물) = 9.8\text{kN/m}^2$, $u = 24\text{m/s}$
$g = 9.8\text{m/s}^2$

$$H = \frac{P}{9.8} = \frac{24^2}{2 \times 9.8}$$

$$P = \frac{9.8 \times 24^2}{2 \times 9.8} = 288 \text{kN/m}^2 (\text{kPa})$$

해답 ③

38 무한한 두 평판 사이에 유체가 채워져 있고 한 평판은 정지해 있고 또 다른 평판은 일정한 속도로 움직이는 Couette 유동을 하고 있다. 유체 A만 채워져 있을 때 평판을 움직이기 위한 단위면적당 힘을 τ_1이라 하고 같은 평판 사이에 점성이 다른 유체 B만 채워져 있을 때 필요한 힘을 τ_2라 하면 유체 A와 B가 반반씩 위아래로 채워져 있을 때 평판을 같은 속도로 움직이기 위한 단위면적당 힘에 대한 표현으로 옳은 것은?

① $\dfrac{\tau_1 + \tau_2}{2}$ ② $\sqrt{\tau_1 \tau_2}$

③ $\dfrac{2\tau_1 \tau_2}{\tau_1 + \tau_2}$ ④ $\tau_1 + \tau_2$

해설 ① $\dfrac{F_A}{A_A} = \tau_1$, $\dfrac{F_B}{A_B} = \tau_2$

② 유체 A와 B가 1/2씩 채워져 있으므로

③ $\dfrac{2\tau_1 \tau_2}{\tau_1 + \tau_2}$

해답 ③

39 동점성계수가 $1.15 \times 10^{-6} \text{m}^2/\text{s}$인 물이 30mm의 지름 원관 속을 흐르고 있다. 층류가 기대될 수 있는 최대 유량은 약 몇 m^3/s인가? (단, 임계 레이놀즈수는 2100이다.)

① 2.85×10^{-5} ② 5.69×10^{-5}
③ 2.85×10^{-7} ④ 5.69×10^{-7}

해설 **레이놀즈수와 최대유량**

$$ReNo = \frac{Du\rho}{\mu} = \frac{Du}{\nu} = \frac{4Q}{\pi D \nu}$$

여기서, $ReNo$: 레이놀드 수, D : 내경(m)

u : 평균속도(m/s), ρ : 밀도(kg/m^3)
μ : 점성계수(N · s/m^2 = kg/m · s)
ν : 동점성계수(m^2/s)

① $Q = \dfrac{ReNo \times \pi D \nu}{4}$

② $\nu = 1.15 \times 10^{-6} \text{m}^2/\text{s}$, $D = 30\text{mm} = 0.03\text{m}$

③ 유량계산

$$Q = \frac{2100 \times \pi \times 0.03 \times 1.15 \times 10^{-6}}{4}$$
$$= 5.69 \times 10^{-5} \text{m}^3/\text{s}$$

해답 ②

40 다음과 같은 유동형태를 갖는 파이프 입구 영역의 유동에서 부차적 손실계수가 가장 큰 것은?

① 날카로운 모서리
② 약간 둥근 모서리
③ 잘 다듬어진 모서리
④ 돌출 입구

해설 **부차적손실계수 크기순서**

돌출 입구 > 날카로운 모서리 > 약간 둥근 모서리 > 잘 다듬어진 모서리

해답 ④

제3과목 소방관계법규

41 소방시설 설치 및 관리에 관한 법령상 비상경보설비를 설치하여야 할 특정소방대상물의 기준 중 옳은 것은? (단, 지하구, 모래·석재 등 불연재료 창고 및 위험물 저장·처리 시설 중 가스시설은 제외한다.)

① 지하층 또는 무창층의 바닥면적이 $50m^2$ 이상인 것
② 연면적 $400m^2$ 이상인 것은 모든 층
③ 터널로서 길이가 300m 이상인 것
④ 30명 이상의 근로자가 작업하는 옥내 작업장

해설 비상경보설비 설치대상
① 연면적 $400m^2$ 이상인 것은 모든 층
② 지하층 또는 무창층의 바닥면적이 $150m^2$(공연장의 경우 $100m^2$) 이상인 것은 모든 층
③ 터널로서 길이가 500m 이상인 것
④ 50명 이상의 근로자가 작업하는 옥내 작업장

해답 ②

42 화재의 예방 및 안전관리에 관한 법령상 옮긴 물건 등의 보관기간은 소방관서의 인터넷 홈페이지에 공고하는 기간의 종료일 다음 날부터 며칠로 하는가?

① 3 ② 4
③ 5 ④ 7

해설 화재예방법 시행령 제17조
(옮긴 물건 등의 보관기간 및 보관기간 경과 후 처리)
① 소방관서장은 그날부터 14일 동안 공고
② 옮긴 물건 등의 보관기간은 공고기간의 종료일 다음 날부터 7일까지

해답 ④

43 소방시설 설치 및 관리에 관한 법령상 스프링클러설비를 설치하여야 하는 특정소방대상물의 기준 중 틀린 것은?(단, 위험물 저장 및 처리 시설 중 가스시설 또는 지하구는 제외한다.)

① 숙박이 가능한 수련시설 용도로 사용되는 시설의 바닥면적의 합계가 $600m^2$ 이상인 것은 모든 층
② 창고시설(물류터미널은 제외)로서 바닥면적 합계가 $5000m^2$ 이상인 경우에는 모든 층
③ 판매시설, 운수시설 및 창고시설(물류터미널에 한정)로서 바닥면적의 합계가 $5000m^2$ 이상이거나 수용인원이 500명 이상인 경우에는 모든 층
④ 복합건축물로서 연면적이 $3000m^2$ 이상인 경우에는 모든 층

해설 스프링클러설비 설치대상
(1) 문화 및 집회시설, 종교시설, 운동시설
① 수용인원이 100명 이상
② 영화상영관-지하층 또는 무창층인 경우 $500m^2$ 이상, 그 밖의 층의 경우에는 1천m^2 이상인 것
③ 무대부가 지하층·무창층 또는 4층 이상의 층에 있는 경우에는 무대부의 면적이 $300m^2$ 이상인 것
(2) 판매시설, 운수시설 및 창고시설로서 바닥면적의 합계가 5천m^2 이상이거나 수용인원이 500명 이상인 경우에는 모든 층
(3) 층수가 6층 이상인 경우에는 모든 층.
(4) 바닥면적의 합계가 $600m^2$ **이상**인 것은 **모든 층**
① 의료시설 중 정신의료기관
② 의료시설 중 종합병원, 병원, 치과병원, 한방병원 및 요양병원
③ 노유자시설
④ 숙박이 가능한 수련시설
(5) **복합건축물**로서 연면적 **5천m^2 이상**인 경우에는 **모든 층**

해답 ④

44 소방기본법상 소방본부장, 소방서장 또는 소방대장의 권한이 아닌 것은?

① 화재, 재난·재해, 그 밖의 위급한 상황이 발생한 현장에서 소방활동을 위하여 필요할 때에는 그 관할구역에 사는 사람 또는 그 현장에 있는 사람으로 하여금 사람을 구출하는 일 또는 불을 끄거나 불이 번지지 아니하도록 하는 일을 하게 할 수 있다.
② 소방활동을 할 때에 긴급한 경우에는 이웃한 소방본부장 또는 소방서장에게 소방업무의 응원을 요청할 수 있다.
③ 사람을 구출하거나 불이 번지는 것을 막기 위하여 필요할 때에는 화재가 발생하거나 불이 번질 우려가 있는 소방대상물 및 토지를 일시적으로 사용하거나 그 사용의 제한 또는 소방활동에 필요한 처분을 할 수 있다.
④ 소방활동을 위하여 긴급하게 출동할 때에는 소방자동차의 통행과 소방활동에 방해가 되는 주차 또는 정차된 차량 및 물건 등을 제거하거나 이동시킬 수 있다.

해설 소방기본법 제11조(소방업무의 응원)
① **소방본부장**이나 **소방서장**은 소방활동을 할 때에 긴급한 경우에는 이웃한 소방본부장 또는 소방서장에게 소방업무의 **응원을 요청**할 수 있다.
② 소방업무의 응원 요청을 받은 소방본부장 또는 소방서장은 정당한 사유 없이 그 요청을 거절하여서는 아니 된다.
③ 소방업무의 응원을 위하여 파견된 소방대원은 응원을 요청한 소방본부장 또는 소방서장의 지휘에 따라야 한다.
④ **시·도지사**는 소방업무의 응원을 요청하는 경우를 대비하여 **출동 대상지역 및 규모와 필요한 경비의 부담** 등에 관하여 필요한 사항을 **행정안전부령**으로 정하는 바에 따라 **이웃하는 시·도지사와 협의**하여 미리 규약으로 정하여야 한다.

해답 ②

45 위험물안전관리법상 지정수량 미만인 위험물의 저장 또는 취급에 관한 기술상의 기준은 무엇으로 정하는가?

① 대통령령   ② 총리령
③ 시·도의 조례   ④ 행정안전부령

해설 위험물법 제4조 (소량위험물)
① **지정수량** 미만의 위험물
② 소량위험물 취급의 기준 및 시설기준은 **시도의 조례**로 정한다.

해답 ③

46 위험물안전관리법상 업무상 과실로 제조소등에서 위험물을 유출·방출 또는 확산시켜 사람의 생명·신체 또는 재산에 대하여 위험을 발생시킨 자에 대한 벌칙 기준으로 옳은 것은?

① 5년 이하의 금고 또는 2000만원 이하의 벌금
② 5년 이하의 금고 또는 7000만원 이하의 벌금
③ 7년 이하의 금고 또는 2000만원 이하의 벌금
④ 7년 이하의 금고 또는 7000만원 이하의 벌금

해설 위험물안전관리법 제33조(벌칙)
(1) 1년 이상 10년 이하의 징역
   제조소등에서 위험물을 유출·방출 또는 확산시켜 사람의 생명·신체 또는 재산에 대하여 **위험을 발생**시킨 자
(2) 무기 또는 3년 이상의 징역
   제조소등에서 위험물을 유출·방출 또는 확산시켜 사람을 **상해(傷害)**에 이르게 한 때
(3) 무기 또는 5년 이상의 징역
   제조소등에서 위험물을 유출·방출 또는 확산시켜 **사망**에 이르게 한 때
(4) 7년 이하의 금고 또는 7천만원 이하의 벌금
   업무상 과실로 제조소등에서 위험물을 유출·방출 또는 확산시켜 사람의 생명·신체 또는 재산에 대하여 **위험을 발생시킨 자**
(5) 10년 이하의 징역 또는 금고나 1억원 이하의 벌금
   제조소등에서 위험물을 유출·방출 또는 확산시켜 사람을 **사상**에 이르게 한 자

해답 ④

47 소방기본법상 소방활동구역의 설정권자로 옳은 것은?

① 소방본부장   ② 소방서장
③ 소방대장   ④ 시·도지사

해설 **소방대장의 권한**
① 소방활동을 위하여 긴급하게 출동할 때에는 소방자동차의 통행과 소방활동에 방해가 되는 주차 또는 정차된 차량 및 물건 등을 제거하거나 이동시킬 수 있다.
② 화재, 재난·재해, 그 밖의 위급한 상황이 발생한 현장에 **소방활동구역을 정하여** 소방활동에 필요한 사람으로서 대통령령으로 정하는 사람 외에는 그 구역에 **출입하는 것을 제한**할 수 있다.
③ 사람을 구출하거나 불이 번지는 것을 막기 위하여 필요할 때에는 화재가 발생하거나 불이 번질 우려가 있는 소방대상물 및 토지를 일시적으로 사용하거나 그 사용의 제한 또는 소방활동에 필요한 처분을 할 수 있다.
④ 화재 진압 등 소방활동을 위하여 필요할 때에는 소방용수 외에 댐·저수지 또는 수영장 등의 물을 사용하거나 수도(水道)의 개폐장치 등을 조작할 수 있다.

해답 ③

48 소방기본법령상 소방용수시설별 설치기준 중 틀린 것은?

① 급수탑 개폐밸브는 지상에서 1.5m 이상 1.7m 이하의 위치에 설치하도록 할 것
② 소화전은 상수도와 연결하여 지하식 또는 지상식의 구조로 하고, 소방용호스와 연결하는 소화전의 연결금속구의 구경은 100mm로 할 것
③ 저수조 흡수관의 투입구가 사각형의 경우에는 한 변의 길이가 60cm 이상, 원형의 경우에는 지름이 60cm 이상일 것
④ 저수조는 지면으로부터의 낙차가 4.5m 이하일 것

해설 **소방기본법 시행규칙 제6조 ②항의 별표 3 소방용수시설의 설치기준**
(1) 공통기준
　① **주거**지역·**상업**지역 및 **공업**지역 : 수평거리 100m 이하
　② **기타** 지역 : 수평거리 140m 이하
(2) 소방용수시설별 설치기준
　소화전의 설치기준 : 상수도와 연결하여 지하식 또는 지상식의 구조로 하고, 소방용호스와 연결하는 소화전의 **연결금속구의 구경은 65mm**로 할 것
(3) 급수탑의 설치기준
　급수배관의 구경은 100mm 이상, 개폐밸브는 지상에서 1.5m 이상 1.7m 이하의 위치에 설치
(4) 저수조의 설치기준
　① **지면으로부터의 낙차가 4.5m 이하**
　② **흡수부분의 수심이 0.5m 이상**
　③ 소방펌프자동차가 쉽게 접근할 수 있도록 할 것
　④ 흡수에 지장이 없도록 토사 및 쓰레기 등을 제거할 수 있는 설비를 갖출 것
　⑤ 흡수관의 투입구가 사각형의 경우에는 한 변의 길이가 60cm **이상**, 원형의 경우에는 지름이 60cm **이상**
　⑥ 저수조에 물을 공급하는 방법은 상수도에 연결하여 자동으로 급수되는 구조

해답 ②

49 소방시설 설치 및 관리에 관한 법상 특정소방대상물에 소방시설이 화재안전기술기준에 따라 설치 또는 유지·관리 되어 있지 아니할 때 해당 특정소방대상물의 관계인에게 필요한 조치를 명할 수 있는 자는?

① 소방본부장　② 소방청장
③ 시·도지사　④ 행정안전부장관

해설 **소방시설법 제12조(소방시설의 관리 등)**
① 특정소방대상물의 관계인은 대통령령으로 정하는 소방시설을 소방청장이 정하여 고시하는 화재안전기술기준에 따라 설치 또는 유지·관리하여야 한다.
② **소방본부장이나 소방서장**은 소방시설이 화재안전기술기준에 따라 설치 또는 유지·관리되어 있지 아니할 때에는 해당 특정소방대상물의 관계인에게 **필요한 조치를 명할 수 있다.**
③ 특정소방대상물의 관계인은 소방시설을 유지·관리할 때 소방시설의 기능과 성능에 지장을 줄 수 있는 폐쇄(잠금을 포함)·차단 등의 행위를 하여서는 아니 된다. 다만, 소방시설의 **점검·정비**를 위한 **폐쇄·차단**은 할 수 있다.

해답 ①

50 화재의 예방 및 안전관리에 관한 법상 소방안전관리대상물의 소방안전 관리자 업무가 아닌 것은?

① 소방훈련지도 및 교육지도
② 자위소방대 및 초기대응체계의 구성·운영·교육
③ 피난시설, 방화구획 및 방화시설의 유지·관리
④ 피난계획에 관한 사항과 대통령령으로 정하는 사항이 포함된 소방계획서의 작성 및 시행

해설 (화재예방법 제24조) 소방안전관리자 업무
(1) **소방계획서의 작성 및 시행**
(2) **자위소방대** 및 초기대응체계의 **구성·운영·교육**
(3) 피난시설, 방화구획 및 방화시설의 **관리**
(4) **소방시설, 소방 관련시설의 관리**
(5) **소방훈련 및 교육**
(6) 화기 취급의 감독
(7) 소방안전관리에 관한 **업무수행 기록·유지**
(8) 화재발생 시 **초기대응**
(9) 소방안전관리에 **필요한 업무**

해답 ①

51 화재의 예방 및 안전관리에 관한 법령상 소방안전관리대상물의 소방계획서에 포함되어야 하는 사항이 아닌 것은?

① 예방규정을 정하는 제조소등의 위험물 저장·취급에 관한 사항
② 소방시설·피난시설 및 방화시설의 점검·정비계획
③ 특정소방대상물의 근무자 및 거주자의 자위소방대 조직과 대원의 임무에 관한 사항
④ 방화구획, 제연구획, 건축물의 내부 마감재료(불연재료·준불연재료 또는 난연재료로 사용된 것) 및 방염물품의 사용현황과 그 밖의 방화구조 및 설비의 유지·관리계획

해설 (화재예방법 시행령 제27조)
소방계획서에 포함되어야하는 사항
① 일반 현황
② 소방·방화, 전기·가스 및 **위험물시설의 현황**
③ 자체점검계획 및 **대응대책**
④ 소방·피난 및 방화시설의 **점검·정비계획**
⑤ **피난계획**
⑥ 내부 마감재료 및 방염대상물품의 사용현황과 방화구조 및 설비의 유지·**관리계획**
⑦ 관리의 권원이 분리된 **소방안전관리에 관한 사항**
⑧ 소방훈련 및 **교육에 관한 계획**
⑨ 자위소방대 조직과 대원 **임무에 관한 사항**
⑩ 공사 중 소방안전관리에 관한 사항
⑪ **소화와 연소 방지에 관한 사항**
⑫ 위험물의 저장·취급에 관한 사항(예방규정을 정하는 제조소등은 제외)
⑬ 업무수행에 관한 **기록 및 유지에 관한 사항**
⑭ **초기대응에 관한 사항**
⑮ 소방본부장 또는 소방서장이 **요청하는 사항**

해답 ①

52 소방시설 설치 및 관리에 관한 법상 소방시설 등에 대한 자체점검을 하지 아니하거나 관리업자 등으로 하여금 정기적으로 점검하게 하지 아니한 자에 대한 벌칙 기준으로 옳은 것은?

① 6개월 이하의 징역 또는 1000만원 이하의 벌금
② 1년 이하의 징역 또는 1000만원 이하의 벌금
③ 3년 이하의 징역 또는 1500만원 이하의 벌금
④ 3년 이하의 징역 또는 3000만원 이하의 벌금

해설 소방시설법 제58조(벌칙)
1년 이하의 징역 또는 1천만원 이하의 벌금
(1) **자체점검을 하지 아니한 자**
(2) **소방시설관리사증을 빌려주거나** 알선한 자
(3) 동시에 **둘 이상의 업체에 취업한 자**
(4) **자격정지기간 중에** 관리사의 업무를 한 자
(5) 등록증이나 등록수첩을 **빌려준 자**
(6) **영업정지기간 중에** 관리업의 업무를 한 자
(7) **합격표시를 위조** 또는 변조하여 사용한 자
(8) **변경승인**을 받지 아니한 자
(9) 제품검사표시를 위조, **변조하여 사용한 자**

⑩ 성능인증의 **변경인증**을 받지 아니한 자
⑪ 우수품질인증 표시를 위조, 변조 사용한 자
⑫ **비밀을 다른 사람에게 누설한 자**

해답 ②

53 소방시설 설치 및 관리에 관한 법령상 소방용품이 아닌 것은?

① 소화약제 외의 것을 이용한 간이소화용구
② 자동소화장치
③ 가스누설경보기
④ 소화용으로 사용하는 방염제

해설 소방시설법 제6조 (형식승인대상 소방용품)
(1) 소화설비를 구성하는 제품 또는 기기
  ① 소화기구(**소화약제 외의 것을 이용한 간이소화용구는 제외**)
  ② 자동소화장치
  ③ 소화설비를 구성하는 소화전, 관창, 소방호스, 스프링클러헤드, 기동용 수압개폐장치, 유수제어밸브 및 가스관선택밸브
(2) 경보설비를 구성하는 제품 또는 기기
  ① 누전경보기 및 가스누설경보기
  ② 경보설비를 구성하는 발신기, 수신기, 중계기, 감지기 및 음향장치(경종만 해당)
(3) 피난구조설비를 구성하는 제품 또는 기기
  ① 피난사다리, 구조대, 완강기(간이완강기 및 지지대를 포함)
  ② 공기호흡기(충전기를 포함)
  ③ 피난구유도등, 통로유도등, 객석유도등 및 예비 전원이 내장된 비상조명등
(4) 소화용으로 사용하는 제품 또는 기기
  ① 소화약제
  ② 방염제(방염액·방염도료 및 방염성물질)
(5) 그 밖에 행정안전부령으로 정하는 소방 관련 제품 또는 기기

해답 ①

54 소방기본법령상 소방본부 종합상황실 실장이 소방청의 종합상황실에 서면·팩스 또는 컴퓨터통신 등으로 보고하여야 하는 화재의 기준 중 틀린 것은?

① 항구에 매어둔 총 톤수가 1000톤 이상인 선박에서 발생한 화재
② 층수가 5층 이상이거나 병상이 30개 이상인 종합병원·정신병원·한방병원·요양소에서 발생한 화재
③ 지정수량의 1000배 이상의 위험물의 제조소·저장소·취급소에서 발생한 화재
④ 연면적 15000m² 이상인 공장 또는 화재예방강화지구에서 발생한 화재

해설 소방기본법 시행규칙 제3조 (종합상황실의 보고대상)
① 사망자 5인 이상 또는 사상자 10인 이상인 화재
② 이재민 100인 이상 화재
③ 재산피해 50억원 이상 화재
④ 관공서, 학교, 정부미 도정공장, 문화재, 지하철, 지하구 화재
⑤ 관광호텔, 층수 11층 이상 지하상가, 시장, 백화점, **지정수량의 3천배 이상의 위험물**의 제조소·저장소·취급소, 층수가 5층 이상이거나 객실이 **30실 이상인 숙박시설**, 층수가 5층 이상이거나 **병상이 30개 이상인 종합병원**·정신병원·한방병원·요양소, 연면적 **1만5천제곱미터 이상인 공장** 또는 화재예방강화지구에서 발생한 화재
⑥ 1000톤 이상 선박화재
⑦ 가스 및 화약류의 폭발에 의한 화재
⑧ **다중이용업소의 화재**

해답 ③

55 위험물안전관리법령상 위험물의 안전관리와 관련된 업무를 수행하는 자로서 소방청장이 실시하는 안전교육대상자가 아닌 것은?

① 안전관리자로 선임된 자
② 탱크시험자의 기술인력으로 종사하는 자
③ 위험물운송자로 종사하는 자
④ 제조소등의 관계인

해설 위험물법 시행령 제20조(안전교육대상자)
① 안전관리자로 선임된 자
② 탱크시험자의 기술인력으로 종사하는 자
③ 위험물운반자로 종사하는 자
④ 위험물운송자로 종사하는 자

해답 ④

56 소방공사업법령상 공사감리자 지정대상 특정 소방대상물의 범위가 아닌 것은?

① 캐비닛형 간이스프링클러설비를 신설·개설하거나 방호·방수 구역을 증설할 때
② 물분무등소화설비(호스릴 방식의 소화설비는 제외)를 신설·개설하거나 방호·방수구역을 증설할 때
③ 제연설비를 신설·개설하거나 제연구역을 증설할 때
④ 연소방지설비를 신설·개설하거나 살수구역을 증설할 때

해설 공사업법 시행령 제10조
(공사감리자 지정대상 특정소방대상물의 범위)
① 옥내소화전설비를 신설·개설 또는 증설할 때
② 스프링클러설비등(캐비닛형 간이스프링클러설비는 제외)을 신설·개설하거나 방호·방수 구역을 증설할 때
③ 물분무등소화설비(호스릴 방식의 소화설비는 제외)를 신설·개설하거나 방호·방수 구역을 증설할 때
④ 옥외소화전설비를 신설·개설 또는 증설할 때
⑤ 자동화재탐지설비, 비상방송설비, 비상조명등을 신설·개설할 때
⑥ 통합감시시설을 신설 또는 개설할 때
⑦ 소화용수설비를 신설 또는 개설할 때
⑧ 다음 각 목에 따른 소화활동설비에 대하여 각 목에 따른 시공을 할 때
  ㉠ 제연설비를 신설·개설하거나 제연구역을 증설할 때
  ㉡ 연결송수관설비를 신설 또는 개설할 때
  ㉢ 연결살수설비를 신설·개설하거나 송수구역을 증설할 때
  ㉣ 비상콘센트설비를 신설·개설하거나 전용회로를 증설할 때
  ㉤ 무선통신보조설비를 신설 또는 개설할 때
  ㉥ 연소방지설비를 신설·개설하거나 살수구역을 증설할 때

해답 ①

57 위험물안전관리법상 위험물시설의 설치 및 변경 등에 관한 기준 중 다음 ( ) 안에 알맞은 것은?

제조소 등의 위치·구조 또는 설비의 변경 없이 당해 제조소 등에서 저장하거나 취급하는 위험물의 품명·수량 또는 지정수량의 배수를 변경하고자 하는 자는 변경하고자 하는 날의 (㉠)일 전까지 (㉡)이 정하는 바에 따라 (㉢)에게 신고하여야 한다.

① ㉠ 1, ㉡ 행정안전부령, ㉢ 시·도지사
② ㉠ 1, ㉡ 대통령령, ㉢ 소방본부장·소방서장
③ ㉠ 14, ㉡ 행정안전부령, ㉢ 시·도지사
④ ㉠ 14, ㉡ 대통령령, ㉢ 소방본부장·소방서장

해설 위험물안전관리법 제6조
(위험물시설의 설치 및 변경 등)
제조소등의 위치·구조 또는 설비의 **변경없이** 당해 제조소등에서 저장하거나 취급하는 위험물의 **품명·수량** 또는 **지정수량의 배수를 변경**하고자 하는 자는 변경하고자 하는 날의 **1일 전까지** 행정안전부령이 정하는 바에 따라 **시·도지사에게 신고**하여야 한다.

해답 ①

58 소방시설 설치 및 관리에 관한 법상 특정소방대상물의 피난시설, 방화 구획 또는 방화시설의 폐쇄·훼손·변경 등의 행위를 한 자에 대한 과태료 기준으로 옳은 것은?

① 200만원의 이하의 과태료
② 300만원의 이하의 과태료
③ 500만원의 이하의 과태료
④ 600만원의 이하의 과태료

해설 소방시설법 제61조(과태료)
300만원 이하의 과태료
(1) 소방시설을 화재안전기술기준에 따라 설치·관리하지 아니한 자
(2) 공사 현장에 임시소방시설을 설치·관리하지 아니한 자
(3) **피난시설, 방화구획 또는 방화시설의 폐쇄·훼손·변경 등의 행위를 한 자**
(4) 방염대상물품을 방염성능기준 이상으로 설치하지 아니한 자
(5) 점검 결과를 보고하지 아니하거나 거짓으로 보

고한 자
(6) 지위승계, 행정처분 또는 휴업・폐업의 사실을 특정소방대상물의 관계인에게 알리지 아니하거나 거짓으로 알린 관리업자

해답 ②

59 화재의 예방 및 안전관리에 관한 법령상 특수가연물의 저장 및 취급 기준 중 다음 ( ) 안에 알맞은 것은?(단, 석탄・목탄류를 발전용으로 저장하는 경우는 제외한다.)

> 살수설비를 설치하거나, 방사능력 범위에 해당 특수가연물이 포함되도록 대형수동식 소화기를 설치하는 경우에는 쌓는 높이를 (㉠)m 이하, 쌓는 부분의 바닥면적을 (㉡)m² 이하로 할 수 있다.

① ㉠10, ㉡30　② ㉠10, ㉡50
③ ㉠15, ㉡100　④ ㉠15, ㉡200

해설 특수가연물의 저장 및 취급기준
(화재예방법 시행령 제19조 제2항 [별표3])
(1) 품명・최대저장수량・단위부피(체적)당 질량・관리책임자 성명・직책, 연락처 및 화기취급의 금지표시 설치
(2) 기준(석탄・목탄류를 발전용은 예외)
  ① 품명별로 구분하여 쌓을 것
  ② 저장 기준

구분	높이	바닥면적(m²)
일반기준	10m 이하	50(석탄・목탄류 200) 이하
살수설비, 대형소화기	15m 이하	200(석탄・목탄류 300) 이하

  ③ 최소 6m 이상 간격을 유지(쌓은 높이보다 0.9m 이상 높은 내화구조 벽체 설치 시 예외)
  ④ 쌓는 부분의 바닥면적 사이 간격

구분	쌓는 부분의 바닥면적 사이 이격거리
실내	1.2m 또는 쌓는 높이의 1/2 중 큰 값 이상
실외	3m 또는 쌓는 높이 중 큰 값 이상

해답 ④

60 소방시설공사업법령상 상주 공사감리 대상 기준 중 다음 ( ) 안에 알맞은 것은?

> ・연면적 (㉠)m² 이상의 특정소방대상물(아파트는 제외)에 대한 소방시설의 공사
> ・지하층을 포함한 층수가 (㉡)층 이상으로서 (㉢)세대 이상인 아파트에 대한 소방시설의 공사

① ㉠ 10000, ㉡ 11, ㉢ 600
② ㉠ 10000, ㉡ 16, ㉢ 500
③ ㉠ 30000, ㉡ 11, ㉢ 600
④ ㉠ 30000, ㉡ 16, ㉢ 500

해설 상주공사감리 대상

종류	대상
상주공사감리	・연면적 3만m² 이상(자동화재탐지설비, 옥내, 옥외 또는 소화용수시설만 설치되는 공사 제외) ・지하층 포함한 층수가 16층 이상 500세대 이상인 아파트
일반공사감리	상주공사감리에 해당하지 아니하는 소방시설

해답 ④

제4과목 소방기계시설의 구조 및 원리

61 전역방출방식의 분말소화설비에 있어서 방호구역의 용적이 500m³일 때 적합한 분사헤드의 수는? (단, 제1종 분말이며, 체적 1m³당 소화약제의 양은 0.60kg이며, 분사헤드 1개의 분당 표준 방사량은 18kg이다.)

① 17개　② 30개
③ 34개　④ 134개

해설 ① $Q(\text{kg}) = 500\text{m}^3 \times 0.6\text{kg/m}^3 = 300\text{kg}$
약제 저장량을 30초 이내에 방사
② 헤드 표준방사량 : 18kg/min = 9kg/30초
③ 헤드수 = 300 ÷ 9 = 33.3
∴ 34개

분말약제 저장량(kg)
$$Q = V \times K_1 + A \times K_2$$

여기서, Q : 분말약제 저장량(kg)
V : 방호구역체적(m^3)
K_1 : 체적계수(kg/m^3)
A : 개구부면적(m^2)
K_2 : 면적계수(kg/m^2)

전역방출방식

종별	체적계수 (K_1 : kg/m^3)	면적 계수(K_2 : kg/m^2) (자동폐쇄장치 미설치 시)
제1종	0.60	4.5
제2종 제3종	0.36	2.7
제4종	0.24	1.8

해답 ③

62 이산화탄소 소화약제의 저장용기 설치기준 중 옳은 것은?

① 저장용기의 충전비는 고압식은 1.9 이상 2.3 이하, 저압식은 1.5 이상 1.9 이하로 할 것
② 저압식 저장용기에는 액면계 및 압력계와 2.1MPa 이상 1.9MPa 이하의 압력에서 작동하는 압력경보장치를 설치할 것
③ 저장용기 고압식은 25MPa 이상, 저압식은 3.5MPa 이상의 내압시험압력에 합격한 것으로 할 것
④ 저압식 저장용기에는 내압시험압력의 1.8배의 압력에서 작동하는 안전밸브와 내압시험압력이 0.8배로부터 내압시험압력에서 작동하는 봉판을 설치할 것

해설 이산화탄소 저장용기의 설치 기준

① 저장용기의 충전비 :

	저압식	고압식
	1.1~1.4	1.5~1.9

② 저압식 저장용기
 ㉠ 내압시험압력의 0.64배 부터 0.8배까지의 압력에서 작동하는 **안전밸브**
 ㉡ 내압시험압력의 0.8배 부터 내압시험압력에서 작동하는 **봉판**
③ 저압식 저장용기
 ㉠ 액면계 및 압력계
 ㉡ 2.3MPa 이상 1.9MPa 이하의 압력에서 작동하는 **압력경보장치**

④ 저압식 저장용기에는 용기내부의 온도가 $-18℃$ 이하에서 2.1MPa의 압력을 유지할 수 있는 **자동 냉동장치**
⑤ 저장용기는 고압식은 25MPa 이상, 저압식은 3.5MPa 이상의 **내압시험압력에 합격한 것**

해답 ③

63 화재 시 연기가 찰 우려가 없는 장소로서 호스릴방식의 분말소화설비를 설치할 수 있는 기준 중 다음 ( ) 안에 알맞은 것은?

- 지상 1층 및 피난층에 있는 부분으로서 지상에서 수동 또는 원격조작에 따라 개방할 수 있는 개구부의 유효면적의 합계가 바닥면적의 (㉠)% 이상이 되는 부분
- 전기설비가 설치되어 있는 부분 또는 다량의 화기를 사용하는 부분의 바닥면적이 해당 설비가 설치되어 있는 구획의 바닥면적의 (㉡) 미만이 되는 부분

① ㉠ 15, ㉡ 1/5
② ㉠ 15, ㉡ 1/2
③ ㉠ 20, ㉡ 1/5
④ ㉠ 20, ㉡ 1/2

해설 호스릴방식의 분말소화설비 설치기준
(화재 시 현저하게 연기가 찰 우려가 없는 장소)
① 지상 1층 및 피난층에 있는 부분으로서 지상에서 수동 또는 원격조작에 따라 개방할 수 있는 개구부의 유효면적의 합계가 바닥면적의 **15% 이상**이 되는 부분
② 전기설비가 설치되어 있는 부분 또는 다량의 화기를 사용하는 부분(해당 설비의 주위 5m 이내의 부분을 포함)의 바닥면적이 해당 설비가 설치되어 있는 구획의 바닥면적의 **5분의 1 미만**이 되는 부분

해답 ①

64 소화수조의 소요수량이 20m^3 이상 40m^3 미만인 경우 설치하여야 하는 채수구의 개수로 옳은 것은?

① 1개
② 2개
③ 3개
④ 4개

해설 흡수관 투입구 및 채수구
(1) 흡수관 투입구

① 한 변이 0.6m 이상 또는 직경이 0.6m 이상
② 소요수량이 80m³ 미만인 것 : 1개 이상
③ 소요수량이 80m³ 이상인 것 : 2개 이상
④ "흡수관투입구"라고 표시한 표지를 할 것
(2) 채수구 설치기준
① 65mm 이상의 나사식 결합금속구를 설치

소요수량과 채수구수

소요수량	20m³ 이상 40m³ 미만	40m³ 이상 100m³ 미만	100m³ 이상
채수구수	1개	2개	3개

② 채수구 설치위치 : 0.5m 이상 1m 이하
③ "채수구"라고 표시한 표지를 할 것
④ 소화용수설비 설치 면제 :
  유수의 양이 0.8m³/min 이상인 유수를 사용할 수 있는 경우

해답 ①

65 건축물에 설치하는 연결살수설비 헤드의 설치기준 중 다음 ( ) 안에 알맞은 것은?

> 천장 또는 반자의 각 부분으로부터 하나의 살수헤드까지의 수평거리가 연결살수설비 전용 헤드의 경우는 (㉠)m 이하, 스프링클러헤드의 경우는 (㉡)m 이하로 할 것. 다만, 살수헤드의 부착면과 바닥과의 높이가 (㉢)m 이하인 부분은 살수헤드의 살수 분포에 따른 거리로 할 수 있다.

① ㉠ 3.7, ㉡ 2.3, ㉢ 2.1
② ㉠ 3.7, ㉡ 2.1, ㉢ 2.3
③ ㉠ 2.3, ㉡ 3.7, ㉢ 2.3
④ ㉠ 2.3, ㉡ 3.7, ㉢ 2.1

해설 연결살수설비의 헤드
(1) 천장, 반자에서 살수헤드까지 수평거리
  ① 연결살수설비 전용헤드(개방형헤드) : 3.7m 이하
  ② 스프링클러헤드(폐쇄형헤드) : 2.3m 이하
    (다만, 살수헤드의 부착면과 바닥과의 높이가 2.1m 이하인 부분은 살수헤드의 살수분포에 따른 거리로 할 수 있다)
(2) 연결살수설비 전용헤드 수별 급수관의 구경

헤드수	1개	2개	3개	4~5개	6~10개
배관구경(mm)	32	40	50	65	80

해답 ①

66 포소화설비의 자동식 기동장치를 폐쇄형 스프링클러헤드의 개방과 연동하여 가압송수장치·일제 개방밸브 및 포 소화약제 혼합장치를 기동하는 경우의 설치 기준 중 다음 ( ) 안에 알맞은 것은? (단, 자동화재탐지설비의 수신기가 설치된 장소에 상시 사람이 근무하고 있고, 화재 시 즉시 해당 조작부를 작동시킬 수 있는 경우는 제외한다.)

> 표시온도가 (㉠)℃ 미만의 것을 사용하고, 1개의 스프링클러헤드의 경계면적은 (㉡)m² 이하로 할 것

① ㉠ 79, ㉡ 8   ② ㉠ 121, ㉡ 8
③ ㉠ 79, ㉡ 20   ④ ㉠ 121, ㉡ 20

해설 포소화설비의 자동식 기동장치
폐쇄형 스프링클러헤드를 사용하는 경우
① 표시온도가 79℃ **미만**인 것을 사용하고, 1개의 스프링클러헤드의 경계면적은 20m² **이하**로 할 것
② 부착면의 높이는 바닥으로부터 5m **이하**로 하고, 화재를 유효하게 감지할 수 있도록 할 것
③ 하나의 감지장치 경계구역은 하나의 층이 되도록 할 것

해답 ③

67 스프링클러설비 가압송수장치의 설치기준 중 고가수조를 이용한 가압송수장치에 설치하지 않아도 되는 것은?

① 수위계   ② 배수관
③ 오버플로우관   ④ 압력계

해설 압력수조 설치부품(맨압배 급수 자급방만)
① 수위계 ② 급수관 ③ 배수관 ④ 급기관
⑤ 맨홀   ⑥ 압력계 ⑦ 안전장치
⑧ 자동식 공기압축기(자동식 에어 콤푸레샤)

고가수조 설치부품(오급수 배트맨)
① 수위계   ② 배수관   ③ 급수관
④ 오버플로우관   ⑤ 맨홀

해답 ④

68 특별피난계단의 계단실 및 부속실 제연설비의 차압 등에 관한 기준 중 다음 ( ) 안에 알맞은 것은?

제연설비가 가동되었을 경우 출입문의 개방에 필요한 힘은 (   )N 이하로 하여야 한다.

① 12.5　　② 40
③ 70　　　④ 110

해설 특별피난계단의 계단실 및 부속실 제연설비의 차압 등
① 제연구역과 옥내와의 사이에 유지하여야 하는 최소차압은 40Pa(옥내에 스프링클러설비가 설치된 경우 12.5Pa) 이상
② 제연설비가 가동되었을 경우 출입문의 개방에 필요한 힘은 **110N 이하**
③ 출입문이 일시적으로 개방되는 경우 개방되지 아니하는 제연구역과 옥내와의 차압은 제1항의 기준에 불구하고 차압의 **70% 이상**이어야 한다.
④ 계단실과 부속실을 동시에 제연 하는 경우 부속실의 기압은 계단실과 같게 하거나 계단실의 기압보다 낮게 할 경우에는 부속실과 계단실의 **압력차이는 5Pa 이하**

해답 ④

69 완강기의 최대사용자수 기준 중 다음 ( ) 안에 알맞은 것은?

최대 사용자수(1회에 강하할 수 있는 사용자의 최대수)는 최대사용하중을 (   )N으로 나누어서 얻은 값으로 한다.

① 250　　② 500
③ 750　　④ 1500

해설 완강기의 최대사용하중 및 최대사용자수
① 최대사용하중은 1500N 이상의 하중이어야 한다.
② 최대사용자수(1회에 강하할 수 있는 사용자의 최대수)는 **최대사용하중을 1500N으로 나누어서 얻은 값(1 미만의 수는 계산하지 아니한다)**으로 한다.
③ 최대사용자수에 상당하는 수의 벨트가 있어야 한다.

해답 ④

70 화재조기진압용 스프링클러설비 가지배관의 배열기준 중 천장의 높이가 9.1m 이상 13.7m 이하인 경우 가지배관 사이의 거리 기준으로 옳은 것은?

① 2.4m 이상 3.1m 이하
② 2.4m 이상 3.7m 이하
③ 6.0m 이상 8.5m 이하
④ 6.0m 이상 9.3m 이하

해설 화재조기진압용 스프링클러설비 가지배관의 배열
① 토너먼트(tournament)방식이 아닐 것
② 가지배관 사이의 거리

천장의 높이	
일반적 기준	9.1m 이상 13.7m 이하
2.4m 이상 3.7m 이하	2.4m 이상 3.1m 이하

해답 ①

71 스프링클러설비 헤드의 설치기준 중 다음 ( ) 안에 알맞은 것은?

살수가 방해되지 아니하도록 스프링클러헤드부터 반경 (㉠)cm 이상의 공간을 보유할 것. 다만, 벽과 스프링클러헤드 간의 공간은 (㉡)cm 이상으로 한다.

① ㉠ 10, ㉡ 60　　② ㉠ 30, ㉡ 10
③ ㉠ 60, ㉡ 10　　④ ㉠ 90, ㉡ 60

해설 스프링클러헤드
① 살수가 방해되지 아니하도록 스프링클러헤드로부터 **반경 60cm 이상의 공간을 보유할 것. 다만, 벽과 스프링클러헤드간의 공간은 10cm 이상**으로 한다.
② 스프링클러헤드와 그 부착면과의 거리는 30cm 이하로 할 것.
③ **연소할 우려가 있는 개구부**에는 그 상하좌우에 **2.5m 간격으로 스프링클러헤드를 설치**하되, 스프링클러헤드와 개구부의 내측 면으로부터 **직선거리는 15cm 이하**가 되도록 할 것. 이 경우 사람이 상시 출입하는 개구부로서 통행에 지장이 있는 때에는 개구부의 상부 또는 측면(개구부의 폭이 9m 이하인 경우)에 설치하되, 헤

드 상호간의 간격은 1.2m 이하로 설치하여야 한다.

해답 ③

72 포 소화약제의 혼합장치에 대한 설명 중 옳은 것은?

① 라인 푸로포셔너방식 이란 펌프의 토출관과 흡입관 사이의 배관 도중에 설치한 흡입기에 펌프에서 토출된 물의 일부를 보내고, 농도 조절밸브에서 조정된 포 소화약제의 필요량을 포 소화약제 탱크에서 펌프 흡입측으로 보내어 이를 혼합하는 방식을 말한다.

② 프레져사이드 푸로포셔너방식 이란 펌프의 토출관에 압입기를 설치하여 포 소화약제 압입용펌프로 포 소화약제를 압입시켜 혼합하는 방식을 말한다.

③ 프레져 푸로포셔너방식 이란 펌프와 발포기 중간에 설치된 벤추리관의 벤추리작용에 따라 포 소화약제를 흡입·혼합하는 방식을 말한다.

④ 펌프 푸로포셔너방식 이란 펌프와 발포기의 중간에 설치된 벤추리관의 벤추리작용과 펌프 가압수의 포 소화약제 저장탱크에 대한 압력에 따라 포 소화약제를 흡입·혼합하는 방식을 말한다.

해설 포소화약제의 혼합장치

① 펌프 프로포셔너 방식
펌프의 토출관과 흡입관 사이의 배관도중에 설치한 흡입기에 펌프에서 토출된 물의 일부를 보내고, 농도 조정밸브에서 조정된 포 소화약제의 필요량을 포 소화약제 탱크에서 펌프 흡입측으로 보내어 이를 혼합하는 방식

② 프레져 프로포셔너 방식
펌프와 발포기의 중간에 설치된 벤추리관의 벤추리작용과 펌프 가압수의 포 소화약제 저장탱크에 대한 압력에 의하여 포소화약제를 흡입·혼합하는 방식

③ 라인 프로포셔너 방식
펌프와 발포기의 중간에 설치된 벤추리관의 벤추리 작용에 의하여 포소화약제를 흡입·혼합하는 방식

④ 프레져사이드 프로포셔너 방식
펌프의 토출관에 압입기를 설치하여 포 소화약제 압입용 펌프로 포소화약제를 압입시켜 혼합하는 방식

해답 ②

73 전동기 또는 내연기관에 따른 펌프를 이용하는 옥외소화전설비의 가압송수장치의 설치 기준 중 다음 ( ) 안에 알맞은 것은?

해당 특정소방대상물에 설치된 옥외소화전(2개 이상 설치된 경우에는 2개의 옥외소화전)을 동시에 사용할 경우 각 옥외소화전의 노즐선단에서의 방수압력이 (㉠)MPa 이상이고, 방수량이 (㉡) L/min 이상이 되는 성능의 것으로 할 것

① ㉠ 0.17, ㉡ 350   ② ㉠ 0.25, ㉡ 350
③ ㉠ 0.17, ㉡ 130   ④ ㉠ 0.25, ㉡ 130

해설 옥외소화전설비의 가압송수장치 설치기준
해당 특정소방대상물에 설치된 옥외소화전(2개 이상 설치된 경우에는 2개의 옥외소화전)을 동시에 사용할 경우 각 옥외소화전의 노즐선단에서의 방수압력이 0.25MPa 이상이고, 방수량이 350L/min 이상이 되는 성능의 것으로 할 것. 이 경우 하나의 옥외소화전을 사용하는 노즐선단에서의 방수압력이 0.7MPa을 초과할 경우에는 호스접결구의 인입측에 감압장치를 설치하여야 한다.

해답 ②

74 미분무소화설비 용어의 정의 중 다음 ( ) 안에 알맞은 것은?

"미분무"란 물만을 사용하여 소화하는 방식으로 최소설계압력에서 헤드로부터 방출되는 물입자 중 99%의 누적체적분포가 (㉠)μm 이하로 분무되고 (㉡)급 화재에 적응성을 갖는 것을 말한다.

① ㉠ 400, ㉡ A,B,C
② ㉠ 400, ㉡ B,C
③ ㉠ 200, ㉡ A,B,C
④ ㉠ 200, ㉡ B,C

해설 용어 정의
① 미분무 : 물만을 사용하여 소화하는 방식으로 최소설계압력에서 헤드로부터 방출되는 물입자 중 99%의 누적체적분포가 400μm 이하로 분무되고 A,B,C급화재에 적응성을 갖는 것
② 미분무소화설비의 종류

저압	중압	고압
최고사용압력이 1.2MPa 이하	사용압력이 1.2MPa을 초과하고 3.5MPa 이하	최저사용압력이 3.5MPa을 초과

해답 ①

75 소화기구의 소화약제별 적응성 중 C급 화재에 적응성이 없는 소화약제는?

① 마른 모래
② 할로겐화합물 및 불활성기체 소화약제
③ 이산화탄소 소화약제
④ 중탄산염류 소화약제

해설 소화기구의 소화약제별 적응성

구분	가스		분말			액체				기타			
	CO_2	할론	할로겐화합물 및 불활성기체화합물	인산염류	중탄산염류	산알칼리	강화액	포	물·침윤	고체에어로졸	마른모래	팽창질석·팽창진주암	그밖의 것
일반(A급)	–	–	○	○	–	○	○	○	○	–	○	○	–
유류(B급)	○	○	○	○	○	○	○	○	○	○	○	○	–
전기(C급)	○	○	○	○	○	*	*	*	*	○	–	–	–
주방(K급)	–	–	–	–	*	–	*	*	*	–	–	–	*

해답 ①

76 소화약제 외의 것을 이용한 간이소화용구의 능력단위 기준 중 다음 ( ) 안에 알맞은 것은?

간이소화용구		능력단위
마른모래	삽을 상비한 50L 이상의 것 1포	( )단위

① 0.5   ② 1
③ 3   ④ 5

해설 간이소화용구

간이소화용구		능력단위
마른모래	삽을 상비한 50L 이상의 것 1포	0.5단위
팽창질석 또는 팽창진주암	삽을 상비한 80L 이상의 것 1포	0.5단위

해답 ①

77 다음과 같은 소방대상물의 부분에 완강기를 설치할 경우 부착 금속구의 부착위치로서 가장 적합한 위치는?

① A ② B
③ C ④ D

해설 완강기의 부착 금속구 부착위치
사용시 지장이 없고 걸림 현상이 없는 D지점이 가장 적합하다.

해답 ④

78 연소방지설비 방수헤드의 설치기준 중 환기구 사이의 간격이 700m를 초과할 경우에는 몇 m 이내마다 살수구역을 설정하는가?

① 300 ② 400
③ 700 ④ 800

해설 연소방지설비의 배관 설치기준
① 배관용 탄소강관 또는 압력배관용 탄소강관
② 급수배관은 전용
③ 연소방지설비전용헤드수별 급수관의 구경

전용헤드의 개수	1개	2개	3개	4개~5개	6개 이상
배관구경 (mm)	32	40	50	65	80

연소방지설비의 헤드 설치기준
① 천장 또는 벽면에 설치할 것
② 헤드간의 수평거리

전용헤드	개방형 스프링클러헤드
2m 이하	1.5m 이하

③ 소방대원의 출입이 가능한 환기구·작업구마다 지하구의 양쪽방향으로 살수헤드를 설정하되, 한쪽 방향의 살수구역의 길이는 3m 이상으로 할 것. 다만, 환기구 사이의 간격이 700m를 초과할 경우에는 700m 이내마다 살수구역을 설정할 것.

해답 ③

79 상수도소화용수설비의 소화전은 특정소방대상물의 수평투영면의 각 부분으로부터 몇 m 이하가 되도록 설치하여야 하는가?

① 200 ② 140
③ 100 ④ 70

해설 상수도소화용수설비
① 호칭지름 75mm 이상의 수도배관에 호칭지름 100mm 이상의 소화전을 접속
② 소화전은 소방자동차 등의 진입이 쉬운 도로변 또는 공지에 설치
③ 소화전은 소방대상물의 수평투영면의 각 부분으로부터 140m 이하가 되도록 설치

해답 ②

80 이산화탄소 소화약제 저압식 저장용기의 충전비로 옳은 것은?

① 0.9 이상 1.1 이하
② 1.1 이상 1.4 이하
③ 1.4 이상 1.7 이하
④ 1.5 이상 1.9 이하

해설 이산화탄소 저장용기의 설치 기준
① 저장용기의 충전비

저압식	고압식
1.1 ~ 1.4	1.5 ~ 1.9

② 저압식 저장용기에는 내압시험압력의 0.64배부터 0.8배까지의 압력에서 작동하는 안전밸브와 내압시험압력의 0.8배 부터 내압시험압력에서 작동하는 봉판을 설치할 것
③ 액면계 및 압력계와 2.3MPa 이상 1.9MPa 이하의 압력에서 작동하는 압력경보장치를 설치할 것
④ 용기내부의 온도가 -18℃ 이하에서 2.1MPa의 압력을 유지할 수 있는 자동냉동장치를 설치할 것
⑤ 고압식은 25MPa 이상, 저압식은 3.5MPa 이상의 내압시험압력에 합격한 것으로 할 것

해답 ②

소방설비기사 – 기계분야

2018년 9월 15일 시행

제1과목 소방원론

01 염소산염류, 과염소산염류, 알카리금속의 과산화물, 질산염류, 과망가니즈산염류의 특징과 화재 시 소화방법에 대한 설명 중 틀린 것은?

① 가열 등에 의해 분해하여 산소를 발생하고 화재 시 산소의 공급원 역할을 한다.
② 가연물, 유기물, 기타 산화하기 쉬운 물질과 혼합물은 가열, 충격, 마찰 등에 의해 폭발하는 수도 있다.
③ 알카리금속의 과산화물을 제외하고 다량의 물로 냉각소화한다.
④ 그 자체가 가연성이며 폭발성을 지니고 있어 화약류 취급 시와 같이 주의를 요한다.

해설 ④ 그 자체가 가연성이며 폭발성을 지니고 있어 화약류 취급 시와 같이 주의를 요한다. -제5류 위험물

제1류 위험물의 일반적인 성질
① 산화성 고체이며 대부분 수용성이고 **무기화합물**이다.
② **불연성**이지만 다량의 **산소를 함유**하고 있다.
③ 분해 시 산소를 방출하여 남의 연소를 돕는다. (조연성)
④ 열·타격·충격, 마찰 및 다른 화학물질과 접촉 시 쉽게 분해된다.
⑤ 분해속도가 대단히 빠르고, **조해성**이 있는 것도 포함한다.
⑥ 무기과산화물(**알칼리금속 과산화물**)은 물과 작용하여 **발열**과 산소를 발생시킨다.

해답 ④

02 어떤 기체가 0℃, 1기압에서 부피가 11.2L, 기체질량이 22g이었다면 이 기체의 분자량은? (단, 이상기체로 가정한다.)

① 22 ② 35
③ 44 ④ 56

해설 이상기체 상태방정식 ★★★★

$$PV = \frac{W}{M}RT$$

여기서, P : 압력(atm), V : 부피(L)
W : 무게(g), M : 분자량
R : 기체상수(0.082atm·L/mol·K)
T : 절대온도(273+t℃)K

① $M = \dfrac{WRT}{PV}$

② $M = \dfrac{22 \times 0.082 \times (273+0)}{1 \times 11.2} = 44$

해답 ③

03 소방시설 설치 및 관리에 관한 법령에 따른 개구부의 기준으로 틀린 것은?

① 해당 층의 바닥면으로부터 개구부 밑부분까지의 높이가 1.5m 이내일 것
② 크기는 지름 50cm 이상의 원이 내접할 수 있는 크기일 것
③ 도로 또는 차량이 진입할 수 있는 빈터를 향할 것
④ 내부 또는 외부에서 쉽게 부수거나 열 수 있을 것

해설 무창층의 개구부 요건
(1) 크기는 지름 50cm 이상의 원이 내접할 수 있을 것

(2) 해당 층의 바닥면으로부터 개구부 밑 부분까지의 높이가 1.2m 이내일 것
(3) 도로 또는 차량의 진입할 수 있는 빈터를 향할 것
(4) 화재 시 건축물로부터 쉽게 피난할 수 있도록 창살 또는 그 밖의 장애물이 설치되지 아니할 것
(5) 내부 또는 외부에서 쉽게 파괴 또는 개방이 가능할 것

해답 ①

04 제4류 위험물의 물리 · 화학적 특성에 대한 설명으로 틀린 것은?

① 증기비중은 공기보다 크다.
② 정전기에 의한 화재발생위험이 있다.
③ 인화성 액체이다.
④ 인화점이 높을수록 증기발생이 용이하다.

해설 ④ 인화점이 높을수록 증기발생이 어렵다.

제4류 위험물의 공통적 성질
① 대단히 인화되기 쉬운 인화성액체이다.
② 증기는 공기보다 무겁다.
 (증기비중 = 분자량/공기평균분자량(28.84))
③ 증기는 공기와 약간 혼합되어도 연소한다.
④ 일반적으로 액체비중은 물보다 가볍고 물에 잘 안 녹는다.
⑤ 착화온도가 낮은 것은 매우 위험하다.
⑥ 연소하한이 낮고 정전기에 폭발우려가 있다.

해답 ④

05 60분+방화문의 비차열 성능은 최소 몇 분 이상이어야 하는가?

① 90분 ② 60분
③ 45분 ④ 30분

해설 **건축법 시행령 제64조(방화문의 구분)**

구 분	정 의
60분+방화문	연기 및 불꽃 차단 60분 이상, 열 차단 30분 이상
60분방화문	연기 및 불꽃 차단 60분 이상
30분방화문	연기 및 불꽃을 차단 30분 이상 60분 미만

해답 ④

06 피난로의 안전구획 중 2차 안전구획에 속하는 것은?

① 복도
② 계단부속실(계단전실)
③ 계단
④ 피난층에서 외부와 직면한 현관

해설 **안전 구획** ★★★

(제1차 안전구획) → (제2차 안전구획) → (제3차 안전구획)
복도 → 계단 부속실 → 피난계단(현관, 로비)

해답 ②

07 할론계 소화약제의 주된 소화효과 및 방법에 대한 설명으로 옳은 것은?

① 소화약제의 증발잠열에 의한 소화방법이다.
② 산소의 농도를 15% 이하로 낮게 하는 소화방법이다.
③ 소화약제의 열분해에 의해 발생하는 이산화탄소에 의한 소화방법이다.
④ 자유활성기(free radical)의 생성을 억제하는 소화방법이다.

해설 **억제소화(화학적 소화)**
(chain-breaking reaction)
① 연소반응을 주도하는 **자유활성기(free radical)을 제거**하여 연쇄반응을 화학적으로 중단시키는 방법
② 기체가연물과 액체가연물에 효과적이다.
③ 훈소화재의 경우에는 효과가 없다.
④ **분말, 할론** 소화약제가 대표적으로 이용되고 있다.

해답 ④

08 유류 탱크의 화재 시 탱크 저부의 물이 뜨거운 열류층에 의하여 수증기로 변하면서 급작스런 부피 팽창을 일으켜 유류가 탱크 외부로 분출하는 현상은?

① 슬롭 오버(Slop Over)
② 블레비(BLEVE)
③ 보일 오버(Boil Over)
④ 파이어 볼(Fire Ball)

해설 유류저장탱크의 화재 발생현상

① 보일오버   ② 슬롭오버   ③ 프로스오버

★★★ 요점정리(필수 암기) ★★★

- 보일 오버(boil over)
  탱크 바닥의 물이 비등하여 유류가 연소하면서 분출
- 슬롭 오버(slop over)
  물이 연소유 표면으로 들어갈 때 유류가 연소하면서 분출
- 프로스 오버(froth over)
  탱크 바닥의 물이 비등하여 유류가 연소하지 않고 분출
- 블레비(BLEVE)
  액화가스 저장탱크 폭발현상

해답 ③

09 어떤 유기화합물을 원소 분석한 결과 중량백분율이 C : 39.9%, H : 6.7%, O : 53.4%인 경우 이 화합물의 분자식은? (단, 원자량은 C = 12, O = 16, H = 1이다.)

① $C_3H_8O_2$ ② $C_2H_4O_2$
③ C_2H_4O ④ $C_2H_6O_2$

해설 분자식 계산

원자량 C : 12, H : 1, O : 16

$C : H : O = \dfrac{39.9}{12} : \dfrac{6.7}{1} : \dfrac{53.4}{16}$

$= 3.33 : 6.7 : 3.33 = 1 : 2 : 1$

∴ 실험식 = CH_2O
  분자식 = $(CH_2O) \times 2 = C_2H_4O_2$

해답 ②

10 내화구조에 해당하지 않는 것은?

① 철근콘크리트조로 두께가 10cm 이상인 벽
② 철근콘크리트조로 두께가 5cm 이상인 외벽 중 비 내력벽
③ 벽돌조로서 두께가 19cm 이상인 벽
④ 철골철근콘크리트조로서 두께가 10cm 이상인 벽

해설 ② 철근콘크리트조로 두께가 7cm 이상인 외벽 중 비 내력벽

주요 구조부의 내화구조 기준 ★★

주요 구조부	내화구조 기준
벽	• 철근 콘크리트조 또는 철골 철근 콘크리트조로 두께가 10cm 이상 • 골구를 철골조로 하고 그 양면을 두께 4cm 이상의 철망 모르타르 또는 두께 5cm 이상의 콘크리트 블록, 벽돌 또는 석재로 덮은 것.
기 둥 (작은지름 25cm 이상)	• 철근콘크리트조 또는 철골·철근 콘크리트조 • 철골을 두께 6cm 이상의 철망 모르타르 또는 두께 7cm 이상의 콘크리트 블록, 벽돌 또는 석재로 덮은 것. • 철골을 두께 5cm 이상의 콘크리트로 덮은 것
바 닥	• 철근콘크리트조 또는 철골 철근 콘크리트조로서 두께가 10cm 이상인 것.

해답 ②

11 소방시설 중 피난구조설비에 해당하지 않는 것은?

① 무선통신보조설비 ② 완강기
③ 구조대   ④ 공기안전매트

해설 ① 무선통신보조설비-소화활동설비

소방시설의 종류

소방시설	종류
소화 설비	① 소화기구 ② 자동소화장치 ③ 옥내소화전설비 ④ 옥외소화전설비 ⑤ 스프링클러설비 등 ⑥ 물분무등 소화설비
경보 설비	① 단독경보형 ② 비상경보 ③ 시각경보기 ④ 자동화재탐지 ⑤ 화재알림 ⑥ 비상방송 ⑦ 자동화재속보 ⑧ 통합감시 ⑨ 누전경보기 ⑩ 가스누설경보기

피난구조
설비
	① 피난기구
	  ㉠ 피난사다리 ㉡ 구조대 ㉢ 완강기
	② 인명구조기구
	  ㉠ 방열복, 방화복
	    (안전모, 보호장갑 및 안전화 포함)
	  ㉡ 공기호흡기
	  ㉢ 인공소생기
	③ 유도등
	  ㉠ 피난유도선 ㉡ 피난구유도등
	  ㉢ 통로유도등 ㉣ 객석유도등

소방시설	종류
	③ 유도표지 ④ 비상조명등 및 휴대용비상조명등
소화용수 설비	① 상수도소화용수설비 ② 소화수조 · 저수조 그 밖의 소화용수설비
소화활동 설비	① 제연설비　　② 연결송수관설비 ③ 연결살수설비　④ 비상콘센트설비 ⑤ 무선통신보조설비　⑥ 연소방지설비

해답 ①

12 연소의 4요소 중 자유활성기(free radical)의 생성을 저하시켜 연쇄반응을 중지시키는 소화방법은?

① 제거소화　　② 냉각소화
③ 질식소화　　④ 억제소화

해설 억제소화(화학적 소화)
(chain-breaking reaction)
① 연소반응을 주도하는 **자유활성기**(free radical)**을 제거**하여 연쇄반응을 화학적으로 중단시키는 방법
② 기체가연물과 액체가연물에 효과적이다.
③ 훈소화재의 경우에는 효과가 없다.
④ **분말, 할론** 소화약제가 대표적으로 이용되고 있다.

해답 ④

13 소화약제로 사용할 수 없는 것은?

① $KHCO_3$　　② $NaHCO_3$
③ CO_2　　　④ NH_3

해설

화학식	물질명	구분
$KHCO_3$	탄산수소칼륨	제2종 분말소화약제
$NaHCO_3$	탄산수소나트륨	제1종 분말소화약제
CO_2	이산화탄소	소화약제
NH_3	암모니아	가연성기체

해답 ④

14 폭연에서 폭굉으로 전이되기 위한 조건에 대한 설명으로 틀린 것은?

① 정상연소속도가 작은 가스일수록 폭굉으로 전이가 용이하다.
② 배관 내에 장애물이 존재할 경우 폭굉으로 전이가 용이하다.
③ 배관의 관경이 가늘수록 폭굉으로 전이가 용이하다.
④ 배관 내 압력이 높을수록 폭굉으로 전이가 용이하다.

해설 ① 정상연소 속도가 큰 가스일수록 폭굉으로 전이가 용이하다.

폭발, 폭굉, 폭연
(1) 폭발(Explosion)
　밀폐된 용기내부에서 갑자기 압력상승으로 인하여 압력을 외부로 방출하는 것
(2) 폭굉(Detonation)
　발열 반응으로 연소의 전파속도가 음속보다 빠른 현상
(3) 폭연(Deflagration)
　발열반응으로서 연소의 전파속도가 음속보다 느린 현상
(4) 폭굉유도거리(DID)
　최초의 완만한 연소가 격렬한 폭굉으로 발전할 때까지의 거리
(5) 폭굉유도거리(DID)가 짧아지는 원인
　① 압력이 높을수록 짧다.
　② 관경이 작을수록 짧다.
　③ 관속에 장애물이 있는 경우 짧다.
　④ 점화원의 에너지가 강할수록 짧다.
　⑤ 정상연소 속도가 큰 혼합물일수록 짧다.

해답 ①

15 제3종 분말소화약제에 대한 설명으로 틀린 것은?

① A, B, C급 화재에 모두 적응한다.
② 주성분은 탄산수소칼륨과 요소이다.
③ 열분해시 발생되는 불연성 가스에 의한 질식효과가 있다.
④ 분말운무에 의한 열방사를 차단하는 효과가 있다.

해설 ② 주성분은 제1인산암모늄이다.

분말약제의 주성분 및 착색 ★★★★ (필수암기)

종별	주성분	약제명	착색
제1종	$NaHCO_3$	탄산수소나트륨, 중탄산나트륨, 중조	백색
제2종	$KHCO_3$	탄산수소칼륨, 중탄산칼륨	담회색
제3종	$NH_4H_2PO_4$	제1인산암모늄	담홍색 (핑크색)
제4종	$KHCO_3 +$ $(NH_2)_2CO$	탄산수소칼륨 + 요소	회색(쥐색)

해답 ②

16 비열이 가장 큰 물질은?

① 구리 ② 수은
③ 물   ④ 철

해설 물질의 비열

물질명	물	철	구리	수은	금
비열(cal/g.℃)	1.0	0.11	0.09	0.06	0.03

해답 ③

17 TLV(Threshold Limit Value)가 가장 높은 가스는?

① 사이안화수소 ② 포스겐
③ 일산화탄소   ④ 이산화탄소

해설 ① TLV(threshold limit value)
시간가중평균치로서 1일 8시간 또는 1주일 40시간의 평균농도
② 가스별 허용농도(TLV)

구분	가스명칭	허용농도
CO	일산화탄소	50ppm
CO_2	이산화탄소	5,000ppm
HCN	사이안화수소	10ppm
H_2S	황화수소	10ppm
$COCl_2$	포스겐	0.1ppm
CH_2CHCHO	아크로레인	0.1ppm
C_6H_6	벤젠	50ppm
NH_3	암모니아	25ppm

해답 ④

18 경유화재가 발생했을 때 주수소화가 오히려 위험할 수 있는 이유는?

① 경유는 물과 반응하여 유독가스를 발생하므로
② 경유의 연소열로 인하여 산소가 방출되어 연소를 돕기 때문에
③ 경유는 물보다 비중이 가벼워 화재면의 확대 우려가 있으므로
④ 경유가 연소할 때 수소가스를 발생하여 연소를 돕기 때문에

해설 인화성 액체(제4류 위험물)의 유류화재
제4류 위험물 중 비수용성인 물질은 물로 소화할 경우 대부분 물보다 액체비중이 가벼워 물 위로 연소 유류가 퍼지면서 화재면(연소면)이 확대되어 더 위험하다.

해답 ③

19 건축물의 피난·방화구조 등의 기준에 관한 규칙에 따른 철망모르타르로서 그 바름두께가 최소 몇 cm 이상인 것을 방화구조로 규정하는가?

① 2   ② 2.5
③ 3   ④ 3.5

해설 방화구조
화염의 확산을 막을 수 있는 성능을 가진 구조
① 철망모르타르로서 그 바름 두께가 2cm 이상인 것
② 석고판위에 시멘트모르타르 또는 회반죽을 바른 것으로서 그 두께의 합계가 2.5cm 이상인 것
③ 시멘트모르타르위에 타일을 붙인 것으로서 그 두께의 합계가 2.5cm 이상인 것
④ 심벽에 흙으로 맞벽치기한 것
⑤ 방화 2급 이상에 해당하는 것

해답 ①

20 다음 중 분진 폭발의 위험성이 가장 낮은 것은?

① 소석회   ② 알루미늄분
③ 석탄분말 ④ 밀가루

해설 분진폭발 없는 물질
① 생석회 : CaO(시멘트의 주성분)

② 소석회(Ca(OH)₂)
③ 석회석 분말
④ 시멘트

해답 ①

제2과목 소방유체역학

21 관내에서 물이 평균속도 9.8m/s로 흐를 때의 속도 수두는 약 몇 m인가?

① 4.9
② 9.8
③ 48
④ 128

해설 속도수두 계산공식

$$H = \frac{U^2}{2g}$$

여기서, H : 속도수두(m)
   u : 유체의 속도(m/s)
   g : 중력가속도(9.8m/s²)

$H = \frac{9.8^2}{2 \times 9.8} = 4.9m$

해답 ①

22 다음 기체, 유체, 액체에 대한 설명 중 옳은 것만을 모두 고른 것은?

ⓐ 기체 : 매우 작은 응집력을 가지고 있으며, 자유표면을 가지지 않고 주어진 공간을 가득 채우는 물질
ⓑ 유체 : 전단응력을 받을 때 연속적으로 변형하는 물질
ⓒ 액체 : 전단응력이 전단변형률과 선형적인 관계를 가지는 물질

① ⓐ, ⓑ
② ⓐ, ⓒ
③ ⓑ, ⓒ
④ ⓐ, ⓑ, ⓒ

해설 ⓐ **기체** : 매우 작은 응집력을 가지고 있으며 자유표면을 가지지 않고 주어진 공간을 가득 채우는 물질
ⓑ **유체** : 전단응력을 받으면 그 크기가 아무리 작

더라도 연속적으로 변형이 일어나는 물질
ⓒ **뉴턴유체** : 전단응력이 전단변형률에 선형비례하는 유체 즉 균일한 점도를 가지는 유체

해답 ①

23 이상기체의 등엔트로피 과정에 대한 설명 중 틀린 것은?

① 폴리트로픽 과정의 일종이다.
② 가역단열과정에서 나타난다.
③ 온도가 증가하면 압력이 증가한다.
④ 온도가 증가하면 비체적이 증가한다.

해설 이상기체의 등엔트로피 과정
① 폴리트로픽 과정의 일종
② 가역 단열 과정
③ 온도가 증가하면 압력이 증가

해답 ④

24 관 A에는 비중 $S_1 = 1.5$인 유체가 있으며, 마노미터 유체는 비중 $S_2 = 13.6$인 수은이고, 마노미터에서의 수은의 높이차 h_2는 20cm이다. 이후 관 A의 압력을 종전보다 40kPa 증가했을 때, 마노미터에서 수은의 새로운 높이차($h_2{'}$)는 약 몇 cm인가?

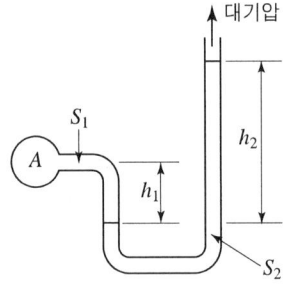

① 28.4
② 35.9
③ 46.2
④ 51.8

해설 (1) 증가된 압력을 수은 두로 환산
$\Delta P = 40\text{kPa}(\text{kN/m}^2) = 40 \times 10^3 \text{N/m}^2$
$\gamma_1 h_1 = \gamma_2 h_2$
$\gamma_1 h_1 (\Delta P) = \gamma_w \times S_1 \times h_2$
$40 \times 10^3 \text{N/m}^2 = 9800 \text{N/m}^3 \times 13.6 \times h_2$

$$h_2 = \frac{40 \times 10^3}{9800 \times 13.6} = 0.30012\text{m} = 30.01\text{cm}$$

(2) 수은의 새로운 높이차 계산
  H=압력증가 전 높이차 + 증가된 압력을 수은의 높이로 환산
  $H = 20\text{cm} + 30.01\text{cm} = 50.01\text{cm}$

해답 ④

25 피스톤의 지름이 각각 10mm, 50mm인 두 개의 유압장치가 있다. 두 피스톤에 안에 작용하는 압력은 동일하고, 큰 피스톤이 1000N의 힘을 발생시킨다고 할 때 작은 피스톤에서 발생시키는 힘은 약 몇 N인가?

① 40　　　② 400
③ 25000　　④ 245000

힘과 압력 및 단면적 관계
$$F(\text{kgf}) = P(\text{kgf/cm}^2) \times A(\text{cm}^2)$$

즉, 힘은 단면적에 비례 $P_1 = P_2$, $\dfrac{F_1}{A_1} = \dfrac{F_2}{A_2}$

① $F_1 = F_2 \times \dfrac{A_1}{A_2} = F_2 \times \dfrac{\frac{\pi}{4} \times d_1^2}{\frac{\pi}{4} \times d_2^2} = F_2 \times \dfrac{d_1^2}{d_2^2}$

② $F_2 = 1000\text{N}$, $d_1 = 10\text{mm}$, $d_2 = 50\text{mm}$

③ $F_1 = 1000 \times \dfrac{10^2}{50^2} = 40\text{N}$

해답 ①

26 펌프의 캐비테이션을 방지하기 위한 방법으로 틀린 것은?

① 펌프의 설치 위치를 낮추어서 흡입 양정을 작게 한다.
② 흡입관을 크게 하거나 밸브, 플랜지 등을 조정하여 흡입 손실 수두를 줄인다.
③ 펌프의 회전속도를 높여 흡입 속도를 크게 한다.
④ 2대 이상의 펌프를 사용한다.

(1) 공동현상 발생원인
  ① 펌프의 **흡입양정이 클 경우**
  ② 펌프의 마찰손실이 과대한 경우
  ③ 펌프의 임펠러 속도가 클 경우
  ④ 펌프의 흡입관경이 작을 경우
  ⑤ **펌프의 설치위치가 수원보다 높은 경우**
  ⑥ 펌프의 흡입압력이 유체의 증기압보다 낮은 경우
  ⑦ 유체의 온도가 고온일 경우

(2) 공동현상 방지대책
  ① 펌프의 설치위치를 수원보다 낮게 설치
  ② 펌프의 임펠러속도를 감속한다.
  ③ 펌프의 흡입양정 및 마찰손실을 작게 한다.
  ④ 펌프의 흡입관경을 크게 한다.
  ⑤ 양 흡입 펌프를 사용한다.

(3) NPSH와 캐비테이션(공동현상)의 관계
  ① 캐비테이션 발생한계 : $NPSH_{av} = NPSH_{re}$
  ② 캐비테이션 방지 : $NPSH_{av} > NPSH_{re}$
  ③ 설계적용 기준 : $NPSH_{av} \geq NPSH_{re} \times 1.3$
  ※ $NPSH_{av}$: 유효흡입양정
  　$NPSH_{re}$: 필요흡입양정

해답 ③

27 2cm 떨어진 두 수평한 판 사이에 기름이 차있고, 두 판 사이의 정중앙에 두께가 매우 얇은 한 변의 길이가 10cm인 정사각형 판이 놓여 있다. 이 판을 10cm/s의 일정한 속도로 수평하게 움직이는 데 0.02N의 힘이 필요하다면, 기름의 점도는 약 몇 N·s/m²인가? (단, 정사각형 판의 두께는 무시한다.)

① 0.1　　　② 0.2
③ 0.01　　④ 0.02

평판이 받는 전단력
F = 윗면이 받는 전단력 + 아랫면이 받는 전단력
$$F = 2\mu A \frac{u}{h_1}$$

① $F = 0.02\text{N}$
  $A = 10\text{cm} \times 10\text{cm} = 0.1\text{m} \times 0.1\text{m}$
  $u = 10\text{cm/s} = 0.1\text{m/s}$
  $h_1 = h_2 = h = \dfrac{2\text{cm}}{2} = 1\text{cm} = 0.01\text{m}$

② $F = 2\mu A \dfrac{u}{h}$ 식에 대입

③ $0.02 = 2 \times \mu \times 0.1\text{m} \times 0.1\text{m} \times \dfrac{0.1}{0.01}$

④ $\mu = \dfrac{0.02}{2 \times 0.1 \times 0.1 \times \dfrac{0.1}{0.01}} = 0.1\text{N} \cdot \text{s/m}^2$

해답 ①

28 그림과 같이 스프링상수(spring constant)가 10N/cm인 4개의 스프링으로 평판 A를 벽 B에 그림과 같이 설치되어 있다. 이 평판에 유량 0.01m³/s, 속도 10m/s인 물 제트가 평판 A의 중앙에 직각으로 충돌할 때, 물 제트에 의해 평판과 벽 사이의 단축되는 거리는 약 몇 cm인가?

① 2.5 ② 5
③ 10   ④ 40

운동량 방정식
$$F = \rho QV = \rho A V^2$$
여기서, F : 힘(N), ρ : 밀도(kg/m³)
Q : 유량(m³/s), V : 유속(m/s)

① $F = 1000\text{kg/m}^3 \times 0.01\text{m}^3/\text{s} \times 10\text{m/s}$
   $= 100\text{kg} \cdot \text{m/s}^2(\text{N})$

② 단축되는 거리 $l = \dfrac{100\text{N}}{10\text{N/cm} \times 4} = 2.5\text{cm}$

해답 ①

29 파이프 단면적이 2.5배로 급격하게 확대되는 구간을 지난 후의 유속이 1.2m/s이다. 부차적 손실계수가 0.36이라면 급격확대로 인한 손실수두는 몇 m인가?

① 0.0264 ② 0.0661
③ 0.165   ④ 0.331

급격한 확대관의 마찰손실수두
$$\Delta h_L = K \frac{u^2}{2g}$$

여기서, Δh_L : 손실수두(m)
  K : 부차적 손실계수
  u : 작은 관에서 유속(m/s)
  g : 중력가속도(9.8m/s²)

① 작은 관에서 유량 Q_1, 큰 관에서 유량 Q_2
② $Q_1 = Q_2$, $u_1 A_1 = u_2 A_2$
③ $u_1 \times 1 = 1.2 \times 2.5$, $u_1 = 1.2 \times 2.5 = 3\text{m/s}$
④ $\Delta h_L = 0.36 \times \dfrac{3^2}{2 \times 9.8} = 0.165\text{m}$

해답 ③

30 관로에서 20℃의 물이 수조에 5분 동안 유입되었을 때 유입된 물의 중량이 60kN이라면 이 때 유량은 몇 m³/s인가?

① 0.015 ② 0.02
③ 0.025 ④ 0.03

① 중량유량
$$\overline{G} = AU\gamma = Q\gamma, \quad Q = \frac{\overline{G}}{\gamma}$$

② 중량유량계산
$$\overline{G} = \frac{60\text{kN}}{5\text{min} \times 60\text{s/min}} = 0.2\text{kN/s}$$

③ 용량유량
$$Q = \frac{\overline{G}}{\gamma} = \frac{0.2\text{kN/s}}{9.8\text{kN/m}^3} = 0.02\text{m}^3/\text{s}$$

연속 방정식
질량보존의 법칙을 유체운동에 적용한 방정식
① 질량유량($\overline{m}$: kg/s)
$$\overline{m} = A_1 U_1 \rho_1 = A_2 U_2 \rho_2$$

② 중량유량($\overline{G}$: kgf/s)

$$\overline{G} = A_1 U_1 \gamma_1 = A_2 U_2 \gamma_2$$

③ 체적유량 = 용량유량($\overline{Q}$: m³/s)

$$Q = A_1 U_1 = A_2 U_2$$

여기서, A : 단면적(m²) U : 유속(m/s)
ρ : 밀도(kg/m³) γ : 비중량(kgf/m³)

해답 ②

31 관내에 물이 흐르고 있을 때, 그림과 같이 액주계를 설치하였다. 관내에서 물의 유속은 약 몇 m/s인가?

① 2.6
② 7
③ 11.7
④ 137.2

해설

$$u_o = \sqrt{2g\Delta h}$$

여기서, u_o : 유체의 속도(m/s)
g : 중력가속도(9.8m/s²)
Δh : 속도수두(m)

① $\Delta h = 9\text{m}$ (속도수두+압력수두) $- 2\text{m}$ (압력수두)
   $= 7\text{m}$
② $u_o = \sqrt{2 \times 9.8 \times 7} = 11.71\,\text{m/s}$

해답 ③

32 펌프를 이용하여 10m 높이 위에 있는 물탱크로 유량 0.3m³/min의 물을 퍼올리려고 한다. 관로 내 마찰손실수두가 3.8m이고, 펌프의 효율이 85%일 때 펌프에 공급해야 하는 동력은 약 몇 W인가?

① 128   ② 796
③ 677   ④ 219

해설
① $Q = 0.3\text{m}^3/60\text{sec}$
② $H = 10 + 3.8 = 13.8\text{m}$
③ $E = 85\% = 0.85$

④ $P = \dfrac{9.8 \times [0.3/60] \times 13.8}{0.85}$
   $= 0.7955\text{kW} = 796\text{W}$

펌프의 동력계산
① 수동력

$$L_W(\text{kW}) = \gamma QH$$

※ [주의] 수동력 계산 시 펌프의 효율 및 전달계수 K값은 무시한다.

② 축동력

$$L_S(\text{kW}) = \dfrac{\gamma QH}{E}$$

※ [주의] 축동력 계산 시 전달계수 K값은 무시한다.

③ 모터동력

$$P(\text{kW}) = \dfrac{\gamma \times Q \times H}{E} \times K$$

여기서, γ : 비중량(kN/m³,
             물의 비중량 = 9.8kN/m³)
Q : 유량(m³/s)
H : 전양정(m)
E : 펌프의 효율(%/100)
K : 전달계수

해답 ②

33 유체가 매끈한 원 관 속을 흐를 때 레이놀즈수가 1200이라면 관 마찰계수는 얼마인가?

① 0.0254   ② 0.00128
③ 0.0059   ④ 0.053

해설 레이놀드 수

$$ReNo = \dfrac{Du\rho}{\mu} = \dfrac{Du}{\nu}$$

층류구역(ReNo < 2100)에서
관 마찰계수(f) = $\dfrac{64}{ReNo}$

$f = \dfrac{64}{ReNo} = \dfrac{64}{1200} = 0.0533$

해답 ④

34 그림과 같이 30°로 경사진 0.5m×3m 크기의 수문평판 AB가 있다. A지점에서 힌지로 연

결되어 있을 때 이 수문을 열기 위하여 B점에서 수문에 직각방향으로 가해야 할 최소 힘은 약 몇 N인가? (단, 힌지 A에서의 마찰은 무시한다.)

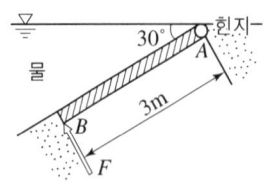

① 7350
② 7355
③ 14700
④ 14710

해설 경사면에 작용하는 힘

$$F = \gamma \bar{y} \sin\theta A$$

① γ(물) $= 9800 \text{N/m}^3$, $\bar{y} = \dfrac{3\text{m}}{2} = 1.5\text{m}$

$\theta = 30°$, $A = 0.5\text{m} \times 3\text{m}$

② $F = 9800 \times 1.5 \times \sin30 \times 0.5 \times 3 = 11025\text{N}$

힘의 작용점인 압력중심

$$y_p = \dfrac{I_C}{\bar{y}A} + \bar{y}$$

③ I_C(2차 관성모멘트)

$= \dfrac{0.5(폭) \times 3^3(높이)^3}{12} = 1.125$

④ y_P(압력중심) $= \dfrac{1.125}{1.5 \times 0.5 \times 3} + 1.5 = 2\text{m}$

⑤ $\sum M_A = 0 : F_B \times l - F \times y_P$ 식에 대입

⑥ $F_B = \dfrac{y_P}{l} \times F = \dfrac{2\text{m}}{3\text{m}} \times 11025\text{N} = 7350\text{N}$

해답 ①

35 부자(float)의 오르내림에 의해서 배관 내의 유량을 측정하는 기구의 명칭은?

① 피토관(pitot tube)
② 로터미터(rotameter)
③ 오리피스(orifice)
④ 벤투리미터(venturi meter)

해설 ② 로타미터(rotameter)
  ㉠ 유체 속에 부자를 띄운다.
  ㉡ 유량을 직접 눈으로 읽을 수 있다.
  ㉢ 압력손실이 적다.
  ㉣ 유량 측정 범위가 넓다.

유량측정장치
① 오리피스미터
② 벤츄리미터
③ 로타미터(직접 유량을 눈으로 읽는다)
④ 위어(개수로 유량측정장치)

해답 ②

36 이상기체의 정압비열 C_p와 정적비열 C_v와의 관계로 옳은 것은? (단, R은 이상기체 상수이고, k는 비열비이다.)

① $C_p = \dfrac{1}{2} C_v$
② $C_p < C_v$
③ $C_p - C_v = R$
④ $\dfrac{C_v}{C_p} = k$

해설

$$C_P - C_v = R$$

여기서, C_P : 정압비열, C_v : 정적비열
  R : 기체상수

비열비(k)

$$k = \dfrac{C_P(정압비열)}{C_v(정적비열)} > 1$$

비열비는 항상 1보다 크다.

해답 ③

37 지름 2cm의 금속 공은 선풍기를 켠 상태에서 냉각하고, 지름 4cm의 금속 공은 선풍기를 끄고 냉각할 때 동일 시간당 발생하는 대류 열전달량의 비(2cm 공 : 4cm 공)는? (단, 두 경우 온도차는 같고, 선풍기를 켜면 대류 열전달계수가 10배가 된다고 가정한다.)

① 1 : 0.3375
② 1 : 0.4
③ 1 : 5
④ 1 : 10

해설 열전달률의 계산

$$Q = \frac{kA\Delta T}{x}$$

여기서, Q : 열전달률, ΔT : 온도차이
A : 열전달 면적, k : 열전도율
x : 전달되는 판의 두께

① 선풍기를 켠 상태 : k_1
   선풍기를 끈 상태 : k_2
② 선풍기를 켠 상태의 열전도율이 10배
   $k_1 = 10k_2$
③ 열전달률은 면적에 비례
④ 구(공)의 표면적을 구하는 공식 : $A = 4\pi r^2$
   반지름 1cm의 공 표면적
   $A_1 = 4\pi \times 1^2 = 4\pi \text{cm}^2$
   반지름 2cm의 공 표면적
   $A_2 = 4\pi \times 2^2 = 16\pi \text{cm}^2$
⑤ $A_1 : A_2 = 4 : 16 = 1 : 4$
⑥ 선풍기를 켜면 열전달계수가 10배이므로
⑦ $Q_1 : Q_2 = 1 \times 10 : 4 = 1 : 0.4$

해답 ②

38 다음 열역학적 용어에 대한 설명으로 틀린 것은?

① 물질의 3중점(triple point)은 고체, 액체, 기체의 3상이 평형상태로 공존하는 상태의 지점을 말한다.
② 일정한 압력히에서 고체기 상변화를 일으켜 액체로 변화할 때 필요한 열을 융해열(융해잠열)이라 한다.
③ 고체가 일정한 압력하에서 액체를 거치지 않고 직접 기체로 변화하는 데 필요한 열을 승화열이라 한다.
④ 포화액체를 정압하에서 가열할 때 온도변화 없이 포화증기로 상변화를 일으키는 데 사용되는 열을 현열이라 한다.

해설 열역학적 용어
① 물질의 3중점은 고체, 액체, 고체의 3상이 평형상태로 공존하는 상태의 지점을 말한다.

② 일정한 압력 하에서 고체가 상변화를 일으켜 액체로 변화할 때 필요한 열을 융해열(융해잠열)이라 한다.
③ 고체가 일정한 압력 하에서 액체를 거치지 않고 직접 기체로 변화하는데 필요한 열을 승화열이라 한다.
④ 포화액체를 정압 하에서 가열할 때 온도변화 없이 포화증기로 상변화를 일으키는데 사용되는 열을 **기화열(기화잠열)**이라 한다.

해답 ④

39 모세관 현상에 있어서 물이 모세관을 따라 올라가는 높이에 대한 설명으로 옳은 것은?

① 표면장력이 클수록 높이 올라간다.
② 관의 지름이 클수록 높이 올라간다.
③ 밀도가 클수록 높이 올라간다.
④ 중력의 크기와는 무관하다.

해설 모세관 현상
① 표면장력(σ)이 클수록 높이 올라간다.
② 관의 지름(d)이 작을수록 높이 올라간다.
③ 밀도($\rho = \frac{\gamma}{g}$)가 작을수록 높이 올라간다.
④ 중력($g = \frac{\gamma}{\rho}$)의 크기와 밀접하다.

모세관의 상승높이(h)

$$h = \frac{4\sigma \cos\theta}{rd}$$

여기서, σ : 표면장력(N/m)
θ : 접촉각
γ : 비중량(N/m³)
d : 직경(m)

해답 ①

40 회전속도 1000rpm일 때 송출량 $Q\text{m}^3$/min, 전양정 Hm인 원심펌프가 상사한 조건에서 송출량이 $1.1Q\text{m}^3$/min가 되도록 회전속도를 증가시킬 때, 전양정은 어떻게 되는가?

① $0.91H$ ② H
③ $1.1H$ ④ $1.21H$

해설 상사의 법칙

$$Q_2 = Q_1 \times \frac{N_2}{N_1} \times \left(\frac{D_2}{D_1}\right)^3$$

$$H_2 = H_1 \times \left(\frac{N_2}{N_1}\right)^2 \times \left(\frac{D_2}{D_1}\right)^2$$

$$P_2 = P_1 \times \left(\frac{N_2}{N_1}\right)^3 \times \left(\frac{D_2}{D_1}\right)^5$$

여기서, Q_1 : 변경 전 유량, Q_2 : 변경 후 유량
H_1 : 변경 전 양정, H_2 : 변경 후 양정
P_1 : 변경 전 동력, P_2 : 변경 후 동력
N_1 : 변경 전 회전수, N_2 : 변경 후 회전수
D_1 : 변경 전 임펠러직경
D_2 : 변경 후 임펠러직경

① $Q_2 = Q_1 \times \frac{N_2}{N_1}$ 에서 $N_2 = \frac{Q_2 \times N_1}{Q_1}$

② $N_2 = \frac{1.1Q \times 1000}{Q} = 1100 \text{rpm}$

③ $H_2 = H_1 \times \left(\frac{1100}{1000}\right)^2 = 1.21 H_1$

해답 ④

제3과목 소방관계법규

41 소방시설 설치 및 관리에 관한 법령에 따른 화재안전기술기준을 달리 적용하여야 하는 특수한 용도 또는 구조를 가진 특정소방대상물 중 핵폐기물처리시설에 설치하지 아니할 수 있는 소방시설은?

① 소화용수설비
② 옥외소화전설비
③ 물분무등소화설비
④ 연결송수관설비 및 연결살수설비

해설 소방시설을 설치하지 아니할 수 있는 특정소방대상물 및 소방시설의 범위

구분	특정소방대상물	소방시설
화재 위험도가 낮은 경우	불연성 물품 창고	외/살
화재안전기술기준을 적용하기 어려운 경우	음료수 공장의 작업장	스/상/살
	정수장, 수영장, 목욕장, 어류양식용 시설	자/상/살
특수한 용도 또는 구조	원자력발전소, 핵폐기물처리시설	송/살
자체소방대 설치	자체소방대가 설치된 위험물 제조소등에 부속된 사무실	상

(주) 옥=옥내소화전설비, 외=옥외소화전설비
스=스프링클러설비, 물=물분무등소화설비
방=비상방송설비, 피=피난기구, 용=소화용수설비
상=상수도소화용수설비, 살=연결살수설비
송=연결송수관설비, 자=자동화재탐지설비

해답 ④

42 소방기본법령에 따른 소방대원에게 실시할 교육·훈련 횟수 및 기간의 기준 중 다음 ( ) 안에 알맞은 것은?

횟수	기간
(㉠)년마다 1회	(㉡)주 이상

① ㉠ 2, ㉡ 2
② ㉠ 2, ㉡ 4
③ ㉠ 1, ㉡ 2
④ ㉠ 1, ㉡ 4

해설 (소방기본법 시행규칙 제9조의 제1항의 별표3의2)
소방대원에게 실시할 교육·훈련의 종류 등
교육·훈련 횟수 및 기간

횟수	기간
2년마다 1회	2주 이상

해답 ①

43 위험물안전관리법령에 따른 인화성액체위험물(이황화탄소를 제외)의 옥외탱크저장소의 탱크 주위에 설치하는 방유제의 설치기준 중 옳은 것은?

① 방유제의 높이는 0.5m 이상 2.0m 이하로 할 것
② 방유제내의 면적은 100000m^2 이하로 할 것
③ 방유제의 용량은 방유제 안에 설치된 탱크 2기 이상인 때에는 그 탱크 중 용량이 최대

해설 인것의 용량의 120% 이상으로 할 것
④ 높이가 1m를 넘는 방유제 및 간막이 둑 안 팎에는 방유제 내에 출입하기 위한 계단 또는 경사로를 약 50m마다 설치할 것

해설 인화성액체위험물(이황화탄소를 제외)의 옥외탱크저장소의 방유제
(1) 방유제의 용량

탱크가 하나인 때	탱크 용량의 110% 이상
2기 이상인 때	최대 용량의 110% 이상

(2) 방유제 높이 : 0.5m 이상 3m 이하
　　　　　두께 : 0.2m 이상
　　　　　지하매설깊이 : 1m 이상
(3) 방유제 내의 면적 : 8만m² 이하
(4) 방유제 내에 설치하는 옥외저장탱크의 수는 10 이하
(5) 방유제는 탱크의 옆판으로부터 거리를 유지할 것

지름이 15m 미만	탱크 높이의 3분의 1 이상
지름이 15m 이상	탱크 높이의 2분의 1 이상

(6) 용량이 1,000만L 이상인 옥외저장탱크의 주위에 설치하는 방유제에는 당해 탱크마다 **간막이 둑**을 설치할 것
　① 간막이 둑의 높이는 0.3m(방유제 내에 설치되는 옥외저장탱크의 용량의 합계가 2억L를 넘는 방유제에 있어서는 1m) 이상으로 하되, 방유제의 높이보다 0.2m 이상 낮게 할 것
　② 간막이 둑은 흙 또는 철근콘크리트로 할 것
　③ 간막이 둑의 용량은 간막이 둑안에 설치된 탱크 용량의 10% 이상
　④ 높이가 **1m를 넘는 방유제** 및 간막이둑의 안 팎에는 방유제 내에 출입하기 위한 **계단 또는 경사로를 약 50m마다 설치**할 것.

해답 ④

44 화재의 예방 및 안전관리에 관한 법령에 따른 소방안전 특별관리시설물의 안전관리 대상 전통시장의 기준 중 다음 ( ) 안에 알맞은 것은?

・전통시장으로서 대통령령으로 정하는 전통시장 : 점포가 ( )개 이상인 전통시장

① 100　② 300
③ 500　④ 600

해설 (화재예방법 제40조)
소방안전 특별관리시설물의 안전관리
(안전관리시행 : 소방청장)
① 공항시설
② 철도시설
③ 도시철도시설
④ 항만시설
⑤ 지정문화유산 및 천연기념물 등인 시설
⑥ 산업기술단지
⑦ 산업단지
⑧ 초고층 건축물 및 지하연계 복합건축물
⑨ 영화상영관 중 수용인원 1,000명 이상인 영화상영관
⑩ 전력용 및 통신용 지하구
⑪ 석유비축시설
⑫ 천연가스 인수기지 및 공급망
⑬ 대통령령으로 정하는 **전통시장**
　(점포가 500개 이상인 전통시장)
⑭ 대통령령으로 정하는 시설물

해답 ③

45 소방기본법에 따른 소방력의 기준에 따라 관할구역의 소방력을 확충하기 위하여 필요한 계획을 수립하여 시행하여야 하는 자는?

① 소방서장　② 소방본부장
③ 시・도지사　④ 행정안전부장관

해설 (소방기본법 제8조) 소방력의 기준 등
① 소방기관이 소방업무를 수행하는 데에 필요한 인력과 장비 등["소방력"]에 관한 **기준은 행정안전부령**으로 정한다.
② **시・도지사**는 소방력의 기준에 따라 관할구역의 소방력을 확충하기 위하여 **필요한 계획을 수립하여 시행**하여야 한다.
③ 소방자동차 등 소방장비의 분류・표준화와 그 관리 등에 **필요한 사항은 행정안전부령**으로 정한다.

해답 ③

46 소방시설 설치 및 관리에 관한 법령에 따른 특정소방대상물의 수용인원의 산정방법 기준 중 틀린 것은?

① 침대가 있는 숙박시설의 경우는 해당 특정소방대상물의 종사자 수에 침대 수(2인용 침대는 2인으로 산정)를 합한 수
② 침대가 없는 숙박시설의 경우는 해당 특정소방대상물의 종사자 수에 숙박시설 바닥면적의 합계를 3m²로 나누어 얻은 수를 합한 수
③ 강의실 용도로 쓰이는 특정소방대상물의 경우는 해당 용도로 사용하는 바닥면적의 합계를 1.9m²로 나누어 얻은 수
④ 문화 및 집회시설의 경우는 해당 용도로 사용하는 바닥면적의 합계를 2.6m²로 나누어 얻은 수

해설 **수용인원의 산정 방법**
(1) 숙박시설이 있는 특정소방대상물

침대가 있는 숙박시설	침대가 없는 숙박시설
종사자수+침대 수 (2인용 침대는 2인으로 산정)	종사자수+ (바닥면적합계/3m²)

(2) 숙박시설이 없는 특정소방대상물
① 강의실·교무실·상담실·실습실·휴게실 바닥면적의 합계를 1.9m²로 나누어 얻은 수
② 강당, **문화 및 집회시설**, 운동시설, 종교시설 바닥면적의 합계를 4.6m²로 나누어 얻은 수 (관람석이 있는 경우 고정식 의자를 설치한 부분은 그 부분의 의자 수로 하고, 긴 의자의 경우에는 의자의 정면너비를 0.45m로 나누어 얻은 수)
③ 그 밖의 특정소방대상물 바닥면적의 합계를 3m²로 나누어 얻은 수

[비고]
1. 바닥면적을 산정할 때에는 복도, 계단 및 화장실의 바닥면적을 포함하지 않는다.
2. 계산 결과 소수점 이하의 수는 반올림한다.

해답 ④

47 소방시설 설치 관리에 관한 법령에 따른 방염성능기준 이상의 실내장식물 등을 설치하여야 하는 특정소방대상물의 기준 중 틀린 것은?

① 건축물의 옥내에 있는 시설로서 종교시설
② 층수가 11층 이상인 아파트
③ 의료시설 중 종합병원
④ 노유자시설

해설 **(소방시설법 시행령 제30조)**
방염성능기준 이상의 실내장식물 설치대상
(1) 근린생활시설 중 **의원, 치과의원, 한의원, 조산원, 산후조리원, 체력단련장, 공연장 및 종교집회장**
(2) 건축물의 옥내에 있는 시설
① 문화 및 집회시설
② 종교시설
③ 운동시설(수영장은 제외)
(3) 의료시설
(4) 교육연구시설 중 **합숙소**
(5) 노유자시설
(6) 숙박이 가능한 **수련시설**
(7) 숙박시설
(8) 방송통신시설 중 **방송국 및 촬영소**
(9) 다중이용업소
(10) 층수가 11층 이상인 것(아파트 등은 제외)

(소방시설법 시행령 제31조)
방염대상물품 및 방염성능기준
(1) 제조 또는 가공 공정에서 방염 처리하여야 하는 물품
① 창문에 설치하는 커튼류(블라인드 포함)
② 카펫
③ **벽지류(두께가 2mm 미만 종이벽지 제외)**
④ 전시용 합판·목재 또는 섬유판, 무대용 합판·목재 또는 섬유판(합판·목재류의 경우 불가피하게 설치 현장에서 방염처리한 것을 포함)
⑤ 암막·무대막(영화상영관과 **가상체험 체육시설업**에 설치하는 스크린을 포함)
⑥ 섬유류, 합성수지류로 제작된 소파·의자 (단란주점, 유흥주점, 노래연습장업)
(2) 건축물 내부의 천장이나 벽에 부착하거나 설치하는 다음의 것 (다만, 가구류와 너비 10cm 이하인 반자돌림대 등과 내부마감재료는 제외).
① **종이류(두께 2mm 이상인 것)**·합성수지류 또는 섬유류를 주원료로 한 물품
② 합판이나 목재
③ 간이 칸막이
④ 흡음재(흡음커튼 포함), 방음재(방음커튼 포함)

(3) 방염성능기준
① 불꽃을 올리며 20초 이내
② 불꽃을 올리지 아니하고 30초 이내
③ 탄화면적 50cm^2 이내, 탄화길이 20cm 이내
④ 불꽃의 접촉 횟수 3회 이상
⑤ 최대연기밀도 400 이하

해답 ②

48 소방기본법에 따른 벌칙의 기준이 다른 것은?

① 정당한 사유 없이 불장난, 모닥불, 흡연, 화기 취급, 풍등 등 소형 열기구 날리기, 그 밖에 화재예방상 위험하다고 인정되는 행위의 금지 또는 제한에 따른 명령에 따르지 아니하거나 이를 방해한 사람
② 소방활동 종사 명령에 따른 사람을 구출하는 일 또는 불을 끄거나 불이 번지지 아니하도록 하는 일을 방해한 사람
③ 정당한 사유 없이 소방용수시설 또는 비상소화장치를 사용하거나 소방용수시설 또는 비상소화장치의 효용을 해치거나 그 정당한 사용을 방해한 사람
④ 출동한 소방대의 소방장비를 파손하거나 그 효용을 해하여 화재진압·인명구조 또는 구급활동을 방해하는 행위를 한 사람

해설 ① 정당한 사유 없이 불장난, 모닥불, 흡연, 화기(火氣) 취급, 풍등 등 소형 열기구 날리기, 그 밖에 화재예방상 위험하다고 인정되는 행위의 금지 또는 제한에 따른 명령에 따르지 아니하거나 이를 방해한 사람 – 300만원 이하의 과태료

소방기본법 제50조(벌칙)
5년 이하의 징역 또는 5천만원 이하의 벌금
(1) 다음 각 목의 어느 하나에 해당하는 행위를 한 사람
① 위력을 사용하여 출동한 소방대의 화재진압·인명구조 또는 구급활동을 방해하는 행위
② 소방대가 화재진압·인명구조 또는 구급활동을 위하여 현장에 출동하거나 현장에 출입하는 것을 고의로 방해하는 행위
③ 출동한 소방대원에게 폭행 또는 협박을 행사하여 화재진압·인명구조 또는 구급활동을 방해하는 행위
④ 출동한 소방대의 소방장비를 파손하거나 그 효용을 해하여 화재진압·인명구조 또는 구급활동을 방해하는 행위
(2) 소방자동차의 출동을 방해한 사람
(3) 사람을 구출하는 일 또는 불을 끄거나 불이 번지지 아니하도록 하는 일을 방해한 사람
(4) 정당한 사유 없이 소방용수시설 또는 비상소화장치를 사용하거나 소방용수시설 또는 비상소화장치의 효용을 해치거나 그 정당한 사용을 방해한 사람

해답 ①

49 소방시설 설치 및 관리에 관한 법령에 따른 특정소방대상물 중 의료시설에 해당하지 않는 것은?

① 요양병원
② 마약진료소
③ 한방병원
④ 노인의료복지시설

해설 ④ 노인의료복지시설 – 노유자시설
의료시설
① 병원 : 종합병원, 병원, 치과병원, 한방병원, 요양병원
② 격리병원 : 전염병원, 마약진료소
③ 정신의료기관
④ 장애인 의료재활시설

해답 ④

50 소방시설 설치 및 관리에 관한 법령에 따른 임시소방시설 중 간이소화장치를 설치하여야 하는 공사의 작업현장의 규모의 기준 중 다음 ( ) 안에 알맞은 것은?

- 연면적 (㉠)m^2 이상
- 지하층, 무창층 또는 (㉡)층 이상의 층. 이 경우 해당 층의 바닥면적이 (㉢)m^2 이상인 경우만 해당

① ㉠ 1000, ㉡ 6, ㉢ 150
② ㉠ 1000, ㉡ 6, ㉢ 600
③ ㉠ 3000, ㉡ 4, ㉢ 150
④ ㉠ 3000, ㉡ 4, ㉢ 600

해설 임시소방시설의 종류와 설치기준 등
(소방시설법 시행령 제18조 관련 [별표 8])
(1) 임시소방시설의 종류
　① 소화기　　　　② 간이소화장치
　③ 비상경보장치　④ 가스누설경보기
　⑤ 간이피난유도선　⑥ 비상조명등
　⑦ 방화포
(2) 임시소방시설 공사의 종류와 규모

종류	공사의 종류와 규모
소화기	• 동의 특정소방대상물
간이소화장치	• 연면적 3천m² 이상 • 지하층, 무창층 또는 4층 이상의 층(층의 바닥면적 600m² 이상)
비상경보장치	• 연면적 400m² 이상 • 지하층 또는 무창층 　(층의 바닥면적 150m² 이상)
가스누설경보기 간이피난유도선 비상조명등	• 바닥면적 150m² 이상인 지하층 또는 무창층
방화포	• 용접 · 용단 작업장

해답 ④

51 소방시설 설치 및 관리에 관한 법령에 따른 소방안전관리대상물의 관계인 및 소방안전관리자를 선임하여야 하는 공공기관의 장은 자체점검을 실시한 경우 며칠 이내에 소방시설등 자체점검 실시 결과 보고서를 소방본부장 또는 소방서장에게 제출하여야 하는가?

① 7일　　　　② 15일
③ 30일　　　④ 60일

해설 (소방시설법 시행규칙 제23조)
소방시설등의 자체점검 결과의 조치 등
(1) 관리업자등은 점검이 끝난 날부터 10일 이내에 보고서를 관계인에게 제출
(2) 관계인은 점검이 끝난 날부터 15일 이내에 보고서에 이행계획서를 첨부하여 소방본부장 또는 소방서장에게 보고
(3) 보고서 보고기간의 산입
　공휴일 및 토요일은 산입하지 아니한다.
(4) 관계인은 그 점검결과를 2년간 자체 보관
(5) 관계인의 이행계획 완료기간
　① 수리하거나 정비 : 10일 이내
　② 철거하고 새로 교체 : 20일 이내
(6) 이행계획을 완료한 관계인은 이행을 완료한 날로부터 10일 이내에 소방본부장 또는 소방서장에게 보고

해답 ②

52 화재의 예방 및 안전관리에 관한 법령상 권원별 소방안전관리자 선임대상 특정소방대상물의 기준 중 틀린 것은?

① 판매시설 중 상점
② 복합건축물로서 지하층 제외한 11층 이상인 건축물
③ 지하가(지하의 인공구조물 안에 설치된 상점 및 사무실, 그밖에 이와 비슷한 시설이 연속하여 지하도에 접하여 설치 된 것과 그 지하도를 합한 것)
④ 복합건축물로서 연면적이 3만제곱미터 이상인 건축물

해설 (화재예방법 제35조)
관리의 권원이 분리된 소방안전관리
(총괄소방안전관리자)
(1) 복합건축물(지하층 제외 11층 이상 또는 연면적 3만m² 이상)
(2) 지하가
(3) 판매시설 중 도매시장, 소매시장 및 전통시장

해답 ①

53 피난시설, 방화구획 또는 방화시설을 폐쇄 · 훼손 · 변경 등의 행위를 3차 이상 위반한 경우에 대한 과태료 부과기준으로 옳은 것은?

① 200만원　　② 300만원
③ 500만원　　④ 1000만원

해설 (소방시설법 시행령 제52조 별표 10)
과태료의 부과기준

	1차	2차	3차
피난시설, 방화구획 또는 방화시설을 폐쇄 · 훼손 · 변경하는 등의 행위를 한 경우	100	200	300

해답 ②

54 소방시설 설치 및 관리에 관한 법령에 따른 성능위주설계를 할 수 있는 자의 설계범위 기준 중 틀린 것은?

① 연면적 30000m² 이상인 특정소방대상물로서 공항시설
② 연면적 100000m² 이상인 특정소방대상물(단, 아파트 등은 제외)
③ 지하층을 포함한 층수가 30층 이상인 특정소방대상물(단, 아파트 등은 제외)
④ 하나의 건축물에 영화상영관이 10개 이상인 특정소방대상물

해설 (소방시설법 시행령 제9조)
성능위주설계 대상
(1) 연면적 20만m² 이상(아파트 등은 제외)
(2) 50층 이상(지하층 제외)이거나 높이가 200m 이상인 아파트등
(3) 30층 이상(지하층 포함)이거나 높이가 120m 이상(아파트등은 제외)
(4) 연면적 3만m² 이상인 특정소방대상물
　① 철도 및 도시철도 시설
　② 공항시설
(5) 창고시설 중 연면적 10만m² 이상인 것 또는 지하층의 층수가 2개 층 이상이고 지하층의 바닥면적의 합계가 3만m² 이상인 것
(6) 하나의 건축물에 영화상영관이 10개 이상
(7) 지하연계 복합건축물
(8) 수저터널 또는 길이가 5천m 이상인 것

해답 ②

55 화재의 예방 및 안전관리에 관한 법령상에 따른 화재예방강화지구의 관리기준 중 다음 ( ) 안에 알맞은 것은?

• 소방관서장은 화재예방강화지구 안의 소방대상물의 위치·구조 및 설비 등에 대한 화재안전조사를 (㉠)회 이상 실시하여야 한다.
• 소방관서장은 소방에 필요한 훈련 및 교육을 실시하고자 하는 때에는 화재예방강화지구 안의 관계인에게 훈련 또는 교육 (㉡)일 전까지 그 사실을 통보하여야 한다.

① ㉠ 월 1, ㉡ 7　　② ㉠ 월 1, ㉡ 10
③ ㉠ 연 1, ㉡ 7　　④ ㉠ 연 1, ㉡ 10

해설 (화재예방법 제18조) 화재예방강화지구의 지정 등
(1) 지정권자 : 시·도지사
(2) 화재안전조사 : 소방관서장
(3) 화재안전조사 실시주기 : 연1회 이상
(4) 소방훈련과 교육 : 연1회 이상
(5) 훈련 및 교육통보 : 10일 전까지

화재예방강화지구의 지정대상지역 ★★필수암기★★
① 시장지역
② 공장·창고가 밀집한 지역
③ 목조건물이 밀집한 지역
④ 노후·불량건축물이 밀집한 지역
⑤ 위험물의 저장 및 처리시설이 밀집한 지역
⑥ 석유화학제품을 생산하는 공장이 있는 지역
⑦ 산업단지
⑧ 소방시설·소방용수시설 또는 소방 출동로가 **없는 지역**
⑨ 물류단지
⑩ 소방관서장이 화재예방강화지구로 인정하는 지역

해답 ④

56 화재의 예방 및 안전관리에 관한 법령에 따른 용접 또는 용단 작업장에서 불꽃을 사용하는 용접·용단기구 사용에 있어서 작업자로부터 반경 몇 m 이내에 소화기를 갖추어야 하는가? (단, 산업안전보건법에 따른 안전조치의 적용을 받는 사업장의 경우는 제외한다.)

① 1　　② 3
③ 5　　④ 7

해설 건조설비, 용접·용단 기구 관리기준

종류	내용
건조설비	건조설비와 벽, 천장 사이의 거리는 0.5m 이상
불꽃을 사용하는 용접·용단 기구	• 반경 5m 이내에 소화기를 갖추어 둘 것 • 반경 10m 이내에는 가연물을 쌓아두거나 놓아두지 말 것

해답 ③

57 위험물안전관리법령에 따른 위험물제조소의 옥외에 있는 위험물취급탱크 용량이 100m³ 및 180m³인 2개의 취급탱크 주위에 하나의 방

유제를 설치하는 경우 방유제의 최소 용량은 몇 m³이어야 하는가?

① 100   ② 140
③ 180   ④ 280

해설 (위험물법 시행규칙 제28조의 별표 4)
위험물 제조소의 옥외에 있는 위험물 취급탱크
① 하나의 취급탱크 주위에 설치하는 방유제의 용량은 당해 탱크용량의 50% 이상
② 2 이상의 취급탱크 주위에 하나의 방유제 설치를 하는 경우 방유제의 용량은 당해 탱크 중 용량이 최대인 것의 50%에 나머지 탱크용량합계의 10%를 가산한 양 이상이 되도록 할 것
∴ 방유제 용량 = (180m³×0.5)+(100m³×0.1)
　　　　　　 = 100m³

해답 ①

58 위험물안전관리법령에 따른 정기점검의 대상인 제조소등의 기준 중 틀린 것은?

① 암반탱크저장소
② 지하탱크저장소
③ 이동탱크저장소
④ 지정수량의 150배 이상의 위험물을 저장하는 옥외탱크저장소

해설 위험물법 시행령 제16조
(정기점검의 대상인 제조소등)
(1) 관계인이 **예방규정**을 정하여야 하는 제조소등
　① 지정수량10배 이상의 제조소
　② 지정수량100배 이상의 옥외저장소
　③ 지정수량150배 이상의 옥내저장소
　④ 지정수량200배 이상의 옥외탱크저장소
　⑤ 암반탱크저장소
　⑥ 이송취급소
　⑦ 지정수량10배 이상의 위험물을 취급하는 일반취급소
(2) 지하탱크저장소
(3) 이동탱크저장소
(4) 위험물을 취급하는 탱크로서 지하에 매설된 탱크가 있는 제조소·주유취급소 또는 일반취급소

해답 ④

59 위험물안전관리법령에 따른 소화난이도등급 Ⅰ의 옥내탱크저장소에서 황만을 저장·취급할 경우 설치하여야 하는 소화설비로 옳은 것은?

① 물분무소화설비   ② 스프링클러설비
③ 포소화설비   ④ 옥내소화전설비

해설 소화난이도등급 Ⅰ의 제조소등에 설치하여야 하는 소화설비

제조소등의 구분		소화설비
옥내탱크저장소	황만을 저장취급하는 것	물분무소화설비
	인화점 70℃ 이상의 제4류 위험물만을 저장·취급하는 것	물분무소화설비, 고정식 포소화설비, 이동식 이외의 불활성가스소화설비, 이동식 이외의 할로젠화합물소화설비 또는 이동식 이외의 분말소화설비
	그 밖의 것	고정식 포소화설비, 이동식 이외의 불활성가스소화설비, 이동식 이외의 할로젠화합물소화설비 또는 이동식 이외의 분말소화설비

해답 ①

60 소방시설공사업법령에 따른 소방시설공사 중 특정소방대상물에 설치된 소방시설등을 구성하는 것의 전부 또는 일부를 개설, 이전 또는 정비하는 공사의 착공신고 대상이 아닌 것은?

① 수신반
② 소화펌프
③ 동력(감시)제어반
④ 제연설비의 제연구역

해설 소방시설공사의 착공신고 대상
특정소방대상물에 설치된 소방시설등을 구성하는 다음 각 목의 어느 하나에 해당하는 것의 전부 또는 일부를 개설, 이전 또는 정비하는 공사. 다만, 고장 또는 파손 등으로 인하여 작동시킬 수 없는 소방시설을 긴급히 교체하거나 보수하여야 하는 경우에는 신고하지 않을 수 있다.
① 수신반
② 소화펌프
③ 동력(감시)제어반

해답 ④

제4과목 소방기계시설의 구조 및 원리

61 자동화재탐지설비의 감지기의 작동과 연동하는 분말소화설비 자동식 기동장치의 설치기준 중 다음 ( ) 안에 알맞은 것은?

> • 전기식 기동장치로서 (㉠)병 이상의 저장용기를 동시에 개방하는 설비는 2병 이상의 저장용기에 전자개방밸브를 부착할 것
> • 가스압력식 기동장치의 기동용 가스 용기 및 해당 용기에 사용하는 밸브는 (㉡)MPa 이상의 압력에 견딜 수 있는 것으로 할 것

① ㉠ 3, ㉡ 2.5
② ㉠ 7, ㉡ 2.5
③ ㉠ 3, ㉡ 25
④ ㉠ 7, ㉡ 25

해설 분말소화설비의 기동장치
(1) 수동식 기동장치
수동식 기동장치의 부근에는 방출지연스위치(자동복귀형 스위치로서 수동식 기동장치의 타이머를 순간정지 시키는 기능의 스위치)를 설치
① 전역방출 방식은 방호구역마다 국소방출 방식은 방호대상물마다 설치할 것
② 조작을 하는 자가 쉽게 피난할 수 있는 장소에 설치할 것
③ 조작부는 바닥으로부터 높이 0.8m 이상 1.5m 이하의 위치에 설치하고 보호판 등에 의한 보호장치를 설치할 것
④ 기동장치에는 그 가까운 곳의 보기 쉬운 곳에 "분말소화설비 기동장치"라고 표시한 표지를 할 것
⑤ 전기를 사용하는 기동장치에는 전원표시등을 설치할 것
⑥ 기동장치의 방출용 스위치는 음향경보장치와 연동하여 조작될 수 있는 것으로 할 것

(2) 자동식 기동장치
자동화재탐지설비의 감지기의 작동과 연동하는 것으로서 다음 각호의 기준에 따라 설치
① 자동식 기동장치에는 수동으로도 기동할 수 있는 구조로 할 것
② 전기식 기동장치로서 7병 이상의 저장용기를 동시에 개방하는 설비에 있어서는 2병 이상의 저장용기에 전자개방밸브를 부착할 것
③ 가스 압력식 기동장치
  ㉠ 기동용 가스용기 및 당해 용기에 사용하는 밸브는 25MPa 이상의 압력에 견딜 수 있는 것으로 할 것
  ㉡ 기동용 가스용기에는 내압시험압력의 0.8배 내지 내압시험압력 이하에서 작동하는 안전장치를 설치할 것
  ㉢ 기동용 가스용기의 체적은 5L 이상으로 하고, 해당 용기에 저장하는 질소 등의 비활성기체는 6.0MPa 이상(21℃ 기준)의 압력으로 충전할 것
  ㉣ 기동용 가스용기에는 충전여부를 확인할 수 있는 압력게이지를 설치할 것
④ 기계식 기동장치에 있어서는 저장용기를 쉽게 개방할 수 있는 구조로 할 것

해답 ④

62 특별피난계단의 계단실 및 부속실 제연설비의 차압 등에 관한 기준 중 옳은 것은?

① 제연설비가 가동되었을 경우 출입문의 개방에 필요한 힘은 130N 이하로 하여야 한다.
② 제연구역과 옥내와의 사이에 유지하여야 하는 최소차압은 40Pa(옥내에 스프링클러설비가 설치된 경우에는 12.5Pa) 이상으로 하여야 한다.
③ 피난을 위하여 제연구역의 출입문이 일시적으로 개방되는 경우 개방되지 아니하는 제연구역과 옥내와의 차압은 기준 차압의 60% 미만이 되어서는 아니 된다.
④ 계단실과 부속실을 동시에 제연하는 경우 부속실의 기압은 계단실과 같게 하거나 계단실의 기압보다 낮게 할 경우에는 부속실과 계단실의 압력차이는 10Pa 이하가 되도록 하여야 한다.

해설 특별피난계단의 계단실 및 부속실 제연설비
① 제연구역과 옥내와의 사이에 유지하여야 하는 최소차압은 40Pa(옥내에 스프링클러설비가

설치된 경우에는 12.5Pa) 이상
② 제연설비가 가동되었을 경우 출입문의 개방에 필요한 힘은 110N 이하
③ 출입문이 일시적으로 개방되는 경우 개방되지 아니하는 제연구역과 옥내와의 차압은 기준에 따른 차압의 70% 이상이어야 한다.
④ 계단실과 부속실을 동시에 제연 하는 경우 부속실의 기압은 계단실과 같게 하거나 계단실의 기압보다 낮게 할 경우에는 부속실과 계단실의 압력차이는 5Pa 이하가 되도록 하여야 한다.

해답 ②

63 소화용수설비에 설치하는 채수구의 설치기준 중 다음 ( ) 안에 알맞은 것은?

> 채수구는 지면으로부터의 높이가 (㉠)m 이상 (㉡)m 이하의 위치에 설치하고 "채수구"라고 표시한 표지를 할 것

① ㉠ 0.5, ㉡ 1.0   ② ㉠ 0.5, ㉡ 1.5
③ ㉠ 0.8, ㉡ 1.0   ④ ㉠ 0.8, ㉡ 1.5

해설 소화수조 및 저수조

(1) 소화수조 등
① 소방차가 채수구로부터 2m 이내의 지점까지 접근할 수 있는 위치에 설치
② 소화수조 또는 저수조의 저수량

[소방대상물의 기준면적]

소방대상물의 구분	기준면적
1층 및 2층의 바닥면적 합계가 15000m² 이상인 소방대상물	7,500m²
그 밖의 소방대상물	12,500m²

(2) 흡수관투입구
① 한 변이 0.6m 이상 또는 직경이 0.6m 이상
② 소요수량이 80m³ 미만인 것 : 1개 이상
③ 소요수량이 80m³ 이상인 것 : 2개 이상
④ "흡수관투입구"라고 표시한 표지를 할 것

(3) 채수구 설치기준
① 65mm 이상의 나사식 결합금속구를 설치

[소요수량과 채수구수]

소요수량	20m³ 이상 40m³ 미만	40m³ 이상 100m³ 미만	100m³ 이상
채수구수	1개	2개	3개

② 채수구 설치위치 : 0.5m 이상 1m 이하
③ "채수구"라고 표시한 표지를 할 것

④ 소화용수설비 설치 면제 : 유수의 양이 0.8 m³/min 이상인 유수를 사용할 수 있는 경우

(4) 가압송수장치
① 소화수조 또는 저수조가 지표면으로부터의 깊이(수조 내부바닥까지의 길이)가 4.5m 이상인 지하에 있는 경우에는 다음 표에 따라 가압송수장치를 설치하여야 한다.

소요수량	20m³ 이상 40m³ 미만	40m³ 이상 100m³ 미만	100m³ 이상
가압송수장치의 1분당 양수량	1,100L 이상	2,200L 이상	3,300L 이상

② 소화수조가 옥상 또는 옥탑의 부분에 설치된 경우에는 지상에 설치된 채수구에서의 압력이 0.15MPa 이상이 되도록 하여야 한다.

해답 ①

64 국소방출방식의 할로겐화합물소화설비(할론소화설비)의 분사헤드 설치기준 중 다음 ( ) 안에 알맞은 것은?

> 분사헤드의 방사압력은 할론 2402를 방사하는 것은 (㉠)MPa 이상, 할론 2402를 방출하는 분사헤드는 해당 소화약제가 (㉡)으로 분무되는 것으로 하여야 하며, 기준저장량의 소화약제를 (㉢)초 이내에 방사할 수 있는 것으로 할 것

① ㉠ 0.1, ㉡ 무상, ㉢ 10
② ㉠ 0.2, ㉡ 적상, ㉢ 10
③ ㉠ 0.1, ㉡ 무상, ㉢ 30
④ ㉠ 0.2, ㉡ 적상, ㉢ 30

해설 할론소화설비의 분사헤드

(1) 가연물이 비산하지 아니하는 장소에 설치할 것
(2) 할론 2402를 방사하는 분사헤드는 당해 소화약제가 무상으로 분무되는 것으로 할 것
(3) 할론 분사헤드의 방사압력 및 방출시간

종 류	방사압력	방출시간
할론2402	0.1 MPa 이상	10초 이내
할론1211	0.2 MPa 이상	
할론1301	0.9 MPa 이상	

해답 ①

65 특정소방대상물에 따라 적응하는 포소화설비의 설치기준 중 특수가연물을 저장·취급하는 공장 또는 창고에 적응성을 갖는 포소화설비가 아닌 것은?

① 포헤드설비
② 고정포방출설비
③ 압축공기포소화설비
④ 호스릴포소화설비

해설 포소화설비의 종류 및 적응성
(1) 특수가연물 저장. 취급하는 공장 또는 창고
  ① 포워터스프링클러설비
  ② 포헤드설비
  ③ 고정포방출설비
  ④ 압축공기포소화설비
(2) 차고 또는 주차장
  ① 포워터스프링클러설비
  ② 포헤드설비
  ③ 고정포방출설비
  ④ 압축공기포소화설비
  ⑤ 호스릴포소화설비
  ⑥ 포소화전설비
(3) 항공기격납고
  ① 포워터스프링클러설비
  ② 포헤드설비
  ③ 고정포방출설비
  ④ 압축공기포소화설비
  ⑤ 호스릴포소화설비

해답 ④

66 송수구가 부설된 옥내소화전을 설치한 특정소방대상물로서 연결송수관설비의 방수구를 설치하지 아니할 수 있는 층의 기준 중 다음 ( ) 안에 알맞은 것은? (단, 집회장·관람장·백화점·도매시장·소매시장·판매시설·공장·창고시설 또는 지하가를 제외한다.)

- 지하층을 제외한 층수가 (㉠)층 이하이고 연면적이 (㉡)m² 미만인 특정소방대상물의 지상층의 용도로 사용되는 층
- 지하층의 층수가 (㉢) 이하인 특정소방대상물의 지하층

① ㉠ 3, ㉡ 5000, ㉢ 3
② ㉠ 4, ㉡ 6000, ㉢ 2
③ ㉠ 5, ㉡ 3000, ㉢ 3
④ ㉠ 6, ㉡ 4000, ㉢ 2

해설 방수구를 설치하지 않을 수 있는 경우
① 아파트의 1층 및 2층
② 송수구가 부설된 옥내소화전이 설치된 소방대상물(집회장, 관람장, 백화점, 도매시장, 소매시장, 판매시설, 공장, 창고시설 또는 지하가를 제외)로 다음에 해당하는 층
  ㉠ 지하층을 제외한 층수가 4층 이하이고 연면적 6000m² 미만 소방대상물
  ㉡ 지하층의 층수가 2 이하인 소방대상물의 지하층

해답 ②

67 스프링클러설비를 설치하여야 할 특정소방대상물에 있어서 스프링클러헤드를 설치하지 아니할 수 있는 기준 중 틀린 것은?

① 천장과 반자 양쪽이 불연재료로 되어 있고 천장과 반자 사이의 거리가 2.5m 미만인 부분
② 천장 및 반자가 불연재료 외의 것으로 되어 있고 천장과 반자 사이의 거리가 0.5m 미만인 부분
③ 천장·반자 중 한쪽이 불연재료로 되어 있고 천장과 반자 사이의 거리가 1m 미만인 부분
④ 현관 또는 로비 등으로서 바닥으로부터 높이가 20m 이상인 장소

해설 스프링클러 헤드의 설치제외 대상물
① 계단실·경사로·승강로·파이프덕트 목욕실·수영장·화장실 기타 이와 유사한 장소
② 통신기기실·전자기기실 기타 이와 유사한 장소
③ 발전실·변전실·변압기 기타 이와 유사한 전기 설비가 설치되어 있는 장소
④ 병원의 수술실·응급처치실 기타 이와 유사한 장소
⑤ 천장과 반자 양쪽이 불연재료로 되어 있는 경우
  ㉠ 천장과 반자 사이의 거리가 2m 미만인 부분

ⓒ 천장과 반자사이의 벽이 불연재료이고 천장과 반자사이의 거리가 2m 이상
⑥ 천장·반자 중 한쪽이 불연재료로 되어 있고 천장과 반자 사이의 거리 1m 미만인 부분
⑦ 천장 및 반자가 불연재료 외의 것으로 되어 있고 천장과 반자 사이의 거리 0.5m 미만인 부분
⑧ 펌프실·물탱크실·엘리베이터 권상기실 그 밖의 이와 비슷한 장소
⑨ 현관 또는 로비 등으로서 바닥으로부터 높이가 20m 이상인 장소
⑩ 영하의 냉장창고의 냉장실 또는 냉동창고의 냉동실

해답 ①

68 미분무소화설비의 배관의 배수를 위한 기울기 기준 중 다음 ( ) 안에 알맞은 것은? (단, 배관의 구조상 기울기를 줄 수 없는 경우는 제외한다.)

> 개방형 미분무소화설비에는 헤드를 향하여 상향으로 수평주행배관의 기울기를 (㉠) 이상, 가지배관의 기울기를 (㉡) 이상으로 할 것

① ㉠ $\dfrac{1}{100}$, ㉡ $\dfrac{1}{500}$
② ㉠ $\dfrac{1}{500}$, ㉡ $\dfrac{1}{100}$
③ ㉠ $\dfrac{1}{250}$, ㉡ $\dfrac{1}{500}$
④ ㉠ $\dfrac{1}{500}$, ㉡ $\dfrac{1}{250}$

해설 미분무설비 배관의 배수를 위한 기울기
① 폐쇄형 미분무 소화설비의 배관을 수평으로 할 것. 다만, 배관의 구조상 소화수가 남아 있는 곳에는 배수밸브를 설치하여야 한다.
② 개방형 미분무 소화설비에는 헤드를 향하여 상향으로 **수평주행배관의 기울기를 500분의 1 이상, 가지배관의 기울기를 250분의 1 이상**으로 할 것. 다만, 배관의 구조상 기울기를 줄 수 없는 경우에는 배수를 원활하게 할 수 있도록 배수밸브를 설치하여야 한다.

해답 ④

69 할로겐화합물 및 불활성기체 소화설비를 설치할 수 없는 장소의 기준 중 옳은 것은? (단, 소화성능이 인정되는 위험물은 제외한다.)

① 제1류위험물 및 제2류위험물 사용
② 제2류위험물 및 제4류위험물 사용
③ 제3류위험물 및 제5류위험물 사용
④ 제4류위험물 및 제6류위험물 사용

해설 할로겐화합물 및 불활성기체 소화설비 설치제외
① 사람이 상주하는 곳으로서 최대허용설계농도를 초과하는 장소
② 제3류위험물 및 제5류위험물을 사용하는 장소 다만, 소화성능이 인정되는 위험물은 제외한다.

해답 ③

70 개방형스프링클러헤드 30개를 설치하는 경우 급수관의 구경은 몇 mm로 하여야 하는가?

① 65   ② 80
③ 90   ④ 100

해설 스프링클러헤드 수별 급수관의 구경(단위 : mm)

급수관의 구경 구분	25	32	40	50	65	80	90	100	125	150
가	2	3	5	10	30	60	80	100	160	161 이상
나	2	4	7	15	30	60	65	100	160	161 이상
다	1	2	5	8	15	27	40	55	90	91 이상

(주)
1. 폐쇄형스프링클러헤드를 사용하는 설비의 경우로서 1개층에 하나의 급수배관(또는 밸브 등)이 담당하는 구역의 최대면적은 3,000m²를 초과하지 아니할 것
2. 폐쇄형스프링클러헤드를 설치하는 경우에는 "가"란의 헤드 수에 따를 것. 다만, 100개 이상의 헤드를 담당하는 급수배관(또는 밸브)의 구경을 100mm로 할 경우에는 수리계산을 통하여 규정한 배관의 유속에 적합하도록 할 것
3. 폐쇄형스프링클러헤드를 설치하고 반자 아래의 헤드와 반자속의 헤드를 동일 급수관의 가지관상에 병설하는 경우에는 "나"란의 헤드 수에 따를 것
4. 폐쇄형스프링클러헤드를 설치하는 설비의 배관구경은 "다"란에 따를 것
5. 개방형스프링클러헤드를 설치하는 경우 하나의 방수구역이 담당하는 헤드의 개수가 30개 이하일 때는 "다"란의 헤드수에 의하고, 30개를 초과할 때는 수리계산 방법에 따를 것

해답 ③

71 분말소화설비 분말소화약제의 저장용기의 설치기준 중 옳은 것은?

① 저장용기에는 가압식은 최고사용압력의 0.8배 이하, 축압식은 용기의 내압시험압력의 1.8배 이하의 압력에서 작동하는 안전밸브를 설치할 것
② 저장용기의 충전비는 0.8 이상으로 할 것
③ 저장용기간의 간격은 점검에 지장이 없도록 5cm 이상의 간격을 유지할 것
④ 저장용기에는 저장용기의 내부압력이 설정압력으로 되었을 때 주밸브를 개방하는 압력조정기를 설치할 것

해설 분말소화약제의 저장용기 설치기준
① 저장용기의 내용적

소화약제의 종별	약제 1kg당 내용적
제1종 분말	0.8L
제2종 분말	1L
제3종 분말	1L
제4종 분말	1.25L

② 가압식은 최고사용압력의 1.8배 이하, 축압식은 용기의 내압시험압력의 0.8배 이하의 압력에서 작동하는 안전밸브를 설치
③ 저장용기의 내부압력이 설정압력으로 되었을 때 주밸브를 개방하는 정압작동장치를 설치
④ 충전비는 0.8 이상
⑤ 잔류 소화약제를 처리할 수 있는 청소장치를 설치
⑥ 축압식은 지시압력계를 설치

해답 ②

72 바닥면적이 1300m²인 관람장에 소화기구를 설치할 경우 소화기구의 최소 능력단위는? (단, 주요구조부가 내화구조이고, 벽 및 반자의 실내와 면하는 부분이 불연재료로 된 특정소방대상물이다.)

① 7단위 ② 13단위
③ 22단위 ④ 26단위

해설 능력단위 계산공식

$$능력단위 = \frac{바닥면적(m^2)}{기준면적(m^2)}$$

① 관람장의 기준면적(m²) : 50m²
② 내화구조로 내장재가 불연재이면 기준면적은 2배이다.

$$\therefore 능력단위 = \frac{1300m^2}{50m^2 \times 2} = 13단위$$

소방대상물별 소화기구의 능력단위기준

소방대상물	소화기구의 능력단위
① 위락시설	30m² 마다 1단위 이상
② 공연장·집회장·관람장·문화재·장례식장 및 의료시설	50m² 마다 1단위 이상
③ 근린생활시설·판매시설·숙박시설·노유자시설·전시장·공동주택·업무시설·통신촬영시설·공장·창고·항공기 및 자동차관련시설·관광휴게시설	100m² 마다 1단위 이상
④ 그 밖의 것	200m² 마다 1단위 이상

(주) 소화기구의 능력단위를 산출함에 있어서 건축물의 주요구조부가 내화구조이고, 벽 및 반자의 실내에 면하는 부분이 불연재료·준불연재료 또는 난연재료로 된 소방대상물에 있어서는 위 표의 기준면적의 2배를 당해 소방대상물의 기준면적으로 한다.

해답 ②

73 특정소방대상물의 용도 및 장소별로 설치하여야 할 인명구조기구 종류의 기준 중 다음 ( ) 안에 알맞은 것은?

특정소방대상물	인명구조기구의 종류
물분무등소화설비 중 ( )를 설치하여야 하는 특정소방대상물	공기호흡기

① 이산화탄소소화설비
② 분말소화설비
③ 할로겐화합물소화설비(할론소화설비)
④ 할로겐화합물 및 불활성기체소화설비

해설 용도 및 장소별로 설치하여야 할 인명구조기구

특정소방대상물	종류	설치 수량
• 지하층을 포함하는 층수가 7층 이상인 관광호텔 및 5층 이상인 병원	• 방열복 또는 방화복 (헬멧, 보호장갑 및 안전화 포함) • 공기호흡기 • 인공소생기	• 각 2개 이상 비치할 것. 다만, 병원의 경우에는 인공소생기를 설치하지 않을 수 있다.

특정소방대상물	종류	설치 수량
• 문화 및 집회시설 중 수용인원 100명 이상의 영화상영관 • 판매시설 중 대규모점포 • 운수시설 중 지하역사 • 지하상가	공기호흡기	층마다 2개 이상 비치할 것. 다만, 각 층마다 갖추어 두어야 할 공기호흡기 중 일부를 직원이 상주하는 인근 사무실에 갖추어 둘 수 있다.
• 물분무등소화설비 중 이산화탄소소화설비를 설치하여야 하는 특정소방대상물	공기호흡기	이산화탄소소화설비가 설치된 장소의 출입구 외부 인근에 1대 이상 비치할 것

해답 ①

74 고압의 전기기기가 있는 장소에 있어서 전기의 절연을 위한 전기기기와 물분무헤드 사이의 최소 이격거리 기준 중 옳은 것은?

① 66kV 이하 – 60cm 이상
② 66kV 초과 77kV 이하 – 80cm 이상
③ 77kV 초과 110kV 이하 – 100cm 이상
④ 110kV 초과 154kV 이하 – 140cm 이상

해설 물분무소화설비의 설치기준
(1) 전기기기와 물분무헤드 사이의 이격거리

전압(kV)	거리(cm)
66 이하	70 이상
66초과 77 이하	80 이상
77 초과 110 이하	110 이상
110 초과 154 이하	150 이상
154 초과 181 이하	180 이상
181 초과 220 이하	210 이상
220 초과 275 이하	260 이상

(2) 물분무소화설비를 설치하는 차고 또는 주차장의 배수설비
① 차량이 주차하는 장소의 적당한 곳에 높이 10cm 이상의 경계턱으로 배수구를 설치할 것
② 배수구에는 새어나온 기름을 모아 소화할 수 있도록 길이 40m 이하마다 집수관·소화핏트 등 기름분리장치를 설치할 것
③ 차량이 주차하는 바닥은 배수구를 향하여 100분의 2 이상의 기울기를 유지할 것
④ 배수설비는 가압송수장치의 **최대송수능력의 수량**을 유효하게 배수할 수 있는 크기 및 기울기로 할 것

(3) 물분무헤드 설치 제외 장소
① 물에 심하게 반응하는 물질 또는 물과 반응하여 위험한 물질을 생성하는 물질을 저장 또는 취급하는 장소
② 고온의 물질 및 증류범위가 넓어 끓어 넘치는 위험이 있는 물질을 저장 또는 취급하는 장소
③ 운전시에 표면의 온도가 260℃ 이상으로 되는 등 직접 분무를 하는 경우 그 부분에 손상을 입힐 우려가 있는 기계장치 등이 있는 장소

해답 ②

75 화재조기진압용 스프링클러설비 헤드의 기준 중 다음 ( ) 안에 알맞은 것은?

헤드 하나의 방호면적은 (㉠)m² 이상 (㉡)m² 이하로 할 것

① ㉠ 2.4, ㉡ 3.7
② ㉠ 3.7, ㉡ 9.1
③ ㉠ 6.0, ㉡ 9.3
④ ㉠ 9.1, ㉡ 13.7

해설 화재조기진압용 스프링클러설비의 헤드
① 헤드 하나의 방호면적은 6.0m² 이상 9.3m² 이하로 할 것
② 가지배관의 헤드 사이의 거리는 천장의 높이가 9.1m 미만인 경우에는 2.4m 이상 3.7m 이하로, 9.1m 이상 13.7m 이하인 경우에는 3.1m 이하로 할 것
③ 헤드의 반사판은 천장 또는 반자와 평행하게 설치하고 저장물의 최상부와 914mm 이상 확보되도록 할 것
④ 하향식 헤드의 반사판의 위치는 천장이나 반자 아래 125mm 이상 355mm 이하일 것
⑤ 상향식 헤드의 감지부 중앙은 천장 또는 반자와 101mm 이상 152mm 이하이어야 하며, 반사판의 위치는 스프링클러배관의 윗부분에서 최소 178mm 상부에 설치되도록 할 것
⑥ 헤드와 벽과의 거리는 헤드 상호간 거리의 2분의 1을 초과하지 않아야 하며 최소 102mm 이상일 것
⑦ 헤드의 작동온도는 74℃ 이하일 것. 다만, 헤드 주위의 온도가 38℃ 이상의 경우에는 그 온도에서의 화재시험 등에서 헤드작동에 관하여 공인기관의 시험을 거친 것을 사용할 것

해답 ③

76 옥내소화전설비 수원의 산출된 유효수량 외에 유효수량의 $\frac{1}{3}$ 이상을 옥상에 설치하지 아니 할 수 있는 경우의 기준 중 다음 ( ) 안에 알맞은 것은?

- 수원이 건축물의 최상층에 설치된 (㉠)보다 높은 위치에 설치된 경우
- 건축물의 높이가 지표면으로부터 (㉡)m 이하인 경우

① ㉠ 송수구, ㉡ 7 ② ㉠ 방수구, ㉡ 7
③ ㉠ 송수구, ㉡ 10 ④ ㉠ 방수구, ㉡ 10

해설 옥내소화전설비의 수원

유효수량의 $\frac{1}{3}$ 이상 옥상설치 제외대상

① 지하층만 있는 건축물
② 고가수조를 가압송수장치로 설치한 옥내소화전설비
③ 수원이 건축물의 최상층에 설치된 방수구보다 높은 위치에 설치된 경우
④ 건축물의 높이가 지표면으로부터 10m 이하인 경우
⑤ 주펌프와 동등 이상의 성능이 있는 별도의 펌프로서 내연기관의 기동과 연동하여 작동되거나 비상전원을 연결하여 설치한 경우
⑥ 학교·공장·창고시설로서 동결의 우려가 있는 장소에 해당하는 경우
⑦ 가압수조를 가압송수장치로 설치한 옥내소화전설비

해답 ④

77 다수인 피난장비 설치기준 중 틀린 것은?

① 사용 시에 보관실 외측 문이 먼저 열리고 탑승기가 외측으로 자동으로 전개될 것
② 보관실의 문은 상시 개방상태를 유지하도록 할 것
③ 하강 시에 탑승기가 건물 외벽이나 돌출물에 충돌하지 않도록 설치할 것
④ 피난층에는 해당 층에 설치된 피난기구가 착지에 지장이 없도록 충분한 공간을 확보할 것

해설 다수인 피난장비 설치기준

① 피난에 용이하고 안전하게 하강할 수 있는 장소에 적재 하중을 충분히 견딜 수 있도록 구조안전의 확인을 받아 견고하게 설치할 것
② 다수인피난장비 보관실은 건물 외측보다 돌출되지 아니하고, 빗물·먼지 등으로부터 장비를 보호할 수 있는 구조 일 것
③ 사용 시에 보관실 외측 문이 먼저 열리고 탑승기가 외측으로 자동으로 전개될 것
④ 하강 시에 탑승기가 건물 외벽이나 돌출물에 충돌하지 않도록 설치할 것
⑤ 상·하층에 설치할 경우에는 탑승기의 하강경로가 중첩되지 않도록 할 것
⑥ 하강 시에는 안전하고 일정한 속도를 유지하도록 하고 전복, 흔들림, 경로이탈 방지를 위한 안전조치를 할 것
⑦ 보관실의 문에는 오작동 방지조치를 하고, 문 개방 시에는 당해 소방대상물에 설치된 경보설비와 연동하여 유효한 경보음을 발하도록 할 것
⑧ **피난층에는 해당 층에 설치된 피난기구가 착지에 지장이 없도록 충분한 공간을 확보할 것**
⑨ 한국소방산업기술원 또는 성능시험기관으로 지정받은 기관에서 그 성능을 검증받은 것으로 설치할 것

해답 ②

78 포소화설비의 배관 등의 설치기준 중 옳은 것은?

① 쇼워터스프링클러설비 또는 포헤드설비의 가지배관의 배열은 토너먼트방식으로 한다.
② 송액관은 겸용으로 하여야 한다. 다만, 포소화전의 기동장치의 조작과 동시에 다른 설비의 용도에 사용하는 배관의 송수를 차단할 수 있거나, 포소화설비의 성능에 지장이 없는 경우에는 전용으로 할 수 있다.
③ 송액관은 포의 방출 종료 후 배관안의 액을 배출하기 위하여 적당한 기울기를 유지하도록 하고 그 낮은 부분에 배액밸브를 설치하여야 한다.

④ 가압송수장치의 체절운전 시 수온의 상승을 방지하기 위하여 체크밸브와 펌프 사이에서 분기한 구경 32mm 이상의 배관에 체절압력 미만에서 개방되는 릴리프밸브를 설치할 것

해설 포소화설비의 배관 설치기준
① 송액관은 포의 방출 종료후 배관안의 액을 배출하기 위하여 적당한 기울기를 유지하도록 하고 그 낮은 부분에 **배액밸브를 설치**하여야 한다.
② 포워터스프링클러설비 또는 포헤드설비의 가지배관의 배열은 **토너먼트방식이 아니어야 하며**, 교차배관에서 분기하는 지점을 기점으로 한쪽 가지배관에 설치하는 헤드의 수는 **8개 이하**로 한다.
③ 송액관은 **전용**으로 하여야 한다. 다만, 포소화전의 기동장치의 조작과 동시에 다른 설비의 용도에 사용하는 배관의 송수를 차단할 수 있거나, 포소화설비의 성능에 지장이 없는 경우에는 다른 설비와 겸용할 수 있다.
④ 가압송수장치의 체절운전 시 수온의 상승을 방지하기 위하여 체크밸브와 펌프 사이에서 분기한 구경 20mm 이상의 배관에 체절압력 미만에서 개방되는 릴리프밸브를 설치할 것

해답 ③

79 대형소화기에 충전하는 최소 소화약제의 기준 중 다음 ( ) 안에 알맞은 것은?

- 분말소화기 : (㉠)kg 이상
- 물소화기 : (㉡)L 이상
- 이산화탄소소화기 : (㉢)kg 이상

① ㉠ 30, ㉡ 80, ㉢ 50
② ㉠ 30, ㉡ 50, ㉢ 60
③ ㉠ 20, ㉡ 80, ㉢ 50
④ ㉠ 20, ㉡ 50, ㉢ 60

해설 소화기의 능력단위 및 보행거리

구 분	소형소화기	대형소화기
능력단위	1단위이상 대형소화기 능력단위 미만	• A급 10단위 이상 • B급 20단위 이상
보행거리	20m 이내	30m 이내

대형 소화기의 기준 ★★★★★

소화기의 종류	소화약제 충전량
물 소화기	80L 이상
포 소화기	20L 이상
강화액 소화기	60L 이상
할로겐화합물 소화기	30kg 이상
이산화탄소 소화기	50kg 이상
분말 소화기	20kg 이상

[쉬운 암기법 포강물(2,6,8) 분할탄(2,3,5)]

해답 ③

80 소화용수설비인 소화수조가 옥상 또는 옥탑 부근에 설치된 경우에는 지상에 설치된 채수구에서의 압력이 최소 몇 MPa 이상이 되어야 하는가?

① 0.8   ② 0.13
③ 0.15   ④ 0.25

해설 소화수조 및 저수조
(1) 소화수조 등
① 소방차가 채수구로부터 2m 이내의 지점까지 접근할 수 있는 위치에 설치
② 소화수조 또는 저수조의 저수량

[소방대상물의 기준면적]

소방대상물의 구분	기준면적
1층 및 2층의 바닥면적 합계가 15000m² 이상인 소방대상물	7,500m²
그 밖의 소방대상물	12,500m²

(2) 흡수관투입구
① 한 변이 0.6m 이상 또는 직경이 0.6m 이상
② 소요수량이 80m³ 미만인 것 : 1개 이상
③ 소요수량이 80m³ 이상인 것 : 2개 이상
④ "흡수관투입구"라고 표시한 표지를 할 것
(3) 채수구 설치기준
① 65mm 이상의 나사식 결합금속구를 설치

[소요수량과 채수구수]

소요수량	20m³ 이상 40m³ 미만	40m³ 이상 100m³ 미만	100m³ 이상
채수구수	1개	2개	3개

② 채수구 설치위치 : 0.5m 이상 1m 이하
③ "채수구"라고 표시한 표지를 할 것
④ 소화용수설비 설치 면제 : 유수의 양이 0.8 m³/min 이상인 유수를 사용할 수 있는 경우

(4) 가압송수장치

① 소화수조 또는 저수조가 지표면으로부터의 깊이(수조 내부바닥까지의 길이)가 **4.5m 이상**인 지하에 있는 경우에는 다음 표에 따라 가압송수장치를 설치하여야 한다.

소요수량	20m³ 이상 40m³ 미만	40m³ 이상 100m³ 미만	100m³ 이상
가압송수장치의 1분당 양수량	1,100L 이상	2,200L 이상	3,300L 이상

② 소화수조가 옥상 또는 옥탑의 부분에 설치된 경우에는 지상에 설치된 채수구에서의 압력이 **0.15MPa 이상**이 되도록 하여야 한다.

해답 ③

무료 동영상과 함께하는 소방설비(기계분야) 필기

2019

2019년 3월 3일 시행
2019년 4월 27일 시행
2019년 9월 21일 시행

소방설비기사 - 기계분야

2019년 3월 3일 시행

제1과목 소방원론

01 공기와 접촉되었을 때 위험도(H)가 가장 큰 것은?

① 에터   ② 수소
③ 에틸렌   ④ 부탄

해설 위험도(Degree of Hazards)

$$H = \frac{U-L}{L}$$

여기서, U : 폭발 상한계, L : 폭발 하한계

폭발(연소)범위

구 분	에터	수소	에틸렌	부탄
하한계(%)	1.9	4	2.7	1.8
상한계(%)	48	75	36	8.4

① 에터 $H = \dfrac{48-1.9}{1.9} = 24.26$

② 수소 $H = \dfrac{75-4}{4} = 17.75$

③ 에틸렌 $H = \dfrac{36-2.7}{2.7} = 12.33$

④ 부탄 $H = \dfrac{8.4-1.8}{1.8} = 3.67$

해답 ①

02 연면적이 1000m² 이상인 목조건축물은 그 외벽 및 처마 밑의 연소할 우려가 있는 부분을 방화구조로 하여야 하는데 이때 연소우려가 있는 부분은? (단, 동일한 대지 안에 2동 이상의 건물이 있는 경우이며, 공원·광장·하천의 공지나 수면 또는 내화구조의 벽 기타 이와 유사한 것에 접하는 부분을 제외한다.)

① 상호의 외벽 간 중심선으로부터 1층은 3m 이내의 부분
② 상호의 외벽 간 중심선으로부터 2층은 7m 이내의 부분
③ 상호의 외벽 간 중심선으로부터 3층은 11m 이내의 부분
④ 상호의 외벽 간 중심선으로부터 4층은 13m 이내의 부분

해설 연소할 우려가 있는 부분

인접대지 경계선, 도로 중심선, 동일한 대지 안에 있는 2동 이상의 건축물 상호 외벽간의 중심선으로부터의 거리

1층	2층 이상
3m 이내	5m 이내

해답 ①

03 주요구조부가 내화구조로 된 건축물에서 거실 각 부분으로부터 하나의 직통계단에 이르는 보행거리는 피난자의 안전상 몇 m 이하이어야 하는가?

① 50   ② 60
③ 70   ④ 80

해설 건축법 시행령 제34조(직통계단의 설치)
① 피난층외의 층 : 보행거리 30m 이하
② 주요구조부가 내화구조 또는 불연재료 : 보행거리가 50m(16층 이상 공동주택 40m) 이하
③ 스프링클러 등 자동식소화설비 설치공장 : 보행거리가 75m(무인화공장 100m) 이하

해답 ①

04 제2류 위험물에 해당하지 않는 것은?

① 황 ② 황화인
③ 적린 ④ 황린

해설 ④ 황린-제3류 위험물
제2류 위험물의 지정수량

성질	품명	지정수량
가연성 고체	황화인, 적린, 황	100kg
	철분, 금속분, 마그네슘	500kg
	인화성고체	1,000kg

해답 ④

05 화재에 관련된 국제적인 규정을 제정하는 단체는?

① IMO(International Matritime Organization)
② SFPE(Society of Fire Protection Engineers)
③ NFPA(National Fire Protection Association)
④ ISO(International Organization for Standardization) TC 92

해설 ① IMO : 국제해사기구
② SFPE : 소방기술자협회
③ NFPA : 미국방화협회
④ ISO TC92 : 국제표준화기구의 화재안전기술위원회

해답 ④

06 이산화탄소 소화약제의 임계온도로 옳은 것은?

① 24.2℃ ② 31.1℃
③ 56.4℃ ④ 78.2℃

해설 CO_2의 물리적 성질
① 허용농도 : 0.5%(5000ppm)
② 임계온도 : 31.1℃
③ 삼중점 : 압력 0.53MPa, 온도 -56.3℃에서 고체, 액체, 기체가 공존
④ 호흡곤란 : 6% 이상

해답 ②

07 위험물안전관리법령상 위험물의 지정수량이 틀린 것은?

① 과산화나트륨 - 50kg
② 적린 - 100kg
③ 트라이나이트로톨루엔 - 10kg
④ 탄화알루미늄 - 400kg

해설 위험물의 지정수량

구분	과산화 나트륨	적린	트라이나이 트로톨루엔	탄화 알루미늄
유별	제1류	제2류	제5류	제3류
지정수량	50kg	100kg	10kg	300kg

해답 ④

08 물질의 취급 또는 위험성에 대한 설명 중 틀린 것은?

① 융해열은 점화원이다.
② 질산은 물과 반응시 발열 반응하므로 주의를 해야 한다.
③ 네온, 이산화탄소, 질소는 불연성 물질로 취급한다.
④ 암모니아를 충전하는 공업용 용기의 색상은 백색이다.

해설 융해열(융해잠열)
① 온도 변화 없이 1g의 고체를 융해하여 액체로 바꾸는 데 소요되는 열에너지
② 얼음의 융해열 : 80cal/g
③ 잠열은 점화원이 될 수 없다.

해답 ①

09 인화점이 40℃ 이하인 위험물을 저장, 취급하는 장소에 설치하는 전기설비는 방폭구조로 설치하는데, 용기의 내부에 기체를 압입하여 압력을 유지하도록 함으로써 폭발성가스가 침입하는 것을 방지하는 구조는?

① 압력 방폭구조 ② 유입 방폭구조
③ 안전증 방폭구조 ④ 본질안전 방폭구조

해설 방폭구조의 종류
① 내압(耐壓)방폭구조
  용기가 폭발압력에 견딜 수 있도록 한 구조
② 압력(壓力)방폭구조
  용기내부에 불연성기체로 압력이 형성 되도록 한 구조
③ 유입(油入)방폭구조
  고온발생 부분을 기름 속에 넣는 구조
④ 안전증가(安全增加)방폭구조
  안전도를 증가한 구조
⑤ 본질(本質)안전방폭구조
  본질적으로 안전성이 확인된 구조
⑥ 특수(特殊)방폭구조
  증기의 인화를 방지 할 수 있는 것이 시험 기타에 의하여 확인된 구조

해답 ①

10 화재의 분류방법 중 유류화재를 나타낸 것은?

① A급 화재   ② B급 화재
③ C급 화재   ④ D급 화재

해설 화재의 분류 ★★ 자주출제(필수암기) ★★

종류	등급	색표시	주된 소화 방법
일반화재	A급	백색	냉각소화
유류 및 가스화재	B급	황색	질식소화
전기화재	C급	청색	질식소화
금속화재	D급	−	피복소화
주방화재	K급	−	냉각 및 질식소화

해답 ②

11 마그네슘의 화재에 수수하였을 때 물과 마그네슘의 반응으로 인하여 생성되는 가스는?

① 산소   ② 수소
③ 일산화탄소 ④ 이산화탄소

해설 마그네슘(Mg) : 제2류 위험물(금수성)
① 물과 반응하여 수소기체 발생
  $Mg + 2H_2O \rightarrow Mg(OH)_2 + H_2 \uparrow$ (수소발생)
                       (수산화마그네슘)
② 마그네슘과 CO_2의 반응식
  $2Mg + CO_2 \rightarrow 2MgO + C$ (마그네슘과 이산화탄소는 폭발적으로 반응하기 때문에 위험)

해답 ②

12 물의 기화열이 539.6cal/g인 것은 어떤 의미인가?

① 0℃의 물 1g이 얼음으로 변화하는데 539.6cal의 열량이 필요하다.
② 0℃의 얼음 1g이 물로 변화하는데 539.6cal의 열량이 필요하다.
③ 0℃의 물 1g이 100℃의 물로 변화하는데 539.6cal의 열량이 필요하다.
④ 100℃의 물 1g이 수증기로 변화하는데 539.6cal의 열량이 필요하다.

해설 물의 기화열(539.6cal/g)
100℃물 1g이 수증기로 변하는데 539.6cal가 필요하다.

해답 ④

13 방화구획의 설치기준 중 스프링클러 기타 이와 유사한 자동식소화설비를 설치한 10층 이하의 층은 몇 m^2 이내마다 구획하여야 하는가?

① 1000   ② 1500
③ 2000   ④ 3000

해설 (건축물방화구조규칙 제14조) 방화구획의 기준

구획 구분	구획 단위	구획 부분의 구조
면적별	• 10층 이하의 층 : 1,000m²(3,000m²) • 11층 이상의 층 : 200m²(600m²) • 11층 이상의 층 (불연재료 사용) : 500m²(1,500m²)	• 내화구조의 바닥, 벽 • 60분+방화문 또는 60분방화문 • 자동방화셔터
층별	• 매 층마다 (다만, 지하1층에서 지상으로 직접 연결하는 경사로 부위는 제외)	
용도별	• 필로티나 이와 비슷한 구조의 부분을 주차장으로 사용하는 경우 그 부분은 건축물의 다른 부분과 구획 • 주요구조부를 내화구조로 하여야 하는 대상 부분과 기타 부분 사이의 구획	

(주) ( )안은 자동식소화설비를 설치한 경우

해답 ④

14 불활성 가스에 해당하는 것은?

① 수증기 ② 일산화탄소
③ 아르곤 ④ 아세틸렌

해설 불활성가스(불연성가스)(18족원소)
① He(헬륨) ② Ne(네온) ③ Ar(아르곤)
④ Kr(크립톤) ⑤ Xe(크세논) ⑥ Rn(라돈)

해답 ③

15 이산화탄소의 질식 및 냉각 효과에 대한 설명 중 틀린 것은?

① 이산화탄소의 증기비중이 산소보다 크기 때문에 가연물과 산소의 접촉을 방해한다.
② 액체 이산화탄소가 기화되는 과정에서 열을 흡수한다.
③ 이산화탄소는 불연성 가스로서 가연물의 연소반응을 방해한다.
④ 이산화탄소는 산소와 반응하며 이 과정에서 발생한 연소열을 흡수하므로 냉각효과를 나타낸다.

해설 이산화탄소
① 산소와 반응하지 않는다.
② 기화과정에서 열을 흡수하여 냉각효과

해답 ④

16 분말 소화약제 분말입도의 소화성능에 관한 설명으로 옳은 것은?

① 미세할수록 소화성능이 우수하다.
② 입도가 클수록 소화성능이 우수하다.
③ 입도와 소화성능과는 관련이 없다.
④ 입도가 너무 미세하거나 너무 커도 소화성능은 저하된다.

해설 분말 소화약제의 입도와 소화성능
① 입도가 너무 미세하거나 커도 소화성능이 저하된다.
② 미세도의 분포가 골고루 되어 있어야 한다.
③ 분말입도는 20~25μm의 범위에서 소화효과가 가장 좋다.

해답 ④

17 화재하중에 대한 설명 중 틀린 것은?

① 화재하중이 크면 단위면적당의 발열량이 크다.
② 화재하중이 크다는 것은 화재구획의 공간이 넓다는 것이다.
③ 화재하중이 같더라도 물질의 상태에 따라 가혹도는 달라진다.
④ 화재하중은 화재구획실 내의 가연물 총량을 목재 중량당비로 환산하여 면적으로 나눈 수치이다.

해설 화재하중(kg/m^2)
바닥면적(m^2)당 가연물의 양(kg)

$$Q(kg/m^2) = \frac{\Sigma(GtHt)}{HA} = \frac{\Sigma Qt}{4500A}(kg/m^2)$$

여기서, Q : 화재하중(kg/m^2)
Gt : 가연물의 양(kg)
Ht : 가연물의 단위중량당 발열량 (kcal/kg)
H : 목재의 단위중량당 발열량 (4500kcal/kg)
ΣQt : 화재실내 가연물의 전발열량 (kcal)

해답 ②

18 분말 소화약제 중 A급, B급, C급 화재에 모두 사용할 수 있는 것은?

① Na_2CO_3 ② $NH_4H_2PO_4$
③ $KHCO_3$ ④ $NaHCO_3$

해설 분말약제의 주성분 ★★★★(필수암기)

종별	주성분	약제명	착색	적응화재
1종	$NaHCO_3$	탄산수소나트륨	백색	B, C급
2종	$KHCO_3$	탄산수소칼륨	담회색	B, C급
3종	$NH_4H_2PO_4$	제1인산암모늄	담홍색	A, B, C급
4종	$KHCO_3$ + $(NH_2)_2CO$	탄산수소칼륨 + 요소	회색	B, C급

해답 ②

19 증기비중의 정의로 옳은 것은? (단, 분자, 분모의 단위는 모두 g/mol이다.)

① $\dfrac{분자량}{22.4}$ ② $\dfrac{분자량}{29}$

③ $\dfrac{분자량}{44.8}$ ④ $\dfrac{분자량}{100}$

해설 **증기비중**

$$S = \dfrac{M(분자량)}{29(공기평균분자량)}$$

해답 ②

20 탄화칼슘의 화재 시 물을 주수하였을 때 발생하는 가스로 옳은 것은?

① C_2H_2 ② H_2
③ O_2 ④ C_2H_6

해설 **탄화칼슘**(CaC_2) : 제3류 위험물 중 칼슘탄화물
① 물과 접촉 시 아세틸렌을 생성 및 열 발생
$CaC_2 + 2H_2O \rightarrow Ca(OH)_2 + C_2H_2$(아세틸렌)
② 아세틸렌의 폭발범위는 2.5~81%로 대단히 넓어서 폭발위험성이 크다.

해답 ①

제2과목 소방유체역학

21 다음 중 열역학 제1법칙에 관한 설명으로 옳은 것은?

① 열은 그 자신만으로 저온에서 고온으로 이동할 수 없다.
② 일은 열로 변화시킬 수 있고 열은 일로 변환시킬 수 있다.
③ 사이클 과정에서 열이 모두 일로 변화할 수 없다.
④ 열평형 상태에 있는 물체의 온도는 같다.

해설 **열역학 법칙**
(1) **열역학 제 0 법칙**(열의 평형법칙)
열평형상태에 있는 물체의 온도는 같다.
(온도계의 원리)
(2) **열역학 제1법칙**(에너지보존의 법칙)
① **열과 일은 서로 교환이 가능**하다.
② 열전달의 총합은 이루어진 일의 총합과 같다.
(3) **열역학 제2법칙**
① 열은 스스로 저온에서 고온으로 이동 불가
② 효율이 100%인 열기관은 없다.
③ 자발적인 반응은 **비가역적이다.**
④ 엔트로피는 증가하는 쪽으로 흐른다.

해답 ②

22 안지름 25mm, 길이 10m의 수평 파이프를 통해 비중 0.8, 점성계수는 5×10^{-3}kg/m·s인 기름을 유량 0.2×10^{-3}m³/s로 수송하고자 할 때, 필요한 펌프의 최소 동력은 약 몇 W인가?

① 0.21 ② 0.58
③ 0.77 ④ 0.81

해설 **달시공식을 이용하여 마찰손실계산**

① $\Delta H_L = f \times \dfrac{l}{d} \times \dfrac{u^2}{2g}$, $f = \dfrac{64}{ReNo}$

$ReNo = \dfrac{du\rho}{\mu}$, $d = 25\text{mm} = 0.025\text{m}$

$Q = 0.2 \times 10^{-3} \text{m}^3/\text{s}$

$u = \dfrac{Q}{\dfrac{\pi}{4} \times d^2} = \dfrac{0.2 \times 10^{-3}}{\dfrac{\pi}{4} \times 0.025^2} = 0.4074\text{m/s}$

$\rho = \rho_w \times s = 1000\text{kg/m}^3 \times 0.8 = 800\text{kg/m}^3$

$\mu = 5 \times 10^{-3}\text{kg/m} \cdot \text{s}$

$ReNo = \dfrac{du\rho}{\mu} = \dfrac{0.025 \times 0.4074 \times 800}{5 \times 10^{-3}}$

$= 1629.6$

$f = \dfrac{64}{1629.6} = 0.04$

② $\Delta H_L = 0.04 \times \dfrac{10}{0.025} \times \dfrac{0.4074^2}{2 \times 9.8} = 0.1355\text{m}$

③ **펌프의 최소동력**

$\gamma = \gamma_w \times s = 9800\text{N/m}^3 \times 0.8 = 7840\text{N/m}^3$

$P(\text{W}) = \gamma(\text{N/m}^3) \times Q(\text{m}^3/\text{s}) \times H(\text{m})$

$P = 7840 \times 0.2 \times 10^{-3} \times 0.1355$

$= 0.21\text{N} \cdot \text{m}(\text{J})/\text{s} = 0.21\text{W}$

해답 ①

23 수은의 비중이 13.6일 때 수은의 비체적은 몇 m^3/kg인가?

① $\dfrac{1}{13.6}$ ② $\dfrac{1}{13.6} \times 10^{-3}$

③ 13.6 ④ 13.6×10^{-3}

해설 비체적(m^3/kg)

$$V_S(m^3/kg) = \dfrac{1}{\rho(kg/m^3)}$$

① $\rho = 1000kg/m^3 \times 13.6 = 13.6 \times 10^3 \, kg/m^3$

② $V_S = \dfrac{1}{13.6 \times 10^3} = \dfrac{1}{13.6} \times 10^{-3} m^3/kg$

해답 ②

24 그림과 같은 U자관 차압 액주계에서 A와 B에 있는 유체는 물이고 그 중간의 유체는 수은(비중 13.6)이다. 또한 그림에서 $h_1 = 20cm$, $h_2 = 30cm$, $h_3 = 15cm$일 때 A의 압력(P_A)와 B의 압력(P_B)의 차이($P_A - P_B$)는 약 몇 kPa인가?

① 35.4 ② 39.5
③ 44.7 ④ 49.8

해설

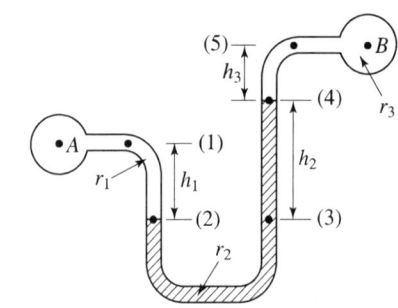

액주계의 압력

$$P = \gamma h = s \gamma_w h$$

γ(비중량)$= S$(비중)$\times \gamma_w$(물비중량 : $9.8kN/m^3$)

γ_1(물)$= 9.8kN/m^3$, $h_1 = 20cm = 0.2m$

$\gamma_2 = 13.6 \times 9.8 = 133.28 kN/m^3$,

$h_2 = 30cm = 0.3m$

γ_3(물)$= 9.8kN/m^3$, $h_3 = 15cm = 0.15m$

① $P_{(2)} = P_A + \gamma_1 h_1$
② $P_{(3)} = P_B + \gamma_3 h_3 + \gamma_2 h_2$
③ $P_{(2)} = P_{(3)}$, $P_A + \gamma_1 h_1 = P_B + \gamma_3 h_3 + \gamma_2 h_2$
④ $P_A - P_B = \gamma_3 h_3 + \gamma_2 h_2 - \gamma_1 h_1$
⑤ $P_A - P_B$
$= 9.8 \times 0.15 + 133.28 \times 0.3 - 9.8 \times 0.2$
⑥ $P_A - P_B = 39.50 kN/m^2 (kPa)$

해답 ②

25 평균유속 2m/s로 50L/s 유량의 물을 흐르게 하는데 필요한 관의 안지름은 약 몇 mm인가?

① 158 ② 168
③ 178 ④ 188

해설 ① $Q = 50L/s = 0.05 m^3/s$, $u = 2m/s$

② $d = \sqrt{\dfrac{4 \times 0.05}{\pi \times 2}} \times 1000 = 178.41 mm$

관의 안지름(내경) **산출공식**

$$d = \sqrt{\dfrac{4Q}{\pi u}} \times 1000$$

여기서, d : 내경(mm), u : 유속(m/s)
Q : 유량(m^3/s)

해답 ③

26 30℃에서 부피가 10L인 이상기체를 일정한 압력으로 0℃로 냉각시키면 부피는 약 몇 L로 변하는가?

① 3 ② 9
③ 12 ④ 18

해설 ① $T_1 = 273 + 30 = 303K$, $V_1 = 10L$
$T_2 = 273 + 0 = 273K$, $V_2 = ?$

② $\dfrac{10}{303} = \dfrac{V_2}{273}$

③ $V_2 = \dfrac{10 \times 273}{303} = 9\text{L}$

보일의 법칙

$T(\text{온도}) = \text{일정} \quad P_1V_1 = P_2V_2$

샤를의 법칙

$P(\text{압력}) = \text{일정} \quad \dfrac{V_1}{T_1} = \dfrac{V_2}{T_2}$

보일-샤를의 법칙

$\dfrac{P_1V_1}{T_1} = \dfrac{P_2V_2}{T_2}$

해답 ②

27 이상적인 카르노사이클의 과정인 단열압축과 등온압축의 엔트로피 변화에 관한 설명으로 옳은 것은?

① 등온압축의 경우 엔트로피 변화는 없고, 단열압축의 경우 엔트로피 변화는 감소한다.
② 등온압축의 경우 엔트로피 변화는 없고, 단열압축의 경우 엔트로피 변화는 증가한다.
③ 단열압축의 경우 엔트로피 변화는 없고, 등온압축의 경우 엔트로피 변화는 감소한다.
④ 단열압축의 경우 엔트로피 변화는 없고, 등온압축의 경우 엔트로피 변화는 증가한다.

해설 카르노사이클

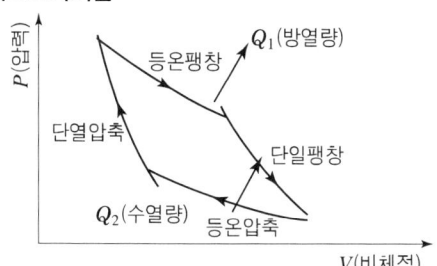

[P-V선으로 나타낸 카르노사이클]

① 이론적으로는 효율이 가장 좋은 사이클이다.
② 모든 과정이 가역 사이클이다.
③ 2개의 등온과정과 2개의 단열과정으로 구성됨
(등온팽창 → 단열팽창 → 등온압축 → 단열압축)
④ 고온에서 열량흡수, 저온에서 열량방출
⑤ 열효율(e)은 기체 종류와는 관계없이
$e = 1 - \dfrac{T_2}{T_1}$ 로 일정하다.

해답 ③

28 그림에서 물 탱크차가 받는 추력은 약 몇 N인가? (단, 노즐의 단면적은 0.03m^2이며, 탱크 내의 계기압력은 40kPa이다. 또한 노즐에서 마찰손실은 무시한다.)

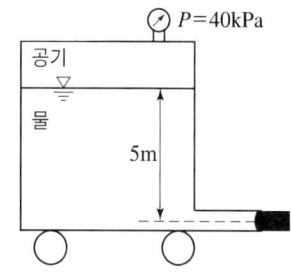

① 812
② 1489
③ 2709
④ 5343

해설 베르누이 방정식

$H = \dfrac{u^2}{2g} + \dfrac{P}{\gamma} + Z$

여기서, H : 전에너지(m), $\dfrac{u^2}{2g}$: 속도수두(m)

$\dfrac{p}{\gamma}$: 압력수두(m), Z : 위치수두(m)

① 1(탱크 내 물표면 위치)과 2(노즐 중심 위치)에 베르누이 방정식을 적용

$P_1 = 40\text{kPa} = 40\text{kN/m}^2$

$0 + \dfrac{40\text{kN/m}^2}{9.8\text{kN/m}^3} + 5\text{m} = \dfrac{u_2^2}{2 \times 9.8} + 0 + 0$

$u_2 = 13.34\text{m/s}$

② $F = Au^2\rho = 0.03 \times 13.34^2 \times 1000$
$= 5338.67\text{kg} \cdot \text{m/s}^2(\text{N})$

해답 ④

29 비중이 0.877인 기름이 단면적이 변하는 원관을 흐르고 있으며 체적유량은 0.146m³/s이다. A점에서 안지름이 150mm, 압력이 91kPa이고, B점에서는 안지름이 450mm, 압력이 60.3kPa이다. 또한 B점은 A점보다 3.66m 높은 곳에 위치한다. 기름이 A점에서 B점까지 흐르는 동안의 손실수두는 약 몇 m인가? (단, 물의 비중량은 9810N/m³이다.)

① 3.3   ② 7.2
③ 10.7 ④ 14.1

해설 베르누이 수정 방정식(실제유체)

$$H = \frac{u_1^2}{2g} + \frac{P_1}{\gamma} + Z_1 = \frac{u_2^2}{2g} + \frac{P_2}{\gamma} + Z_2 + H_L$$

여기서, H : 전에너지(m), $\frac{u^2}{2g}$: 속도수두(m)

$\frac{p}{\gamma}$: 압력수두(m), Z : 위치수두(m)

H_L : 마찰손실수두

D_A=150mm D_B=450mm
P_A=91kPa P_B=60.3kPa
γ_w=9810N/m³

① A지점의 유속
$$U_A = \frac{Q}{A_A} = \frac{0.146}{\frac{\pi}{4} \times 0.15^2} = 8.26 \text{m/s}$$

② B지점의 유속
$$U_B = \frac{Q}{A_B} = \frac{0.146}{\frac{\pi}{4} \times 0.45^2} = 0.92 \text{m/s}$$

③ 유체의 비중량계산
$$\gamma = \gamma_W \times S = 9.81 \text{kN/m}^3 \times 0.877$$
$$= 8.60 \text{kN/m}^3$$

④ 전에너지 공식에 대입
$$\frac{8.26^2}{2 \times 9.8} + \frac{91}{8.60} + 0$$
$$= \frac{0.92^2}{2 \times 9.8} + \frac{60.3}{8.60} + 3.66 + H_L$$
$$H_L = 3.3 \text{m}$$

해답 ①

30 그림과 같이 피스톤의 지름이 각각 25cm와 5cm이다. 작은 피스톤을 화살표 방향으로 20cm만큼 움직일 경우 큰 피스톤이 움직이는 거리는 약 몇 mm인가? (단, 누설은 없고, 비압축성이라고 가정한다.)

① 2   ② 4
③ 8   ④ 10

해설 힘과 압력 및 단면적 관계

$$F(\text{N}) = P(\text{N/m}^2) \times A(\text{m}^2)$$

① 두 피스톤의 부피관계 $V_1 = V_2$

② $\frac{\pi}{4} \times D_1^2 \times h_1 = \frac{\pi}{4} \times D_2^2 \times h_2$

③ $\frac{\pi}{4} \times 25^2 \times h_1 = \frac{\pi}{4} \times 5^2 \times 20$

④ $h_1 = \frac{5^2 \times 20}{25^2} = 0.8\text{cm} = 8\text{mm}$

해답 ③

31 스프링클러 헤드의 방수압이 4배가 되면 방수량은 몇 배가 되는가?

① $\sqrt{2}$ 배   ② 2배
③ 4배   ④ 8배

해설 방수량 계산 공식

$$Q = K\sqrt{10P}$$

여기서, Q : 방수량(L/분), K : 방출계수
 P : 방수압력(MPa)

① $P=1$일 때 $Q_1 = K\sqrt{10 \times 1}$

② $P=4$일 때 $Q_4 = K\sqrt{10 \times 4}$

③ $\frac{Q_4}{Q_1} = \frac{K\sqrt{10 \times 4}}{K\sqrt{10 \times 1}} = 2$배

해답 ②

32 다음 중 표준대기압인 1기압에 가장 가까운 것은?

① 860mmHg   ② 10.33mAq
③ 101.325bar ④ 1.0332kgf/m²

해설 표준대기압
$1atm = 760mmHg = 76cmHg = 0.76mHg$
$= 1.0332 kgf/cm^2$
$= 1.0332 \times 10^4 kgf/m^2$
$= 10332 mmH_2O(mmAq)$
$= 10.332 mH_2O(mAq)$
$= 1013 mbar = 1.013 bar$
$= 101.325 kPa(kN/m^2)$
$= 101325 Pa(N/m^2)$
$= 14.7 PSI(lb/in^2)$

해답 ②

33 안지름 10cm의 관로에서 마찰손실수두가 속도수두와 같다면 그 관로의 길이는 약 몇 m인가? (단, 관마찰계수는 0.03이다.)

① 1.58   ② 2.54
③ 3.33   ④ 4.52

해설 달시(Darcy) 공식

$$\Delta h_L = f \times \frac{l}{D} \times \frac{u^2}{2g}$$

여기서, Δh_L : 마찰손실수두(m)
f : 마찰손실계수, l : 배관길이(m)
u : 유속(m/s), D : 배관내경(m)
g : 중력가속도(9.8m/s²)

① $\Delta h_L(m) = \frac{u^2}{2g}$ 이므로
$1 = 0.03 \times \frac{l}{0.1m} \times 1$

② $l = \frac{0.1}{0.03} = 3.33m$

해답 ③

34 원심식 송풍기에서 회전수를 변화시킬 때 동력 변화를 구하는 식으로 옳은 것은? (단, 변화 전후의 회전수는 각각 N_1, N_2, 동력은 L_1, L_2이다.)

① $L_2 = L_1 \times \left(\frac{N_1}{N_2}\right)^3$ ② $L_2 = L_1 \times \left(\frac{N_1}{N_2}\right)^2$
③ $L_2 = L_1 \times \left(\frac{N_2}{N_1}\right)^3$ ④ $L_2 = L_1 \times \left(\frac{N_2}{N_1}\right)^2$

해설 상사의 법칙

$$L_2 = L_1 \times \left(\frac{N_2}{N_1}\right)^3$$

여기서, L_1 : 변경 전 동력, L_2 : 변경 후 동력
N_1 : 변경 전 회전수, N_2 : 변경 후 회전수

해답 ③

35 그림과 같은 1/4 원형의 수문(水門) AB가 받는 수평성분 힘(F_H)과 수직성분 힘(F_V)은 각각 약 몇 kN인가? (단, 수문의 반지름은 2m이고, 폭은 3m이다.)

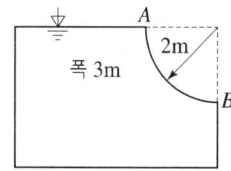

① $F_H = 24.4$, $F_V = 46.2$
② $F_H = 24.4$, $F_V = 92.4$
③ $F_H = 58.8$, $F_V = 46.2$
④ $F_H = 58.8$, $F_V = 92.4$

해설 수평분력   수직분력
$F_H = \gamma \bar{h} A$ $F_V = \gamma V$

① $\gamma_W(물) = 9.8 kN/m^3$, $\bar{h} = \frac{2m}{2} = 1m$
$A = 2m \times 3m = 6m^2$, $V = \frac{\pi}{4} \times 2^2 \times 3 m^3$

② 수평분력 $F_H = 9.8 \times \frac{2}{2} \times 6 = 58.8 kN$
수직분력 $F_V = 9.8 \times \frac{\pi}{4} \times 2^2 \times 3 = 92.4 kN$

해답 ④

36 펌프 중심으로부터 2m 아래에 있는 물을 펌프 중심으로부터 15m 위에 있는 송출수면으로 양수하려 한다. 관로의 전 손실수두가 6m이고, 송출수량이 1m³/min라면 필요한 펌프의 동력은 약 몇 W인가?

① 2777   ② 3103
③ 3430   ④ 3757

해설 ① $\gamma = 9800 \text{N/m}^3$, $Q = 1\text{m}^3/\text{min}$
$H = 2 + 15 + 6 = 23\text{m}$
② $P(\text{W}) = 9800(\text{N/m}^3) \times 1\text{m}^3/60\text{s} \times 23(\text{m})$
③ $P = 3757\text{N} \cdot \text{m}(\text{J})/\text{s} = 3757\text{J/s}(\text{W})$

펌프의 동력계산
$$P(\text{W}) = \gamma(\text{N/m}^3) \times Q(\text{m}^3/\text{s}) \times H(\text{m})$$

해답 ④

37 일반적인 배관 시스템에서 발생되는 손실을 주손실과 부차적 손실로 구분할 때 다음 중 주손실에 속하는 것은?

① 직관에서 발생하는 마찰손실
② 파이프 입구와 출구에서의 손실
③ 단면의 확대 및 축소에 의한 손실
④ 배관부품(엘보, 리턴밴드, 티, 리듀서, 유니언, 밸브 등)에서 발생하는 손실

해설 배관의 마찰손실
(1) 주 손실
  직관의 마찰손실
(2) 부차적 손실(부분적 손실)
  ① 배관단면의 급격한 확대 및 축소
  ② 유동단면의 장애물에 의한 손실
  ③ 배관부속품
  ④ 유로의 급격한 변경부분(곡선부에 의한 손실)

해답 ①

38 온도차이 20℃, 열전도율 5W/(m·K), 두께 20cm인 벽을 통한 열유속(heat flux)과 온도차이 40℃, 열전도율 10W/(m·K), 두께 t인 같은 면적을 가진 벽을 통한 열유속이 같다면 두께 t는 약 몇 cm인가?

① 10   ② 20
③ 40   ④ 80

해설 열전달률의 계산
$$Q = \frac{kA\Delta T}{x}$$

여기서, Q : 열전달률, ΔT : 온도차이
A : 열전달 면적, k : 열전도율
x : 전달되는 판의 두께

① $\dfrac{5 \times A \times 20}{20} = \dfrac{40 \times A \times 10}{X}$
② $X = 80\text{cm}$

해답 ④

39 낙구식 점도계는 어떤 법칙을 이론적 근거로 하는가?

① Stokes의 법칙
② 열역학 제1법칙
③ Hagen-Poiseuille의 법칙
④ Boyle의 법칙

해설 점도계의 종류

점도계의 종류	이용한 법칙
① 낙구식 점도계	스토크스 법칙
② 오스트왈드점도계	하겐-포아젤의 법칙
③ 세이볼트 점도계	
④ 맥마이첼 점도계	뉴우톤의 점성법칙
⑤ 스토머 점도계	

해답 ①

40 지면으로부터 4m의 높이에 설치된 수평관 내로 물이 4m/s로 흐르고 있다. 물의 압력이 78.4kPa인 관 내의 한 점에서 전수두는 지면을 기준으로 약 몇 m인가?

① 4.76   ② 6.24
③ 8.82   ④ 12.81

해설 ① $u = 4\text{m/s}$, $g = 9.8\text{m/s}^2$
$P = 78.4\text{kPa}(\text{kN/m}^2)$
$\gamma(\text{물}) = 9.8\text{kN/m}^3$

② $H = \dfrac{4^2}{2 \times 9.8} + \dfrac{78.4}{9.8} + 4 = 12.816\text{m}$

베르누이의 정리(이상유체)

$$H = \dfrac{u^2}{2g} + \dfrac{P}{\gamma} + Z$$

여기서, H : 전수두(m), $\dfrac{u^2}{2g}$: 속도수두(m)

$\dfrac{p}{\gamma}$: 압력수두(m), Z : 위치수두(m)

해답 ④

제3과목 소방관계법규

41 화재의 예방 및 안전관리에 관한 법령상 소방본부장 또는 소방서장은 소방상 필요한 훈련 및 교육을 실시하고자 하는 때에는 화재예방강화지구 안의 관계인에게 훈련 또는 교육 며칠 전까지 그 사실을 통보하여야 하는가?

① 5   ② 7
③ 10 ④ 14

해설 (화재예방법 제18조) 화재예방강화지구의 지정 등
(1) 지정권자 : 시·도지사
(2) 화재안전조사 : 소방관서장
(3) 화재안전조사 실시주기 : 연1회 이상
(4) 소방훈련과 교육 : 연1회 이상
(5) 훈련 및 교육통보 : 10일 전까지

화재예방강화지구의 지정대상지역 ★★필수암기★★
① 시장지역
② 공장·창고가 밀집한 지역
③ 목조건물이 밀집한 지역
④ 노후·불량건축물이 밀집한 지역
⑤ 위험물의 저장 및 처리시설이 밀집한 지역
⑥ 석유화학제품을 생산하는 공장이 있는 지역
⑦ 산업단지
⑧ 소방시설·소방용수시설 또는 소방 출동로가 **없는** 지역
⑨ 물류단지
⑩ 소방관서장이 화재예방강화지구로 인정하는 지역

해답 ③

42 특정 소방대상물의 관계인이 소방안전관리자를 해임한 경우 재선임 신고를 해야 하는 기준은? (단, 해임한 날부터를 기준일로 한다.)

① 10일 이내   ② 20일 이내
③ 30일 이내   ④ 40일 이내

해설 (화재예방법 시행규칙 제14조)
소방안전관리자의 선임신고 등
관계인은 **30일 이내**에 선임
① 사용승인일
② 증축공사의 사용승인일 또는 용도변경 사실을 기재한 날
③ 권리를 취득한 날 또는 선임 안내를 받은 날
④ 관리의 권원이 분리되거나 조정한 날
⑤ 해임하거나 퇴직한 날
⑥ 소방안전관리업무 대행이 끝난 날
⑦ 자격이 정지 또는 취소된 날

해답 ③

43 소방용수시설 중 소화전과 급수탑의 설치기준으로 틀린 것은?

① 급수탑 급수배관의 구경을 100mm 이상으로 할 것
② 소화전은 상수도와 연결하여 지하식 또는 지상식의 구조로 할 것
③ 소방용호스와 연결하는 소화전의 연결금속구의 구경은 65mm로 할 것
④ 급수탑의 개폐밸브는 지상에서 1.5m 이상 1.8m 이하의 위치에 설치할 것

해설 소방기본법 시행규칙 제6조 ②항의 별표 3
소방용수시설의 설치기준
(1) 공통기준
　① **주거**지역·**상업**지역 및 **공업**지역 : 수평거리 100m 이하
　② **기타** 지역 : 수평거리 140m 이하
(2) 소방용수시설별 설치기준
　소화전의 설치기준 : 상수도와 연결하여 지하식 또는 지상식의 구조로 하고, 소방용호스와 연결하는 소화전의 **연결금속구의 구경은 65mm로 할 것**

(3) 급수탑의 설치기준
급수배관의 구경은 100mm 이상, 개폐밸브는 지상에서 1.5m 이상 1.7m 이하의 위치에 설치
(4) 저수조의 설치기준
① 지면으로부터의 낙차가 4.5m 이하
② 흡수부분의 수심이 0.5m 이상
③ 소방펌프자동차가 쉽게 접근할 수 있도록 할 것
④ 흡수에 지장이 없도록 토사 및 쓰레기 등을 제거할 수 있는 설비를 갖출 것
⑤ 흡수관의 투입구가 사각형의 경우에는 한 변의 길이가 60cm 이상, 원형의 경우에는 지름이 60cm 이상
⑥ 저수조에 물을 공급하는 방법은 상수도에 연결하여 자동으로 급수되는 구조

해답 ④

44 경유의 저장량이 2000리터, 중유의 저장량이 4000리터, 등유의 저장량이 2000리터인 저장소에 있어서 지정수량의 배수는?

① 동일 ② 6배
③ 3배 ④ 2배

해설 제4류 위험물의 지정수량

품 명		지정수량
특수인화물		50L
제1석유류	비수용성	200L
	수용성	400L
알코올류		400L
제2석유류	비수용성	1,000L
	수용성	2,000L
제3석유류	비수용성	2,000L
	수용성	4,000L
제4석유류		6,000L
동식물유류		10,000L

경유-제2석유류-비수용성-1000L
중유-제3석유류-비수용성-2000L
등유-제2석유류-비수용성-1000L

$N = \dfrac{저장수량}{지정수량} = \dfrac{2000}{1000} + \dfrac{4000}{2000} + \dfrac{2000}{1000} = 6$배

해답 ②

45 소방기본법상 명령권자가 소방본부장, 소방서장 또는 소방대장에게 있는 사항은?

① 소방 활동을 할 때에 긴급한 경우에는 이웃한 소방본부장 또는 소방서장에게 소방업무의 응원을 요청할 수 있다.
② 화재, 재난·재해, 그 밖의 위급한 상황이 발생한 현장에서 소방 활동을 위하여 필요한 때에는 그 관할구역에 사는 사람 또는 그 현장에 있는 사람으로 하여금 사람을 구출하는 일 또는 불을 끄거나 불이 번지지 아니하도록 하는 일을 하게 할 수 있다.
③ 수사기관이 방화 또는 실화의 혐의가 있어서 이미 피의자를 체포하였거나 증거물을 압수하였을 때에 화재조사를 위하여 필요한 경우에는 수사에 지장을 주지 아니하는 범위에서 그 피의자 또는 압수된 증거물에 대한 조사를 할 수 있다.
④ 화재, 재난·재해, 그 밖의 위급한 상황이 발생하였을 때에는 소방대를 현장에 신속하게 출동시켜 화재진압과 인명구조·구급 등 소방에 필요한 활동을 하게 하여야 한다.

해설 소방기본법 제24조(소방활동 종사 명령)
소방본부장, 소방서장 또는 소방대장은 화재, 재난·재해, 그 밖의 위급한 상황이 발생한 현장에서 소방활동을 위하여 필요할 때에는 그 관할구역에 사는 사람 또는 그 현장에 있는 사람으로 하여금 사람을 구출하는 일 또는 불을 끄거나 불이 번지지 아니하도록 하는 일을 하게 할 수 있다.

해답 ②

46 화재가 발생하는 경우 인명 또는 재산의 피해가 클 것으로 예상되는 때 소방대상물의 개수·이전·제거, 사용금지 등의 필요한 조치를 명할 수 있는 자는?

① 시·도지사
② 의용소방대장
③ 기초자치단체장

④ 소방본부장 또는 소방서장

해설 (화재예방법 제14조)
화재안전조사 결과에 따른 조치명령
소방관서장은 행정안전부령으로 정하는 바에 따라 관계인에게 그 소방대상물의 개수·이전·제거, 사용의 금지 또는 제한, 사용폐쇄, 공사의 정지 또는 는 중지, 그 밖에 필요한 조치를 명할 수 있다.

소방관서장
① 소방청장 ② 소방본부장 ③ 소방서장

해답 ④

47 화재예방법상 보일러, 난로, 건조설비, 가스·전기시설, 그 밖에 화재 발생 우려가 있는 설비 또는 기구 등의 위치·구조 및 관리와 화재 예방을 위하여 불을 사용할 때 지켜야 하는 사항은 무엇으로 정하는가?

① 총리령 ② 대통령령
③ 시·도 조례 ④ 행정안전부령

해설 (화재예방법 제17조) 화재의 예방조치 등
① 보일러, 난로, 건조설비, 가스·전기시설, 그 밖에 화재 발생 우려가 있는 설비 또는 기구 등의 위치·구조 및 관리와 화재 예방을 위하여 **불을 사용할 때 지켜야 하는 사항은 대통령령**으로 정한다.
② 화재가 발생하는 경우 불길이 빠르게 번지는 고무류·면화류·석탄 및 목탄 등 대통령령으로 정하는 **특수가연물의 저장 및 취급 기준은 대통령령**으로 정한다.

해답 ②

48 아파트로 층수가 20층인 특정소방대상물에서 스프링클러설비를 하여야 하는 층수는? (단, 아파트는 신축을 실시하는 경우이다.)

① 전층 ② 15층 이상
③ 11층 이상 ④ 6층 이상

해설 스프링클러설비 설치대상
(1) 문화 및 집회시설, 종교시설, 운동시설
 ① 수용인원 100명 이상인 것
 ② 영화상영관의 용도로 쓰이는 층의 바닥면적이 지하층 또는 무창층인 경우에는 500m² 이상, 그 밖의 층의 경우에는 1천m² 이상인 것
 ③ 무대부가 지하층·무창층 또는 4층 이상의 층에 있는 경우에는 무대부의 면적이 300m² 이상인 것
 ④ 무대부가 ③외의 층에 있는 경우에는 무대부의 면적이 500m² 이상인 것
(2) 층수가 6층 이상인 경우에는 모든 층
(3) 지하상가로서 연면적 1천m² 이상인 것
(4) 기숙사 또는 복합건축물로서 연면적 5천m² 이상인 경우에는 모든 층

해답 ①

49 소방기본법령상 소방본부 종합상황실 실장이 소방청의 종합상황실에 서면·팩스 또는 컴퓨터통신 등으로 보고하여야 하는 화재의 기준에 해당하지 않는 것은?

① 항구에 매어둔 총 톤수가 1000톤 이상인 선박에서 발생한 화재
② 연면적 15000m² 이상인 공장 또는 화재예방강화지구에서 발생한 화재
③ 지정수량이 1000배 이상의 위험물의 제조소·저장소·취급소에서 발생한 화재
④ 층수가 5층 이상이거나 병상이 30개 이상인 종합병원·정신병원·한방병원·요양소에서 발생한 화재

해설 소방기본법 시행규칙 제3조(종합상황실의 실장의 업무 등)
종합상황실의 실장은 다음에 해당하는 상황이 발생하는 때에는 소방서의 종합상황실의 경우는 소방본부의 종합상황실에, 소방본부의 종합상황실의 경우는 소방청의 종합상황실에 각각 보고하여야 한다.
① 사망자가 5인 이상, 사상자가 10인 이상
② 이재민이 100인 이상
③ 재산피해액이 50억원 이상 발생한 화재
④ 관공서·학교·정부미도정공장·문화재·지하철 또는 지하구의 화재
⑤ 관광호텔, 층수가 11층 이상인 건축물, 지하상가, 시장, 백화점, 지정수량의 3천배 이상의 위

험물의 제조소·저장소·취급소, **층수가 5층 이상**이거나 **객실이 30실 이상인 숙박시설**, **층수가 5층 이상**이거나 **병상이 30개 이상인 종합병원**·정신병원·한방병원·요양소, 연면적 **1만5천㎡ 이상**인 **공장** 또는 화재예방강화지구에서 발생한 화재
⑥ 철도차량, 항구에 매어둔 총 톤수가 1천톤 이상인 선박, 항공기, 발전소 또는 변전소에서 발생한 화재
⑦ 가스 및 화약류의 폭발에 의한 화재
⑧ **다중이용업소의 화재**

해답 ③

50 소방시설 설치 및 관리에 관한 법상 소방시설 등에 대한 자체점검을 하지 아니하거나 관리업자 등으로 하여금 정기적으로 점검하게 하지 아니한 자에 대한 벌칙 기준으로 옳은 것은?

① 1년 이하의 징역 또는 1000만원 이하의 벌금
② 3년 이하의 징역 또는 1500만원 이하의 벌금
③ 3년 이하의 징역 또는 3000만원 이하의 벌금
④ 6개월 이하의 징역 또는 1000만원 이하의 벌금

해설 소방시설법 제58조(벌칙)
1년 이하의 징역 또는 1천만원 이하의 벌금
(1) **자체점검**을 하지 아니한 자
(2) 소방시설관리사증을 빌려주거나 알선한 자
(3) 동시에 둘 이상의 업체에 취업한 자
(4) **자격정지기간** 중에 관리사의 업무를 한 자
(5) 등록증이나 등록수첩을 **빌려준** 자
(6) **영업정지기간** 중에 관리업의 업무를 한 자
(7) **합격표시**를 위조 또는 변조하여 사용한 자
(8) **변경승인**을 받지 아니한 자
(9) 제품검사표시를 위조, **변조하여 사용한** 자
(10) 성능인증의 **변경인증**을 받지 아니한 자
(11) 우수품질인증 표시를 위조, 변조 사용한 자
(12) 비밀을 다른 사람에게 누설한 자

해답 ①

51 화재의 예방 및 안전관리에 관한 법령상 특수가연물의 저장 및 취급 기준 중 석탄·목탄류를 저장하는 경우 쌓는 부분의 바닥면적은 몇 ㎡ 이하인가? (단, 살수설비를 설치하거나, 방사능력 범위에 해당 특수가연물이 포함되도록 대형수동식소화기를 설치하는 경우이다.)

① 200 ② 250
③ 300 ④ 350

해설 특수가연물의 저장 및 취급기준
(화재예방법 시행령 제19조 제2항 [별표3])
(1) 품명·최대저장수량·단위부피(체적)당 질량·관리책임자 성명·직책, 연락처 및 화기취급의 금지표시 설치
(2) 기준(석탄·목탄류의 발전용은 예외)
① 품명별로 구분하여 쌓을 것
② 저장 기준

구분	높이	바닥면적(㎡)
일반기준	10m 이하	50(석탄·목탄류 200) 이하
살수설비, 대형소화기	15m 이하	200(석탄·목탄류 300) 이하

③ 최소 6m 이상 간격을 유지(쌓은 높이보다 0.9m 이상 높은 내화구조 벽체 설치 시 예외)
④ 쌓는 부분의 바닥면적 사이 간격

구분	쌓는 부분의 바닥면적 사이 이격거리
실내	1.2m 또는 쌓는 높이의 1/2 중 큰 값 이상
실외	3m 또는 쌓는 높이 중 큰 값 이상

해답 ③

52 제3류 위험물 중 금수성 물품에 적응성이 있는 소화약제는?

① 물 ② 강화액
③ 팽창질석 ④ 인산염류분말

해설 금수성 물품에 적응성있는 소화약제
① 탄산수소염류분말
② 마른모래
③ 팽창질석 또는 팽창진주암

해답 ③

53 화재의 예방 및 안전관리에 관한 법령상 화재안전특별조사위원의 위원에 해당하지 아니하는 사람은?

① 소방기술사
② 소방시설관리사
③ 소방 관련 분야의 석사학위 이상을 취득한 사람
④ 소방 관련 법인 또는 단체에서 소방 관련 업무에 3년 이상 종사한 사람

해설 (화재예방법 시행령 제11조)
화재안전조사위원회의 구성·운영 등
(1) 위원장 1명을 포함한 7명 이내의 위원으로, 위원장은 **소방관서장**이 된다.
(2) 위원은 **소방관서장**이 **임명하거나 위촉**
   ① **과장급 직위 이상**의 소방공무원
   ② **소방기술사**
   ③ **소방시설관리사**
   ④ 소방 관련 분야의 석사학위 이상
   ⑤ 소방 관련 법인 또는 단체에서 소방 관련 업무에 **5년 이상** 종사한 사람
   ⑥ 소방과 관련한 교육 또는 연구에 **5년 이상** 종사한 사람
(3) 위촉위원의 임기는 2년, 한 차례만 연임

해답 ④

54 화재안전조사 결과에 따른 조치명령으로 손실을 입어 손실을 보상하는 경우 그 손실은 입은 자는 누구와 손실보상을 협의하여야 하는가?

① 소방서장 ② 시·도지사
③ 소방본부장 ④ 행정안전부장관

해설 (화재예방법 시행령 제14조) 손실보상
① **소방청장** 또는 **시·도지사**가 시가로 보상
② **소방청장, 시·도지사**와 **손실을 입은 자가 협의**
③ 지급 또는 공탁의 통지를 받은 날부터 30일 이내에 중앙토지수용위원회 또는 관할 지방토지수용위원회에 재결을 신청

해답 ②

55 위험물운송자 자격을 취득하지 아니한 자가 위험물 이동탱크저장소 운전 시의 벌칙으로 옳은 것은?

① 100만원 이하의 벌금
② 300만원 이하의 벌금
③ 500만원 이하의 벌금
④ 1000만원 이하의 벌금

해설 위험물안전관리법 제37조(벌칙)
1천만원 이하의 벌금
① 위험물의 취급에 관한 안전관리와 감독을 하지 아니한 자
② 안전관리자 또는 그 대리자가 참여하지 아니한 상태에서 위험물을 취급한 자
③ 변경한 예방규정을 제출하지 아니한 관계인으로서 규정에 따른 허가를 받은 자
④ 위험물의 운반에 관한 중요기준에 따르지 아니한 자
⑤ **위험물운송자 자격을 취득하지 아니한 자가 위험물이동탱크저장소 운송자**
⑥ 관계인의 정당한 업무를 방해하거나 출입·검사 등을 수행하면서 알게 된 비밀을 누설한 자

해답 ④

56 1급 소방안전관리대상물이 아닌 것은?

① 15층인 특정소방대상물(아파트는 제외)
② 가연성가스를 2000톤 저장·취급하는 시설
③ 21층인 아파트로서 300세대인 것
④ 연면적 20000m^2인 문화집회 및 운동시설

해설 (1) **특급 소방안전관리대상물**
   ① 50층 이상(지하층 제외)이거나 지상으로부터 높이가 200m 이상 아파트
   ② 30층 이상(지하층 포함)이거나 지상으로부터 높이가 120m 이상(아파트는 제외)
   ③ 연면적 10만m^2 이상(아파트 제외)
(2) **1급 소방안전관리대상물**
   ① **30층 이상**(지하층 제외)이거나 지상으로부터 높이가 **120m 이상인 아파트**
   ② 연면적 **1만5천m^2 이상**(아파트 및 연립주택 제외)

③ 층수가 **11층 이상**(아파트는 제외)
④ 가연성가스 **1천톤 이상** 저장·취급하는 시설

(3) 2급 소방안전관리대상물
① 옥내, 스프링, 물분무등(호스릴방식 제외) 설치대상
② 가연성가스 100톤 이상 1천톤 미만 저장·취급하는 시설
③ 지하구
④ 공동주택
⑤ 보물 또는 국보로 지정된 목조건축물

(4) 3급 소방안전관리대상물
특급, 1급, 2급에 해당하지 아니하는 특정소방대상물로서 간이스프링클러설비 또는 자동화재탐지설비를 설치하여야하는 특정소방대상물

해답 ③

57 문화유산의 보존 및 활용에 관한 법률의 규정에 의한 지정문화유산 및 천연기념물 등에 있어서는 제조소 등과의 수평거리를 몇 m 이상 유지하여야 하는가?

① 20 ② 30
③ 50 ④ 70

해설 (위험물법 시행규칙 제28조의 별표 4)
제조소의 안전거리

구 분	안전거리
사용전압이 7,000V 초과 35,000V 이하	3m 이상
사용전압이 35,000V를 초과	5m 이상
주거용	10m 이상
고압가스, 액화석유가스, 도시가스	20m 이상
학교·병원·극장	30m 이상
지정문화유산 및 천연기념물 등	50m 이상

해답 ③

58 다음 중 중급기술자의 학력·경력자에 대한 기준으로 옳은 것은? (단, "학력·경력자"란 고등학교·대학 또는 이와 같은 수준 이상의 교육기관의 소방관련학과의 정해진 교육과정을 이수하고 졸업하거나 그 밖의 관계법령에 따라 국내 또는 외국에서 이와 같은 수준 이상의 학력이 있다고 인정되는 사람을 말한다.)

① 고등학교를 졸업 후 10년 이상 소방 관련 업무를 수행한 자
② 학사학위를 취득한 후 6년 이상 소방 관련 업무를 수행한 자
③ 석사학위를 취득한 후 2년 이상 소방 관련 업무를 수행한 자
④ 박사학위를 취득한 후 1년 이상 소방 관련 업무를 수행한 자

해설 소방기술과 관련된 자격·학력 및 경력의 인정 범위
중급기술자
① 박사학위를 취득한 사람
② 석사학위를 취득한 후 3년 이상 소방 관련 업무를 수행한 사람
③ **학사학위**를 취득한 후 **6년 이상** 소방 관련 업무를 수행한 사람
④ 전문학사학위를 취득한 후 9년 이상 소방 관련 업무를 수행한 사람
⑤ 고등학교를 졸업한 후 12년 이상 소방 관련 업무를 수행한 사람

해답 ②

59 소방시설공사업법령상 상주 공사감리 대상 기준 중 다음 ㉠, ㉡, ㉢에 알맞은 것은?

- 연면적 (㉠)m² 이상의 특정소방대상물(아파트는 제외)에 대한 소방시설의 공사
- 지하층을 포함한 층수가 (㉡)층 이상으로서 (㉢)세대 이상인 아파트에 대한 소방시설의 공사

① ㉠ 10000, ㉡ 11, ㉢ 600
② ㉠ 10000, ㉡ 16, ㉢ 500
③ ㉠ 30000, ㉡ 11, ㉢ 600
④ ㉠ 30000, ㉡ 16, ㉢ 500

해설 상주공사감리 대상

종류	대 상
상주공사감리	• 연면적 3만m² 이상(아파트 제외) • 지하층 포함한 층수가 16층 이상 500세대 이상인 아파트
일반공사감리	• 상주공사감리에 해당하지 아니하는 소방시설의 공사

해답 ④

60 화재의 예방 및 안전관리에 관한 법상 소방안전관리대상물의 소방안전관리자 업무가 아닌 것은?

① 소방훈련 및 교육
② 재난시설, 방화구획 및 재난시설의 유지·관리
③ 자위소방대 및 초기대응체계의 구성·운영·교육
④ 피난계획에 관한 사항과 대통령령으로 정하는 사항이 포함된 소방계획서의 작성 및 시행

해설 (화재예방법 제24조)
소방안전관리자 업무
(1) **소방계획서**의 작성 및 시행
(2) **자위소방대** 및 초기대응체계의 **구성·운영·교육**
(3) 피난시설, 방화구획 및 방화시설의 **관리**
(4) 소방시설, 소방 관련시설의 관리
(5) **소방훈련 및 교육**
(6) 화기 취급의 **감독**
(7) 소방안전관리에 관한 **업무수행 기록·유지**
(8) 화재발생 시 **초기대응**
(9) 소방안전관리에 **필요한 업무**

해답 ②

제4과목 소방기계시설의 구조 및 원리

61 대형 이산화탄소 소화기의 소화약제 충전량은 얼마인가?

① 20kg 이상   ② 30kg 이상
③ 50kg 이상   ④ 70kg 이상

해설 소화기의 능력단위 및 보행거리

구 분	소형소화기	대형소화기
능력단위	1단위 이상 대형소화기 능력단위 미만	• A급 10단위 이상 • B급 20단위 이상
보행거리	20m 이내	30m 이내

대형 소화기의 기준 ★★★★★

소화기의 종류	소화약제 충전량
물소화기	80L 이상
포소화기	20L 이상
강화액소화기	60L 이상
할로겐화합물소화기	30kg 이상
이산화탄소소화기	50kg 이상
분말소화기	20kg 이상

[뇌새김 암기법 : 포강물(2,6,8) 분할탄(2,3,5)]

해답 ③

62 개방형스프링클러설비에서 하나의 방수구역을 담당하는 헤드의 개수는 몇 개 이하로 해야 하는가? (단, 방수구역은 나누어져 있지 않고 하나의 구역으로 되어 있다.)

① 50   ② 40
③ 30   ④ 20

해설 개방형스프링클러설비의 방수구역 및 일제개방밸브
① 하나의 방수구역은 2개 층에 미치지 아니 할 것
② 방수구역마다 일제개방밸브를 설치할 것
③ 하나의 방수구역 담당 헤드의 개수는 50개 이하다만, 2개 이상의 방수구역으로 나눌 경우에는 하나의 방수구역을 담당하는 헤드의 개수는 25개 이상으로 할 것
④ 표지는 "일제개방밸브실"이라고 표시할 것

해답 ①

63 분말소화설비의 가압용 가스용기에 대한 설명으로 틀린 것은?

① 가압용가스 용기를 3병 이상 설치한 경우에는 2개 이상의 용기에 전자개방밸브를 부착할 것
② 가압용가스 용기에는 2.5MPa 이하의 압력에서 조정이 가능한 압력조정기를 설치할 것
③ 가압용가스에 질소가스를 사용하는 것의 질소가스는 소화약제 1kg마다 20L(35℃에서 1기압의 압력상태로 환산한 것) 이상으로 할 것

④ 축압용가스에 질소가스를 사용하는 것의 질소가스는 소화약제 1kg에 대하여 10L (35℃에서 1기압의 압력상태로 환산한 것) 이상으로 할 것

해설 ③ 1kg마다 20L → 1kg마다 40L

가압용 또는 축압용 가스

구분	질소가스 사용 시	이산화탄소 사용 시
가압용 가스	40L(질소)/1kg(약제) 이상 (35℃, 1기압 기준)	20g(CO_2)/1kg(약제) +배관청소에 필요한 양
축압용 가스	10L(질소)/1kg(약제) 이상 (35℃, 1기압 기준)	20g(CO_2)/1kg(약제) +배관청소에 필요한 양

• 배관 청소용 가스는 별도 용기에 저장

해답 ③

64 소화용수설비의 소화수조가 옥상 또는 옥탑의 부분에 설치된 경우 지상에 설치된 채수구에서의 압력은 얼마 이상이어야 하는가?

① 0.15MPa ② 0.20MPa
③ 0.25MPa ④ 0.35MPa

해설 **소화수조 및 저수조의 가압송수장치**
① 지표면으로부터의 깊이가 **4.5m 이상**인 지하에 있는 경우에는 다음 표에 따라 가압송수장치를 설치

소요수량	20m^3 이상 40m^3 미만	40m^3 이상 100m^3 미만	100m^3 이상
1분당 양수량	1,100L 이상	2,200L 이상	3,300L 이상

② 소화수조가 옥상 또는 옥탑의 부분에 설치된 경우에는 지상에 설치된 채수구에서의 압력이 **0.15MPa 이상**이 되도록 하여야 한다.

해답 ①

65 스프링클러소화설비의 배관 내 압력이 얼마 이상일 때 압력배관용 탄소강관을 사용해야 하는가?

① 0.1MPa ② 0.5MPa
③ 0.8MPa ④ 1.2MPa

해설 **배관과 배관이음쇠 설치기준**
(1) 배관 내 사용압력이 **1.2MPa 미만**일 경우

① 배관용 **탄소강관**(KS D 3507)
② 이음매 없는 **구리 및 구리합금관**(KS D 5301). 다만, 습식의 배관에 한한다.
③ 배관용 **스테인리스강관**(KS D 3576) 또는 **일반배관용 스테인리스강관**(KS D 3595)
④ 덕타일 **주철관**(KS D 4311)
(2) 배관 내 사용압력이 **1.2MPa 이상**일 경우
① 압력배관용탄소강관(KS D 3562)
② 배관용 **아크용접 탄소강강관**(KS D 3583)

해답 ④

66 할론소화설비에서 국소방출방식의 경우 할론소화약제의 양을 산출하는 식은 다음과 같다. 여기서 A는 무엇을 의미하는가? (단, 가연물이 비산할 우려가 있는 경우로 가정한다.)

$$Q = X - Y \frac{a}{A}$$

① 방호공간의 벽면적의 합계
② 창문이나 문의 틈새면적의 합계
③ 개구부 면적의 합계
④ 방호대상물 주위에 설치된 벽의 면적의 합계

해설 **할론소화약제 산출방식**(국소방출방식)

$$Q = X - Y \frac{a}{A}$$

여기서, Q : 방호공간 1m^3에 대한 할론소화약제량(kg/m^3)
  X, Y : 소화약제의 종별에 따른 수치
  a : 방호대상물 주위에 설치된 벽면적 합계(m^2)
  A : 방호공간의 벽 면적 합계(m^2)

해답 ①

67 이산화탄소 소화약제의 저장용기 설치기준 중 옳은 것은?

① 저장용기의 충전비는 고압식인 1.9 이상 2.3 이하, 저압식은 1.5 이상 1.9 이하로 할 것
② 저압식 저장용기에는 액면계 및 압력계와

2.1MPa 이상, 1.7MPa 이하의 압력에서 작동하는 압력경보장치를 설치할 것
③ 저장용기는 고압식은 25MPa 이상, 저압식은 3.5MPa 이상의 내압시험압력에 합격한 것으로 할 것
④ 저압식 저장용기에는 내압시험압력의 1.8배의 압력에서 작동하는 안전밸브와 내압시험압력의 0.8배부터 내압시험압력까지의 범위에서 작동하는 봉판을 설치할 것

해설 이산화탄소 저장용기의 설치 기준
① 저장용기의 충전비

저압식	고압식
1.1 ~ 1.4	1.5 ~ 1.9

② 저압식 저장용기에는 **내압시험압력의 0.64배부터 0.8배까지의 압력에서 작동하는 안전밸브와 내압시험압력의 0.8배부터 내압시험압력에서 작동하는 봉판**을 설치할 것
③ 액면계 및 압력계와 2.3MPa 이상 1.9MPa 이하의 압력에서 작동하는 **압력경보장치**를 설치할 것
④ 용기내부의 온도가 −18℃ 이하에서 2.1MPa의 압력을 유지할 수 있는 **자동냉동장치**를 설치할 것
⑤ **고압식은 25MPa 이상, 저압식은 3.5MPa 이상의 내압시험압력에 합격한 것으로 할 것**

해답 ③

68 포헤드를 정방형으로 설치 시 헤드와 벽과의 최대 이격거리는 약 몇 m인가?

① 1.48 ② 1.62
③ 1.76 ④ 1.91

해설 ① 포헤드 상호간에 정방형으로 배치한 경우
$$S = 2r \times \cos 45°$$
S : 포헤드 상호간의 거리(m)
r : 유효반경(2.1m)
$S = 2 \times 2.1 \times \cos 45° = 2.9698$m
② 포헤드와 벽 방호구역의 경계선과는 포헤드 상호간 거리의 2분의 1 이하의 거리를 둘 것
$S = \dfrac{2.9698}{2} = 1.48$m 이하

해답 ①

69 소화용수설비와 관련하여 다음 설명 중 괄호 안에 들어갈 항목으로 옳게 짝지어진 것은?

상수도소화용수설비를 설치하여야 하는 특정소방대상물은 다음 각 목의 어느 하나와 같다. 다만, 상수도소화용수설비를 설치하여야 하는 특정소방대상물의 대지 경계선으로부터 (ⓐ)m 이내에 지름 (ⓑ)mm 이상의 상수도용 배수관이 설치되지 않은 지역의 경우에는 화재안전기술기준에 따른 소화수조 또는 저수조를 설치하여야 한다.

① ⓐ : 150, ⓑ : 75
② ⓐ : 150, ⓑ : 100
③ ⓐ : 180, ⓑ : 75
④ ⓐ : 180, ⓑ : 100

해설 소화용수설비
상수도소화용수설비를 설치하여야 하는 특정소방대상물은 다음 각 목의 어느 하나와 같다. 다만, 상수도소화용수설비를 설치하여야 하는 특정소방대상물의 **대지 경계선으로부터 180m 이내에 지름 75mm 이상인 상수도용 배수관**이 설치되지 않은 지역의 경우에는 화재안전기술기준에 따른 **소화수조 또는 저수조를 설치**하여야 한다.
① 연면적 5천m² 이상
② 가스시설로서 지상에 노출된 탱크의 저장용량의 합계가 100톤 이상인 것
③ 폐기물재활용시설 및 폐기물처분시설

해답 ③

70 연소방지설비 방수헤드의 설치기준 중 환기구 사이의 간격이 700m를 초과할 경우에는 몇m 이내마다 살수구역을 설정하는가?

① 300 ② 400
③ 700 ④ 800

해설 연소방지설비의 배관 설치기준
① 배관용 탄소강관 또는 압력배관용 탄소강관
② 급수배관은 전용
③ **연소방지설비전용헤드수별** 급수관의 구경

전용헤드의 개수	1개	2개	3개	4개~5개	6개 이상
배관구경 (mm)	32	40	50	65	80

연소방지설비의 헤드 설치기준
① 천장 또는 벽면에 설치할 것
② 헤드간의 수평거리

전용헤드	개방형 스프링클러헤드
2m 이하	1.5m 이하

③ 소방대원의 출입이 가능한 **환기구·작업구마다** 지하구의 양쪽방향으로 살수헤드를 설정하되, **한쪽 방향의 살수구역의 길이는 3m 이상**으로 할 것. 다만, 환기구 사이의 간격이 **700m**를 초과할 경우에는 **700m** 이내마다 살수구역을 설정할 것.

해답 ③

71 예상제연구역 바닥면적 400m² 미만 거실의 공기유입구와 배출구간의 직선거리 기준으로 옳은 것은? (단, 제연경계에 의한 구획을 제외한다.)

① 2m 이상 확보되어야 한다.
② 3m 이상 확보되어야 한다.
③ 5m 이상 확보되어야 한다.
④ 10m 이상 확보되어야 한다.

해설 **예상제연구역에 설치되는 공기유입구**
① 공기유입구와 배출구간의 직선거리는 5m 이상으로 할 것
② 바닥으로부터 1.5m 이하의 높이에 설치하고 그 주변은 공기의 유입에 장애가 없도록 할 것

해답 ③

72 다음 중 스프링클러설비와 비교하여 물분무 소화설비의 장점으로 옳지 않은 것은?

① 소량의 물을 사용함으로써 물의 사용량 및 방사량을 줄일 수 있다.
② 운동에너지가 크므로 파괴주수 효과가 크다.
③ 전기 절연성이 높아서 고압통전기기의 화재에도 안전하게 사용할 수 있다.
④ 물의 방수과정에서 화재열에 따른 부피증가량이 커서 질식효과를 높일 수 있다.

해설 **물분무소화설비의 장점**
① 물의 사용량 및 방사량을 줄일 수 있다.
② 운동에너지가 작아 파괴주수효과가 작다.
③ 전기절연성이 높아 전기화재에도 적합하다.
④ 질식효과를 높일 수 있다.

해답 ②

73 자동소화장치를 설치해야 하는 특정소방대상물 중 후드 및 덕트가 설치되어 있는 주방이 있는 특정소방대상물로 한다. 주거용 주방자동소화장치를 설치해야 하는 것으로 맞는 것은?

① 식당
② 단독주택
③ 연립주택
④ 오피스텔

해설 **주거용 주방자동소화장치 설치대상**
아파트 등 및 오피스텔의 모든 층

해답 ④

74 수직강하식 구조대가 구조적으로 갖추어야 할 조건으로 옳지 않은 것은? (단, 건물 내부의 별실에 설치하는 경우는 제외한다.)

① 구조대의 포지는 외부포지와 내부포지로 구성한다.
② 포지는 사용 시 충격을 흡수하도록 수직방향으로 현저하게 늘어나야 한다.
③ 구조대는 연속하여 강하할 수 있는 구조이어야 한다.
④ 입구틀 및 고정틀의 입구는 지름 60cm 이상의 구체가 통과할 수 있어야 한다.

해설 **수직강하식 구조대의 구조기준**
① 구조대는 안전하고 쉽게 사용할 수 있는 구조이어야 한다.
② 구조대의 포지는 외부포지와 내부포지로 구성하되, 외부포지와 내부포지의 사이에 **충분한 공기층**을 두어야 한다.
③ 입구틀 및 고정틀의 입구는 **지름 60cm 이상**의 구체가 통과할 수 있는 것이어야 한다.
④ 구조대는 **연속하여 강하**할 수 있는 구조이어야 한다.

⑤ 포지는 사용 시 **수직방향으로 현저하게 늘어나지 아니하여야 한다.**
⑥ 포지, 지지틀, 고정틀 그 밖의 부속장치 등은 견고하게 부착되어야 한다.

해답 ②

75
주차장에 분말소화약제 120kg을 저장하려고 한다. 이때 필요한 저장용기의 최소 내용적(L)은?

① 96
② 120
③ 150
④ 180

해설 저장용기의 충전비(L/kg)

종별	주성분	화학식	충전비
1종	탄산수소나트륨	NaHCO₃	0.8 이상
2종	탄산수소칼륨	KHCO₃	1.0 이상
3종	제1인산암모늄	NH₄H₂PO₄	1.0 이상
4종	탄산수소칼륨+요소	KHCO₃+(NH₂)₂CO	1.25 이상

① 차고 주차장에는 제3종 분말약제 사용
② 충전비 $C(L/kg) = \dfrac{V(L)}{G(kg)}$
③ $V = C \times G = 1 \times 120 = 120 L$

해답 ②

76
다음 중 노유자 시설의 4층 이상 10층 이하에서 적응성이 있는 피난기구가 아닌 것은?

① 피난교
② 다수인피난장비
③ 승강식피난기
④ 미끄럼대

해설 소방대상물의 설치장소별 피난기구의 적응성

구분	1층	2층	3층	4층 이상 10층 이하
노유자시설	미구교다승	미구교다승	미구교다승	구¹⁾교다승
의료시설·근린생활시설 중 입원실이 있는 의원·접골원·조산원			미트구 교다승	트구 교다승
다중이용업소로서 영업장의 위치가 4층 이하인 다중이용업소		미사구완다승	미사구완다승	미사구완다승
그 밖의 것			트공간교 미사구 완다승	공간²⁾ 교사구 완다승

[비고]
1) 구조대의 적응성은 장애인 관련 시설로서 주된 사용자 중 스스로 피난이 불가한 자가 있는 경우 추가로 설치하는 경우에 한한다.
2) 간이완강기의 적응성은 숙박시설의 3층 이상에 있는 객실에 추가로 설치하는 경우에 한한다.

어두문자 암기방법
피난용트랩 ⇒ 트   피난교 ⇒ 교
피난사다리 ⇒ 사   미끄럼대 ⇒ 미
구조대 ⇒ 구   다수인피난장비 ⇒ 다
승강식피난기 ⇒ 승 완강기 ⇒ 완
간이완강기 ⇒ 간   공기안전매트 ⇒ 공

해답 ④

77
물분무소화설비를 설치하는 차고의 배수설비 설치기준 중 틀린 것은?

① 차량이 주차하는 장소의 적당한 곳에 높이 10cm 이상의 경계턱으로 배수구를 설치할 것
② 길이 40m 이하마다 집수관, 소화핏트 등 기름분리장치를 설치할 것
③ 차량이 주차하는 바닥은 배수구를 향하여 100분의 1 이상의 기울기를 유지할 것
④ 배수설비는 가압송수장치의 최대 송수능력의 수량을 유효하게 배수할 수 있는 크기 및 기울기로 할 것

해설 물분무소화설비를 설치하는 차고 또는 주차장의 배수설비
① 높이 **10cm 이상의 경계턱**으로 배수구 설치
② 길이 **40m 이하마다** 집수관·소화핏트 등 **기름분리장치**를 설치
③ 배수구를 향하여 **100분의 2 이상의 기울기**
④ 배수설비는 가압송수장치의 **최대송수능력의 수량을 유효하게 배수할 수 있는 크기 및 기울기**로 할 것

해답 ③

78
지하가 또는 지하역사에 설치된 폐쇄형 스프링클러 설비의 수원은 얼마 이상이어야 하는가? (단, 폐쇄형 스프링클러 헤드의 기준개수를 적용한다.)

① $16m^3$
② $32m^3$

③ $24m^3$ ④ $48m^3$

해설 폐쇄형스프링클러설비의 수원의 양
(1) 29층 이하(기준시간 20분)
$$Q(m^3) = N \times 1.6m^3$$
(2) 30층 이상 49층 이하(기준시간 40분)
$$Q(m^3) = N \times 3.2m^3$$
(3) 50층 이상(기준시간 60분)
$$Q(m^3) = N \times 4.8m^3$$
여기서, Q : 수원의 양[m^3]
N : 헤드의 기준개수

기준개수보다 적은 경우 그 설치개수
(1) 지하가 또는 지하역사의 헤드기준개수는 30개
(2) $Q(m^3) = 30 \times 1.6m^3 = 48m^3$ 이상

헤드의 기준개수(폐쇄형)

소방대상물			기준개수
지하층제외 10층 이하	공장	특수가연물	30개
		그 밖의 것	20개
	근린생활시설·판매시설·운수시설 또는 복합건축물	판매시설 또는 복합건축물(판매시설 설치 복합건축물)	30개
		그 밖의 것	20개
	그 밖의 것	헤드높이 8m 이상	20개
		헤드높이 8m 이하	10개
아파트			10개
지하층제외 11층 이상·지하가 또는 지하역사			30개

※ 아파트 등의 각 동이 주차장으로 서로 연결된 구조인 경우 해당 주차장 부분의 기준개수는 30개로 할 것

해답 ④

79 포 소화설비에서 펌프의 토출관에 압입기를 설치하여 포 소화약제 압입용 펌프로 포 소화약제를 압입시켜 혼합하는 방식은?

① 라인 프로포셔너 방식
② 펌프 프로포셔너 방식
③ 프레져 프로포셔너 방식
④ 프레져사이드 프로포셔너 방식

해설 포소화약제의 혼합장치
① 펌프 프로포셔너 방식
펌프의 토출관과 흡입관 사이의 배관도중에 설치한 흡입기에 펌프에서 토출된 물의 일부를 보내고, 농도 조정밸브에서 조정된 포 소화약제의 필요량을 포 소화약제 탱크에서 펌프 흡입측으로 보내어 이를 혼합하는 방식

② 프레져 프로포셔너 방식
펌프와 발포기의 중간에 설치된 벤추리관의 벤추리작용과 펌프 가압수의 포 소화약제 저장탱크에 대한 압력에 의하여 포소화약제를 흡입·혼합하는 방식

③ 라인 프로포셔너 방식
펌프와 발포기의 중간에 설치된 벤추리관의 벤추리 작용에 의하여 포소화약제를 흡입·혼합하는 방식

④ 프레져사이드 프로포셔너 방식
펌프의 토출관에 압입기를 설치하여 포 소화약제 압입용 펌프로 포소화약제를 압입시켜 혼합하는 방식

해답 ④

80 다음 중 옥내소화전의 배관 등에 대한 설치방법으로 옳지 않은 것은?

① 펌프의 토출측 주배관의 구경은 평균 유속을 5m/s가 되도록 설치하였다.
② 배관 내 사용압력이 1.1MPa인 곳에 배관용탄소강관을 사용하였다.
③ 옥내소화전 송수구를 단구형으로 설치하였다.
④ 송수구로부터 주배관에 이르는 연결배관에는 개폐밸브를 설치하지 않았다.

해설 옥내소화전 설비의 배관등
(1) 배관용 탄소강 강관(KS D 3507)
(2) 펌프의 토출 측 주배관의 구경
 유속이 4m/s 이하가 될 수 있는 크기 이상
(3) 옥내소화전설비 전용설비의 방수구와 연결되는 배관
 ① 주배관 중 수직배관의 구경 : 50mm 이상
  (호스릴 옥내소화전설비 : 32mm 이상)
 ② 가지배관 구경 : 40mm 이상
  (호스릴 옥내소화전 설비 : 25mm 이상)
(4) **연결 송수관설비의 배관과 겸용할 경우**
 ① **주배관** 구경 : **100mm 이상**
 ② **가지배관** 구경 : **65mm 이상**
(5) **펌프의 흡입측 배관에는 버터플라이밸브외의 개폐표시형 밸브를 설치하여야 한다.**
(6) 물올림수조의 급수배관의 구경 : 15mm 이상
(7) 릴리프밸브의 구경 : 20mm 이상
(8) 유량측정장치 : 펌프 정격토출량의 175% 이상 측정 가능할 것

해답 ①

소방설비기사 - 기계분야

2019년 4월 27일 시행

제1과목 소방원론

01 공기의 부피 비율이 질소 79%, 산소 21%인 전기실에 화재가 발생하여 이산화탄소 소화약제를 방출하여 소화하였다. 이때 산소의 부피농도가 14%이었다면 이 혼합 공기의 분자량은 약 얼마인가? (단, 화재시 발생한 연소가스는 무시한다.)

① 28.9　　② 30.9
③ 33.9　　④ 35.9

해설
① CO_2 방사 전 공기부피(%)
　$N_2 = 79\%$, $O_2 = 21\%$
② 전기실내 CO_2(%) 계산
　$CO_2(\%) = \dfrac{21-14}{21} \times 100 = 33.33\%$
③ CO_2 방사 후 공기부피(%)
　㉠ $CO_2 = 33.33\%$
　㉡ $O_2 = 14\%$
　㉢ $N_2 = 100 - (33.33 + 14) = 52.67\%$
④ 혼합공기의 분자량 계산
　$M = 44 \times 0.3333 + 32 \times 0.14 + 28 \times 0.5267$
　$= 33.89$

이산화탄소의 농도(%)
$$CO_2(\%) = \dfrac{21 - O_2(\%)}{21} \times 100$$

해답 ③

02 탱크화재 시 발생되는 보일오버(Boil Over)의 방지방법으로 틀린 것은?

① 탱크 내용물의 기계적 교반
② 물의 배출
③ 과열방지
④ 위험물 탱크 내의 하부에 냉각수 저장

해설 ④ 냉각수 저장 → 냉각수 제거

유류저장탱크의 화재 발생현상
① 보일 오버(boil over)
　탱크 바닥의 물이 비등하여 유류가 연소하면서 분출
② 슬롭 오버(slop over)
　물이 연소유 표면으로 들어갈 때 유류가 연소하면서 분출
③ 프로스 오버(froth over)
　탱크 바닥의 물이 비등하여 유류가 연소하지 않고 분출

액화가스저장탱크 폭발현상 : 블레비(BLEVE)

해답 ④

03 도장작업 공정에서의 위험도를 설명한 것으로 틀린 것은?

① 도장작업 그 자체 못지않게 건조공정도 위험하다.
② 도장작업에서는 인화성 용제가 쓰이지 않으므로 폭발의 위험이 없다.
③ 도장작업장은 폭발시를 대비하여 지붕을 시공한다.
④ 도장실의 환기덕트를 주기적으로 청소하여 도료가 덕트 내에 부착되지 않게 한다.

해설 ② 도장작업에서는 인화성용제가 많이 사용되므로 폭발의 위험성이 매우 크다.

해답 ②

04 화재 표면온도(절대온도)가 2배로 되면 복사에너지는 몇 배로 증가되는가?

① 2　　② 4
③ 8　　④ 16

해설 복사에너지는 절대온도 4제곱의 차에 비례
$$\frac{Q_2}{Q_1} = \frac{2^4}{1^4} = 16배$$

스테판-볼츠만(stefan-boltzman)의 법칙
$$Q = aAF(T_1^4 - T_2^4)$$
여기서, Q : 복사열(kcal/hr)
a : 스테판-볼츠만의 상수
A : 단면적, F : 기하학적 Factor(상수)
T_1 : 고온물체의 절대온도(273+t℃)K
T_2 : 저온물체의 절대온도(273+t℃)K

※ 복사열은 절대온도 4제곱의 차에 비례

해답 ④

05 목조건축물의 화재 진행상황에 관한 설명으로 옳은 것은?

① 화원 – 발염착화 – 무염착화 – 출화 – 최성기 – 소화
② 화원 – 발염착화 – 무염착화 – 소화 – 연소낙하
③ 화원 – 무염착화 – 발염착화 – 출화 – 최성기 – 소화
④ 화원 – 무염착화 – 출화 – 발염착화 – 최성기 – 소화

해설 목조건축물의 화재
화원→무염착화→발염착화→출화→최성기→소화

해답 ③

06 산불화재의 형태로 틀린 것은?

① 지중화 형태　　② 수평화 형태
③ 지표화 형태　　④ 수관화 형태

해설 산불화재
① **지표화** : 지표의 **낙엽** 등의 화재
② 수관화 : 나무가지의 화재
③ 수간화 : 나무기둥의 화재
④ 지중화 : 지표 아래 썩은 나무의 화재

해답 ②

07 다음 가연성 기체 1몰이 완전 연소하는데 필요한 이론공기량으로 틀린 것은? (단, 체적비로 계산하며 공기 중 산소의 농도를 21vol.%로 한다.)

① 수소 – 약 2.38몰
② 메탄 – 약 9.52몰
③ 아세틸렌 – 약 16.91몰
④ 프로판 – 약 23.81몰

해설 ① $2H_2 + O_2 \rightarrow 2H_2O$
(수소1몰 기준) $H_2 + 0.5O_2 \rightarrow H_2O$
이론공기량 = $\frac{0.5}{0.21} = 2.38 mol$

② $CH_4 + 2O_2 \rightarrow CO_2 + 2H_2O$
이론공기량 = $\frac{2}{0.21} = 9.52 mol$

③ $2C_2H_2 + 5O_2 \rightarrow 4CO_2 + 2H_2O$
(아세틸렌 1몰 기준)
$C_2H_2 + 2.5O_2 \rightarrow 2CO_2 + H_2O$
이론공기량 = $\frac{2.5}{0.21} = 11.90 mol$

④ $C_3H_8 + 5O_2 \rightarrow 3CO_2 + 4H_2O$
이론공기량 = $\frac{5}{0.21} = 23.81 mol$

해답 ③

08 물의 소화능력에 관한 설명 중 틀린 것은?

① 다른 물질보다 비열이 크다.
② 다른 물질보다 융해잠열이 작다.
③ 다른 물질보다 증발잠열이 크다.
④ 밀폐된 장소에서 증발가열되면 산소희석작용을 한다.

해설 물의 소화능력
① 다른 물질보다 비열이 크다.
② 다른 물질보다 증발잠열(기화잠열)이 크다.
③ 밀폐된 장소에서 증발 가열되면 산소희석작용

을 한다.

물의 물리적 성질
① 비열 : 1kcal/kg·℃
② 기화열 : 539kcal/kg

해답 ②

09 방호공간 안에서 화재의 세기를 나타내고 화재가 진행되는 과정에서 온도에 따라 변하는 것으로 온도-시간 곡선으로 표시할 수 있는 것은?

① 화재저항 ② 화재가혹도
③ 화재하중 ④ 화재플럼

해설 화재하중(Fire Load)과 화재가혹도(Fire Severity)

구분	화재하중 (Fire Load)	화재가혹도 (Fire Severity)
정의	• 바닥면적(m^2)당 가연물의 양(kg) • 화재실에 존재하는 가연물의 양(지속시간)	• 화재발생으로 건물 내부 수용재산 및 건물자체에 손상을 입히는 정도
계산식	$Q = \dfrac{\sum(GtHt)}{HA}$ $= \dfrac{\sum Qt}{4500A}$ [kg/m^2]	• 화재가혹도 =화재강도(최고온도) ×화재하중(지속시간)
비교	• 화재의 규모를 판단하는 척도 • 주수시간(min)을 결정하는 인자	• 화재강도를 판단하는 척도 • 주수율(L/m^2·min)을 결정하는 인자

[화재가혹도 개념도]

해답 ②

10 연면적이 1000m^2 이상인 건축물에 설치하는 방화벽이 갖추어야 할 기준으로 틀린 것은?

① 내화구조로서 홀로 설 수 있는 구조일 것
② 방화벽의 양쪽 끝과 위쪽 끝을 건축물의 외벽면 및 지붕면으로부터 0.1m 이상 튀어

나오게 할 것
③ 방화벽에 설치하는 출입문의 너비는 2.5m 이하로 할 것
④ 방화벽에 설치하는 출입문의 높이는 2.5m 이하로 할 것

해설 방화벽의 구조
① 내화구조로서 홀로 설 수 있는 구조
② 방화벽의 양쪽 끝과 위쪽 끝을 건축물의 외벽면 및 지붕면으로부터 **0.5m 이상** 튀어나오게 할 것
③ 방화벽에 설치하는 출입문의 너비 및 높이는 각각 **2.5m 이하**로 하고, 해당 출입문에는 60분+ 방화문 또는 60분방화문을 설치할 것

해답 ②

11 화재의 일반적 특성으로 틀린 것은?

① 확대성 ② 정형성
③ 우발성 ④ 불안전성

해설 화재의 일반적 특성
① 우발성 ② 불안정성
③ 성장성 ④ 확대성

해답 ②

12 다음 중 동일한 조건에서 증발잠열(kJ/kg)이 가장 큰 것은?

① 질소 ② 할론 1301
③ 이산화탄소 ④ 물

해설 증발잠열(kJ/kg)
① N_2 : 48
② 할론1301 : 119
③ CO_2 : 576.6
④ 물 : 2257

물을 소화약제로 사용하는 이유
① 물의 증발잠열(539kcal/kg)이 크기 때문
② 비열(1kcal/kg·℃)이 크기 때문

※ $\dfrac{539\text{kcal}}{1\text{kg}} \times \dfrac{4.186\text{kJ}}{1\text{kcal}} \fallingdotseq 2257\text{kJ/kg}$

해답 ④

13 다음 중 가연물의 제거를 통한 소화방법과 무관한 것은?

① 산불의 확산방지를 위하여 산림의 일부를 벌채한다.
② 화학반응기의 화재 시 원료 공급관의 밸브를 잠근다.
③ 전기실 화재시 IG-541 약제를 방출한다.
④ 유류탱크 화재 시 주변에 있는 유류탱크의 유류를 다른 곳으로 이동시킨다.

해설 ③ IG-541약제방출-**질식소화**

소화원리
① 냉각소화 : 가연성 물질을 발화점 이하로 냉각

물이 소화약제로 사용되는 이유
- 물의 기화열(539 kcal/kg)이 크기 때문
- 물의 비열 (1 kcal/kg℃)이 크기 때문

② 질식소화 : 산소농도를 21% → 15% 이하로 감소

질식소화 시 산소의 유지농도 : 10~15%

③ 억제소화(부촉매소화, 화학적소화) : 연쇄반응을 억제

- 부촉매 : 화학적 반응의 속도를 느리게 하는 것
- 부촉매 효과 : 할론소화약제
  [할로젠족원소 : 불소(F), 염소(Cl), 브로민(Br), 아이오딘(I)]

④ 제거소화 : 가연성물질을 제거시켜 소화

- 산불이 발생하면 화재의 진행방향을 앞질러 벌목
- 화학반응기의 화재 시 원료공급관의 밸브를 폐쇄
- 유전화재 시 폭약으로 폭풍을 일으켜 화염을 제거
- 촛불을 입김으로 불어 화염을 제거

⑤ 피복소화 : 가연물 주위를 공기와 차단
⑥ 희석소화

- 알코올, 아세톤 등 수용성인 인화성액체 화재 시 물을 방사하여 가연물의 연소농도를 희석
- 기체, 고체, 액체에서 나오는 분해가스나 증기의 농도를 희석하여 연소를 중지시켜 소화

⑦ 유화소화(에멀전소화) : 제4류 위험물 중 물에 녹지 않는 인화성액체의 유류화재 시 물분무로 방사하여 액체표면에 불연성의 유막을 형성하여 소화

해답 ③

14 화재실의 연기를 옥외로 배출시키는 제연방식으로 효과가 가장 적은 것은?

① 자연 제연방식
② 스모크 타워 제연방식
③ 기계식 제연방식
④ 냉난방설비를 이용한 제연방식

해설 **제연방식의 종류**
① 밀폐 제연방식
  ㉠ 제연의 기본방식이며 개구부를 밀폐제연.
  ㉡ 공동주택, 여관, 호텔 등에 적합
② 자연 제연방식
  발생한 열 기류의 부력 또는 화재실 외부의 공기흡출효과에 따라 창문 또는 전용배연구로 연기배출
③ 스모그타워 제연방식
  ㉠ 제연전용굴뚝 또는 환기통으로 연기배출방식
  ㉡ 자연제연의 일종이며 고층빌딩에 적합
④ 기계 제연방식(강제제연방식) : 연기를 송풍기나 배풍기를 설치하여 강제로 배출

해답 ④

15 분말 소화약제의 취급시 주의사항으로 틀린 것은?

① 습도가 높은 공기 중에 노출되면 고화되므로 항상 주의를 기울인다.
② 충진시 다른 소화약제와 혼합을 피하기 위하여 종별로 각각 다른 색으로 착색되어 있다.
③ 실내에서 다량 방사하는 경우 분말을 흡입하지 않도록 한다.
④ 분말 소화약제와 수성막포를 함께 사용할 경우 포의 소포 현상을 발생시키므로 병용해서는 안된다.

해설 **분말소화약제와 병용이 가능한 포약제**
① 불화단백포
② 수성막포

해답 ④

16 건축물의 화재를 확산시키는 요인이라 볼 수 없는 것은?

① 비화(飛火)
② 복사열(輻射熱)
③ 자연발화(自然發火)
④ 접염(接炎)

해설 화재확대 주요요인
① 복사열
② 화염의 접촉(접염)
③ 비화 : 불티가 바람에 날리거나 화재현장에서 상승하는 열기류 중심에 휩쓸려 원거리 가연물에 착화하는 현상

해답 ③

17 화재 시 CO_2를 방사하여 산소농도를 11vol%로 낮추어 소화하려면 공기 중 CO_2의 농도는 약 몇 vol.%가 되어야 하는가?

① 47.6 ② 42.9
③ 37.9 ④ 34.5

해설 이산화탄소의 농도(%)

$$CO_2(\%) = \frac{21 - O_2(\%)}{21} \times 100$$

$O_2 = 11\%$일 때

$$CO_2(\%) = \frac{21 - 11}{21} \times 100 = 47.62\%$$

참고 G_v(방출된 가스량 : m^3)

$$G_v = \frac{21 - O_2(\%)}{O_2(\%)} \times 방호구역체적(m^3)$$

해답 ①

18 다음 위험물 중 특수인화물이 아닌 것은?

① 아세톤   ② 다이에틸에터
③ 산화프로필렌 ④ 아세트알데하이드

해설 ① 아세톤-제1석유류

제4류 위험물 중 특수인화물
① 다이에틸에터(에터)   ② 이황화탄소
③ 아세트알데하이드   ④ 산화프로필렌

제4류 위험물(인화성 액체)

구 분	지정품목	기타 조건(1atm에서)
특수 인화물	이황화탄소, 다이에틸에터	• 발화점이 100℃ 이하 • 인화점 −20℃ 이하이고 비점이 40℃ 이하
제1 석유류	아세톤, 휘발유	• 인화점 21℃ 미만
알코올류	C_1~C_3까지 포화 1가 알코올 (변성알코올 포함)	
제2 석유류	등유, 경유	• 인화점 21℃ 이상 70℃ 미만
제3 석유류	중유, 크레오소트유	• 인화점 70℃ 이상 200℃ 미만
제4 석유류	기어유, 실린더유	• 인화점 200℃ 이상 250℃ 미만
동식물 유류	동물의 지육 등 또는 식물의 종자나 과육으로부터 추출한 것으로서 1기압에서 인화점이 250℃ 미만인 것	

해답 ①

19 물 소화약제를 어떠한 상태로 주수한 경우 전기화재의 진압에서도 소화능력을 발휘할 수 있는가?

① 물에 의한 봉상주수
② 물에 의한 적상주수
③ 물에 의한 무상주수
④ 어떤 상태의 주수에 의해서도 효과가 없다.

해설 물은 봉상 주수 시 전도성이 강하나 물 분무(무상)로 방사 시 비전도성으로 전기화재에 적합하다.

해답 ③

20 석유, 고무, 동물의 털, 가죽 등과 같이 황성분을 함유하고 있는 물질이 불완전연소될 때 발생하는 연소가스로 계란 썩는 듯한 냄새가 나는 기체는?

① 아황산가스   ② 사이안화수소
③ 황화수소   ④ 암모니아

해설 연소 시 발생하는 각종 가스
★★ 매회 출제 (필수 암기) ★★
① 일산화탄소(CO)
  • 인명피해가 가장 크다.
  • 피 속의 헤모글로빈과 결합 산소운반 방해
② 이산화탄소(CO_2)

자체의 독성은 없고 많은 양을 흡입 시 질식사
③ 아황산가스(SO_2)
  황 함유 물질이 완전 연소 시 발생
④ 황화수소(H_2S)
  황 함유 물질이 불완전 연소 시 발생
⑤ 아크로레인(CH_2CHCHO)
  석유제품, 유지류 연소 시 발생
⑥ 포스겐($COCl_2$)
  독성이 가장 크다.

해답 ③

제2과목　소방유체역학

21 그림과 같이 물이 들어있는 아주 큰 탱크에 사이펀이 장치되어 있다. 출구에서의 속도 V와 관의 상부 중심 A지점에서의 게이지 압력 p_A를 구하는 식은? (단, g는 중력가속도, ρ는 물의 밀도이며, 관의 직경은 일정하고 모든 손실은 무시한다.)

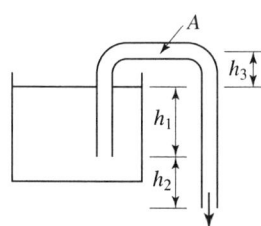

① $V = \sqrt{2g(h_1 + h_2)}$, $p_A = -\rho g h_3$
② $V = \sqrt{2g(h_1 + h_2)}$,
   $p_A = -\rho g(h_1 + h_2 + h_3)$
③ $V = \sqrt{2gh_2}$, $p_A = -\rho g(h_1 + h_2 + h_3)$
④ $V = \sqrt{2g(h_1 + h_2)}$,
   $p_A = \rho g(h_1 + h_2 - h_3)$

해설 ① 최대유속
$V = \sqrt{2g(h_1 + h_2)}$
② A지점에서 게이지압력(P_A)
$P_A = -\rho g(h_1 + h_2 + h_3)$

최대유속
$$u = \sqrt{2gh}$$

여기서, u : 유속(m/s)
　　　　g : 중력가속도($9.8 m/s^2$)
　　　　h : 수두(m)(수면에서 사이펀 관의 직선 부분의 수직거리)

진공상태의 게이지압력(P_A)
$$P_A = -\gamma h = -\rho g h = -\rho g(h_1 + h_2 + h_3)$$

해답 ②

22 일률(시간당 에너지)의 차원을 기본 차원인 M(질량), L(길이), T(시간)로 올바르게 표시한 것은?

① $L^2 T^{-2}$
② $MT^{-2}L^{-1}$
③ $ML^2 T^{-2}$
④ $ML^2 T^{-3}$

해설 일률(단위시간당 하는일)
① 단위는 [J/s]=[N·m/s]=[kg·m²/s³]
② 차원은 $[ML^2/T^3] = [ML^2T^{-3}]$

해답 ④

23 $0.02 m^3$의 체적을 갖는 액체가 강체의 실린더 속에서 730kPa의 압력을 받고 있다. 압력이 1030kPa로 증가되었을 때 액체의 체적이 $0.019 m^3$으로 축소되었다. 이때 이 액체의 체적탄성계수는 약 몇 kPa인가?

① 3000　　　② 4000
③ 5000　　　④ 6000

해설 체적탄성계수
$$K = -\frac{\Delta P}{\Delta V / V} = \frac{\Delta P}{\Delta \rho / \rho}$$

압축률
$$\beta = \frac{1}{K}$$

$$\therefore K = -\frac{\Delta P}{\frac{\Delta V}{V}} = -\frac{1030 - 730 kPa}{\frac{0.019 - 0.02}{0.02}} = 6000 kPa$$

해답 ④

24 그림과 같은 관에 비압축성 유체가 흐를 때 A 단면의 평균속도가 V_1이라면 B 단면에서의 평균속도 V_2는? (단, A 단면의 지름은 d_1이고, B 단면의 지름은 d_2이다.)

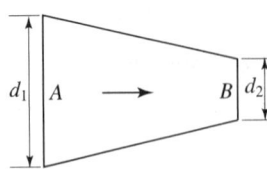

① $V_2 = \left(\dfrac{d_1}{d_2}\right) V_1$ ② $V_2 = \left(\dfrac{d_1}{d_2}\right)^2 V_1$

③ $V_2 = \left(\dfrac{d_2}{d_1}\right) V_1$ ④ $V_2 = \left(\dfrac{d_2}{d_1}\right)^2 V_1$

해설 ① $A(1)$단면의 유량과 $B(2)$단면의 유량은 같다.
② $Q_1 = Q_2$, $A_1 V_1 = A_2 V_2$, $V_2 = \left(\dfrac{A_1}{A_2}\right) V_2$
③ $V_2 = \left(\dfrac{\frac{\pi}{4} \times d_1^2}{\frac{\pi}{4} \times d_2^2}\right) V_1 = \left(\dfrac{d_1^2}{d_2^2}\right) V_1$

해답 ②

25 10kg의 수증기가 들어 있는 체적 $2m^3$의 단단한 용기를 냉각하여 온도를 200℃에서 150℃로 낮추었다. 나중 상태에서 액체상태의 물은 약 몇 kg인가? (단, 150℃에서 물의 포화액 및 포화증기의 비체적은 각각 $0.0011m^3$/kg, $0.3925m^3$/kg이다.)

① 0.508   ② 1.24
③ 4.92   ④ 7.86

해설

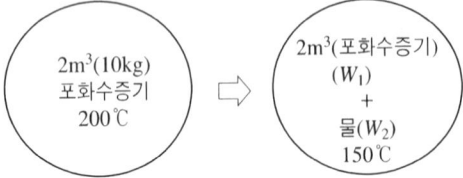

① (포화액+포화증기)의 비체적
   $0.0011m^3$/kg + $0.3925m^3$/kg = $0.3936m^3$/kg

② 150℃ 용기 내 $2m^3$ 수증기의 무게(W_1)
   $W_1 = 2m^3 \times \dfrac{kg}{0.3936m^3} = 5.08kg$

③ 150℃ 용기 내 액체상태의 물(W_2)
   $W_2 = 10kg(처음 용기 내 수증기 무게) - W_1$
   $W_2 = 10kg - 5.08kg = 4.92kg$

해답 ③

26 수평 원관 내 완전발달 유동에서 유동을 일으키는 힘(ㄱ)과 방해하는 힘(ㄴ)은 각각 무엇인가?

① ㄱ : 압력차에 의한 힘, ㄴ : 점성력
② ㄱ : 중력 힘, ㄴ : 점성력
③ ㄱ : 중력 힘, ㄴ : 압력차에 의한 힘
④ ㄱ : 압력차에 의한 힘, ㄴ : 중력 힘

해설 ① **압력차에 의한 힘**
수평 원관 내 완전발달 유동에서 유동을 일으키는 힘
② **점성력**
수평 원관 내 완전발달 유동에서 점성으로 흐름에 방해를 주는 힘

해답 ①

27 펌프의 입구 및 출구측에 연결된 진공계와 압력계가 각각 25mmHg와 260kPa을 가리켰다. 이 펌프의 배출 유량이 $0.15m^3$/s가 되려면 펌프의 동력은 약 몇 kW가 되어야 하는가? (단, 펌프의 입구와 출구의 높이차는 없고, 입구측 안지름은 20cm, 출구측 안지름은 15cm이다.)

① 3.95   ② 4.32
③ 39.5   ④ 43.2

해설 펌프의 동력

$$P(kW) = \dfrac{\gamma Q H}{E} K$$

① 흡입양정 : $25mmHg \times \dfrac{10.332m}{760mmHg} = 0.34m$

② 토출양정 : $260kPa \times \dfrac{10.332m}{101.3kPa} = 26.52m$

③ 속도수두

$$u_1 = \frac{0.15\text{m}^3/\text{s}}{\frac{\pi}{4} \times (0.2\text{m})^2} = 4.77\text{m/s}$$

$$u_2 = \frac{0.15\text{m}^3/\text{s}}{\frac{\pi}{4} \times (0.15\text{m})^2} = 8.49\text{m/s}$$

$$H = \frac{u_2^2 - u_1^2}{2g}, \quad H = \frac{8.49^2 - 4.77^2}{2 \times 9.8} = 2.51\text{m}$$

④ 전양정 $H = 0.34 + 26.52 + 2.51 = 29.37\text{m}$

$P(\text{kW}) = 9.8\text{kN/m}^3 \times 0.15\text{m}^3/\text{s} \times 29.37\text{m}$
$\phantom{P(\text{kW})} = 43.17\text{kW}$

해답 ④

28 비중병의 무게가 비었을 때는 2N이고, 액체로 충만되어 있을 때는 8N이다. 액체의 체적이 0.5L이면 이 액체의 비중량은 약 몇 N/m³인가?

① 11000　　② 11500
③ 12000　　④ 12500

해설 ① 비중량(γ)

$$\gamma = \frac{W}{V} \quad W: 중량(\text{kgf}) \quad V: 체적(\text{m}^3)$$

② 액체의 중량 = 8N − 2N = 6N
③ 액체의 체적 = $0.5l = 0.5 \times 10^{-3}\text{m}^3$
④ $\gamma = \frac{W}{V} = \frac{6N}{0.5 \times 10^{-3}\text{m}^3} = 12000\text{N/m}^3$

해답 ③

29 어떤 용기 내의 이산화탄소(45kg)가 방호공간에 가스 상태로 방출되고 있다. 방출 온도와 압력이 15℃, 101kPa일 때 방출가스의 체적은 약 몇 m³인가?
(단, 일반 기체상수는 8314J/(kmol · K)이다.)

① 2.2　　② 12.2
③ 20.2　　④ 24.3

해설 이상기체 상태방정식 ★★★★

$$PV = \frac{W}{M}RT$$

여기서, P: 압력(Pa), V: 부피(m³)
W: 무게(kg), M: 분자량
R: 일반기체상수(8314J/(kmol · K))
T: 절대온도(273+t℃)K

$$V = \frac{45(\text{kg}) \times 8314(\text{J/kmol.K}) \times (273 + 15)\text{K}}{101 \times 10^3(\text{Pa}) \times 44}$$
$ \fallingdotseq 24.3\text{m}^3$

해답 ④

30 단면적이 A와 $2A$인 U자형 관에 밀도가 d인 기름이 담겨져 있다. 단면적이 $2A$인 관에 관벽과는 마찰이 없는 물체를 놓았더니 그림과 같이 평형을 이루었다. 이때 이 물체의 질량은?

① $2Ah_1d$　　② Ah_1d
③ $A(h_1 + h_2)d$　　④ $A(h_1 - h_2)d$

해설 파스칼의 원리를 이용하여 풀면

① $P_1 = P_2 \quad \dfrac{F_1}{A_1} = \dfrac{F_2}{A_2}$

② $F_2 = \dfrac{A_2}{A_1} \times F_1 \quad A_2 = 2A_1$ 이므로

　　$F_2 = \dfrac{2A_1}{A_1} \times F_1 = 2F_1$

③ $F_1 = dV = dAh_1$
④ $F_2 = 2F_1 = 2dAh_1 = 2Ah_1d$

해답 ①

31 수평관의 길이가 100m이고, 안지름이 100mm인 소화설비 배관 내를 평균유속 2m/s로 물이 흐를 때 마찰손실수두는 약 몇 m인가? (단, 관의 마찰계수는 0.05이다.)

① 9.2　　② 10.2
③ 11.2　　④ 12.2

해설 달시(Darcy) 공식

$$\Delta h_L(m) = f \times \frac{l}{D} \times \frac{u^2}{2g}$$

여기서, Δh_L : 마찰손실수두(m)
　　　　f : 마찰손실계수
　　　　l : 배관길이(m)
　　　　u : 유속(m/s)
　　　　g : 중력가속도(9.8m/s²)
　　　　D : 배관내경(m)

① $f = 0.05$, $l = 100m$, $D = 100mm = 0.1m$
　 $u = 2m/s$

② $\Delta h_L(m) = 0.05 \times \frac{100}{0.1} \times \frac{2^2}{2 \times 9.8} = 10.20m$

해답 ②

32 출구 단면적이 0.02m³인 수평 노즐을 통하여 물이 수평 방향으로 8m/s의 속도로 노즐 출구에 놓여있는 수직 평판에 분사될 때 평판에 작용하는 힘은 약 몇 N인가?

① 800　　　　② 1280
③ 2560　　　④ 12544

해설 평판에 작용하는 힘

$$F = \rho Q V$$

① $Q = VA$ 이므로
② $F = \rho Q V = \rho A V^2$
③ $F = 1000 \times 0.02 \times 8^2 = 1280 kg \cdot m/s^2(N)$

해답 ②

33 물의 온도에 상응하는 증기압보다 낮은 부분이 발생하면 물은 증발되고 물속에 있던 공기와 물이 분리되어 기포가 발생하는 펌프의 현상은?

① 피드백(feed back)
② 서징현상(surging)
③ 공동현상(cavitation)
④ 수격작용(water hammering)

해설 공동현상

관속의 흐르는 유체의 포화수증기압(P_s)이 정압(P)보다 클 때 공동현상이 발생한다.
∴ $P < P_s$

공동현상(캐비테이션) 방지대책
① 펌프의 설치위치를 수원보다 낮게 설치
② 펌프의 임펠러속도를 감속한다.
③ 펌프의 흡입측 수두 및 마찰손실을 작게 한다.
④ 펌프의 흡입관경을 크게 한다.
⑤ 양흡입펌프를 사용한다.

해답 ③

34 피토관을 사용하여 일정 속도로 흐르고 있는 물의 유속(V)을 측정하기 위해, 그림과 같이 비중 S인 유체를 갖는 액주계를 설치하였다. $S=2$일 때 액주의 높이 차이가 $H=h$가 되면, $S=3$일 때 액주의 높이 차(H)는 얼마가 되는가?

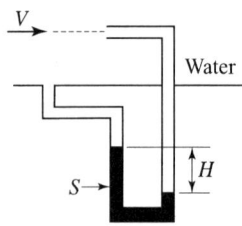

① $\dfrac{h}{9}$　　　　② $\dfrac{h}{\sqrt{3}}$

③ $\dfrac{h}{3}$　　　　④ $\dfrac{h}{2}$

해설 피토관내 유속측정

$$V = \sqrt{2g\left(\frac{S_2 - S_1}{S_1}\right)h}$$

여기서, V : 유속, g : 중력가속도
　　　　S_2 : 액주내 유체비중
　　　　S_1 : 배관내 유체의 비중
　　　　h : 액주계의 높이 차

① $S_1(물) = 1$　$S_2 = 2$　$H = h$일 때 유속계산
　 $V_1 = \sqrt{2g\left(\dfrac{2-1}{1}\right)h} = \sqrt{2gh}$

② $S_1(물) = 1$ $S_2 = 3$ $h = H$일 때 유속계산
$$V_2 = \sqrt{2g\left(\frac{3-1}{1}\right)H} = \sqrt{4gH}$$
③ 배관내 유속이 일정속도이므로
$$V_1 = V_2 \quad \sqrt{2gh} = \sqrt{4gH}$$
④ 양변을 제곱하면 $2gh = 4gH$
$$H = \frac{2gh}{4g} = \frac{1}{2}h$$

해답 ④

35. 점성계수와 동점성계수에 관한 설명으로 올바른 것은?

① 동점성계수 = 점성계수 × 밀도
② 점성계수 = 동점성계수 × 중력가속도
③ 동점성계수 = 점성계수/밀도
④ 점성계수 = 동점성계수/중력가속도

해설 동점성계수
$$\nu = \frac{\mu}{\rho}$$
여기서, ν : 동점성계수(m²/s)
μ : 점성계수(N·s/m² = kg/m·s)
ρ : 밀도(kg/m³)

해답 ③

36. 안지름이 25mm인 노즐 선단에서의 방수압력은 계기압력으로 5.8×10⁵Pa이다. 이때 방수량은 약 몇 m³/s인가?

① 0.017 ② 0.17
③ 0.034 ④ 0.34

해설 ① $h = 5.8 \times 10^5 \times \frac{10.332\text{m}}{101325\text{Pa}} = 59.14\text{m}$
$d = 25\text{mm} = 0.025\text{m}$
② $Q = \sqrt{2gh}\,A$
$= \sqrt{2 \times 9.8 \times 59.14} \times \frac{\pi}{4} \times 0.025^2$
$= 0.017 \text{m}^3/\text{s}$

노즐선단에서 유량계산
$$Q = uA = \sqrt{2gh} \times \frac{\pi}{4} \times d^2$$

여기서, u : 유속(m/s), A : 단면적(m²)
g : 중력가속도(9.8m/s²)
d : 노즐안지름(m)

해답 ①

37. 외부표면의 온도가 24℃, 내부표면의 온도가 24.5℃일 때, 높이 1.5m, 폭 1.5m, 두께 0.5cm인 유리창을 통한 열전달율은 약 몇 W인가? (단, 유리창의 열전도계수는 0.8W/(m·K)이다.)

① 180 ② 200
③ 1800 ④ 2000

해설 열전달률의 계산
$$Q = \frac{kA\Delta T}{x}$$

여기서, Q : 열전달률, ΔT : 온도차이
A : 열전달 면적, k : 열전도율
x : 전달되는 판의 두께

① $A = 1.5 \times 1.5 = 2.25\text{m}^2$
$\Delta T = (273 + 24.5) - (273 + 24) = 0.5\text{K}$
$x = 0.5\text{cm} = 0.5 \times 10^{-2}\text{m}$
② $Q = \frac{0.8 \times 2.25 \times 0.5}{0.5 \times 10^{-2}} = 180\text{W}$

해답 ①

38. 압력 2MPa인 수증기의 건도가 0.2일 때 엔탈피는 몇 kJ/kg인가? (단, 포화증기 엔탈피는 2780.5kJ/kg이고, 포화액의 엔탈피는 910 kJ/kg이다.)

① 1284 ② 1466
③ 1845 ④ 2406

해설 $H = 910 + 0.2 \times (2780.5 - 910) = 1284.1 KJ/kg$
엔탈피 계산
$$H = h_l + x(h_V - h_l)$$
여기서, H : 엔탈피(kJ/kg)
h_l : 포화액의 엔탈피(kJ/kg)
x : 수증기의 건도
h_V : 포화증기의 엔탈피(kJ/kg)

해답 ①

39 그림에서 물에 의하여 점 B에서 힌지된 사분원 모양의 수문이 평형을 유지하기 위하여 수면에서 수문을 잡아 당겨야하는 힘 T는 약 몇 kN인가? (단, 수문의 폭은 1m, 반지름 ($r = \overline{OB}$)은 2m, 4분원의 중심은 O점에서 왼쪽으로 $4r/3\pi$인 곳에 있다.)

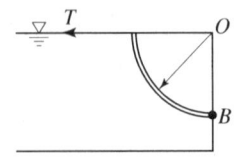

① 1.96 ② 9.8
③ 19.6 ④ 29.4

해설 평형유지를 위한 힘

$$T = \frac{1}{2}\gamma R_o^2$$

여기서, T : 힘(kN), γ : 비중량(kN/m³)
R_o : 반지름(m)

$\gamma = 9.8\text{kN/m}^3$, $R_o = 2\text{m}$

$T = \frac{1}{2} \times 9.8 \times 2^2 = 19.6\text{kN}$

해답 ③

40 관내의 흐름에서 부차적 손실에 해당하지 않는 것은?

① 곡선부에 의한 손실
② 직선 원관 내의 손실
③ 유동단면의 장애물에 의한 손실
④ 관 단면의 급격한 확대에 의한 손실

해설 ② 직선 원관 내의 손실-주 손실
배관의 마찰손실
① **주손실** : 직관의 마찰손실
② **부차적 손실**(부분적 손실)
　㉠ 배관단면의 급격한 확대 및 축소
　㉡ 유동단면의 장애물에 의한 손실
　㉢ 배관부속품
　㉣ 유로의 급격한 변경부분(곡선부에 의한 손실)

해답 ②

제3과목 소방관계법규

41 지정수량의 최소 몇 배 이상의 위험물을 취급하는 제조소에는 피뢰침을 설치해야 하는가? (단, 제6류 위험물을 취급하는 위험물제조소는 제외하고, 제조소 주위의 상황에 따라 안전상 지장이 없는 경우도 제외한다.)

① 5배   ② 10배
③ 50배   ④ 100배

해설 피뢰침 설치대상
① 지정수량의 10배 이상 저장창고
② 제6류 위험물 저장창고 제외

해답 ②

42 소방기본법령상 인접하고 있는 시·도간 소방업무의 상호응원협정을 체결하고자 할 때 포함되어야 하는 사항으로 틀린 것은?

① 소방교육·훈련의 종류에 관한 사항
② 화재의 경계·진압활동에 관한 사항
③ 출동대원의 수당·식사 및 의복의 수선의 소요경비의 부담에 관한 사항
④ 화재조사활동에 관한 사항

해설 기본법 시행규칙 제8조(소방업무의 상호응원협정) (시·도지사의 상호응원협정 체결사항)
(1) 소방활동에 관한 사항
　① 화재의 경계·진압활동
　② 구조·구급업무의 지원
　③ 화재조사활동
(2) 응원출동대상지역 및 규모
(3) 소요경비의 부담에 관한 사항
　① 출동대원의 수당·식사 및 의복의 수선
　② 소방장비 및 기구의 정비와 연료의 보급
　③ 그 밖의 경비
　④ 응원출동의 요청방법
　⑤ 응원출동훈련 및 평가

해답 ①

43 제4류 위험물을 저장·취급하는 제조소에 "화기엄금"이란 주의사항을 표시하는 게시판을 설치할 경우 게시판의 색상은?

① 청색바탕에 백색문자
② 적색바탕에 백색문자
③ 백색바탕에 적색문자
④ 백색바탕에 흑색문자

해설 위험물제조소의 표지 및 게시판
① 표지는 한 변의 길이가 0.3m 이상, 다른 한 변의 길이가 0.6m 이상인 직사각형으로 할 것
② 바탕은 백색, 문자는 흑색

게시판의 설치기준
① 한 변의 길이가 0.3m 이상, 다른 한 변의 길이가 0.6m 이상인 직사각형으로 할 것
② 위험물의 유별·품명 및 저장최대수량 또는 취급최대수량, 지정수량의 배수 및 안전 관리자의 성명 또는 직명을 기재할 것
③ 게시판의 바탕은 백색으로, 문자는 흑색으로 할 것
④ 저장 또는 취급하는 위험물에 따라 주의사항 게시판을 설치할 것

위험물의 종류	주의사항 표시	게시판의 색
• 제1류(알칼리금속 과산화물) • 제3류(금수성 물품)	물기엄금	청색바탕에 백색문자
• 제2류(인화성 고체 제외)	화기주의	적색바탕에 백색문자
• 제2류(인화성 고체) • 제3류(자연발화성 물품) • 제4류 • 제5류	화기엄금	

해답 ②

44 다음 중 300만원 이하의 벌금에 해당되지 않는 것은?

① 소방시설업의 등록수첩을 다른 자에게 빌려준 자
② 소방시설공사의 완공검사를 받지 아니한 자
③ 소방기술자가 동시에 둘 이상의 업체에 취업한 사람
④ 소방시설공사 현장에 감리원을 배치하지 아니한 자

해설 ② 완공검사를 받지 아니한 자 – 200만원 이하 과태료

공사업법 제37조(벌칙) 300만원 이하의 벌금
① 등록증이나 등록수첩을 다른 자에게 **빌려준 자**
② 자격수첩 또는 경력수첩을 **빌려 준 사람**
③ 소방시설공사 현장에 감리원을 **배치하지 아니한 자**
④ 감리업자의 보완 요구에 따르지 아니한 자
⑤ 공사감리 계약을 해지하거나 대가 지급을 거부하거나 지연시키거나 불이익을 준 자
⑥ 동시에 **둘 이상의 업체**에 취업한 사람
⑦ 관계인의 정당한 업무를 방해하거나 업무상 알게 된 **비밀을 누설**한 사람

해답 ②

45 소방시설 설치 및 관리에 관한 법령상 특정소방대상물 중 오피스텔은 어느 시설에 해당하는가?

① 숙박시설
② 일반업무시설
③ 공동주택
④ 근린생활시설

해설 업무시설
① 공공업무시설
② 일반업무시설 : 금융업소, 사무소, 신문사, 오피스텔
③ 주민자치센터(동사무소), 경찰서, 지구대, 파출소, 소방서, 119안전센터, 우체국, 보건소, 공공도서관, 국민건강보험공단
④ 마을회관, 마을공동작업소, 마을공동구판장
⑤ 변전소, 양수장, 정수장, 대피소, 공중화장실

해답 ②

46 소방대라 함은 화재를 진압하고 화재, 재난·재해 그 밖의 위급한 상황에서 구조·구급 활동 등을 하기 위하여 구성된 조직체를 말한다. 소방대의 구성원으로 틀린 것은?

① 소방공무원
② 소방안전관리원
③ 의무소방원
④ 의용소방대원

해설 (기본법 제2조) 정의
(1) 소방대상물
건축물, 차량, 선박, 선박 건조 구조물, 산림,

그 밖의 인공 구조물 또는 물건.
(2) 관계지역
소방대상물이 있는 장소 및 그 이웃 지역으로서 화재의 예방·경계·진압, 구조·구급 등의 활동에 필요한 지역
(3) 관계인
소방대상물의 소유자·관리자 또는 점유자
(4) 소방대
화재를 진압하고 화재, 재난·재해, 그 밖의 위급한 상황에서 구조·구급 활동 등을 하기 위하여 다음 각 목의 사람으로 구성된 조직체
① 소방공무원 ② 의무소방원 ③ 의용소방대원

해답 ②

47 다음 중 품질이 우수하다고 인정되는 소방용품에 대하여 우수품질인증을 할 수 있는 자는?

① 산업통상자원부장관
② 시·도지사
③ 소방청장
④ 소방본부장 또는 소방서장

해설 (소방시설법 제43조) 우수품질제품에 대한 인증
① 소방청장은 형식승인의 대상이 되는 소방용품 중 품질이 우수하다고 인정하는 소방용품에 대하여 우수품질인증을 할 수 있다.
② 우수품질인증의 유효기간은 5년의 범위에서 행정안전부령으로 정한다.
③ 우수품질인증을 위한 기술기준, 제품의 품질관리 평가, 우수품질인증의 갱신, 수수료, 인증표시 등 우수품질인증에 관하여 필요한 사항은 행정안전부령으로 정한다.

해답 ③

48 화재의 예방 및 안전관리에 관한 법령상 옮긴 물건 등의 보관기간을 소방관서의 인터넷 홈페이지에 공고하는 기간의 종료일 다음 날부터 며칠로 하는가?

① 3일 ② 5일
③ 7일 ④ 14일

해설 화재예방법 시행령 제17조
(옮긴 물건 등의 보관기간 및 보관기간 경과 후 처리)
① 소방관서장은 그날부터 14일 동안 공고
② 옮긴 물건 등의 **보관기간**은 공고기간의 종료일 다음 날부터 **7일까지**

해답 ③

49 소방시설 설치 및 관리에 관한 법령상 건축허가 등의 동의를 요구한 기관이 그 건축허가 등을 취소하였을 때, 취소한 날부터 최대 며칠 이내에 건축물 등의 시공지 또는 소재지를 관할하는 소방본부장 또는 소방서장에게 그 사실을 통보하여야 하는가?

① 3일 ② 4일
③ 7일 ④ 10일

해설 소방시설법 시행규칙 제3조
(건축허가등의 동의요구)
① 건축허가등의 동의여부 회신기간

특급소방안전관리대상물 외	특급소방안전관리대상물
5일 이내	10일 이내

② 보완이 필요한 경우에는 **4일 이내**의 기간을 정하여 보완을 요구
③ 건축허가등을 취소하였을 때에는 취소한 날부터 7일 이내에 건축물 등의 시공지 또는 소재지를 관할하는 소방본부장 또는 소방서장에게 그 사실을 통보

해답 ③

50 소방시설 설치 및 관리에 관한 법령상, 종사자 수가 5명이고, 숙박시설이 모두 2인용 침대이며 침대수량은 50개인 청소년 시설에서 수용인원은 몇 명인가?

① 55 ② 75
③ 85 ④ 105

해설 $N = 5 + 2 \times 50 = 105$명
수용인원 산정방법
(1) 숙박시설이 있는 것

침대 있는 숙박시설	침대 없는 숙박시설
종사자수+침대 수 (2인용 침대는 2인 산정)	종사자수+ (바닥면적합계/3m²)

(2) 숙박시설이 없는 것

① 강의실·교무실·상담실·실습실·휴게실
: 바닥면적의 합계 /1.9m^2
② 강당, **문화 및 집회시설**, 운동시설, 종교시설 : 바닥면적의 합계 / 4.6m^2
③ 그 밖의 특정소방대상물
바닥면적의 합계 / 3m^2

[비고]
- 바닥면적을 산정할 때에는 복도, 계단 및 화장실의 바닥면적을 포함하지 않는다.
- 계산 결과 소수점 이하의 수는 반올림한다.

해답 ④

51 소방시설관리업자가 기술인력을 변경하는 경우, 시·도지사에게 제출하여야 하는 서류로 틀린 것은?

① 소방시설관리업 등록수첩
② 변경된 기술인력의 기술자격증(자격수첩)
③ 기술인력 연명부
④ 사업자등록증 사본

해설 **소방시설법 시행규칙 제34조 (등록사항의 변경신고 등)**
변경일부터 30일 이내 변경신고서 시·도지사에게 제출
(1) 명칭·상호 또는 영업소소재지를 변경하는 경우 : 소방시설관리업 등록증 및 등록수첩
(2) 대표자를 변경하는 경우 : 소방시설관리업 등록증 및 등록수첩
(3) 기술인력을 변경하는 경우
① 소방시설관리업 등록수첩
② 변경된 기술인력의 기술자격증
③ 소방기술인력대장

해답 ④

52 소방기본법령상 소방활동구역의 출입자에 해당되지 않는 자는?

① 소방활동구역 안에 있는 소방대상물의 소유자·관리자 또는 점유자
② 전기·가스·수도·통신·교통의 업무에 종사하는 사람으로서 원활한 소방활동을 위하여 필요한 자
③ 화재건물과 관련 있는 부동산업자
④ 취재인력 등 보도업무에 종사하는 자

해설 **(기본법 시행령 제8조) 소방활동구역의 출입자**
(1) 소방대상물의 소유자, 관리자, 점유자
(2) 원활한 소화활동을 위하여 필요한 자
(전기, 가스, 수도, 통신, 교통업무종사자 등)
(3) 구급, 구조업무 종사자(의사, 간호사 등)
(4) 보도업무 종사자
(5) 수사업무 종사자
(6) 소방대장이 허가한 자

해답 ③

53 화재안전조사 결과 소방대상물의 위치·구조·설비 또는 관리의 상황이 화재나 재난·재해 예방을 위하여 보완될 필요가 있거나 화재가 발생하면 인명 또는 재산의 피해가 클 것으로 예상되는 때에 관계인에게 그 소방대상물의 개수·이전·제거, 사용의 금지 또는 제한, 사용폐쇄, 공사의 정지 또는 중지, 그 밖의 필요한 조치를 명할 수 있는 자로 틀린 것은?

① 시·도지사   ② 소방서장
③ 소방청장   ④ 소방본부장

해설 **(화재예방법 제14조) 화재안전조사 결과에 따른 조치명령**
소방관서장은 행정안전부령으로 정하는 바에 따라 관계인에게 그 소방대상물의 개수·이전·제거, 사용의 금지 또는 제한, 사용폐쇄, 공사의 정지 또는 중지, 그 밖에 필요한 조치를 명할 수 있다.

소방관서장
① 소방청장 ② 소방본부장 ③ 소방서장

해답 ①

54 소방본부장 또는 소방서장은 건축허가 등의 동의요구 서류를 접수한 날부터 최대 며칠 이내에 건축허가 등의 동의여부를 회신하여야 하는가? (단, 허가 신청한 건축물은 지상으로부터 높이가 200m인 아파트이다.)

① 5일 ② 7일
③ 10일 ④ 15일

해설 (소방시설법 시행규칙 제3조)
건축허가 등의 동의여부 회신기간
(1) 특급이외 소방안전관리대상물 : 5일 이내
(2) 특급소방안전관리대상물 : 10일 이내

특급 소방안전관리대상물
① 50층 이상(지하층 제외) 이거나 지상 200m 이상 아파트
② 30층 이상(지하층 포함) 이거나 지상 120m 이상(아파트 제외)
③ 연면적 10만㎡ 이상(아파트 제외)

해답 ③

55 소방기본법상 화재 현장에서의 피난 등을 체험할 수 있는 소방체험관의 설립·운영권자는?

① 시·도지사
② 행정안전부장관
③ 소방본부장 또는 소방서장
④ 소방청장

해설 (기본법 제5조) 소방박물관 등의 설립과 운영 ★★

구 분	소방 박물관	소방 체험관
설립 운영권자	소방청장	시·도지사
설립과 운영 사항	행정안전부령	시·도의 조례

해답 ①

56 위험물안전관리법상 청문을 실시하여 처분해야 하는 것은?

① 제조소 등 설치허가의 취소
② 제조소 등 영업정지 처분
③ 탱크시험자의 영업정지 처분
④ 과징금 부과 처분

해설 위험물법 제29조(청문)
청문실시권자 : 시·도지사, 소방본부장 또는 소방서장
① 제조소등 설치허가의 취소
② 탱크시험자의 등록취소

해답 ①

57 산화성고체인 제1류 위험물에 해당되는 것은?

① 질산염류 ② 특수인화물
③ 과염소산 ④ 유기과산화물

해설 ① 질산염류-제1류
② 특수인화물-제4류
③ 과염소산-제6류
④ 유기과산화물-제5류

제1류 위험물 및 지정수량

성 질	위 험 물		지정수량
	품 명		
산화성 고체	1. 아염소산염류		50kg
	2. 염소산염류		
	3. 과염소산염류		
	4. 무기과산화물		
	5. 브로민산염류		300kg
	6. 질산염류		
	7. 아이오딘산염류		
	8. 과망가니즈산염류		1,000kg
	9. 다이크로뮴산염류		

해답 ①

58 다음 중 고급기술자에 해당하는 학력·경력 기준으로 옳은 것은?

① 박사학위를 취득한 후 2년 이상 소방 관련 업무를 수행한 사람
② 석사학위를 취득한 후 6년 이상 소방 관련 업무를 수행한 사람
③ 학사학위를 취득한 후 8년 이상 소방 관련 업무를 수행한 사람
④ 고등학교를 졸업 후 10년 이상 소방 관련 업무를 수행한 사람

해설 고급기술자의 학력·경력자
① 박사학위-1년 이상 소방업무수행
② 석사학위-6년 이상 소방업무수행
③ 학사학위-9년 이상 소방업무수행
④ 전문학사학위-12년 이상 소방업무수행
⑤ 고등학교-15년 이상 소방업무수행

해답 ②

59 소방시설을 구분하는 경우 소화설비에 해당되지 않는 것은?

① 스프링클러설비　② 제연설비
③ 자동확산소화기　④ 옥외소화전설비

해설 ② 제연설비-소화활동설비

소방시설의 종류

소방시설	종류
소화설비	① 소화기구　② 자동소화장치 ③ 옥내소화전설비　④ 옥외소화전설비 ⑤ 스프링클러설비 등　⑥ 물분무등 소화설비
경보설비	① 단독경보형　② 비상경보 ③ 시각경보기　④ 자동화재탐지 ⑤ 화재알림　⑥ 비상방송 ⑦ 자동화재속보　⑧ 통합감시 ⑨ 누전경보기　⑩ 가스누설경보기
피난구조설비	① 피난기구 　㉠ 피난사다리　㉡ 구조대　㉢ 완강기 ② 인명구조기구 　㉠ 방열복, 방화복 　　(안전모, 보호장갑 및 안전화 포함) 　㉡ 공기호흡기 　㉢ 인공소생기 ③ 유도등 　㉠ 피난유도선　㉡ 피난구유도등 　㉢ 통로유도등　㉣ 객석유도등 　㉤ 유도표지 ④ 비상조명등 및 휴대용비상조명등
소화용수설비	① 상수도소화용수설비 ② 소화수조·저수조 그 밖의 소화용수설비
소화활동설비	① 제연설비　② 연결송수관설비 ③ 연결살수설비　④ 비상콘센트설비 ⑤ 무선통신보조설비　⑥ 연소방지설비

해답 ②

60 소방시설 설치 및 관리에 관한 법령상 둘 이상의 특정소방대상물이 내화구조로 된 연결통로가 벽이 없는 구조로서 그 길이가 몇 m 이하인 경우 하나의 소방대상물로 보는가?

① 6　　② 9
③ 10　　④ 12

해설 둘 이상의 특정소방대상물이 다음 어느 하나에 해당되는 연결통로로 연결된 경우에는 이를 하나의 소방대상물로 본다.
(1) 내화구조로 된 연결통로가 다음에 해당되는 경우
　① 벽이 없는 구조로서 그 길이가 6m 이하인 경우
　② 벽이 있는 구조로서 그 길이가 10m 이하인 경우. 다만, 벽 높이가 바닥에서 천장까지의 높이의 2분의 1 이상인 경우에는 벽이 있는 구조로 보고, 벽 높이가 바닥에서 천장까지의 높이의 2분의 1 미만인 경우에는 벽이 없는 구조로 본다.
(2) 내화구조가 아닌 연결통로로 연결된 경우
(3) 컨베이어로 연결되거나 플랜트설비의 배관 등으로 연결되어 있는 경우
(4) 지하보도, 지하상가, 터널로 연결된 경우
(5) 방화셔터 또는 60분+방화문 또는 60분방화문이 설치되지 않은 피트로 연결된 경우
(6) 지하구로 연결된 경우

해답 ①

제4과목　소방기계시설의 구조 및 원리

61 다음 중 피난사다리 하부 지지점에 미끄럼 방지장치를 설치하여야 하는 것은?

① 내림식 사다리　② 올림식 사다리
③ 수납식 사다리　④ 신축식 사다리

해설 **피난사다리의 종류**
① 고정식 사다리
② 내림식 사다리
③ 올림식 사다리(미끄럼 방지용 안전장치가 설치)
고정식사다리의 종류
① 수납식 사다리
② 접는식 사다리
③ 신축식 사다리

해답 ②

62 폐쇄형 스프링클러 헤드를 최고 주의온도 40℃인 장소(공장 및 창고 제외)에 설치할 경우 표시온도는 몇 ℃의 것을 설치하여야 하는가?

① 79℃ 미만
② 79℃ 이상 121℃ 미만
③ 121℃ 이상 162℃ 미만
④ 162℃ 이상

해설 ① 폐쇄형 헤드의 표시온도

설치장소의 최고 주위온도	표시온도
39℃ 미만	79℃ 미만
39℃ 이상 64℃ 미만	79℃ 이상 121℃ 미만
64℃ 이상 106℃ 미만	121℃ 이상 162℃ 미만
106℃ 이상	162℃ 이상

② **표시온도** : 화재 시 폐쇄형헤드가 작동하는 온도
③ 폐쇄형헤드 설치 시 설치장소의 최고주위온도 보다 높은 것을 선택한다.

해답 ②

63 다음은 할론소화설비의 수동 기동장치 점검내용으로 옳지 않은 것은?

① 방호구역마다 설치되어 있는지 점검한다.
② 방출지연용 방출지연스위치가 설치되어 있는지 점검한다.
③ 화재감지기와 연동되어 있는지 점검한다.
④ 조작부는 바닥으로부터 0.8m 이상 1.5m 이하의 위치에 설치되어 있는지 점검한다.

해설 ③ 감지기는 자동기동장치 점검내용이다.
할론소화설비의 수동식기동장치 설치기준
수동식 기동장치의 부근에는 소화약제의 방출을 지연시킬 수 있는 방출지연스위치(자동복귀형 스위치로서 수동식 기동장치의 타이머를 순간정지시키는 기능의 스위치)를 설치하여야 한다.
① 전역방출방식은 방호구역마다, 국소방출방식은 방호대상물마다 설치할 것
② 당해 방호구역의 출입구부분 등 조작을 하는 자가 쉽게 피난할 수 있는 장소에 설치할 것
③ 기동장치의 조작부는 바닥으로부터 높이 0.8m 이상 1.5m 이하의 위치에 설치하고, 보호판 등에 따른 보호장치를 설치할 것
④ 기동장치에는 그 가까운 곳의 보기 쉬운 곳에 "할론소화설비 기동장치"라고 표시한 표지를 할 것
⑤ 전기를 사용하는 기동장치에는 전원표시등을 설치할 것

⑥ 기동장치의 방출용스위치는 음향경보장치와 연동하여 조작될 수 있는 것으로 할 것

해답 ③

64 물분무소화설비 가압송수장치의 토출량에 대한 최소기준으로 옳은 것은? (단, 특수가연물을 저장 취급하는 특정소방대상물 및 차고 주차장의 바닥면적은 50m² 이하인 경우는 50m²를 기준으로 한다.)

① 차고 또는 주차장의 바닥면적 1m²에 대해 10L/min로 20분간 방수할 수 있는 양 이상
② 특수가연물을 저장·취급하는 특정소방대상물의 바닥면적 1m²에 대해 20L/min로 20분간 방수할 수 있는 양 이상
③ 케이블 트레이, 케이블 덕트는 투영된 바닥면적 1m²에 대해 10L/min로 20분간 방수할 수 있는 양 이상
④ 절연유 봉입 변압기는 바닥면적을 제외한 표면적을 합한 면적 1m²에 대해 10L/min로 20분간 방수할 수 있는 양 이상

해설 **물분무소화설비의 수원의 양**

소방대상물	수원의 저수량
특수가연물	바닥면적(m²)(최소 50m²)× 10L/m²·분×20min
차고, 주차장	바닥면적(m²)(최소 50m²)× 20L/m²·분×20min
절연유 봉입 변압기	표면적(바닥부분제외)(m²)× 10L/m²·분×20min
케이블트레이, 덕트	투영된 바닥면적(m²)× 12L/m²·분×20min
콘베이어벨트	벨트부분의 바닥면적(m²)× 10L/m²·분×20min

해답 ④

65 거실 제연설비 설계 중 배출량 선정에 있어서 고려하지 않아도 되는 사항은?

① 예상제연구역의 수직거리
② 예상제연구역의 바닥면적
③ 제연설비의 배출방식

④ 자동식 소화설비 및 피난구조설비의 설치 유무

배출량 선정시 고려사항
① 제연구역의 수직거리
② 제연구역의 **바닥면적**
③ 제연설비의 **배출방식**
④ 제연구역의 **통로길이**

해답 ④

66 제연설비에서 예상제연구역의 각 부분으로부터 하나의 배출구까지의 수평거리를 몇 m 이내가 되도록 하여야 하는가?

① 10m   ② 12m
③ 15m   ④ 20m

제연설비
① 배출구까지의 수평거리 : 10m 이하
② 배출기의 **흡입측** 풍도안 풍속 : 15m/s 이하
③ 배출기의 **배출측** 풍속 : 20m/s 이하

해답 ①

67 피난기구 설치기준으로 옳지 않은 것은?

① 피난기구는 소방대상물의 기둥·바닥·보 기타 구조상 견고한 부분에 볼트조임·매입·용접 기타의 방법으로 견고하게 부착할 것
② 2층 이상의 층에 피난사다리(하향식 피난구용 내림식사다리는 제외한다.)를 설치하는 경우에는 금속성 고정사다리를 설치하고, 피난에 방해되지 않도록 노대는 설치되지 않아야 할 것
③ 승각식피난기 및 하향식 피난구용 내림식사다리는 설치경로가 설치층에서 피난층까지 연계될 수 있는 구조로 설치할 것. 다만, 건축물의 구조 및 설치 여건 상 불가피한 경우에는 그러하지 아니한다.
④ 승강식피난기 및 하향식 피난구용 내림식사다리의 하강구 내측에는 기구의 연결 금속구 등이 없어야 하며 전개된 피난기구는

하강구 수평투영면적 공간 내의 범위를 침범하지 않는 구조이어야 할 것. 단, 직경 60cm 크기의 범위를 벗어난 경우이거나, 직하층의 바닥 면으로부터 높이 50cm 이하의 범위는 제외한다.

② 4층 이상의 층에 피난사다리(하향식 피난구용 내림식사다리는 제외)를 설치하는 경우에는 **금속성 고정사다리**를 설치하고, 당해 고정사다리에는 쉽게 피난할 수 있는 구조의 **노대를 설치**할 것

해답 ②

68 상수도 소화용수 설비의 소화전은 특정 소방대상물의 수평투영면의 각 부분으로부터 최대 몇 m 이하가 되도록 설치하는가?

① 25m   ② 40m
③ 100m   ④ 140m

상수도소화용수설비
① 호칭지름 75mm 이상의 수도배관에 호칭지름 100mm 이상의 소화전을 접속
② 소화전은 소방자동차 등의 진입이 쉬운 도로변 또는 공지에 설치
③ 소화전은 소방대상물의 수평투영면의 각 부분으로부터 140m 이하가 되도록 설치

해답 ④

69 스프링클러헤드를 설치하지 않을 수 있는 장소로만 나열된 것은?

① 계단, 병실, 목욕실, 냉동창고의 냉동실, 아파트(대피공간 제외)
② 발전실, 수술실, 응급처치실, 통신기기실, 관람석이 없는 테니스장
③ 냉동창고의 냉장실, 변전실, 병실, 목욕실, 수영장 관람석
④ 수술실, 관람석이 없는 테니스장, 변전실, 발전실, 아파트(대피공간 제외)

스프링클러 헤드의 설치제외 대상물
① 계단실·경사로·승강로·파이프덕트 목욕

실·수영장·화장실 기타 이와 유사한 장소
② 통신기기실·전자기기실 기타 이와 유사한 장소
③ 발전실·변전실·변압기 기타 이와 유사한 전기 설비가 설치되어 있는 장소
④ 병원의 수술실·응급처치실 기타 이와 유사한 장소
⑤ 천장과 반자 양쪽이 불연재료로 되어 있는 경우
  ㉠ 천장과 반자 사이의 거리가 2m 미만인 부분
  ㉡ 천장과 반자사이의 벽이 불연재료이고 천장과 반자사이의 거리가 2m 이상
⑥ 천장·반자 중 한쪽이 불연재료로 되어 있고 천장과 반자 사이의 거리 1m 미만인 부분
⑦ 천장 및 반자가 불연재료 외의 것으로 되어 있고 천장과 반자 사이의 거리 0.5m 미만인 부분
⑧ 펌프실·물탱크실·엘리베이터 권상기실 그 밖의 이와 비슷한 장소
⑨ 현관 또는 로비 등으로서 바닥으로부터 높이가 20m 이상인 장소
⑩ 영하의 냉장창고의 냉장실 또는 냉동창고의 냉동실

해답 ②

70 아래 평면도와 같이 반자가 있는 어느 실내에 전등이나 공조용 디퓨저 등의 시설물을 무시하고 수평거리를 2.1m로 하여 스프링클러헤드를 정방향으로 설치하고자 할 때 최소 몇 개의 헤드를 설치해야 하는가? (단, 반자 속에는 헤드를 설치하지 아니하는 것으로 한다.)

① 24개　　　② 42개
③ 54개　　　④ 72개

해설 ① $S = 2 \times 2.1 \times \cos 45° = 2.97\text{m}$
② 가로열 소요개수 : $25\text{m}/2.97\text{m} = 8.42 \therefore 9$개
③ 가로열 소요개수 : $15\text{m}/2.97\text{m} = 5.05 \therefore 6$개
④ 총 소요개수 = $9 \times 6 = 54$개

정방형 설치시 헤드간의 거리
$S = 2r\cos 45°$　　$r =$ 수평거리

스프링클러헤드의 배치기준

설치장소		설치기준
천장·반자·천장과 반자 사이·덕트·선반 기타 이와 유사한 부분 (폭이 1.2m를 초과하는 것)	무대부, 특수가연물 저장취급 장소 및 창고	수평거리 1.7m 이하
	특정소방대상물 및 창고 — 기타구조	수평거리 2.1m 이하
	특정소방대상물 및 창고 — 내화구조	수평거리 2.3m 이하
아파트		수평거리 2.6m 이하
랙식창고		랙 높이 3m 이하 마다

해답 ③

71 작동전압이 22900V의 고압의 전기기기가 있는 장소에 물분무설비를 설치할 때 전기기기와 물분무헤드 사이의 최소 이격거리는 얼마로 해야 하는가?

① 70cm 이상　　② 80cm 이상
③ 110cm 이상　　④ 150cm 이상

해설 ※ 전압 22900V = 22.9kV

물분무소화설비의 설치기준
(1) 전기기기와 물분무헤드 사이의 이격거리

전압(kV)	거리(cm)
66 이하	70 이상
66초과 77 이하	80 이상
77 초과 110 이하	110 이상
110 초과 154 이하	150 이상
154 초과 181 이하	180 이상
181 초과 220 이하	210 이상
220 초과 275 이하	260 이상

(2) 물분무소화설비를 설치하는 차고 또는 주차장의 배수설비
① 차량이 주차하는 장소의 적당한 곳에 높이 **10cm 이상**의 **경계턱**으로 배수구를 설치할 것
② 배수구에는 새어나온 기름을 모아 소화할 수 있도록 길이 **40m 이하**마다 집수관·소화핏트 등 **기름분리장치**를 설치할 것
③ 차량이 주차하는 바닥은 배수구를 향하여 **100분의 2 이상**의 **기울기**를 유지할 것
④ 배수설비는 가압송수장치의 **최대송수능력의 수량**을 유효하게 배수할 수 있는 크기 및 기울기로 할 것

(3) 물분무헤드 설치 제외 장소
① 물에 심하게 반응하는 물질 또는 물과 반응하여 위험한 물질을 생성하는 물질을 저장 또는 취급하는 장소
② 고온의 물질 및 증류범위가 넓어 끓어 넘치는 위험이 있는 물질을 저장 또는 취급하는 장소
③ 운전시에 표면의 온도가 260℃ 이상으로 되는 등 직접 분무를 하는 경우 그 부분에 손상을 입힐 우려가 있는 기계장치 등이 있는 장소

해답 ①

72 다음 중 일반화재(A급화재)에 적응성을 만족하지 못하는 소화약제는?

① 포 소화약제
② 강화액 소화약제
③ 할론 소화약제
④ 이산화탄소 소화약제

해설 소화약제별 적응성
① 포소화약제-A급, B급
② 강화액소화약제-A급, B급
③ 할론 소화약제-A급, B급, C급
④ 이산화탄소소화약제-B급, C급

소화기구의 소화약제별 적응성

구 분		A급	B급	C급	K급
가스	CO_2		○	○	
	할론	○	○	○	
	할로겐화합물 및 불활성기체	○	○	○	
분말	인산염류	○	○	○	
	중탄산염류		○	○	※
액체	산알칼리	○	○	※	
	강화액	○	○	※	※
	포	○	○	※	※
	물. 침윤	○	○	※	※
기타	고체에어로졸	○	○	○	
	마른모래	○	○		
	팽창질석. 팽창진주암	○	○		

해답 ④

73 학교, 공장, 창고시설에 설치하는 옥내소화전에서 가압송수장치 및 기동장치가 동결의 우려가 있는 경우 일부 사항을 제외하고는 주펌프와 동등 이상의 성능이 있는 별도의 펌프로서 내연기관의 기동과 연동하여 작동되거나 비상전원을 연결한 펌프를 추가 설치해야 한다. 다음 중 이러한 조치를 취해야 하는 경우는?

① 지하층이 없이 지상층만 있는 건축물
② 고가수조를 가압송수장치로 설치한 경우
③ 수원이 건축물의 최상층에 설치된 방수구보다 높은 위치에 설치된 경우
④ 건축물의 높이가 지표면으로부터 10m 이하인 경우

해설 학교, 공장, 창고시설 예비펌프 설치제외
① 지하층만 있는 건축물
② 고가수조를 가압송수장치로 설치한 경우
③ 수원이 건축물의 최상층에 설치된 방수구보다 높은 위치에 설치된 경우
④ 건축물의 높이가 지표면으로부터 10m 이하인 경우
⑤ 가압수조를 가압송수장치로 설치한 경우

해답 ①

74 화재 시 연기가 찰 우려가 없는 장소로서 호스릴방식의 분말소화설비를 설치할 수 있는 기준 중 다음 ( ) 안에 알맞은 것은?

• 지상 1층 및 피난층에 있는 부분으로서 지상에서 수동 또는 원격조작에 따라 개방할 수 있는 개구부의 유효면적의 합계가 바닥면적이 (㉠)% 이상이 되는 부분
• 전기설비가 설치되어 있는 부분 또는 다량의 화기를 사용하는 부분의 바닥면적이 해당 설비가 되어 있는 구획의 바닥면적의 (㉡) 미만이 되는 부분

① ㉠ 15, ㉡ $\frac{1}{5}$ ② ㉠ 15, ㉡ $\frac{1}{2}$

③ ㉠ 20, ㉡ $\frac{1}{5}$ ④ ㉠ 20, ㉡ $\frac{1}{2}$

해설 호스릴방식의 분말소화설비 설치기준
(화재 시 현저하게 연기가 찰 우려가 없는 장소)
① 지상 1층 및 피난층에 있는 부분으로서 지상에

서 수동 또는 원격조작에 따라 개방할 수 있는 개구부의 유효면적의 합계가 바닥면적의 15% **이상**이 되는 부분

② 전기설비가 설치되어 있는 부분 또는 다량의 화기를 사용하는 부분(해당 설비의 주위 5m 이내의 부분을 포함)의 바닥면적이 해당 설비가 설치되어 있는 구획의 바닥면적의 **5분의 1 미만**이 되는 부분

해답 ①

75 특정소방대상물별 소화기구의 능력단위의 기준 중 다음 ( ) 안에 알맞은 것은?

특정 소방대상물	소화기구의 능력단위
장례식장 및 의료시설	해당 용도의 바닥면적 (㉠)m² 마다 능력단위 1단위 이상
노유자시설	해당 용도의 바닥면적 (㉡)m² 마다 능력단위 1단위 이상
위락시설	해당 용도의 바닥면적 (㉢)m² 마다 능력단위 1단위 이상

① ㉠ 30, ㉡ 50, ㉢ 100
② ㉠ 30, ㉡ 100, ㉢ 50
③ ㉠ 50, ㉡ 100, ㉢ 30
④ ㉠ 50, ㉡ 30, ㉢ 100

해설 소방대상물별 소화기구의 능력단위기준

소방대상물	소화기구의 능력단위
① 위락시설	30m² 마다 1단위 이상
② 공연장·집회장·관람장·문화재·장례식장 및 의료시설	50m² 마다 1단위 이상
③ 근린생활시설·판매시설·운수시설·숙박시설·노유자시설·전시장·공동주택·업무시설·방송통신시설·공장·창고시설·항공기 및 자동차 관련 시설 및 관광휴게시설	100m² 마다 1단위 이상
④ 그 밖의 것	200m² 마다 1단위 이상

(주) 건축물의 주요구조부가 내화구조이고, 벽 및 반자의 실내에 면하는 부분이 불연재료·준불연재료 또는 난연재료로 된 소방대상물에 있어서는 위 표의 기준면적의 2배를 당해 소방대상물의 기준면적으로 한다.

해답 ③

76 포소화약제의 혼합장치 중 펌프의 토출관에 압입기를 설치하여 포소화약제 압입용 펌프로 포소화약제를 압입시켜 혼합하는 방식은?

① 펌프 프로포셔너 방식
② 프레져사이드 프로포셔너 방식
③ 라인 프로포셔너 방식
④ 프레져 프로포셔너 방식

해설 포소화약제의 혼합장치

① 펌프 프로포셔너 방식
펌프의 토출관과 흡입관 사이의 배관도중에 설치한 흡입기에 펌프에서 토출된 물의 일부를 보내고, 농도 조정밸브에서 조정된 포 소화약제의 필요량을 포 소화약제 탱크에서 펌프 흡입측으로 보내어 이를 혼합하는 방식

② 프레져 프로포셔너 방식
펌프와 발포기의 중간에 설치된 벤추리관의 벤추리작용과 펌프 가압수의 포 소화약제 저장탱크에 대한 압력에 의하여 포소화약제를 흡입·혼합하는 방식

③ 라인 프로포셔너 방식
펌프와 발포기의 중간에 설치된 벤추리관의 벤추리 작용에 의하여 포소화약제를 흡입·혼합하는 방식

④ 프레져사이드 프로포셔너 방식
펌프의 토출관에 압입기를 설치하여 포 소화약제 압입용 펌프로 포소화약제를 압입시켜 혼합하는 방식

해답 ②

77 다음 ( ) 안에 들어가는 기기로 옳은 것은?

- 분말소화약제의 가압용가스 용기를 3병 이상 설치한 경우에는 2개 이상의 용기에 (ⓐ)를 부착하여야 한다.
- 분말소화약제의 가압용가스 용기에는 2.5MPa 이하의 압력에서 조정이 가능한 (ⓑ)를 설치하여야 한다.

① ⓐ 전자개방밸브, ⓑ 압력조정기
② ⓐ 전자개방밸브, ⓑ 정압작동장치
③ ⓐ 압력조정기, ⓑ 전자개방밸브
④ ⓐ 압력조정기, ⓑ 정압작동장치

해설 분말약제의 가압용 가스용기
① 가스용기는 분말소화약제의 저장용기에 접속하여 설치
② 가압용가스 용기를 **3병 이상** 설치한 경우에는 **2개 이상의 용기에 전자개방밸브를** 부착
③ 가압용가스 용기에는 **2.5MPa 이하**의 압력에서 조정이 가능한 **압력조정기를** 설치
④ 가압용가스 또는 축압용가스는 **질소가스 또는 이산화탄소**로 할 것

해답 ①

78 이산화탄소 소화약제의 저장용기에 관한 일반적인 설명으로 옳지 않은 것은?

① 방호구역 내의 장소에 설치하되 피난구 부근을 피하여 설치할 것
② 온도가 40℃ 이하이고, 온도변화가 적은 곳에 설치할 것
③ 직사광선 및 빗물이 침투할 우려가 없는 곳에 설치할 것
④ 용기간의 간격은 점검에 지장이 없도록 3cm 이상의 간격을 유지할 것

해설 이산화탄소 소화약제의 저장용기 설치장소
(1) 방호구역외의 장소에 설치할 것. 다만, 방호구역내에 설치할 경우에는 피난 및 조작이 용이하도록 피난구부근에 설치하여야 한다.
(2) 온도가 40℃ 이하이고, 온도변화가 적은 곳에 설치할 것
(3) 직사광선 및 빗물이 침투할 우려가 없는 곳에 설치할 것
(4) 방화문으로 방화구획된 실에 설치할 것
(5) 용기의 설치장소에는 해당 용기가 설치된 곳임을 표시하는 표지를 할 것
(6) 용기간의 간격은 점검에 지장이 없도록 3cm 이상의 간격을 유지할 것
(7) 저장용기와 집합관을 연결하는 연결배관에는 체크밸브를 설치할 것. 다만, 저장용기가 하나의 방호구역만을 담당하는 경우에는 그러하지 아니하다.

해답 ①

79 소화용수설비 중 소화수조 및 저수조에 대한 설명으로 틀린 것은?

① 소화수조, 저수조의 채수구 또는 흡수관투입구는 소방차가 2m 이내의 지점까지 접근할 수 있는 위치에 설치할 것
② 지하에 설치하는 소화용수설비의 흡수관투입구는 그 한 변이 0.6m 이상이거나 직경이 0.6m 이상인 것으로 할 것
③ 채수구는 지면으로부터의 높이가 0.5m 이상 1m 이하의 위치에 설치하고 "채수구"라고 표시한 표지를 할 것
④ 소화수조가 옥상 또는 옥탑의 부분에 설치된 경우에는 지상에 설치된 채수구에서의 압력이 0.1MPa 이상이 되도록 할 것

해설 소화수조 및 저수조
(1) 소화수조 등
① 소방차가 채수구로부터 2m 이내의 지점까

지 접근할 수 있는 위치에 설치
② 소화수조 또는 저수조의 저수량

[소방대상물의 기준면적]

소방대상물의 구분	기준면적
1층 및 2층의 바닥면적 합계가 15000m² 이상인 소방대상물	7,500m²
그 밖의 소방대상물	12,500m²

(2) 흡수관투입구 및 채수구
흡수관투입구
① 한 변이 0.6m 이상 또는 직경이 0.6m 이상
② 소요수량이 80m³ 미만인 것 : 1개 이상
③ 소요수량이 80m³ 이상인 것 : 2개 이상
④ "흡수관투입구"라고 표시한 표지를 할 것

(3) 채수구 설치기준
① 65mm 이상의 나사식 결합금속구를 설치

[소요수량과 채수구수]

소요수량	20m³ 이상 40m³ 미만	40m³ 이상 100m³ 미만	100m³ 이상
채수구수	1개	2개	3개

② 채수구 설치위치 : 0.5m 이상 1m 이하
③ "채수구"라고 표시한 표지를 할 것
④ 소화용수설비 설치 면제 : 유수의 양이 0.8m³/min 이상인 유수를 사용할 수 있는 경우

(4) 가압송수장치
① 소화수조 또는 저수조가 지표면으로부터의 깊이(수조 내부바닥까지의 길이)가 4.5m 이상인 지하에 있는 경우에는 다음 표에 따라 가압송수장치를 설치하여야 한다.

소요수량	20m³ 이상 40m³ 미만	40m³ 이상 100m³ 미만	100m³ 이상
가압송수장치의 1분당 양수량	1,100L 이상	2,200L 이상	3,300L 이상

② 소화수조가 옥상 또는 옥탑의 부분에 설치된 경우에는 지상에 설치된 채수구에서의 압력이 0.15MPa 이상이 되도록 하여야 한다.

해답 ④

80 포소화설비의 자동식 기동장치를 폐쇄형 스프링클러헤드의 개방과 연동하여 가압송수장치·일제개방밸브 및 포소화약제 혼합장치를 기동하는 경우 다음 ( ) 안에 알맞은 것은? (단, 자동화재탐지설비의 수신기가 설치된 장소에 상시 사람이 근무하고 있고, 화재시 즉시 해당 조작부를 작동시킬 수 있는 경우는 제외한다.)

표시온도가 (㉠)℃ 미만인 것을 사용하고, 1개의 스프링클러헤드의 경계면적은 (㉡)m² 이하로 할 것

① ㉠ 79, ㉡ 8   ② ㉠ 121, ㉡ 8
③ ㉠ 79, ㉡ 20 ④ ㉠ 121, ㉡ 20

해설 포소화설비의 자동식 기동장치
폐쇄형 스프링클러헤드를 사용하는 경우
① 표시온도가 **79**℃ 미만인 것을 사용하고, 1개의 스프링클러헤드의 경계면적은 **20**m² 이하로 할 것
② 부착면의 높이는 바닥으로부터 **5m 이하**로 하고, 화재를 유효하게 감지할 수 있도록 할 것
③ 하나의 감지장치 경계구역은 하나의 층이 되도록 할 것

해답 ③

소방설비기사 - 기계분야

2019년 9월 21일 시행

제1과목 소방원론

01 특정소방대상물(소방안전관리대상물은 제외)의 관계인과 소방안전관리대상물의 소방안전관리자의 업무가 아닌 것은?

① 화기 취급의 감독
② 자체소방대의 운용
③ 소방 관련 시설의 유지·관리
④ 피난시설, 방화구획 및 방화시설의 유지·관리

해설 (화재예방법 제24조)
소방안전관리자 업무
(1) **소방계획서**의 작성 및 시행
(2) **자위소방대** 및 초기대응체계의 **구성·운영·교육**
(3) 피난시설, 방화구획 및 방화시설의 **관리**
(4) 소방시설, **소방 관련시설의 관리**
(5) **소방훈련 및 교육**
(6) **화기 취급의 감독**
(7) 소방안전관리에 관한 **업무수행 기록·유지**
(8) 화재발생 시 **초기대응**
(9) 소방안전관리에 **필요한 업무**

해답 ②

02 다음 중 인화점이 가장 낮은 물질은?

① 산화프로필렌   ② 이황화탄소
③ 메틸알코올   ④ 등유

해설 제4류 위험물의 인화점

품명	화학식	유별	인화점
산화프로필렌	CH_3CH_2CHO	특수인화물	-37℃
이황화탄소	CS_2	특수인화물	-30℃
메틸알코올	CH_3OH	알코올류	11℃
등유		제2석유류	43~72℃

해답 ①

03 다음 중 인명구조기구에 속하지 않는 것은?

① 방열복   ② 공기안전매트
③ 공기호흡기   ④ 인공소생기

해설 용도 및 장소별로 설치하여야 할 인명구조기구

특정소방대상물	종류	설치 수량
• 지하층을 포함하는 층수가 7층 이상인 관광호텔 및 5층 이상인 병원	• 방열복 또는 방화복 • 공기호흡기 • 인공소생기	각 2개 이상 비치할 것. 다만, 병원의 경우에는 인공소생기를 설치하지 않을 수 있다.
• 문화 및 집회시설 중 수용인원 100명 이상의 영화상영관 • 판매시설 중 대규모 점포 • 운수시설 중 지하역사 • 지하상가	• 공기호흡기	층마다 2개 이상 비치할 것. 다만, 각 층마다 갖추어 두어야 할 공기호흡기 중 일부를 직원이 상주하는 인근 사무실에 갖추어 둘 수 있다.
• 물분무등소화설비 중 이산화탄소소화설비를 설치하여야 하는 특정소방대상물	• 공기호흡기	이산화탄소소화설비가 설치된 장소의 출입구 외부 인근에 1대 이상 비치할 것

해답 ②

04 물의 소화력을 증대시키기 위하여 첨가하는 첨가제 중 물의 유실을 방지하고 건물, 임야 등의 입체 면에 오랫동안 잔류하게 하기 위한 것은?

① 증점제   ② 강화제
③ 침투제   ④ 유화제

해설 **물의 소화능력 향상 첨가제**
(1) 부동액(Anti-freeze agent)
　　에틸렌글리콜, 프로필렌글리콜, 글리세린등 첨가
　　① 물의 빙점(어는점) 낮추는 첨가제
　　② 한랭지역에서 사용
(2) 침투제(침윤제)(Wetting agent)
　　계면활성제 첨가
　　① 물의 표면장력 감소 위한 첨가제
　　② 심부화재에 적합
(3) 증점제(농축제)(Viscosity agent)
　　CMC(Sodium Carboxy Methyl Cellulose), Gelgard등 첨가
　　① 물의 점도향상 첨가제
　　② 산불화재에 적합
(4) 밀도 개질제(Density modifier)
　　물의 밀도를 개질하기 위한 첨가제로 수용성 품이 있다.

해답 ①

05 가연물의 제거와 가장 관련이 없는 소화방법은?

① 유류화재 시 유류공급 밸브를 잠근다.
② 산불화재 시 나무를 잘라 없앤다.
③ 팽창 진주암을 사용하여 진화한다.
④ 가스화재 시 중간밸브를 잠근다.

해설 ③ 팽창진주암을 사용하여 소화-피복소화
소화원리 ★★★★★
① 냉각소화 : 가연성 물질을 발화점 이하로 온도를 냉각

　　물이 소화약제로 사용되는 이유
　　① 물의 기화열(539 kcal/kg)이 크기 때문
　　② 물의 비열 (1kcal/kg℃)이 크기 때문

② 질식소화 : 산소농도를 21%에서 15% 이하로 감소
③ 억제소화(부촉매소화, 화학적소화)
④ 제거소화 : 가연성물질을 제거시켜 소화
　• 산불이 발생하면 화재의 진행방향을 앞질러 벌목
　• 화학반응기의 화재 시 원료공급관의 밸브를 폐쇄
　• 유전화재 시 폭약으로 폭풍을 일으켜 화염을 제거
　• 촛불을 입김으로 불어 화염을 제거

⑤ 피복소화 : 가연물 주위를 공기와 차단
⑥ 희석소화
　• 알코올, 아세톤 등 수용성인 인화성액체 화재 시 물을 방사하여 가연물의 연소농도를 희석
　• 기체, 고체, 액체에서 나오는 분해가스나 증기의 농도를 희석하여 연소를 중지시켜 소화
⑦ 유화소화(에멀전소화) : 물에 녹지 않는 인화성 액체의 유류화재 시 물분무로 방사하여 액체표면에 불연성의 유막을 형성하여 소화

해답 ③

06 할로겐화합물소화약제는 일반적으로 열을 받으면 할로젠족이 분해되어 가연물질의 연소 과정에서 발생하는 활성종과 화합하여 연소의 연쇄반응을 차단한다. 연쇄반응의 차단과 가장 거리가 먼 소화약제는?

① FC-3-1-10　　② HFC-125
③ IG-541　　　　④ FIC-1311

해설 ③ IG-541 : 불연성. 불활성기체혼합가스 (질식소화)

할로겐화합물 및 불활성기체 소화약제의 종류

구 분	약제명	
할로겐 화합물 소화약제	① FC-3-1-10	② HCFC BLEND A
	③ HCFC-124	④ HFC-125
	⑤ HFC-227ea	⑥ HFC-23
	⑦ HFC-236fa	⑧ FIC-13I1
	⑨ FK-5-1-12	
불연성. 불활성기체 혼합가스	① IG-01	② IG-100
	③ IG-541	④ IG-55

해답 ③

07 CF_3Br 소화약제의 명칭을 옳게 나타낸 것은?

① 하론 1011　　② 하론 1211
③ 하론 1301　　④ 하론 2402

해설 **할론소화약제 명명법**
할론 ⓐ ⓑ ⓒ ⓓ
ⓐ : C원자수, ⓑ : F원자수
ⓒ : Cl원자수, ⓓ : Br원자수

할론소화약제

구분 종류	할론 2402	할론 1211	할론 1301	할론 1011
분자식	$C_2F_4Br_2$	CF_2ClBr	CF_3Br	CH_2ClBr

해답 ③

08 불포화 섬유지나 석탄에 자연발화를 일으키는 원인은?

① 분해열 ② 산화열
③ 발효열 ④ 중합열

해설 **자연발화의 정의**
물질이 공기중에서 발화온도보다 상당히 낮은 온도(상온)에서 발열되어 그 열이 장기간 축적되어서 발화점에 도달하여 결국에는 발화에 이르는 현상

자연발화의 형태
① 산화열에 의한 자연발화 : 석탄, 건성유, 탄소분말, 금속분, 기름걸레
② 분해열에 의한 자연발화 : 셀룰로이드, 나이트로셀룰로오스, 나이트로글리세린
③ 흡착열에 의한 자연발화 : 활성탄, 목탄분말
④ 미생물열에 의한 자연발화 : 퇴비, 먼지

해답 ②

09 프로판가스의 연소범위(vol%)에 가장 가까운 것은?

① 9.8~28.4 ② 2.5~81
③ 4.0~75   ④ 2.1~9.5

해설 **주요 가스의 공기 중 연소범위(1atm, 상온에서)**

가스명	화학식	하한계(%)	상한계(%)
아세틸렌	C_2H_2	2.5	81
수소	H_2	4	75
일산화탄소	CO	12.5	74.2
암모니아	NH_3	15	28
메틸알콜	CH_3OH	7.3	36.0
메탄	CH_4	5	15
에탄	C_2H_6	3.0	12.5
프로판	C_3H_8	2.1	9.5
부탄	C_4H_{10}	1.8	8.4
에틸렌	C_2H_4	2.7	36

해답 ④

10 화재 시 이산화탄소를 방출하여 산소농도를 13vol%로 낮추어 소화하기 위한 공기 중 이산화탄소의 농도는 약 몇 vol%인가?

① 9.5   ② 25.8
③ 38.1 ④ 61.5

해설 이산화탄소의 농도(%)

$$CO_2 = \frac{21 - O_2(\%)}{21} \times 100$$

$$CO_2(\%) = \frac{21 - 13}{21} \times 100 = 38.1\%$$

해답 ③

11 화재의 지속시간 및 온도에 따라 목재건물과 내화건물을 비교했을 때, 목재건물의 화재성상으로 가장 적합한 것은?

① 저온장기형이다. ② 저온단기형이다.
③ 고온장기형이다. ④ 고온단기형이다.

해설 **건축물 구조형태에 따른 화재특징**

구 분	목조건축물	내화건축물
연소형태	고온 단기형	저온 장기형
화재특성	• 발염연소가 된다. • 초기에 연소속도가 빠르다.	• 발염연소가 억제된다. • 초기에 연소속도가 느리다.
최고온도	1300℃	1000℃

해답 ④

12 에터, 케톤, 에스터, 알데하이드, 카복실산, 아민 등과 같은 가연성인 수용성 용매에 유효한 포소화약제는?

① 단백포   ② 수성막포
③ 불화단백포 ④ 알코올포

해설 **알코올포 소화약제**
수용성 위험물(알코올, 산, 케톤류)에 일반 포약제를 방사하면 포가 소멸하므로(소포성, 파포현상) 이를 방지하기 위하여 특별히 제조된 포 약제이다.
알코올포 적응화재
① 알코올 ② 아세톤 ③ 피리딘 ④ 개미산(의산)
⑤ 초산 등 수용성 액체에 적합

해답 ④

13 소화원리에 대한 설명으로 틀린 것은?

① 냉각소화 : 물의 증발잠열에 의해서 가연물의 온도를 저하시키는 소화방법
② 제거소화 : 가연성 가스의 분출화재 시 연료공급을 차단시키는 소화방법
③ 질식소화 : 포소화약제 또는 불연성가스를 이용해서 공기 중의 산소공급을 차단하여 소화하는 방법
④ 억제소화 : 불활성기체를 방출하여 연소범위 이하로 낮추어 소화하는 방법

해설 억제소화(화학적소화, chain-breaking reaction)
① 자유활성기(free radical)을 제거하여 연쇄반응을 화학적으로 중단시키는 방법
② 기체가연물과 액체가연물에 효과적
③ 훈소화재의 경우에는 효과가 없다.
④ 할론소화약제가 대표적이다.

해답 ④

14 방화벽의 구조 기준 중 다음 ( ) 안에 알맞은 것은?

- 방화벽의 양쪽 끝과 위쪽 끝을 건축물의 외벽면 및 지붕면으로부터 (㉠)m 이상 튀어나오게 할 것.
- 방화벽에 설치하는 출입문의 너비 및 높이는 각각 (㉡)m 이하로 하고, 해당 출입문에는 60분+방화문 또는 60분방화문을 설치할 것

① ㉠ 0.3, ㉡ 2.5 ② ㉠ 0.3, ㉡ 3.0
③ ㉠ 0.5, ㉡ 2.5 ④ ㉠ 0.5, ㉡ 3.0

해설 방화벽의 구조
① 내화구조로서 홀로 설 수 있는 구조
② 방화벽의 양쪽 끝과 위쪽 끝을 건축물의 외벽면 및 지붕면으로부터 0.5m 이상 튀어나오게 할 것
③ 방화벽에 설치하는 출입문의 너비 및 높이는 각각 2.5m 이하로 하고, 해당 출입문에는 **60분+방화문** 또는 60분방화문을 설치할 것

해답 ③

15 BLEVE 현상을 설명한 것으로 가장 옳은 것은?

① 물이 뜨거운 기름표면 아래에서 끓을 때 화재를 수반하지 않고 over flow 되는 현상
② 물이 연소유의 뜨거운 표면에 들어갈 때 발생되는 over flow 되는 현상
③ 탱크 바닥에 물과 기름의 에멀젼이 섞여있을 때 물의 비등으로 인하여 급격하게 over flow 되는 현상
④ 탱크 주위 화재로 탱크 내 인화성 액체가 비등하고 가스부분의 압력이 상승하여 탱크가 파괴되고 폭발을 일으키는 현상

해설 유류탱크 및 액화가스 저장탱크에서 발생하는 현상
① 보일오버(Boil Over)
중질유탱크 화재시 탱크 **바닥의 물이 비등**하여 유류가 연소하면서 분출(Over Flow)하는 현상
② 슬롭오버(Slop Over)
물이 연소유의 뜨거운 표면에 들어갈 때 기름 표면에서 물이 비등하여 분출(Over Flow)하는 현상
③ 프로스오버(Froth Over)
물이 뜨거운 기름 표면 아래서 끓을 때 화재를 수반하지 않고 분출(Over Flow)하는 현상
④ 블레비(BLEVE, Boilling Loilling Liquid Expanding Vapour Explosion)
액화가스 저장탱크의 가열시 탱크균열로 누설된 액화가스가 착화원과 접촉하여 폭발하는 현상

해답 ④

16 화재의 유형별 특성에 관한 설명으로 옳은 것은?

① A급 화재는 무색으로 표시하며, 감전의 위험이 있으므로 주수소화를 엄금한다.
② B급 화재는 황색으로 표시하며, 질식소화를 통해 화재를 진압한다.
③ C급 화재는 백색으로 표시하며, 가연성이 강한 금속의 화재이다.

④ D급 화재는 청색으로 표시하며, 연소 후에 재를 남긴다.

해설 화재의 분류

종 류	등급	색표시	소화방법
일반화재	A급	백색	냉각소화
유류화재	B급	황색	질식소화
전기화재	C급	청색	질식소화
금속화재	D급	–	피복소화
주방화재	K급	–	냉각 및 질식소화

해답 ②

17 독성이 매우 높은 가스로서 석유제품, 유지(油脂) 등이 연소할 때 생성되는 알데하이드 계통의 가스는?

① 사이안화수소　② 암모니아
③ 포스겐　　　　④ 아크롤레인

해설 연소 시 발생하는 각종 가스
★★ 매회 출제 (필수 암기) ★★

① 일산화탄소(CO)
 • 인명피해가 가장 크다.
 • 피 속의 헤모글로빈과 결합 산소운반 방해
② 이산화탄소(CO_2)
 자체의 독성은 없고 많은 양을 흡입 시 질식사
③ 아황산가스(SO_2)
 황 함유 물질이 완전 연소 시 발생
④ 황화수소(H_2S)
 황 함유 물질이 불완전 연소 시 발생
⑤ 아크롤레인(CH_2CHCHO)
 석유제품, 유지류 연소 시 발생
⑥ 포스겐($COCl_2$)
 독성이 가장 크다.

해답 ④

18 다음 중 전산실, 통신기기실 등에서의 소화에 가장 적합한 것은?

① 스프링클러설비
② 옥내소화전설비
③ 분말소화설비
④ 할로겐화합물 및 불활성기체 소화설비

해설 할로겐화합물 소화약제의 적응성
① 건축물, 기타공작물

② 전기실 및 전산실
③ 통신기기실
④ 가연성고체류 또는 합성수지류
⑤ 가연성액체류
⑥ 가연성가스

해답 ④

19 화재강도(Fire Intensity)와 관계가 없는 것은?

① 가연물의 비표면적
② 발화원의 온도
③ 화재실의 구조
④ 가연물의 발열량

해설 화재강도(fire Intensity)
① 화재실에서 형성될 수 있는 최고온도
② 열축적율을 의미한다.
③ 열축적율 = 열발생율/열누설율

화재강도의 영향요인
① 가연물의 비표면적
② 화재실의 구조
③ 가연물의 발열량(연소열)
④ 공기의 공급량

해답 ②

20 화재발생 시 인명피해 방지를 위한 건물로 적합한 것은?

① 피난구조설비가 없는 건물
② 특별피난계단의 구조로 된 건물
③ 피난기구가 관리되고 있지 않은 건물
④ 피난구 폐쇄 및 피난구유도등이 미비되어 있는 건물

해설 화재발생시 인명피해방지를 위한 건축물
① 피난구조설비가 확보된 건축물
② 특별피난계단의 구조로 된 건축물
③ 피난기구가 잘 관리되고 있는 건축물
④ 피난구 및 피난구유도등이 설치되어 있는 건축물

해답 ②

제2과목 소방유체역학

21 검사체적(control volume)에 대한 운동량방정식(momentum equation)과 가장 관계가 깊은 법칙은?

① 열역학 제2법칙
② 질량보존의 법칙
③ 에너지보존의 법칙
④ 뉴턴(Newton)의 운동법칙

해설 검사체적에 대한 운동량 방정식의 근원
뉴턴의 운동 제2법칙(가속도의 법칙)

$$F = ma$$

여기서, F : 힘(N), m : 질량(kg),
a : 가속도(m/s^2)

물체의 가속도는 힘이 커질수록 커지고 질량이 커질수록 작아진다.

해답 ④

22 폭이 4m이고 반경이 1m인 그림과 같은 1/4 원형 모양으로 설치된 수문 AB가 있다. 이 수문이 받는 수직방향 분력 F_V의 크기(N)는?

① 7613
② 9801
③ 30787
④ 123000

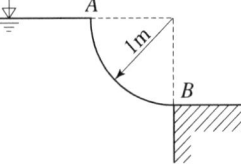

해설 수평분력(F_H)과 수직분력(F_V)

$$F_H = \gamma \bar{h} A \qquad F_V = \gamma V$$

① γ_W(물) = 9800N/m^3, $\bar{h} = \dfrac{1\text{m}}{2} = 0.5\text{m}$

② $A = 1\text{m} \times 4\text{m} = 4\text{m}^2$, $V(\text{m}^3) = \dfrac{\pi}{4} \times 1^2 \times 4$

③ $F_H = 9800 \times \dfrac{1}{2} \times 1 \times 4 = 19600\text{N}$ (수평분력)

④ $F_V = 9800 \times \left(\dfrac{\pi}{4} \times 1^2 \times 4\right) = 30787\text{N}$ (수직분력)

해답 ③

23 다음 단위 중 3가지는 동일한 단위이고 나머지 하나는 다른 단위이다. 이 중 동일한 단위가 아닌 것은?

① J
② N·s
③ Pa·m^3
④ kg·m^2/s^2

해설 ① J = N·m
③ Pa·m^3 = N/m^2 × m^3 = N·m
④ kg·m^2/s^2 = kg·m/s^2·m = N·m

N = kg·m/s^2

해답 ②

24 지름이 150mm인 원관에 비중이 0.85, 동점성계수가 1.33×10^{-4}m^2/s인 기름이 0.01m^3/s의 유량으로 흐르고 있다. 이때 관 마찰계수는? (단, 임계 레이놀즈수는 2100이다.)

① 0.10
② 0.14
③ 0.18
④ 0.22

해설 관마찰계수

$$f = \dfrac{64}{Re No}$$

$$Re No = \dfrac{Du\rho}{\mu} = \dfrac{Du}{\nu} = \dfrac{4Q}{\pi D \nu}$$

$$u = \dfrac{Q}{A} = \dfrac{0.01\text{m}^3/\text{sec}}{\dfrac{\pi}{4} \times (0.15\text{m})^2} = 0.5659\text{m/s}$$

$$Re No = \dfrac{Du}{\nu} = \dfrac{0.15 \times 0.5659}{1.33 \times 10^{-4}} = 638.233$$

$$\therefore f = \dfrac{64}{638.233} = 0.1$$

해답 ①

25 물질의 열역학적 변화에 대한 설명으로 틀린 것은?

① 마찰은 비가역성의 원인이 될 수 있다.
② 열역학 제1법칙은 에너지 보존에 대한 것이다.
③ 이상기체는 이상기체 상태방정식을 만족

한다.
④ 가역단열과정은 엔트로피가 증가하는 과정이다.

해설 ④ 가역단열과정은 엔트로피의 변화가 없는 과정이다.
- 가역단열과정 : 엔트로피 변화는 0이다.
$$(\Delta S = 0)$$
- 비가역단열과정 : 엔트로피는 항상 증가한다.

해답 ④

26 전양정이 60m, 유량이 6m³/min, 효율이 60%인 펌프를 작동시키는 데 필요한 동력(kW)은?

① 44 ② 60
③ 98 ④ 117

해설 ① $\gamma_w = 9800\text{N/m}^3$, $Q = 6\text{m}^3/\text{min} = 6\text{m}^3/60\text{s}$
$H = 60\text{m}$, $E = 60\% = 0.6$

② $L_S(\text{kw}) = \dfrac{\gamma QH}{E} = \dfrac{9.8 \times (6/60) \times 60}{0.6}$
$= 98\text{kW}$

펌프의 동력계산
(1) 수동력
$$L_W(\text{kW}) = \gamma QH$$

(2) 축동력
$$L_S(\text{kW}) = \frac{\gamma QH}{E}$$

(3) 모터동력
$$P(\text{kW}) = \frac{\gamma QH}{E} K$$

여기서, γ : 비중량
(kN/m³, 물의 비중량 = 9.8kN/m³)
Q : 유량(m³/s)
H : 전양정(m)
E : 효율(%/100)
K : 전달계수

해답 ③

27 체적탄성계수가 2×10^9Pa인 물의 체적을 3% 감소시키려면 몇 MPa의 압력을 가하여야 하는가?

① 25 ② 30
③ 45 ④ 60

해설 체적탄성계수
$$K = -\frac{\Delta P}{\Delta V/V} = \frac{\Delta P}{\Delta \rho/\rho}$$

여기서, K : 체적탄성계수, ΔP : 압력
ΔV : 감소체적, V : 처음체적
$\Delta \rho$: 감소밀도, ρ : 처음밀도

① $\Delta P = -K\dfrac{\Delta V}{V}$

② $\Delta P = -2 \times 10^9 \times \dfrac{-3}{100} = 60 \times 10^6 \text{Pa} = 60\text{MPa}$

해답 ④

28 다음 유체 기계들의 압력 상승이 일반적으로 큰 것부터 순서대로 바르게 나열한 것은?

① 압축기(compressor) > 블로어(blower) > 팬(fan)
② 블로어(blower) > 압축기(compressor) > 팬(fan)
③ 팬(fan) > 블로어(blower) > 압축기(compressor)
④ 팬(fan) > 압축기(compressor) > 블로어(blower)

해설 압력상승 크기순서
① 압축기(compressor)
② 블로어 = 송풍기(Blower)
③ 팬(Fan)

해답 ①

29 용량 2000L의 탱크에 물을 가득 채운 소방차가 화재 현장에 출동하여 노즐압력 390kPa(계기압력), 노즐구경 2.5cm를 사용하여 방수한다면 소방차 내의 물이 전부 방수되는 데 걸리는 시간은?

① 약 2분 26초 ② 약 3분 35초
③ 약 4분 12초 ④ 약 5분 44초

해설

$$Q = 0.653d^2\sqrt{10P}$$

① $d = 2.5\text{cm} = 25\text{mm}$, $P = 390\text{kPa} = 0.39\text{MPa}$

② $Q = 0.653 \times 25^2 \times \sqrt{10 \times 0.39}$
   $= 805.98\text{L/min}$

③ $t = \dfrac{2000\text{L}}{805.98\text{L/min}} = 2.48\text{min}$

④ $t = 2.48\text{min} = 2\text{min} + 0.48\text{min} \times \dfrac{60\text{s}}{\text{min}}$
   $= 2\text{min}\,29\text{s}$

해답 ①

30 이상기체의 폴리트로픽 변화 '$PV^n = $일정'에서 $n=1$인 경우 어느 변화에 속하는가? (단, P는 압력, V는 부피, n은 폴리트로프지수를 나타낸다.)

① 단열변화 ② 등온변화
③ 정적변화 ④ 정압변화

해설 $PV^n = C$에서 n의 값에 따른 변화

$n = 0$	등압변화	$n = k$	단열변화
$n = 1$	등온변화	$n = \infty$	등적변화

해답 ②

31 피토관으로 파이프 중심선에서 흐르는 물의 유속을 측정할 때 피토관의 액주높이가 5.2m, 정압튜브의 액주높이가 4.2m를 나타낸다면 유속(m/s)은? (단, 속도계수(C_v)는 0.97이다.)

① 4.3   ② 3.5
③ 2.8   ④ 1.9

해설 ① 피토관의 액주높이 = 속도수두 + 정압수두
② 정압튜브(정압관)의 액주높이 = 정압수두

③ 속도수두 = 피토관의 액주높이 − 정압수두
   $= 5.2 - 4.2 = 1\text{m}$
④ $u = C_V\sqrt{2gh} = 0.97 \times \sqrt{2 \times 9.8 \times 1\text{m}}$
   $= 4.3\text{m/s}$

해답 ①

32 지름이 75mm인 관로 속에 물이 평균속도 4m/s로 흐르고 있을 때 유량(kg/s)은?

① 15.52   ② 16.92
③ 17.67   ④ 18.52

해설 ① $d = 75\text{mm} = 0.075\text{m}$, $u = 4\text{m/s}$
   $\rho = 1000\text{kg/m}^3$

② $\overline{m} = \dfrac{\pi}{4} \times 0.075^2 \times 4 \times 1000 = 17.67\text{kg/s}$

연속 방정식
질량보존의 법칙을 유체유동에 적용한 방정식
① 질량유량(kg/s)
$$\overline{m} = A_1 u_1 \rho_1 = A_2 u_2 \rho_2$$
② 중량유량(kgf/s)
$$\overline{G} = A_1 u_1 \gamma_1 = A_2 u_2 \gamma_2$$
③ 체적유량 = 용량유량(m^3/s)
$$Q = A_1 u_1 = A_2 u_2$$

여기서, A : 단면적(m^2), u : 유속(m/s)
ρ : 밀도(kg/m^3), γ : 비중량(kgf/m^3)

해답 ③

33 초기에 비어 있는 체적이 0.1m^3인 견고한 용기 안에 공기(이상기체)를 서서히 주입한다. 공기 1kg을 넣었을 때 용기 안의 온도가 300K가 되었다면 이때 용기 안의 압력(kPa)은? (단, 공기의 기체상수는 0.287kJ/kg · K이다.)

① 287   ② 300
③ 448   ④ 861

해설 **완전기체 방정식**
$$PV = WRT$$
여기서, P : 압력(kN/m^2(kPa))
V : 부피(m^3), W : 무게(kg)

R : 기체상수(kJ/kg · K)
T : 절대온도(273+t℃)K

$$P = \frac{1 \times 0.287 \times 300}{0.1} = 861 \text{kN/m}^2(\text{kPa})$$

J = N · m, Pa = N/m², kPa = kN/m²

해답 ④

34 아래 그림과 같이 두 개의 가벼운 공 사이로 빠를 기류를 불어 넣으면 두 개의 공은 어떻게 되겠는가?

① 뉴턴의 법칙에 따라 벌어진다.
② 뉴턴의 법칙에 따라 가까워진다.
③ 베르누이의 법칙에 따라 벌어진다.
④ 베르누이의 법칙에 따라 가까워진다.

해설 베르누이의 정리

$$H(\text{m}) = \frac{U^2}{2g} + \frac{P}{r} + Z$$

여기서, H : 전수두(m), $\frac{U^2}{2g}$: 속도수두(m)
$\frac{P}{r}$: 압력수두(m), Z : 위치수두(m)

① 공의 사이로 빠른 기류를 불어 넣으면 속도수두 $(H = \frac{U^2}{2g})$ 는 증가
② 속도수두가 증가하면 압력수두 $(H = \frac{P}{r})$ 는 작아지므로 두 개의 공 사이는 가까워진다.

해답 ④

35 거리가 1000m 되는 곳에 안지름 20cm의 관을 통하여 물을 수평으로 수송하려 한다. 한 시간에 800m³를 보내기 위해 필요한 압력(kPa)은? (단, 관의 마찰계수는 0.03이다.)

① 1370   ② 2010
③ 3750   ④ 4580

해설 ① $l = 1000\text{m}$, $d = 20\text{cm} = 0.2\text{m}$
$Q = 800\text{m}^3/\text{hr} = 800\text{m}^3/3600\text{s}$, $f = 0.03$

② $u = \frac{Q}{A} = \frac{800\text{m}^3/3600\text{s}}{\frac{\pi}{4} \times (0.2\text{m})^2} = 7.07\text{m/s}$

② $\Delta P = 0.03 \times \frac{1000}{0.2} \times \frac{7.07^2}{2 \times 9.8} \times 9.8 \text{kN/m}^3$
$= 3750 \text{kN/m}^2(\text{kPa})$

달시 – 바이스바하(Darcy – Weisbach) 공식

$$\Delta h_L(\text{m}) = f \times \frac{l}{D} \times \frac{u^2}{2g}$$
$$\Delta P(\text{kPa}) = \Delta h_L(\text{m}) \times \gamma(\text{kN/m}^3)$$

여기서, Δh_L : 마찰손실수두(m)
f : 마찰손실계수
l : 배관길이(m), u : 유속(m/s)
g : 중력가속도(9.8m/s²)
D : 배관내경(m)
γ : 비중량
$(\gamma_w = 9800\text{N/m}^3 = 9.8\text{kN/m}^3)$

해답 ③

36 표면적이 같은 두 물체가 있다. 표면온도가 2000K인 물체가 내는 복사에너지는 표면온도가 1000K인 물체가 내는 복사에너지의 몇 배인가?

① 4   ② 8
③ 16   ④ 32

해설 $\frac{Q_2}{Q_1} = \frac{T_2^4}{T_1^4} = \frac{2000^4}{1000^4} = \left(\frac{2000}{1000}\right)^4 = 16$

스테판–볼츠만(stefan–boltzman)의 법칙

$$Q = aAF(T_1^4 - T_2^4)$$

여기서, Q : 복사열(kcal/hr)
a : 스테판 – 볼츠만의 상수
A : 단면적
F : 기하학적 Factor(상수)
T_1 : 고온물체의 절대온도(273+t℃)K

T_2 : 저온물체의 절대온도(273+t℃)K

※ 복사열은 절대온도 4제곱의 차 및 단면적에 비례

해답 ③

37 다음 중 Stokes의 법칙과 관계되는 점도계는?

① Ostwald 점도계 ② 낙구식 점도계
③ Saybolt 점도계 ④ 회전식 점도계

해설 점도계의 종류★★★

점도계의 종류	이용한 법칙
낙구식 점도계	스토크스 법칙
오스트왈드(Ostwald)점도계	하겐-포아젤의 법칙
세이볼트(Saybolt) 점도계	
맥마이첼(MacMichael) 점도계	뉴우톤의 점성법칙
스토머(Stomer) 점도계	

해답 ②

38 그림의 역U자관 마노미터에서 압력 차 ($P_x - P_y$)는 약 몇 Pa인가?

① 3215 ② 4116
③ 5046 ④ 6826

해설
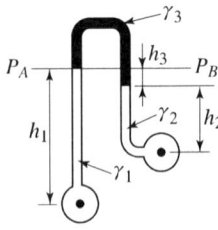

① $P_A = P_B$ 이므로
② $P_X - \gamma_1 h_1 = P_Y - \gamma_2 h_2 - \gamma_3 h_3$
③ $P_X - P_Y = \gamma_1 h_1 - \gamma_2 h_2 - \gamma_3 h_3$
 • 물의 비중량(γ_1) = 9800N/m³
 • 기름의 비중량
  (γ_3) = $\gamma_w \times S$ = 9800 × 0.9 = 8820N/m³

④ $P_X - P_Y$
 = 9800 × 1.5 - 9800 × (1.5 - 0.2 - 0.4)
  - 8820 × 0.2
 = 4116N/m²(Pa)

해답 ②

39 지름이 다른 두 개의 피스톤이 그림과 같이 연결되어 있다. "1" 부분의 피스톤의 지름이 "2" 부분의 2배일 때, 각 피스톤에 작용하는 힘 F_1과 F_2의 크기의 관계는?

① $F_1 = F_2$ ② $F_1 = 2F_2$
③ $F_1 = 4F_2$ ④ $4F_1 = F_2$

해설 ① $d_1 = 2$일 때 $d_2 = 1$
② 피스톤이 평형을 이루고 있으므로
③ $P_1 = P_2$, $\dfrac{F_1}{A_1} = \dfrac{F_2}{A_2}$, $F_1 \times A_2 = F_2 \times A_1$
④ $F_1 \times \dfrac{\pi}{4} \times d_2^2 = F_2 \times \dfrac{\pi}{4} \times d_1^2$
⑤ $F_1 \times \dfrac{\pi}{4} \times 1^2 = F_2 \times \dfrac{\pi}{4} \times 2^2$
⑥ $F_1 = 4F_2$

압력과 힘의 관계

$$P = \dfrac{F}{A}, \quad F = PA$$

여기서, P : 압력, F : 힘, A : 단면적

해답 ③

40 글로브 밸브에 의한 손실을 지름이 10cm이고 관 마찰계수가 0.025인 관의 길이로 환산하면 상당길이가 40m가 된다. 이 밸브의 부차적 손실계수는?

① 0.25 ② 1

③ 2.5   ④ 10

$$k = \frac{L_e \times f}{d} = \frac{40m \times 0.025}{0.1m} = 10$$

상당길이(등가길이)

$$L_e = \frac{kd}{f}$$

여기서, L_e : 상당길이(m), k : 손실계수
d : 내경(m), f : 마찰손실계수

상당길이(등가길이)
관부속품을 동일구경, 동일유량에 대하여 같은 크기의 마찰손실을 갖는 직관의 길이

해답 ④

제3과목 소방관계법규

41 다음 조건을 참고하여 숙박시설이 있는 특정소방대상물의 수용인원 산정 수로 옳은 것은?

> 침대가 있고 숙박시설로서 1인용 침대의 수는 20개이고, 2인용 침대의 수는 10개이며, 종업원의 수는 3명이다.

① 33명   ② 40명
③ 43명   ④ 46명

숙박시설의 수용인원
$N = 3 + 20 + 10 \times 2 = 43명$

수용인원의 산정 방법
(1) 숙박시설이 있는 특정소방대상물

침대가 있는 숙박시설	침대가 없는 숙박시설
종사자수+침대수(2인용 침대는 2인으로 산정)	종사자수 + $\frac{바닥면적 합계(m^2)}{3m^2}$

(2) 숙박시설이 없는 특정소방대상물
① 강의실·교무실·상담실·실습실·휴게실 용도로 쓰이는 특정소방대상물
당해 용도로 사용하는 바닥면적의 합계를 $1.9m^2$로 나누어 얻은 수
② 강당·문화집회시설 및 운동시설

당해 용도로 사용하는 바닥면적의 합계를 $4.6m^2$로 나누어 얻은 수(관람석이 있는 경우 고정식 의자를 설치한 부분에 있어서는 당해 부분의 의자수로 하고, 긴 의자의 경우에는 의자의 정면너비를 $0.45m$로 나누어 얻은 수)
③ 그 밖의 특정소방대상물
당해 용도로 사용하는 바닥면적의 합계를 $3m^2$로 나누어 얻은 수

[비고]
1. 위 표에서 바닥면적을 산정하는 때에는 복도(준불연재료 이상의 것을 사용하여 바닥에서 천장까지 벽으로 구획한 것)계단 및 화장실의 바닥면적을 포함하지 아니한다.
2. 계산결과 1 미만의 소수는 반올림한다.

해답 ③

---

42 제조소등의 위치·구조 또는 설비의 변경 없이 당해 제조소등에서 저장하거나 취급하는 위험물의 품명·수량 또는 지정수량의 배수를 변경하고자 할 때는 누구에게 신고해야 하는가?

① 국무총리   ② 시·도지사
③ 관할소방서장   ④ 행정안전부장관

**위험물법 제6조
(위험물시설의 설치 및 변경 등)**
제조소등의 위치·구조 또는 설비의 **변경없이** 당해 제조소등에서 저장하거나 취급하는 위험물의 **품명·수량** 또는 **지정수량의 배수**를 **변경**하고자 하는 자는 변경하고자 하는 날의 **1일 전까지** 행정안전부령이 정하는 바에 따라 **시·도지사**에게 신고하여야 한다.

해답 ②

---

43 위험물안전관리법령상 제조소등이 아닌 장소에서 지정수량 이상의 위험물을 취급할 수 있는 기준 중 다음 ( ) 안에 알맞은 것은?

> 시·도의 조례가 정하는 바에 따라 관할 소방서장의 승인을 받아 지정수량 이상의 위험물을 ( )일 이내의 기간 동안 임시로 저장 또는 취급하는 경우

① 15 ② 30
③ 60 ④ 90

해설 (위험물법 제5조) 위험물의 저장 및 취급의 제한
위험물 임시저장 및 취급은 시. 도의 조례에 따라 **관할소방서장의 승인을 받아 90일 이내 임시저장, 취급**할 수 있다.

해답 ④

44 제6류 위험물에 속하지 않는 것은?

① 질산 ② 과산화수소
③ 과염소산 ④ 과염소산염류

해설 ④ 과염소산염류-제1류 위험물-산화성고체
제6류 위험물(산화성 액체)

유 별	성 질	품 명	화학식	지정수량
제6류	산화성 액체	과염소산	HClO₄	300kg
		과산화수소	H₂O₂	
		질산	HNO₃	

해답 ④

45 위험물안전관리법령상 제조소등의 관계인은 위험물의 안전관리에 관한 직무를 수행하게 하기 위하여 제조소등마다 위험물의 취급에 관한 자격이 있는 자를 위험물안전관리자로 선임하여야 한다. 이 경우 제조소등의 관계인이 지켜야 할 기준으로 틀린 것은?

① 제조소등의 관계인은 안전관리자를 해임하거나 안전관리자가 퇴직한 때에는 해임하거나 퇴직한 날부터 15일 이내에 다시 안전관리자를 선임하여야 한다.
② 제조소등의 관계인이 안전관리자를 선임한 경우에는 선임한 날부터 14일 이내에 소방본부장 또는 소방서장에게 신고하여야 한다.
③ 제조소등의 관계인은 안전관리자가 여행·질병 그 밖의 사유로 인하여 일시적으로 직무를 수행할 수 없는 경우에는 국가기술자격법에 따른 위험물의 취급에 관한 자격취득자 또는 위험물안전에 관한 기본지식과 경험이 있는 자를 대리자로 지정하여 그 직무를 대행하게 하여야 한다. 이 경우 대행하는 기간은 30일을 초과할 수 없다.
④ 안전관리자는 위험물을 취급하는 작업을 하는 때에는 작업자에게 안전관리에 관한 필요한 지시를 하는 등 위험물의 취급에 관한 안전관리와 감독을 하여야 하고, 제조소등의 관계인은 안전관리자의 위험물 안전관리에 관한 의견을 존중하고 그 권고에 따라야 한다.

해설 **위험물안전관리법에 따른 신고기간**
① 제조소등의 설치자의 지위를 승계
승계한 날부터 30일 이내에 시·도지사에게 신고
② 제조소등의 용도를 폐지한 때
폐지한 날부터 14일 이내에 시·도지사에게 신고
③ 위험물안전관리자가 퇴직한 때
퇴직한 날부터 30일 이내에 다시 위험물안전관리자를 선임
④ 위험물안전관리자를 선임한 때
선임한 날부터 14일 이내에 소방본부장 또는 소방서장에게 신고

해답 ①

46 항공기격납고는 특정소방대상물 중 어느 시설에 해당하는가?

① 위험물 저장 및 처리 시설
② 항공기 및 자동차 관련 시설
③ 창고시설
④ 업무시설

해설 (소방시설법 시행령 제5조 별표 2)
항공기 및 자동차관련시설
① 항공기격납고
② 주차용 건축물·차고 및 기계장치에 의한 주차시설
③ 세차장
④ 폐차장
⑤ 자동차검사장
⑥ 자동차매매장

⑦ 자동차정비공장
⑧ 자동차 부속상
⑨ 운전학원·정비학원
⑩ 주차장
⑪ 차고 및 주기장

해답 ②

47 소방시설 설치 및 관리에 관한 법령상 정당한 사유 없이 화재안전조사 결과에 따른 조치명령을 위반한 자에 대한 벌칙으로 옳은 것은?

① 100만원 이하의 벌금
② 300만원 이하의 벌금
③ 1년 이하의 징역 또는 1천만원 이하의 벌금
④ 3년 이하의 징역 또는 3천만원 이하의 벌금

해설 소방시설법 제57조(벌칙)
3년 이하의 징역 또는 3천만원 이하의 벌금
① 조치명령을 위반한 자
② 관리업의 등록을 하지 아니하고 영업을 한 자
③ 거짓이나 부정한 방법으로 형식승인, 제품검사, 임의 변경, 합격표시, 성능인증 받은 자
④ 회수·교환·폐기 또는 판매중지 명령을 받은 후 필요한 조치를 하지 아니한 자
⑤ 거짓, 부정한 방법으로 전문기관지정 받은 자

해답 ④

48 소방시설 설치 및 관리에 관한 법령상 간이스프링클러설비를 설치하여야 하는 특정소방대상물의 기준으로 옳은 것은?

① 근린생활시설로 사용하는 부분의 바닥면적 합계가 1000m^2 이상인 것은 모든 층
② 교육연구시설 내에 있는 합숙소로서 연면적 500m^2 이상인 것
③ 정신병원과 의료재활시설을 제외한 요양병원으로 사용되는 바닥면적의 합계가 300m^2 이상 600m^2 미만인 시설
④ 정신의료기관 또는 의료재활시설로 사용되는 바닥면적의 합계가 600m^2 미만인 시설

해설 ② 500m^2 이상 → 100m^2 이상
③ 300m^2 이상 600m^2 미만 → 600m^2 미만
④ 600m^2 미만 → 300m^2 이상 600m^2 미만

간이스프링클러설비 설치대상
① 근린생활시설 바닥면적 합계가 1천m^2 이상인 것은 모든 층
② 의원, 치과의원 및 한의원으로서 입원실이 있는 시설
③ 교육연구시설 내에 합숙소로서 연면적 100m^2 이상인 경우에는 모든 층
④ 종합병원, 병원, 치과병원, 한방병원 및 요양병원(의료재활시설은 제외)으로 사용되는 바닥면적의 합계가 600m^2 미만인 시설
⑤ 정신의료기관 또는 의료재활시설 바닥면적의 합계가 300m^2 이상 600m^2 미만인 시설
⑥ 정신의료기관 또는 의료재활시설 바닥면적의 합계가 300m^2 미만이고, 창살이 설치된 시설

해답 ①

49 소방본부장 또는 소방서장은 화재예방강화지구 안의 관계인에 대하여 소방상 필요한 훈련 및 교육은 연 몇 회 이상 실시할 수 있는가?

① 1   ② 2
③ 3   ④ 4

해설 (화재예방법 제18조) 화재예방강화지구의 지정 등
(1) 지정권자 : 시·도지사
(2) 화재안전조사 : 소방관서장
(3) 화재안전조사 실시주기 : 연1회 이상
(4) 소방훈련과 교육 : 연1회 이상
(5) 훈련 및 교육통보 : 10일 전까지

해답 ①

50 화재예방강화지구로 지정할 수 있는 대상이 아닌 것은?

① 시장지역
② 소방출동로가 있는 지역
③ 공장·창고가 밀집한 지역
④ 목조건물이 밀집한 지역

해설 화재예방강화지구의 지정 등 (화재예방법 제18조)
(1) 지정권자 : 시 · 도지사
(2) 화재안전조사 : 소방관서장
(3) 화재안전조사 실시주기 : 연1회 이상
(4) 소방훈련과 교육 : 연1회 이상
(5) 훈련 및 교육통보 : 10일 전까지

화재예방강화지구의 지정대상지역 ★★필수암기★★
① 시장지역
② 공장 · 창고가 밀집한 지역
③ 목조건물이 밀집한 지역
④ 노후 · 불량건축물이 밀집한 지역
⑤ 위험물의 저장 및 처리시설이 밀집한 지역
⑥ 석유화학제품을 생산하는 공장이 있는 지역
⑦ 산업단지
⑧ 소방시설 · 소방용수시설 또는 소방 출동로가 없는 지역
⑨ 물류단지
⑩ 소방관서장이 화재예방강화지구로 인정하는 지역

해답 ②

51 소방시설 설치 및 관리에 관한 법령상 소방시설 등의 자체점검 시 점검인력 배치기준 중 종합점검에 대한 점검인력 1단위가 하루 동안 점검할 수 있는 특정소방대상물의 연면적 기준으로 옳은 것은? (단, 보조인력을 추가하는 경우는 제외한다.)

① 5,000m² ② 7,000m²
③ 8,000m² ④ 10,000m²

해설 점검인력 1단위가 하루 동안 점검할 수 있는 특정소방대상물의 연면적
① 종합점검 : 8,000m²
② 작동점검 : 10,000m²

해답 ③

52 소방기본법상 소방대의 구성원에 속하지 않는 자는?

① 소방공무원법에 따른 소방공무원
② 의용소방대 설치 및 운영에 관한 법률에 따른 의용소방대원
③ 위험물안전관리법에 따른 자체소방대원
④ 의무소방대설치법에 따라 임용된 의무소방원

해설 (기본법 제2조) 정의
(1) 소방대상물
건축물, 차량, 선박, 선박 건조 구조물, 산림, 그 밖의 인공 구조물 또는 물건.
(2) 관계지역
소방대상물이 있는 장소 및 그 이웃 지역으로서 화재의 예방 · 경계 · 진압, 구조 · 구급 등의 활동에 필요한 지역
(3) 관계인
소방대상물의 소유자 · 관리자 또는 점유자
(4) 소방대
화재를 진압하고 화재, 재난 · 재해, 그 밖의 위급한 상황에서 구조 · 구급 활동 등을 하기 위하여 다음 각 목의 사람으로 구성된 조직체
① 소방공무원 ② 의무소방원 ③ 의용소방대원

해답 ③

53 다음 중 한국소방안전원의 업무에 해당하지 않는 것은?

① 소방용 기계 · 기구의 형식승인
② 소방업무에 관하여 행정기관이 위탁하는 업무
③ 화재 예방과 안전관리의식 고취를 위한 대국민 홍보
④ 소방기술과 안전관리에 관한 교육, 조사 · 연구 및 각종 간행물 발간

해설 (기본법 제41조) 소방안전원의 업무
① 소방기술과 안전관리에 관한 교육 및 조사 · 연구
② 소방기술과 안전관리에 관한 각종 간행물의 발간
③ 화재예방과 안전관리의식의 고취를 위한 대국민 홍보
④ 소방업무에 관하여 행정기관이 위탁하는 업무
⑤ 소방안전에 관한 국제협력
⑥ 그 밖에 회원에 대한 기술지원 등 정관으로 정하는 사항

해답 ①

54 소방기본법령상 국고보조 대상사업의 범위 중 소방활동장비와 설비에 해당하지 않는 것은?

① 소방자동차
② 소방헬리콥터 및 소방정
③ 소화용수설비 및 피난구조설비
④ 방화복 등 소방활동에 필요한 소방장비

해설 기본법 제2조
(국고보조 대상사업의 범위와 기준보조율)
국고보조의 대상 및 기준
(1) 소방활동장비 및 설비
　① 소방자동차
　② 소방헬리콥터 및 소방정
　③ 소방전용통신설비 및 전산설비
　④ 그밖에 방화복 등 소방활동에 필요한 소방장비
(2) 소방관서용 청사 건축

해답 ③

55 소방안전관리자 및 소방안전관리보조자에 대한 실무교육의 교육대상, 교육일정 등 실무교육에 필요한 계획을 수립하여 매년 누구의 승인을 얻어 교육을 실시하는가?

① 한국소방안전원장　② 소방본부장
③ 소방청장　　　　　④ 시·도지사

해설 (화재예방법 시행규칙 제29조) 실무교육의 실시
① 소방청장은 실무교육의 실시 계획을 매년 수립·시행해야 한다.
② 소방청장은 실무교육을 실시하려는 경우에는 실무교육 실시 30일 전까지 교육대상자에게 통보하여야 한다.
③ 소방안전관리자는 그 선임된 날부터 **6개월 이내에 실무교육**을 받아야 하며, 그 후에는 **2년마다 1회 이상 실무교육**을 받아야 한다.

해답 ③

56 화재의 예방 및 안전관리에 관한 법령상 소방청장, 소방본부장 또는 소방서장은 관할구역에 있는 소방대상물에 대하여 화재안전조사를 실시할 수 있다. 화재안전조사 대상과 거리가 먼 것은? (단, 개인 주거에 대하여는 관계인의 승낙을 득한 경우이다.)

① 화재예방강화지구에 대한 화재안전조사 등 다른 법률에서 화재안전조사를 실시하도록 한 경우
② 관계인이 법령에 따라 실시하는 소방시설 등, 방화시설, 피난시설 등에 대한 자체점검 등이 불성실하거나 불완전하다고 인정되는 경우
③ 화재가 발생할 우려는 없으나 소방대상물의 정기점검이 필요한 경우
④ 국가적 행사 등 주요 행사가 개최되는 장소에 대하여 소방안전관리 실태를 점검할 필요가 있는 경우

해설 (화재예방법 제7조) 화재안전조사
소방관서장은 화재안전조사를 실시할 수 있다. 다만, **개인의 주거**에 대한 화재안전조사는 **관계인의 승낙**이 있거나 화재발생의 우려가 뚜렷하여 **긴급한 필요**가 있는 때에 한정한다.
(1) **자체점검**이 불성실하거나 불완전한 경우
(2) **화재안전조사**를 하도록 규정된 경우
(3) 화재예방안전진단이 **불성실**하거나 불완전한 경우
(4) 소방안전관리 실태를 조사할 필요가 있는 경우
(5) 화재가 자주 발생하였거나 발생할 우려가 뚜렷한 곳에 대한 조사가 필요한 경우
(6) **화재의 발생 위험이 크다고 판단**되는 경우
(7) 화재, **긴급한 상황이 발생할 경우**

해답 ③

57 소방대상물의 방염 등과 관련하여 방염성능기준은 무엇으로 정하는가?

① 대통령령　　　② 행정안전부령
③ 소방청훈령　　④ 소방청예규

해설 소방대상물의 방염 등 ★
① 방염성능기준 : 대통령령
② 방염성능의 검사 : 소방청장
③ 방염처리업의 등록 : 시·도지사

해답 ①

58 다음 중 상주 공사감리를 하여야 할 대상의 기준으로 옳은 것은?

① 지하층을 포함한 층수가 16층 이상으로서 300세대 이상인 아파트에 대한 소방시설의 공사
② 지하층을 포함한 층수가 16층 이상으로서 500세대 이상인 아파트에 대한 소방시설의 공사
③ 지하층을 포함하지 않은 층수가 16층 이상으로서 300세대 이상인 아파트에 대한 소방시설의 공사
④ 지하층을 포함하지 않은 층수가 16층 이상으로서 500세대 이상인 아파트에 대한 소방시설의 공사

해설 상주공사감리 대상

종류	대 상
상주공사 감리	• 연면적 3만m² 이상(자동화재탐지설비, 옥내, 옥외 또는 소화용수시설만 설치되는 공사 제외) • 지하층 포함한 층수가 **16층 이상 500세대 이상**인 아파트
일반공사 감리	상주공사감리에 해당하지 아니하는 소방시설

해답 ②

59 소방활동 종사 명령으로 소방활동에 종사한 사람이 사망하거나 부상을 입은 경우 보상하여야 하는 사람은?

① 안전행정부장관
② 소방청장
③ 소방본부장 또는 소방서장
④ 시·도지사

해설 (기본법 제24조) 소방활동 종사명령
(1) 소방본부장, 소방서장 또는 소방대장은 화재, 재난·재해, 그 밖의 위급한 상황이 발생한 현장에서 소방활동을 위하여 필요할 때에는 그 관할구역에 사는 사람 또는 그 현장에 있는 사람으로 하여금 사람을 구출하는 일을 불을 끄거나 불이 번지지 아니하도록 하는 일을 하게 할 수 있다. 이 경우 소방본부장, 소방서장 또는 소방대장은 소방활동에 필요한 보호장구를 지급하는 등 안전을 위한 조치를 하여야 한다.
(2) 소방활동에 종사한 사람은 시·도지사로부터 소방활동의 비용을 지급받을 수 있다.

비용지급 예외
① 소방대상물에 화재, 재난·재해, 그 밖의 위급한 상황이 발생한 경우 그 관계인
② 고의 또는 과실로 화재 또는 구조·구급 활동이 필요한 상황을 발생시킨 사람
③ 화재 또는 구조·구급 현장에서 물건을 가져간 사람

해답 ④

60 화재의 예방 및 안전관리에 관한 법령상 소방대상물의 개수·이전·제거, 사용의 금지 또는 제한, 사용폐쇄, 공사의 정지 또는 중지, 그 밖의 필요한 조치로 인하여 손실을 받은 자가 손실보상청구서에 첨부하여야 하는 서류로 틀린 것은?

① 손실보상합의서
② 손실을 증명할 수 있는 사진
③ 손실을 증명할 수 있는 증빙서류
④ 소방대상물의 관계인임을 증명할 수 있는 서류(건축물대장은 제외)

해설 화재예방법 시행규칙 제6조
(손실보상 청구자가 제출하여야 하는 서류 등)
① 소방대상물의 관계인임을 증명할 수 있는 서류(건축물대장은 제외한다)
② 손실을 증명할 수 있는 사진 그 밖의 증빙자료

해답 ①

제4과목 소방기계시설의 구조 및 원리

61 이산화탄소소화설비의 기동장치에 대한 기준으로 틀린 것은?

① 자동식 기동장치에는 수동으로도 기동할 수 있는 구조이어야 한다.

② 가스압력식 기동장치에서 기동용가스용기 및 해당용기에 사용하는 밸브는 20MPa 이상의 압력에 견딜 수 있어야 한다.
③ 수동식 기동장치의 조작부는 바닥으로부터 높이 0.8m 이상 1.5m 이하의 위치에 설치한다.
④ 전기식 기동장치로서 7병 이상의 저장용기를 동시에 개방하는 설비는 2병 이상의 저장용기에 전자 개방밸브를 부착해야 한다.

해설 CO_2 소화설비의 자동식 기동장치
(1) 자동화재탐지설비는 감지기의 작동과 연동하는 것으로 하여야 한다.
(2) 자동식 기동장치에는 수동으로도 기동할 수 있는 구조로 할 것
(3) 전기식 기동장치로서 7병 이상의 저장용기를 동시에 개방하는 설비에 있어서는 2병 이상의 저장용기에 전자개방밸브를 부착할 것
(4) 가스 압력식 기동장치
  ① 기동용 가스용기 및 당해 용기에 사용하는 밸브는 25MPa 이상의 압력에 견딜 수 있는 것으로 할 것
  ② 기동용 가스용기에는 내압시험압력의 0.8배 내지 내압시험압력 이하에서 작동하는 안전장치를 설치할 것
  ③ 기동용 가스용기의 체적은 5L **이상**으로 하고, 해당 용기에 저장하는 질소 등의 비활성 기체는 **6.0MPa 이상**(21℃ 기준)의 압력으로 충전할 것
(5) 기동용 가스용기에는 충전여부를 확인할 수 있는 압력게이지를 설치할 것

해답 ②

62 물분무소화설비의 가압송수장치로 압력수조의 필요 압력을 산출할 때 필요한 것이 아닌 것은?
① 낙차의 환산수두압
② 물분무헤드의 설계압력
③ 배관의 마찰손실 수두압
④ 소방용 호스의 마찰손실 수두압

해설 물분무소화설비
압력수조를 이용한 가압송수장치
$$P = p_1 + p_2 + p_3$$
여기서, P : 필요한 압력(MPa)
p_1 : 물분무헤드의 설계압력(MPa)
p_2 : 배관의 마찰손실 수두압(MPa)
p_3 : 낙차의 환산수두압(MPa)

해답 ④

63 소화용수설비에서 소화수조의 소요수량이 20m³ 이상 40m³ 미만인 경우에 설치하여야 하는 채수구의 개수는?
① 1개   ② 2개
③ 3개   ④ 4개

해설 채수구 설치기준
① 65mm 이상의 나사식 결합금속구를 설치

소요수량	20m³ 이상 40m³ 미만	40m³ 이상 100m³ 미만	100m³ 이상
채수구수	1개	2개	3개

② 채수구 설치위치 : 0.5m 이상 1m 이하
③ "채수구"라고 표시한 표지를 할 것
④ 소화용수설비 설치 면제 : 유수의 양이 0.8 m³/min 이상인 유수를 사용할 수 있는 경우

해답 ①

64 천장의 기울기가 10분의 1을 초과할 경우에 가지관의 최상부에 설치되는 톱날지붕의 스프링클러헤드는 천장의 최상부로부터의 수직거리가 몇 cm 이하가 되도록 설치하여야 하는가?
① 50   ② 70
③ 90   ④ 120

해설 천장의 기울기가 10분의 1을 초과하는 경우
(1) 가지관을 천장의 마루와 평행하게 설치 할 것
(2) 스프링클러헤드의 설치 기준
  ① 최상부에 설치하는 스프링클러헤드의 반사판을 수평으로 설치할 것
  ② 천장의 최상부를 중심으로 가지관을 서로 마주보게 설치하는 경우에는 최상부의 가지관

상호간의 거리가 가지관상의 스프링클러헤드 상호간의 거리의 2분의 1 이하(최소 1m 이상)가 되게 스프링클러헤드를 설치 할 것
③ 가지관의 최상부에 설치하는 스프링클러헤드는 천장의 최상부로부터의 수직거리가 90cm 이하가 되도록 할 것

해답 ③

65 전역방출방식 분말 소화설비에서 방호구역의 개구부에 자동폐쇄장치를 설치하지 아니한 경우, 개구부의 면적 $1m^2$에 대한 분말소화약제의 가산량으로 잘못 연결된 것은?

① 제1종 분말 – 4.5kg
② 제2종 분말 – 2.7kg
③ 제3종 분말 – 2.5kg
④ 제4종 분말 – 1.8kg

해설 방호구역체적에 대한 약제량 및 개구부 가산량

종별	체적계수 K_1(kg/m³)	면적계수 K_2(kg/m²) (자동폐쇄장치 미설치 시)
제1종	0.60	4.5
제2종, 제3종	0.36	2.7
제4종	0.24	1.8

해답 ③

66 다음은 상수도소화용수설비의 설치기준에 관한 설명이다. ( ) 안에 들어갈 내용으로 알맞은 것은?

> 호칭지름 75mm 이상의 수도배관에 호칭지름 ( )mm 이상의 소화전을 접속할 것

① 50   ② 80
③ 100   ④ 125

해설 상수도소화용수설비
① 호칭지름 **75mm 이상의 수도배관**에 호칭지름 **100mm 이상의 소화전**을 접속
② 소화전은 소방자동차 등의 진입이 쉬운 도로변 또는 공지에 설치
③ 소화전은 소방대상물의 수평투영면의 각 부분으로부터 **140m 이하**가 되도록 설치

해답 ③

67 다음은 옥내소화전에서 배관 등 설치기준에 관한 내용이다. ㉠~㉢ 안에 들어갈 내용으로 옳은 것은?

> • 연결송수관설비의 배관과 겸용할 경우의 주배관은 구경 100mm 이상, 방수구로 연결되는 배관의 구경은 (㉠)mm 이상의 것으로 하여야 한다.
> • 펌프의 성능은 체절운전시 정격토출압력의 (㉡)%를 초과하지 아니하고, 정격토출량의 150%로 운전시 정격토출압력의 (㉢)% 이상이 되어야 한다.

① ㉠ 40, ㉡ 120, ㉢ 65
② ㉠ 40, ㉡ 120, ㉢ 75
③ ㉠ 65, ㉡ 140, ㉢ 65
④ ㉠ 65, ㉡ 140, ㉢ 75

해설 옥내소화전설비의 배관 등
(1) 연결송수관설비의 배관과 겸용할 경우
 ① 주배관은 구경 100mm 이상
 ② 방수구로 연결되는 배관의 구경은 65mm 이상
(2) 펌프의 성능
 ① 체절운전 시 정격토출압력의 140%를 초과하지 아니 할 것
 ② 정격토출량의 150%로 운전 시 정격토출압력의 65% 이상이 되어야 할 것
(3) 펌프의 성능시험배관
 ① 펌프의 토출측에 설치된 개폐밸브 이전에서 분기하여 직선적으로 설치할 것
 ② 유량측정장치를 기준으로 전단 직관부에 개폐밸브를 후단 직관부에는 유량조절밸브를 설치할 것
 ③ 유량측정장치는 펌프의 정격토출량의 175% 이상까지 측정할 수 있는 성능이 있을 것

해답 ③

68 주거용 주방자동소화장치의 설치기준으로 틀린 것은?

① 감지부는 형식승인 받은 유효한 높이 및 위치에 설치해야 한다.
② 소화약제 방출구는 환기구의 청소부분과

분리되어 있어야 한다.
③ 가스차단 장치는 상시 확인 및 점검이 가능하도록 설치해야 한다.
④ 탐지부는 수신부와 분리하여 설치하되, 공기보다 무거운 가스를 사용하는 장소에는 바닥면으로부터 0.2m 이하의 위치에 설치해야 한다.

해설 **주거용 주방자동소화장치의 설치기준**
① 소화약제 방출구는 환기구의 청소부분과 분리되어 있어야 하며, 형식승인 받은 유효설치 높이 및 방호면적에 따라 설치할 것
② 감지부는 형식승인 받은 유효한 높이 및 위치에 설치할 것
③ 차단장치(전기 또는 가스)는 상시 확인 및 점검이 가능하도록 설치할 것
④ 가스용 주방자동소화장치를 사용하는 경우 탐지부는 수신부와 분리하여 설치하되, 공기보다 가벼운 가스를 사용하는 경우에는 천장 면으로부터 30cm 이하의 위치에 설치하고, 공기보다 무거운 가스를 사용하는 장소에는 바닥 면으로부터 30cm 이하의 위치에 설치할 것

구분	공기보다 가벼운 가스	공기보다 무거운 가스
탐지부	천장 면 30cm 이하	바닥 면 30cm 이하

⑤ 수신부는 주위의 열기류 또는 습기 등과 주위온도에 영향을 받지 아니하고 사용자가 상시 볼 수 있는 장소에 설치할 것

해답 ④

69 분말소화설비의 분말소화약제 1kg당 저장용기의 내용적 기준으로 틀린 것은?

① 제1종 분말 : 0.8L
② 제2종 분말 : 1.0L
③ 제3종 분말 : 1.0L
④ 제4종 분말 : 1.8L

해설 **분말소화약제의 저장용기 설치기준**
① 저장용기의 내용적

소화약제의 종별	약제 1kg당 내용적
제1종 분말	0.8L
제2종 분말	1L
제3종 분말	1L
제4종 분말	1.25L

② 가압식은 최고사용압력의 1.8배 이하, 축압식은 용기의 내압시험압력의 0.8배 이하의 압력에서 작동하는 안전밸브를 설치
③ 저장용기의 내부압력이 설정압력으로 되었을 때 주밸브를 개방하는 정압작동장치를 설치
④ 충전비는 0.8 이상
⑤ 잔류 소화약제를 처리할 수 있는 청소장치를 설치
⑥ 축압식은 지시압력계를 설치

해답 ④

70 스프링클러설비의 가압송수장치의 정격토출압력은 하나의 헤드선단에 얼마의 방수압력이 될 수 있는 크기이어야 하는가?

① 0.01MPa 이상 0.05MPa 이하
② 0.1MPa 이상 1.2MPa 이하
③ 1.5MPa 이상 2.0MPa 이하
④ 2.5MPa 이상 3.3MPa 이하

해설 **스프링클러설비의 가압송수장치**
① 가압송수장치의 정격토출압력
하나의 헤드선단에 0.1MPa 이상 1.2MPa 이하의 방수압력이 될 수 있게 하는 크기일 것
② 가압송수장치의 송수량
0.1MPa의 방수압력 기준으로 80L/min 이상의 방수성능을 가진 기준개수의 모든 헤드로부터의 방수량을 충족시킬 수 있는 양 이상의 것으로 할 것. 이 경우 속도수두는 계산에 포함하지 아니할 수 있다.

해답 ②

71 물분무소화설비의 소화작용이 아닌 것은?

① 부촉매작용   ② 냉각작용
③ 질식작용   ④ 희석작용

해설 ① 부촉매작용 - 할로겐화합물
물분무소화설비의 소화작용
① 냉각작용
② 질식작용
③ 희석작용
④ 유화(에멀전)작용

해답 ①

72 제연설비의 설치기준에 따른 제연구역의 구획 기준으로 틀린 것은?

① 거실과 통로는 각각 제연구획 할 것
② 하나의 제연구역의 면적은 600m² 이내로 할 것
③ 하나의 제연구역은 직경 60m 원내에 들어 갈 수 있을 것
④ 하나의 제연구역은 둘 이상의 층에 미치지 아니하도록 할 것

해설 ② 600m² 이내 → 1000m² 이내

제연구역 구획기준
① 하나의 제연구역의 면적은 1000m² 이내
② 거실과 통로는 각각 제연구획
③ **통로상의 제연구역**은 보행 중심선으로 길이가 60m를 초과하지 아니할 것
④ 하나의 제연구역은 직경 60m 원내에 들어갈 수 있을 것
⑤ 하나의 제연구역은 **둘 이상의 층**에 미치지 아니하도록 할 것

해답 ②

73 옥내소화전이 하나의 층에서 6개, 또 다른 층에서 3개, 나머지 모든 층에는 4개씩 설치되어 있다. 수원의 최소 수량(m³) 기준은?

① 7.8   ② 10.4
③ 5.2   ④ 15.6

해설 옥내소화전 수원의 양

$$Q(\text{m}^3) = N \times 2.6\text{m}^3$$

여기서, N : 옥내소화전이 가장 많은 층의 설치개수(최대 2개)

∴ $Q = 2 \times 2.6 = 5.2\text{m}^3$

해답 ③

74 스프링클러설비의 교차배관에서 분기되는 지점을 기점으로 한쪽 가지배관에 설치되는 헤드는 몇 개 이하로 설치하여야 하는가? (단, 수리학적 배관방식의 경우는 제외한다.)

① 8   ② 10
③ 12   ④ 18

해설 스프링클러설비의 배관설치기준
(1) 배관의 구경은 수리계산에 따르는 경우 가지배관의 유속은 6m/s, 그 밖의 배관의 유속은 10m/s를 초과할 수 없다.
(2) 가지배관의 배열은 다음 기준에 따른다.
  ① 토너먼트(tournament)방식이 아닐 것
  ② 교차배관에서 분기되는 지점을 기점으로 **한쪽 가지배관에 설치되는 헤드의 개수는 8개 이하로 할 것**.
(3) 교차배관의 구경은 최소구경이 40mm 이상이 되도록 할 것.
(4) 청소구는 교차배관 끝에 개폐밸브를 설치하고, 호스접결이 가능한 나사식 또는 고정배수 배관식으로 할 것.
(5) 하향식헤드를 설치하는 경우에 헤드접속배관은 가지관상부에서 분기할 것.
(6) **수직배수배관의 구경은 50mm 이상**으로 하여야 한다.

해답 ①

75 포소화설비의 자동식 기동장치에서 폐쇄형스프링클러헤드를 사용하는 경우의 설치기준에 대한 설명이다. ㉠~㉢의 내용으로 옳은 것은?

• 표시온도가 (㉠)℃ 미만인 것을 사용하고, 1개의 스프링클러헤드의 경계면적은 (㉡)m² 이하로 할 것
• 부착면의 높이는 바닥으로부터 (㉢)m 이하로 하고, 화재를 유효하게 감지할 수 있도록 할 것

① ㉠ 68, ㉡ 20, ㉢ 5
② ㉠ 68, ㉡ 30, ㉢ 7
③ ㉠ 79, ㉡ 20, ㉢ 5
④ ㉠ 79, ㉡ 30, ㉢ 7

해설 포소화설비의 자동식 기동장치
폐쇄형 스프링클러헤드를 사용하는 경우
① 표시온도가 **79℃ 미만**인 것을 사용하고, 1개의 스프링클러헤드의 경계면적은 **20m² 이하**로 할 것

② 부착면의 높이는 바닥으로부터 5m 이하로 하고, 화재를 유효하게 감지할 수 있도록 할 것
③ 하나의 감지장치 경계구역은 하나의 층이 되도록 할 것

해답 ③

76 특별피난계단의 계단실 및 부속실 제연설비의 안전기준에 대한 내용으로 틀린 것은?

① 제연구역과 옥내와의 사이에 유지하여야 하는 최소차압은 40Pa 이상으로 하여야 한다.
② 제연설비가 가동되었을 경우 출입문의 개방에 필요한 힘은 110N 이상으로 하여야 한다.
③ 계단실과 부속실을 동시에 제연하는 경우 부속실의 기압은 계단실과 같게 하거나 부속실과 계단실의 압력차이가 5Pa 이하가 되도록 하여야 한다.
④ 계단실 및 그 부속실을 동시에 제연하거나 또는 계단실만 단독으로 제연할 때의 방연풍속은 0.5m/s 이상이어야 한다.

해설 **특별피난계단의 계단실 및 부속실 제연설비의 차압 등**
① 제연구역과 옥내와의 사이에 유지하여야 하는 최소차압은 **40Pa(옥내에 스프링클러설비가 설치된 경우 12.5Pa) 이상**
② 제연설비가 가동되었을 경우 출입문의 개방에 필요한 힘은 **110N 이하**
③ 출입문이 일시적으로 개방되는 경우 개방되지 아니하는 제연구역과 옥내와의 차압은 제1항의 기준에 불구하고 **차압의 70% 이상**이어야 한다.
④ 계단실과 부속실을 동시에 제연 하는 경우 부속실의 기압은 계단실과 같게 하거나 계단실의 기압보다 낮게 할 경우에는 부속실과 계단실의 **압력차이는 5Pa 이하**

해답 ②

77 체적 100m³의 면화류 창고에 전역방출 방식의 이산화탄소소화설비를 설치하는 경우에 소화약제는 몇 kg 이상 저장하여야 하는가? (단, 방호구역의 개구부에 자동폐쇄장치가 부착되어 있다.)

① 12   ② 27
③ 120 ④ 270

해설 $Q = 100\text{m}^3 \times 2.7\text{kg/m}^3 = 270\text{kg}$

(1) CO_2소화설비 약제저장량

$$Q = V \times K_1 + A \times K_2$$

여기서, Q : CO_2 약제저장량(kg)
V : 방호구역체적(m^3)
K_1 : 체적계수(kg/m^3)
A : 개구부면적(m^2)
K_2 : 면적계수(kg/m^2)

(2) **심부화재**

방호대상물	체적계수 (K_1 : kg/m³)	면적계수 (K_2 : kg/m²) (자동폐쇄장치 미설치 시)
유압기기를 제외한 전기설비	1.3	10
체적 55m³ 미만의 전기설비	1.6	10
서고, 전자제품창고, 목재가공품창고, 박물관	2.0	10
고무류, 면화류창고, 모피창고, 석탄창고, 집진설비	2.7	10

해답 ④

78 주요 구조부가 내화구조이고 건널 복도가 설치된 층의 피난기구 수의 설치 감소 방법으로 적합한 것은?

① 피난기구를 설치하지 아니할 수 있다.
② 피난기구의 수에서 $\frac{1}{2}$을 감소한 수로 한다.
③ 원래의 수에서 건널 복도 수를 더한 수로 한다.
④ 피난기구의 수에서 해당 건널 복도의 수의 2배의 수를 뺀 수로 한다.

해설 주요구조부가 내화구조이고 다음 각 호의 기준에 적합한 건널 복도가 설치되어 있는 층에는 피난기구의 수에서 해당 건널 복도의 수의 2배의 수를 뺀 수로 한다.
① 내화구조 또는 철골조로 되어 있을 것
② 건널 복도 양단의 출입구에 자동폐쇄장치를 한 60분+방화문 또는 60분방화문(방화셔터를 제외)이 설치되어 있을 것

해답 ④

79 스프링클러설비의 누수로 인한 유수검지 장치의 오작동을 방지하기 위한 목적으로 설치하는 것은?

① 솔레노이드 밸브 ② 리타딩 챔버
③ 물올림 장치 ④ 성능시험배관

해설 **리타딩 챔버의 주요기능 : 비화재인 오보방지**
수격작용과 같은 순간압력으로 자동경보밸브의 클래퍼가 순간적으로 개방되었다 폐쇄될 때 유입된 압력수는 리타딩 챔버 하부에 설치된 오리피스를 통하여 자동배수하여 오보를 방지

해답 ②

80 지상으로부터 높이 30m가 되는 창문에서 구조대용 유도 로프의 모래주머니를 자연 낙하시킨 경우 지상에 도달할 때까지 걸리는 시간(초)은?

① 2.5 ② 5
③ 7.5 ④ 10

해설 **자연낙하시 높이와 시간관계**

$$h = \frac{1}{2}gt^2$$

여기서, h : 높이(m), g : 중력가속도($9.8m/s^2$)
t : 자유낙하시 지상에 도달하는 시간(초)

① $t = \sqrt{\dfrac{2h}{g}}$

② $t = \sqrt{\dfrac{2 \times 30}{9.8}} = 2.47$초

해답 ①

무료 동영상과 함께하는 소방설비(기계분야) 필기

2020

2020년 6월 6일 시행
2020년 8월 22일 시행
2020년 9월 27일 시행

소방설비기사 - 기계분야

2020년 6월 6일 시행

제1과목 소방원론

01 이산화탄소에 대한 설명으로 틀린 것은?

① 임계온도는 97.5℃이다.
② 고체의 형태로 존재할 수 있다.
③ 불연성가스로 공기보다 무겁다.
④ 드라이아이스와 분자식이 동일하다.

해설 ① 임계온도는 31.35℃이다.

CO_2의 물리적성질
① 무색, 무취이다.
② 임계온도 : 31.35℃
③ 증기비중은 1.52로 공기보다 무겁다.
④ 비전도성이므로 전기화재에 적합하다.
⑤ 허용농도 : 0.5%(5000ppm)
⑥ 삼중점 : 압력 0.53MPa, 온도 -56.3℃에서 고체, 액체, 기체가 공존
⑦ 호흡곤란 : 6% 이상

해답 ①

02 물질의 화재 위험성에 대한 설명으로 틀린 것은?

① 인화점 및 착화점이 낮을수록 위험
② 착화에너지가 작을수록 위험
③ 비점 및 융점이 높을수록 위험
④ 연소범위가 넓을수록 위험

해설 ③ 비점 및 융점이 낮을수록 위험

위험성에 영향을 주는 조건

영향을 주는 조건	위험성 증가
온도, 압력, 산소농도	증가할수록
인화점, 착화점, 비점, 융점, 점성, 비중	낮아질수록
연소범위(폭발범위)	넓을수록
연소열, 증기압	클수록
연소속도	빠를수록

해답 ③

03 다음 중 연소범위를 근거로 계산한 위험도 값이 가장 큰 물질은?

① 이황화탄소   ② 메탄
③ 수소   ④ 일산화탄소

해설 위험도(Degree of Hazards)

$$H = \frac{U-L}{L}$$

여기서, H : 위험도
U : 폭발상한계
L : 폭발하한계

① 이황화탄소의 폭발범위 : 1.2%~44%

$$H = \frac{44-1.2}{1.2} = 35.67$$

② 메탄의 폭발범위 : 5%~15%

$$H = \frac{15-5}{5} = 2.0$$

③ 수소의 폭발범위 : 4%~75%

$$H = \frac{75-4}{4} = 17.75$$

④ 일산화탄소의 폭발범위 : 12.5%~74.2%

$$H = \frac{74.2-12.5}{12.5} = 4.94$$

해답 ①

04 위험물안전관리법령상 제2석유류에 해당하는 것으로만 나열된 것은?

① 아세톤, 벤젠
② 중유, 아닐린

③ 에터, 이황화탄소
④ 아세트산, 아크릴산

해설 **4류 위험물의 분류**
① 아세톤(1석유류, 수용성)
　벤젠(1석유류, 비수용성)
② 중유(3석유류, 비수용성)
　아닐린(3석유류, 비수용성)
③ 에터(특수인화물, 비수용성)
　이황화탄소(특수인화물, 비수용성)
④ 아세트산(2석유류, 수용성)
　아크릴산(2석유류, 수용성)

해답 ④

05 종이, 나무, 섬유류 등에 의한 화재에 해당하는 것은?

① A급 화재　② B급 화재
③ C급 화재　④ D급 화재

해설 **화재의 분류** ★★ 자주출제(필수암기) ★★

종 류	등급	색표시	주된 소화 방법
일반화재	A급	백색	냉각소화
유류 및 가스화재	B급	황색	질식소화
전기화재	C급	청색	질식소화
금속화재	D급	–	피복소화
주방화재	K급	–	냉각 및 질식소화

해답 ①

06 0℃, 1기압에서 44.8m³의 용적을 가진 이산화탄소를 액화하여 얻을 수 있는 액화탄산가스의 무게는 약 몇 kg인가?

① 88　② 44
③ 22　④ 11

해설 **이상기체 상태방정식** ★★★★

$$PV = \frac{W}{M}RT = nRT$$

여기서, P : 압력(atm), V : 부피(m³)
　　　W : 무게(kg), M : 분자량
　　　R : 기체상수(0.082 atm·m³/kmol·K)
　　　T : 절대온도(273+t℃)K

① $W = \dfrac{PVM}{RT}$

② $W = \dfrac{1 \times 44.8 \times 44}{0.082 \times (273+0)} = 88.06\text{kg}$

해답 ①

07 가연물이 연소가 잘 되기 위한 구비조건으로 틀린 것은?

① 열전도율이 클 것
② 산소와 화학적으로 친화력이 클 것
③ 표면적이 클 것
④ 활성화 에너지가 작을 것

해설 ① 열전도율이 작을 것
가연물의 조건
① 산소와 친화력이 클 것
② 발열량이 클 것
③ 표면적이 넓을 것
④ 열전도도가 작을 것
⑤ 활성화 에너지가 적을 것
⑥ 연쇄반응을 일으킬 것
⑦ 활성이 강할 것

해답 ①

08 다음 중 소화에 필요한 이산화탄소소화약제와 최소 설계농도 값이 가장 높은 물질은?

① 메탄　② 에틸렌
③ 천연가스　④ 아세틸렌

해설 **소화에 필요한 CO₂의 설계농도**

방호대상물	설계농도(%)
아세틸렌(Acetylene)	66
에틸렌(Ethylene)	49
에탄(Ethane)	40
석탄가스, 천연가스	37
프로판(Propane)	36
부탄(Butane)	34
메탄(Methane)	34

해답 ④

09 이산화탄소의 증기비중은 약 얼마인가? (단, 공기의 분자량은 29이다.)

① 0.81　② 1.52
③ 2.02　④ 2.51

[해설] ① 이산화탄소의 분자량
$CO_2 = 12 + 16 \times 2 = 44$

② 증기비중
$S = \dfrac{44(분자량)}{29(공기평균분자량)} = 1.52$

• 공기의 평균 분자량 = 29
• 증기비중 = $\dfrac{M(분자량)}{29(공기평균분자량)}$

[해답] ②

10 유류탱크 화재 시 기름 표면에 물을 살수하면 기름이 탱크 밖으로 비산하여 화재가 확대되는 현상은?

① 슬롭 오버(Slop over)
② 플래시 오버(Flash over)
③ 프로스 오버(Froth over)
④ 블레비(BLEVE)

[해설] 유류탱크 및 액화가스 저장탱크에서 발생하는 현상
① 보일오버(Boil Over)
중질유탱크 화재시 탱크 **바닥의 물이 비등**하여 유류가 연소하면서 분출(Over Flow)하는 현상
② 슬롭오버(Slop Over)
물이 연소유의 뜨거운 표면에 들어갈 때 기름 표면에서 물이 비등하여 분출(Over Flow)하는 현상
③ 프로스오버(Froth Over)
물이 뜨거운 기름 표면 아래서 끓을 때 화재를 수반하지 않고 분출(Over Flow)하는 현상
④ 블레비(BLEVE, Boilling Loilling Liquid Expanding Vapour Explosion)
액화가스 저장탱크의 가열시 탱크균열로 누설된 액화가스가 착화원과 접촉하여 폭발하는 현상

[해답] ①

11 실내 화재 시 발생한 연기로 인한 감광계수(m^{-1})와 가시거리에 대한 설명 중 틀린 것은?

① 감광계수가 0.1일 때
가시거리는 20~30m 이다.
② 감광계수가 0.3일 때
가시거리는 15~20m 이다.
③ 감광계수가 1.0일 때
가시거리는 1~2m 이다.
④ 감광계수가 10일 때
가시거리는 0.2~0.5m 이다.

[해설] 감광계수와 가시거리

감광계수 (m^{-1})	가시거리 (m)	상 태
0.1	20~30	연기감지기 작동
0.3	5	피난에 지장
0.5	3	어두움을 느끼기 시작
1.0	1~2	거의 앞이 보이지 않을 정도
10	0.2~0.5	화재 최성기

※ 감광계수 : 연기 속을 투과한 빛의 양으로 연기의 농도를 광화학적으로 표시하는 방법

[해답] ②

12 $NH_4H_2PO_4$를 주성분으로 한 분말소화약제는 제 몇 종 분말소화약제인가?

① 제1종 ② 제2종
③ 제3종 ④ 제4종

[해설] 분말약제의 주성분 및 착색 ★★★★(필수암기)

종 별	주성분	약 제 명	착색
제1종	$NaHCO_3$	탄산수소나트륨, 중탄산나트륨, 중조	백 색
제2종	$KHCO_3$	탄산수소칼륨, 중탄산칼륨	담회색
제3종	$NH_4H_2PO_4$	제1인산암모늄	담홍색 (핑크색)
제4종	$KHCO_3 + (NH_2)_2CO$	탄산수소칼륨 + 요소	회색(쥐색)

[해답] ③

13 다음 물질 중 연소하였을 때 사이안화수소를 가장 많이 발생시키는 물질은?

① Polyethylene
② Polyurethane
③ Polyvinyl chloride
④ Polystyrene

해설 폴리우레탄(polyurethane)
① 우레탄결합(-NHCOO-)을 가지고 있다.
② 연소시 사이안화수소(HCN)을 발생시킨다.

해답 ②

14 다음 물질의 저장창고에서 화재가 발생하였을 때 주수소화를 할 수 없는 물질은?

① 부틸리튬
② 질산에틸
③ 나이트로셀룰로오스
④ 적린

해설 부틸리튬(C_4H_9Li)
물과 접촉 시 ⇒ 수소가스 발생
① 부틸리튬(C_4H_9Li)-제3류-금수성
② 질산에틸($C_2H_5NO_3$)-제5류-자기반응성
③ 나이트로셀룰로오스-제5류-자기반응성
④ 적린(P)-제3류-가연성고체

해답 ①

15 다음 중 상온 상압에서 액체인 것은?

① 탄산가스   ② 할론 1301
③ 할론 2402   ④ 할론 1211

해설 할론약제의 분자식 및 상태

종류	할론2402	할론1211	할론1301	할론1011
분자식	$C_2F_4Br_2$	CF_2ClBr	CF_3Br	CH_2ClBr
상태	액체	기체	기체	액체

해답 ③

16 밀폐된 내화건물의 실내에 화재가 발생했을 때 그 실내의 환경변화에 대한 설명 중 틀린 것은?

① 기압이 급강하한다.
② 산소가 감소된다.
③ 일산화탄소가 증가한다.
④ 이산화탄소가 증가한다.

해설 실내 화재시 환경변화
① 실내기압이 상승   ② 산소가 감소
③ 이산화탄소 증가   ④ 일산화탄소 증가

해답 ①

17 제거소화의 예에 해당하지 않는 것은?

① 밀폐 공간에서의 화재 시 공기를 제거한다.
② 가연성가스 화재 시 가스의 밸브를 닫는다.
③ 산림화재 시 확산을 막기 위하여 산림의 일부를 벌목한다.
④ 유류탱크 화재 시 연소되지 않은 기름을 다른 탱크로 이동시킨다.

해설 제거소화 : 화재구역에서 가연성물질을 제거시켜 소화하는 방법

★ 제거소화의 예
① 산불이 발생하면 화재의 진행방향을 앞질러 벌목
② 화학반응기의 화재시 원료공급관의 밸브 폐쇄
③ 유전화재시 폭약으로 폭풍을 일으켜 화염을 제거
④ 촛불을 입김으로 불어 화염을 제거

해답 ①

18 화재 시 나타나는 인간의 피난특성으로 볼 수 없는 것은?

① 어두운 곳으로 대피한다.
② 최초로 행동한 사람을 따른다.
③ 발화지점의 반대방향으로 이동한다.
④ 평소에 사용하던 문, 통로를 사용한다.

해설 ① 어두운 곳을 피해 밝은 곳으로 대피한다.
화재 시 인간의 본능
① 귀소 본능 : 화재시 인간은 피난을 위하여 자신이 들어온 길 또는 평상시 사용하던 통로(복도, 계단)로 탈출하려는 경향
② 지광 본능 : 화재시 인간은 주위가 어두워지면 밝은 곳으로 피난하려는 경향
③ 추종 본능 : 화재시(비상시) 인간은 군중 중 한 사람의 지도자가 나타나면 그 지도자를 따라 행동하려는 경향
④ 퇴피 본능 : 인간은 화재를 감지하면 반사적으로 화재지역으로부터 멀리 피난하려는 경향
⑤ 좌회 본능 : 인간은 대부분 오른손이나 오른발을 사용하여 발달하였으므로 회전할 경우에는 주로 오른손이나 오른발을 이용하여 왼쪽으로 회전(좌회전)하려는 경향

해답 ①

19 산소의 농도를 낮추어 소화하는 방법은?

① 냉각소화 ② 질식소화
③ 제거소화 ④ 억제소화

해설 소화원리
① 냉각소화 : 가연성 물질을 발화점 이하로 냉각

물이 소화약제로 사용되는 이유
• 물의 기화열(539 kcal/kg)이 크기 때문
• 물의 비열 (1 kcal/kg℃)이 크기 때문

② 질식소화 : 산소농도를 21% → 15% 이하로 감소

질식소화 시 산소의 유지농도 : 10∼15%

③ 억제소화(부촉매소화, 화학적소화) : 연쇄반응을 억제
- 부촉매 : 화학적 반응의 속도를 느리게 하는 것
- 부촉매 효과 : 할론소화약제
  [할로젠족원소 : 불소(F), 염소(Cl), 브로민(Br), 아이오딘(I)]

④ 제거소화 : 가연성물질을 제거시켜 소화
- 산불이 발생하면 화재의 진행방향을 앞질러 벌목
- 화학반응기의 화재 시 원료공급관의 밸브를 폐쇄
- 유전화재 시 폭약으로 폭풍을 일으켜 화염을 제거
- 촛불을 입김으로 불어 화염을 제거

⑤ 피복소화 : 가연물 주위를 공기와 차단
⑥ 희석소화
- 알코올, 아세톤 등 수용성인 인화성액체 화재 시 물을 방사하여 가연물의 연소농도를 희석
- 기체, 고체, 액체에서 나오는 분해가스나 증기의 농도를 희석하여 연소를 중지시켜 소화

⑦ 유화소화(에멀젼소화) : 제4류 위험물 중 물에 녹지 않는 인화성액체의 유류화재 시 물분무로 방사하여 액체표면에 불연성의 유막을 형성하여 소화

해답 ②

20 인화알루미늄의 화재 시 주수소화하면 발생하는 물질은?

① 수소 ② 메탄
③ 포스핀 ④ 아세틸렌

해설 인화알루미늄(AlP) : 제3류(금속의 인화합물)
① 황색 또는 암회색 분말
② 물과 작용하여 포스핀(PH₃)의 유독성 가스를 발생

AlP + 3H₂O → Al(OH)₃ + PH₃ (포스핀)

해답 ③

제2과목 소방유체역학

21 비중이 0.8인 액체가 한 변이 10cm인 정육면체 모양 그릇의 반을 채울 때 액체의 질량(kg)은

① 0.4 ② 0.8
③ 400 ④ 800

해설 ① 정육면체의 부피(V : m³)

$$V = L \times L \times L (L : \text{한 모서리 길이})$$

(정육면체)

$V = 0.1\text{m} \times 0.1\text{m} \times 0.1\text{m} = 0.001\text{m}^3$

② 질량(kg) : m

$$m = \rho_W \times S \times V$$

여기서, ρ_W : 물의 밀도(1000kg/m³)
S : 비중, V : 부피(m³)

③ $m = 1000\text{kg/m}^3 \times 0.8 \times 0.001\text{m}^3 \times \dfrac{1}{2}$ (반)

$= 0.4\text{kg}$

해답 ①

22 펌프의 입구에서 진공계의 계기압력은 −160 mmHg, 출구에서 압력계의 계기압력은 300 kPa, 송출 유량은 10m³/min일 때 펌프의 수동력(kW)은? (단, 진공계와 압력계 사이의 수직거리는 2m이고 흡입관과 송출관의 직경은 같

으며 손실은 무시한다.)

① 5.7 　　　② 56.8
③ 557 　　　④ 3400

해설 ① 전양정 계산

$$H = 160\text{mmHg} \times \frac{10.332\text{m}}{760\text{mmHg}}$$
$$+ 300\text{kPa} \times \frac{10.332\text{m}}{101.3\text{kPa}} + 2\text{m}$$
$$H = 34.77\text{m}$$

② 수동력 계산
$$L_W = 9.8 \times (10\text{m}^3/60\text{s}) \times 34.77 = 56.8\text{kW}$$

펌프의 동력계산
(1) 수동력
$$L_W(\text{kW}) = \gamma Q H$$

(2) 축동력
$$L_S(\text{kW}) = \frac{\gamma Q H}{E}$$

(3) 모터동력
$$P(\text{kW}) = \frac{\gamma Q H}{E} K$$

여기서, γ : 비중량
　　　　　(kN/m^3, 물의 비중량=9.8kN/m^3)
　　　Q : 유량(m^3/s)
　　　H : 전양정(m)
　　　E : 효율(%/100)
　　　K : 전달계수

표준대기압
$1\text{atm} = 760\text{mmHg} = 0.76\text{mHg}$
　　　　$= 10.332\text{mAq} = 10.332 \times 10^3 \text{mmAq}$
　　　　$= 101325\text{Pa} = 101.325\text{kPa}$

해답 ②

23 다음 (ㄱ), (ㄴ)에 알맞은 것은?

> 파이프 속을 유체가 흐를 때 파이프 끝의 밸브를 갑자기 닫으면 유체의 (ㄱ)에너지가 압력으로 변환되면서 밸브 직전에서 높은 압력이 발생하고 상류로 압축파가 전달되는 (ㄴ)현상이 발생한다.

① (ㄱ)운동, (ㄴ)서징
② (ㄱ)운동, (ㄴ)수격작용
③ (ㄱ)위치, (ㄴ)서징
④ (ㄱ)위치, (ㄴ)수격작용

해설 (1) **수격작용**
배관내 유체의 운동에너지가 압력에너지로 변하면서 배관 벽면을 치는 현상
(2) **수격작용 방지대책**
① 관경을 크게 하고 유속을 낮춘다.
② 펌프에 프라이 휠을 설치한다.
　(회전체의 관성모멘트를 크게 한다)
③ 조압수조(에어챔버) 또는 수격방지기 설치
④ 밸브는 펌프 송출구 가까이 설치하고 적당한 밸브제어
⑤ 배관은 가능한 직선적으로 시공

해답 ②

24 과열증기에 대한 설명으로 틀린 것은?

① 과열증기의 압력은 해당 온도에서의 포화압력보다 높다.
② 과열증기의 온도는 해당 압력에서의 포화온도보다 높다.
③ 과열증기의 비체적은 해당 온도에서의 포화증기의 비체적보다 크다.
④ 과열증기의 엔탈피는 해당 압력에서의 포화증기의 엔탈피보다 크다.

해설 **과열증기**
대기압 하에서 수증기를 더욱 가열하여 포화온도(약100℃)이상 상태로 만든 고온의 수증기
① 포화증기보다 압력을 높일 수 없다.
② 포화증기보다 온도가 높다.
③ 포화증기보다 비체적이 크다.
④ 포화증기보다 엔탈피가 크다.

해답 ①

25 비중이 0.85이고 동점성계수가 $3 \times 10^{-4}(\text{m}^2/\text{s})$인 기름이 직경 10cm의 수평 원형 관 내에 20L/s으로 흐른다. 이 원형 관의 100m 길이에서의 수두손실(m)은? (단, 정상 비압축성 유동이다.)

① 16.6 　　　② 25.0
③ 49.8 　　　④ 82.2

해설 ① $D = 10\text{cm} = 0.1\text{m}$
$Q = 20\text{L/s} = 20 \times 10^{-3} \text{m}^3/\text{s}$
$u = \dfrac{Q}{A} = \dfrac{20 \times 10^{-3}}{\dfrac{\pi}{4} \times 0.1^2} = 2.55 \text{m/s}$

② 레이놀드 수
$ReNo = \dfrac{Du}{\nu} = \dfrac{0.1 \times 2.55}{3 \times 10^{-4}} = 850$

③ 마찰손실계수(층류일 경우)
$f = \dfrac{64}{ReNo} = \dfrac{64}{850} = 0.0753$

④ $f = 0.0753$, $D = 0.1\text{m}$, $l = 100\text{m}$
g(중력가속도) $= 9.8\text{m/s}^2$, $u = 2.5\text{m/s}$

⑤ $\Delta h_L(\text{m}) = 0.0753 \times \dfrac{100}{0.1} \times \dfrac{2.55^2}{2 \times 9.8} = 25.0\text{m}$

레이놀드 수
$$ReNo = \dfrac{Du\rho}{\mu} = \dfrac{Du}{\nu} = \dfrac{4Q}{\pi D \nu}$$

여기서, $ReNo$: 레이놀드 수, D : 내경(m)
u : 평균속도(m/s), ρ : 밀도(kg/m³)
μ : 점성계수(N·s/m² = kg/m·s)
ν : 동점성계수(m²/s), Q : 유량(m³/s)

달시(Darcy) 공식
$$\Delta h_L = f \times \dfrac{l}{D} \times \dfrac{u^2}{2g}$$

여기서, Δh_L : 마찰손실수두(m)
f : 마찰손실계수
l : 배관길이(m), u : 유속(m/s)
g : 중력가속도(9.8m/s²)
D : 배관내경(m)

해답 ②

26 그림과 같이 수족관에 직경 3m의 투시경이 설치되어 있다. 이 투시경에 작용하는 힘(kN)은?

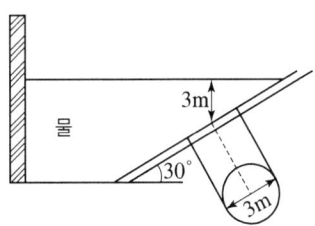

① 207.8   ② 123.9
③ 87.1   ④ 52.4

해설

$Z = 3\text{m}$, $Z = \bar{y}\sin 30°$,
$\bar{y} = \dfrac{Z}{\sin 30°} = \dfrac{3}{\sin 30°} = 6\text{m}$

투시경에 작용하는 힘
$$F = \gamma \bar{y} \sin\theta A$$

① 물의 비중량 $\gamma = 9800\text{N/m}^3 = 9.8\text{kN/m}^3$
② $\bar{y} = 6\text{m}$, $A = \dfrac{\pi}{4} \times 3^2 = 7.07\text{m}^2$
③ 투시경에 작용하는 힘
$F = 9.8\text{kN/m}^3 \times 6\text{m} \times \sin 30° \times 7.07\text{m}^2$
$\fallingdotseq 207.86\text{kN}$

해답 ①

27 점성에 관한 설명으로 틀린 것은?
① 액체의 점성은 분자간 결합력에 관계된다.
② 기체의 점성은 분자간 운동량 교환에 관계된다.
③ 온도가 증가하면 기체의 점성은 감소된다.
④ 온도가 증가하면 액체의 점성은 감소된다.

해설 **온도 증가 시 점성**
① 액체의 점성은 감소
② 기체의 점성은 증가

해답 ③

28 240mmHg의 절대압력은 계기압력으로 약 몇 kPa 인가? (단, 대기압은 760mmHg이고 수은의 비중은 13.6 이다.)

① -32.0   ② 32.0
③ -69.3   ④ 69.3

해설 ① 계기압 = 절대압 − 대기압

② 절대압 = $240 mmHg \times \dfrac{101.3 kpa}{760 mmHg}$
   = 31.99 kPa

③ 대기압 = 760 mmHg = 101.3 kPa

④ 계기압 = 31.99 − 101.3 = −69.31 kPa

해답 ③

29 관의 길이가 l이고, 지름이 d, 관마찰계수가 f 일 때 총 손실수두 H(m)를 식으로 바르게 나타낸 것은? (단, 입구 손실계수가 0.5, 출구 손실계수가 1.0, 속도수두는 $V^2/2g$이다.)

① $\left(1.5 + f\dfrac{l}{d}\right)\dfrac{V^2}{2g}$ ② $\left(f\dfrac{l}{d} + 1\right)\dfrac{V^2}{2g}$

③ $\left(0.5 + f\dfrac{l}{d}\right)\dfrac{V^2}{2g}$ ④ $\left(f\dfrac{l}{d}\right)\dfrac{V^2}{2g}$

해설 ① 입구 및 출구 손실계수 : $K_1 = 0.5 + 1.0 = 1.5$

② 배관 손실계수 : $K_2 = f\dfrac{l}{D}$

③ $K = 1.5 + f\dfrac{l}{D}$

④ $\Delta h_L = \left(1.5 + f\dfrac{l}{d}\right)\dfrac{V^2}{2g}$

달시(Darcy) 공식

$\Delta h_L (m) = f \times \dfrac{l}{D} \times \dfrac{u^2}{2g}$, $\Delta h_L (m) = K \times \dfrac{u^2}{2g}$

여기서, Δh_L : 마찰손실수두(m)
　　　　f : 마찰손실계수
　　　　l : 배관길이(m), u : 유속(m/s)
　　　　g : 중력가속도(9.8m/s²)
　　　　D : 배관내경(m), K : 손실계수

해답 ①

30 회전속도 N[rpm]일 때 송출량 Q[m³/min], 전양정 H[m]인 원심펌프를 상사한 조건에서 회전속도를 1.4N[rpm]으로 바꾸어 작동할 때 (ㄱ)유량과 (ㄴ)전양정은?

① (ㄱ) 1.4Q, (ㄴ) 1.4H
② (ㄱ) 1.4Q, (ㄴ) 1.96H
③ (ㄱ) 1.96Q, (ㄴ) 1.4H
④ (ㄱ) 1.96Q, (ㄴ) 1.96H

해설 상사의 법칙

$$Q_2 = Q_1 \times \left(\dfrac{N_2}{N_1}\right)$$

$$H_2 = H_1 \times \left(\dfrac{N_2}{N_1}\right)^2$$

$$P_2 = P_1 \times \left(\dfrac{N_2}{N_1}\right)^3$$

여기서, Q : 풍량, H : 전압, P : 축동력
　　　　N : 회전수

① $Q_2 = Q \times \left(\dfrac{1.4N}{N}\right) = 1.4Q$

② $H_2 = H \times \left(\dfrac{1.4N}{N}\right)^2 = 1.96H$

해답 ②

31 그림과 같이 길이 5m, 입구직경(D_1) 30cm, 출구직경(D_2) 16cm인 직관을 수평면과 30° 기울어지게 설치하였다. 입구에서 0.3m³/s로 유입되어 출구에서 대기 중으로 분출된다면 입구에서의 압력(kPa)은? (단, 대기는 표준대기압 상태이고 마찰손실은 없다)

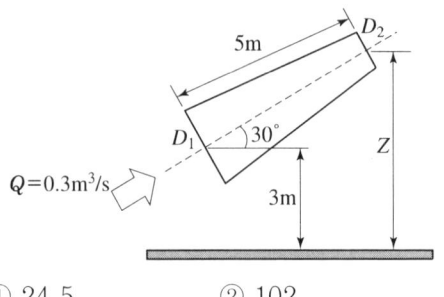

① 24.5   ② 102

③ 127   ④ 228

해설 ① $Q = A_1 u_1 = A_2 u_2$

$u_1 = \dfrac{Q}{A_1} = \dfrac{0.3\text{m}^3/\text{s}}{\dfrac{\pi}{4} \times (0.3\text{m})^2} = 4.24\text{m/s}$

$u_2 = \dfrac{Q}{A_2} = \dfrac{0.3\text{m}^3/\text{s}}{\dfrac{\pi}{4} \times (0.16\text{m})^2} = 14.92\text{m/s}$

② $\dfrac{u_1^2}{2g} + \dfrac{P_1}{\gamma} + Z_1 = \dfrac{u_2^2}{2g} + \dfrac{P_2}{\gamma} + Z_2$

$Z_2 = Z_1 + l\sin\theta = 3\text{m} + 5\text{m} \times \sin 30° = 5.5\text{m}$

③ $u_1 = 4.24\text{m/s}$, $u_2 = 14.92\text{m/s}$
$P_1 = ?$, $P_2 = $대기압$[101.3\text{kN/m}^2(\text{kPa})]$
$g = $중력가속도$(9.8\text{m/s}^2)$
$Z_1 = 3\text{m}$, $Z_2 = 5.5\text{m}$
$\gamma = 9.8\text{kN/m}^3$(물의 비중량)

$\dfrac{4.24^2}{2 \times 9.8} + \dfrac{P_1}{9.8} + 3 = \dfrac{14.92^2}{2 \times 9.8} + \dfrac{101.3}{9.8} + 5.5$

④ $P_1 = 228.11\text{kN/m}^2(\text{kPa})$

해답 ④

32 다음 중 배관의 유량을 측정하는 계측 장치가 아닌 것은?

① 로터미터(rotameter)
② 유동노즐(flow nozzle)
③ 마노미터(manometer)
④ 오리피스(orifice)

해설 유량측정장치
① 오리피스미터 ② 벤츄리미터
③ 로타미터 ④ 위어(개수로 유량측정장치)
마노미터 : 압력차를 측정

해답 ③

33 지름 10cm의 호스에 출구 지름이 3cm인 노즐이 부착되어 있고, 1500L/min의 물이 대기 중으로 뿜어져 나온다. 이때 4개의 플랜지 볼트를 사용하여 노즐을 호스에 부착하고 있다면 볼트 1개에 작용되는 힘의 크기(N)는? (단, 유동에서 마찰이 존재하지 않는다고 가정한다.)

① 58.3   ② 899.4
③ 1018.4   ④ 4098.2

해설 ① γ(물) $= 1000\text{kgf/m}^3$

$Q = 1500\text{L/min} = 1.5\text{m}^3/60\text{s} = 0.025\text{m}^3/\text{s}$

$A_1 = \dfrac{\pi}{4} \times (0.1\text{m})^2$, $A_2 = \dfrac{\pi}{4} \times (0.03\text{m})^2$

$g = 9.8\text{m/s}^2$

② F_x

$= \dfrac{1000 \times \dfrac{\pi}{4} \times 0.1^2 \times 0.025^2}{2 \times 9.8} \left(\dfrac{\dfrac{\pi}{4} \times 0.1^2 - \dfrac{\pi}{4} \times 0.03^2}{\dfrac{\pi}{4} \times 0.1^2 \times \dfrac{\pi}{4} \times 0.03^2} \right)^2$

③ $F_x = 415.07\text{kgf}$
(볼트4개에 작용하는 힘)

④ $F_x = \dfrac{415.07\text{kgf}}{4} \fallingdotseq 103.77\text{kgf}$
(볼트1개에 작용하는 힘)

⑤ $F_x = 103.8\text{kgf} \times \dfrac{9.8\text{N}}{1\text{kgf}} = 1017.24\text{N}$

참고 플랜지 볼트에 작용하는 힘

$$F_x = \dfrac{\gamma A_1 Q^2}{2g} \left(\dfrac{A_1 - A_2}{A_1 A_2} \right)^2$$

여기서, F_x : 플랜지 볼트에 작용하는 힘
γ : 비중량(kgf/m³), Q : 유량(m³/s)
g : 중력가속도(9.8m/s²), A : 단면적(m²)

해답 ③

34 −10℃, 6기압의 이산화탄소 10kg이 분사노즐에서 1기압까지 가역 단열팽창 하였다면 팽창 후의 온도는 몇 ℃가 되겠는가? (단, 이산화탄소의 비열비는 1.289이다.)

① −85   ② −97
③ −105   ④ −115

해설 가역 단열팽창

$$\dfrac{T_2}{T_1} = \left(\dfrac{P_2}{P_1} \right)^{\dfrac{k-1}{k}}$$

① $\dfrac{T_2}{273 + (-10)K} = \left(\dfrac{1}{6} \right)^{\dfrac{1.289-1}{1.289}}$

② $T_2 = 263K \times \left(\dfrac{1}{6}\right)^{\frac{1.289-1}{1.289}} = 175.99K$

③ $t℃ = 175.99K - 273 = -97℃$

해답 ②

35 다음 그림에서 A, B점의 압력차(kPa)는? (단, A는 비중 1의 물, B는 비중 0.899의 벤젠이다.)

① 278.7　　② 191.4
③ 23.07　　④ 19.4

해설

① $P_C = P_D$
(C지점 압력(P_C)과 D지점 압력(P_D)은 같다)

② $P_A + r_1 h_1 = P_B + r_2 h_2 + r_3 h_3$

③ $P_A - P_B = r_2 h_2 + r_3 h_3 - r_1 h_1$

④ $r_1 = r_w \times S_1 = 9.8 \times 1$
　$r_2 = r_w \times S_2 = 9.8 \times 13.6$
　$r_3 = r_w \times S_3 = 9.8 \times 0.899$

⑤ $h_1 = 14cm = 0.14m$, $h_2 = 15cm = 0.15m$
　$h_3 = 24cm - 15cm = 9cm = 0.09m$

⑥ $P_A - P_B$
$= (9.8 \times 13.6 \times 0.15) + (9.8 \times 0.899 \times 0.09)$
$- (9.8 \times 1 \times 0.14)$
$= 19.4 kN/m^2 (kPa)$

$$r = r_w \times S \times h$$

여기서, r : 비중량(kN/m^3)
　　　　r_w : 물 비중량($9.8 kN/m^3$)
　　　　S : 비중
　　　　h : 높이

해답 ④

36 펌프의 일과 손실을 고려할 때 베르누이 수정 방정식을 바르게 나타낸 것은? (단, H_P와 H_L은 펌프의 수두와 손실수두를 나타내며 하첨자 1, 2는 각각 펌프의 전 후 위치를 나타낸다.)

① $\dfrac{v_1^2}{2g} + \dfrac{P_1}{\gamma} + Z_1 = \dfrac{v_2^2}{2g} + \dfrac{P_2}{\gamma} + Z_2$

② $\dfrac{v_1^2}{2g} + \dfrac{P_1}{\gamma} + Z_1 + H_P = \dfrac{v_2^2}{2g} + \dfrac{P_2}{\gamma} + H_L$

③ $\dfrac{v_1^2}{2g} + \dfrac{P_1}{\gamma} + H_P = \dfrac{v_2^2}{2g} + \dfrac{P_2}{\gamma} + Z_2 + H_L$

④ $\dfrac{v_1^2}{2g} + \dfrac{P_1}{\gamma} + Z_1 + H_P$
　　$= \dfrac{v_2^2}{2g} + \dfrac{P_2}{\gamma} + Z_2 + H_L$

해설 베르누이 수정 방정식(실제유체)

전수두 $H(m) = \dfrac{u_1^2}{2g} + \dfrac{p_1}{\gamma} + z_1 + H_P$
$= \dfrac{u_2^2}{2g} + \dfrac{p_2}{\gamma} + z_2 + H_L$

여기서, H : 전에너지(m), $\dfrac{u^2}{2g}$: 속도수두(m)

$\dfrac{p}{\gamma}$: 압력수두(m), z : 위치수두(m)

H_P : 펌프의 수두(m)
H_L : 펌프의 손실수두(m)

해답 ④

37 그림과 같이 단면 A에서 정압이 500kPa이고 10m/s로 난류의 물이 흐르고 있을 때 단면 B에서의 유속(m/s)은?

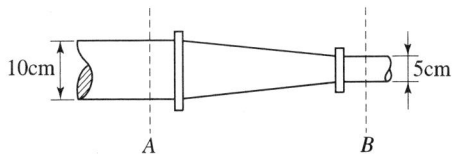

① 20　　　　② 40
③ 60　　　　④ 80

해설 ① 단면 A지점=1, 단면 B지점=2라고 할 때
$Q_1 = Q_2$, $u_1 A_1 = u_2 A_2$

② $u_1 \times \dfrac{\pi}{4} \times d_1^2 = u_2 \times \dfrac{\pi}{4} \times d_2^2$

③ $u_2 = u_1 \times \left(\dfrac{d_1}{d_2}\right)^2$

④ $u_2 = 10 \times \left(\dfrac{0.1}{0.05}\right)^2 = 40\text{m/s}$

유량 산출 공식

$$Q = uA$$

여기서, Q : 유량(m³/s)
　　　　u : 유속(m/s)
　　　　A : 단면적(m²) $A = \dfrac{\pi}{4}d^2$

해답 ②

38 압력이 100kPa이고 온도가 20℃인 이산화탄소를 완전기체라고 가정할 때 밀도(kg/m³)는? (단, 이산화탄소의 기체상수는 188.95J/kg·K이다.)

① 1.1　　　　② 1.8
③ 2.56　　　　④ 3.8

해설 완전기체 방정식

$$P = \rho RT \qquad \rho = \dfrac{m(\text{kg})}{V(\text{m}^3)}$$

여기서, P : 압력(N/m²), V : 부피(m³)
　　　　ρ : 밀도(kg/m³)
　　　　R : 기체상수(J/kg·K)
　　　　T : 절대온도(273+t℃)K
　　　　m : 질량(kg)

① $\rho = \dfrac{P}{RT}$

② $P = 100\text{kPa} = 100 \times 10^3 \text{Pa}(\text{N/m}^2)$

③ $R = 188.95\text{J/kg·K}$
　$T = (273 + 20)\text{K} = 293\text{K}$

④ $\rho = \dfrac{100 \times 10^3}{188.95 \times 293} = 1.8\text{kg/m}^3$

단위 관계 ★필수암기★

- $J = 1N \cdot m$
- $MPa = 10^3 kPa$
- $kPa = 10^3 Pa$
- $Pa = N/m^2$

해답 ②

39 온도차이가 ΔT, 열전도율이 K_1, 두께 x인 벽을 통한 열 유속(heat flux)과 온도차이가 $2\Delta T$, 열전도율이 K_2, 두께 $0.5x$인 벽을 통한 열 유속이 서로 같다면 두 재질의 열전도율 비 K_1/K_2의 값은?

① 1　　　　② 2
③ 4　　　　④ 8

해설 ① 열전달률(W/m²) = 열 유속(W/m²)

② $\dfrac{k_1 \times A_1 \times \Delta T_1}{x_1} = \dfrac{k_2 \times A_2 \times \Delta T_2}{x_2}$

③ 단위면적당 이므로 $A_1 = A_2$

④ $\dfrac{k_1 \times \Delta T_1}{x_1} = \dfrac{k_2 \times \Delta T_2}{x_2}$

⑤ $\Delta T_1 = \Delta T$, $\Delta T_2 = 2\Delta T$
　$x_1 = x$, $x_2 = 0.5x$

⑥ $\dfrac{k_1 \times \Delta T}{x} = \dfrac{k_2 \times 2\Delta T}{0.5x}$

⑦ $k_1/k_2 = \dfrac{2}{0.5} = 4$배

열전달률의 계산

$$Q = \dfrac{kA\Delta T}{x}$$

여기서, Q : 열전달률, ΔT : 온도차이
　　　　A : 열전달 면적, k : 열전도율
　　　　x : 전달되는 판의 두께

해답 ③

40 표준대기압 상태인 어떤 지방의 호수 밑 72.4m에 있던 공기의 기포가 수면으로 올라오면 기포

의 부피는 최초 부피의 몇 배가 되는가? (단, 기포 내의 공기는 보일의 법칙을 따른다.)

① 2 ② 4
③ 7 ④ 8

해설 ① 보일의 법칙

$$T(온도) = 일정 \quad P_1V_1 = P_2V_2$$

일정량의 기체가 차지하는 부피는 압력에 반비례한다.

② 기포의 부피

기포의 부피는 압력에 반비례

$$V_2 = V_1 \times \frac{P_1}{P_2}$$

③ P_1(절대압) = 대기압 + 계기압

P_1(절대압) = 10.332m + 72.4m = 82.732m

P_2 = 10.332m(표준대기압)

$$V_2 = V_1 \times \frac{82.732m}{10.332m} = 8배$$

해답 ④

제3과목 소방관계법규

41 소방시설공사업법령에 따른 소방시설업 등록이 가능한 사람은?

① 피성년후견인
② 위험물안전관리법에 따른 금고 이상의 형의 집행유예를 선고받고 그 유예기간 중에 있는 사람
③ 등록하려는 소방시설업 등록이 취소된 날부터 3년이 지난 사람
④ 소방기본법에 따른 금고 이상의 실형을 선고받고 그 집행이 면제된 날부터 1년이 지난 사람

해설 (공사업법 제5조) 등록의 결격사유
① 피성년후견인
② 이 법에 따른 금고 이상의 실형의 선고를 받고 그 집행이 종료되거나 집행이 면제된 날부터 2년이 지나지 아니한 자
③ 이 법에 따른 금고 이상의 형의 집행유예선고를 받고 그 유예기간 중에 있는 자
④ 소방시설업의 등록이 취소된 날부터 2년이 지나지 아니한 자
⑤ 법인으로서 그 대표자가 결격 사유자에 해당하는 경우
⑥ 법인의 임원이 결격사유자에 해당하는 경우

해답 ③

42 소방시설 설치 및 관리에 관한 법률상 방염성능기준 이상의 실내장식물 등을 설치해야 하는 특정소방대상물이 아닌 것은?

① 숙박이 가능한 수련시설
② 층수가 11층 이상인 아파트
③ 건축물 옥내에 있는 종교시설
④ 방송통신시설 중 방송국 및 촬영소

해설 (소방시설법 시행령 제30조)
방염성능기준 이상의 실내장식물 설치대상
(1) 근린생활시설 중 **의원, 치과의원, 한의원, 조산원, 산후조리원, 체력단련장, 공연장 및 종교집회장**
(2) 건축물의 옥내에 있는 시설
    ① 문화 및 집회시설
    ② 종교시설
    ③ 운동시설(수영장은 제외)
(3) 의료시설
(4) 교육연구시설 중 **합숙소**
(5) 노유자시설
(6) 숙박이 가능한 **수련시설**
(7) **숙박**시설
(8) 방송통신시설 중 **방송국 및 촬영소**
(9) 다중이용업소
(10) 층수가 11층 이상인 것(아파트 등은 제외)

(소방시설법 시행령 제31조)
방염대상물품 및 방염성능기준
(1) 제조 또는 가공 공정에서 방염 처리하여야 하는 물품
   ① 창문에 설치하는 커튼류(블라인드 포함)
   ② 카펫
   ③ 벽지류(두께가 2mm 미만 종이벽지 제외)

④ 전시용 합판·목재 또는 섬유판, 무대용 합판·목재 또는 섬유판(합판·목재류의 경우 불가피하게 설치 현장에서 방염처리한 것을 포함)
⑤ 암막·무대막(영화상영관과 **가상체험 체육시설업**에 설치하는 스크린을 포함)
⑥ 섬유류, 합성수지류로 제작된 소파·의자 (단란주점, 유흥주점, 노래연습장업)

(2) 건축물 내부의 천장이나 벽에 부착하거나 설치하는 다음의 것
(다만, 가구류와 너비 10cm 이하인 반자돌림대 등과 내부마감재료는 제외).
① **종이류(두께 2mm 이상인 것)**·합성수지류 또는 섬유류를 주원료로 한 물품
② 합판이나 목재
③ 간이 칸막이
④ 흡음재(흡음커튼 포함),방음재(방음커튼 포함)

(3) **방염성능기준**
① 불꽃을 올리며 20초 이내
② 불꽃을 올리지 아니하고 30초 이내
③ 탄화면적 50cm² 이내, 탄화길이 20cm 이내
④ 불꽃의 접촉 횟수 3회 이상
⑤ 최대연기밀도 400 이하

해답 ②

43 소방시설공사업법령상 소방공사감리를 실시함에 있어 용도와 구조에서 특별히 안전성과 보안성이 요구되는 소방대상물로서 소방시설물에 대한 감리를 감리업자가 아닌 자가 감리할 수 있는 장소는?

① 정보기관의 청사
② 교도소 등 교정관련시설
③ 국방 관계시설 설치장소
④ 원자력안전법상 관계시설이 설치되는 장소

해설 공사업법시행령 제8조
(감리업자가 아닌 자가 감리할 수 있는 보안성 등이 요구되는 소방대상물의 시공 장소)
원자력안전법에 따른 관계시설이 설치되는 장소

해답 ④

44 위험물안전관리법령상 다음의 규정을 위반하여 위험물의 운송에 관한 기준을 따르지 아니한 자에 대한 과태료 기준은?

> 위험물운송자는 이동탱크저장소에 의하여 위험물을 운송하는 때에는 행정안전부령으로 정하는 기준을 준수하는 등 당해 위험물의 안전확보를 위하여 세심한 주의를 기울여야 한다.

① 50만원 이하   ② 100만원 이하
③ 500만원 이하   ④ 300만원 이하

해설 위험물법 제39조(과태료) 500만원 이하의 과태료
① 위험물의 임시저장 승인을 받지 아니한 자
② 위험물의 저장 또는 취급에 관한 세부기준을 위반한 자
③ 품명 등의 변경신고를 기간 이내에 하지 아니하거나 허위로 한 자
④ 지위승계신고를 기간 이내에 하지 아니하거나 허위로 한 자
⑤ 제조소등의 폐지신고 또는 안전관리자의 선임신고를 기간 이내에 하지 아니하거나 허위로 한 자
⑥ 등록사항의 변경신고를 기간 이내에 하지 아니하거나 허위로 한 자
⑦ 점검결과를 기록·보존하지 아니한 자
⑧ 위험물의 운반에 관한 세부기준을 위반한 자
⑨ **위험물의 운송에 관한 기준을 따르지 아니한 자**

해답 ③

45 다음 소방시설 중 경보설비가 아닌 것은?

① 통합감시시설   ② 가스누설경보기
③ 비상콘센트설비 ④ 자동화재속보설비

해설 ③ 비상콘센트설비-소화활동설비

소방시설의 종류

소방시설	종류	
소화설비	① 소화기구	② 자동소화장치
	③ 옥내소화전설비	④ 옥외소화전설비
	⑤ 스프링클러설비 등	⑥ 물분무등 소화설비
경보설비	① 단독경보형감지기	② 비상경보설비
	③ 시각경보기	④ 자동화재탐지설비
	⑤ 화재알림설비	⑥ 비상방송설비
	⑦ 자동화재속보설비	⑧ 통합감시설비
	⑨ 누전경보기	⑩ 가스누설경보기

소방시설	종 류
피난구조 설비	① 피난기구 　㉠ 피난사다리　㉡ 구조대　㉢ 완강기 ② 인명구조기구 　㉠ 방열복, 방화복 　　(안전모, 보호장갑 및 안전화 포함) 　㉡ 공기호흡기 　㉢ 인공소생기 ③ 유도등 　㉠ 피난유도선　㉡ 피난구유도등 　㉢ 통로유도등　㉣ 객석유도등 　㉤ 유도표지 ④ 비상조명등 및 휴대용비상조명등
소화용수 설비	① 상수도소화용수설비 ② 소화수조 · 저수조 그 밖의 소화용수설비
소화활동 설비	① 제연설비　　② 연결송수관설비 ③ 연결살수설비　④ 비상콘센트설비 ⑤ 무선통신보조설비　⑥ 연소방지설비

해답 ③

46 소방기본법령에 따라 주거지역 · 상업지역 및 공업지역에 소방용수시설을 설치하는 경우 소방대상물과의 수평거리를 몇 m 이하가 되도록 해야 하는가?

① 50　　② 100
③ 150　　④ 200

해설 소방기본법 시행규칙 제6조 ②항의 별표 3
소방용수시설의 설치기준
(1) 공통기준
　① **주거**지역 · **상업**지역 및 **공업**지역 : 수평거리 **100m 이하**
　② **기타** 지역 : 수평거리 **140m 이하**
(2) 소방용수시설별 설치기준
　소화전의 설치기준 : 상수도와 연결하여 지하식 또는 지상식의 구조로 하고, 소방용호스와 연결하는 소화전의 **연결금속구의 구경은 65mm**로 할 것
(3) 급수탑의 설치기준
　급수배관의 구경은 100mm 이상, 개폐밸브는 지상에서 1.5m 이상 1.7m 이하의 위치에 설치
(4) 저수조의 설치기준
　① **지면으로부터 낙차가 4.5m 이하**
　② **흡수부분의 수심이 0.5m 이상**
　③ 소방펌프자동차가 쉽게 접근할 수 있도록 할 것
　④ 흡수에 지장이 없도록 토사 및 쓰레기 등을

제거할 수 있는 설비를 갖출 것
⑤ 흡수관의 투입구가 사각형의 경우에는 한 변의 길이가 **60cm 이상**, 원형의 경우에는 지름이 **60cm 이상**
⑥ 저수조에 물을 공급하는 방법은 상수도에 연결하여 자동으로 급수되는 구조

해답 ②

47 화재의 예방 및 안전관리에 관한 법령상 정당한 사유 없이 화재의 예방조치에 관한 명령에 따르지 아니한 경우에 대한 벌칙은?

① 100만원 이하의 벌금
② 200만원 이하의 벌금
③ 300만원 이하의 벌금
④ 500만원 이하의 벌금

해설 **화재예방법 제50조(벌칙) 300만원 이하의 벌금**
정당한 사유 없이 **화재예방조치**에 관한 **명령**에 따르지 아니하거나 이를 방해한 자

해답 ③

48 화재의 예방 및 안전관리에 관한 법령상 불꽃을 사용하는 용접 · 용단 기구의 용접 또는 용단 작업장에서 지켜야 하는 사항 중 다음 ( ) 안에 알맞은 것은?

- 용접 또는 용단 작업자로부터 반경 (㉠)m 이내에 소화기를 갖추어 둘 것
- 용접 또는 용단 작업장 주변 반경 (㉡)m 이내에는 가연물을 쌓아두거나 놓아두지 말 것. 다만, 가연물의 제거가 곤란하여 방지포 등으로 방호조치를 한 경우는 제외한다.

① ㉠ 3, ㉡ 5　　② ㉠ 5, ㉡ 3
③ ㉠ 5, ㉡ 10　　④ ㉠ 10, ㉡ 5

해설 **건조설비, 용접 · 용단 기구 관리기준**

종류	내용
건조설비	건조설비와 벽, 천장 사이의 거리는 0.5m 이상
불꽃을 사용하는 용접 · 용단 기구	• 반경 5m 이내에 소화기를 갖추어 둘 것 • 반경 10m 이내에는 가연물을 쌓아두거나 놓아두지 말 것

해답 ③

49 소방기본법령상 소방업무 상호응원협정 체결 시 포함되어야 하는 사항이 아닌 것은?

① 응원출동의 요청방법
② 응원출동훈련 및 평가
③ 응원출동대상지역 및 규모
④ 응원출동 시 현장지휘에 관한 사항

해설 기본법 시행규칙 제8조(소방업무의 상호응원협정)
(시 · 도지사의 상호응원협정 체결사항)
(1) 소방활동에 관한 사항
　① 화재의 경계 · 진압활동
　② 구조 · 구급업무의 지원
　③ 화재조사활동
(2) 응원출동대상지역 및 규모
(3) 소요경비의 부담에 관한 사항
　① 출동대원의 수당 · 식사 및 의복의 수선
　② 소방장비 및 기구의 정비와 연료의 보급
　③ 그 밖의 경비
　④ 응원출동의 요청방법
　⑤ 응원출동훈련 및 평가

해답 ④

50 위험물안전관리법령상 제조소등의 경보설비 설치기준에 대한 설명으로 틀린 것은?

① 제조소 및 일반취급소의 연면적이 500m² 이상인 것에는 자동화재탐지설비를 설치한다.
② 자동신호장치를 갖춘 스프링클러설비 또는 물분무등 소화설비를 설치한 제조소등에 있어서는 자동화재탐지설비를 설치한 것으로 본다.
③ 경보설비는 자동화재탐지설비 · 자동화재속보설비 · 비상경보설비(비상벨장치 또는 경종 포함) · 확성장치(휴대용확성기 포함) 및 비상방송설비로 구분한다.
④ 지정수량의 10배 이상의 위험물을 저장 또는 취급하는 제조소등(이동탱크저장소를 포함한다)에는 화재발생시 이를 알릴 수 있는 경보설비를 설치하여야 한다.

해설 ④ 이동탱크저장소 포함 → 이동탱크저장소 제외

위험물법 시행규칙 제42조(경보설비의 기준)
① 지정수량의 10배 이상의 위험물을 저장 또는 취급하는 제조소등(이동탱크저장소를 제외)에는 화재발생시 이를 알릴 수 있는 경보설비를 설치하여야 한다.
② 경보설비는 **자동화재탐지설비 · 자동화재속보설비 · 비상경보설비**(비상벨장치 또는 경종을 포함) · **확성장치**(휴대용확성기를 포함) 및 **비상방송설비**로 구분한다.
③ 자동신호장치를 갖춘 스프링클러설비 또는 물분무등소화설비를 설치한 제조소등에 있어서는 자동화재탐지설비를 설치한 것으로 본다.

해답 ④

51 위험물안전관리법령에 따라 위험물안전관리자를 해임하거나 퇴직한 때에는 해임하거나 퇴직한 날부터 며칠 이내에 다시 안전관리자를 선임하여야 하는가?

① 30일　　② 35일
③ 40일　　④ 55일

해설 위험물안전관리법에 따른 신고기간
① 제조소등의 설치자의 지위를 승계 : 승계한 날로부터 30일 이내에 시 · 도지사에게 신고
② 제조소등의 용도를 폐지한 때 : 폐지한 날로부터 14일 이내에 시 · 도지사에게 신고
③ 위험물안전관리자가 퇴직한 때 : 퇴직한 날부터 30일 이내에 다시 위험물안전관리자를 선임
④ 위험물안전관리자를 선임한 때 : 선임한 날부터 14일 이내에 소방본부장 또는 소방서장에게 신고

해답 ①

52 소방시설공사업법령에 따른 소방시설업의 등록권자는?

① 국무총리　　② 소방서장
③ 시 · 도지사　　④ 한국소방안전협회장

해설 (공사업법 제4조) 소방시설업의 등록
소방시설공사등을 하려는 자는 업종별로 자본금

(개인인 경우에는 **자산 평가액**), **기술인력** 등 대통령령으로 정하는 요건을 갖추어 시·도지사에게 **소방시설업**을 **등록**하여야 한다.

해답 ③

53 소방기본법령에 따른 소방용수시설 급수탑 개폐밸브의 설치기준으로 맞는 것은?

① 지상에서 1.0m 이상 1.5m 이하
② 지상에서 1.2m 이상 1.8m 이하
③ 지상에서 1.5m 이상 1.7m 이하
④ 지상에서 1.5 m 이상 2.0 m 이하

해설 소방기본법 시행규칙 제6조 ②항의 별표 3
소방용수시설의 설치기준
(1) 공통기준
　① **주거**지역·**상업**지역 및 **공업**지역 : 수평거리 100m 이하
　② **기타** 지역 : 수평거리 140m 이하
(2) 소방용수시설별 설치기준
　소화전의 설치기준 : 상수도와 연결하여 지하식 또는 지상식의 구조로 하고, 소방용호스와 연결하는 소화전의 **연결금속구의 구경은 65mm**로 할 것
(3) 급수탑의 설치기준
　급수배관의 구경은 100mm 이상, 개폐밸브는 지상에서 1.5m 이상 1.7m 이하의 위치에 설치
(4) 저수조의 설치기준
　① **지면으로부터의 낙차가 4.5m 이하**
　② 흡수부분의 수심이 0.5m 이상
　③ 소방펌프자동차가 쉽게 접근할 수 있도록 할 것
　④ 흡수에 지장이 없도록 토사 및 쓰레기 등을 제거할 수 있는 설비를 갖출 것
　⑤ 흡수관의 투입구가 사각형의 경우에는 한 변의 길이가 60cm 이상, 원형의 경우에는 지름이 60cm 이상
　⑥ 저수조에 물을 공급하는 방법은 상수도에 연결하여 자동으로 급수되는 구조

해답 ③

54 위험물안전관리법령상 정기검사를 받아야 하는 특정·준특정옥외탱크저장소의 관계인은 특정·준특정옥외탱크저장소의 설치허가에 따른 완공검사합격확인증을 발급받은 날부터 몇 년 이내에 정밀정기검사를 받아야 하는가?

① 9　　② 10
③ 11　　④ 12

해설 **특정·준특정옥외탱크저장소의 정기점검**
(액체위험물의 최대수량이 50만리터 이상)
① 완공검사합격확인증을 발급받은 날부터 **12년**
② 최근의 정밀정기검사를 받은 날부터 **11년**
③ 안전조치가 적정한 것으로 인정받은 경우에는 최근의 정밀정기검사를 받은 날부터 **13년**

해답 ④

55 소방시설 설치 및 관리에 관한 법률상 소방시설 등에 대한 자체점검 중 종합점검 대상인 것은?

① 제연설비가 설치되지 않은 터널
② 스프링클러설비가 설치된 연면적이 5000m² 이고 12층인 아파트
③ 물분무등소화설비가 설치된 연면적이 5000m² 인 위험물 제조소
④ 호스릴방식의 물분무등소화설비만을 설치한 연면적 3000m² 인 특정소방대상물

해설 **종합점검 대상**
(1) 해당 특정소방대상물의 소방시설 등이 신설된 경우
(2) **스프링클러설비**가 설치된 특정소방대상물
(3) **물분무등 소화설비(호스릴방식 제외)**가 설치된 **연면적 5천m² 이상**(위험물제조소등을 제외)
(4) **단란주점영업과 유흥주점영업, 영화상영관·비디오물감상실업·복합영상물제공업, 노래연습장업, 산후조리업, 고시원업, 안마시술소**의 영업장이 설치된 **연면적이 2천m² 이상**인 것
(5) **제연**설비가 설치된 **터널**
(6) **공공기관 중 연면적 1,000m² 이상**인 것으로서 **옥내소화전설비** 또는 **자동화재탐지설비**가 설치된 것. 다만, 소방대가 근무하는 공공기관은 제외

해답 ②

56 소방시설 설치 및 관리에 관한 법률상 소방용품의 형식승인을 받지 아니하고 소방용품을 제조하거나 수입한 자에 대한 벌칙 기준은?

① 100만원 이하의 벌금
② 300만원 이하의 벌금
③ 1년 이하의 징역 또는 1천만원 이하의 벌금
④ 3년 이하의 징역 또는 3천만원 이하의 벌금

해설 소방시설법 제57조(벌칙)
3년 이하의 징역 또는 3천만원 이하의 벌금
① **조치명령**을 위반한 자
② **관리업의 등록**을 하지 아니하고 **영업**을 한 자
③ **거짓이나 부정한 방법으로 형식승인, 제품검사, 임의 변경, 합격표시, 성능인증** 받은 자
④ **회수·교환·폐기 또는 판매중지** 명령을 받은 후 필요한 조치를 하지 아니한 자
⑤ **거짓, 부정한 방법으로 전문기관지정** 받은 자

해답 ④

57 화재의 예방 및 안전관리에 관한 법률상 소방안전관리대상물의 소방안전관리자의 업무가 아닌 것은?

① 소방시설 공사
② 소방훈련 및 교육
③ 소방계획서의 작성 및 시행
④ 자위소방대의 구성·운영·교육

해설 (화재예방법 제24조)
소방안전관리자 업무
(1) **소방계획서**의 작성 및 시행
(2) **자위소방대** 및 초기대응체계의 **구성·운영·교육**
(3) 피난시설, 방화구획 및 방화시설의 **관리**
(4) 소방시설, 소방 관련시설의 **관리**
(5) **소방훈련 및 교육**
(6) 화기 취급의 감독
(7) 소방안전관리에 관한 **업무수행 기록·유지**
(8) 화재발생 시 **초기대응**
(9) 소방안전관리에 **필요한 업무**

해답 ①

58 소방기본법에 따라 화재 등 그 밖의 위급한 상황이 발생한 현장에서 소방활동을 위하여 필요한 때에는 그 관할구역에 사는 사람 또는 그 현장에 있는 사람으로 하여금 사람을 구출하는 일 또는 불을 끄는 등의 일을 하도록 명령할 수 있는 권한이 없는 사람은?

① 소방서장   ② 소방대장
③ 시·도지사 ④ 소방본부장

해설 (기본법 제24조) 소방활동 종사명령
(1) **소방본부장, 소방서장 또는 소방대장**은 화재, 재난·재해, 그 밖의 위급한 상황이 발생한 현장에서 소방활동을 위하여 필요할 때에는 그 관할구역에 사는 사람 또는 그 현장에 있는 사람으로 하여금 사람을 구출하는 일 또는 불을 끄거나 불이 번지지 아니하도록 하는 일을 하게 할 수 있다. 이 경우 소방본부장, 소방서장 또는 소방대장은 소방활동에 필요한 보호장구를 지급하는 등 안전을 위한 조치를 하여야 한다.
(2) 소방활동에 종사한 사람은 시·도지사로부터 소방활동의 비용을 지급받을 수 있다.

비용지급 예외
① 소방대상물에 화재, 재난·재해, 그 밖의 위급한 상황이 발생한 경우 그 관계인
② 고의 또는 과실로 화재 또는 구조·구급 활동이 필요한 상황을 발생시킨 사람
③ 화재 또는 구조·구급 현장에서 물건을 가져간 사람

해답 ③

59 소방시설기준 적용의 특례 중 특정소방대상물의 관계인이 소방시설을 갖추어야 함에도 불구하고 관련 소방시설을 설치하지 아니할 수 있는 소방시설의 범위로 옳은 것은?(단, 화재 위험도가 낮은 특정소방대상물로서 석재, 불연성금속, 불연성 건축재료 등의 가공공장·기계조립공장 또는 불연성 물품을 저장하는 창고이다.)

① 옥외소화전 및 연결살수설비
② 연결송수관설비 및 연결살수설비
③ 자동화재탐지설비, 상수도소화용수설비 및 연결살수설비
④ 스프링클러설비, 상수도소화용수설비 및

연결살수설비

해설 소방시설을 설치하지 아니할 수 있는 특정소방대상물 및 소방시설의 범위

구분	특정소방대상물	소방시설
화재 위험도가 낮은 특정 소방 대상물	석재, 불연성금속, 불연성 건축재료 등의 가공공장·기계조립공장 또는 불연성 물품을 저장하는 창고	옥외 및 연결살수

해답 ①

60 소방시설 설치 및 관리에 관한 법률상 건축허가등의 동의대상물이 아닌 것은?

① 항공기 격납고
② 연면적이 300m²인 공연장
③ 바닥면적이 300m²인 차고
④ 연면적이 300m²인 노유자시설

해설 ② 연면적이 300m²인 공연장
(지하층, 무창층에 있는 건축물)

(소방시설법 시행령 제7조)
건축허가등의 동의대상물의 범위 등
(1) 연면적 400m² 이상
   다만, 다음에 해당하는 경우에는 기준 이상
   ① 학교시설 : 100m²
   ② 노유자시설 및 수련시설 : 200m²
   ③ 정신의료기관 : 300m²
   ④ 장애인 의료재활시설 : 300m²
(2) 지하층 또는 무창층 150m²(공연장 100m²)
(3) 차고·주차장 또는 주차용도로 사용시설
   ① 차고·주차장 : 200m² 이상
   ② 기계장치에 의한 자동차 20대 이상
(4) 층수가 6층 이상인 건축물
(5) 항공기격납고, 관망탑, 항공관제탑, 방송용 송수신탑
(6) 공동주택, 의원(입원실, 인공신장실이 있는 것)·조산원·산후조리원, 숙박시설, 위험물 저장 및 처리 시설, 풍력발전소·전기저장시설, 지하구
(7) 노유자시설((1)의 ②에 해당하지 않는 시설)
(8) 요양병원(의료재활시설은 제외)
(9) 750배 이상의 특수가연물을 저장·취급
(10) 가스시설로서 지상 노출 탱크 100톤 이상

해답 ②

제4과목 소방기계시설의 구조 및 원리

61 분말소화설비의 화재안전기술기준상 차고 또는 주차장에 설치하는 분말소화설비의 소화약제는?

① 인산염을 주성분으로 한 분말
② 탄산수소칼륨을 주성분으로 한 분말
③ 탄산수소칼륨과 요소가 화합된 분말
④ 탄산수소나트륨을 주성분으로 한 분말

해설 분말소화약제
① 분말소화설비에 사용하는 소화약제는 **제1종분말·제2종분말·제3종분말** 또는 **제4종분말**로 하여야 한다.
② **차고 또는 주차장**에 설치하는 분말소화설비의 소화약제는 **제3종분말**로 하여야 한다.

분말약제의 주성분 및 착색 ★★★★(필수암기)

종별	주성분	약제명	착색
제1종	NaHCO₃	탄산수소나트륨, 중탄산나트륨, 중조	백색
제2종	KHCO₃	탄산수소칼륨, 중탄산칼륨	담회색
제3종	NH₄H₂PO₄	제1인산암모늄	담홍색 (핑크색)
제4종	KHCO₃+ (NH₂)₂CO	탄산수소칼륨+요소	회색(쥐색)

해답 ①

62 할론소화설비의 화재안전기술기준상 축압식 할론소화약제 저장용기에 사용되는 축압용가스로서 적합한 것은?

① 질소   ② 산소
③ 이산화탄소   ④ 불활성 가스

해설 할론소화약제의 저장용기
① 축압식 저장용기의 압력

구분	저장압력	충전가스
할론1211	1.1MPa 또는 2.5MPa(20℃)	질소(N₂)
할론1301	2.5MPa 또는 4.2MPa(20℃)	질소(N₂)

② 저장용기의 충전비

구분		충전비
할론2402	가압식	0.51 이상 0.67 미만
	축압식	0.67 이상 2.75 미만
할론1211		0.7 이상 1.4 이하
할론1301		0.9 이상 1.6 이하

해답 ①

63 물분무소화설비의 화재안전기술기준에 따른 물분무소화설비의 설치 장소별 $1m^2$당 수원의 최소 저수량으로 맞는 것은?

① 차고 : 30L/min × 20분 × 바닥면적
② 케이블트레이 : 12L/min × 20분 × 투영된 바닥면적
③ 콘베이어 벨트 : 37L/min × 20분 × 벨트부분의 바닥면적
④ 특수가연물을 취급하는 특정소방대상물 : 20L/min × 20분 × 바닥면적

해설 물분무소화설비의 수원의 양

소방대상물	수원의 저수량
특수가연물	바닥면적(m^2)(최소 $50m^2$) × $10L/m^2 \cdot 분 \times 20min$
차고, 주차장	바닥면적(m^2)(최소 $50m^2$) × $20L/m^2 \cdot 분 \times 20min$
절연유 봉입 변압기	표면적(바닥부분제외)(m^2) × $10L/m^2 \cdot 분 \times 20min$
케이블트레이, 덕트	투영된 바닥면적(m^2) × $12L/m^2 \cdot 분 \times 20min$
콘베이어벨트	벨트부분의 바닥면적(m^2) × $10L/m^2 \cdot 분 \times 20min$

해답 ②

64 화재예방, 소방시설 설치·유지 및 안전관리에 관한 법률상 자동소화장치를 모두 고른 것은?

㉠ 분말자동소화장치
㉡ 액체자동소화장치
㉢ 고체에어로졸자동소화장치
㉣ 공업용 주방자동소화장치
㉤ 캐비닛형 자동소화장치

① ㉠, ㉡
② ㉡, ㉢, ㉣
③ ㉠, ㉢, ㉤
④ ㉠, ㉡, ㉢, ㉣, ㉤

해설 자동소화장치
① 주거용 주방자동소화장치
② 상업용 주방자동소화장치
③ 캐비닛형 자동소화장치
④ 가스자동소화장치
⑤ 분말자동소화장치
⑥ 고체에어로졸자동소화장치

해답 ③

65 피난기구를 설치하여야 할 소방대상물 중 피난기구의 2분의 1을 감소할 수 있는 조건이 아닌 것은?

① 주요구조부가 내화구조로 되어 있다.
② 특별피난계단이 2 이상 설치되어 있다.
③ 소방구조용(비상용)엘리베이터가 설치되어 있다.
④ 직통계단인 피난계단이 2 이상 설치되어 있다.

해설 피난기구설치의 감소
1. 피난기구의 2분의 1을 감소
  (1) 주요구조부가 내화구조로 되어 있을 것
  (2) 직통계단인 피난계단 또는 특별피난계단이 2 이상 설치되어 있을 것
2. 피난기구의 수에서 해당 건널 복도의 수의 2배의 수를 뺀 수
  (1) 내화구조 또는 철골조로 되어 있을 것
  (2) 건널 복도 양단의 출입구에 자동폐쇄장치를 한 60분+방화문 또는 60분방화문(방화셔터를 제외)이 설치되어 있을 것
  (3) 피난·통행 또는 운반의 전용 용도일 것
3. 피난기구의 설치개수 산정을 위한 바닥면적에서 제외
  (1) 노대를 포함한 소방대상물의 주요구조부가 내화구조일 것
  (2) 노대가 거실의 외기에 면하는 부분에 피난상 유효하게 설치되어 있어야 할 것
  (3) 노대가 소방사다리차가 쉽게 통행할 수 있는 도로 또는 공지에 면하여 설치되어 있거나, 또는 거실부분과 방화 구획되어 있거나

또는 노대에 지상으로 통하는 계단 그 밖의 피난기구가 설치되어 있어야 할 것

해답 ③

66 소화수조 및 저수조의 화재안전기술기준에 따라 소화용수설비에 설치하는 채수구의 수는 소요수량이 40m³ 이상 100m³ 미만인 경우 몇 개를 설치해야 하는가?

① 1   ② 2
③ 3   ④ 4

해설 1. 소화수조 및 저수조 등
① 소방차가 채수구로부터 2m 이내의 지점까지 접근할 수 있는 위치에 설치
② 소화수조 또는 저수조의 저수량

[소방대상물의 기준면적]

소방대상물의 구분	기준면적
1층 및 2층의 바닥면적 합계가 15000m² 이상인 소방대상물	7500m²
그 밖의 소방대상물	12500m²

2. 소화수조 또는 저수조의 설치기준
 (1) 흡수관투입구
  ① 한 변이 0.6m 이상 또는 직경이 0.6m 이상
  ② 소요수량이 80m³ 미만인 것 : 1개 이상
  ③ 소요수량이 80m³ 이상인 것 : 2개 이상
  ④ "흡수관투입구"라고 표시한 표지를 할 것
 (2) 채수구 설치기준
  ① 65mm 이상의 나사식 결합금속구를 설치

[소요수량과 채수구수]

소요 수량	20m³ 이상 40m³ 미만	40m³ 이상 100m³ 미만	100m³ 이상
채수구수	1개	2개	3개

  ② 채수구 설치위치 : 0.5m 이상 1m 이하
  ③ "채수구"라고 표시한 표지를 할 것
  ④ 소화용수설비 설치 면제 : 유수의 양이 0.8m³/min 이상인 유수를 사용할 수 있는 경우

해답 ②

67 포소화설비의 화재안전기술기준에 따라 바닥면적이 180m²인 건축물 내부에 호스릴방식의 포소화설비를 설치할 경우 가능한 포소화약제의 최소 필요량은 몇 L인가? (단, 호스접결구 : 2개, 약제농도 : 3%)

① 180   ② 270
③ 650   ④ 720

해설 ① 옥내포소화전방식 또는 호스릴방식

약제 저장량
$$Q = N \times S \times 6000$$
Q : 포소화약제의 양(L)
N : 호스접결구 개수(5개 이상의 경우는 5)
S : 포소화약제의 사용농도(%)

바닥면적이 200m² 미만인 건축물에 있어서는 계산량의 75%로 할 수 있다.
㉠ $Q = 2 \times 0.03 \times 6000 = 360L$
㉡ 바닥면적이 180m²(200m² 미만)
$$Q = 360L \times \frac{75}{100} = 270L$$

② 고정포 방출구 방식

구 분	약제 저장량
가. 고정포 방출구	$Q = A \times Q_1 \times T \times S$ Q : 포소화약제의 양(L) A : 저장탱크의 액 표면적(m²) Q_1 : 단위 포소화수용액의 양(L/m²분) T : 방출시간(분) S : 포소화약제의 사용농도(%)
나. 보조 포소화전	$Q = N \times S \times 8000L$ Q : 포소화약제의 양(L) N : 호스 접결구 개수 (3개 이상의 경우는 3) S : 포소화약제의 사용농도(%)

해답 ②

68 소화수조 및 저수조의 화재안전기술기준에 따라 소화용수설비를 설치하여야 할 특정소방대상물에 있어서 유수의 양이 최소 몇 m³/min 이상인 유수를 사용할 수 있는 경우에 소화수조를 설치하지 아니할 수 있는가?

① 0.8   ② 1
③ 1.5   ④ 2

해설 소화수조 또는 저수조의 설치기준
① 흡수관투입구
 ㉠ 한 변이 0.6m 이상 또는 직경이 0.6m 이상
 ㉡ 소요수량이 80m³ 미만인 것 : 1개 이상
 ㉢ 소요수량이 80m³ 이상인 것 : 2개 이상
 ㉣ "흡수관투입구"라고 표시한 표지를 할 것

② 채수구 설치기준
  ㉠ 65mm 이상의 나사식 결합금속구를 설치

소요수량과 채수구수

소요수량	20m³ 이상 40m³ 미만	40m³ 이상 100m³ 미만	100m³ 이상
채수구수	1개	2개	3개

  ㉡ 채수구 설치위치 : 0.5m 이상 1m 이하
  ㉢ "채수구"라고 표시한 표지를 할 것
  ㉣ 소화용수설비 설치 면제 : 유수의 양이 0.8m³/min 이상인 유수를 사용할 수 있는 경우

해답 ①

69 스프링클러설비의 화재안전기술기준에 따라 개방형스프링클러설비에서 하나의 방수구역을 담당하는 헤드 개수는 최대 몇 개 이하로 설치하여야 하는가?

① 30   ② 40
③ 50   ④ 60

해설 개방형스프링클러설비의 방수구역 및 일제개방밸브
① 하나의 방수구역은 2개 층에 미치지 아니 할 것
② 방수구역마다 일제개방밸브를 설치할 것
③ 하나의 방수구역 담당 헤드의 개수는 50개 이하 다만, 2개 이상의 방수구역으로 나눌 경우에는 하나의 방수구역을 담당하는 헤드의 개수는 25개 이상으로 할 것
④ 표지는 "일제개방밸브실"이라고 표시할 것

해답 ③

70 완강기의 형식승인 및 제품검사의 기술기준상 완강기의 최대사용하중은 최소 몇 N 이상의 하중이어야 하는가?

① 800   ② 1000
③ 1200   ④ 1500

해설 완강기의 최대사용하중 및 최대사용자수
① 최대사용하중은 1500N 이상의 하중이어야 한다.
② 최대사용자수(1회에 강하할 수 있는 사용자의 최대수)는 **최대사용하중을 1500N으로 나누어**

서 얻은 값(1 미만의 수는 계산하지 아니한다)으로 한다.
③ 최대사용자수에 상당하는 수의 벨트가 있어야 한다.

해답 ④

71 옥외소화전설비의 화재안전기술기준에 따라 옥외소화전 배관은 특정소방대상물의 각 부분으로부터 하나의 호스접결구까지의 수평거리가 최대 몇 m 이하가 되도록 설치하여야 하는가?

① 25   ② 35
③ 40   ④ 50

해설 옥외소화전설비의 배관 등
(1) 호스접결구는 소방대상물의 각 부분으로부터 하나의 호스접결구까지의 수평거리가 40m 이하가 되도록 설치하여야 한다.
(2) 호스는 구경 65mm의 것으로 하여야 한다.

해답 ③

72 난방설비가 없는 교육장소에 비치하는 소화기로 가장 적합한 것은? (단, 교육장소의 겨울 최저온도는 −15℃이다.)

① 화학포소화기   ② 기계포소화기
③ 산알칼리 소화기   ④ ABC 분말소화기

해설 소화기별 사용 온도 범위 ★★

소화기의 종류	사용 온도 범위
강화액 소화기	−20℃ 이상~40℃ 이하
분말 소화기	−20℃ 이상~40℃ 이하
그 밖의 소화기	0℃ 이상~40℃ 이하

해답 ④

73 스프링클러설비의 화재안전기술기준에 따라 연소할 우려가 있는 개구부에 드렌처설비를 설치한 경우 해당 개구부에 한하여 스프링클러헤드를 설치하지 아니할 수 있다. 관련 기준으로 틀린 것은?

① 드렌처헤드는 개구부 위 측에 2.5m 이내마다 1개를 설치할 것

② 제어밸브는 특정소방대상물 층마다에 바닥면으로부터 0.5m 이상 1.5m 이하의 위치에 설치할 것
③ 드렌처헤드가 가장 많이 설치된 제어밸브에 설치된 드렌처헤드를 동시에 사용하는 경우에 각 헤드선단의 방수압력은 0.1MPa 이상이 되도록 할 것
④ 드렌처헤드가 가장 많이 설치된 제어밸브에 설치된 드렌처헤드를 동시에 사용하는 경우에 각 헤드선단의 방수량은 80L/min 이상이 되도록 할 것

해설 연소할 우려가 있는 개구부에 **드렌처설비를 설치한 경우**에는 해당 개구부에 한하여 스프링클러헤드를 설치하지 아니할 수 있다.
① 드렌처헤드는 개구부 위 측에 **2.5m 이내마다 1개**를 설치할 것
② **제어밸브**는 특정소방대상물 층마다에 바닥 면으로부터 **0.8m 이상 1.5m 이하**의 위치에 설치할 것
③ 수원의 수량은 드렌처헤드가 가장 많이 설치된 제어밸브의 드렌처헤드의 설치개수에 1.6m³를 곱하여 얻은 수치 이상이 되도록 할 것
④ 드렌처설비는 드렌처헤드가 가장 많이 설치된 제어밸브에 설치된 드렌처헤드를 동시에 사용하는 경우에 각각의 헤드선단에 **방수압력이 0.1MPa 이상, 방수량이 80L/min 이상**이 되도록 할 것
⑤ 수원에 연결하는 가압송수장치는 점검이 쉽고 화재 등의 재해로 인한 피해우려가 없는 장소에 설치할 것

해답 ②

74 연결살수설비의 화재안전기술기준에 따른 건축물에 설치하는 연결살수설비의 헤드에 대한 기준 중 다음 ( ) 안에 알맞은 것은?

천장 또는 반자의 각 부분으로부터 하나의 살수헤드까지의 수평거리가 연결살수설비 전용헤드의 경우는 (㉠)m 이하, 스프링클러헤드의 경우는 (㉡)m 이하로 할 것. 다만, 살수헤드의 부착면과 바닥과의 높이가 (㉢)m 이하인 부분은 살수헤드의 살수분포에 따른 거리로 할 수 있다.

① ㉠ 3.7, ㉡ 2.3, ㉢ 2.1
② ㉠ 3.7, ㉡ 2.3, ㉢ 2.3
③ ㉠ 2.3, ㉡ 3.7, ㉢ 2.3
④ ㉠ 2.3, ㉡ 3.7, ㉢ 2.1

해설 연결살수설비의 헤드
(1) 천장, 반자에서 살수헤드까지 수평거리
  ① 연결살수설비 전용헤드(개방형헤드) : 3.7m 이하
  ② 스프링클러헤드(폐쇄형헤드) : 2.3m 이하
   (다만, 살수헤드의 부착면과 바닥과의 높이가 2.1m 이하인 부분은 살수헤드의 살수분포에 따른 거리로 할 수 있다)
(2) 연결살수설비 전용헤드 수별 급수관의 구경

헤드수	1개	2개	3개	4~5개	6~10개
배관구경(mm)	32	40	50	65	80

해답 ①

75 분말소화설비의 화재안전기술기준에 따라 분말소화약제의 가압용가스 용기에는 최대 몇 MPa 이하의 압력에서 조정이 가능한 압력조정기를 설치하여야 하는가?

① 1.5   ② 2.0
③ 2.5   ④ 3.0

해설 분말약제의 가압용 가스용기
① 가스용기는 분말소화약제의 저장용기에 접속하여 설치
② 가압용가스 용기를 **3병 이상** 설치한 경우에는 **2개 이상의 용기**에 **전자개방밸브**를 부착
③ 가압용가스 용기에는 **2.5MPa 이하**의 압력에서 조정이 가능한 **압력조정기**를 설치
④ 가압용가스 또는 축압용가스는 **질소가스 또는 이산화탄소**로 할 것

해답 ③

76 포소화설비의 화재안전기술기준상 차고·주차장에 설치하는 포소화전설비의 설치 기준 중 다음 ( )안에 알맞은 것은? (단, 1개 층의 바닥면적이 200m² 이하인 경우는 제외한다.)

특정소방대상물의 어느 층에 있어서도 그 층에 설치된 포소화전방수구(포소화전방수구가 5개 이상 설치된 경우에는 5개)를 동시에 사용할 경우 각 이동식 포노즐 선단의 포수용액 방사압력이 (㉠) MPa 이상이고 (㉡) L/min 이상의 포수용액을 수평거리 15m 이상으로 방사할 수 있도록 할 것

① ㉠ 0.25, ㉡ 230　② ㉠ 0.25, ㉡ 300
③ ㉠ 0.35, ㉡ 230　④ ㉠ 0.35, ㉡ 300

해설 차고·주차장에 설치하는 호스릴포소화설비 또는 포소화전설비

특정소방대상물의 어느 층에 있어서도 그 층에 설치된 **호스릴포방수구 또는 포소화전방수구**(호스릴포방수구 또는 포소화전방수구가 **5개 이상 설치된 경우에는 5개**)를 동시에 사용할 경우 각 이동식 포노즐 선단의 포수용액 방사압력이 **0.35MPa 이상**이고 **300L/min 이상**(1개층의 바닥면적이 200m² 이하인 경우에는 230L/min 이상)의 포수용액을 **수평거리 15m 이상**으로 방사할 수 있도록 할 것

해답 ④

77 이산화탄소소화설비의 화재안전기술기준에 따른 이산화탄소소화설비 기동장치의 설치기준으로 맞는 것은?

① 가스압력식 기동장치 기동용가스용기의 용적은 3L 이상으로 한다.
② 수동식 기동장치는 전역방출방식에 있어서 방호대상물마다 설치한다.
③ 수동식 기동장치의 부근에는 소화약제의 방출을 지연시킬 수 있는 방출지연스위치를 설치해야 한다.
④ 전기식 기동장치로서 5병의 저장용기를 동시에 개방하는 설비는 2병 이상의 저장용기에 전자개방밸브를 부착해야 한다.

해설 이산화탄소소화설비의 기동장치
① 기동용 가스용기의 체적은 **5L 이상**으로 하고, 해당 용기에 저장하는 질소 등의 비활성기체는 **6.0MPa 이상**(21℃ 기준)의 압력으로 충전할 것
② 전기식 기동장치로서 **7병 이상**의 저장용기를 동시에 개방하는 설비는 **2병 이상**의 저장용기에 **전자개방밸브**를 부착할 것
③ 수동식기동장치는 전역방출방식은 **방호구역마다**, 국소방출방식은 **방호대상물마다** 설치할 것
④ 수동식 기동장치의 부근에는 소화약제의 방출을 지연시킬 수 있는 **방출지연스위치**를 설치하여야 한다.

해답 ③

78 물분무소화설비의 화재안전기술기준에 따른 물분무소화설비의 저수량에 대한 기준 중 다음 ( ) 안의 내용으로 맞는 것은?

절연유 봉입 변압기는 바닥부분을 제외한 표면적을 합한 면적 1m²에 대하여 ( )L/min로 20분간 방수할 수 있는 양 이상으로 할 것

① 4　　　　　　　② 8
③ 10　　　　　　④ 12

해설 물분무소화설비의 수원의 양

소방대상물	수원의 저수량
특수가연물	바닥면적(m²)(최소 50m²)× 10L/m²·분×20min
차고, 주차장	바닥면적(m²)(최소 50m²)× 20L/m²·분×20min
절연유 봉입 변압기	표면적(바닥부분제외)(m²)× 10L/m²·분×20min
케이블트레이, 닥트	투영된 바닥면적(m²)× 12L/m²·분×20min
콘베이어벨트	벨트부분의 바닥면적(m²)× 10L/m²·분×20min

해답 ③

79 화재조기진압용 스프링클러설비의 화재안전기술기준상 화재조기진압용 스프링클러설비 설치 장소의 구조 기준으로 틀린 것은?

① 창고내의 선반의 형태는 하부로 물이 침투되는 구조로 할 것
② 천장의 기울기가 1000분의 168을 초과하지 않아야 하고, 이를 초과하는 경우에는 반자를 지면과 수평으로 설치할 것

③ 천장은 평평하여야 하며 철재나 목재트러스 구조인 경우, 철재나 목재의 돌출부분이 102mm를 초과하지 아니할 것
④ 해당 층의 높이가 10m이하일 것. 다만, 3층 이상일 경우에는 해당 층의 바닥을 내화구조로 하고 다른 부분과 방화구획 할 것.

해설 ④ 10m 이하 → 13.7m 이하

화재조기진압용 스프링클러설비를 설치할 장소의 구조기준
① 해당 층의 높이가 **13.7m 이하**일 것.
② 천장의 기울기가 **1,000분의 168**을 초과하지 않아야 하고, 이를 초과하는 경우에는 반자를 지면과 수평으로 설치할 것
③ 천장은 평평하여야 하며 철재나 목재트러스 구조인 경우, 철재나 목재의 돌출부분이 **102mm**를 초과하지 아니할 것
④ 보로 사용되는 목재·콘크리트 및 철재사이의 간격이 **0.9m 이상 2.3m 이하**일 것.
⑤ 창고내의 선반의 형태는 하부로 물이 침투되는 구조로 할 것

해답 ④

80 제연설비의 화재안전기술기준상 유입풍도 및 배출풍도에 관한 설명으로 맞는 것은?

① 유입풍도 안의 풍속은 25m/s 이하로 한다.
② 배출풍도는 석면재료와 같은 내열성의 단열재로 유효한 단열 처리를 한다.
③ 배출풍도와 유입풍도의 아연도금강판 최소 두께는 0.45mm 이상으로 하여야 한다.
④ 배출기 흡입측 풍도 안의 풍속은 15m/s 이하로 하고 배출측 풍속은 20m/s 이하로 한다.

해설 **배출기 및 배출풍도**
① 배출기
  ㉠ 배출기와 배출풍도의 접속부분에 사용하는 캔버스는 내열성(석면 재료는 제외)이 있는 것으로 할 것
  ㉡ 배출기의 전동기 부분과 배풍기 부분은 분리하여 설치하여야 하며 배풍기 부분은 유효한 내열처리 할 것.
② 배출풍도
  ㉠ 배출풍도는 아연도금강판 등 내식성·내열성이 있는 것으로 할 것
  ㉡ 배출기 흡입측 풍도안의 풍속은 15m/s 이하로 하고, 배출측의 풍속은 20m/s 이하로 할 것
③ 배출풍도의 강판의 두께

풍도단면의 긴변 또는 직경의 크기	강판두께
450mm 이하	0.5mm 이상
450mm 초과 750mm 이하	0.6mm 이상
750mm 초과 1500mm 이하	0.8mm 이상
1500mm 초과 2250mm 이하	1.0mm 이상
2250mm 초과	1.2mm 이상

④ 배출기의 풍속
  ㉠ **흡입측 풍도안 풍속 : 15m/s 이하**
  ㉡ **배출측 풍속 : 20m/s 이하**
⑤ 유입풍도안의 풍속 : 20m/s 이하

해답 ④

소방설비기사 – 기계분야
2020년 8월 22일 시행

제1과목 소방원론

01 밀폐된 공간에 이산화탄소를 방사하여 산소의 체적 농도를 12% 되게 하려면 상대적으로 방사된 이산화탄소의 농도는 얼마가 되어야 하는가?

① 25.40% ② 28.70%
③ 38.35% ④ 42.86%

해설 이산화탄소의 농도(%)

$$CO_2(\%) = \frac{21 - O_2(\%)}{21} \times 100$$

$$CO_2(\%) = \frac{21 - 12}{21} \times 100 = 42.86\%$$

참고 G_V (방출된 가스량 : m³)

$$G_V = \frac{21 - O_2(\%)}{O_2(\%)} \times 방호구역체적(m^3)$$

해답 ④

02 Halon 1301의 분자식은?

① CH_3Cl ② CH_3Br
③ CF_3Cl ④ CF_3Br

해설 할론소화약제 명명법
할론 ⓐ ⓑ ⓒ ⓓ
ⓐ : C원자수, ⓑ : F원자수
ⓒ : Cl원자수, ⓓ : Br원자수

할론소화약제

종류 구분	할론 2402	할론 1211	할론 1301	할론 1011
분자식	$C_2F_4Br_2$	CF_2ClBr	CF_3Br	CH_2ClBr

해답 ④

03 화재의 종류에 따른 분류가 틀린 것은?

① A급 : 일반화재 ② B급 : 유류화재
③ C급 : 가스화재 ④ D급 : 금속화재

해설 화재의 분류 ★★ 자주출제(필수암기) ★★

종류	등급	색표시	주된 소화 방법
일반화재	A급	백색	냉각소화
유류 및 가스화재	B급	황색	질식소화
전기화재	C급	청색	질식소화
금속화재	D급	–	피복소화
주방화재	K급	–	냉각 및 질식소화

해답 ③

04 건축물의 내화구조에서 바닥의 경우에는 철근 콘크리트의 두께가 몇 cm 이상이어야 하는가?

① 7 ② 10
③ 12 ④ 15

해설 내화구조 기준

주요 구조부	내화구조 기준
벽	① 철근 콘크리트조 또는 철골 철근 콘크리트조로 두께가 10cm 이상인 것 ② 골구를 철골조로 하고 그 양면을 두께 4cm 이상의 철망 모르타르 또는 두께 5cm 이상의 콘크리트 블록, 벽돌 또는 석재로 덮은 것 ③ 철재로 보강된 콘크리트 블록조, 벽돌조, 또는 석조로서 철재에 덮은 콘크리트 블록 등의 두께가 5cm 이상인 것 ④ 벽돌조로서 두께가 19cm 이상인 것
바닥	① 철근콘크리트조 또는 철골·철근콘크리트조로서 두께가 10cm 이상 ② 철재로 보강된 콘크리트블록조·벽돌조 또는 석조로서 철재에 덮은 두께가 5cm 이상 ③ 철재의 양면을 두께 5cm 이상의 철망모르타르 또는 콘크리트로덮은 것

해답 ②

05 소화약제인 IG-541의 성분이 아닌 것은?

① 질소　　② 아르곤
③ 헬륨　　④ 이산화탄소

해설 할로겐화합물 및 불활성기체 소화약제의 종류

번호	약 제 명		화 학 식
1	FC-3-1-10		C_4F_{10}
2	HCFC BLEND A		HCFC-123($CHCl_2CF_3$) : 4.75% HCFC-22($CHClF_2$) : 82% HCFC-124($CHClFCF_3$) : 9.5% $C_{10}H_{16}$: 3.75%
3	HCFC-124		$CHClFCF_3$
4	HFC-125		CHF_2CF_3
5	HFC-227ea		CF_3CHFCF_3
6	HFC-23		CHF_3
7	HFC-236fa		$CF_3CH_2CF_3$
8	FIC-13I1		CF_3I
9	불연성 · 불활성기체 혼합가스	IG-01	Ar
10		IG-100	N_2
11		IG-541	N_2 : 52%, Ar : 40%, CO_2 : 8%
12		IG-55	N_2 : 50%, Ar : 50%
13	FK-5-1-12		$CF_3CF_2C(O)CF(CF_3)_2$

해답 ③

06 다음 중 발화점이 가장 낮은 물질은?

① 휘발유　　② 이황화탄소
③ 적린　　　④ 황린

해설 위험물의 발화점

종 류	휘발유	이황화탄소	적린	황린
류 별	제4류 제1석유류	제4류 특수인화물	제2류	제3류
발화점(℃)	300	100	260	약 40~50

해답 ④

07 화재 시 발생하는 연소가스 중 인체에서 헤모글로빈과 결합하여 혈액의 산소운반을 저해하고 두통, 근육조절의 장애를 일으키는 것은?

① CO_2　　② CO
③ HCN　　④ H_2S

해설 연소 시 발생하는 각종 가스
★★ 매회 출제 (필수 암기) ★★
① 일산화탄소(CO)
　• 인명피해가 가장 크다.
　• 피 속의 헤모글로빈과 결합 산소운반 방해
② 이산화탄소(CO_2)
　자체의 독성은 없고 많은 양을 흡입 시 질식사
③ 아황산가스(SO_2)
　황 함유 물질이 완전 연소 시 발생
④ 황화수소(H_2S)
　황 함유 물질이 불완전 연소 시 발생
⑤ 아크로레인(CH_2CHCHO)
　석유제품, 유지류 연소 시 발생
⑥ 포스겐($COCl_2$)
　독성이 가장 크다.

해답 ②

08 다음 중 연소와 가장 관련 있는 화학반응은?

① 중화반응　　② 치환반응
③ 환원반응　　④ 산화반응

해설 연소 : 빛 +발열+산화반응

해답 ④

09 다음 중 고체 가연물이 덩어리보다 가루일 때 연소되기 쉬운 이유로 가장 적합한 것은?

① 발열량이 작아지기 때문이다.
② 공기와 접촉면이 커지기 때문이다.
③ 열전도율이 커지기 때문이다.
④ 활성에너지가 커지기 때문이다.

해설 가연물의 조건
① 산소와 친화력이 클 것
② 발열량이 클 것
③ 표면적이 넓을 것
④ 열전도도가 작을 것
⑤ 활성화 에너지가 적을 것
⑥ 연쇄반응을 일으킬 것
⑦ 활성이 강할 것

해답 ②

10 이산화탄소 소화약제 저장용기의 설치장소에 대한 설명 중 옳지 않는 것은?

① 반드시 방호구역 내의 장소에 설치한다.
② 온도의 변화가 적은 곳에 설치한다.

③ 방화문으로 방화구획된 실에 설치한다.
④ 해당 용기가 설치된 곳임을 표시하는 표지를 한다.

해설 이산화탄소 소화약제의 저장용기 설치장소
(1) 방호구역 외의 장소에 설치할 것. 다만, 방호구역 내에 설치할 경우에는 피난 및 조작이 용이하도록 피난구 부근에 설치하여야 한다.
(2) 온도가 40℃ 이하이고, 온도변화가 적은 곳에 설치할 것
(3) 직사광선 및 빗물이 침투할 우려가 없는 곳에 설치할 것
(4) 방화문으로 방화구획된 실에 설치할 것
(5) 용기의 설치장소에는 해당 용기가 설치된 곳임을 표시하는 표지를 할 것
(6) 용기간의 간격은 점검에 지장이 없도록 3cm 이상의 간격을 유지할 것
(7) 저장용기와 집합관을 연결하는 연결배관에는 체크밸브를 설치할 것. 다만, 저장용기가 하나의 방호구역만을 담당하는 경우에는 그러하지 아니하다.

해답 ①

11 질식소화 시 공기 중의 산소농도는 일반적으로 약 몇 vol% 이하로 하여야 하는가?

① 25　　　② 21
③ 19　　　④ 15

해설 소화원리 ★★★★★
① 냉각소화 : 가연성 물질을 발화점 이하로 온도를 냉각

> 물이 소화약제로 사용되는 이유
> ① 물의 기화열(539 kcal/kg)이 크기 때문
> ② 물의 비열 (1kcal/kg℃)이 크기 때문

② 질식소화 : 산소농도를 21%에서 15% 이하로 감소
③ 억제소화(부촉매소화, 화학적소화)
④ 제거소화 : 가연성물질을 제거시켜 소화
  • 산불이 발생하면 화재의 진행방향을 앞질러 벌목
  • 화학반응기의 화재 시 원료공급관의 밸브를 폐쇄
  • 유전화재 시 폭약으로 폭풍을 일으켜 화염을 제거
  • 촛불을 입김으로 불어 화염을 제거
⑤ 피복소화 : 가연물 주위를 공기와 차단

⑥ 희석소화
  • 알코올, 아세톤 등 수용성인 인화성액체 화재 시 물을 방사하여 가연물의 연소농도를 희석
  • 기체, 고체, 액체에서 나오는 분해가스나 증기의 농도를 희석하여 연소를 중지시켜 소화
⑦ 유화소화(에멀전소화) : 물에 녹지 않는 인화성 액체의 유류화재 시 물분무로 방사하여 액체표면에 불연성의 유막을 형성하여 소화

해답 ④

12 소화효과를 고려하였을 경우 화재 시 사용할 수 있는 물질이 아닌 것은?

① 이산화탄소　　② 아세틸렌
③ Halon 1211　　④ Halon 1301

해설 아세틸렌(C_2H_2)
① 냄새가 없는 무색의 가연성기체
② 연소범위는 공기 중에 2.5~81%이다.

해답 ②

13 다음 원소 중 전기 음성도가 가장 큰 것은?

① F　　　② Br
③ Cl　　　④ I

해설 ① 할로겐원소의 부촉매 효과 순서
　　I > Br > Cl > F
② 할로겐원소의 전기음성도의 크기
　　F > Cl > Br > I

해답 ①

14 화재하중의 단위로 옳은 것은?

① kg/m^2　　　② $℃/m^2$
③ $kg \cdot L/m^3$　　④ $℃ \cdot L/m^3$

해설 화재하중(kg/m^2) ★★
바닥면적(m^2)당 가연물의 양(kg)

$$Q(kg/m^2) = \frac{\sum(GtHt)}{HA} = \frac{\sum Qt}{4500A}(kg/m^2)$$

여기서, Q : 화재하중(kg/m^2)
　　　　Gt : 가연물의 양(kg)

Ht : 가연물의 단위중량당 발열량 (kcal/kg)
H : 목재의 단위중량당 발열량 (4500kcal/kg)
$\sum Qt$: 화재실내 가연물의 전발열량 (kcal)
A : 바닥면적(m^2)

해답 ①

15 제1종 분말소화약제의 주성분으로 옳은 것은?

① $KHCO_3$ ② $NaHCO_3$
③ $NH_4H_2PO_4$ ④ $Al_2(SO_4)_3$

해설 **분말약제의 주성분 및 착색** ★★★★(필수암기)

종별	주성분	약제명	착색
제1종	$NaHCO_3$	탄산수소나트륨, 중탄산나트륨, 중조	백색
제2종	$KHCO_3$	탄산수소칼륨, 중탄산칼륨	담회색
제3종	$NH_4H_2PO_4$	제1인산암모늄	담홍색 (핑크색)
제4종	$KHCO_3$ + $(NH_2)_2CO$	탄산수소칼륨 + 요소	회색(쥐색)

해답 ②

16 탄화칼슘이 물과 반응 시 발생하는 가연성 가스는?

① 메탄   ② 포스핀
③ 아세틸렌   ④ 수소

해설 **탄화칼슘**(CaC_2) : 제3류 위험물 중 칼슘탄화물
① 물과 접촉 시 아세틸렌을 생성 및 열 발생
$CaC_2 + 2H_2O \rightarrow Ca(OH)_2 + C_2H_2$(아세틸렌)
② 아세틸렌의 폭발범위는 2.5~81%로 대단히 넓어서 폭발위험성이 크다.

해답 ③

17 화재의 소화원리에 따른 소화방법의 적용으로 틀린 것은?

① 냉각소화 : 스프링클러설비
② 질식소화 : 이산화탄소 소화설비
③ 제거소화 : 포소화설비
④ 억제소화 : 할로겐화합물 소화설비

해설 **포소화설비**
① 질식소화
② 냉각소화

해답 ③

18 공기의 평균 분자량이 29일 때 이산화탄소 기체의 증기비중은 얼마인가?

① 1.44   ② 1.52
③ 2.88   ④ 3.24

해설 ① 이산화탄소의 분자량
$CO_2 = 12 + 16 \times 2 = 44$
② 증기비중
$S = \dfrac{44(분자량)}{29(공기평균분자량)} = 1.52$

· 공기의 평균 분자량 = 29
· 증기비중 = $\dfrac{M(분자량)}{29(공기평균분자량)}$

해답 ②

19 인화점이 20℃인 액체위험물을 보관하는 창고의 인화 위험성에 대한 설명 중 옳은 것은?

① 여름철에 창고 안이 더워질수록 인화의 위험성이 커진다.
② 겨울철에 창고 안이 추워질수록 인화의 위험성이 커진다.
③ 20℃에서 가장 안전하고 20℃ 보다 높아지거나 낮아질수록 인화의 위험성이 커진다.
④ 인화의 위험성은 계절의 온도와는 상관없다.

해설 창고의 온도가 상승할수록 화재위험성이 커진다.

해답 ①

20 위험물과 위험물안전관리법령에서 정한 지정수량을 옳게 연결한 것은?

① 무기과산화물 − 300kg

② 황화인 − 500kg
③ 황린 − 20kg
④ 질산에스터류 − 200kg

[해설]
① 무기과산화물−제1류−50kg
② 황화인−제2류−100kg
③ 황린−제3류−20kg
④ 질산에스터류−제5류−10kg

해답 ③

제2과목 소방유체역학

21 대기압하에서 10℃의 물 2kg이 전부 증발하여 100℃의 수증기로 되는 동안 흡수되는 열량(kJ)은 얼마인가? (단, 물의 비열은 4.2kJ/kg·K, 기화열은 2250kJ/kg 이다.)

① 756 ② 2638
③ 5256 ④ 5360

[해설] 필요한 열량

$$Q = mc\Delta t + rm$$

여기서, Q : 필요한 열량(kJ), m : 질량(kg)
C : 비열(kJ/kg·K), Δt : 온도차(K)
r : 기화잠열(kJ/kg)

① $m = 2\text{kg}$, $C = 4.2\text{kJ/kg·K}$
$\Delta t = (273+100) - (273+10) = 90\text{K}$
$r = 2250\text{kJ/kg}$

② $Q = 2 \times 4.2 \times 90 + 2250 \times 2 = 5256\text{kJ}$

해답 ③

22 체적 0.1m³의 밀폐 용기 안에 기체상수가 0.4615kJ/kg·K인 기체 1kg이 압력 2MPa, 온도 250℃ 상태로 들어있다. 이때 이 기체의 압축계수(또는 압축성인자)는?

① 0.578 ② 0.828
③ 1.21 ④ 1.73

[해설]
① $P = 2\text{MPa} = 2000\text{kPa}$, $v = 0.1\text{m}^3/\text{kg}$
$R = 0.4615\text{kJ/kg·K}$,
$T = 273 + 250 = 523\text{K}$

② $Z = \dfrac{2000 \times 0.1}{0.4615 \times 523} = 0.828$

압축계수(압축성인자)

$$Z = \frac{Pv}{RT}$$

여기서, Z : 압축계수, P : 압력(kPa)
v : 비체적(m³), T : 절대온도(K)
R : 기체상수(kJ/kg·K)

해답 ②

23 원심펌프를 이용하여 0.2m³/s로 저수지의 물을 2m 위의 물탱크로 퍼 올리고자 한다. 펌프의 효율이 80%라고 하면 펌프에 공급해야 하는 동력(kW)은?

① 1.96 ② 3.14
③ 3.92 ④ 4.90

[해설]
① $\gamma_w = 9800\text{N/m}^3$, $Q = 0.2\text{m}^3/\text{s}$, $H = 2\text{m}$,
$E = 80\% = 0.8$

② $L_S(\text{kW}) = \dfrac{\gamma QH}{E} = \dfrac{9.8 \times 0.2 \times 2}{0.8}$
$= 4.9\text{kW}$

펌프의 동력계산
① 수동력

$$L_W(\text{kW}) = \gamma QH$$

② 축동력

$$L_S(\text{kW}) = \frac{\gamma QH}{E}$$

③ 모터동력

$$P(\text{kW}) = \frac{\gamma QH}{E}K$$

여기서, γ : 비중량
(kN/m³, 물의 비중량=9.8kN/m³)
Q : 유량(m³/min), H : 전양정(m)
E : 효율(%/100), K : 전달계수

해답 ④

24 두 개의 가벼운 공을 그림과 같이 실로 매달아 놓았다. 두 개의 공 사이로 공기를 불어 넣으면 공은 어떻게 되겠는가?

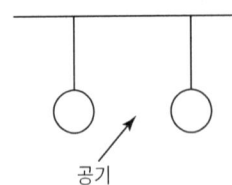

① 파스칼의 법칙에 따라 벌어진다.
② 파스칼의 법칙에 따라 가까워진다.
③ 베르누이의 법칙에 따라 벌어진다.
④ 베르누이의 법칙에 따라 가까워진다.

해설 베르누이의 정리

$$H(\text{m}) = \frac{U^2}{2g} + \frac{P}{r} + Z$$

여기서, H : 전수두(m), $\frac{U^2}{2g}$: 속도수두(m)
$\frac{P}{r}$: 압력수두(m), Z : 위치수두(m)

① 공의 사이로 빠른 기류를 불어 넣으면 속도수두 $(H = \frac{U^2}{2g})$는 증가
② 속도수두가 증가하면 압력수두$(H = \frac{P}{r})$는 작아지므로 두 개의 공 사이는 가까워진다.

해답 ④

25 원관 속의 흐름에서 관의 직경, 유체의 속도, 유체의 밀도, 유체의 점성계수가 각각 D, V, ρ, μ로 표시될 때 층류 흐름의 마찰계수(f)는 어떻게 표현될 수 있는가?

① $f = \frac{64\mu}{DV\rho}$ ② $f = \frac{64\rho}{DV\mu}$
③ $f = \frac{64D}{V\rho\mu}$ ④ $f = \frac{64}{DV\rho\mu}$

해설 ① 층류흐름의 마찰계수 $f = \frac{64}{ReNo}$

② 레이놀드 수
$$ReNo = \frac{Du\rho}{\mu} = \frac{Du}{\nu}$$

$$\therefore f = \frac{64}{\frac{Du\rho}{\mu}} = \frac{64\mu}{Du\rho}$$

해답 ①

26 다음 중 뉴튼(Newton)의 점성법칙을 이용하여 만든 회전 원통식 점도계는?

① 세이볼트(Saybolt) 점도계
② 오스왈트(Ostwald) 점도계
③ 레드우드(Redwood) 점도계
④ 맥미셀(MacMichael) 점도계

해설 점도계의 종류

점도계의 종류	이용한 법칙
① 낙구식 점도계	스토크스 법칙
② 오스트왈드점도계	하겐-포아젤의 법칙
③ 세이볼트 점도계	
④ 맥마이첼 점도계	뉴우톤의 점성법칙
⑤ 스토머 점도계	

해답 ④

27 2단식 터보팬을 6000rpm으로 회전시킬 경우, 풍량은 0.5m³/min, 축동력은 0.049kW이었다. 만약, 터보팬의 회전수를 8000rpm으로 바꾸어 회전시킬 경우 축동력(kW)은?

① 0.0207   ② 0.207
③ 0.116   ④ 1.161

해설 상사의 법칙 ★★★

$$Q_2 = Q_1 \times \left(\frac{N_2}{N_1}\right) \times \left(\frac{D_2}{D_1}\right)^3$$

$$H_2 = H_1 \times \left(\frac{N_2}{N_1}\right)^2 \times \left(\frac{D_2}{D_1}\right)^2$$

$$P_2 = P_1 \times \left(\frac{N_2}{N_1}\right)^3 \times \left(\frac{D_2}{D_1}\right)^5$$

여기서, Q_1 : 변경 전 유량, Q_2 : 변경 후 유량
H_1 : 변경 전 양정(압력)
H_2 : 변경 후 양정(압력)
P_1 : 변경 전 동력, P_2 : 변경 후 동력

N_1 : 변경 전 회전수, N_2 : 변경 후 회전수
D_1 : 변경 전 임펠러직경
D_2 : 변경 후 임펠러직경

① $P_2 = P_1 \times \left(\dfrac{N_2}{N_1}\right)^3 \times \left(\dfrac{D_2}{D_1}\right)^5$ 을 이용

② $P_1 = 0.049$kW

③ $N_1 = 6000$rpm, $N_2 = 8000$rpm

④ $P_2 = 0.049 \times \left(\dfrac{8000}{6000}\right)^3 = 0.116$kW

해답 ③

28 그림과 같이 수은 마노미터를 이용하여 물의 유속을 측정하고자 한다. 마노미터에서 측정한 높이차(h)가 30mm일 때 오리피스 전후의 압력(kPa) 차이는? (단, 수은의 비중은 13.6 이다.)

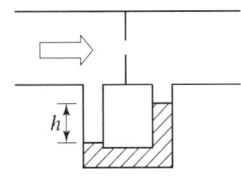

① 3.4　　② 3.7
③ 3.9　　④ 4.4

해설 ① 수은의 비중량
$\gamma_1 = S \times \gamma_w = 13.6 \times 9.8$kN/m³
$\quad = 133.28$kN/m³
$\gamma_2 = \gamma_w(물) = 9.8$kN/m³
$R = 30$mm $= 0.03$m

② $\Delta P = (133.28 - 9.8)$kN/m³ $\times 0.03$m
$\quad = 3.7$kN/m²(kPa)

오리피스 전후 압력차 계산공식
$$\Delta P = P_1 - P_2 = (\gamma_1 - \gamma_2)R$$

여기서, γ_1 : 마노미터 속 유체의 비중량(kN/m³)
　　　　γ_2 : 배관속에 유체의 비중량(kN/m³)
　　　　R : 마노미터에서 측정한 높이차(m)
※ 물의 비중량(γ_w) = 9800N/m³ = 9.8kN/m³
※ Pa = N/m², kPa = kN/m²

해답 ②

29 마그네슘은 절대온도 293K에서 열전도도가 156W/m·K, 밀도는 1740kg/m³이고, 비열이 1017J/kg·K 일 때 열확산계수(m²/s)는?

① 8.96×10^{-2}　　② 1.53×10^{-1}
③ 8.81×10^{-5}　　④ 8.81×10^{-4}

해설 $\alpha = \dfrac{156\text{w/m} \cdot \text{K}}{1740\text{kg/m}^3 \times 1017\text{J/kg} \cdot \text{K}}$
$\quad = 8.81 \times 10^{-5}$ m²/s

열 확산계수
$$\alpha = \dfrac{\lambda}{\rho C_P}$$

여기서, α : 열 확산계수(m²/s)
　　　　λ : 열전도도(열전도율)(W/m·K)
　　　　ρ : 밀도(kg/m³)
　　　　C_P : 비열(J/kg·K)

해답 ③

30 어떤 기체를 20℃에서 등온 압축하여 압력이 0.2MPa에서 1MPa으로 변할 때 체적은 초기 체적과 비교하여 어떻게 변화하는가?

① 5배로 증가한다.　② 10배로 증가한다.
③ 1/5로 감소한다.　④ 1/10로 감소한다.

해설 등온압축은 온도가 일정
$$P_1 V_1 = P_2 V_2 \ (P : 절대압)$$

① $\dfrac{V_2}{V_1} = \dfrac{P_1}{P_2}$　　② $\dfrac{V_2}{V_1} = \dfrac{0.2}{1} = \dfrac{1}{5}$

③ $V_1 : V_2 = 5 : 1$

해답 ③

31 유체의 거동을 해석하는데 있어서 비점성 유체에 대한 설명으로 옳은 것은?

① 실제 유체를 말한다.
② 전단응력이 존재하는 유체를 말한다.
③ 유체 유동 시 마찰저항이 속도 기울기에 비례하는 유체이다.
④ 유체 유동 시 마찰저항을 무시한 유체를 말

한다.

유체의 종류

압축성 유체	• 온도나 압력에 따라 밀도가 변화하는 유체(기체)
비압축성 유체	• 온도나 압력에 따라 밀도의 변화가 없는 유체(액체)
점성 유체	• 점성을 가지고 있는 유체 즉 전단응력이 발생하는 유체
비점성 유체	• 점성이 없다고 가정한 유체 즉, 전단응력이 발생하지 않는 가상적인 유체
이상유체	• 점성이 없고(마찰손실이 없고) 비압축성인 유체 • 높은 압력에서 밀도가 변화하지 않는 유체
실제유체	• 점성이 있고(마찰손실이 있고) 압축성인 유체 • 높은 압력에서 밀도가 변화 하는 유체

※ 이상유체는 점성이 없다. 따라서 마찰손실이 없기 때문에 에너지 손실도 없는 가상적인 유체이다.

해답 ④

32 안지름 40mm의 배관 속을 정상류의 물이 매분 150L로 흐를 때의 평균 유속(m/s)은?

① 0.99 ② 1.99
③ 2.45 ④ 3.01

해설 ① 평균유속
$$u = \frac{Q}{A} = \frac{Q}{\frac{\pi}{4} \times d^2} = \frac{4Q}{\pi d^2}$$

② $Q = 150\text{L/min} = 0.15\text{m}^3/60\text{s}$
   $d = 40\text{mm} = 0.04\text{m}$

③ $u = \frac{4 \times 0.15/60}{\pi \times 0.04^2} = 1.99\text{m/s}$

연속방정식(질량불변의 법칙 이용)
① 질량유량 $\overline{m}(\text{kg/s}) = A_1 u_1 \rho_1 = A_2 u_2 \rho_2$
② 중량유량 $\overline{G}(\text{kgf/s}) = A_1 u_1 \gamma_1 = A_2 u_2 \gamma_2$
③ 용량유량 $Q(\text{m}^3/\text{s}) = A_1 u_1 = A_2 u_2$

해답 ②

33 그림과 같이 폭(b)이 1m이고 깊이(h_0) 1m로 물이 들어있는 수조가 트럭 위에 실려 있다. 이 트럭이 7m/s²의 가속도로 달릴 때 물의 최대 높이(h_2)와 최소 높이(h_1)는 각각 몇 m 인가?

① $h_1 = 0.643\text{m}$, $h_2 = 1.413\text{m}$
② $h_1 = 0.643\text{m}$, $h_2 = 1.357\text{m}$
③ $h_1 = 0.676\text{m}$, $h_2 = 1.413\text{m}$
④ $h_1 = 0.676\text{m}$, $h_2 = 1.357\text{m}$

해설 (1) 물의 최소높이
수면으로부터 최소높이까지의 높이차
$$\Delta H = \frac{\alpha b}{2g}, \quad h_1 = -\Delta H + h_0$$

① $h_1 = -\frac{\alpha b}{2g} + h_0$

② $\alpha = 7\text{m/s}^2$, $b = 1\text{m}$, $g = 9.8\text{m/s}^2$, $h_0 = 1\text{m}$

③ $h_1 = -\frac{7 \times 1}{2 \times 9.8} + 1 = 0.643\text{m}$

(2) 물의 최대높이
수면으로부터 최대높이까지의 높이차
$$\Delta H = \frac{\alpha b}{2g}, \quad h_2 = +\Delta H + h_0$$

① $\alpha = \frac{(h_2 - h_0)}{\frac{b}{2}} g$ 식에서

② $h_2 = \frac{\alpha b}{2g} + h_0$

③ $\alpha = 7\text{m/s}^2$, $b = 1\text{m}$, $g = 9.8\text{m/s}^2$, $h_0 = 1\text{m}$

④ $h_2 = \frac{7 \times 1}{2 \times 9.8} + 1 = 1.357\text{m}$

물이 쏟아지지 않고 달릴 수 있는 가속도
$$\alpha = \frac{(h_2 - h_0)}{\frac{b}{2}} g$$

여기서, α : 가속도(m/s²)

h_2 : 물의 최대높이(m)
h_0 : 깊이(수심)(m)
b : 폭(길이)(m)
g : 중력가속도(9.8m/s^2)

해답 ②

34 그림과 같이 매우 큰 탱크에 연결된 길이 100m, 안지름 20cm인 원관에 부차적 손실계수가 5인 밸브 A가 부착되어 있다. 관 입구에서의 부차적 손실계수가 0.5, 관마찰계수는 0.02이고, 평균 속도가 2m/s일 때 물의 높이 H(m)는?

① 1.48   ② 2.14
③ 2.81   ④ 3.36

해설 ① 관입구에서 마찰손실수두

$\Delta H_L = K \dfrac{V^2}{2g}$

관입구에서 부차적 손실계수 $K=0.5$이므로

$\Delta H_L = 0.5 \dfrac{V^2}{2g}$

② 배관에서 손실수두
밸브A의 상당관 길이를 구하면
$L_c = \dfrac{Kd}{f} = \dfrac{5 \times 0.2\text{m}}{0.02} = 50\text{m}$
총관길이 = (직관)100m+(밸브A)50m
         = 150m

$\Delta H_L = f \dfrac{L}{d} \dfrac{V^2}{2g} = 0.02 \times \dfrac{150}{0.2} \times \dfrac{V^2}{2g} = 15 \dfrac{V^2}{2g}$

③ 배관 총 손실수두 계산

$\Delta H_L = 0.5 \dfrac{V^2}{2g} + 15 \dfrac{V^2}{2g} = 15.5 \times \dfrac{2^2}{2 \times 9.8}$
$= 3.16\text{m}$

⑤ 물의 높이(H)
$H = $ 속도수두$\left(\dfrac{V^2}{2g}\right) + $ 배관 총 손실수두
$H = \dfrac{2^2}{2 \times 9.8} + 3.16\text{m} = 3.36\text{m}$

해답 ④

35 출구단면적이 0.0004m^2인 소방호스로부터 25m/s의 속도로 수평으로 분출되는 물제트가 수직으로 세워진 평판과 충돌한다. 평판을 고정시키기 위한 힘(F)은 몇 N인가?

① 150   ② 200
③ 250   ④ 300

해설 평판에 작용하는 힘

$$F = \rho Q V$$

① ρ(물의 밀도)=1000kg/m^3
$Q = VA = 25\text{m/s} \times 0.0004\text{m}^2 = 0.01\text{m}^3\text{/s}$
$V = 25\text{m/s}$

② $F = 1000\text{kg/m}^3 \times 0.01\text{m}^3\text{/s} \times 25\text{m/s}$
$= 250\text{kg} \cdot \text{m/s}^2(\text{N})$

해답 ③

36 원관에서 길이가 2배, 속도가 2배가 되면 손실수두는 원래의 몇 배가 되는가? (단, 두 경우 모두 완전발달 난류유동에 해당되며, 관 마찰계수는 일정하다.)

① 동일하다.   ② 2배
③ 4배   ④ 8배

해설 ① 길이가 2배=$2l$, 속도가 2배=$2u$

② $\Delta h_L(\text{m}) = f \times \dfrac{2l}{D} \times \dfrac{(2u)^2}{2g}$
$= f \times \dfrac{l}{D} \times \dfrac{u^2}{2g} \times 8$

③ $\Delta h_L(\text{m}) = f \times \dfrac{l}{D} \times \dfrac{u^2}{2g}$ (원래)의 8배

달시 – 바이스바하(Darcy – Weisbach) 공식

$$\Delta h_L(\text{m}) = f \times \dfrac{l}{D} \times \dfrac{u^2}{2g}$$

여기서, Δh_L : 마찰손실수두(m)
f : 마찰손실계수
l : 배관길이(m)

u : 유속(m/s)
g : 중력가속도(9.8m/s^2)
D : 배관내경(m)

해답 ④

37 물의 체적탄성계수가 2.5GPa일 때 물의 체적을 1% 감소시키기 위해서 얼마의 압력(MPa)을 가하여야 하는가?

① 20 ② 25
③ 30 ④ 35

해설 체적탄성계수

$$K = -\frac{\Delta P}{\Delta V/V} = \frac{\Delta P}{\Delta \rho/\rho}$$

여기서, K : 체적탄성계수, ΔP : 압력
ΔV : 감소체적, V : 처음체적
$\Delta \rho$: 감소밀도, ρ : 처음밀도

① $\Delta P = -K\dfrac{\Delta V}{V}$

② $K = 2.5\text{GPa} = 2.5 \times 10^3 \text{MPa}$
감소한 체적이므로 부호는 $-$
$\Delta V = -1\% = \dfrac{-1}{100}$

③ $\Delta P = -2.5 \times 10^3 \text{MPa} \times \dfrac{-1}{100} = 25\text{MPa}$

해답 ②

38 그림과 같이 반지름이 1m, 폭(y방향) 2m인 곡면 AB에 작용하는 물에 의한 힘의 수직성분(z방향) F_z와 수평성분(x방향) F_x와의 비(F_z/F_x)는 얼마인가?

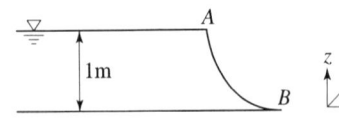

① $\dfrac{\pi}{2}$ ② $\dfrac{2}{\pi}$
③ 2π ④ $\dfrac{1}{2\pi}$

해설 수직분력(수직성분)

$$F_V = \gamma V$$

수평분력(수평성분)

$$F_H = \gamma \bar{h} A$$

① $\gamma_W(물) = 9.8 \text{kN/m}^3$

$V = \dfrac{\pi}{4} \times (1\text{m})^2 \times (2\text{m}) = \dfrac{\pi}{2}\text{m}^3$

$\bar{h} = \dfrac{1\text{m}}{2} = 0.5\text{m}$

$A = 1\text{m} \times 2\text{m} = 2\text{m}^2$

② 수직분력 :
$F_z = 9.8\text{kN/m}^3 \times \dfrac{\pi}{2}\text{m}^3 = 9.8 \times \dfrac{\pi}{2}\text{kN}$

수평분력 : $F_x = 9.8 \times \dfrac{1}{2} \times 2 = 9.8\text{kN}$

③ $\dfrac{F_z}{F_x} = \dfrac{9.8 \times \dfrac{\pi}{2}\text{kN}}{9.8\text{kN}} = \dfrac{\pi}{2}$

해답 ①

39 펌프가 운전 중에 한숨을 쉬는 것과 같은 상태가 되어 펌프 입구의 진공계 및 출구의 압력계 지침이 흔들리고 송출유량도 주기적으로 변화하는 이상 현상을 무엇이라고 하는가?

① 공동현상(cavitation)
② 수격작용(water hammering)
③ 맥동현상(surging)
④ 언밸런스(unbalance)

해설 써징(맥동)현상(Surging) ★★★
펌프 운전 중 주기적으로 운동, 양정, 토출량이 변화하는 현상 즉, 송출압력과 송출유량의 주기적인 변동이 발생하는 현상

(1) 써징(맥동)현상 발생원인
① 펌프의 양정곡선이 산형특성이며 사용범위가 우상특성일 것
② 토출측 배관이 길고 중간에 수조, 공기저장기가 있을 때
③ 토출량 조절밸브가 수조나 공기저장기보다 아래에 있을 때

(2) 써징(맥동)현상 방지대책
① 펌프의 양수량을 증가시키거나 임펠러 회전수를 변화시킨다.
② 배관 내 공기제거 및 단면적, 유속, 유량조절

③ 유량조절밸브는 펌프의 토출측 직후에 설치
④ 배관 중에 수조나 공기 저장조 제거한다.

해답 ③

40 경사진 관로의 유체흐름에서 수력기울기선의 위치로 옳은 것은?

① 언제나 에너지선보다 위에 있다.
② 에너지선보다 속도수두 만큼 아래에 있다.
③ 항상 수평이 된다.
④ 개수로의 수면보다 속도수두 만큼 위에 있다.

해설 ※수력기울기선 = 수력구배선(HGL)

EL(에너지선)과 HGL(수력구배선)

$$EL(에너지선) = \frac{U^2}{2g} + \frac{P}{r} + Z$$

$$HGL(수력구배선) = \frac{P}{r} + Z$$

여기서, $\frac{U^2}{2g}$: 속도수두, $\frac{P}{r}$: 압력수두
Z : 위치수두

에너지선은 수력구배선보다 항상 속도수두 만큼 크다.
(수력구배선은 에너지선보다 속도수두만큼 아래에 있다.)

해답 ②

제3과목 소방관계법규

41 소방시설 설치 및 관리에 관한 법령상 단독경보형 감지기를 설치하여야 하는 특정소방대상물의 기준으로 틀린 것은?

① 수련실내 연면적 2000m² 미만의 기숙사
② 교육연구시설 내 연면적 600m² 미만의 숙박시설
③ 연면적 400m² 미만의 유치원
④ 교육연구시설 또는 수련시설 내에 있는 합숙소 또는 기숙사로서 연면적 2000m² 미만인 것

해설 (소방시설법 시행령 제11조 [별표4])
단독경보형 감지기 설치대상
(1) **교육연구시설** 내에 있는 **기숙사** 또는 **합숙소**로서 연면적 **2천m²** 미만인 것
(2) **수련시설** 내에 있는 **기숙사** 또는 **합숙소**로서 연면적 **2천m²** 미만인 것
(3) 수용인원 100명 이상에 해당하지 않는 수련시설(숙박시설이 있는 것만 해당)
(3) 연면적 400m² 미만의 유치원
(4) 공동주택 중 연립주택 및 다세대주택

해답 ②

42 위험물안전관리법령상 위험물취급소의 구분에 해당하지 않는 것은?

① 이송취급소   ② 관리취급소
③ 판매취급소   ④ 일반취급소

해설 **취급소의 구분**
① 주유취급소 ② 판매취급소
③ 이송취급소 ④ 일반취급소

해답 ②

43 화재조사법상 화재가 발생하였을 때 화재의 원인 및 피해 등에 대한 조사를 하여야 하는 자는?

① 시 · 도지사 또는 소방본부장
② 소방청장 · 소방본부장 또는 소방서장
③ 시 · 도지사 · 소방서장 또는 소방파출소장
④ 행정안전부장관 · 소방본부장 또는 소방파출소장

해설 **화재조사법 제5조(화재조사의 실시)**
① 화재조사권자 : 소방청장, 소방본부장 또는 소방서장
② 화재조사의 대상 및 절차 등에 필요한 사항 : 대통령령

해답 ②

44 소방시설 설치 및 관리에 관한 법령상 1급 소방안전관리 대상물에 해당하는 건축물은?

① 지하구
② 층수가 15층인 공공업무시설
③ 연면적 15000m² 이상인 동물원
④ 층수가 20층이고, 지상으로부터 높이가 100미터인 아파트

해설 (1) 특급 소방안전관리대상물
① 50층 이상(지하층 제외)이거나 지상으로부터 높이가 200m 이상 아파트
② 30층 이상(지하층 포함)이거나 지상으로부터 높이가 120m 이상(아파트는 제외)
③ 연면적 10만m² 이상(아파트 제외)

(2) **1급 소방안전관리대상물**
① **30층 이상**(지하층 제외)이거나 지상으로부터 높이가 **120m 이상인 아파트**
② 연면적 **1만5천m² 이상**(아파트 및 연립주택 제외)
③ 층수가 **11층 이상**(아파트는 제외)
④ 가연성가스 **1천톤 이상** 저장·취급하는 시설

(3) 2급 소방안전관리대상물
① 옥내, 스프링, 물분무등(호스릴방식 제외) 설치대상
② 가연성가스 100톤 이상 1천톤 미만 저장·취급하는 시설
③ 지하구
④ 공동주택
⑤ 보물 또는 국보로 지정된 목조건축물

(4) 3급 소방안전관리대상물
특급, 1급, 2급에 해당하지 아니하는 특정소방대상물로서 간이스프링클러설비 또는 자동화재탐지설비를 설치하여야하는 특정소방대상물

해답 ②

45 위험물안전관리법령상 제조소의 기준에 따라 건축물의 외벽 또는 이에 상당하는 공작물의 외측으로부터 제조소의 외벽 또는 이에 상당하는 공작물의 외측까지의 안전거리 기준으로 틀린 것은? (단, 제6류 위험물을 취급하는 제조소를 제외하고, 건축물에 불연재료로 된 방화상 유효한 담 또는 벽을 설치하지 않은 경우이다.)

① 의료법에 의한 종합병원에 있어서는 30m 이상
② 도시가스사업법에 의한 가스공급시설에 있어서는 20m 이상
③ 사용전압 35000V를 초과하는 특고압가공전선에 있어서는 5m 이상
④ 문화유산의 보존 및 활용에 관한 법률에 의한 지정문화유산과 천연기념물 등에 있어서는 30m 이상

해설 ④ 30m 이상 → 50m 이상
(위험물법 시행규칙 제28조의 별표 4)
제조소의 안전거리

구 분	안전거리
사용전압이 7,000V 초과 35,000V 이하	3m 이상
사용전압이 35,000V를 초과	5m 이상
주거용	10m 이상
고압가스, 액화석유가스, 도시가스	20m 이상
학교·병원·극장	30m 이상
지정문화유산 및 천연기념물 등	50m 이상

해답 ④

46 소방시설 설치 및 관리에 관한 법령상 터널로서 길이가 1천미터일 때 설치하지 않아도 되는 소방시설은?

① 인명구조기구   ② 옥내소화전설비
③ 연결송수관설비 ④ 무선통신보조설비

해설 (1) 길이 500m 이상인 터널에 설치하는 소방시설
① 비상경보설비
② 비상조명등
③ 비상콘센트설비
④ 무선통신보조설비

(2) 길이 1000m 이상인 터널에 설치하는 소방시설
① 옥내소화전설비
② 자동화재탐지설비
③ 연결송수관설비

해답 ①

47 소방시설 설치 및 관리에 관한 법령상 스프링클러설비를 설치하여야 하는 특정소방대상물

의 기준으로 틀린 것은? (단, 위험물 저장 및 처리 시설 중 가스시설 또는 지하구는 제외한다.)

① 복합건축물로서 연면적 3500m² 이상인 경우에는 모든 층
② 창고시설(물류터미널은 제외)로서 바닥면적 합계가 5000m² 이상인 경우에는 모든 층
③ 숙박이 가능한 수련시설 용도로 사용되는 시설의 바닥면적의 합계가 600m² 이상인 것은 모든 층
④ 판매시설, 운수시설 및 창고시설(물류터미널에 한정)로서 바닥면적의 합계가 5000m² 이상이거나 수용인원이 500명 이상인 경우에는 모든 층

해설 **스프링클러설비 설치대상**
(1) 문화 및 집회시설, 종교시설, 운동시설
  ① 수용인원이 100명 이상
  ② 영화상영관-지하층 또는 무창층인 경우 500m² 이상, 그 밖의 층의 경우에는 1천m² 이상인 것
  ③ 무대부가 지하층·무창층 또는 4층 이상의 층에 있는 경우에는 무대부의 면적이 300m² 이상인 것
(2) 판매시설, 운수시설 및 창고시설로서 바닥면적의 합계가 5천m² 이상이거나 수용인원이 500명 이상인 경우에는 모든 층
(3) 층수가 6층 이상인 경우에는 모든 층
(4) 바닥면적의 합계가 600m² 이상인 것은 모든 층
  ① 조산원 및 산후조리원
  ② 의료시설 중 정신의료기관
  ③ 의료시설 중 종합병원, 병원, 치과병원, 한방병원 및 요양병원
  ④ 노유자시설
  ⑤ 숙박이 가능한 수련시설
(5) **복합건축물**로서 연면적 **5천m² 이상**인 경우에는 **모든 층**

해답 ①

48 소방시설 설치 및 관리에 관한 법령상 1년 이하의 징역 또는 1천만원 이하의 벌금 기준에 해당하는 경우는?

① 소방용품의 형식승인을 받지 아니하고 소방용품을 제조하거나 수입한 자
② 형식승인을 받은 소방용품에 대하여 제품검사를 받지 아니한 자
③ 거짓이나 그 밖의 부정한 방법으로 제품검사 전문기관으로 지정을 받은 자
④ 소방용품에 대하여 형상 등의 일부를 변경한 후 형식승인의 변경승인을 받지 아니한 자

해설 ①②③ : 3년 이하의 징역 또는 3천만원 이하의 벌금

소방시설법 제58조(벌칙)
1년 이하의 징역 또는 1천만원 이하의 벌금
(1) **자체점검**을 하지 아니한 자
(2) **소방시설관리사증을 빌려주거나** 알선한 자
(3) **동시에 둘 이상의 업체에 취업한** 자
(4) **자격정지기간 중에** 관리사의 업무를 한 자
(5) 등록증이나 등록수첩을 **빌려준** 자
(6) **영업정지기간 중에** 관리업의 업무를 한 자
(7) **합격표시를 위조** 또는 변조하여 사용한 자
(8) **변경승인**을 받지 아니한 자
(9) 제품검사표시를 위조, **변조하여 사용한 자**
(10) 성능인증의 **변경인증**을 받지 아니한 자
(11) 우수품질인증 표시를 위조, 변조 사용한 자
(12) **비밀을 다른 사람에게 누설한 자**

해답 ④

49 소방기본법령상 소방대장의 권한이 아닌 것은?

① 화재 현장에 대통령령으로 정하는 사람외에는 그 구역에 출입하는 것을 제한할 수 있다.
② 화재 진압 등 소방활동을 위하여 필요할 때에는 소방용수 외에 댐·저수지 등의 물을 사용할 수 있다.
③ 국민의 안전의식을 높이기 위하여 소방박물관 및 소방체험관을 설립하여 운영할 수 있다.
④ 불이 번지는 것을 막기 위하여 필요할 때에는 불이 번질 우려가 있는 소방대상물 및

토지를 일시적으로 사용할 수 있다.

해설 **소방대장의 권한**
① 소방활동을 위하여 긴급하게 출동할 때에는 소방자동차의 통행과 소방활동에 방해가 되는 주차 또는 정차된 차량 및 물건 등을 제거하거나 이동시킬 수 있다.
② 화재, 재난·재해, 그 밖의 위급한 상황이 발생한 현장에 소방활동구역을 정하여 소방활동에 필요한 사람으로서 대통령령으로 정하는 사람 외에는 그 구역에 출입하는 것을 제한할 수 있다.
③ 사람을 구출하거나 불이 번지는 것을 막기 위하여 필요할 때에는 화재가 발생하거나 불이 번질 우려가 있는 소방대상물 및 토지를 일시적으로 사용하거나 그 사용의 제한 또는 소방활동에 필요한 처분을 할 수 있다.
④ 화재 진압 등 소방활동을 위하여 필요할 때에는 소방용수 외에 댐·저수지 또는 수영장 등의 물을 사용하거나 수도(水道)의 개폐장치 등을 조작할 수 있다.

해답 ③

50 위험물안전관리법령상 위험물시설의 설치 및 변경 등에 관한 기준 중 다음 ( ) 안에 들어갈 내용으로 옳은 것은?

제조소등의 위치·구조 또는 설비의 변경 없이 당해 제조소등에서 저장하거나 취급하는 위험물의 품명·수량 또는 지정수량의 배수를 변경하고자 하는 자는 변경하고자 하는 날의 (㉠)일 전까지 (㉡)이 정하는 바에 따라 (㉢)에게 신고하여야 한다.

① ㉠ : 1, ㉡ : 대통령령, ㉢ : 소방본부장
② ㉠ : 1, ㉡ : 행정안전부령,
   ㉢ : 시·도지사
③ ㉠ : 14, ㉡ : 대통령령, ㉢ : 소방서장
④ ㉠ : 14, ㉡ : 행정안전부령,
   ㉢ : 시·도지사

해설 **위험물안전관리법 제6조**
(위험물시설의 설치 및 변경 등)
제조소등의 위치·구조 또는 설비의 **변경없이** 당해 제조소등에서 저장하거나 취급하는 위험물의

품명·수량 또는 지정수량의 배수를 변경하고자 하는 자는 변경하고자 하는 날의 1일 전까지 행정안전부령이 정하는 바에 따라 시·도지사에게 신고하여야 한다.

해답 ②

51 위험물안전관리법령상 허가를 받지 아니하고 당해 제조소등을 설치하거나 그 위치·구조 또는 설비를 변경할 수 있으며, 신고를 하지 아니하고 위험물의 품명·수량 또는 지정수량의 배수를 변경할 수 있는 기준으로 옳은 것은?

① 축산용으로 필요한 건조시설을 위한 지정수량 40배 이하의 저장소
② 수산용으로 필요한 건조시설을 위한 지정수량 30배 이하의 저장소
③ 농예용으로 필요한 난방시설을 위한 지정수량 40배 이하의 저장소
④ 주택의 난방시설(공동주택의 중앙난방시설 제외)을 위한 저장소

해설 **(위험물법 제6조)[위험물의 설치 및 변경등]**
허가 및 변경신고 예외
(1) **주택**의 난방시설 위한 저장 및 취급소
(2) **농예용·축산용·수산용** 난방시설·건조시설을 위한 지정수량 **20배 이하** 저장소

해답 ④

52 소방시설공사업법령상 공사감리자 지정대상 특정소방대상물의 범위가 아닌 것은?

① 제연설비를 신설·개설하거나 제연구역을 증설할 때
② 연소방지설비를 신설·개설하거나 살수구역을 증설할 때
③ 캐비닛형 간이스프링클러설비를 신설·개설하거나 방호·방수 구역을 증설할 때
④ 물분무등소화설비(호스릴방식의 소화설비 제외)를 신설·개설하거나 방호·방수 구역을 증설할 때

해설 공사업법 시행령 제10조
(공사감리자 지정대상 특정소방대상물의 범위)
① 옥내소화전설비를 신설·개설 또는 증설할 때
② 스프링클러설비등(캐비닛형 간이스프링클러설비는 제외)을 신설·개설하거나 방호·방수 구역을 증설할 때
③ 물분무등소화설비(호스릴방식의 소화설비는 제외)를 신설·개설하거나 방호·방수 구역을 증설할 때
④ 옥외소화전설비를 신설·개설 또는 증설할 때
⑤ 자동화재탐지설비, 비상방송설비, 비상조명등을 신설·개설할 때
⑥ 통합감시시설을 신설 또는 개설할 때
⑦ 소화용수설비를 신설 또는 개설할 때
⑧ 다음 각 목에 따른 소화활동설비에 대하여 각 목에 따른 시공을 할 때
  ㉠ 제연설비를 신설·개설하거나 제연구역을 증설할 때
  ㉡ 연결송수관설비를 신설 또는 개설할 때
  ㉢ 연결살수설비를 신설·개설하거나 송수구역을 증설할 때
  ㉣ 비상콘센트설비를 신설·개설하거나 전용회로를 증설할 때
  ㉤ 무선통신보조설비를 신설 또는 개설할 때
  ㉥ 연소방지설비를 신설·개설하거나 살수구역을 증설할 때

해답 ③

53 소방시설 설치 및 관리에 관한 법령상 화재안전조사 결과 소방대상물의 위치 상황이 화재예방을 위하여 보완될 필요가 있을 것으로 예상되는 때에 소방대상물의 개수·이전·제거, 그 밖의 필요한 조치를 관계인에게 명령할 수 있는 사람은?

① 소방서장 ② 경찰청장
③ 시·도지사 ④ 해당구청장

해설 (화재예방법 제14조)
화재안전조사 결과에 따른 조치명령
소방관서장은 행정안전부령으로 정하는 바에 따라 관계인에게 그 소방대상물의 **개수·이전·제거, 사용의 금지 또는 제한, 사용폐쇄, 공사의 정지 또**

는 중지, 그 밖에 필요한 조치를 명할 수 있다.

소방관서장
① 소방청장 ② 소방본부장 ③ 소방서장

해답 ①

54 소방기본법령상 시장지역에서 화재로 오인할 만한 우려가 있는 불을 피우거나 연막소독을 하려는 자가 신고를 하지 아니하여 소방자동차를 출동하게 한 자에 대한 과태료 부과·징수권자는?

① 국무총리
② 시·도지사
③ 행정안전부 장관
④ 소방본부장 또는 소방서장

해설 소방기본법 제57조(과태료)
① 화재로 오인할 만한 우려가 있는 불을 피우거나 **연막 소독을 하려는 자**는 시·도의 조례로 정하는 바에 따라 관할 소방본부장 또는 소방서장에게 신고를 하지 아니하여 소방자동차를 출동하게 한 자에게는 **20만원 이하의 과태료**를 부과한다.
② 과태료는 조례로 정하는 바에 따라 관할 소방본부장 또는 소방서장이 부과·징수한다.

해답 ④

55 다음 중 화재의 예방 및 안전관리에 관한 법령상 특수가연물에 해당하는 품명별 기준수량으로 틀린 것은?

① 사류 1000kg 이상
② 면화류 200kg 이상
③ 나무껍질 및 대팻밥 400kg 이상
④ 넝마 및 종이부스러기 500kg 이상

해설 (화재예방법 시행령 제19조) [별표 2]
특수가연물

품명	수량(이상)
면화류	200kg
나무껍질 및 대팻밥	400kg
넝마 및 종이부스러기, 사류, 볏짚류	1,000kg

품명		수량(이상)
가연성고체류		3,000kg
석탄·목탄류		10,000kg
가연성액체류		2m³
목재가공품 및 나무부스러기		10m³
합성수지류	발포시킨 것	20m³
	그 밖의 것	3,000kg

해답 ④

56 소방기본법령상 화재피해조사 중 재산피해조사의 조사범위에 해당하지 않는 것은?

① 소화활동 중 사용된 물로 인한 피해
② 열에 의한 탄화, 용융, 파손 등의 피해
③ 소방활동 중 발생한 사망자 및 부상자
④ 연기, 물품반출, 화재로 인한 폭발 등에 의한 피해

해설 기본법 시행규칙 제11조 제2항 (별표 5)

1. 화재원인조사

종류	조사 범위
① 발화원인 조사	화재가 발생한 과정, 화재가 발생한 지점 및 불이 붙기 시작한 물질
② 발견·통보 및 초기 소화상황 조사	화재의 발견·통보 및 초기소화 등 일련의 과정
③ 연소상황 조사	화재의 연소경로 및 확대원인 등의 상황
④ 피난상황 조사	피난경로, 피난상의 장애요인 등의 상황
⑤ 소방시설 등 조사	소방시설의 사용 또는 작동 등의 상황

2. 화재피해조사

종류	조사 범위
① 인명피해 조사	• 소방활동 중 발생한 사망자 및 부상자 • 그 밖에 화재로 인한 사망자 및 부상자
② 재산피해 조사	• 열에 의한 탄화, 용융, 파손 등의 피해 • 소화활동 중 사용된 물로 인한 피해 • 그 밖에 연기, 물품반출, 화재로 인한 폭발 등에 의한 피해

해답 ③

57 다음 중 소방시설 설치 및 관리에 관한 법령상 소방시설관리업을 등록할 수 있는 자는?

① 피성년후견인
② 소방시설관리업의 등록이 취소된 날부터 2년이 경과된 자
③ 금고 이상의 형의 집행유예를 선고받고 그 유예기간 중에 있는 자
④ 금고 이상의 실형을 선고받고 그 집행이 면제된 날부터 2년이 지나지 아니한 자

해설 (소방시설법 제30조) 등록의 결격사유
① 피성년후견인
② 금고 이상의 실형을 선고받고 그 집행이 끝나거나 집행이 면제된 날부터 2년이 지나지 아니한 사람
③ 금고 이상의 형의 집행유예를 선고받고 그 유예기간 중에 있는 사람
④ 등록이 취소된 날부터 2년이 지나지 아니한 자
⑤ 임원 중에 ①~④에 해당하는 사람이 있는 법인

해답 ②

58 소방시설 설치 및 관리에 관한 법령상 수용인원 산정 방법 중 침대가 없는 숙박시설로서 해당 특정소방대상물의 종사자의 수는 5명, 복도, 계단 및 화장실의 바닥면적을 제외한 바닥면적이 158m²인 경우의 수용인원은 약 몇 명인가?

① 37 ② 45
③ 58 ④ 84

해설 침대가 없는 숙박시설 수용인원

$$N = 종사자수 + \frac{바닥면적합계(m^2)}{3m^2}$$

(계산결과 1 미만의 수는 반올림한다)

$$N = 5 + \frac{158m^2}{3m^2} = 57.7 \quad \therefore 58명(반올림)$$

수용인원의 산정 방법
(1) 숙박시설이 있는 특정소방대상물

침대가 있는 숙박시설	침대가 없는 숙박시설
종사자수+침대 수 (2인용 침대는 2인으로 산정)	종사자수+ (바닥면적합계/3m²)

(2) 숙박시설이 없는 특정소방대상물
① 강의실·교무실·상담실·실습실·휴게실 바닥면적의 합계를 1.9m²로 나누어 얻은 수
② 강당, **문화 및 집회시설**, 운동시설, 종교시설 바닥면적의 합계를 4.6m²로 나누어 얻은 수 (관람석이 있는 경우 고정식 의자를 설치한

부분은 그 부분의 의자 수로 하고, 긴 의자의 경우에는 의자의 정면너비를 0.45m로 나누어 얻은 수)

③ 그 밖의 특정소방대상물
바닥면적의 합계를 3m²로 나누어 얻은 수

[비고]
1. 바닥면적을 산정할 때에는 복도, 계단 및 화장실의 바닥면적을 포함하지 않는다.
2. 계산 결과 소수점 이하의 수는 반올림한다.

해답 ③

59 소방시설공사업법령상 소방시설공사의 하자보수 보증기간이 3년이 아닌 것은?

① 자동소화장치
② 무선통신보조설비
③ 자동화재탐지설비
④ 간이스프링클러설비

해설 (공사업법 시행령 제6조)
하자보수대상 소방시설과 하자보수보증기간

보증기간	소방시설
2년	① 피난기구 ② 유도등 ③ 유도표지 ④ 비상경보설비 ⑤ 비상조명등 ⑥ 비상방송설비 ⑦ 무선통신보조설비
3년	① 자동소화장치 ② 옥내 ③ 옥외 ④ 스프링클러 ⑤ 간이스프링클러 ⑥ 물분무등 ⑦ 자동화재탐지설비 ⑧ 상수도소화용수설비 ⑨ 소화활동설비(무선통신보조설비 제외)

해답 ②

60 국민의 안전의식과 화재에 대한 경각심을 높이고 안전문화를 정착시키기 위한 소방의 날은 몇 월 며칠인가?

① 1월 19일 ② 10월 9일
③ 11월 9일 ④ 12월 19일

해설 소방기본법 제7조(소방의 날 제정과 운영 등)
국민의 안전의식과 화재에 대한 경각심을 높이고 안전문화를 정착시키기 위하여 매년 **11월 9일**을 **소방의 날**로 정하여 기념행사를 한다.

해답 ③

제4과목 소방기계시설의 구조 및 원리

61 구조대의 형식승인 및 제품검사의 기술기준상 수직강하식 구조대의 구조 기준 중 틀린 것은?

① 경사구조대는 연속하여 강하할 수 있는 구조이어야 한다.
② 구조대는 안전하고 쉽게 사용할 수 있는 구조이어야 한다.
③ 입구틀 및 고정틀의 입구는 지름 40cm 이하의 구체가 통과할 수 있는 것이어야 한다.
④ 구조대의 포지는 외부포지와 내부포지로 구성하되, 외부포지와 내부포지의 사이에 충분한 공기층을 두어야 한다.

해설 구조대 형식승인 및 제품검사의 기술기준
제3조(구조) 경사강하식구조대("구조대")의 구조
① 연속하여 활강할 수 있는 구조로 안전하고 쉽게 사용할 수 있어야 한다.
② 입구틀 및 고정틀의 입구는 **지름 60cm 이상의 구체가 통과**할 수 있어야 한다.
③ 포지는 사용시에 수직방향으로 현저하게 늘어나지 아니하여야 한다.
④ 포지, 지지틀, 고정틀 그밖의 부속장치 등은 견고하게 부착되어야 한다.
⑤ 경사구조대 본체는 강하방향으로 봉합부가 설치되지 아니하여야 한다.
⑥ 구조대 본체의 활강부는 낙하방지를 위해 포를 이중구조로 하거나 또는 망목의 변의 길이가 8cm 이하인 망을 설치하여야 한다.
⑦ 본체의 포지는 하부지지장치에 인장력이 균등하게 걸리도록 부착하여야 하며 하부지지장치는 쉽게 조작할 수 있어야 한다.
⑧ 손잡이는 출구부근에 좌우 각 3개 이상 균일한 간격으로 견고하게 부착하여야 한다.
⑨ 구조대본체의 끝부분에는 길이 4m 이상, 지름 4mm 이상의 유도선을 부착하여야 하며, 유도선 끝에는 중량 3뉴턴(N) 이상의 모래주머니 등을 설치하여야 한다.
⑩ 땅에 닿을 때 충격을 받는 부분에는 완충장치로서 받침포 등을 부착하여야 한다.

해답 ③

62 제연설비의 화재안전기술기준상 제연설비의 설치장소 기준 중 하나의 제연구역의 면적은 최대 몇 m² 이내로 하여야 하는가?

① 700 ② 1000
③ 1300 ④ 1500

해설 **제연구역 구획기준**
① 하나의 제연구역의 면적은 1000m² 이내
② 거실과 통로는 각각 제연구획
③ **통로상의 제연구역은 보행 중심선으로 길이가 60m**를 초과하지 아니할 것
④ 하나의 제연구역은 직경 60m 원내에 들어갈 수 있을 것
⑤ 하나의 제연구역은 **둘 이상의 층**에 미치지 아니하도록 할 것

해답 ②

63 소화기구 및 자동소화장치의 화재안전기술기준상 노유자시설은 당해용도의 바닥면적 얼마마다 능력단위 1단위 이상의 소화기구를 비치해야 하는가?

① 바닥면적 30m² 마다
② 바닥면적 50m² 마다
③ 바닥면적 100m² 마다
④ 바닥면적 200m² 마다

해설 **소방대상물별 소화기구의 능력단위기준**

소방대상물	소화기구의 능력단위
① 위락시설	30m² 마다 1단위 이상
② 공연장·집회장·관람장·문화재·장례식장 및 의료시설	50m² 마다 1단위 이상
③ 근린생활시설·판매시설·숙박시설·노유자시설·전시장·공동주택·업무시설·통신촬영시설·공장·창고·항공기 및 자동차관련시설·관광휴게시설	100m² 마다 1단위 이상
④ 그 밖의 것	200m² 마다 1단위 이상

(주) 소화기구의 능력단위를 산출함에 있어서 건축물의 주요구조부가 내화구조이고, 벽 및 반자의 실내에 면하는 부분이 불연재료·준불연재료 또는 난연재료로 된 소방대상물에 있어서는 위 표의 기준면적의 2배를 당해 소방대상물의 기준면적으로 한다.

해답 ③

64 도로터널의 화재안전기술기준상 옥내소화전설비 설치기준 중 괄호 안에 알맞은 것은?

가압송수장치는 옥내소화전 2개(4차로 이상의 터널인 경우 3개)를 동시에 사용할 경우 각 옥내소화전의 노즐선단에서의 방수압력은 (㉠)MPa 이상이고 방수량은 (㉡)L/min 이상이 되는 성능의 것으로 할 것

① ㉠ 0.1, ㉡ 130 ② ㉠ 0.17, ㉡ 130
③ ㉠ 0.25, ㉡ 350 ④ ㉠ 0.35, ㉡ 190

해설 **도로터널의 옥내소화전설비**
① **소화전함과 방수구**는 주행차로 우측 측벽을 따라 **50m 이내의 간격**으로 설치하며, 편도 2차선 이상의 양방향 터널이나 4차로 이상의 일방향 터널의 경우에는 양쪽 측벽에각각 50m 이내의 간격으로 엇갈리게 설치할 것
② 수원은 그 저수량이 옥내소화전의 설치개수 2개(4차로 이상의 터널의 경우 3개)를 동시에 **40분 이상** 사용할 수 있는 충분한 양 이상을 확보할 것
③ 가압송수장치는 옥내소화전 **2개(4차로 이상의 터널인 경우 3개)**를 동시에 사용할 경우 각 옥내소화전의 노즐선단에서의 방수압력은 **0.35MPa 이상**이고 방수량은 **190L/min 이상**이 되는 성능의 것으로 할 것.
④ 방수구는 **40mm 구경**의 단구형을 옥내소화전이 설치된 벽면의 바닥면으로부터 **1.5m 이하**의 높이에 설치할 것
⑤ 소화전함에는 옥내소화전 방수구 1개, 15m 이상의 소방호스 3본 이상 및 방수노즐을 비치할 것
⑥ 옥내소화전설비의 비상전원은 **40분 이상** 작동할 수 있을 것

해답 ④

65 상수도소화용수설비의 화재안전기술기준상 소화전은 특정소방대상물의 수평투영면의 각 부분으로부터 몇 m 이하가 되도록 설치하여야 하는가?

① 70 ② 100
③ 140 ④ 200

해설 상수도소화용수설비
① 호칭지름 75mm 이상의 수도배관에 호칭지름 100mm 이상의 소화전을 접속
② 소화전은 소방자동차 등의 진입이 쉬운 도로변 또는 공지에 설치
③ 소화전은 소방대상물의 수평투영면의 각 부분으로부터 140m 이하가 되도록 설치

해답 ③

66 스프링클러설비의 화재안전기술기준상 스프링클러설비의 교차배관에서 분기되는 지점을 기점으로 한쪽 가지배관에 설치되는 헤드의 개수는 최대 몇 개 이하인가? (단, 방호구역 안에서 칸막이 등으로 구획하여 헤드를 증설하는 경우와 격자형 배관방식을 채택하는 경우는 제외한다.)

① 8 ② 10
③ 12 ④ 15

해설 스프링클러설비의 배관설치기준
(1) 배관의 구경은 수리계산에 따르는 경우 가지배관의 유속은 6m/s, 그 밖의 배관의 유속은 10m/s를 초과할 수 없다.
(2) 가지배관의 배열은 다음 기준에 따른다.
　① 토너먼트(tournament)방식이 아닐 것
　② 교차배관에서 분기되는 지점을 기점으로 **한쪽 가지배관에 설치되는 헤드의 개수는 8개 이하**로 할 것.
(3) 교차배관의 구경은 최소구경이 40mm 이상이 되도록 할 것.
(4) 청소구는 교차배관 끝에 개폐밸브를 설치하고, 호스접결이 가능한 나사식 또는 고정배수 배관식으로 할 것.
(5) 하향식헤드를 설치하는 경우에 헤드접속배관은 가지관상부에서 분기할 것.
(6) **수직배수배관의 구경은 50mm 이상**으로 하여야 한다.

해답 ①

67 연소방지설비 방수헤드의 설치기준 중 환기구 사이의 간격이 700m를 초과할 경우에는 몇 m 이내마다 살수구역을 설정하는가?

① 300 ② 400
③ 700 ④ 800

해설 연소방지설비의 배관 설치기준
① 배관용 탄소강관 또는 압력배관용 탄소강관
② 급수배관은 전용
③ 연소방지설비전용헤드수별 급수관의 구경

전용헤드의 개수	1개	2개	3개	4개~5개	6개 이상
배관구경(mm)	32	40	50	65	80

연소방지설비의 헤드 설치기준
① 천장 또는 벽면에 설치할 것
② 헤드간의 수평거리

전용헤드	개방형 스프링클러헤드
2m 이하	1.5m 이하

③ 소방대원의 출입이 가능한 **환기구·작업구**마다 지하구의 양쪽방향으로 살수헤드를 설정하되, **한쪽 방향의 살수구역의 길이는 3m 이상**으로 할 것. 다만, 환기구 사이의 간격이 700m를 초과할 경우에는 **700m 이내마다 살수구역을 설정**할 것

해답 ③

68 분말소화설비의 화재안전기술기준상 분말소화설비의 가압용가스로 질소가스를 사용하는 경우 질소가는 소화약제 1kg마다 최소 몇 L 이상이어야 하는가? (단, 질소가스의 양은 35℃에서 1기압의 압력상태로 환산한 것이다.)

① 10 ② 20
③ 30 ④ 40

해설 가압용 또는 축압용 가스

구분	질소가스 사용 시	이산화탄소 사용 시
가압용 가스	40L(질소)/1kg(약제) 이상 (35℃, 1기압 기준)	20g(CO_2)/1kg(약제) +배관청소에 필요한 양
축압용 가스	10L(질소)/1kg(약제) 이상 (35℃, 1기압 기준)	20g(CO_2)/1kg(약제) +배관청소에 필요한 양

• 배관 청소용 가스는 별도 용기에 저장

해답 ④

69 분말소화설비의 화재안전기술기준상 분말소화설비의 배관으로 동관을 사용하는 경우에는 최고사용압력의 최소 몇 배 이상의 압력에 견딜 수 있는 것을 사용하여야 하는가?

① 1 ② 1.5
③ 2 ④ 2.5

해설 분말소화설비의 배관 설치기준
① 전용으로 할 것
② 강관을 사용하는 경우
  ㉠ 아연도금에 의한 배관용 탄소강관
  ㉡ 축압식은 20℃에서 압력이 2.5MPa 이상 4.2MPa 이하인 것에 있어서는 압력배관용 탄소강관 중 이음이 없는 스케줄 40 이상의 것
③ 동관을 사용하는 경우
  고정압력 또는 최고사용압력의 1.5배 이상의 압력에 견딜 수 있는 것을 사용
④ 밸브류는 개폐위치 또는 개폐방향을 표시한 것
⑤ 배관방식은 토너먼트 방식으로 설치한다.

해답 ②

70 스프링클러설비의 화재안전기술기준상 스프링클러헤드를 설치하는 천장 · 반자 · 천장과 반자사이 · 덕트 · 선반 등의 각 부분으로부터 하나의 스프링클러헤드까지의 수평거리 기준으로 틀린 것은? (단, 성능이 별도로 인정된 스프링클러헤드를 수리계산에 따라 설치하는 경우는 제외한다.)

① 무대부에 있어서는 1.7m 이하
② 공동주택(아파트) 세대 내의 거실에 있어서는 2.6m 이하
③ 특수가연물을 저장 또는 취급하는 장소에 있어서는 2.1m 이하
④ 특수가연물을 저장 또는 취급하는 랙크식 창고의 경우에는 1.7m 이하

해설 스프링클러헤드의 배치기준

설치장소		설치기준
천장 · 반자 · 천장과 반자 사이 · 덕트 · 선반 기타 이와 유사한 부분 (폭이 1.2m를 초과하는 것)	무대부, **특수가연물** 저장취급 장소 및 창고	수평거리 1.7m 이하
	특정소방 대상물 및 창고	기타 구조	수평거리 2.1m 이하
		내화 구조	수평거리 2.3m 이하
아파트		수평거리 2.6m 이하
랙식창고		랙 높이 3m 이하 마다

해답 ③

71 이산화탄소소화설비의 화재안전기술기준상 전역방출방식의 이산화탄소소화설비의 분사헤드 방사압력은 저압식인 경우 최소 몇 MPa 이상이어야 하는가?

① 0.5 ② 1.05
③ 1.4 ④ 2.0

해설 전역방출방식의 분사헤드 방사압력

저압식	고압식
1.05MPa 이상	2.1MPa 이상

해답 ②

72 이산화탄소소화설비의 화재안전기술기준상 저압식 이산화탄소 소화약제 저장용기에 설치하는 안전밸브의 작동압력은 내압시험압력의 몇 배에서 작동해야 하는가?

① 0.24~0.4 ② 0.44~0.6
③ 0.64~0.8 ④ 0.84~1

해설 이산화탄소 저장용기의 설치 기준
① 저장용기의 충전비

저압식	고압식
1.1~1.4	1.5~1.9

② 저압식 저장용기에는 내압시험압력의 0.64배부터 0.8배까지의 압력에서 작동하는 안전밸브와 내압시험압력의 0.8배 부터 내압시험압력에서 작동하는 봉판을 설치할 것
③ 액면계 및 압력계와 2.3MPa 이상 1.9MPa 이

하의 압력에서 작동하는 **압력경보장치**를 설치할 것
④ 용기내부의 온도가 −18℃ **이하**에서 **2.1MPa**의 압력을 유지할 수 있는 **자동냉동장치**를 설치할 것
⑤ 고압식은 25MPa 이상, 저압식은 3.5MPa 이상의 내압시험압력에 합격한 것으로 할 것

해답 ③

73 포소화설비의 화재안전기술기준상 포헤드의 설치 기준 중 다음 괄호 안에 알맞은 것은?

압축공기포소화설비의 분사헤드는 천장 또는 반자에 설치하되 방호대상물에 따라 측벽에 설치할 수 있으며 유류탱크 주위에는 바닥면적 (㉠)m^2 마다 1개 이상, 특수가연물저장소에는 바닥면적(㉡)m^2 마다 1개 이상으로 당해 방호대상물의 화재를 유효하게 소화할 수 있도록 할 것

① ㉠ 8, ㉡ 9 ② ㉠ 9, ㉡ 8
③ ㉠ 9.3, ㉡ 13.9 ④ ㉠ 13.9, ㉡ 9.3

해설 압축공기포소화설비의 분사헤드
① 천장 또는 반자에 설치하되 방호대상물에 따라 측벽에 설치할 수 있다
② 유류탱크주위에는 바닥면적 13.9m^2마다 1개 이상, 특수가연물저장소에는 바닥면적 9.3m^2 마다 1개 이상으로 당해 방호대상물의 화재를 유효하게 소화할 수 있도록 할 것

방호대상물	방호면적 1m^2에 대한 1분당 방출량
특수가연물	2.3L
기타의 것	1.63L

해답 ④

74 소화기의 형식승인 및 제품검사의 기술기준상 A급 화재용 소화기의 능력단위 산정을 위한 소화능력시험의 내용으로 틀린 것은?

① 모형 배열 시 모형 간의 간격은 3m 이상으로 한다.
② 소화는 최초의 모형에 불을 붙인 다음 1분 후에 시작한다.
③ 소화는 무풍상태(풍속 0.5m/s 이하)와 사용상태에서 실시한다.
④ 소화약제의 방사가 완료된 때 잔염이 없어야 하며, 방사완료 후 2분 이내에 다시 불타지 아니한 경우 그 모형은 완전히 소화된 것으로 본다.

해설 A급화재용소화기의 소화능력시험
소화는 최초의 모형에 불을 붙인 다음 **3분 후에 시작**하되, 불을 붙인 순으로 한다. 이 경우 그 모형에 잔염(불꽃을 알아볼 수 있는 상태를 말한다. 이하 같다)이 있다고 인정될 경우에는 다음 모형에 대한 소화를 계속할 수 없다.

해답 ②

75 제연설비의 화재안전기술기준상 배출구 설치 시 예상제연구역의 각 부분으로부터 하나의 배출구까지의 수평거리는 최대 몇 m 이내가 되어야 하는가?

① 5 ② 10
③ 15 ④ 20

해설 제연설비
① 배출구까지의 수평거리 : 10m 이하
② 배출기의 **흡입측** 풍도안 풍속 : 15m/s 이하
③ 배출기의 **배출측** 풍속 : 20m/s 이하

해답 ②

76 다음 중 스프링클러설비에서 자동경보밸브에 리타딩 챔버(retarding chamber)를 설치하는 목적으로 가장 적절한 것은?

① 자동으로 배수하기 위하여
② 압력수의 압력을 조절하기 위하여
③ 자동경보밸브의 오보를 방지하기 위하여
④ 경보를 발하기까지 시간을 단축하기 위하여

해설 리타딩챔버의 설치목적
자동경보밸브의 비화재인 오보방지

해답 ③

77 완강기의 형식승인 및 제품검사의 기술기준상 완강기 및 간이완강기의 구성으로 적합한 것

은?

① 속도조절기, 속도조절기의 연결부, 하부지지장치, 연결금속구, 벨트
② 속도조절기, 속도조절기의 연결부, 로우프, 연결금속구, 벨트
③ 속도조절기, 가로봉 및 세로봉, 로우프, 연결금속구, 벨트
④ 속도조절기, 가로봉 및 세로봉, 로우프, 하부지지장치, 벨트

해설 완강기 및 간이완강기의 구성
① 속도조절기   ② 속도조절기의 연결부
③ 로우프   ④ 연결금속구
⑤ 벨트

해답 ②

78 포소화설비의 화재안전기술기준상 전역방출방식 고발포용고정포방출구의 설치기준으로 옳은 것은? (단, 해당 방호구역에서 외부로 새는 양 이상의 포수용액을 유효하게 추가하여 방출하는 설비가 있는 경우는 제외한다.)

① 개구부에 자동폐쇄장치를 설치할 것
② 바닥면적 $600m^2$ 마다 1개 이상으로 할 것
③ 방호대상물의 최고부분보다 낮은 위치에 설치할 것
④ 특정소방대상물 및 포의 팽창비에 따른 종별에 관계없이 해당 방호구역의 관포체적 $1m^3$에 대한 1분당 포수용액 방출량은 1L 이상으로 할 것

해설 전역방출방식 고발포용 고정포방출구
① 개구부에 자동폐쇄장치를 설치
② 방호구역의 관포체적 $1m^3$에 대한 1분당 포 수용액 방출량은 소방대상물 및 포의 팽창비에 따라 다르다.
③ 바닥면적 $500m^2$마다 1개 이상으로 하여 방호대상물의 화재를 유효하게 소화할 수 있도록 할 것
④ 방호대상물의 최고 부분보다 높은 위치에 설치

해답 ①

79 물분무소화설비의 화재안전기술기준상 110kV 초과 154kV 이하의 고압 전기기기와 물분무헤드 사이의 이격거리는 최소 몇 cm 이상이어야 하는가?

① 110   ② 150
③ 180   ④ 210

해설 물분무소화설비의 설치기준
(1) 전기기기와 물분무헤드 사이의 이격거리

전압(kV)	거리(cm)
66 이하	70 이상
66초과 77 이하	80 이상
77 초과 110 이하	110 이상
110 초과 154 이하	150 이상
154 초과 181 이하	180 이상
181 초과 220 이하	210 이상
220 초과 275 이하	260 이상

(2) 물분무소화설비를 설치하는 차고 또는 주차장의 배수설비
① 차량이 주차하는 장소의 적당한 곳에 높이 10cm 이상의 경계턱으로 배수구를 설치할 것
② 배수구에는 새어나온 기름을 모아 소화할 수 있도록 길이 40m 이하마다 집수관·소화핏트 등 기름분리장치를 설치할 것
③ 차량이 주차하는 바닥은 배수구를 향하여 100분의 2 이상의 기울기를 유지할 것
④ 배수설비는 가압송수장치의 최대송수능력의 수량을 유효하게 배수할 수 있는 크기 및 기울기로 할 것

(3) 물분무헤드 설치 제외 장소
① 물에 심하게 반응하는 물질 또는 물과 반응하여 위험한 물질을 생성하는 물질을 저장 또는 취급하는 장소
② 고온의 물질 및 증류범위가 넓어 끓어 넘치는 위험이 있는 물질을 저장 또는 취급하는 장소
③ 운전시에 표면의 온도가 260℃ 이상으로 되는 등 직접 분무를 하는 경우 그 부분에 손상을 입힐 우려가 있는 기계장치 등이 있는 장소

해답 ②

80 옥내소화전설비의 화재안전기술기준상 배관의 설치기준 중 다음 괄호 안에 알맞은 것은?

연결송수관설비의 배관과 겸용할 경우의 주배관은 구경 (㉠)mm 이상, 방수구로 연결되는 배관의 구경은 (㉡)mm 이상의 것으로 하여야 한다.

① ㉠ 80, ㉡ 65
② ㉠ 80, ㉡ 50
③ ㉠ 100, ㉡ 65
④ ㉠ 125, ㉡ 80

해설 **옥내소화전 설비의 배관등**
(1) 배관용 탄소강 강관(KS D 3507)
(2) 펌프의 토출 측 주배관의 구경
 유속이 4m/s 이하가 될 수 있는 크기 이상
(3) 옥내소화전설비 전용설비의 방수구와 연결되는 배관
  ① 주배관 중 수직배관의 구경 : 50mm 이상
   (호스릴 옥내소화전설비 : 32mm 이상)
  ② 가지배관 구경 : 40mm 이상
   (호스릴 옥내소화전 설비 : 25mm 이상)
(4) **연결 송수관설비의 배관과 겸용할 경우**
  ① 주배관 구경 : **100mm 이상**
  ② 가지배관 구경 : **65mm 이상**
(5) 펌프의 흡입측 배관에는 버터플라이밸브외의 **개폐표시형 밸브를 설치하여야 한다.**
(6) 물올림수조의 급수배관의 구경 : 15mm 이상
(7) 릴리프밸브의 구경 : 20mm 이상
(8) 유량측정장치 : 펌프 정격토출량의 175% 이상 측정 가능할 것

해답 ③

소방설비기사 – 기계분야
2020년 9월 27일 시행

제1과목 소방원론

01 일반적인 플라스틱 분류 상 열경화성 플라스틱에 해당하는 것은?

① 폴리에틸렌　　② 폴리염화비닐
③ 페놀수지　　　④ 폴리스티렌

해설 열가소성수지와 열경화성수지
① 열가소성 수지 : 열을 가하면 변형되는 것 (**폴리에틸렌**(PE), 폴리프로필렌(PP), 폴리스틸렌(PS), **폴리염화비닐**(PVC)
② 열경화성 수지 : 열을 가하면 굳어지는 것 (페놀수지, 베이클라이트, 요소수지, **멜라민수지**)

해답 ③

02 공기 중에서 수소의 연소범위로 옳은 것은?

① 0.4~4vol%　　② 1~12.5vol%
③ 4~75vol%　　④ 67~92vol%

해설 연소범위(폭발범위)

아세틸렌	수소	가솔린	프로판
C_2H_2	H_2		C_3H_8
2.5~81%	4~75%	1.2~7.6%	2.1~9.5%

※ 연소범위가 가장 넓고 연소상한 값이 가장 큰 가스 : 아세틸렌

해답 ③

03 건물 내 피난동선의 조건으로 옳지 않은 것은?

① 2개 이상의 방향으로 피난할 수 있어야 한다.
② 가급적 단순한 형태로 한다.
③ 통로의 말단은 안전한 장소이어야 한다.
④ 수직동선은 금하고 수평동선만 고려한다.

해설 피난동선
① 수평 동선(복도)
② 수직 동선(계단, 비상용승강기)
피난동선의 일반적인 원칙★★★
① 피난동선은 가급적 일상동선과 같게 한다.
② 피난동선은 적어도 2개소이상의 안전한 장소를 확보한다.
③ 피난동선의 말단은 안전한 장소이어야 한다.
④ 피난경로는 간단하고 명료하게 할 것
피난대책의 일반적인 원칙★★★
① 2방향 원칙에 따라 피난통로를 확보할 것
② 피난수단은 원시적 방법을 원칙으로 할 것
③ 피난구조설비는 고정식 설비를 원칙으로 하고 보조적으로 이동식 설비를 고려할 것
④ 피난대책은 Fool proof와 Fail safe의 원칙을 중요시 할 것

해답 ④

04 증발잠열을 이용하여 가연물의 온도를 떨어뜨려 화재를 진압하는 소화방법은?

① 제거소화　　② 억제소화
③ 질식소화　　④ 냉각소화

해설 소화원리
① 냉각소화 : 가연성 물질을 발화점 이하로 냉각
　물이 소화약제로 사용되는 이유
　• 물의 기화열(539 kcal/kg)이 크기 때문
　• 물의 비열 (1 kcal/kg℃)이 크기 때문
② 질식소화 : 산소농도를 21% → 15% 이하로 감소
　질식소화 시 산소의 유지농도 : 10~15%
③ 억제소화(부촉매소화, 화학적소화) : 연쇄반응을 억제

- 부촉매 : 화학적 반응의 속도를 느리게 하는 것
- 부촉매 효과 : 할론소화약제
  [할로젠족원소 : 불소(F), 염소(Cl), 브로민(Br), 아이오딘(I)]

④ 제거소화 : 가연성물질을 제거시켜 소화
- 산불이 발생하면 화재의 진행방향을 앞질러 벌목
- 화학반응기의 화재 시 원료공급관의 밸브를 폐쇄
- 유전화재 시 폭약으로 폭풍을 일으켜 화염을 제거
- 촛불을 입김으로 불어 화염을 제거

⑤ 피복소화 : 가연물 주위를 공기와 차단
⑥ 희석소화
- 알코올, 아세톤 등 수용성인 인화성액체 화재 시 물을 방사하여 가연물의 연소농도를 희석
- 기체, 고체, 액체에서 나오는 분해가스나 증기의 농도를 희석하여 연소를 중지시켜 소화

⑦ 유화소화(에멀전소화) : 제4류 위험물 중 물에 녹지 않는 인화성액체의 유류화재 시 물분무로 방사하여 액체표면에 불연성의 유막을 형성하여 소화

해답 ④

05 열분해에 의해 가연물 표면에 유리상의 메타인산 피막을 형성하여 연소에 필요한 산소의 유입을 차단하는 분말약제는?

① 요소　　　② 탄산수소칼륨
③ 제1인산암모늄　④ 탄산수소나트륨

해설 제3종 분말의 열분해

① 1차 열분해
$NH_4H_2PO_4 \rightarrow NH_3 + HPO_3(메타인산) + H_2O$

② 2차 열분해
$2HPO_3 \rightarrow P_2O_5(오산화인) + H_2O$

③ 메타인산(H_3PO_4)이 방진작용을 하여 산소를 차단한다.

해답 ③

06 화재를 소화하는 방법 중 물리적 방법에 의한 소화가 아닌 것은?

① 억제소화　　② 제거소화
③ 질식소화　　④ 냉각소화

해설 소화원리
- 물리적소화 : 냉각, 질식, 제거, 피복, 유화
- 화학적소화 : 부촉매소화(억제소화)

해답 ①

07 물과 반응하여 가연성 기체를 발생하지 않는 것은?

① 칼륨　　　② 인화아연
③ 산화칼슘　④ 탄화알루미늄

해설 물과 반응식

① 칼륨
$2K + 2H_2O \rightarrow 2KOH + H_2 \uparrow$

② 인화아연
$Zn_3P_2 + 6H_2O \rightarrow 3Zn(OH)_2 + 2PH_3$

③ 산화칼슘
$CaO + H_2O \rightarrow Ca(OH)_2$

④ 탄화알루미늄
$Al_4C_3 + 12H_2O \rightarrow 4Al(OH)_3 + 3CH_4 \uparrow$

해답 ③

08 다음 물질을 저장하고 있는 장소에서 화재가 발생하였을 때 주수소화가 적합하지 않은 것은?

① 적린　　　　② 마그네슘 분말
③ 과염소산칼륨　④ 황

해설
① 적린 : 제2류(가연성고체)
② 마그네슘분말 : 제2류(가연성고체 및 금수성)
③ 과염소산칼륨($KClO_4$) : 제1류(산화성고체)
④ 황(S) : 제2류(가연성고체)

마그네슘(Mg) : 제2류 위험물(금수성)

① 물과 반응하여 수소기체 발생
$Mg + 2H_2O \rightarrow Mg(OH)_2 + H_2 \uparrow$ (수소발생)
(수산화마그네슘)

② 마그네슘과 CO_2의 반응식
$2Mg + CO_2 \rightarrow 2MgO + C$ (마그네슘과 이산화탄소는 폭발적으로 반응하기 때문에 위험)

해답 ②

09 과산화수소와 과염소산의 공통성질이 아닌 것은?

① 산화성 액체이다. ② 유기화합물이다.
③ 불연성 물질이다. ④ 비중이 1보다 크다.

해설 제6류 위험물의 일반적 성질
① 자신은 불연성이고 산소를 함유한 강산화제이다.
② 모두 무기화합물이다.
③ 분해에 의한 산소발생으로 다른 물질의 연소를 돕는다.
④ 액체의 비중은 1보다 크고 물에 잘 녹는다.
⑤ 물과 접촉 시 발열한다.
⑥ 증기는 유독하고 부식성이 강하다.

해답 ②

10 다음 중 가연성 가스가 아닌 것은?

① 일산화탄소 ② 프로판
③ 아르곤 ④ 메탄

해설 가연물이 될 수 없는 조건
(1) 산화반응이 완전히 끝난 물질
 H_2O, CO_2, $NaHCO_3$, $KHCO_3$
(2) 질소 또는 질소산화물
 질소는 산화반응을 하지만 흡열반응을 한다.
 $N_2 + \frac{1}{2}O_2 \rightarrow N_2O - 19.5kcal$
(3) 주기율표상 18족(0족)원소(불활성 기체)
 He(헬륨), Ne(네온), Ar(아르곤),
 Kr(크립톤), Xe(크세논), Rn(라돈)

해답 ③

11 화재 발생 시 인간의 피난 특성으로 틀린 것은?

① 본능적으로 평상 시 사용하는 출입구를 사용한다.
② 최초로 행동을 개시한 사람을 따라서 움직인다.
③ 공포감으로 인해서 빛을 피하여 어두운 곳으로 몸을 숨긴다.
④ 무의식 중에 발화 장소의 반대쪽으로 이동한다.

해설 화재 시 인간의 본능
① 귀소 본능 : 화재시 인간은 피난을 위하여 자신이 들어온 길 또는 평상시 사용하던 통로(복도, 계단)로 탈출하려는 경향
② 지광 본능 : 화재시 인간은 주위가 어두워지면 밝은 곳으로 피난하려는 경향
③ 추종 본능 : 화재시(비상시) 인간은 군중 중 한 사람의 지도자가 나타나면 그 지도자를 따라 행동하려는 경향
④ 퇴피 본능 : 인간은 화재를 감지하면 반사적으로 화재지역으로부터 멀리 피난하려는 경향
⑤ 좌회 본능 : 인간은 대부분 오른손이나 오른발을 사용하여 발달하였으므로 회전할 경우에는 주로 오른손이나 오른발을 이용하여 왼쪽으로 회전(좌회전)하려는 경향

해답 ③

12 실내화재에서 화재의 최성기에 돌입하기 전에 다량의 가연성 가스가 동시에 연소되면서 급격한 온도상승을 유발하는 현상은?

① 패닉(Panic)현상
② 스택(Stack)현상
③ 화이어 볼(Fire Ball)현상
④ 플래쉬 오버(Flash Over)현상

해설 플래쉬 오버(flash over) 현상
화재 시 발생한 가연성가스가 건물 내 상층부에 체류하다가 연소범위 내 농도가 되면 착화하여 화염으로 쌓이고 상층부의 열이 축적되어 축적된 열이 실내에 복사열로 방출되어 실내가 화염으로 덮이는 현상

- 플래쉬 오버 발생시기 : 성장기
- 주요 발생 원인 : 열의 공급

백드래프트(Back Draft) 현상
① 정의 : 화재시 가연성가스가 축적되어 있다가 신선한 공기가 유입되면 폭발적 연소와 함께 폭풍을 동반하며 화염이 외부로 분출되는 현상
② 발생시기 : 감쇠기
③ 주요 발생원인 : 산소의 공급
④ 방지대책 : ㉠ 적절한 배연 ㉡ 환기
  ㉢ 폭발력의 억제 ㉣ 격리

해답 ④

13 다음 원소 중 할로젠족 원소인 것은?

① Ne ② Ar
③ Cl ④ Xe

해설 할로젠족 원소
플루오린(F), 염소(Cl), 브로민 = 취소(Br), 아이오딘(I)

할로젠원소의 반응력 세기
F > Cl > Br > I

할로젠원소의 소화효과 크기
I > Br > Cl > F

해답 ③

14 피난 시 하나의 수단이 고장 등으로 사용이 불가능하더라도 다른 수단 및 방법을 통해서 피난할 수 있도록 하는 것으로 2방향 이상의 피난통로를 확보하는 피난대책의 일반 원칙은?

① Risk-down 원칙 ② Feed-back 원칙
③ Fool-proof 원칙 ④ Fail-safe 원칙

해설 Fool proof와 Fail safe
(1) Fool proof
화재 시 사람의 심리상태는 긴장상태가 되어 인간의 행동특성에 따라 행동하는 것을 고려하여 **원시적이고 간단명료하게 배려한 대책**을 말한다. 피난 또는 유도표지가 문자보다는 색과 형태를 이용한다든가 피난방향으로 문을 열 수 있도록 하는 것이 이에 속한다.
(2) Fail safe
피난 시 하나의 수단 또는 방법이 고장 등으로 불가능하더라도 다른 방법에 의하여 피난할 수 있도록 고려하는 것을 말한다. **2방향** 이상의 피난통로를 확보한다든가 또는 **예비 전원**을 확보하는 것이 이에 속한다.

해답 ④

15 목조건축물의 화재 진행과정을 순서대로 나열한 것은?

① 무염착화 – 발염착화 – 발화 – 최성기
② 무염착화 – 최성기 – 발염착화 – 발화
③ 발염착화 – 발화 – 최성기 – 무염착화
④ 발염착화 – 최성기 – 무염착화 – 발화

해설 목조건축물의 화재
화원 → 무염착화 → 발염착화 → 출화 → 최성기 → 소화

해답 ①

16 탄산수소나트륨이 주성분인 분말 소화약제는?

① 제1종 분말 ② 제2종 분말
③ 제3종 분말 ④ 제4종 분말

해설 분말약제의 주성분 ★★★★(필수암기)

종별	주성분	약제명	착색	적응화재
1종	$NaHCO_3$	탄산수소나트륨	백색	B, C급
2종	$KHCO_3$	탄산수소칼륨	담회색	B, C급
3종	$NH_4H_2PO_4$	제1인산암모늄	담홍색	A, B, C급
4종	$KHCO_3 +$ $(NH_2)_2CO$	탄산수소칼륨 + 요소	회색	B, C급

해답 ①

17 공기와 할론 1301의 혼합기체에서 할론 1301에 비해 공기의 확산속도는 약 몇 배 인가? (단, 공기의 평균분자량은 29, 할론 1301의 분자량은 149이다.)

① 2.27배 ② 3.85배
③ 5.17배 ④ 6.46배

해설 기체의 확산속도(그레이엄의 법칙)
두 가지 기체가 퍼지는 확산속도는 그 기체의 밀도(분자량)의 제곱근에 반비례한다.

$$\frac{U_1}{U_2} = \sqrt{\frac{M_2}{M_1}} = \sqrt{\frac{d_2}{d_1}}$$

여기서, U_1 : 기체1의 확산속도
U_2 : 기체2의 확산속도
M_1 : 기체1의 분자량
M_2 : 기체2의 분자량
d_1 : 기체1의 밀도, d_2 : 기체2의 밀도

공기와 할론1301의 확산속도
$$\frac{U_1}{U_2} = \sqrt{\frac{M_2(149)}{M_1(29)}} = 2.27$$

해답 ①

18 불연성 기체나 고체 등으로 연소물을 감싸 산소공급을 차단하는 소화방법은?

① 질식소화 ② 냉각소화
③ 연쇄반응차단소화 ④ 제거소화

해설 소화원리

① 냉각소화
물질을 발화점 이하로 냉각

물이 소화약제로 사용되는 이유
- 물의 기화열(539 kcal/kg)이 크기 때문
- 물의 비열 (1 kcal/kg℃)이 크기 때문

② 질식소화
산소농도를 21% → 15% 이하로 감소

질식소화 시 산소의 유지농도 : 10~15%

③ 억제소화(부촉매소화, 화학적소화)
억제
- 부촉매 : 화학적 반응의 속도를 느리게 하는 것
- 부촉매 효과 : 할론소화약제
  [할로젠족원소 : 불소(F), 염소(Cl), 브로민(Br), 아이오딘(I)]

④ 제거소화
가연성물질을 제거시켜 소화
- 산불이 발생하면 화재의 진행방향을 앞질러 벌목
- 화학반응기의 화재 시 원료공급관의 밸브를 폐쇄
- 유전화재 시 폭약으로 폭풍을 일으켜 화염을 제거
- 촛불을 입김으로 불어 화염을 제거

⑤ 피복소화
가연물 주위를 공기와 차단

⑥ 희석소화
- 알코올, 아세톤 등 수용성인 인화성액체 화재 시 물을 방사하여 가연물의 연소농도를 희석
- 기체, 고체, 액체에서 나오는 분해가스나 증기의 농도를 희석하여 연소를 중지시켜 소화

⑦ 유화소화(에멀젼소화)
제4류 위험물 중 물에 녹지 않는 인화성액체의 유류화재 시 물분무로 방사하여 액체표면에 불연성의 유막을 형성하여 소화

해답 ①

19 공기 중의 산소의 농도는 약 몇 vol.%인가?

① 10 ② 13
③ 17 ④ 21

해설 공기의 조성
산소(O_2) 21%, 질소(N_2) 78%, 아르곤(Ar) 1%
- 공기 중 산소의 부피(%) = 21%
- 공기 중 산소의 중량(무게)(%) = 23%
- 증기비중 = $\dfrac{M(분자량)}{29(공기평균분자량)}$

해답 ④

20 자연발화 방지대책에 대한 설명 중 틀린 것은?

① 저장실의 온도를 낮게 유지한다.
② 저장실의 환기를 원활히 시킨다.
③ 촉매물질과의 접촉을 피한다.
④ 저장실의 습도를 높게 유지한다.

해설 자연발화

자연발화의 조건	자연발화 방지대책	자연발화의 형태
주위의 온도가 높을 것	통풍이나 환기 등을 통하여 열의 축적을 방지	산화열에 의한 자연발화 • 석탄 • 건성유 • 탄소분말 • 금속분 • 기름걸레
표면적이 넓을 것	저장실의 온도를 낮춘다.	분해열에 의한 자연발화 • 셀룰로이드 • 나이트로셀룰로오스 • 나이트로글리세린
열전도율이 적을 것	습도를 낮게 유지	흡착열에 의한 자연발화 • 활성탄 • 목탄분말
발열량이 클 것	용기내에 불활성 기체를 주입하여 공기와 접촉방지	미생물열에 의한 자연발화 • 퇴비 • 먼지

해답 ④

제2과목 소방유체역학

21 그림과 같이 수조의 밑부분에 구멍을 뚫고 물을 유량 Q로 방출시키고 있다. 손실을 무시할 때 수위가 처음 높이의 1/2로 되었을 때 방출되는 유량은 어떻게 되는가?

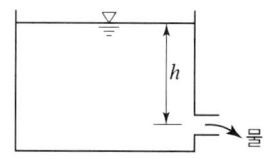

① $\frac{1}{\sqrt{2}}Q$ ② $\frac{1}{2}Q$

③ $\frac{1}{\sqrt{3}}Q$ ④ $\frac{1}{3}Q$

해설 ① 유량과 유속 관계

$Q = uA$에서 단면적 A는 일정(변하지 않음)하므로 유량은 유속에 비례한다($Q \propto u$).

② $u = \sqrt{2gh}$

$h_1 = 1$일 때 $u_1 = \sqrt{2gh} = \sqrt{2g \times 1} = \sqrt{2g}$

$h_2 = \frac{1}{2}$일 때 $u_2 = \sqrt{2gh} = \sqrt{2g \times \frac{1}{2}} = \sqrt{g}$

③ $Q = uA$

$Q_1 = u_1 A = \sqrt{2g}\,A$, $Q_2 = u_2 A = \sqrt{g}\,A$

④ $\dfrac{Q_2}{Q_1} = \dfrac{\sqrt{g}\,A}{\sqrt{2g}\,A} = \dfrac{1}{\sqrt{2}}$ 배

해답 ①

22 다음 중 등엔트로피 과정은 어느 과정인가?

① 가역 단열과정   ② 가역 등온과정
③ 비가역 단열과정 ④ 비가역 등온과정

해설 이상기체의 등엔트로피 과정
① 폴리트로피 과정의 일종
② 가역 단열 과정
③ 온도가 증가하면 압력이 증가

해답 ①

23 비중이 0.95인 액체가 흐르는 곳에 그림과 같이 피토 튜브를 직각으로 설치하였을 때 h가 150mm, H가 30mm로 나타났다면 점 1위치에서의 유속(m/s)은?

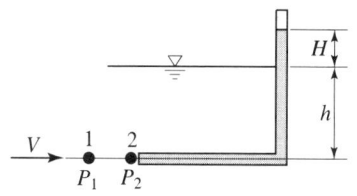

① 0.8   ② 1.6
③ 3.2   ④ 4.2

해설 유속

$$u_o = \sqrt{2g\Delta H}$$

여기서, u_o : 유속(m/s)
 g : 중력가속도(9.8m/s²)
 ΔH : 속도수두(m)

① 속도수두(ΔH) = 30mm = 0.03m
 정압수두 = 압력수두(h) = 150mm = 0.15m

② $u_o = \sqrt{2g\Delta H} = \sqrt{2 \times 9.8 \times 0.03} \fallingdotseq 0.8\text{m/s}$

해답 ①

24 어떤 밀폐계가 압력 200kPa, 체적 0.1m³인 상태에서 100kPa, 0.3m³인 상태까지 가역적으로 팽창하였다. 이 과정이 $P-V$선도에서 직선으로 표시된다면 이 과정 동안에 계가 한 일(kJ)은?

① 20   ② 30
③ 45   ④ 60

해설 (1) 일의 방향과 양

$$W_s = P_1 V_1 - P_2 V_2$$

(2) 계가 한 일

$$W_O = P_1 V_1 - W_s$$

① $P_1 = 200$kPa(kN/m²)
 $P_2 = 100$kPa(kN/m²)
 $V_1 = 0.1$m³, $V_2 = 0.3$m³

② $W_s = P_1 V_1 - P_2 V_2$식에 대입
 $W_s = (200 \times 0.1) - (100 \times 0.3)$
  $= -10$kN·m $= -10$kJ

③ $W_O = P_1 V_1 - W_s$식에 대입
 $W_O = (200 \times 0.1) - (-10) = 30$kJ

※ kN·m = kJ, N·m = J

해답 ②

25 유체에 관한 설명으로 틀린 것은?

① 실제유체는 유동할 때 마찰로 인한 손실이

생긴다.
② 이상유체는 높은 압력에서 밀도가 변화하는 유체이다.
③ 유체에 압력을 가하면 체적이 줄어드는 유체는 압축성 유체이다.
④ 전단력을 받았을 때 저항하지 못하고 연속적으로 변형하는 물질을 유체라 한다.

해설 (1) 압축성유체와 비압축성유체
  ① 압축성 유체 : 온도나 압력에 따라 밀도가 변화하는 유체(기체)
  ② 비압축성 유체 : 온도나 압력에 따라 밀도의 변화가 없는 유체(액체), 즉 유체의 압축성 계수(체적탄성계수)가 0인 유체
(2) 점성유체와 비점성유체
  ① 점성 유체 : 점성을 가지고 있는 유체 즉 전단응력이 발생하는 유체
  ② 비점성 유체 : 점성이 없다고 가정한 유체 즉, 전단응력이 발생하지 않는 가상적인 유체
(3) 이상유체와 실제유체
  ① 이상유체 : 점성이 없고(마찰손실이 없고) 비압축성인 유체. **높은 압력에서 밀도가 변화 하지 않는 유체**
  ② 실제유체 : 점성이 있고(마찰손실이 있고) 압축성인 유체. 높은 압력에서 밀도가 변화하는 유체

해답 ②

26 대기압에서 10℃의 물 10kg을 70℃까지 가열할 경우 엔트로피 증가량(kJ/K)은? (단, 물의 정압비열은 4.18kJ/kg · K이다.)

① 0.43 ② 8.03
③ 81.3 ④ 2508.1

해설 엔트로피 증가량

$$\Delta S = m C_P \ln \frac{T_2}{T_1}$$

여기서, ΔS : 엔트로피 증가량(kJ/kg · K)
  m : 질량(kg)
  C_P : 정압비열(kJ/kg · K)
  T_2, T_1 : 절대온도(273+t℃)(K)

① $m = 10\text{kg}$, $C_P = 4.18\text{kJ/kg} \cdot \text{K}$
  $T_2 = 273 + 70 = 343\text{K}$
  $T_1 = 273 + 10 = 283\text{K}$
② $\Delta S = 10 \times 4.18 \times \ln \frac{343}{283} = 8.03\text{kJ/K}$

해답 ②

27 물 속에 수직으로 완전히 잠긴 원판의 도심과 압력중심 사이의 최대 거리는 얼마인가? (단, 원판의 반지름은 R이며, 이 원판의 면적관성 모멘트는 $I_{xc} = \pi R^4/4$이다.)

① $\dfrac{R}{8}$ ② $\dfrac{R}{4}$
③ $\dfrac{R}{2}$ ④ $\dfrac{2R}{3}$

해설 평면의 도심

도형	도심의 위치
I_g ⊙ d ↕ $\bar{y}$	$\bar{y} = \dfrac{d}{2}$

① 원판의 도심의 위치($\bar{y}$)
  직경(d)은 반지름(R)의 2배이므로 $d = 2R$
  $\bar{y} = \dfrac{d}{2} = \dfrac{2R}{2} = R$

② 원판의 압력중심(y_c)
  $y_c = \bar{y} + \dfrac{I_g}{\bar{y}A} = \bar{y} + \dfrac{\pi d^4/64}{\bar{y}\pi d^2/4} = \bar{y} + \dfrac{d^2}{16\bar{y}}$
  $y_c = \bar{y} + \dfrac{d^2}{16\bar{y}} = R + \dfrac{(2R)^2}{16R} = R + \dfrac{R}{4}$

③ 원판의 도심(R)과 압력중심($R + \dfrac{R}{4}$)의 최대 거리는 $\dfrac{R}{4}$이다.

원판의 면적관성모멘트($I_{xc} = I_g$)
$$I_g = \frac{\pi d^4}{64} = \frac{\pi(2R)^4}{64} = \frac{\pi 16R^4}{64} = \frac{\pi R^4}{4}$$

해답 ②

28 점성계수가 0.101N·s/m², 비중이 0.85인 기름이 내경 300mm, 길이 3km의 주철관 내부를 0.0444m³/s의 유량으로 흐를 때 손실수두(m)는?

① 7.1   ② 7.7
③ 8.1   ④ 8.9

해설 손실수두

$$\Delta h_L = f \times \frac{l}{d} \times \frac{u^2}{2g}$$

여기서, Δh_L : 마찰손실수두(m)
    f : 마찰손실계수
    l : 배관길이(m)
    u : 유속(m/s)
    g : 중력가속도(9.8m/s²)
    d : 배관내경(m)

① 점성계수
    $\mu = 0.101\text{N}\cdot\text{s/m}^2$
② 밀도
    $\rho = \rho_W \times S = 1000\text{N}\cdot\text{s}^2/\text{m}^4 \times 0.85$
    $= 850\text{N}\cdot\text{s}^2/\text{m}^4$
③ 유속 계산
    $u = \dfrac{Q}{A} = \dfrac{0.0444\text{m}^3/\text{s}}{\dfrac{\pi}{4}\times(0.3\text{m})^2} = 0.63\text{m/s}$
④ 레이놀즈수
    $ReNo = \dfrac{Du\rho}{\mu} = \dfrac{0.3\times 0.63 \times 850}{0.101} = 1590.59$
⑤ 마찰손실계수
    $f = \dfrac{64}{ReNo} = \dfrac{64}{1590.59} = 0.04$
⑥ 마찰손실
    $\Delta h_L = f \times \dfrac{l}{d} \times \dfrac{u^2}{2g} = 0.04 \times \dfrac{3000}{0.3} \times \dfrac{0.63^2}{2\times 9.8}$
    $= 8.1\text{m}$

해답 ③

29 그림과 같은 곡관에 물이 흐르고 있을 때 계기압력으로 P_1이 98kPa이고, P_2가 29.42kPa이면 이 곡관을 고정시키는 데 필요한 힘(N)은? (단, 높이차 및 모든 손실은 무시한다.)

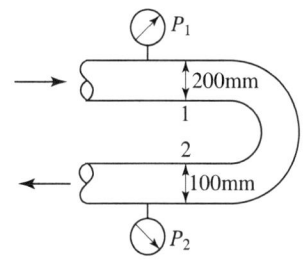

① 4141   ② 4314
③ 4565   ④ 4743

해설 베르누이의 정리(이상유체)

$$H = \frac{u_1^2}{2g} + \frac{P_1}{\gamma} + z_1 = \frac{u_2^2}{2g} + \frac{P_2}{\gamma} + z_2$$

여기서, H : 전수두(m), $\dfrac{u^2}{2g}$: 속도수두
    $\dfrac{P}{\gamma}$: 압력수두, Z : 위치수두

① $P_1 = 98\text{kPa} = 98\text{kN/m}^2$
  $P_2 = 29.42\text{kPa} = 29.42\text{kN/m}^2$
  γ(물의 비중량) = 9800N/m³ = 9.8kN/m³
② 높이차 무시 = 위치수두 무시 $Z_1 = Z_2$
  $\dfrac{u_1^2}{2g} + \dfrac{P_1}{\gamma} = \dfrac{u_2^2}{2g} + \dfrac{P_2}{\gamma}$
  $\dfrac{u_1^2}{2g} + \dfrac{98\text{kN/m}^2}{9.8\text{kN/m}^3} = \dfrac{u_2^2}{2g} + \dfrac{29.42\text{kN/m}^2}{9.8\text{kN/m}^3}$
③ u_1과 u_2의 관계
  $Q_1 = Q_2$, $A_1u_1 = A_2u_2$, $\dfrac{\pi}{4}d_1^2 u_1 = \dfrac{\pi}{4}d_2^2 u_2$
  $d_1 = 200\text{mm} = 0.2\text{m}$, $d_2 = 100\text{mm} = 0.1\text{m}$
  $\dfrac{\pi}{4}\times 0.2^2 \times u_1 = \dfrac{\pi}{4}\times 0.1^2 \times u_2$, $u_2 = 4u_1$
④ $\dfrac{u_1^2}{2g} + \dfrac{98\text{kN/m}^2}{9.8\text{kN/m}^3} = \dfrac{u_2^2}{2g} + \dfrac{29.42\text{kN/m}^2}{9.8\text{kN/m}^3}$
  $\dfrac{u_1^2}{2g} + \dfrac{98\text{kN/m}^2}{9.8\text{kN/m}^3} = \dfrac{(4u_1)^2}{2g} + \dfrac{29.42\text{kN/m}^2}{9.8\text{kN/m}^3}$
  $\dfrac{16u_1^2}{2g} - \dfrac{u_1^2}{2g} = \dfrac{98\text{kN/m}^2}{9.8\text{kN/m}^3} - \dfrac{29.42\text{kN/m}^2}{9.8\text{kN/m}^3}$
  $\dfrac{15u_1^2}{2g} = 7\text{m}$, $15u_1^2 = 7\times 2g$
  $u_1^2 = \dfrac{7\times 2\times 9.8}{15}$, $\sqrt{u_1^2} = \sqrt{\dfrac{7\times 2\times 9.8}{15}}$

$$u_1 = \sqrt{\frac{7 \times 2 \times 9.8}{15}} = 3.02 \text{m/s}$$

$$u_2 = 4u_1 = 4 \times 3.02 = 12.08 \text{m/s}$$

⑤ 유량계산

$$Q = \frac{\pi}{4} \times 0.2^2 \times 3.02 = 0.095 \text{m}^3/\text{s}$$

⑥ 운동량 방정식을 적용

$$P_1 A_1 - F + P_2 A_2 = \rho Q(-V_2 - V_1)$$

$P_1 = 98 \text{kN}$, $P_2 = 29.42 \text{kN}$

$d_1 = 0.2 \text{m}$, $d_2 = 0.1 \text{m}$

(물의 밀도) $\rho = \frac{\gamma}{g} = \frac{9.8 \text{kN/m}^3}{9.8 \text{m/s}^2}$

$$= 1 \text{kN} \cdot \text{s}^2/\text{m}^4$$

$V_2 = 12.08 \text{m/s}$, $V_1 = 3.02 \text{m/s}$

$$98 \times \frac{\pi}{4} \times 0.2^2 - F + 29.42 \times \frac{\pi}{4} \times 0.1^2$$
$$= 1 \times 0.095 \times (-12.08 - 3.02)$$

$$F = 4.7444 \text{kN} = 4744.4 \text{N}$$

해답 ④

30 물의 체적을 5% 감소시키려면 얼마의 압력(kPa)을 가하여야 하는가? (단, 물의 압축률은 $5 \times 10^{-10} \text{m}^2/\text{N}$이다.)

① 1 ② 10^2
③ 10^4 ④ 10^5

해설 체적탄성계수와 압축률 관계

$$K = -\frac{\Delta P}{\Delta V/V} = \frac{\Delta P}{\Delta \rho/\rho}, \quad \beta = \frac{1}{K}$$

여기서, K : 체적탄성계수, ΔP : 압력
ΔV : 감소체적, V : 처음체적
$\Delta \rho$: 감소밀도, ρ : 처음밀도
β : 압축률

① 압력변화

$$\Delta P = -K \frac{\Delta V}{V} = -\frac{1}{\beta} \times \frac{\Delta V}{V}$$

② $\beta = 5 \times 10^{-10} \text{m}^2/\text{N}$, $\Delta V = 5\%$ 감소 $= \frac{-5}{100}$

$$\Delta P = -\frac{1}{5 \times 10^{-10} \text{m}^2/\text{N}} \times \frac{-5}{100}$$
$$= 10^8 \text{N/m}^2 (\text{Pa}) = 10^5 (\text{kN/m}^2) \text{kPa}$$

해답 ④

31 옥내 소화전에서 노즐의 직경이 2cm이고, 방수량이 0.5m³/min이라면 방수압(계기압력, kPa)은?

① 35.18 ② 351.8
③ 566.4 ④ 56.64

해설 ① 유량 계산공식

$$Q = uA = \sqrt{2gH} \times \frac{\pi}{4} d^2$$

$H = \frac{P}{\gamma}$ 를 대입하면

$$Q = uA = \sqrt{2g\frac{P}{\gamma}} \times \frac{\pi}{4} d^2$$

② 방수압 계산공식 유도

$$P = \frac{\left(\frac{4Q}{\pi d^2}\right)^2 \gamma}{2g}$$

③ $Q = 0.5 \text{m}^3/\text{min} = 0.5 \text{m}^3/60 \text{s}$
$d = 2 \text{cm} = 0.02 \text{m}$
γ(물의 비중량) $= 9.8 \text{kN/m}^3$
g(중력가속도) $= 9.8 \text{m/s}^2$

④ $P = \frac{\left(\frac{4 \times 0.5/60}{\pi \times 0.02^2}\right)^2 \times 9.8}{2 \times 9.8}$

$= 351.81 \text{kN/m}^2 (\text{kPa})$

해답 ②

32 공기 중에서 무게가 941N인 돌이 물 속에서 500N이라면 이 돌의 체적(m³)은? (단, 공기의 부력은 무시한다.)

① 0.012 ② 0.028
③ 0.034 ④ 0.045

해설 부력과 무게 관계

$$F_B(\text{부력}) = F_W(\text{무게})$$
$$\gamma(\text{액체}) \times V(\text{잠긴}) = \gamma(\text{물체}) \times V(\text{전체})$$
$$S_1 \times \gamma_w \times V(\text{잠긴}) = S_2 \times \gamma_w \times V(\text{전체})$$

여기서, γ : 비중량(N/m³), V : 부피(m³)
S : 비중
γ_w : 물(9800 N/m³ $= 9.8 \text{kN/m}^3$)

① F_B(부력) = 공기 중 무게 - 물속의 무게

$$= 941 - 500 = 441\text{N}$$

② $F_B = \gamma(\text{액체}) \times V(\text{잠긴})$

$441\text{N} = 9800\text{N/m}^3(\text{물}) \times V(\text{잠긴부피})$

$V(\text{잠긴부피}) = \dfrac{441\text{N}}{9800\text{N/m}^3} = 0.045\text{m}^3$

③ 돌이 물속에 잠겨 있기 때문에 잠긴 부피와 전체 부피는 같다.

해답 ④

33 그림과 같이 비중이 0.8인 기름이 흐르고 있는 관에 U자관이 설치되어 있다. A점에서의 계기 압력이 200kPa일 때 높이 h(m)는 얼마인가? (단, U자관 내의 유체의 비중은 13.6이다.)

① 1.42　　② 1.56
③ 2.43　　④ 3.20

$P_B(B\text{지점압력}) = P_C(C\text{지점압력})$

① $P_B = P_A + r_1 h_1 (r_w \times S_1 \times h_1)$

$P_B = 200\text{kN/m}^2(\text{kPa}) + 9.8\text{kN/m}^3 \times 0.8 \times 1\text{m}$

$= 207.84\text{kN/m}^2(\text{kPa})$

② $P_C = r_2 h_2 (r_w \times S_2 \times h_2)$

$= 9.8\text{kN/m}^3 \times 13.6 \times h_2$

③ $P_B(B\text{지점압력}) = P_C(C\text{지점압력})$

$207.84\text{kN/m}^2 = 9.8\text{kN/m}^3 \times 13.6 \times h_2$

④ $h_2 = \dfrac{207.84}{9.8 \times 13.6} = 1.56\text{m}$

해답 ②

34 열전달 면적이 A이고 온도 차이가 10℃, 벽의 열전도율이 10W/(m·K), 두께 25cm인 벽을 통한 열류량은 100W이다. 동일한 열전달 면적에서 온도 차이가 2배, 벽의 열전도율이 4배가 되고 벽의 두께가 2배가 되는 경우 열류량(W)은 얼마인가?

① 50　　② 200
③ 400　　④ 800

열전달율의 계산

$$P = \dfrac{Q}{t} = \dfrac{KA(T_H - T_C)}{L}$$

여기서, P: 열전달율, T_H: 고온의 온도
T_C: 저온의 온도
A: 전달되는 판의 면적
Q: 열의 형태로 전달된 에너지
L: 전달되는 판의 두께
t: 열이 전달되는 시간
k: 열전도도

① 온도차이는 2배 = $2(T_H - T_C)$

② 열전도율이 4배 = $4K$

③ 벽의 두께가 2배 = $2L$

④ $P_2 = \dfrac{Q}{t} = \dfrac{4KA \times 2(T_H - T_C)}{2L}$

⑤ $P_2 = 4 \times \dfrac{KA \times (T_H - T_C)}{L}$

⑥ $P_1 = \dfrac{KA \times (T_H - T_C)}{L} = 100\text{W}$

⑦ $P_2 = 4P_1 = 4 \times 100\text{W} = 400\text{W}$

해답 ③

35 지름 40cm인 소방용 배관에 물이 80kg/s로 흐르고 있다면 물의 유속은 약 몇 m/s인가?

① 6.4　　② 0.64
③ 12.7　　④ 1.27

질량유량

$$\overline{m}(\text{kg/s}) = A(\text{m}^2) \times u(\text{m/sec}) \times \rho(\text{kg/m}^3)$$

① $\overline{m} = 80\text{kg/s}$, $d = 40\text{cm} = 0.4\text{m}$

$\rho(\text{물}) = 1000\text{kg/m}^3$

② $u = \dfrac{\overline{m}}{A\rho} = \dfrac{80}{\dfrac{\pi}{4} \times 0.4^2 \times 1000} = 0.64 \text{m/s}$

해답 ②

36 지름이 400mm인 베어링이 400rpm으로 회전하고 있을 때 마찰에 의한 손실동력(kW)은? (단, 베어링과 축 사이에는 점성계수가 0.049N·s/m² 인 기름이 차 있다.)

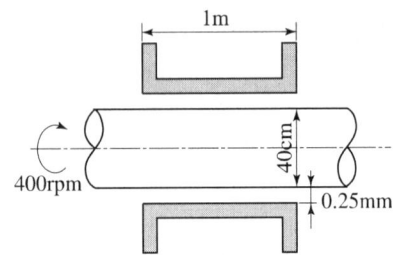

① 15.1　　② 15.6
③ 16.3　　④ 17.3

해설 속도 계산

$$V = \dfrac{\pi D N}{60}$$

여기서, V : 속도(m/s), D : 직경(m)
　　　　N : 회전수(rpm)

① $D = 40\text{cm} = 0.4\text{m}$, $N = 400\text{rpm}$

② $V = \dfrac{\pi \times 0.4 \times 400}{60} = 8.38 \text{m/s}$

힘의 계산

$$F = \mu \dfrac{V}{C} A = \mu \dfrac{V}{C} \pi D L$$

① $\mu = 0.049 \text{N·s/m}^2$, $V = 8.38 \text{m/s}$
　$C(틈새) = 0.25\text{mm} = 0.25 \times 10^{-3} \text{m}$
　$D = 0.4\text{m}$, $L = 1\text{m}$

② $F = 0.049 \times \dfrac{8.38}{0.25 \times 10^{-3}} \times \pi \times 0.4 \times 1$
　　$= 2064\text{N}$

손실동력 계산

$$H = F(\text{힘:N}) \times V(\text{속도:m/s})$$

$H = 2064\text{N} \times 8.38\text{m/s} = 17296.32\text{W}(\text{N·m/s})$
　$= 17.30\text{kW}$

해답 ④

37 12층 건물의 지하 1층에 제연설비용 배연기를 설치하였다. 이 배연기의 풍량은 500m³/min이고, 풍압이 290Pa일 때 배연기의 동력(kW)은? (단, 배연기의 효율은 60%이다.)

① 3.55　　② 4.03
③ 5.55　　④ 6.11

해설 배연기의 동력

$$P(\text{kW}) = \dfrac{Q(\text{m}^3/\text{min}) \times P_T(\text{mmAq})}{102 \times 60 \times E} \times K$$

① $Q = 500\text{m}^3/\text{min}$, $E = 60\% = 0.6$
　$P = 290\text{Pa} \times \dfrac{10332\text{mmAq}}{101325\text{Pa}} = 29.57\text{mmAq}$

② $P(\text{kW}) = \dfrac{500 \times 29.57}{102 \times 60 \times 0.6} = 4.03\text{kW}$

해답 ②

38 다음 중 배관의 출구측 형상에 따라 손실계수가 가장 큰 것은?

㉠ 돌출 출구	
㉡ 사각모서리 출구	
㉢ 둥근 출구	

① ㉠　　② ㉡
③ ㉢　　④ 모두 같다.

해설 (1) 배관의 입구측 형상에 따른 손실계수 크기순서
돌출 입구 > 날카로운 모서리 > 약간 둥근 모서리 > 잘 다듬어진 모서리

(2) 배관의 출구측 형상에 따른 손실계수 크기순서
출구측 형상에 따른 손실계수는 모두 같다.

해답 ④

39 원관 내에 유체가 흐를 때 유동의 특성을 결정하는 가장 중요한 요소는?

① 관성력과 점성력　② 압력과 관성력
③ 중력과 압력　　　④ 압력과 점성력

해설 (1) 레이놀즈 수(Reynolds Number)

$$ReNo = \frac{Du\rho}{\mu} = \frac{Du}{\nu} = \frac{4Q}{\pi D\nu}$$

$ReNo$: 레이놀즈 수, D : 내경(m)
u : 평균속도(m/s), ρ : 밀도(kg/m³)
μ : 점성계수(N·s/m² = kg/m·s)
ν : 동점성계수(m²/s)

(2) 무차원수(단위가 없는 수)

무차원수의 명칭	물리적 의미
레이놀즈수(Reynold number)	관성력/점성력
프로우드수(Froude number)	관성력/중력
웨버수(Weber number)	관성력/표면장력
코우시수(Cauchy number)	관성력/탄성력
마하수(Mach number)	관성력/탄성력
오일러수(Euler number)	압축력/관성력

해답 ①

40 토출량이 1800L/min, 회전차의 회전수가 1000rpm인 소화펌프의 회전수를 1400rpm으로 증가시키면 토출량은 처음보다 얼마나 더 증가되는가?

① 10%　　② 20%
③ 30%　　④ 40%

해설 ① $Q_1 = 1800L/min$, $Q_2 = ?$
　　$N_1 = 1000rpm$, $N_2 = 1400rpm$

② $Q_2 = Q_1 \times \frac{N_2}{N_1} = 1800 \times \frac{1400}{1000} = 2520L/min$

③ $Q = \frac{2520 - 1800}{1800} \times 100 = 40\%$

상사의 법칙

$$Q_2 = Q_1 \times \frac{N_2}{N_1} \times \left(\frac{D_2}{D_1}\right)^3$$

$$H_2 = H_1 \times \left(\frac{N_2}{N_1}\right)^2 \times \left(\frac{D_2}{D_1}\right)^2$$

$$P_2 = P_1 \times \left(\frac{N_2}{N_1}\right)^3 \times \left(\frac{D_2}{D_1}\right)^5$$

여기서, Q_1 : 변경 전 유량, Q_2 : 변경 후 유량
H_1 : 변경 전 양정, H_2 : 변경 후 양정
P_1 : 변경 전 동력, P_2 : 변경 후 동력
N_1 : 변경 전 회전수, N_2 : 변경 후 회전수
D_1 : 변경 전 임펠러직경
D_2 : 변경 후 임펠러직경

해답 ④

제3과목　소방관계법규

41 소방시설 설치 및 관리에 관한 법령상 소방시설 등의 자체점검 중 종합점검을 받아야 하는 특정소방대상물 대상기준으로 틀린 것은?

① 제연설비가 설치된 터널
② 스프링클러설비가 설치된 특정소방대상물
③ 공공기관 중 연면적이 1000m² 이상인 것으로서 옥내소화전설비 또는 자동화재탐지설비가 설치된 것(단, 소방대가 근무하는 공공기관은 제외한다.)
④ 호스릴방식의 물분무등소화설비만이 설치된 연면적 5000m² 이상인 특정소방대상물(단, 위험물 제조소등은 제외한다.)

해설 종합점검 대상
(1) 해당 특정소방대상물의 소방시설 등이 신설된 경우
(2) **스프링클러설비**가 설치된 특정소방대상물
(3) **물분무등 소화설비**(호스릴방식 제외)가 설치된 **연면적 5천m² 이상**(위험물제조소등을 제외)
(4) 단란주점영업과 유흥주점영업, 영화상영관·비디오물감상실업·복합영상물제공업, 노래연습장업, 산후조리업, 고시원업, 안마시술소의 영업장이 설치된 **연면적이 2천m² 이상**인 것
(5) **제연설비**가 설치된 **터널**
(6) **공공기관 중 연면적 1,000m² 이상**인 것으로서 옥내소화전설비 또는 **자동화재탐지설비**가 설치된 것. 다만, 소방대가 근무하는 공공기관은 제외

해답 ④

42 위험물안전관리법령상 제조소등이 아닌 장소에서 지정수량 이상의 위험물을 취급할 수 있는 경우에 대한 기준으로 맞는 것은? (단, 시·도의 조례가 정하는 바에 따른다.)

① 관할 소방서장의 승인을 받아 지정수량 이상의 위험물을 60일 이내의 기간 동안 임시로 저장 또는 취급하는 경우
② 관할 소방대장의 승인을 받아 지정수량 이상의 위험물을 60일 이내의 기간 동안 임시로 저장 또는 취급하는 경우
③ 관할 소방서장의 승인을 받아 지정수량 이상의 위험물을 90일 이내의 기간 동안 임시로 저장 또는 취급하는 경우
④ 관할 소방대장의 승인을 받아 지정수량 이상의 위험물을 90일 이내의 기간 동안 임시로 저장 또는 취급하는 경우

해설 (위험물법 제5조) 위험물의 저장 및 취급의 제한
위험물 임시저장 및 취급은 시. 도의 조례에 따라 관할소방서장의 승인을 받아 90일 이내 임시저장, 취급할 수 있다.

해답 ③

43 화재의 예방 및 안전관리에 관한 법령상 화재예방강화지구의 지정권자는?

① 소방서장 ② 시·도지사
③ 소방본부장 ④ 행정안전부장관

해설 (화재예방법 제18조) 화재예방강화지구의 지정 등
(1) 지정권자 : 시·도지사
(2) 화재안전조사 : 소방관서장
(3) 화재안전조사 실시주기 : 연1회 이상
(4) 소방훈련과 교육 : 연1회 이상
(5) 훈련 및 교육통보 : 10일 전까지

화재예방강화지구의 지정대상지역 ★★필수암기★★
① 시장지역
② 공장·창고가 밀집한 지역
③ 목조건물이 밀집한 지역
④ 노후·불량건축물이 밀집한 지역
⑤ 위험물의 저장 및 처리시설이 밀집한 지역
⑥ 석유화학제품을 생산하는 공장이 있는 지역
⑦ 산업단지
⑧ 소방시설·소방용수시설 또는 소방 출동로가 없는 지역
⑨ 물류단지
⑩ 소방관서장이 화재예방강화지구로 인정하는 지역

해답 ②

44 위험물안전관리법령상 위험물 중 제1석유류에 속하는 것은?

① 경유 ② 등유
③ 중유 ④ 아세톤

해설 제4류 위험물(인화성 액체)

구 분	지정품목	기타 조건(1atm에서)
특수 인화물	이황화탄소, 다이에틸에터	• 발화점 100℃ 이하 • 인화점 −20℃ 이하이고 비점이 40℃ 이하
제1 석유류	아세톤, 휘발유	• 인화점 21℃ 미만.
알코올류		C_1~C_3까지 포화 1가 알코올 (변성알코올 포함)
제2 석유류	등유, 경유	• 인화점 21℃ 이상 70℃ 미만
제3 석유류	중유, 크레오소트유	• 인화점 70℃ 이상 200℃ 미만
제4 석유류	기어유, 실린더유	• 인화점 200℃ 이상 250℃ 미만
동식물 유류		동물의 지육 등 또는 식물의 종자나 과육으로부터 추출한 것으로서 1기압에서 인화점이 250℃ 미만인 것

해답 ④

45 소방시설 설치 및 관리에 관한 법령상 수용인원 산정 방법 중 다음과 같은 시설의 수용인원은 몇 명인가?

> 숙박시설이 있는 특정소방대상물로서 종사자수는 5명, 숙박시설은 모두 2인용 침대이며 침대수량은 50개이다.

① 55 ② 75
③ 85 ④ 105

해설 $N = 5 + 2 \times 50 = 105$명
수용인원 산정방법
(1) 숙박시설이 있는 것

침대 있는 숙박시설	침대 없는 숙박시설
종사자수+침대 수 (2인용 침대는 2인 산정)	종사자수+ (바닥면적합계/3m²)

(2) 숙박시설이 없는 것
① 강의실·교무실·상담실·실습실·휴게실
  : 바닥면적의 합계 /1.9m²
② 강당, **문화 및 집회시설**, 운동시설, 종교시설 : 바닥면적의 합계 / 4.6m²
③ 그 밖의 특정소방대상물
  바닥면적의 합계 / 3m²

[비고]
- 바닥면적을 산정할 때에는 복도, 계단 및 화장실의 바닥면적을 포함하지 않는다.
- 계산 결과 소수점 이하의 수는 반올림한다.

해답 ④

46 위험물안전관리법령상 관계인이 예방규정을 정하여야 하는 위험물을 취급하는 제조소의 지정수량 기준으로 옳은 것은?

① 지정수량의 10배 이상
② 지정수량의 100배 이상
③ 지정수량의 150배 이상
④ 지정수량의 200배 이상

해설 (위험물법 시행령 제15조)
관계인이 예방규정을 정하여야 하는 제조소 등
① 지정수량 10배 이상 제조소
② 지정수량 100배 이상 옥외저장소
③ 지정수량 150배 이상 옥내저장소
④ 지정수량 200배 이상 옥외탱크저장소
⑤ 암반탱크저장소
⑥ 이송취급소
⑦ 지정수량 10배 이상 일반취급소

해답 ①

47 화재의 예방 및 안전관리에 관한 법령상 권원별 소방안전관리자 선임대상 특정소방대상물의 기준 중 틀린 것은?

① 판매시설 중 상점
② 복합건축물로서 지하층 제외한 11층 이상인 건축물
③ 지하가(지하의 인공구조물 안에 설치된 상점 및 사무실, 그밖에 이와 비슷한 시설이 연속하여 지하도에 접하여 설치 된 것과 그 지하도를 합한 것)
④ 복합건축물로서 연면적이 3만제곱미터 이상인 건축물

해설 (화재예방법 제35조)
관리의 권원이 분리된 소방안전관리
(총괄소방안전관리자)
(1) **복합건축물**(지하층 제외 **11층 이상** 또는 연면적 **3만m² 이상**)
(2) **지하가**
(3) 판매시설 중 **도매시장, 소매시장 및 전통시장**

해답 ①

48 소방기본법령상 소방안전교육사의 배치대상별 배치기준으로 틀린 것은?

① 소방청 : 2명 이상 배치
② 소방서 : 1명 이상 배치
③ 소방본부 : 2명 이상 배치
④ 한국소방안전원(본회) : 1명 이상 배치

해설 **소방안전교육사의 배치대상별 배치기준**

배치대상	배치기준
1. 소방청	2명 이상
2. 소방본부	2명 이상
3. 소방서	1명 이상
4. 한국소방안전원	본회 : 2명 이상 지부 : 1명 이상
5. 한국소방산업기술원	2명 이상

해답 ④

49 소방시설공사업법령상 정의된 업종 중 소방시설업의 종류에 해당되지 않는 것은?

① 소방시설설계업   ② 소방시설공사업
③ 소방시설정비업   ④ 소방공사감리업

해설 (공사업법 제2조) 소방시설업의 종류
① 소방시설설계업   ② 소방시설공사업
③ 소방공사감리업   ④ 방염처리업

해답 ③

50 소방기본법상 소방대장의 권한이 아닌 것은?

① 소방활동을 할 때 긴급한 경우에는 이웃한

소방본부장 또는 소방서장에게 소방업무의 응원을 요청할 수 있다.
② 화재, 재난·재해, 그 밖의 위급한 상황이 발생한 현장에 소방활동을 위하여 필요할 때에는 그 관할구역에 사는 사람 또는 그 현장에 있는 사람으로 하여금 사람을 구출하는 일 또는 불을 끄거나 불이 번지지 아니하도록 하는 일을 하게 할 수 있다.
③ 사람을 구출하거나 불이 번지는 것을 막기 위하여 필요할 때에는 화재가 발생하거나 불이 번질 우려가 있는 소방대상물 및 토지를 일시적으로 사용하거나 그 사용의 제한 또는 소방활동에 필요한 처분을 할 수 있다.
④ 소방활동을 위하여 긴급하게 출동할 때에는 소방자동차의 통행과 소방활동에 방해가 되는 주차 또는 정차된 차량 및 물건 등을 제거하거나 이동시킬 수 있다.

해설 소방대장의 권한
① 소방활동을 위하여 긴급하게 출동할 때에는 소방자동차의 통행과 소방활동에 방해가 되는 주차 또는 정차된 차량 및 물건 등을 제거하거나 이동시킬 수 있다.
② 화재, 재난·재해, 그 밖의 위급한 상황이 발생한 현장에 소방활동구역을 정하여 소방활동에 필요한 사람으로서 대통령령으로 정하는 사람 외에는 그 구역에 출입하는 것을 제한할 수 있다.
③ 사람을 구출하거나 불이 번지는 것을 막기 위하여 필요할 때에는 화재가 발생하거나 불이 번질 우려가 있는 소방대상물 및 토지를 일시적으로 사용하거나 그 사용의 제한 또는 소방활동에 필요한 처분을 할 수 있다.
④ 화재 진압 등 소방활동을 위하여 필요할 때에는 소방용수 외에 댐·저수지 또는 수영장 등의 물을 사용하거나 수도(水道)의 개폐장치 등을 조작할 수 있다.

해답 ①

51 소방시설공사업법상 도급을 받은 자가 제3자에게 소방시설공사의 시공을 하도급한 경우에 대한 벌칙 기준으로 옳은 것은? (단, 대통령령으로 정하는 경우는 제외한다.)

① 100만원 이하의 벌금
② 300만원 이하의 벌금
③ 1년 이하의 징역 또는 1000만원 이하의 벌금
④ 3년 이하의 징역 또는 1500만원 이하의 벌금

해설 공사업법 제36조(벌칙)
1년 이하의 징역 또는 1천만원 이하의 벌금
(1) 영업정지처분을 받고 그 영업정지 기간에 영업을 한 자
(2) 설계기준 및 시공기준을 위반하여 설계나 시공을 한 자
(3) 감리업무를 위반하여 감리를 하거나 거짓으로 감리한 자
(4) 공사감리자를 지정하지 아니한 자
(5) 공사업자가 아닌 자에게 소방시설공사 등을 도급한 자
(6) 제3자에게 소방시설의 설계, 시공, 감리를 하도급한 자
(7) 소방기술자가 소방시설공사업법 또는 명령을 따르지 아니하고 업무를 수행한 자

해답 ③

52 소방시설 설치 및 관리에 관한 법령상 주택의 소유자가 소방시설을 설치하여야 하는 대상이 아닌 것은?

① 아파트   ② 연립주택
③ 다세대주택   ④ 다가구주택

해설 소방시설법 제10조(주택에 설치하는 소방시설)
다음 주택의 소유자는 소화기 등 대통령령으로 정하는 소방시설을 설치하여야 한다.
① 단독주택
② 공동주택(아파트 및 기숙사는 제외)

해답 ①

53 화재의 예방 및 안전관리에 관한 법령상 화재예방강화지구의 지정대상이 아닌 것은? (단, 소방청장·소방본부장 또는 소방서장이 화재예방강화지구로 지정할 필요가 있다고 인정하는 지역은 제외한다.)

① 시장지역
② 농촌지역
③ 목조건물이 밀집한 지역
④ 공장·창고가 밀집한 지역

해설 (화재예방법 제18조) 화재예방강화지구의 지정 등
(1) 지정권자 : 시·도지사
(2) 화재안전조사 : 소방관서장
(3) 화재안전조사 실시주기 : 연1회 이상
(4) 소방훈련과 교육 : 연1회 이상
(5) 훈련 및 교육통보 : 10일 전까지

화재예방강화지구의 지정대상지역 ★★필수암기★★
① 시장지역
② 공장·창고가 밀집한 지역
③ 목조건물이 밀집한 지역
④ 노후·불량건축물이 밀집한 지역
⑤ 위험물의 저장 및 처리시설이 밀집한 지역
⑥ 석유화학제품을 생산하는 공장이 있는 지역
⑦ 산업단지
⑧ 소방시설·소방용수시설 또는 소방 출동로가 없는 지역
⑨ 물류단지
⑩ 소방관서장이 화재예방강화지구로 인정하는 지역

해답 ②

54 위험물안전관리법령상 제4류 위험물별 지정수량 기준의 연결이 틀린 것은?

① 특수인화물 – 50리터
② 알코올류 – 400리터
③ 동식물유류 – 1000리터
④ 제4석유류 – 6000리터

해설 제4류 위험물의 지정수량

성질	품 명		지정수량(L)
인화성 액체	특수인화물		50
	제1석유류	비수용성액체	200
		수용성액체	400
	알코올류		400
	제2석유류	비수용성액체	1000
		수용성액체	2000
	제3석유류	비수용성액체	2000
		수용성액체	4000
	제4석유류		6000
	동식물유류		10000

해답 ③

55 소방시설 설치 및 관리에 관한 법상 소방시설 등에 대한 자체점검을 하지 아니하거나 관리업자 등으로 하여금 정기적으로 점검하게 하지 아니한 자에 대한 벌칙 기준으로 옳은 것은?

① 6개월 이하의 징역 또는 1000만원 이하의 벌금
② 1년 이하의 징역 또는 1000만원 이하의 벌금
③ 3년 이하의 징역 또는 1500만원 이하의 벌금
④ 3년 이하의 징역 또는 3000만원 이하의 벌금

해설 소방시설법 제58조(벌칙)
1년 이하의 징역 또는 1천만원 이하의 벌금
(1) 자체점검을 하지 아니한 자
(2) 소방시설관리사증을 빌려주거나 알선한 자
(3) 동시에 둘 이상의 업체에 취업한 자
(4) 자격정지기간 중에 관리사의 업무를 한 자
(5) 등록증이나 등록수첩을 빌려준 자
(6) 영업정지기간 중에 관리업의 업무를 한 자
(7) 합격표시를 위조 또는 변조하여 사용한 자
(8) 변경승인을 받지 아니한 자
(9) 제품검사표시를 위조, 변조하여 사용한 자
(10) 성능인증의 변경인증을 받지 아니한 자
(11) 우수품질인증 표시를 위조, 변조 사용한 자
(12) 비밀을 다른 사람에게 누설한 자

해답 ②

56 화재의 예방 및 안전관리에 관한 법령상 특수가연물의 저장 및 취급 기준을 위반한 경우 과태료 부과기준은?

① 50만원 ② 100만원
③ 150만원 ④ 200만원

해설 (화재예방법 시행령 제19조 관련)
[별표 9] 과태료의 부과기준
1. 일반기준
가. 과태료부과권자는 위반행위의 동기와 그 결과를 참작하여 과태료 부과기준액의 2분의 1까지 경감하여 부과할 수 있다.

나. 위반행위의 횟수에 따른 부과기준은 최근 1년 간 같은 행위로 과태료 처분을 받은 경우에 적용하되, 위반행위에 대한 처분일과 그 처분 후 다시 적발되는 날을 기준으로 한다.

2. 개별기준

위반행위	과태료 금액 (만원)
• 불을 사용할 때 지켜야 하는 사항 및 특수가연물의 저장 및 취급 기준을 위반한 경우	200

해답 ④

57 화재의 예방 및 안전관리에 관한 법령상 특수가연물의 품명과 지정수량 기준의 연결이 틀린 것은?

① 사류 – 1000kg 이상
② 볏짚류 – 3000kg 이상
③ 석탄·목탄류 – 10000kg 이상
④ 합성수지류 중 발포시킨 것 – $20m^3$ 이상

해설 (화재예방법 시행령 제19조) [별표 2]
특수가연물

품명		수량(이상)
면화류		200kg
나무껍질 및 대팻밥		400kg
넝마 및 종이부스러기, 사류, 볏짚류		1,000kg
가연성고체류		3,000kg
석탄·목탄류		10,000kg
가연성액체류		$2m^3$
목재가공품 및 나무부스러기		$10m^3$
합성수지류	발포시킨 것	$20m^3$
	그 밖의 것	3,000kg

해답 ②

58 소방시설 설치 및 관리에 관한 법령상 특정소방대상물로서 숙박시설에 해당되지 않는 것은?

① 오피스텔
② 일반형 숙박시설
③ 생활형 숙박시설
④ 근린생활시설에 해당하지 않는 고시원

해설 ① 오피스텔–업무시설

숙박시설
① 일반형 숙박시설 : 손님이 잠을 자고 머물 수 있도록 시설(취사시설 제외) 및 설비 등의 서비스를 제공하는 영업
② 생활형 숙박시설 : 손님이 잠을 자고 머물 수 있도록 시설(취사시설 포함) 및 설비 등의 서비스를 제공하는 영업
③ 고시원(근린생활시설에 해당하지 않는 것)

해답 ①

59 소방시설 설치 및 관리에 관한 법령상 정당한 사유 없이 피난시설, 방화구획 및 방화시설의 유지·관리에 필요한 조치 명령을 위반한 경우 이에 대한 벌칙 기준으로 옳은 것은?

① 200만원 이하의 벌금
② 300만원 이하의 벌금
③ 1년 이하의 징역 또는 1000만원 이하의 벌금
④ 3년 이하의 징역 또는 3000만원 이하의 벌금

해설 소방시설법 제57조(벌칙)
3년 이하의 징역 또는 3천만원 이하의 벌금
① 조치명령을 위반한 자
② 관리업의 등록을 하지 아니하고 영업을 한 자
③ 거짓이나 부정한 방법으로 형식승인, 제품검사, 임의 변경, 합격표시, 성능인증 받은 자
④ 회수·교환·폐기 또는 판매중지 명령을 받은 후 필요한 조치를 하지 아니한 자
⑤ 거짓, 부정한 방법으로 전문기관지정 받은 자

해답 ④

60 소방시설 설치 및 관리에 관한 법령상 소방시설이 아닌 것은?

① 소화설비 ② 경보설비
③ 방화설비 ④ 소화활동설비

해설 소방시설의 종류

소방시설	종류	
소화설비	① 소화기구	② 자동소화장치
	③ 옥내소화전설비	④ 옥외소화전설비
	⑤ 스프링클러설비 등	⑥ 물분무등 소화설비

소방시설	종 류	
경보 설비	① 단독경보형 ③ 시각경보기 ⑤ 화재알림 ⑦ 자동화재속보 ⑨ 누전경보기	② 비상경보 ④ 자동화재탐지 ⑥ 비상방송 ⑧ 통합감시 ⑩ 가스누설경보기
피난구조 설비	① 피난기구 　㉠ 피난사다리　㉡ 구조대　㉢ 완강기 ② 인명구조기구 　㉠ 방열복, 방화복 　　(안전모, 보호장갑 및 안전화 포함) 　㉡ 공기호흡기 　㉢ 인공소생기 ③ 유도등 　㉠ 피난유도선　㉡ 피난구유도등 　㉢ 통로유도등　㉣ 객석유도등 　㉤ 유도표지 ④ 비상조명등 및 휴대용비상조명등	
소화용수 설비	① 상수도소화용수설비 ② 소화수조·저수조 그 밖의 소화용수설비	
소화활동 설비	① 제연설비　　　② 연결송수관설비 ③ 연결살수설비　④ 비상콘센트설비 ⑤ 무선통신보조설비　⑥ 연소방지설비	

해답 ③

제4과목　소방기계시설의 구조 및 원리

61 상수도소화용수설비의 화재안전기술기준에 따라 호칭지름 75mm 이상의 수도배관에 호칭지름 100mm 이상의 소화전을 접속한 경우 상수도 소화용수설비 소화전의 설치기준으로 맞은 것은?

① 특정소화대상물의 수평투영면의 각 부분으로부터 80m 이하가 되도록 설치할 것
② 특정소화대상물의 수평투영면의 각 부분으로부터 100m 이하가 되도록 설치할 것
③ 특정소화대상물의 수평투영면의 각 부분으로부터 120m 이하가 되도록 설치할 것
④ 특정소화대상물의 수평투영면의 각 부분으로부터 140m 이하가 되도록 설치할 것

해설 상수도소화용수설비
① 호칭지름 75mm 이상의 수도배관에 호칭지름 100mm 이상의 소화전을 접속
② 소화전은 소방자동차 등의 진입이 쉬운 도로변 또는 공지에 설치
③ 소화전은 소방대상물의 수평투영면의 각 부분으로부터 140m 이하가 되도록 설치

해답 ④

62 분말소화설비의 화재안전기술기준에 따른 분말소화설비의 배관과 선택밸브의 설치기준에 대한 내용으로 틀린 것은?

① 배관은 겸용으로 설치할 것
② 선택밸브는 방호구역 또는 방호대상물마다 설치할 것
③ 동관은 고정압력 또는 최고사용압력의 1.5배 이상의 압력에 견딜 수 있는 것을 사용할 것
④ 강관은 아연도금에 따른 배관용탄소강관이나 이와 동등 이상의 강도·내식성 및 내열성을 가진 것을 사용할 것

해설 분말소화설비의 배관 설치기준
(1) 전용으로 할 것
(2) 강관을 사용하는 경우
　① 아연도금에 의한 배관용 탄소강관
　② 축압식은 20℃에서 압력이 2.5MPa 이상 4.2MPa 이하인 것에 있어서는 압력배관용 탄소강관 중 이음이 없는 스케줄 40 이상의 것
(3) 동관을 사용하는 경우
　고정압력 또는 최고사용압력의 1.5배 이상의 압력에 견딜 수 있는 것을 사용
(4) 밸브류는 개폐위치 또는 개폐방향을 표시한 것
(5) 배관방식은 토너먼트 방식으로 설치한다.

해답 ①

63 피난기구의 화재안전기술기준에 따라 숙박시설·노유자시설 및 의료시설로 사용되는 층에 있어서는 그 층의 바닥면적이 몇 m^2 마다 피난기구를 1개 이상 설치해야 하는가?

① 300   ② 500
③ 800   ④ 1000

해설 피난기구의 설치개수
① 층마다 설치할 것
② 피난기구는 기준에 의한 개수 이상을 설치

특수장소	설치개수
숙박시설, 노유자시설, 의료시설로 사용되는 층	500㎡마다 1개 이상
위락시설, 문화집회 및 운동시설, 판매시설, 복합용도의 층	800㎡마다 1개 이상
아파트	각 세대마다
그 밖의 용도의 층	1,000㎡마다 1개 이상

③ 숙박시설의 경우(휴양콘도미니엄 제외) 추가로 객실마다 완강기 또는 둘 이상의 간이완강기를 설치할 것
④ 의무관리대상 공동주택의 경우 관리주체가 관리하는 공동주택 구역마다 공기안전매트 1개 이상 추가 설치

해답 ②

64 다음 설명은 미분무소화설비의 화재안전기술기준에 따른 미분무소화설비 기동장치의 화재감지기 회로에서 발신기 설치기준이다. ( ) 안에 알맞은 내용은? (단, 자동화재탐지설비의 발신기가 설치된 경우는 제외한다.)

- 조작이 쉬운 장소에 설치하고, 스위치는 바닥으로부터 0.8m 이상 (㉠)m 이하의 높이에 설치할 것
- 소방대상물의 층마다 설치하되, 당해 소방대상물의 각 부분으로부터 하나의 발신기까지의 수평거리가 (㉡)m 이하가 되도록 할 것
- 발신기의 위치를 표시하는 표시등은 함의 상부에 설치하되, 그 불빛은 부착면으로부터 15° 이상의 범위안에서 부착지점으로부터 (㉢)m 이내의 어느 곳에서도 쉽게 식별할 수 있는 적색등으로 할 것

① ㉠ 1.5, ㉡ 20, ㉢ 10
② ㉠ 1.5, ㉡ 25, ㉢ 10
③ ㉠ 2.0, ㉡ 20, ㉢ 15
④ ㉠ 2.0, ㉡ 25, ㉢ 15

해설 발신기의 설치기준
① 조작이 쉬운 장소에 설치
② 조작스위치는 바닥으로부터 0.8m 이상 1.5m 이하의 높이에 설치
③ 소방대상물의 층마다 설치
④ 각 부분으로부터 하나의 발신기까지의 수평거리가 25m 이하
⑤ 구획된 실로서 보행거리가 40m 이상일 경우에는 추가로 설치
⑥ 발신기의 위치표시등은 함의 상부에 설치
⑦ 불빛은 부착면으로부터 15° 이상의 범위안에서 부착지점으로부터 10m 이내의 어느 곳에서도 쉽게 식별할 수 있는 적색등으로 할 것

해답 ②

65 소화기구 및 자동소화장치의 화재안전기술기준에 따른 캐비닛형자동소화장치 분사헤드의 설치 높이 기준은 방호구역의 바닥으로부터 얼마이어야 하는가?

① 최소 0.1m 이상 최대 2.7m 이하
② 최소 0.1m 이상 최대 3.7m 이하
③ 최소 0.2m 이상 최대 2.7m 이하
④ 최소 0.2m 이상 최대 3.7m 이하

해설 캐비닛형자동소화장치의 설치기준
① 분사헤드의 설치높이는 방호구역의 바닥으로부터 최소 0.2m 이상 최대 3.7m 이하로 하여야 한다.
② 화재감지기의 회로는 교차회로방식으로 설치할 것

해답 ④

66 할로겐화합물 및 불활성기체소화설비의 화재안전기술기준에 따른 할로겐화합물 및 불활성기체소화설비의 수동식 기동장치의 설치기준에 대한 설명으로 틀린 것은?

① 50N 이상의 힘을 가하여 기동할 수 있는 구조로 할 것
② 전기를 사용하는 기동장치에는 전원표시등을 설치할 것

③ 기동장치의 방출용스위치는 음향경보장치와 연동하여 조작될 수 있는 것으로 할 것
④ 해당 방호구역의 출입구부근 등 조작을 하는 자가 쉽게 피난할 수 있는 장소에 설치할 것

해설 **할로겐화합물 및 불활성기체소화설비의 수동식기동장치 설치기준**
수동식 기동장치의 부근에는 소화약제의 방출을 지연시킬 수 있는 방출지연스위치(자동복귀형 스위치로서 수동식 기동장치의 타이머를 순간정지시키는 기능의 스위치)를 설치하여야 한다.
① 방호구역마다 설치할 것
② 해당 방호구역의 출입구부분 등 조작을 하는 자가 쉽게 피난할 수 있는 장소에 설치할 것
③ 기동장치의 조작부는 바닥으로부터 높이 0.8m 이상 1.5m 이하의 위치에 설치하고, 보호판 등에 따른 보호장치를 설치할 것
④ 기동장치에는 가깝고 보기 쉬운 곳에 "할로겐화합물 및 불활성기체소화설비 기동장치"라고 표시한 표지를 할 것
⑤ 전기를 사용하는 기동장치에는 전원표시등을 설치할 것
⑥ 기동장치의 방출용스위치는 음향경보장치와 연동하여 조작될 수 있는 것으로 할 것
⑦ 50N 이하의 힘을 가하여 기동할 수 있는 구조로 설치할 것

해답 ①

67 지하구의 화재안전기술기준 중 소방대원의 출입이 가능한 환기구·작업구마다 지하구의 양쪽 방향으로 살수헤드를 설정하되, 한쪽 방향의 살수구역의 길이는 몇 m 이상으로 하여야 하는가?

① 5   ② 4
③ 3   ④ 2

해설 **연소방지설비의 헤드 설치기준**
① 헤드간의 수평거리

전용헤드	개방형 스프링클러헤드
2m 이하	1.5m 이하

② 환기구·작업구마다 지하구의 양쪽방향으로 살수헤드를 설정하되, **한쪽 방향의 살수구역의 길이는 3m 이상**으로 할 것. 다만, 환기구 사이의 간격이 700m를 초과할 경우에는 700m 이내마다 **살수구역**을 설정할 것.

해답 ③

68 구조대의 형식승인 및 제품검사의 기술기준에 따른 경사하강식구조대의 구조에 대한 설명으로 틀린 것은?

① 경사구조대 본체는 강하방향으로 봉합부가 설치되어야 한다.
② 연속하여 활강할 수 있는 구조로 안전하고 쉽게 사용할 수 있어야 한다.
③ 땅에 닿을 때 충격을 받는 부분에는 완충장치로서 받침포 등을 부착하여야 한다.
④ 입구틀 및 고정틀의 입구는 지름 60cm 이상의 구체가 통과할 수 있어야 한다.

해설 경사구조대의 본체는 강하방향으로 봉합부가 설치되지 않아야 한다(∵ 피난자가 하강 시 걸려서 지장을 주기 때문).

해답 ①

69 스프링클러설비의 화재안전기술기준에 따른 습식유수검지장치를 사용하는 스프링클러설비 시험장치의 설치기준에 대한 설명으로 틀린 것은?

① 유수검지장치에서 가장 가까운 가지배관의 끝으로부터 연결하여 설치해야 한다.
② 시험배관의 끝에는 물받이 통 및 배수관을 설치하여 시험 중 방사된 물이 바닥에 흘러내리지 않도록 해야 한다.
③ 화장실과 같은 배수처리가 쉬운 장소에 시험배관을 설치한 경우에는 물받이 통 및 배수관을 생략할 수 있다.
④ 시험장치 배관의 구경은 25mm 이상으로 하고 그 끝에 개폐밸브 및 개방형헤드 또는 스프링클러헤드와 동등한 성능을 가진 오리피스를 설치해야 한다.

해설 **유수검지장치의 시험장치**(습식, 건식, 부압식)
① 습식 및 부압식스프링클러설비에 있어서는 유

수검지장치 2차 측 배관에 연결하여 설치
② 건식스프링클러설비인 경우 유수검지장치에서 **가장 먼 거리에 위치한 가지배관의 끝**으로부터 연결하여 설치할 것. 이 경우 유수검지장치 2차 측 설비의 내용적이 2,840L를 초과하는 **건식스프링클러설비는 시험장치 개폐밸브를 완전 개방 후 1분 이내에 물이 방사**되어야 한다.
② 시험장치 배관의 구경은 25mm 이상으로 하고, 그 끝에 개폐밸브 및 개방형헤드 또는 스프링클러헤드와 동등한 방수성능을 가진 오리피스를 설치할 것. 이 경우 **개방형헤드는 반사판 및 프레임을 제거한 오리피스만으로 설치할 수 있다.**
③ 시험배관의 끝에는 **물받이 통 및 배수관**을 설치하여 시험 중 방사된 물이 바닥에 흘러내리지 않도록 할 것. 다만, **목욕실·화장실** 또는 그 밖의 곳으로서 배수처리가 쉬운 장소에 시험배관을 설치한 경우에는 그렇지 않다.

해답 ①

70 화재조기진압용 스프링클러설비의 화재안전기술기준에 따라 가지배관을 배열할 때 천장의 높이가 9.1m 이상 13.7m 이하인 경우 가지배관 사이의 거리 기준으로 맞는 것은?

① 2.4m 이상 3.1m 이하
② 2.4m 이상 3.7m 이하
③ 6.0m 이상 8.5m 이하
④ 6.0m 이상 9.3m 이하

해설 화재조기진압용 스프링클러설비 – 가지배관의 배열
① 토너먼트(tournament)방식이 아닐 것
② 가지배관 사이의 거리

천장의 높이	
일반적 기준	9.1m 이상 13.7m 이하
2.4m 이상 3.7m 이하	2.4m 이상 3.1m 이하

해답 ①

71 옥내소화전설비의 화재안전기술기준에 따라 옥내소화전 방수구를 반드시 설치하여야 하는 곳은?

① 식물원
② 수족관
③ 수영장의 관람석
④ 냉장창고 중 온도가 영하인 냉장실

해설 옥내소화전 방수구의 설치제외
(1) 냉장창고의 영하인 냉장실 또는 냉동창고의 냉동실
(2) 고온의 노가 설치된 장소 또는 물과 격렬하게 반응하는 물품의 저장 또는 취급 장소
(3) 발전소·변전소 등으로서 전기시설이 설치된 장소
(4) 식물원·수족관·목욕실·수영장(관람석 부분을 제외) 또는 그 밖의 이와 비슷한 장소
(5) 야외음악당·야외극장 또는 그 밖의 이와 비슷한 장소

해답 ③

72 스프링클러설비의 화재안전기술기준에 따른 특정소방대상물의 방호구역 층마다 설치하는 폐쇄형 스프링클러설비 유수검지장치의 설치 높이 기준은?

① 바닥으로부터 0.8m 이상 1.2m 이하
② 바닥으로부터 0.8m 이상 1.5m 이하
③ 바닥으로부터 1.0m 이상 1.2m 이하
④ 바닥으로부터 1.0m 이상 1.5m 이하

해설 폐쇄형스프링클러설비의 유수검지장치
① 하나의 방호구역에는 1개 이상의 유수검지장치를 설치하되, 화재발생시 접근이 쉽고 점검하기 편리한 장소에 설치할 것
② 유수검지장치를 실내에 설치하거나 보호용 철망 등으로 구획하여 **바닥으로부터 0.8m 이상 1.5m 이하**의 위치에 설치하되, 그 실 등에는 개구부가 **가로 0.5m 이상 세로 1m 이상의 출입문**을 설치하고 그 출입문 상단에 "유수검지장치실"이라고 표시한 표지를 설치할 것.

해답 ②

73 포소화설비의 화재안전기술기준에 따른 용어 정의 중 다음 (   ) 안에 알맞은 내용은?

( ) 푸로포셔너방식이란 펌프와 발포기의 중간에 설치된 벤추리관의 벤추리작용과 펌프 가압수의 포 소화약제 저장탱크에 대한 압력에 따라 포 소화약제를 흡입·혼합하는 방식을 말한다.

① 라인 ② 펌프
③ 프레져 ④ 프레져사이드

해설 포소화약제의 혼합장치

① 펌프 프로포셔너 방식 : 펌프의 토출관과 흡입관 사이의 배관도중에 설치한 흡입기에 펌프에서 토출된 물의 일부를 보내고, 농도 조정밸브에서 조정된 포 소화약제의 필요량을 포 소화약제 탱크에서 펌프 흡입측으로 보내어 이를 혼합하는 방식

② 프레져 프로포셔너 방식 : 펌프와 발포기의 중간에 설치된 벤추리관의 벤추리작용과 펌프 가압수의 포 소화약제 저장탱크에 대한 압력에 의하여 포소화약제를 흡입·혼합하는 방식

③ 라인 프로포셔너 방식 : 펌프와 발포기의 중간에 설치된 벤추리관의 벤추리 작용에 의하여 포소화약제를 흡입·혼합하는 방식

④ 프레져사이드 프로포셔너 방식 : 펌프의 토출관에 압입기를 설치하여 포 소화약제 압입용 펌프로 포소화약제를 압입시켜 혼합하는 방식

해답 ③

74 소화기구 및 자동소화장치의 화재안전기술기준에 따른 수동으로 조작하는 대형소화기 B급의 능력단위 기준은?

① 10단위 이상 ② 15단위 이상
③ 20단위 이상 ④ 25단위 이상

해설 소화기의 능력단위 및 보행거리

구 분	소형소화기	대형소화기
능력단위	1단위이상 대형소화기 능력단위 미만	• A급 10단위 이상 • B급 20단위 이상
보행거리	20m 이내	30m 이내

해답 ③

75 포소화설비의 화재안전기술기준에 따른 포소화설비의 포헤드 설치기준에 대한 설명으로 틀린 것은?

① 항공기격납고에 단백포 소화약제가 사용되는 경우 1분당 방사량은 바닥면적 $1m^2$ 당 6.5L 이상 방사되도록 할 것
② 특수가연물을 저장·취급하는 소방대상물에 단백포 소화약제가 사용되는 경우 1분당 방사량은 바닥면적 $1m^2$ 당 6.5L 이상 방사되도록 할 것
③ 특수가연물을 저장·취급하는 소방대상물에 합성계면활성제포 소화약제가 사용되는 경우 1분당 방사량은 바닥면적 $1m^2$ 당 8.0L 이상 방사되도록 할 것
④ 포헤드는 특정소방대상물의 천장 또는 반자에 설치하되, 바닥면적 $9m^2$ 마다 1개 이상으로 하여 해당 방호대상물의 화재를 유효하게 소화할 수 있도록 할 것

해설 포헤드의 1분당 방사량

소방대상물	포소화약제의 종류	바닥면적1m² 당 방사량
차고·주차장 및 항공기격납고	단백포	6.5L 이상
	합성계면활성제포	8.0L 이상
	수성막포	3.7L 이상
특수가연물 저장·취급	단백포	6.5L 이상
	합성계면활성제포	6.5L 이상
	수성막포	6.5L 이상

해답 ③

76 소화기구 및 자동소화장치의 화재안전기술기준에 따라 대형소화기를 설치할 때 특정소방대상물의 각 부분으로부터 1개의 소화기까지의 보행거리가 최대 몇 m 이내가 되도록 배치하여야 하는가?

① 20　　② 25
③ 30　　④ 40

해설 소화기의 능력단위 및 보행거리

구 분	소형소화기	대형소화기
능력단위	1단위이상 대형소화기 능력단위 미만	·A급 10단위 이상 ·B급 20단위 이상
보행거리	20m 이내	30m 이내

해답 ③

77 소화수조 및 저수조의 화재안전기술기준에 따라 소화수조의 채수구는 소방차가 최대 몇 m 이내의 지점까지 접근할 수 있도록 설치하여야 하는가?

① 1　　② 2
③ 4　　④ 5

해설 소화수조 및 저수조

(1) 소화수조 등
　① 소방차가 채수구로부터 2m 이내의 지점까지 접근할 수 있는 위치에 설치
　② 소화수조 또는 저수조의 저수량

[소방대상물의 기준면적]

소방대상물의 구분	기준면적
1층 및 2층의 바닥면적 합계가 15000m² 이상인 소방대상물	7,500m²
그 밖의 소방대상물	12,500m²

(2) 흡수관투입구
　① 한 변이 0.6m 이상 또는 직경이 0.6m 이상
　② 소요수량이 80m³ 미만인 것 : 1개 이상
　③ 소요수량이 80m³ 이상인 것 : 2개 이상
　④ "흡수관투입구"라고 표시한 표지를 할 것
(3) 채수구 설치기준
　① 65mm 이상의 나사식 결합금속구를 설치

[소요수량과 채수구수]

소요수량	20m³ 이상 40m³ 미만	40m³ 이상 100m³ 미만	100m³ 이상
채수구수	1개	2개	3개

　② 채수구 설치위치 : 0.5m 이상 1m 이하
　③ "채수구"라고 표시한 표지를 할 것
　④ 소화용수설비 설치 면제 : 유수의 양이 0.8 m³/min 이상인 유수를 사용할 수 있는 경우
(4) 가압송수장치
　① 소화수조 또는 저수조가 지표면으로부터의 깊이(수조 내부바닥까지의 길이)가 4.5m 이상인 지하에 있는 경우에는 다음 표에 따라 가압송수장치를 설치하여야 한다.

소요수량	20m³ 이상 40m³ 미만	40m³ 이상 100m³ 미만	100m³ 이상
가압송수장치의 1분당 양수량	1,100L 이상	2,200L 이상	3,300L 이상

　② 소화수조가 옥상 또는 옥탑의 부분에 설치된 경우에는 지상에 설치된 채수구에서의 압력이 0.15MPa 이상이 되도록 하여야 한다.

해답 ②

78 미분무소화설비의 화재안전기술기준에 따른 용어 정의 중 다음 ( ) 안에 알맞은 것은?

"미분무"란 물만을 사용하여 소화하는 방식으로 최소설계압력에서 헤드로부터 방출되는 물입자 중 99%의 누적체적분포가 (㉠)μm 이하로 분무되고 (㉡)급 화재에 적응성을 갖는 것을 말한다.

① ㉠ 400, ㉡ A,B,C
② ㉠ 400, ㉡ B,C
③ ㉠ 200, ㉡ A,B,C
④ ㉠ 200, ㉡ B,C

해설 용어 정의
① 미분무
물만을 사용하여 소화하는 방식으로 최소설계압력에서 헤드로부터 방출되는 물입자 중 99%의 누적체적분포가 400μm 이하로 분무되고 A,B,C급화재에 적응성을 갖는 것
② 미분무소화설비의 종류

저압	중압	고압
최고사용압력이 1.2MPa 이하	사용압력이 1.2MPa을 초과하고 3.5MPa 이하	최저사용압력이 3.5MPa을 초과

해답 ①

79 분말소화설비의 화재안전기술기준에 따라 분말소화약제의 저장용기의 설치기준으로 맞는 것은?

① 저장용기의 충전비는 0.5 이상으로 할 것
② 제1종 분말(탄산수소나트륨을 주성분으로 한 분말)의 경우 소화약제 1kg당 저장용기의 내용적은 1.25L일 것
③ 저장용기에는 저장용기의 내부압력이 설정압력으로 되었을 때 주밸브를 개방하는 정압작동장치를 설치할 것
④ 저장용기에는 가압식은 최고사용압력 2배 이하, 축압식은 용기의 내압시험압력의 1배 이하의 압력에서 작동하는 안전밸브를 설치할 것

해설 분말소화약제의 저장용기 설치기준
① 저장용기의 내용적

소화약제의 종별	약제 1kg당 내용적
제1종 분말	0.8L
제2종 분말	1L
제3종 분말	1L
제4종 분말	1.25L

② 가압식은 최고사용압력의 1.8배 이하, 축압식은 용기의 내압시험압력의 0.8배 이하의 압력에서 작동하는 안전밸브를 설치
③ 저장용기의 내부압력이 설정압력으로 되었을 때 주밸브를 개방하는 정압작동장치를 설치
④ 충전비는 0.8 이상

⑤ 잔류 소화약제를 처리할 수 있는 청소장치를 설치
⑥ 축압식은 지시압력계를 설치

해답 ③

80 할론소화설비의 화재안전기술기준에 따른 할론 1301 소화약제의 저장용기에 대한 설명으로 틀린 것은?

① 저장용기의 충전비는 0.9 이상 1.6 이하로 할 것
② 동일 집합관에 접속되는 용기의 충전비는 같도록 할 것
③ 저장용기의 개방밸브는 안전장치가 부착된 것으로 하며 수동으로 개방되지 않도록 할 것
④ 축압식 용기의 경우에는 20℃에서 2.5MPa 또는 4.2MPa의 압력이 되도록 질소가스로 축압할 것

해설 할론소화약제의 저장용기 설치기준
① 축압식 저장용기의 압력은 온도 20℃에서 할론 1211을 저장하는 것은 1.1MPa 또는 2.5MPa, 할론 1301을 저장하는 것은 2.5MPa 또는 4.2MPa이 되도록 질소가스로 축압할 것
② 저장용기의 충전비는 할론 2402를 저장하는 것 중 가압식 저장용기는 0.51 이상 0.67 미만, 축압식 저장용기는 0.67 이상 2.75 이하, 할론 1211은 0.7 이상 1.4 이하, 할론 1301은 0.9 이상 1.6 이하로 할 것
③ 동일 집합관에 접속되는 용기의 소화약제 충전량은 동일충전비의 것이어야 할 것
④ 할론소화약제 **저장용기의 개방밸브**는 전기식·가스압력식 또는 기계식에 따라 자동으로 개방되고 **수동으로도 개방되는 것**으로서 안전장치가 부착된 것으로 하여야 한다.

해답 ③

2021

2021년 3월 7일 시행
2021년 5월 15일 시행
2021년 9월 12일 시행

소방설비기사 – 기계분야

2021년 3월 7일 시행

제1과목 소방원론

01 건축법령상 내력벽, 기둥, 바닥, 보, 지붕틀 및 주계단을 무엇이라 하는가?

① 내진구조부   ② 건축설비부
③ 보조구조부   ④ 주요구조부

해설 건축물의 주요 구조부
(1) 내력벽   (2) 기둥   (3) 바닥
(4) 보   (5) 지붕틀   (6) 주계단
(어두문자 암기법 : 내주기만하면 바보지)

해답 ④

02 이산화탄소의 물성으로 옳은 것은?

① 임계온도 : 31.35℃, 증기비중 : 0.529
② 임계온도 : 31.35℃, 증기비중 : 1.529
③ 임계온도 : 0.35℃, 증기비중 : 1.529
④ 임계온도 : 0.35℃, 증기비중 : 0.529

해설 CO_2의 물리적성질
① 무색, 무취이다.
② 임계온도 : 31.35℃
③ 증기비중은 1.52로 공기보다 무겁다.
④ 비전도성이므로 전기화재에 적합하다.
⑤ 허용농도 : 0.5%(5000ppm)
⑥ 삼중점 : 압력 0.53MPa, 온도 −56.3℃에서 고체, 액체, 기체가 공존
⑦ 호흡곤란 : 6% 이상

해답 ②

03 소화약제로 사용하는 물의 증발잠열로 기대할 수 있는 소화효과는?

① 냉각소화   ② 질식소화
③ 제거소화   ④ 촉매소화

해설 소화원리
① 냉각소화 : 가연성 물질을 발화점 이하로 냉각
   물이 소화약제로 사용되는 이유
   • 물의 기화열(539kcal/kg)이 크기 때문
   • 물의 비열 (1kcal/kg℃)이 크기 때문
② 질식소화 : 산소농도를 21% → 15% 이하로 감소
   질식소화 시 산소의 유지농도 : 10~15%
③ 억제소화(부촉매소화, 화학적소화) : 연쇄반응을 억제
   • 부촉매 : 화학적 반응의 속도를 느리게 하는 것
   • 부촉매 효과 : 할론소화약제
     [할로젠족원소 : 불소(F), 염소(Cl), 브로민(Br), 아이오딘(I)]
④ 제거소화 : 가연성물질을 제거시켜 소화
   • 산불이 발생하면 화재의 진행방향을 앞질러 벌목
   • 화학반응기의 화재 시 원료공급관의 밸브를 폐쇄
   • 유전화재 시 폭약으로 폭풍을 일으켜 화염을 제거
   • 촛불을 입김으로 불어 화염을 제거
⑤ 피복소화 : 가연물 주위를 공기와 차단
⑥ 희석소화
   • 알코올, 아세톤 등 수용성인 인화성액체 화재 시 물을 방사하여 가연물의 연소농도를 희석
   • 기체, 고체, 액체에서 나오는 분해가스나 증기의 농도를 희석하여 연소를 중지시켜 소화
⑦ 유화소화(에멀젼소화) : 제4류 위험물 중 물에 녹지 않는 인화성액체의 유류화재 시 물분무로 방사하여 액체표면에 불연성의 유막을 형성하여 소화

해답 ①

04 블레비(BLEVE) 현상과 관계가 없는 것은?

① 핵분열
② 가연성액체
③ 화구(Fire ball)의 형성
④ 복사열의 대량 방출

해설 **유류탱크 및 액화가스 저장탱크에서 발생하는 현상**
① 보일오버(Boil Over)
  중질유탱크 화재시 탱크 바닥의 물이 비등하여 유류가 연소하면서 분출(Over Flow)하는 현상
② 슬롭오버(Slop Over)
  물이 연소유의 뜨거운 표면에 들어갈 때 기름 표면에서 물이 비등하여 분출(Over Flow)하는 현상
③ 프로스오버(Froth Over)
  물이 뜨거운 기름 표면 아래서 끓을 때 화재를 수반하지 않고 분출(Over Flow)하는 현상
④ 블레비(BLEVE, Boilling Loilling Liquid Expanding Vapour Explosion)
  액화가스 저장탱크의 가열시 탱크균열로 누설된 액화가스가 착화원과 접촉하여 폭발하는 현상

해답 ①

05 할로겐화합물 소화약제에 관한 설명으로 옳지 않은 것은?

① 연쇄반응을 차단하여 소화한다.
② 할로젠족 원소가 사용된다.
③ 전기에 도체이므로 전기화재에 효과가 있다.
④ 소화약제의 변질분해 위험성이 낮다.

해설 ※ ③ 전기에 도체 → 전기에 부도체
억제소화(화학적 소화)
(chain-breaking reaction)
① 연소반응을 주도하는 **자유활성기(free radical)**을 **제거**하여 연쇄반응을 화학적으로 중단시키는 방법
② 기체가연물과 액체가연물에 효과적이다.
③ 훈소화재의 경우에는 효과가 없다.
④ **분말, 할론** 소화약제가 대표적으로 이용되고 있다.

해답 ③

06 스테판-볼쯔만의 법칙에 의해 복사열과 절대온도와의 관계를 옳게 설명한 것은?

① 복사열은 절대온도의 제곱에 비례한다.
② 복사열은 절대온도 4제곱의 차에 비례한다.
③ 복사열은 절대온도의 제곱에 반비례한다.
④ 복사열은 절대온도의 4제곱에 반비례한다.

해설 **스테판-볼츠만(stefan-boltzman)의 법칙**

$$Q = aAF(T_1^4 - T_2^4)$$

여기서, Q : 복사열(kcal/hr)
a : 스테판-볼츠만의 상수
A : 단면적
F : 기하학적 Factor(상수)
T_1 : 고온물체의 절대온도(273+t℃)K
T_2 : 저온물체의 절대온도(273+t℃)K

※ 복사열은 절대온도 4제곱의 차에 비례

열전도율 단위
kcal/m, hr, ℃ 또는 BTU/ft, hr, °F

해답 ②

07 분자식이 CF_2BrCl인 할로겐화합물 소화약제는?

① Halon 1301 ② Halon 1211
③ Halon 2402 ④ Halon 2021

해설 **할론소화약제 명명법**
할론 ⓐ ⓑ ⓒ ⓓ
ⓐ : C원자수, ⓑ : F원자수
ⓒ : Cl원자수, ⓓ : Br원자수

할론소화약제

구분	종류	할론 2402	할론 1211	할론 1301	할론 1011
분자식		$C_2F_4Br_2$	CF_2ClBr	CF_3Br	CH_2ClBr

해답 ②

08 대두유가 침적된 기름걸레를 쓰레기통에 장시간 방치한 결과 자연발화에 의하여 화재가 발생한 경우 그 이유로 옳은 것은?

① 융해열 축적 ② 산화열 축적
③ 증발열 축적 ④ 발효열 축적

해설 ※ 대두유 : 콩기름(반건성유)

자연발화의 형태
① 산화열 : 석탄, 건성유, 탄소분말, 금속분, 기름걸레
② 분해열 : 셀룰로이드, 나이트로셀룰로오스, 나이트로글리세린
③ 흡착열 : 활성탄, 목탄분말
④ 미생물열 : 퇴비, 먼지

해답 ②

09 조연성 가스에 해당하는 것은?

① 일산화탄소 ② 산소
③ 수소 ④ 부탄

해설 **지연성(조연성)가스**
자기 자신은 타지 않고 남의 연소를 도와주는 가스

조연성 가스
산소, 오존, 불소, 염소, 일산화질소, 이산화질소

해답 ②

10 물에 저장하는 것이 안전한 물질은?

① 나트륨 ② 수소화칼슘
③ 이황화탄소 ④ 탄화칼슘

해설 **보호액속에 저장 위험물**
① 석유(파라핀, 경유, 등유) 속 보관 : 칼륨(K), 나트륨(Na)
② 물속에 보관 : 이황화탄소(CS_2), 황린(Pt)

금수성 위험물의 물과 반응식
- 칼륨 $2K + 2H_2O \rightarrow 2KOH + H_2 \uparrow$
- 나트륨 $2Na + 2H_2O \rightarrow 2NaOH + H_2 \uparrow$
- 탄화칼슘 $CaC_2 + 2H_2O \rightarrow Ca(OH)_2 + C_2H_2 \uparrow$

해답 ③

11 다음 각 물질과 물이 반응하였을 때 발생하는 가스의 연결이 틀린 것은?

① 탄화칼슘 – 아세틸렌
② 탄화알루미늄 – 이산화황
③ 인화칼슘 – 포스핀
④ 수소화리튬 – 수소

해설 ① 탄화칼슘(3류)+물
$CaC_2 + 2H_2O \rightarrow Ca(OH)_2 + C_2H_2$(아세틸렌)
② 탄화알루미늄(3류)+물
$Al_4C_3 + 12H_2O \rightarrow 4Al(OH)_3 + 3CH_4$(메탄)
③ 인화칼슘(3류)+물
$Ca_3P_2 + 6H_2O \rightarrow 3Ca(OH)_2 + 2PH_3$(포스핀=인화수소)
④ 수소화리튬(3류)+물
$LiH + H_2O \rightarrow LiOH + H_2$(수소)

해답 ②

12 건축물의 화재 시 피난자들의 집중으로 패닉(Panic) 현상이 일어날 수 있는 피난방향은?

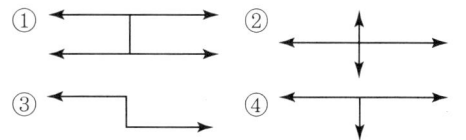

해설 **피난로 형태**

형태	피난방향	특 징
T형	↓	피난자에게 피난경로를 확실히 알려주는 형태이다.
X형	↔	피난로가 확실하며 양방향으로 피난이 가능하다.
H형	⇃↾	중앙코너방식으로 패닉현상 발생우려가 있다(피난자의 집중).
Z형	⌐	고너식 중에서 제일 안전한 형태로 중앙 복도형 건축물의 피난경로이다.

해답 ①

13 위험물별 저장방법에 대한 설명 중 틀린 것은?

① 황은 정전기가 축적되지 않도록 하여 저장한다.
② 적린은 화기로부터 격리하여 저장한다.
③ 마그네슘은 건조하면 부유하여 분진폭발의 위험이 있으므로 물에 적시어 보관한다.
④ 황화인은 산화제와 격리하여 저장한다.

해설 마그네슘(Mg) : 제2류 위험물(금수성)
① 물과 반응하여 수소기체 발생

$$Mg + 2H_2O \rightarrow Mg(OH)_2 + H_2\uparrow \text{(수소발생)}$$
$$\text{(수산화마그네슘)}$$

② 마그네슘과 CO_2의 반응식
$2Mg + CO_2 \rightarrow 2MgO + C$ (마그네슘과 이산화탄소는 폭발적으로 반응하기 때문에 위험)

해답 ③

14 전기화재의 원인으로 거리가 먼 것은?

① 단락　　② 과전류
③ 누전　　④ 절연 과다

해설 ※ 절연능력은 클수록 좋다.

전기화재의 원인
① 과전류 ② 단락 ③ 누전 ④ 접촉 불량
⑤ 열 축적

해답 ④

15 인화점이 낮은 것부터 높은 순서로 옳게 나열된 것은?

① 에틸알코올＜이황화탄소＜아세톤
② 이황화탄소＜에틸알코올＜아세톤
③ 에틸알코올＜아세톤＜이황화탄소
④ 이황화탄소＜아세톤＜에틸알코올

해설 제4류 위험물의 인화점

명 칭	이황화탄소	아세톤	에틸알코올
화학식	CS_2	CH_3COCH_3	C_2H_5OH
분류	특수인화물	제1석유류	알코올류
인화점	-30℃	-18℃	13℃

해답 ④

16 가연성 가스이면서도 독성 가스인 것은?

① 질소　　② 수소
③ 염소　　④ 황화수소

해설 황화수소(H_2S)
① 무색 기체로서 썩은 달걀 냄새가 난다.
② 치명적인 유독성을 갖고 있다.
③ 자연발화점은 260℃로 폭발위험이 크다.

해답 ④

17 1기압상태에서, 100℃ 물 1g이 모두 기체로 변할 때 필요한 열량은 몇 cal 인가?

① 429　　② 499
③ 539　　④ 639

해설 필요한 열량

$$Q = r \cdot m$$

$Q = 539\text{cal/g} \times 1\text{g} = 539\text{cal}$
- 물의 비열(C)=1kcal/kg·℃(1cal/g·℃)
- 물의 기화열(r)=539kcal/kg(539cal/g)

해답 ③

18 다음 물질 중 연소범위를 통해 산출한 위험도 값이 가장 높은 것은?

① 수소　　② 에틸렌
③ 메탄　　④ 이황화탄소

해설 위험도(Degree of Hazards)

$$H = \frac{U-L}{L}$$

여기서, H : 위험도
　　　　U : 폭발상한계, L : 폭발하한계

① 수소의 폭발범위 : 4~75%
$$H = \frac{75-4}{4} = 17.75$$

② 에틸렌의 폭발범위 : 2.7~36%
$$H = \frac{36-2.7}{2.7} = 12.33$$

③ 메탄 : 5~15%
$$H = \frac{15-5}{5} = 2$$

④ 이황화탄소의 폭발범위 : 1.2~44%
$$H = \frac{44-1.2}{1.2} = 35.67$$

해답 ④

19 일반적으로 공기 중 산소농도를 몇 vol% 이하로 감소시키면 연소속도의 감소 및 질식소화가 가능한가?

① 15　　② 21
③ 25　　④ 31

해설 질식소화
① 산소농도를 21% → 15% 이하로 감소
② 산소유지농도 : 10~15%

해답 ①

20 가연물질의 구비조건으로 옳지 않은 것은?

① 화학적 활성이 클 것
② 열의 축적이 용이할 것
③ 활성화 에너지가 작을 것
④ 산소와 결합할 때 발열량이 작을 것

해설 ④ 산소와 결합할 때 발열량이 클 것

가연물의 조건
① 산소와 친화력이 클 것
② 발열량이 클 것
③ 표면적이 넓을 것
④ 열전도도가 작을 것
⑤ 활성화 에너지가 적을 것
⑥ 연쇄반응을 일으킬 것
⑦ 활성이 강할 것

해답 ④

제2과목 소방유체역학

21 대기압이 90kPa인 곳에서 진공 76mmHg는 절대압력(kPa)으로 약 얼마인가?

① 10.1   ② 79.9
③ 99.9   ④ 101.1

해설 ① 절대압력

$$P_{abs} = P_a \pm P_g$$

여기서, P_{abs} : 절대압
P_a : 대기압
P_g : 계기압
+ : 압력계(양압 = 정압)
− : 진공계(음압 = 부압)

② 대기압 $P_a = 90\text{kPa}$

진공계 $P_g = 76\text{mmHg} \times \dfrac{101.325\text{kPa}}{760\text{mmHg}}$
$= 10.1325\text{kPa}$

③ $P_{abs} = 90\text{kPa} - 10.1325\text{kPa} = 79.9\text{kPa}$

해답 ②

22 지름 0.4m인 관에 물이 0.5m³/s로 흐를 때 길이 300m에 대한 동력손실은 60kW이었다. 이때 관 마찰계수(f)는 얼마인가?

① 0.0151   ② 0.0202
③ 0.0256   ④ 0.0301

해설 ① 손실수두 계산
동력 계산공식을 이용

$$P(\text{kW}) = 9.8 \times H(\text{m}) \times Q(\text{m}^3/\text{s})$$

$$H = \dfrac{P}{9.8 \times Q} = \dfrac{60}{9.8 \times 0.5} = 12.25\text{m}$$

② 달시 공식을 이용하여 마찰손실계수 계산
달시(Darcy) 공식

$$\Delta h_L(\text{m}) = f \times \dfrac{l}{D} \times \dfrac{u^2}{2g}$$

• $\Delta h_L = 12.25\text{m}$

$u = \dfrac{Q}{A} = \dfrac{0.5}{\dfrac{\pi}{4} \times 0.4^2} = 3.98\text{m/s}$

• $g = 9.8\text{m/s}^2$, $l = 300\text{m}$, $D = 0.4\text{m}$

• $f = \Delta h_L \times \dfrac{2g}{u^2} \times \dfrac{D}{l}$

$= 12.25 \times \dfrac{2 \times 9.8}{3.98^2} \times \dfrac{0.4}{300}$
$= 0.020$

해답 ②

23 액체 분자들 사이의 응집력과 고체면에 대한 부착력의 차이에 의하여 관내 액체표면과 자유표면 사이에 높이 차이가 나타나는 것과 가장 관계가 깊은 것은?

① 관성력   ② 점성
③ 뉴턴의 마찰법칙   ④ 모세관현상

해설 **모세관현상**
① 액체 속에 폭이 좁고 긴 관을 넣었을 때, 관 내부의 액체 표면이 외부의 표면보다 높거나 낮아지는 현상
② 액체의 응집력과 관과 액체 사이의 부착력에 의한 현상

모세관의 상승높이(h)
$$h = \frac{4\sigma\cos\theta}{rd}$$

여기서, σ : 표면장력(N/m), θ : 각도
r : 비중량, d : 직경(m)

해답 ④

24 피스톤이 설치된 용기 속에서 1kg의 공기가 일정온도 50℃에서 처음 체적의 5배로 팽창되었다면 이 때 전달된 열량(kJ)은 얼마인가? (단, 공기의 기체상수는 0.287kJ/(kg · K)이다.)

① 149.2 ② 170.6
③ 215.8 ④ 240.3

해설 **등온팽창의 열량**
$$Q = WRT\ln\frac{V_2}{V_1}$$

여기서, W : 무게(kg)
R : 기체상수(kJ/(kg · K)
T : 절대온도(K)
V_1 : 처음 체적, V_2 : 나중 체적

① $W = 1\text{kg}$, $R = 0.287\text{kJ/(kg·K)}$
$T = 273 + 50 = 323\text{K}$
$V_1 = 1$, $V_2 = 5$

② $Q = 1 \times 0.287 \times 323 \times \ln\frac{5}{1} = 149.2\text{kJ}$

해답 ①

25 호주에서 무게가 20N인 어떤 물체를 한국에서 재어보니 19.8N이었다면 한국에서의 중력가속도(m/s²)는 얼마인가? (단, 호주에서의 중력가속도는 9.82m/s²이다.)

① 9.46 ② 9.61
③ 9.72 ④ 9.82

해설 **중력가속도**
20N → 9.82m/s²
19.8N → X

$\therefore X = \frac{19.8}{20} \times 9.82 = 9.72\text{m/s}^2$

해답 ③

26 두께 20cm이고 열전도율 4W/(m · K)인 벽의 내부 표면온도는 20℃이고, 외부 벽은 −10℃인 공기에 노출되어 있어 대류열전달이 일어난다. 외부의 대류열전달계수가 20W/(m² · K)일 때, 정상상태에서 벽의 외부표면온도(℃)는 얼마인가? (단, 복사열전달은 무시한다.)

① 5 ② 10
③ 15 ④ 20

해설 **벽체의 열유속**
$$q = \frac{1}{\frac{1}{h} + \frac{x}{k}}(T_i - T_o)$$

여기서, q : 열유속(W/m²)
h : 대류열전달계수(W/m² · K)
x : 벽체의 두께(m)
k : 열전도율(W/m · K)
T_i : 내부표면의 절대온도(K)
T_o : 외부공기의 절대온도(K)

① $h = 20\text{W/m}^2 \cdot \text{K}$
$x = 20\text{cm} = 0.2\text{m}$
$k = 4\text{W/m} \cdot \text{K}$
$T_i = (273 + 20)\text{K} = 293\text{K}$
$T_o = (273 + (-10))\text{K} = 263\text{K}$

② $q = \frac{1}{\frac{1}{20} + \frac{0.2}{4}} \times (293 - 263) = 300\text{W/m}^2$

대류의 열유속
$$q = h\Delta T$$
$q = 300\text{W/m}^2$, $h = 20\text{W/m}^2 \cdot \text{K}$
$\Delta T = (X - (273 - 10))$, $300 = 20 \times (X - 263)$
$X = 278\text{K}$, $X = 278 - 273 = 5\text{℃}$

열유속(Heat Flux)(W/m²)
단위 면적 및 단위 시간당의 통과 열량이며 열속이라고도 한다.

해답 ①

27 질량 m[kg]의 어떤 기체로 구성된 밀폐계가 Q[kJ]의 열을 받아 일을 하고, 이 기체의 온도가 ΔT[℃] 상승하였다면 이 계가 외부에 한 일 W[kJ]을 구하는 계산식으로 옳은 것은? (단, 이 기체의 정적비열은 C_V[kJ/(kg·K)], 정압비열은 C_P[kJ/(kg·K)]이다.)

① $W = Q - mC_V\Delta T$
② $W = Q + mC_V\Delta T$
③ $W = Q - mC_P\Delta T$
④ $W = Q + mC_P\Delta T$

해설 밀폐계의 열방정식
$$Q - W = U$$
여기서, Q : 열량, W : 일
U : 내부에너지($mC\Delta T$)

① 밀폐계이므로 부피가 일정(정적비열 적용)
② $Q = W + mC_V\Delta T$
③ $W = Q - mC_V\Delta T$

해답 ①

28 정육면체의 그릇에 물을 가득 채울 때, 그릇밑면이 받는 압력에 의한 수직방향 평균 힘의 크기를 P라고 하면, 한 측면이 받는 압력에 의한 수평방향 평균 힘의 크기는 얼마인가?

① $0.5P$ ② P
③ $2P$ ④ $4P$

해설 ① 수직분력 $F_x = \gamma hA$
② 수평분력 $F_y = \gamma \bar{h}A$
③ $\bar{h} = \dfrac{h}{2}$, $F_x = P$ 라고 가정하면
④ $F_y = \dfrac{P}{2} = 0.5P$

해답 ①

29 베르누이 방정식을 적용할 수 있는 기본 전제 조건으로 옳은 것은?

① 비압축성 흐름, 점성 흐름, 정상 유동
② 압축성 흐름, 비점성 흐름, 정상 유동
③ 비압축성 흐름, 비점성 흐름, 비정상 유동
④ 비압축성 흐름, 비점성 흐름, 정상 유동

해설 베르누이정리의 조건
① 정상유동
② 비압축성유체
③ 마찰이 없을 때(비점성 흐름)
④ 유선에 따라 유동

베르누이 방정식(이상유체)
$$\text{전수두 } H(m) = \frac{U_1^2}{2g} + \frac{P_1}{r} + Z_1$$
$$= \frac{U_2^2}{2g} + \frac{P_2}{r} + Z_2$$

해답 ④

30 Newton의 점성법칙에 대한 옳은 설명으로 모두 짝지은 것은?

㉮ 전단응력은 점성계수와 속도기울기의 곱이다.
㉯ 전단응력은 점성계수에 비례한다.
㉰ 전단응력은 속도기울기에 반비례한다.

① ㉮, ㉯   ② ㉯, ㉰
③ ㉮, ㉰   ④ ㉮, ㉯, ㉰

해설 뉴톤의 점성법칙
① 전단응력은 점성계수와 속도구배(속도기울기)에 비례한다.
② **전단응력**은 단위면적당 가해지는 힘으로 **표면력**에 해당한다.

$$\text{전단응력 } \tau = \mu \frac{du}{dy} [\text{N/m}^2]$$

여기서, μ : 점성계수
$\dfrac{du}{dy}$: 속도구배(속도기울기)

해답 ①

31 물이 배관 내에 유동하고 있을 때 흐르는 물 속 어느 부분의 정압이 그 때 물의 온도에 해당 하는 증기압 이하로 되면 부분적으로 기포가 발생하는 현상을 무엇이라고 하는가?

① 수격현상 ② 서징현상
③ 공동현상 ④ 와류현상

해설 공동현상
관속의 흐르는 유체의 포화수증기압(P_s)이 정압(P)보다 클 때 공동현상이 발생한다.
∴ $P < P_s$

공동현상(캐비테이션) **방지대책**
① 펌프의 설치위치를 수원보다 낮게 설치
② 펌프의 임펠러속도를 감속한다.
③ 펌프의 흡입측 수두 및 마찰손실을 작게 한다.
④ 펌프의 흡입관경을 크게 한다.
⑤ 양흡입펌프를 사용한다.

해답 ③

32 그림과 같이 사이폰에 의해 용기 속의 물이 4.8m³/min로 방출된다면 전체 손실수두(m)는 얼마인가? (단, 관 내 마찰은 무시한다.)

① 0.668 ② 0.330
③ 1.043 ④ 1.826

해설 유량 산출 공식

$$Q = \sqrt{2gh}\,A$$

여기서, Q : 유량(m³/s)
g : 중력가속도(9.8m/s²)
h : 수두(m)
A : 단면적(m²)

① $Q = 4.8\text{m}^3/60\text{s}$
  $g = 9.8\text{m/s}^2$

$h = 1\text{m}$ (수면에서 사이폰 하단까지 높이)
  $- X$(손실수두)

$A(\text{m}^2) : \dfrac{\pi}{4} \times (0.2\text{m})^2$

② $Q = \sqrt{2gh}\,A$식에 대입

$4.8\text{m}^3/60\text{s} = \sqrt{2 \times 9.8 \times (1-X)} \times \dfrac{\pi}{4} \times 0.2^2$

$0.08 = \sqrt{2 \times 9.8 \times (1-X)} \times 0.0314$

$\dfrac{0.08}{0.0314} = \sqrt{2 \times 9.8 \times (1-X)}$

양변을 제곱($\sqrt{\;}$를 없애기 위하여)

$\left(\dfrac{0.08}{0.0314}\right)^2 = \{\sqrt{2 \times 9.8 \times (1-X)}\}^2$

$\left(\dfrac{0.08}{0.0314}\right)^2 = 19.6 - 19.6X$

$19.6X = 19.6 - \left(\dfrac{0.08}{0.0314}\right)^2 \quad X = 0.6688\text{m}$

해답 ①

33 반지름 R_0인 원형파이프에 유체가 층류로 흐를 때, 중심으로부터 거리 R에서의 유속 U와 최대속도 $U_{\max}$의 비에 대한 분포식으로 옳은 것은?

① $\dfrac{U}{U_{\max}} = \left(\dfrac{R}{R_0}\right)^2$

② $\dfrac{U}{U_{\max}} = 2\left(\dfrac{R}{R_0}\right)^2$

③ $\dfrac{U}{U_{\max}} = \left(\dfrac{R}{R_0}\right)^2 - 2$

④ $\dfrac{U}{U_{\max}} = 1 - \left(\dfrac{R}{R_0}\right)^2$

해설 속도 분포식

$$U = U_{\max}\left[1 - \left(\dfrac{r}{r_0}\right)^2\right]$$

여기서, $U_{\max}$: 최대 유속
r : 배관 중심으로 부터 거리
r_0 : 배관 중심에서 배관 벽까지의 거리

해답 ④

34 이상기체의 기체상수에 대해 옳은 설명으로 모두 짝지어진 것은?

> a. 기체상수의 단위는 비열의 단위와 차원이 같다.
> b. 기체상수는 온도가 높을수록 커진다.
> c. 분자량이 큰 기체의 기체상수가 분자량이 작은 기체의 기체상수보다 크다.
> d. 기체상수의 값은 기체의 종류에 관계없이 일정하다.

① a　　② a, c
③ b, c　　④ a, b, d

해설 기체상수

$$R = \frac{PV}{nT} = \frac{PVM}{WT}$$

여기서, P : 압력, V : 부피, n(몰)$= \frac{W}{M}$
W : 무게, M : 분자량, T : 절대온도

$R = 0.08205 \dfrac{\text{atm} \cdot \text{L}}{\text{mol} \cdot \text{K}}$, $R = 8.31432 \dfrac{\text{N} \cdot \text{m}}{\text{mol} \cdot \text{K}}$

① 기체상수의 단위는 비열의 단위와 차원이 같다.
② 기체상수는 온도(T)가 높을수록 작아진다.
③ 분자량(M)이 큰 기체의 기체상수가 분자량이 작은 기체의 기체상수보다 작다.
④ 기체상수의 값은 기체의 분자량(M)에 따라 다르다.

해답 ①

35 그림에서 두 피스톤이 지름이 각각 30cm와 5cm이다. 큰 피스톤이 1cm 아래로 움직이면 작은 피스톤은 위로 몇 cm 움직이는가?

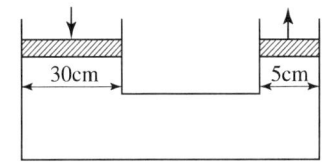

① 1　　② 5
③ 30　　④ 36

해설 힘과 압력 및 단면적 관계

$$F(\text{N}) = P(\text{N/m}^2) \times A(\text{m}^2)$$

① 두 피스톤의 부피관계 $V_1 = V_2$
② $\dfrac{\pi}{4} \times D_1^2 \times h_1 = \dfrac{\pi}{4} \times D_2^2 \times h_2$
③ $\dfrac{\pi}{4} \times 30^2 \times 1 = \dfrac{\pi}{4} \times 5^2 \times h_2$
④ $h_2 = \dfrac{30^2 \times 1}{5^2} = 36\text{cm}$

해답 ④

36 흐르는 유체에서 정상류의 의미로 옳은 것은?

① 흐름의 임의의 점에서 흐름특성이 시간에 따라 일정하게 변하는 흐름
② 흐름의 임의의 점에서 흐름특성이 시간에 관계없이 항상 일정한 상태에 있는 흐름
③ 임의의 시각에 유로 내 모든 점의 속도벡터가 일정한 흐름
④ 임의의 시각에 유로 내 각점의 속도벡터가 다른 흐름

해설 정상류(steady state flow)
유체의 흐름 특성(유속, 유량, 압력, 밀도 방향 등)이 시간의 변화에 관계없이 항상 일정한 흐름

해답 ②

37 용량 1000L의 탱크차가 만수 상태로 화재현장에 출동하여 노즐압력 294.2kPa, 노즐구경 21mm를 사용하여 방수한다면 탱크차 내의 물을 전부 방수하는데 몇 분 소요되는가? (단, 모든 손실은 무시한다.)

① 1.7분　　② 2분
③ 2.3분　　④ 2.7분

해설 유량 산출 공식

$$Q = 0.653D^2\sqrt{10P}$$
$Q(l/\text{분})$, D : (mm), P(MPa)

① $D = 21\text{mm}$, $P = 294.2\text{kPa} = 0.2942\text{MPa}$
② $Q = 0.653 \times 21^2 \times \sqrt{10 \times 0.2942}$
　$= 493.94\text{L/min}$
③ $t = \dfrac{1000\text{L}}{493.94\text{L/min}} = 2.02\text{min}$

해답 ②

38 그림과 같이 60°로 기울어진 고정된 평판에 직경 50mm의 물 분류가 속도(V) 20m/s로 충돌하고 있다. 분류가 충돌할 때 판에 수직으로 작용하는 충격력 R(N)은?

① 296　　② 393
③ 680　　④ 785

해설 운동량 방정식

$$F = \rho QV = \rho AV^2$$

여기서, F : 힘(N), ρ : 밀도(kg/m³)
　　　　Q : 유량(m³/s), V : 유속(m/s)

① $F = \rho QV\sin\theta = \rho AV^2\sin\theta$
② $\rho_w = 1000 \text{kg/m}^3$
　　$A = \dfrac{\pi}{4} \times d^2 = \dfrac{\pi}{4} \times (0.05\text{m})^2$
　　$V = 20\text{m/s}$
　　$\theta = 60°$
③ $F = 1000 \times \dfrac{\pi}{4} \times 0.05^2 \times 20^2 \times \sin 60°$
　　$= 680.17 \text{kg} \cdot \text{m/s}^2(\text{N})$

해답 ③

39 외부지름이 30cm이고 내부지름이 20cm인 길이 10m의 환형(annular)관에 물이 2m/s의 평균속도로 흐르고 있다. 이 때 손실수두가 1m일 때, 수력직경에 기초한 마찰계수는 얼마인가?

① 0.049　　② 0.054
③ 0.065　　④ 0.078

해설 비원형관에서 손실수두

$$\Delta h_L = f \dfrac{l}{4R_h} \times \dfrac{u^2}{2g}$$

여기서, Δh_L : 마찰손실수두(m)
　　　　f : 마찰손실계수
　　　　l : 배관길이(m)
　　　　R_h : 수력반경(m)
　　　　u : 유속(m/s)
　　　　g : 중력가속도(9.8m/s²)

① 이중관의 수력반경(R_h)
　　$D(외경) = 30\text{cm} = 0.3\text{m}$
　　$d(내경) = 20\text{cm} = 0.2\text{m}$
　　$R_h = \dfrac{1}{4}(D-d) = \dfrac{1}{4}(0.3-0.2) = 0.025\text{m}$
② $l = 10\text{m}$, $u = 2\text{m/s}$, $\Delta h_L = 1\text{m}$
③ $f = \dfrac{\Delta h_L \times 4R_h \times 2g}{l \times u^2}$
　　$= \dfrac{1 \times (4 \times 0.025) \times 2 \times 9.8}{10 \times 2^2} = 0.049$

해답 ①

40 토출량이 0.65m³/min인 펌프를 사용하는 경우 펌프의 소요 축동력(kW)은? (단, 전양정은 40m이고, 펌프의 효율은 50%이다.)

① 4.2　　② 8.5
③ 17.2　　④ 50.9

해설 축동력

$$L_S(\text{kW}) = \dfrac{\gamma QH}{E}$$

[주의] 축동력 계산 시 전달계수 K값은 무시한다.

① γ : 물의 비중량(9.8kN/m³)
② $H = 40\text{m}$　　$E = 50\% = 0.5$
③ $Q = 0.65\text{m}^3/\text{min} = 0.65\text{m}^3/60\text{s}$
　　$L_S(\text{kW}) = \dfrac{9.8 \times (0.65/60) \times 40}{0.5}$
　　$= 8.49\text{kW}$

해답 ②

제3과목 소방관계법규

41 소방기본법령상 저수조의 설치기준으로 틀린 것은?

① 지면으로부터의 낙차가 4.5m 이상일 것
② 흡수부분의 수심이 0.5m 이상일 것
③ 흡수에 지장이 없도록 토사 및 쓰레기 등을 제거할 수 있는 설비를 갖출 것
④ 흡수관의 투입구가 사각형의 경우에는 한 변의 길이가 60cm 이상, 원형의 경우에는 지름이 60cm 이상일 것

해설 소방기본법 시행규칙 제6조 ②항의 별표 3
소방용수시설의 설치기준
(1) 공통기준
  ① **주거**지역 · **상업**지역 및 **공업**지역 : 수평거리 100m 이하
  ② **기타** 지역 : 수평거리 140m 이하
(2) 소방용수시설별 설치기준
  소화전의 설치기준 : 상수도와 연결하여 지하식 또는 지상식의 구조로 하고, 소방용호스와 연결하는 소화전의 **연결금속구의 구경은 65mm**로 할 것
(3) 급수탑의 설치기준
  급수배관의 구경은 100mm 이상, 개폐밸브는 지상에서 1.5m 이상 1.7m 이하의 위치에 설치
(4) 저수조의 설치기준
  ① **지면으로부터의 낙차가 4.5m 이하**
  ② **흡수부분의 수심이 0.5m 이상**
  ③ 소방펌프자동차가 쉽게 접근할 수 있도록 할 것
  ④ 흡수에 지장이 없도록 토사 및 쓰레기 등을 제거할 수 있는 설비를 갖출 것
  ⑤ 흡수관의 투입구가 사각형의 경우에는 한 변의 길이가 60cm **이상**, 원형의 경우에는 지름이 60cm **이상**
  ⑥ 저수조에 물을 공급하는 방법은 상수도에 연결하여 자동으로 급수되는 구조

해답 ①

42 소방시설공사업법령상 소방시설업 등록을 하지 아니하고 영업을 한 자에 대한 벌칙은?

① 500만원 이하의 벌금
② 1년 이하의 징역 또는 1000만원 이하의 벌금
③ 3년 이하의 징역 또는 3000만원 이하의 벌금
④ 5년 이하의 징역

해설 소방공사업법 제35조(벌칙)
3년 이하의 징역 또는 3천만원 이하의 벌금
소방시설업 등록을 하지 아니하고 영업을 한 자

해답 ③

43 소방시설 설치 및 관리에 관한 법령상 대통령령 또는 화재안전기술기준이 변경되어 그 기준이 강화되는 경우 기존 특정소방대상물의 소방시설 중 강화된 기준을 적용하여야 하는 소방시설은?

① 비상경보설비   ② 비상방송설비
③ 비상콘센트설비 ④ 옥내소화전설비

해설 (소방시설법 제13조) 소방시설기준 적용의 특례
소방본부장이나 소방서장은 화재안전기술기준의 변경으로 **강화된 기준을 적용할 수 있다.**
(1) 소방시설(소비자자피)
  • 소화기구
  • 비상경보설비
  • 자동화재탐지설비
  • 자동화재속보설비
  • 피난구조설비
(2) 특정소방대상물에 설치하는 소방시설
  • 공동구
  • 전력 및 통신사업용 지하구
  • **노유자 시설**
  • **의료시설**

해답 ①

44 소방활동 종사 명령으로 소방활동에 종사한 사람이 사망하거나 부상을 입은 경우 보상하여야 하는 사람은?

① 안전행정부장관
② 소방청장
③ 소방본부장 또는 소방서장
④ 시·도지사

해설 (기본법 제24조) 소방활동 종사명령
(1) 소방본부장, 소방서장 또는 소방대장은 화재, 재난·재해, 그 밖의 위급한 상황이 발생한 현장에서 소방활동을 위하여 필요할 때에는 그 관할구역에 사는 사람 또는 그 현장에 있는 사람으로 하여금 사람을 구출하는 일 또는 불을 끄거나 불이 번지지 아니하도록 하는 일을 하게 할 수 있다. 이 경우 소방본부장, 소방서장 또는 소방대장은 소방활동에 필요한 보호장구를 지급하는 등 안전을 위한 조치를 하여야 한다.
(2) 소방활동에 종사한 사람은 시·도지사로부터 소방활동의 비용을 지급받을 수 있다.

> **비용지급 예외**
> ① 소방대상물에 화재, 재난·재해, 그 밖의 위급한 상황이 발생한 경우 그 관계인
> ② 고의 또는 과실로 화재 또는 구조·구급 활동이 필요한 상황을 발생시킨 사람
> ③ 화재 또는 구조·구급 현장에서 물건을 가져간 사람

해답 ④

45 소방기본법령상 소방신호의 방법으로 틀린 것은?

① 타종에 의한 훈련신호는 연 3타 반복
② 싸이렌에 의한 발화신호는 5초 간격을 두고, 10초씩 3회
③ 타종에 의한 해제신호는 상당한 간격을 두고 1타씩 반복
④ 싸이렌에 의한 경계신호는 5초 간격을 두고, 30초씩 3회

해설 ② 10초씩 3회 → 5초씩 3회

소방신호의 방법 ★★

신호방법 종 별	타종신호	싸이렌 신호
경계신호	1타와 연2타를 반복	5초 간격을 두고 30초씩 3회
발화신호	난타	5초 간격을 두고 5초씩 3회
해제신호	상당한 간격을 두고 1타씩 반복	1분간 1회
훈련신호	연 3타 반복	10초 간격을 두고 1분씩 3회

해답 ②

46 화재의 예방 및 안전관리에 관한 법령상 특정소방대상물의 관계인이 수행하여야 하는 소방안전관리 업무가 아닌 것은?

① 소방훈련의 지도·감독
② 화기(火氣) 취급의 감독
③ 피난시설, 방화구획 및 방화시설의 유지·관리
④ 소방시설이나 그 밖의 소방 관련시설의 유지·관리

해설 (화재예방법 제24조) 소방안전관리자 업무
(1) 소방계획서의 작성 및 시행
(2) **자위소방대** 및 초기대응체계의 **구성·운영·교육**
(3) 피난시설, 방화구획 및 방화시설의 **관리**
(4) **소방시설**, **소방 관련시설의 관리**
(5) **소방훈련 및 교육**
(6) 화기 취급의 **감독**
(7) 소방안전관리에 관한 **업무수행 기록·유지**
(8) 화재발생 시 **초기대응**
(9) 소방안전관리에 **필요한 업무**

해답 ①

47 소방기본법에서 정의하는 소방대의 조직구성원이 아닌 것은?

① 의무소방원 ② 소방공무원
③ 의용소방대원 ④ 공항소방대원

해설 (기본법 제2조) 정의
(1) 소방대상물
   건축물, 차량, 선박, 선박 건조 구조물, 산림, 그 밖의 인공 구조물 또는 물건.

(2) 관계지역
소방대상물이 있는 장소 및 그 이웃 지역으로서 화재의 예방·경계·진압, 구조·구급 등의 활동에 필요한 지역
(3) 관계인
소방대상물의 소유자·관리자 또는 점유자
(4) 소방대
화재를 진압하고 화재, 재난·재해, 그 밖의 위급한 상황에서 구조·구급 활동 등을 하기 위하여 다음 각 목의 사람으로 구성된 조직체
① 소방공무원 ② 의무소방원 ③ 의용소방대원

해답 ④

48 위험물안전관리법령상 인화성액체위험물(이황화탄소를 제외)의 옥외탱크저장소의 탱크주위에 설치하여야 하는 방유제의 기준 중 틀린 것은?

① 방유제의 용량은 방유제안에 설치된 탱크가 하나인 때에는 그 탱크 용량의 110% 이상으로 할 것
② 방유제의 용량은 방유제안에 설치된 탱크가 2기 이상인 때에는 그 탱크중 용량이 최대인 것의 용량의 110% 이상으로 할 것
③ 방유제는 높이 1m 이상 2m 이하, 두께 0.2m 이상, 지하매설 깊이 0.5m 이상으로 할 것
④ 방유제 내의 면적은 80000m² 이하로 할 것

해설 ③ 높이 1m 이상 2m 이하
→ 높이 0.5m 이상 3m 이하
지하매설깊이 0.5m 이상
→ 지하매설깊이 1m 이상

인화성액체위험물(이황화탄소를 제외)의 옥외탱크저장소의 방유제
(1) 방유제의 용량

탱크가 하나인 때	탱크 용량의 110% 이상
2기 이상인 때	최대 용량의 110% 이상

(2) 방유제 높이 : **0.5m 이상 3m 이하**
두께 : 0.2m 이상
지하매설깊이 : 1m 이상

(3) 방유제 내의 면적 : **8만m² 이하**
(4) 방유제 내에 설치하는 옥외저장탱크의 수는 10 이하
(5) 방유제는 탱크의 옆판으로부터 거리를 유지할 것

지름이 15m 미만	탱크 높이의 3분의 1 이상
지름이 15m 이상	탱크 높이의 2분의 1 이상

(6) 용량이 1,000만L 이상인 옥외저장탱크의 주위에 설치하는 방유제에는 당해 탱크마다 **간막이 둑**을 설치할 것
① 간막이 둑의 높이는 0.3m(방유제 내에 설치되는 옥외저장탱크의 용량의 합계가 2억L를 넘는 방유제에 있어서는 1m) 이상으로 하되, 방유제의 높이보다 0.2m 이상 낮게 할 것
② 간막이 둑은 흙 또는 철근콘크리트로 할 것
③ 간막이 둑의 용량은 간막이 둑안에 설치된 탱크 용량의 10% 이상
④ 높이가 **1m를 넘는 방유제** 및 간막이둑의 안 팎에는 방유제 내에 출입하기 위한 **계단 또는 경사로를 약 50m마다 설치**할 것.

해답 ③

49 위험물안전관리법령상 시·도지사의 허가를 받지 아니하고 당해 제조소등을 설치 할 수 있는 기준 중 다음 (   )안에 알맞은 것은?

농예용·축산용 또는 수산용으로 필요한 난방시설 또는 건조시설을 위한 지정수량 (   )배 이하의 저장소

① 20 ② 30
③ 40 ④ 50

해설 (위험물법 제6조)[위험물의 설치 및 변경등] 허가 및 변경신고 예외
(1) 주택의 난방시설 위한 저장 및 취급소
(2) **농예용·축산용·수산용 난방시설·건조시설**을 위한 지정수량 **20배 이하** 저장소

해답 ①

50 소방시설 설치 및 관리에 관한 법령상 건축허가등의 동의대상물의 범위기준 중 틀린 것은?

① 건축등을 하려는 학교시설 : 연면적 200m² 이상
② 층수가 6층 이상인 건축물
③ 정신의료기관(입원실이 없는 정신건강의 학과 의원은 제외) : 연면적 300m² 이상
④ 장애인 의료재활시설 : 연면적 300m² 이상

해설 ① 학교시설 : 연면적 200m² → 연면적 100m²

(소방시설법 시행령 제7조)
건축허가등의 동의대상물의 범위 등
(1) 연면적 400m² 이상
다만, 다음에 해당하는 경우에는 기준 이상
① 학교시설 : 100m²
② 노유자시설 및 수련시설 : 200m²
③ 정신의료기관 : 300m²
④ 장애인 의료재활시설 : 300m²
(2) 지하층 또는 무창층 150m²(공연장 100m²)
(3) 차고 · 주차장 또는 주차용도로 사용시설
① 차고 · 주차장 : 200m² 이상
② 기계장치에 의한 자동차 20대 이상
(4) 층수가 6층 이상인 건축물
(5) 항공기격납고, 관망탑, 항공관제탑, 방송용 송수신탑
(6) 공동주택, 의원(입원실 또는 인공신장실이 있는 것) · 조산원 · 산후조리원, 숙박시설, 위험물 저장 및 처리 시설, 풍력발전소 · 전기저장시설, 지하구
(7) 노유자시설((1)의 ②에 해당하지 않는 시설)
(8) 요양병원(의료재활시설은 제외)
(9) **750배** 이상의 **특수가연물**을 저장 · 취급
(10) 가스시설로서 지상 노출 탱크 100톤 이상

해답 ①

51 소방시설 설치 및 관리에 관한 법령상 지하상가는 연면적이 최소 몇 m² 이상이어야 스프링클러설비를 설치하여야 하는 특정소방대상물에 해당하는가? (단, 터널은 제외한다.)

① 100   ② 200
③ 1000   ④ 2000

해설 스프링클러설비 설치대상
(1) 문화 및 집회, 종교, 운동시설

① 수용인원 100명 이상
② 영화상영관
• 지하층 또는 무창층 : 500m² 이상
• 그 밖의 층 : 1000m² 이상
③ 지하층 · 무창층 또는 4층 이상의 층에 있는 경우에는 무대부의 면적이 300m² 이상
④ 무대부가 ③외의 층에 있는 경우에는 무대부의 면적이 500m² 이상
(2) 층수가 6층 이상인 경우에는 모든 층
(3) **지하상가**로서 1000m² 이상
(4) **기숙사** 또는 복합건축물로서 연면적 5000m² 이상인 경우에는 모든 층

해답 ③

52 화재의 예방 및 안전관리에 관한 법령상 소방안전관리대상물의 소방계획서에 포함되어야 하는 사항이 아닌 것은?

① 소방시설 · 피난시설 및 방화시설의 점검 · 정비계획
② 위험물안전관리법에 따라 예방규정을 정하는 제조소등의 위험물 저장 · 취급에 관한사항
③ 특정소방대상물의 근무자 및 거주자의 자위소방대 조직과 대원의 임무에 관한 사항
④ 방화구획, 제연구획, 건축물의 내부마감재료(불연재료 · 준불연재료 또는 난연재료로 사용된 것) 및 방염물품의 사용현황과 그 밖의 방화구조 및 설비의 유지 · 관리계획

해설 ② 위험물의 저장 · 취급에 관한 사항(예방규정을 정하는 제조소등은 제외)

(화재예방법 시행령 제27조)
소방계획서에 포함되어야하는 사항
① 일반 현황
② 소방 · 방화, 전기 · 가스 및 **위험물시설의 현황**
③ 자체점검계획 및 **대응대책**
④ 소방 · 피난 및 방화시설의 **점검 · 정비계획**
⑤ **피난계획**
⑥ 내부 마감재료 및 방염대상물품의 사용현황과 방화구조 및 설비의 유지 · 관리계획
⑦ 관리의 권원이 분리된 소방안전관리에 관한 사항
⑧ 소방훈련 및 **교육에 관한 계획**

⑨ 자위소방대 조직과 대원 **임무에 관한 사항**
⑩ 공사 중 소방안전관리에 관한 사항
⑪ **소화와 연소 방지에 관한 사항**
⑫ 위험물의 저장·취급에 관한 사항(**예방규정을 정하는 제조소등은 제외**)
⑬ 업무수행에 관한 **기록 및 유지에 관한 사항**
⑭ 초기대응에 관한 사항
⑮ 소방본부장 또는 소방서장이 **요청하는 사항**

해답 ②

53 위험물안전관리법상 업무상 과실로 제조소등에서 위험물을 유출·방출 또는 확산시켜 사람의 생명·신체 또는 재산에 대하여 위험을 발생시킨 자에 대한 벌칙기준은?

① 5년 이하의 금고 또는 2000만원 이하의 벌금
② 5년 이하의 금고 또는 7000만원 이하의 벌금
③ 7년 이하의 금고 또는 2000만원 이하의 벌금
④ 7년 이하의 금고 또는 7000만원 이하의 벌금

해설 **위험물안전관리법 제33조(벌칙)**
(1) 1년 이상 10년 이하의 징역
  제조소등에서 위험물을 유출·방출 또는 확산시켜 사람의 생명·신체 또는 재산에 대하여 **위험을 발생시킨 자**
(2) 무기 **또는** 3년 이상의 징역
  제조소등에서 위험물을 유출·방출 또는 확산시켜 사람을 **상해(傷害)**에 이르게 한 때
(3) 무기 또는 5년 이상의 징역
  제조소등에서 위험물을 유출·방출 또는 확산시켜 **사망**에 이르게 한 때
(4) 7년 이하의 금고 또는 7천만원 이하의 벌금
  업무상 과실로 제조소등에서 위험물을 유출·방출 또는 확산시켜 사람의 생명·신체 또는 재산에 대하여 **위험을 발생시킨 자**
(5) 10년 이하의 징역 또는 금고나 1억원 이하의 벌금
  제조소등에서 위험물을 유출·방출 또는 확산시켜 사람을 **사상**에 이르게 한 자

해답 ④

54 소방기본법령상 소방용수시설의 설치기준 중 급수탑의 급수배관의 구경은 최소 몇mm 이상이어야 하는가?

① 100 ② 150
③ 200 ④ 250

해설 **소방기본법 시행규칙 제6조 ②항의 별표 3**
소방용수시설의 설치기준
(1) 공통기준
  ① **주거**지역·**상업**지역 및 **공업**지역 : 수평거리 100m 이하
  ② **기타** 지역 : 수평거리 140m 이하
(2) 소방용수시설별 설치기준
  소화전의 설치기준 : 상수도와 연결하여 지하식 또는 지상식의 구조로 하고, 소방호스와 연결하는 소화전의 **연결금속구의 구경은 65mm**로 할 것
(3) 급수탑의 설치기준
  급수배관의 구경은 100mm 이상, 개폐밸브는 지상에서 **1.5m 이상 1.7m 이하**의 위치에 설치
(4) 저수조의 설치기준
  ① **지면으로부터의 낙차가 4.5m 이하**
  ② 흡수부분의 **수심이 0.5m 이상**
  ③ 소방펌프자동차가 쉽게 접근할 수 있도록 할 것
  ④ 흡수에 지장이 없도록 토사 및 쓰레기 등을 제거할 수 있는 설비를 갖출 것
  ⑤ 흡수관의 투입구가 사각형의 경우에는 한 변의 길이가 **60cm 이상**, 원형의 경우에는 지름이 **60cm 이상**
  ⑥ 저수조에 물을 공급하는 방법은 상수도에 연결하여 자동으로 급수되는 구조

해답 ①

55 소방시설공사업법령상 공사감리자 지정대상 특정소방대상물의 범위가 아닌 것은?

① 물분무등소화설비(호스릴방식의 소화설비는 제외)를 신설·개설하거나 방호·방수 구역을 증설할 때
② 제연설비를 신설·개설하거나 제연구역을 증설할 때

③ 연소방지설비를 신설·개설하거나 살수구역을 증설할 때
④ 캐비닛형 간이스프링클러설비를 신설·개설하거나 방호·방수구역을 증설할 때

해설 공사업법 시행령 제10조
(공사감리자 지정대상 특정소방대상물의 범위)
① 옥내소화전설비를 신설·개설 또는 증설할 때
② 스프링클러설비등(캐비닛형 간이스프링클러설비는 제외)을 신설·개설하거나 방호·방수 구역을 증설할 때
③ 물분무등소화설비(호스릴방식의 소화설비는 제외)를 신설·개설하거나 방호·방수 구역을 증설할 때
④ 옥외소화전설비를 신설·개설 또는 증설할 때
⑤ 자동화재탐지설비, 비상방송설비, 비상조명등을 신설·개설할 때
⑥ 통합감시시설을 신설 또는 개설할 때
⑦ 소화용수설비를 신설 또는 개설할 때
⑧ 다음 각 목에 따른 소화활동설비에 대하여 각 목에 따른 시공을 할 때
　㉠ 제연설비를 신설·개설하거나 제연구역을 증설할 때
　㉡ 연결송수관설비를 신설 또는 개설할 때
　㉢ 연결살수설비를 신설·개설하거나 송수구역을 증설할 때
　㉣ 비상콘센트설비를 신설·개설하거나 전용회로를 증설할 때
　㉤ 무선통신보조설비를 신설 또는 개설할 때
　㉥ 연소방지설비를 신설·개설하거나 살수구역을 증설할 때

해답 ④

56 소방시설 설치 및 관리에 관한 법령상 자동화재탐지설비를 설치하여야 하는 특정소방대상물에 대한 기준 중 (　)에 알맞은 것은?

근린생활시설(목욕장 제외), 의료시설(정신의료기관 또는 요양병원은 제외), 숙박시설, 위락시설, 장례시설 및 복합건축물로서 연면적 (　)m² 이상인 것

① 400　　② 600
③ 1000　④ 3500

해설 자동화재탐지설비 설치대상
(1) 근린생활시설(목욕장 제외), **의료시설(정신의료기관 또는 요양병원은 제외)**, 위락시설, 장례식장 및 복합건축물로서 연면적 **600m² 이상**인 경우에는 모든 층
(2) 문화 및 집회시설, 종교시설, 판매시설, **지하상가**로서 연면적 **1천m² 이상**인 경우에는 모든 층
(3) 교육연구시설, 수련시설로서 연면적 2천m² 이상인 경우에는 모든 층
(4) 지하구
(5) **터널**로서 길이가 **1천m 이상**인 것
(6) 노유자 생활시설
(7) 연면적 400m² 이상인 노유자시설 및 숙박시설이 있는 수련시설로서 수용인원 100명 이상인 경우에는 모든 층
(8) 의료시설 중 정신의료기관 또는 요양병원으로서 다음의 어느 하나에 해당하는 시설
　① 요양병원(의료재활시설은 제외)
　② 정신의료기관 또는 의료재활시설로 사용되는 바닥면적의 합계가 300m² 이상인 시설
　③ 정신의료기관 또는 의료재활시설로 사용되는 바닥면적의 합계가 300m² 미만이고, 창살이 설치된 시설

해답 ②

57 화재의 예방 및 안전관리에 관한 법령상 형식승인을 받지 아니한 소방용품을 판매하거나 판매 목적으로 진열하거나 소방시설공사에 사용한 자에 대한 벌칙 기준은?

① 3년 이하의 징역 또는 3000만원 이하의 벌금
② 2년 이하의 징역 또는 1500만원 이하의 벌금
③ 1년 이하의 징역 또는 1000만원 이하의 벌금
④ 1년 이하의 징역 또는 500만원 이하의 벌금

해설 소방시설법 제57조(벌칙)
3년 이하의 징역 또는 3천만원 이하의 벌금
① 조치명령을 위반한 자
② 관리업의 등록을 하지 아니하고 영업을 한 자

③ 거짓이나 부정한 방법으로 형식승인, 제품검사, 임의 변경, 합격표시, 성능인증 받은 자
④ 회수·교환·폐기 또는 판매중지 명령을 받은 후 필요한 조치를 하지 아니한 자
⑤ 거짓, 부정한 방법으로 전문기관지정 받은 자

해답 ①

58 소방기본법에서 정의하는 소방대상물에 해당하지 않는 것은?

① 산림 ② 차량
③ 건축물 ④ 항해 중인 선박

해설 (기본법 제2조) 정의
(1) 소방대상물 : 건축물, 차량, **선박(항구에 매어 둔 선박)**, 선박 건조 구조물, 산림, 그 밖의 인공 구조물 또는 물건
(2) 관계지역 : 화재의 예방·경계·진압·구조·구급 등의 활동에 필요한 지역
(3) 관계인 : 소방대상물의 소유자·관리자 또는 점유자
(4) 소방대 : ① 소방공무원 ② 의무소방원 ③ 의용소방대원

해답 ④

59 소방시설 설치 및 관리에 관한 법령상 특정소방대상물의 소방시설 설치의 면제기준 중 다음 ( )안에 알맞은 것은?

물분무등소화설비를 설치하여야 하는 차고·주차장에 ( )를 설치한 경우에는 그 설비의 유효범위에서 설치가 면제된다.

① 옥내소화전설비
② 스프링클러설비
③ 간이스프링클러설비
④ 청정소화약제소화설비

해설 소방시설 설치의 면제기준
(소방시설법 시행령 제16조 관련)

설치가 면제되는 소방시설	설치면제 요건
스프링클러설비	자동소화장치 및 물분무등 소화설비
물분무 등 소화설비	스프링클러설비
간이스프링클러설비	스프링클러설비 또는 물분무소화설비, 미분무소화설비
비상경보설비 또는 단독경보형감지기	자동화재탐지설비, 화재알림설비
비상방송설비	**자동화재 탐지설비 또는 비상경보설비**와 같은 수준 이상 음향장치
연결살수설비	송수구를 부설한 스프링클러설비·간이스프링클러설비 또는 물분무소화설비
제연설비	공기조화설비
비상조명등	피난구유도등 또는 통로유도등

해답 ②

60 위험물안전관리법령상 위험물의 유별 저장·취급의 공통기준 중 다음 ( )안에 알맞은 것은?

( ) 위험물은 산화제와의 접촉·혼합이나 불티·불꽃·고온체와의 접근 또는 과열을 피하는 한편, 철분·금속분·마그네슘 및 이를 함유한 것에 있어서는 물이나 산과의 접촉을 피하고 인화성 고체에 있어서는 함부로 증기를 발생시키지 아니하여야 한다.

① 제1류 ② 제2류
③ 제3류 ④ 제4류

해설 위험물의 유별 저장·취급의 공통기준(중요기준)
(1) 제1류 위험물 : 가연물과의 접촉·혼합이나 분해를 촉진하는 물품과의 접근 또는 과열·충격·마찰 등을 피하는 한편, **알카리금속의 과산화물** 및 이를 함유한 것에 있어서는 물과의 접촉을 피하여야 한다.
(2) 제2류 위험물 : 산화제와의 접촉·혼합이나 불티·불꽃·고온체와의 접근 또는 과열을 피하는 한편, **철분·금속분·마그네슘** 및 이를 함유한 것에 있어서는 물이나 산과의 접촉을 피하고 인화성 고체에 있어서는 함부로 증기를 발생시키지 아니하여야 한다.
(3) 제3류 위험물 : **자연발화성물질**에 있어서는 불티·불꽃 또는 고온체와의 접근·과열 또는 공기와의 접촉을 피하고, **금수성물질**에 있어서는 물과의 접촉을 피하여야 한다.
(4) 제4류 위험물 : 불티·불꽃·고온체와의 접근 또는 과열을 피하고, **함부로 증기를 발생시키**

지 아니하여야 한다.
(5) **제5류 위험물** : 불티·불꽃·고온체와의 접근이나 **과열·충격 또는 마찰**을 피하여야 한다.
(6) **제6류 위험물** : 가연물과의 접촉·혼합이나 **분해를 촉진하는 물품**과의 접근 또는 과열을 피하여야 한다.

해답 ②

제4과목 소방기계시설의 구조 및 원리

61 스프링클러설비의 화재안전기술기준상 폐쇄형 스프링클러헤드의 방호구역·유수검지장치에 대한 기준으로 틀린 것은?

① 하나의 방호구역에는 1개 이상의 유수검지장치를 설치하되, 화재발생시 접근이 쉽고 점검하기 편리한 장소에 설치할 것
② 하나의 방호구역에는 2개 층에 미치지 아니하도록 할 것. 다만, 1개 층에 설치되는 스프링클러헤드의 수가 10개 이하인 경우와 복층형구조의 공동주택에는 3개 층 이내로 할 수 있다.
③ 송수구를 통하여 스프링클러헤드에 공급되는 물은 유수검지장치 등을 지나도록 할 것
④ 조기반응형 스프링클러헤드를 설치하는 경우에는 습식유수검지장치 또는 부압식 스프링클러설비를 설치할 것

해설 **폐쇄형스프링클러설비의 방호구역·유수검지장치**
스프링클러헤드에 공급되는 물은 유수검지장치를 지나도록 할 것. (다만, 송수구를 통하여 공급되는 물은 그러하지 아니하다.)

해답 ③

62 스프링클러설비의 화재안전기술기준상 조기반응형 스프링클러헤드를 설치해야 하는 장소가 아닌 것은?

① 수련시설의 침실   ② 공동주택의 거실
③ 오피스텔의 침실   ④ 병원의 입원실

해설 **조기반응형 스프링클러헤드 설치장소**
① 공동주택·노유자시설의 거실
② 오피스텔·숙박시설의 침실
③ 병원·의원의 입원실

해답 ①

63 스프링클러설비의 화재안전기술기준상 스프링클러설비를 설치하여야 할 특정소방대상물에 있어서 스프링클러헤드를 설치하지 아니할 수 있는 장소 기준으로 틀린 것은?

① 천장과 반자 양쪽이 불연재료로 되어 있고 천장과 반자사이의 거리가 2.5m 미만인 부분
② 천장 및 반자가 불연재료 외의 것으로 되어 있고 천장과 반자사이의 거리가 0.5m 미만인 부분
③ 천장·반자 중 한쪽이 불연재료로 되어 있고 천장과 반자사이의 거리가 1m 미만인 부분
④ 현관 또는 로비 등으로서 바닥으로부터 높이가 20m 이상인 장소

해설 **스프링클러 헤드의 설치제외 대상물**
① 계단실·경사로·승강로·파이프덕트 목욕실·수영장·화장실 기타 이와 유사한 장소
② 통신기기실·전자기기실 기타 이와 유사한 장소
③ 발전실·변전실·변압기 기타 이와 유사한 전기 설비가 설치되어 있는 장소
④ 병원의 수술실·응급처치실 기타 이와 유사한 장소
⑤ 천장과 반자 양쪽이 불연재료로 되어 있는 경우
  ㉠ 천장과 반자 사이의 거리가 2m 미만인 부분
  ㉡ 천장과 반자사이의 벽이 불연재료이고 천장과 반자사이의 거리가 2m 이상
⑥ 천장·반자 중 한쪽이 불연재료로 되어 있고 천장과 반자 사이의 거리 1m 미만인 부분
⑦ 천장 및 반자가 불연재료 외의 것으로 되어 있고 천장과 반자 사이의 거리 0.5m 미만인 부분

⑧ 펌프실·물탱크실·엘리베이터 권상기실 그 밖의 이와 비슷한 장소
⑨ 현관 또는 로비 등으로서 바닥으로부터 높이가 20m 이상인 장소
⑩ 영하의 냉장창고의 냉장실 또는 냉동창고의 냉동실

해답 ①

64 국소방출방식의 할로겐화합물소화설비(할론소화설비)의 분사헤드 설치기준 중 다음 ( ) 안에 알맞은 것은?

> 분사헤드의 방사압력은 할론 2402를 방사하는 것은 (㉠)MPa 이상, 할론 2402를 방출하는 분사헤드는 해당 소화약제가 (㉡)으로 분무되는 것으로 하여야 하며, 기준저장량의 소화약제를 (㉢)초 이내에 방사할 수 있는 것으로 할 것

① ㉠ 0.1, ㉡ 무상, ㉢ 10
② ㉠ 0.2, ㉡ 적상, ㉢ 10
③ ㉠ 0.1, ㉡ 무상, ㉢ 30
④ ㉠ 0.2, ㉡ 적상, ㉢ 30

해설 **할론소화설비의 분사헤드**
(1) 가연물이 비산하지 아니하는 장소에 설치할 것
(2) 할론 2402를 방사하는 분사헤드는 당해 소화약제가 무상으로 분무되는 것으로 할 것
(3) 할론 분사헤드의 방사압력 및 방출시간

종 류	방사압력	방출시간
할론2402	0.1 MPa 이상	10초 이내
할론1211	0.2 MPa 이상	
할론1301	0.9 MPa 이상	

해답 ①

65 분말소화설비의 화재안전기술기준상 배관에 관한 기준으로 틀린 것은?

① 배관은 전용으로 할것
② 배관은 모두 스케줄 40 이상으로 할 것
③ 동관을 사용하는 경우의 배관은 고정압력 또는 최고사용압력의 1.5배 이상의 압력에 견딜 수 있는 것을 사용할 것
④ 밸브류는 개폐위치 또는 개폐방향을 표시한 것으로 할 것

해설 **분말소화설비의 배관 설치기준**
① 전용으로 할 것
② 강관을 사용하는 경우
  ㉠ 아연도금에 의한 배관용 탄소강관
  ㉡ 축압식은 20℃에서 압력이 2.5MPa 이상 4.2MPa 이하인 것에 있어서는 압력배관용 탄소강관 중 이음이 없는 스케줄 40 이상의 것
③ 동관을 사용하는 경우
  고정압력 또는 최고사용압력의 1.5배 이상의 압력에 견딜 수 있는 것을 사용
④ 밸브류는 개폐위치 또는 개폐방향을 표시한 것
⑤ 배관방식은 토너먼트 방식으로 설치한다.

해답 ②

66 물분무소화설비의 화재안전기술기준상 수원의 저수량 설치 기준으로 틀린 것은?

① 특수가연물을 저장 또는 취급하는 특정소방대상물 또는 그 부분에 있어서 그 바닥면적(최대 방수구역의 바닥면적을 기준으로 하며, 50m² 이하인 경우에는 50m²) 1m²에 대하여 10L/min로 20분간 방수할 수 있는 양 이상으로 할 것
② 차고 또는 주차장은 그 바닥면적(최대방수구역의 바닥면적을 기준으로 하며, 50m² 이하인 경우에는 50m²) 1m²에 대하여 20L/min로 20분간 방수할 수 있는 양 이상으로 할 것
③ 케이블트레이, 케이블덕트 등은 투영된 바닥면적 1m²에 대하여 12L/min로 20분간 방수할 수 있는 양 이상으로 할 것
④ 콘베이어 벨트 등은 벨트부분의 바닥면적 1m²에 대하여 20L/min로 20분간 방수할 수 있는 양 이상으로 할 것

해설 **물분무소화설비의 수원의 양**

소방대상물	수원의 저수량
특수가연물	바닥면적(m²)(최소 50m²)× 10L/m²·분×20min

소방대상물	수원의 저수량
차고, 주차장	바닥면적(m²)(최소 50m²)× 20L/m²·분×20min
절연유 봉입 변압기	표면적(바닥부분제외)(m²)× 10L/m²·분×20min
케이블트레이, 닥트	투영된 바닥면적(m²)× 12L/m²·분×20min
콘베이어벨트	벨트부분의 바닥면적(m²)× 10L/m²·분×20min

해답 ④

67 분말소화설비의 화재안전기술기준상 제1종 분말을 사용한 전역방출방식 분말소화설비에서 방호구역의 체적 1m³에 대한 소화약제의 양은 몇 kg인가?

① 0.24　　② 0.36
③ 0.60　　④ 0.72

해설 방호구역체적에 대한 약제량 및 개구부 가산량

종별	체적계수 K_1 (kg/m³)	면적계수 K_2 (kg/m²) (자동폐쇄장치 미설치 시)
제1종	0.60	4.5
제2종, 제3종	0.36	2.7
제4종	0.24	1.8

해답 ③

68 옥내소화설비의 화재안전기술기준상 가압송수장치를 기동용수압개폐장치로 사용할 경우 압력챔버의 용적 기준은?

① 50L 이상　② 100L 이상
③ 150L 이상　④ 200L 이상

해설 탱크유효수량과 압력챔버 용적
① 물올림수조 유효수량 : 100L 이상
② 기동용수압개폐장치(압력챔버)용적 : 100L 이상

해답 ②

69 포소화설비의 화재안전기술기준상 포헤드를 소방대상물의 천장 또는 반자에 설치하여야 할 경우 헤드 1개가 방호해야 할 바닥면적은 최대 몇 m²인가?

① 3　　② 5
③ 7　　④ 9

해설 포헤드의 설치기준 ★★

포워터 스프링클러헤드	포헤드
8m²마다 1개 이상	9m²마다 1개 이상

해답 ④

70 소화기구 및 자동소화장치의 화재안전기술기준상 규정하는 화재의 종류가 아닌 것은?

① A급 화재　② B급 화재
③ G급 화재　④ K급 화재

해설 화재의 분류 ★★ 자주출제(필수암기) ★★

종류	등급	색표시	주된 소화 방법
일반화재	A급	백색	냉각소화
유류 및 가스화재	B급	황색	질식소화
전기화재	C급	청색	질식소화
금속화재	D급	-	피복소화
주방화재	K급	-	냉각 및 질식소화

해답 ③

71 상수도소화용수설비의 화재안전기술기준상 소화전은 구경(호칭지름)이 최소 얼마 이상의 수도배관에 접속하여야 하는가?

① 50mm 이상의 수도배관
② 75mm 이상의 수도배관
③ 85mm 이상의 수도배관
④ 100mm 이상의 수도배관

해설 상수도소화용수설비
① 호칭지름 **75mm 이상**의 수도배관에 호칭지름 **100mm 이상**의 소화전을 접속
② 소화전은 소방자동차 등의 진입이 쉬운 도로변 또는 공지에 설치
③ 소화전은 소방대상물의 수평투영면의 각 부분으로부터 **140m 이하**가 되도록 설치

해답 ②

72 할로겐화합물 및 불활성기체소화설비의 화재안전기술기준상 저장용기 설치기준으로 틀린 것은?

① 온도가 40℃ 이하이고 온도이 변화가 작은 곳에 설치할 것
② 용기간의 간격은 점검에 지장이 없도록 3cm 이상의 간격을 유지할 것
③ 직사광선 및 빗물이 침투할 우려가 없는 곳에 설치할 것
④ 저장용기를 방호구역 외에 설치한 경우에는 방화문으로 방화구획된 실에 설치할 것

해설 할로겐화합물 및 불활성기체 소화약제 저장용기 설치기준
① 방호구역외의 장소에 설치할 것
(단, 방호구역내에 설치할 경우에는 피난구 부근에 설치)
② **온도가 55℃ 이하이고 온도의 변화가 작은 곳에 설치할 것**
③ 직사광선 및 빗물이 침투할 우려가 없는 곳에 설치할 것
④ 방화문으로 방화구획된 실에 설치할 것
⑤ 용기의 설치장소에는 해당 용기가 설치된 곳임을 표시하는 표지를 할 것
⑥ 용기간의 간격은 점검에 지장이 없도록 **3cm 이상의 간격을 유지할 것**
⑦ 저장용기와 집합관을 연결하는 연결배관에는 체크밸브를 설치할 것
(단, 저장용기가 하나의 방호구역만을 담당하는 경우에는 예외)

해답 ①

73 제연설비의 화재안전기술기준상 제연풍도의 설치 기준으로 틀린 것은?

① 배출기의 전동기 부분과 배풍기 부분은 분리하여 설치할 것
② 배출기와 배출풍도의 접속 부분에 사용하는 캔버스는 내열성이 있는 것으로 할 것
③ 배출기의 흡입측 풍도 안의 풍속은 20m/s 이하로 할 것
④ 유입풍도 안의 풍속은 20m/s 이하로 할 것

해설 배출기 및 배출풍도
① 배출기
㉠ 배출기와 배출풍도의 접속부분에 사용하는 캔버스는 내열성(석면 재료는 제외)이 있는 것으로 할 것
㉡ 배출기의 전동기 부분과 배풍기 부분은 분리하여 설치하여야 하며 배풍기 부분은 유효한 내열처리 할 것
② 배출풍도의 강판의 두께

풍도단면의 긴변 또는 직경의 크기	강판두께
450mm 이하	0.5mm 이상
450mm 초과 750mm 이하	0.6mm 이상
750mm 초과 1500mm 이하	0.8mm 이상
1500mm 초과 2250mm 이하	1.0mm 이상
2250mm 초과	1.2mm 이상

③ 배출기의 풍속
㉠ 흡입측 풍도안 풍속 : 15m/s 이하
㉡ 배출측 풍속 : 20m/s 이하
④ 유입풍도안의 풍속 : 20m/s 이하

해답 ③

74 포소화설비의 화재안전기술기준상 압축공기포소화설비의 분사헤드를 유류탱크 주위에 설치하는 경우 바닥면적 몇 m² 마다 1개 이상 설치하여야 하는가?

① 9.3 ② 10.8
③ 12.3 ④ 13.9

해설 압축공기포소화설비의 분사헤드
① 천장 또는 반자에 설치하되 방호대상물에 따라 측벽에 설치할 수 있다
② 유류탱크주위에는 바닥면적 13.9m²마다 1개 이상, 특수가연물저장소에는 바닥면적 9.3m² 마다 1개 이상으로 당해 방호대상물의 화재를 유효하게 소화할 수 있도록 할 것

방호대상물	방호면적 1m²에 대한 1분당 방출량
특수가연물	2.3L
기타의 것	1.63L

해답 ④

75 소화기구 및 자동소화장치의 화재안전기술기준상 일반화재, 유류화재, 전기화재 모두에 적응성이 있는 소화약제는?

① 마른모래
② 인산염류소화약제

③ 중탄산염류소화약제
④ 팽창질석 · 팽창진주암

해설 소화기구의 소화약제별 적응성

구분	가스			분말		액체				기타			
	CO_2	할론	할로겐화합물및불활성기체	인산염류	중탄산염류	산알칼리액	강화액	포	물·침윤	고체에어로졸	마른모래	팽창질석·팽창진주암	그밖의것
일반 (A급)	−	○	○	○	−	○	○	○	○	○	○	○	○
유류 (B급)	○	○	○	○	○	○	○	○	○	○	○	○	○
전기 (C급)	○	○	○	○	○	*	*	*	○	*	−	−	*
주방 (K급)	−	−	−	−	*	−	*	*	*	−	−	−	*

해답 ②

76 소화기구 및 자동소화장치의 화재안전기술기준상 바닥면적이 280m²인 발전실에 부속용도별로 추가하여야 할 적응성이 있는 소화기의 최소 수량은 몇 개인가?

① 2 　② 4
③ 6 　④ 12

해설 부속용도별 추가 소화기구
발전실 · 변전실 · 송전실 · 변압기실 · 배전반실 · 통신기기실 · 전산기기실 · 기타 이와 유사한 시설이 있는 장소에는 당해 용도의 바닥면적 50m²마다 적응성이 있는 **소화기 1개 이상**
추가 소화기 계산
$$N = \frac{280\text{m}^2}{50\text{m}^2} = 5.6 \quad \therefore \ 6개$$

해답 ③

77 상수도소화용수설비의 화재안전기술기준상 소화전은 소방대상물의 수평투영면의 각 부분으로부터 최대 몇 m 이하가 되도록 설치하는가?

① 75 　② 100
③ 125 　④ 140

해설 상수도소화용수설비
① 호칭지름 75mm 이상의 수도배관에 호칭지름 100mm 이상의 소화전을 접속
② 소화전은 소방자동차 등의 진입이 쉬운 도로변 또는 공지에 설치
③ 소화전은 소방대상물의 수평투영면의 각 부분으로부터 140m 이하가 되도록 설치

해답 ④

78 이산화탄소소화설비의 화재안전기술기준상 배관의 설치 기준 중 다음 ( ) 안에 알맞은 것은?

고압식의 1차측(개폐밸브 또는 선택밸브 이전) 배관부속의 최소사용설계압력은 (㉠)MPa로 하고, 고압식의 2차측과 저압식의 배관부속의 최소사용설계압력은 (㉡)MPa로 할 것

① ㉠ 9.0, ㉡ 4.0 　② ㉠ 9.5, ㉡ 4.5
③ ㉠ 8.0, ㉡ 3.0 　④ ㉠ 8.5, ㉡ 3.5

해설 이산화탄소 소화설비의 배관 설치기준
① 배관은 전용으로 할 것
② 강관을 사용하는 경우의 배관
압력배관용 탄소강관중 스케줄 80(저압식은 스케줄 40) 이상의 것
(다만, 배관의 호칭이 20mm 이하인 경우에는 스케줄 40 이상인 것을 사용할 수 있다.)
③ 동관을 사용하는 경우의 배관(이음이 없는 동 및 동합금관)

고압식	16.5MPa 이상의 압력에 견딜 수 있는 것
저압식	3.75MPa 이상의 압력에 견딜 수 있는 것

④ 개폐밸브 또는 선택밸브의 배관부속

고압식	1차측(개폐밸브 또는 선택밸브 이전) 배관부속의 최소사용설계압력은 9.5MPa
	2차측 배관부속의 최소사용설계압력은 4.5MPa
저압식	배관부속의 최소사용설계압력은 4.5MPa

해답 ②

79 피난기구의 화재안전기술기준상 의료시설에 구조대를 설치해야할 층이 아닌 것은?

① 2 　② 3
③ 4 　④ 5

해설 소방대상물의 설치장소별 피난기구의 적응성

구분 \ 층별	1층	2층	3층	4층 이상 10층 이하
노유자시설		미구교다승		구¹⁾교다승
의료시설·근린생활시설 중 입원실이 있는 의원·접골원·조산원			미트구 교다승	트구 교다승
다중이용업소로서 영업장의 위치가 4층 이하인 다중이용업소			미사구완다승	
그 밖의 것			트공간교 미사구 완다승	공간²⁾ 교사구 완다승

[비고]
1) 구조대의 적응성은 장애인 관련 시설로서 주된 사용자 중 스스로 피난이 불가한 자가 있는 경우 추가로 설치하는 경우에 한한다.
2) 간이완강기의 적응성은 숙박시설의 3층 이상에 있는 객실에 추가로 설치하는 경우에 한한다.

어두문자 암기방법

피난용트랩 ⇒ 트	피난교 ⇒ 교
피난사다리 ⇒ 사	미끄럼대 ⇒ 미
구조대 ⇒ 구	다수인피난장비 ⇒ 다
승강식피난기 ⇒ 승	완강기 ⇒ 완
간이완강기 ⇒ 간	공기안전매트 ⇒ 공

해답 ①

80 인명구조기구의 화재안전기술기준상 특정소방대상물의 용도 및 장소별로 설치하여야 할 인명구조기구 종류의 기준 중 다음 ( ) 안에 알맞은 것은?

특정소방대상물	인명구조기구의 종류
물분무등소화설비 중 ( )를 설치하여야 하는 특정소방대상물	공기호흡기

① 분말소화설비
② 할론소화설비
③ 이산화탄소소화설비
④ 할로겐화합물 및 불활성기체소화설비

해설 용도 및 장소별로 설치하여야 할 인명구조기구

특정소방대상물	종 류	설치 수량
• 지하층을 포함하는 층수가 7층 이상인 관광호텔 및 5층 이상인 병원	• 방열복 또는 방화복 • 공기호흡기 • 인공소생기	각 2개 이상 비치할 것. 다만, 병원의 경우에는 인공소생기를 설치하지 않을 수 있다.
• 문화 및 집회시설 중 수용인원 100명 이상의 영화상영관 • 판매시설 중 대규모 점포 • 운수시설 중 지하역사 • 지하상가	• 공기호흡기	층마다 2개 이상 비치할 것. 다만, 각 층마다 갖추어 두어야 할 공기호흡기 중 일부를 직원이 상주하는 인근 사무실에 갖추어 둘 수 있다.
• 물분무등소화설비 중 이산화탄소소화설비를 설치하여야 하는 특정소방대상물	• 공기호흡기	이산화탄소소화설비가 설치된 장소의 출입구 외부 인근에 1대 이상 비치할 것

해답 ③

소방설비기사 – 기계분야

2021년 5월 15일 시행

제1과목 소방원론

01 내화건축물과 비교한 목조건축물 화재의 일반적인 특징을 옳게 나타낸 것은?

① 고온, 단시간형 ② 저온, 단시간형
③ 고온, 장시간형 ④ 저온, 장시간형

해설 건축물 구조형태에 따른 화재특징

구 분	목조건축물	내화건축물
연소형태	고온 단기형	저온 장기형
화재특성	• 발염연소가 된다. • 초기에 **연소속도**가 빠르다.	• 발염연소가 억제된다. • 초기에 **연소속도**가 느리다.
최고온도	1300℃	1000℃

해답 ①

02 다음 중 증기 비중이 가장 큰 것은?

① Halon 1301 ② Halon 2402
③ Halon 1211 ④ Halon 104

해설 증기비중

$$S = \frac{M(분자량)}{공기평균분자량}$$

할로겐화합물 소화약제

종류 구분	할론 2402	할론 1211	할론 1301	할론 1011	할론 104
분자식	$C_2F_4Br_2$	CF_2ClBr	CF_3Br	CH_2ClBr	CCl_4
분자량	259.9	165.4	148.93	129.4	153.82

할로젠원소 원자량
C(탄소) = 12, F(불소) = 19, Cl(염소) = 35.5
Br(브로민, 취소) = 79.9

할로겐화합물 소화약제 명명법
할론 ⓐ ⓑ ⓒ ⓓ
ⓐ : C 원자 수   ⓑ : F 원자 수
ⓒ : Cl 원자 수 ⓓ : Br 원자 수

해답 ②

03 화재발생 시 피난기구로 직접 활용할 수 없는 것은?

① 완강기   ② 무선통신보조설비
③ 피난사다리   ④ 구조대

해설 (1) **무선통신보조설비**
소화활동설비로 간접적으로 활용
(2) 피난기구
① 피난사다리   ② 구조대
③ 완강기   ④ 미끄럼대
⑤ 피난교   ⑥ 피난용트랩
⑦ 간이완강기   ⑧ 공기안전매트
⑨ 다수인 피난장비 ⑩ 승강식피난기
(3) 인명구조기구
① 방열복, 방화복(안전모, 보호장갑 및 안전화 포함)
② 공기호흡기(보조마스크 포함)
③ 인공소생기

해답 ②

04 정전기에 의한 발화과정으로 옳은 것은?

① 방전 → 전하의 축적 → 전하의 발생 → 발화
② 전하의 발생 → 전하의 축적 → 방전 → 발화
③ 전하의 발생 → 방전 → 전하의 축적 → 발화
④ 전하의 축적 → 방전 → 전하의 발생 → 발화

해설 정전기에 의한 발화과정
전하의 발생→전하의 축적→방전→발화

정전기 방지대책
① 접지와 본딩
② 공기를 이온화
③ 상대습도 70% 이상 유지
④ 도체물질을 사용

해답 ②

05 물리적 소화방법이 아닌 것은?

① 산소공급원 차단 ② 연쇄반응 차단
③ 온도 냉각 ④ 가연물제거

해설 소화원리 ★★★★★

① 냉각소화 : 가연성 물질을 발화점 이하로 냉각

물이 소화약제로 사용되는 이유
- 물의 기화열(539 kcal/kg)이 크기 때문
- 물의 비열 (1 kcal/kg℃)이 크기 때문

② 질식소화 : 산소농도를 21% → 15% 이하로 감소

질식소화 시 산소의 유지농도 : 10~15%

③ 억제소화(부촉매소화, 화학적소화) : 연쇄반응을 억제
- 부촉매 : 화학적 반응의 속도를 느리게 하는 것
- 부촉매 효과 : 할론소화약제
  [할로젠족원소 : 불소(F), 염소(Cl), 브로민(Br), 아이오딘(I)]

④ 제거소화 : 가연성물질을 제거시켜 소화
- 산불이 발생하면 화재의 진행방향을 앞질러 벌목
- 화학반응기의 화재 시 원료공급관의 밸브를 폐쇄
- 유전화재 시 폭약으로 폭풍을 일으켜 화염을 제거
- 촛불을 입김으로 불어 화염을 제거

⑤ 피복소화 : 가연물 주위를 공기와 차단
⑥ 희석소화
- 알코올, 아세톤 등 수용성인 인화성액체 화재 시 물을 방사하여 가연물의 연소농도를 희석
- 기체, 고체, 액체에서 나오는 분해가스나 증기의 농도를 희석하여 연소를 중지시켜 소화

⑦ 유화소화(에멀전소화) : 제4류 위험물 중 물에 녹지 않는 인화성액체의 유류화재 시 물분무로 방사하여 액체표면에 불연성의 유막을 형성하여 소화

해답 ②

06 탄화칼슘이 물과 반응할 때 발생되는 기체는?

① 일산화탄소 ② 아세틸렌
③ 황화수소 ④ 수소

해설 탄화칼슘(CaC_2) : 제3류 위험물 중 칼슘탄화물
① 물과 접촉 시 아세틸렌을 생성 및 열 발생
$CaC_2 + 2H_2O \rightarrow Ca(OH)_2 + C_2H_2$(아세틸렌)
② 아세틸렌의 폭발범위는 2.5~81%로 대단히 넓어서 폭발위험성이 크다.

해답 ②

07 분말소화약제 중 A급, B급, C급 화재에 모두 사용할 수 있는 것은?

① 제1종 분말 ② 제2종 분말
③ 제3종 분말 ④ 제4종 분말

해설 분말약제의 종류 ★★ 자주출제 ★★

종별	약제명	착색	적응화재
제1종	탄산수소나트륨($NaHCO_3$)	백색	B, C급
제2종	탄산수소칼륨($KHCO_3$)	담회색	B, C급
제3종	제1인산암모늄($NH_4H_2PO_4$)	담홍색	A, B, C급
제4종	탄산수소칼륨+요소 ($KHCO_3+(NH_2)_2CO$)	회색	B, C급

해답 ③

08 조연성 가스에 해당하는 것은?

① 수소 ② 일산화탄소
③ 산소 ④ 에탄

해설 지연성(조연성)가스
자기 자신은 타지 않고 남의 연소를 도와주는 가스

조연성 가스
산소, 오존, 불소, 염소, 일산화질소, 이산화질소

해답 ③

09 분자내부에 나이트로기를 갖고 있는 TNT, 나이트로셀룰로오스 등과 같은 제5류 위험물의 연소 형태는?

① 분해연소 ② 자기연소
③ 증발연소 ④ 표면연소

해설 ★★★ 자주출제(필수암기) ★★★

연소의 형태
① 표면연소(surface reaction)
   숯, 코크스, 목탄, 금속분
② 증발 연소(evaporating combustion)
   파라핀(양초), 황, 나프탈렌, 왁스, 휘발유, 등유, 경유, 아세톤 등 제4류 위험물
③ 분해연소(decomposing combustion)
   석탄, 목재, 플라스틱, 종이, 합성수지, 중유
④ 자기연소(내부연소)
   질화면(나이트로셀룰로오스), 셀룰로이드, 나이트로글리세린 등 제5류 위험물
⑤ 확산연소(diffusive burning)
   아세틸렌, LPG, LNG 등 가연성 기체
⑥ 불꽃연소 + 표면연소
   목재, 종이, 셀룰로오즈류, 열경화성수지

해답 ②

10 가연물질의 종류에 따라 화재를 분류하였을 때 섬유류 화재가 속하는 것은?

① A급 화재 ② B급 화재
③ C급 화재 ④ D급 화재

해설 화재의 분류 ★★ 자주출제(필수암기) ★★

종류	등급	색표시	주된 소화 방법
일반화재	A급	백색	냉각소화
유류 및 가스화재	B급	황색	질식소화
전기화재	C급	청색	질식소화
금속화재	D급	-	피복소화
주방화재	K급	-	냉각 및 질식소화

해답 ①

11 위험물안전관리법령상 제6류 위험물을 수납하는 운반용기의 외부에 주의사항을 표시하여야 할 경우, 어떤 내용을 표시하여야 하는가?

① 물기엄금
② 화기엄금
③ 화기주의/충격주의
④ 가연물 접촉주의

해설 위험물 운반용기의 외부 표시 사항
① 위험물의 품명, 위험등급, 화학명 및 수용성(제4류 위험물의 수용성인 것에 한함)
② 위험물의 수량
③ 수납하는 위험물에 따른 주의사항

류 별	성질에 따른 구분	표시사항
제1류	알칼리금속의 과산화물	화기·충격주의, 물기엄금 및 가연물접촉주의
	그 밖의 것	화기·충격주의 및 가연물접촉주의
제2류	철분·금속분·마그네슘	화기주의 및 물기엄금
	인화성고체	화기엄금
	그 밖의 것	화기주의
제3류	자연발화성물질	화기엄금 및 공기접촉엄금
	금수성물질	물기엄금
제4류	인화성 액체	화기엄금
제5류	자기반응성 물질	화기엄금 및 충격주의
제6류	산화성 액체	가연물접촉주의

해답 ④

12 다음 연소 생성물 중 인체에 독성이 가장 높은 것은?

① 이산화탄소 ② 일산화탄소
③ 수증기   ④ 포스겐

해설 연소 시 발생하는 각종 가스
★★ 매회 출제 (필수 암기) ★★
① 일산화탄소(CO)
   • 인명피해가 가장 크다.
   • 피 속의 헤모글로빈과 결합 산소운반 방해
② 이산화탄소(CO_2)
   자체의 독성은 없고 많은 양을 흡입 시 질식사
③ 아황산가스(SO_2)
   황 함유 물질이 완전 연소 시 발생
④ 황화수소(H_2S)
   황 함유 물질이 불완전 연소 시 발생
⑤ 아크로레인(CH_2CHCHO)
   석유제품, 유지류 연소 시 발생
⑥ 포스겐($COCl_2$)
   독성이 가장 크다.

해답 ④

13 알킬알루미늄 화재에 적합한 소화약제는?

① 물   ② 이산화탄소
③ 팽창질석   ④ 할로겐화합물

해설 알킬알루미늄-제3류-금수성물질

금수성 위험물 적응 소화기
① 탄산수소염류
② 마른 모래
③ 팽창질석 또는 팽창진주암

해답 ③

14 열전도도(thermal conductivity)를 표시하는 단위에 해당하는 것은?

① $J/m^2 \cdot h$
② $kcal/h \cdot ℃^2$
③ $W/m \cdot K$
④ $J \cdot K/m^3$

해설 (1) **열전도도**(Thermal conductivity)
① 물체가 열을 전달하는 능력의 척도
② 단위는 $W/m \cdot K$이다.
(2) **열전도율**(thermal conductance)
① 구체적인 크기와 모양을 가진 물체가 실제로 열을 전달하는 정도
② 단위는 W/K이다.

해답 ③

15 위험물안전관리법령상 위험물에 대한설명으로 옳은 것은?

① 과염소산은 위험물이 아니다.
② 황린은 제2류 위험물이다.
③ 황화인의 지정수량은 100 kg이다.
④ 산화성고체는 제6류 위험물의 성질이다.

해설 ① 과염소산은 제6류 위험물이다.
② 황린은 제3류 위험물이다.
④ 산화성고체는 제1류 위험물의 성질이다.

제2류 위험물의 지정수량

성 질	품 명	지정수량
가연성 고체	황화인, 적린, 황	100kg
	철분, 금속분, 마그네슘	500kg
	인화성고체	1,000kg

해답 ③

16 제3종 분말소화약제의 주성분은?

① 인산암모늄
② 탄산수소칼륨
③ 탄산수소나트륨
④ 탄산수소칼륨과 요소

해설 **분말약제의 주성분 및 착색** ★★★★(필수암기)

종 별	주 성 분	약 제 명	착색
제1종	$NaHCO_3$	탄산수소나트륨, 중탄산나트륨, 중조	백 색
제2종	$KHCO_3$	탄산수소칼륨, 중탄산칼륨	담회색
제3종	$NH_4H_2PO_4$	제1인산암모늄	담홍색 (핑크색)
제4종	$KHCO_3 + (NH_2)_2CO$	탄산수소칼륨 + 요소	회색(쥐색)

해답 ①

17 이산화탄소 소화기의 일반적인 성질에서 단점이 아닌 것은?

① 밀폐된 공간에서 사용 시 질식의 위험성이 있다.
② 인체에 직접 방출 시 동상의 위험성이 있다.
③ 소화약제의 방사 시 소음이 크다.
④ 전기가 잘 통하기 때문에 전기설비에 사용할 수 없다.

해설 ④ 전기가 잘 안통하기 때문에 전기설비에 사용할 수 있다.

CO_2 소화설비의 장 · 단점

장 점	단 점
① 심부화재에 적합	① 설비가 고압이므로 특별한 주의요구
② 화재 진화후 깨끗하다.	② CO_2 방사시 인체에 동상 우려
③ 증거보존 양호하여 화재원인조사 쉽다.	③ 인체에 질식우려
④ 비전도성으로 전기화재에 적합	④ CO_2 방사시 소음이 크다.
⑤ 피연소물에 피해가 적음	

해답 ④

18 IG-541 이 15℃에서 내용적 50리터 압력용기에 155kgf/cm²으로 충전되어 있다. 온도가 30℃가 되었다면 IG-541 압력은 약 몇 kgf/cm²가 되겠는가? (단, 용기의 팽창은 없다고 가정한다.)

① 78 ② 155
③ 163 ④ 310

해설 ① $\dfrac{P_1V_1}{T_1} = \dfrac{P_2V_2}{T_2}$ 식에 대입

$\dfrac{155 \times 50}{273+15} = \dfrac{P_2 \times 50}{273+30}$

② $P_2 = \dfrac{155 \times 50 \times 303}{50 \times 288} = 163.07 \text{kg/cm}^2$

보일-샤를의 법칙

$$\dfrac{P_1V_1}{T_1} = \dfrac{P_2V_2}{T_2}$$

해답 ③

19 소화약제 중 HFC-125의 화학식으로 옳은 것은?

① CHF_2CF_3 ② CHF_3
③ CF_3CHFCF_3 ④ CF_3I

해설 할로겐화합물 및 불활성기체 소화약제의 종류

번호	약제명	화학식
1	FC-3-1-10	C_4F_{10}
2	HCFC BLEND A	HCFC-123($CHCl_2CF_3$) : 4.75% HCFC-22($CHClF_2$) : 82% HCFC-124($CHClFCF_3$) : 9.5% $C_{10}H_{16}$: 3.75%
3	HCFC-124	$CHClFCF_3$
4	HFC-125	CHF_2CF_3
5	HFC-227ea	CF_3CHFCF_3
6	HFC-23	CHF_3
7	HFC-236fa	$CF_3CH_2CF_3$
8	FIC-13I1	CF_3I
9	불연성 · 불활성기체 혼합가스	IG-01	Ar
10		IG-100	N_2
11		IG-541	N_2 : 52%, Ar : 40%, CO_2 : 8%
12		IG-55	N_2 : 50%, Ar : 50%
13	FK-5-1-12	$CF_3CF_2C(O)CF(CF_3)_2$

해답 ①

20 프로판 50vol%, 부탄 40vol%, 프로필렌 10vol%로 된 혼합가스의 폭발하한계는 약 몇 vol% 인가? (단, 각 가스의 폭발하한계는 프로판은 2.2vol%, 부탄은 1.9vol%, 프로필렌은 2.4vol%이다.)

① 0.83 ② 2.09
③ 5.05 ④ 9.44

해설 혼합가스의 폭발한계

$$\dfrac{Vm}{Lm} = \dfrac{V_1}{L_1} + \dfrac{V_2}{L_2} + \dfrac{V_3}{L_3} + \cdots \dfrac{V_n}{L_n}$$

여기서, Vm : 혼합가스의 전체농도(%)
Lm : 혼합가스의 폭발 하한값 또는 폭발 상한값
L : 단일가스의 폭발 하한값 또는 폭발 상한값
V : 단일가스의 부피농도(%)

$\dfrac{100}{Lm} = \dfrac{50}{2.2} + \dfrac{40}{1.9} + \dfrac{10}{2.4}$ ∴ $Lm = 2.09\%$

해답 ②

제2과목 소방유체역학

21 직경 20cm의 소화용 호스에 물이 392N/s 흐른다. 이때의 평균유속(m/s)은?

① 2.96 ② 4.34
③ 3.68 ④ 1.27

해설 중량유량

$$\overline{G}(\text{N/s}) = Au\gamma$$

① $u = \dfrac{\overline{G}}{A\gamma}$

② $\gamma_w(물) = 9800\text{N/m}^3$

③ $u = \dfrac{392\text{N/s}}{\dfrac{\pi}{4} \times (0.2\text{m})^2 \times 9800\text{N/m}^3} = 1.27\text{m/s}$

해답 ④

22 수은이 채워진 U자관에 수은보다 비중이 작은 어떤 액체를 넣었다. 액체기둥의 높이가 10cm, 수은과 액체의 자유 표면의 높이 차이가 6cm일 때 이 액체의 비중은? (단, 수은의 비중은 13.6

이다.)

① 5.44　　② 8.16
③ 9.63　　④ 10.88

해설

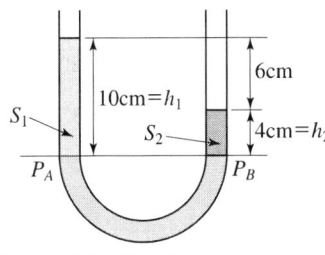

① 압력과 비중량 및 수두
  $P_A = P_B$, $P = \gamma h$이므로 $\gamma_1 h_1 = \gamma_2 h_2$
② 비중과 비중량
  $\gamma = S \times \gamma_w$
  $S_1 \times \gamma_w \times h_1 = S_2 \times \gamma_w \times h_2$
  $S_1 = ?$, $h_1 = 10cm$, $S_2 = 13.6$, $h_2 = 4cm$
③ 어떤 액체의 비중량 계산
  $S_1 \times 10 = 13.6 \times 4$
  $S_1 = \dfrac{13.6 \times 4}{10} = 5.44$

해답 ①

23 수압기에서 피스톤의 반지름이 각각 20cm와 10cm이다. 작은 피스톤에 19.6N의 힘을 가하는 경우 평형을 이루기 위해 큰 피스톤에는 몇 N의 하중을 가하여야 하는가?

① 4.9　　② 9.8
③ 68.4　　④ 78.4

해설 힘과 압력 관계

$$F(N) = P(N/m^2) \times A(m^2)$$

$F = PA$이므로
$P = \dfrac{F}{A}$, $P_1 = P_2$
$\therefore \dfrac{F_1}{A_1} = \dfrac{F_2}{A_2}$　　$F_1 \times A_2 = F_2 \times A_1$

$19.6N \times \dfrac{\pi}{4} \times 0.2^2 = F_2 \times \dfrac{\pi}{4} \times 0.1^2$

$F_2 = 78.4N$

해답 ④

24 그림과 같이 중앙부분에 구멍이 뚫린 원판에 지름 D의 원형 물제트가 대기압 상태에서 V의 속도로 충돌하여 원판 뒤로 지름 $D/2$의 원형 물제트가 V의 속도로 흘러 나가고 있을 때, 이 원판이 받는 힘을 구하는 계산식으로 옳은 것은? (단, ρ는 물의 밀도이다.)

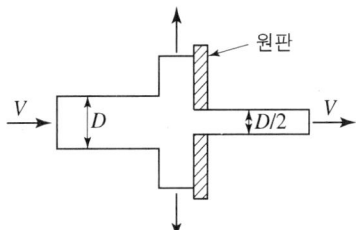

① $\dfrac{3}{16}\rho\pi V^2 D^2$　　② $\dfrac{3}{8}\rho\pi V^2 D^2$

③ $\dfrac{3}{4}\rho\pi V^2 D^2$　　④ $3\rho\pi V^2 D^2$

해설 운동량 방정식

$$F = \rho Q V = \rho A V^2$$

여기서, F : 힘(N), ρ : 밀도(kg/m³)
　　　　Q : 유량(m³/s), V : 유속(m/s)

① 구멍이 없을 경우 원판이 받는 힘
  $F_1 = \rho \times \dfrac{\pi}{4} \times D^2 \times V^2 = \dfrac{1}{4}\rho\pi V^2 D^2$

② 구멍 $\dfrac{D}{2}$인 원판이 받는 힘
  $F_2 = \rho \times \dfrac{\pi}{4} \times \left(\dfrac{D}{2}\right)^2 \times V^2 = \dfrac{1}{16}\rho\pi V^2 D^2$

③ 구멍이 있는 경우 원판이 받는 힘
  $F_3 = F_1 - F_2 = \dfrac{1}{4}\rho\pi V^2 D^2 - \dfrac{1}{16}\rho\pi V^2 D^2$
  $F_3 = \dfrac{4}{16}\rho\pi V^2 D^2 - \dfrac{1}{16}\rho\pi V^2 D^2$
  $F_3 = \dfrac{3}{16}\rho\pi V^2 D^2$

해답 ①

25 압력 0.1MPa, 온도 250℃ 상태인 물의 엔탈피가 2974.33kJ/kg이고 비체적은 2.40604m³/kg이다. 이 상태에서 물의 내부에너지(kJ/kg)는 얼

마인가?

① 2733.7   ② 2974.1
③ 3214.9   ④ 3582.7

해설 엔탈피

$$H = U + PV_S$$

여기서, H : 엔탈피, U : 내부에너지, P : 압력
V_S : 비체적

① $U = H - PV_S$
② $H = 2974.33 \text{kJ/kg}$, $P = 0.1 \text{MPa} = 100 \text{kPa}$,
   $V_S = 2.40604 \text{m}^3/\text{kg}$
③ $U = 2974.33 - 100 \times 2.40604 = 2733.73 \text{kJ/kg}$

해답 ①

26 300K의 저온 열원을 가지고 카르노사이클로 작동하는 열기관의 효율이 70%가 되기 위해서 필요한 고온 열원의 온도(K)는?

① 800   ② 900
③ 1000   ④ 1100

해설 ① $\eta(\%) = \left(1 - \dfrac{300}{T_2}\right) \times 100 = 70\%$

② 양변을 100으로 나누면 $\left(1 - \dfrac{300}{T_2}\right) = 0.7$

③ $\dfrac{300}{T_2} = 0.3$, $T_2 = 1000\text{K}$

카르노사이클의 열효율

$$\eta(\%) = \left(1 - \dfrac{T_1}{T_2}\right) \times 100$$

여기서, T_1 : 저온의 절대온도
       T_2 : 고온의 절대온도

해답 ③

27 물이 들어 있는 탱크에 수면으로부터 20m 깊이에 지름 50mm의 오리피스가 있다. 이 오리피스에서 흘러나오는 유량(m³/min)은?(단, 탱크의 수면 높이는 일정하고 모든 손실은 무시한다.)

① 1.3   ② 2.3
③ 3.3   ④ 4.3

해설 유량과 유속

$$Q = uA, \quad u = \sqrt{2gh}$$

① $u = \sqrt{2gh} = \sqrt{2 \times 9.8 \times 20} = 19.80 \text{m/s}$

② $Q = 19.80 \times \dfrac{\pi}{4} \times (0.05\text{m})^2 = 0.0389 \text{m}^3/\text{s}$
   $= 2.33 \text{m}^3/\text{min}$

해답 ②

28 다음 중 열전달 매질이 없이도 열이 전달되는 형태는?

① 전도   ② 자연대류
③ 복사   ④ 강제대류

해설 복사 : 고온물체의 복사열이 전자파형태로 저온물체에 흡수되어 열이 전달되는 현상
예) 태양열이 지구에 전달되는 현상

열전달의 방법
① **전도**(Conduction)
   물체와 물체가 직접 접촉 열이 전달
② **대류**(Convection)
   밀도차에 의한 공기의 순환 열이 전달
③ **복사**(Radiation)
   • 복사열이 전자파형태로 열이 전달
   • 지구에 태양열이 전달되는 것 : 복사열

해답 ③

29 양정 220m, 유량 0.025m³/s, 회전수 2900rpm인 4단 원심 펌프의 비교회전도(비속도)[m³/min, m, rpm]는 얼마인가?

① 176   ② 167
③ 45   ④ 23

해설 비교회전도

$$N_s = \dfrac{N\sqrt{Q}}{\left(\dfrac{H}{n}\right)^{\frac{3}{4}}}$$

여기서, N : 회전수(rpm), Q : 토출량(m³/min)
       H : 양정(m), n : 단수

$N = 2900 \text{rpm}$

$Q = \dfrac{0.025\text{m}^3}{\text{s}} \times \dfrac{60\text{s}}{\text{min}} = 0.025 \times 60 \text{m}^3/\text{min}$

$H = 220\text{m}$, $n = 4$

$\therefore N_s = \dfrac{2900\sqrt{0.025 \times 60}}{(220/4)^{\frac{3}{4}}} = 175.86$

해답 ①

30 동력(power)의 차원을 MLT(질량 M, 길이 L, 시간 T)계로 바르게 나타낸 것은?

① MLT^{-1} ② M^2LT^{-2}
③ ML^2T^{-3} ④ MLT^{-2}

해설 동력
단위시간에 이루어진 일의 양
(일률 : 단위시간당 하는 일)
- 단위 : $[\text{J/s}] = [\text{N} \cdot \text{m/s}] = [\text{kg} \cdot \text{m}^2/\text{s}^3]$
- 차원 : $[ML^2/T^3] = [ML^2T^{-3}]$

해답 ③

31 직사각형 단면의 덕트에서 가로와 세로가 각각 a 및 $1.5a$이고, 길이가 L이며, 이 안에서 공기가 V의 평균속도로 흐르고 있다. 이때 손실수두를 구하는 식으로 옳은 것은? (단, f는 이 수력지름에 기초한 마찰계수이고, g는 중력가속도를 의미한다.)

① $f\dfrac{L}{a}\dfrac{V^2}{2.4g}$ ② $f\dfrac{L}{a}\dfrac{V^2}{2g}$
③ $f\dfrac{L}{a}\dfrac{V^2}{1.4g}$ ④ $f\dfrac{L}{a}\dfrac{V^2}{g}$

해설 ① 비원형관의 수력반지름
$R_h = \dfrac{A(\text{단면적})}{P(\text{접수길이})} = \dfrac{a \times 1.5a}{(a+1.5a) \times 2} = 0.3a$

② 비원형관에서 손실수두
$\Delta h_L = f \times \dfrac{L}{4Rh} \times \dfrac{V^2}{2g}$

$\Delta h_L = f \times \dfrac{L}{4 \times 0.3a} \times \dfrac{V^2}{2g} = f\dfrac{L}{a}\dfrac{V^2}{2.4g}$

비원형관에서 손실수두
$$\Delta h_L = f\dfrac{L}{4R_h} \times \dfrac{V^2}{2g}$$

여기서, Δh_L : 마찰손실수두(m)
f : 마찰손실계수
L : 배관길이(m)
R_h : 수력반경(m)
V : 유속(m/s)
g : 중력가속도(9.8m/s^2)

해답 ①

32 무차원수 중 레이놀즈수(Reynolds number)의 물리적인 의미는?

① 관성력/중력   ② 관성력/탄성력
③ 관성력/점성력   ④ 관성력/음속

해설 무차원수(단위가 없는 수)

무차원수의 명칭	물리적 의미
레이놀드수(Reynold number)	관성력/점성력
프루드수(Froude number)	관성력/중력
웨버수(Weber number)	관성력/표면장력
코우시수(Cauchy number)	관성력/탄성력
마하수(Mach number)	관성력/탄성력
오일러수(Euler number)	압축력/관성력

해답 ③

33 동일한 노즐구경을 갖는 소방차에서 방수압력이 1.5배가 되면 방수량은 몇 배로 되는가?

① 1.22배   ② 1.41배
③ 1.52배   ④ 2.25배

해설 방수량과 방수압력
$$Q = K\sqrt{10P}$$

여기서, Q : 방수량(L/min)
K : 방출계수
P : 방수압력(MPa)

방수량은 방수압력의 평방근($\sqrt{\ }$)에 비례한다.

$\therefore \dfrac{\sqrt{P_2}}{\sqrt{P_1}} = \dfrac{\sqrt{1.5}}{\sqrt{1}} = 1.22$배

해답 ①

34 전양정 80m, 토출량 500 L/min인 물을 사용하는 소화펌프가 있다. 펌프효율 65%, 전달계수(K) 1.1인 경우 필요한 전동기의 최소동력(kW)은?

① 9   ② 11
③ 13   ④ 15

해설
$$P = \frac{9.8 \times 0.5\text{m}^3/60\text{s} \times 80}{0.65} \times 1.1 = 11.06\text{kW}$$

펌프의 동력계산
(1) 수동력
$$L_W(\text{kW}) = \gamma Q H$$

(2) 축동력
$$L_S(\text{kW}) = \frac{\gamma Q H}{E}$$

(3) 모터동력
$$P(\text{kW}) = \frac{\gamma Q H}{E} K$$

여기서, γ : 비중량(kN/m³),
　　　　　물의 비중량 = 9.8kN/m³)
　　　Q : 유량(m³/s), H : 전양정(m)
　　　E : 효율(%/100), K : 전달계수

해답 ②

35 안지름 10cm인 수평 원관의 층류유동으로 4km 떨어진 곳에 원유(점성계수 0.02N·s/m², 비중 0.86)를 0.10m³/min의 유량으로 수송하려 할 때 펌프에 필요한 동력(W)은? (단, 펌프의 효율은 100%로 가정한다.)

① 76   ② 91
③ 10900   ④ 9100

해설 하겐-포아젤의 법칙(층류)
$$H = \frac{\Delta P}{\gamma} = \frac{128\mu l Q}{\gamma \pi d^4}$$

① $\gamma = \gamma_W(9800\text{N/m}^3) \times S(\text{비중})$
　　$\gamma = \gamma_W(9800\text{N/m}^3) \times 0.86$

② $Q = 0.10\text{m}^3/\text{min} = 0.10\text{m}^3/60\text{s}$

③ 손실수두 계산
$\mu = 0.02\text{N}\cdot\text{s/m}^2,\ l = 4\text{km} = 4000\text{m}$
$\gamma = 9800\text{N/m}^3 \times 0.86 = 9800 \times 0.86\text{N/m}^3$
$d = 10\text{cm} = 0.1\text{m}$
$$H = \frac{128 \times 0.02 \times 4000 \times (0.10/60)}{9800 \times 0.86 \times \pi \times 0.1^4} = 6.45\text{m}$$

④ $P = \dfrac{(9800 \times 0.86) \times (0.10/60) \times 6.45}{1}$
　　$= 90.60\text{W}$

해답 ②

36 유속 6m/s로 정상류의 물이 화살표 방향으로 흐르는 배관에 압력계와 피토계가 설치되어있다. 이때 압력계의 계기압력이 300kPa이었다면 피토계의 계기압력은 약 몇 kPa인가?

① 180   ② 280
③ 318   ④ 336

해설 압력계와 피토계
① 압력계의 압력 = 정압(압력수두압)
② 피토계의 압력 = 정압 + 동압(속도수두압)
③ 동압(속도수두압) 계산
$$H = \frac{u^2}{2g} = \frac{6^2}{2 \times 9.8} = 1.8367\text{m}$$
$P = \gamma h = 9.8\text{kN/m}^3 \times 1.8367\text{m}$
　　$\fallingdotseq 18\text{kPa}(\text{kN/m}^2)$
④ 피토계의 압력 = 300kPa + 18kPa = 318kPa

해답 ③

37 유체의 압축률에 관한 설명으로 올바른 것은?

① 압축률 = 밀도 × 체적탄성계수
② 압축률 = 1/체적탄성계수
③ 압축률 = 밀도/체적탄성계수
④ 압축률 = 체적탄성계수/밀도

해설 **체적탄성계수와 압축률 관계**

$$체적탄성계수 \ K = -\frac{\Delta P}{\Delta V/V} = \frac{\Delta P}{\Delta \rho/\rho}$$

$$압축률 \ \beta = \frac{1}{K}$$

여기서, K : 체적탄성계수

해답 ②

38 질량이 5kg인 공기(이상기체)가 온도 333K로 일정하게 유지되면서 체적이 10배가 되었다. 이 계(system)가 한 일(kJ)은? (단, 공기의 기체상수는 287J/kg·K이다.)

① 220
② 478
③ 1100
④ 4779

해설 **등온팽창시 일**

$$_1W_2 = GRT\ln\left(\frac{V_2}{V_1}\right)$$

① 체적이 10배로 변화 $V_2 = 10 V_1$

② $_1W_2 = 5 \times 287 \times 333 \times \ln\left(\frac{10 V_1}{V_1}\right)$

$= 1100.30 \times 10^3 \text{J} = 1100 \text{kJ}$

해답 ③

39 무한한 두 평판 사이에 유체가 채워져 있고 한 평판은 정지해 있고 또 다른 평판은 일정한 속도로 움직이는 Couette 유동을 하고 있다. 유체 A만 채워져 있을 때 평판을 움직이기 위한 단위면적당 힘을 τ_1이라 하고 같은 평판 사이에 점성이 다른 유체 B만 채워져 있을 때 필요한 힘을 τ_2라 하면 유체 A와 B가 반반씩 위아래로 채워져 있을 때 평판을 같은 속도로 움직이기 위한 단위면적당 힘에 대한 표현으로 옳은 것은?

① $\dfrac{\tau_1 + \tau_2}{2}$
② $\sqrt{\tau_1 \tau_2}$
③ $\dfrac{2\tau_1 \tau_2}{\tau_1 + \tau_2}$
④ $\tau_1 + \tau_2$

해설 ① $\dfrac{F_A}{A_A} = \tau_1, \ \dfrac{F_B}{A_B} = \tau_2$

② 유체 A와 B가 1/2씩 채워져 있으므로

③ $\dfrac{2\tau_1 \tau_2}{\tau_1 + \tau_2}$

해답 ③

40 2m 깊이로 물이 차있는 물 탱크 바닥에 한 변이 20cm인 정사각형 모양의 관측창이 설치되어 있다. 관측창이 물로 인하여 받는 순 힘(net force)은 몇 N인가? (단, 관측창 밖의 압력은 대기압이다.)

① 784
② 392
③ 196
④ 98

해설 **물탱크 바닥이 받는 힘**

$$F = \gamma h A$$

여기서, F : 힘(N)
γ : 비중량(N/m³)
A : 단면적(m²)
h : 높이(m)
γ_W : 물의 비중량(9800N/m³)

① $A = 0.2\text{m} \times 0.2\text{m} = 0.04\text{m}^2$, $h = 2\text{m}$

② $F = 9800\text{N/m}^3 \times 2\text{m} \times 0.04\text{m}^2 = 784\text{N}$

해답 ①

제3과목 소방관계법규

41 소방기본법의 정의상 소방대상물의 관계인이 아닌 자는?

① 감리자
② 관리자
③ 점유자
④ 소유자

해설 **(기본법 제2조) 정의**

(1) 소방대상물
건축물, 차량, 선박, 선박 건조 구조물, 산림, 그 밖의 인공 구조물 또는 물건.

(2) 관계지역
  소방대상물이 있는 장소 및 그 이웃 지역으로서 화재의 예방·경계·진압, 구조·구급 등의 활동에 필요한 지역
(3) 관계인
  소방대상물의 소유자·관리자 또는 점유자
(4) 소방대
  화재를 진압하고 화재, 재난·재해, 그 밖의 위급한 상황에서 구조·구급 활동 등을 하기 위하여 다음 각 목의 사람으로 구성된 조직체
  ① 소방공무원 ② 의무소방원 ③ 의용소방대원

해답 ①

42 함부로 버려두거나 그냥 둔 위험물의 소유자·관리자·점유자의 주소·성명을 알 수 없어 필요한 명령을 할 수 없는 때에 소방본부장 또는 소방서장이 취하여야 하는 조치로 맞는 것은?

① 시·도지사에게 보고하여야 한다.
② 경찰서장에게 통보하여 위험물을 처리하도록 하여야한다.
③ 소속공무원으로 하여금 그 위험물을 옮기거나 치우게 할 수 있다.
④ 소유자가 나타날 때까지 기다린다.

해설 (화재예방법 제17조) 화재의 예방조치 등
(1) 누구든지 화재예방강화지구 및 대통령령으로 정하는 장소에서는 다음의 행위를 하여서는 아니 된다.
  ① 모닥불, 흡연 등 **화기의 취급**
  ② 풍등 등 **소형열기구 날리기**
  ③ 용접·용단 등 **불꽃을 발생시키는 행위**
  ④ 그 밖에 대통령령으로 정하는 화재 발생 위험이 있는 행위
(2) **소방관서장**은 화재 발생 위험이 크거나 소화 활동에 지장을 줄 수 있다고 인정되는 행위나 물건에 대하여 행위 당사자나 그 물건의 소유자, 관리자 또는 점유자에게 다음의 명령을 할 수 있다. 다만, 물건의 소유자, 관리자 또는 점유자를 알 수 없는 경우 **소속 공무원으로 하여금** 그 물건을 옮기거나 보관하는 등 필요한 조치를 하게 할 수 있다.

해답 ③

43 위험물안전관리법령상 취급하는 위험물의 최대수량이 지정수량의 10배 이하인 경우 공지의 너비 기준은?

① 2m 이하   ② 2m 이상
③ 3m 이하   ④ 3m 이상

해설 위험물 제조소의 보유공지

취급 위험물의 최대수량	공지의 너비
지정수량의 10배 이하	3m 이상
지정수량의 10배 초과	5m 이상

해답 ④

44 위험물안전관리법령상 제조소 또는 일반 취급소에서 취급하는 제4류 위험물의 최대수량의 합이 지정수량의 48만배 이상인사업소의 자체 소방대에 두는 화학소방자동차 및 인원기준으로 다음 ( ) 안에 알맞은 것은?

화학소방자동차	자체 소방대원의 수
(ⓐ)	(ⓑ)

① ⓐ 1대, ⓑ 5인   ② ⓐ 2대, ⓑ 10인
③ ⓐ 3대, ⓑ 15인 ④ ⓐ 4대, ⓑ 20인

해설 ① **자체소방대를 설치 대상 사업소**
  ㉠ 지정수량의 3천배 이상의 제4류 위험물을 취급하는 제조소 또는 일반취급소(단, 일반취급소를 제외)
  ㉡ 지정수량의 50만배 이상의 제4류 위험물을 저장하는 옥외탱크저장소
② **자체소방대에 두는 화학소방자동차 및 인원**

제4류 위험물의 최대수량의 합	화학소방자동차	자체소방대원의 수
지정수량의 3천배 이상 12만배 미만	1대	5인
지정수량의 12만배 이상 24만배 미만	2대	10인
지정수량의 24만배 이상 48만배 미만	3대	15인
지정수량의 48만배 이상	4대	20인
옥외탱크저장소 지정수량의 50만배 이상	2대	10인

해답 ④

45 화재의 예방 및 안전관리에 관한 법령상 특수가연물의 저장 및 취급기준이 아닌 것은? (단, 석탄/목탄류를 발전용으로 저장하는 경우는 제외)

① 품명별로 구분하여 쌓는다.
② 쌓는 높이는 20m 이하가 되도록 한다.
③ 쌓는 부분의 바닥면적 사이는 실내의 경우 1.2m 이상이 되도록 한다.
④ 특수가연물을 저장 또는 취급하는 장소에는 품명·최대저장수량 및 화기취급의 금지 표지를 설치해야 한다.

해설 특수가연물의 저장 및 취급기준
(화재예방법 시행령 제19조 제2항 [별표3])
(1) 품명·최대저장수량·단위부피(체적)당 질량·관리책임자 성명·직책, 연락처 및 화기취급의 금지표시 설치
(2) 기준(석탄·목탄류를 발전용은 예외)
  ① **품명별**로 구분하여 쌓을 것
  ② 저장 기준

구분	높이	바닥면적(m²)
일반기준	10m 이하	50(석탄·목탄류 200) 이하
살수설비, 대형소화기	15m 이하	200(석탄·목탄류 300) 이하

  ③ 최소 **6m 이상** 간격을 유지(쌓은 높이보다 0.9m 이상 높은 내화구조 벽체 설치 시 예외)
  ④ 쌓는 부분의 바닥면적 사이 **간격**

구분	쌓는 부분의 바닥면적 사이 이격거리
실내	1.2m 또는 쌓는 높이의 1/2 중 큰 값 이상
실외	3m 또는 쌓는 높이 중 큰 값 이상

해답 ②

46 소방시설 설치 및 관리에 관한 법령상 소화설비를 구성하는 제품 또는 기기에 해당하지 않는 것은?

① 가스누설경보기   ② 소방호스
③ 스프링클러헤드   ④ 분말자동소화장치

해설 소방시설법 제6조 (형식승인대상 소방용품)
(1) 소화설비를 구성하는 제품 또는 기기
  ① 소화기구(소화약제 외의 것을 이용한 간이소화용구는 제외)
  ② 자동소화장치
  ③ 소화설비를 구성하는 소화전, 관창, 소방호스, 스프링클러헤드, 기동용 수압개폐장치, 유수제어밸브 및 가스관선택밸브
(2) **경보설비**를 구성하는 제품 또는 기기
  ① 누전경보기 및 **가스누설경보기**
  ② 경보설비를 구성하는 발신기, 수신기, 중계기, 감지기 및 음향장치(경종만 해당)
(3) 피난구조설비를 구성하는 제품 또는 기기
  ① 피난사다리, 구조대, 완강기(간이완강기 및 지지대를 포함)
  ② 공기호흡기(충전기를 포함)
  ③ 피난구유도등, 통로유도등, 객석유도등 및 예비 전원이 내장된 비상조명등
(4) 소화용으로 사용하는 제품 또는 기기
  ① 소화약제
  ② 방염제(방염액·방염도료 및 방염성물질)
(5) 그 밖에 행정안전부령으로 정하는 소방 관련 제품 또는 기기

해답 ①

47 소방기본법령상 출동한 소방대원에게 폭행 또는 협박을 행사하여 화재진압·인명구조 또는 구급활동을 방해한 사람에 대한 벌칙 기준은?

① 500만원 이하의 과태료
② 1년 이하의 징역 또는 1000만원 이하의 벌금
③ 3년 이하의 징역 또는 3000만원 이하의 벌금
④ 5년 이하의 징역 또는 5000만원 이하의 벌금

해설 (기본법 제50조)
5년 이하 징역 또는 5천만원 이하 벌금
(1) 다음 각 목의 어느 하나에 해당하는 행위를 한 사람
  ① **위력을 사용하여 소방대의 화재진압·인명구조 또는 구급활동을 방해하는 행위**
  ② 소방대가 현장에 출동하거나 현장에 출입하는 것을 고의로 방해하는 행위
  ③ 출동한 소방대원에게 폭행 또는 협박을 행사하여 화재진압·인명구조 또는 구급활동을 방해하는 행위

④ 출동한 소방대의 소방장비를 파손하거나 그 효용을 해하여 화재진압·인명구조 또는 구급활동을 방해하는 행위
(2) 소방자동차의 출동을 방해한 사람
(3) 사람을 구출하는 일 또는 불을 끄거나 불이 번지지 아니하도록 하는 일을 방해한 사람
(4) 정당한 사유 없이 소방용수시설 또는 비상소화장치를 사용하거나 소방용수시설 또는 비상소화장치의 효용을 해치거나 그 정당한 사용을 방해한 사람

해답 ④

48 소방시설 설치 및 관리에 관한 법령상 건축허가 등의 동의 대상물의 범위로 틀린 것은?

① 항공기 격납고
② 방송용 송·수신탑
③ 연면적이 400제곱미터 이상인 건축물
④ 지하층 또는 무창층이 있는 건축물로서 바닥면적이 50제곱미터 이상인 층이 있는 것

해설 **(소방시설법 시행령 제7조)**
건축허가등의 동의대상물의 범위 등
(1) 연면적 400m² 이상
 다만, 다음에 해당하는 경우에는 기준 이상
  ① 학교시설 : 100m²
  ② 노유자시설 및 수련시설 : 200m²
  ③ 정신의료기관 : 300m²
  ④ 장애인 의료재활시설 : 300m²
(2) **지하층 또는 무창층** 150m²(공연장 100m²)
(3) 차고·주차장 또는 주차용도로 사용시설
  ① 차고·주차장 : 200m² 이상
  ② 기계장치에 의한 **자동차 20대** 이상
(4) 층수가 6층 이상인 건축물
(5) 항공기격납고, 관망탑, 항공관제탑, 방송용 송수신탑
(6) 공동주택, 의원(입원실, 인공신장실이 있는 것)·조산원·산후조리원, 숙박시설, 위험물 저장 및 처리 시설, 풍력발전소·전기저장시설, 지하구
(7) 노유자시설((1)의 ②에 해당하지 않는 시설)
(8) **요양병원**(의료재활시설은 제외)
(9) 750배 이상의 **특수가연물**을 저장·취급
(10) **가스시설로서 지상 노출 탱크 100톤** 이상

해답 ④

49 소방시설공사업법령에 따른 완공검사를 위한 현장확인 대상 특정소방대상물의 범위기준으로 틀린 것은?

① 연면적 1만제곱미터 이상이거나 11층 이상인 특정소방대상물(아파트는 제외)
② 가연성가스를 제조·저장 또는 취급하는 시설 중 지상에 노출된 가연성가스탱크의 저장용량 합계가 1천톤 이상인 시설
③ 호스릴방식의 소화설비가 설치되는 특정소방대상물
④ 문화 및 집회시설, 종교시설, 판매시설, 노유자시설, 수련시설, 운동시설, 숙박시설, 창고시설, 지하상가

해설 **소방공사업법(완공검사를 위한 현장확인 대상 특정소방대상물의 범위)**
① 문화 및 집회시설, 종교시설, 판매시설, 노유자시설, 수련시설, 운동시설, 숙박시설, 창고시설, 지하상가 및 다중이용업소
② 스프링클러설비등, **물분무등소화설비(호스릴방식 제외)**가 설치되는 특정소방대상물
③ 연면적 1만제곱미터 이상이거나 11층 이상인 특정소방대상물(아파트는 제외)
④ 가연성가스를 제조·저장 또는 취급하는 시설 중 지상에 노출된 가연성가스탱크의 저장용량 합계가 1천톤 이상인 시설

해답 ③

50 소방시설 설치 및 관리에 관한 법령상 스프링클러설비를 설치하여야 할 특정소방대상물에 다음 중 어떤 소방시설을 화재안전기술기준에 적합하게 설치하면 면제 받을 수 있는가?

① 옥내소화전설비
② 물분무소화설비
③ 간이스프링클러설비
④ 옥외소화전설비

해설 **소방시설 설치의 면제기준**(제16조 관련)

면제 소방시설	설치면제 기준
1. 스프링클러설비	자동소화장치 및 물분무등소화설비
2. 물분무등	스프링클러설비(차고, 주차장)

면제 소방시설	설치면제 기준
3. 간이스프링클러	스프링클러설비, 물분무, 미분무
4. 비상경보설비, 단독경보형	자동화재탐지설비, 화재알림설비
5. 비상경보설비	단독경보형
6. 비상방송설비	자동화재탐지설비, 비상경보설비

해답 ②

51 소방시설 설치 및 관리에 관한 법령상 대통령령 또는 화재안전기술기준이 변경되어 그 기준이 강화되는 경우 기존 특정 소방대상물의 소방시설 중 강화된 기준을 설치장소와 관계없이 항상 적용하여야 하는 것은? (단, 건축물의 신축·개축·재축·이전 및 대수선중인 특정소방대상물을 포함한다.)

① 제연설비
② 비상경보설비
③ 옥내소화전설비
④ 화재조기진압용 스프링클러설비

해설 **(소방시설법 제13조) 소방시설기준 적용의 특례**
소방본부장이나 소방서장은 화재안전기술기준의 변경으로 **강화된 기준을 적용할 수 있다.**
(1) 소방시설(소비자자피)
  • 소화기구
  • 비상경보설비
  • 자동화재탐지설비
  • 자동화재속보설비
  • 피난구조설비
(2) 특정소방대상물에 설치하는 소방시설
  • 공동구
  • 전력 및 통신사업용 지하구
  • 노유자 시설
  • 의료시설

해답 ②

52 소방시설 설치 및 관리에 관한 법령상 시·도지사가 소방시설 등의 자체점검을 하지 아니한 관리업자에게 영업정지를 명할 수 있으나, 이로 인해 국민에게 심한 불편을 줄 때에는 영업정지처분을 갈음하여 과징금 처분을 한다. 과징금의 기준은?

① 1000만원 이하   ② 2000만원 이하
③ 3000만원 이하   ④ 5000만원 이하

해설 **법령별 과징금의 최고금액**

구 분	소방시설법	소방시설공사업법	위험물안전관리법
갈음하는 처분	관리업자 영업정지 갈음	소방시설업자 영업정지 갈음	제조소의 사용정지 갈음
과징금 최고금액	3천만원 이하	2억원 이하	2억원 이하

해답 ③

53 위험물안전관리법령상 위험물별 성질로서 틀린 것은?

① 제1류 : 산화성 고체
② 제2류 : 가연성 고체
③ 제4류 : 인화성 액체
④ 제6류 : 인화성 고체

해설 **위험물의 분류 및 성질**

류 별	성 질
제1류	산화성고체
제2류	가연성고체
제3류	자연발화성 및 금수성
제4류	인화성액체
제5류	자기반응성
제6류	산화성액체

해답 ④

54 소방시설 설치 및 관리에 관한 법령상 소방시설등의 종합점검 대상기준에 맞게 ( )에 들어갈 내용으로 옳은 것은?

물분무등소화설비[호스릴방식의 물분무등소화설비만을 설치한 경우는 제외]가 설치된 연면적 ( )m² 이상인 특정소방대상물(위험물 제조소등은 제외)

① 2000   ② 3000
③ 4000   ④ 5000

해설 **종합점검 대상**
(1) 해당 특정소방대상물의 소방시설 등이 신설된 경우

(2) 스프링클러설비가 설치된 특정소방대상물
(3) 물분무등 소화설비(호스릴방식 제외)가 설치된 연면적 5천m² 이상(위험물제조소등을 제외)
(4) 단란주점영업과 유흥주점영업, 영화상영관·비디오물감상실업·복합영상물제공업, 노래연습장업, 산후조리업, 고시원업, 안마시술소의 영업장이 설치된 연면적이 2천m² 이상인 것
(5) 제연설비가 설치된 터널
(6) 공공기관 중 연면적 1,000m² 이상인 것으로서 옥내소화전설비 또는 자동화재탐지설비가 설치된 것. 다만, 소방대가 근무하는 공공기관은 제외

해답 ④

55 소방시설 설치 및 관리에 관한 법령상 펄프공장의 작업장, 음료수공장의 충전을 하는 작업장 등과 같이 화재안전기술기준을 적용하기 어려운 특정소방대상물에 설치하지 아니할 수 있는 소방시설의 종류가 아닌 것은?

① 상수도소화용수설비
② 스프링클러설비
③ 연결송수관설비
④ 연결살수설비

해설 소방시설을 설치하지 아니하는 특정소방대상물의 범위

특정소방대상물	소방시설
음료수 공장의 세정 또는 충전하는 작업장 그 밖에 이와 비슷한 용도로 사용하는 것	스프링클러설비, 상수도소화용수설비 및 연결살수설비(스, 상, 살)
정수장, 수영장, 목욕장, 어류양식용 시설 그 밖에 이와 비슷한 용도로 사용되는 것	자동화재탐지설비, 상수도소화용수설비 및 연결살수설비(자, 상, 살)

해답 ③

56 화재의 예방 및 안전관리에 관한 법령에 따른 특수가연물의 기준 중 다음 ( ) 안에 알맞은 것은?

품 명	수 량
나무껍질 및 대팻밥	(ⓐ)kg 이상
면화류	(ⓑ)kg 이상

① ⓐ 200, ⓑ 400
② ⓐ 200, ⓑ 1000
③ ⓐ 400, ⓑ 200
④ ⓐ 400, ⓑ 1000

해설 (화재예방법 시행령 제19조) [별표 2]
특수가연물

품명	수량(이상)
면화류	200kg
나무껍질 및 대팻밥	400kg
넝마 및 종이부스러기, 사류, 볏짚류	1,000kg
가연성고체류	3,000kg
석탄·목탄류	10,000kg
가연성액체류	2m³
목재가공품 및 나무부스러기	10m³
합성수지류 발포시킨 것	20m³
합성수지류 그 밖의 것	3,000kg

해답 ③

57 화재의 예방 및 안전관리에 관한 법령상 화재안전조사위원회의 위원에 해당하지 아니하는 사람은?

① 소방기술사
② 소방시설관리사
③ 소방 관련 분야의 석사학위 이상을 취득한 사람
④ 소방 관련 법인 또는 단체에서 소방 관련업무에 3년 이상 종사한 사람

해설 (화재예방법 시행령 제11조)
화재안전조사위원회의 구성·운영 등
(1) 위원장 1명을 포함한 7명 이내의 위원으로, 위원장은 소방관서장이 된다.
(2) 위원은 소방관서장이 임명하거나 위촉
　① 과장급 직위 이상의 소방공무원
　② 소방기술사
　③ 소방시설관리사
　④ 소방 관련 분야의 석사학위 이상
　⑤ 소방 관련 법인 또는 단체에서 소방 관련 업무에 5년 이상 종사한 사람
　⑥ 소방과 관련한 교육 또는 연구에 5년 이상 종사한 사람
(3) 위촉위원의 임기는 2년, 한 차례만 연임

해답 ④

58 위험물안전관리법령상 소화 난이도 등급 Ⅰ의 옥내탱크저장소에서 황만을 저장·취급 할 경우 설치하여야 하는 소화설비로 옳은 것은?

① 물분무소화설비 ② 스프링클러설비
③ 포소화설비 ④ 옥내소화전설비

해설 소화난이도등급 Ⅰ의 제조소등에 설치하여야 하는 소화설비

제조소등의 구분		소화설비
옥내탱크저장소	황만을 저장취급하는 것	물분무소화설비
	인화점 70℃ 이상의 제4류 위험물만을 저장취급하는 것	물분무소화설비, 고정식 포소화설비, 이동식 이외의 불활성가스소화설비, 이동식 이외의 할로젠화합물소화설비 또는 이동식 이외의 분말소화설비
	그 밖의 것	고정식 포소화설비, 이동식 이외의 불활성가스소화설비, 이동식 이외의 할로젠화합물소화설비 또는 이동식 이외의 분말소화설비

해답 ①

59 소방시설공사업법령상 하자보수를 하여야하는 소방시설 중 하자보수 보증기간이 3년이 아닌 것은?

① 자동소화장치
② 비상방송설비
③ 스프링클러설비
④ 상수도소화용수설비

해설 (공사업법 시행령 제6조)
하자보수대상 소방시설과 하자보수보증기간

보증기간	소방시설
2년	① 피난기구 ② 유도등 ③ 유도표지 ④ 비상경보설비 ⑤ 비상조명등 ⑥ 비상방송설비 ⑦ 무선통신보조설비
3년	① 자동소화장치 ② 옥내 ③ 옥외 ④ 스프링클러 ⑤ 간이스프링클러 ⑥ 물분무등 ⑦ 자동화재탐지설비 ⑧ 상수도소화용수설비 ⑨ 소화활동설비(무선통신보조설비 제외)

해답 ②

60 소방기본법령상 소방대장은 화재, 재난·재해 그 밖의 위급한 상황이 발생한 현장에 소방활동구역을 정하여 소방활동에 필요한 자로서 대통령령으로 정하는 사람 외에는 그 구역에의 출입을 제한할 수 있다. 다음 중 소방활동구역에 출입할 수 없는 사람은?

① 소방활동구역 안에 있는 소방대상물의 소유자·관리자 또는 점유자
② 전기·가스·수도·통신·교통의 업무에 종사하는 사람으로서 원활한 소방활동을 위하여 필요한 사람
③ 시·도지사가 소방활동을 위하여 출입을 허가한 사람
④ 의사·간호사 그 밖의 구조·구급업무에 종사하는 사람

해설 (기본법 시행령 제8조)
소방활동구역의 출입자
(1) 소방대상물의 소유자, 관리자, 점유자
(2) 원활한 소화활동을 위하여 필요한 자
    (전기, 가스, 수도, 통신, 교통업무종사자 등)
(3) 구급, 구조업무 종사자(의사, 간호사 등)
(4) 보도업무 종사자
(5) 수사업무 종사자
(6) 소방대장이 허가한 자

해답 ③

제4과목 소방기계시설의 구조 및 원리

61 화재조기진압용 스프링클러설비의 화재안전기술기준상 헤드의 설치기준 중 ( )안에 알맞은 것은?

헤드 하나의 방호면적은 (ⓐ)m² 이상 (ⓑ)m² 이하로 할 것

① ⓐ 2.4, ⓑ 3.7 ② ⓐ 3.7, ⓑ 9.1
③ ⓐ 6.0, ⓑ 9.3 ④ ⓐ 9.1, ⓑ 13.7

화재조기진압용 스프링클러설비의 헤드
① 헤드 하나의 방호면적은 $6.0m^2$ 이상 $9.3m^2$ 이하로 할 것
② 가지배관의 헤드 사이의 거리는 천장의 높이가 9.1m 미만인 경우에는 2.4m 이상 3.7m 이하로, 9.1m 이상 13.7m 이하인 경우에는 3.1m 이하로 할 것
③ 헤드의 반사판은 천장 또는 반자와 평행하게 설치하고 저장물의 최상부와 914mm 이상 확보되도록 할 것
④ 하향식 헤드의 반사판의 위치는 천장이나 반자 아래 125mm 이상 355mm 이하일 것
⑤ 상향식 헤드의 감지부 중앙은 천장 또는 반자와 101mm 이상 152mm 이하이어야 하며, 반사판의 위치는 스프링클러배관의 윗부분에서 최소 178mm 상부에 설치되도록 할 것
⑥ 헤드와 벽과의 거리는 헤드 상호간 거리의 2분의 1을 초과하지 않아야 하며 최소 102mm 이상일 것
⑦ 헤드의 작동온도는 74℃ 이하일 것. 다만, 헤드 주위의 온도가 38℃ 이상의 경우에는 그 온도에서의 화재시험 등에서 헤드작동에 관하여 공인기관의 시험을 거친 것을 사용할 것

해답 ③

62 분말소화설비의 화재안전기술기준상 수동식 기동장치의 부근에 설치하는 방출지연스위치에 대한 설명으로 옳은 것은?

① 자동복귀형 스위치로서 수동식 기동장치의 타이머를 순간정지 시키는 기능의 스위치를 말한다.
② 자동복귀형 스위치로서 수동식 기동장치가 수신기를 순간정지 시키는 기능의 스위치를 말한다.
③ 수동복귀형 스위치로서 수동식 기동장치의 타이머를 순간정지 시키는 기능의 스위치를 말한다.
④ 수동복귀형 스위치로서 수동식 기동장치가 수신기를 순간정지 시키는 기능의 스위치를 말한다.

분말소화설비의 기동장치
(1) 수동식 기동장치
수동식 기동장치의 부근에는 **방출지연스위치(자동복귀형 스위치로서 수동식 기동장치의 타이머를 순간정지 시키는 기능의 스위치)**를 설치
① 전역방출 방식은 방호구역마다 국소방출 방식은 방호대상물마다 설치할 것
② 조작을 하는 자가 쉽게 피난할 수 있는 장소에 설치할 것
③ 조작부는 바닥으로부터 높이 0.8m 이상 1.5m 이하의 위치에 설치하고 보호판 등에 의한 보호장치를 설치할 것
④ 기동장치에는 그 가까운 곳의 보기 쉬운 곳에 "분말소화설비 기동장치"라고 표시한 표지를 할 것
⑤ 전기를 사용하는 기동장치에는 전원표시등을 설치할 것
⑥ 기동장치의 방출용 스위치는 음향경보장치와 연동하여 조작될 수 있는 것으로 할 것

(2) 자동식 기동장치
자동화재탐지설비의 감지기의 작동과 연동하는 것으로서 다음 각호의 기준에 따라 설치
① 자동식 기동장치에는 수동으로도 기동할 수 있는 구조로 할 것
② 전기식 기동장치로서 7병 이상의 저장용기를 동시에 개방하는 설비에 있어서는 2병 이상의 저장용기에 전자개방밸브를 부착할 것
③ 가스 압력식 기동장치
 ㉠ 기동용 가스용기 및 당해 용기에 사용하는 밸브는 25MPa 이상의 압력에 견딜 수 있는 것으로 할 것
 ㉡ 기동용 가스용기에는 내압시험압력의 0.8배 내지 내압시험압력 이하에서 작동하는 안전장치를 설치할 것
 ㉢ 기동용 가스용기의 체적은 5L 이상으로 하고, 해당 용기에 저장하는 질소 등의 비활성기체는 6.0MPa 이상(21℃ 기준)의 압력으로 충전할 것
④ 기계식 기동장치에 있어서는 저장용기를 쉽게 개방할 수 있는 구조로 할 것

해답 ①

63 할론소화설비의 화재안전기술기준상 화재표시반의 설치기준이 아닌 것은?

① 소화약제 방출지연 방출지연스위치를 설치할 것
② 소화약제의 방출을 명시하는 표시등을 설치할 것
③ 수동식 기동장치는 그 방출용 스위치의 작동을 명시하는 표시등을 설치할 것
④ 자동식 기동장치는 자동·수동의 절환을 명시하는 표시등을 설치할 것

해설 할론소화설비의 화재표시반 설치기준
① 각 방호구역마다 음향경보장치의 조작 및 감지기의 **작동**을 명시하는 **표시등**과 이와 연동하여 작동하는 벨·부저 등의 **경보기**를 설치할 것.
② 수동식 기동장치는 그 **방출용스위치**의 작동을 명시하는 **표시등**을 설치할 것
③ 소화약제의 **방출**을 명시하는 **표시등**을 설치할 것
④ 자동식 기동장치는 자동·수동의 **절환**을 명시하는 **표시등**을 설치할 것

해답 ①

64 피난기구의 화재안전기술기준상 노유자 시설의 4층 이상 10층 이하에서 적응성이 있는 피난기구가 아닌 것은?

① 피난교   ② 다수인피난장비
③ 승강식피난기   ④ 미끄럼대

해설 소방대상물의 설치장소별 피난기구의 적응성

구분 \ 층별	1층	2층	3층	4층 이상 10층 이하
노유자시설			미구교다승	구1)교다승
의료시설·근린생활시설 중 입원실이 있는 의원·접골원·조산원			미트구 교다승	트구 교다승
다중이용업소로서 영업장의 위치가 4층 이하인 다중이용업소		미사구완다승	미사구완다승	
그 밖의 것			트공간교 미사구 완다승	공간2) 교사구 완다승

[비고]
1) 구조대의 적응성은 장애인 관련 시설로서 주된 사용자 중 스스로 피난이 불가한 자가 있는 경우 추가로 설치하는 경우에 한한다.
2) 간이완강기의 적응성은 숙박시설의 3층 이상에 있는 객실에 추가로 설치하는 경우에 한한다.

어두문자 암기방법
피난용트랩 ⇒ 트   피난교 ⇒ 교
피난사다리 ⇒ 사   미끄럼대 ⇒ 미
구조대 ⇒ 구   다수인피난장비 ⇒ 다
승강식피난기 ⇒ 승   완강기 ⇒ 완
간이완강기 ⇒ 간   공기안전매트 ⇒ 공

해답 ④

65 분말소화설비의 화재안전기술기준상 다음 ( ) 안에 알맞은 것은?

> 분말소화약제의 가압용가스 용기에는 ( )의 압력에서 조정이 가능한 압력조정기를 설치하여야 한다.

① 2.5MPa 이하   ② 2.5MPa 이상
③ 25MPa 이하   ④ 25MPa 이상

해설 분말약제의 가압용 가스용기
① 가스용기는 분말소화약제의 저장용기에 접속하여 설치
② 가압용가스 용기를 **3병 이상** 설치한 경우에는 **2개 이상**의 용기에 **전자개방밸브**를 부착
③ 가압용가스 용기에는 **2.5MPa 이하**의 압력에서 조정이 가능한 **압력조정기**를 설치
④ 가압용가스 또는 축압용가스는 **질소가스 또는 이산화탄소**로 할 것

해답 ①

66 스프링클러설비의 화재안전기술기준상 개방형스프링클러설비에서 하나의 방수구역을 담당하는 헤드의 개수는 최대 몇 개 이하로 해야 하는가? (단, 방수구역은 나누어져 있지 않고 하나의 구역으로 되어 있다.)

① 50   ② 40
③ 30   ④ 20

해설 개방형스프링클러설비의 방수구역 및 일제개방밸브
① 하나의 방수구역은 2개 층에 미치지 아니 할 것
② 방수구역마다 일제개방밸브를 설치할 것
③ 하나의 방수구역 담당 헤드의 개수는 50개 이하 다만, 2개 이상의 방수구역으로 나눌 경우에는 하나의 방수구역을 담당하는 헤드의 개수는 25개 이상으로 할 것
④ 표지는 "일제개방밸브실"이라고 표시할 것

해답 ①

67 연결살수설비의 화재안전기술기준상 배관의 설치기준 중 하나의 배관에 부착하는 살수헤드의 개수가 3개인 경우 배관의 구경은 최소 몇 mm 이상으로 설치해야 하는가? (단, 연결살수설비 전용 헤드를 사용하는 경우이다.)

① 40   ② 50
③ 65   ④ 80

해설 연결살수설비의 헤드
(1) 천장, 반자에서 살수헤드까지 수평거리
 ① 연결살수설비 전용헤드(개방형헤드) : 3.7m 이하
 ② 스프링클러헤드(폐쇄형헤드) : 2.3m 이하 (다만, 살수헤드의 부착면과 바닥과의 높이가 2.1m 이하인 부분은 살수헤드의 살수분포에 따른 거리로 할 수 있다)
(2) 연결살수설비 전용헤드 수별 급수관의 구경

헤드수	1개	2개	3개	4~5개	6~10개
배관구경(mm)	32	40	50	65	80

해답 ②

68 이산화탄소소화설비의 화재안전기술기준상 수동식 기동장치의 설치기준에 적합하지 않은 것은?

① 전역방출방식에 있어서는 방호대상물마다 설치
② 전기를 사용하는 기동장치에는 전원표시등을 설치할 것
③ 기동장치의 조작부는 바닥으로부터 높이 0.8m 이상 1.5m 이하의 위치에 설치하고, 보호판 등에 따른 보호장치를 설치할 것
④ 기동장치의 방출용 스위치는 음향경보장치와 연동하여 조작될 수 있는 것으로 할 것

해설 ① 방호대상물마다 → 방호구역마다

이산화탄소소화설비의 기동장치
① 기동용 가스용기의 체적은 5L 이상으로 하고, 해당 용기에 저장하는 질소 등의 비활성기체는 6.0MPa 이상(21℃ 기준)의 압력으로 충전할 것
② 전기식 기동장치로서 7병 이상의 저장용기를 동시에 개방하는 설비는 2병 이상의 저장용기에 전자개방밸브를 부착할 것
③ 수동식기동장치는 전역방출방식은 방호구역마다, 국소방출방식은 방호대상물마다 설치할 것
④ 수동식 기동장치의 부근에는 소화약제의 방출을 지연시킬 수 있는 방출지연스위치를 설치하여야 한다.

해답 ①

69 옥내소화전설비의 화재안전기술기준상 옥내소화전펌프의 풋밸브를 소방용 설비외의 다른 설비의 풋밸브보다 낮은 위치에 설치한 경우의 유효수량으로 옳은 것은? (단, 옥내소화전설비와 다른 설비 수원을 저수조로 겸용하여 사용한 경우이다.)

① 저수조의 바닥면과 상단 사이의 전체 수량
② 옥내소화전설비 풋밸브와 소방용 설비외의 다른 설비의 풋밸브 사이의 수량
③ 옥내소화전설비의 풋밸브와 저수조 상단 사이의 수량
④ 저수조의 바닥면과 소방용 설비 외의 다른 설비의 풋밸브 사이의 수량

해설 옥내소화전설비의 저수량 산정
다른 설비와 겸용하여 옥내소화전설비용 수조를 설치하는 경우에는 **옥내소화전설비의 풋밸브·흡수구 또는 수직배관의 급수구**와 **다른 설비의 풋밸브·흡수구 또는 수직배관의 급수구와의 사이의 수량**을 그 유효수량으로 한다.

해답 ②

70 포소화설비의 화재안전기술기준상 포소화설비의 배관 등의 설치기준으로 옳은 것은?

① 포워터스프링클러설비 또는 포헤드설비의 가지 배관의 배열은 토너먼트방식으로 한다.
② 송액관은 겸용으로 하여야 한다. 다만, 포소화전의 기동장치의 조작과 동시에 다른 설비의 용도에 사용하는 배관의 송수를 차단할 수 있거나, 포소화설비의 성능에 지장이 없는 경우에는 전용으로 할 수 있다.
③ 송액관은 포의 방출 종료 후 배관안의 액을 배출하기 위하여 적당한 기울기를 유지하도록 하고 그 낮은 부분에 배액밸브를 설치하여야 한다.
④ 배관을 지하에 매설하는 경우 소방청장이 정하여 고시한 「소방용합성수지배관의 성능인증 및 제품검사의 기술기준」에 적합한 압력 배관용 탄소 강관으로 설치할 수 있다.

[해설]
① 토너먼트방식으로 한다. → 토너먼트방식이 아니어야한다.
② 겸용 → 전용, 전용 → 겸용
④ 압력 배관용 탄소 강관 → 소방용 합성수지배관

[해답 ③]

71 물분무소화설비의 화재안전기술기준상 송수구의 설치기준으로 틀린 것은?

① 구경 65mm의 쌍구형으로 할 것
② 지면으로부터 높이가 0.5m 이상 1m 이하의 위치에 설치할 것
③ 송수구는 하나의 층의 바닥면적이 1500m² 를 넘을 때마다 1개(5개를 넘을 경우에는 5개로 한다) 이상을 설치할 것
④ 가연성가스의 저장ㆍ취급시설에 설치하는 송수구는 그 방호대상물로부터 20m 이상의 거리를 두거나 방호대상물에 면하는 부분이 높이 1.5m 이상, 폭 2.5m 이상의 철근콘크리트 벽으로 가려진 장소에 설치할 것

[해설]
③ 1500m² → 3000m²

물분무소화설비의 송수구
① 송수구는 화재층으로부터 지면으로 떨어지는 유리창 등이 송수 및 그 밖의 소화작업에 지장을 주지 아니하는 장소에 설치할 것. 이 경우 **가연성가스**의 저장ㆍ취급시설에 설치하는 송수구는 그 방호대상물로부터 **20m 이상**의 거리를 두거나 방호대상물에 면하는 부분이 높이 **1.5m 이상 폭 2.5m 이상**의 철근콘크리트 벽으로 가려진 장소에 설치하여야 한다.
② 송수구로부터 물분무소화설비의 주배관에 이르는 연결배관에 개폐밸브를 설치한 때에는 그 개폐상태를 쉽게 확인 및 조작할 수 있는 옥외 또는 기계실 등의 장소에 설치할 것
③ 구경 **65mm**의 쌍구형으로 할 것
④ 송수구에는 그 가까운 곳의 보기 쉬운 곳에 송수압력범위를 표시한 표지를 할 것
⑤ 송수구는 하나의 층의 바닥면적이 3,000m²를 **넘을 때마다 1개(5개를 넘을 경우에는 5개)** 이상을 설치할 것
⑥ 지면으로부터 높이가 **0.5m 이상 1m 이하**의 위치에 설치할 것
⑦ 송수구의 가까운 부분에 자동배수밸브(또는 직경 5mm의 배수공) 및 체크밸브를 설치할 것. 이 경우 자동배수밸브는 배관안의 물이 잘 빠질 수 있는 위치에 설치하되, 배수로 인하여 다른 물건 또는 장소에 피해를 주지 아니하여야 한다.
⑧ 송수구에는 이물질을 막기 위한 마개를 씌울 것

[해답 ③]

72 미분무소화설비의 화재안전기술기준상 미분무소화설비의 성능을 확인하기 위하여 하나의 발화원을 가정한 설계도서 작성 시 고려하여야 할 인자를 모두 고른 것은?

㉠ 화재 위치
㉡ 점화원의 형태
㉢ 시공 유형과 내장재 유형
㉣ 초기 점화되는 연료 유형
㉤ 공기조화설비, 자연형(문, 창문) 및 기계형 여부
㉥ 문과 창문의 초기상태(열림, 닫힘) 및 시간에 따른 변화상태

① ㉠, ㉢, ㉤
② ㉠, ㉡, ㉢, ㉤
③ ㉠, ㉡, ㉣, ㉤, ㉥
④ ㉠, ㉡, ㉢, ㉣, ㉤, ㉥

해설 미분무소화설비의 설계도서 작성시 고려사항
① 점화원의 형태
② 초기 점화되는 연료 유형
③ 화재 위치
④ 문과 창문의 초기상태(열림, 닫힘) 및 시간에 따른 변화상태
⑤ 공기조화설비, 자연형(문, 창문) 및, 기계형 여부
⑥ 시공 유형과 내장재 유형

해답 ④

73 특별피난계단의 계단실 및 부속실 제연설비의 화재안전기술기준상 차압 등에 관한 기준 중 다음 괄호 안에 알맞은 것은?

> 제연설비가 가동되었을 경우 출입문의 개방에 필요한 힘은 ( )N 이하로 하여야 한다.

① 12.5
② 40
③ 70
④ 110

해설 특별피난계단의 계단실 및 부속실 제연설비의 차압 등
① 제연구역과 옥내와의 사이에 유지하여야 하는 최소차압은 40Pa(옥내에 스프링클러설비가 설치된 경우 12.5Pa) 이상
② 제연설비가 가동되었을 경우 출입문의 개방에 필요한 힘은 110N 이하
③ 출입문이 일시적으로 개방되는 경우 개방되지 아니하는 제연구역과 옥내와의 차압은 제1항의 기준에 불구하고 차압의 70% 이상이어야 한다.
④ 계단실과 부속실을 동시에 제연 하는 경우 부속실의 기압은 계단실과 같게 하거나 계단실의 기압보다 낮게 할 경우에는 부속실과 계단실의 압력차이는 5Pa 이하

해답 ④

74 포소화설비의 화재안전기술기준상 펌프의 토출관에 압입기를 설치하여 포 소화약제 압입용 펌프로 포 소화약제를 압입시켜 혼합하는 방식은?

① 라인 푸로포셔너 방식
② 펌프 푸로포셔너 방식
③ 프레져 푸로포셔너 방식
④ 프레져사이드 푸로포셔너 방식

해설 포소화약제의 혼합장치
① 펌프 프로포셔너 방식
펌프의 토출관과 흡입관 사이의 배관도중에 설치한 흡입기에 펌프에서 토출된 물의 일부를 보내고, 농도 조정밸브에서 조정된 포 소화약제의 필요량을 포 소화약제 탱크에서 펌프 흡입측으로 보내어 이를 혼합하는 방식

② 프레져 프로포셔너 방식
펌프와 발포기의 중간에 설치된 벤추리관의 벤추리작용과 펌프 가압수의 포 소화약제 저장탱크에 대한 압력에 의하여 포소화약제를 흡입·혼합하는 방식

③ 라인 프로포셔너 방식
펌프와 발포기의 중간에 설치된 벤추리관의 벤추리 작용에 의하여 포소화약제를 흡입·혼합하는 방식

④ 프레져사이드 프로포셔너 방식
펌프의 토출관에 압입기를 설치하여 포 소화약제 압입용 펌프로 포소화약제를 압입시켜 혼합하는 방식

해답 ④

75 소화기구 및 자동소화장치의 화재안전기술기준에 따라 다음과 같이 간이소화용구를 비치하였을 경우 능력 단위의 합은?

- 삽을 상비한 마른모래 50L포 2개
- 삽을 상비한 팽창질석 80L포 1개

① 1 단위　② 1.5 단위
③ 2.5 단위　④ 3 단위

해설 $N = 50L \times 2 \times \dfrac{0.5단위}{50L} + 80L \times 1 \times \dfrac{0.5단위}{80L}$
　　$= 1.5단위$

간이소화용구

간이소화용구		능력단위
마른모래	삽을 상비한 50L 이상의 것 1포	0.5단위
팽창질석 또는 팽창진주암	삽을 상비한 80L 이상의 것 1포	0.5단위

해답 ②

76 소화수조 및 저수조의 화재안전기술기준상 연면적이 40000m²인 특정소방대상물에 소화용수설비를 설치하는 경우 소화수조의 최소 저수량은 몇 m³인가? (단, 지상 1층 및 2층의 바닥면적 합계가 15000m² 이상인 경우이다.)

① 53.3　② 60
③ 106.7　④ 120

해설 $Q = \dfrac{40000}{7500} = 5.33 \Rightarrow 6 \times 20m^3 = 120m^3$

소화수조 또는 저수조의 저수량
연면적을 다음 표에 따른 기준 면적으로 나누어 얻은 수(소수점이하의 수는 1로 본다)에 20m³를 곱한 양 이상이 되도록 하여야 한다.

[소방대상물의 기준면적]

소방대상물의 구분	기준면적
1층 및 2층의 바닥면적 합계가 15000m² 이상인 소방대상물	7,500m²
그 밖의 소방대상물	12,500m²

해답 ④

77 소화기구 및 자동소화장치의 화재안전기술기준에 따른 용어에 대한 정의로 틀린 것은?

① "소화약제"란 소화기구 및 자동소화장치에 사용되는 소화성능이 있는 고체·액체 및 기체의 물질을 말한다.
② "대형소화기"란 화재 시 사람이 운반할 수 있도록 운반대와 바퀴가 설치되어 있고 능력 단위가 A급 20단위 이상, B급 10단위 이상인 소화기를 말한다.
③ "전기화재(C급 화재)"란 전류가 흐르고 있는 전기기기, 배선과 관련된 화재를 말한다.
④ "능력단위"란 소화기 및 소화약제에 따른 간이소화용구에 있어서는 소방시설법에 따라 형식승인 된 수치를 말한다.

해설 **소화기의 능력단위 및 보행거리**

구 분	소형소화기	대형소화기
능력단위	1단위이상 대형소화기 능력단위 미만	• A급 10단위 이상 • B급 20단위 이상
보행거리	20m 이내	30m 이내

해답 ②

78 옥내소화전설비의 화재안전기술기준상 배관 등에 관한 설명으로 옳은 것은?

① 펌프의 토출측 주배관의 구경은 유속이 5m/s 이하가 될 수 있는 크기 이상으로 하여야 한다.
② 연결송수관설비의 배관과 겸용할 경우의 주배관은 구경 80mm 이상, 방수구로 연

결되는 배관의 구경은 65mm 이상의 것으로 하여야 한다.
③ 성능시험배관은 펌프의 토출측에 설치된 개폐밸브 이전에서 분기하여 직선으로 설치하고, 유량측정장치를 기준으로 전단 직관부에 개폐밸브를 후단 직관부에는 유량조절밸브를 설치하여야 한다.
④ 가압송수장치의 체절운전 시 수온의 상승을 방지하기 위하여 체크밸브와 펌프사이에서 분기한 구경 20mm 이상의 배관에 체절압력 이상에서 개방되는 릴리프밸브를 설치하여야 한다.

해설
① 유속이 5m/s 이하 → 유속이 4m/s 이하
② 구경 80mm 이상 → 구경 100mm 이상
④ 체절압력 이상 → 체절압력 이하

해답 ③

79 소화전함의 성능인증 및 제품검사의 기술기준상 옥내 소화전함의 재질을 합성수지 재료로 할 경우 두께는 최소 몇 mm 이상이어야 하는가?

① 1.5   ② 2.0
③ 3.0   ④ 4.0

해설 옥내소화전함의 재료
① 재료의 두께는 1.5 mm이상의 강판
② 합성수지를 사용하는 것은 **두께 4.0mm 이상**
③ (80±2)℃ 온도에서 24시간 방치하여도 열에 의한 변형이 생기지 않을 것

해답 ④

80 소화설비용 헤드의 성능인증 및 제품검사의 기술기준상 소화설비용 헤드의 분류 중 수류를 살수판에 충돌하여 미세한 물방울을 만드는 물분무헤드 형식은?

① 디프렉터형   ② 충돌형
③ 슬리트형   ④ 분사형

해설 물분무헤드의 종류
① 충돌형 : 유수와 유수의 충돌에 의해 미세한 물방울 발생
② 분사형 : 오리피스로부터 고압으로 분사하여 미세한 물방울 발생
③ 선회류형 : 선회류 또는 선회류와 직선류의 충돌로 미세한 물방울 발생
④ 디플렉터형 : 수류를 살수판에 충돌하여 미세한 물방울 발생
⑤ 슬리트형 : 수류를 슬리트에 방출하여 미세한 물방울 발생

해답 ①

소방설비기사 - 기계분야

2021년 9월 12일 시행

제1과목 소방원론

01 다음 중 피난자의 집중으로 패닉현상이 일어날 우려가 가장 큰 형태는?

① T형 ② X형
③ Z형 ④ H형

해설 피난로 형태

형태	피난방향	특 징
T형	↓	피난자에게 피난경로를 확실히 알려주는 형태이다.
X형	↕	피난로가 확실하며 양방향으로 피난이 가능하다.
H형	┤├	중앙코너방식으로 패닉현상 발생우려가 있다(피난자의 집중).
Z형	⌐⌐	코너식 중에서 제일 안전한 형태로 중앙 복도형 건축물의 피난경로이다.

해답 ④

02 연기감지기가 작동할 정도이고 가시거리가 20~30m에 해당하는 감광계수는 얼마인가?

① 0.1m^{-1} ② 1.0m^{-1}
③ 2.0m^{-1} ④ 10m^{-1}

해설 감광계수와 가시거리

감광계수 (m^{-1})	가시거리 (m)	상 태
0.1	20~30	연기감지기 작동
0.3	5	피난에 지장
0.5	3	어두움을 느끼기 시작
1.0	1~2	거의 앞이 보이지 않을 정도
10	0.2~0.5	화재 최성기

※ 감광계수 : 연기 속을 투과한 빛의 양으로 연기의 농도를 광화학적으로 표시하는 방법

해답 ①

03 소화에 필요한 CO_2의 이론소화농도가 공기 중에서 37vol%일 때 한계산소농도는 약 몇 vol%인가?

① 13.2 ② 14.5
③ 15.5 ④ 16.5

해설
$$37 = \frac{21 - O_2(\%)}{21} \times 100$$
$$(21 - O_2(\%)) \times 100 = 37 \times 21$$
$$2100 - 100 O_2(\%) = 37 \times 21$$
$$O_2(\%) = \frac{2100 - 37 \times 21}{100} = 13.23\%$$

CO_2 설비 설계 공식 ★★자주출제(필수정리)★★

① CO_2농도 계산방법
$$CO_2(\%) = \frac{21 - O_2(\%)}{21} \times 100$$
$$CO_2(\%) = \frac{G_v(\text{m}^3)}{G_v(\text{m}^3) + V(\text{m}^3)} \times 100$$

② 방출된 CO_2가스량 계산방법
$$G_v = \frac{21 - O_2(\%)}{O_2(\%)} \times V$$

여기서, G_v : 방출된 CO_2가스량(m^3)
V : 방호구역체적(m^3)

해답 ①

04 건물화재 시 패닉(panic)의 발생원인과 직접적인 관계가 없는 것은?

① 연기에 의한 시계 제한
② 유독가스에 의한 호흡 장애
③ 외부와 단절되어 고립
④ 불연내장재의 사용

해설 패닉(panic)(공포감) 발생원인
① 연기의 시계제한
② 유독가스의 호흡장애
③ 외부와 단절되어 고립
④ 화염에 대한 두려움

해답 ④

05 소화기구 및 자동소화장치의 화재안전기술기준에 따르면 소화기구(자동확산소화기는 제외)는 거주자 등이 손쉽게 사용할 수 있는 장소에 바닥으로부터 높이 몇 m 이하의 곳에 비치하여야 하는가?

① 0.5 ② 1.0
③ 1.5 ④ 2.0

해설 소화기구의 설치기준
① 각층마다 설치
② 보행거리가 소형소화기의 경우에는 20m 이내, 대형소화기의 경우에는 30m 이내가 되도록 배치할 것
③ 바닥면적이 $33m^2$ 이상으로 구획된 각 거실(아파트의 경우에는 각 세대)에도 배치할 것
④ 소화기구(자동확산소화기를 제외)는 거주자 등이 손쉽게 사용할 수 있는 장소에 바닥으로부터 높이 1.5m 이하의 곳에 비치 할 것

해답 ③

06 물리적 폭발에 해당하는 것은?

① 분해 폭발 ② 분진 폭발
③ 중합 폭발 ④ 수증기 폭발

해설 화학적 폭발
① 분해 폭발 ② 중합 폭발 ③ 산화 폭발
④ 가스 폭발 ⑤ 증기운 폭발 ⑥ 유증기 폭발

물리적 폭발
① 수증기 폭발 ② 전선폭발
③ 상전이 폭발

해답 ④

07 소화약제로 사용되는 이산화탄소에 대한 설명으로 옳은 것은?

① 산소와 반응 시 흡열반응을 일으킨다.
② 산소와 반응하여 불연성 물질을 발생시킨다.
③ 산화하지 않으나 산소와는 반응한다.
④ 산소와 반응하지 않는다.

해설 이산화탄소의 일반적 성질
① 산소와 반응하지 않는 불연성이다.
② 연소가스 중 가장 많은 양을 차지하고 있으며 자체의 독성은 없으나 다량 존재 시 질식우려가 있다.

이산화탄소(CO_2)의 물리적 성질
① CO_2의 허용농도 : 0.5% (5000ppm)
② CO_2의 임계온도 : 31℃
③ CO_2의 삼중점 : 압력 0.53MPa, 온도 -56.3℃에서 고체, 액체, 기체가 공존
④ CO_2의 호흡곤란 : 6% 이상

해답 ④

08 Halon 1211의 화학식에 해당하는 것은?

① CH_2BrCl ② CF_2ClBr
③ CH_2BrF ④ CF_2HBr

해설 할론소화약제 명명법
할론 ⓐ ⓑ ⓒ ⓓ
ⓐ : C원자수, ⓑ : F원자수
ⓒ : Cl원자수, ⓓ : Br원자수

할론소화약제

구분\종류	할론 2402	할론 1211	할론 1301	할론 1011
분자식	$C_2F_4Br_2$	CF_2ClBr	CF_3Br	CH_2ClBr

해답 ②

09 건축물 화재에서 플래시오버(Flash over) 현상이 일어나는 시기는?

① 초기에서 성장기로 넘어가는 시기
② 성장기에서 최성기로 넘어가는 시기
③ 최성기에서 감쇠기로 넘어가는 시기

④ 감쇠기에서 종기로 넘어가는 시기

해설 플래쉬 오버(flash over)현상
화재 시 발생한 가연성가스가 건물 내 상층부에 체류하다가 연소범위 내 농도가 되면 착화하여 화염으로 쌓이고 상층부의 열이 축적되어 축적된 열이 실내에 복사열로 방출되어 실내가 화염으로 덮이는 현상

- 플래쉬 오버 발생시기 : 성장기
- 주요 발생 원인 : 열의 공급

백드래프트(Back Draft) 현상
화재시 가연성가스가 축적되어 있다가 신선한 공기가 유입되면 폭발적 연소와 함께 폭풍을 동반하며 화염이 외부로 분출되는 현상

① 발생시기 : 감쇠기
② 주요 발생원인 : 산소의 공급
③ 방지대책
　㉠ 적절한 배연　㉡ 환기　㉢ 폭발력의 억제　㉣ 격리

해답 ②

10 인화칼슘과 물이 반응할 때 생성되는 가스는?

① 아세틸렌　　② 황화수소
③ 황산　　　　④ 포스핀

해설 인화칼슘(Ca_3P_2) : 제3류 위험물(금수성 물질)
① 적갈색의 괴상고체
② 물 및 약산과 격렬히 반응, 분해하여 인화수소(포스핀)(PH_3)을 생성한다.

- $Ca_3P_2 + 6H_2O$
  $\rightarrow 3Ca(OH)_2 + 2PH_3$(포스핀＝인화수소)

- $Ca_3P_2 + 6HCl$
  $\rightarrow 3CaCl_2 + 2PH_3$(포스핀＝인화수소)

③ 포스핀은 맹독성가스이므로 취급 시 방독마스크를 착용한다.
④ 물 및 포약제에 의한 소화는 절대 금하고 마른 모래 등으로 피복하여 자연 진화되도록 기다린다.

해답 ④

11 위험물안전관리법령상 자기반응물질의 품명에 해당하지 않는 것은?

① 나이트로화합물

② 할로젠간화합물
③ 질산에스터류
④ 하이드록실아민염류

해설 ① 나이트로화합물－제5류－자기반응성
② 할로젠간화합물－제6류－산화성액체
③ 질산에스터류－－제5류－자기반응성
④ 하이드록실아민류－제5류－자기반응성

제5류 위험물 및 지정수량

성질	품 명	지정수량	위험등급
자기 반응성 물질	○ 질산에스터류 ○ 유기과산화물 ○ 나이트로화합물 ○ 나이트로소화합물 ○ 아조화합물 ○ 다이아조화합물 ○ 하이드라진 유도체 ○ 하이드록실아민 ○ 하이드록실아민염류	1종 : 10kg 2종 : 100kg	1종 : Ⅰ 2종 : Ⅱ

★(주) ○ 질산에스터류(대부분)(1종)
　　　○ 셀룰로이드(질산에스터류)(2종),
　　　○ 트라이나이트로톨루엔(1종)
　　　○ 트라이나이트로페놀(피크린산)(1종)
　　　○ 테트릴(나이트로화합물)1종

해답 ②

12 마그네슘의 화재에 주수하였을 때 물과 마그네슘의 반응으로 인하여 생성되는 가스는?

① 산소　　　　② 수소
③ 일산화탄소　④ 이산화탄소

해설 마그네슘(Mg) : 제2류 위험물(금수성)
① 물과 반응하여 수소기체 발생

$Mg + 2H_2O \rightarrow Mg(OH)_2 + H_2\uparrow$ (수소발생)
(수산화마그네슘)

② 마그네슘과 CO_2의 반응식
$2Mg + CO_2 \rightarrow 2MgO + C$ (마그네슘과 이산화탄소는 폭발적으로 반응하기 때문에 위험)

해답 ②

13 제2종 분말소화약제의 주성분으로 옳은 것은?

① NaH_2PO_4　　② KH_2PO_4
③ $NaHCO_3$　　④ $KHCO_3$

해설 **분말약제의 주성분** ★★★★(필수암기)

종별	주성분	약제명	착색	적응화재
1종	$NaHCO_3$	탄산수소나트륨	백색	B, C급
2종	$KHCO_3$	탄산수소칼륨	담회색	B, C급
3종	$NH_4H_2PO_4$	제1인산암모늄	담홍색	A, B, C급
4종	$KHCO_3 +$ $(NH_2)_2CO$	탄산수소칼륨 + 요소	회색	B, C급

해답 ④

14 물과 반응하였을 때 가연성가스를 발생하여 화재의 위험성이 증가하는 것은?

① 과산화칼슘　　② 메탄올
③ 칼륨　　　　　④ 과산화수소

해설 물과 반응식
① $2CaO_2 + 2H_2O \rightarrow 2Ca(OH)_2 + O_2$
② $CH_3OH + H_2O \rightarrow$ 용해(반응 없음)
③ $2K + 2H_2O \rightarrow 2KOH + H_2$
④ $H_2O_2 + H_2O \rightarrow$ 용해(반응 없음)

해답 ③

15 물리적 소화방법이 아닌 것은?

① 연쇄반응의 억제에 의한 방법
② 냉각에 의한 방법
③ 공기와의 접촉 차단에 의한 방법
④ 가연물 제거에 의한 방법

해설 소화원리 ★★★★★
① 냉각소화 : 가연성 물질을 발화점 이하로 온도를 냉각

　　물이 소화약제로 사용되는 이유
　　① 물의 기화열(539kcal/kg)이 크기 때문
　　② 물의 비열 (1kcal/kg℃)이 크기 때문

② 질식소화 : 산소농도를 21%에서 15% 이하로 감소
③ 억제소화(부촉매소화, 화학적소화)
④ 제거소화 : 가연성물질을 제거시켜 소화
　• 산불이 발생하면 화재의 진행방향을 앞질러 벌목
　• 화학반응기의 화재 시 원료공급관의 밸브를 폐쇄
　• 유전화재 시 폭약으로 폭풍을 일으켜 화염을 제거
　• 촛불을 입김으로 불어 화염을 제거
⑤ 피복소화 : 가연물 주위를 공기와 차단

⑥ 희석소화 : 알코올, 아세톤 등 수용성인 인화성 액체 화재 시 물을 방사하여 가연물의 연소농도를 희석
⑦ 유화소화(에멀전소화) : 물에 녹지 않는 인화성 액체의 유류화재 시 물분무로 방사하여 액체표면에 불연성의 유막을 형성하여 소화

해답 ①

16 다음 중 착화온도가 가장 낮은 것은?

① 아세톤　　　② 휘발유
③ 이황화탄소　④ 벤젠

해설 위험물의 발화점

물질명	아세톤	휘발유	이황화탄소	벤젠
착화온도	468℃	300℃	100℃	562℃

해답 ③

17 화재의 분류방법 중 유류화재를 나타낸 것은?

① A급 화재　② B급 화재
③ C급 화재　④ D급 화재

해설 화재의 분류 ★★ 자주출제(필수암기) ★★

종류	등급	색표시	주된 소화 방법
일반화재	A급	백색	냉각소화
유류 및 가스화재	B급	황색	질식소화
전기화재	C급	청색	질식소화
금속화재	D급	-	피복소화
주방화재	K급	-	냉각 및 질식소화

해답 ②

18 소화약제로 사용되는 물에 관한 소화성능 및 물성에 대한 설명으로 틀린 것은?

① 비열과 증발잠열이 커서 냉각소화 효과가 우수하다.
② 물(15℃)의 비열은 약 1cal/g · ℃이다.
③ 물(100℃)의 증발잠열은 439.6cal/g이다.
④ 물의 기화에 의한 팽창된 수증기는 질식소화 작용을 할 수 있다.

소화원리 ★★★★★

① 냉각소화 : 가연성 물질을 발화점 이하로 온도를 냉각

> **물이 소화약제로 사용되는 이유**
> ① 물의 기화열(증발잠열, 539 kcal/kg)이 크기 때문
> ② 물의 비열 (1kcal/kg℃)이 크기 때문

② 질식소화 : 산소농도를 21%에서 15% 이하로 감소
③ 억제소화(부촉매소화, 화학적소화)
④ 제거소화 : 가연성물질을 제거시켜 소화
- 산불이 발생하면 화재의 진행방향을 앞질러 벌목
- 화학반응기의 화재 시 원료공급관의 밸브를 폐쇄
- 유전화재 시 폭약으로 폭풍을 일으켜 화염을 제거
- 촛불을 입김으로 불어 화염을 제거

⑤ 피복소화 : 가연물 주위를 공기와 차단
⑥ 희석소화
- 알코올, 아세톤 등 수용성인 인화성액체 화재 시 물을 방사하여 가연물의 연소농도를 희석
- 기체, 고체, 액체에서 나오는 분해가스나 증기의 농도를 희석하여 연소를 중지시켜 소화

⑦ 유화소화(에멀전소화) : 물에 녹지 않는 인화성액체의 유류화재 시 물분무로 방사하여 액체표면에 불연성의 유막을 형성하여 소화

해답 ③

19 다음 중 공기에서의 연소범위를 기준으로 했을 때 위험도(H) 값이 가장 큰 것은?

① 다이에틸에터   ② 수소
③ 에틸렌   ④ 부탄

위험도(Degree of Hazards)

$$H = \frac{U-L}{L}$$

여기서, U : 폭발 상한계, L : 폭발 하한계

폭발(연소)범위

구 분	다이에틸에터	수소	에틸렌	부탄
하한계(%)	1.7	4	2.7	1.8
상한계(%)	48	75	36	8.4

① 다이에틸에터 $H = \dfrac{48-1.7}{1.7} = 27.24$

② 수소 $H = \dfrac{75-4}{4} = 17.75$

③ 에틸렌 $H = \dfrac{36-2.7}{2.7} = 12.33$

④ 부탄 $H = \dfrac{8.4-1.8}{1.8} = 3.67$

해답 ①

20 조연성가스로만 나열되어 있는 것은?

① 질소, 불소, 수증기
② 산소, 불소, 염소
③ 산소, 이산화탄소, 오존
④ 질소, 이산화탄소, 염소

지연성(조연성)가스
자기 자신은 타지 않고 남의 연소를 도와주는 가스

> **조연성 가스**
> 산소, 오존, 불소, 염소, 일산화질소, 이산화질소

제2과목 소방유체역학

21 지름이 5cm인 원형 관내에 이상기체가 층류로 흐른다. 다음 중 이 기체의 속도가 될 수 있는 것을 모두 고르면?
(단, 이 기체의 절대압력은 200kPa,
  온도는 27℃,
  기체상수는 2080J/kg·K,
  점성계수는 2×10^{-5} N·s/m²,
  하임계 레이놀즈수는 2200으로 한다.)

| ㄱ. 0.3m/s | ㄴ. 1.5m/s |
| ㄷ. 8.3m/s | ㄹ. 15.5m/s |

① ㄱ   ② ㄱ, ㄴ
③ ㄱ, ㄴ, ㄷ   ④ ㄱ, ㄴ, ㄷ, ㄹ

① 층류로 흐를 수 있는 최대유속

$$u = \frac{Re\,No \times \mu}{D \times \rho}$$

② 기체의 밀도 계산

$$\rho = \frac{P}{RT}$$
$$= \frac{200 \times 10^3 \text{Pa}(\text{N/m}^2)}{2080 \text{J}(\text{N}\cdot\text{m})/\text{kg}\cdot\text{K} \times (273+27)\text{K}}$$
$$= 0.3205 \text{kg/m}^3$$

③ $ReNo = 2200$
$\mu = 2 \times 10^{-5} \text{N}\cdot\text{s/m}^2(\text{kg/m}\cdot\text{s})$
$D = 5\text{cm} = 0.05\text{m}$
$\rho = 0.3205 \text{kg/m}^3$

④ 층류로 흐를 수 있는 유속

$$u = \frac{2200 \times 2 \times 10^{-5}}{0.05 \times 0.3205} = 2.75 \text{m/s} \text{ 이하}$$

레이놀드수와 최대유량

$$ReNo = \frac{Du\rho}{\mu} = \frac{Du}{\nu} = \frac{4Q}{\pi D\nu}$$

여기서, $ReNo$: 레이놀드 수, D : 내경(m)
u : 평균속도(m/s), ρ : 밀도(kg/m³)
μ : 점성계수(N·s/m² = kg/m·s)
ν : 동점성계수(m²/s)

해답 ②

22 표면장력에 관련된 설명 중 옳은 것은?

① 표면장력의 차원은 힘/면적이다.
② 액체와 공기의 경계면에서 액체분자의 응집력보다 공기분자와 액체분자 사이의 부착력이 클 때 발생된다.
③ 대기 중의 물방울은 크기가 작을수록 내부 압력이 크다.
④ 모세관현상에 의한 수면 상승 높이는 모세관의 직경에 비례한다.

 ① 힘/면적 → 힘/단위길이
② 응집력→ 부착력, 부착력 → 응집력
④ 비례 → 반비례

모세관의 상승높이(h)

$$h = \frac{4\sigma\cos\theta}{rd}$$

여기서, σ : 표면장력(N/m), θ : 접촉각
γ : 비중량(N/m³), d : 직경(m)

해답 ③

23 유체의 점성에 대한 설명으로 틀린 것은?

① 질소 기체의 동점성계수는 온도 증가에 따라 감소한다.
② 물(액체)의 점성계수는 온도 증가에 따라 감소한다.
③ 점성은 유동에 대한 유체의 저항을 나타낸다.
④ 뉴턴유체에 작용하는 전단응력은 속도기울기에 비례한다.

① 기체의 동점성계수는 온도증가에 따라 증가한다.

(1) **점성계수의 차원**
μ(점성계수)의 단위는 poise(g/cm·s)
차원은 $ML^{-1}T^{-1}$이다

(2) **뉴턴유체**
전단응력과 전단변형률이 선형적인 관계를 갖는 유체

(3) **점성계수**
액체는 온도증가 시 감소하고 기체는 온도증가 시 증가한다.

(4) 공기의 점성계수는 물보다 작다.
25℃에서 μ(공기)$= 1.607 \times 10^{-3}$ poise
25℃에서 μ(물)$= 8.94 \times 10^{-3}$ poise

뉴톤의 점성법칙
전단응력은 점성계수와 속도구배(속도기울기)에 비례한다.

$$\text{전단응력 } \tau = \mu \frac{du}{dy}$$

여기서, μ : 점성계수
$\frac{du}{dy}$: 속도구배(속도기울기)

해답 ①

24 회전속도 1000rpm일 때 송출량 Qm³/min, 전양정 Hm인 원심펌프가 상사한 조건에서 송출량이 $1.1Q$m³/min가 되도록 회전속도를 증가시킬 때, 전양정은 어떻게 되는가?

① $0.91H$ ② H
③ $1.1H$ ④ $1.21H$

해설 상사의 법칙 ★★★

$$Q_2 = Q_1 \times \left(\frac{N_2}{N_1}\right) \times \left(\frac{D_2}{D_1}\right)^3$$

$$H_2 = H_1 \times \left(\frac{N_2}{N_1}\right)^2 \times \left(\frac{D_2}{D_1}\right)^2$$

$$P_2 = P_1 \times \left(\frac{N_2}{N_1}\right)^3 \times \left(\frac{D_2}{D_1}\right)^5$$

여기서, Q_1 : 변경 전 유량, Q_2 : 변경 후 유량
H_1 : 변경 전 양정, H_2 : 변경 후 양정
P_1 : 변경 전 동력, P_2 : 변경 후 동력
N_1 : 변경 전 회전수, N_2 : 변경 후 회전수
D_1 : 변경 전 임펠러직경
D_2 : 변경 후 임펠러직경

① $N_1 = 1000[\text{rpm}]$, $Q_1[\text{m}^3/\text{min}]$, $H_1[\text{m}]$
$N_2 = ?[\text{rpm}]$, $Q_2 = 1.1 Q_1[\text{m}^3/\text{min}]$, $H_2[\text{m}]$

② $Q_2 = Q_1 \times \dfrac{N_2}{N_1}$ 식에 대입하면

$1.1 Q_1 = Q_1 \times \dfrac{N_2}{1000}$

$N_2 = 1.1 \times 1000 = 1100\text{rpm}$

③ $H_2 = H_1 \times \left(\dfrac{N_2}{N_1}\right)^2$ 식에 대입

$H_2 = H_1 \times \left(\dfrac{1100}{1000}\right)^2 = 1.21 H_1$

해답 ④

25 그림과 같이 노즐에 달린 수평관에서 계기압력이 0.49MPa이었다. 이 관의 안지름이 6cm이고 관의 끝에 달린 노즐의 지름이 2cm이라면 노즐의 분출속도는 몇 m/s인가? (단, 노즐에서의 손실은 무시하고, 관마찰계수는 0.025이다.)

① 16.8 ② 20.4
③ 25.5 ④ 28.4

해설 (1) Darcy-Weisbach 방정식

① $Q_1 = A_1 V_1$, $Q_2 = A_2 V_2$, $Q_1 = Q_2$

② $A_1 V_1 = A_2 V_2$에서

$V_1 = \dfrac{A_2}{A_1} \times V_2 = \dfrac{d_2^2}{d_1^2} \times V_2 = \dfrac{2^2}{6^2} \times V_2$

$= \dfrac{V_2}{9}$

③ $\Delta H_L = f \times \dfrac{l}{d} \times \dfrac{V_1^2}{2g} = f \times \dfrac{l}{d} \times \dfrac{1}{2g} \times V_1^2$

④ $\Delta H_L \equiv f \times \dfrac{l}{d} \times \dfrac{1}{2g} \times \left(\dfrac{V_2}{9}\right)^2$

⑤ $\Delta H_L \equiv f \times \dfrac{l}{d} \times \dfrac{1}{2g} \times \dfrac{V_2^2}{81}$

(2) 베르누이방정식

① $\Delta H_L = \dfrac{P_1 - P_2}{\gamma} + \dfrac{V_1^2}{2g} - \dfrac{V_2^2}{2g}$

② $\Delta H_L = \dfrac{0.49 \times 10^6 \text{Pa}}{9800} + \dfrac{\left(\dfrac{V_2}{9}\right)^2}{2g} - \dfrac{V_2^2}{2g}$

③ $\Delta H_L = \dfrac{0.49 \times 10^6 \text{Pa}}{9800} + \dfrac{V_2^2}{2g \times 81} - \dfrac{V_2^2}{2g}$

④ $\Delta H_L = \dfrac{0.49 \times 10^6 \text{Pa}}{9800} - \dfrac{80 V_2^2}{2g \times 81}$

(3) 베르누이방정식 = Darcy-Weisbach 방정식

$\dfrac{0.49 \times 10^6 \text{pa}}{9800} - \dfrac{80 V_2^2}{2g \times 81} = f \times \dfrac{l}{d} \times \dfrac{1}{2g} \times \dfrac{V_2^2}{81}$

$\dfrac{0.49 \times 10^6 \text{Pa}}{9800} - \dfrac{80 V_2^2}{2g \times 81}$

$= 0.025 \times \dfrac{100}{0.06} \times \dfrac{V_2^2}{2g \times 81}$

$\dfrac{0.49 \times 10^6 \text{Pa}}{9800} = \dfrac{V_2^2}{2g \times 81} \left(80 + 0.025 \times \dfrac{100}{0.06}\right)$

$V_2^2 = 652.43$

$V_2 = \sqrt{652.43} = 25.54 \text{m/s}$

해답 ③

26 원심펌프가 전양정 120m에 대해 6m³/s의 물을 공급할 때 필요한 축동력이 9530kW이었다. 이때 펌프의 체적효율과 기계효율이 각각

88%, 89%라고 하면, 이 펌프의 수력효율은 약 몇 %인가?

① 74.1 ② 84.2
③ 88.5 ④ 94.5

해설 ① 축동력(kW)
$$P = \frac{\gamma(9.8\text{kN/m}^3) \times Q(\text{m}^3/\text{s}) \times H(\text{m})}{E}$$

② $E = \dfrac{\gamma(9.8\text{kN/m}^3) \times Q(\text{m}^3/\text{s}) \times H(\text{m})}{P(\text{kW})}$

$E = \dfrac{9.8(\text{kN/m}^3) \times 6(\text{m}^3/\text{s}) \times 120(\text{m})}{9530(\text{kW})}$
$= 0.7404$

③ 수력효율(η_H)
$$\eta_H = \frac{E(\text{전효율})}{\eta_m(\text{기계효율}) \times \eta_V(\text{체적효율})}$$

④ η_H(수력효율) $= \dfrac{0.7404}{0.88 \times 0.89} \times 100 = 94.54\%$

전효율 = 기계효율 × 수력효율 × 체적효율

전효율(total efficiency)
펌프의 기계효율, 수력효율, 체적효율 등 모든 효율을 곱한 값

해답 ④

27 안지름 4cm, 바깥지름 6cm인 동심 이중관의 수력직경(hydraulic diameter)은 몇 cm인가?

① 2 ② 3
③ 4 ④ 5

해설 ① 수력직경 $Dh = 4Rh = 4 \times \dfrac{1}{4} \times (D-d)$
$= D - d$

② $D = 6\text{cm}$, $d = 4\text{cm}$

③ 수력직경 $Dh = 4Rh = D - d = 6 - 4 = 2\text{cm}$

수력반경
- 수력반경(Rh) $= \dfrac{A(\text{유동단면적})}{l(\text{접수길이})}$
- 이중관 수력반경(Rh)

$= \dfrac{\text{외경관단면적} - \text{내경관단면적}}{\text{외경관둘레길이} + \text{내경관둘레길이}}$

$= \dfrac{\dfrac{\pi}{4}D^2 - \dfrac{\pi}{4}d^2}{\pi D + \pi d}$

$= \dfrac{\dfrac{\pi}{4}(D+d)(D-d)}{\pi(D+d)}$

$= \dfrac{1}{4}(D-d)$

수력직경(Dh)
$$Dh = 4Rh$$

해답 ①

28 열역학 관련 설명 중 틀린 것은?

① 삼중점에서는 물체의 고상, 액상, 기상이 공존한다.
② 압력이 증가하면 물의 끓는점도 높아진다.
③ 열을 완전히 일로 변환할 수 있는 효율이 100%인 열기관은 만들 수 없다.
④ 기체의 정적비열은 정압비열보다 크다.

해설 ④ 기체의 정압비열은 정적비열보다 크다.

$$C_P - C_v = R$$

여기서, C_P : 정압비열, C_v : 정적비열
R : 기체상수

비열비(k)
$$k = \frac{C_P(\text{정압비열})}{C_v(\text{정적비열})} > 1$$

비열비는 항상 1보다 크다.

해답 ④

29 다음 중 차원이 서로 같은 것을 모두 고르면? (단, P : 압력, ρ : 밀도, V : 속도, h : 높이, F : 힘, m : 질량, g : 중력가속도)

$$\boxed{\begin{array}{ll}\text{ㄱ. } \rho V^2 & \text{ㄴ. } \rho g h \\ \text{ㄷ. } P & \text{ㄹ. } \dfrac{F}{m}\end{array}}$$

① ㄱ, ㄴ
② ㄱ, ㄷ
③ ㄱ, ㄴ, ㄷ
④ ㄱ, ㄴ, ㄷ, ㄹ

해설

① ρV^2 : $\dfrac{kg}{m^3} \times \left(\dfrac{m}{s}\right)^2 = kg/m \cdot s^2 = ML^{-1}T^{-2}$

② $\rho g h$: $\dfrac{kg}{m^3} \times \dfrac{m}{s^2} \times m = kg/m \cdot s^2$
$= ML^{-1}T^{-2}$

③ P : $\dfrac{N}{m^2} = \dfrac{kg \cdot m}{s^2} \times \dfrac{1}{m^2} = kg/m \cdot s^2$
$= ML^{-1}T^{-2}$

④ $\dfrac{F}{m}$: $\dfrac{N}{kg} = \dfrac{kg \cdot m/s^2}{kg} = \dfrac{kg \cdot m}{s^2} \times \dfrac{1}{kg}$
$= m/s^2 = LT^{-2}$

차원과 단위

구 분	단위	차원
질량(Mass)	kg	M
길이(Length)	m	L
시간(Time)	s	T
힘(Force)	N	F

해답 ③

30 밀도가 10kg/m³인 유체가 지름 30cm인 관내를 1m³/s로 흐른다. 이때의 평균유속은 몇 m/s인가?

① 4.25
② 14.1
③ 15.7
④ 84.9

해설

① $Q = 1m^3/s$, $d = 30cm = 0.3m$

② $u = \dfrac{4 \times 1}{\pi \times 0.3^2} = 14.14 m/s$

원형배관 유속계산

$$u = \dfrac{Q}{A} = \dfrac{Q}{\dfrac{\pi}{4} \times d^2} = \dfrac{4Q}{\pi d^2}$$

여기서, Q : 유량(m³/s), A : 단면적(m²)
d : 배관내경(m)

해답 ②

31 초기 상태에서 압력 100kPa, 온도 15℃인 공기가 있다. 공기의 부피가 초기 부피의 $\dfrac{1}{20}$이 될 때까지 가역단열 압축할 때 압축 후의 온도는 약 몇 ℃인가? (단, 공기의 비열비는 1.4이다.)

① 54
② 348
③ 682
④ 912

해설

① $\dfrac{T_2}{T_1} = \left(\dfrac{V_1}{V_2}\right)^{k-1}$ 식에 대입
$T_1 = 273 + 15 = 288K$, $T_2 = ?$
$V_1 = 20$, $V_2 = 1$, $k = 1.4$

② $\dfrac{T_2}{288} = \left(\dfrac{20}{1}\right)^{1.4-1}$ $\dfrac{T_2}{288} = \left(\dfrac{20}{1}\right)^{0.4}$
$T_2 = 288 \times 20^{0.4} = 954.56K$
$t = 954.56 - 273 = 681.56℃ ≒ 682℃$

가역 단열팽창

$$\dfrac{T_2}{T_1} = \left(\dfrac{P_2}{P_1}\right)^{\dfrac{k-1}{k}} = \left(\dfrac{V_1}{V_2}\right)^{k-1}$$

여기서, T_1 : 초기온도, T_2 : 나중온도
P_1 : 초기압력, P_2 : 나중압력
V_1 : 초기부피, V_2 : 나중부피
k : 비열비

해답 ③

32 부피가 240m³인 방 안에 들어 있는 공기의 질량은 약 몇 kg인가?
(단, 압력은 100kPa, 온도는 300K이며, 공기의 기체상수는 0.287kJ/kg · K이다.)

① 0.279
② 2.79
③ 27.9
④ 279

해설

① $W = \dfrac{PV}{RT}$ 식에 대입
$P = 100kPa$, $V = 240m^3$
$R = 0.287kJ/kg \cdot K$, $T = 300K$

② $W = \dfrac{100 \times 240}{0.287 \times 300} = 278.75 ≒ 279$

완전기체 방정식

$$PV = WRT$$

여기서, P : 압력(kN/m²(kPa))
V : 부피(m³)
W : 무게(kg)
R : 기체상수(kJ/kg·K)
T : 절대온도(273+t℃)K

해답 ④

33 그림의 액주계에서 밀도 ρ_1 =1000kg/m³, ρ_2 =13600kg/m³, 높이 h_1 = 500mm, h_2 = 800mm일 때, 관 중심 A의 계기압력은 몇 kPa 인가?

① 101.7   ② 109.6
③ 126.4   ④ 131.7

해설

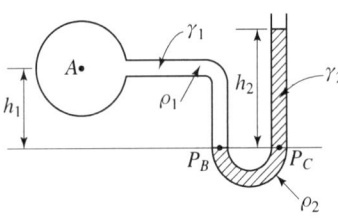

$P_B = P_C$, $P_A + \gamma_1 h_1 = \gamma_2 h_2$, $P_A = \gamma_2 h_2 - \gamma_1 h_1$
$\gamma_1 = 1000 \times 9.8 = 9800 \text{N/m}^3$
$\gamma_2 = 13600 \times 9.8 = 133280 \text{N/m}^3$
$P_A = 133280 \times 0.8 - 9800 \times 0.5$
　　$= 101724 \text{N/m}^2 (\text{Pa}) = 101.7 \text{kN/m}^2 (\text{kPa})$

해답 ①

34 그림과 같이 수조의 노즐에서 물이 분출하여 한 점(A)에서 만나려고 하면 어떤 관계가 성립되어야 하는가? (단, 공기저항과 노즐의 손실은 무시한다.)

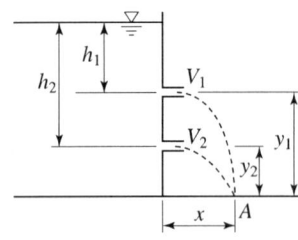

① $h_1 y_1 = h_2 y_2$ ② $h_1 y_2 = h_2 y_1$
③ $h_1 h_2 = y_1 y_2$ ④ $h_1 y_1 = 2 h_2 y_2$

해설 ① $V_1 = \sqrt{2gh_1}$, $X_1 = V_1 t_1 = \sqrt{2gh_1} y_1$
　　$V_2 = \sqrt{2gh_2}$, $X_2 = V_2 t_2 = \sqrt{2gh_2} y_2$
② $V_1 X_1 = V_2 X_2$
③ $h_1 y_1 = h_2 y_2$

해답 ①

35 길이 100m, 직경 50mm, 상대조도 0.1인 원형 수도관 내에 물이 흐르고 있다. 관내 평균유속이 3m/s에서 6m/s로 증가하면 압력손실은 몇 배로 되겠는가? (단, 유동은 마찰계수가 일정한 완전난류로 가정한다.)

① 1.41배   ② 2배
③ 4배   ④ 8배

해설 ① 같은 배관에서 유속만 3m/s → 6m/s로 증가
② 같은 배관이므로
　마찰손실계수(f), 배관길이(l), 배관내경(D)
　은 일정(변하지 않음)
③ 배관마찰손실은 유속의 제곱에 비례한다.
④ $\dfrac{\Delta h_{L2}}{\Delta h_{L1}} = \dfrac{u_2^2}{u_1^2} = \dfrac{6^2}{3^2} = 4$배

달시(Darcy) 공식

$$\Delta h_L (\text{m}) = f \times \frac{l}{D} \times \frac{u^2}{2g}, \quad \Delta h_L (\text{m}) = K \times \frac{u^2}{2g}$$

여기서, Δh_L : 마찰손실수두(m)
　　　　f : 마찰손실계수, l : 배관길이(m)
　　　　u : 유속(m/s)
　　　　g : 중력가속도(9.8m/s²)
　　　　D : 배관내경(m), K : 손실계수

해답 ③

36 한 변이 8cm인 정육면체를 비중이 1.26인 글리세린에 담그니 절반의 부피가 잠겼다. 이때 정육면체를 수직방향으로 눌러 완전히 잠기게 하는데 필요한 힘은 약 몇 N인가?

① 2.56 ② 3.16
③ 6.53 ④ 12.5

해설

① 물의 비중량 $\gamma_w = 9800 \text{N/m}^3$
   글리세린의 비중 $S_{유체} = 1.26$
   잠긴 높이는 절반이므로
   $$H = \frac{8\text{cm}}{2} = 4\text{cm} = 0.04\text{m}$$
   한 변의 길이 $L = 8\text{cm} = 0.08\text{m}$
② 절반의 부피 부력에 완전히 잠긴다.
   부력을 계산하면
   $F_w = \gamma_W(9800) \times S_{유체} \times V_{잠긴부피}$
   $F = 9800\text{N/m}^3 \times 1.26 \times (0.08 \times 0.08 \times 0.04)\text{m}^3$
   $= 3.16 N$

부력과 중량(무게)

$$F_B(부력) = F_w(무게)$$
$\gamma_{액체} \times V_{잠긴부피} = \gamma_{물체} \times V_{전체부피}$
$\gamma_W \times S_{유체} \times V_{잠긴부피} = \gamma_W \times S_{물체} \times V_{전체부피}$

해답 ②

37 그림과 같이 반지름이 0.8m이고 폭이 2m인 곡면 AB가 수문으로 이용된다. 물에 의한 힘의 수평성분의 크기는 약 몇 kN인가? (단, 수문의 폭은 2m이다.)

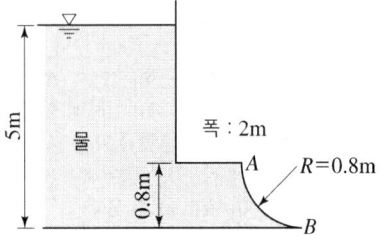

① 72.1 ② 84.7
③ 90.2 ④ 95.4

해설 **수평성분의 크기**

$$F_H = \gamma \bar{h} A$$

여기서, γ : 비중량(kN/m³), $\bar{h}$: 평균높이(m)
        A : 면적(m²)

① 물의 비중량 $\gamma_w = 9.8 \text{kN/m}^3$
② 평균높이 $\bar{h} = (5-0.8) + \frac{0.8}{2} = 4.6\text{m}$
③ 면적 $A = 2\text{m} \times 0.8\text{m} = 1.6\text{m}^2$
   $F_H = F_{AB} = 9.8 \times 4.6 \times 1.6 = 72.1\text{kN}$

해답 ①

38 펌프 운전 시 발생하는 캐비테이션의 발생을 예방하는 방법이 아닌 것은?

① 펌프의 회전수를 높여 흡입 비속도를 높게 한다.
② 펌프의 설치높이를 될 수 있는 대로 낮춘다.
③ 입형펌프를 사용하고, 회전차를 수중에 완전히 잠기게 한다.
④ 양흡입 펌프를 사용한다.

해설 ① 펌프의 회전수를 낮추어 흡입 비속도를 적게 한다.

공동현상(캐비테이션)
관속의 흐르는 유체의 포화수증기압(P_s)이 정압(P)보다 클 때 공동현상이 발생한다.
∴ $P < P_s$

공동현상(캐비테이션) **방지대책**
① 펌프의 설치위치를 수원보다 낮게 설치
② 펌프의 임펠러속도를 감속한다.
③ 펌프의 흡입측 수두 및 마찰손실을 작게 한다.
④ 펌프의 흡입관경을 크게 한다.
⑤ 양흡입펌프를 사용한다.

해답 ①

39 실내의 난방용 방열기(물-공기 열교환기)에는 대부분 방열 핀(fin)이 달려 있다. 그 주된 이유

는?

① 열전달 면적 증가 ② 열전달계수 증가
③ 방사율 증가   ④ 열저항 증가

해설 방열 핀(Cooling Fin, Radiation Fin)
열의 방사면을 넓히기 위하여 방열관 따위의 둘레에 설치한 지느러미판

해답 ①

40 그림에서 물 탱크차가 받는 추력은 약 몇 N인가? (단, 노즐의 단면적은 0.03m²이며, 탱크 내의 계기압력은 40kPa이다. 또한 노즐에서 마찰손실은 무시한다.)

① 812   ② 1489
③ 2709   ④ 5343

해설 베르누이 방정식

$$H = \frac{u^2}{2g} + \frac{P}{\gamma} + Z$$

여기서, H : 전에너지(m), $\frac{u^2}{2g}$: 속도수두(m)

$\frac{p}{\gamma}$: 압력수두(m), Z : 위치수두(m)

① 1(탱크 내 물표면 위치)과 2(노즐 중심 위치)에 베르누이 방정식을 적용
$P_1 = 40\text{kPa} = 40\,\text{kN/m}^2$

$0 + \frac{40\text{kN/m}^2}{9.8\text{kN/m}^3} + 5\text{m} = \frac{u_2^2}{2 \times 9.8} + 0 + 0$

$u_2 = 13.34\text{m/s}$

② $F = Au^2\rho = 0.03 \times 13.34^2 \times 1000$
  $= 5338.67\text{kg}\cdot\text{m/s}^2(\text{N})$

해답 ④

제3과목 소방관계법규

41 다음 위험물안전관리법령의 자체소방대 기준에 대한 설명으로 틀린 것은?

다량의 위험물을 저장·취급하는 제조소등으로서 **대통령령이 정하는 제조소등**이 있는 동일한 사업소에서 **대통령령이 정하는 수량** 이상의 위험물을 저장 또는 취급하는 경우 당해 사업소의 관계인은 대통령령이 정하는 바에 따라 사업소에 자체소방대를 설치하여야 한다.

① "대통령령이 정하는 제조소등"은 제4류 위험물을 취급하는 제조소를 포함한다.
② "대통령령이 정하는 제조소등"은 제4류 위험물을 취급하는 일반취급소를 포함한다.
③ "대통령령이 정하는 수량 이상의 위험물"은 제4류 위험물의 최대수량의 합이 지정수량의 3천배 이상인 것을 포함한다.
④ "대통령령이 정하는 제조소등"은 보일러로 위험물을 소비하는 일반취급소를 포함한다.

해설 위험물법 시행령 제18조
(자체소방대를 설치하여야 하는 사업소)
"대통령령이 정하는 제조소등"
① 제4류 위험물을 취급하는 제조소 또는 일반취급소. 다만, **보일러로 위험물을 소비하는 일반취급소** 등 행정안전부령으로 정하는 **일반취급소는 제외**한다.
② 제4류 위험물을 저장하는 **옥외탱크저장소**

해답 ④

42 위험물안전관리법령상 제조소등에 설치하여야 할 자동화재탐지설비의 설치기준 중 ( ) 안에 알맞은 내용은? (단, 광전식분리형 감지기 설치는 제외한다.)

하나의 경계구역의 면적은 (㉠)m² 이하로 하고 그 한 변의 길이는 (㉡)m 이하로 할 것. 다만, 당해 건축물 그 밖의 공작물의 주요한 출입구에서 그 내부의 전체를 볼 수 있는 경우에 있어서는 그 면적을 1000m² 이하로 할 수 있다.

① ㉠ 300, ㉡ 20 ② ㉠ 400, ㉡ 30
③ ㉠ 500, ㉡ 40 ④ ㉠ 600, ㉡ 50

해설 위험물 제조소등의 자동화재탐지설비의 설치기준
(1) 경계구역은 2 이상의 층에 걸치지 아니하도록 할 것. 다만, 하나의 경계구역의 면적이 500m² 이하이면서 당해 경계구역이 두개의 층에 걸치는 경우이거나 계단·경사로·승강기의 승강로 그 밖에 이와 유사한 장소에 연기감지기를 설치하는 경우에는 그러하지 아니하다.
(2) 하나의 경계구역의 **면적은 600m² 이하**로 하고 그 한 변의 **길이는 50m**(광전식분리형 감지기를 설치할 경우에는 100m)이하로 할 것. 다만, 당해 건축물 그 밖의 공작물의 주요한 출입구에서 그 내부의 전체를 볼 수 있는 경우에 있어서는 그 면적을 1,000m² 이하로 할 수 있다.
(3) 자동화재탐지설비의 감지기는 지붕(상층이 있는 경우에는 상층의 바닥) 또는 벽의 옥내에 면한 부분(천장이 있는 경우에는 천장 또는 벽의 옥내에 면한 부분 및 천장의 뒷 부분)에 유효하게 화재의 발생을 감지할 수 있도록 설치할 것
(4) 자동화재탐지설비에는 비상전원을 설치할 것

해답 ④

43 소방시설공사업법령상 전문 소방시설공사업의 등록기준 및 영업범위의 기준에 대한 설명으로 틀린 것은?

① 법인인 경우 자본금은 최소 1억원 이상이다.
② 개인인 경우 자산평가액은 최소 1억원 이상이다.
③ 주된 기술인력 최소 1명 이상, 보조기술인력 최소 3명 이상을 둔다.
④ 영업범위는 특정소방대상물에 설치되는 기계분야 및 전기분야 소방시설의 공사·개설·이전 및 정비이다.

해설 (공사업법 시행령 제2조의 별표 1)
소방시설공사업의 등록기준 및 영업범위

종류	기 술 인 력	영 업 범 위
전문	(1) 주인력 : 기술사 또는 기사(기계+전기) 1인 이상 (2) 보조인력 : 2인 이상 법인 : 1억원 이상 개인 : 1억원 이상	• 모든 특정소방대상물
일반 기계	(1) 주인력 : 기술사 또는 기사(기계분야) 1인 이상 (2) 보조인력 : 1인 이상 법인 : 1억원 이상 개인 : 1억원 이상	• 연면적 1만m² 미만 • 위험물제조소등
일반 전기	(1) 주인력 : 기술사 또는 기사(전기분야) 1인 이상 (2) 보조인력 : 1인 이상 법인 : 1억원 이상 개인 : 1억원 이상	• 연면적 1만m² 미만 • 위험물제조소등

해답 ③

44 소방시설 설치 및 관리에 관한 법령상 특정소방대상물의 관계인이 특정소방대상물의 규모·용도 및 수용인원 등을 고려하여 갖추어야 하는 소방시설의 종류에 대한 기준 중 다음 ( )안에 알맞은 것은?

화재안전기술기준에 따라 소화기구를 설치하여야 하는 특정소방대상물은 연면적 (㉠)m² 이상인 것. 다만, 노유자시설의 경우에는 투척용 소화용구 등을 화재안전기술기준에 따라 산정된 소화기 수량의 (㉡) 이상으로 설치할 수 있다.

① ㉠ 33, ㉡ 1/2 ② ㉠ 33, ㉡ 1/5
③ ㉠ 50, ㉡ 1/2 ④ ㉠ 50, ㉡ 1/5

해설 소화기구 설치대상
① 연면적 **33m² 이상**인 것. 다만, 노유자시설의 경우에는 **투척용 소화용구** 등을 화재안전기술기준에 따라 산정된 소화기 수량의 **2분의 1** 이상으로 설치할 수 있다.
② 가스시설, 발전시설 중 전기저장시설 및 국가유산
③ 터널
④ 지하구

해답 ①

45 화재의 예방 및 안전관리에 관한 법령상 천재지변 및 그 밖에 대통령령으로 정하는 사유로 화재안전조사를 받기 곤란하여 화재안전조사의 연기를 신청하려는 자는 화재안전조사 시작 최대 며칠 전까지 연기신청서 및 증명서류를

제출해야 하는가?

① 3 ② 5
③ 7 ④ 10

해설 (화재예방법 시행규칙 제4조)
화재안전조사의 연기신청 등
화재안전조사의 연기를 신청하려는 관계인은 **화재안전조사 시작 3일 전까지** 화재안전조사 연기신청서에 화재안전조사를 받기가 곤란함을 증명할 수 있는 서류를 첨부하여 **소방관서장에게** 제출하여야 한다.

해답 ①

46 위험물안전관리법령상 정기점검의 대상인 제조소등의 기준 중 틀린 것은?

① 지하탱크저장소
② 이동탱크저장소
③ 지정수량의 10배 이상의 위험물을 취급하는 제조소
④ 지정수량의 20배 이상의 위험물을 저장하는 옥외탱크저장소

해설 위험물법 시행령 제16조
(정기점검의 대상인 제조소등)
(1) 관계인이 **예방규정**을 정하여야 하는 제조소등
  ① 지정수량10배 이상의 제조소
  ② 지정수량100배 이상의 옥외저장소
  ③ 지정수량150배 이상의 옥내저장소
  ④ 지정수량200배 이상의 옥외탱크저장소
  ⑤ 암반탱크저장소
  ⑥ 이송취급소
  ⑦ 지정수량10배 이상의 위험물을 취급하는 일반취급소
(2) 지하탱크저장소
(3) 이동탱크저장소
(4) 위험물을 취급하는 탱크로서 지하에 매설된 탱크가 있는 제조소·주유취급소 또는 일반취급소

해답 ④

47 위험물안전관리법령상 제4류 위험물 중 경유의 지정수량은 몇 리터인가?

① 500 ② 1000
③ 1500 ④ 2000

해설 경유-제4류-제2석유류-비수용성-1000L

제4류 위험물의 지정수량

성질	품명		지정수량
인화성 액체	특수인화물		50L
	제1석유류	비수용성	200L
		수용성	400L
	알코올류		400L
	제2석유류	비수용성	1,000L
		수용성	2,000L
	제3석유류	비수용성	2,000L
		수용성	4,000L
	제4석유류		6,000L
	동식물유류		10,000L

해답 ②

48 화재의 예방 및 안전관리에 관한 법령상 1급 소방안전관리대상물의 소방안전관리자 선임대상 기준 중 ( ) 안에 알맞은 내용은?

(1) 소방설비기사 또는 소방설비산업기사의 자격이 있는 사람
(2) 소방공무원으로 ( ) 이상 근무한 경력이 있는 사람
(3) 소방청장이 실시하는 1급 소방안전관리대상물의 소방안전관리에 관한 시험에 합격한 사람
(4) 특급 소방안전관리대상물의 소방안전관리자 자격이 인정되는 사람

① 1년 ② 7년
③ 3년 ④ 5년

해설 (1) 특급 소방안전관리자 선임자격
  ① 소방기술사 또는 소방시설관리사
  ② 소방설비기사 : 5년 이상 1급 실무경력
  ③ 소방설비산업기사 : 7년 이상 1급 실무경력
  ④ 소방공무원 : 20년 이상
  ⑤ 특급 소방안전관리 시험에 합격한 사람
(2) 1급 소방안전관리자 선임자격
  ① 소방설비기사 또는 소방설비산업기사
  ② 소방공무원 : 7년 이상
  ③ 1급 소방안전관리 시험에 합격한 사람
  ④ 특급 또는 1급 자격증 발급받은 사람
(3) 2급 소방안전관리자 선임자격

① 위험물(기능장·산업기사 또는 기능사)
② 소방공무원 : 3년 이상
③ 2급 소방안전관리 시험에 합격한 사람
④ 「특별조치법」에 따라 선임된 사람
⑤ 특급, 1급, 2급 자격증 발급받은 사람

(4) 3급 소방안전관리자 선임자격
① 소방공무원 : 1년 이상
② 3급 소방안전관리 시험에 합격한 사람
③ 「특별조치법」에 따라 선임된 사람
④ 특급, 1급, 2급, 3급 자격증 발급받은 사람

해답 ②

49
소방시설 설치 및 관리에 관한 법령상 용어의 정의 중 ( ) 안에 알맞은 것은?

> 특정소방대상물이란 소방시설을 설치하여야 하는 소방대상물로서 ( )으로 정하는 것을 말한다.

① 대통령령
② 국토교통부령
③ 행정안전부령
④ 고용노동부령

해설 소방시설법 제2조(정의)
① 소방시설
  소화설비, 경보설비, 피난구조설비, 소화용수설비, 그 밖에 소화활동설비로서 **대통령령**으로 정하는 것
② 소방시설등
  소방시설과 비상구(非常口), 그 밖에 소방 관련 시설로서 **대통령령**으로 정하는 것
③ 특정소방대상물
  소방시설을 설치하여야 하는 소방대상물로서 **대통령령**으로 정하는 것
④ 소방용품
  소방시설등을 구성하거나 소방용으로 사용되는 제품 또는 기기로서 **대통령령**으로 정하는 것

해답 ①

50
소방기본법 제1장 총칙에서 정하는 목적의 내용으로 거리가 먼 것은?

① 구조, 구급 활동 등을 통하여 공공의 안녕 및 질서 유지
② 풍수해의 예방, 경계, 진압에 관한 계획, 예산 지원 활동
③ 구조, 구급 활동 등을 통하여 국민의 생명, 신체, 재산 보호
④ 화재, 재난, 재해 그 밖의 위급한 상황에서의 구조, 구급 활동

해설 (소방기본법 제1조) 목적
화재를 예방·경계하거나 진압하고 화재, 재난·재해, 그 밖의 위급한 상황에서의 구조·구급 활동 등을 통하여 국민의 생명·신체 및 재산을 보호함으로써 공공의 안녕 및 질서 유지와 복리증진에 이바지함을 목적으로 한다.

해답 ②

51
소방기본법령상 소방본부 종합상황실의 실장이 서면·팩스 또는 컴퓨터통신 등으로 소방청 종합상황실에 보고하여야 하는 화재의 기준이 아닌 것은?

① 이재민이 100인 이상 발생한 화재
② 재산피해액이 50억원 이상 발생한 화재
③ 사망자가 3인 이상 발생하거나 사상자가 5인 이상 발생한 화재
④ 층수가 5층 이상이거나 병상이 30개 이상인 종합병원에서 발생한 화재

해설 (기본법 시행규칙 제3조) 종합상황실장의 보고
(1) 사망자 5인 이상 또는 사상자 10인 이상인 화재
(2) 이재민 100인 이상 화재
(3) 재산피해 50억 이상 화재
(4) 관공서, 학교, 정부미 도정공장, 문화재, 지하철, 지하구 화재
(5) 관광호텔, 층수 11층 이상 지하상가, 시장, 백화점화재
(6) 1000톤 이상 선박화재

해답 ③

52
소방시설 설치 및 관리에 관한 법령상 소방본부장 또는 소방서장에게 자체점검결과 보고를 마친 관계인은 보고한 날로부터 10일 이내에 자체점검기록표를 작성하여 특정소방대상물의 출입자가 쉽게 볼수 있는 장소에 30일 이상

게시하여야 한다. 이를 위반하였을 경우 벌칙 기준은?

① 300만원 이하의 벌금
② 100만원 이하의 벌금
③ 300만원 이하의 과태료
④ 100만원 이하의 과태료

해설 소방시설법 제61조(과태료)
300만원 이하의 과태료
(1) 화재안전기술기준에 따라 설치·관리하지 아니한 자
(2) 공사 현장에 **임시소방시설**을 설치·관리하지 아니한 자
(3) 피난시설, 방화구획 또는 방화시설의 **폐쇄·훼손·변경** 등의 행위를 한 자
(4) **방염성능기준** 이상 설치하지 아니한 자
(5) 자체점검 준수사항 위반
(6) 점검 결과를 보고 위반
(7) 이행계획 완료, **결과보고** 위반
(8) **점검기록표 기록 및 게시** 위반
(9) **변경신고, 지위승계 신고** 위반
(10) 점검실적 증명서류 거짓 제출
(11) 거짓으로 보고 또는 자료제출 또는 출입 또는 검사를 거부·방해 또는 기피한 자

해답 ③

53 소방시설 설치 및 관리에 관한 법령상 분말형태의 소화약제를 사용하는 소화기의 내용연수로 옳은 것은? (단, 소방용품의 성능을 확인받아 그 사용 기한을 연장하는 경우는 제외한다.)

① 3년　　② 5년
③ 7년　　④ 10년

해설 소방시설법 시행령 제19조
(내용연수 설정 대상 소방용품)
① 내용연수를 설정하여야 하는 소방용품은 **분말형태의 소화약제**를 사용하는 소화기로 한다.
② 소방용품의 **내용연수**는 10년으로 한다.

해답 ④

54 소방시설공사법령상 소방시설공사업자가 소속 소방기술자를 소방시설공사 현장에 배치하지 않았을 경우의 과태료 기준은?

① 100만원 이하　　② 200만원 이하
③ 300만원 이하　　④ 400만원 이하

해설 소방시설공사업법 제40조(과태료)
200만원 이하의 과태료
① 등록사항의 변경신고, 휴업·폐업 신고 등, 착공신고를 위반하여 신고를 하지 아니하거나 거짓으로 신고한 자
② 관계인에게 지위승계, 행정처분 또는 휴업·폐업의 사실을 거짓으로 알린 자
③ 관계 서류를 보관하지 아니한 자
④ **소방기술자를 공사 현장에 배치하지 아니한 자**
⑤ 완공검사를 받지 아니한 자
⑥ 3일 이내에 하자를 보수하지 아니하거나 하자보수계획을 관계인에게 거짓으로 알린 자

해답 ②

55 화재의 예방 및 안전관리에 관한 법령상 옮긴 물건 등의 보관기간은 소방관서의 인터넷 홈페이지에 공고하는 기간의 종료일 다음 날부터 며칠로 하는가?

① 3　　② 4
③ 5　　④ 7

해설 화재예방법 시행령 제17조
(옮긴 물건 등의 보관기간 및 보관기간 경과 후 처리)
① 소방관서장은 그날부터 14일 동안 공고
② 옮긴 물건 등의 보관기간은 공고기간의 종료일 다음 날부터 7일까지

해답 ④

56 소방기본법령상 소방활동장비와 설비의 구입 및 설치 시 국고보조의 대상이 아닌 것은?

① 소방자동차
② 사무용 집기
③ 소방헬리콥터 및 소방정
④ 소방전용통신설비 및 전산설비

해설 기본법 제2조
(국고보조 대상사업의 범위와 기준보조율)
국고보조의 대상 및 기준

(1) 소방활동장비 및 설비
  ① 소방자동차
  ② 소방헬리콥터 및 소방정
  ③ 소방전용통신설비 및 전산설비
  ④ 그밖에 방화복 등 소방활동에 필요한 소방장비
(2) 소방관서용 청사 건축

해답 ②

57 화재의 예방 및 안전관리에 관한 법령상 특정소방대상물의 관계인은 소방안전관리자를 기준일로부터 30일 이내에 선임하여야 한다. 다음 중 기준일로 틀린 것은?

① 소방안전관리자를 해임한 경우 : 소방안전관리자를 해임한 날
② 특정소방대상물을 양수하여 관계인의 권리를 취득한 경우 : 해당 권리를 취득한 날
③ 신축으로 해당 특정소방대상물의 소방안전관리자를 신규로 선임하여야 하는 경우 : 해당 특정소방대상물의 완공일
④ 증축으로 인하여 특정소방대상물이 소방안전관리대상물로 된 경우 : 증축공사의 개시일

해설 ④ 증축공사의 개시일 → 증축공사의 사용승인일
(화재예방법 시행규칙 제14조)
소방안전관리자의 선임신고 등
관계인은 30일 이내에 선임
① 사용승인일
② 증축공사의 사용승인일 또는 용도변경 사실을 기재한 날
③ 권리를 취득한 날 또는 선임 안내를 받은 날
④ 관리의 권원이 분리되거나 조정한 날
⑤ 해임하거나 퇴직한 날
⑥ 소방안전관리업무 대행이 끝난 날
⑦ 자격이 정지 또는 취소된 날

해답 ④

58 위험물안전관리법령상 위험물을 취급함에 있어서 정전기가 발생할 우려가 있는 설비에 설치할 수 있는 정전기 제거설비 방법이 아닌 것은?

① 접지에 의한 방법
② 공기를 이온화하는 방법
③ 자동적으로 압력의 상승을 정지시키는 방법
④ 공기 중의 상대습도를 70% 이상으로 하는 방법

해설 **위험물안전관리법 시행규칙 제28조의 [별표 4]**
정전기 제거설비
① 접지에 의한 방법
② 공기 중의 상대습도를 70% 이상으로 하는 방법
③ 공기를 이온화하는 방법

해답 ③

59 화재의 예방 및 안전관리에 관한 법령상 특수가연물의 수량 기준으로 옳은 것은?

① 면화류 : 200kg 이상
② 가연성고체류 : 500kg 이상
③ 나무껍질 및 대팻밥 : 300kg 이상
④ 넝마 및 종이부스러기 : 400kg 이상

해설 **(화재예방법 시행령 제19조) [별표 2]**
특수가연물

품명		수량(이상)
면화류		200kg
나무껍질 및 대팻밥		400kg
넝마 및 종이부스러기, 사류, 볏짚류		1,000kg
가연성고체류		3,000kg
석탄·목탄류		10,000kg
가연성액체류		2m³
목재가공품 및 나무부스러기		10m³
합성수지류	발포시킨 것	20m³
	그 밖의 것	3,000kg

해답 ①

60 화재의 예방 및 안전관리에 관한 법령상 소방청장, 소방본부장 또는 소방서장이 화재안전조사를 하려면 조사대상, 조사기간 및 조사사유 등을 인터넷 홈페이지나 전산시스템 등을 통해 사전에 공개하여야 한다. 이 경우 공개기

간은 며칠 이상으로 하는가? (단, 긴급하게 조사할 필요가 있는 경우와 사전에 통지하면 조사목적을 달성할 수 없다고 인정되는 경우는 제외한다.)

① 7   ② 10
③ 12   ④ 14

해설 **화재예방법 시행령 제8조
(화재안전조사의 방법 · 절차 등)**
(1) 화재안전조사 실시 : **소방관서장**
  ① **종합**조사 : 전부를 확인하는 조사
  ② **부분**조사 : 조사 항목 중 일부를 확인하는 조사
(2) 소방관서장은 **조사대상, 조사기간 및 조사사유** 등 조사계획을 인터넷 홈페이지나 전산시스템 등을 통해 **7일 이상** 공개하여야 한다.

해답 ①

제4과목 소방기계시설의 구조 및 원리

61 특별피난계단의 계단실 및 부속실 제연설비에 화재안전기술기준상 수직풍도에 따른 배출기준 중 각 층의 옥내와 면하는 수직풍도의 관통부에 설치하여야 하는 배출댐퍼 설치기준으로 틀린 것은?

① 화재층의 옥내에 설치된 화재감지기의 동작에 따라 당해층의 댐퍼가 개방될 것
② 풍도의 배출댐퍼는 이 · 탈착구조가 되지 않도록 설치할 것
③ 개폐여부를 당해 장치 및 제어반에서 확인할 수 있는 감지기능을 내장하고 있을 것
④ 배출댐퍼는 두께 1.5mm 이상의 강판 또는 이와 동등 이상의 성능이 있는 것으로 설치하여야 하며 비 내식성 재료의 경우에는 부식방지 조치를 할 것

해설 **수직풍도의 관통부에 설치하는 배출댐퍼**
① 배출댐퍼는 두께 1.5mm 이상의 강판 또는 이와 동등 이상의 성능이 있는 것으로 설치하여야 하며 비 내식성 재료의 경우에는 부식방지 조치를 할 것
② 평상시 닫힌 구조로 기밀상태를 유지할 것
③ 개폐여부를 당해 장치 및 제어반에서 확인할 수 있는 감지기능을 내장하고 있을 것
④ 구동부의 작동상태와 닫혀 있을 때의 기밀상태를 수시로 점검할 수 있는 구조일 것
⑤ 풍도의 내부마감상태에 대한 점검 및 댐퍼의 정비가 가능한 이 · 탈착구조로 할 것
⑥ 화재층의 옥내에 설치된 화재감지기의 동작에 따라 당해층의 댐퍼가 개방될 것.
⑦ 개방 시의 실제개구부의 크기는 수직풍도의 내부단면적과 같도록 할 것
⑧ 댐퍼는 풍도내의 공기흐름에 지장을 주지 않도록 수직풍도의 내부로 돌출하지 않게 설치할 것

해답 ②

62 포소화설비의 화재안전기술기준에 따라 포소화설비 송수구의 설치기준에 대한 설명으로 옳은 것은?

① 구경 65mm의 쌍구형으로 할 것
② 지면으로부터 높이가 0.5m 이상 1.5m 이하의 위치에 설치할 것
③ 하나의 층의 바닥면적이 2000m^2를 넘을 때마다 1개 이상을 설치할 것
④ 송수구의 가까운 부분에 자동배수밸브(또는 직경 3mm의 배수공) 및 안전밸브를 설치할 것

해설 ② 0.5m 이상 **1.5m 이하** → 0.5m 이상 **1m 이하**
③ 2000m^2 → 3000m^2
④ 직경 3mm → 직경 5mm
안전밸브 → 체크밸브

포소화설비의 송수구 설치기준
① 송수 및 그 밖의 소화작업에 지장을 주지 아니하는 장소에 설치할 것
② 연결배관에 개폐밸브를 설치한 때에는 그 개폐상태를 쉽게 확인 및 조작할 수 있는 옥외 또는 기계실 등의 장소에 설치할 것

③ 구경 65mm의 쌍구형으로 할 것
④ 그 가까운 곳의 보기 쉬운 곳에 송수압력범위를 표시한 표지를 할 것
⑤ 하나의 층의 바닥면적이 3,000m²를 넘을 때마다 1개(5개를 넘을 경우에는 5개) 이상을 설치할 것
⑥ 지면으로부터 높이가 0.5m 이상 1m 이하의 위치에 설치할 것
⑦ 송수구의 가까운 부분에 자동배수밸브(또는 직경 5mm의 배수공) 및 체크밸브를 설치할 것
⑧ 송수구에는 이물질을 막기 위한 마개를 씌울 것

해답 ①

63 스프링클러설비 본체 내의 유수현상을 자동적으로 검지하여 신호 또는 경보를 발하는 장치는?

① 수압개폐장치   ② 물올림장치
③ 일제개방밸브장치 ④ 유수검지장치

해설 유수검지장치
습식유수검지장치(패들형을 포함), 건식유수검지장치, 준비작동식유수검지장치를 말하며 본체내의 유수현상을 자동적으로 검지하여 **신호 또는 경보를 발하는 장치**를 말한다.

해답 ④

64 옥내소화전설비의 화재안전기술기준에 따라 옥내소화전설비의 표시등 설치기준으로 옳은 것은?

① 가압송수장치의 기동을 표시하는 표시등은 옥내소화전함의 상부 또는 그 직근에 설치한다.
② 가압송수장치의 기동을 표시하는 표시등은 녹색등으로 한다.
③ 자체소방대를 구성하여 운영하는 경우 가압송수장치의 기동표시등을 반드시 설치해야 한다.
④ 옥내소화전설비의 위치를 표시하는 표시등은 함의 하부에 설치하되, 「표시등의 성능인증 및 제품검사의 기술기준」에 적합한 것으로 한다.

해설
② 녹색등 → 적색등.
③ 반드시 설치해야 한다. → 설치하지 않을 수 있다.
④ 함의 하부 → 함의 상부

옥내소화전설비의 표시등
① 옥내소화전설비의 위치를 표시하는 표시등은 **함의 상부**에 설치하되, 소방청장이 고시하는 「표시등의 성능인증 및 제품검사의 기술기준」에 적합한 것으로 할 것
② 가압송수장치의 기동을 표시하는 **표시등**은 옥내소화전함의 **상부 또는 그 직근에 설치**하되 **적색등**으로 할 것. 다만, **자체소방대**를 구성하여 운영하는 경우(「위험물 안전관리법 시행령」 별표8에서 정한 소방자동차와 자체소방대원의 규모를 말한다) **가압송수장치의 기동표시등을 설치하지 않을 수 있다.**

해답 ①

65 소화기구 및 자동소화장치의 화재안전기술기준상 건축물의 주요구조부가 내화구조이고, 벽 및 반자의 실내에 면하는 부분이 불연재료로 된 바닥면적이 600m²인 노유자시설에 필요한 소화기구의 능력단위는 최소 얼마 이상으로 하여야 하는가?

① 2단위   ② 3단위
③ 4단위   ④ 6단위

해설 능력단위 계산공식

$$능력단위 = \frac{바닥면적(m^2)}{기준면적(m^2)}$$

① 노유자시설의 기준면적 : 100m²
② 내화구조로 내장재가 불연재이면 기준면적은 2배이다.

∴ 능력단위 $N = \dfrac{600m^2}{100m^2 \times 2} = 3$단위

소방대상물별 소화기구의 능력단위기준

소방대상물	소화기구의 능력단위
① 위락시설	30m² 마다 1단위 이상
② 공연장 · 집회장 · 관람장 · 문화재 · 장례식장 및 의료시설	50m² 마다 1단위 이상

소방대상물	소화기구의 능력단위
③ 근린생활시설 · 판매시설 · 숙박시설 · 노유자시설 · 전시장 · 공동주택 · 업무시설 · 통신촬영시설 · 공장 · 창고 · 항공기 및 자동차관련 시설 · 관광휴게시설	100m² 마다 1단위 이상
④ 그 밖의 것	200m² 마다 1단위 이상

(주) 소화기구의 능력단위를 산출함에 있어서 건축물의 주요구조부가 내화구조이고, 벽 및 반자의 실내에 면하는 부분이 불연재료 · 준불연재료 또는 난연재료로 된 소방대상물에 있어서는 위 표의 기준면적의 2배를 당해 소방대상물의 기준면적으로 한다.

해답 ②

66 분말소화설비의 화재안전기술기준에 따라 분말소화설비의 자동식 기동장치의 설치기준으로 틀린 것은? (단, 자동식 기동장치는 자동화재탐지설비의 감지기의 작동과 연동하는 것이다.)

① 기동용 가스용기의 충전비는 1.5 이상으로 할 것
② 자동식 기동장치에는 수동으로도 기동할 수 있는 구조로 할 것
③ 전기식 기동장치로서 3병 이상의 저장용기를 동시에 개방하는 설비는 2병 이상의 저장용기에 전자개방밸브를 부착할 것
④ 기동용 가스용기에는 내압시험압력의 0.8배 내지 내압시험압력 이하에서 작동하는 안전장치를 설치할 것

해설 ③ 3병 이상 → 7병 이상

분말소화설비의 자동식 기동장치
① 자동식 기동장치에는 수동으로도 기동할 수 있는 구조로 할 것
② 전기식 기동장치로서 **7병 이상의 저장용기**를 동시에 개방하는 설비에 있어서는 **2병 이상의 저장용기에 전자개방밸브**를 부착할 것
③ 가스 압력식 기동장치
  ㉠ 기동용 가스용기 및 당해 용기에 사용하는 밸브는 25MPa 이상의 압력에 견딜 수 있는 것으로 할 것
  ㉡ 기동용 가스용기에는 내압시험압력의 0.8배 내지 내압시험압력 이하에서 작동하는 안전장치를 설치할 것
  ㉢ 기동용 가스용기의 체적은 **5L 이상**으로 하고, 해당 용기에 저장하는 질소 등의 비활성 기체는 **6.0MPa 이상**(21℃ 기준)의 압력으로 충전할 것
④ 기계식 기동장치에 있어서는 저장용기를 쉽게 개방할 수 있는 구조로 할 것

해답 ③

67 상수도소화용수설비의 화재안전기술기준에 따른 설치기준 중 다음 ( ) 안에 알맞은 것은?

호칭지름 (㉠)mm 이상의 수도배관에 호칭지름 (㉡)mm 이상의 소화전을 접속하여야 하며, 소화전은 특정소방대상물의 수평투영면의 각 부분으로부터 (㉢)m 이하가 되도록 설치할 것

① ㉠ 65, ㉡ 80, ㉢ 120
② ㉠ 65, ㉡ 100, ㉢ 140
③ ㉠ 75, ㉡ 80, ㉢ 120
④ ㉠ 75, ㉡ 100, ㉢ 140

해설 **상수도소화용수설비**
① 호칭지름 **75mm 이상의 수도배관**에 호칭지름 **100mm 이상의 소화전**을 접속
② 소화전은 소방자동차 등의 진입이 쉬운 도로변 또는 공지에 설치
③ 소화전은 소방대상물의 수평투영면의 각 부분으로부터 **140m 이하**가 되도록 설치

해답 ④

68 스프링클러설비의 화재안전기술기준에 따라 스프링클러헤드를 설치하지 않을 수 있는 장소로만 나열된 것은?

① 계단실, 병실, 목욕실, 냉동창고의 냉동실, 아파트(대피공간 제외)
② 발전실, 병원의 수술실 · 응급처치실, 통신기기실, 관람석이 없는 실내 테니스장(실내 바닥 · 벽 등이 불연재료)
③ 냉동창고의 냉동실, 변전실, 병실, 목욕실, 수영장 관람석
④ 병원의 수술실, 관람석이 없는 실내 테니

스장(실내 바닥·벽 등이 불연재료), 변전실, 발전실, 아파트(대피공간 제외)

해설 스프링클러헤드의 설치제외 장소
(1) 계단실·경사로·승강기의 승강로·파이프덕트·목욕실·수영장.화장실
(2) 통신기기실·전자기기실
(3) 발전실·변전실·변압기
(4) 병원의 수술실·응급처치실
(5) 펌프실·물탱크실.엘리베이터 권상기실
(6) 현관 또는 로비 등으로서 바닥으로부터 높이가 20m 이상인 장소
(7) 고온의 노가 설치된 장소 또는 물과 격렬하게 반응하는 물품의 저장 또는 취급 장소

해답 ②

69 포소화설비의 화재안전기술기준에서 포소화설비에 소방용 합성수지배관을 설치할 수 있는 경우로 틀린 것은?

① 배관을 지하에 매설하는 경우
② 다른 부분과 내화구조로 구획된 덕트 또는 피트의 내부에 설치하는 경우
③ 동결방지조치를 하거나 동결의 우려가 없는 경우
④ 천장과 반자를 불연재료 또는 준불연재료로 설치하고 그 내부에 항상 소화수가 채워진 상태로 배관을 설치하는 경우

해설 소방용 합성수지배관으로 설치할 수 있는 경우
① 배관을 **지하에 매설**하는 경우
② 다른 부분과 **내화구조로 구획된 덕트 또는 피트의 내부**에 설치하는 경우
③ 천장(상층이 있는 경우에는 상층바닥의 하단을 포함)과 반자를 **불연재료 또는 준불연재료**로 설치하고 그 내부에 **항상 소화수가 채워진 상태**로 **설치**하는 경우

해답 ③

70 다음 중 피난기구의 화재안전기술기준에 따라 피난기구를 설치하지 아니하여도 되는 소방대상물로 틀린 것은?

① 발코니 등을 통하여 인접세대로 피난할 수 있는 구조로 되어 있는 계단실형 아파트
② 주요구조부가 내화구조로서 거실의 각 부분으로 직접 복도로 피난할 수 있는 학교(강의실 용도로 사용되는 층에 한함)
③ 무인공장 또는 자동창고로서 사람의 출입이 금지된 장소
④ 문화집회 및 운동시설·판매시설 및 영업시설 또는 노유자시설의 용도로 사용되는 층으로서 그 층의 바닥면적이 $1000m^2$ 이상인 것

해설 피난기구설치 예외 소방대상물
① 갓복도식 아파트 또는 **인접**(수평 또는 수직)**세대로 피난**할 수 있는 **아파트**
② 주요구조부가 **내화구조**로서 거실의 각 부분으로 직접 복도로 피난할 수 있는 **학교**(강의실 용도로 사용되는 층에 한한다)
③ **무인공장 또는 자동창고**로서 사람의 출입이 금지된 장소(관리를 위하여 일시적으로 출입하는 장소를 포함)
④ 건축물의 **옥상부분**으로서 거실에 해당하지 아니하고 사람이 근무하거나 거주하지 아니하는 장소

해답 ④

71 지하구의 화재안전기술기준에 따라 연소방지설비헤드의 설치기준으로 옳은 것은?

① 헤드간의 수평거리는 연소방지설비 전용헤드의 경우에는 1.5m 이하로 할 것
② 헤드간의 수평거리는 스프링클러헤드의 경우에는 2m 이하로 할 것
③ 천장 또는 벽면에 설치할 것
④ 한쪽 방향의 살수구역의 길이는 2m 이상으로 할 것

해설 ① 1.5m 이하 → 2m 이하
② 2m 이하 → 1.5m 이하
④ 2m 이상 → 3m 이상

연소방지설비의 헤드 설치기준
① **천장** 또는 **벽면**에 설치할 것

② 헤드간의 수평거리

구 분	전용헤드	개방형 스프링클러헤드
수평거리	2m 이하	1.5m 이하

③ 소방대원의 출입이 가능한 환기구·작업구마다 지하구의 **양쪽방향**으로 살수헤드를 설정 할 것
④ **한쪽 방향의 살수구역의 길이는 3m 이상**으로 할 것. 다만, 환기구 사이의 간격이 700m를 초과할 경우에는 700m **이내마다 살수구역을 설정**하되, 지하구의 구조를 고려하여 방화벽을 설치한 경우에는 그러하지 아니하다.

해답 ③

72 소화기구 및 자동소화장치의 화재안전기술기준상 소화기구의 소화약제별 적응성 중 C급 화재에 적응성이 없는 소화약제는?

① 마른 모래
② 할로겐화합물 및 불활성기체 소화약제
③ 이산화탄소 소화약제
④ 중탄산염류 소화약제

해설 소화기구의 소화약제별 적응성

구 분		A급	B급	C급	K급
가스	CO₂		○	○	
	할론	○	○	○	
	할로겐화합물 및 불활성기체	○	○	○	
분말	인산염류	○	○	○	
	중탄산염류		○	○	※
액체	산알칼리	○	○	※	
	강화액	○	○	※	※
	포	○	○	※	※
	물·침윤	○	○	※	※
기타	고체에어로졸				
	마른모래	○			
	팽창질석·팽창진주암	○			

해답 ①

73 이산화탄소소화설비 및 할론소화설비의 국소방출방식에 대한 설명으로 옳은 것은?

① 고정식 소화약제 공급장치에 배관 및 분사헤드를 설치하여 직접 화점에 소화약제를 방출하는 방식이다.
② 고정된 분사헤드에서 밀폐 방호구역 공간 전체로 소화약제를 방출하는 방식이다.
③ 호스 선단에 부착된 노즐을 이동하여 방호대상물에 직접 소화약제를 방출하는 방식이다.
④ 소화약제 용기 노즐 등을 운반가구에 적재하고 방호대상물에 직접 소화약제를 방출하는 방식이다.

해설 용어의 정의
① "**전역방출방식**"이라 함은 고정식 이산화탄소 공급장치에 배관 및 분사헤드를 고정 설치하여 밀폐 방호구역 내에 이산화탄소를 방출하는 설비
② "**국소방출방식**"이라 함은 고정식 이산화탄소 공급장치에 배관 및 분사헤드를 설치하여 직접 화점에 이산화탄소를 방출하는 설비로 화재발생부분에만 집중적으로 소화약제를 방출하도록 설치하는 방식.
③ "**호스릴방식**"이라 함은 분사헤드가 배관에 고정되어 있지 않고 소화약제 저장용기에 호스를 연결하여 사람이 직접 화점에 소화약제를 방출하는 이동식소화설비

해답 ①

74 특고압의 전기시설을 보호하기 위한 소화설비로 물분무소화설비를 사용한다. 그 주된 이유로 옳은 것은?

① 물분무설비는 다른 물소화설비에 비해서 신속한 소화를 보여주기 때문이다.
② 물분무설비는 다른 물소화설비에 비해서 물의 소모량이 적기 때문이다.
③ 분무상태의 물은 전기적으로 비전도성이기 때문이다.
④ 물분무입자 역시 물이므로 전기전도성이 있으나 전기 시설물을 젖게 하지 않기 때문이다.

해설 물은 봉상 주수 시 전도성이 강하나 물 분무(무상)로 방사 시 비전도성으로 전기화재에 적합하다.

해답 ③

75 물분무소화설비의 화재안전기술기준에 따라 물분무소화설비를 설치하는 차고 또는 주차장의 배수설비 설치기준으로 틀린 것은?

① 차량이 주차하는 바닥은 배수구를 향해 1/100 이상의 기울기를 유지할 것
② 배수구에서 새어나온 기름을 모아 소화할 수 있도록 길이 40m 이하마다 집수관·소화핏트 등 기름분리장치를 설치할 것
③ 차량이 주차하는 장소의 적당한 곳에 높이 10cm 이상의 경계턱으로 배수구를 설치할 것
④ 배수설비는 가압송수장치의 최대송수능력의 수량을 유효하게 배수할 수 있는 크기 및 기울기로 할 것

해설 ① 1/100 이상 → 2/100 이상

물분무소화설비를 설치하는 차고 또는 주차장의 배수설비
① 높이 10cm 이상의 경계턱으로 배수구 설치
② 길이 40m 이하마다 집수관·소화핏트 등 기름분리장치를 설치
③ 배수구를 향하여 100분의 2 이상의 기울기
④ 배수설비는 가압송수장치의 최대송수능력의 수량을 유효하게 배수할 수 있는 크기 및 기울기로 할 것

해답 ①

76 연결송수관설비의 화재안전기술기준에 따라 송수구가 부설된 옥내소화전을 설치한 특정소방대상물로서 연결송수관설비의 방수구를 설치하지 아니할 수 있는 층의 기준 중 다음 ( ) 안에 알맞은 것은? (단, 집회장·관람장·백화점·도매시장·소매시장·판매시설·공장·창고시설 또는 지하가를 제외한다.)

- 지하층을 제외한 층수가 (㉠)층 이하이고 연면적이 (㉡)m² 미만인 특정소방대상물의 지상층
- 지하층의 층수가 (㉢) 이하인 특정소방대상물의 지하층

① ㉠ 3, ㉡ 5000, ㉢ 3
② ㉠ 4, ㉡ 6000, ㉢ 2
③ ㉠ 5, ㉡ 3000, ㉢ 3
④ ㉠ 6, ㉡ 4000, ㉢ 2

해설 **방수구를 설치하지 않을 수 있는 경우**
① 아파트의 1층 및 2층
② 송수구가 부설된 옥내소화전이 설치된 소방대상물(집회장, 관람장, 백화점, 도매시장, 소매시장, 판매시설, 공장, 창고시설 또는 지하가를 제외)로 다음에 해당하는 층
  ㉠ 지하층을 제외한 층수가 4층 이하이고 연면적 6000m² 미만 소방대상물
  ㉡ 지하층의 층수가 2 이하인 소방대상물의 지하층

해답 ②

77 스프링클러설비의 화재안전기술기준에 따라 폐쇄형 스프링클러 헤드를 최고 주위온도 40℃인 장소(공장 및 창고 제외)에 설치할 경우 표시온도는 몇 ℃의 것을 설치하여야 하는가?

① 79℃ 미만
② 79℃ 이상 121℃ 미만
③ 121℃ 이상 162℃ 미만
④ 162℃ 이상

해설 ① **폐쇄형 헤드의 표시온도**

설치장소의 최고 주위온도	표시온도
39℃ 미만	79℃ 미만
39℃ 이상 64℃ 미만	79℃ 이상 121℃ 미만
64℃ 이상 106℃ 미만	121℃ 이상 162℃ 미만
106℃ 이상	162℃ 이상

② **표시온도** : 화재 시 폐쇄형헤드가 작동하는 온도
③ 폐쇄형헤드 설치 시 설치장소의 최고주위온도보다 높은 것을 선택한다.

해답 ②

78 할론소화설비의 화재안전기술기준상 할론 1211을 국소방출방식으로 방사할 때 분사헤드의 방사압력 기준은 몇 MPa 이상인가?

① 0.1
② 0.2
③ 0.9
④ 1.05

[해설] 할론소화설비의 분사헤드
(1) 가연물이 비산하지 아니하는 장소에 설치할 것
(2) 할론 2402를 방사하는 분사헤드는 당해 소화약제가 무상으로 분무되는 것으로 할 것
(3) 할론 분사헤드의 방사압력 및 방출시간

종류	방사압력	방출시간
할론2402	0.1 MPa 이상	
할론1211	0.2 MPa 이상	10초 이내
할론1301	0.9 MPa 이상	

(4) 기준저장량의 소화약제를 10초 이내에 방사할 수 있는 것으로 할 것

[해답] ②

79 물분무소화설비의 화재안전기술기준상 물분무헤드를 설치하지 아니할 수 있는 장소의 기준 중 다음 ( ) 안에 알맞은 것은?

> 운전 시에 표면의 온도가 ( )℃ 이상으로 되는 등 직접 분무를 하는 경우 그 부분에 손상을 입힐 우려가 있는 기계장치 등이 있는 장소

① 100 ② 200
③ 260 ④ 300

[해설] 물분무헤드 설치 제외 장소
① 물에 심하게 반응하는 물질 또는 물과 반응하여 위험한 물질을 생성하는 물질을 저장 또는 취급하는 장소
② 고온의 물질 및 증류범위가 넓어 끓어 넘치는 위험이 있는 물질을 저장 또는 취급하는 장소
③ 운전시에 표면의 온도가 **260℃ 이상**으로 되는 등 직접 분무를 하는 경우 그 부분에 손상을 입힐 우려가 있는 기계장치 등이 있는 장소

[해답] ③

80 인명구조기구의 화재안전기술기준에 따라 특정소방대상물의 용도 및 장소별로 설치해야 할 인명구조기구의 기준으로 틀린 것은?

① 지하상가는 인공소생기를 층마다 2개 이상 비치할 것
② 판매시설 중 대규모 점포는 공기호흡기를 층마다 2개 이상 비치할 것
③ 지하층을 포함하는 층수가 7층 이상인 관광호텔은 방열복(또는 방화복), 공기호흡기, 인공소생기를 각 2개 이상 비치할 것
④ 물분무등소화설비 중 이산화탄소소화설비를 설치해야 하는 특정소방대상물은 공기호흡기를 이산화탄소소화설비가 설치된 장소의 출입구 외부 인근에 1대 이상 비치할 것

[해설] ① 인공소생기 → 공기호흡기

용도 및 장소별로 설치하여야 할 인명구조기구

특정소방대상물	종류	설치 수량
• 지하층을 포함하는 층수가 7층 이상인 관광호텔 및 5층 이상인 병원	• 방열복 또는 방화복 • 공기호흡기 • 인공소생기	각 2개 이상 비치할 것. 다만, 병원의 경우에는 인공소생기를 설치하지 않을 수 있다.
• 문화 및 집회시설 중 수용인원 100명 이상의 영화상영관 • 판매시설 중 대규모 점포 • 운수시설 중 지하역사 • **지하상가**	• 공기호흡기	층마다 2개 이상 비치할 것. 다만, 각 층마다 갖추어 두어야 할 공기호흡기 중 일부를 직원이 상주하는 인근 사무실에 갖추어 둘 수 있다.
• 물분무등소화설비 중 이산화탄소소화설비를 설치하여야 하는 특정소방대상물	• 공기호흡기	이산화탄소소화설비가 설치된 장소의 출입구 외부 인근에 1대 이상 비치할 것

[해답] ①

2022

2022년 3월 5일 시행
2022년 4월 24일 시행
2022년 9월 CBT 시행

소방설비기사 - 기계분야

2022년 3월 5일 시행

제1과목 소방원론

01 동식물유류에서 "아이오딘값이 크다"라는 의미를 옳게 설명한 것은?

① 불포화도가 높다.
② 불건성유이다.
③ 자연발화성이 낮다.
④ 산소와의 결합이 어렵다.

해설 아이오딘값
① 100g의 유지가 흡수하는 **아이오딘의 g 수**
② 불포화지방산의 **이중결합의 수**를 나타내는 수치
③ 아이오딘값이 높은 것은 **이중결합이 많은 것을** 의미
④ 아이오딘값이 높은 기름은 일반적으로 **산화되기 쉬운 것**

동식물유류의 분류

구 분	아이오딘값	종 류
건성유	130 이상	해바라기기름, 동유(오동기름), 정어리기름, **아마인유**, 들기름
반건성유	100~130	채종유, 쌀겨기름, **참기름**, 면실유, 옥수수기름, 청어기름, 콩기름
불건성유	100 이하	야자유, 팜유, **올리브유**, 피마자기름, 낙화생기름, 돈지, 우지, 고래기름

해답 ①

02 화재에 관련된 국제적인 규정을 제정하는 단체는?

① IMO(International Maritime Organization)
② SFPE(Society of Fire Protection Engineers)
③ NFPA(Nation Fire Protection Association)
④ ISO(International Organization for Standardization) TC 92

해설
① IMO : 국제해사기구
② SFPE : 소방기술자협회
③ NFPA : 미국방화협회
④ ISO TC92 : 국제표준화기구의 화재안전기술위원회

해답 ④

03 위험물의 유별에 따른 분류가 잘못된 것은?

① 제1류 위험물 : 산화성 고체
② 제3류 위험물 : 자연발화성 물질 및 금수성 물질
③ 제4류 위험물 : 인화성 액체
④ 제6류 위험물 : 가연성 액체

해설 ④ 제6류 위험물 : 산화성 액체

위험물의 분류 및 성질

류 별	성 질
제1류	산화성고체
제2류	가연성고체
제3류	자연발화성 및 금수성
제4류	인화성액체
제5류	자기반응성
제6류	**산화성액체**

해답 ④

04 상온·상압의 공기중에서 탄화수소류의 가연물을 소화하기 위한 이산화탄소 소화약제의 농도는 약 몇 % 인가? (단, 탄화수소류는 산소농도가 10%일 때 소화된다고 가정한다.)

① 28.57   ② 35.48
③ 49.56   ④ 52.38

해설 $CO_2(\%) = \dfrac{21-10}{21} \times 100 = 52.38\%$

이산화탄소의 농도(%)

$$CO_2(\%) = \dfrac{21 - O_2(\%)}{21} \times 100$$

해답 ④

05 제연설비의 화재안전기술기준상 예상제연구역에 공기가 유입되는 순간의 풍속은 몇 m/s 이하가 되도록 하여야 하는가?

① 2 ② 3
③ 4 ④ 5

해설 **제연설비의 공기유입방식 및 유입구**
① 예상제연구역에 공기가 유입되는 순간의 **풍속은 5m/s 이하**가 되도록 하고, 유입구의 구조는 유입공기를 하향 60° 이내로 분출할 수 있도록 하여야 한다.
② 예상제연구역에 대한 **공기유입구의 크기**는 해당 예상제연구역 **배출량 1m³/min에 대하여 35cm² 이상**으로 하여야 한다.

해답 ④

06 상온에서 무색의 기체로서 암모니아와 유사한 냄새를 가지는 물질은?

① 에틸벤젠   ② 에틸아민
③ 산화프로필렌 ④ 사이클로프로판

해설 **에틸아민($C_2H_5NH_2$) – 제4류 특수인화물**
① 상온에서 무색의 액체이다.
② 강한 암모니아와 같은 냄새가 있다.
③ 모든 용매와 섞일 수 있는 액체로 응축된다.
④ 끓는점 : 16.6℃, 밀도 : 689kg/m³

해답 ②

07 소화약제의 형식승인 및 제품검사의 기술기준상 강화액 소화약제의 응고점은 몇 ℃ 이하이어야 하는가?

① 0   ② -20
③ -25 ④ -30

해설 **강화액 소화약제**
① 알카리 금속염류 등을 주성분으로 하는 수용액
② 알카리 금속염류의 수용액은 알카리성
③ 강화액소화약제의 응고점은 -20℃ 이하

소화기별 사용 온도 범위 ★★

소화기의 종류	사용 온도 범위
강화액 소화기	-20℃ 이상~40℃ 이하
분말 소화기	-20℃ 이상~40℃ 이하
그 밖의 소화기	0℃ 이상~40℃ 이하

해답 ②

08 소화원리에 대한 설명으로 틀린 것은?

① 억제소화 : 불활성기체를 방출하여 연소범위 이하로 낮추어 소화하는 방법
② 냉각소화 : 물의 증발잠열을 이용하여 가연물의 온도를 낮추는 소화방법
③ 제거소화 : 가연성 가스의 분출화재 시 연료공급을 차단시키는 소화방법
④ 질식소화 : 포소화약제 또는 불연성기체를 이용해서 공기 중의 산소공급을 차단하여 소화하는 방법

해설 **소화원리** ★★★★★
① 냉각소화 : 가연성 물질을 발화점 이하로 온도를 냉각

물이 소화약제로 사용되는 이유
① 물의 기화열(539kcal/kg)이 크기 때문
② 물의 비열 (1kcal/kg℃)이 크기 때문

② 질식소화 : 산소농도를 21%에서 15% 이하로 감소
③ 억제소화(부촉매소화, 화학적소화)
④ 제거소화 : 가연성물질을 제거시켜 소화

- 산불이 발생하면 화재의 진행방향을 앞질러 벌목
- 화학반응기의 화재 시 원료공급관의 밸브를 폐쇄
- 유전화재 시 폭약으로 폭풍을 일으켜 화염을 제거
- 촛불을 입김으로 불어 화염을 제거

⑤ 피복소화 : 가연물 주위를 공기와 차단
⑥ 희석소화 : 알코올, 아세톤 등 수용성인 인화성 액체 화재 시 물을 방사하여 가연물의 연소농도를 희석
⑦ 유화소화(에멀젼소화) : 물에 녹지 않는 인화성

액체의 유류화재 시 물분무로 방사하여 액체표면에 불연성의 유막을 형성하여 소화

해답 ①

09 단백포 소화약제의 특징이 아닌 것은?

① 내열성이 우수하다.
② 유류에 대한 유동성이 나쁘다.
③ 유류를 오염시킬 수 있다.
④ 변질의 우려가 없어 저장 유효기간의 제한이 없다.

해설 단백포 소화약제의 특징
① 내열성이 우수하고 재 연소방지 효과가 우수하다.
② 유류에 대한 유동성이 낮다.
③ 유류에 대한 내유성이 작아 오염되기 쉽다.
④ 변질, 부패우려가 있어 장기저장이 어렵다.

해답 ④

10 고층 건축물 내 연기거동 중 굴뚝효과에 영향을 미치는 요소가 아닌 것은?

① 건물 내·외의 온도차
② 화재실의 온도
③ 건물의 높이
④ 층의 면적

해설 굴뚝효과(연돌효과)의 영향 요인
① 건물의 높이　　② 건물내·외의 온도차
③ 누설틈새　　　④ 화재실 온도
⑤ 외부의 풍압　　⑤ 밀도차

굴뚝효과(Stack Effect)
① 건축물의 내부와 외부 온도차이로 인해 공기가 유동하는 것
② 건축물 내부의 온도가 바깥보다 높고 밀도가 낮을 때 건물 내의 공기는 부력을 받아 이동하는 것을 말한다.
③ 고층건물에서 주로 발생하며 저층건물에서는 잘 발생하지 않는다.

해답 ④

11 전기불꽃, 아크 등이 발생하는 부분을 기름 속에 넣어 폭발을 방지하는 방폭구조는?

① 내압방폭구조　　② 유입방폭구조
③ 안전증방폭구조　④ 특수방폭구조

해설 방폭구조의 종류와 기호
① 내압 방폭구조(Ex d) : 용기 내 가스가 폭발 시 용기가 폭발 압력을 견디거나, 접합면, 개구부를 통해 외부에 인화될 우려가 없는 구조
② 압력 방폭구조(Ex p) : 용기 내에 불연성가스를 압입시켜 폭발성 가스나 증기가 용기 내부에 유입되지 않도록 된 구조
③ 유입 방폭구조(Ex o) : 전기불꽃, 아크, 고열을 발생하는 부분을 기름으로 채워 폭발성 가스 또는 증기에 인화되지 않도록 한 구조
④ 안전증 방폭구조(Ex e) : 정상 운전 중에 점화원의 발생을 방지하기 위해 기계적, 전기적 구조상 온도상승에 대한 안전도를 증가한 구조
⑤ 본질 안전방폭구조(Ex ia, Ex ib) : 전기불꽃, 아크 또는 고온에 의하여 폭발성 가스나 증기에 점화되지 않는 것이 확인된 구조

해답 ②

12 건축물의 피난·방화구조 등의 기준에 관한 규칙상 방화구획의 설치기준 중 스프링클러를 설치한 10층 이하의 층은 바닥면적 몇 m^2 이내마다 방화구획을 구획하여야 하는가?

① 1000　　② 1500
③ 2000　　④ 3000

해설 방화구획

구획	구획 단위	구획 부분의 구조
면적별	· 10층 이하의 층 : 1,000m^2 이내 (자동식소화설비 설치 : 3,000m^2 이내) · 11층 이상의 층 : 200m^2 이내 (자동식소화설비 설치 : 600m^2 이내) · 11층 이상의 층(불연재료 사용) : 바닥면적 500m^2 이내 (자동식소화설비 설치 : 1,500m^2 이내)	· 내화 구조로 된 바닥 및 벽 · 방화문(60분+방화문, 60분방화문) · 자동방화셔터
층별	· 매층마다(지하 1층에서 지상으로 직접 연결하는 경사로 부위는 제외)	
용도별	· 주요구조부를 내화구조로 하여야 하는 대상 부분과 기타 부분 사이의 구획	

해답 ④

13 과산화수소 위험물의 특성이 아닌 것은?

① 비수용성이다.
② 무기화합물이다.
③ 불연성 물질이다.
④ 비중은 물보다 무겁다.

해설 과산화수소(H_2O_2)–제6류 위험물
① 수용성이며 산소(O_2)를 발생
② 분해안정제로 인산 또는 요산을 첨가
③ 저장용기는 밀폐하지 말고 구멍이 있는 마개를 사용
④ 하이드라진과 접촉 시 분해 작용으로 폭발위험

해답 ①

14 이산화탄소 소화약제의 임계온도는 약 몇 ℃인가?

① 24.4　　　② 31.4
③ 56.4　　　④ 78.4

해설 CO_2의 물리적 성질
① 무색, 무취이다.
② 임계온도 : 31.35℃
③ 증기비중은 1.52로 공기보다 무겁다.
④ 비전도성이므로 전기화재에 적합하다.
⑤ 허용농도 : 0.5%(5000ppm)
⑥ 삼중점 : 압력 0.53MPa, 온도 −56.3℃에서 고체, 액체, 기체가 공존
⑦ 호흡곤란 : 6% 이상

해답 ②

15 이산화탄소 소화약제의 주된 소화효과는?

① 제거소화　　　② 억제소화
③ 질식소화　　　④ 냉각소화

해설 CO_2약제의 소화효과
① 질식효과　② 피복효과　③ 냉각효과

해답 ③

16 백열전구가 발열하는 원인이 되는 열은?

① 아크열　　　② 유도열
③ 저항열　　　④ 정전기열

해설 저항열
백열전구의 필라멘트와 같이 도체에 전류가 흐르면 저항인자에 열이 발생한다.

열에너지원의 종류

에너지	종 류
화학 에너지	연소열, 분해열, 용해열, 반응열, 자연발화
전기 에너지	저항가열, 유도가열, 유전가열, 아크가열, 정전스파크, 낙뢰
기계적 에너지	마찰열, 압축열, 충격스파크
원자력 에너지	핵분열, 핵융합

해답 ③

17 화재의 정의로 옳은 것은?

① 가연성물질과 산소와의 격렬한 산화반응이다.
② 사람의 과실로 인한 실화나 고의에 의한 방화로 발생하는 연소현상으로서 소화할 필요성이 있는 연소현상이다.
③ 가연물과 공기와의 혼합물이 어떤 점화원에 의하여 활성화되어 열과 빛을 발하면서 일으키는 격렬한 발열반응이다.
④ 인류의 문화와 문명의 발달을 가져오게 한 근본 존재로서 인간의 제어수단에 의하여 컨트롤 할 수 있는 연소현상이다.

해설 화재의 정의 ★
① 불로 사람의 신체, 생명 및 **재산상 손실**을 주는 재앙
② **소화에 필요성**이 있는 불

해답 ②

18 물에 황산을 넣어 묽은 황산을 만들 때 발생되는 열은?

① 연소열　　　② 분해열
③ 용해열　　　④ 자연발열

해설 용해열
① 물질 1몰이 물에 용해될 때 생성되는 열량
② 상온에서 기체 혹은 액체인 물질은 대부분 물에 녹을 때 열을 발생한다.

③ 고체인 경우에는 물질에 따라 물에 녹을 때 열을 방출하기도 하고, 흡수하기도 한다.

해답 ③

19 자연발화의 방지방법이 아닌 것은?

① 통풍이 잘 되도록 한다.
② 퇴적 및 수납 시 열이 쌓이지 않게 한다.
③ 높은 습도를 유지한다.
④ 저장실의 온도를 낮게 한다.

해설 자연발화

자연발화의 조건	자연발화 방지대책	자연발화의 형태
주위의 온도가 높을 것	통풍이나 환기 등을 통하여 열의 축적을 방지	산화열에 의한 자연발화 • 석탄 • 건성유 • 탄소분말 • 금속분 • 기름걸레
표면적이 넓을 것	저장실의 온도를 낮춘다.	분해열에 의한 자연발화 • 셀룰로이드 • 나이트로셀룰로스 • 나이트로글리세린
열전도율이 적을 것	습도를 낮게 유지	흡착열에 의한 자연발화 • 활성탄 • 목탄분말
발열량이 클 것	용기내에 불활성 기체를 주입하여 공기와 접촉방지	미생물열에 의한 자연발화 • 퇴비 • 먼지

해답 ③

20 다음 중 분진폭발의 위험성이 가장 낮은 것은?

① 시멘트가루   ② 알루미늄분
③ 석탄분말   ④ 밀가루

해설 분진폭발 물질
최소발화 에너지는 10~80mJ이다.
① 금속분(알루미늄분, 철분)
② 농산물가루(밀가루, 설탕)
③ 석탄가루
④ 플라스틱가루

분진폭발 없는 물질
① 생석회 : CaO(시멘트의 주성분)
② 소석회(Ca(OH)$_2$)
③ 석회석(주성분 : CaCO$_3$)
④ 시멘트

해답 ①

제2과목 소방유체역학

21 30°C에서 부피가 10L인 이상기체를 일정한 압력으로 0°C로 냉각시키면 부피는 약 몇 L로 변하는가?

① 3   ② 9
③ 12   ④ 18

해설 샤를의 법칙(P(압력) = 일정)을 이용

$$\frac{V_1}{T_1} = \frac{V_2}{T_2}$$

① $T_1 = 273 + 30 = 303K$, $V_1 = 10L$
   $T_2 = 273 + 0 = 273K$, $V_2 = ?$

② $\frac{10}{303} = \frac{V_2}{273}$

$V_2 = \frac{10 \times 273}{303} = 9L$

보일의 법칙(T(온도) = 일정)

$$P_1 V_1 = P_2 V_2$$

샤를의 법칙(P(압력) = 일정)

$$\frac{V_1}{T_1} = \frac{V_2}{T_2}$$

보일–샤를의 법칙

$$\frac{P_1 V_1}{T_1} = \frac{P_2 V_2}{T_2}$$

해답 ②

22 비중이 0.6이고 길이 20m, 폭 10m, 높이 3m인 직육면체 모양의 소방정 위에 비중이 0.9인 포소화약제 5톤을 실었다. 바닷물의 비중이 1.03일 때 바닷물 속에 잠긴 소방정의 깊이는 몇 m인가

① 3.54   ② 2.5
③ 1.77   ④ 0.6

해설

① F_W(물체의 무게) $= F_B$(부력)
② $F_W = \gamma_W$(물 : 1000kg/m³) $\times S_{물체} \times V_{전체부피}$
   $+$ 포약제의 무게
   $F_W = 1000\text{kg/m}^3 \times 0.6 \times (10 \times 20 \times 3)\text{m}^3$
   $+ 5000\text{kg}(5\text{ton})$
   $= 365000\text{kg}$
③ $F_B = \gamma_W$(물 : 1000kg/m³) $\times S_{유체} \times V_{잠긴부피}$
   $F_B = 1000\text{kg/m}^3 \times 1.03 \times (10 \times 20 \times H)\text{m}^3$
④ 365000kg
   $= 1000\text{kg/m}^3 \times 1.03 \times (10 \times 20 \times H)\text{m}^3$
⑤ $H = \dfrac{365000\text{kg}}{1000\text{kg/m}^3 \times 1.03 \times (10 \times 20)\text{m}^2}$
   $= 1.77\text{m}$

부력과 중량(무게)

$$F_W(무게) = F_B(부력)$$
$$\gamma_{물체} \times V_{전체부피} = \gamma_{액체} \times V_{잠긴부피}$$
$$\gamma_W \times S_{물체} \times V_{전체부피} = \gamma_W \times S_{유체} \times V_{잠긴부피}$$

해답 ③

23 그림과 같이 대기압 상태에서 V의 균일한 속도로 분출된 직경 D의 원형 물제트가 원판에 충돌할 때 원판이 U의 속도로 오른쪽으로 계속 동일한 속도로 이동하려면 외부에서 원판에 가해야 하는 힘 F는? (단, ρ는 물의 밀도, g는 중력가속도이다.)

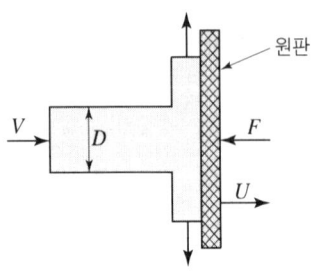

① $\dfrac{\rho \pi D^2}{4}(V-U)^2$
② $\dfrac{\rho \pi D^2}{4}(V+U)^2$
③ $\rho \pi D^2 (V-U)(V+U)$
④ $\dfrac{\rho \pi D^2 (V-U)(V+U)}{4}$

해설 **원판이 받는 힘**(원판이 움직이지 않는 경우)
$$F = \rho Q V = \rho A V^2$$

여기서, F : 힘(N), ρ : 밀도(kg/m³)
Q : 유량(m³/s), V : 유속(m/s)

원판이 받는 힘(원판이 U의 속도로 이동하는 경우)
$$F = \rho A (\Delta V)^2 = \rho \times \dfrac{\pi}{4} \times D^2 \times (V-U)^2$$
$$F = \dfrac{\rho \pi D^2}{4}(V-U)^2$$

해답 ①

24 그림과 같이 폭이 넓은 두 평판 사이를 흐르는 유체의 속도 분포 $u(y)$가 다음과 같을 때, 평판 벽에 작용하는 전단응력은 약 몇 Pa인가? (단, $u_m = 1\text{m/s}$, $h = 0.01\text{m}$, 유체의 점성계수는 $0.1\text{N} \cdot \text{s/m}^2$이다.)

$$u(y) = u_m\left[1 - \left(\dfrac{y}{h}\right)^2\right]$$

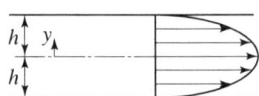

① 1   ② 2
③ 10   ④ 20

해설
① $u(y) = u_m\left[1-\left(\dfrac{y}{h}\right)^2\right] = u_m - u_m\dfrac{y^2}{h^2}$
② $u'(y) = \dfrac{du}{dy} = -\dfrac{2u_m}{h^2}y$
③ 아래 벽면으로부터 $y = -h$이므로
$$\dfrac{du}{dy} = -\dfrac{2u_m}{h^2}y = -\dfrac{2u_m}{h^2}\times(-h) = \dfrac{2u_m}{h}$$
④ $\mu = 0.1\text{N} \cdot \text{s/m}^2$, $u_m = 1\text{m/s}$, $h = 0.01\text{m}$

$$\tau = \mu \frac{du}{dy} = \mu \times \frac{2u_m}{h} = 0.1 \times \frac{2 \times 1}{0.01}$$
$$= 20 \text{N/m}^2(\text{Pa})$$

전단응력
점성계수와 속도기울기(속도구배)에 비례한다.
$$\tau = \frac{F}{A} = \mu \frac{du}{dy}$$
여기서, τ : 전단응력(N/m²(Pa)), F : 힘(N)
　　　A : 단면적(m²)
　　　μ : 점성계수(N·s/m²)
　　　$\frac{du}{dy}$: 속도기울기(속도구배)(s⁻¹)

해답 ④

25
-15℃얼음 10g을 100℃의 증기로 만드는데 필요한 열량은 몇 kJ인가?(단, 얼음의 융해열은 335kJ/kg, 물의 증발잠열은 2256kJ/kg, 얼음의 평균비열은 2.1kJ/kg·k이고, 물의 평균비열은 4.18kJ/kg·k이다.)

① 7.85　　② 27.1
③ 30.4　　④ 35.2

해설
① -15℃얼음 → 0℃얼음(현열)
Q(현열) $= m$(질량)$\times C$(비열)$\times \Delta t$(온도차)
$Q_1 = 0.01 \text{kg} \times 2.1 \text{kJ/kg·K} \times$
　　{273-(273-15)K}
　　$= 0.315 \text{kJ}$

② 0℃얼음 → 0℃물 (융해잠열)
Q(잠열) $= r$(융해 또는 기화잠열)$\times m$(질량)
$Q_2 = 335 \text{kJ/kg} \times 0.01 \text{kg} = 3.35 \text{kJ}$

③ 0℃물 → 100℃물 (현열)
Q(현열) $= m$(질량)$\times C$(비열)$\times \Delta t$(온도차)
$Q_3 = 0.01 \text{kg} \times 4.18 \text{kJ/kg·K} \times$
　　(373-273)K
　　$= 4.18 \text{kJ}$

④ 100℃물 → 100℃수증기(기화잠열)
Q(잠열) $= r$(융해 또는 기화잠열)$\times m$(질량)
$Q_4 = 2256 \text{kJ/kg} \times 0.01 \text{kg} = 22.56 \text{kJ}$

⑤ ∴ $Q_T = Q_1 + Q_2 + Q_3 + Q_4$
　　　$= 0.315 + 3.35 + 4.18 + 22.56$
　　　$= 30.4 \text{kJ}$

해답 ③

26
포화액-증기 혼합물 300g이 100kPa의 일정한 압력에서 기화가 일어나서 건도가 10%에서 30%로 높아진다면 혼합물의 체적 증가량은 약 몇 m³인가? (단, 100kPa에서 포화액과 포화증기의 비체적은 각각 0.00104m³/kg과 1.694m³/kg이다.)

① 3.386　　② 1.693
③ 0.508　　④ 0.102

해설
(1) 건도10%일 때
① 습증기의 비체적
$V_s = 0.1 \times 1.694 + (1-0.1) \times 0.00104$
　　$= 0.1704 \text{m}^3/\text{kg}$
② 포화액-증기 혼합물 300g의 체적
$V = 0.3 \text{kg} \times \frac{0.1704 \text{m}^3}{\text{kg}} = 0.0511 \text{m}^3$

(2) 건도30%일 때
① 습증기의 비체적
$V_s = 0.3 \times 1.694 + (1-0.3) \times 0.00104$
　　$= 0.5089 \text{m}^3/\text{kg}$
② 포화액-증기 혼합물 300g의 체적
$V = 0.3 \text{kg} \times \frac{0.5089 \text{m}^3}{\text{kg}} = 0.1527 \text{m}^3$

(3) 체적 증가량
$\Delta V = 0.1527 - 0.0511 = 0.102 \text{m}^3$

습증기의 비체적
$$V_s = X \cdot V_g + (1-X) \cdot V_f$$
여기서, V_s : 습증기의 비체적(m³)
　　　X : 건도(%/100)
　　　V_g : 포화증기의 비체적
　　　V_f : 포화액의 비체적

해답 ④

27
비중량 및 비중에 대한 설명으로 옳은 것은?

① 비중량은 단위부피당 유체의 질량이다.
② 비중은 유체의 질량 대 표준상태 유체의 질량비이다.
③ 기체인 수소의 비중은 액체인 수은의 비중보다 크다.

④ 압력의 변화에 대한 액체의 비중량 변화는 기체 비중량 변화보다 작다.

[해설] ① 비중량은 단위부피당 유체의 **중량(무게)**이다.
② 비중은 유체의 **밀도** 대 표준상태 유체의 **밀도**의 비이다.
③ 기체인 수소의 비중은 액체인 수은의 비중보다 작다.

[해답] ④

28 물분무 소화설비의 가압송수장치로 전동기 구동형 펌프를 사용하였다. 펌프의 토출량 800L/min, 전양정 50m, 효율 0.65, 전달계수 1.1인 경우 적당한 전동기 용량은 몇 kW인가?

① 4.2 ② 4.7
③ 10.0 ④ 11.1

[해설] ① $\gamma_w = 9.8 \text{kN/m}^3$
$Q = 800\text{L/min} = 0.8\text{m}^3/60\text{s}$
$H = 50\text{m}$, $E = 0.65$, $K = 1.1$
② $P = \dfrac{9.8 \times (0.8/60) \times 50}{0.65} \times 1.1 = 11.06\text{kW}$

펌프의 동력계산
(1) 수동력
$$L_W(\text{kW}) = \gamma QH$$

(2) 축동력
$$L_S(\text{kW}) = \dfrac{\gamma QH}{E}$$

(3) 모터동력
$$P(\text{kW}) = \dfrac{\gamma QH}{E} K$$

여기서, γ : 비중량(kN/m³), 물의 비중량 = 9.8kN/m³
Q : 유량(m³/s), H : 전양정(m)
E : 효율(%/100), K : 전달계수

[해답] ④

29 수평원관 속을 층류상태로 흐르는 경우 유량에 대한 설명으로 틀린 것은?

① 점성계수에 반비례한다.
② 관의 길이에 반비례한다.
③ 관 지름의 4제곱에 비례한다.
④ 압력강하량에 반비례한다.

[해설] ④ 유량은 압력강하량(ΔP)에 비례한다.

하겐-포아젤 방정식
$$Q = \dfrac{\gamma \pi d^4 \Delta h_L}{128 \mu l} = \dfrac{\pi d^4 \Delta P}{128 \mu l}$$

여기서, ΔP : 압력강하(pa = N/m²)
Δh_L : 마찰손실수두(m)
γ : 비중량(N/m³)
μ : 점성계수(N·s/m²)
Q : 유량(m³/s)
l : 길이(m), d : 관경(m)

[해답] ④

30 부차적 손실계수 K가 2인 관 부속품에서의 손실 수두가 2m이라면 이때의 유속은 약 몇 m/s인가?

① 4.43 ② 3.14
③ 2.21 ④ 2.00

[해설] **손실수두와 부차적 손실**
$$H[\text{m}] = K \dfrac{u^2}{2g}$$

① $K = 2$, $H = 2\text{m}$, $g = 9.8 [\text{m/s}^2]$
② $2 = 2 \times \dfrac{u^2}{2 \times 9.8}$, $u^2 = 2 \times 9.8$
③ $u = \sqrt{2 \times 9.8} = 4.43 \text{m/s}$

[해답] ①

31 관내에 흐르는 유체의 흐름을 구분하는 데 사용되는 레이놀즈 수의 물리적인 의미는?

① 관성력/중력 ② 관성력/점성력
③ 관성력/탄성력 ④ 관성력/압축력

[해설] **무차원 수**

무차원 수	관 계 식	물리적 의미
웨버수	$WeNo = \dfrac{\rho U^2 L}{\sigma}$	관성력/표면장력

무차원 수	관계식	물리적 의미
코우시수	$CaNo = \dfrac{U^2}{K/\rho}$	관성력/탄성력
마하수	$MaNo = \dfrac{U}{C}$	관성력/탄성력
오일러수	$EuNo = \dfrac{P}{\rho U^2/2}$	압축력/관성력
레이놀드수	$ReNo = \dfrac{\rho UL}{\mu}$	관성력/점성력
프루우드수	$FrNo = \dfrac{U}{\sqrt{Lg}}$	관성력/중력

해답 ②

32 그림과 같은 U자관 차압액주계에서 $\gamma_1 = 9.8\text{kN/m}^3$, $\gamma_2 = 133\text{kN/m}^3$, $\gamma_3 = 9.0\text{kN/m}^3$, $h_1 = 0.2\text{m}$, $h_3 = 0.1\text{m}$이고 압력차 $p_A - p_B = 30\text{kPa}$이다. h_2는 몇 m 인가?

① 0.218 ② 0.226
③ 0.234 ④ 0.247

해설

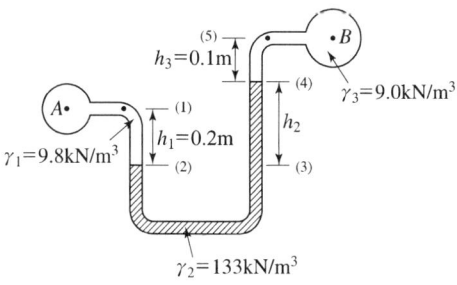

비중량 $\gamma = S(\text{비중}) \times \gamma_w (\text{물비중량} : 9.8\text{kN/m}^3)$

$\gamma_1 = 9.8\text{kN/m}^3$, $h_1 = 0.2\text{m}$
$\gamma_2 = 133\text{kN/m}^3$, $h_2 = ?$
$\gamma_3 = 9\text{kN/m}^3$, $h_3 = 0.1\text{m}$

① $P_{(2)} = P_A + \gamma_1 h_1$
② $P_{(3)} = P_B + \gamma_3 h_3 + \gamma_2 h_2$
③ $P_{(2)} = P_{(3)}$, $P_A + \gamma_1 h_1 = P_B + \gamma_3 h_3 + \gamma_2 h_2$
④ $P_A - P_B = \gamma_3 h_3 + \gamma_2 h_2 - \gamma_1 h_1$
⑤ $30 = 9.0 \times 0.1 + 133 \times h_2 - 9.8 \times 0.2$
⑥ $h_2 = \dfrac{30 - (9.0 \times 0.1) + 9.8 \times 0.2}{133} = 0.234\text{m}$

해답 ③

33 펌프와 관련된 용어의 설명으로 옳은 것은?

① 캐비테이션 : 송출압력과 송출유량이 주기적으로 변하는 현상
② 서징 : 액체가 포화 증기압 이하에서 비등하여 기포가 발생하는 현상
③ 수격작용 : 관을 흐르던 물이 갑자기 정지할 때 압력파에 의해 이상음(異常音)이 발생하는 현상
④ NPSH : 펌프에서 상사법칙을 나타내기 위한 비속도

해설 ① 캐비테이션(공동현상) : 액체가 포화 증기압 이하에서 비등하여 기포가 발생하는 현상
② 서징 : 송출압력과 송출유량이 주기적으로 변하는 현상
④ NPSH : 펌프 흡입 측의 유효한 양정의 값

해답 ③

34 베르누이의 정리 $\left(\dfrac{P}{\rho} + \dfrac{V^2}{2} + gZ = constant\right)$가 적용되는 조건이 아닌 것은?

① 압축성의 흐름이다.
② 정상 상태의 흐름이다.
③ 마찰이 없는 흐름이다.
④ 베르누이 정리가 적용되는 임의의 두 점은 같은 유선 상에 있다.

해설 ① 압축성 → 비압축성

베르누이정리의 조건
① 정상유동
② 비압축성유체
③ 마찰이 없을 때(비점성 흐름)
④ 유선에 따라 유동

베르누이 방정식(이상유체)

전수두 $H(m) = \dfrac{U_1^2}{2g} + \dfrac{P_1}{r} + Z_1$
$\qquad\qquad = \dfrac{U_2^2}{2g} + \dfrac{P_2}{r} + Z_2$

해답 ①

35 그림과 같이 수평과 30° 경사된 폭 50cm인 수문 AB가 A점에서 힌지(hinge)로 되어있다. 이 문을 열기 위한 최소한의 힘 F(수문에 직각 방향)는 약 몇 kN인가? (단, 수문의 무게는 무시하고, 유체의 비중은 1이다.)

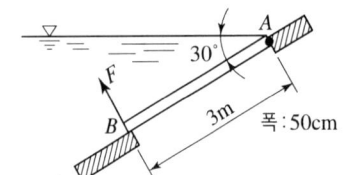

① 11.5 ② 7.35
③ 5.51 ④ 2.71

해설 (1) 경사면에 작용하는 힘

$$F = \gamma \bar{y} \sin\theta A$$

① $\gamma(물) = 9.8 \text{kN/m}^3$, $\bar{y} = \dfrac{3\text{m}}{2} = 1.5\text{m}$,
$\theta = 30°$, $A = 0.5\text{m}(50\text{cm}) \times 3\text{m}$
② $F = 9.8 \times 1.5 \times \sin30° \times 0.5 \times 3$
$\quad = 11.025 \text{kN}$

(2) 힘의 작용점인 압력중심

$$y_p = \dfrac{I_C}{\bar{y}A} + \bar{y}$$

① I_C(2차 관성모멘트)
$= \dfrac{0.5(폭) \times 3^3(높이)^3}{12} = 1.125$

② y_p(압력중심) $= \dfrac{1.125}{1.5 \times 0.5 \times 3} + 1.5 = 2\text{m}$

(3) 문을 열기 위한 최소한의 힘
① $\sum M_A = 0 : F_B \times l - F \times y_P$식에 대입
② $F_B = \dfrac{y_P}{l} \times F = \dfrac{2\text{m}}{3\text{m}} \times 11.025\text{kN} = 7.35\text{kN}$

해답 ②

36 성능이 같은 3대의 펌프를 병렬로 연결하였을 경우 양정과 유량은 얼마인가? (단, 펌프 1대의 유량은 Q, 양정은 H이다.)

① 유량은 3Q, 양정은 H
② 유량은 3Q, 양정은 3H
③ 유량은 9Q, 양정은 H
④ 유량은 9Q, 양정은 3H

해설 펌프의 직·병렬 운전

펌프 2대 운전

운전방법	토출양정(H)	토출량(Q)
직렬운전	2H	Q
병렬운전	H	2Q

펌프 3대 운전

운전방법	토출양정(H)	토출량(Q)
직렬운전	3H	Q
병렬운전	H	3Q

해답 ①

37 배관 설비에서 상류 지점인 A지점의 배관을 조사해보니 지름 100mm, 압력 0.45MPa, 평균유속 1m/s이었다. 또, 하류의 B지점을 조사해조니 지름 50mm, 압력 0.4MPa이었다면 두 지점사이의 손실수두는 몇 m인가? (단, 배관 내 유체의 비중은 1이다.)

① 4.34 ② 4.95
③ 5.87 ④ 8.67

해설 전 에너지(전 수두)

① $U_B = U_A \times \left(\dfrac{d_A}{d_B}\right)^2 = 1\text{m/s} \times \left(\dfrac{100}{50}\right)^2 = 4\text{m/s}$

② $1\text{MPa} = 10^3\text{kPa} = 10^6\text{Pa}(\text{N/m}^2)$

③ 위치수두는 문제에서 언급이 없으므로 수평배관으로 간주한다.

④ A지점의 전수두

$H_A = \dfrac{u^2}{2g} + \dfrac{P}{\gamma}$

$H_A = \dfrac{1^2}{2 \times 9.8} + \dfrac{0.45 \times 10^6 \text{N/m}^2}{9800 \text{N/m}^3} = 45.97\text{m}$

⑤ B지점의 전수두

$H_B = \dfrac{u^2}{2g} + \dfrac{P}{\gamma}$

$H_B = \dfrac{4^2}{2 \times 9.8} + \dfrac{0.40 \times 10^6 \text{N/m}^2}{9800 \text{N/m}^3} = 41.63\text{m}$

∴ 두 지점의 손실수두 $= 45.97 - 41.63$
$= 4.34\text{m}$

해답 ①

38
원관속을 층류상태로 흐르는 유체의 속도분포가 다음과 같을 때 관벽에서 30mm 떨어진 곳의 유체의 속도기울기(속도구배)는 약 몇 s^{-1}인가?

| $u = 3y^{\frac{1}{2}}$ | 여기서, u : 유속(m/s)
y : 관벽으로 부터의 거리(m) |

① 0.87 ② 2.74
③ 8.66 ④ 27.4

해설

$u = 3y^{\frac{1}{2}}$ 미분형으로 나타내면

$\dfrac{du}{dy} = 3 \times \dfrac{1}{2}y^{\frac{1}{2}-1} = \dfrac{3}{2}y^{-\frac{1}{2}}$

$y = 30\text{mm} = 0.03\text{m}$, y를 식에 대입

$\dfrac{du}{dy}$(속도구배) $= \dfrac{3}{2}y^{-\frac{1}{2}}$

∴ $\left.\dfrac{du}{dy}\right|_{y=0.03} = \dfrac{3}{2} \times (0.03)^{-\frac{1}{2}}$
$= 8.66/\text{s} = 8.66\text{s}^{-1}$

해답 ③

39
대기의 압력이 106kPa이라면 게이지 압력이 1226kPa인 용기에서 절대압력은 몇 kPa인가?

① 1120 ② 1125
③ 1327 ④ 1332

해설 $P_{abs} = 106\text{kPa} + 1{,}226\text{kPa} = 1{,}332\text{kPa}$

- 절대압 = 대기압 + 계기압(게이지압)
- 절대압 = 대기압 − 진공압

해답 ④

40
표면온도 15℃, 방사율 0.85인 40cm×50cm 직사각형 나무판의 한쪽 면으로부터 방사되는 복사열은 약 몇 W인가? (단 스테판–볼츠만 상수는 5.67×10^{-8} W/m² · K⁴이다.)

① 12 ② 66
③ 78 ④ 521

해설

① $\epsilon = 0.85$, $\sigma = 5.67 \times 10^{-8} \text{W/m}^2 \cdot \text{K}^4$,
$A = 0.4\text{m} \times 0.5\text{m}$, $T = (273 + 15)\text{K}$

② $E_b = \epsilon \sigma A T^4$

③ $E_b = 0.85 \times 5.67 \times 10^{-8} \times 0.4 \times 0.5$
$\times (273 + 15)^4$
$= 66.31\text{W}$

방사되는 복사열

$$E_b = \epsilon \sigma A T^4$$

여기서, E_b : 방사되는 복사열(W), ϵ : 방사율
A : 표면적(m²), T : 절대온도(K)
σ : 스테판 볼츠만상수
$(5.67 \times 10^{-8}\text{W/m}^2 \cdot \text{K}^4)$

해답 ②

제3과목 소방관계법규

41 소방시설공사업법령상 소방시설업의 감독을 위하여 필요할 때에 소방시설업자나 관계인에게 필요한 보고나 자료 제출을 명할 수 있는 사람이 아닌 것은?

① 시·도지사   ② 119안전센터장
③ 소방서장   ④ 소방본부장

해설 공사업법 제31조(감독)
시·도지사, 소방본부장 또는 소방서장은 소방시설업의 감독을 위하여 필요할 때에는 소방시설업자나 관계인에게 **필요한 보고나 자료 제출을 명할 수** 있고, 관계 공무원으로 하여금 소방시설업체나 특정소방대상물에 출입하여 관계 서류와 시설 등을 검사하거나 소방시설업자 및 관계인에게 질문하게 할 수 있다.

해답 ②

42 소방시설공사업법령상 소방시설업자가 소방시설공사등을 맡긴 특정소방대상물의 관계인에게 지체 없이 그 사실을 알려야 하는 경우가 아닌 것은?

① 소방시설업자의 지위를 승계한 경우
② 소방시설업의 등록취소처분 또는 영업정지처분을 받은 경우
③ 휴업하거나 폐업한 경우
④ 소방시설업의 주소지가 변경된 경우

해설 공사업법 제8조(소방시설업의 운영)
소방시설업자는 다음에 해당하는 경우에는 관계인에게 지체 없이 그 사실을 알려야 한다.
① 소방시설업자의 **지위를 승계**한 경우
② 소방시설업의 **등록취소처분 또는 영업정지처분**을 받은 경우
③ **휴업**하거나 **폐업**한 경우

해답 ④

43 소방기본법령상 이웃하는 다른 시·도지사와 소방업무에 관하여 시·도지사가 체결할 상호응원협정 사항이 아닌 것은?

① 화재조사활동
② 응원출동의 요청방법
③ 소방교육 및 응원출동훈련
④ 응원출동대상지역 및 규모

해설 기본법 시행규칙 제8조(소방업무의 상호응원협정) (시·도지사의 상호응원협정 체결사항)
(1) 소방활동에 관한 사항
   ① 화재의 경계·진압활동
   ② 구조·구급업무의 지원
   ③ 화재조사활동
(2) 응원출동대상지역 및 규모
(3) 소요경비의 부담에 관한 사항
   ① 출동대원의 수당·식사 및 의복의 수선
   ② 소방장비 및 기구의 정비와 연료의 보급
   ③ 그 밖의 경비
   ④ 응원출동의 요청방법
   ⑤ 응원출동훈련 및 평가

해답 ③

44 소방시설 설치 및 관리에 관한 법령상 소방시설의 종류에 대한 설명으로 옳은 것은?

① 소화기구, 옥외소화전설비는 소화설비에 해당된다.
② 유도등, 비상조명등은 경보설비에 해당된다.
③ 소화수조, 저수조는 소화활동설비에 해당된다.
④ 연결송수관설비는 소화용수설비에 해당된다.

해설 ② 경보설비 → 피난구조설비
③ 소화활동설비 → 소화용수설비
④ 소화용수설비 → 소화활동설비

소방시설의 종류

소방시설	종류	
소화설비	① 소화기구	② 자동소화장치
	③ 옥내소화전설비	④ 옥외소화전설비
	⑤ 스프링클러설비 등	⑥ 물분무등 소화설비

소방시설	종류
경보설비	① 단독경보형감지기 ② 비상경보설비 ③ 시각경보기 ④ 자동화재탐지설비 ⑤ 화재알림설비 ⑥ 비상방송설비 ⑦ 자동화재속보설비 ⑧ 통합감시설비 ⑨ 누전경보기 ⑩ 가스누설경보기

피난구조설비	① 피난기구
	  ㉠ 피난사다리 ㉡ 구조대 ㉢ 완강기
	② 인명구조기구
	  ㉠ 방열복, 방화복
	   (안전모, 보호장갑 및 안전화 포함)
	  ㉡ 공기호흡기
	  ㉢ 인공소생기
	③ 유도등
	  ㉠ 피난유도선 ㉡ 피난구유도등
	  ㉢ 통로유도등 ㉣ 객석유도등
	  ㉤ 유도표지
	④ 비상조명등 및 휴대용비상조명등

소화용수설비	① 상수도소화용수설비 ② 소화수조 · 저수조 그 밖의 소화용수설비
소화활동설비	① 제연설비 ② 연결송수관설비 ③ 연결살수설비 ④ 비상콘센트설비 ⑤ 무선통신보조설비 ⑥ 연소방지설비

해답 ①

45 소방시설 설치 및 관리에 관한 법령상 특정소방대상물의 소방시설 설치의 면제기준에 따라 연결살수설비를 설치면제 받을 수 있는 경우는?

① 송수구를 부설한 간이스프링클러설비를 설치하였을 때
② 송수구를 부설한 옥내소화전설비를 설치하였을 때
③ 송수구를 부설한 옥외소화전설비를 설치하였을 때
④ 송수구를 부설한 연결송수관설비를 설치하였을 때

해설 **소방시설 설치의 면제기준**
(소방시설법 시행령 제14조 관련)

설치가 면제되는 소방시설	설치면제 요건
스프링클러설비	자동소화장치 및 물분무등소화설비
물분무 등 소화설비	스프링클러설비
간이스프링클러설비	스프링클러설비 또는 물분무소화설비, 미분무소화설비
비상경보설비 또는 단독경보형감지기	자동화재 탐지설비, 화재알림설비
비상방송설비	자동화재 탐지설비 또는 비상경보설비
연결살수설비	송수구를 부설한 스프링클러설비 · 간이스프링클러설비 또는 물분무소화설비, 미분무소화설비
제연설비	공기조화설비
비상조명등	피난구유도등 또는 통로유도등

해답 ①

46 위험물안전관리법령상 위험물 및 지정수량에 대한 기준 중 다음 ( ) 안에 알맞은 것은?

금속분이라 함은 알칼리금속 · 알칼리토류금속 · 철 및 마그네슘 외의 금속의 분말을 말하고, 구리분 · 니켈분 및 (㉠)마이크로미터의 체를 통과하는 것이 (㉡) 중량퍼센트 미만인 것은 제외한다.

① ㉠ 150, ㉡ 50   ② ㉠ 53, ㉡ 50
③ ㉠ 50, ㉡ 150   ④ ㉠ 50, ㉡ 53

해설 **용어의 정의**
① 인화성고체 : 고형알코올 그 밖에 1기압에서 인화점이 40℃ 미만인 고체
② 황 : 순도가 60중량% 이상인 것
③ 철분 : 철의 분말로서 53μm의 표준체를 통과하는 것이 50중량% 미만인 것은 제외
④ 금속분 : 알칼리금속 · 알칼리토류금속 · 철 및 마그네슘외의 금속의 분말을 말하고, 구리분 · 니켈분 및 150μm의 체를 통과하는 것이 50중량% 미만인 것은 제외
⑤ 마그네슘 및 마그네슘을 함유한 것에 있어서는 다음에 해당하는 것은 제외한다.
  ㉠ 2mm의 체를 통과하지 아니하는 덩어리 상태의 것
  ㉡ 직경 2mm 이상의 막대 모양의 것

해답 ①

47 위험물안전관리법령상 제조소등의 관계인은 위험물의 안전관리에 관한 직무를 수행하게 하기 위하여 제조소등마다 위험물의 취급에 관한 자격이 있는 자를 위험물안전관리자로 선임하

여야 한다. 이 경우 제조소등의 관계인이 지켜야 할 기준으로 틀린 것은?

① 제조소등의 관계인은 안전관리자를 해임하거나 안전관리자가 퇴직한 때에는 해임하거나 퇴직한 날부터 15일 이내에 다시 안전관리자를 선임하여야 한다.
② 제조소등의 관계인이 안전관리자를 선임한 경우에는 선임한 날부터 14일 이내에 소방본부장 또는 소방서장에게 신고하여야한다.
③ 제조소등의 관계인은 안전관리자가 여행·질병 그 밖의 사유로 인하여 일시적으로 직무를 수행할 수 없는 경우에는 국가기술자격법에 따른 위험물의 취급에 관한 자격취득자 또는 위험물안전에 관한 기본지식과 경험이 있는 자를 대리자로 지정하여 그 직무를 대행하게 하여야한다. 이 경우 대행하는 기간은 30일을 초과할 수 없다.
④ 안전관리자는 위험물을 취급하는 작업을 하는 때에는 작업자에게 안전관리에 관한 필요한 지시를 하는 등 위험물의 취급에 관한 안전관리와 감독을 하여야 하고, 제조소등의 관계인은 안전관리자의 위험물안전관리에 관한 의견을 존중하고 그 권고에 따라야 한다.

해설 ① 15일 이내 → 30일 이내

위험물법 제15조(위험물안전관리자)
① 안전관리자를 선임한 제조소등의 관계인은 그 안전관리자를 해임하거나 안전관리자가 퇴직한 때에는 해임하거나 퇴직한 날부터 **30일 이내에 다시 안전관리자를 선임**하여야 한다.
③ 제조소등의 관계인은 안전관리자를 선임한 경우에는 선임한 날부터 **14일 이내**에 행정안전부령으로 정하는 바에 따라 **소방본부장 또는 소방서장에게 신고**하여야 한다.

해답 ①

48 소방시설공사업법령상 감리업자는 소방시설공사가 설계도서 또는 화재안전기술기준에 적합하지 아니한 때에는 가장 먼저 누구에게 알려야 하는가?

① 감리업체 대표자 ② 시공자
③ 관계인   ④ 소방서장

해설 공사업법 제19조(위반사항에 대한 조치)
감리업자는 감리를 할 때 소방시설공사가 설계도서나 화재안전기술기준에 맞지 아니할 때에는 **관계인에게 알리고, 공사업자에게 그 공사의 시정 또는 보완 등을 요구**하여야 한다.

해답 ③

49 화재의 예방 및 안전관리에 관한 법령에 따라 2급 소방안전관리대상물의 소방안전관리자 선임 기준으로 틀린 것은?

① 1급 소방안전관리대상물의 소방안전관리자 자격이 인정되는 사람
② 소방공무원으로 3년 이상 근무한 경력이 있는 사람
③ 의용소방대원으로 5년 이상 근무한 경력이 있는 사람
④ 위험물산업기사 자격을 가진 사람

해설 (1) 특급 소방안전관리자 선임자격
 ① 소방기술사 또는 소방시설관리사
 ② 소방설비기사 : 5년 이상 1급 실무경력
 ③ 소방설비산업기사 : 7년 이상 1급 실무경력
 ④ 소방공무원 : 20년 이상
 ⑤ 특급 소방안전관리 시험에 합격한 사람
(2) 1급 소방안전관리자 선임자격
 ① 소방설비기사 또는 소방설비산업기사
 ② 소방공무원 : 7년 이상
 ③ 1급 소방안전관리 시험에 합격한 사람
 ④ 특급 또는 1급 자격증 발급받은 사람
(3) 2급 소방안전관리자 선임자격
 ① 위험물(기능장·산업기사 또는 기능사)
 ② 소방공무원 : 3년 이상
 ③ 2급 소방안전관리 시험에 합격한 사람
 ④ 「특별조치법」에 따라 선임된 사람
 ⑤ 특급, 1급, 2급 자격증 발급받은 사람
(4) 3급 소방안전관리자 선임자격
 ① 소방공무원 : 1년 이상

② 3급 소방안전관리 시험에 합격한 사람
③ 「특별조치법」에 따라 선임된 사람
④ 특급, 1급, 2급, 3급 자격증 발급받은 사람

해답 ③

50 위험물안전관리법령상 옥내주유취급소에 있어서 당해 사무소 등의 출입구 및 피난구와 당해 피난구로 통하는 통로·계단 및 출입구에 설치해야 하는 피난구조설비는?

① 유도등
② 구조대
③ 피난사다리
④ 완강기

해설 피난구조설비
① 주유취급소 중 건축물의 2층 이상의 부분을 점포·휴게음식점 또는 전시장의 용도로 사용하는 것에 있어서는 당해 건축물의 2층 이상으로부터 주유취급소의 부지 밖으로 통하는 출입구와 당해 출입구로 통하는 통로·계단 및 출입구에 유도등을 설치하여야 한다.
② 옥내주유취급소에 있어서는 당해 사무소 등의 출입구 및 피난구와 당해 피난구로 통하는 통로·**계단 및 출입구에 유도등**을 설치하여야 한다.
③ 유도등에는 비상전원을 설치하여야 한다.

해답 ①

51 소방시설공사업법령상 소방시설업 등록의 결격사유에 해당되지 않는 법인은?

① 법인의 대표자가 피성년후견인인 경우
② 법인의 임원이 피성년후견인인 경우
③ 법인의 대표자가 소방시설공사업법에 따라 소방시설업 등록이 취소된 지 2년이 지나지 아니한 자인 경우
④ 법인의 임원이 소방시설공사업법에 따라 소방시설업 등록이 취소된 지 2년이 지나지 아니한 자인 경우

해설 (소방시설공사업법 제5조) 등록의 결격사유
① 피성년후견인
② 금고 이상의 실형을 선고받고 그 집행이 끝나거나 집행이 면제된 날부터 2년이 지나지 아니한 사람
③ 금고 이상의 형의 집행유예를 선고받고 그 유예기간 중에 있는 사람
④ 등록이 취소된 날부터 2년이 지나지 아니한 자
⑤ 임원 중에 ①~④에 해당하는 사람이 있는 법인

해답 ②

52 화재의 예방 및 안전관리에 관한 법령상 화재가 발생할 우려가 높거나 화재가 발생하는 경우 그로 인하여 피해가 클 것으로 예상되는 지역을 화재예방강화지구로 지정할 수 있는 자는?

① 한국소방안전원장
② 소방시설관리사
③ 소방본부장
④ 시·도지사

해설 (화재예방법 제18조) 화재예방강화지구의 지정 등
(1) 지정권자 : 시·도지사
(2) 화재안전조사 : 소방관서장
(3) 화재안전조사 실시주기 : 연1회 이상
(4) 소방훈련과 교육 : 연1회 이상
(5) 훈련 및 교육통보 : 10일 전까지

화재예방강화지구의 지정대상지역 ★★필수암기★★
① 시장지역
② 공장·창고가 밀집한 지역
③ 목조건물이 밀집한 지역
④ 노후·불량건축물이 밀집한 지역
⑤ 위험물의 저장 및 처리시설이 밀집한 지역
⑥ 석유화학제품을 생산하는 공장이 있는 지역
⑦ 산업단지
⑧ 소방시설·소방용수시설 또는 소방 출동로가 **없는 지역**
⑨ 물류단지
⑩ 소방관서장이 화재예방강화지구로 인정하는 지역

해답 ④

53 소방시설 설치 및 관리에 관한 법령상 건축허가등을 할 때 미리 소방본부장 또는 소방서장의 동의를 받아야 하는 건축물 등의 범위가 아닌 것은?

① 연면적 $200m^2$ 이상인 노유자시설 및 수련시설
② 항공기격납고, 관망탑
③ 차고·주차장으로 사용되는 바닥면적이 $100m^2$ 이상인 층이 있는 건축물

④ 지하층 또는 무창층이 있는 건축물로서 바닥면적이 150m² 이상인 층이 있는 것

해설 ③ 100m² → 200m²

(소방시설법 시행령 제7조)
건축허가등의 동의대상물의 범위 등
(1) 연면적 400m² 이상
다만, 다음에 해당하는 경우에는 기준 이상
① 학교시설 : 100m²
② 노유자시설 및 수련시설 : 200m²
③ 정신의료기관 : 300m²
④ 장애인 의료재활시설 : 300m²
(2) **지하층 또는 무창층** 150m²(공연장 100m²)
(3) **차고·주차장** 또는 주차용도로 사용시설
① **차고·주차장 : 200m² 이상**
② 기계장치에 의한 **자동차 20대 이상**
(4) 층수가 **6층 이상**인 건축물
(5) 항공기격납고, 관망탑, 항공관제탑, 방송용 송수신탑
(6) 공동주택, 의원(입원실, 인공신장실이 있는 것)·조산원·산후조리원, 숙박시설, 위험물 저장 및 처리 시설, 풍력발전소·전기저장시설, 지하구
(7) 노유자시설((1)의 ②에 해당하지 않는 시설)
(8) **요양병원**(의료재활시설은 제외)
(9) **750배 이상**의 **특수가연물**을 저장·취급
⑩ **가스시설**로서 지상 노출 **탱크 100톤** 이상

해답 ③

54 소방시설 설치 및 관리에 관한 법령상 특정소방대상물의 수용인원 산정방법으로 옳은 것은?

① 침대가 없는 숙박시설은 해당 특정소방대상물의 종사자의 수에 숙박시설의 바닥면적의 합계를 4.6m²로 나누어 얻은 수를 합한 수로 한다.
② 강의실로 쓰이는 특정소방대상물은 해당용도로 사용하는 바닥면적의 합계를 4.6m²로 나누어 얻은 수로 한다.
③ 관람석이 없을 경우 강당, 문화 및 집회시설, 운동시설, 종교시설은 해당용도로 사용하는 바닥면적의 합계를 4.6m²로 나누어 얻은 수로 한다.

④ 백화점은 해당 용도로 사용하는 바닥면적의 합계를 4.6m²로 나누어 얻은 수로 한다.

해설 ① 4.6m² → 3m²
② 4.6m² → 1.9m²
④ 4.6m² → 3m²

수용인원 산정방법
(1) 숙박시설이 있는 것

침대 있는 숙박시설	침대 없는 숙박시설
종사자수+침대 수 (2인용 침대는 2인 산정)	종사자수+ (바닥면적합계/3m²)

(2) 숙박시설이 없는 것
① 강의실·교무실·상담실·실습실·휴게실 : 바닥면적의 합계 /1.9m²
② 강당, **문화 및 집회시설**, 운동시설, 종교시설 : 바닥면적의 합계 / 4.6m²
③ 그 밖의 특정소방대상물 바닥면적의 합계 / 3m²

[비고]
• 바닥면적을 산정할 때에는 복도, 계단 및 화장실의 바닥면적을 포함하지 않는다.
• 계산 결과 소수점 이하의 수는 반올림한다.

해답 ③

55 화재의 예방 및 안전관리에 관한 법령상 일반음식점에서 음식조리를 위해 불을 사용하는 설비를 설치하는 경우 지켜야 하는 사항으로 틀린 것은?

① 주방시설에는 동물 또는 식물의 기름을 제거할 수 있는 필터 등을 설치할 것
② 열을 발생하는 조리기구는 반자 또는 선반으로부터 0.6미터 이상 떨어지게 할 것
③ 주방설비에 부속된 배출덕트는 0.2밀리미터 이상의 아연도금강판으로 설치할 것
④ 열을 발생하는 조리기구로부터 0.15미터 이내의 거리에 있는 가연성 주요구조부는 석면판 또는 단열성이 있는 불연재료로 덮어씌울 것

해설 ③ 0.2밀리미터 이상 → 0.5밀리미터 이상

(화재예방법 시행령 제18조제2항의 별표1)
불을 사용할 때 지켜야 하는 사항

① 주방설비에 부속된 배출덕트는 0.5mm 이상의 아연도금강판 또는 이와 같거나 그 이상의 내식성 불연재료로 설치할 것
② 주방시설에는 동물 또는 식물의 기름을 제거할 수 있는 필터 등을 설치할 것
③ 열을 발생하는 조리기구는 반자 또는 선반으로부터 0.6m 이상 떨어지게 할 것
④ 열을 발생하는 조리기구로부터 0.15m 이내의 거리에 있는 가연성 주요구조부는 단열성이 있는 불연재료로 덮어씌울 것

해답 ③

56 소방기본법령상 소방업무의 응원에 대한 설명 중 틀린 것은?

① 소방본부장이나 소방서장은 소방활동을 할 때에 긴급한 경우에는 이웃한 소방본부장 또는 소방서장에게 소방업무의 응원을 요청할 수 있다.
② 소방업무의 응원 요청을 받은 소방본부장 또는 소방서장은 정당한 사유 없이 그 요청을 거절하여서는 아니 된다.
③ 소방업무의 응원을 위하여 파견된 소방대원은 응원을 요청한 소방본부장 또는 소방서장의 지휘에 따라야 한다.
④ 시·도지사는 소방업무의 응원을 요청하는 경우를 대비하여 출동 대상지역 및 규모와 필요한 경비의 부담 등에 관하여 필요한 사항을 대통령령으로 정하는 바에 따라 이웃하는 시·도지사와 협의하여 미리 규약으로 정하여야 한다.

해설 ④ 대통령령 → 행정안전부령

소방기본법 제11조(소방업무의 응원)
① **소방본부장**이나 **소방서장**은 소방활동을 할 때에 긴급한 경우에는 이웃한 소방본부장 또는 소방서장에게 소방업무의 **응원을 요청**할 수 있다.
② 소방업무의 응원 요청을 받은 소방본부장 또는 소방서장은 정당한 사유 없이 그 요청을 거절하여서는 아니 된다.
③ 소방업무의 응원을 위하여 파견된 소방대원은 응원을 요청한 소방본부장 또는 소방서장의 지

휘에 따라야 한다.
④ **시·도지사**는 소방업무의 응원을 요청하는 경우를 대비하여 **출동 대상지역 및 규모와 필요한 경비의 부담** 등에 관하여 필요한 사항을 **행정안전부령**으로 정하는 바에 따라 **이웃하는 시·도지사와 협의**하여 미리 규약으로 정하여야 한다.

해답 ④

57 소방시설공사업법령상 소방공사감리업을 등록한 자가 수행하여야 할 업무가 아닌 것은?

① 완공된 소방시설등의 성능시험
② 소방시설등 설계 변경 사항의 적합성 검토
③ 소방시설등의 설치계획표의 적법성 검토
④ 소방용품 형식승인 및 제품검사의 기술기준에 대한 적합성 검토

해설 **공사업법 제16조(감리) 소방공사감리업자의 업무**
① 소방시설등의 **설치계획표의 적법성 검토**
② 소방시설등 설계도서의 적합성(적법성과 기술상의 합리성을 말한다. 이하 같다) 검토
③ 소방시설등 설계 **변경 사항의 적합성 검토**
④ 소방용품의 위치·규격 및 사용 자재의 적합성 검토
⑤ 공사업자가 한 소방시설등의 시공이 설계도서와 화재안전기술기준에 맞는지에 대한 지도·감독
⑥ **완공된 소방시설등의 성능시험**
⑦ 공사업자가 작성한 시공 상세 도면의 적합성 검토
⑧ 피난시설 및 방화시설의 적법성 검토
⑨ 실내장식물의 불연화와 방염 물품의 적법성 검토

해답 ④

58 소방시설공사업법령상 소방시설업에 대한 행정처분기준에서 1차 행정처분 사항으로 등록취소에 해당하는 것은?

① 거짓이나 그 밖의 부정한 방법으로 등록한 경우
② 소방시설업자의 지위를 승계한 사실을 소방시설공사등을 맡긴 특정소방대상물의 관계인에게 통지를 하지 아니한 경우
③ 화재안전기술기준 등에 적합하게 설계·

시공을 하지 아니하거나, 법에 따라 적합하게 감리를 하지 아니한 경우
④ 등록을 한 후 정당한 사유 없이 1년이 지날 때까지 영업을 시작하지 아니하거나 계속하여 1년 이상 휴업한 때

해설 소방시설업에 대한 행정처분기준

위반사항	행정처분 기준		
	1차	2차	3차
거짓이나 그 밖의 부정한 방법으로 등록한 경우	등록취소		

해답 ①

59 다음 중 소방기본법령상 한국소방안전원의 업무가 아닌 것은?

① 소방기술과 안전관리에 관한 교육 및 조사 · 연구
② 위험물탱크 성능시험
③ 소방기술과 안전관리에 관한 각종 간행물 발간
④ 화재 예방과 안전관리의식 고취를 위한 대국민 홍보

해설 (기본법 제41조) 소방안전원의 업무
① 소방기술과 안전관리에 관한 교육 및 조사 · 연구
② 소방기술과 안전관리에 관한 각종 간행물의 발간
③ 화재예방과 안전관리의식의 고취를 위한 대국민 홍보
④ 소방업무에 관하여 행정기관이 위탁하는 업무
⑤ 소방안전에 관한 국제협력
⑥ 그 밖에 회원에 대한 기술지원 등 정관으로 정하는 사항

해답 ②

60 위험물안전관리법령상 제조소등이 아닌 장소에서 지정수량 이상의 위험물 취급에 대한 설명으로 틀린 것은?

① 임시로 저장 또는 취급하는 장소에서의 저장 또는 취급의 기준은 시 · 도의 조례로 정한다.
② 필요한 승인을 받아 지정수량 이상의 위험물을 120일 이내의 기간 동안 임시로 저장 또는 취급하는 경우 제조소 등이 아닌 장소에서 지정수량 이상의 위험물을 취급할 수 있다.
③ 제조소등이 아닌 장소에서 지정수량 이상의 위험물을 취급할 경우 관할소방서장의 승인을 받아야 한다.
④ 군부대가 지정수량 이상의 위험물을 군사목적으로 임시로 저장 또는 취급하는 경우 제조소등이 아닌 장소에서 지정수량이상의 위험물을 취급할 수 있다.

해설 ② 120일 이내 → 90일 이내

(위험물법 제5조) 위험물의 저장 및 취급의 제한
위험물 임시저장 및 취급은 시. 도의 조례에 따라 관할소방서장의 승인을 받아 90일 이내 임시저장, 취급할 수 있다.

해답 ②

제4과목 소방기계시설의 구조 및 원리

61 소화기구 및 자동소화장치의 화재안전기술기준상 대형소화기의 정의 중 다음 ( )안에 알맞은 것은?

> 화재 시 사람이 운반할 수 있도록 운반대와 바퀴가 설치되어 있고 능력단위가 A급 (㉠)단위 이상, B급 (㉡)단위 이상인 소화기를 말한다.

① ㉠ 20, ㉡ 10
② ㉠ 10, ㉡ 20
③ ㉠ 10, ㉡ 5
④ ㉠ 5, ㉡ 10

해설 소화기의 능력단위 및 보행거리

구 분	소형소화기	대형소화기
능력단위	1단위이상 대형소화기 능력단위 미만	• A급 10단위 이상 • B급 20단위 이상
보행거리	20m 이내	30m 이내

해답 ②

62 분말소화설비의 화재안전기술기준상 분말소화약제의 가압용가스 또는 축압용가스의 설치 기준으로 틀린 것은?

① 가압용가스에 질소가스를 사용하는 것의 질소가스는 소화약제 1kg마다 40L(35℃에서 1기압의 압력상태로 환산한 것) 이상으로 할 것
② 가압용가스에 이산화탄소를 사용하는 것의 이산화탄소는 소화약제 1kg에 대하여 20g에 배관의 청소에 필요한 양을 가산한 양 이상으로 할 것
③ 축압용가스에 질소가스를 사용하는 것의 질소가스는 소화약제 1kg에 대하여 40L(35℃에서 1기압의 압력상태로 환산한 것) 이상으로 할 것
④ 축압용가스에 이산화탄소를 사용하는 것의 이산화탄소는 소화약제 1kg에 대하여 20g에 배관의 청소에 필요한 양을 가산한 양 이상으로 할 것

해설 ③ 40L → 10L

가압용 또는 축압용 가스

구분	질소가스 사용 시	이산화탄소 사용 시
가압용 가스	40L(질소)/1kg(약제) 이상 (35℃, 1기압 기준)	20g(CO$_2$)/1kg(약제) +배관청소에 필요한 양
축압용 가스	10L(질소)/1kg(약제) 이상 (35℃, 1기압 기준)	20g(CO$_2$)/1kg(약제) +배관청소에 필요한 양

• 배관 청소용 가스는 별도 용기에 저장

해답 ③

63 포소화설비의 화재안전기술기준상 포소화설비의 자동식 기동장치에 화재감지기를 사용하는 경우, 화재감지기 회로의 발신기 설치 기준 중 ( )안에 알맞은 것은? (단, 자동화재탐지설비의 수신기가 설치된 장소에 상시 사람이 근무하고 있고, 화재 시 즉시 해당 조작부를 작동시킬 수있는 경우는 제외한다.)

특정소방대상물의 층마다 설치하되, 해당 특정소방대상물의 각 부분으로부터 수평거리가 (㉠)m 이하가 되도록 할 것. 다만, 복도 또는 별도로 구획된 실로서 보행거리가 (㉡)m 이상일 경우에는 추가로 설치하여야 한다.

① ㉠ 25, ㉡ 30
② ㉠ 25, ㉡ 40
③ ㉠ 15, ㉡ 30
④ ㉠ 15, ㉡ 40

해설 **포소화설비의 자동식 기동장치 화재감지기를 사용하는 경우**
화재감지기 회로에는 다음 기준에 따른 발신기를 설치할 것
① 조작이 쉬운 장소에 설치하고, **스위치**는 바닥으로부터 **0.8m 이상 1.5m 이하**의 높이에 설치할 것
② 층마다 설치하되, 해당 각 부분으로부터 수평거리가 **25m 이하**가 되도록 할 것. 다만, 복도 또는 별도로 구획된 실로서 보행거리가 **40m 이상**일 경우에는 **추가**로 설치하여야 한다.
③ 발신기의 위치를 표시하는 표시등은 함의 상부에 설치하되, 그 불빛은 부착 면으로부터 15° 이상의 범위 안에서 부착지점으로부터 10m 이내의 어느 곳에서도 쉽게 식별할 수 있는 적색등으로 할 것

해답 ②

64 특별피난계단의 계단실 및 부속실 제연설비의 화재안전기술기준상 급기풍도 단면의 긴변 길이가 1300mm인 경우, 강판의 두께는 최소 몇 mm 이상이어야 하는가?

① 0.6
② 0.8
③ 1.0
④ 1.2

해설 **배출풍도의 강판의 두께**

풍도단면의 긴변 또는 직경의 크기	강판두께
450mm 이하	0.5mm 이상
450mm 초과 750mm 이하	0.6mm 이상
750mm 초과 1500mm 이하	0.8mm 이상
1500mm 초과 2250mm 이하	1.0mm 이상
2250mm 초과	1.2mm 이상

해답 ②

65 옥외소화전설비의 화재안전기술기준상 옥외소화전설비에서 성능시험배관의 직관부에 설치된 유량측정장치는 펌프의 정격토출량의 최소 몇 % 이상 측정할 수 있는 성능이 있어야 하는가?

① 175   ② 150
③ 75   ④ 50

해설 **펌프의 성능 기준**
① 체절운전 시 정격토출압력의 140%를 초과하지 아니할 것
② 정격토출량의 150%로 운전 시 정격토출압력의 65% 이상이 되어야 할 것

펌프의 성능시험배관의 기준
① 성능시험배관은 펌프의 토출측에 설치된 **개폐밸브 이전에서 분기**하여 **직선**으로 설치하고, 유량측정장치를 기준으로 **전단** 직관부에 **개폐밸브**를 **후단** 직관부에는 **유량조절밸브**를 설치할 것
② 유량측정장치는 펌프의 **정격토출량의 175% 이상**까지 측정할 수 있는 성능이 있을 것

해답 ①

66 할론소화설비의 화재안전기기준상 자동차 차고나 주차장에 할론 1301 소화약제로 전역방출방식의 소화설비를 설치한 경우 방호구역의 체적 1m³당 얼마의 소화약제가 필요한가?

① 0.32kg 이상 0.64kg 이하
② 0.36kg 이상 0.71kg 이하
③ 0.40kg 이상 1.10kg 이하
④ 0.60kg 이상 0.71kg 이하

해설 **전역방출 방식**(체적계수 및 개구부 면적계수)

소방 대상물	소화 약제의 종별	방호구역의 체적 1m³에 대한 소화약제의 양 kg (K_1 : kg/m³)	개구부 가산량 (자동폐쇄장치 미설치시) (K_1 : kg/m³)
차고, 주차장, 전기실, 통신기기실	할론 1301	0.32kg 이상 0.64kg 이하	2.4kg

해답 ①

67 소화기구 및 자동소화장치의 화재안전기술기준상 타고 나서 재가 남는 일반화재에 해당하는 일반 가연물은?

① 고무   ② 타르
③ 솔벤트   ④ 유성도료

해설 ① 고무-일반화재(A급)
② 타르-유류화재(B급)
③ 솔벤트-유류화재(B급)
④ 유성도료-유류화재(B급)

해답 ①

68 특별피난계단의 계단실 및 부속실 제연설비의 화재안전기술기준상 차압 등에 관한 기준으로 옳은 것은?

① 제연설비가 가동되었을 경우 출입문의 개방에 필요한 힘은 150N 이하로 하여야 한다.
② 제연구역과 옥내와의 사이에 유지하여야 하는 최소차압은 옥내에 스프링클러설비가 설치된 경우에는 40Pa 이상으로 하여야 한다.
③ 계단실과 부속실을 동시에 제연하는 경우 부속실의 기압은 계단실과 같게 하거나 계단실의 기압보다 낮게 할 경우에는 부속실과 계단실의 압력차이는 3Pa 이하가 되도록 하여야 한다.
④ 피난을 위하여 제연구역의 출입문이 일시적으로 개방되는 경우 개방되지 아니하는 제연구역과 옥내와의 차압은 기준에 따른 차압은 기준에 따른 차압의 70% 이상이어야 한다.

해설 ① 150N 이하 → 110N 이하
② 40pa 이상 → 12.5pa 이상
③ 3Pa 이하 → 5Pa 이하

특별피난계단의 계단실 및 부속실 제연설비의 차압 등
① 제연구역과 옥내와의 사이에 유지하여야 하는 최소차압은 **40Pa**(옥내에 스프링클러설비가 설치된 경우 12.5Pa) 이상

② 제연설비가 가동되었을 경우 출입문의 개방에 필요한 힘은 110N **이하**
③ 출입문이 일시적으로 개방되는 경우 개방되지 아니하는 제연구역과 옥내와의 차압은 제1항의 기준에 불구하고 차압의 **70% 이상**이어야 한다.
④ 계단실과 부속실을 동시에 제연 하는 경우 부속실의 기압은 계단실과 같게 하거나 계단실의 기압보다 낮게 할 경우에는 부속실과 계단실의 **압력차이는 5Pa 이하**

해답 ④

69 스프링클러설비의 화재안전기술기준상 고가수조를 이용한 가압송수장치의 설치기준 중 고가수조에 설치하지 않아도 되는 것은?

① 수위계
② 배수관
③ 압력계
④ 오버플로우관

고가수조 설치부품
① 수위계 ② 배수관 ③ 급수관
④ 오버플로우관 ⑤ 맨홀
(어두문자 암기법 : 오급수배트맨)

압력수조 설치부품
① 수위계 ② 급수관 ③ 배수관
④ 급기관 ⑤ 맨홀 ⑥ 압력계
⑦ 안전장치 ⑧ 자동식 공기압축기
(자동식 에어콤프레샤)
(어두문자 암기법 : 맨압배 급수 자급방안)

해답 ③

70 상수도소화용수설비의 화재안전기술기준상 소화전은 특정소방대상물의 수평투영면의 각 부분으로부터 최대 몇 m 이하가 되도록 설치하여야 하는가?

① 100
② 120
③ 140
④ 150

상수도소화용수설비
① 호칭지름 **75mm 이상**의 **수도배관**에 호칭지름 **100mm 이상**의 **소화전**을 접속
② 소화전은 소방자동차 등의 진입이 쉬운 도로변 또는 공지에 설치
③ 소화전은 소방대상물의 수평투영면의 각 부분으로부터 **140m 이하**가 되도록 설치

해답 ③

71 상수도소화용수설비의 화재안전기술기준상 상수도소화용수설비 소화전의 설치 기준 중 다음 ( ) 안에 알맞은 것은?

호칭지름 (㉠)mm 이상의 수도배관에 호칭지름 (㉡)mm 이상의 소화전을 접속할 것

① ㉠ 65, ㉡ 120
② ㉠ 75, ㉡ 100
③ ㉠ 80, ㉡ 90
④ ㉠ 100, ㉡ 100

상수도소화용수설비
① 호칭지름 **75mm 이상**의 **수도배관**에 호칭지름 **100mm 이상**의 **소화전**을 접속
② 소화전은 소방자동차 등의 진입이 쉬운 도로변 또는 공지에 설치
③ 소화전은 소방대상물의 수평투영면의 각 부분으로부터 **140m 이하**가 되도록 설치

해답 ②

72 구조대의 형식승인 및 제품검사의 기술기준상 경사하강식 구조대의 구조 기준으로 틀린 것은?

① 연속하여 활강할 수 있는 구조로 안전하고 쉽게 사용할 수 있어야 한다.
② 경사구조대 본체는 강하방향으로 봉합부가 설치되지 아니하여야 한다.
③ 입구틀 및 고정틀의 입구는 지름 40cm 이상의 구체가 통할 수 있어야 한다.
④ 본체의 포지는 하부지지장치에 인장력이 균등하게 걸리도록 부착하여야 하며 하부지지장치는 쉽게 조작할 수 있어야 한다.

③ 지름 40cm 이상 → 지름 60cm 이상

경사강하식구조대("구조대")의 구조
입구틀 및 고정틀의 입구는 **지름 60cm 이상**의 구체가 통과할 수 있어야 한다.

해답 ③

73 분말소화설비의 화재안전기술기준상 차고 또는 주차장에 설치하는 분말소화설비의 소화약제는?

① 제1종 분말   ② 제2종 분말
③ 제3종 분말   ④ 제4종 분말

해설 분말소화약제
① 분말소화설비에 사용하는 소화약제는 제1종분말 · 제2종분말 · 제3종분말 또는 제4종분말로 하여야 한다.
② 차고 또는 주차장에 설치하는 분말소화설비의 소화약제는 제3종분말로 하여야 한다.

해답 ③

74 피난사다리의 형식승인 및 제품검사의 기술기준상 피난사다리의 일반구조 기준으로 옳은 것은?

① 피난사다리는 2개 이상의 횡봉으로 구성되어야 한다. 다만, 고정식사다리인 경우에는 횡봉의 수를 1개로 할 수 있다.
② 피난사다리(종봉이 1개인 고정식사다리는 제외)의 종봉의 간격은 최외각 종봉 사이의 안치수가 15cm 이상이어야 한다.
③ 피난사다리의 횡봉은 지름 15mm 이상 25mm 이하의 원형인 단면이거나 또는 이와 비슷한 손으로 잡을 수 있는 형태의 단면이 있는 것이어야 한다.
④ 피난사다리의 횡봉은 종봉에 동일한 간격으로 부착한 것이어야 하며, 그 간격은 25cm 이상 35cm 이하이어야 한다.

해설 ① 횡봉 → 종봉 및 횡봉
횡봉의 수를 1개 → 종봉의 수를 1개
② 15cm 이상 → 30cm 이상
③ 15mm 이상 25mm 이하
 → 14mm 이상 35mm 이하

피난사다리의 구조
① 피난사다리는 **2개 이상의 종봉 및 횡봉**으로 구성. 다만, 고정식사다리인 경우에는 종봉의 수를 1개로 할 수 있다.
② 피난사다리(종봉이 1개인 고정식사다리는 제외)의 종봉의 간격은 최외각 종봉 사이의 **안치수가 30cm 이상**이어야 한다.
③ 피난사다리의 횡봉은 지름 **14mm이상 35mm 이하**의 원형인 단면이거나 또는 이와 비슷한 손으로 잡을 수 있는 형태의 단면이 있는 것이어야 한다.
④ 피난사다리의 횡봉은 종봉에 동일한 간격으로 부착한 것이어야 하며, 그 간격은 **25cm 이상 35cm 이하**이어야 한다.

해답 ④

75 간이스프링클러설비의 화재안전기술기준상 간이스프링클러설비의 배관 및 밸브 등의 설치순서로 맞는 것은? (단, 수원이 펌프보다 낮은 경우이다.)

① 상수도직결형은 수도용계량기, 급수차단장치, 개폐표시형밸브, 체크밸브, 압력계, 유수검지장치, 2개의 시험밸브 순으로 설치할 것
② 펌프 설치 시에는 수원, 연성계 또는 진공계, 펌프 또는 압력수조, 압력계, 체크밸브, 개폐표시형밸브, 유수검지장치, 2개의 시험밸브 순으로 설치할 것
③ 가압수조 이용 시에는 수원, 가압수조, 압력계, 체크밸브, 개폐표시형밸브, 유수검지장치, 1개의 시험밸브 순으로 설치할 것
④ 캐비닛형인 경우 수원, 펌프 또는 압력수조, 압력계, 체크밸브, 연성계 또는 진공계, 개폐표시형밸브 순으로 설치할 것

해설 간이스프링클러설비의 배관 및 밸브 등의 순서
① 상수도직결형
수도용계량기 → 급수차단장치 → 개폐표시형밸브 → 체크밸브 → 압력계 → 유수검지장치 → 2개의 시험밸브
② 펌프 등의 가압송수장치를 설치하는 경우
수원 → 연성계 또는 진공계(수원이 펌프보다 높은 경우를 제외) → 펌프 또는 압력수조 → 압력계 → 체크밸브 → 성능시험배관 → 개폐표시형밸브 → 유수검지장치 → 시험밸브

③ 가압수조를 가압송수장치로 설치하는 경우
수원 → 가압수조 → 압력계 → 체크밸브 → 성능시험배관 → 개폐표시형밸브 → 유수검지장치 → 2개의 시험밸브

④ 캐비닛형의 가압송수장치를 설치하는 경우
수원 → 연성계 또는 진공계(수원이 펌프보다 높은 경우를 제외) → 펌프 또는 압력수조 → 압력계 → 체크밸브 → 개폐표시형밸브 → 2개의 시험밸브

해답 ①

76 스프링클러설비의 화재안전기술기준상 스프링클러헤드 설치 시 살수가 방해되지 아니하도록 벽과 스프링클러헤드간의 공간은 최소 몇 cm 이상으로 하여야 하는가?

① 60　　② 30
③ 20　　④ 10

스프링클러헤드
① 살수가 방해되지 아니하도록 스프링클러헤드로부터 **반경 60cm 이상의 공간**을 보유할 것. 다만, **벽과 스프링클러헤드간의 공간은 10cm 이상**으로 한다.
② 스프링클러헤드와 그 부착면과의 거리는 **30cm 이하**로 할 것.
③ 연소할 우려가 있는 개구부에는 그 상하좌우에 **2.5m 간격**으로 스프링클러헤드를 설치하되, 스프링클러헤드와 개구부의 내측 면으로부터 **직선거리는 15cm 이하**가 되도록 할 것. 이 경우 사람이 상시 출입하는 개구부로서 통행에 지장이 있는 때에는 개구부의 상부 또는 측면(개구부의 폭이 9m 이하인 경우)에 설치하되, **헤드 상호간의 간격은 1.2m 이하**로 설치하여야 한다.

해답 ④

77 물분무소화설비의 화재안전기술기준상 차고 또는 주차장에 설치하는 물분무소화설비의 배수설비 기준으로 틀린 것은?

① 차량이 주차하는 바닥은 배수구를 향하여 100분의 2 이상의 기울기를 유지할 것

② 차량이 주차하는 장소의 적당한 곳에 높이 5cm 이상의 경계턱으로 배수구를 설치할 것
③ 배수설비는 가압송수장치의 최대송수능력의 수량을 유효하게 배수할 수 있는 크기 및 기울기로 할 것
④ 배수구에는 새어나온 기름을 모아 소화할 수 있도록 길이 40m 이하마다 집수관·소화핏트 등 기름분리장치를 설치할 것

② 높이 5cm 이상 → 높이 10cm 이상

물분무소화설비를 설치하는 차고 또는 주차장의 배수설비
① 높이 **10cm 이상**의 **경계턱**으로 배수구 설치
② 길이 **40m 이하**마다 집수관·소화핏트 등 **기름분리장치**를 설치
③ 배수구를 향하여 **100분의 2 이상의 기울기**
④ 배수설비는 가압송수장치의 **최대송수능력의 수량**을 **유효하게 배수**할 수 있는 크기 및 기울기로 할 것

해답 ②

78 미분무소화설비의 화재안전기술기준상 용어의 정의 중 다음 ( ) 안에 알맞은 것은?

"미분무"란 물만을 사용하여 소화하는 방식으로 최소설계압력에서 헤드로부터 방출되는 물입자 중 99%의 누적체적분포가 (㉠)μm 이하로 분무되고 (㉡)급 화재에 적응성을 갖는 것을 말한다.

① ㉠ 400, ㉡ A,B,C
② ㉠ 400, ㉡ B,C
③ ㉠ 200, ㉡ A,B,C
④ ㉠ 200, ㉡ B,C

용어 정의
① 미분무
물만을 사용하여 소화하는 방식으로 최소설계압력에서 헤드로부터 방출되는 물입자 중 99%의 누적체적분포가 400μm 이하로 분무되고 A,B,C급화재에 적응성을 갖는 것

② 미분무소화설비의 종류

저압	중압	고압
최고사용압력이 1.2MPa 이하	사용압력이 1.2MPa을 초과하고 3.5MPa 이하	최저사용압력이 3.5MPa을 초과

해답 ①

79 포소화설비의 화재안전기술기준상 포소화설비의 자동식 기동장치에 폐쇄형 스프링클러헤드를 사용하는 경우에 대한 설치 기준 중 다음 ( ) 안에 알맞은 것은? (단, 자동화재탐지설비의 수신기가 설치된 장소에 상시 사람이 근무하고 있고, 화재 시 즉시 해당 조작부를 작동시킬 수 있는 경우는 제외한다.)

- 표시온도가 (㉠)℃ 미만인 것을 사용하고 1개의 스프링클러헤드의 경계 면적은 (㉡)m² 이하로 할 것
- 부착면의 높이는 바닥으로부터 (㉢)m 이하로 하고 화재를 유효하게 감지할 수 있도록 할 것

① ㉠ 60, ㉡ 10, ㉢ 7
② ㉠ 60, ㉡ 20, ㉢ 7
③ ㉠ 79, ㉡ 10, ㉢ 5
④ ㉠ 79, ㉡ 20, ㉢ 5

해설 **포소화설비의 자동식 기동장치**
폐쇄형 스프링클러헤드를 사용하는 경우
① 표시온도가 **79℃ 미만**인 것을 사용하고, 1개의 스프링클러헤드의 경계면적은 **20m² 이하**로 할 것
② 부착면의 높이는 바닥으로부터 **5m 이하**로 하고, 화재를 유효하게 감지할 수 있도록 할 것
③ 하나의 감지장치 경계구역은 하나의 층이 되도록 할 것

해답 ④

80 할론소화설비의 화재안전기술기준상 할론소화약제 저장용기의 설치 기준 중 다음 ( ) 안에 알맞은 것은?

축압식 저장용기의 압력은 온도 20℃에서 할론 1301을 저장하는 것은 (㉠)MPa 또는 (㉡)MPa이 되도록 질소가스로 축압할 것

① ㉠ 2.5, ㉡ 4.2
② ㉠ 2.0, ㉡ 3.5
③ ㉠ 1.5, ㉡ 3.0
④ ㉠ 1.1, ㉡ 2.5

해설 **할론소화약제의 저장용기**
① 축압식 저장용기의 압력

구분	저장압력	충전가스
할론1211	1.1MPa 또는 2.5MPa(20℃)	질소(N_2)
할론1301	2.5MPa 또는 4.2MPa(20℃)	질소(N_2)

② 저장용기의 충전비

구분		충전비
할론2402	가압식	0.51 이상 0.67 미만
	축압식	0.67 이상 2.75 미만
할론1211		0.7 이상 1.4 이하
할론1301		0.9 이상 1.6 이하

해답 ①

소방설비기사 – 기계분야

2022년 4월 24일 시행

제1과목 소방원론

01 목조건축물의 화재특성으로 틀린 것은?

① 습도가 낮을수록 연소 확대가 빠르다.
② 화재진행속도는 내화건축물보다 빠르다.
③ 화재최성기의 온도는 내화건축물보다 낮다.
④ 화재성장속도는 횡방향보다 종방향이 빠르다.

해설 ③ 화재최성기의 온도는 목조건축물이 내화건축물보다 높다.

건축물 구조형태에 따른 화재특징

구 분	목조건축물	내화건축물
연소형태	고온 단기형	저온 장기형
화재특성	• 발염연소가 된다. • 초기에 **연소속도**가 빠르다.	• 발염연소가 억제된다. • 초기에 **연소속도**가 느리다.
최고온도	1300℃	1000℃

해답 ③

02 물이 소화약제로서 사용되는 장점이 아닌 것은?

① 가격이 저렴하다.
② 많은 양을 구할 수 있다.
③ 증발잠열이 크다.
④ 가연물과 화학반응이 일어나지 않는다.

해설 물이 소화약제로 사용되는 이유
① 증발잠열(기화잠열, 539kcal/kg)이 크기 때문
② 비열(1kcal/kg · ℃)이 크기 때문
③ 가격이 저렴하다.
④ 쉽게 구할 수 있다.

해답 ④

03 정전기로 인한 화재를 줄이고 방지하기 위한 대책 중 틀린 것은?

① 공기 중 습도를 일정 값 이상으로 유지한다.
② 기기의 전기 절연성을 높이기 위하여 부도체로 차단공사를 한다.
③ 공기 이온화 장치를 설치하여 가동시킨다.
④ 정전기 축적을 막기 위해 접지선을 이용하여 대지로 연결작업을 한다.

해설 ② 부도체 → 도체

(1) **정전기에 의한 발화과정**
전하의 발생→전하의 축적→방전→발화

(2) **정전기 방지대책**
① 접지와 본딩
② 공기를 이온화
③ 상대습도 70% 이상 유지
④ 도체물질을 사용

해답 ②

04 프로판가스의 최소점화에너지는 일반적으로 약 몇 mJ 정도 되는가?

① 0.25 ② 2.5
③ 25   ④ 250

해설 (1) **최소점화에너지**
(MIE : Minimum Ignition Energy)
점화원에 의해 가연성 혼합기가 발화하기 위하여 필요한 최소 에너지

$$E = \frac{1}{2}CV^2$$

여기서, E : 에너지[J], C : 콘덴서용량[F]
V : 전압[V]

(2) **프로판(C_3H_8)의 최소점화에너지** : 0.25mJ

해답 ①

05 목재 화재 시 다량의 물을 뿌려 소화할 경우 기대되는 주된 소화효과는?

① 제거효과 ② 냉각효과
③ 부촉매효과 ④ 희석효과

해설 소화원리 ★★★★★
① 냉각소화 : 가연성 물질을 발화점 이하로 냉각

　물이 소화약제로 사용되는 이유
　• 물의 기화열(539 kcal/kg)이 크기 때문
　• 물의 비열 (1 kcal/kg℃)이 크기 때문

② 질식소화 : 산소농도를 21% → 15% 이하로 감소

　질식소화 시 산소의 유지농도 : 10~15%

③ 억제소화(부촉매소화, 화학적소화) : 연쇄반응을 억제
　• 부촉매 : 화학적 반응의 속도를 느리게 하는 것
　• 부촉매 효과 : 할론소화약제
　　[할로젠족원소 : 불소(F), 염소(Cl), 브로민(Br), 아이오딘(I)]

④ 제거소화 : 가연성물질을 제거시켜 소화
　• 산불이 발생하면 화재의 진행방향을 앞질러 벌목
　• 화학반응기의 화재 시 원료공급관의 밸브를 폐쇄
　• 유전화재 시 폭약으로 폭풍을 일으켜 화염을 제거
　• 촛불을 입김으로 불어 화염을 제거

⑤ 피복소화 : 가연물 주위를 공기와 차단

⑥ 희석소화
　• 알코올, 아세톤 등 수용성인 인화성액체 화재 시 물을 방사하여 가연물의 연소농도를 희석
　• 기체, 고체, 액체에서 나오는 분해가스나 증기의 농도를 희석하여 연소를 중지시켜 소화

⑦ 유화소화(에멀전소화) : 제4류 위험물 중 물에 녹지 않는 인화성액체의 유류화재 시 물분무로 방사하여 액체표면에 불연성의 유막을 형성하여 소화

해답 ②

06 물질의 연소 시 산소 공급원이 될 수 없는 것은?

① 탄화칼슘 ② 과산화나트륨
③ 질산나트륨 ④ 압축공기

해설 ① 탄화칼슘(CaC_2)-제3류-금수성

② 과산화나트륨(Na_2O_2)-제1류-무기과산화물-산화성고체
③ 질산나트륨($NaNO_3$)-제1류-질산염류-산화성고체
④ 압축공기(O_2)

해답 ①

07 다음 물질 중 공기 중에서의 연소범위가 가장 넓은 것은?

① 부탄 ② 프로판
③ 메탄 ④ 수소

해설 주요가스의 공기 중 연소범위(1atm, 상온에서)

가스명	화학식	하한계(%)	상한계(%)
아세틸렌	C_2H_2	2.5	81
수소	H_2	4	75
메탄	CH_4	5	15
프로판	C_3H_8	2.1	9.5
부탄	C_4H_{10}	1.8	8.4

해답 ④

08 이산화탄소 20g은 약 몇 mol인가?

① 0.23 ② 0.45
③ 2.2 ④ 4.4

해설 ① CO_2분자량 = 12+16×2 = 44
② 몰 = $\frac{20g}{44g}$ = 0.45mol

몰(mol)

$$몰(mol) = \frac{W(무게)}{M(분자량)}$$

• 분자량과 같은 g수의 물질량을 1몰이라 한다.
• 산소 O_2(분자량 32)의 1몰은 32g이다.
• M이라는 약호로 표시한다.

해답 ②

09 플래시 오버(flash over)에 대한 설명으로 옳은 것은?

① 도시가스의 폭발적 연소를 말한다.
② 휘발유 등 가연성 액체가 넓게 흘러서 발화한 상태를 말한다.

③ 옥내화재가 서서히 진행하여 열 및 가연성 기체가 축적되었다가 일시에 연소하여 화염이 크게 발생하는 상태를 말한다.
④ 화재층의 불이 상부층으로 올라가는 현상을 말한다.

해설 플래쉬 오버(flash over) 현상
화재 시 발생한 가연성가스가 건물 내 상층부에 체류하다가 연소범위 내 농도가 되면 착화하여 화염으로 쌓이고 상층부의 열이 축적되어 축적된 열이 실내에 복사열로 방출되어 실내가 화염으로 덮이는 현상
- 플래쉬 오버 발생시기 : 성장기
- 주요 발생 원인 : 열의 공급

백드래프트(Back Draft) 현상
① 정의 : 화재시 가연성가스가 축적되어 있다가 신선한 공기가 유입되면 폭발적 연소와 함께 폭풍을 동반하며 화염이 외부로 분출되는 현상
② 발생시기 : 감쇠기
③ 주요 발생원인 : 산소의 공급
④ 방지대책 : ㉠ 적절한 배연   ㉡ 환기
           ㉢ 폭발력의 억제   ㉣ 격리

해답 ③

10 제4류 위험물의 성질로 옳은 것은?

① 가연성 고체   ② 산화성 고체
③ 인화성 액체   ④ 자기반응성 물질

해설 위험물의 분류 및 성질 ★★★

류 별	성 질
제1류	산화성고체
제2류	가연성고체
제3류	자연발화성 및 금수성
제4류	인화성액체
제5류	자기반응성(자기연소성)
제6류	산화성액체

해답 ③

11 할론 소화설비에서 Halon 1211 약제의 분자식은?

① CBr_2ClF ② CF_2BrCl
③ CCl_2BrF ④ BrC_2ClF

해설 할론소화약제 명명법
할론 ⓐⓑⓒⓓ
ⓐ : C원자수, ⓑ : F원자수
ⓒ : Cl원자수, ⓓ : Br원자수

할론소화약제

구분\종류	할론 2402	할론 1211	할론 1301	할론 1011
분자식	$C_2F_4Br_2$	CF_2ClBr	CF_3Br	CH_2ClBr

해답 ②

12 다음 중 가연물의 제거를 통한 소화방법과 무관한 것은?

① 산불의 확산방지를 위하여 산림의 일부를 벌채한다.
② 화학반응기의 화재 시 원료 공급관의 밸브를 잠근다.
③ 전기실 화재 시 IG-541 약제를 방출한다.
④ 유류탱크 화재 시 주변에 있는 유류탱크의 유류를 다른 곳으로 이동시킨다.

해설 소화원리 ★★★★★
① 냉각소화 : 가연성 물질을 발화점 이하로 냉각

물이 소화약제로 사용되는 이유
- 물의 기화열(539 kcal/kg)이 크기 때문
- 물의 비열(1 kcal/kg℃)이 크기 때문

② 질식소화 : 산소농도를 21% → 15% 이하로 감소
질식소화 시 산소의 유지농도 : 10~15%

③ 억제소화(부촉매소하, 화학적소화) : 연쇄반응을 억제
- 부촉매 : 화학적 반응의 속도를 느리게 하는 것
- 부촉매 효과 : 할론소화약제
  [할로젠족원소 : 불소(F), 염소(Cl), 브로민(Br), 아이오딘(I)]

④ 제거소화 : 가연성물질을 제거시켜 소화
- 산불이 발생하면 화재의 진행방향을 앞질러 벌목
- 화학반응기의 화재 시 원료공급관의 밸브를 폐쇄
- 유전화재 시 폭약으로 폭풍을 일으켜 화염을 제거
- 촛불을 입김으로 불어 화염을 제거

⑤ 피복소화 : 가연물 주위를 공기와 차단
⑥ 희석소화
- 알코올, 아세톤 등 수용성인 인화성액체 화

재 시 물을 방사하여 가연물의 연소농도를 희석
 • 기체, 고체, 액체에서 나오는 분해가스나 증기의 농도를 희석하여 연소를 중지시켜 소화
⑦ 유화소화(에멀전소화) : 제4류 위험물 중 물에 녹지 않는 인화성액체의 유류화재 시 물분무로 방사하여 액체표면에 불연성의 유막을 형성하여 소화

해답 ③

13 건물화재의 표준시간-온도곡선에서 화재발생 후 1시간이 경과할 경우 내부온도는 약 몇 ℃ 정도 되는가?

① 125　　② 325
③ 640　　④ 925

해설 내화건축물의 표준온도곡선

해답 ④

14 위험물안전관리법령상 위험물로 분류되는 것은?

① 과산화수소　　② 압축산소
③ 프로판가스　　④ 포스겐

해설 ① 과산화수소-제6류-산화성액체
② 압축산소-조연성(지연성)가스
③ 프로판가스-가연성가스
④ 포스겐-맹독성가스

해답 ①

15 연기에 의한 감광계수가 $0.1m^{-1}$, 가시거리가 20~30m일 때의 상황으로 옳은 것은?

① 건물 내부에 익숙한 사람이 피난에 지장을 느낄 정도
② 연기감지기가 작동할 정도
③ 어두운 것을 느낄 정도
④ 앞이 거의 보이지 않을 정도

해설 감광계수와 가시거리

감광계수 (m^{-1})	가시거리 (m)	상 태
0.1	20~30	연기감지기 작동
0.3	5	피난에 지장
0.5	3	어두움을 느끼기 시작
1.0	1~2	거의 앞이 보이지 않을 정도
10	0.2~0.5	화재 최성기

※ **감광계수** : 연기 속을 투과한 빛의 양으로 연기의 농도를 광화학적으로 표시하는 방법

해답 ②

16 물질의 취급 또는 위험성에 대한 설명 중 틀린 것은?

① 융해열은 점화원이다.
② 질산은 물과 반응시 발열 반응하므로 주의를 해야 한다.
③ 네온, 이산화탄소, 질소는 불연성 물질로 취급한다.
④ 암모니아를 충전하는 공업용 용기의 색상은 백색이다.

해설 ① 융해열은 점화원이 아니다.

융해열
압력 일정 상태로 **고체가 상변화를 일으켜 액체로 변할 때에 필요한 열량**으로 잠열의 일종이다.

해답 ①

17 Fourier법칙(전도)에 대한 설명으로 틀린 것은?

① 이동열량은 전열체의 단면적에 비례한다.
② 이동열량은 전열체의 두께에 비례한다.
③ 이동열량은 전열체의 열전도도에 비례한다.
④ 이동열량은 전열체 내·외부의 온도차에

비례한다.

해설 ② 이동열량은 전열체의 두께에 **반비례**한다.

푸리에(Fourier)의 법칙

$$P = \frac{Q}{t} = \frac{KA(T_H - T_C)}{L}$$

여기서, P : 열전도율(kcal/h)
t_H : 고온의 열저장고의 온도(℃)
t_C : 저온의 열저장고의 온도(℃)
A : 전달되는 판의 면적(m^2)
Q : 열의 형태로 전달된 에너지(kcal)
L : 전달되는 판의 두께(m)
t : 열이 전달되는 시간(hr)
K : 열전도도(kcal/m · hr · ℃)

해답 ②

18 자연발화가 일어나기 쉬운 조건이 아닌 것은?

① 열전도율이 클 것
② 적당량의 수분이 존재할 것
③ 주위의 온도가 높을 것
④ 표면적이 넓을 것

해설 ① 열전도율이 작을 것

자연발화

자연발화의 조건	자연발화 방지대책	자연발화의 형태
주위의 온도가 높을 것	통풍이나 환기 등을 통하여 열의 축적을 방지	산화열에 의한 자연발화 • 석탄 • 건성유 • 탄소분말 • 금속분 • 기름걸레
표면적이 넓을 것	저장실의 온도를 낮춘다.	분해열에 의한 자연발화 • 셀룰로이드 • 나이트로셀룰로오스 • 나이트로글리세린
열전도율이 적을 것	습도를 낮게 유지	흡착열에 의한 자연발화 • 활성탄 • 목탄분말
발열량이 클 것	용기내에 불활성 기체를 주입하여 공기와 접촉방지	미생물열에 의한 자연발화 • 퇴비 • 먼지

해답 ①

19 분말소화약제 중 탄산수소칼륨(KHCO₃)과 요소(CO(NH₂)₂)와의 반응물을 주성분으로 하는 소화약제는?

① 제1종 분말   ② 제2종 분말
③ 제3종 분말   ④ 제4종 분말

해설 **분말약제의 주성분** ★★★★(필수암기)

종별	주성분	약제명	착색	적응화재
1종	$NaHCO_3$	탄산수소나트륨	백색	B, C급
2종	$KHCO_3$	탄산수소칼륨	담회색	B, C급
3종	$NH_4H_2PO_4$	제1인산암모늄	담홍색	A, B, C급
4종	$KHCO_3$ + $(NH_2)_2CO$	탄산수소칼륨 + 요소	회색	B, C급

해답 ④

20 폭굉(detonation)에 관한 설명으로 틀린 것은?

① 연소속도가 음속보다 느릴 때 나타난다.
② 온도의 상승은 충격파의 압력에 기인한다.
③ 압력상승은 폭연의 경우보다 크다.
④ 폭굉의 유도거리는 배관의 지름과 관계가 있다.

해설 ① 느릴 때 → 빠를 때

폭굉(폭발)과 폭연
① 폭굉(detonation : 디토네이션)
   연소의 전파속도가 음속보다 빠른 현상
② 폭연(deflagration : 디플러그레이션)
   연소의 전파속도가 음속보다 느린 현상

★ 폭굉파 : 1000~3500m/s
★ 연소파 : 0.03~10m/s

해답 ①

제2과목 소방유체역학

21 2MPa, 400℃의 과열증기를 단면확대 노즐을 통하여 20kPa로 분출시킬 경우 최대 속도는 약 몇 m/s인가?
(단, 노즐입구에서 엔탈피는 3243.3kJ/kg이고, 출구에서 엔탈피는 2345.8kJ/kg이며, 입

구속도는 무시한다.)

① 1340 ② 1349
③ 1402 ④ 1412

해설
① $mH_1 + \dfrac{1}{2}V_1^2 + mgZ_1 = mH_2 + \dfrac{1}{2}V_2^2 + mgZ_2$

② 위치에너지 변화는 $Z_1 = Z_2$이므로
$H_1 + \dfrac{V_1^2}{2} = H_2 + \dfrac{V_2^2}{2}$

③ $V_2 = \sqrt{V_1^2 + 2(H_1 - H_2)}$
$V_2 = \sqrt{V_1^2 + 2\Delta H}$

④ 입구에서의 속도 V_1은 무시
$\Delta H = 3243.3 - 2345.8 = 897.5\text{kJ/kg}$
$= 897.5 \times 10^3 \text{J/kg}$

⑤ $V_2 = \sqrt{2\Delta H}$식에 대입
$V_2 = \sqrt{2 \times 897.5 \times 10^3}$
$= 1339.78\text{m/s} \fallingdotseq 1340\text{m/s}$

해답 ①

22 원형 물탱크의 안지름이 1m이고, 아래쪽 옆면에 안지름 100mm인 송출관을 통해 물을 수송할 때의 순간 유속이 3m/s이었다. 이때 탱크 내 수면이 내려오는 속도는 몇 m/s인가?

① 0.015 ② 0.02
③ 0.025 ④ 0.03

① $Q_1 = Q_2$, $A_1V_1 = A_2V_2$
② $V_1 \times \dfrac{\pi}{4} \times d_1^2 = V_2 \times \dfrac{\pi}{4} \times d_2^2$
③ $d_1 = 1\text{m}$, $V_2 = 3\text{m/s}$, $d_2 = 100\text{mm} = 0.1\text{m}$
④ $V_1 \times \dfrac{\pi}{4} \times 1^2 = 3 \times \dfrac{\pi}{4} \times 0.1^2$
⑤ $V_1 = \dfrac{3 \times 0.1^2}{1^2} = 0.03\text{m/s}$

해답 ④

23 지름 5cm인 구가 대류에 의해 열을 외부공기로 방출한다. 이 구는 50W의 전기히터에 의해 내부에서 가열되고 있고 구 표면과 공기 사이의 온도차가 30℃라면 공기와 구 사이의 대류 열전달계수는 약 몇 W/m²·℃인가?

① 111 ② 212
③ 313 ④ 414

해설 (1) 대류에 의한 열전달률
$$Q = hA\Delta t$$
여기서, Q : 대류 열전달률(W)
h : 열전달계수(W/m²·℃)
A : 표면적(m²)
Δt : 온도차(℃)

① 반지름 $r = \dfrac{5\text{cm}}{2} = 2.5\text{cm} = 0.025\text{m}$
② A(구의 표면적) $= 4\pi r^2 = 4\pi \times (0.025\text{m})^2$
③ $\Delta t = 30\text{℃}$
④ $h = \dfrac{Q}{A\Delta t} = \dfrac{50}{4\pi \times 0.025^2 \times 30}$
$= 212.22[\text{W/m}^2\text{℃}]$

(2) 복사에 의한 열전달률
$$Q = aAF(T_1^4 - T_2^4)$$
여기서, Q : 복사 열전달률(W)
a : 스테판-볼츠만의 상수
A : 표면적(m²)
F : 방사율
T_1 : 고온물체의 절대온도
$(273 + t\text{℃})\text{K}$
T_2 : 저온물체의 절대온도
$(273 + t\text{℃})\text{K}$

해답 ②

24 소화펌프의 회전수가 1450rpm일 때 양정이 25m, 유량이 5m³/min이었다. 펌프의 회전수를 1740rpm으로 높일 경우 양정(m)과 유량(m³/min)은? (단, 완전상사가 유지되고, 회전차의 지름은 일정하다.)

① 양정 : 17, 유량 : 4.2

② 양정 : 21, 유량 : 5
③ 양정 : 30.2, 유량 : 5.2
④ 양정 : 36, 유량 : 6

해설 ① 양정(m)
$$H_2 = 25 \times \left(\frac{1740}{1450}\right)^2 = 36\text{m}$$
② 유량(m³/min)
$$Q_2 = 5 \times \left(\frac{1740}{1450}\right) = 6\text{m}^3/\text{min}$$

상사의 법칙 ★★★
$$Q_2 = Q_1 \times \left(\frac{N_2}{N_1}\right) \times \left(\frac{D_2}{D_1}\right)^3$$
$$H_2 = H_1 \times \left(\frac{N_2}{N_1}\right)^2 \times \left(\frac{D_2}{D_1}\right)^2$$
$$P_2 = P_1 \times \left(\frac{N_2}{N_1}\right)^3 \times \left(\frac{D_2}{D_1}\right)^5$$

여기서, Q_1 : 변경 전 유량, Q_2 : 변경 후 유량
H_1 : 변경 전 양정, H_2 : 변경 후 양정
P_1 : 변경 전 동력, P_2 : 변경 후 동력
N_1 : 변경 전 회전수, N_2 : 변경 후 회전수
D_1 : 변경 전 임펠러직경
D_2 : 변경 후 임펠러직경

해답 ④

25 다음 중 이상기체에서 폴리트로픽 지수(n)가 1인 과정은?

① 단열과정　　② 정압과정
③ 등온과정　　④ 정적과정

해설 $PV^n = C$에서 n의 값에 따른 변화

$n = 0$	등압변화	$n = k$	단열변화
$n = 1$	등온변화	$n = \infty$	등적변화

해답 ③

26 정수력에 의한 수직평판의 힌지(hinge)점에 작용하는 단위폭 당 모멘트를 바르게 표시한 것은? (단, ρ는 유체의 밀도, g는 중력가속도이다.)

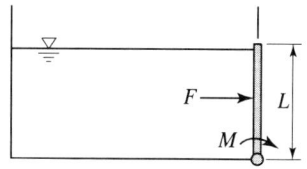

① $\dfrac{1}{6}\rho g L^3$　　② $\dfrac{1}{3}\rho g L^3$
③ $\dfrac{1}{2}\rho g L^3$　　④ $\dfrac{2}{3}\rho g L^3$

해설 **정수력에 의한 힌지점에 작용하는 단위폭 당 모멘트**
$$M = \frac{1}{6}\rho g L^3$$

여기서, M : 모멘트, ρ : 밀도
　　　　g : 중력가속도, L : 수직평판 높이

해답 ①

27 그림과 같은 중앙부분에 구멍이 뚫린 원판에 지름 20cm의 원형 물제트가 대기압 상태에서 5m/s의 속도로 충돌하여, 원판 뒤로 지름 10cm의 원형 물제트가 5m/s의 속도로 흘러나가고 있을 때, 원판을 고정하기 위한 힘은 약 몇 N인가?

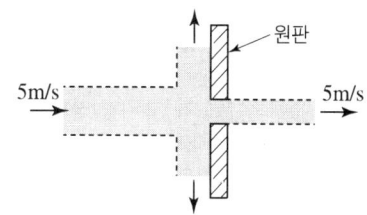

① 589　　② 673
③ 770　　④ 893

해설 **운동량 방정식**
$$F = \rho Q V = \rho A V^2$$

여기서, F : 힘(N), ρ : 밀도(kg/m³)
　　　　Q : 유량(m³/s), V 유속(m/s)

① 구멍이 없을 경우 원판이 받는 힘
$F = \rho A V^2$식을 이용한다.
$F_1 = 1000 \times \dfrac{\pi}{4} \times 0.2^2 \times 5^2 = 785.40\text{N}$

② 구멍 10cm인 원판이 받는 힘
$F = \rho A V^2$ 식을 이용한다.
$$F_2 = 1000 \times \frac{\pi}{4} \times 0.1^2 \times 5^2 = 196.35\text{N}$$

③ 구멍이 있는 경우 원판이 받는 힘
$$F_3 = F_1 - F_2 = 785.40 - 196.35 = 589.05\text{N}$$

해답 ①

28 펌프의 공동현상(cavitation)을 방지하기 위한 방법이 아닌 것은?

① 펌프의 설치 위치를 되도록 낮게 하여 흡입양정을 짧게 한다.
② 펌프의 회전수를 크게 한다.
③ 펌프의 흡입 관경을 크게 한다.
④ 단흡입펌프보다는 양흡입펌프를 사용한다.

해설 ② 펌프의 회전수를 작게 한다.

(1) 공동현상 발생원인
① 펌프의 **흡입양정이 클 경우**
② 펌프의 마찰손실이 과대한 경우
③ 펌프의 임펠러 속도가 클 경우
④ 펌프의 흡입관경이 작을 경우
⑤ **펌프의 설치위치가 수원보다 높은 경우**
⑥ 펌프의 흡입압력이 유체의 증기압보다 낮은 경우
⑦ 유체의 온도가 고온일 경우

(2) 공동현상 방지대책
① 펌프의 설치위치를 수원보다 낮게 설치
② 펌프의 임펠러속도를 감속한다.
③ 펌프의 흡입양정 및 마찰손실을 작게 한다.
④ 펌프의 흡입관경을 크게 한다.
⑤ 양 흡입 펌프를 사용한다.

(3) NPSH와 캐비테이션(공동현상)의 관계
① 캐비테이션 발생한계 :
$NPSH_{av} = NPSH_{re}$
② 캐비테이션 방지 : $NPSH_{av} > NPSH_{re}$
③ 설계적용 기준 : $NPSH_{av} \geq NPSH_{re} \times 1.3$
※ $NPSH_{av}$: 유효흡입양정
 $NPSH_{re}$: 필요흡입양정

해답 ②

29 물을 송출하는 펌프의 소요축동력이 70kW, 펌프의 효율이 78%, 전양정이 60m일 때, 펌프의 송출유량은 약 몇 m³/min인가?

① 5.57 ② 2.57
③ 1.09 ④ 0.093

해설 ① $L_S = 70\text{kW}$, $E = 78\% = 0.78$
$\gamma_w(물) = 9.8\text{kN/m}^3$, $H = 60\text{m}$

② $Q = \dfrac{L_S \times E}{\gamma \times H} = \dfrac{70 \times 0.78}{9.8 \times 60}$
$= 0.09\text{m}^3/\text{s} = 5.57\text{m}^3/\text{min}$

펌프의 축동력
$$L_S(\text{kW}) = \frac{\gamma Q H}{E}$$

여기서, γ : 비중량(kN/m³,
물의 비중량 = 9.8kN/m³)
Q : 유량(m³/s)
H : 전양정(m)
E : 효율(%/100)

해답 ①

30 그림에 표시된 원형 관로로 비중이 0.8, 점성계수가 0.4Pa·s인 기름이 층류로 흐른다. ①지점의 압력이 111.8kPa이고, ②지점의 압력이 206.9kPa일 때 유체의 유량은 약 몇 L/s인가?

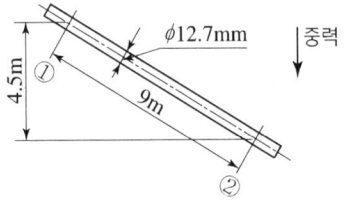

① 0.0149 ② 0.0138
③ 0.0121 ④ 0.0106

해설 하겐-포아젤 방정식
$$\frac{\Delta P}{\gamma} = \frac{128\mu l Q}{\gamma \pi d^4}$$

여기서, ΔP : 압력강하(Pa = N/m²)
γ : 비중량(N/m³)
μ : 점성계수(N·s/m²)

l : 길이(m)
Q : 유량(m³/s)
d : 관경(m)

① $\mu = 0.4\text{Pa} \cdot \text{s} = 0.4\text{N} \cdot \text{s/m}^2$, $l = 9\text{m}$
② $\gamma = 9.8\text{kN/m}^3 \times 0.8 = 7.84\text{kN/m}^3$
③ $d = 12.7\text{mm} = 0.0127\text{m}$
④ 위치수두 4.5m를 압력수두압(Pa)으로 환산
$P = \gamma h = 7.84\text{kN/m}^3 \times 4.5\text{m}$
$= 35.28\text{kN/m}^2(\text{kPa})$
⑤ $\Delta P = 206.9\text{kPa} - 111.8\text{kPa} - 35.28\text{kPa}$
$= 59.82\text{kPa} = 59.82 \times 10^3\text{Pa}$
⑥ $Q = \dfrac{\Delta P \pi d^4}{128 \mu l}$
$= \dfrac{59.82 \times 10^3 \times \pi \times 0.0127^4}{128 \times 0.4 \times 9} \times 1000$
$= 0.0106\text{L/s}$

해답 ④

31 다음 중 점성계수 μ의 차원은 어느 것인가? (단, M : 질량, L : 길이, T : 시간의 차원이다.)

① $ML^{-1}T^{-1}$
② $ML^{-1}T^{-2}$
③ $ML^{-2}T^{-1}$
④ $M^{-1}L^{-1}T$

해설 점성계수의 단위

구 분	절대(질량)단위	공학(중력)단위
단위	kg/m·s	N·s/m² (Pa·s)
차원	$ML^{-1}T^{-1}$	FTL^{-2}

여기서, M : mass, 질량(kg), L : Length, 길이(m)
T : Time, 시간(s), F : Force, 힘(N)

해답 ①

32 20℃의 이산화탄소 소화약제가 체적 4m³의 용기 속에 들어있다. 용기 내 압력이 1MPa일 때 이산화탄소 소화약제의 질량은 약 몇 kg인가? (단, 이산화탄소의 기체상수는 189J/kg · K이다.)

① 0.069
② 0.072
③ 68.9
④ 72.2

해설 완전기체 방정식

$$P = \rho RT = \dfrac{m}{V}RT, \quad \rho = \dfrac{m(\text{kg})}{V(\text{m}^3)}$$

여기서, P : 압력(N/m²), ρ : 밀도(kg/m³)
V : 부피(m³), m : 질량(kg)
R : 기체상수(J/kg · K)
T : 절대온도(273+t℃)K

① $P = \dfrac{m}{V}RT \quad m = \dfrac{PV}{RT}$
② $P = 1\text{MPa} = 10^6\text{Pa}(\text{N/m}^2)$, $V = 4\text{m}^3$
③ $R = 189\text{J/kg} \cdot \text{K}$, $T = (273+20)\text{K} = 293\text{K}$
④ $m = \dfrac{10^6 \times 4}{189 \times 293} = 72.23\text{kg}$

단위 관계 ★필수암기★
- J = 1N · m
- MPa = 10³kPa
- Pa = N/m²

해답 ④

33 압축률에 대한 설명으로 틀린 것은?

① 압축률은 체적탄성계수의 역수이다.
② 압축률의 단위는 압력의 단위인 Pa이다.
③ 밀도와 압축률의 곱은 압력에 대한 밀도의 변화율과 같다.
④ 압축률이 크다는 것은 같은 압력변화를 가할 때 압축하기 쉽다는 것을 의미한다.

해설 ② 압축률의 단위는 압력단위의 역수인 m²/N 이다.

체적탄성계수와 압축률 관계

$$K = -\dfrac{\Delta P}{\Delta V/V} = \dfrac{\Delta P}{\Delta \rho/\rho}, \quad \beta = \dfrac{1}{K}$$

여기서, K : 체적탄성계수
ΔP : 압력 ΔV : 감소체적
V : 처음 체적 $\Delta \rho$: 감소밀도
ρ : 처음 밀도 β : 압축률

해답 ②

34 밸브가 장치된 지름 10cm인 원관에 비중 0.8인 유체가 2m/s의 평균속도로 흐르고 있다. 밸브 전후의 압력차이가 4kPa일 때, 이 밸브의 등가길이는 몇 m인가? (단, 관의 마찰계수는

0.02이다.)

① 10.5 ② 12.5
③ 14.5 ④ 16.5

해설 (1) 마찰손실수두

$$\Delta h_L = K \frac{u^2}{2g}$$

여기서, Δh_L : 마찰손실수두(m)
K : 손실계수
u : 유속(m/s)
g : 중력가속도(9.8m/s^2)

① 압력차 4kPa를 수두(m)로 환산

$$H = \frac{P}{\gamma} = \frac{P}{\gamma_w \times s}$$

$$= \frac{4\text{kPa}}{9.8\text{kN/m}^3 \times 0.8} = 0.51\text{m}$$

② $K = \Delta h_L \times \frac{2g}{u^2} = 0.51 \times \frac{2 \times 9.8}{2^2} = 2.50$

(2) 등가길이

$$L_e = \frac{Kd}{f}$$

여기서, L_e : 등가길이(m), K : 손실계수
d : 내경, f : 마찰손실계수

① $K = 2.50$, $d = 10\text{cm} = 0.1\text{m}$, $f = 0.02$

② $L_e = \frac{2.50 \times 0.1}{0.02} = 12.50\text{m}$

해답 ②

35 그림과 같이 물이 수조에 연결된 원형 파이프를 통해 분출하고 있다. 수면과 파이프의 출구 사이에 총 손실수두가 200mm이라고 할 때 파이프에서의 방출유량은 약 몇 m³/s인가? (단, 수면 높이의 변화 속도는 무시한다.)

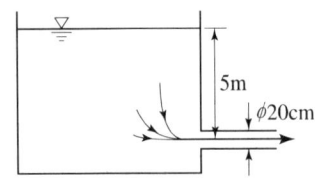

① 0.285 ② 0.295
③ 0.305 ④ 0.315

해설 유량 계산

$$Q = UA = \sqrt{2gH} \times \frac{\pi}{4}D^2$$

$H = 5\text{m} - 0.2\text{m}(총 손실수두) = 4.8\text{m}$
$D = 20\text{cm} = 0.2\text{m}$

$$\therefore Q = \sqrt{2 \times 9.8 \times 4.8} \times \frac{\pi}{4} \times 0.2^2$$
$$= 0.305 \text{m}^3/\text{s}$$

해답 ③

36 유체의 흐름에 적용되는 다음과 같은 베르누이 방정식에 관한 설명으로 옳은 것은?

$$\frac{P}{\gamma} + \frac{V^2}{2g} + Z = C(\text{일정})$$

① 비정상상태의 흐름에 대해 적용된다.
② 동일한 유선상이 아니더라도 흐름 유체의 임의점에 대해 항상 적용된다.
③ 흐름 유체의 마찰효과가 충분히 고려된다.
④ 압력수두, 속도수두, 위치수두의 합이 일정함을 표시한다.

해설 베르누이 정리(에너지보존의 법칙을 응용)
이상유체일 경우 압력수두, 속도수두, 위치수두의 합이 일정함을 표시한다.

$$H = \frac{V^2}{2g} + \frac{P}{\gamma} + Z$$

여기서, H : 전에너지(m), $\frac{V^2}{2g}$: 속도수두(m)

$\frac{p}{\gamma}$: 압력수두(m), Z : 위치수두(m)

해답 ④

37 유체의 흐름 중 난류 흐름에 대한 설명으로 틀린 것은?

① 원관 내부 유동에서는 레이놀즈수가 약 4000 이상인 경우에 해당한다.
② 유체의 각 입자가 불규칙한 경로를 따라 움직인다.
③ 유체의 입자가 갖는 관성력이 입자에 작용

하는 점성력에 비하여 매우 크다.
④ 원관 내 완전 발달 유동에서는 평균속도가 최대속도의 $\frac{1}{2}$이다.

[해설] ④ 최대속도의 $\frac{1}{2}$ → 최대속도의 0.8

원형배관 속 최대속도(u_{max})와 평균속도(u)
① 층류 : $u = \frac{1}{2}u_{max}$
② 난류 : $u = 0.8u_{max}$

[해답] ④

38 어떤 물체가 공기 중에서 무게는 588N이고, 수중에서 무게는 98N이었다. 이 물체의 체적(V)과 비중(S)은?

① $V = 0.05\text{m}^3$, $S = 1.2$
② $V = 0.05\text{m}^3$, $S = 1.5$
③ $V = 0.5\text{m}^3$, $S = 1.2$
④ $V = 0.5\text{m}^3$, $S = 1.5$

[해설] [풀이방법 1]
① 물체의 체적 $V = \frac{588-98}{9800} = 0.05\text{m}^3$
② 물체의 비중 $S = \frac{588}{(588-98)} = 1.2$

[풀이방법 2]
① 물체의 체적
  ㉠ 중량차이 = 588−98 = 490N
    즉, 중량차이 490N은 부력이다.
  ㉡ F_B(부력) $= \gamma_{액체} \times V_{잠긴}$
    ∴ $490\text{N} = 9800\text{N/m}^3 \times V_{잠긴}$
    $V_{잠긴} = 0.05\text{m}^3$
② 물체의 비중
  $S = \frac{\gamma}{\gamma_w} = \frac{588\text{N}/0.05\text{m}^3}{9800\text{N/m}^3} = 1.2$

[해답] ①

39 유체에 관한 설명 중 옳은 것은?
① 실제유체는 유동할 때 마찰손실이 생기지 않는다.
② 이상유체는 높은 압력에서 밀도가 변화하는 유체이다.
③ 유체에 압력을 가하면 체적이 줄어드는 유체는 압축성 유체이다.
④ 압력을 가해도 밀도변화가 없으며 점성에 의한 마찰손실만 있는 유체가 이상유체이다.

[해설] ① 생기지 않는다. → 생긴다.
② 변화하는 → 변화하지 않는
④ 마찰손실만 있는 → 마찰손실이 없는

(1) 압축성유체와 비압축성유체
  ① 압축성 유체
    온도나 압력에 따라 밀도가 변화하는 유체 (기체)
  ② 비압축성 유체
    온도나 압력에 따라 밀도의 변화가 없는 유체(액체), 즉 유체의 압축성계수(체적탄성계수)가 0인 유체

(2) 점성유체와 비점성유체
  ① 점성 유체
    점성을 가지고 있는 유체 즉 전단응력이 발생하는 유체
  ② 비점성 유체
    점성이 없다고 가정한 유체 즉, 전단응력이 발생하지 않는 가상적인 유체

(3) 이상유체와 실제유체
  ① 이상유체
    점성이 없고(마찰손실이 없고) 비압축성인 유체. 높은 압력에서 밀도가 변화 하지 않는 유체
  ② 실제유체
    점성이 있고(마찰손실이 있고) 압축성인 유체. 높은 압력에서 밀도가 변화 하는 유체

[해답] ③

40 그림에서 물과 기름의 표면은 대기에 개방되어 있고, 물과 기름 표면의 높이가 같을 때 h는 약 몇 m인가? (단, 기름의 비중은 0.8, 액체A의 비중은 1.60이다.)

① 1   ② 1.1
③ 1.125   ④ 1.25

해설

$$P = \gamma h = \gamma_w \times s \times h$$

여기서, P : 압력(kN/m^2), γ : 비중량(kN/m^3)
γ_w(물의 비중량) : $9.8 kN/m^3$
s : 비중, h : 높이(m)

① $P_1 = \gamma_1 h_1 + \gamma_3 (\gamma_w \times s) h$
  $P_2 = \gamma_2 h + \gamma_3 (\gamma_w \times s) h_2$

② $P_1 = P_2$
  $\gamma_1 h_1 + \gamma_3 (\gamma_w \times s) h = \gamma_2 h + \gamma_3 (\gamma_w \times s) h_2$

③ $\gamma_1 = 물(9.8 kN/m^3)$, $h_1 = 1.5 m$
  $\gamma_2 = \gamma_w \times s = 9.8 \times 0.8$
  $\gamma_3 = \gamma_w \times s = 9.8 \times 1.6$, $h_2 = 1.5 m$

④ $9.8 \times 1.5 + 9.8 \times 1.6 \times h$
  $= 9.8 \times 0.8 \times h + 9.8 \times 1.6 \times 1.5$

⑤ $14.7 + 15.68h = 7.84h + 23.52$

⑥ $7.84h = 8.82$ ∴ $h = \dfrac{8.82}{7.84} = 1.125 m$

해답 ③

제3과목   소방관계법규

41 다음은 소방기본법령상 소방본부에 대한 설명이다. ( )에 알맞은 내용은?

> 소방업무를 수행하기 위하여 ( ) 직속으로 소방본부를 둔다.

① 경찰서장   ② 시·도지사
③ 행정안전부장관   ④ 소방청장

해설 소방기본법 제3조(소방기관의 설치 등)
① 소방기관의 설치에 필요한 사항은 **대통령령**으로 정한다.
② 소방업무를 수행하는 **소방본부장 또는 소방서장**은 그 소재지를 관할하는 **시·도지사의 지휘와 감독**을 받는다.
③ **소방청장**은 화재 예방 및 대형 재난 등 필요한 경우 시·도 소방본부장 및 소방서장을 지휘·감독할 수 있다.
④ 시·도에서 소방업무를 수행하기 위하여 **시·도지사 직속으로 소방본부를 둔다.**

해답 ②

42 위험물안전관리법령상 제4류 위험물을 저장·취급하는 제조소에 "화기엄금"이란 주의사항을 표시하는 게시판을 설치할 경우 게시판의 색상은?

① 청색바탕에 백색문자
② 적색바탕에 백색문자
③ 백색바탕에 적색문자
④ 백색바탕에 흑색문자

해설 위험물제조소의 표지 및 게시판
① 표지는 한 변의 길이가 0.3m 이상, 다른 한 변의 길이가 0.6m 이상인 직사각형으로 할 것
② 바탕은 백색, 문자는 흑색

게시판의 설치기준
① 한 변의 길이가 0.3m 이상, 다른 한 변의 길이가 0.6m 이상인 직사각형으로 할 것
② 위험물의 유별·품명 및 저장최대수량 또는 취급최대수량, 지정수량의 배수 및 안전 관리자의 성명 또는 직명을 기재할 것
③ 게시판의 바탕은 백색으로, 문자는 흑색으로 할 것
④ 저장 또는 취급하는 위험물에 따라 주의사항 게시판을 설치할 것

위험물의 종류	주의사항 표시	게시판의 색
• 제1류(알칼리금속 과산화물) • 제3류(금수성 물품)	물기엄금	청색바탕에 백색문자

위험물의 종류	주의사항 표시	게시판의 색
• 제2류(인화성 고체 제외)	화기주의	적색바탕에 백색문자
• 제2류(인화성 고체) • 제3류(자연발화성 물품) • 제4류 • 제5류	화기엄금	

해답 ②

43 소방시설공사업법령상 소방시설업의 등록을 하지 아니하고 영업을 한 자에 대한 벌칙기준으로 옳은 것은?

① 1년 이하의 징역 또는 1천만원 이하의 벌금
② 2년 이하의 징역 또는 2천만원 이하의 벌금
③ 3년 이하의 징역 또는 3천만원 이하의 벌금
④ 5년 이하의 징역 또는 5천만원 이하의 벌금

해설 공사업법 제35조(벌칙)
3년 이하의 징역 또는 3천만원 이하의 벌금
소방시설업 등록을 하지 아니하고 영업을 한 자

해답 ③

44 위험물안전관리법령상 유별을 달리하는 위험물을 혼재하여 저장할 수 있는 것으로 짝지어진 것은?

① 제1류-제2류 ② 제2류-제3류
③ 제3류-제4류 ④ 제5류-제6류

해설 유별을 달리하는 위험물의 혼재가능
• 1류+6류   • 2류+4류
• 2류+5류   • 5류+4류
• 3류+4류

해답 ③

45 소방기본법령상 상업지역에 소방용수시설 설치 시 소방대상물과의 수평거리 기준은 몇 m 이하인가?

① 100   ② 120
③ 140   ④ 160

해설 소방기본법 시행규칙 제6조 ②항의 별표 3
소방용수시설의 설치기준
(1) 공통기준
 ① **주거**지역 · **상업**지역 및 **공업**지역 : 수평거리 100m 이하
 ② **기타** 지역 : 수평거리 140m 이하
(2) 소방용수시설별 설치기준
 소화전의 설치기준 : 상수도와 연결하여 지하식 또는 지상식의 구조로 하고, 소방용호스와 연결하는 소화전의 **연결금속구의 구경은 65mm**로 할 것
(3) 급수탑의 설치기준
 급수배관의 구경은 100mm 이상, 개폐밸브는 지상에서 1.5m 이상 1.7m 이하의 위치에 설치
(4) 저수조의 설치기준
 ① 지면으로부터의 낙차가 4.5m 이하
 ② 흡수부분의 수심이 0.5m 이상
 ③ 소방펌프자동차가 쉽게 접근할 수 있도록 할 것
 ④ 흡수에 지장이 없도록 토사 및 쓰레기 등을 제거할 수 있는 설비를 갖출 것
 ⑤ 흡수관의 투입구가 사각형의 경우에는 한 변의 길이가 60cm 이상, 원형의 경우에는 지름이 60cm 이상
 ⑥ 저수조에 물을 공급하는 방법은 상수도에 연결하여 자동으로 급수되는 구조

해답 ①

46 소방시설 설치 및 관리에 관한 법령상 종합점검 실시 대상이 되는 특정소방대상물의 기준 중 다음 ( ) 안에 알맞은 것은?

물분무등소화설비[호스릴(Hose Reel)방식의 물분무등소화설비만을 설치한 경우는 제외한다]가 설치된 연면적 ( )m² 이상인 특정소방대상물(위험물 제조소 등은 제외한다.)

① 2000   ② 3000
③ 4000   ④ 5000

해설 종합점검 대상
(1) 해당 특정소방대상물의 소방시설 등이 신설된 경우
(2) **스프링클러설비**가 설치된 특정소방대상물

(3) **물분무등 소화설비(호스릴방식 제외)**가 설치된 **연면적 5천m² 이상**(위험물제조소등을 제외)
(4) 단란주점영업과 유흥주점영업, 영화상영관·비디오물감상실업·복합영상물제공업, 노래연습장업, 산후조리업, 고시원업, 안마시술소의 영업장이 설치된 **연면적이 2천m² 이상**인 것
(5) **제연설비**가 설치된 **터널**
(6) 공공기관 중 연면적 1,000m² 이상인 것으로서 **옥내소화전설비** 또는 **자동화재탐지설비**가 설치된 것. 다만, 소방대가 근무하는 공공기관은 제외

해답 ④

47 다음 소방기본법령상 용어 정의에 대한 설명으로 옳은 것은?

① 소방대상물이란 건축물, 차량, 선박(항구에 매어둔 선박은 제외) 등을 말한다.
② 관계인이란 소방대상물의 점유예정자를 포함한다.
③ 소방대란 소방공무원, 의무소방원, 의용소방대원으로 구성된 조직체이다.
④ 소방대장이란 화재, 재난·재해, 그 밖의 위급한 상황이 발생한 현장에서 소방대를 지휘하는 사람(소방서장은 제외)이다.

해설 **소방기본법 제2조(정의)**
(1) 소방대상물
건축물, 차량, **선박(항구에 매어둔 선박만 해당)**, 선박 건조 구조물, 산림, 그 밖의 인공 구조물 또는 물건
(2) 관계인
소방대상물의 소유자·관리자 또는 점유자
(3) 소방대
화재를 진압하고 화재, 재난·재해, 그 밖의 위급한 상황에서 구조·구급 활동 등을 하기 위하여 구성된 조직체
① **소방공무원** ② **의무소방원** ③ **의용소방대원**
(4) 소방대장
소방본부장 또는 소방서장 등 화재, 재난·재해, 그 밖의 위급한 상황이 발생한 현장에서 **소방대를 지휘하는 사람**

해답 ③

48 화재의 예방 및 안전관리에 관한 법령상 권원별 소방안전관리자를 선임하여야 하는 특정소방대상물 중 복합 건축물은 지하층을 제외한 층수가 최소 몇 층 이상인 건축물만 해당되는가?

① 6층 ② 11층
③ 20층 ④ 30층

해설 (화재예방법 제35조)
관리의 권원이 분리된 소방안전관리
(총괄소방안전관리자)
(1) **복합건축물**(지하층 제외 **11층** 이상 또는 연면적 3만m² 이상)
(2) **지하가**
(3) 판매시설 중 **도매시장, 소매시장 및 전통시장**

해답 ②

49 화재의 예방 및 안전관리에 관한 법령상 특수가연물의 저장 및 취급의 기준 중 ( )에 들어갈 내용으로 옳은 것은? (단, 석탄·목탄류의 경우는 제외한다.)

쌓는 높이는 (㉠)m 이하가 되도록 하고, 쌓는 부분의 바닥면적은 (㉡)m² 이하가 되도록 한다.

① ㉠ 15, ㉡ 200 ② ㉠ 15, ㉡ 300
③ ㉠ 10, ㉡ 30   ④ ㉠ 10, ㉡ 50

해설 **특수가연물의 저장 및 취급기준**
(화재예방법 시행령 제19조 제2항 [별표3])
(1) 품명·최대저장수량·단위부피(체적)당 질량·관리책임자 성명·직책, 연락처 및 화기취급의 금지표시 설치
(2) 기준(석탄·목탄류를 발전용은 예외)
 ① 품명별로 구분하여 쌓을 것
 ② 저장 기준

구분	높이	바닥면적(m²)
일반기준	10m 이하	50(석탄·목탄류 200) 이하
살수설비, 대형소화기	15m 이하	200(석탄·목탄류 300) 이하

 ③ 최소 6m 이상 간격을 유지(쌓은 높이보다 0.9m 이상 높은 내화구조 벽체 설치 시 예외)

④ 쌓는 부분의 바닥면적 사이 간격

구분	쌓는 부분의 바닥면적 사이 이격거리
실내	1.2m 또는 쌓는 높이의 1/2 중 큰 값 이상
실외	3m 또는 쌓는 높이 중 큰 값 이상

해답 ④

50 소방시설 설치 및 관리에 관한 법령상 자동화재탐지설비를 설치하여야 하는 특정소방대상물의 기준으로 틀린 것은?

① 공장 및 창고시설로서 「소방기본법 시행령」에서 정하는 수량의 500배 이상의 특수가연물을 저장·취급하는 것
② 지하상가로서 연면적 600m² 이상인 것
③ 숙박시설이 있는 수련시설로서 수용인원 100명 이상인 것
④ 장례시설 및 복합건축물로서 연면적 600m² 이상인 것

해설 ② 600m² 이상 → 1000m² 이상

자동화재탐지설비 설치대상
(1) 근린생활시설(목욕장 제외), 의료시설(정신의료기관 또는 요양병원은 제외), 위락시설, 장례식장 및 복합건축물로서 연면적 600m² 이상인 경우에는 모든 층
(2) 문화 및 집회시설, 종교시설, 판매시설, 지하상가로서 연면적 1천m² 이상인 경우에는 모든 층
(3) 교육연구시설, 수련시설로서 연면적 2천m² 이상인 경우에는 모든 층
(4) 지하구
(5) 터널로서 길이가 **1천m 이상**인 것

해답 ②

51 위험물안전관리법령에서 정하는 제3류 위험물에 해당하는 것은?

① 나트륨   ② 염소산염류
③ 무기과산화물   ④ 유기과산화물

해설 ① 나트륨(Na)-3류-금수성물질
② 염소나트륨(NaClO₃)-1류-산화성고체
③ 무기과산화물-1류-산화성고체
④ 유기과산화물-5류-자기반응성물질

해답 ①

52 소방시설 설치 및 관리에 관한 법령상 방염성능기준 이상의 실내장식물 등을 설치하여야 하는 특정소방대상물이 아닌 것은?

① 방송국
② 종합병원
③ 11층 이상의 아파트
④ 숙박이 가능한 수련시설

해설 **(소방시설법 시행령 제30조)**
방염성능기준 이상의 실내장식물 설치대상
(1) 근린생활시설 중 **의원, 치과의원, 한의원, 조산원, 산후조리원, 체력단련장, 공연장 및 종교집회장**
(2) 건축물의 옥내에 있는 시설
 ① **문화 및 집회시설**
 ② **종교시설**
 ③ **운동시설(수영장은 제외)**
(3) 의료시설
(4) 교육연구시설 중 **합숙소**
(5) 노유자시설
(6) 숙박이 가능한 **수련시설**
(7) 숙박시설
(8) 방송통신시설 중 **방송국 및 촬영소**
(9) 다중이용업소
(10) 층수가 11층 이상인 것(아파트 등은 제외)

(소방시설법 시행령 제31조)
방염대상물품 및 방염성능기준
(1) 제조 또는 가공 공정에서 방염 처리하여야 하는 물품
 ① 창문에 실치하는 커튼류(블라인드 포함)
 ② 카펫
 ③ **벽지류(두께가 2mm 미만 종이벽지 제외)**
 ④ 전시용 합판·목재 또는 섬유판, 무대용 합판·목재 또는 섬유판(합판·목재류의 경우 불가피하게 설치 현장에서 방염처리한 것을 포함)
 ⑤ 암막·무대막(영화상영관과 **가상체험 체육시설업**에 설치하는 스크린을 포함)
 ⑥ 섬유류, 합성수지류로 제작된 소파·의자 (단란주점, 유흥주점, 노래연습장업)
(2) 건축물 내부의 천장이나 벽에 부착하거나 설치하는 다음의 것(다만, 가구류와 너비 10cm 이하인 반자돌림대 등과 내부마감재료는 제외)

① 종이류(두께 2mm 이상인 것)·합성수지류 또는 섬유류를 주원료로 한 물품
② 합판이나 목재
③ 간이 칸막이
④ 흡음재(흡음커튼 포함), 방음재(방음커튼 포함)

(3) 방염성능기준
① 불꽃을 올리며 20초 이내
② 불꽃을 올리지 아니하고 30초 이내
③ 탄화면적 50cm² 이내, 탄화길이 20cm 이내
④ 불꽃의 접촉 횟수 3회 이상
⑤ 최대연기밀도 400 이하

해답 ③

53 소방시설 설치 및 관리에 관한 법령상 무창층으로 판정하기 위한 개구부가 갖추어야 할 요건으로 틀린 것은?

① 크기가 반지름 30cm 이상의 원이 내접할 수 있을 것
② 해당 층의 바닥면으로부터 개구부 밑 부분까지 높이가 1.2m 이내일 것
③ 도로 또는 차량이 진입할 수 있는 빈터를 향할 것
④ 화재 시 건축물로부터 쉽게 피난할 수 있도록 창살이나 그 밖의 장애물이 설치되지 아니할 것

해설 무창층(無窓層)
지상층 중 다음 각 목의 요건을 모두 갖춘 개구부의 면적의 합계가 해당 층의 **바닥면적의 30분의 1 이하**가 되는 층
① 크기는 **지름 50cm 이상**의 원이 내접할 수 있는 크기일 것
② 해당 층의 바닥면으로부터 개구부 밑 부분까지의 높이가 1.2m 이내일 것
③ 도로 또는 차량이 진입할 수 있는 빈터를 향할 것
④ 화재 시 건축물로부터 쉽게 피난할 수 있도록 창살이나 그 밖의 장애물이 설치되지 아니할 것
⑤ 내부 또는 외부에서 쉽게 부수거나 열 수 있을 것

해답 ①

54 소방시설공사업법령상 일반 소방시설설계업(기계분야)의 영업범위에 대한 기준 중 ( )에 알맞은 내용은? (단, 공장의 경우는 제외한다.)

연면적 ( )m² 미만의 특정소방대상물(제연설비가 설치되는 특정소방대상물은 제외한다)에 설치되는 기계분야 소방시설의 설계

① 10000 ② 20000
③ 30000 ④ 50000

해설 소방시설설계업의 등록기준 및 영업범위

종류		기술인력	영업범위
전문		(1) 주인력 : 기술사 1인 이상 (2) 보조인력 : 1인 이상	• 모든 특정소방대상물
일반	기계	(1) 주인력 : 기술사 또는 기사(기계) 1인 이상 (2) 보조인력 : 1인 이상	• 아파트(제연설비제외) • 3만m²(공장 1만m²) 미만(제연설비 제외) • 위험물제조소등
	전기	(1) 주인력 : 기술사 또는 기사(전기) 1인 이상 (2) 보조인력 : 1인 이상	• 아파트 • 3만m²(공장 1만m²) 미만 • 위험물제조소등

해답 ③

55 소방시설 설치 및 관리에 관한 법령상 건축허가 등을 할 때 미리 소방본부장 또는 소방서장의 동의를 받아야 하는 건축물 등의 범위기준이 아닌 것은?

① 노유자시설 및 수련시설로서 연면적 100m² 이상인 건축물
② 지하층 또는 무창층이 있는 건축물로서 바닥면적이 150m² 이상인 층이 있는 것
③ 차고·주차장으로 사용되는 바닥면적이 200m² 이상인 층이 있는 건축물이나 주차시설
④ 장애인 의료재활시설로서 연면적 300m² 이상인 건축물

해설 ① 100m² 이상 → 200m² 이상

(소방시설법 시행령 제7조)
건축허가등의 동의대상물의 범위 등
(1) 연면적 400m² 이상
다만, 다음에 해당하는 경우에는 기준 이상
① 학교시설 : 100m²
② 노유자시설 및 수련시설 : 200m²

③ 정신의료기관 : 300m²
④ 장애인 의료재활시설 : 300m²
(2) 지하층 또는 무창층 150m²(공연장 100m²)
(3) 차고 · 주차장 또는 주차용도로 사용시설
   ① 차고 · 주차장 : 200m² 이상
   ② 기계장치에 의한 자동차 20대 이상
(4) 층수가 6층 이상인 건축물
(5) 항공기격납고, 관망탑, 항공관제탑, 방송용 송수신탑
(6) 공동주택, 의원(입원실, 인공신장실이 있는 것) · 조산원 · 산후조리원, 숙박시설, 위험물 저장 및 처리 시설, 풍력발전소 · 전기저장시설, 지하구
(7) 노유자시설((1)의 ②에 해당하지 않는 시설)
(8) 요양병원(의료재활시설은 제외)
(9) 750배 이상의 특수가연물을 저장 · 취급
(10) 가스시설로서 지상 노출 탱크 100톤 이상

해답 ①

56. 다음 중 소방기본법령에 따라 화재예방상 필요하다고 인정되거나 화재위험경보 시 발령하는 소방신호의 종류로 옳은 것은?

① 경계신호 ② 발화신호
③ 경보신호 ④ 훈련신호

해설 (기본법 시행규칙 제10조)
소방신호의 종류 ★★자주출제★★
① 경계신호 : 화재 예방상 필요하다고 인정되거나 화재위험경보 발령 시
② 발화신호 : 화재가 발생한 때 발령
③ 해제신호 : 소화활동이 필요 없다고 인정되는 때 발령
④ 훈련신호 : 훈련상 필요하다고 인정되는 때 발령

해답 ①

57. 화재의 예방 및 안전관리에 관한 법령상 보일러 등의 위치 · 구조 및 관리와 화재예방을 위하여 불의 사용에 있어서 지켜야 하는 사항 중 보일러에 경유 · 등유 등 액체연료를 사용하는 경우에 연료탱크는 보일러 본체로부터 수평거리 최소 몇 m 이상의 간격을 두어 설치해야 하는가?

① 0.5 ② 0.6
③ 1   ④ 2

해설 (화재예방법 시행령 제18조제2항 별표 1)
보일러 등의 위치 · 구조 및 관리와 화재예방을 위하여 불을 사용할 때 지켜야 하는 사항

종류	내용
보일러	(1) 경유 · 등유 등 액체연료를 사용하는 경우 • 연료탱크는 보일러본체로부터 수평거리 **1m 이상**의 간격 유지 • 연료탱크에는 개폐밸브를 연료탱크로부터 0.5m 이내에 설치 • 연료탱크 또는 연료를 공급 배관에는 여과장치를 설치 (2) 기체연료를 사용하는 경우 화재 등 긴급시 연료를 차단할 수 있는 개폐밸브를 연료용기 등으로부터 0.5m 이내에 설치 (3) 보일러와 벽 · 천장 사이의 거리는 0.6m 이상 되도록 설치

해답 ③

58. 소방시설 설치 및 관리에 관한 법령상 소방본부장 또는 소방서장에게 자체점검결과 보고를 마친 관계인은 보고한 날로부터 10일 이내에 자체점검기록표를 작성하여 특정소방대상물의 출입자가 쉽게 볼 수 있는 장소에 30일 이상 게시하여야 한다. 이를 위반하였을 경우 벌칙 기준은?

① 300만원 이하의 벌금
② 100만원 이하의 벌금
③ 300만원 이하의 과태료
④ 100만원 이하의 과태료

해설 소방시설법 제61조(과태료)
300만원 이하의 과태료
(1) 화재안전기술기준에 따라 설치 · 관리하지 아니한 자
(2) 공사 현장에 **임시소방시설**을 설치 · 관리하지 아니한 자
(3) 피난시설, 방화구획 또는 방화시설의 **폐쇄 · 훼손 · 변경** 등의 행위를 한 자
(4) **방염성능기준** 이상 설치하지 아니한 자
(5) 자체점검 준수사항 위반
(6) 점검 결과를 보고 위반

(7) 이행계획 완료, **결과보고** 위반
(8) 점검기록표 기록 및 게시 위반
(9) **변경신고, 지위승계** 신고 위반
(10) 점검실적 증명서류 거짓 제출
(11) 거짓으로 보고 또는 자료제출 또는 **출입 또는 검사를 거부·방해 또는 기피한 자**

해답 ③

59 소방시설 설치 및 관리에 관한 법령상 제조 또는 가공 공정에서 방염처리를 한 물품 중 방염대상물품이 아닌 것은?

① 카펫
② 전시용 합판
③ 창문에 설치하는 커튼류
④ 두께가 2mm 미만인 종이벽지

해설 제조 또는 가공 공정에서 방염처리대상 물품
① 창문에 설치하는 커튼류(블라인드 포함)
② 카펫, 벽지류(두께가 2mm 미만인 종이벽지는 제외)
③ 전시용 합판 또는 섬유판, 무대용 합판 또는 섬유판
④ 암막·무대막(영화상영관에 설치하는 스크린과 가상체험 체육시설업에 설치하는 스크린을 포함)
⑤ 섬유류 또는 합성수지류 등을 원료로 하여 제작된 소파·의자(단란주점영업, 유흥주점영업 및 노래연습장업의 영업장에 설치하는 것만 해당)

해답 ④

60 위험물안전관리법령상 관계인이 예방규정을 정하여야 하는 위험물 제조소 등에 해당하지 않는 것은?

① 지정수량 10배의 특수인화물을 취급하는 일반취급소
② 지정수량 20배의 휘발유를 고정된 탱크에 주입하는 일반취급소
③ 지정수량 40배의 제3석유류를 용기에 옮겨 담는 일반취급소
④ 지정수량 15배의 알코올을 버너에 소비하는 장치로 이루어진 일반취급소

해설 (위험물법 시행령 제15조)
관계인이 예방규정을 정하여야 하는 제조소 등
① 지정수량 10배 이상 제조소
② 지정수량 100배 이상 옥외저장소
③ 지정수량 150배 이상 옥내저장소
④ 지정수량 200배 이상 옥외탱크저장소
⑤ 암반탱크저장소
⑥ 이송취급소
⑦ 지정수량 10배 이상 일반취급소
다만, 제4류 위험물(특수인화물 제외)만을 **지정수량의 50배** 이하로 취급하는 일반취급소(제1석유류·알코올류의 취급량이 지정수량의 10배 이하인 경우)로서 다음의 어느 하나에 해당하는 것을 **제외**한다.
㉠ 보일러·버너 또는 이와 비슷한 것으로서 위험물을 소비하는 장치로 이루어진 일반취급소
㉡ 위험물을 용기에 옮겨 담거나 차량에 고정된 탱크에 주입하는 일반취급소

해답 ③

제4과목 소방기계시설의 구조 및 원리

61 할론소화설비의 화재안전기술기준에 따른 할론소화설비의 수동식 기동장치의 설치기준으로 틀린 것은?

① 국소방출방식은 방호대상물마다 설치할 것
② 기동장치의 방출용스위치는 음향경보장치와 개별적으로 조작될 수 있는 것으로 할 것
③ 전기를 사용하는 기동장치에는 전원표시등을 설치할 것
④ 조작부는 바닥으로부터 높이 0.8m 이상 1.5m 이하의 위치에 설치할 것

해설 할로겐화합물 및 불활성기체소화설비의 수동식기동장치 설치기준
수동식 기동장치의 부근에는 소화약제의 방출을

지연시킬 수 있는 방출지연스위치(자동복귀형 스위치로서 수동식 기동장치의 타이머를 순간정지 시키는 기능의 스위치)를 설치하여야 한다.
① 방호구역마다 설치할 것
② 해당 방호구역의 출입구부분 등 조작을 하는 자가 쉽게 피난할 수 있는 장소에 설치할 것
③ 기동장치의 조작부는 바닥으로부터 높이 0.8m 이상 1.5m 이하의 위치에 설치하고, 보호판 등에 따른 보호장치를 설치할 것
④ 기동장치에는 가깝고 보기 쉬운 곳에 "할로겐화합물 및 불활성기체소화설비 기동장치"라고 표시한 표지를 할 것
⑤ 전기를 사용하는 기동장치에는 전원표시등을 설치할 것
⑥ 기동장치의 **방출용스위치는 음향경보장치와 연동**하여 조작될 수 있는 것으로 할 것
⑦ 50N 이하의 힘을 가하여 기동할 수 있는 구조로 설치할 것

해답 ②

62. 미분무소화설비의 화재안전기술기준에 따라 최저사용압력이 몇 MPa를 초과할 때 고압미분무소화설비로 분류하는가?

① 1.2 ② 2.5
③ 3.5 ④ 4.2

해설 용어 정의
① 미분무
물만을 사용하여 소화하는 방식으로 최소설계압력에서 헤드로부터 방출되는 물입자 중 **99%의 누적체적분포**가 $400\mu m$ **이하**로 분무되고 A,B,C급화재에 적응성을 갖는 것
② 미분무소화설비의 종류

저압	중압	고압
최고사용압력이 1.2MPa 이하	사용압력이 1.2MPa을 초과하고 3.5MPa 이하	최저사용압력이 3.5MPa을 초과

해답 ③

63. 피난기구의 화재안전기술기준에 따른 피난기구의 설치 및 유지에 관한 사항 중 틀린 것은?

① 피난기구를 설치하는 개구부는 서로 동일 직선상의 위치에 있을 것
② 설치장소에는 피난기구의 위치를 표시하는 발광식 또는 축광식표지와 그 사용방법을 표시한 표지를 부착할 것
③ 피난기구는 소방대상물의 기둥·바닥·보 기타 구조상 견고한 부분에 볼트조임·매입·용접 기타의 방법으로 견고하게 부착할 것
④ 피난기구는 계단·피난구 기타 피난시설로부터 적당한 거리에 있는 안전한 구조로 된 피난 또는 소화활동상 유효한 개구부에 고정하여 설치할 것

해설 피난기구 설치기준
개구부는 서로 **동일직선상이 아닌 위치**에 있을 것. 다만, 피난교·피난용트랩·간이완강기·아파트에 설치되는 피난기구(다수인 피난장비 제외) 기타 피난 상 지장이 없는 것에 있어서는 그러하지 아니하다.

해답 ①

64. 이산화탄소소화설비의 화재안전기술기준에 따라 케이블실에 전역방출방식으로 이산화탄소소화설비를 설치하고자 한다. 방호구역 체적은 750m³, 개구부의 면적은 3m²이고, 개구부에는 자동폐쇄장치가 설치되어 있지 않다. 이때 필요한 소화약제의 양은 최소 몇 kg 이상인가?

① 930   ② 1005
③ 1230 ④ 1530

해설 이산화탄소의 약제저장량(kg)

$$Q = V \times K_1 + A \times K_2$$

여기서, Q : 이산화탄소 약제저장량(kg)
V : 방호구역체적(m^3)
K_1 : 방호구역 $1m^3$당 약제량(kg/m^3)
유압기기를 제외한 전기설비, 케이블실의 $K_1 = 1.3kg/m^3$
A : 개구부면적(m^2)
(자동폐쇄장치 없는 개구부면적)
K_2 : 개구부 $1m^2$당 약제량(kg/m^2)
심부화재의 $K_2 = 10kg/m^2$

$$Q = 750\text{m}^3 \times \frac{1.3\text{kg}}{\text{m}^3} + 3\text{m}^2 \times \frac{10\text{kg}}{\text{m}^2} = 1{,}005\text{kg}$$

해답 ②

65 다음 중 피난기구의 화재안전기술기준에 따라 의료시설에 구조대를 설치하여야 할 층은?

① 지하 2층   ② 지하 1층
③ 지상 1층   ④ 지상 3층

해설 소방대상물의 설치장소별 피난기구의 적응성

구분	층별 1층	2층	3층	4층 이상 10층 이하
노유자시설		미구교다승		구[1]교다승
의료시설·근린생활시설 중 입원실이 있는 의원·접골원·조산원			미트구 교다승	트구 교다승
다중이용업소로서 영업장의 위치가 4층 이하인 다중이용업소			미사구완다승	
그 밖의 것			트공간교 미사구 완다승	공간[2] 교사구 완다승

[비고] 1) 구조대의 적응성은 장애인 관련 시설로서 주된 사용자 중 스스로 피난이 불가한 자가 있는 경우 추가로 설치하는 경우에 한한다.
2) 간이완강기의 적응성은 숙박시설의 3층 이상에 있는 객실에 추가로 설치하는 경우에 한한다.

어두문자 암기방법

피난용트랩 ⇒ 트   피난교 ⇒ 교
피난사다리 ⇒ 사   미끄럼대 ⇒ 미
구조대 ⇒ 구   다수인피난장비 ⇒ 다
승강식피난기 ⇒ 승   완강기 ⇒ 완
간이완강기 ⇒ 간   공기안전매트 ⇒ 공

해답 ④

66 화재안전기술기준상 물계통의 소화설비 중 펌프의 성능시험배관에 사용되는 유량측정장치는 펌프의 정격 토출량의 몇 % 이상 측정할 수 있는 성능이 있어야 하는가?

① 65   ② 100
③ 120   ④ 175

해설 펌프의 성능시험배관
① 펌프의 토출측에 설치된 **개폐밸브 이전**에서 분기하여 직선적으로 설치할 것
② 유량측정장치를 기준으로 **전단 직관부에 개폐**밸브를 후단 직관부에는 유량조절밸브를 설치할 것
③ 유량측정장치는 펌프의 **정격토출량의 175% 이상**까지 측정할 수 있는 성능이 있을 것

해답 ④

67 제연설비의 화재안전기술기준에 따른 배출풍도의 설치기준 중 다음 ( )안에 알맞은 것은?

배출기의 흡입측 풍도 안의 풍속은 (㉠)m/s 이하로 하고 배출측 풍속은 (㉡)m/s 이하로 할 것

① ㉠ 15, ㉡ 10   ② ㉠ 10, ㉡ 15
③ ㉠ 20, ㉡ 15   ④ ㉠ 15, ㉡ 20

해설 제연설비
① 배출구까지의 수평거리 : 10m 이하
② 배출기의 **흡입측** 풍도안 풍속 : 15m/s 이하
③ 배출기의 **배출측** 풍속 : 20m/s 이하

해답 ④

68 피난기구의 화재안전기술기준상 근린생활시설 3층에 적응성이 없는 피난기구는? (단, 근린생활시설 중 입원실이 있는 의원·접골원·조산원에 한한다.)

① 피난사다리   ② 미끄럼대
③ 구조대   ④ 피난교

해설 소방대상물의 설치장소별 피난기구의 적응성

구분	층별 1층	2층	3층	4층 이상 10층 이하
노유자시설		미구교다승		구[1]교다승
의료시설·근린생활시설 중 입원실이 있는 의원·접골원·조산원			미트구 교다승	트구 교다승
다중이용업소로서 영업장의 위치가 4층 이하인 다중이용업소			미사구완다승	
그 밖의 것			트공간교 미사구 완다승	공간[2] 교사구 완다승

[비고]
1) 구조대의 적응성은 장애인 관련 시설로서 주된 사용자 중 스스로 피난이 불가한 자가 있는 경우 추가로 설치하는 경우에 한한다.
2) 간이완강기의 적응성은 숙박시설의 3층 이상에 있는 객실에 추가로 설치하는 경우에 한한다.

어두문자 암기방법

피난용트랩 ⇒ 트
피난사다리 ⇒ 사
구조대 ⇒ 구
승강식피난기 ⇒ 승
간이완강기 ⇒ 간
피난교 ⇒ 교
미끄럼대 ⇒ 미
다수인피난장비 ⇒ 다
완강기 ⇒ 완
공기안전매트 ⇒ 공

해답 ①

69 스프링클러헤드에서 이융성 금속으로 융착되거나 이융성 물질에 의하여 조립된 것은?

① 프레임(frame)
② 디플렉터(deflector)
③ 유리벌브(glass bulb)
④ 퓨지블링크(fusible link)

해설 스프링클러헤드의 용어의 정의
① "스프링클러헤드"란 화재시의 가압된 물이 내뿜어져 분산됨으로써 소화기능을 하는 헤드를 말한다.
② "반사판(디프렉터)"란 스프링클러헤드의 방수구에서 유출되는 물을 세분시키는 작용을 하는 것을 말한다.
③ "퓨지블링크"란 감열체중 **이융성금속으로 융착**되거나 이융성물질에 의하여 조립된 것을 말한다.
④ "유리벌브"란 감열체중 유리구안에 액체 등을 넣어 봉한 것을 말한다.
⑤ "방수압력"이란 별도 1의 정류통에 의하여 측정한 방수시의 정압을 말한다.
⑥ "반응시간지수(RTI)"란 기류의 온도·속도 및 작동시간에 대하여 스프링클러헤드의 반응을 예상한 지수로서 아래 식에 의하여 계산하고 $(m/s)^{0.5}$을 단위로 한다.

$$RTI = r\sqrt{u}$$

여기서, r : 감열체의 시간상수(초)
u : 기류속도(m/s)

해답 ④

70 포소화설비의 화재안전기술기준상 특수가연물을 저장·취급하는 공장 또는 창고에 적응성이 없는 포소화설비는?

① 고정포방출설비
② 포소화전설비
③ 압축공기포소화설비
④ 포워터스프링클러설비

해설 포소화설비의 종류 및 적응성
(1) 특수가연물 저장·취급하는 공장 또는 창고
① 포워터스프링클러설비
② 포헤드설비
③ 고정포방출설비
④ 압축공기포소화설비
(2) 차고 또는 주차장
① 포워터스프링클러설비
② 포헤드설비
③ 고정포방출설비
④ 압축공기포소화설비
⑤ 호스릴포소화설비
⑥ 포소화전설비
(3) 항공기격납고
① 포워터스프링클러설비
② 포헤드설비
③ 고정포방출설비
④ 압축공기포소화설비
⑤ 호스릴포소화설비

해답 ②

71 분말소화설비의 화재안전기술기준상 자동화재탐지설비의 감지기의 작동과 연동하는 분말소화설비 자동식 기동장치의 설치기준 중 다음 ( )안에 알맞은 것은?

- 전기식 기동장치로서 (㉠)병 이상의 저장용기를 동시에 개방하는 설비는 2병 이상의 저장용기에 전자개방밸브를 부착할 것
- 가스압력식 기동장치의 기동용 가스용기 및 해당 용기에 사용하는 밸브는 (㉡)MPa 이상의 압력에 견딜 수 있는 것으로 할 것

① ㉠ 3, ㉡ 2.5
② ㉠ 7, ㉡ 2.5
③ ㉠ 3, ㉡ 25
④ ㉠ 7, ㉡ 25

해설 분말소화설비의 자동식 기동장치
① 자동식 기동장치에는 수동으로도 기동할 수 있는 구조로 할 것
② 전기식 기동장치로서 **7병** 이상의 저장용기를 동시에 개방하는 설비에 있어서는 2병 이상의 저장용기에 전자개방밸브를 부착할 것

③ 가스 압력식 기동장치
　㉠ 기동용 가스용기 및 당해 용기에 사용하는 밸브는 **25MPa 이상의 압력**에 견딜 수 있는 것으로 할 것
　㉡ 기동용 가스용기에는 내압시험압력의 0.8배 내지 내압시험압력 이하에서 작동하는 안전장치를 설치할 것
　㉢ 기동용 가스용기의 체적은 **5L 이상**으로 하고, 해당 용기에 저장하는 질소 등의 비활성 기체는 **6.0MPa 이상**(21℃ 기준)의 압력으로 충전할 것
④ 기계식 기동장치에 있어서는 저장용기를 쉽게 개방할 수 있는 구조로 할 것

해답 ④

72 분말소화설비의 화재안전기술기준상 분말소화약제의 가압용가스 용기에 대한 설명으로 틀린 것은?

① 가압용가스 용기를 3병 이상 설치한 경우에는 2개 이상의 용기에 전자개방밸브를 부착할 것
② 가압용가스 용기에는 2.5MPa 이하의 압력에서 조정이 가능한 압력조정기를 설치할 것
③ 가압용가스에 질소가스를 사용하는 것의 질소가스는 소화약제 1kg마다 20L(35℃에서 1기압의 압력상태로 환산한 것) 이상으로 할 것
④ 축압용가스에 질소가스를 사용하는 것의 질소가스는 소화약제 1kg에 대하여 10L(35℃에서 1기압의 압력상태로 환산한 것) 이상으로 할 것

해설 ③ 20L → 40L

가압용 또는 축압용 가스

구분	질소가스 사용 시	이산화탄소 사용 시
가압용 가스	40L(질소)/1kg(약제) 이상 (35℃, 1기압 기준)	20g(CO_2)/1kg(약제) +배관청소에 필요한 양
축압용 가스	10L(질소)/1kg(약제) 이상 (35℃, 1기압 기준)	20g(CO_2)/1kg(약제) +배관청소에 필요한 양

• 배관 청소용 가스는 별도 용기에 저장

해답 ③

73 화재조기진압용 스프링클러설비의 화재안전기술기준상 화재조기진압용 스프링클러설비 가지배관의 배열기준 중 천장의 높이가 9.1mm 이상 13.7m 이하인 경우 가지배관 사이의 거리 기준으로 옳은 것은?

① 2.4m 이상 3.1m 이하
② 2.4m 이상 3.7m 이하
③ 6.0m 이상 8.5m 이하
④ 6.0m 이상 9.3m 이하

해설 화재조기진압용 스프링클러설비 – 가지배관의 배열
① 토너먼트(tournament)방식이 아닐 것
② 가지배관 사이의 거리

천장의 높이	
일반적 기준	9.1m 이상 13.7m 이하
2.4m 이상 3.7m 이하	2.4m 이상 3.1m 이하

해답 ①

74 포소화설비에서 펌프의 토출관에 압입기를 설치하여 포소화약제 압입용 펌프로 포소화약제를 압입시켜 혼합하는 방식은?

① 라인 프로포셔너
② 펌프 프로포셔너
③ 프레져 프로포셔너
④ 프레져사이드 프로포셔너

해설 **프레져사이드 프로포셔너 방식**
펌프의 토출관에 압입기를 설치하여 포 소화약제 압입용 펌프로 포소화약제를 압입시켜 혼합하는 방식

해답 ④

75 스프링클러설비의 화재안전기술기준상 스프링클러설비의 배관 내 사용압력이 몇 MPa 이상일 때 압력배관용탄소강관을 사용해야 하는가?

① 0.1　　　　② 0.5
③ 0.8　　　　④ 1.2

해설 배관과 배관이음쇠 설치기준
(1) 배관 내 사용압력이 1.2MPa 미만일 경우
　① 배관용 **탄소강관**(KS D 3507)
　② 이음매 없는 **구리 및 구리합금관**(KS D 5301). 다만, 습식의 배관에 한한다.
　③ 배관용 **스테인리스강관**(KS D 3576) 또는 **일반배관용 스테인리스강관**(KS D 3595)
　④ **덕타일 주철관**(KS D 4311)
(2) 배관 내 사용압력이 1.2MPa 이상일 경우
　① 압력배관용탄소강관(KS D 3562)
　② 배관용 아크용접 탄소강강관(KS D 3583)

해답 ④

76 지하구의 화재안전기술기준에 따라 연소방지설비전용헤드를 사용할 때 배관의 구경이 65mm인 경우 하나의 배관에 부착하는 살수헤드의 최대 개수로 옳은 것은?

① 2　　　　② 3
③ 5　　　　④ 6

해설 연소방지설비의 배관 설치기준
① 배관용 탄소강관 또는 압력배관용 탄소강관
② 급수배관은 전용
③ 연소방지설비전용헤드수별 급수관의 구경

전용헤드의 개수	1개	2개	3개	4개~5개	6개 이상
배관구경 (mm)	32	40	50	65	80

해답 ③

77 지하구의 화재안전기술기준에 따른 지하구의 통합감시시설 설치기준으로 틀린 것은?

① 소방관서와 지하구의 통제실 간에 화재 등 소방활동과 관련된 정보를 상시 교환할 수 있는 정보통신망을 구축할 것
② 수신기는 방재실과 공동구의 입구 및 연소방지설비 송수구가 설치된 장소(지상)에 설치할 것
③ 정보통신망(무선통신망 포함)은 광케이블 또는 이와 유사한 성능을 가진 선로일 것
④ 수신기는 화재신호, 경보, 발화지점 등 수신기에 표시되는 정보가 기준에 적합한 방식으로 119상황실이 있는 관할 소방관서의 정보통신장치에 표시되도록 할 것

해설 지하구의 통합감시시설 설치기준
(1) 소방관서와 지하구의 통제실 간에 화재 등 소방활동과 관련된 정보를 상시 교환할 수 있는 정보통신망을 구축할 것
(2) 정보통신망(무선통신망을 포함)은 광케이블 또는 이와 유사한 성능을 가진 선로일 것
(3) **수신기는 지하구의 통제실에 설치**하되 화재신호, 경보, 발화지점 등 수신기에 표시되는 정보가 기준에 적합한 방식으로 119상황실이 있는 관할 소방관서의 정보통신장치에 표시되도록 할 것

해답 ②

78 소화수조 및 저수조의 화재안전기술기준에 따라 소화용수설비에 설치하는 채수구의 지면으로부터 설치 높이 기준은?

① 0.3m 이상 1m 이하
② 0.3m 이상 1.5m 이하
③ 0.5m 이상 1m 이하
④ 0.5m 이상 1.5m 이하

해설 채수구 설치기준
① 65mm 이상의 나사식 결합금속구를 설치

[소요수량과 채수구수]

소요수량	20m³ 이상 40m³ 미만	40m³ 이상 100m³ 미만	100m³ 이상
채수구수	1개	2개	3개

② 채수구 설치위치 : 0.5m 이상 1m 이하
③ "채수구"라고 표시한 표지를 할 것
④ 소화용수설비 설치 면제 : 유수의 양이 0.8m³/min 이상인 유수를 사용할 수 있는 경우

해답 ③

79 다음은 물분무소화설비의 화재안전기술기준에 따른 수원의 저수량 기준이다. ( )에 들어갈 내용으로 옳은 것은?

> 특수가연물을 저장 또는 취급하는 특정소방대상물 또는 그 부분에 있어서 수원의 저수량은 그 바닥면적 1m²에 대하여 (   )L/min로 20분간 방수할 수 있는 양 이상으로 할 것

① 10　　② 12
③ 15　　④ 20

해설 **물분무소화설비의 수원의 양**

소방대상물	수원의 저수량
특수가연물	바닥면적(m²)(최소 50m²)× 10L/m²·분×20min
차고, 주차장	바닥면적(m²)(최소 50m²)× 20L/m²·분×20min
절연유 봉입 변압기	표면적(바닥부분제외)(m²)× 10L/m²·분×20min
케이블트레이, 닥트	투영된 바닥면적(m²)× 12L/m²·분×20min
콘베이어벨트	벨트부분의 바닥면적(m²)× 10L/m²·분×20min

해답 ①

80 제연설비의 화재안전기술기준상 제연설비 설치장소의 제연구역 구획 기준으로 틀린 것은?

① 하나의 제연구역의 면적은 1000m² 이내로 할 것
② 하나의 제연구역은 직경 60m 원내에 들어갈 수 있을 것
③ 하나의 제연구역은 3개 이상 층에 미치지 아니하도록 할 것
④ 통로상의 제연구역은 보행중심선의 길이가 60m를 초과하지 아니할 것

해설 ③ 3개 이상 → 2개 이상

제연구역 구획기준
① 하나의 제연구역의 면적은 1000m² 이내
② 거실과 통로는 각각 제연구획
③ **통로상의 제연구역은 보행 중심선으로 길이가 60m를 초과하지 아니할 것**
④ 하나의 제연구역은 직경 60m 원내에 들어갈 수 있을 것
⑤ 하나의 제연구역은 **둘 이상**의 층에 미치지 아니하도록 할 것

해답 ③

소방설비기사 - 기계분야

2022년 9월 CBT 시행

본 문제는 CBT시험대비 기출문제 복원입니다.

제1과목 소방원론

01 제2류 위험물에 해당하지 않는 것은?

① 황 ② 황화인
③ 적린 ④ 황린

해설 제2류 위험물의 품명 및 지정수량

성 질	품 명	지정수량
가연성고체	황화인, 적린, 황	100kg
	철분, 금속분, 마그네슘	500kg
	인화성고체	1,000kg

해답 ④

02 주된 연소의 형태가 분해연소인 물질은?

① 코크스 ② 알코올
③ 목재 ④ 나프탈렌

해설 연소의 형태 ★★★ 자주출제(필수암기) ★★★
㉠ 표면연소(surface reaction)
  숯, 코크스, 목탄, 금속분
㉡ 증발 연소(evaporating combustion)
  파라핀(양초), 황, 나프탈렌, 왁스, 휘발유, 등유, 경유, 아세톤 등 제4류 위험물
㉢ 분해연소(decomposing combustion)
  석탄, 목재, 플라스틱, 종이, 합성수지, 중유
㉣ 자기연소(내부연소)
  질화면(나이트로셀룰로오스), 셀룰로이드, 나이트로글리세린 등 제5류 위험물
㉤ 확산연소(diffusive burning)
  아세틸렌, LPG, LNG 등 가연성 기체
㉥ 불꽃연소 + 표면연소
  목재, 종이, 셀룰로오즈류, 열경화성수지

해답 ③

03 마그네슘의 화재시 이산화탄소소화약제를 사용하면 안되는 주된 이유는?

① 마그네슘과 이산화탄소가 반응하여 흡열반응을 일으키기 때문이다.
② 마그네슘과 이산화탄소가 반응하여 가연성의 탄소가 생성되기 때문이다.
③ 마그네슘이 이산화탄소에 녹기 때문이다.
④ 이산화탄소에 의한 질식의 우려가 있기 때문이다.

해설 마그네슘(Mg) : 제2류 위험물(금수성)
① 물과 반응하여 수소기체 발생
  $Mg + 2H_2O \rightarrow Mg(OH)_2 + H_2 \uparrow$ (수소발생)
  (수산화마그네슘)
② 마그네슘과 CO_2의 반응식
  $2Mg + CO_2 \rightarrow 2MgO + C$ (마그네슘과 이산화탄소는 폭발적으로 반응하기 때문에 위험)

해답 ②

04 다음 중 착화온도가 가장 낮은 것은?

① 에틸알코올 ② 톨루엔
③ 등유 ④ 가솔린

해설 제4류 위험물의 착화점

품 명	에틸알코올	톨루엔	등유	가솔린
류 별	알코올류	제1석유류	제2석유류	제1석유류
착화점(℃)	423	552	210	300

해답 ③

05 다음 할로젠원소 중 원자번호가 가장 작은 것은?

① F ② Cl

③ Br   ④ I

해설 ① 할로젠원소

원소기호	F	Cl	Br	I
명 칭	불소	염소	브로민(취소)	아이오딘
원자번호	9	17	35	53

② 할로젠원소의 반응력 세기
  F > Cl > Br > I
③ 할로젠원소의 소화효과크기
  I > Br > Cl > F

해답 ①

06 22℃의 물 1톤을 소화약제로 사용하여 모두 증발시켰을 때 얻을 수 있는 냉각효과는 몇 kcal인가?

① 539   ② 617
③ 539000   ④ 617000

해설 열량 산출 공식

$$Q = mC\Delta t + r \cdot m$$

∴ $Q = 1000\text{kg} \times 1\text{kcal/kg} \cdot ℃ \times (100-22)℃$
      $+ 539\text{kcal/kg} \times 1000\text{kg}$
      $= 617000\text{kcal}$

참고 ① 물의 비열(C) = 1kcal/kg · ℃
② 물의 기화열(r) = 539kcal/kg

해답 ④

07 공기와 할론 1301의 혼합기체에서 할론 1301에 비해 공기의 확산속도는 약 몇 배 인가? (단, 공기의 평균분자량은 29, 할론 1301의 분자량은 149이다.)

① 2.27배   ② 3.85배
③ 5.17배   ④ 6.46배

해설 기체의 확산속도에 의한 분자량의 측정(그레이엄의 법칙)
두 가지 기체가 퍼지는 확산속도는 그 기체의 밀도(분자량)의 제곱근에 반비례한다.

$$\frac{U_1}{U_2} = \sqrt{\frac{M_2}{M_1}} = \sqrt{\frac{d_2}{d_1}}$$

여기서, U_1 : 기체1의 확산속도
  U_2 : 기체2의 확산속도
  M_1 : 기체1의 분자량
  M_2 : 기체2의 분자량
  d_1 : 기체1의 밀도
  d_2 : 기체2의 밀도

∴ $\frac{U_1(공기)}{U_2(1301)} = \sqrt{\frac{M_2}{M_1}} = \sqrt{\frac{149}{29}} = 2.27$

해답 ①

08 조연성 가스에 해당하는 것은?

① 수소   ② 일산화탄소
③ 산소   ④ 메탄

해설 지연성(조연성)가스
자기 자신은 타지 않고 남의 연소를 도와주는 가스

조연성 가스
산소, 오존, 불소, 염소, 일산화질소, 이산화질소

해답 ③

09 목재 화재시 다량의 물을 뿌려 소화하고자 한다. 이 때 가장 큰 소화효과는?

① 제거소화효과   ② 냉각소화효과
③ 부촉매소화효과 ④ 희석소화효과

해설 소화원리
① 냉각소화 : 가연성 물질을 발화점 이하로 온도를 냉각

물이 소화약제로 사용되는 이유
① 물의 기화열(539 kcal/kg)이 크기 때문
② 물의 비열 (1 kcal/kg℃)이 크기 때문

② 질식소화 : 산소농도를 21%에서 15% 이하로 감소

질식소화 시 산소의 유지농도 : 10~15%

③ 억제소화(부촉매소화, 화학적소화) : 연쇄반응을 억제
  • 부촉매 : 화학적 반응의 속도를 느리게 하는 것
  • 부촉매 효과 : 할론소화약제
    [할로젠족원소 : 불소(F), 염소(Cl), 브로민(Br), 아이오딘(I)]

④ 제거소화 : 가연성물질을 제거시켜 소화
- 산불이 발생하면 화재의 진행방향을 앞질러 벌목
- 화학반응기의 화재 시 원료공급관의 밸브를 폐쇄
- 유전화재 시 폭약으로 폭풍을 일으켜 화염을 제거
- 촛불을 입김으로 불어 화염을 제거

⑤ 피복소화 : 가연물 주위를 공기와 차단
⑥ 희석소화 : 알콜, 아세톤 등 수용성인 인화성액체 화재 시 물을 방사하여 가연물의 연소농도를 희석
⑦ 유화소화(에멀젼소화) : 제4류 위험물 중 물에 녹지 않는 인화성액체의 유류화재 시 물분무로 방사하여 액체표면에 불연성의 유막을 형성하여 소화

해답 ②

10 다음 중 비열이 가장 큰 것은?

① 물　　　　② 금
③ 수은　　　④ 철

해설 물질의 비열

물질	물	금	수은	철
비열(cal/g·℃)	1.0	0.03	0.06	0.11

해답 ①

11 연소시 백적색의 온도는 약 몇 ℃ 정도 되는가?

① 400　　　② 650
③ 750　　　④ 1300

해설 불꽃의 색과 온도

색	담암적색	암적색	적색	황색	황적색	백적색	휘백색
온도(℃)	500	700	850	1050	1100	1300	1500

해답 ④

12 피난동선에 대한 계획으로 옳지 않은 것은?

① 피난동선은 가급적 일상 동선과 다르게 계획한다.
② 피난동선은 적어도 2개소의 안전장소를 확보한다.
③ 피난동선의 말단은 안전장소이어야 한다.
④ 피난동선은 간단명료해야 한다.

해설 피난동선의 일반적인 원칙 ★★★
① 피난동선은 가급적 일상동선과 같게 한다.
② 피난동선은 적어도 2개소 이상의 안전한 장소를 확보한다.
③ 피난동선의 말단은 안전한 장소이어야 한다.
④ 피난경로는 간단하고 명료하게 할 것

피난대책의 일반적인 원칙 ★★★
① 2방향 원칙에 따라 피난통로를 확보할 것
② 피난수단은 원시적 방법을 원칙으로 할 것
③ 피난구조설비는 고정식 설비를 원칙으로 하고 보조적으로 이동식 설비를 고려할 것
④ 피난대책은 Fool proof와 Fail safe의 원칙을 중요시할 것

해답 ①

13 메탄이 완전 연소할 때의 연소 생성물을 옳게 나열한 것은?

① H_2O, HCl　　② SO_2, CO_2
③ SO_2, HCl　　④ CO_2, H_2O

해설 메탄의 완전연소 반응식

CH_4 + O_2 → CO_2 + H_2O
(메탄)　(산소)　(이산화탄소)　(물)

참고 C H O로 구성된 화합물은 완전연소 시 이산화탄소와 물이 생성된다.

해답 ④

14 할론소화설비에서 Halon1211 약제의 분자식은?

① CF_2BrCl　　② CBr_2ClF
③ CCl_2BrF　　④ BrC_2ClF

해설 할론소화약제

구분 \ 종류	할론 2402	할론 1211	할론 1301	할론 1011
분자식	$C_2F_4Br_2$	CF_2ClBr	CF_3Br	CH_2ClBr

해답 ①

15 분말 소화약제의 주성분이 아닌 것은?

① 황산알루미늄　② 탄산수소나트륨
③ 탄산수소칼륨　④ 제1인산암모늄

해설 **분말약제의 주성분 및 착색**

종 별	주성분	약 제 명	착 색
제1종	$NaHCO_3$	탄산수소나트륨 중탄산나트륨	백 색
제2종	$KHCO_3$	탄산수소칼륨 중탄산칼륨	담회색
제3종	$NH_4H_2PO_4$	제1인산암모늄	담홍색 (핑크색)
제4종	$KHCO_3$ $+(NH_2)_2CO$	탄산수소칼륨+요소	회색 (쥐색)

해답 ①

16 휘발유 화재시 물을 사용하여 소화할 수 없는 이유로 가장 옳은 것은?

① 인화점이 물보다 낮기 때문이다.
② 비중이 물보다 작아 연소면이 확대되기 때문이다.
③ 수용성이므로 물에 녹아 폭발이 일어나기 때문이다.
④ 물과 반응하여 수소가스를 발생하기 때문이다.

해설 **가연성 액체(제4류 위험물)의 유류화재**
제4류위험물 중 비수용성인 물질은 물로 소화할 경우 대부분 물보다 액체비중이 가벼워 물 위로 연소 유류가 퍼지면서 화재면(연소면)이 확대되어 더 위험하다.

해답 ②

17 다음 중 분진폭발의 위험성이 가장 낮은 것은?

① 알루미늄분 ② 황
③ 팽창질석 ④ 소맥분

해설 **분진폭발 물질**
① 금속분말 ② 석탄분말
③ 농수산물가루 ④ 솜가루
⑤ 담배가루 ⑥ 플라스틱분말

분진폭발 없는 물질
① 생석회 : CaO(시멘트의 주성분)
② 소석회(Ca(OH)$_2$)
③ 석회석 분말
④ 시멘트

분진폭발의 입자 및 농도
① 분진폭발 입자의 크기 : $100\mu m$ 이하
② 분진농도
  ㉠ 하한농도 : $20 \sim 60 g/m^3$
  ㉡ 상한농도 : $2000 \sim 6000 g/m^3$

해답 ③

18 공기를 기준으로 한 CO_2 가스 비중은 약 얼마인가? (단, 공기의 분자량은 29이다.)

① 0.81 ② 1.52
③ 2.02 ④ 2.51

해설 ① 이산화탄소의 분자량 $CO_2 = 12 + 16 \times 2 = 44$
② 증기비중 $S = \dfrac{44(분자량)}{29(공기평균분자량)} = 1.52$

공기의 조성
산소(O_2) 21%, 질소(N_2) 78%, 아르곤(Ar) 1%

- 공기 중 산소의 부피(%) = 21%
- 공기 중 산소의 중량(무게)(%) = 23%

공기의 평균 분자량
$28(N_2) \times 0.7803 + 32(O_2) \times 0.2099 + 40(Ar)$
$\times 0.0094 + 44(CO_2) \times 0.0003 = 28.95 ≒ 29$

- 공기의 평균 분자량 = 29
- 증기비중 = $\dfrac{M(분자량)}{29(공기평균분자량)}$

해답 ②

19 연기감지기가 작동할 정도이고 가시거리가 20~30m에 해당하는 감광계수는 얼마인가?

① $0.1 m^{-1}$ ② $1.0 m^{-1}$
③ $2.0 m^{-1}$ ④ $2.51 m^{-1}$

해설 **감광계수와 가시거리**

감광계수	가시거리(m)	상 태
0.1	20~30	연기감지기 작동
0.3	5	피난에 지장
0.5	3	어두움을 느끼기 시작
1.0	1~2	거의 앞이 보이지 않을 정도
10	0.2~0.5	화재 최성기

※ **감광계수** : 연기 속을 투과한 빛의 양으로 연기의 농도를 광화학적으로 표시하는 방법

해답 ①

20 「건축물의 피난·방화구조 등의 기준에 관한 규칙」에 따른 바닥의 내화구조 기준으로 ( )에 알맞은 수치는?

> 철근콘크리트조 또는 철골철근콘크리트조로서 두께가 ( )cm 이상인 것

① 4
② 5
③ 7
④ 10

해설 주요 구조부의 내화구조 기준 ★★

주요 구조부	내화구조 기준
벽	• 철근 콘크리트조 또는 철골 철근 콘크리트조로 두께가 10cm 이상 • 골구를 철골조로 하고 그 양면을 두께 4cm 이상의 철망 모르타르 또는 두께 5cm 이상의 콘크리트 블록, 벽돌 또는 석재로 덮은 것.
기 둥 (작은지름 25cm 이상)	• 철근 콘크리트조 또는 철골·철근 콘크리트조 • 철골을 두께 6cm 이상의 철망 모르타르 또는 두께 7cm 이상의 콘크리트 블록, 벽돌 또는 석재로 덮은 것. • 철골을 두께 5cm 이상의 콘크리트로 덮은 것
바 닥	• 철근 콘크리트조 또는 철골 철근 콘크리트조로서 두께가 10cm 이상인 것.

해답 ④

제2과목 소방유체역학

21 다음 그림은 단면적이 A와 $2A$인 U자형 관에 밀도 d인 기름을 담은 모양이다. 지금 그 한쪽 관에 관벽과는 마찰이 없는 물체를 기름 위에 놓았더니 두 관의 액면차가 h_1으로 되어 평형을 이루었다. 이때 이 물체의 질량은?

① Ah_1d
② $2Ah_1d$
③ $Ah_1d + Ah_2d$
④ $2(Ah_1d + Ah_2d)$

해설 파스칼의 원리를 이용하여
$F_1 = P_1A_1$, $F_2 = P_2A_2$에서
$P_1 = \dfrac{F_1}{A_1}$, $P_2 = \dfrac{F_2}{A_2}$이고 $P_1 = P_2$이므로,
$\dfrac{F_1}{A_1} = \dfrac{F_2}{A_2}$ 따라서 $F_2 = F_1 \times \dfrac{A_2}{A_1}$
$A_2 = 2A_1$이므로 $F_2 = F_1 \times \dfrac{2A_1}{A_1} = 2F_1$
$F_1 = dV$에서 $V = Ah_1$이므로 $dV = dAh_1$
그러므로 $F_2 = d2Ah_1 = 2dAh_1$

해답 ②

22 검사표면에 있는 지름 2cm의 구멍을 통하여 물이 3m/s로 분출될 때, 구멍을 통한 운동량 유출률은 약 몇 N인가?

① 0.94
② 1.41
③ 2.83
④ 8.48

해설
$$F = Qu\rho = Au^2\rho$$

① ρ : 물의 밀도(1000kg/m³)
② $d = 2\text{cm} = 0.02\text{m}$
③ $u = 3\text{m/s}$
④ $F = \dfrac{\pi}{4} \times 0.02^2 \times 3^2 \times 1000$
$= 2.83\text{kg}\cdot\text{m/s}^2(\text{N})$

해답 ③

23 관에서의 마찰 손실이 달시(Darcy)의 식으로 표현될 때, 마찰계수 f_1, 직경 d_1, 유속 V_1, 길이 L_1인 관에서의 손실수두와 같은 크기의 손실수두를 갖는 마찰계수 f_2, 직경 d_2, 유속 V_2인 관의 길이 L_2는?

① $L_2 = L_1 \dfrac{f_1}{f_2} \dfrac{d_1}{d_2} \left(\dfrac{V_1}{V_2}\right)^2$

② $L_2 = L_1 \dfrac{f_1}{f_2} \dfrac{V_2}{V_1} \left(\dfrac{d_1}{d_2}\right)^2$

③ $L_2 = L_1 \dfrac{f_2}{f_1} \dfrac{V_1}{V_2} \left(\dfrac{d_1}{d_2}\right)^2$

④ $L_2 = L_1 \dfrac{f_1}{f_2} \dfrac{d_2}{d_1} \left(\dfrac{V_1}{V_2}\right)^2$

해설 Darcy-weisbach식(층류)

$$\Delta h_L(\text{m}) = f \times \dfrac{l}{D} \times \dfrac{u^2}{2g}$$

여기서, Δh_L : 마찰손실수두(m)
  f : 관 마찰손실계수
  l : 배관길이(m)
  u : 유속(m/s)
  g : 중력가속도(9.8m/s^2)
  D : 배관내경(m)

① $\Delta H_1 = \dfrac{f_1 l_1 u_1^2}{2gD_1}$

② $\Delta H_2 = \dfrac{f_2 l_2 u_2^2}{2gD_2}$

③ $\Delta H_1 = \Delta H_2$

④ $\dfrac{f_1 l_1 u_1^2}{2gD_1} = \dfrac{f_2 l_2 u_2^2}{2gD_2}$

$\therefore 2gD_1 f_2 l_2 u_2^2 = 2gD_2 f_1 l_1 u_1^2$

$\therefore l_2 = l_1 \times \dfrac{f_1}{f_2} \times \dfrac{D_2}{D_1} \times \left(\dfrac{u_1}{u_2}\right)^2$

해답 ④

24 체적 0.2m^3인 물체를 물속에 잠겨 있게 하는데 300N의 힘이 필요하다. 만약 이 물체를 어떤 유체속에 잠겨 있게 하는데 200N의 힘이 필요하다면 이 유체의 비중은? (단, 물의 밀도는 1000kg/m^3이다.)

① 0.67   ② 0.85
③ 0.95   ④ 1.05

해설 부력과 중량(무게)

$$F_B(\text{부력}) = F_w(\text{무게})$$
$$r_{액체} \times V_{잠긴} = r_{물체} \times V_{전체}$$

① $9800\text{N/m}^3 \times 0.2\text{m}^3 - 300\text{N}$
  $= \gamma_{유체} \times 0.2\text{m}^3 - 200\text{N}$

② $\gamma_{유체} = 9300\text{N/m}^3$

③ $S = \dfrac{\gamma_{유체}}{\gamma_{w(물)}} = \dfrac{9300\text{N/m}^3}{9800\text{N/m}^3} = 0.95$

해답 ③

25 내경이 50mm인 소화배관에 물이 260L/min으로 흐른다. 압력이 400kPa 이고 배관의 중심선이 기준면보다 20m 높은 곳에서 소화수가 갖는 전 수두는 약 몇 m인가?

① 61   ② 40
③ 20   ④ 12

해설 베르누이의 정리

$$H(\text{m}) = \dfrac{u^2}{2g} + \dfrac{p}{\gamma} + Z$$

여기서, $H(\text{m})$: 전수두, $\dfrac{u^2}{2g}$: 속도수두
  $\dfrac{P}{\gamma}$: 압력수두, Z : 위치수두
  γ : 물의 비중량 $= 9800\text{N/m}^3$
         $= 9.8\text{kN/m}^3$

① $u = \dfrac{Q}{A} = \dfrac{0.26\text{m}^3/60\text{s}}{\dfrac{\pi}{4} \times (0.05\text{m})^2} = 2.21\text{m/s}$

② $p = 400\text{kPa} = 400\text{kN/m}^2$

③ $Z = 20\text{m}$

④ $H = \dfrac{2.21^2}{2 \times 9.8} + \dfrac{400\text{kN/m}^2}{9.8\text{kN/m}^3} + 20 = 61.07\text{m}$

해답 ①

26 소방호스의 노즐로부터 유속 4.9m/s로 방사되는 물제트에 피토관의 흡입구를 갖다 대었을 때 피토관의 수직부에 나타나는 수주의 높이는 약 몇 m인가? (단, 중력가속도는 9.8m/s^2이고, 손실은 무시한다.)

① 0.25   ② 1.22
③ 2.69   ④ 3.69

해설 　물제트의 최고상승 높이

$$H = \frac{(u\sin\theta)^2}{2g}$$

$$H = \frac{(4.9 \times \sin 90°)^2}{2 \times 9.8} = 1.22\text{m}$$

해답 ②

27 실내의 난방용 방열기(물-공기 열교환기)에는 대부분 방열 핀(fin)이 달려 있다. 그 주된 이유는?

① 열전달 면적이 증가된다.
② 복사 열전달이 촉진된다.
③ 재료비를 절감할 수 있다.
④ 겨울철 동파를 막는다.

해설 　방열핀
난방용 방열기의 열전달 면적을 증가하기 위하여 설치

해답 ①

28 교축 과정(throttling process)에 대한 설명 중 맞는 것은?

① 압력이 변하지 않는다.
② 온도가 변하지 않는다.
③ 엔트로피가 변하지 않는다.
④ 엔탈피가 변하지 않는다.

해설 　교축과정(등엔탈피과정)
① 엔탈피는 일정하다.
② 엔트로피는 증가한다.
③ 압력과 온도는 감소한다.

해답 ④

29 압력 7Mpa, 온도 150℃ 상태에서 프로판의 압축성인자 값은 0.55 이다. 프로판의 비체적(m³/kg)은 얼마인가? (단, 기체상수 R = 0.1886kJ/kg·K 이다.)

① 0.00222   ② 0.00404
③ 0.00627   ④ 0.0114

해설
$$V_s = \frac{RTk}{P}$$

$R = 0.1886\text{kJ/kg} \cdot \text{k} = 0.1886\text{kN} \cdot \text{m/kg} \cdot \text{k}$
$T = 273 + 150 = 423\text{K}$
$k = 0.55$
$p = 7\text{MPa} = 7 \times 10^3 \text{kPa}$

$$V_s = \frac{0.1886 \times 423 \times 0.55}{7 \times 10^3} = 0.00627 \text{m}^3/\text{kg}$$

해답 ③

30 등엔트로피 과정에 해당하는 것은?

① 가역 단열 과정   ② 가역 등온 과정
③ 비가역 단열 과정 ④ 비가역 등온 과정

해설 　이상기체의 등엔트로피 과정
① 폴리트로피 과정의 일종
② 가역 단열 과정
③ 온도가 증가하면 압력이 증가

해답 ①

31 소방 펌프차가 화재 현장에 출동하여 그 곳에 설치되어있는 수조에서 물을 흡입하였다. 이때 펌프 입구의 진공계가 60kPa을 표시하였다면 손실을 무시할 때 수면에서 펌프까지의 높이는 약 몇 m인가?

① 0.542   ② 0.612
③ 5.42   ④ 6.12

해설 　진공계(흡입압력) = 60kPa
$$H = 60\text{kPa} \times \frac{10.332\text{m}}{101.325\text{kPa}} = 6.12\text{m}$$

해답 ④

32 다음 중 물리량과 차원의 연결이 옳은 것은? (단, p : 압력, ρ : 밀도, V : 속도, H : 높이를 나타내고, M : 질량, L : 길이, T : 시간의 차원을 나타낸다.)

① $\rho - ML^3$
② $\rho V^2 - ML^{-1}T^{-1}$

③ $\rho g H - ML^{-1}T^{-2}$

④ $\dfrac{\rho V^2}{p} - ML^{-1}T^{-1}$

[해설] ① ρ $kg/m^3 = M/L^3 = ML^{-3}$

② ρV^2 $kg/m^3 \times m^2/s^2 = kg/m \cdot s^2$
     $= ML^{-1}T^{-2}$

③ $\rho g H$ $kg/m^3 \times m/s^2 \times m = kg/m \cdot s^2$
     $= ML^{-1}T^{-2}$

④ $\dfrac{\rho V^2}{p}$ $\dfrac{kgf \cdot s^2/m^4 \times m^2/s^2}{kgf/m^2} = $ 무차원

[해답] ③

33 안지름 100mm인 파이프를 통해 5m/s의 속도로 흐르는 물의 유량은 몇 m³/min인가?

① 23.55   ② 2.355
③ 0.517   ④ 5.170

[해설] 유량 산출공식

$$Q(m^3/s) = u(m/s) \times A(m^2)$$

$Q = 5(m/s) \times \dfrac{\pi}{4} \times (0.1m)^2 = 0.03926 m^3/s$

$Q = 0.03926 \dfrac{m^3}{s} \times 60 \dfrac{s}{min} = 2.355 m^3/min$

[해답] ②

34 다음 중 음속에 대한 일반적인 설명으로 틀린 것은?

① 동일한 이상기체에서의 음속은 이상기체의 온도가 높은 경우의 음속이 온도가 낮은 경우의 음속보다 빠르다.

② 동일한 온도 및 비열비를 가질 때, 분자량이 큰 이상기체에서의 음속이 분자량이 작은 이상기체에서의 음속보다 빠르다.

③ 밀도가 동일한 경우 체적탄성계수가 큰 액체에서의 음속은 체적탄성계수가 작은 액체에서의 음속보다 빠르다.

④ 체적탄성계수가 동일한 경우 밀도가 큰 액체에서의 음속은 밀도가 작은 액체에서의

음속보다 느리다.

[해설] 동일한 온도 및 비열비를 가질 때
① 분자량이 큰 이상기체는 음속이 느리다.
② 분자량이 작은 이상기체는 음속이 빠르다.

[해답] ②

35 0.02m³/s의 유량으로 직경 50cm인 주철 관속을 기름이 흐르고 있다. 길이 1000m에 대한 손실수두는 몇 m인가? (단, 기름의 점성계수는 0.103N·s/m² 비중은 0.9이다.)

① 0.15   ② 0.3
③ 0.45   ④ 0.6

[해설] 하겐-포아젤의 법칙(층류)

$$\Delta h_L = \dfrac{\Delta P}{r} = \dfrac{128 \mu l Q}{r \pi d^4}$$

$\mu = 0.103 N \cdot s/m^2$, $l = 1000m$
$Q = 0.02 m^3/s$
$\gamma = 9800 N/m^3 \times 0.9 = 8820 N/m^3$
$d = 50cm = 0.5m$
$H = \dfrac{128 \times 0.103 \times 1000 \times 0.02}{8820 \times \pi \times 0.5^4} = 0.15m$

[해답] ①

36 옥내소화전 설비의 노즐선단 방수압력을 피토관으로 측정한 결과 490kPa(계기압력)이었다. 본 설비에 사용한 노즐의 구경이 13mm인 경우 방수량은 몇 m³/min 인가?

① 0.125   ② 0.249
③ 0.498   ④ 0.996

[해설] 노즐의 방수량

$$Q = 0.653 d^2 \sqrt{10 \times p}$$

여기서, $Q(L/min)$, $d(mm)$, $P(MPa)$

① $P = 490 kPa \times \dfrac{1 MPa}{1000 kPa} = 0.49 MPa$

② $Q = 0.653 \times 13^2 \sqrt{10 \times 0.49} = 244.29 L/min$
     $= 0.24 m^3/min$

[해답] ②

37 펌프의 성능해석에 사용되는 속도삼각형 ($\vec{V}=\vec{W}+\vec{U}$)을 그림으로 나타낸 것이다. $\vec{V}$를 펌프로 유입되는 물의 속도라고 할 때, 이들을 알맞게 설명한 것은?

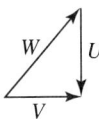

① $\vec{V}$: 상대속도, $\vec{W}$: 절대속도, $\vec{U}$: 날개(원주)속도
② $\vec{V}$: 절대속도, $\vec{W}$: 상대속도, $\vec{U}$: 날개(원주)속도
③ $\vec{V}$: 절대속도, $\vec{W}$: 상대속도, $\vec{U}$: 케이싱속도
④ $\vec{V}$: 상대속도, $\vec{W}$: 절대속도, $\vec{U}$: 케이싱속도

해설 펌프의 성능해석
$\vec{V}$: 절대속도
$\vec{W}$: 상대속도
$\vec{U}$: 날개(원주)속도

해답 ②

38 그림과 같이 밑면이 2m×3m인 탱크와 이 탱크에 연결된 단면적이 1m²인 관에 물과 비중이 0.9인 기름이 들어있다. 대기압을 무시할 때 밑면 AB에 작용하는 힘은 약 몇 kN인가?

① 64   ② 329
③ 338   ④ 412

해설 압력
$F = \gamma h A = \gamma_w S h A$

여기서, F: 힘(kN), γ: 비중량(kN/m³)
A: 단면적(m²), h: 높이(m)
γ_w: 물비중량(9.8kN/m³), S: 비중

$F = \gamma_1 h_1 A_1 + \gamma_2 h_2 A_2 + \gamma_3 h_3 A_3$
$F = \gamma_w S_1 h_1 A_1 + \gamma_w S_2 h_2 A_2 + \gamma_w S_3 h_3 A_3$
$F = 9.8 \times 0.9 \times 1 \times 1\text{m}^2 +$
$\quad 9.8 \times 0.9 \times 4 \times 2 \times 3\text{m}^2 +$
$\quad 9.8 \times 1 \times 2 \times 2 \times 3\text{m}^2$
$= 338.1\text{kN}$

해답 ③

39 직경 5cm의 수평원관에 10℃의 물이 평균속도 0.6m/s로 흐를 때 레이놀즈 수와 유동 상태는? (단, 10℃일 때 물의 동점성계수는 $1.31 \times 10^{-6}\text{m}^2$/s이다.)

① 22.9 (층류)   ② 22.9 (난류)
③ 22900 (층류) ④ 22900 (난류)

해설 레이놀즈 수

$$ReNo = \frac{Du\rho}{\mu} = \frac{Du}{v}$$

여기서, D: 내경(m)
u: 유속(m/s)
ρ: 밀도(kg/m³)
μ: 점성계수(N·s/m² = kg/m·s)
v: 동점성계수(m²/s)

유체 흐름의 형태

흐름 형태	층류	난류
ReNo	ReNo < 2100	ReNo > 4000

$ReNo = \dfrac{Du}{v} = \dfrac{0.05\text{m} \times 0.6}{1.31 \times 10^{-6}} = 22900$

해답 ④

40 평행한 평판 사이로 유체가 압력차에 의해 층류로 흐르고 있을 때, 유체가 받는 전단응력은 어떻게 변화되는가?

① 중심에서 0이고, 벽면으로 직선형태의 응력변화를 가진다.
② 중심에서 벽면으로 곡선 형태의 응력변화

를 가진다.

③ 벽면에서 0이고, 중심으로 직선형태의 응력변화를 가진다.

④ 벽면에서 중심으로 곡선 형태의 응력변화를 가진다.

해설 ① 전단응력

$$전단응력(\tau) = \frac{F(힘)}{A(단면적)} = \mu\frac{du}{dy}$$

$\frac{du}{dy}$: 속도기울기(속도구배), μ : 점성계수

전단응력 : 흐름의 중심선에서 0이고 반지름에 비례하면서 관벽으로 직선적으로 상승한다.

② 속도

속도분포 : 관벽에서 0이고 흐름의 중심선에서 최대가 되며 관벽에서 중심선으로 포물선적으로 상승한다.

해답 ①

제3과목 소방관계법규

41 성능위주설계를 할 수 있는 자가 보유하여야 하는 기술인력의 기준은?

① 소방기술사 2인 이상
② 소방기술사 1인 및 소방설비기사 2인(기계 및 전기분야 각 1인)이상
③ 소방분야 공학박사 2인 이상
④ 소방기술사 1인 및 소방분야 공학박사 1인 이상

해설 성능위주설계를 할 수 있는 자의 자격·기술인력 및 자격에 따른 설계범위

성능위주설계자의 자격	기술인력
1. 전문소방시설계업을 등록한 자 2. 전문 소방시설설계업 등록기준에 따른 기술인력을 갖춘 자로서 소방청장이 정하여 고시하는 연구기관 또는 단체	소방기술사 2명 이상

해답 ①

42 화재예방강화지구 안의 소방대상물에 대한 화재안전조사를 거부·방해 또는 기피한자에 대한 벌칙은?

① 100만원 이하의 벌금
② 200만원 이하의 벌금
③ 300만원 이하의 벌금
④ 500만원 이하의 벌금

해설 화재예방법 제50조(벌칙) 300만원 이하의 벌금

(1) **화재안전조사**를 정당한 사유 없이 **거부·방해 또는 기피**한 자
(2) 명령을 정당한 사유 없이 따르지 아니하거나 방해한 자
(3) 소방안전관리자, 총괄소방안전관리자 또는 소방안전관리보조자를 **선임하지 아니한** 자
(4) 소방시설·피난시설·방화시설 및 방화구획 등이 법령에 위반된 것을 발견하였음에도 필요한 조치를 할 것을 요구하지 아니한 소방안전관리자
(5) 소방안전관리자에게 **불이익한 처우**를 한 관계인
(6) 업무를 수행하면서 알게 된 비밀을 이 법에서 정한 목적 외의 용도로 사용하거나 다른 사람 또는 기관에 제공하거나 **누설한** 자

해답 ③

43 함부로 버려두거나 그냥 둔 위험물의 소유자·관리자·점유자의 주소·성명을 알 수 없어 필요한 명령을 할 수 없는 때에 소방본부장 또는 소방서장이 취하여야 하는 조치로 맞는 것은?

① 시·도지사에게 보고하여야 한다.
② 경찰서장에게 통보하여 위험물을 처리하도록 하여야한다.
③ 소속공무원으로 하여금 그 위험물을 옮기

거나 치우게 할 수 있다.
④ 소유자가 나타날 때까지 기다린다.

해설 (화재예방법 제17조) 화재의 예방조치 등
(1) 누구든지 화재예방강화지구 및 대통령령으로 정하는 장소에서는 다음의 행위를 하여서는 아니된다.
① 모닥불, 흡연 등 **화기의 취급**
② 풍등 등 **소형열기구 날리기**
③ 용접·용단 등 **불꽃을 발생시키는 행위**
④ 그 밖에 대통령령으로 정하는 화재 발생 위험이 있는 행위
(2) **소방관서장**은 화재 발생 위험이 크거나 소화 활동에 지장을 줄 수 있다고 인정되는 행위나 물건에 대하여 행위 당사자나 그 물건의 소유자, 관리자 또는 점유자에게 다음의 명령을 할 수 있다. 다만, 물건의 소유자, 관리자 또는 점유자를 알 수 없는 경우 소속 공무원으로 하여금 그 물건을 옮기거나 보관하는 등 필요한 조치를 하게 할 수 있다.

해답 ③

44 다음 중 소방시설관리업의 등록이 불가능한 자는?

① 관리업 등록이 취소된 날부터 1년이 지난 사람
② 소방기본법의 위반으로 실형을 선고받고 그 집행이 끝난 후 3년이 지난 사람
③ 소방시설공사업법 위반으로 금고형의 실형을 선고받고 그 집행이 면제된 날부터 2년이 지난 사람
④ 위험물안전관리법 위반으로 집행유예를 선고받고 집행 유예기간이 끝난 날부터 6개월이 지난 사람

해설 소방시설법 제30조(등록의 결격사유)
소방시설관리업 등록결격사유
① 피성년후견인
② 이 법에 따른 금고 이상의 실형을 선고받고 그 집행이 끝나거나 집행이 면제된 날부터 2년이 지나지 아니한 사람
③ 이 법에 따른 금고 이상의 형의 집행유예를 선고받고 그 유예기간 중에 있는 사람
④ 관리업의 등록이 취소된 날부터 2년이 지나지 아니한 자
⑤ 임원 중에 ①~④에 해당하는 사람이 있는 법인

해답 ①

45 다음 ( )안의 알맞은 내용을 바르게 나타낸 것은?

위험물 제조소 등의 설치자의 지위를 승계한 자는 (㉠)이 정하는 바에 따라 승계한 날로부터 (㉡)이내에 (㉢)에게 신고하여야 한다.

① ㉠ 대통령령 ㉡ 14일 ㉢ 시·도지사
② ㉠ 대통령령 ㉡ 30일
 ㉢ 소방본부장·소방서장
③ ㉠ 행정안전부령 ㉡ 14일
 ㉢ 소방본부장·소방서장
④ ㉠ 행정안전부령 ㉡ 30일 ㉢ 시·도지사

해설 위험물법 제10조(제조소등 설치자의 지위승계)
제조소등의 설치자의 지위를 승계한 자는 행정안전부령이 정하는 바에 따라 승계한 날부터 30일 이내에 시·도지사에게 그 사실을 신고하여야 한다.

해답 ④

46 특정소방대상물에 설치하는 물품 중 방염처리 대상이 아닌 것은?

① 창문에 설치하는 브라인드
② 두께가 2mm 미만인 종이벽지
③ 무대용 섬유판
④ 영화상영관에 설치된 스크린

해설 (소방시설법 시행령 제30조)
방염성능기준 이상의 실내장식물 설치대상
(1) 근린생활시설 중 **의원, 치과의원, 한의원, 조산원, 산후조리원, 체력단련장, 공연장 및 종교집회장**
(2) 건축물의 옥내에 있는 시설
 ① 문화 및 집회시설
 ② 종교시설
 ③ 운동시설(수영장은 제외)
(3) 의료시설
(4) 교육연구시설 중 **합숙소**
(5) 노유자시설

⑥ 숙박이 가능한 **수련시설**
⑦ **숙박시설**
⑧ 방송통신시설 중 **방송국 및 촬영소**
⑨ 다중이용업소
⑩ 층수가 11층 이상인 것(아파트 등은 제외)

(소방시설법 시행령 제31조)
방염대상물품 및 방염성능기준
(1) 제조 또는 가공 공정에서 방염 처리하여야 하는 물품
 ① 창문에 설치하는 커튼류(블라인드 포함)
 ② 카펫
 ③ **벽지류(두께가 2mm 미만 종이벽지 제외)**
 ④ 전시용 합판·목재 또는 섬유판, 무대용 합판·목재 또는 섬유판(합판·목재류의 경우 불가피하게 설치 현장에서 방염처리한 것을 포함)
 ⑤ 암막·무대막(영화상영관과 **가상체험 체육시설업**에 설치하는 스크린을 포함)
 ⑥ 섬유류, 합성수지류로 제작된 소파·의자 (단란주점, 유흥주점, 노래연습장업)
(2) 건축물 내부의 천장이나 벽에 부착하거나 설치하는 다음의 것
 (다만, 가구류와 너비 10cm 이하인 반자돌림대 등과 내부마감재료는 제외).
 ① **종이류(두께 2mm 이상인 것)**·합성수지류 또는 섬유류를 주원료로 한 물품
 ② 합판이나 목재
 ③ 간이 칸막이
 ④ 흡음재(흡음커튼 포함),방음재(방음커튼 포함)
(3) 방염성능기준
 ① 불꽃을 올리며 20초 이내
 ② 불꽃을 올리지 아니하고 30초 이내
 ③ 탄화면적 50cm² 이내, 탄화길이 20cm 이내
 ④ 불꽃의 접촉 횟수 3회 이상
 ⑤ 최대연기밀도 400 이하

해답 ②

47 소방시설 설치 및 관리에 대한 관계인의 잘못된 행위가 아닌 것은?

① 피난시설·방화시설을 수리하는 행위
② 방화시설을 폐쇄하는 행위
③ 피난시설을 및 방화시설을 변경하는 행위
④ 방화시설 주위에 물건을 쌓아두는 행위

소방시설법 제16조
(피난시설, 방화구획 및 방화시설의 유지·관리)
다음 각 호의 행위를 하여서는 아니 된다.
① 피난시설, 방화구획 및 방화시설을 폐쇄하거나 훼손하는 등의 행위
② 피난시설, 방화구획 및 방화시설의 주위에 물건을 쌓아두거나 장애물을 설치하는 행위
③ 피난시설, 방화구획 및 방화시설의 용도에 장애를 주거나 소방활동에 지장을 주는 행위
④ 그 밖에 피난시설, 방화구획 및 방화시설을 변경하는 행위

해답 ①

48 건축허가 등을 함에 있어서 소방본부장 또는 소방서장의 동의를 받아야 하는 건축물 등의 범위가 아닌 것은?

① 차고·주차장으로 사용되는 층 중 바닥면적이 150m² 이상인 층이 있는 시설
② 항공기격납고, 관망탑, 항공관제탑, 방송용 송·수신탑
③ 지하층 또는 무창층이 있는 건축물로서 바닥면적이 150m² 이상인 층이 있는 것
④ 승강기 등 기계장치에 의한 주차시설로서 자동차 20대 이상을 주차할 수 있는 시설

(소방시설법 시행령 제7조)
건축허가등의 동의대상물의 범위 등
(1) 연면적 400m² 이상
 다만, 다음에 해당하는 경우에는 기준 이상
  ① 학교시설 : 100m²
  ② 노유자시설 및 수련시설 : 200m²
  ③ 정신의료기관 : 300m²
  ④ 장애인 의료재활시설 : 300m²
(2) 지하층 또는 무창층 150m²(공연장 100m²)
(3) 차고·주차장 또는 주차용도로 사용시설
  ① **차고·주차장 : 200m² 이상**
  ② **기계장치에 의한 자동차 20대 이상**
(4) 층수가 **6층 이상**인 건축물
(5) 항공기격납고, 관망탑, 항공관제탑, 방송용 송 수신탑
(6) 공동주택, 의원(입원실, 인공신장실이 있는 것)·

조산원 · 산후조리원, 숙박시설, 위험물 저장 및 처리 시설, 풍력발전소 · 전기저장시설, 지하구
(7) 노유자시설((1)의 ②에 해당하지 않는 시설)
(8) **요양병원**(의료재활시설은 제외)
(9) **750배** 이상의 **특수가연물**을 저장 · 취급
(10) **가스시설**로서 지상 노출 탱크 100톤 이상

해답 ①

49 위험물안전관리법에서 정하는 위험물질에 대한 설명으로 다음 중 옳은 것은?

① 철분이라 함은 철의 분말로서 $53\mu m$의 표준체를 통과하는 것이 60중량퍼센트 미만인 것은 제외한다.
② 인화성고체라 함은 고형알코올 그 밖에 1기압에서 인화점이 21℃ 미만인 고체를 말한다.
③ 황은 순도가 60중량퍼센트 이상인 것을 말한다.
④ 과산화수소는 그 농도가 36중량퍼센트 이하인 것에 한한다.

해설 **위험물의 기준**
① 철분 : 철의 분말로서 $53\mu m$의 표준체를 통과하는 것이 50중량% 미만인 것은 제외
② 인화성고체 : 고형알코올 그 밖에 1기압에서 인화점이 40℃ 미만인 고체
③ 황 : 순도가 60중량% 이상인 것
④ 과산화수소 : 농도가 36중량% 이상인 것

해답 ③

50 시 · 도의 화재 예방 · 경계 · 진압 및 조사와 화재, 재난 · 재해, 그 밖의 위급한 상황에서의 구조 · 구급 등의 소방업무를 수행하는 소방기관의 설치에 필요한 사항은 어떻게 정하는가?

① 시 · 도지사가 정한다.
② 행정안전부령으로 정한다.
③ 소방청장이 정한다.
④ 대통령령으로 정한다.

해설 **소방기본법 제3조 (소방기관의 설치 등)**
① 시 · 도의 화재 예방 · 경계 · 진압 및 조사와 화재, 재난 · 재해, 그 밖의 위급한 상황에서의 구조 · 구급 등의 업무(이하 "소방업무"라 한다)를 수행하는 소방기관의 설치에 필요한 사항은 대통령령으로 정한다.
② 소방업무를 수행하는 소방본부장 또는 소방서장은 그 소재지를 관할하는 특별시장 · 광역시장 · 도지사 또는 특별자치도지사(이하 "시 · 도지사"라 한다)의 지휘와 감독을 받는다.

해답 ④

51 화재가 발생하는 경우 화재의 확대가 빠른 고무류 · 면화류 · 석탄 및 목탄 등 특수가연물의 저장 및 취급 기준을 설명한 것 중 옳지 않은 것은?

① 취급 장소에는 품명 · 최대수량 및 화기취급의 금지표지를 설치할 것
② 품명별로 구분하여 쌓아 저장할 것
③ 쌓는 높이는 10m 이하가 되도록 하고 쌓는 부분의 바닥면적은 100m² (석탄 · 목탄류의 경우에는 200m²) 이하가 되도록 할 것
④ 쌓는 부분의 바닥면적 사이는 실내의 경우 1.2m 이상이 되도록 할 것

해설 **특수가연물의 저장 및 취급기준**
(화재예방법 시행령 제19조 제2항 [별표3])
(1) **품명** · **최대저장수량** · **단위부피**(체적)**당 질량** · **관리책임자 성명** · **직책, 연락처 및 화기취급의 금지표시** 설치
(2) 기준(**석탄 · 목탄류**를 발전용은 예외)
  ① **품명별**로 구분하여 쌓을 것
  ② 저장 기준

구분	높이	바닥면적(m²)
일반기준	10m 이하	50(**석탄 · 목탄류 200**) 이하
살수설비, 대형소화기	15m 이하	200(**석탄 · 목탄류 300**) 이하

  ③ **최소 6m 이상 간격**을 유지(쌓은 높이보다 0.9m 이상 높은 내화구조 벽체 설치 시 예외)
  ④ 쌓는 부분의 바닥면적 사이 **간격**

구분	쌓는 부분의 바닥면적 사이 이격거리
실내	1.2m 또는 쌓는 높이의 1/2 중 큰 값 이상
실외	3m 또는 쌓는 높이 중 큰 값 이상

해답 ③

52 지정수량의 몇 배 이상의 위험물을 저장하는 옥내저장소에는 화재예방을 위한 예방규정을 정하여야 하는가?

① 10배 ② 100배
③ 150배 ④ 200배

해설 (위험물법 시행령 제15조)
관계인이 예방규정을 정하여야 하는 제조소 등
① 지정수량 10배 이상 제조소
② 지정수량 100배 이상 옥외저장소
③ 지정수량 150배 이상 옥내저장소
④ 지정수량 200배 이상 옥외탱크저장소
⑤ 암반탱크저장소
⑥ 이송취급소
⑦ 지정수량 10배 이상 일반취급소

해답 ③

53 위험물을 취급함에 있어서 정전기가 발생할 우려가 있는 설비에는 정전기를 유효하게 제거할 수 있는 설비를 설치하여야 한다. 다음 중 정전기를 제거하는 방법에 속하지 않는 것은?

① 공기 중의 상대습도를 70% 이상으로 하는 방법
② 절연도가 높은 플라스틱을 사용하는 방법
③ 접지에 의한 방법
④ 공기를 이온화하는 방법

해설 정전기 방지대책
① 접지와 본딩
② 공기를 이온화
③ 상대습도 70% 이상 유지
④ 도체물질을 사용

해답 ②

54 소화활동설비에서 제연설비를 설치하여야 하는 특정소방대상물의 기준으로 틀린 것은?

① 문화집회 및 운동시설로서 무대부의 바닥면적이 200m² 이상인 것
② 근린생활시설·위락시설·판매시설, 숙박시설 등으로서 지하층인 것
③ 지하상가로서 연면적 1000m² 이상인 것
④ 터널로서 길이가 300m 이상인 것

해설 제연설비 설치대상
① 무대부의 바닥면적이 200m² 이상인 경우
② 영화상영관 수용인원 100명 이상인 경우
③ 지하층이나 무창층에 설치된 근린생활, 판매, 운수, 숙박, 위락, 의료, 노유자 또는 창고(물류터미널로 한정)로서 바닥면적의 합계가 1천m² 이상인 경우 해당 부분
④ 운수시설 중 지하층 또는 무창층의 바닥면적이 1천m² 이상인 경우에는 모든 층
⑤ 지하상가로서 연면적 1천m² 이상인 것
⑥ 행정안전부령으로 정하는 터널
⑦ 특정소방대상물(갓복도형 아파트등은 제외)에 부설된 특별피난계단, 비상용 승강기의 승강장 또는 피난용 승강기의 승강장

해답 ④

55 소방안전관리자에 대한 강습교육을 실시하고자 할 때 소방청장은 강습교육 며칠 전까지 교육실시에 관하여 필요한 사항을 공고하여야 하는가?

① 14일 ② 20일
③ 30일 ④ 45일

해설 화재예방법 시행규칙 제25조 (강습교육의 실시)
① 소방청장은 강습교육의 대상·일정·횟수 등을 포함한 강습교육의 실시계획을 매년 수립·시행해야 한다.
② 소방청장은 강습교육을 실시하려는 경우에는 **강습교육 실시 20일전**까지 일시·장소 그 밖에 강습교육 실시에 필요한 사항을 인터넷 홈페이지에 공고해야 한다.
③ 소방청장은 강습교육을 실시한 경우에는 수료자에게 수료증을 발급하고 강습교육수료자 명부대장을 작성·보관해야 한다.

해답 ②

56 소방시설관리업자가 기술인력을 변경해야 하는 경우 제출하지 않아도 되는 서류는?

① 소방시설관리업 등록수첩

② 변경된 기술인력의 기술자격증(자격수첩)
③ 기술인력 연명부
④ 사업자등록증 사본

해설 소방시설법 시행규칙 제34조
(등록사항의 변경신고 등)
소방시설관리업자는 변경일부터 30일 이내에 서류를 첨부하여 시·도지사에게 제출
① 명칭·상호 또는 영업소소재지를 변경하는 경우 : 소방시설관리업등록증 및 등록수첩
② 대표자를 변경하는 경우 : 소방시설관리업등록증 및 등록수첩
③ 기술인력을 변경하는 경우
  ㉠ 소방시설관리업등록수첩
  ㉡ 변경된 기술인력의 기술자격증
  ㉢ 소방기술인력대장

해답 ④

57 소방시설공사업의 등록사항 변경신고는 변경이 있는 날로부터 며칠 이내에 하여야 하는가?

① 7일　　② 15일
③ 30일　　④ 3개월

해설 공사업법 시행규칙 제6조(등록사항의 변경신고 등)
소방시설업자는 등록사항이 변경된 경우에는 **변경일부터 30일 이내**에 서류를 첨부하여 협회에 제출
① 상호(명칭) 또는 영업소 소재지가 변경된 경우 : 소방시설업 등록증 및 등록수첩
② 대표자가 변경된 경우
  ㉠ 소방시설업 등록증 및 등록수첩
  ㉡ 변경된 대표자의 성명, 주민등록번호 및 주소지 등의 인적사항이 적힌 서류
  ㉢ 외국인인 경우에는 해당하는 서류
③ 기술인력이 변경된 경우
  ㉠ 소방시설업 등록수첩
  ㉡ 기술인력 증빙서류

해답 ③

58 특정소방대상물의 소방계획의 작성 및 실시에 관한 지도·감독권자로 옳은 것은?

① 소방청장
② 소방본부장 또는 소방서장
③ 시·도지사
④ 안전행정부장관

해설 (화재예방법 시행령 제27조)
(1) 소방계획서에 포함되어야하는 사항
  ① **일반 현황**
  ② 소방·방화, 전기·가스 및 **위험물시설의 현황**
  ③ 자체점검계획 및 **대응대책**
  ④ 소방·피난 및 방화시설의 **점검·정비계획**
  ⑤ **피난계획**
  ⑥ 내부 마감재료 및 방염대상물품의 사용현황과 방화구조 및 설비의 **유지·관리계획**
  ⑦ 관리의 권원이 분리된 **소방안전관리에 관한 사항**
  ⑧ 소방훈련 및 **교육에 관한 계획**
  ⑨ 자위소방대 조직과 대원 **임무에 관한 사항**
  ⑩ 공사 중 소방안전관리에 관한 사항
  ⑪ **소화와 연소 방지**에 관한 사항
  ⑫ 위험물의 저장·취급에 관한 사항(**예방규정을 정하는 제조소등은 제외**)
  ⑬ 업무수행에 관한 기록 및 유지에 관한 사항
  ⑭ **초기대응**에 관한 사항
  ⑮ 소방본부장 또는 소방서장이 **요청하는 사항**
(2) **소방본부장 또는 소방서장**은 특정소방대상물의 소방계획의 작성 및 실시에 관하여 지도·감독한다.

해답 ②

59 1급 소방안전관리대상물의 관계인이 소방안전관리자를 선임하고자 한다. 다음 중 1급 소방안전관리대상물의 소방안전관리자로 선임될 수 없는 사람은?

① 소방설비기사 또는 소방설비산업기사의 자격이 있는 사람
② 특급 소방안전관리대상물의 소방안전관리자 자격이 인정되는 사람
③ 소방공무원으로 7년 이상 근무한 경력이 있는 사람
④ 대학교에서 소방안전관리학과를 전공하고 졸업한 사람으로서 2년 이상 2급 소방안전관리대상물의 소방안전관리에 관한 근무한 경력이 있는 사람

해설 (1) 특급 소방안전관리자 선임자격
① 소방기술사 또는 소방시설관리사
② 소방설비기사 : 5년 이상 1급 실무경력
③ 소방설비산업기사 : 7년 이상 1급 실무경력
④ 소방공무원 : 20년 이상
⑤ 특급 소방안전관리 시험에 합격한 사람

(2) 1급 소방안전관리자 선임자격
① 소방설비기사 또는 소방설비산업기사
② 소방공무원 : 7년 이상
③ 1급 소방안전관리 시험에 합격한 사람
④ 특급 또는 1급 자격증 발급받은 사람

(3) 2급 소방안전관리자 선임자격
① 위험물(기능장·산업기사 또는 기능사)
② 소방공무원 : 3년 이상
③ 2급 소방안전관리 시험에 합격한 사람
④ 「특별조치법」에 따라 선임된 사람
⑤ 특급, 1급, 2급 자격증 발급받은 사람

(4) 3급 소방안전관리자 선임자격
① 소방공무원 : 1년 이상
② 3급 소방안전관리 시험에 합격한 사람
③ 「특별조치법」에 따라 선임된 사람
④ 특급, 1급, 2급, 3급 자격증 발급받은 사람

해답 ④

60 소방시설을 구분하는 경우 소화설비에 해당되지 않는 것은?

① 옥내소화전설비
② 제연설비
③ 소화약제에 의한 간이소화용구
④ 소화기

해설 ② 제연설비-소화활동설비
(소방시설법 시행령 제3조의 별표 1)
소방시설의 종류 ★★★(필수암기)★★★

소방시설	종류
소화설비	① 소화기구 ② 자동소화장치 ③ 옥내 ④ 옥외 ⑤ 스프링클러설비등 ⑥ 물분무등
경보설비	① 단독경보형 ② 비상경보 ③ 시각경보기 ④ 자동화재탐지 ⑤ 화재알림 ⑥ 비상방송 ⑦ 자동화재속보 ⑧ 통합감시 ⑨ 누전경보기 ⑩ 가스누설경보기
피난구조설비	① 피난기구(피난사다리, 구조대, 완강기 등) ② 인명구조기구(방열복, 방화복, 공기호흡기, 인공소생기) ③ 유도등(피난유도선, 피난구유도등, 통로유도등, 객석유도등, 유도표지) ④ 비상조명등 및 휴대용비상조명등
소화용수설비	① 상수도소화용수 ② 소화수조·저수조 그 밖의 소화용수
소화활동설비	① 제연 ② 연결송수관 ③ 연결살수 ④ 비상콘센트 ⑤ 무선통신보조 ⑥ 연소방지

해답 ②

제4과목 소방기계시설의 구조 및 원리

61 다음 중 옥내소화전 유효수량의 1/3을 옥상에 설치하여야 하는 것은?

① 지하층만 있는 소방대상물
② 지표면으로부터 당해 건축물 옥상 바닥까지 15m인 소방대상물
③ 수원이 건축물의 최상층에 설치된 방수구보다 높은 위치에 설치된 소방대상물
④ 주펌프와 동등 이상의 성능이 있는 별도의 펌프로서 내연기관의 기동과 연동하여 작동되거나 비상전원을 연결하여 설치한 경우

해설 **옥내소화전 설비의 수원**

유효수량의 $\frac{1}{3}$ 이상 옥상설치 제외대상

① 지하층만 있는 건축물
② 고가수조를 가압송수장치로 설치한 옥내소화전설비
③ 수원이 건축물의 최상층에 설치된 방수구보다 높은 위치에 설치된 경우
④ 건축물의 높이가 지표면으로부터 10m 이하인 경우
⑤ 주펌프와 동등 이상의 성능이 있는 별도의 펌프

로서 내연기관의 기동과 연동하여 작동되거나 비상전원을 연결하여 설치한 경우
⑥ 학교·공장·창고시설로서 동결의 우려가 있는 장소에 해당하는 경우
⑦ 가압수조를 가압송수장치로 설치한 경우

해답 ②

62 다음 중 연결송수관설비의 구조와 관계가 없는 것은?

① 송수구
② 방수기구함
③ 방수구
④ 유수검지장치

해설 연결송수관설비의 구성요소
① 송수구
② 방수기구함
③ 방수구
④ 가압송수장치(높이 70m 이상)

해답 ④

63 바닥면적이 400m² 미만이고 예상제연구역이 벽으로 구획되어 있는 배출구의 설치위치로 옳은 것은?

① 천장 또는 반자와 바닥사이의 중간 윗부분
② 천장 또는 반자와 바닥사이의 중간 아래 부분
③ 천장, 반자 또는 이에 가까운 부분
④ 천장 또는 반자와 바닥사이의 중간 부분

해설 예상제연구역에 대한 배출구의 설치
바닥면적이 400m² **미만**인 예상제연구역에 대한 배출구의 설치
① 예상제연구역이 벽으로 구획되어 있는 경우의 **배출구는 천장 또는 반자와 바닥사이의 중간 윗부분에 설치할 것**
② 예상제연구역 중 어느 한부분이 제연경계로 구획되어 있는 경우에는 천장·반자 또는 이에 가까운 벽의 부분에 설치할 것. 다만, 배출구를 벽에 설치하는 경우에는 배출구의 하단이 당해예상제연구역에서 제연경계의 폭이 가장 짧은 제연경계의 하단보다 높이 되도록 하여야 한다.

해답 ①

64 피난기구 종류의 선정기준과 관계없는 사항은?

① 층의 용도(설치장소별 구분)
② 지하층 유무
③ 층수
④ 층의 면적

해설 소방대상물의 설치장소별 피난기구의 적응성

구분 \ 층별	1층	2층	3층	4층 이상 10층 이하
노유자시설			미구교다승	구¹⁾교다승
의료시설·근린생활시설 중 입원실이 있는 의원·접골원·조산원			미트구 교다승	트구 교다승
다중이용업소로서 영업장의 위치가 4층 이하인 다중이용업소			미사구완다승	
그 밖의 것			트공간교 미사구 완다승	공간²⁾ 교사구 완다승

[비고]
1) 구조대의 적응성은 장애인 관련 시설로서 주된 사용자 중 스스로 피난이 불가한 자가 있는 경우 추가로 설치하는 경우에 한한다.
2) 간이완강기의 적응성은 숙박시설의 3층 이상에 있는 객실에 추가로 설치하는 경우에 한한다.

어두문자 암기방법

피난용트랩 ⇒ 트	피난교 ⇒ 교
피난사다리 ⇒ 사	미끄럼대 ⇒ 미
구조대 ⇒ 구	다수인피난장비 ⇒ 다
승강식피난기 ⇒ 승	완강기 ⇒ 완
간이완강기 ⇒ 간	공기안전매트 ⇒ 공

해답 ④

65 차고 및 주차장에 포소화설비를 설치하고자 할 때 포헤드는 바닥면적 얼마마다 1개 이상 설치하여야 하는가?

① 6m²
② 8m²
③ 9m²
④ 10m²

해설 포헤드 설치기준

포헤드의 종류	포워터 스프링클러헤드	포헤드
설치기준	8m²마다 1개 이상	9m²마다 1개 이상

해답 ③

66 판매시설의 4층 이상 10층 이하에 유용한 피난기구로만 조합된 것은?

① 피난용트랩, 피난교
② 피난사다리, 미끄럼대
③ 피난교, 미끄럼대
④ 구조대, 피난사다리

해설 소방대상물의 설치장소별 피난기구의 적응성

구분 \ 층별	1층	2층	3층	4층 이상 10층 이하
노유자시설		미구교다승		구¹⁾교다승
의료시설·근린생활시설 중 입원실이 있는 의원·접골원·조산원			미트구 교다승	트구 교다승
다중이용업소로서 영업장의 위치가 4층 이하인 다중이용업소			미사구완다승	
그 밖의 것			트공간교 미사구 완다승	공간²⁾ 교사구 완다승

[비고]
1) 구조대의 적응성은 장애인 관련 시설로서 주된 사용자 중 스스로 피난이 불가한 자가 있는 경우 추가로 설치하는 경우에 한한다.
2) 간이완강기의 적응성은 숙박시설의 3층 이상에 있는 객실에 추가로 설치하는 경우에 한한다.

어두문자 암기방법

피난용트랩 ⇒ 트	피난교 ⇒ 교
피난사다리 ⇒ 사	미끄럼대 ⇒ 미
구조대 ⇒ 구	다수인피난장비 ⇒ 다
승강식피난기 ⇒ 승	완강기 ⇒ 완
간이완강기 ⇒ 간	공기안전매트 ⇒ 공

해답 ④

67 비행기 격납고에 수성막포을 사용하여 포헤드 방식의 포소화설비를 하고자 한다. 이때, 포소화약제는 바닥면적 1m²당 몇 L 이상으로 방사하여야 하는가?

① 수성막포 원액 3.7L
② 수성막포 소화약제 3.7L
③ 수성막포 원액 6.5L
④ 수성막포 수용액 6.5L

해설 포헤드의 방식

소방대상물	수원의 양
차고, 주차장 및 항공기 격납고	• 포워터스프링클러설비 포워터스프링클러헤드수×75L/분×10분 • 포헤드설비 바닥면적(200m² 초과인 경우 200)×표준방사량(K값)×10분 [표준방사량K값(L/m²·분)] | 포소화약제의 종류 | 바닥면적 1m²당 방사량 | |---|---| | 단백포 | 6.5L 이상 | | 합성계면활성제포 | 8.0L 이상 | | 수성막포 | 3.7L 이상 |
특수가연물 저장·취급 장소	| 포소화약제의 종류 | 바닥면적 1m²당 방사량 | |---|---| | 단백포 | 6.5L 이상 | | 합성계면활성제포 | 6.5L 이상 | | 수성막포 | 6.5L 이상 |

해답 ②

68 스프링클러 설비에 있어서 자동경보밸브에 리타딩챔버를 설치하는 목적으로 옳은 것은?

① 자동경보밸브의 오보를 방지한다.
② 자동배수를 한다.
③ 경보를 발하기까지 시간만을 조절한다.
④ 압력수의 압력 조절을 행한다.

해설 리타딩챔버의 설치목적
자동경보밸브의 비화재인 오보방지

해답 ①

69 이산화탄소소화설비의 저장용기의 설치장소에 관한 화재안전기술기준이다. 틀린 것은?

① 저장용기를 방호구역 내에 설치할 경우에는 피난 및 조작이 용이한 피난구 부근에 설치하여야 한다.
② 온도가 40℃ 이하이고, 온도변화가 적은 곳에 설치하여야 한다.
③ 방화문으로 방화구획된 실에 설치하여야 한다.
④ 용기가 저장된 용기저장실에는, 출입구 등 보기 쉬운 곳에 소화약제의 방사를 표시하

는 표시등을 설치해야 한다.

[해설] 이산화탄소 소화약제의 저장용기 설치장소
① 방호구역 외의 장소에 설치할 것. 다만, 방호구역내에 설치할 경우에는 피난 및 조작이 용이하도록 피난구부근에 설치하여야 한다.
② 온도가 40℃ 이하이고, 온도변화가 적은 곳에 설치할 것
③ 직사광선 및 빗물이 침투할 우려가 없는 곳에 설치할 것
④ 방화문으로 방화구획된 실에 설치할 것
⑤ 용기의 설치장소에는 해당 용기가 설치된 곳임을 표시하는 표지를 할 것
⑥ 용기간의 간격은 점검에 지장이 없도록 3cm 이상의 간격을 유지할 것
⑦ 저장용기와 집합관을 연결하는 연결배관에는 체크밸브를 설치할 것. 다만, 저장용기가 하나의 방호구역만을 담당하는 경우에는 그러하지 아니하다.

[해답] ④

70 특정소방대상물의 어느 층에서도 해당 층의 옥내소화전을 동시에 사용할 경우 호스릴옥내소화전의 각 노즐선단에서의 방수압력은 몇 MPa 이상인가?

① 0.13　　② 0.17
③ 0.25　　④ 0.7

[해설] 옥내소화전설비
① 노즐선단에서의 방수압력이 0.17MPa(호스릴옥내소화전설비를 포함) 이상
② 방수량이 130L/min(호스릴옥내소화전설비를 포함) 이상.
다만, 하나의 옥내소화전을 사용하는 노즐선단에서의 방수압력이 0.7MPa을 초과할 경우에는 호스접결구의 인입 측에 감압장치를 설치

[해답] ②

71 연결송수관설비의 주배관이 옥내소화전설비의 배관과 겸용할 수 있는 경우는 옥내소화전설비의 주배관의 구경이 몇 mm 이상이어야 하는가?

① 구경이 100mm 이상인 경우
② 구경이 80mm 이상인 경우
③ 구경이 65mm 이상인 경우
④ 구경이 50mm 이상인 경우

[해설] 연결송수관설비의 배관
① 주배관의 구경은 100mm 이상의 것으로 할 것 다만, 주 배관의 구경이 100mm 이상인 옥내소화전설비의 배관과는 겸용할 수 있다
② 지면으로부터의 높이가 31m 이상인 소방대상물 또는 지상 11층 이상인 소방대상물에 있어서는 습식설비로 할 것

[해답] ①

72 다음의 위험물에서 할로겐화합물 및 불활성기체 소화약제 소화설비를 적용할 수 없는 대상물은 어느 것인가?

① 제1류 위험물　　② 제2류 위험물
③ 제3류 위험물　　④ 제4류 위험물

[해설] 할로겐화합물 및 불활성기체 소화설비 설치제외
① 사람이 상주하는 곳으로서 최대허용설계농도를 초과하는 장소
② 제3류위험물 및 제5류위험물을 저장·보관·사용하는 장소. 다만, 소화성능이 인정되는 위험물은 제외한다.

[해답] ③

73 다음 중 스프링클러헤드를 설치하지 않아도 되는 곳은?

① 천장 및 반자가 가연재료로 되어 있고 거리가 2m 미만인 부분
② 냉동, 영하 냉장실 외의 사무실
③ 병원의 수술실, 응급처치실
④ 바닥으로부터 높이가 10m인 로비, 현관

[해설] 스프링클러 헤드의 설치제외 대상물
① 계단실·경사로·승강로·파이프덕트 목욕실·수영장·화장실 기타 이와 유사한 장소
② 통신기기실·전자기기실 기타 이와 유사한 장소
③ 발전실·변전실·변압기 기타 이와 유사한 전기 설비가 설치되어 있는 장소

④ 병원의 수술실·응급처치실 기타 이와 유사한 장소
⑤ 천장과 반자 양쪽이 불연재료로 되어 있는 경우
  ㉠ 천장과 반자 사이의 거리가 2m 미만인 부분
  ㉡ 천장과 반자사이의 벽이 불연재료이고 천장과 반자사이의 거리가 2m 이상으로서 그 사이에 가연물이 존재하지 않는 부분
⑥ 천장·반자 중 한쪽이 불연재료로 되어 있고 천장과 반자사이의 거리가 1m 미만인 부분
⑦ 천장 및 반자가 불연재료 외의 것으로 되어 있고 천장과 반자 사이의 거리 0.5m 미만인 부분
⑧ 펌프실·물탱크실·엘리베이터 권상기실 그 밖의 이와 비슷한 장소
⑨ 현관 또는 로비 등으로서 바닥으로부터 높이가 20m 이상인 장소
⑩ 영하의 냉장창고의 냉장실 또는 냉동창고의 냉동실

해답 ③

74 호스릴 분말소화설비에서 하나의 노즐마다 1분당 저장하여야 할 소화약제의 양이 잘못된 것은?

① 제1종분말-50kg ② 제2종분말-30kg
③ 제3종분말-27kg ④ 제4종분말-20kg

해설 호스릴 분말소화설비
① 수평거리가 15m 이하가 되도록 할 것
② 개방밸브는 호스릴의 설치장소에서 수동으로 개폐
③ 저장용기는 호스릴을 설치하는 장소마다 설치
④ 호스릴 분말소화설비(노즐당)

종 별	저장량(kg)	방사량(kg/min)
제1종	50	45
제2종, 제3종	30	27
제4종	20	18

⑤ 저장용기에는 보기 쉬운 곳에 적색의 표시등을 설치하고, 이동식 분말 소화설비가 있다는 뜻을 표시한 표지를 할 것

해답 ③

75 폐쇄형 스프링클러 70개를 담당할 수 있는 급수관의 구경은 몇 mm 인가?

① 65   ② 80
③ 90   ④ 100

해설 폐쇄형 헤드수별 급수관의 구경

헤드수	급수관구경(mm)	헤드수	급수관구경(mm)
2	25	60	80
3	32	80	90
5	40	100	100
10	50	160	125
30	65	161 이상	150

해답 ③

76 물분무소화설비의 감시제어반이 갖추어야할 조건으로 틀린 것은?

① 물분무소화펌프의 작동여부를 확인할 수 있는 표시등 및 음향경보기능이 있어야 한다.
② 물분무소화펌프를 자동으로 기동 및 중단시키는 기능을 갖추어야하며 수동으로 작동시키거나 중단시키는 기능은 꼭 갖출 필요는 없다.
③ 비상전원을 설치한 경우에는 상용전원 및 비상전원의 공급여부를 확인할 수 있어야 한다.
④ 예비전원이 확보되고 예비전원의 적합여부를 확인할 수 있어야 한다.

해설 물분무소화설비의 감시제어반기능
① 각 펌프의 작동여부를 확인할 수 있는 표시등 및 음향경보기능이 있어야 할 것
② 각 펌프를 자동 및 수동으로 작동시키거나 중단시킬 수 있어야 한다.
③ 비상전원을 설치한 경우에는 상용전원 및 비상전원의 공급여부를 확인할 수 있어야 할 것
④ 수조 또는 물올림수조가 저수위로 될 때 표시등 및 음향으로 경보할 것
⑤ 각 확인회로(기동용수압개폐장치의 압력스위치회로·수조 또는 물올림수조의 감시회로를 말한다)마다 도통시험 및 작동시험을 할 수 있어야 할 것
⑥ 예비전원이 확보되고 예비전원의 적합여부를 시험할 수 있어야 할 것

해답 ②

77 상수도 소화용수설비의 소화전 설치간격은 특정소방대상물의 수평투영면의 각 부분으로부터 몇 m 이하가 되게 설치하여야 하는가? (단, 호칭지름 75mm 이상의 수도배관에 호칭지름 100mm 이상의 소화전을 접속한다.)

① 100m
② 120m
③ 130m
④ 140m

해설 상수도 소화용수 설비
① 호칭지름 75mm 이상의 수도배관에 호칭지름 100mm 이상의 소화전을 접속
② 소화전은 소방자동차 등의 진입이 쉬운 도로변 또는 공지에 설치
③ 소화전은 소방대상물의 수평투영면의 각 부분으로부터 140m 이하가 되도록 설치

소방용수시설의 거리기준
① 주거지역, 상업지역, 공업지역 : 100m 이내
② 그 밖의 지역 : 140m 이내

해답 ④

78 예상제연구역 바닥면적 400m² 이상 거실의 공기 유입구의 설치기준으로서 맞는 것은? (단, 제연경계에 따른 구획을 제외한다.)

① 천정에 설치하되 배출구와 10m 거리를 둔다.
② 바닥으로부터 1.5m 이하의 높이에 설치한다.
③ 천정과 바닥에 관계없이 배출구와 5m 이상의 직선거리만 확보한다.
④ 바닥으로부터 1m 이상의 높이에 설치한다.

해설 예상제연구역에 설치되는 공기유입구
① 바닥면적 400m² 미만의 거실인 예상제연구역에 대해서는 공기유입구와 배출구간의 직선거리는 5m 이상 또는 구획된 실의 장변의 2분의 1 이상으로 할 것.
② 바닥면적이 400m² 이상의 거실인 예상제연구역에 대해서는 바닥으로부터 1.5 m 이하의 높이에 설치하고 그 주변은 공기의 유입에 장애가 없도록 할 것

해답 ②

79 22900V의 유입식변압기에 물분무설비를 설치할 때 이격거리는 얼마로 해야 하는가?

① 70cm 이상
② 80cm 이상
③ 110cm 이상
④ 150cm 이상

해설 물분무 헤드와 전기기기의 이격거리
22900V = 22.9kV

전압(KV)	거리(cm)	전압(KV)	거리(cm)
66 이하	70 이상	154 초과 181 이하	180 이상
66 초과 77 이하	80 이상	181 초과 220 이하	210 이상
77 초과 110 이하	110 이상	220 초과 275 이하	260 이상
110 초과 154 이하	150 이상		

해답 ①

80 분말소화설비에서 분말소화약제 1kg당 저장용기의 내용적 기준 중 틀린 것은?

① 제1종 분말 : 0.8L
② 제2종 분말 : 1.0L
③ 제3종 분말 : 1.0L
④ 제4종 분말 : 1.0L

해설 저장용기의 충전비(L/kg)

종별	주 성 분	화 학 식	충 전 비
제1종	탄산수소나트륨	$NaHCO_3$	0.8 이상
제2종	탄산수소칼륨	$KHCO_3$	1.0 이상
제3종	제1인산암모늄	$NH_4H_2PO_4$	1.0 이상
제4종	탄산수소칼륨 +요소	$KHCO_3$ + $(NH_2)_2CO$	1.25 이상

◆ 차고 주차장에는 제3종 분말 약제를 사용

해답 ④

무료 동영상과 함께하는 소방설비(기계분야) 필기

2023

2023년 3월 CBT 시행
2023년 5월 CBT 시행
2023년 9월 CBT 시행

소방설비기사 – 기계분야
2023년 3월 CBT 시행

본 문제는 CBT시험대비 기출문제 복원입니다.

제1과목 소방원론

01 분말소화약제의 주성분이 아닌 것은?

① $C_2F_4Br_2$ ② $NaHCO_3$
③ $KHCO_3$ ④ $NH_4H_2PO_4$

 분말약제의 주성분 및 착색★★★(필수암기)

종별	주성분	약제명	착색	적응화재
제1종	$NaHCO_3$	탄산수소나트륨 중탄산나트륨 중조	백색	B, C
제2종	$KHCO_3$	탄산수소칼륨 중탄산칼륨	담회색	B, C
제3종	$NH_4H_2PO_4$	제1인산암모늄	담홍색 (핑크색)	A, B, C
제4종	$KHCO_3$+ $(NH_2)_2CO$	탄산수소칼륨 + 요소	회색 (쥐색)	B, C

해답 ①

02 내화건축물 화재의 진행과정으로 가장 옳은 것은?

① 화원→최성기→성장기→감퇴기
② 화원→감퇴기→성장기→최성기
③ 초기→성장기→최성기→감퇴기→종기
④ 초기→감퇴기→최성기→성장기→종기

목조건축물의 화재진행상황

| 초기 | → | 성장기 | → | 최성기 | → | 감퇴기 | → | 종기 |

건축물 구조형태에 따른 화재특징

구 분	목조건축물	내화건축물
연소 형태	고온 단시간형	저온 장시간형
최고 온도	1300℃	1000℃

해답 ③

03 제4류 위험물의 성질에 해당하는 것은?

① 가연성 고체   ② 산화성 고체
③ 인화성 액체   ④ 자기반응성 물질

위험물의 분류 및 성질

류별	성 질
제1류	산화성고체
제2류	가연성고체
제3류	자연발화성 및 금수성
제4류	인화성액체
제5류	자기반응성
제6류	산화성액체

해답 ③

04 가연물질의 종류에 따라 분류하면 섬유류 화재는 무슨 화재에 속하는가?

① A급 화재   ② B급 화재
③ C급 화재   ④ D급 화재

화재의 분류 ★★★

종 류	등급	색표시	주된 소화 방법
일반화재	A급	백색	냉각소화
유류 및 가스화재	B급	황색	질식소화
전기화재	C급	청색	질식소화
금속화재	D급	–	피복소화
주방화재	K급	–	냉각 및 질식소화

해답 ①

05 실내에서 화재가 발생하여 실내의 온도가 21℃에서 650℃로 되었다면, 공기의 팽창은 처음의 약 몇 배가 되는가? (단, 대기압은 공기가 유동하여 화재 전후가 같다고 가정한다.)

① 3.14   ② 4.27
③ 5.69   ④ 6.01

해설 샤를의 법칙을 이용(압력일정)

① $\dfrac{V_1}{T_1} = \dfrac{V_2}{T_2}$

② $\dfrac{V_1}{273+21} = \dfrac{V_2}{273+650}$

③ $V_2 = \dfrac{273+650}{273+21} \times V_1$

④ $V_2 = 3.14 V_1$

참고 보일의 법칙

$T(온도) = 일정 \qquad P_1 V_1 = P_2 V_2$

샤를의 법칙

$P(압력) = 일정 \qquad \dfrac{V_1}{T_1} = \dfrac{V_2}{T_2}$

보일-샤를의 법칙

$\dfrac{P_1 V_1}{T_1} = \dfrac{P_2 V_2}{T_2}$

해답 ①

06 연면적이 1000m² 이상인 건축물에 설치하는 방화벽이 갖추어야 할 기준으로 틀린 것은?

① 내화구조로서 홀로 설 수 있는 구조일 것
② 방화벽의 양쪽 끝과 위쪽 끝을 건축물의 외벽면 및 지붕면으로부터 0.1m 이상 튀어나오게 할 것
③ 방화벽에 설치하는 출입문의 너비는 2.5m 이하로 할 것
④ 방화벽에 설치하는 출입문의 높이는 2.5m 이하로 할 것

해설 방화벽의 설치 기준

① 내화구조로서 홀로 설 수 있는 구조
② 방화벽의 양쪽 끝과 위쪽 끝을 건축물의 외벽면 및 지붕면으로부터 0.5m 이상 튀어나오게 할 것
③ 방화벽에 설치하는 출입문의 너비 및 높이는 각각 2.5m 이하로 하고, 해당 출입문에는 60분+방화문 또는 60분방화문을 설치

해답 ②

07 1기압, 0℃의 어느 밀폐된 공간 1m³ 내에 Halon 1301 약제가 0.32kg 방사되었다. 이때 Halon 1301의 농도는 약 몇 vol%인가? (단, 원자량은 C 12, F 19, Br 80, Cl 35.5이다.)

① 4.6% ② 5.5%
③ 8%   ④ 10%

해설 이상기체 상태방정식 ★★★★

$$PV = \dfrac{W}{M} RT$$

여기서, P : 압력(atm)
V : 부피(m³)
W : 무게(kg)
M : 분자량
R : 기체상수(0.082atm · m³/kmol · K)
T : 절대온도(273+t℃)K

① 할론1301(CF_3Br)의 분자량
$12 + 19 \times 3 + 80 = 149$

② 발생된 기체의 부피
$V = \dfrac{WRT}{PM}$
$V = \dfrac{0.32 \times 0.082 \times (273+0)}{1 \times 149} = 0.048\text{m}^3$

③ 할론1301의 농도
$C(\%) = \dfrac{방출된\ 가스량}{방출된\ 가스량 + 방호구역체적} \times 100$
$C(\%) = \dfrac{0.048}{0.048+1} \times 100 = 4.58\%$

해답 ①

08 물과 반응하여 가연성 기체를 발생하지 않는 것은?

① 칼륨   ② 인화아연
③ 산화칼슘   ④ 탄화알루미늄

해설 물과 반응식

① 칼륨	$K + H_2O \rightarrow KOH + \dfrac{1}{2} H_2 \uparrow$
② 인화아연	$Zn_3P_2 + 6H_2O \rightarrow 3Zn(OH)_2 + 2PH_3$
③ 산화칼슘	$CaO + H_2O \rightarrow Ca(OH)_2$
④ 탄화알루미늄	$Al_4C_3 + H_2O \rightarrow 4Al(OH)_3 + 3CH_4 \uparrow$

해답 ③

09 화재를 소화하는 방법 중 물리적 방법에 의한 소화라고 볼 수 없는 것은?

① 억제소화 ② 제거소화
③ 질식소화 ④ 냉각소화

해설 소화원리
- 물리적소화 : 냉각, 질식, 제거, 피복, 유화
- 화학적소화 : 부촉매소화(억제소화)
① 냉각소화 : 가연성 물질을 발화점 이하로 온도를 냉각

물이 소화약제로 사용되는 이유
- 물의 기화열(539kcal/kg)이 크기 때문
- 물의 비열 (1kcal/kg℃)이 크기 때문

② 질식소화 : 산소농도를 21%에서 15% 이하로 감소

질식소화 시 산소의 유지농도 : 10~15%

③ 억제소화(부촉매소화, 화학적소화) : 연쇄반응을 억제

- 부촉매 : 화학적 반응의 속도를 느리게 하는 것
- 부촉매 효과 : 할론소화약제
  [할로젠족원소 : 불소(F), 염소(Cl), 브로민(Br), 아이오딘(I)]

④ 제거소화 : 가연성물질을 제거시켜 소화
- 산불이 발생하면 화재의 진행방향을 앞질러 벌목
- 화학반응기의 화재 시 원료공급관의 밸브를 폐쇄
- 유전화재 시 폭약으로 폭풍을 일으켜 화염을 제거
- 촛불을 입김으로 불어 화염을 제거

⑤ 피복소화 : 가연물 주위를 공기와 차단

해답 ①

10 포소화설비의 국가화재안전기술기준에서 정한 포의 종류 중 저발포라 함은?

① 팽창비가 20 이하인 것
② 팽창비가 120 이하인 것
③ 팽창비가 250 이하인 것
④ 팽창비가 1000 이하인 것

해설 팽창비에 따른 포의 종류

포의 종류	팽창비
저발포	20배 이하
고발포	80배 이상 1000배 미만

저발포와 고발포

	단백포	합성계면활성제포	수성막포	알코올포
저발포	3%, 6%	3%, 6%	3%, 6%	3%, 6%
고발포	–	1%, 1.5%, 2%	–	–

해답 ①

11 물이 소화 약제로써 사용되는 장점으로 가장 거리가 먼 것은?

① 가격이 저렴하다.
② 많은 양을 구할 수 있다.
③ 증발잠열이 크다.
④ 가연물과 화학반응이 일어나지 않는다.

해설 물이 소화약제로 사용되는 이유
① 증발잠열(기화열)(539kcal/kg)이 크기 때문
② 비열 (1kcal/kg℃)이 크기 때문
③ 가격이 저렴하다.
④ 많은 양을 구할 수 있다.

해답 ④

12 연소에 대한 설명으로 옳은 것은?

① 환원반응이 이루어진다.
② 산소를 발생한다.
③ 빛과 열을 수반한다.
④ 연소생성물은 액체이다.

해설 연소의 정의
빛과 발열을 동반한 급격한 산화반응

해답 ③

13 칼륨에 화재가 발생할 경우에 주수를 하면 안되는 이유로 가장 옳은 것은?

① 수소가 발생하기 때문에
② 산소가 발생하기 때문에
③ 질소가 발생하기 때문에
④ 수증기가 발생하기 때문에

해설 보호액속에 저장 위험물
① 석유(파라핀, 경유, 등유) 속 보관
  칼륨(K), 나트륨(Na)

② 물속에 보관
이황화탄소(CS_2), 황린(P)

▶ 반응식(금수성)
① 칼륨 $2K + 2H_2O \rightarrow 2KOH + H_2 \uparrow$
② 나트륨 $2Na + 2H_2O \rightarrow 2NaOH + H_2 \uparrow$
③ 탄화칼슘 $CaC_2 + 2H_2O \rightarrow Ca(OH)_2 + C_2H_2 \uparrow$

해답 ①

14 화재의 위험에 대한 설명으로 옳지 않은 것은?

① 인화점 및 착화점이 낮을수록 위험하다.
② 착화 에너지가 작을수록 위험하다.
③ 비점 및 융점이 높을수록 위험하다.
④ 연소범위는 넓을수록 위험하다.

해설 위험성에 영향을 주는 조건

영향을 주는 조건	위험성 증가
온도, 압력, 산소농도	증가할수록
인화점, 착화점, 비점, 융점, 점성, 비중	낮아질수록
연소범위(폭발범위)	넓을수록
연소열, 증기압	클수록
연소속도	빠를수록

해답 ③

15 Halon 1301의 증기 비중은 약 얼마인가? (단, 원자량은 C 12, F 19, Br 80, Cl 35.5 이고, 공기의 평균분자량은 29이다.)

① 4.14   ② 5.14
③ 6.14   ④ 7.14

해설 증기비중

$$S = \frac{M(\text{분자량})}{\text{공기평균분자량}}$$

$S = \frac{149}{29} = 5.14$

해답 ②

16 위험물안전관리법령에 의한 제2류 위험물이 아닌 것은?

① 철분   ② 황
③ 적린   ④ 황린

해설 ④ 황린-제3류위험물(자연발화성)

제2류 위험물의 품명 및 지정수량

성 질	품 명	지정수량
가연성고체	황화인, 적린, 황	100kg
	철분, 금속분, 마그네슘	500kg
	인화성고체	1,000kg

해답 ④

17 다음 중 제거소화 방법과 무관한 것은?

① 산불의 확산방지를 위하여 산림의 일부를 벌채한다.
② 화학반응기의 화재시 원료 공급관의 밸브를 잠근다.
③ 유류화재시 가연물을 포(泡)로 덮는다.
④ 유류탱크 화재시 주변에 있는 유류탱크의 유류를 다른 곳으로 이동시킨다.

해설 ③는 질식소화방법이다.

① 제거소화 : 가연성물질을 제거시켜 소화
- 산불이 발생하면 화재의 진행방향을 앞질러 벌목
- 화학반응기의 화재 시 원료공급관의 밸브를 폐쇄
- 유전화재 시 폭약으로 폭풍을 일으켜 화염을 제거
- 촛불을 입김으로 불어 화염을 제거

② 피복소화 : 가연물 주위를 공기와 차단

해답 ③

18 건축물에 화재가 발생하여 일정 시간이 경과하게 되면 일정 공간 안에 열과 가연성가스가 축적되고 한순간에 폭발적으로 화재가 확산되는 현상을 무엇이라 하는가?

① 보일오버현상   ② 플래쉬오버현상
③ 패닉현상   ④ 리프팅현상

해설 플래쉬 오버(flash over)현상 : 화재 시 발생한 가연성가스가 건물 내 상층부에 체류하다가 연소범위 내 농도가 되면 착화하여 화염으로 쌓이고 상층부의 열이 축적되어 축적된 열이 실내에 복사열로 방출되어 실내가 화염으로 덮이는 현상

- 플래쉬 오버 발생시기 : 성장기
- 주요 발생 원인 : 열의 공급

해답 ②

19 열원으로서 화학적 에너지에 해당되지 않는 것은?

① 연소열　　② 분해열
③ 마찰열　　④ 용해열

해설 ③ 마찰열-기계적에너지

열에너지원의 종류

에너지	종 류
화학 에너지	연소열, 분해열, 용해열, 반응열, 자연발화
전기 에너지	저항가열, 유도가열, 유전가열, 아크가열, 정전스파크, 낙뢰
기계적 에너지	마찰열, 압축열, 충격스파크
원자력 에너지	핵분열, 핵융합

해답 ③

20 건축물의 내화구조에서 바닥의 경우에는 철근콘크리트조의 두께가 몇 cm 이상이어야 하는가?

① 7　　② 10
③ 12　　④ 15

해설 **내화구조 기준**

주요 구조부	내화구조 기준
벽	① 철근 콘크리트조 또는 철골 철근 콘크리트조로 두께가 10cm 이상인 것 ② 골구를 철골조로 하고 그 양면을 두께 4cm 이상의 철망 모르타르 또는 두께 5cm 이상의 콘크리트 블록, 벽돌 또는 석재로 덮은 것 ③ 철재로 보강된 콘크리트 블록조, 벽돌조 또는 석조로서 철재에 덮은 콘크리트 블록 등의 두께가 5cm 이상인 것 ④ 벽돌조로서 두께가 19cm 이상인 것
바닥	① 철근콘크리트조 또는 철골·철근콘크리트조로서 두께가 10cm 이상 ② 철재로 보강된 콘크리트블록조·벽돌조 또는 석조로서 철재에 덮은 두께가 5cm 이상 ③ 철재의 양면을 두께 5cm 이상의 철망모르타르 또는 콘크리트로덮은 것

해답 ②

제2과목　소방유체역학

21 그림과 같이 중심각 $\beta=30°$이고 반경 $R=12\text{m}$인 원호형 방파제 AB가 있다. 방파제의 폭 1m당 유체에 의해 작용하는 힘은 몇 kN인가? (단, 해수의 비중량은 9.8kN/m³으로 한다.)

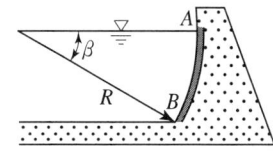

① 187.6　　② 198.3
③ 215.7　　④ 227.5

해설

곡면에 작용하는 합성력

$$F_x = \sqrt{F_h^2 + F_v^2}$$

(1) **수평분력**

$$F_h = \gamma \bar{h} A$$

① 물의 비중량 $\gamma_w = 9.8\text{kN/m}^3$
② $\bar{h}$를 계산
　우선 방파제 AB의 수직거리를 계산하면
　$L_{AB} = 12\text{m} \times \sin 30° = 6\text{m}$
　$\bar{h} = \dfrac{6\text{m}}{2} = 3\text{m}$

$F_h = 9.8\text{kN/m}^3 \times 3\text{m} \times 1\text{m} \times 6\text{m}$
　　$= 176.4\text{kN}$

(2) **수직분력**

$$F_h = \gamma V$$

① OBA의 체적 계산
$$V_{OBA} = \dfrac{\pi}{4} \times (24\text{m})^2 \times \dfrac{30°}{360°} \times 1\text{m}$$
　　　$= 37.70\text{m}^3$

② OBC의 체적 계산
$L_{OC} = 12\text{m} \times \cos 30° = 10.39\text{m}$

$$L_{OB} = 12\text{m} \times \sin 30° = 6\text{m}$$
$$V_{OBC} = 10.39\text{m} \times 6\text{m} \times \frac{1}{2} \times 1\text{m} = 31.17\text{m}^3$$

③ 수직분력 계산
$$F_h = \gamma V = 9.8\text{kN/m}^3 \times (37.7 - 31.17)\text{m}^3$$
$$= 64.0\text{kN}$$

(3) 합성력 계산
$$F_x = \sqrt{F_h^2 + F_v^2} = \sqrt{176.4^2 + 64^2}$$
$$\fallingdotseq 187.6\text{kN}$$

해답 ①

22 뉴튼(Newton)의 점성법칙을 이용하여 만든 회전 원통식 점도계는?

① 세이볼트(Saybolt) 점도계
② 오스왈드(Ostwald) 점도계
③ 레드우드(Redwood) 점도계
④ 맥미셸(MacMichael) 점도계

해설 점도계의 종류 ★★★

점도계의 종류	이용한 법칙
① 낙구식 점도계	스토크스 법칙
② 오스트왈드(Ostwald)점도계	하겐-포아젤의 법칙
③ 세이볼트(Saybolt) 점도계	
④ 맥마이쉘(MacMichael) 점도계	뉴우톤의 점성법칙
⑤ 스토머(Stomer) 점도계	

해답 ④

23 대기 중에 개방된 탱크 속의 액면이 점선의 위치에서 현재 액면 위치 D까지 서서히 내려왔다. 파이프 끝 C에서 대기 중으로 방출될 때 유출속도 V_C는 약 m/s인가? (단, 관에서의 마찰은 무시한다.)

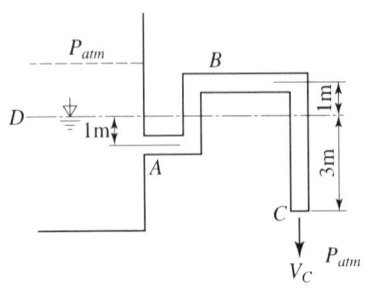

① 3.1 ② 6.2
③ 7.7 ④ 9.9

해설 최대유속
$$u = \sqrt{2gh}$$

여기서, u : 유속(m/s)
g : 중력가속도(9.8m/s^2)
h : 수두(m)

① h = 수면에서 사이펀관의 끝부분까지 수직거리
② $h = 3\text{m}$
③ $u = \sqrt{2 \times 9.8 \times 3} = 7.67\text{m/s}$

해답 ③

24 그림에서 탱크차가 받는 추력은 약 몇 N인가? (단, 노즐의 단면적은 0.03m^2이며 마찰은 무시한다.)

① 800 ② 1480
③ 2700 ④ 5340

해설 베르누이 방정식
$$H = \frac{U^2}{2g} + \frac{P}{r} + Z$$

여기서, H : 전에너지(m), $\frac{U^2}{2g}$: 속도수두(m)
$\frac{P}{r}$: 압력수두(m), Z : 위치수두(m)

(1) 1과 2에 베르누이 방정식을 적용
$P_1 = 40\text{kPa} = 40\text{kN/m}^2$

$$0 + \frac{40\text{kN/m}^2}{9.8\text{kN/m}^3} + 5\text{m} = \frac{u_2^2}{2 \times 9.8} + 0 + 0$$
$$u_2 = 13.34\text{m/s}$$

(2) $F = Au^2\rho = 0.03 \times 13.34^2 \times 1000$
$= 5338.67\text{kg} \cdot \text{m/s}^2(\text{N})$

해답 ④

25 부차적 손실계수 $K=2$인 관 부속품에서의 손실 수두가 2m라면 이때의 유속은 약 몇 m/s인가?

① 4.43　　② 3.14
③ 2.21　　④ 2.00

해설 손실수두와 부차적 손실

$$H[m] = K\frac{u^2}{2g}$$

(1) $K=2$, $H=2$, $g=9.8\text{m/s}^2$

(2) $2 = 2 \times \dfrac{u_2^2}{2 \times 9.8}$, $u_2^2 = 2 \times 9.8$

(3) $u = \sqrt{2 \times 9.8} = 4.43\text{m/s}$

해답 ①

26 다음 그림과 같이 설치한 피토 정압관의 액주계 눈금 $R=100\text{mm}$일 때 ①에서의 물의 유속은 약 몇 m/s인가? (단, 액주계에 사용된 수은의 비중은 13.6이다.)

① 15.7　　② 5.35
③ 5.16　　④ 4.97

해설 피토 정압관의 유속

$$U = Cv\sqrt{2gR\left(\frac{\rho_1 - \rho_2}{\rho_2}\right)}$$

① $R = 100\text{mm} = 0.1\text{m}$
② $\rho_1 = S \times \rho_w = 13.6 \times 1000\text{kg/m}^3$
　　$= 13600\text{kg/m}^3$
③ $\rho_2 = 1000\text{kg/m}^3$
④ $u = \sqrt{2 \times 9.8 \times 0.1 \times \left(\dfrac{13600 - 1000}{1000}\right)}$
　　$= 4.97\text{m/s}$

해답 ④

27 온도차이 20℃, 열전도율 5W/(m·K), 두께 20cm인 벽을 통한 열유속(heat flux)과 온도차이 40℃, 열전도율 10W/(m·K), 두께 t cm인 같은 면적을 가진 벽을 통한 열유속이 같다면 두께 t는 몇 cm인가?

① 10　　② 20
③ 40　　④ 80

해설 열전달률의 계산

$$Q = \frac{kA\Delta T}{x}$$

여기서, Q : 열전달률, ΔT : 온도차이
　　　　A : 열전달 면적, k : 열전도율
　　　　x : 전달되는 판의 두께

① $\dfrac{5 \times A \times 20}{20} = \dfrac{10 \times A \times 40}{X}$

② $X = 80\text{cm}$

해답 ④

28 유량이 2m³/min인 5단 펌프가 2000rpm에서 50m의 양정이 필요하다면 비속도(m³/min, rpm, m)는?

① 403　　② 503
③ 425　　④ 525

해설 비속도

$$N_s = \frac{N\sqrt{Q}}{H^{\frac{3}{4}}}$$

여기서, N : 회전수(rpm), Q : 유량(m³/min)
　　　　H : 양정(m)

$N = 2000\text{rpm}$, $Q = 2\text{m}^3/\text{min}$
$H = 50\text{m}/5단 = 10\text{m}$

$\therefore N_s = \dfrac{2000 \times 2^{\frac{1}{2}}}{10^{\frac{3}{4}}} = 503$

해답 ②

29 그림과 같이 물이 유량 Q로 저수조로 들어가고, 속도 $V = \sqrt{2gh}$로 저수조 바닥에 있는 면

적 A_2의 구멍을 통하여 나간다. 저수조의 수면 높이의 변화 속도 $\dfrac{dh}{dt}$ 는?

① $\dfrac{Q}{A_2}$ ② $\dfrac{A_2\sqrt{2gh}}{A_1}$

③ $\dfrac{Q-A_2\sqrt{2gh}}{A_2}$ ④ $\dfrac{Q-A_2\sqrt{2gh}}{A_1}$

해설 저수조 수면높이의 변화속도

$$\dfrac{dh}{dt}=\dfrac{Q-A_2\sqrt{2gh}}{A_1}$$

해답 ④

30 주어진 물리량의 단위로 옳지 않은 것은?

① 펌프의 양정 : m ② 동압 : MPa
③ 속도수두 : m/s ④ 밀도 : kg/m³

해설 속도수두

$$H=\dfrac{U^2}{2g}$$

여기서, H : 속도수두(m), U : 유속(m/s)
       g : 중력가속도(9.8m/s²)

$$H=\dfrac{(\text{m/s})^2}{\text{m/s}^2}=\text{m}$$

해답 ③

31 이상적인 열기관 사이클인 카르노사이클(Carnot cycle)의 특징으로 맞는 것은?

① 비가역 사이클이다.
② 공급열량과 방출열량의 비는 고온부의 절대온도와 저온부의 절대온도 비와 같지 않

다.
③ 이론 열효율은 고열원 및 저열원의 온도만으로 표시된다.
④ 두 개의 등압 변화와 두 개의 단열 변화로 둘러싸인 사이클이다.

해설 카르노사이클
(1) 이론적으로는 효율이 가장 좋은 사이클이다.
(2) 가역 사이클이다.
(3) 2개의 등온과정과 2개의 단열과정으로 구성된다.
  (등온팽창 → 단열팽창 → 등온압축 → 단열압축)
(4) 고온에서 열량흡수, 저온에서 열량방출

$$\eta_H=\left(1-\dfrac{Q_2}{Q_1}\right)=1-\left(\dfrac{T_1}{T_2}\right)$$

여기서, Q_1 : 고열원, Q_2 : 저열원
       T_1 : 고온체의 온도
       T_2 : 저온체의 온도

해답 ③

32 유체의 압축률에 관한 설명으로 올바른 것은?

① 압축률 = 밀도 × 체적탄성계수
② 압축률 = 1/체적탄성계수
③ 압축률 = 밀도/체적탄성계수
④ 압축률 = 체적탄성계수/밀도

해설 체적탄성계수와 압축율 관계

체적탄성계수 $K=-\dfrac{\Delta P}{\Delta V/V}=\dfrac{\Delta P}{\Delta\rho/\rho}$

압축률 $\beta=\dfrac{1}{K}$

여기서, K : 체적탄성계수

해답 ②

33 원관에서의 유체 흐름에 대한 일반적인 설명으로 맞는 것은?

① 수평 원관에서 일정한 유량의 물이 층류상태로 흐를 때 관직경을 2배로 하면 손실수두는 1/2로 감소한다.

② 원관에 유체가 층류로 흐를 때 평균속도는 최대속도의 1/2이다.
③ 원관에서 유체가 층류로 흐를 때 속도는 관 중심에서 0이고 관벽까지 직선적으로 증가한다.
④ 수평 원관 속의 층류흐름에서 압력손실은 유량에 반비례한다.

해설 **원형배관 속 최대속도(u_{max})와 평균속도(u)**
(1) 층류 : $u = \dfrac{1}{2}u_{max}$
(2) 난류 : $u = 0.8 u_{max}$

해답 ②

34 펌프 및 송풍기에서 발생하는 현상을 잘못 설명한 것은?

① 캐비테이션은 압력이 낮은 부분에서 발생할 수 있다.
② 캐비테이션이나 수격작용은 펌프나 배관을 파괴하는 경우도 있다.
③ 송풍기의 운전 중 송출 압력과 유량이 주기적으로 변화하는 현상을 서징이라 한다.
④ 송풍기에서 캐비테이션의 발생으로 회전차의 수명이 단축될 수 있다.

해설 ④ 펌프에서 캐비테이션의 발생으로 회전차의 수명이 단축될 수 있다.

해답 ④

35 -15℃ 얼음 10g을 100℃의 증기로 만드는데 필요한 열량은 몇 kJ인가? (단, 얼음의 융해열은 335kJ/kg, 물의 증발 잠열은 2256kJ/kg, 얼음의 평균 비열은 2.1kJ/kg · K이고, 물의 평균 비열은 4.18kJ/kg · K이다.)

① 7.85 ② 27.1
③ 30.4 ④ 35.2

해설 **열량 계산**
① $m = 10g = 10 \times 10^{-3}$kg
② -15℃얼음 → 0℃얼음 변화에 필요한 열량(현열)
$Q_1 = mc\Delta t = 10 \times 10^{-3} \times 2.1 \times (0-(-15))$
$= 0.32$kJ
③ 0℃얼음 → 0℃물 변화에 필요한 열량(잠열)
$Q_2 = rm = 335 \times (10 \times 10^{-3}) = 3.35$kJ
④ 0℃물 → 100℃물 변화에 필요한 열량(현열)
$Q_3 = mc\Delta t = (10 \times 10^{-3}) \times 4.18 \times (100-0)$
$= 4.18$kJ
⑤ 100℃물 → 100℃수증기 변화에 필요한 열량(잠열)
$Q_2 = rm = 2256 \times (10 \times 10^{-3}) = 22.56$kJ
⑥ $Q_T = 0.32 + 3.35 + 4.18 + 22.56 = 30.41$kJ

해답 ③

36 유량 2m³/min, 전양정 25m인 원심펌프를 설계하고자 할 때 펌프의 축동력은 약 몇 kW인가? (단, 펌프의 전효율은 0.780이다.)

① 9.52 ② 10.47
③ 11.52 ④ 13.47

해설 **펌프의 축동력**
$$P(\text{kW}) = \dfrac{\gamma QH}{E}$$
$P(\text{kW}) = \dfrac{9.8\text{kN/m}^3 \times (2\text{m}^3/60\text{s}) \times 25\text{m}}{0.78}$
$= 10.47$kW

펌프의 동력계산 필수암기사항(2차 실기 출제됨) ★★★
(1) 수동력
$$L_W(\text{kW}) = \gamma QH$$
(2) 축동력
$$L_S(\text{kW}) = \dfrac{\gamma QH}{E}$$
(3) 모터동력
$$P(\text{kW}) = \dfrac{\gamma QH}{E}K$$
여기서, γ : 비중량(kN/m³, 물의 비중량=9.8kN/m³)
Q : 유량(m³/s), H : 전양정(m)
E : 효율(%/100), K : 전달계수

해답 ②

37 그림과 같은 오리피스에서 h_m은 0.1m, γ는 물의 비중량이고, γ_m은 수은(비중 13.6)의 비중량일 때 오리피스 전후의 압력차는 약 몇 kPa인가?

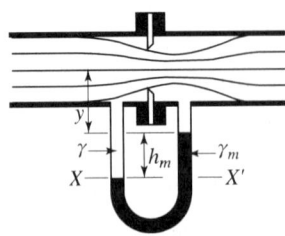

① 1.43 ② 14.31
③ 13.33 ④ 12.35

해설 압력차 계산공식

$$\Delta P = P_1 - P_2 = (r_1 - r_2)R$$

① $\gamma_1 = S \times \gamma_w = 13.6 \times 9.8 = 133.28 \text{kN/m}^3$
② 물비중량 $\gamma_2 = 9.8 \text{kN/m}^3$
③ $\Delta P = (133.28 - 9.8) \text{kN/m}^3 \times 0.1\text{m}$
$= 12.35 \text{kN/m}^2(\text{kPa})$

해답 ④

38 -10℃, 6기압의 이산화탄소 10kg이 분사노즐에서 1기압까지 가역 단열팽창 하였다면 팽창 후의 온도는 몇 ℃가 되겠는가? (단, 이산화탄소의 비열비는 $k = 1.289$이다.)

① -85 ② -97
③ -105 ④ -115

해설 가역 단열팽창

$$\frac{T_2}{T_1} = \left(\frac{P_2}{P_1}\right)^{\frac{k-1}{k}}$$

① $\dfrac{T_2}{273 + (-10)K} = \left(\dfrac{1}{6}\right)^{\frac{1.289-1}{1.289}}$

② $T_2 = 263K \times \left(\dfrac{1}{6}\right)^{\frac{1.289-1}{1.289}} = 175.99K$

③ $t℃ = 175.99K - 273 = -97℃$

해답 ②

39 표준 대기압 하에서 게이지 압력 190kPa을 절대압력으로 환산하면 몇 kPa이 되겠는가?

① 88.7 ② 190
③ 291.3 ④ 120

해설 절대압과 대기압, 게이지압

절대압 = 대기압 + 게이지압
절대압 = 대기압 - 진공압

절대압 = 101.3kPa + 190kPa = 291.3kPa

해답 ③

40 직경 25cm의 매끈한 원관을 통해서 물을 초당 100L를 수송하고 있다. 관의 길이 5m에 대한 손실수두는 약 몇 m인가? (단, 관마찰계수 f는 0.03이다.)

① 0.013 ② 0.13
③ 1.3 ④ 13

해설 달시 방정식

$$\Delta h_L(\text{m}) = f \times \frac{l}{D} \times \frac{u^2}{2g}$$

$f = 0.03 \quad l = 5\text{m}$
$Q = 100\text{L/s} = 0.1\text{m}^3/\text{s}$
$D = 25\text{cm} = 0.25\text{m}$

$U = \dfrac{Q}{A} = \dfrac{0.1\text{m}^3/\text{s}}{\dfrac{\pi}{4} \times (0.25\text{m})^2} = 2.04\text{m/s}$

$\therefore \Delta h_L = \dfrac{0.03 \times 5 \times 2.04^2}{2 \times 9.8 \times 0.25} = 0.13\text{m}$

해답 ②

제3과목 소방관계법규

41 소방공사의 감리를 완료하였을 경우 소방공사 감리 결과를 통보하는 대상으로 옳지 않은 것은?

① 특정소방대상물의 관계인
② 특정소방대상물의 설계업자
③ 소방시설공사의 도급인
④ 특정소방대상물의 공사를 감리한 건축사

해설 공사업법 시행규칙 제19조(감리결과의 통보 등)
감리업자가 소방공사의 감리를 마쳤을 때 공사가 **완료된 날부터 7일 이내**에 특정소방대상물의 **관계인**, 소방시설공사의 **도급인** 및 특정소방대상물의 공사를 감리한 **건축사**에게 알리고, **소방본부장 또는 소방서장**에게 보고하여야 한다.

해답 ②

42 특정소방대상물의 규모에 관계없이 물분무등 소화설비를 설치하여야 하는 대상은? (단, 위험물저장 및 처리시설 중 가스시설 또는 지하구는 제외한다.)

① 주차용 건축물
② 전산실 및 통신기기실
③ 전기실 및 발전실
④ 항공기 격납고

해설 (소방시설법 시행령 제11조의 별표 4)
물분무등 소화설비 설치대상
① 항공기 격납고
② 주차용 건축물로 연면적 800m² 이상
③ 차고 또는 주차용도 사용면적 200m² 이상
④ 기계장치 주차시설 20대 이상
⑤ 전기실, 발전실, 변전실, 축전지실, 통신기기실, 전산실의 바닥면적 300m² 이상

해답 ④

43 소방본부장이나 소방서장은 특정소방대상물에 설치하여야하는 소방시설 가운데 기능과 성능이 유사한 물 분무 소화설비, 간이 스프링클러, 비상경보설비 및 비상방송설비 등 소방시설의 경우, 유사한 소방시설의 설치 면제를 어떻게 정하는가?

① 소방청장이 정한다.
② 시·도의 조례로 정한다.
③ 행정안전부령으로 정한다.
④ 대통령령으로 정한다.

해설 (소방시설법 시행령 제14조의 별표 5)
유사한 소방시설의 설치면제의 기준
① 대통령령으로 정한다.
② 설치면제 및 요건

설치면제 소방시설	설치면제 요건
1. 스프링클러설비	1. 자동소화장치 또는 물분무등소화설비
2. 물분무등소화설비	2. 스프링클러 설비 (차고·주차장)
3. 간이스프링클러설비	3. 스프링클러설비·물분무소화설비 또는 미분무소화설비
4. 연결송수관설비	4. 옥내소화전설비, 스프링클러설비, 간이스프링클러설비 또는 연결살수설비

해답 ④

44 소방용수시설의 저수조에 대한 설치기준으로 옳지 않은 것은?

① 지면으로부터의 낙차가 4.5m 이하일 것
② 흡수부분의 수심이 0.3m 이상일 것
③ 흡수관의 투입구가 사각형의 경우에는 한 변의 길이가 60cm 이상일 것
④ 흡수관의 투입구가 원형의 경우에는 지름이 60cm 이상일 것

해설 소화용수설비의 저수조 설치기준(소방기본법 시행규칙 제6조 [별표3])
(1) 낙차가 4.5m 이하일 것
(2) 수심이 0.5m 이상일 것
(3) 소방펌프자동차가 쉽게 접근할 수 있도록 할 것
(4) 토사 및 쓰레기 등을 제거할 수 있는 설비를 갖출 것
(5) 사각형의 경우에는 한 변의 길이가 60cm 이상, 원형의 경우에는 지름이 60cm 이상일 것
(6) 상수도에 연결하여 자동으로 급수되는 구조일 것

해답 ②

45 소방시설관리업의 보조 기술인력으로 등록할 수 없는 사람은?

① 소방설비기사 자격증 소지자
② 산업안전기사 자격증 소지자
③ 대학의 소방 관련학과를 졸업하고 소방기술 인정자격 수첩을 발급 받은 사람
④ 소방공무원으로 3년 이상 근무하고 소방기술 인정자격 수첩을 발급 받은 사람

해설 **소방시설법 시행령 제45조1항(별표9) 소방시설관리업의 등록기준**
(1) 주된 기술인력 : 소방시설관리사 1인 이상
(2) 보조 기술인력 : 2명 이상
　① 소방설비기사 또는 소방설비산업기사
　② 소방공무원으로 3년 이상 근무한 사람
　③ 소방 관련 학과의 학사학위를 취득한 사람
　④ 행정안전부령으로 정하는 소방기술과 관련된 자격·경력 및 학력이 있는 사람

해답 ②

46 위험물안전관리법에서 정하는 4류 위험물 중 석유류별에 따른 분류로 옳은 것은?

① 1석유류 : 아세톤, 휘발유
② 2석유류 : 중유, 크레오소트유
③ 3석유류 : 기어유, 실린더유
④ 4석유류 : 등유, 경유

해설 **제4류 위험물(인화성 액체)**

구 분	지정품목	기타 조건 (1atm에서)
특수 인화물	이황화탄소, 다이에틸에터	• 발화점이 100℃ 이하 • 인화점 −20℃ 이하이고 비점이 40℃ 이하
제1 석유류	아세톤, 휘발유	• 인화점 21℃ 미만.
알코올류		C_1~C_3까지 포화 1가 알코올 (변성알코올 포함)
제2 석유류	등유, 경유	• 인화점 21℃ 이상 70℃ 미만
제3 석유류	중유, 크레오소트유	• 인화점 70℃ 이상 200℃ 미만
제4 석유류	기어유, 실린더유	• 인화점 200℃ 이상 250℃ 미만
동식물 유류		동물의 지육 등 또는 식물의 종자나 과육으로부터 추출한 것으로서 1기압에서 인화점이 250℃ 미만인 것

※ 제4류 위험물은 인화점에 따라 분류한다.

해답 ①

47 소방시설공사의 설계와 감리에 관한 약정을 함에 있어서 그 대가를 산정하는 기준으로 옳은 것은?

① 발주자와 도급자간의 약정에 따라 산정한다.
② 국가를 당사자로 하는 계약에 관한 법률에 따라 산정한다.
③ 민법에서 정하는 바에 따라 산정한다.
④ 엔지니어링산업 진흥법에 따른 실비정액 가산방식으로 산정한다.

해설 **공사업법 시행규칙 제21조 (소방기술용역의 대가 기준 산정방식)**
법 제25조에서 "행정안전부령으로 정하는 방식"이란 「엔지니어링산업 진흥법」에 따라 산업통상자원부장관이 고시한 엔지니어링사업의 대가 기준 중 다음 각 호에 따른 방식을 말한다.
(1) 소방시설설계의 대가 : 통신부문에 적용하는 공사비 요율에 따른 방식
(2) 소방공사감리의 대가 : 실비정액 가산방식

해답 ④

48 방염업자가 다른 사람에게 등록증을 빌려준 경우 1차 행정처분으로 옳은 것은?

① 영업정지 6개월
② 9개월 이내의 영업정지
③ 12개월 이내의 영업정지
④ 24개월 이내의 영업정지

해설 **[별표 1] 행정처분기준(제9조 관련)**
2. 개별기준
가. 소방시설업에 대한 행정처분기준

위반사항	근거 법조문	행정처분기준		
		1차	2차	3차
5) 법 제8조제1항을 위반하여 다른 자에게 등록증 또는 등록수첩을 빌려준 경우	법 제9조	영업 정지 6개월	등록 취소	

(소방시설법 제35조) 과징금처분
영업정지 처분에 갈음하는 과징금처분
★★ 자주출제(필수정리) ★★

과징금 처분권자	과징금 부과금액		
	소방시설관리업	소방시설업	위험물 제조소
시·도지사	3천만원 이하	2억원 이하	2억원 이하

해답 ①

49 다음 중 소방대에 속하지 않는 사람은?

① 의용소방대원   ② 의무소방원
③ 소방공무원   ④ 소방시설공사업자

해설 (기본법 제2조) 소방대
소방공무원 + 의무소방원 + 의용소방대원

해답 ④

50 화재를 진압하거나 인명구조활동을 위하여 특정소방대상물에는 소화활동설비를 설치하여야 한다. 다음 중 소화활동설비에 해당되지 않은 것은?

① 제연설비, 비상콘센트 설비
② 연결송수관설비, 연결살수설비
③ 무선통신보조설비, 연소방지설비
④ 자동화재속보설비, 통합감시시설

해설 (소방시설법 시행령 제3조의 별표 1)
소방시설의 종류 ★★★(필수암기)★★★

소방시설	종 류
소화설비	① 소화기구 ② 자동소화장치 ③ 옥내 ④ 옥외 ⑤ 스프링클러설비등 ⑥ 물분무등
경보설비	① 단독경보형 ② 비상경보 ③ 시각경보기 ④ 자동화재탐지 ⑤ 화재알림 ⑥ 비상방송 ⑦ 자동화재속보 ⑧ 통합감시 ⑨ 누전경보기 ⑩ 가스누설경보기
피난구조 설비	① 피난기구(피난사다리, 구조대, 완강기 등) ② 인명구조기구(방열복, 방화복, 공기호흡기, 인공소생기) ③ 유도등(피난유도선, 피난구유도등, 통로유도등, 객석유도등, 유도표지) ④ 비상조명등 및 휴대용비상조명등
소화 용수설비	① 상수도소화용수 ② 소화수조·저수조 그 밖의 소화용수
소화 활동설비	① 제연 ② 연결송수관 ③ 연결살수 ④ 비상콘센트 ⑤ 무선통신보조 ⑥ 연소방지

해답 ④

51 소방기술자가 소방시설 공사업법에 따른 명령을 따르지 아니하고 업무를 수행한 경우의 벌칙은?

① 1백만원 이하의 벌금
② 3백만원 이하의 벌금
③ 1년 이하의 징역 또는 1천만원 이하의 벌금
④ 3년 이하의 징역 또는 1천5백만원 이하의 벌금

해설 공사업법 제36조(벌칙)
1년 이하의 징역 또는 1천만원 이하의 벌금
(1) 영업정지처분을 받고 그 영업정지 기간에 영업을 한 자
(2) 설계기준 및 시공기준을 위반하여 설계나 시공을 한 자
(3) 감리업무를 위반하여 감리를 하거나 거짓으로 감리한 자
(4) 공사감리자를 지정하지 아니한 자
(5) 공사업자가 아닌 자에게 소방시설공사 등을 도급한 자
(6) 제3자에게 소방시설의 설계, 시공, 감리를 하도급한 자
(7) 소방기술자가 소방시설공사업법 또는 명령을 따르지 아니하고 업무를 수행한 자

해답 ③

52 특정소방대상물에 소방시설의 화재안전기술기준에 따라 설치 관리되지 아니한 때 특정소방대상물의 관계인에게 필요한 조치를 명할 수 있는 사람은?

① 소방본부장 또는 소방서장
② 소방청장
③ 시·도지사
④ 종합상황실의 실장

해설 소방시설법 제12조
(특정소방대상물에 설치하는 소방시설등의 유지·관리 등)
(1) 관계인은 소방시설을 화재안전기술기준에 따라 설치·관리
(2) **소방본부장이나 소방서장**은 소방시설이 화재안전기술기준에 따라 설치·관리되고 있지 아니할 때에는 해당 특정소방대상물의 관계인에게 **필요한 조치를 명할 수 있다.**

해답 ①

53 소방시설공사업의 명칭·상호를 변경하고자 하는 경우 민원인이 반드시 제출하여야 하는 서류는?

① 소방시설업 등록증 및 등록수첩
② 법인등기부등본 및 소방기술인력 연명부
③ 소방기술인력의 자격증 및 자격수첩
④ 사업자등록증 및 소방기술인력의 자격증

해설 공사업법 시행규칙 제6조(등록사항의 변경신고 등)
소방시설업자는 등록사항이 변경된 경우에는 **변경일부터 30일 이내**에 서류를 첨부하여 **협회에 제출**
① 상호(명칭) 또는 영업소 소재지가 변경된 경우
 : 소방시설업 등록증 및 등록수첩
② 대표자가 변경된 경우
  ㉠ 소방시설업 등록증 및 등록수첩
  ㉡ 변경된 대표자의 성명, 주민등록번호 및 주소지 등의 인적사항이 적힌 서류
  ㉢ 외국인인 경우에는 해당하는 서류
③ 기술인력이 변경된 경우
  ㉠ 소방시설업 등록수첩
  ㉡ 기술인력 증빙서류

해답 ①

54 건축허가 등을 할 때 미리 소방본부장 또는 소방서장의 동의를 받아야하는 대상 건축물 등의 범위로서 옳지 않은 것은?

① 승강기 등 기계장치에 의한 주차시설로서 20대 이상 주차할 수 있는 시설
② 지하층 또는 무창층이 있는 모든 건축물
③ 노유자시설 및 수련시설로서 연면적 $200m^2$ 이상인 건축물
④ 항공기격납고, 관망탑, 항공관제탑 등

해설 (소방시설법 시행령 제7조)
건축허가등의 동의대상물의 범위 등
(1) 연면적 $400m^2$ 이상
  다만, 다음에 해당하는 경우에는 기준 이상
  ① 학교시설 : $100m^2$
  ② 노유자시설 및 수련시설 : $200m^2$
  ③ 정신의료기관 : $300m^2$
  ④ 장애인 의료재활시설 : $300m^2$

(2) **지하층 또는 무창층** $150m^2$(공연장 $100m^2$)
(3) 차고·주차장 또는 주차용도로 사용시설
  ① **차고·주차장** : $200m^2$ 이상
  ② **기계장치**에 의한 **자동차 20대 이상**
(4) 층수가 **6층 이상**인 건축물
(5) 항공기격납고, 관망탑, 항공관제탑, 방송용 송수신탑
(6) 공동주택, 의원(입원실, 인공신장실이 있는 것) · 조산원 · 산후조리원, 숙박시설, 위험물 저장 및 처리 시설, 풍력발전소 · 전기저장시설, 지하구
(7) 노유자시설((1)의 ②에 해당하지 않는 시설)
(8) **요양병원**(의료재활시설은 제외)
(9) **750배** 이상의 **특수가연물**을 저장·취급
(10) **가스시설**로서 지상 노출 탱크 100톤 이상

해답 ②

55 특수가연물을 저장 또는 취급하는 장소에 설치하는 표지의 기재사항이 아닌 것은?

① 품명   ② 안전관리자 성명
③ 최대저장수량   ④ 화기취급의 금지

해설 특수가연물의 저장 및 취급기준
(화재예방법 시행령 제19조 제2항 [별표3])
(1) **품명 · 최대저장수량 · 단위부피(체적)당 질량 · 관리책임자 성명 · 직책, 연락처 및 화기취급의 금지표시** 설치
(2) 기준(석탄·목탄류를 발전용은 예외)
  ① **품명별**로 구분하여 쌓을 것
  ② 저장 기준

구분	높이	바닥면적(m^2)
일반기준	10m 이하	50(**석탄·목탄류** 200) 이하
살수설비, 대형소화기	15m 이하	200(**석탄·목탄류** 300) 이하

③ 최소 **6m** 이상 간격을 유지(쌓은 높이보다 0.9m 이상 높은 내화구조 벽체 설치 시 예외)
④ 쌓는 부분의 바닥면적 사이 **간격**

구분	쌓는 부분의 바닥면적 사이 이격거리
실내	1.2m 또는 쌓는 높이의 1/2 중 큰 값 이상
실외	3m 또는 쌓는 높이 중 큰 값 이상

해답 ②

56 한국소방안전원의 업무가 아닌 것은?

① 화재예방과 안전관리의식의 고취를 위한 대국민 홍보
② 소방기술과 안전관리에 관한 각종 간행물의 발간
③ 소방용 기계·기구에 대한 검정기준의 개정
④ 소방기술과 안전관리에 관한 교육 및 조사·연구

해설 기본법 제41조(소방안전원의 업무)
(1) 소방기술과 안전관리에 관한 교육 및 조사·연구
(2) 소방기술과 안전관리에 관한 각종 간행물의 발간
(3) 화재예방과 안전관리의식의 고취를 위한 대국민 홍보
(4) 소방업무에 관하여 행정기관이 위탁하는 업무
(5) 소방안전에 관한 국제협력
(6) 그 밖에 회원에 대한 기술자원 등 정관으로 정하는 사항

해답 ③

57 다음 중 연 1회 이상 소방시설관리업자 또는 소방안전관리자로 선임된 소방시설관리사, 소방기술사 1명 이상을 점검자로 하여 종합점검을 의무적으로 실시하여야 하는 것은? (단, 위험물제조소 등은 제외한다.)

① 옥내소화전설비가 설치된 연면적 $1000m^2$ 이상인 특정소방대상물
② 옥외소화전설비가 설치된 연면적 $3000m^2$ 이상인 특정소방대상물
③ 물분무등소화설비가 설치된 연면적 $5000m^2$ 이상인 특정소방대상물
④ 5층 이상의 주택

해설 종합점검 대상
(1) 해당 특정소방대상물의 소방시설 등이 신설된 경우
(2) 스프링클러설비가 설치된 특정소방대상물
(3) 물분무등 소화설비(호스릴방식 제외)가 설치된 **연면적 5천m^2 이상**(위험물제조소등을 제외)
(4) **단란주점영업과 유흥주점영업, 영화상영관·비디오물감상실업·복합영상물제공업, 노래연습장업, 산후조리업, 고시원업, 안마시술소**의 영업장이 설치된 **연면적이 2천m^2 이상**인 것
(5) **제연**설비가 설치된 **터널**
(6) **공공기관** 중 연면적 $1,000m^2$ 이상인 것으로서 **옥내소화전설비** 또는 **자동화재탐지설비**가 설치된 것. 다만, 소방대가 근무하는 공공기관은 제외

해답 ③

58 화학소방자동차의 소화능력 및 설비 기준에서 분말 방사차의 분말의 방사능력은 매초 몇 kg 이상이어야 하는가?

① 25kg ② 30kg
③ 35kg ④ 40kg

해설 (위험물법 시행규칙 제75조의 별표 23)
화학소방자동차 소화능력 및 설비의 기준

화학소방 자동차의 구분	소화능력 및 설비의 기준
포수용액 방사차	포수용액의 방사능력이 매분 2,000L 이상일 것
	소화약액탱크 및 소화약액혼합장치를 비치할 것
	10만L 이상의 포수용액을 방사할 수 있는 양의 소화약제를 비치할 것
분말 방사차	분말의 방사능력이 매초 35kg 이상일 것
	분말탱크 및 가압용 가스설비를 비치할 것
	1,400kg 이상의 분말을 비치할 것
할로겐화물 방사차	할로겐화물의 방사능력이 매초 40kg 이상일 것
	할로겐화물탱크 및 가압용 가스설비를 비치할 것
	1,000kg 이상의 할로겐화물을 비치할 것
이산화탄소 방사차	이산화탄소의 방사능력이 매초 40kg 이상일 것
	이산화탄소저장용기를 비치할 것
	3,000kg 이상의 이산화탄소를 비치할 것
제독차	가성소다 및 규조토를 각각 50kg 이상 비치할 것

해답 ③

59 다음 중 방염업의 종류에 해당하지 않는 것은?

① 섬유류 방염업

② 합성수지류 방염업
③ 벽지류 방염업
④ 합판 · 목재류 방염업

해설 방염업의 종류
① 섬유류 방염업
② 합성수지류 방염업
③ 합판, 목재류 방염업

해답 ③

60 위험물안전관리법에서 정하는 용어의 정의에 대한 설명 중 틀린 것은?

① 위험물이라 함은 인화성 또는 발화성 등의 성질을 가지는 것으로 행정안전부령이 정하는 물품을 말한다.
② 지정수량이라 함은 위험물의 종류별로 위험성을 고려하여 제조소 등의 설치허가 등에 있어서 최저 기준이 되는 수량을 말한다.
③ 제조소라 함은 위험물을 제조할 목적으로 지정수량 이상의 위험물을 취급하기 위하여 위험물설치허가를 받은 장소를 말한다.
④ 취급소라 함은 지정수량 이상의 위험물을 제조외의 목적으로 취급하기 위하여 위험물설치허가를 받은 장소를 말한다.

해설 위험물법 제2조(정의)
"위험물"이라 함은 인화성 또는 발화성 등의 성질을 가지는 것으로서 대통령령이 정하는 물품을 말한다.

해답 ①

제4과목 소방기계시설의 구조 및 원리

61 상수도 소화용수설비의 소화전은 소방대상물의 수평투영면의 각 부분으로부터 몇 m 이하가 되도록 설치하는가?

① 75   ② 100
③ 125   ④ 140

해설 상수도 소화용수설비
(1) 호칭지름 75mm 이상의 수도배관에 호칭지름 100mm 이상의 소화전을 접속
(2) 소화전은 소방자동차 등의 진입이 쉬운 도로변 또는 공지에 설치
(3) 소화전은 소방대상물의 **수평투영면의 각 부분으로부터 140m 이하**가 되도록 설치

해답 ④

62 제연설비의 설치 장소를 제연구역으로 구획할 경우 틀린 것은?

① 거실과 통로는 각각 제연구획 할 것
② 하나의 제연구역의 면적은 1500m² 이내로 할 것
③ 하나의 제연구역은 직경 60m 원내에 들어갈 수 있을 것
④ 통로상의 제연구역은 보행중심선의 길이가 60m를 초과하지 아니할 것

해설 제연구역 구획기준
(1) 하나의 제연구역의 면적은 1000m² 이내
(2) 거실과 통로는 각각 제연구획
(3) 통로상의 제연구역은 보행 중심선으로 길이가 60m를 초과하지 아니할 것
(4) 하나의 제연구역은 직경 60m 원내에 들어갈 수 있을 것
(5) 하나의 제연구역은 둘 이상의 층에 미치지 아니하도록 할 것

해답 ②

63 이산화탄소 소화약제의 저장용기에 관한 설치기준 설명 중 틀린 것은?

① 저장용기의 충전비는 고압식에 있어서는 1.9 이상 2.1 이하로 한다.
② 저압식 저장용기에는 내압시험압력의 0.64배 내지 0.8배의 압력에서 작동하는 안전밸브를 설치한다.
③ 저압식 저장용기에는 액면계 및 압력계와

2.3MPa 이상 1.9MPa 이하의 압력에서 작동하는 압력경보장치를 설치한다.
④ 저장용기는 고압식은 25MPa 이상, 저압식은 3.5MPa 이상의 내압시험압력에 합격한 것을 사용한다.

해설 이산화탄소 저장용기의 설치 기준
① 저장용기의 충전비

저압식	고압식
1.1 ~ 1.4	1.5 ~ 1.9

② 저압식 저장용기에는 내압시험압력의 0.64배 내지 0.8배의 압력에서 작동하는 안전밸브와 내압시험압력의 0.8배 내지 내압시험압력에서 작동하는 봉판을 설치할 것
③ 저압식 저장용기에는 액면계 및 압력계와 2.3MPa 이상 1.9MPa 이하의 압력에서 작동하는 압력경보장치를 설치할 것
④ 저압식 저장용기에는 용기내부의 온도가 -18℃ 이하에서 2.1MPa의 압력을 유지할 수 있는 자동냉동장치를 설치할 것
⑤ 저장용기는 고압식은 25MPa 이상, 저압식은 3.5MPa 이상의 내압시험압력에 합격한 것으로 할 것

해답 ①

64 연결살수설비 전용헤드를 사용하는 배관의 구경이 50mm일 때 하나의 배관에 부착하는 살수헤드는 몇 개인가?

① 1개　　② 2개
③ 3개　　④ 4개

해설 연결살수설비의 헤드
(1) 천장, 반자에서 살수헤드까지 수평거리
① 연결살수설비 전용헤드(개방형헤드) : 3.7m 이하
② 스프링클러헤드(폐쇄형헤드) : 2.3m 이하
(다만, 살수헤드의 부착면과 바닥과의 높이가 2.1m 이하인 부분은 살수헤드의 살수분포에 따른 거리로 할 수 있다)
(2) 연결살수설비 전용헤드 수별 급수관의 구경

헤드수	1개	2개	3개	4~5개	6~10개
배관구경(mm)	32	40	50	65	80

해답 ③

65 다음 중 차고 또는 주차장에 호스릴포소화설비를 설치할 수 있는 기준으로 틀린 내용은 어느 것인가?

① 완전 개방된 옥상주차장
② 지상1층으로서 지붕이 없는 부분
③ 지상에서 수동 또는 원격조작에 따라 개방이 가능한 개구부의 유효면적의 합계가 바닥면적의 10% 이상인 부분
④ 고가 밑의 주차장 등으로서 주된 벽이 없고 기둥뿐인 부분

해설 차고 · 주차장의 부분에 호스릴포소화설비 또는 포소화전설비를 설치할 수 있는 경우
(1) 완전 개방된 옥상주차장 또는 고가 밑의 주차장 등으로서 주된 벽이 없고 기둥뿐이거나 주위가 위해방지용 철주 등으로 둘러쌓인 부분
(2) 지상 1층으로서 지붕이 없는 부분

해답 ③

66 다음 중 물분무소화설비 송수구의 설치기준으로 옳지 않은 것은?

① 송수구에는 이물질을 막기 위한 마개를 씌울 것
② 지면으로부터 높이가 0.8m 이상 1.5m 이하에 설치할 것
③ 송수구의 가까운 부분에 자동배수밸브 및 체크밸브를 설치할 것
④ 송수구는 하나의 층의 바닥면적이 3000m² 를 넘을 때마다 1개 이상을 설치할 것

해설 물분무소화설비의 송수구
① 송수구는 화재층으로부터 지면으로 떨어지는 유리창 등이 송수 및 그 밖의 소화작업에 지장을 주지 아니하는 장소에 설치할 것. 이 경우 **가연성가스의 저장 · 취급시설에 설치하는 송수구는 그 방호대상물로부터 20m 이상의 거리를 두거나 방호대상물에 면하는 부분이 높이 1.5m 이상 폭 2.5m 이상의 철근콘크리트 벽으로 가려진 장소에 설치하여야 한다.**
② 송수구로부터 물분무소화설비의 주배관에 이르는 연결배관에 개폐밸브를 설치한 때에는 그

개폐상태를 쉽게 확인 및 조작할 수 있는 옥외 또는 기계실 등의 장소에 설치할 것
③ 구경 65mm의 쌍구형으로 할 것
④ 송수구에는 그 가까운 곳의 보기 쉬운 곳에 송수압력범위를 표시한 표지를 할 것
⑤ 송수구는 하나의 층의 바닥면적이 3,000m²를 넘을 때마다 1개(5개를 넘을 경우에는 5개) 이상을 설치할 것
⑥ 지면으로부터 높이가 0.5m 이상 1m 이하의 위치에 설치할 것
⑦ 송수구의 가까운 부분에 자동배수밸브(또는 직경 5mm의 배수공) 및 체크밸브를 설치할 것. 이 경우 자동배수밸브는 배관안의 물이 잘 빠질 수 있는 위치에 설치하되, 배수로 인하여 다른 물건 또는 장소에 피해를 주지 아니하여야 한다.
⑧ 송수구에는 이물질을 막기 위한 마개를 씌울 것

해답 ②

67 수동으로 조작하는 대형소화기에서 B급 소화기의 능력단위는 어느 것인가?

① 10단위 이상 ② 15단위 이상
③ 20단위 이상 ④ 30단위 이상

해설 소화기의 능력단위 및 보행거리

구 분	소형소화기	대형소화기
능력단위	1단위 이상 대형소화기 능력단위 미만	① A급 10단위 이상 ② B급 20단위 이상
보행거리	20m 이내	30m 이내

해답 ③

68 천장의 기울기가 10분의 1을 초과할 경우 가지관의 최상부에 설치되는 톱날지붕의 스프링클러 헤드는 천장의 최상부로부터의 수직거리가 몇 cm 이하가 되도록 설치하여야 하는가?

① 50   ② 70
③ 90   ④ 120

해설 천장의 기울기가 10분의 1을 초과하는 경우
(1) 가지관을 천장의 마루와 평행하게 설치 할 것
(2) 스프링클러헤드의 설치 기준
① 최상부에 설치하는 스프링클러헤드의 반사판을 수평으로 설치할 것
② 천장의 최상부를 중심으로 가지관을 서로 마주보게 설치하는 경우에는 최상부의 가지관 상호간의 거리가 가지관상의 스프링클러헤드 상호간의 거리의 2분의 1 이하(최소 1m 이상)가 되게 스프링클러헤드를 설치할 것
③ 가지관의 최상부에 설치하는 스프링클러헤드는 천장의 최상부로부터의 수직거리가 90cm 이하가 되도록 할 것.

해답 ③

69 물분무 소화설비의 가압송수장치로 압력수조의 압력을 산출할 때 필요한 압력이 아닌 것은?

① 낙차의 환산수두압
② 물분무헤드의 설계압력
③ 배관의 마찰손실 수두압
④ 소방용 호스의 마찰손실 수두압

해설 압력수조방식 필요한 압력계산

$$P = P_1 + P_2 + P_3$$

여기서, P : 필요한 압력(MPa)
P_1 : 물분무헤드의 설계압력(MPa)
P_2 : 배관의 마찰손실 수두압(MPa)
P_3 : 낙차의 환산수두압(MPa)

해답 ④

70 피난기구의 설치 및 유지에 관한 사항 중 옳지 않은 것은?

① 피난기구를 설치하는 개구부는 서로 동일 직선상의 위치에 있을 것
② 설치장소에는 피난기구의 위치를 표시하는 발광식 또는 축광식 표지와 그 사용방법을 표시한 표지를 부착할 것
③ 피난기구는 소방대상물의 기둥 바닥 보 기타 구조상 견고한 부분에 볼트조임 매입 용접 기타의 방법으로 견고하게 부착할 것
④ 피난기구는 계단 피난구 기타 피난시설로부터 적당한 거리에 있는 안전한 구조로 된 피난 또는 소화활동상 유효한 개구부에 고

정하여 설치할 것

피난기구 설치기준
개구부는 서로 **동일직선상이 아닌 위치**에 있을 것. 다만, 피난교·피난용트랩·간이완강기·아파트에 설치되는 피난기구(다수인 피난장비 제외) 기타 피난 상 지장이 없는 것에 있어서는 그러하지 아니하다.

해답 ①

71 전역방출방식의 할론소화설비의 분사헤드를 설치할 때 기준저장량의 소화약제를 방사하기 위한 시간은 몇 초 이내인가?

① 20초 이내 ② 15초 이내
③ 10초 이내 ④ 5초 이내

할론소화설비의 분사헤드
(1) 가연물이 비산하지 아니하는 장소에 설치할 것
(2) 할론 2402를 방사하는 분사헤드는 당해 소화약제가 무상으로 분무되는 것으로 할 것
(3) 할론 분사헤드의 방사압력 및 방출시간

종류	방사압력	방출시간
할론2402	0.1 MPa 이상	10초 이내
할론1211	0.2 MPa 이상	
할론1301	0.9 MPa 이상	

해답 ③

72 소화약제가 가스인 할론소화기의 적응 대상물로 부적합한 것은?

① 전기실 ② 건축물, 기타 공작물
③ 가연성 고체 ④ 금속성 물품

할론소화약제의 적응성
① 건축물, 기타공작물
② 전기실 및 전산실
③ 통신기기실
④ 가연성고체류 또는 합성수지류
⑤ 가연성액체류
⑥ 가연성가스

해답 ④

73 지하가 또는 지하역사에 설치된 폐쇄형 스프링클러 설비의 수원은 얼마 이상이어야 하는가? (단, 폐쇄형 스프링클러 헤드의 기준개수를 적용한다.)

① $16m^3$ ② $32m^3$
③ $24m^3$ ④ $48m^3$

폐쇄형스프링클러설비의 수원의 양
(1) 29층 이하(기준시간 20분)
$$Q(m^3) = N \times 1.6m^3$$
(2) 30층 이상 49층 이하(기준시간 40분)
$$Q(m^3) = N \times 3.2m^3$$
(3) 50층 이상(기준시간 60분)
$$Q(m^3) = N \times 4.8m^3$$

여기서, Q : 수원의 양[m^3]
N : 헤드의 기준개수

기준개수보다 적은 경우 그 설치개수
(1) 지하가 또는 지하역사의 헤드기준개수는 30개
(2) $Q(m^3) = 30 \times 1.6m^3 = 48m^3$ 이상

헤드의 기준개수(폐쇄형)

소방대상물			기준개수
지하층 제외 10층 이하	공장	특수가연물	30개
		그 밖의 것	20개
	근린생활시설·판매시설·운수시설 또는 복합건축물	판매시설 또는 복합건축물(판매시설 설치 복합건축물)	30개
		그 밖의 것	20개
	그 밖의 것	헤드높이 8m 이상	20개
		헤드높이 8m 이하	10개
아파트			10개
지하층제외 11층 이상·지하가 또는 지하역사			30개

※ 아파트 등의 각 동이 주차장으로 서로 연결된 구조인 경우 해당 주차장 부분의 기준개수는 30개로 할 것

해답 ④

74 호스릴 분말소화설비 설치시 하나의 노즐이 1분당 방사하는 제4종 분말 소화약제의 기준량은 몇 kg인가?

① 45 ② 27
③ 18 ④ 9

해설 호스릴 분말소화설비
① 수평거리가 15m 이하가 되도록 할 것
② 개방밸브는 호스릴의 설치장소에서 수동으로 개폐
③ 저장용기는 호스릴을 설치하는 장소마다 설치
④ 호스릴 분말소화설비(노즐당)

종 별	저장량(kg)	방사량(kg/min)
제1종	50	45
제2종, 제3종	30	27
제4종	20	18

⑤ 저장용기에는 보기 쉬운 곳에 적색의 표시등을 설치하고, 이동식 분말 소화설비가 있다는 뜻을 표시한 표지를 할 것

해답 ③

75 체적 55m³의 통신기기실에 전역방출방식의 할론소화설비를 설치하고자하는 경우에 할론 1301의 저장량은 최소 몇 kg이어야 하는가? (단, 통신기기실의 총 개구부크기는 4m²이며 자동폐쇄장치는 설치되어 있지 아니한다.)

① 26.2kg ② 27.2kg
③ 28.2kg ④ 29.2kg

해설 전역방출방식의 약제소요량

$$Q(\text{kg}) = V \times K_1 + A \times K_2$$

① 통신기기실의 방호구역 체적계수
  $K_1 = 0.32\text{kg/m}^3$
② 통신기기실의 개구부 면적계수
  $K_2 = 2.4\text{kg/m}^2$
③ $Q(\text{kg}) = 55\text{m}^3 \times 0.32\text{kg/m}^3 + 4\text{m}^2 \times 2.4\text{kg/m}^2$
  $= 27.2\text{kg}$

해답 ②

76 옥외소화전설비에서 성능시험배관의 직관부에 설치된 유량측정장치는 펌프 정격토출량의 몇 % 이상 측정할 수 있는 성능이 있어야 하는가?

① 175% ② 150%
③ 75%   ④ 50%

해설 펌프의 성능 기준
① 체절운전 시 정격토출압력의 140%를 초과하지 아니할 것
② 정격토출량의 150%로 운전 시 정격토출압력의 65% 이상이 되어야 할 것

펌프의 성능시험배관의 기준
① 성능시험배관은 펌프의 토출측에 설치된 **개폐밸브 이전에서 분기**하여 직선으로 설치하고, 유량측정장치를 기준으로 **전단** 직관부에 **개폐밸브**를 후단 직관부에는 **유량조절밸브**를 설치할 것
② 유량측정장치는 펌프의 **정격토출량의 175% 이상**까지 측정할 수 있는 성능이 있을 것

해답 ①

77 다음 중 소화기구의 설치에서 이산화탄소소화기를 설치할 수 없는 곳의 설치기준으로 옳은 것은?

① 밀폐된 거실로서 바닥면적이 35m² 미만인 곳
② 무창층 또는 밀폐된 거실로서 바닥면적이 20m² 미만인 곳
③ 밀폐된 거실로서 바닥면적이 25m² 미만인 곳
④ 무창층 또는 밀폐된 거실로서 바닥면적이 30m² 미만인 곳

해설 이산화탄소 또는 할로겐화합물 소화기구 설치 금지장소(자동확산소화기 제외)
지하층이나 무창층 또는 밀폐된 거실로서 그 바닥면적이 20m² 미만의 장소(다만 배기를 위한 유효한 개구부가 있는 장소인 경우에는 그러하지 아니하다)

해답 ②

78 다음 중 스프링클러 헤드를 설치해야 되는 곳은?

① 발전실
② 보일러실
③ 병원의 수술실
④ 직접 외기에 개방된 복도

해설 스프링클러 헤드의 설치제외 대상물
① 계단실·경사로·승강로·파이프덕트, 목욕실·수영장·화장실, 직접외기에 개방되어 있는 복도
② 통신기기실·전자기기실 기타 이와 유사한 장소
③ 발전실·변전실·변압기 기타 이와 유사한 전기 설비가 설치되어 있는 장소
④ 병원의 수술실·응급처치실 기타 이와 유사한 장소
⑤ 천장과 반자 양쪽이 불연재료로 되어 있는 경우
  ㉠ 천장과 반자 사이의 거리가 2m 미만인 부분
  ㉡ 천장과 반자사이의 벽이 불연재료이고 천장과 반자사이의 거리가 2m 이상
⑥ 천장 및 반자가 불연재료외의 것으로 되어 있고 천장과 반자 사이의 거리 0.5m 미만인 부분
⑦ 펌프실·물탱크실·엘리베이터 권상기실 그 밖의 이와 비슷한 장소
⑧ 현관 또는 로비 등으로서 바닥으로부터 높이가 20m 이상인 장소
⑨ 영하의 냉장창고의 냉장실 또는 냉동창고의 냉동실

해답 ②

79 포소화설비에서 소화약제 압입용펌프를 따로 가지고 있는 방식은?

① 라인 푸로포셔너 방식
② 펌프 푸로포셔너 방식
③ 프레져 푸로포셔너 방식
④ 프레져사이드 푸로포셔너 방식

해설 포소화약제의 혼합장치
① 펌프 프로포셔너 방식
 (pump proportioner type)(펌프 조합방식)
 펌프의 토출관과 흡입관 사이의 배관도중에 설치한 흡입기에 펌프에서 토출된 물의 일부를 보내고, 농도 조정밸브에서 조정된 포 소화약제의 필요량을 포 소화약제 탱크에서 펌프 흡입측으로 보내어 이를 혼합하는 방식

② 프레져 프로포셔너 방식
 (pressure proportioner type)(차압 조합방식)
 펌프와 발포기의 중간에 설치된 벤추리관의 벤추리작용과 펌프 가압수의 포 소화약제 저장탱크에 대한 압력에 의하여 포소화약제를 흡입·혼합하는 방식

③ 라인 프로포셔너 방식
 (line proportioner type)(관로 조합방식)
 펌프와 발포기의 중간에 설치된 벤추리관의 벤추리 작용에 의하여 포소화약제를 흡입·혼합하는 방식

④ 프레져사이드 프로포셔너 방식
 (pressure side proportioner type)(압입 혼합방식)
 펌프의 토출관에 압입기를 설치하여 포 소화약제 압입용 펌프로 포소화약제를 압입시켜 혼합하는 방식

해답 ④

80 연결송수관 설비의 설치기준 중 적합하지 않는 것은?

① 방수기구함은 5개층 마다 설치
② 방수구는 전용방수구로서 구경 65mm의 것으로 설치
③ 송수구는 구경 65mm의 쌍구형으로 설치

④ 주배관의 구경은 100mm 이상의 것으로 설치

해설 연결송수관설비의 방수용기구함
(1) 피난층과 가장 가까운 층을 기준으로 3개층마다 설치하되, 보행거리 5m 이내에 설치
(2) 길이 15m의 호스와 방사형 관창을 다음 각목의 기준에 따라 비치할 것
   ① 호스는 각 부분에 유효하게 물이 뿌려질 수 있는 개수 이상을 비치할 것. 이 경우 쌍구형 방수구는 단구형 방수구의 2배 이상의 개수를 설치
   ② 방사형 관창은 단구형 방수구의 경우에는 1개, 쌍구형 방수구의 경우에는 2개 이상 비치
(3) 방수기구함에는 "방수기구함"이라고 표시한 축광식 표지를 할 것

해답 ①

소방설비기사 – 기계분야

2023년 5월 CBT 시행

본 문제는 CBT시험대비 기출문제 복원입니다.

제1과목 소방원론

01 위험물안전관리법령상 위험물의 적재시 혼재 기준에서 다음 중 혼재가 가능한 위험물로 짝 지어진 것은? (단, 각 위험물은 지정수량의 10 배로 가정한다.)

① 질산칼륨과 가솔린
② 과산화수소와 황린
③ 철분과 유기과산화물
④ 등유와 과염소산

해설
① 질산칼륨(제1류)과 가솔린(제4류)
② 과산화수소(제6류)와 황린(제3류)
③ 철분(제2류)과 유기과산화물(제5류)
④ 등유(제4류)와 과염소산(제6류)

유별을 달리하는 위험물의 혼재기준

위험물의 구분	제1류	제2류	제3류	제4류	제5류	제6류
제1류		×	×	×	×	○
제2류	×		×	○	○	×
제3류	×	×		○	×	×
제4류	×	○	○		○	×
제5류	×	○	×	○		×
제6류	○	×	×	×	×	

쉬운 암기방법(혼재가능)
↓1 + 6↑   2 + 4
↓2 + 5↑   5 + 4
↓3 + 4↑

해답 ③

02 다음 위험물 중 물과 접촉시 위험성이 가장 높은 것은?

① NaClO₃ ② P
③ TNT   ④ Na₂O₂

해설 소화 방법

화학식	NaClO₃	P	TNT	Na₂O₂
물질명	염소산 나트륨	적린	트라이나이 트로톨루엔	과산화나트륨
유별	제1류	제2류	제5류	제1류 무기과산화물
소화 방법	냉각소화	냉각소화	냉각소화	질식소화 (마른모래)

무기과산화물 ★★★
(과산화칼륨, 과산화나트륨) + 물 ⇒ 산소발생

해답 ④

03 Twin agent system으로 분말소화약제와 병용 하여 소화효과를 증진시킬 수 있는 소화약제로 다음 중 가장 적합한 것은?

① 수성막포   ② 이산화탄소
③ 단백포   ④ 합성계면활성제포

해설 분말소화약제와 병용이 가능한 포약제
① Twin 20/20 : CDC(분말)20kg + 수성막포20L
② Twin 40/40 : CDC(분말)40kg + 수성막포40L

해답 ①

04 다음 중 제1류 위험물로 그 성질이 산화성고체 인 것은?

① 황린   ② 아염소산염류
③ 금속분류   ④ 황

해설
① 황린-제3류-자연발화성
② 아염소산염류-제1류-산화성고체
③ 금속분류-제2류
④ 황-제2류

해답 ②

05 다음 물질 중 공기 중에서의 연소범위가 가장 넓은 것은?

① 부탄 ② 프로판
③ 메탄 ④ 수소

해설 주요 가스의 공기 중 연소범위(1atm, 상온에서)

가스명	화학식	하한계(%)	상한계(%)
아세틸렌	C_2H_2	2.5	81
수소	H_2	4	75
일산화탄소	CO	12.5	74.2
암모니아	NH_3	15	28
메틸알콜	CH_3OH	7.3	36.0
메탄	CH_4	5	15
에탄	C_2H_6	3.0	12.5
프로판	C_3H_8	2.1	9.5
부탄	C_4H_{10}	1.8	8.4
에틸	C_2H_4	2.7	36

해답 ④

06 화재에 관한 설명으로 옳은 것은?

① PVC저장창고에서 발생한 화재는 D급화재이다.
② PVC저장창고에서 발생한 화재는 B급화재이다.
③ 연소의 색상과 온도와의 관계를 고려할 때 일반적으로 암적색보다는 휘적색의 온도가 높다.
④ 연소의 색상과 온도와의 관계를 고려할 때 일반적으로 휘백색보다는 휘적색의 온도가 높다.

해설 ① PVC저장창고 화재-A급(일반)화재
② PVC저장창고 화재-A급(일반)화재
③ 암적색(700℃) 휘적색(950℃)
④ 휘백색(1500℃) 휘적색(950℃)

불꽃의 색과 온도

색	담암적색	암적색	적색	황색	황적색	백적색	휘백색
온도(℃)	500	700	850	1050	1100	1300	1500

해답 ③

07 Halon1301의 화학기호로 옳은 것은?

① $CBrF_3$ ② $CClBr$
③ CF_2ClBr ④ $C_2Br_2F_4$

해설 할론약제 명명법
할론 ⓐ ⓑ ⓒ ⓓ
ⓐ-C원자수 ⓑ-F원자수
ⓒ-Cl원자수 ⓓ-Br원자수

할론약제의 분자식 및 상태

종류	할론 2402	할론 1211	할론 1301	할론 1011
분자식	$C_2F_4Br_2$	CF_2ClBr	CF_3Br	CH_2ClBr
상태	액체	액체	기체	기체	액체

해답 ①

08 물체의 표면온도가 250℃에서 650℃로 상승하면 열복사량은 약 몇 배 정도 상승하는가?

① 2.5 ② 5.7
③ 7.5 ④ 9.7

해설 스테판-볼츠만의 법칙
$$Q = aAF(T_1^4 - T_2^4)$$
열복사량은 복사체의 절대온도 4제곱의 차에 비례하고 열전달면적에 비례한다.

여기서, Q : 복사열(kcal/hr)
a : 스테판-볼츠만 상수
A : 단면적
F : 기하학적 Factor(상수)
T_1 : 고온물체의 절대온도(273+t℃)K
T_2 : 저온물체의 절대온도(273+t℃)K

$$Q = \frac{Q_2}{Q_1} = \frac{T_2^4}{T_1^4} = \frac{(273+650)^4}{(273+250)^4} \fallingdotseq 9.7$$

해답 ④

09 물질의 연소시 산소 공급원이 될 수 없는 것은?

① 탄화칼슘 ② 과산화나트륨
③ 질산나트륨 ④ 압축공기

해설 ① 탄화칼슘(CaC_2)-제3류-금수성
② 과산화나트륨(Na_2O_2)-제1류-무기과산화물-산화성고체
③ 질산나트륨($NaNO_3$)-제1류-질산염류-산화

성고체
④ 압축공기(O_2)

해답 ①

10 LNG와 LPG에 대한 설명으로 틀린 것은?

① LNG는 증기비중은 1보다 크기 때문에 유출되면 바닥에 가라앉는다.
② LNG의 주성분은 메탄이고, LPG의 주성분은 프로판이다.
③ LPG는 원래 냄새가 없으나 누설시 쉽게 알 수 있도록 부취제를 넣는다.
④ LNG는 Liquefied Natural Gas의 약자이다.

해설 액화석유가스(LPG)
① Liquefied Petroleum Gas의 약자이다
② 주성분은 프로판(C_3H_8) 및 부탄(C_4H_{10}) 이다.
③ 증기는 공기보다 무겁다.(1.5배~2배)
④ 무색 및 무취이나 누출시 쉽게 감지할 수 있도록 부취제를 첨가한다.
⑤ 물에는 녹지 않고 유기용매에 용해된다.

액화천연가스(LNG)
① Liquefied Natural Gas의 약자이다
② 주성분은 메탄(CH_4) 이다.
③ 증기는 공기보다 가볍다.(0.56배)

해답 ①

11 담홍색으로 착색된 분말소화약제의 주성분은?

① 황산알루미늄　　② 탄산수소나트륨
③ 제1인산암모늄　　④ 과산화나트륨

해설 분말약제의 주성분 및 착색★★★★(필수암기)

종별	주성분	약제명	착색	적응화재
제1종	$NaHCO_3$	탄산수소나트륨 중탄산나트륨 중조	백색	B,C
제2종	$KHCO_3$	탄산수소칼륨 중탄산칼륨	담회색	B,C
제3종	$NH_4H_2PO_4$	제1인산암모늄	담홍색 (핑크색)	A,B,C
제4종	$KHCO_3+$ $(NH_2)_2CO$	탄산수소칼륨 +요소	회색 (쥐색)	B,C

해답 ③

12 건물의 주요구조부에 해당되지 않는 것은?

① 바닥　　② 천장
③ 기둥　　④ 주계단

해설 건축물의 주요 구조부
① 내력벽　② 기둥　③ 바닥
④ 보　⑤ 지붕틀　⑥ 주계단
(어두문자 암기법 : 내주기만하면 바보지)

해답 ②

13 다음 중 인화성 액체의 발화원으로 가장 거리가 먼 것은?

① 전기불꽃　　② 냉매
③ 마찰스파크　　④ 화염

해설 ② 냉매 : 냉동기 등에서, 저온 물체로부터 고온 물체로 열을 끌어가는 매체. 프레온, 암모니아, 이산화황, 염화메틸 등이 있다.

열에너지원의 종류

에너지	종류
화학 에너지	연소열, 분해열, 용해열, 반응열, 자연발화
전기 에너지	저항가열, 유도가열, 유전가열, 아크가열, 정전스파크, 낙뢰
기계적 에너지	마찰열, 압축열, 충격스파크
원자력 에너지	핵분열, 핵융합

해답 ②

14 열경화성 플라스틱에 해당하는 것은?

① 폴리에틸렌　　② 염화비닐수지
③ 페놀수지　　④ 포리스티렌

해설 열가소성수지와 열경화성수지
① **열가소성 수지** : 열을 가하면 변형되는 것
[예] 플라스틱, 폴리에틸렌(PE), 폴리프로필렌(PP), 폴리스틸렌(PS), 폴리염화비닐(PVC)
② **열경화성 수지** : 열을 가하면 굳어지는 것
[예] 페놀수지, 베이클라이트, 요소수지, 메라민수지)

해답 ③

15 방화구조에 대한 기준으로 틀린 것은?

① 철망모르타르로서 그 바름두께가 2cm 이상인 것
② 석고판 위에 시멘트모르타르를 바른 것으로서 그 두께의 합계가 2.5cm 이상인 것
③ 시멘트모르타르 위에 타일을 붙인 것으로서 그 두께의 합계가 2cm 이상인 것
④ 심벽에 흙으로 맞벽치기 한 것

해설 방화구조 기준

구조 내용	기 준
• 철망 모르타르	바름 두께가 2cm 이상
• 석고판 위에 시멘트 모르타르 또는 회반죽 • 시멘트 모르타르위에 타일을 붙인 것	두께의 합계가 2.5cm 이상
• 심벽에 흙으로 맞벽치기한 것 • 방화 2급 이상에 해당하는 것	그대로 모두 인정

해답 ③

16 발화온도 500℃에 대한 설명으로 다음 중 가장 옳은 것은?

① 500℃로 가열하면 산소 공급없이 인화한다.
② 500℃로 가열하면 공기 중에서 스스로 타기 시작한다.
③ 500℃로 가열하여도 점화원이 없으면 타지 않는다.
④ 500℃로 가열하면 마찰열에 의하여 연소한다.

해설 연소점 : 가연물이 연소를 계속할 수 있는 최저온도
인화점 : 가연물을 가열시 점화원의 존재하에 점화가 되는 최저온도
발화점(착화점) : 가연물을 가열시 점화원 없이 연소가 시작되는 최저온도

해답 ②

17 다음 중 플래시 오버(flash over)를 가장 옳게 설명한 것은?

① 도시가스의 폭발적 연소를 말한다.
② 휘발유 등 가연성 액체가 넓게 흘러서 발화한 상태를 말한다.
③ 옥내화재가 서서히 진행하여 열 및 가연성 기체가 축적되었다가 일시에 연소하여 화염이 크게 발생하는 상태를 말한다.
④ 화재층의 불이 상부층으로 올라가는 현상을 말한다.

해설 ① 플래쉬 오버(flash over)현상
  ㉠ 폭발적인 착화현상
  ㉡ 폭발적인 연소현상
  ㉢ 급격한 화염의 확대현상
  ㉣ 급격한 화재의 확대현상
② 플래쉬 오버의 발생시각
  ㉠ 개구율(개구부 크기) : 클수록 빠르다.
  ㉡ 내장재료 : 가연성일수록 빠르다
  ㉢ 화원의 크기 : 클수록 빠르다.
  ㉣ 열전도율 : 작을수록 빠르다.
  ㉤ 내장재료의 두께 : 얇을수록 빠르다.
  ㉥ 가연물의 표면적 : 넓을수록 빠르다.
  ㉦ 온도 : 높을수록 빠르다.
  ㉧ 압력 : 높을수록 빠르다.
  ㉨ 연소속도 : 빠를수록 빠르다.
  ㉩ 화재하중 : 클수록 빠르다.

해답 ③

18 1기압, 100℃에서의 물 1g의 기화잠열은 약 몇 cal인가?

① 425 ② 539
③ 647 ④ 734

해설 물의 기화잠열(기화열)
100℃ 물(액체) 1kg이 1기압 100℃ 수증기(기체)로 변화하는데 필요한 열량(kcal/kg)

얼음의 융해잠열(융해열)
0℃ 얼음(고체) 1kg이 1기압 0℃ 물(액체)로 변화하는데 필요한 열량(kcal/kg)

• 물의 기화잠열 : 539kcal/kg • 1cal = 4.184J
• 얼음의 융해잠열 : 80kcal/kg • 1kcal = 4.184kJ

해답 ②

19 화재발생시 주수소화를 할 수 없는 물질은?

① 부틸리튬
② 질산에틸
③ 나이트로셀룰로오스
④ 적린

해설 부틸리튬(C_4H_9Li)
물과 접촉 시 ⇒ 수소가스 발생
① 부틸리튬(C_4H_9Li)-제3류-금수성
② 질산에틸($C_2H_5NO_3$)-제5류-자기반응성
③ 나이트로셀룰로오스-제5류-자기반응성
④ 적린(P)-제2류-가연성고체

해답 ①

20 이산화탄소의 물성으로 옳은 것은?

① 임계온도 : 31.35℃, 증기비중 : 0.529
② 임계온도 : 31.35℃, 증기비중 : 1.529
③ 임계온도 : 0.35℃, 증기비중 : 1.529
④ 임계온도 : 0.35℃, 증기비중 : 0.529

해설 CO_2의 물리적 성질
① 무색, 무취이다
② 임계온도 : 31.35℃
③ 증기비중은 1.52로 공기보다 무겁다.
④ 비전도성이므로 전기화재에 적합하다.
⑤ 허용농도 : 0.5% (5000ppm)
⑥ 삼중점 : 압력 0.53MPa, 온도 -56.3℃에서 고체, 액체, 기체가 공존
⑦ 호흡곤란 : 6% 이상

해답 ②

제2과목 소방유체역학

21 진공압력이 40mmHg일 경우 절대압력은 약 몇 kPa인가? (단, 대기압은 101.3kPa이고 수은의 비중은 13.6이다.)

① 53
② 96
③ 106
④ 196

해설 절대압의 계산
절대압 = 국소 대기압 + 게이지압(계기압)
절대압 = 국소 대기압 - 진공압

$P_a = 101.3\text{kPa} - 40\text{mmHg} \times \dfrac{101.3\text{kPa}}{760\text{mmHg}}$
$= 95.96\text{kPa}$

해답 ②

22 경사마노미터의 눈금이 38mm일 때 압력 P를 계기압력으로 표시하면?

① 15.2Pa
② 149Pa
③ 186Pa
④ 298Pa

해설 경사액주계의 압력

$P = S \times \gamma_w \times H(h \times \sin\theta)$

여기서, P : 압력(N/m^2, Pa)
S : 비중
γ_w : 물 비중량(N/m^3)
h : 액주계가 상승한 길이(m)
θ : 경사각도

① 38mm = 0.038m
② $P = 0.8 \times 9800\text{N/m}^3 \times (0.038\text{m} \times \sin30°)$
$= 148.96\text{N/m}^2(\text{Pa})$

해답 ②

23 다음 관 유동에 대한 일반적인 설명 중 올바른 것은?

① 관의 마찰손실은 유속의 제곱에 반비례한다.
② 관의 부차적 손실은 주로 관벽과의 마찰에 의해 발생한다.
③ 돌연확대관의 손실수두는 속도수두에 비

례한다.
④ 부차적 손실수두는 압력의 제곱에 비례한다.

해설 배관의 축소 및 확대손실
① 관의 돌연축소
$$\Delta H_L(\text{m}) = K\frac{u_2^2}{2g}$$

② 관의 돌연확대
$$\Delta H_L(\text{m}) = \frac{(u_1 - u_2)^2}{2g} = K\frac{u_1^2}{2g}$$

해답 ③

24 어떤 펌프의 회전수와 유량이 각각 10%와 20%늘어났을 때 원래 펌프와 기하학적으로 상사한 펌프가 되려면 지름은 얼마나 늘어나야 하는가?

① 1.5% ② 2.9%
③ 5.0% ④ 7.1%

해설 펌프의 상사법칙
① 유량 $Q_2 = Q_1 \times \left(\frac{N_2}{N_1}\right) \times \left(\frac{D_2}{D_1}\right)^3$
② 양정(압력) $H_2 = H_1 \times \left(\frac{N_2}{N_1}\right)^2 \times \left(\frac{D_2}{D_1}\right)^2$
③ 동력 $P_2 = P_1 \times \left(\frac{N_2}{N_1}\right)^3 \times \left(\frac{D_2}{D_1}\right)^5$

① $Q_1 = 100\% = 1$일 때 $Q_2 = 20\%$상승 $= 1.2$
② $\frac{N_2}{N_1} = 10\%$상승 $= 1.1$
③ $1.2 = 1 \times 1.1 \times \left(\frac{D_2}{1}\right)^3$
④ $D_2^3 = \frac{1.2}{1 \times 1.1}$
⑤ $D_2 = \left(\frac{1.2}{1 \times 1.1}\right)^{\frac{1}{3}} = 1.0294 = 102.94\%$
⑥ 늘어나야 하는 지름
  $D_2(\%) = 102.94\% - 100\% = 2.94\%$

해답 ②

25 직경이 150mm인 배관을 통해 8m/s의 속도로 흐르는 물의 유량은 약 몇 m³/min인가?

① 0.14 ② 8.48
③ 33.9 ④ 42.4

해설 유량
$$Q = uA = u \times \frac{\pi}{4} \times d^2$$

① $d = 150\text{mm} = 0.15\text{m}$
② $u = 8\text{m/s}$
③ $Q = 8 \times \frac{\pi}{4} \times 0.15^2 = 0.1414\text{m}^3/\text{s}$
  $= 8.48\text{m}^3/\text{min}$

해답 ②

26 천이구역에서의 관마찰계수 f는?

① 언제나 레이놀즈수만의 함수가 된다.
② 상대조도와 오일러수의 함수가 된다.
③ 마하수와 코우시수의 함수가 된다.
④ 레이놀즈수와 상대조도의 함수가 된다.

해설 관 마찰계수(f)
① 층류 : 상대조도와 전혀 관계없이 레이놀드수만의 함수
② 임계영역(전이영역) : 상대조도와 레이놀드수의 함수
③ 난류 : 상대조도와 전혀 관계없이 레이놀드수에 따라서 결정되는 영역

해답 ④

27 물통에서 유출하는 물의 속도를 v라 하고, 동압을 P라하면, v와 P의 관계는?

① $v^2 \propto P$ ② $v \propto P^2$
③ $v \propto 1/P$ ④ $v \propto 1/P^2$

해설 속도수두
$$h = \frac{V^2}{2g} \qquad \frac{P}{\gamma} = \frac{V^2}{2g}$$

압력은 속도의 제곱에 비례한다.
$V^2 \propto P$

해답 ①

28 아래 그림과 같은 폭이 3m인 곡면의 수문 AB가 받는 수평분력은 약 몇 N인가?

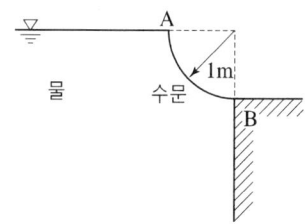

① 7350　　② 14700
③ 23079　　④ 29400

해설 수평분력
$$F_H = \gamma \bar{h} A$$
수직분력
$$F_V = \gamma V$$

① γ_W(물) $= 9800\text{N/m}^3$
② $\bar{h} = \dfrac{1\text{m}}{2} = 0.5\text{m}$
③ $A = 1\text{m} \times 3\text{m} = 3\text{m}^2$
④ $F_H = 9800 \times 0.5 \times 3 = 14700\text{N}$

해답 ②

29 점성계수가 0.9poise이고 밀도가 950kg/m³인 유체의 동점성 계수는 몇 stokes인가?

① 9.47×10^{-2}　　② 9.47×10^{-4}
③ 9.47×10^{-1}　　④ 9.47×10^{-3}

해설 동점성계수
$$v = \dfrac{\mu}{\rho}$$
여기서, v : 동점성계수(m²/s), ρ : 밀도(kg/m³)
μ : 점성계수(N·s/m² = kg/m·s)

① 0.9Poise = 0.9g/cm·s
  = 0.09kg/m·s
② $v = \dfrac{\mu}{\rho} = \dfrac{0.09}{950} = 9.47 \times 10^{-5}\text{m}^2/\text{s}$
③ stokes = cm²/s
④ $v = 9.47 \times 10^{-5}\text{m}^2/\text{s} = 9.47 \times 10^{-1}\text{cm}^2/\text{s}$

해답 ③

30 피스톤-실린더로 구성된 용기 안에 온도 638.5K, 압력 1372kPa 상태의 공기(이상 기체)가 들어 있다. 정적과정으로 이 시스템을 가열하여 최종 온도가 1200K가 되었다. 공기의 최종 압력은 약 몇 kPa인가?

① 730　　② 1372
③ 1730　　④ 2579

해설 이상기체의 정적과정
$$\dfrac{T_1}{P_1} = \dfrac{T_2}{P_2}$$

① $\dfrac{638.5}{1372} = \dfrac{1200}{P_2}$
② $P_2 = \dfrac{1200 \times 1372}{638.5} = 2579\text{kPa}$

해답 ④

31 다음은 펌프에서의 공동현상(cavitation)에 대한 일반적인 설명이다. 항목 중에서 올바르게 설명한 것을 모두 고른 것은?

> ① 액체의 온도가 높아지면 공동현상이 일어나기 쉽다.
> ② 흡입양정을 작게 하는 것은 공동현상 방지에 효과가 있다.
> ③ 공동현상은 유체 내의 국소압력이 포화증기압 이상일 때 일어난다.

① ①　　② ①, ②
③ ②, ③　　④ ①, ②, ③

해설 공동현상 발생원인
① 펌프의 흡입측 수두가 클 경우
② 펌프의 마찰손실이 과대한 경우
③ 펌프의 임펠러 속도가 클 경우
④ 펌프의 흡입관경이 작을 경우
⑤ 펌프의 설치위치가 수원보다 높은 경우
⑥ 펌프의 흡입압력이 유체의 증기압보다 낮은 경우
⑦ 유체의 온도가 고온일 경우

공동현상 방지대책
① 펌프의 설치위치를 수원보다 낮게 설치
② 펌프의 임펠러속도를 감속한다.

③ 펌프의 흡입측 수두 및 마찰손실을 작게 한다.
④ 펌프의 흡입관경을 크게 한다.
⑤ 양 흡입 펌프를 사용한다.

해답 ②

32 출구 단면적이 0.02m^{2}인 수평 노즐을 통하여 물이 수평방향으로 8m/s의 속도로 노즐 출구에 놓여있는 수직 평판에 분사될 때 평판에 작용하는 힘은 몇 N인가?

① 80   ② 1280
③ 2560   ④ 12544

해설 평판에 작용하는 힘

$$F = \rho Q V$$

① $Q = VA$ 이므로
② $F = \rho QV = \rho AV^2$
③ $F = 1000 \times 0.02 \times 8^2 = 1280 \text{kg} \cdot \text{m/s}^2 (\text{N})$

해답 ②

33 물체의 표면 온도가 100℃에서 400℃로 상승하였을 때 물체 표면에서 방출하는 복사에너지는 약 몇 배가 되겠는가? (단, 물체의 방사율은 일정하다고 가정한다.)

① 2   ② 4
③ 10.6   ④ 256

해설 스테판-볼츠만의 법칙
복사열은 절대온도 4제곱의 차 및 단면적에 비례

$$Q = aAF(T_1^4 - T_2^4)$$

여기서, Q : 복사열(kcal/hr)
a : 스테판-볼츠만의 상수
A : 단면적
F : 기하학적 Factor(상수)
T_1 : 고온물체의 절대온도(273 + t℃)K
T_2 : 저온물체의 절대온도(273 + t℃)K

$$Q = \left(\frac{T_2}{T_1}\right)^4 = \left(\frac{273+400}{273+100}\right)^4 = 10.6\text{배}$$

해답 ③

34 배연설비의 배관을 흐르는 공기의 유속을 피토 정압관으로 측정할 때 정압단과 정체압단에 연결된 U자관의 수은기둥 높이 차가 0.03m이었다. 이 때 공기의 속도는 약 몇 m/s인가? (단, 공기의 비중은 0.00122, 수은의 비중 13.6이다.)

① 81   ② 86
③ 91   ④ 96

해설 풍도에서 유속

$$u = \sqrt{2gR\left(\frac{S_0}{S} - 1\right)}$$

여기서, u : 유속(m/s)
g : 중력가속도(9.8m/s^2)
R : 마노미터 읽음(m)
S_0 : 마노미터 유체의 비중
S : 풍도속 유체의 비중

$$u = \sqrt{2 \times 9.8 \times 0.03 \times \left(\frac{13.6}{0.00122} - 1\right)} = 81\text{m/s}$$

해답 ①

35 비중 0.8, 점성계수가 0.03kg/m·s인 기름이 안지름 450mm의 파이프를 통하여 0.3m^3/s의 유량으로 흐를 때 레이놀즈수는? (단, 물의 밀도는 1000kg/m^{3}이다.)

① 5.66×10^4 ② 2.26×10^4
③ 2.83×10^4 ④ 9.04×10^4

해설 레이놀즈수(Reynold Number : ReNo)

$$ReNo = \frac{Du\rho}{\mu} = \frac{Du}{\nu} = \frac{4Q}{\pi D\nu}$$

여기서, D : 내경(m), u : 유속(m/s)
ρ : 밀도(kg/m^3)
μ : 점성계수(N·s/m^2 = kg/m·s)
ν : 동점성계수(m^2/s)

① $D = 450\text{mm} = 0.45\text{m}$
② $u = \dfrac{0.3}{\dfrac{\pi}{4} \times 0.45^2} = 1.89\text{m/s}$
③ $\rho = 0.8 \times 1000 = 800\text{kg/m}^3$

④ $ReNo = \dfrac{0.45 \times 1.89 \times 800}{0.03}$
$= 22680 = 2.268 \times 10^4$

해답 ②

36 어떤 정지 유체의 비중량이 깊이의 2차 함수로 주어진다면 압력분포는 깊이의 몇 차 함수인가?

① 0(일정)　② 1
③ 2　④ 3

해설
① 비중량(γ)이 깊이(h)의 2차 함수
$\gamma = ah^2 + bh + c$
② 압력분포(P)와 깊이(h)의 함수
$P = \rho g h = \gamma h$
$P = (ah^2 + bh + c)h$
$= ah^3 + bh^2 + ch$
∴ 3차 함수

해답 ④

37 동일한 유체의 물성치로 볼 수 없는 것은?

① 밀도 $1.5 \times 10^3 \text{kg/m}^3$
② 비중 1.5
③ 비중량 $1.47 \times 10^4 \text{N/m}^3$
④ 비체적 $6.67 \times 10^{-3} \text{m}^3/\text{kg}$

해설
① $\rho = 1.5 \times 10^3 \text{kg/m}^3$
② $S = \dfrac{\rho}{\rho_w} = \dfrac{1.5 \times 10^3 \text{kg/m}^3}{1000 \text{kg/m}^3} = 1.5$
③ $\gamma = 1.5 \times 10^3 \text{kgf/m}^3 \times \dfrac{9.8\text{N}}{1 \text{kgf}}$
$= 1.47 \times 10^4 \text{N/m}^3$
④ $V_s = \dfrac{1 \text{m}^3}{1.5 \times 10^3 \text{kg}} = 6.67 \times 10^{-4} \text{m}^3/\text{kg}$

해답 ④

38 효율이 50%인 펌프를 이용하여 저수지의 물을 1초에 10L씩 30m 위쪽에 있는 논으로 퍼올리는데 필요한 동력은 약 몇 kW인가?

① 10.0　② 20.0
③ 2.94　④ 5.88

해설 펌프의 동력

$$P(\text{kW}) = \dfrac{\gamma Q H}{E} K$$

여기서, γ : 비중량(kN/m^3, 물 비중량 $= 9.8 \text{kN/m}^3$)
Q : 유량(m^3/s)
H : 전양정(m)
E : 펌프의 효율(%/100)
K : 전달계수

① $Q = 10\text{L/s} = 0.01 \text{m}^3/\text{s}$, $H = 30\text{m}$
② $P = \dfrac{9.8 \times 0.01 \times 30}{0.5} = 5.88 \text{kW}$

해답 ④

39 역 Carnot사이클로 작동하는 냉동기가 300K의 고온열원과 250K의 저온 열원 사이에서 작동할 때 이 냉동기의 성능계수는 얼마인가?

① 2　② 3
③ 5　④ 6

해설 냉동기의 성능계수

$$K = \dfrac{T_2}{T_1 - T_2}$$

$K = \dfrac{250K}{300K - 250K} = 5$

해답 ③

40 다음 중 열역학 1,2법칙과 관련하여 틀린 것을 모두 고른 것은?

① 단열과정에서 시스템의 엔트로피는 변하지 않는다.
② 일을 100% 열로 변환시킬 수 있다.
③ 일을 가하면 저온부로부터 고온부로 열을 이동시킬 수 있다.
④ 사이클 과정에서 시스템(계)이 한 총 일은 시스템이 받은 총 열량과 같다.

① ①　② ①, ②
③ ②, ④　④ ③, ④

해설 **열역학 법칙**
① 열역학 제0법칙(열의 평형법칙)
   열평형상태에 있는 물체의 온도는 같다.
   (온도계의 원리)
② 열역학 제1법칙(에너지보존의 법칙)
   ㉠ 열과 일은 서로 교환이 가능하다.
   ㉡ 열전달의 총합은 이루어진 일의 총합과 같다.
③ 열역학 제2법칙
   ㉠ 열은 스스로 저온에서 고온으로 이동 불가
   ㉡ 효율이 100%인 열기관은 없다.
   ㉢ 자발적인 반응은 비가역적이다.
   ㉣ 엔트로피는 증가하는 쪽으로 흐른다.

해답 ①

제3과목   소방관계법규

41 특정소방대상물의 소방시설 설치의 면제기준 중 다음( ) 안에 알맞은 것은?

> 비상경보설비 또는 단독경보형 감지기를 설치하여야 하는 특정소방대상물에 ( )를 화재안전기술기준에 적합하게 설치한 경우에는 그 설비의 유효범위에서 설치가 면제된다.

① 자동화재탐지설비 ② 스프링클러설비
③ 비상조명등 ④ 무선통신보조설비

해설 특정소방대상물의 소방시설 설치의 면제기준

설치가 면제되는 소방시설	설치면제 요건
① 스프링클러설비	• 자동소화장치, 물분무등소화설비
② 물분무등소화설비	• 차고·주차장에 스프링클러설비
③ 간이스프링클러설비	• 스프링클러설비, 물분무소화설비 또는 미분무소화설비
④ 비상경보설비 또는 단독경보형감지기	• 자동화재탐지설비, 화재알림설비
⑤ 비상경보설비	• 단독경보형감지기를 2개 이상

해답 ①

42 소방대상물에 대한 소방특별조사결과 화재가 발생되면 인명 또는 재산의 피해가 클 것으로 예상 되는 경우 소방본부장 또는 소방서장이 소방대상물 관계인에게 조치를 명 할 수 있는 사항과 가장 거리가 먼 것은?

① 이전명령   ② 개수명령
③ 사용금지명령   ④ 증축명령

해설 (화재예방법 제14조)
화재안전조사 결과에 따른 조치명령
소방관서장은 행정안전부령으로 정하는 바에 따라 관계인에게 그 소방대상물의 개수·이전·제거, 사용의 금지 또는 제한, 사용폐쇄, 공사의 정지 또는 중지, 그 밖에 필요한 조치를 명할 수 있다.

소방관서장
① 소방청장   ② 소방본부장   ③ 소방서장

해답 ④

43 스프링클러설비를 설치하여야 할 대상의 기준으로 옳지 않은 것은?

① 문화집회 및 운동시설로서 수용인원이 100인 이상인 것
② 판매시설 및 물류터미널로서 층수가 3층 이하인 건축물로서 바닥면적 합계가 6000m² 이상인 것
③ 숙박이 가능한 수련시설로서 해당용도로 사용되는 바닥면적의 합계 600m² 이상인 모든 층
④ 지하상가로서 연면적 800m² 이상인 것

해설 (소방시설법 시행령 제11조의 별표 4)
스프링클러설비 설치대상 ★★★
(1) 문화 및 집회시설, 종교시설, 운동시설
   ① 수용인원이 100명 이상인 것
   ② 영화상영관의 용도로 쓰이는 층의 바닥면적이 지하층 또는 무창층인 경우에는 500m² 이상, 그 밖의 층의 경우에는 1천m² 이상인 것
   ③ 무대부가 지하층·무창층 또는 4층 이상의 층에 있는 경우에는 무대부의 면적이 300m² 이상인 것

④ 무대부가 ③ 외의 층에 있는 경우에는 무대부의 면적이 500m² 이상인 것
(2) 판매시설, 운수시설 및 창고시설로서 바닥면적의 합계가 5천m² 이상이거나 수용인원이 500명 이상인 경우에는 모든 층
(3) 층수가 6층 이상인 경우에는 모든 층
(4) 다음의 어느 하나에 해당하는 용도로 사용되는 시설의 바닥면적의 합계가 600m² 이상인 것은 모든 층
  ① 근린생활시설 중 조산원 및 산후조리원
  ② 의료시설 중 정신의료기관
  ③ 의료시설 중 종합병원, 병원, 치과병원, 한방병원 및 요양병원
  ④ 노유자시설
  ⑤ 숙박이 가능한 수련시설
  ⑥ 숙박시설
(5) 창고시설(물류터미널은 제외)로서 바닥면적 합계가 5천m² 이상인 경우에는 모든 층
(6) 지하층·무창층 또는 층수가 4층 이상인 층으로서 바닥면적이 1천m² 이상인 층

해답 ④

44 위험물을 취급함에 있어서 정전기가 발생할 우려가 있는 설비는 공기 중의 상대습도를 몇 [%] 이상으로 하는 방법으로 정전기를 유효하게 제거할 수 있는 설비를 설치하여야 하는가?

① 30[%]   ② 60[%]
③ 70[%]   ④ 90[%]

해설 정전기 방지대책
① 접지와 본딩
② 공기를 이온화
③ 상대습도 70% 이상 유지
④ 도체물질을 사용

해답 ③

45 다음은 특정소방대상물 중 의료시설에 해당 되지 않는 것은?

① 마약진료소
② 노인의료복지시설
③ 장애인 의료재활시설

④ 한방병원

해설 ② 노인의료복지시설-노유자시설

의료시설
① 병원 : 종합병원, 병원, 치과병원, 한방병원, 요양병원
② 격리병원 : 전염병원, 마약진료소
③ 정신의료기관
④ 장애인 의료재활시설

해답 ②

46 소방안전관리자를 두어야 하는 특정소방대상물로서 1급 소방안전관리대상물에 해당하는 것은?

① 자동화재탐지설비를 설치하는 연면적 10000m²인 소방대상물
② 전력용 또는 통신용 지하구
③ 스프링클러를 설치하는 연면적 3000m²인 소방대상물
④ 가연성 가스를 1천톤 이상 저장·취급하는 시설

해설 소방안전관리자를 두어야 하는 특정소방대상물
(1) 특급 소방안전관리대상물
  ① 50층 이상(지하층 제외) 이거나 지상 200m 이상 **아파트**
  ② 30층 이상(지하층 포함) 이거나 지상 120m 이상(**아파트 제외**)
  ③ 연면적 10만m² 이상(**아파트 제외**)
(2) 1급 소방안전관리대상물
  ① 30층 이상(지하층 제외) 이거나 지상 120m 이상 **아파트**
  ② 연면적 1만5천m² 이상(아파트 및 연립주택 제외)
  ③ 층수가 11층 이상(아파트 제외)
  ④ 가연성가스 1천톤 이상 저장·취급 시설
(3) 2급 소방안전관리대상물
  ① 옥내, 스프링, 물분무등(호스릴방식 제외) 설치대상
  ② 가연성 가스 100톤 이상 1천톤 미만
  ③ 지하구
  ④ 공동주택
  ⑤ 보물 또는 국보로 지정된 목조건축물

(4) 3급 소방안전관리대상물
   간이스프링클러설비 또는 자동화재탐지설비 설치대상

해답 ④

47 규정에 의한 지정수량 10배 이상의 위험물을 저장 또는 취급하는 제조소 등에 설치하는 경보설비로 옳지 않은 것은?

① 자동화재탐지설비 ② 자동화재속보설비
③ 비상경보설비   ④ 확성장치

해설 경보설비-지정수량의 10배 이상
① 자동화재탐지설비 ② 비상경보설비
③ 확성장치   ④ 비상방송설비

해답 ②

48 소방안전관리대상물의 소방안전관리자로 선임된 자가 실시하여야 할 업무가 아닌 것은?

① 소방계획의 작성   ② 자위소방대의 조직
③ 소방시설 공사   ④ 소방훈련 및 교육

해설 (화재예방법 제24조)
소방안전관리자 업무
(1) **소방계획서**의 작성 및 시행
(2) **자위소방대** 및 초기대응체계의 **구성 · 운영 · 교육**
(3) 피난시설, 방화구획 및 **방화시설 관리**
(4) **소방시설, 소방 관련 시설의 관리**
(5) **소방훈련 및 교육**
(6) 화기 취급의 감독
(7) 소방안전관리에 관한 **업무수행 기록 · 유지**
(8) 화재발생 시 초기대응
(9) 소방안전관리에 **필요한 업무**

해답 ③

49 소방안전교육사는 누가 실시하는 시험에 합격하여야 하는가?

① 소방청장
② 안전행정부장관
③ 소방본부장 또는 소방서장
④ 시 · 도지사

해설 (기본법 제17조의2) 소방안전교육사
① 소방청장은 시험에 합격한 사람에게 소방안전교육사 자격을 부여한다.
② 소방안전교육사는 소방안전교육의 기획 · 진행 · 분석 · 평가 및 교수업무를 수행한다.
③ 소방안전교육사 시험의 응시자격, 시험방법, 시험과목, 시험위원, 그 밖에 소방안전교육사 시험의 실시에 필요한 사항은 대통령령으로 정한다.

해답 ①

50 소방시설관리업의 기술인력으로 등록된 소방기술자가 받아야 하는 실무교육의 주기 및 회수는?

① 매년 1회 이상   ② 매년 2회 이상
③ 2년마다 1회 이상 ④ 3년마다 1회 이상

해설 (공사업법 시행규칙 제26조)소방기술자의 실무교육
(1) 소방기술자는 실무교육을 2년마다 1회 이상 받아야 한다.
(2) 소방기술자 실무교육에 관한 업무를 위탁받은 한국소방안전원의 장은 소방기술자에 대한 실무교육을 실시하려면 교육일정 등 교육에 필요한 계획을 수립하여 소방청장에게 보고한 후 교육실시 10일전까지 교육대상자에게 알려야 한다.

해답 ③

51 원활한 소방활동을 위하여 소방용수시설에 대한 조사를 실시하는 사람은?

① 소방청장
② 시 · 도지사
③ 소방본부장 또는 소방서장
④ 안전행정부장관

해설 (기본법 시행규칙 제7조) 소방용수시설 및 지리조사
(1) 실시권자 : 소방본부장 또는 소방서장
(2) 조사주기 : 월 1회 이상
(3) 조사내용
   ① 소방용수시설에 대한 조사

② 도로의 폭, 교통상황, 도로변의 토지의 고저, 건축물의 개황 그 밖의 소방활동에 필요한 지리조사
(4) 조사결과 보관 : 2년간

해답 ③

52 소방관서장은 화재예방강화지구 안의 관계인에 대하여 소방상 필요한 훈련 및 교육을 실시하고자 하는 때에는 관계인에게 몇 일전까지 그 사실을 통보하여야 하는가?

① 5일 ② 10일
③ 15일 ④ 20일

해설 화재예방강화지구의 지정 등(화재예방법 제18조)
(1) 지정권자 : 시·도지사
(2) 화재안전조사 : 소방관서장
(3) 화재안전조사 실시주기 : 연1회 이상
(4) 소방훈련과 교육 : 연1회 이상
(5) 훈련 및 교육통보 : 10일 전 까지

화재예방강화지구의 지정대상지역 ★★필수암기★★
① 시장지역
② 공장·창고가 밀집한 지역
③ 목조건물이 밀집한 지역
④ 노후·불량건축물이 밀집한 지역
⑤ 위험물의 저장 및 처리시설이 밀집한 지역
⑥ 석유화학제품을 생산하는 공장이 있는 지역
⑦ 산업단지
⑧ 소방시설·소방용수시설 또는 소방 출동로가 없는 지역
⑨ 물류단지
⑩ 소방관서장이 화재예방강화지구로 인정하는 지역

해답 ②

53 방염대상물품에 해당되지 않는 것은?

① 창문에 설치하는 블라인드
② 두께가 2mm 미만인 종이벽지
③ 카펫
④ 전시용 합판 또는 섬유판

해설 (소방시설법 시행령 제30조)
방염성능기준 이상의 실내장식물 설치대상
(1) 근린생활시설 중 의원, 치과의원, 한의원, 조산원, 산후조리원, 체력단련장, 공연장 및 종교집회장

(2) 건축물의 옥내에 있는 시설
① 문화 및 집회시설
② 종교시설
③ 운동시설(수영장은 제외)
(3) 의료시설
(4) 교육연구시설 중 합숙소
(5) 노유자시설
(6) 숙박이 가능한 수련시설
(7) 숙박시설
(8) 방송통신시설 중 방송국 및 촬영소
(9) 다중이용업소
⑩ 층수가 11층 이상인 것(아파트 등은 제외)

(소방시설법 시행령 제31조)
방염대상물품 및 방염성능기준
(1) 제조 또는 가공 공정에서 방염 처리하여야 하는 물품
① 창문에 설치하는 커튼류(블라인드 포함)
② 카펫
③ 벽지류(두께가 2mm 미만 종이벽지 제외)
④ 전시용 합판·목재 또는 섬유판, 무대용 합판·목재 또는 섬유판(합판·목재류의 경우 불가피하게 설치 현장에서 방염처리한 것을 포함)
⑤ 암막·무대막(영화상영관과 가상체험 체육시설업에 설치하는 스크린을 포함)
⑥ 섬유류, 합성수지류로 제작된 소파·의자 (단란주점, 유흥주점, 노래연습장업)

(2) 건축물 내부의 천장이나 벽에 부착하거나 설치하는 다음의 것
(다만, 가구류와 너비 10cm 이하인 반자돌림대 등과 내부마감재료는 제외).
① 종이류(두께 2mm 이상인 것)·합성수지류 또는 섬유류를 주원료로 한 물품
② 합판이나 목재
③ 간이 칸막이
④ 흡음재(흡음커튼 포함),방음재(방음커튼 포함)

(3) 방염성능기준
① 불꽃을 올리며 20초 이내
② 불꽃을 올리지 아니하고 30초 이내
③ 탄화면적 50cm^2 이내, 탄화길이 20cm 이내
④ 불꽃의 접촉 횟수 3회 이상
⑤ 최대연기밀도 400 이하
(4) 방염처리 된 제품 사용권장
(소방본부장 또는 소방서장)

① 다중이용업소·의료시설·노유자시설·숙박시설 또는 장례식장에서 사용하는 **침구류·소파 및 의자**
② 건축물 내부의 천장 또는 벽에 부착하거나 설치하는 **가구류**

해답 ②

54 소방관서장은 관할구역에 있는 소방대상물에 대하여 화재안전조사를 실시할 수 있다. 화재안전조사 대상과 거리가 먼 것은? (단, 개인 주거에 대하여는 관계인의 승낙을 득한 경우이다.)

① 화재예방강화지구에 대한 화재안전조사 등 다른 법률에서 화재안전조사를 실시하도록 한 경우
② 자체점검 등이 불성실하거나 불완전하다고 인정되는 경우
③ 화재가 발생할 우려는 없으나 소방대상물의 정기점검이 필요한 경우
④ 국가적 행사 등 주요 행사가 개최되는 장소에 대하여 소방안전관리 실태를 점검할 필요가 있는 경우

해설 화재예방법 제7조(화재안전조사)
소방관서장은 다음에 해당하는 경우 화재안전조사를 실시할 수 있다. 다만, 개인의 주거에 대한 화재안전조사는 관계인의 승낙이 있거나 화재발생의 우려가 뚜렷하여 긴급한 필요가 있는 때에 한정한다.
① **자체점검이 불성실**하거나 불완전하다고 인정되는 경우
② 법령에서 화재안전조사를 하도록 **규정되어 있는 경우**
③ 화재예방안전진단이 **불성실하거나 불완전하다**고 인정되는 경우
④ 소방안전관리 실태를 조사할 필요가 있는 경우
⑤ 화재가 자주 발생하였거나 발생할 우려가 뚜렷한 곳에 대한 **조사가 필요한 경우**
⑥ 소방대상물에 화재의 발생 위험이 크다고 판단되는 경우
⑦ **인명 또는 재산 피해의 우려가 현저하다고 판단**되는 경우

해답 ③

55 연면적이 3만 m² 이상 20만 m² 미만인 특정소방대상물(아파트는 제외한다.) 또는 지하층을 포함한 층수가 16층 이상 40층 미만인 특정소방대상물의 공사 현장인 경우 소방공사 책임감리원의 배치기준은?

① 특급 감리원 이상의 소방감리원 1명 이상
② 고급 감리원 이상의 소방감리원 1명 이상
③ 중급 감리원 이상의 소방감리원 1명 이상
④ 초급 감리원 이상의 소방감리원 1명 이상

해설 (공사업법 시행령 제11조의 별표4)
소방공사감리원의 배치기준

감리원의 배치기준		소방시설공사 현장의 기준
책임	보조	
소방기술사	초급	• 20만m² 이상 • 지하층포함 40층 이상
특급	초급	• 3만m² 이상 20만m² 미만(아파트 제외) • 지하층포함 16층 이상 40층 미만
고급	초급	• 물분무등소화설비(호스릴방식 제외) 또는 제연설비 • 3만m² 이상 20만m² 미만 아파트
중급		• 5천m² 이상 3만m² 미만
초급		• 5천m² 미만 • 지하구

해답 ①

56 다음 중 위험물탱크 안전성능시험자로 시·도지사에게 등록하기 위하여 갖추어야 할 사항이 아닌 것은?

① 자본금 ② 기술능력
③ 시설   ④ 장비

해설 (위험물법 시행령 제14조 (1)항의 별표 7)
탱크시험자의 기술능력, 시설 및 장비
1. 기술능력
   가. 필수인력
      (1) 위험물기능장·위험물산업기사 또는 위험물기능사 중 1명 이상
      (2) 비파괴검사기술사 1명 이상 또는 초음파비파괴검사·자기비파괴검사 및 침투비파괴검사별로 기사 또는 산업기사 각 1명 이상

나. 필요한 경우에 두는 인력
　(1) 충·수압시험, 진공시험, 기밀시험 또는 내압시험의 경우 : 누설비파괴검사 기사, 산업기사 또는 기능사
　(2) 수직·수평도시험의 경우 : 측량 및 지형공간정보 기술사, 기사, 산업기사 또는 측량기능사
　(3) 방사선투과시험의 경우 : 방사선비파괴검사 기사 또는 산업기사
　(4) 필수 인력의 보조 : 방사선비파괴검사·초음파비파괴검사·자기비파괴검사 또는 침투비파괴검사 기능사

2. 시설
　전용사무실
3. 장비
　가. 필수장비 : 자기탐상시험기, 초음파두께측정기 및 다음 (1) 또는 (2) 중 어느 하나
　　(1) 영상초음파탐상시험기
　　(2) 방사선투과시험기 및 초음파탐상시험기

해답 ①

57 다음 중 소방용기계·기구 우수품질에 대한 인증업무를 담당하고 있는 기관은?

① 한국기술표준원
② 한국소방산업기술원
③ 한국방재시험연구원
④ 건설기술연구원

해설 (소방시설법 제50조)
권한 또는 업무의 위임·위탁 등
한국소방산업기술원
(1) 방염성능검사 중 대통령령으로 정하는 검사
(2) 소방용품의 형식승인
(3) 형식승인의 변경승인
(4) 성능인증 및 취소
(5) 우수품질인증 및 취소

해답 ②

58 소방활동 종사 명령으로 소방활동에 종사한 사람이 사망하거나 부상을 입은 경우 보상하여야 하는 사람은?

① 안전행정부장관
② 소방청장
③ 소방본부장 또는 소방서장
④ 시·도지사

해설 (기본법 제24조) 소방활동 종사명령
(1) 소방본부장, 소방서장 또는 소방대장은 화재, 재난·재해, 그 밖의 위급한 상황이 발생한 현장에서 소방활동을 위하여 필요할 때에는 그 관할구역에 사는 사람 또는 그 현장에 있는 사람으로 하여금 사람을 구출하는 일 또는 불을 끄거나 불이 번지지 아니하도록 하는 일을 하게 할 수 있다. 이 경우 소방본부장, 소방서장 또는 소방대장은 소방활동에 필요한 보호장구를 지급하는 등 안전을 위한 조치를 하여야 한다.
(2) 소방활동에 종사한 사람은 시·도지사로부터 소방활동의 비용을 지급받을 수 있다.

비용지급 예외
① 소방대상물에 화재, 재난·재해, 그 밖의 위급한 상황이 발생한 경우 그 관계인
② 고의 또는 과실로 화재 또는 구조·구급 활동이 필요한 상황을 발생시킨 사람
③ 화재 또는 구조·구급 현장에서 물건을 가져간 사람

해답 ④

59 제조소 등에 설치하여야 할 자동화재탐지설비의 설치기준으로 옳지 않은 것은?

① 하나의 경계구역의 면적은 $600m^2$ 이하로 하고 그 한 변의 길이는 50m 이하로 한다.
② 경계구역은 건축물 그 밖의 공작물의 2 이상의 층에 걸치지 아니하도록 한다.
③ 건축물의 그 밖의 공작물의 주요한 출입구에서 그 내부의 전체를 볼 수 있는 경우에 경계구역의 면적을 $1000m^2$ 이하로 할 수 있다.
④ 계단·경사로·승강기의 승강로 그 밖에 이와 유사한 장소에 열감지기를 설치하는 경우 3개의 층에 걸쳐 경계구역을 설정할 수 있다.

해설 위험물 제조소등의 자동화재탐지설비의 설치기준
(1) 경계구역은 2 이상의 층에 걸치지 아니하도록 할 것. 다만, 하나의 경계구역의 면적이 $500m^2$

이하이면서 당해 경계구역이 두개의 층에 걸치는 경우이거나 계단 · 경사로 · 승강기의 승강로 그 밖에 이와 유사한 장소에 연기감지기를 설치하는 경우에는 그러하지 아니하다.

(2) 하나의 경계구역의 면적은 600m² 이하로 하고 그 한 변의 길이는 50m(광전식분리형 감지기를 설치할 경우에는 100m)이하로 할 것. 다만, 당해 건축물 그 밖의 공작물의 주요한 출입구에서 그 내부의 전체를 볼 수 있는 경우에 있어서는 그 면적을 1,000m² 이하로 할 수 있다.

(3) 자동화재탐지설비의 감지기는 지붕(상층이 있는 경우에는 상층의 바닥) 또는 벽의 옥내에 면한 부분(천장이 있는 경우에는 천장 또는 벽의 옥내에 면한 부분 및 천장의 뒷 부분)에 유효하게 화재의 발생을 감지할 수 있도록 설치할 것

(4) 자동화재탐지설비에는 비상전원을 설치할 것

해답 ④

60 소방기본법이 정하는 목적을 설명한 것으로 거리가 먼 것은?

① 풍수해의 예방, 경계, 진압에 관한 계획, 예산의 지원 활동
② 화재, 재난, 재해 그 밖의 위급한 상황에서의 구급, 구조 활동
③ 구조, 구급활동을 통한 국민의 생명, 신체, 재산의 보호
④ 구조, 구급활동을 통한 공공의 안녕 및 질서의 유지

해설 기본법 제1조(목적)
화재를 예방 · 경계하거나 진압하고 화재, 재난 · 재해, 그 밖의 위급한 상황에서의 구조 · 구급 활동 등을 통하여 국민의 생명 · 신체 및 재산을 보호함으로써 공공의 안녕 및 질서 유지와 복리증진에 이바지함을 목적으로 한다.

해답 ①

제4과목 소방기계시설의 구조 및 원리

61 거실 제연설비 설계 중 배출풍량 선정에 있어서 고려하지 않아도 되는 사항 중 맞는 것은?

① 예상제연구역의 수직거리
② 예상제연구역의 면적과 형태
③ 공기의 유입방식과 배출방식
④ 자동식 소화설비 및 피난설비의 설치 유무

해설 배출풍량 선정시 고려사항
(1) 예상제연구역의 수직거리
(2) 공기유입방식과 배출방식
(3) 예상제연구역의 바닥면적과 형태

해답 ④

62 소방대상물에 따라 적용하는 포소화설비의 종류 및 적응성에 관한 설명으로 틀린 것은?

① 소방기본법시행령 별표2의 특수가연물을 저장 · 취급하는 공장에는 호스릴포소화설비를 설치한다.
② 완전 개방된 옥상주차장으로 주된 벽이 없고 기둥뿐이거나 주위가 위해방지용 철주 등으로 둘러쌓인 부분에는 호스릴포소화설비를 설치할 수 있다.
③ 자동차 차고에는 포워터스프링클러설비 · 포헤드설비 또는 고정포방출설비를 설치한다.
④ 항공기 격납고에는 포워터스프링클러설비 · 포헤드설비 또는 고정포방출설비를 설치한다.

해설 포소화설비의 종류 및 적응성
(1) 특수가연물 저장. 취급하는 공장 또는 창고
  ① 포워터스프링클러설비
  ② 포헤드설비
  ③ 고정포방출설비
(2) 차고 또는 주차장
  ① 포워터스프링클러설비
  ② 포헤드설비
  ③ 고정포방출설비

④ 호스릴포소화설비
⑤ 포소화전설비
(3) 항공기격납고
① 포워터스프링클러설비
② 포헤드설비
③ 고정포방출설비
④ 호스릴포소화설비

해답 ①

63 다음 중 피난기구의 화재안전기술기준에 따라 피난기구를 설치하지 아니하여도 되는 소방대상물로 틀린 것은?

① 발코니 등을 통하여 인접세대로 피난할 수 있는 구조로 되어 있는 계단실형 아파트
② 주요구조부가 내화구조로서 거실의 각 부분으로 직접 복도로 피난할 수 있는 학교 (강의실 용도로 사용되는 층에 한함)
③ 무인공장 또는 자동창고로서 사람의 출입이 금지된 장소
④ 문화집회 및 운동시설·판매시설 및 영업시설 또는 노유자시설의 용도로 사용되는 층으로서 그 층의 바닥면적이 $1000m^2$ 이상인 것

해설 피난기구설치 예외 소방대상물
① 갓복도식 아파트 또는 **인접(수평 또는 수직))세대로 피난**할 수 있는 **아파트**
② 주요구조부가 **내화구조**로서 거실의 각 부분으로 직접 복도로 피난할 수 있는 **학교**(강의실 용도로 사용되는 층에 한한다)
③ **무인공장 또는 자동창고**로서 사람의 출입이 금지된 장소(관리를 위하여 일시적으로 출입하는 장소를 포함)
④ 건축물의 **옥상부분**으로서 거실에 해당하지 아니하고 사람이 근무하거나 거주하지 아니하는 장소

해답 ④

64 전역방출방식의 할론소화설비의 분사헤드에 대한 내용 중 잘못된 것은?

① 할론 1211을 방사하는 분사헤드 방사압력은 0.2MPa 이상이어야 한다.
② 할론 1301을 방사하는 분사헤드 방사압력이 1.3MPa 이상이어야 한다.
③ 할론 2402를 방출하는 분사헤드는 약제가 무상으로 분무되어야 한다.
④ 할론 2402를 방사하는 분사헤드 방사압력은 0.1MPa 이상이어야 한다.

해설 할론소화설비의 분사헤드
(1) 가연물이 비산하지 아니하는 장소에 설치할 것
(2) 할론 2402를 방사하는 분사헤드는 당해 소화약제가 무상으로 분무되는 것으로 할 것
(3) 할론 분사헤드의 방사압력 및 방출시간

종류	방사압력	방출시간
할론2402	0.1MPa 이상	10초 이내
할론1211	0.2MPa 이상	
할론1301	0.9MPa 이상	

해답 ②

65 다음은 스프링클러설비의 음향장치에 대한 화재안전기술기준이다. 맞는 것은?

① 경종으로 음향장치를 하여야 하고, 사이렌은 음향장치로 사용할 수 없다.
② 사이렌으로 음향장치를 하여야 하고, 경종은 음향장치로 사용할 수 없다.
③ 주 음향장치는 수신기의 내부 또는 그 직근에 설치할 수 없다.
④ 경종 또는 사이렌으로 하되 다른 용도의 경보와 구별이 가능하게 설치한다.

해설 스프링클러설비의 음향장치
(1) 음향장치는 유수검지장치 및 일제개방밸브 등의 담당구역마다 설치하되 그 구역의 각 부분으로부터 하나의 음향장치까지의 수평거리는 25m 이하가 되도록 할 것
(2) 음향장치는 경종 또는 사이렌(전자식 사이렌을 포함)으로 하되, 주위의 소음 및 다른 용도의 경보와 구별이 가능한 음색으로 할 것. 이 경우 경종 또는 사이렌은 자동화재탐지설비·비상벨설비 또는 자동식사이렌설비의 음향장치와 겸용할 수 있다.
(3) 주 음향장치는 수신기의 내부 또는 그 직근에 설치할 것

해답 ④

66 지하층을 제외한 층수가 11층 이상인 특정소방물로서 폐쇄형 스프링클러 헤드의 설치개수가 40개일 때의 수원은 몇 m³ 이상이어야 하는가?

① 16m³   ② 32m³
③ 48m³   ④ 64m³

해설 헤드의 기준개수(폐쇄형)

소방대상물			기준개수
지하층 제외 10층 이하	공장	특수가연물	30개
		그 밖의 것	20개
	근린생활시설·판매시설·운수시설 또는 복합건축물	판매시설 또는 복합건축물(판매시설 설치 복합건축물)	30개
		그 밖의 것	20개
	그 밖의 것	헤드높이 8m 이상	20개
		헤드높이 8m 이하	10개
아파트			10개
지하층제외 11층 이상 · 지하가 또는 지하역사			30개

※ 아파트 등의 각 동이 주차장으로 서로 연결된 구조인 경우 해당 주차장 부분의 기준개수는 30개로 할 것

29층 이하(20분 기준)의 수원의 양

$Q(\text{m}^3) = N \times 1.6\text{m}^3$ 이상

$Q(\text{m}^3) = 30 \times 1.6\text{m}^3 = 48\text{m}^3$

스프링클러설비의 수원의 양

① 29층 이하(20분 기준)

$Q(\text{m}^3) = N \times 1.6\text{m}^3$ 이상

② 30층 이상 49층 이하(40분 기준)

$Q(\text{m}^3) = N \times 3.2\text{m}^3$ 이상

③ 50층 이상(60분 기준)

$Q(\text{m}^3) = N \times 4.8\text{m}^3$ 이상

N : 폐쇄형헤드 기준개수(기준개수보다 적은 경우 설치개수)

해답 ③

67 케이블 트레이에 물분무소화설비를 설치할 때 저장하여야 할 수원의 양은 몇 m³인가? (단, 케이블 트레이의 투영된 바닥면적은 70m²이다.)

① 12.4   ② 14
③ 16.8   ④ 28

해설 케이블트레이 수원의 양

$Q = 70\text{m}^2 \times 12\text{L/m}^2 \cdot \min \times 20\min$
$= 16800\text{L} = 16.8\text{m}^3$

물분무설비의 수원의 양

소방대상물	수원의 저수량
특수가연물	바닥면적(m²)(최대방수구역 기준 최소 50m²)×10L/m²·분×20min
차고, 주차장	바닥면적(m²)(최대방수구역 기준 최소 50m²)×20L/m²·분×20min
절연유 봉입 변압기	표면적(바닥부분제외)(m²)×10L/m²·분×20min
케이블 트레이, 덕트	투영된 바닥면적(m²)×12L/m²·분×20min
콘베이어벨트	벨트부분의 바닥면적(m²)×10L/m²·분×20min

해답 ③

68 숙박시설·노유자시설 및 의료시설로 사용되는 층에 있어서의 피난기구는 그 층의 바닥면적이 몇 m²마다 1개 이상을 설치하여야 하는가?

① 300   ② 500
③ 800   ④ 1000

해설 피난기구의 설치기준

(1) 층마다 설치할 것
(2) 설치개수

용도	설치개수
숙박시설·노유자시설 및 의료시설	500m²마다 1개 이상
위락시설·문화집회 및 운동시설·판매시설, 복합용도의 층	800m²마다 1개 이상
아파트	각 세대마다
그 밖의 용도의 층	1000m²마다 1개 이상

(3) 숙박시설(휴양콘도미니엄을 제외)의 경우에는 추가로 객실마다 완강기 또는 2 이상의 간이완강기를 설치할 것
(4) 의무관리대상 공동주택의 경우에는 하나의 관리주체가 관리하는 공동주택 구역마다 공기안전매트 1개 이상을 추가로 설치할 것. 다만, 옥상으로 피난이 가능하거나 인접세대로 피난할 수 있는 구조인 경우에는 추가로 설치하지 아니할 수 있다.

해답 ②

69 특고압의 전기시설을 보호하기 위한 물소화설비로서는 물분무소화설비가 가능하다. 그 주된 이유로서 옳은 것은?

① 물분무 설비는 다른 물 소화설비에 비해서 신속한 소화를 보여주기 때문이다.
② 물분무 설비는 다른 물 소화설비에 비해서 물의 소모량이 적기 때문이다.
③ 분무상태의 물은 전기적으로 비전도성이기 때문이다.
④ 물분무입자 역시 물이므로 전기전도성이 있으나 전기시설물을 젖게 하지 않기 때문이다.

해설 물은 봉상 주수 시 전도성이 강하나 물 분무(무상)으로 방사 시 비전도성으로 전기화재에 적합하다.

해답 ③

70 옥외소화전설비에서 성능시험배관의 직관부에 설치된 유량측정장치는 펌프 정격토출량의 몇 % 이상 측정할 수 있는 성능이 있어야 하는가?

① 175% ② 150%
③ 75%   ④ 50%

해설 펌프의 성능 기준
① 체절운전 시 정격토출압력의 140%를 초과하지 아니할 것
② 정격토출량의 150%로 운전 시 정격토출압력의 **65% 이상**이 되어야 할 것

펌프의 성능시험배관의 기준
① 성능시험배관은 펌프의 토출측에 설치된 **개폐밸브 이전**에서 **분기**하여 직선으로 설치하고, 유량측정장치를 기준으로 **전단** 직관부에 **개폐밸브**를 후단 직관부에는 **유량조절밸브**를 설치할 것
② 유량측정장치는 펌프의 **정격토출량의 175% 이상**까지 측정할 수 있는 성능이 있을 것

해답 ①

71 이산화탄소 소화설비 설명 중 옳은 것은?

① 강관을 사용하는 경우 고압식 스케줄 80 이상, 저압식 스케줄 50 이상의 것을 사용할 것
② 동관을 사용하는 경우 고압식은 16.5MPa 이상, 저압식은 3.75MPa 이상의 압력에 견딜 수 있는 것을 사용할 것
③ 이산화탄소 소요량이 합성수지류, 목재류 등 심부화재 방호대상물을 저장하는 경우에는 5분 이내에 방사할 수 있을 것
④ 전역방출방식 분사헤드의 방사압력이 1MPa(저압식의 것에 있어서는 0.9MPa) 이상의 것으로 할 것

해설 이산화탄소소화설비의 배관 설치기준
① 배관은 전용으로 할 것
② 강관을 사용하는 경우의 배관
압력배관용 탄소강관중 스케줄 80(저압식은 스케줄 40) 이상의 것
(다만, 배관의 호칭이 20mm 이하인 경우에는 스케줄 40 이상인 것을 사용할 수 있다.)
③ 동관을 사용하는 경우의 배관(이음이 없는 동 및 동합금관)

고압식	16.5MPa 이상의 압력에 견딜 수 있는 것
저압식	3.75MPa 이상의 압력에 견딜 수 있는 것

④ 개폐밸브 또는 선택밸브의 배관부속

고압식	1차측(개폐밸브 또는 선택밸브 이전) 배관부속의 최소사용설계압력은 9.5MPa
	2차측 배관부속의 최소사용설계압력은 4.5MPa
저압식	배관부속의 최소사용설계압력은 4.5MPa

해답 ②

72 포소화설비의 자동식 기동장치로 폐쇄형 스프링클러헤드를 사용하는 경우의 설치기준 중 다음 ( ) 안에 알맞은 것은?

- 표시온도가 (㉠)℃ 미만인 것을 사용하고 1개의 스프링클러헤드의 경계 면적은 (㉡)m² 이하로 할 것
- 부착면의 높이는 바닥으로부터 (㉢)m 이하로 하고 화재를 유효하게 감지할 수 있도록 할 것

① ㉠ 60, ㉡ 10, ㉢ 7
② ㉠ 60, ㉡ 20, ㉢ 7
③ ㉠ 79, ㉡ 10, ㉢ 5
④ ㉠ 79, ㉡ 20, ㉢ 5

해설 포소화설비의 자동식 기동장치
폐쇄형 스프링클러헤드를 사용하는 경우
① 표시온도가 79℃ 미만인 것을 사용하고, 1개의 스프링클러헤드의 경계면적은 20m² 이하로 할 것
② 부착면의 높이는 바닥으로부터 5m 이하로 하고, 화재를 유효하게 감지할 수 있도록 할 것
③ 하나의 감지장치 경계구역은 하나의 층이 되도록 할 것

해답 ④

73 소화기구 및 자동소화장치의 화재안전기술기준에 따라 대형소화기를 설치할 때 특정소방대상물의 각 부분으로부터 1개의 소화기까지의 보행거리가 몇 m 이내가 되도록 배치하여야 하는가?

① 20 ② 25
③ 30 ④ 40

해설 소화기의 능력단위 및 보행거리

구 분	소형소화기	대형소화기
능력단위	1단위 이상 대형소화기 능력단위 미만	① A급 10단위 이상 ② B급 20단위 이상
보행거리	20m 이내	30m 이내

대형 소화기의 기준 ★★★★★

소화기의 종류	소화약제 충전량
물 소화기	80L이상
포 소화기	20L이상
강화액 소화기	60L이상
할론 소화기	30kg 이상
이산화탄소 소화기	50kg 이상
분말 소화기	20kg 이상

[뇌새김 암기법 : 포강물(2,6,8) 분할탄(2,3,5)]

해답 ③

74 건축물에 연결살수설비 헤드로서 스프링클러헤드를 설치할 경우, 천장 또는 반자의 각 부분으로부터 하나의 헤드까지의 수평거리의 기준은 얼마이어야 하는가?

① 3.7m 이하 ② 2.3m 이하
③ 2.7m 이하 ④ 3.2m 이하

해설 연결살수헤드의 수평거리

전용헤드	3.7m 이하
스프링클러헤드	2.3m 이하

해답 ②

75 다음 중 분말소화설비에서 사용하지 않는 밸브는?

① 드라이밸브 ② 크리닝밸브
③ 안전밸브   ④ 배기밸브

해설 분말소화설비의 설치밸브
① 주 밸브
② 크리닝밸브
③ 가스도입밸브
④ 배기밸브
⑤ 선택밸브

해답 ①

76 제연설비의 설치장소에 따른 제연구역의 구획에 대한 내용 중 틀린 것은?

① 하나의 제연구역의 면적은 1000m² 이내로 할 것
② 하나의 제연구역은 직경 60m원 내에 들어갈 수 있을 것
③ 하나의 제연구역은 3개 이상 층에 미치지 아니하도록 할 것
④ 통로상의 제연구역은 보행중심선의 길이가 60m를 초과하지 아니할 것

해설 제연구역의 구획기준
(1) 하나의 제연구역의 면적은 1000m² 이내로 할 것
(2) 거실과 통로는 각각 제연구획 할 것
(3) 통로상의 제연구역은 보행 중심선으로 길이가 60m를 초과하지 아니할 것
(4) 하나의 제연구역은 직경 60m 원내에 들어갈

수 있을 것
(5) 하나의 제연구역은 둘 이상의 층에 미치지 아니하도록 할 것

해답 ③

77 분말소화설비에 대한 기준 중 맞는 것은?

① 축압식의 경우 20℃에서 압력이 2.5MPa 이상 4.2MPa 이하인 것에 있어서는 압력배관용 탄소강관 중 이음이 없는 Sch80 이상을 사용한다.
② 동관의 경우 최고사용압력의 1.8배 이상의 압력에 견딜 수 있어야 한다.
③ 기동장치의 조작부는 바닥으로부터 높이 0.5m 이상 1.5m 이하의 위치에 설치하고, 보호판 등에 따른 보호장치를 설치한다.
④ 저장용기의 충전비는 0.8 이상으로 한다.

해설
① Sch 80 → Sch 40
② 1.8배 → 1.5배
③ 0.5m 이상 → 0.8m 이상

분말소화설비의 배관 설치기준
(1) 전용으로 할 것
(2) 강관을 사용하는 경우
  ① 아연도금에 의한 배관용 탄소강관
  ② 축압식은 20℃에서 압력이 2.5MPa 이상 4.2MPa 이하인 것에 있어서는 압력배관용 탄소강관 중 이음이 없는 스케줄 40 이상의 것
(3) 동관을 사용하는 경우
  고정압력 또는 최고사용압력의 1.5배 이상의 압력에 견딜 수 있는 것을 사용
(4) 밸브류는 개폐위치 또는 개폐방향을 표시한 것

해답 ④

78 스프링클러 설비의 배관에 대한 내용 중 잘못된 것은?

① 수직배수배관의 구경은 65mm 이상으로 하여야 한다.
② 급수배관 중 가지배관의 배열은 토너먼트 방식이 아니어야 한다.
③ 교차배관의 청소구는 교차배관 끝에 개폐 밸브를 설치한다.
④ 습식스프링클러설비 외의 설비에는 헤드를 향하여 상향으로 가지배관의 기울기를 250분의 1 이상으로 한다.

해설 스프링클러설비의 배관설치기준
(1) 배관의 구경은 수리계산에 따르는 경우 가지배관의 유속은 6m/s, 그 밖의 배관의 유속은 10m/s를 초과할 수 없다.
(2) 가지배관의 배열은 다음 각호의 기준에 따른다.
  ① 토너먼트(tournament)방식이 아닐 것
  ② 교차배관에서 분기되는 지점을 기점으로 한쪽 가지배관에 설치되는 헤드의 개수는 8개 이하로 할 것
(3) 교차배관의 구경은 최소구경이 40mm 이상이 되도록 할 것
(4) 청소구는 교차배관 끝에 개폐밸브를 설치하고, 호스접결이 가능한 나사식 또는 고정배수 배관식으로 할 것
(5) 하향식헤드를 설치하는 경우에 헤드접속배관은 가지관상부에서 분기할 것
(6) **수직배수배관의 구경은 50mm 이상**으로 하여야 한다.

해답 ①

79 간이소화용구로서 능력단위 2단위의 마른 모래를 설치하고자 할 때 얼마를 설치하여야 하는가?

① 삽을 상비한 50L 이상의 것 2포
② 삽을 상비한 50L 이상의 것 4포
③ 삽을 상비한 160L 이상의 것 2포
④ 삽을 상비한 160L 이상의 것 4포

해설 간이소화용구의 능력단위

간이소화용구		능력단위
마른모래	삽을 상비한 50L 이상의 것 1포	0.5단위
팽창질석 또는 팽창진주암	삽을 상비한 80L 이상의 것 1포	0.5단위

$Q = \dfrac{2단위}{0.5단위} = 4포$

해답 ②

80 다음 상수도 소화용수설비 상수도소화전의 설치기준은? (단, 호칭지름 75mm 이상의 수도배관에 호칭지름 100mm 이상의 소화전을 접속했을 때이다.)

① 보행거리 120m 이하
② 보행거리 140m 이하
③ 소화대상물의 수평투영면의 각 부분으로부터 120m 이하
④ 소화대상물의 수평투영면의 각 부분으로부터 140m 이하

해설 상수도 소화용수설비
(1) 호칭지름 75mm 이상의 수도배관에 호칭지름 100mm 이상의 소화전을 접속
(2) 소화전은 소방자동차 등의 진입이 쉬운 도로변 또는 공지에 설치
(3) 소화전은 소방대상물의 수평투영면의 각 부분으로부터 140m 이하가 되도록 설치

해답 ④

소방설비기사 – 기계분야
2023년 9월 CBT 시행

본 문제는 CBT시험대비 기출문제 복원입니다.

제1과목 소방원론

01 기온이 20℃인 실내에서 인화점이 70℃인 가연성의 액체표면에 성냥불 한 개를 던지면 어떻게 되는가?

① 즉시 불이 붙는다.
② 불이 붙지 않는다.
③ 즉시 폭발한다.
④ 즉시 불이 붙고 3~5초 후에 폭발한다.

해설 가연성액체의 온도가 기온(20℃)과 같다. 따라서 인화점이 70℃이므로 점화원(성냥불)을 가하여도 인화되지 않는다.

인화점과 발화점 및 연소점
① 인화점 : 점화원에 의하여 인화되는 최저온도
② 발화점 : 점화원 없이 가열된 열의 축적에 의하여 발화되는 최저온도
③ 연소점 : 발화 후 연속적으로 연소할 수 있는 최저온도

해답 ②

02 다음 중 인화점이 가장 낮은 물질은?

① 메틸에틸케톤 ② 벤젠
③ 에탄올 ④ 다이에틸에터

해설 제4류 위험물의 인화점

명칭	메틸에틸케톤	벤젠	에탄올	다이에틸에터
류별	제1석유류	제1석유류	알코올류	특수인화물
인화점(℃)	-9	-11	13	-45

해답 ④

03 밀폐된 공간에 이산화탄소를 방사하여 산소의 체적 농도를 12%되게 하려면 상대적으로 방사된 이산화탄소의 농도는 얼마가 되어야 하는가?

① 25.40% ② 28.70%
③ 38.35% ④ 42.86%

해설 이산화탄소의 농도(%)

$$CO_2(\%) = \frac{21 - O_2(\%)}{21} \times 100$$

$$CO_2(\%) = \frac{21 - 12}{21} \times 100 = 42.86\%$$

참고 G_v (방출된 가스량 : m³)

$$G_V = \frac{21 - O_2(\%)}{O_2(\%)} \times 방호구역체적(m^3)$$

해답 ④

04 나이트로셀룰로오스에 대한 설명으로 잘못된 것은?

① 질화도가 낮을수록 위험성이 크다.
② 물을 첨가하여 습윤시켜 운반한다.
③ 화약의 원료로 쓰인다.
④ 고체이다.

해설 나이트로셀룰로오스 : 제5류 위험물
셀룰로오스(섬유소)에 진한질산과 진한 황산의 혼합액을 작용시켜서 만든 것
① 건조상태에서는 폭발위험이 크나 수분함유 시 폭발위험성이 없어 저장·운반이 용이하다.
② **질소함유율(질화도)이 높을수록 폭발성이 크다.**
③ 저장, 운반 시 물(20%) 또는 알코올(30%)을 첨가 습윤시킨다.

해답 ①

611

05 건물 내부의 화재시 발생한 연기의 농도(감광계수)와 가시거리의 관계를 나타낸 것으로 틀린 것은?

① 감광계수 0.1일 때 가시거리는 20~30m이다.
② 감광계수 0.3일 때 가시거리는 10~20m이다.
③ 감광계수 1.0일 때 가시거리는 1~2m이다.
④ 감광계수 10일 때 가시거리는 0.2~0.5m이다.

해설 감광계수와 가시거리

감광계수 (m^{-1})	가시거리 (m)	상태
0.1	20~30	연기감지기 작동
0.3	5	피난에 지장
0.5	3	어두움을 느끼기 시작
1.0	1~2	거의 앞이 보이지 않을 정도
10	0.2~0.5	화재 최성기

※ 감광계수 : 연기속을 투과한 빛의 양으로 연기의 농도를 광화학적으로 표시하는 방법이다.

해답 ②

06 가스 A가 40vol%, 가스 B가 60vol%로 혼합된 가스의 연소하한계는 몇 vol%인가? (단, 가스 A의 연소하한계는 4.9vol%이며, 가스 B의 연소하한계는 4.15vol%이다.)

① 1.82 ② 2.02
③ 3.22 ④ 4.42

해설 혼합가스의 폭발한계

$$\frac{Vm}{Lm} = \frac{V_1}{L_1} + \frac{V_2}{L_2} + \frac{V_3}{L_3} + \cdots \frac{V_n}{L_n}$$

여기서, Vm : 혼합가스의 전체농도(%)
Lm : 혼합가스의 폭발하한값 또는 폭발상한값
L : 단일가스의 폭발하한값 또는 폭발상한값
V : 단일가스의 부피농도(%)

$$\frac{100}{Lm} = \frac{40}{4.9} + \frac{60}{4.15} \quad \therefore Lm = 4.42\%$$

해답 ④

07 공기 중의 산소를 필요로 하지 않고 물질 자체에 포함되어 있는 산소에 의하여 연소하는 것은?

① 확산연소 ② 분해연소
③ 자기연소 ④ 표면연소

해설 확산연소 = 발염연소 = 불꽃연소
가연성 기체와 지연성 기체가 서로 미리 혼합된 상태에서 분출 되어 착화원에 점화 연소되는 연소
[예] 아세틸렌, LPG, LNG 등 가연성 기체

분해연소
열분해에 의해 발생된 가스와 공기가 혼합하여 연소하는 현상
[예] 석탄, 목재, 플라스틱, 종이, 합성수지

자기연소(내부연소)
그 물질이 가연물과 산소를 동시에 가지고 있는 가연물이 연소하는 현상
[예] 질화면(나이트로셀룰로오스), 셀룰로이드, 나이트로글리세린 등 제5류 위험물

표면연소 = 응축연소 = 작열연소
열분해에 의하여 가연성가스를 발생하지 않고 그 물질 자체가 연소하는 현상
[예] 숯, 코크스, 목탄, 금속분

해답 ③

08 Halon 2402의 화학식은?

① $C_2H_4Cl_2$ ② $C_2Br_4F_2$
③ $C_2Cl_4Br_2$ ④ $C_2F_4Br_2$

해설 할론약제 명명법
할론 ⓐ ⓑ ⓒ ⓓ
ⓐ-C원자수 ⓑ-F원자수
ⓒ-Cl원자수 ⓓ-Br원자수

할론약제의 분자식 및 상태

종류	할론 2402	할론 1211	할론 1301	할론 1011
분자식	$C_2F_4Br_2$	CF_2ClBr	CF_3Br	CH_2ClBr
상태	액체	기체	기체	액체

해답 ④

09 일반적인 화재에서 연소 불꽃 온도가 1500℃ 이었을 때의 연소 불꽃의 색상은?

① 적색　　　② 휘백색
③ 휘적색　　④ 암적색

해설 불꽃의 색과 온도

색	담암적색	암적색	적색	황색	황적색	백적색	휘백색
온도(℃)	500	700	850	1050	1100	1300	1500

해답 ②

10 가연성의 기체나 액체, 고체에서 나오는 분해가스의 농도를 엷게 하여 소화하는 방법은?

① 냉각소화　　② 제거소화
③ 부촉매소화　④ 희석소화

해설 희석소화
가연물 연소 시 발생하는 분해가스나 가연물 액체의 농도를 희석하여 소화하는 방법

소화원리
① 냉각소화 : 가연성 물질을 발화점 이하로 온도를 냉각

　물이 소화약제로 사용되는 이유
　① 물의 기화열(539kcal/kg)이 크기 때문
　② 물의 비열 (1kcal/kg℃)이 크기 때문

② 질식소화 : 산소농도를 21%~15% 이하로 감소

　질식소화 시 산소의 유지농도 : 10~15%

③ 억제소화(부촉매소화, 화학적소화) : 연쇄반응을 억제

　• 부촉매 : 화학적 반응의 속도를 느리게 하는 것
　• 부촉매 효과 : 할론소화약제
　　[할로젠족원소 : 불소(F), 염소(Cl), 브로민(Br), 아이오딘(I)]

④ 제거소화 : 가연성물질을 제거시켜 소화

　• 산불이 발생하면 화재의 진행방향을 앞질러 벌목
　• 화학반응기의 화재 시 원료공급관의 밸브를 폐쇄
　• 유전화재 시 폭약으로 폭풍을 일으켜 화염을 제거
　• 촛불을 입김으로 불어 화염을 제거

⑤ 피복소화 : 가연물 주위를 공기와 차단
⑥ 희석소화 : 수용성인 인화성액체 화재 시 물을 방사하여 가연물의 연소농도를 희석

해답 ④

11 위험물안전관리법령상 위험물에 해당하지 않는 물질은?

① 질산　　　② 과염소산
③ 황산　　　④ 과산화수소

해설 ③ 황산 – 위험물은 아니며 유독물질에 해당

제6류 위험물의 공통적인 성질
① 자신은 불연성이고 산소를 함유한 강산화제이다.
② 분해에 의한 산소발생으로 다른 물질의 연소를 돕는다.
③ 액체의 비중은 1보다 크고 물에 잘 녹는다.
④ 물과 접촉 시 발열한다.
⑤ 증기는 유독하고 부식성이 강하다.

제6류 위험물(산화성 액체)

유별	성질	품명	화학식	지정수량
제6류	산화성 액체	과염소산	$HClO_4$	300kg
		과산화수소	H_2O_2	
		질산	HNO_3	

해답 ③

12 상온, 상압에서 액체인 물질은?

① CO_2　　　② Halon 1301
③ Halon 1211　④ Halon 2402

해설 할론약제의 분자식 및 상태

종류	할론 2402	할론 1211	할론 1301	할론 1011
분자식	$C_2F_4Br_2$	CF_2ClBr	CF_3Br	CH_2ClBr
상태	액체	기체	기체	액체

해답 ④

13 소화의 원리로 가장 거리가 먼 것은?

① 가연성 물질을 제거한다.
② 불연성 가스의 공기 중 농도를 높인다.
③ 가연성 물질을 냉각시킨다.
④ 산소의 공급을 원활히 한다.

해설 ④ 산소의 공급을 차단한다.

소화원리
① **냉각소화** : 가연성 물질을 발화점 이하로 온도를 냉각

② **질식소화** : 산소농도를 21%에서 15% 이하로 감소
③ **억제소화**(부촉매소화, 화학적소화) : 연쇄반응을 억제
④ **제거소화** : 가연성물질을 제거시켜 소화
⑤ **피복소화** : 가연물 주위를 공기와 차단
⑥ **희석소화** : 수용성인 인화성액체 화재 시 물을 방사하여 가연물의 연소농도를 희석

해답 ④

14 다음 중 화재하중을 나타내는 단위는?

① kcal/kg   ② ℃/m²
③ kg/m²   ④ kg/kcal

해설 화재하중(kg/m²)
바닥면적(m²)당 가연물의 양(kg)

화재하중 계산식

$$Q(\text{kg/m}^2) = \frac{\sum(G_t H_t)}{HA} = \frac{\sum Q_t}{4500A}$$

여기서, Q : 화재하중(kg/m²)
G_t : 가연물의 양(kg)
H_t : 가연물의 단위중량당 발열량 (kcal/kg)
H : 목재의 단위중량당 발열량 (4500kcal/kg)
$\sum Q_t$: 화재실내 가연물의 전발열량 (kcal)
A : 바닥면적(m²)

해답 ③

15 건축물에서 주요 구조부가 아닌 것은?

① 차양   ② 주계단
③ 내력벽 ④ 기둥

해설 건축물의 주요 구조부
① 내력벽   ② 기둥   ③ 바닥
④ 보   ⑤ 지붕틀 ⑥ 주계단
(어두문자 암기법 : 내주기만하면 바보지)

해답 ①

16 표면온도가 350℃인 전기히터의 표면온도를 750℃로 상승시킬 경우, 복사에너지는 처음보다 약 몇 배로 상승되는가?

① 1.64   ② 2.14
③ 4.58   ④ 7.27

해설 스테판-볼츠만의 법칙
열복사량은 복사체의 절대온도 4제곱의 차에 비례하고 열전달면적에 비례한다.

$$\therefore \frac{T_2^4}{T_1^4} = \frac{(273+750)^4}{(273+350)^4} = 7.27\text{배}$$

① 스테판-볼츠만(stefan-boltzman)의 법칙
$Q = aAF(T_1^4 - T_2^4)$
여기서, Q : 복사열(kcal/hr)
a : 스테판-볼츠만의 상수
A : 단면적
F : 기하학적 Factor(상수)
T_1 : 고온물체의 절대온도(273+t℃)K
T_2 : 저온물체의 절대온도(273+t℃)K
※ 복사열은 절대온도 4제곱의 차 및 단면적에 비례
② 열전도율 단위
kcal/m, hr, ℃ 또는 BTU/ft, hr, °F

해답 ④

17 다음 중 인화성 물질이 아닌 것은?

① 기어유   ② 질소
③ 이황화탄소 ④ 에터

해설 제4류 위험물(인화성 액체)

구 분	지정품목	기타 조건 (1atm에서)
특수 인화물	이황화탄소, 다이에틸에터	• 발화점이 100℃ 이하 • 인화점 -20℃ 이하이고 비점이 40℃ 이하
제1 석유류	아세톤, 휘발유	• 인화점 21℃ 미만.
알코올류		$C_1 \sim C_3$까지 포화 1가 알코올 (변성알코올 포함)
제2 석유류	등유, 경유	• 인화점 21℃ 이상 70℃ 미만
제3 석유류	중유, 크레오소트유	• 인화점 70℃ 이상 200℃ 미만
제4 석유류	기어유, 실린더유	• 인화점 200℃ 이상 250℃ 미만
동식물 유류		동물의 지육 등 또는 식물의 종자나 과육으로부터 추출한 것으로서 1기압에서 인화점이 250℃ 미만인 것

해답 ②

18 건물의 피난동선에 대한 설명으로 옳지 않은 것은?

① 피난동선은 가급적 단순한 형태가 좋다.
② 피난동선은 가급적 상호 반대방향으로 다수의 출구와 연결되는 것이 좋다.
③ 피난동선은 수평동선과 수직동선으로 구분된다.
④ 피난동선은 복도, 계단을 제외한 엘리베이터와 같은 피난전용의 통행구조를 말한다.

해설 피난동선
① 수평 동선(복도)
② 수직 동선(계단, 비상용승강기)

피난동선의 일반적인 원칙 ★★★
① 피난동선은 가급적 일상동선과 같게 한다.
② 피난동선은 적어도 2개소이상의 안전한 장소를 확보한다.
③ 피난동선의 말단은 안전한 장소이어야 한다.
④ 피난경로는 간단하고 명료하게 할 것

피난대책의 일반적인 원칙 ★★★
① 2방향 원칙에 따라 피난통로를 확보할 것
② 피난수단은 원시적 방법을 원칙으로 할 것
③ 피난설비는 고정식 설비를 원칙으로 하고 보조적으로 이동식 설비를 고려할 것
④ 피난대책은 Fool proof와 Fail safe의 원칙을 중요시 할 것

해답 ④

19 화재 분류에서 C급 화재에 해당하는 것은?

① 전기화재 ② 차량화재
③ 일반화재 ④ 유류화재

해설 화재의 분류 ★★★

종류	등급	색표시	주된 소화 방법
일반화재	A급	백색	냉각소화
유류 및 가스 화재	B급	황색	질식소화
전기화재	C급	청색	질식소화
금속화재	D급	–	피복소화
주방화재	K급	–	냉각 및 질식소화

해답 ①

20 소화약제로서 물 1g이 1기압, 100℃에서 모두 증기로 변할 때 열의 흡수량은 몇 cal인가?

① 429 ② 499
③ 539 ④ 639

해설 흡수한 열량

$$Q = r \cdot m$$

$$\therefore Q = 539 \text{cal/g} \times 1 \text{g} = 539 \text{cal}$$

참고
• 물의 비열(C) = 1 kcal/kg · ℃
• 물의 기화열(r) = 539kcal/kg

해답 ③

제2과목 소방유체역학

21 유속 6m/s로 정상류의 물이 화살표 방향으로 흐르는 배관에 압력계와 피토계가 설치되어 있다. 이때 압력계의 계기압력이 300kPa이었다면 피토계의 계기압력은 몇 kPa인가? (단, 중력가속도는 9.8m/s²이다.)

① 180 ② 280
③ 318 ④ 336

해설 압력계와 피토계
① 압력계의 압력 = 정압(압력수두압)
② 피토계의 압력 = 정압 + 동압(속도수두압)
③ 동압(속도수두압) 계산

$$H = \frac{u^2}{2g} = \frac{6^2}{2 \times 9.8} = 1.8367 \text{m}$$

$$P = 1.8367 \text{m} \times \frac{101.325 \text{kPa}}{10.332 \text{m}} \fallingdotseq 18 \text{kPa}$$

④ 피토계의 압력 = 300kPa + 18kPa = 318kPa

해답 ③

22 양끝이 열린 가는 유리관을 물에 수직으로 세우면 표면장력에 의하여 물이 상승하지만 수은에서는 오히려 하강한다. 이러한 차이가 나타나는 원인은?

① 밀도의 차이
② 접촉각의 차이
③ 공기와 액체 분자의 부착력 차이
④ 점성계수의 차이

해설 모세관의 상승높이(h)

$$h = \frac{4\sigma \cos\theta}{rd}$$

여기서, σ : 표면장력(N/m), θ : 각도
r : 비중량(N/m³), d : 직경(m)

해답 ②

23 물을 개방된 용기에 넣고 대기압 하에서 계속 열을 가하여도 액체의 물이 남아 있는 한 물의 온도가 100℃ 이상 온도가 올라가지 않는 것과 가장 관계가 있는 것은?

① 공급된 열이 모두 물의 내부 에너지로 저장되기 때문이다.
② 공급되는 열, 물의 온도 및 주위 온도와의 사이에서 열이 평형상태에 있기 때문이다.
③ 공급되는 열량이 100℃에서 비등하기 때문이다.
④ 공급되는 열량이 100℃에서 한계에 도달하였기 때문이다.

해설 끓는점(비등점)
기화는 물질의 상이 액체에서 기체로 바뀌는 것이다. 기화가 일어나는 동안 열을 가해도 물질의 온도는 변하지 않는다. 이때의 온도가 끓는점(비등점)이다. 끓는점은 물질에 따라 다르고, 외부 압력에 따라서도 달라진다.

해답 ③

24 터보기계 해석에 사용되는 속도 삼각형에 직접 포함되지 않는 것은?

① 날개속도 : U
② 날개에 대한 상대속도 : W
③ 유체의 실제속도 : V
④ 날개의 각속도 : ω

해설 터보기계해석의 속도삼각형 구성요소
① 날개속도 : U
② 날개에 대한 상대속도 : W
③ 유체의 실제속도 : V

해답 ④

25 폴리트로픽 변화의 일반식$(pv^n = $정수$)$에서 $n = 0$이면 어느 변화인가?

① 등압변화
② 등온변화
③ 단열변화
④ 폴리트로픽 팽창

해설 $PV^n = C$에서 n의 값에 따른 변화

$n = 0$	등압변화	$n = k$	단열변화
$n = 1$	등온변화	$n = \infty$	등적변화

해답 ①

26 입구 면적이 0.1m², 출구 면적이 0.02m²인 수평한 노즐을 이용하여, 공기(밀도 1.23kg/m³)를 대기로 10m/s의 속도로 분출하려한다. 마찰을 무시하고 입출구에서 균일한 속도분포를 갖는다면, 이때 필요한 노즐 입구의 계기압은?

① 59Pa
② 590Pa
③ 5.9kPa
④ 59kPa

해설 ① 입구의 유속 계산
$Q_1 = Q_2$, $u_1 A_1 = u_2 A_2$
$u_1 \times 0.1 = 10 \times 0.02$
$u_1 = \dfrac{0.02 \times 10}{0.1} = 2 \text{m/s}$

② 수평배관이므로 위치수두 $Z_1 = Z_2$
③ 출구의 압력은 대기압과 같으므로 $P_2 = 0$
④ 비중량 $\gamma = \rho$(밀도)$\times g$(중력가속도)
⑤ $H(\text{m}) = \dfrac{u_1^2}{2g} + \dfrac{P_1}{\gamma} + Z_1 = \dfrac{u_2^2}{2g} + \dfrac{P_2}{\gamma} + Z_2$

위식을 정리하면

$$\frac{2^2}{2g} + \frac{P_1}{\rho g} = \frac{10^2}{2g} + 0$$

$$P_1 = \frac{10^2 - 2^2}{2 \times 9.8} \times 1.23 \times 9.8$$

$$P_1 = 59.04\,\text{N/m}^2(\text{Pa})$$

해답 ①

27 직경이 $D/2$인 출구를 통해 유체가 대기로 방출될 때 이음매에 작용하는 힘은? (단, 마찰손실과 중력의 영향은 무시하고, 유체의 밀도 = ρ, 단면적 $A = \frac{\pi}{4}D^2$)

① $\frac{1}{2}\rho V^2 A$ ② $3\rho V^2 A$
③ $\frac{9}{2}\rho V^2 A$ ④ $\frac{15}{2}\rho V^2 A$

해설 이음매에 작용하는 힘

$$F_x = \frac{\gamma A_1 Q^2}{2g}\left(\frac{A_1 - A_2}{A_1 A_2}\right)^2$$

① 배관내 단면적 $A_1 = \frac{\pi}{4}D^2$

② 노즐의 단면적 $A_2 = \frac{\pi}{4}\left(\frac{D}{2}\right)^2 = \frac{1}{4} \times \frac{\pi}{4}D^2$

∴ $A_2 = \frac{1}{4}A_1$

③ $\gamma = \rho g$, $Q = u_1 A_1$이므로

④ $F_x = \frac{\rho g A_1 (u_1 A_1)^2}{2g}\left(\frac{A_1 - A_2}{A_1 A_2}\right)^2$

⑤ $A_2 = \frac{1}{4}A_1$를 식에 대입하면

⑥ $F_x = \frac{\rho g A_1 (u_1^2 A_1^2)}{2g}\left(\frac{A_1 - \frac{1}{4}A_1}{A_1 \frac{1}{4}A_1}\right)^2$

⑦ $F_x = \frac{\rho g u_1^2 A_1^3}{2g}\left(\frac{\frac{3}{4}A_1}{\frac{1}{4}A_1^2}\right)^2$

⑧ $F_x = \frac{\rho g u_1^2 A_1^3}{2g}\left(\frac{9A_1^2}{A_1^4}\right)$

⑨ $F_x = \frac{9}{2}\rho u_1^2 A_1 = \frac{9}{2}\rho u^2 A$

해답 ③

28 관내에 물이 흐르고 있을 때, 그림과 같이 액주계를 설치하였다. 관내에서 물의 유속은 약 몇 m/s인가?

① 2.6
② 7
③ 11.7
④ 137.2

해설

$$u_o = \sqrt{2g\Delta h}$$

여기서, u_o : 유체의 속도(m/s)
g : 중력가속도($9.8\,\text{m/s}^2$)
Δh : 속도수두(m)

① $\Delta h = 9\text{m}$ (속도수두+압력수두) $- 2\text{m}$ (압력수두)
   $= 7\text{m}$

② $u_o = \sqrt{2 \times 9.8 \times 7} = 11.71\,\text{m/s}$

해답 ③

29 펌프의 흡입양정이 클 때 발생될 수 있는 현상은?

① 공동현상(Cavitation)
② 서징현상(Surging)
③ 역회전현상
④ 수격현상(Water Hammering)

해설 공동현상 발생원인
① 펌프의 **흡입양정이 클** 경우
② 펌프의 마찰손실이 과대한 경우
③ 펌프의 임펠러 속도가 클 경우
④ 펌프의 흡입관경이 작을 경우

⑤ 펌프의 설치위치가 수원보다 높은 경우
⑥ 펌프의 흡입압력이 유체의 증기압보다 낮은 경우
⑦ 유체의 온도가 고온일 경우

공동현상 방지대책
① 펌프의 설치위치를 수원보다 낮게 설치
② 펌프의 임펠러속도를 감속한다.
③ 펌프의 흡입양정 및 마찰손실을 작게 한다.
④ 펌프의 흡입관경을 크게 한다.
⑤ 양 흡입 펌프를 사용한다.

해답 ①

30 그림과 같이 평형상태를 유지하고 있을 때 오른쪽 관에 있는 유체의 비중 S는?

① 0.9　　② 1.8
③ 2.0　　④ 2.2

① $P_1 = P_2$
② $P_1 = \gamma_1 h_1 + \gamma_2 h_2 + \gamma_3 h_3$
③ $P_2 = \gamma_4 h_4$
④ $\gamma = \gamma_w (\text{물비중량}) \times S(\text{비중})$

⑤ $P_1 = \gamma_w \times S \times h_1 + \gamma_2 h_2 + \gamma_3 h_3$
　$P_1 = 1000 \times 0.8 \times 2 + 1000 \times 1 + 1000 \times 1$
　$P_2 = 1000 \times S \times 1.8$
⑥ $1000 \times 0.8 \times 2 + 1000 \times 1 + 1000 \times 1$
　$= 1000 \times S \times 1.8$
⑦ $S = \dfrac{0.8 \times 2 + 1 + 1}{1.8} = 2$

해답 ③

31 지름 0.7m의 관 속에 5m/s의 평균속도로 물이 흐르고 있을 때 관의 길이 700m에 대한 마찰손실수두는 약 몇 m인가? (단, 관마찰계수는 0.03이다.)

① 19　　② 27
③ 30　　④ 38

해설 Darcy-Weisbach 식(층류)

$$\Delta h_L(\text{m}) = f \times \dfrac{l}{D} \times \dfrac{u^2}{2g}$$

① $D = 0.7\text{m}$, $u = 5\text{m/s}$, $l = 700\text{m}$, $f = 0.03$
② $\Delta h_L(\text{m}) = 0.03 \times \dfrac{700}{0.7} \times \dfrac{5^2}{2 \times 9.8} = 38.26\text{m}$

해답 ④

32 어떤 물체가 공기 중에서 무게는 588N이고, 수중에서 무게는 98N이었다. 이 물체의 체적(V)과 비중(S)은?

① $V = 0.05\text{m}^3$, $S = 1.2$
② $V = 50\text{cm}^3$, $S = 1.0$
③ $V = 0.5\text{m}^3$, $S = 0.85$
④ $V = 0.01\text{m}^3$, $S = 0.98$

해설 [풀이방법 1]
① 물체의 체적　$V = \dfrac{588 - 98}{9800} = 0.05\text{m}^3$
② 물체의 비중　$S = \dfrac{588}{(588-98)} = 1.2$

[풀이방법 2]
① 물체의 체적
　㉠ 중량차이 $= 588 - 98 = 490\text{N}$

즉, 중량차이 490N은 부력이다.
ⓒ $F_B(부력) = \gamma_{액체} \times V_{잠긴}$
∴ $490\text{N} = 9800\text{N/m}^3 \times V_{잠긴}$
$V_{잠긴} = 0.05\text{m}^3$

② 물체의 비중
$S = \dfrac{\gamma}{\gamma_w} = \dfrac{588\text{N}/0.05\text{m}^3}{9800\text{N/m}^3} = 1.2$

해답 ①

33 그림과 같이 반지름이 0.8m이고 폭이 2m인 곡면 AB가 수문으로 이용된다. 물에 의한 힘의 수평성분의 크기는 약 몇 kN인가?

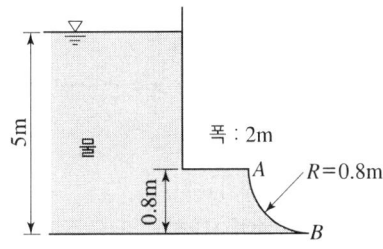

① 72.1   ② 84.7
③ 90.2   ④ 95.4

해설 **수평성분의 크기**
$$F_H = \gamma \bar{h} A$$
여기서, γ : 비중량(kN/m³), $\bar{h}$: 평균높이(m)
A : 면적(m²)

① 물의 비중량 $\gamma_w = 9.8\text{kN/m}^3$
② 평균높이 $\bar{h} = (5 - 0.8) + \dfrac{0.8}{2} = 4.6\text{m}$
③ 면적 $A = 2\text{m} \times 0.8\text{m} = 1.6\text{m}^2$
$F_H = F_{AC} = 9.8 \times 4.6 \times 1.6 = 72.1\text{kN}$

해답 ①

34 표면온도가 90℃인 표면(방사율 0.9)이 큰 방에 그림과 같이 놓여있다. 주위 및 방의 벽 온도는 10℃이다. 표면의 면적이 2m²일 때, 대류 및 복사에 의한 표면에서의 전체 열전달률은 약 몇 kW인가? (단, Stefan-Boltzmann 상수는 $5.67 \times 10^{-8}\text{W/(m}^2 \cdot \text{K}^4\text{)}$이고 대류열전달계수는 10W/(m² · K)이다.)

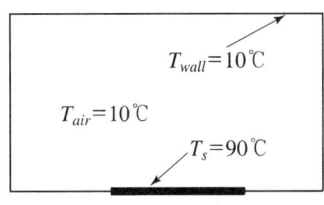

① 1.12   ② 1.60
③ 2.72   ④ 4.82

해설 (1) 대류에 의한 열전달률
$$Q = hA\Delta T$$
여기서, Q : 대류열전달률(W)
h : 열전달계수(W/m² · K)
A : 표면적(m²)
ΔT : 절대온도 차(K)
$Q = 10 \times 2 \times (363 - 283) = 1600\text{W} = 1.6\text{kW}$

(2) 복사에 의한 열전달률
$$Q = aAF(T_1^4 - T_2^4)$$
여기서, Q : 복사열전달률(W)
a : 스테판-볼츠만의 상수
A : 표면적(m²)
F : 방사율
T_1 : 고온물체의 절대온도
$[(273 + t\text{℃})\text{K}]$
T_2 : 저온물체의 절대온도
$[(273 + t\text{℃})\text{K}]$
$Q = 5.67 \times 10^{-8} \times 2 \times 0.9 \times (363^4 - 283^4)$
$= 1174.44\text{W} = 1.1\text{kW}$

(3) 대류 및 복사에 의한 열전달률
$Q = 1.6 + 1.1 = 2.7\text{kW}$

해답 ③

35 지름이 65mm인 배관내로 물이 2.8m/s의 속도로 흐를 때의 유동 형태는? (단, 물의 밀도는 998kg/m³, 점성계수는 0.001139kg/m · s이다.)

① 천이유동   ② 층류
③ 난류   ④ 와류

해설 ① 레이놀드 수

$$ReNo = \frac{Du\rho}{\mu} = \frac{Du}{v}$$

여기서, D : 내경(m) u : 유속(m/s)
ρ : 밀도(kg/m³)
μ : 점성계수(N·s/m² = kg/m·s)
v : 동점성계수(m²/s)

② 유체 흐름의 형태

흐름 형태	층 류	난 류
ReNo	ReNo < 2100	ReNo > 4000

③ $D = 65\text{mm} = 0.065\text{m}$, $u = 2.8\text{m/s}$
$\rho = 998\text{kg/m}^3$, $\mu = 0.001139\text{kg/m·s}$

$$ReNo = \frac{0.065 \times 2.8 \times 998}{0.001139} = 159469.71$$

④ 레이놀드수가 4000 이상이므로 난류

해답 ③

36 다음 중 표준 대기압을 표시한 것으로 틀린 것은?

① 10.33mAq   ② 1.033kgf/m²
③ 760mmHg   ④ 1.013bar

해설 표준대기압
1atm = 760mmHg = 0.76mHg
= 1.0332kgf/cm² = 1.0332 × 10⁴kgf/m²
= 10.332mAq = 10.332 × 10³mmAq
= 1.013bar = 1013mbar
= 101325Pa = 101.325kPa
= 14.7PSI(lb/in²)

해답 ②

37 점성계수에 대한 설명 중 옳지 않은 것은? (단, M은 질량, L은 길이, T는 시간을 나타낸다.)

① 차원은 $ML^{-1}T^{-1}$이다.
② 전단응력과 전단변형률이 선형적인 관계를 갖는 유체를 Newton유체라고 한다.
③ 온도의 변화에 따라 변화한다.
④ 공기의 점성계수가 물보다 크다.

해설 (1) 점성계수의 차원
μ(점성계수)의 단위는 poise(g/cm·s)
차원은 $ML^{-1}T^{-1}$이다.

(2) 뉴톤유체
전단응력과 전단변형률이 선형적인 관계를 갖는 유체

(3) 점성계수
액체는 온도증가 시 감소하고 기체는 온도증가 시 증가한다.

(4) 공기의 점성계수는 물보다 작다.
25℃에서 μ(공기) $= 1.607 \times 10^{-3}$poise
25℃에서 μ(물) $= 8.94 \times 10^{-3}$poise

뉴톤의 점성법칙
전단응력은 점성계수와 속도구배(속도기울기)에 비례한다.

$$전단응력\ \tau = \mu \frac{du}{dy}$$

여기서, μ : 점성계수
$\frac{du}{dy}$: 속도구배(속도기울기)

해답 ④

38 수면의 면적이 10m²인 저수조에 계속적으로 1m³/min의 유량으로 물이 채워지고 있다. 화재 초기에 수심은 2m였고 진화를 위해 2m³/min의 물을 계속 사용한다면, 이 저수조가 고갈될 때까지는 약 몇 분 걸리겠는가?

① 15   ② 20
③ 25   ④ 30

해설 ① 화재초기의 저수량 $= 10\text{m}^2 \times 2\text{m} = 20\text{m}^3$
② 저수조의 공급량 $= 1\text{m}^3/\text{min}$
③ 저수조에서 방수량 $= 2\text{m}^3/\text{min}$
④ 실제 방수량은 $2\text{m}^3/\text{min} - 1\text{m}^3/\text{min} = 1\text{m}^3/분$
⑤ $\dfrac{20\text{m}^3}{1\text{m}^3/\text{min}} = 20\text{min}$

해답 ②

39 온도 150℃, 95kPa에서 2kg/m³의 밀도를 갖은 기체의 분자량은? (단, 일반 기체상수는 8314J/kmol·K이다)

① 26   ② 70
③ 74   ④ 90

해설 밀도 산출공식

$$\rho = \frac{PM}{RT}$$

여기서, ρ : 밀도(kg/m³), P : 압력(atm)
M : 분자량, R : 기체상수(J/kmol · K)
T : 절대온도(273+t℃)

① 위 식에서 분자량은

$$M = \frac{\rho RT}{P}$$

② $\rho = 2$kg/m³
 $R = 8314$J/kmol · K
 $\quad = 8314$N · m/kmol · K
 $T = 273 + 150 = 423$K
 $P = 95$kPa $= 95 \times 10^3$Pa(N/m²)

③ $M = \dfrac{2 \times 8314 \times 423}{95 \times 10^3} = 74.04$

해답 ③

40 소방호스의 노즐에서 출구속도를 기준으로 한 부차적 손실계수가 0.05일 때의 분사속도는 부차적 손실이 없을 때에 비해 몇 %가 느려지는가?

① 1.2 ② 2.4
③ 4.8 ④ 5.0

해설 손실수두와 부차적 손실

$$H(m) = K\frac{u^2}{2g}$$

① 부차적 손실이 없는 경우 유속
 즉 $K = 1$일 때
 $u_1 = \sqrt{\dfrac{2gH}{K}} = \sqrt{2gH}$

② 부차적손실계수가 0.05일 때 유속
 즉 $K = 1 + 0.05 = 1.05$일 때
 $u_2 = \sqrt{\dfrac{2gH}{K}} = \sqrt{\dfrac{2gH}{1.05}} = \dfrac{1}{\sqrt{1.05}}\sqrt{2gh}$
 $\quad = 0.976\sqrt{2gh}$

③ 느려지는 유속
 $u_1 - u_2 = \sqrt{2gh} - 0.976\sqrt{2gh} = 0.024$
 ∴ $0.024 \times 100 = 2.4\%$

해답 ②

제3과목 소방관계법규

41 다음 중 대통령령으로 정하는 화재예방강화지구의 지정대상지역으로 옳지 않은 것은?

① 소방통로가 있는 지역
② 목조건물이 밀집한 지역
③ 공장 · 창고가 밀집한 지역
④ 시장지역

해설 화재예방강화지구의 지정 등(화재예방법 제18조)
(1) 지정권자 : 시 · 도지사
(2) 화재안전조사 : 소방관서장
(3) 화재안전조사 실시주기 : 연1회 이상
(4) 소방훈련과 교육 : 연1회 이상
(5) 훈련 및 교육통보 : 10일 전 까지

화재예방강화지구의 지정대상지역 ★★필수암기★★
① 시장지역
② 공장 · 창고가 밀집한 지역
③ 목조건물이 밀집한 지역
④ 노후 · 불량건축물이 밀집한 지역
⑤ 위험물의 저장 및 처리시설이 밀집한 지역
⑥ 석유화학제품을 생산하는 공장이 있는 지역
⑦ 산업단지
⑧ 소방시설 · 소방용수시설 또는 소방 출동로가 **없는** 지역
⑨ 물류단지
⑩ 소방관서장이 화재예방강화지구로 인정하는 지역

해답 ①

42 "소방용품"이란 소방시설 등을 구성하거나 소방용으로 사용되는 기기를 말하는데, 피난설비를 구성하는 제품 또는 기기에 속하지 않는 것은?

① 피난사다리   ② 소화기구
③ 공기호흡기   ④ 유도등

해설 소방시설법 시행령 제6조
(형식승인대상 소방용품) [별표 3] 소방용품
1. 소화설비를 구성하는 제품 또는 기기
 (1) 소화기구(소화약제 외의 것을 이용한 간이 소화용구는 제외)
 (2) 자동소화장치

(3) 소화설비를 구성하는 소화전, 관창, 소방호스, 스프링클러헤드, 기동용 수압개폐장치, 유수제어밸브 및 가스관선택밸브
2. 경보설비를 구성하는 제품 또는 기기
  (1) 누전경보기 및 가스누설경보기
  (2) 경보설비를 구성하는 발신기, 수신기, 중계기, 감지기 및 음향장치(경종만 해당)
3. 피난구조설비를 구성하는 제품 또는 기기
  (1) 피난사다리, 구조대, 완강기 및 간이완강기
  (2) 공기호흡기(충전기를 포함)
  (3) 피난구유도등, 통로유도등, 객석유도등 및 예비 전원이 내장된 비상조명등
4. 소화용으로 사용하는 제품 또는 기기
  (1) 소화약제
  (2) 방염제(방염액·방염도료 및 방염성물질)

해답 ②

---

43 특정소방대상물의 각 부분으로부터 수평거리 140m 이내에 공공의 소방을 위한 소화전이 화재안전기술기준이 정하는바에 따라 적합하게 설치되어 있는 경우에 설치가 면제되는 것은?

① 옥외소화전
② 연결송수관
③ 연소방지설비
④ 상수도소화용수설비

해설 (소방시설법 시행령 제14조의 별표 5)
특정소방대상물의 소방시설 설치의 면제기준

설치면제 소방시설	설치면제 요건
스프링클러설비	자동소화장치 또는 물분무등 소화설비
물분무등 소화설비	스프링클러 설비(차고, 주차장)
간이스프링클러 설비	스프링클러설비 또는 물분무소화설비, 미분무소화설비
연결송수관설비	옥내소화전설비, 스프링클러설비, 간이스프링클러설비, 연결살수설비
비상경보설비 또는 단독경보형 감지기	자동화재탐지설비, 화재알림설비
비상경보설비	단독경보형 감지기
비상방송설비	자동화재탐지설비, 비상경보설비
상수도소화용수 설비	수평거리140m 이내 소화전, 소화수조 또는 저수조

해답 ④

---

44 위험물시설의 설치 및 변경 등에 있어서 허가를 받지 아니하고 당해 제조소 등을 설치하거나 그 위치·구조 또는 설비를 변경할 수 있으며, 신고를 하지 아니하고 위험물의 품명·수량 또는 지정수량의 배수를 변경할 수 있는 경우의 제조소 등으로 옳지 않은 것은?

① 주택의 난방시설을 위한 저장소 또는 취급소
② 공동주택의 중앙난방시설을 위한 저장소 또는 취급소
③ 수산용으로 필요한 건조시설을 위한 지정수량 20배 이하의 저장소
④ 농예용으로 필요한 난방시설을 위한 지정수량 20배 이하의 저장소

해설 (위험물법 제6조) 위험물의 설치 및 변경 등 허가 및 변경신고 예외
(1) 주택의 난방시설 위한 저장 및 취급소 (공동주택의 중앙난방시설 제외)
(2) 농예용·축산용·수산용 난방시설·건조시설 위한 지정수량 20배 이하 저장소

해답 ②

---

45 다음 중 소방안전관리자를 두어야 하는 1급 소방안전관리 대상물에 속하지 않는 것은?

① 층수가 15층인 건물
② 연면적이 20000m² 인 건물
③ 10층인 건물로서 연면적 10000m² 인 건물
④ 가연성가스 1500톤을 저장·취급하는 시설

해설 소방안전관리자를 두어야 하는 특정소방대상물
(1) 특급 소방안전관리대상물
  ① 50층 이상(지하층 제외) 이거나 지상 200m 이상 **아파트**
  ② 30층 이상(지하층 포함) 이거나 지상 120m 이상(**아파트 제외**)
  ③ 연면적 10만m² 이상(**아파트 제외**)
(2) 1급 소방안전관리대상물
  ① 30층 이상(지하층 제외) 이거나 지상 120m 이상 **아파트**

② 연면적 1만5천m² 이상(아파트 및 연립주택 제외)
③ 층수가 11층 이상(아파트 제외)
④ 가연성가스 1천톤 이상 저장·취급 시설

(3) 2급 소방안전관리대상물
① 옥내, 스프링, 물분무등(호스릴방식 제외) 설치대상
② 가연성 가스 100톤 이상 1천톤 미만
③ 지하구
④ 공동주택
⑤ 보물 또는 국보로 지정된 목조건축물

(4) 3급 소방안전관리대상물
간이스프링클러설비 또는 자동화재탐지설비 설치대상

해답 ③

46 다음 중 소방시설 등의 자체점검업무에 관한 종합점검 시 점검자의 자격이 될 수 없는 사람은?

① 소방시설관리업자(소방시설관리사가 참여한 경우)
② 소방안전관리자로 선임된 소방시설관리사
③ 소방안전관리자로 선임된 소방기술사
④ 소방기사

해설 자체점검자의 자격

점검구분	특정소방대상물	주인력
작동점검	(1) 간이스프링클러설비 또는 자동화재탐지비	① 관계인 ② 관리사(관리업) ③ 특급점검자 ④ 관리사 및 기술사 (소방안전관리자)
	(1)에 해당하지 않는 특정소방대상물	① 관리사(관리업) ② 관리사 및 기술사 (소방안전관리자)
종합점검	(1) 최초점검대상 (소방시설 신설) (2) 스프링클러 설치대상 (3) 물분무무등[호스릴 제외] 연면적 5,000m² 이상(제조소등 제외) (4) 다중이용업의 소방대상물로서 연면적 2,000m² 이상 (5) 제연설비설치 터널	① 관리사(관리업) ② 관리사 및 기술사 (소방안전관리자)

점검구분	특정소방대상물	주인력
	(6) 공공기관 연면적 1,000m² 이상인 옥내 또는 자동화재탐지설비가 설치된 것. (소방대 근무 공공기관 제외)	

※ 자체점검 실시결과 보고서 보관기간 : 2년간
※ 자체점검 실시결과 보고서 제출기한 : 15일 이내

해답 ④

47 건축물 등의 신축·증축·개축·재축 또는 이전의 허가·협의 및 사용승인의 권한이 있는 행정기관은 건축허가 등을 함에 있어서 미리 그 건축물 등의 공사시 공지 또는 소재지를 관할하는 소방본부장 또는 소방서장의 동의를 받아야 한다. 다음 중 건축허가 등의 동의대상물의 범위로서 옳지 않은 것은?

① 주차장으로 사용되는 층 중 바닥면적이 200m² 이상인 층이 있는 시설
② 무창층이 있는 건축물로서 바닥면적이 150m² 이상인 층이 있는 것
③ 승강기 등 기계장치에 의한 주차시설로서 자동차 10대 이상을 주차할 수 있는 시설
④ 수련시설로서 연면적 200m² 이상인 건축물

해설 (소방시설법 시행령 제7조)
건축허가등의 동의대상물의 범위 등
(1) 연면적 400m² 이상
다만, 다음에 해당하는 경우에는 기준 이상
① 학교시설 : 100m²
② 노유자시설 및 수련시설 : 200m²
③ 정신의료기관 : 300m²
④ 장애인 의료재활시설 : 300m²
(2) 지하층 또는 무창층 150m²(공연장 100m²)
(3) 차고·주차장 또는 주차용도로 사용시설
① 차고·주차장 : 200m² 이상
② 기계장치에 의한 자동차 20대 이상
(4) 층수가 6층 이상인 건축물
(5) 항공기격납고, 관망탑, 항공관제탑, 방송용 송수신탑

(6) 공동주택, 의원(입원실, 인공신장실이 있는 것)
· 조산원 · 산후조리원, 숙박시설, 위험물 저장 및 처리 시설, 풍력발전소 · 전기저장시설, 지하구
(7) 노유자시설((1)의 ②에 해당하지 않는 시설)
(8) **요양병원**(의료재활시설은 제외)
(9) **750배** 이상의 **특수가연물**을 저장 · 취급
(10) **가스시설**로서 지상 노출 탱크 100톤 이상

해답 ③

48 소방청장 · 소방본부장 또는 소방서장은 소방업무를 전문적이고 효과적으로 수행하기 위하여 소방대원에게 필요한 교육 · 훈련을 실시하여야 하는데, 다음 설명 중 옳지 않은 것은?

① 소방교육 · 훈련은 2년마다 1회 이상 실시하되, 교육 · 훈련기간은 2주 이상으로 한다.
② 법령에서 정한 것 이외의 소방교육 · 훈련의 실시에 관하여 필요한 사항은 소방청장이 정한다.
③ 교육 · 훈련의 종류는 화재진압훈련, 인명구조훈련, 응급처치훈련, 민방위훈련, 현장지휘훈련이 있다.
④ 현장지휘훈련은 소방위 · 소방경 · 소방령 및 소방정을 대상으로 한다.

해설 (기본법 시행규칙 제9조)
소방교육 · 훈련의 종류 등
(1) 훈련의 종류
① 화재진압훈련 ② 인명구조훈련
③ 응급처치훈련 ④ 인명대피훈련
⑤ 현장지휘훈련
(2) 소방교육 · 훈련
① 2년마다 1회 이상
② 교육 · 훈련기간은 2주 이상

해답 ③

49 소방시설관리업의 등록기준 중 이산화탄소소화설비의 장비기준이 아닌 것은?

① 캡스패너   ② 절연저항계
③ 검량계   ④ 전류전압측정계

해설 **자체점검의 점검 장비**

소방시설	점검 장비
• 모든 소방시설	• 방수압력측정계 • 절연저항계 • 전류전압측정계
• 소화기구	• 저울
• 옥내 · 옥외	• 소화전밸브압력계
• 스프링 · 포	• 헤드결합렌치
• 이산화탄소 • 분말 • 할론 • 할로겐 및 불활성	• 검량계 • 기동관누설시험기 • 약제저장량 측정 점검기구

해답 ①

50 인화성 액체인 제4류 위험물의 품명별 지정수량으로 옳지 않은 것은?

① 특수인화물-50L
② 제1석유류 중 비수용성액체-200L
③ 알코올류-300L
④ 제4석유류-6000L

해설 **제4류 위험물 및 지정수량**

성 질	위험물 품 명		지정수량(L)
인화성 액체	① 특수인화물		50
	② 제1석유류	비수용성액체	200
		수용성액체	400
	③ 알코올류		400
	④ 제2석유류	비수용성액체	1,000
		수용성액체	2,000
	⑤ 제3석유류	비수용성액체	2,000
		수용성액체	4,000
	⑥ 제4석유류		6,000
	⑦ 동식물유류		10,000

해답 ③

51 소방안전교육사와 관련된 내용으로 옳지 않은 것은?

① 소방안전교육사의 자격시험 실시권자는 안전행정부장관이다.
② 소방안전교육사는 소방안전교육의 기획 · 진행 · 분석 · 평가 및 교수업무를 수행한다.
③ 한정치산자는 소방안전교육사가 될 수 없다.

④ 소방안전교육사를 소방청에 배치할 수 있다.

해설 기본법 제17조의2 (소방안전교육사)
① 소방청장은 소방청장이 실시하는 시험에 합격한 사람에게 소방안전교육사 자격을 부여한다.
② 소방안전교육사는 소방안전교육의 기획·진행·분석·평가 및 교수업무를 수행한다.
③ 소방안전교육사 시험의 응시자격, 시험방법, 시험과목, 시험위원, 그 밖에 소방안전교육사 시험의 실시에 필요한 사항은 대통령령으로 정한다.
④ 소방안전교육사 시험에 응시하려는 사람은 대통령령으로 정하는 바에 따라 수수료를 내야 한다.

해답 ①

52 소방기본법상의 벌칙으로 5년 이하의 징역 또는 5000만원 이하의 벌금에 해당하지 않는 것은?

① 소방자동차가 화재진압 및 구조·구급활동을 위하여 출동할 때 그 출동을 방해한 자
② 사람을 구출하거나 불이 번지는 것을 막기 위하여 불이 번질 우려가 있는 소방대상물의 사용제한의 강제처분을 방해한 자
③ 출동한 소방대의 소방장비를 파손하거나 그 효용을 해하여 화재진압·인명구조 또는 구급활동을 방해한 자
④ 정당한 사유 없이 소방용수시설의 효용을 해치거나 그 정당한 사용을 방해한 자

해설 소방기본법 제50조(벌칙)
5년 이하의 징역 또는 5천만원 이하의 벌금
(1) 다음 각 목의 어느 하나에 해당하는 행위를 한 사람
① 위력을 사용하여 출동한 소방대의 화재진압·인명구조 또는 구급활동을 방해하는 행위
② 소방대가 화재진압·인명구조 또는 구급활동을 위하여 현장에 출동하거나 현장에 출입하는 것을 고의로 방해하는 행위
③ 출동한 소방대원에게 폭행 또는 협박을 행사하여 화재진압·인명구조 또는 구급활동을 방해하는 행위
④ 출동한 소방대의 소방장비를 파손하거나 그 효용을 해하여 화재진압·인명구조 또는 구급활동을 방해하는 행위
(2) 소방자동차의 출동을 방해한 사람
(3) 사람을 구출하는 일 또는 불을 끄거나 불이 번지지 아니하도록 하는 일을 방해한 사람
(4) 정당한 사유 없이 소방용수시설 또는 비상소화장치를 사용하거나 소방용수시설 또는 비상소화장치의 효용을 해치거나 그 정당한 사용을 방해한 사람

해답 ②

53 방염대상물품 중 제조 또는 가공공정에서 방염처리를 하여야 하는 물품이 아닌 것은?

① 암막
② 두께가 2mm 미만인 종이벽지
③ 무대용 합판
④ 창문에 설치하는 블라인드

해설 (소방시설법 시행령 제30조)
방염성능기준 이상의 실내장식물 설치대상
(1) 근린생활시설 중 의원, 치과의원, 한의원, 조산원, 산후조리원, 체력단련장, 공연장 및 종교집회장
(2) 건축물의 옥내에 있는 시설
  ① 문화 및 집회시설
  ② 종교시설
  ③ 운동시설(수영장은 제외)
(3) 의료시설
(4) 교육연구시설 중 합숙소
(5) 노유자시설
(6) 숙박이 가능한 수련시설
(7) 숙박시설
(8) 방송통신시설 중 방송국 및 촬영소
(9) 다중이용업소
(10) 층수가 11층 이상인 것(아파트 등은 제외)

(소방시설법 시행령 제31조)
방염대상물품 및 방염성능기준
(1) 제조 또는 가공 공정에서 방염 처리하여야 하는 물품
  ① 창문에 설치하는 커튼류(블라인드 포함)
  ② 카펫
  ③ 벽지류(두께가 2mm 미만 종이벽지 제외)
  ④ 전시용 합판·목재 또는 섬유판, 무대용 합

판·목재 또는 섬유판(합판·목재류의 경우 불가피하게 설치 현장에서 방염처리한 것을 포함)
⑤ 암막·무대막(영화상영관과 **가상체험 체육시설업**에 설치하는 스크린을 포함)
⑥ 섬유류, 합성수지류로 제작된 소파·의자 (단란주점, 유흥주점, 노래연습장업)

(2) 건축물 내부의 천장이나 벽에 부착하거나 설치하는 다음의 것
(다만, 가구류와 너비 10cm 이하인 반자돌림대 등과 내부마감재료는 제외).
① **종이류(두께 2mm 이상인 것)**·합성수지류 또는 섬유류를 주원료로 한 물품
② 합판이나 목재
③ 간이 칸막이
④ 흡음재(흡음커튼 포함), 방음재(방음커튼 포함)

(3) 방염성능기준
① 불꽃을 올리며 20초 이내
② 불꽃을 올리지 아니하고 30초 이내
③ 탄화면적 50cm^2 이내, 탄화길이 20cm 이내
④ 불꽃의 접촉 횟수 3회 이상
⑤ 최대연기밀도 400 이하

(4) 방염처리 된 제품 사용권장
(소방본부장 또는 소방서장)
① 다중이용업소·의료시설·노유자시설·숙박시설 또는 장례식장에서 사용하는 **침구류·소파 및 의자**
② 건축물 내부의 천장 또는 벽에 부착하거나 설치하는 **가구류**

해답 ②

54 전문소방시설공사업의 법인의 자본금은?

① 5천만원 이상   ② 1억원 이상
③ 2억원 이상   ④ 3억원 이상

해설 (공사업법 시행령 제2조의 별표 1)
소방시설공사업의 등록기준 및 영업범위

종류	기술인력	영업범위
전문	(1) 주인력 : 기술사 또는 기사(기계+전기) 1인 이상 (2) 보조인력 : 2인 이상 법인 : 1억원 이상 개인 : 1억원 이상	• 모든 특정소방대상물

종류		기술인력	영업범위
일반	기계	(1) 주인력 : 기술사 또는 기사(기계분야) 1인 이상 (2) 보조인력 : 1인 이상 법인 : 1억원 이상 개인 : 1억원 이상	• 연면적 1만m^2 미만 • 위험물제조소등
	전기	(1) 주인력 : 기술사 또는 기사(전기분야) 1인 이상 (2) 보조인력 : 1인 이상 법인 : 1억원 이상 개인 : 1억원 이상	• 연면적 1만m^2 미만 • 위험물제조소등

해답 ②

55 지정수량의 10배 이상의 위험물을 저장 또는 취급하는 제조소 등(이동탱크저장소를 제외한다.)에는 화재발생시 이를 알릴 수 있는 경보설비를 설치하여야 한다. 이 경보설비의 종류로서 옳지 않은 것은?

① 확성장치(휴대용확성기 포함)
② 비상방송설비
③ 자동화재탐지설비
④ 자동화재속보설비

해설 경보설비를 설치하여야 하는 장소
(1) 지정수량의 10배 이상을 저장 취급하는 제조소 등
(2) 경보설비의 종류
① 자동화재 탐지설비   ② 비상경보설비
③ 확성장치   ④ 비상방송설비

해답 ④

56 소방안전관리대상물의 소방계획서에 포함되어야 할 내용으로 옳지 않은 것은?

① 소방안전관리대상물의 위치·구조·연면적·용도 및 수용인원 등의 일반현황
② 화재예방을 위한 자체점검계획 및 진압대책
③ 재난방지계획 및 민방위조직에 관한 사항
④ 특정소방대상물의 근무자 및 거주자의 자위소방대 조직과 대원의 임무에 관한 사항

해설 소방시설법 시행령 제24조
(소방안전관리대상물의 소방계획서 작성 등)
소방계획서에 포함되어야 할 내용
(1) 위치·구조·연면적·용도 및 수용인원 등 일반 현황
(2) 소방시설·방화시설, 전기시설·가스시설 및 위험물시설의 현황
(3) 자체점검계획 및 대응대책
(4) 소방시설·피난시설 및 방화시설의 점검·정비계획
(5) 피난계획
(6) 방화구획, 제연구획, 건축물의 내부 마감재료 및 방염물품의 사용현황과 그 밖의 방화구조 및 설비의 유지·관리계획
(7) 관리의 권원이 분리된 특정소방대상물의 소방안전관에 관한 사항
(8) 소방훈련 및 교육에 관한 계획
(9) 자위소방대 조직과 대원의 임무에 관한 사항
(10) 화기 취급 작업에 대한 사전 안전조치 및 감독 등 공사 중 소방안전관리에 관한 사항
(11) 소화와 연소 방지에 관한 사항
(12) 위험물의 저장·취급에 관한 사항
(13) 업무수행에 관한 기록 및 유지
(14) 초기대응에 관한 사항
(15) 그 밖에 소방본부장 또는 소방서장이 소방안전관리에 필요하여 요청하는 사항

해답 ③

57 소방대상물의 관계인은 소방대상물에 화재, 재난·재해 등이 발생한 경우 소방대가 현장에 도착할 때까지 사람을 구출하는 조치 또는 불을 끄거나 불이 번지지 않도록 조치를 하여야 한다. 정당한 사유 없이 이를 위반한 관계인에 대한 벌칙은?

① 1년 이하의 징역
② 1000만원 이하의 벌금
③ 500만원 이하의 벌금
④ 100만원 이하의 벌금

해설 (기본법 제54조) 벌칙
100만원 이하의 벌금
(1) 정당한 사유 없이 소방대가 현장에 도착할 때까지 사람을 구출하는 조치 또는 불을 끄거나 불이 번지지 아니하도록 하는 조치를 하지 아니한 자
(2) 피난명령을 위반한 자
(3) 정당한 사유 없이 물의 사용이나 수도의 개폐장치의 사용 또는 조작을 하지 못하게 하거나 방해한 자
(4) 위험물질 등에 대한 차단조치를 정당한 사유 없이 방해한 자

해답 ④

58 소방시설공사업자는 소방시설공사를 하려면 소방시설 착공(변경)신고서 등의 서류를 첨부하여 소방본부장 또는 소방서장에게 언제까지 신고하여야 하는가?

① 착공 전까지
② 착공 후 7일 이내
③ 착공 후 14일 이내
④ 착공 후 30일 이내

해설 (공사업법 시행규칙 제12조) 착공신고 등
소방시설공사 착공 전까지 소방본부장 또는 소방서장에게 신고

해답 ①

59 소방시설설치유지 및 안전관리에 관한 법률시행령에서 규정하는 소화활동설비에 속하지 않는 것은?

① 제연설비   ② 연결송수관설비
③ 무선통신보조설비 ④ 비상방송설비

해설 (소방시설법 시행령 제3조의 별표 1)
소방시설의 종류 ★★★(필수암기)★★★

소방시설	종 류	
소화설비	① 소화기구 ③ 옥내 ⑤ 스프링클러설비등	② 자동소화장치 ④ 옥외 ⑥ 물분무등
경보설비	① 단독경보형 ③ 시각경보기 ⑤ 화재알림 ⑦ 자동화재속보 ⑨ 누전경보기	② 비상경보 ④ 자동화재탐지 ⑥ 비상방송 ⑧ 통합감시 ⑩ 가스누설경보기

소방시설	종 류
피난구조 설비	① 피난기구(피난사다리, 구조대, 완강기 등) ② 인명구조기구(방열복, 방화복, 공기호흡기, 인공소생기) ③ 유도등(피난유도선, 피난구유도등, 통로유도등, 객석유도등, 유도표지) ④ 비상조명등 및 휴대용비상조명등
소화 용수설비	① 상수도소화용수 ② 소화수조·저수조 그 밖의 소화용수
소화 활동설비	① 제연 ② 연결송수관 ③ 연결살수 ④ 비상콘센트 ⑤ 무선통신보조 ⑥ 연소방지

해답 ④

60 소방안전관리자 선임에 관한 설명 중 옳은 것은?

> 소방안전관리대상물의 관계인이 소방안전관리자를 선임한 경우에는 행정안전부령이 정하는 바에 따라 선임한 날부터 (㉠) 이내에 (㉡)에게 신고하여야 한다.

① ㉠ 14일 ㉡ 시·도지사
② ㉠ 14일 ㉡ 소방본부장이나 소방서장
③ ㉠ 30일 ㉡ 시·도지사
④ ㉠ 30일 ㉡ 소방본부장이나 소방서장

해설 (소방시설법 제26조)
소방안전관리자 선임신고
소방안전관리대상물의 관계인이 소방안전관리자를 선임한 경우에는 행정안전부령으로 정하는 바에 따라 선임한 날부터 14일 이내에 소방본부장이나 소방서장에게 신고

해답 ②

제4과목 소방기계시설의 구조 및 원리

61 제연설비가 설치된 부분의 거실 바닥면적이 400m² 이상이고 수직거리가 2m 이하일 때, 예상제연구역의 직경이 40m인 원의 범위를 초과한다면 예상 제연구역의 배출량은 얼마 이상

이어야 하는가?

① 25000m³/hr ② 30000m³/hr
③ 40000m³/hr ④ 45000m³/hr

해설 **배출량 및 배출방식**
바닥면적 400m² 이상인 거실
(1) 예상제연구역이 40m원의 범위를 초과 시 배출량은 45000m³/hr 이상으로 할 것.
(2) 예상제연구역이 제연경계로 구획된 경우

수직거리	배출량
2m 이하	45000m³/hr 이상
2m 초과 2.5m 이하	50000m³/hr 이상
2.5m 초과 3m 이하	55000m³/hr 이상
3m 초과	65000m³/hr 이상

해답 ④

62 폐쇄형스프링클러헤드에서 그 설치장소의 평상시 최고 주위온도와 표시온도와의 관계가 옳은 것은?

① 설치장소의 최고 주위온도보다 표시온도가 높은 것을 선택
② 설치장소의 최고 주위온도보다 표시온도가 낮은 것을 선택
③ 설치장소의 최고 주위온도와 표시온도가 같은 것을 선택
④ 설치장소의 최고 주위온도와 표시온도는 관계없음

해설 (1) **폐쇄형 헤드의 표시온도**

설치장소의 최고 주위온도	표시온도
39℃ 미만	79℃ 미만
39℃ 이상 64℃ 미만	79℃ 이상 121℃ 미만
64℃ 이상 106℃ 미만	121℃ 이상 162℃ 미만
106℃ 이상	162℃ 이상

(2) **표시온도**: 화재 시 폐쇄형헤드가 작동하는 온도
(3) 폐쇄형헤드 설치 시 설치장소의 최고주위온도보다 높은 것을 선택한다.

해답 ①

63 국내 규정상 단위 옥내소화전설비 가압송수장치의 최소시설기준으로 다음과 같은 항목을 맞

게 열거한 것은? (단, 순서는 법정 최소 방사량(L/min)-법정 최소 방출압력(MPa)-법정 최소 방출시간(분)이다.)

① 130L/min-1.0MPa-30분
② 350L/min-2.5MPa-30분
③ 130L/min-0.17MPa-20분
④ 350L/min-3.5MPa-20분

해설 옥내소화전설비
(1) 노즐선단에서의 방수압력이 0.17MPa(호스릴 옥내소화전설비를 포함) 이상
(2) 방수량이 130L/min(호스릴옥내소화전설비를 포함) 이상. 다만, 하나의 옥내소화전을 사용하는 노즐선단에서의 방수압력이 0.7MPa을 초과할 경우에는 호스접결구의 인입 측에 감압장치를 설치

해답 ③

64 송풍기 등을 사용하여 건축물 내부에 발생한 연기를 제연구획까지 풍도를 설치하여 강제로 제연하는 방식은?

① 밀폐 제연방식
② 자연 제연방식
③ 기계 제연방식
④ 스모크 타워 제연방식

해설 제연방식의 종류
(1) 밀폐 제연방식
 • 제연의 기본방식이며 개구부를 밀폐제연
 • 공동주택, 여관, 호텔 등에 적합
(2) 자연 제연방식
 발생한 열 기류의 부력 또는 화재실 외부의 공기흡출효과에 따라 창문 또는 전용배연구로 연기배출
(3) 스모그타워 제연방식
 • 제연전용굴뚝 또는 환기통으로 연기배출방식
 • 자연제연의 일종이며 고층빌딩에 적합.
(4) 기계 제연방식(강제제연방식)
 연기를 송풍기나 배풍기를 설치하여 강제로 배출

해답 ③

65 전역 방출방식의 분말소화설비에 있어서 방호구역의 용적이 500m³일 때 적합한 분사헤드의 수는? (단, 제1종 분말이며, 체적 1m³당 소화약제양은 0.60kg이며, 분사헤드 1개의 분당 표준방사량은 18kg이다.)

① 34개
② 134개
③ 17개
④ 30개

해설 분말약제 저장량(kg)

$$Q = V \times K_1 + A \times K_2$$

여기서, Q : 분말약제 저장량(kg)
 V : 방호구역체적(m³)
 K_1 : 체적계수(kg/m³)
 A : 개구부면적(m²)
 K_2 : 면적계수(kg/m²)

① $Q(kg) = 500m^3 \times 0.6kg/m^3 = 300kg$
② 약제 저장량을 30초 이내에 방사
③ 헤드 표준방사량 : 18kg/min = 9kg/30초
④ 헤드수 = 300kg ÷ 9kg = 33.3
 ∴ 34개

해답 ①

66 다음 중 피난기구를 설치하지 아니하여도 되는 소방대상물(피난기구 설치제외 대상)이 아닌 것은?

① 발코니 등을 통하여 인접세대로 피난할 수 있는 구조로 되어 있는 계단실형 아파트
② 주요구조부가 내화구조로서 거실의 각 부분으로 직접 복도로 피난할 수 있는 학교의 강의실 용도로 사용되는 층
③ 무인공장 또는 자동창고로서 사람의 출입이 금지된 장소
④ 문화집회 및 운동시설·판매시설 및 영업시설 또는 노유자시설의 용도로 사용되는 층으로서 그 층의 바닥면적이 1000m² 이상인 곳

해설 피난기구 설치제외대상
(1) 주요구조부가 내화구조이고 지하층을 제외한 층수가 4층 이하이며 소방사다리차가 쉽게 통

행할 수 있는 도로 또는 공지에 면하는 부분에 기준에 적합한 개구부가 2 이상 설치되어 있는 층(문화집회 및 운동시설·판매시설 및 영업시설 또는 노유자시설의 용도로 사용되는 층으로서 그 층의 바닥면적이 1,000m² 이상인 것을 제외)
(2) 편복도형 아파트 또는 발코니 등을 통하여 인접세대로 피난할 수 있는 구조로 되어 있는 계단실형 아파트
(3) 주요구조부가 내화구조로서 거실의 각 부분으로 직접 복도로 피난할 수 있는 학교(강의실 용도로 사용되는 층에 한한다)
(4) 무인공장 또는 자동창고로서 사람의 출입이 금지된 장소(관리를 위하여 일시적으로 출입하는 장소를 포함)

해답 ④

67 다음 중 옥내소화전 방수구를 설치하여야 하는 곳은?

① 냉장창고의 영하인 냉장실
② 식물원
③ 수영장의 관람석
④ 수족관

해설 옥내소화전 방수구의 설치제외
(1) 냉장창고의 영하인 냉장실 또는 냉동창고의 냉동실
(2) 고온의 노가 설치된 장소 또는 물과 격렬하게 반응하는 물품의 저장 또는 취급 장소
(3) 발전소·변전소 등으로서 전기시설이 설치된 장소
(4) 식물원·수족관·목욕실·수영장(**관람석 부분을 제외**) 또는 그 밖의 이와 비슷한 장소
(5) 야외음악당·야외극장 또는 그 밖의 이와 비슷한 장소

해답 ③

68 스프링클러헤드의 감도를 반응시간지수(RTI)값에 따라 구분할 때 RTI값이 51 초과 80 이하일 때의 헤드 감도는?

① Fast response
② Special response
③ Standard response
④ Quick response

해설 (1) 반응시간지수(RTI)

$$RTI = \tau\sqrt{u}$$

여기서, τ : 감열체의 시간상수(초)
u : 기류속도(m/s)
기류의 온도, 속도 및 작동시간에 대하여 스프링클러헤드의 반응을 예상한 지수이며 단위는 $(m \cdot s)^{0.5}$이다.

(2) RTI값에 따른 헤드의 분류

종류	RTI값 범위
표준반응형 헤드 (standard response)	81 초과 350 이하
특수반응형 헤드 (special response)	51 초과 80 이하
조기반응형 헤드 (fast response)	50 이하

해답 ②

69 연결송수관설비 송수구에 관한 설명 가운데 옳지 않은 것은?

① 송수구 부근에 설치하는 체크밸브 등은, 습식의 경우 송수구, 자동배수밸브, 체크밸브 순으로 설치하여야 한다.
② 연결송수관의 수직배관마다 1개 이상을 설치하여야 한다.
③ 지면으로 부터의 높이가 0.5m 이상 1m 이하의 위치가 되도록 설치하여야 한다.
④ 구경 65mm의 단구형으로 설치하여야 한다.

해설 연결송수관설비의 설치 기준
1. 송수구 설치기준
   ① 연결송수관의 수직배관마다 1개 이상을 설치
   ② 송수구의 부근에 자동배수밸브 또는 체크밸브 설치순서
      ㉠ 습식 : 송수구 → 자동배수밸브 → 체크밸브(송자첵)
      ㉡ 건식 : 송수구 → 자동배수밸브 → 체크밸브 →자동배수밸브(송자첵자)
   ③ 송수구는 지면으로부터 0.5m 이상 1.0m 이

하
2. 배관 설치기준
   ① 주배관의 구경은 100mm 이상
   ② 지면으로부터의 높이가 31m 이상인 소방대상물 또는 지상 11층 이상인 소방대상물에 있어서는 습식설비로 할 것
3. 방수구 설치기준
   ① 방수구는 그 소방대상물의 층마다 설치
   ② 11층 이상의 방수구는 쌍구형
   ③ 방수구의 호스 접결구 설치위치 바닥으로부터 높이 0.5m 이상 1m 이하
   ④ 방수구의 구경 : 65mm의 것
   ⑤ 방수구는 개폐기능을 가진 것으로 할 것

   해답 ④

70
포소화설비의 자동식 기동장치에 사용되는 1개의 폐쇄형 스프링클러 헤드의 기준 경계면적은 얼마 이하인가?

① $9m^2$ ② $15m^2$
③ $20m^2$ ④ $25m^2$

해설 포소화설비의 자동식 기동장치
(1) 화재감지기의 작동 또는 폐쇄형 스프링클러헤드의 개방과 연동하여 가압송수장치·일제개방밸브 및 포 소화약제 혼합장치를 기동시킬 수 있을 것
(2) 폐쇄형 스프링클러헤드를 사용하는 경우
   ① 표시온도가 79℃ 미만인 것을 사용하고, 1개의 스프링클러헤드의 **경계면적은 $20m^2$ 이하**로 할 것
   ② 부착면의 높이는 바닥으로부터 5m 이하로 하고, 화재를 유효하게 감지할 수 있도록 할 것
   ③ 하나의 감지장치 경계구역은 하나의 층이 되도록 할 것

   해답 ③

71
할로겐화합물 및 불활성기체 소화약제의 저장용기의 설치기준 설명 중 틀린 것은?

① 방화문으로 방화구획된 실에 설치한다.
② 용기간의 간격을 3cm 이상의 간격을 유지한다.
③ 온도가 40℃ 이하이고, 온도의 변화가 작은 곳에 설치한다.
④ 저장용기와 집합관을 연결하는 연결배관에는 체크밸브를 설치한다.

해설 할로겐화합물 및 불활성기체 소화약제 저장용기 설치기준
(1) 방호구역외의 장소에 설치할 것
   (단, 방호구역내에 설치할 경우에는 피난구 부근에 설치)
(2) **온도가 55℃ 이하**이고 온도 변화가 작은 곳에 설치할 것
(3) 직사광선 및 빗물이 침투할 우려가 없는 곳에 설치할 것
(4) 방화문으로 방화구획된 실에 설치할 것
(5) 용기의 설치장소에는 해당 용기가 설치된 곳임을 표시하는 표지를 할 것
(6) 용기간의 간격은 점검에 지장이 없도록 3cm 이상의 간격을 유지할 것
(7) 저장용기와 집합관을 연결하는 연결배관에는 체크밸브를 설치할 것(단, 저장용기가 하나의 방호구역만을 담당하는 경우에는 예외)

   해답 ③

72
이산화탄소 소화설비(고압식)의 배관으로 호칭구경 50mm강관을 사용하려 한다. 이 때 적용하는 배관 스케줄의 한계는?

① 스케줄 20 이상   ② 스케줄 30 이상
③ 스케줄 40 이상   ④ 스케줄 80 이상

해설 CO_2 소화설비의 배관 설치기준
(1) 배관은 전용으로 할 것
(2) 강관을 사용하는 경우의 배관
   압력배관용 탄소강관(KS D 3526)중 스케줄 80(저압식은 스케줄 40)이상의 것 또는 이와 동등 이상의 강도를 가진 것으로 아연도금 등으로 방식처리된 것을 사용할 것(다만, 배관의 호칭이 20mm 이하인 경우에는 스케줄 40 이상인 것을 사용할 수 있다.)
(3) 동관을 사용하는 경우의 배관(이음이 없는 동 및 동합금관(KS D 5301)

고압식	16.5MPa 이상의 압력에 견딜 수 있는 것
저압식	3.75MPa 이상의 압력에 견딜 수 있는 것

(4) 개폐밸브 또는 선택밸브의 배관부속

고압식	1차측(개폐밸브 또는 선택밸브 이전) 배관부속의 최소사용설계압력은 9.5MPa 2차측 배관부속의 최소사용설계압력은 4.5MPa
저압식	배관부속의 최소사용설계압력은 4.5MPa

해답 ④

73 물분무 소화설비의 배수설비를 차고 및 주차장에 설치하고자 할 때 설치기준에 맞지 않는 것은?

① 차량이 주차하는 장소의 적당한 곳에 높이 10cm 이상의 경계턱으로 배수구를 설치할 것
② 길이 40m 이하마다 집수관, 소화핏트 등 기름분리장치를 설치할 것
③ 차량이 주차하는 바닥은 배수구를 향하여 100분의 1 이상의 기울기를 유지할 것
④ 배수설비는 가압송수장치의 최대 송수능력의 수량을 유효하게 배수할 수 있는 크기 및 기울기로 할 것

해설 물분무 소화설비의 배수설비
(1) 차량이 주차하는 장소의 적당한 곳에 높이 **10cm 이상의 경계턱**으로 **배수구**를 설치할 것
(2) 배수구에는 새어나온 기름을 모아 소화할 수 있도록 길이 **40m 이하마다** 집수관·소화핏트 등 **기름분리장치**를 설치할 것
(3) 차량이 주차하는 바닥은 배수구를 향하여 **2/100 이상의 기울기**를 유지할 것
(4) 배수설비는 가압송수장치의 최대송수능력의 수량을 유효하게 배수할 수 있는 크기 및 기울기로 할 것

해답 ③

74 연결살수설비의 배관 설치기준으로 적합하지 않은 것은?

① 연결살수설비 전용헤드를 사용하는 경우 배관의 구경 80mm일 때 하나의 배관에 부착되는 살수헤드의 개수는 6개 이상 10개 이하이다.

② 폐쇄형헤드를 사용하는 경우의 시험배관은 송수구에서 가장 먼 거리에 위치한 가지배관의 끝으로부터 연결하여 설치하여야 한다.
③ 개방형헤드를 사용하는 수평주행배관은 헤드를 향하여 상향으로 1/100 이상의 기울기로 설치한다.
④ 가지배관 또는 교차배관을 설치하는 경우에는 가지배관은 교차배관 또는 주배관에서 분기되는 지점을 기점으로 한 쪽 가지배관에 설치되는 헤드의 개수는 10개 이하로 한다.

해설 연결살수설비의 배관 설치기준
(1) 연결살수설비 전용헤드수별 급수관의 구경

헤드수	1개	2개	3개	4~5개	6~10개
배관구경 (mm)	32	40	50	65	80

(2) 폐쇄형헤드를 사용하는 연결살수설비의 시험배관
  ① 송수구에서 가장 먼 거리에 위치한 가지배관의 끝으로부터 연결하여 설치할 것
  ② 시험장치 배관의 구경은 25mm 이상으로 하고, 그 끝에는 물받이 통 및 배수관을 설치하여 시험 중 방사된 물이 바닥으로 흘러내리지 않도록 할 것
(3) 개방형헤드를 사용하는 연결살수설비에 있어서의 수평주행배관은 헤드를 향하여 상향으로 **100분의 1 이상의 기울기**로 설치하고 주배관 중 낮은 부분에는 자동배수밸브를 설치하여야 한다.
(4) 가지배관 또는 교차배관을 설치하는 경우에는 가지배관의 배열은 토너멘트방식이 아니어야 하며, 가지배관은 교차배관 또는 주배관에서 분기되는 지점을 기점으로 한 쪽 가지배관에 설치되는 헤드의 개수는 **8개 이하**로 해야 한다.

해답 ④

75 스프링클러설비 배관에 대한 내용 중 잘못된 것은?

① 습식설비의 교차배관에 설치하는 청소구 헤드설치는 최소구경이 25mm 이상의 것으로 한다.
② 가지배관의 배열은 토너먼트 방식이 아니

어야 한다.
③ 습식설비에서 하향식헤드는 가지배관으로부터 헤드에 이르는 헤드접속배관은 가지관상부에서 분기한다.
④ 수직 배수배관의 구경은 50mm 이상으로 하여야 한다.

해설 스프링클러설비의 배관설치기준
(1) 배관의 구경은 수리계산에 따르는 경우 가지배관의 유속은 6m/s, 그 밖의 배관의 유속은 10m/s를 초과할 수 없다.
(2) 가지배관의 배열은 다음 각 호의 기준에 따른다.
  ① 토너먼트(tournament)방식이 아닐 것
  ② 교차배관에서 분기되는 지점을 기점으로 한 쪽 가지배관에 설치되는 헤드의 개수는 8개 이하로 할 것.
(3) 교차배관의 구경은 **최소구경이 40mm 이상**이 되도록 할 것.
(4) **청소구는 교차배관 끝에 개폐밸브를 설치하고, 호스접결이 가능한 나사식 또는 고정배수 배관식으로 할 것**.
(5) 하향식헤드를 설치하는 경우에 헤드접속배관은 가지관상부에서 분기할 것.
(6) 수직배수배관의 구경은 50mm 이상으로 하여야 한다.

해답 ①

76 분말 소화약제의 가압용 가스용기의 설치 기준에 대한 설명으로서 틀린 것은?

① 가압용 가스는 질소가스 또는 이산화탄소로 한다.
② 가압용 가스용기를 3병 이상 설치한 경우에 있어서는 2개 이상의 용기에 전자 개방밸브를 부착한다.
③ 분말소화약제의 가스용기는 분말 소화약제의 저장용기에 접속하여 설치한다.
④ 분말 소화약제의 가압용 가스용기에는 2.5MPa 이상의 압력에서 압력 조정이 가능한 압력조정기를 설치한다.

해설 분말약제의 가압용 가스용기
(1) 3병 이상 설치한 경우에 2개 이상의 용기에 전자개방밸브 부착
(2) **2.5MPa 이하**의 압력에서 조정이 가능한 **압력조정기를 설치**

해답 ④

77 포워터스프링클러헤드는 바닥면적 몇 m^2마다 1개 이상으로 설치하는가?

① $7m^2$
② $8m^2$
③ $9m^2$
④ $10m^2$

해설 포헤드 설치기준
(1) 포워터스프링클러헤드 : $8m^2$ 마다 1개 이상
(2) 포헤드 : $9m^2$ 마다 1개 이상

해답 ②

78 물분무소화설비의 수원은 특수가연물을 저장 또는 취급하는 소방대상물 또는 그 부분에 있어서 그 최대방수구역의 바닥면적 $1m^2$에 대하여 분당 몇 L로 20분간 방사할 수 있는 양 이상이어야 하는가?

① 5L
② 10L
③ 15L
④ 20L

해설 물분무설비의 수원의 양

소방대상물	수원의 저수량
특수가연물	바닥면적(m^2)(최소 $50m^2$)× $10L/m^2 \cdot 분 \times 20min$
차고, 주차장	바닥면적(m^2)(최소 $50m^2$)× $20L/m^2 \cdot 분 \times 20min$
절연유 봉입 변압기	표면적(바닥부분제외)(m^2)× $10L/m^2 \cdot 분 \times 20min$
케이블 트레이 덕트	투영된 바닥면적(m^2)× $12L/m^2 \cdot 분 \times 20min$
콘베이어벨트	벨트부분의 바닥면적(m^2)× $10L/m^2 \cdot 분 \times 20min$

해답 ②

79 이산화탄소소화설비 배관의 구경은 이산화탄소의 소요량이 몇 분 이내에 방사되어야 하는가? (단, 전역방출식에 있어서 합성수지류의 심부화재 방호대상물의 경우이다.)

① 1분   ② 3분
③ 5분   ④ 7분

해설 약제 방사시간

소화설비		방사시간
CO₂	전역	표면화재 1분 이내
		심부화재 7분 이내
	국소	30초 이내
할론		10초 이내
할로겐화합물 및 불활성기체		10초 이내(불활성은 1분 이내)
분말		30초 이내

해답 ④

80 피난기구의 화재안전기술기준상 피난기구를 설치하여야 할 소방 대상물 중 피난기구의 2분의 1을 감소할 수 있는 조건이 아닌 것은?

① 주요구조부가 내화구조로 되어 있을 것
② 비상용 엘리베이터(elevator)가 설치되어 있을 것
③ 직통계단인 피난계단이 2 이상 설치되어 있을 것
④ 직통계단인 특별피난계단이 2 이상 설치되어 있을 것

해설 피난기구설치의 감소
1. 피난기구의 2분의 1을 감소
   (1) 주요구조부가 내화구조로 되어 있을 것
   (2) 직통계단인 피난계단 또는 특별피난계단이 2 이상 설치되어 있을 것
2. 피난기구의 수에서 해당 건널 복도의 수의 2배의 수를 뺀 수
   (1) 내화구조 또는 철골조로 되어 있을 것
   (2) 건널 복도 양단의 출입구에 자동폐쇄장치를 한 60분+방화문 또는 60분방화문(방화셔터를 제외)이 설치되어 있을 것
   (3) 피난·통행 또는 운반의 전용 용도일 것

해답 ②

무료 동영상과 함께하는 소방설비(기계분야) 필기

2024

2024년 3월 CBT 시행
2024년 5월 CBT 시행
2024년 7월 CBT 시행

소방설비기사 – 기계분야

2024년 3월 CBT 시행

본 문제는 CBT시험대비 기출문제 복원입니다.

제1과목 소방원론

01 다음의 물질 중 공기에서의 위험도(H) 값이 가장 큰 것은?

① 에터   ② 수소
③ 에틸렌   ④ 프로판

해설 위험도(Degree of Hazards)

$$H = \frac{U-L}{L}$$

여기서, U : 폭발상한계, L : 폭발하한계

① 에터의 폭발범위 : 1.9%~48%

$$H = \frac{48-1.9}{1.9} = 24.26$$

② 수소의 폭발범위 : 4%~75%

$$H = \frac{75-4}{4} = 17.75$$

③ 에틸렌의 폭발범위 : 2.7%~36%

$$H = \frac{36-2.7}{2.7} = 12.33$$

④ 프로판의 폭발범위 : 2.1%~9.5%

$$H = \frac{9.5-2.5}{2.5} = 3.52$$

해답 ①

02 촛불의 연소형태에 해당하는 것은?

① 표면연소   ② 분해연소
③ 증발연소   ④ 자기연소

해설 물질별 연소의 형태

연소형태	해당 물질
표면연소	숯, 코크스, 목탄, 금속분
증발연소	파라핀(양초), 황, 나프탈렌, 왁스, 휘발유, 등유, 경유, 아세톤 등 제4류 위험물
분해연소	석탄, 목재, 플라스틱, 종이, 합성수지, 중유
자기연소 (내부연소)	질화면(나이트로셀룰로오스), 셀룰로이드, 나이트로글리세린 등 제5류 위험물
확산연소	아세틸렌, LPG, LNG 등 가연성 기체
불꽃연소+ 표면연소	목재, 종이, 셀룰로오즈류, 열경화성수지

해답 ③

03 자연발화의 예방을 위한 대책으로 옳지 않은 것은?

① 열의 축적을 방지한다.
② 주위 온도를 낮게 유지한다.
③ 열전도성을 나쁘게 한다.
④ 산소와의 접촉을 차단한다.

해설 자연발화 방지대책
① 통풍이나 환기 등을 통하여 열의 축적을 방지
② 자연발화성이 강한 황린(착화점 50℃)은 물속에 저장
③ 주위온도를 낮게 유지
④ 가능한 물질을 덩어리상태로 저장하여 산소와 접촉면적을 작게 한다.

해답 ③

04 열전도율을 표시하는 단위에 해당하는 것은?

① [kcal/m² · h · ℃]
② [kcal · m²/h · ℃]
③ [W/m · K]
④ [J/m³ · K]

해설 열전도율 단위
① kcal/ m · h · ℃
② W/m · K

해답 ③

05 다음 원소 중 할로젠족 원소인 것은?

① Ne ② Ar
③ Cl ④ Xe

해설 할로젠족 원소
불소(F), 염소(Cl), 브로민(Br), 아이오딘(I)

해답 ③

06 다음 물질 중 인화점이 가장 낮은 것은?

① 에틸알코올 ② 등유
③ 경유 ④ 다이에틸에터

해설 제4류 위험물의 인화점

물질명	인화점	류별
에틸알코올	13℃	알코올류
등유	30~60℃	제2석유류
경유	50~70℃	제2석유류
다이에틸에터	-40℃	특수인화물

해답 ④

07 분말 소화약제의 소화효과로 가장 거리가 먼 것은?

① 방사열의 차단효과
② 부촉매효과
③ 제거효과
④ 질식효과

해설 소화약제별 소화효과

소화약제	소화효과
물(봉상, 적상)	냉각효과
물분무	냉각효과, 질식효과, 희석효과, 유화(에멀젼)효과
이산화탄소	질식효과, 피복효과, 냉각효과
할로젠화합물	부촉매효과(연쇄반응 억제효과), 냉각효과
분말	질식, 부촉매, 냉각, 방사열의 차단

해답 ③

08 건축물의 바깥쪽에 설치하는 피난 계단의 구조 기준 중 계단의 유효 너비는 몇 m 이상으로 하여야 하는가?

① 0.6 ② 0.7
③ 0.8 ④ 0.9

해설 건축물의 바깥쪽에 설치하는 피난계단의 구조
① 계단은 그 계단으로 통하는 출입구외의 창문등(망이 들어 있는 유리의 붙박이창으로서 그 면적이 각각 $1m^2$ 이하인 것을 제외)으로부터 2m 이상의 거리를 두고 설치할 것
② 건축물의 내부에서 계단으로 통하는 출입구에는 60분+방화문 또는 60분방화문을 설치할 것
③ 계단의 유효너비는 0.9m 이상으로 할 것
④ 계단은 내화구조로 하고 지상까지 직접 연결되도록 할 것

해답 ④

09 공기 또는 물과 반응하여 발화할 위험이 높은 물질은?

① 벤젠 ② 이황화탄소
③ 톨루엔 ④ 트라이에틸알루미늄

해설 위험물질의 분류

품명	유별
벤젠	제4류 (인화성액체)
이황화탄소	제4류 (인화성액체)
트라이에틸알루미늄	제3류 (자연발화성 및 금수성)
톨루엔	제4류 (인화성액체)

알킬알루미늄$[(C_nH_{2n+1}) \cdot Al]$: 3류(금수성 물질)
① 알킬기(C_nH_{2n+1})에 알루미늄(Al)이 결합된 화합물이다.
② C_1~C_4는 자연발화의 위험성이 있다.
③ 물과 접촉 시 가연성 가스 발생하므로 주수소화는 절대 금지한다.
④ 트라이메틸알루미늄
 (TMA : Tri Methyl Aluminium)
 $(CH_3)_3Al + 3H_2O \rightarrow Al(OH)_3 + 3CH_4 \uparrow$ (메탄)
⑤ 트라이에틸알루미늄
 (TEA : Tri Eethyl Aluminium)
 $(C_2H_5)_3Al + 3H_2O \rightarrow Al(OH)_3 + 3C_2H_6 \uparrow$ (에탄)
⑥ 저장용기에 불활성기체(N_2)를 봉입한다.
⑦ 피부접촉 시 화상을 입히고 연소 시 흰 연기가 발생한다.
⑧ 소화 시 주수소화는 절대 금하고 팽창질석, 팽창진주암 등으로 피복소화한다.

해답 ④

10 다음 중 착화온도가 가장 낮은 것은?

① 에틸알코올 　② 톨루엔
③ 등유 　　　　④ 가솔린

해설 제4류 위험물의 물성

품명	에틸알코올	톨루엔	등유	가솔린(휘발유)
착화점	423℃	552℃	210℃	300℃

해답 ③

11 Halon 1301의 분자식에 해당하는 것은?

① CCl_3H 　　② CH_3Cl
③ CF_3Br 　　④ $C_2F_2Br_2$

해설 할론소화약제 명명법
할론 ⓐ ⓑ ⓒ ⓓ
ⓐ-C원자수 　ⓑ-F원자수
ⓒ-Cl원자수 　ⓓ-Br원자수

할로겐화합물 소화약제

구분\종류	할론 2402	할론 1211	할론 1301	할론 1011
분자식	$C_2F_4Br_2$	CF_2ClBr	CF_3Br	CH_2ClBr

해답 ③

12 다음 중 제3류 위험물로서 자연발화성만 있고 금수성이 없기 때문에 물속에 보관하는 물질은?

① 염소산암모늄 　② 황린
③ 칼륨 　　　　　④ 질산

해설 ① 물속에 보관
　㉠ 이황화탄소(CS_2) ㉡ 황린(P_4)
② 석유(파라핀, 경유, 등유) 속 보관
　㉠ 칼륨(K) ㉡ 나트륨(Na)

해답 ②

13 목재 화재시 다량의 물을 뿌려 소화하고자 한다. 이 때 가장 큰 소화효과는?

① 제거소화효과 　② 냉각소화효과
③ 부촉매소화효과 ④ 희석소화효과

해설 소화원리
① 냉각소화 : 가연성 물질을 발화점 이하로 온도를 냉각

　물이 소화약제로 사용되는 이유
　• 물의 기화열(539kcal/kg)이 크기 때문
　• 물의 비열 (1kcal/kg℃)이 크기 때문

② 질식소화 : 산소농도를 21%에서 15% 이하로 감소

　질식소화 시 산소의 유지농도 : 10~15%

③ 억제소화(부촉매소화, 화학적소화) : 연쇄반응을 억제
　• 부촉매 : 화학적 반응의 속도를 느리게 하는 것
　• 부촉매 효과 : 할론소화약제
　　[할로젠족원소 : 불소(F), 염소(Cl), 브로민(Br), 아이오딘(I)]
④ 제거소화 : 가연성물질을 제거시켜 소화
　• 산불이 발생하면 화재의 진행방향을 앞질러 벌목
　• 화학반응기의 화재 시 원료공급관의 밸브를 폐쇄
　• 유전화재 시 폭약으로 폭풍을 일으켜 화염을 제거
　• 촛불을 입김으로 불어 화염을 제거
⑤ 피복소화 : 가연물 주위를 공기와 차단

해답 ②

14 정전기로 인한 피해발생의 방지대책이 아닌 것은?

① 접지실시
② 공기의 이온화
③ 부도체 사용
④ 70% 이상의 상대습도 유지

해설 정전기 방지대책
① 접지와 본딩
② 공기를 이온화
③ 상대습도 70% 이상 유지
④ 도체물질을 사용

해답 ③

15 목재의 상태를 기준으로 했을 때 다음 중 연소속도가 가장 느린 것은?

① 거칠고 얇은 것

② 각이 있고 얇은 것
③ 매끄럽고 둥근 것
④ 수분이 적고 거친 것

해설 목재의 외형에 따른 연소속도

연소속도 목재의 외형	빠르다	느리다
수분함량	적은 것	많은 것
크기와 두께	잘고 얇은 것	두껍고 굵은 것
외형	사각형이고 거칠은 것	둥근형이고 매끄러운 것
열전도도	적은 것	큰 것
접촉면적	큰 것	적은 것
밀도	작은 것	큰 것

해답 ③

16 제1종 분말소화약제의 주성분으로 옳은 것은?

① $KHCO_3$ ② $NaHCO_3$
③ $NH_4H_2PO_4$ ④ $Al_2(SO_4)_3$

해설 분말약제의 종류

종 별	약제명	착 색	적응화재
제1종	탄산수소나트륨, 중탄산나트륨($NaHCO_3$)	백 색	B. C급
제2종	탄산수소칼륨, 중탄산칼륨($KHCO_3$)	담회색	B. C급
제3종	제1인산암모늄($NH_4H_2PO_4$)	담홍색	A. B. C급
제4종	탄산수소칼륨+요소 ($KHCO_3+(NH_2)_2CO$)	회 색	B. C급

해답 ②

17 건물내 피난동선의 조건으로 옳지 않은 것은?

① 2개 이상의 방향으로 피난할 수 있어야 한다.
② 가급적 단순한 형태로 한다.
③ 통로의 말단은 안전한 장소이어야 한다.
④ 수직동선은 금하고 수평동선만 고려한다.

해설 피난대책의 일반적인 원칙
① 2방향 원칙에 따라 피난통로를 확보 할 것
② 피난수단은 원시적 방법을 원칙으로 할 것
③ 피난설비는 고정식 설비를 원칙으로 하고 보조적으로 이동식설비를 고려할 것

④ 피난대책은 Fool proof와 Fail safe의 원칙을 중요시 할 것
⑤ 피난경로는 간단하고 명료하게 할 것

해답 ④

18 플래쉬오버(flash over)에 대한 설명으로 옳은 것은?

① 건물 화재에서 가연물이 착화하여 연소하기 시작하는 단계이다.
② 축적된 가연성 가스가 일시에 인화하여 화염이 확대되는 단계이다.
③ 건물 화재에서 화재가 쇠퇴기에 이른 단계이다.
④ 건물 화재에서 가연물의 연소가 끝난 단계이다.

해설 플래쉬 오버(flash over)현상
화재 시 발생한 가연성가스가 건물 내 상층부에 체류하다가 연소범위 내 농도가 되면 착화하여 화염으로 쌓이고 상층부의 열이 축적되어 축적된 열이 실내에 복사열로 방출되어 실내가 화염으로 덮이는 현상

• 플래쉬 오버 발생시기 : 성장기
• 주요 발생 원인 : 열의 공급

해답 ②

19 건축물의 주요구조부가 아닌 것은?

① 차양 ② 보
③ 기둥 ④ 바닥

해설 건축물의 주요 구조부
(1) 내력벽 (2) 기둥 (3) 바닥
(4) 보 (5) 지붕틀 (6) 주계단
(어두문자 암기법 : 내주기만하면 바보지)

해답 ①

20 다음 중 연소 현상과 관계가 없는 것은?

① 부탄가스 라이터에 불을 붙였다.
② 황린을 공기 중에 방치했더니 불이 붙었다.
③ 알코올 램프에 불을 붙였다.

④ 공기 중에 노출된 쇠못이 붉게 녹이 슬었다.

해설 연소의 정의
빛과 발열을 동반한 급격한 산화반응
④는 빛과 발열이 없는 단지 산화반응이다.

해답 ④

제2과목 소방유체역학

21 그림의 액주계(manometer)에서 비중 $S_1 = S_3 = 0.90$, $S_2 = 13.6$, $h_1 = 30$cm, $h_3 = 15$cm일 때 A점의 압력과 B점의 압력이 같게 되는 h_2는 약 몇 cm인가?

① 1　　　　② 3
③ 5　　　　④ 7

해설 ① $P_A + \gamma_1 h_1 = P_B + \gamma_2 h_2 + \gamma_3 h_3$
② $P_A - P_B = \gamma_2 h_2 + \gamma_3 h_3 - \gamma_1 h_1$
③ $P_A = P_B$ 이고
　$P = \gamma h = \gamma_w (9.8\text{kN/m}^3) \times S \times h$
　$0 = (9.8 \times 13.6 \times h_2)$
　　　$+ (9.8 \times 0.9 \times 0.15\text{m})$
　　　$- (9.8 \times 0.9 \times 0.3\text{m})$
　$133.28 \times h_2 = 2.646 - 1.323$
　$h_2 = 9.93 \times 10^{-3}\text{m} = 0.993\text{cm} ≒ 1\text{cm}$

해답 ①

22 경사진 관로의 유체흐름에서 수력기울기선(Hydraulic Grade Line : HGL)의 위치로 옳은 것은?

① 언제나 에너지선보다 위에 있다.
② 에너지선보다 속도수두 만큼 아래에 있다.
③ 항상 수평이 된다.
④ 개수로의 수면보다 속도수두 만큼 위에 있다.

해설 EL(에너지선)과 HGL(수력구배선)

$$EL(\text{에너지선}) = \frac{V^2}{2g} + \frac{P}{r} + Z$$

$$HGL(\text{수력구배선}) = \frac{P}{r} + Z$$

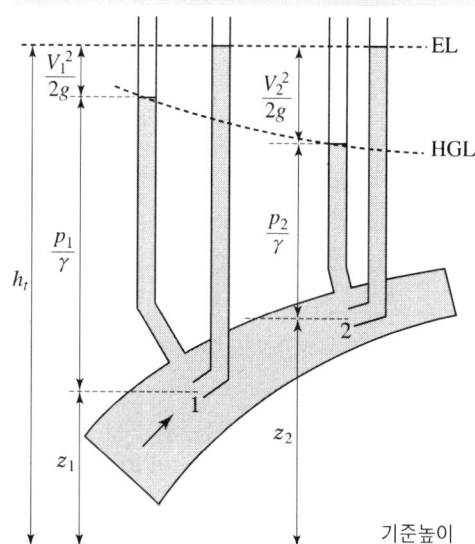

여기서, $\dfrac{V^2}{2g}$: 속도수두, $\dfrac{P}{r}$: 압력수두
　　　　Z : 위치수두

① 에너지선은 수력구배선(수력기울기선)보다 항상 속도수두 만큼 크다.
② 수력구배선(수력기울기선)은 에너지선보다 항상 속도수두 만큼 작다.

[참고] EL(Energy Line), HGL(Hydraulic Grade Line)

해답 ②

23 그림과 같이 밑면이 2m×2m인 탱크에 비중이 0.8인 기름과 물이 각각 2m씩 채워져 있다. 기름과 물이 벽면 AB에 작용하는 힘은 약 몇 kN 인가?

① 39
② 70
③ 102
④ 133

해설 (1) 기름 벽면에 작용하는 힘
$$F_1 = \gamma_1 \overline{h_1} A = \gamma_w \times S_1 \times \overline{h_1} \times A$$
$$F_1 = 9.8 \text{kN/m}^3 \times 0.8 \times \frac{2\text{m}}{2} \times 2\text{m} \times 2\text{m}$$
$$= 31.36 \text{kN}$$

(2) 물 벽면에 작용하는 힘
$$F_2 = \gamma_w \times S_1 \times h_1 \times A + \gamma_w \times S_2 \times \overline{h_2} \times A$$
$$F_2 = 9.8 \text{kN/m}^3 \times 0.8 \times 2\text{m} \times 2\text{m} \times 2\text{m}$$
$$+ 9.8 \text{kN/m}^3 \times 1 \times \frac{2\text{m}}{2} \times 2\text{m} \times 2\text{m}$$
$$= 101.92 \text{kN}$$

(3) 벽면 AB에 작용하는 힘
$$F = F_1 + F_2 = 31.36 + 101.92 = 133.28 \text{kN}$$

해답 ④

24 깊이 1m까지 물을 넣은 물탱크의 밑에 오리피스가 있다. 수면에 대기압이 작용할 때의 2배 유속으로 오리피스에서 물을 유출시키려면 수면에는 몇 kPa의 압력을 더 가하면 되는가? (단, 손실은 무시한다.)

① 9.8
② 19.6
③ 29.4
④ 39.2

해설 유속 계산 공식
$$u = \sqrt{2gH}$$

① 물의 깊이가 1m일 때 유속을 구하면
$$u = \sqrt{2 \times 9.8 \times 1} = 4.4272 \text{m/s}$$

② 2배 유속이므로
$$2 \times 4.4272 = \sqrt{2 \times 9.8 \times H} \quad \therefore \ H : 4\text{m}$$

③ 물의 깊이가 1m 있으므로
$$H = 4\text{m} - 1\text{m} = 3\text{m}$$

④ $P = \gamma h = 9.8 \text{kN/m}^3 \times 3\text{m}$
$$= 29.4 \text{kN/m}^2 (\text{kPa})$$

해답 ③

25 동점성계수가 $0.8 \times 10^{-6} \text{m}^2/\text{s}$인 유체가 내경 20cm인 배관속을 평균유속 2m/s로 흐를 때의 레이놀즈(Reynolds)수는 얼마인가?

① 3.5×10^5
② 5.0×10^5
③ 6.5×10^5
④ 7.0×10^5

해설 레이놀드수 계산공식
$$\text{ReNo} = \frac{Du\rho}{\mu} = \frac{Du}{v} = \frac{4Q}{\pi Dv}$$

① $v = 0.8 \times 10^{-6} \text{m}^2/\text{s}$, $D = 20\text{cm} = 0.2\text{m}$
$u = 2\text{m/s}$

② $\text{ReNo} = \frac{Du}{v} = \frac{0.2 \times 2}{0.8 \times 10^{-6}} = 5 \times 10^5$

해답 ②

26 그림과 같이 노즐에서 분사되는 물의 속도가 $V = 12\text{m/s}$이고, 분류에 수직인 평판은 속도 $u = 4\text{m/s}$로 움직일 때, 평판이 받는 힘은 몇 N 인가? (단, 노즐(분류)의 단면적은 0.01m^2이다.)

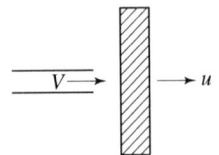

① 640 ② 960
③ 1280 ④ 1440

해설 힘 계산공식

$$F(N) = Q(m^3/s) \times \Delta u(m/s) \times \rho(kg/m^3)$$

① $Q = UA$이므로 $F(N) = UAU\rho = AU^2\rho$
② $A = 0.01m^2$, $\Delta U = (12-4) = 8m/sec$
③ ρ_w(물) $= 1000kg/m^3$
④ $F(N) = 0.01m^2 \times (8m/s)^2 \times 1000kg/m^3$
  $= 640 kg \cdot m/s^2(N)$

해답 ①

27 수압기에서 피스톤의 지름이 각각 10mm, 50mm이고 큰 피스톤에 1000N의 하중을 올려놓으면 작은 쪽 피스톤에 몇 N의 힘이 작용하게 되는가?

① 40 ② 400
③ 25000 ④ 245000

해설 ① 힘과 압력 관계

$$F(N) = P(N/m^2) \times A(m^2)$$

[유압장치(파스칼의 원리)]

② $P_1 = P_2$ $F = PA$이므로
$P = \dfrac{F}{A}$ $P_1 = P_2$

③ $\dfrac{F_1}{A_1} = \dfrac{F_2}{A_2}$ $F_1 \times A_2 = F_2 \times A_1$

④ $1000N \times \dfrac{\pi}{4} \times 10^2 = F_2 \times \dfrac{\pi}{4} \times 50^2$

⑤ $F_2 = 40N$

해답 ①

28 직경이 15cm인 배관에 5m³/min로 물이 정상류로 흐르고 있을 때 물의 평균유속은 약 몇 m/s인가?

① 4.7 ② 5.7
③ 6.7 ④ 7.7

해설 유속 계산 공식

$$u = \dfrac{Q}{A}$$

$u = \dfrac{5m^3/60s}{\dfrac{\pi}{4} \times (0.15m)^2} = 4.72 m/s$

해답 ①

29 직경이 40mm인 비눗방울의 내부 초과압력이 150Pa일 때 표면장력은 몇 N/m인가?

① 0.75 ② 1.5
③ 2.0 ④ 2.5

해설 표면장력(비눗방울)

$$\sigma = \dfrac{\Delta P d}{8}$$

$\sigma = \dfrac{150N/m^2(Pa) \times 0.04m}{8} = 0.75 N/m$

참고 표면장력

$$\sigma_1 = \dfrac{\Delta P d}{4} \quad \sigma_2 = \dfrac{\Delta P d}{8}$$

여기서, σ_1(물방울), σ_2(비눗방울) : 표면장력(N/m)
ΔP : 압력차(N/m²), d : 내경(m)

해답 ①

30 공기가 채워진 어떤 구형(球形) 기구의 반지름이 5m이고, 내부 압력이 100kPa, 온도는 20℃일 때 기구 내에 채워진 공기의 몰수는 약 몇 kmol인가? (단, 공기의 분자량은 29kg/kmol이고, 기체상수는 287J/kg · k이다.)

① 20.1 ② 21.5
③ 22.3 ④ 23.6

해설 완전기체 방정식

$$PV = WRT$$

① $P = 100\text{kPa} = 100 \times 10^3 \text{Pa}(\text{N/m}^2)$
② 구의 체적을 구하면
$$V = \frac{4}{3}\pi r^3 = \frac{4}{3} \times \pi \times (5\text{m})^3 = 523.60\,\text{m}^3$$
③ $100 \times 10^3 \times 523.60 = W \times 287 \times (273+20)$
④ $W = 622.66\text{kg}$
⑤ $M = 622.66\text{kg} \times \dfrac{1\text{kmol}}{29\text{kg}} = 21.5\text{kmol}$

해답 ②

31 체적 2m³, 온도 20℃의 이상기체 1kg를 정압하에서 체적을 5m³으로 팽창시켰다. 가한 열량은 약 몇 kJ인가? (단, 기체의 정압 비열은 2.06kJ/kg · K, 기체상수는 0.488kJ/kg · K로 한다.)

① 954　　② 906
③ 889　　④ 863

해설 ① 비열비 $k = \dfrac{C_P}{C_P - R} = \dfrac{2.06}{2.06 - 0.488} = 1.31$

② 완전기체방정식에서 압력을 구하면
$$P = \frac{WRT}{V} = \frac{1 \times 0.488 \times (273+20)}{2}$$
$$= 71.492\,\text{kN/m}^2$$

③ 가한 열량 $Q = \dfrac{k}{k-1}P(V_2 - V_1)$

$\therefore Q = \dfrac{1.31}{1.31 - 1} \times 71.492\text{kN/m}^2 \times (5-2)\text{m}^3$
$\quad = 906.33[\text{kN} \cdot \text{m}(\text{kJ})] = 906.33[\text{kJ}]$

해답 ②

32 반지름 r 인 뜨거운 금속 구를 실에 매달아 선풍기 바람으로 식힌다. 표면에서의 평균 열전달계수를 h, 공기와 금속의 열전도계수를 k_a와 k_b라고 할 때, 구의 표면 위치에서 금속에서의 온도 기울기와 공기에서의 온도 기울기 비는?

① $k_a : k_b$　　② $k_b : k_a$
③ $(rh - k_a) : k_b$　　④ $k_a : (k_b - rh)$

 구의 표면위치에서 금속에서의 온도기울기 : 공기에서의 온도기울기 비
= 공기열전도 계수(K_a) : 금속열전도 계수(K_b)

해답 ①

33 지름이 일정한 관내의 점성 유동장에 관한 일반적인 설명 중 맞는 것은?

① 층류인 경우 전단응력은 밀도의 함수이다.
② 층류인 경우 중앙에서 전단응력이 가장 크다.
③ 벽면에서 난류의 속도기울기는 층류보다 작다.
④ 전단응력은 난류가 층류보다 크다.

해설 전단응력의 성질
① 층류인 경우 전단응력은 압력의 함수이다.
② 층류인 경우 배관벽면에서 전단응력이 가장 크다.
③ 벽면에서 난류의 속도기울기는 층류보다 크다.
④ 전단응력은 난류가 층류보다 크다.

전단응력
① 난류 : 점성계수와 속도구배에 비례
$$\left(\tau = \mu \frac{du}{dy}\right)$$
여기서, $\dfrac{du}{dy}$: 속도기울기(속도구배)
μ : 점성계수

② 층류 : 중심선에서 0이고 반지름에 비례하면서 관벽으로 갈수록 직선적으로 증가
$$\left(\tau = \frac{\Delta P}{l} \cdot \frac{r}{2}\right)$$

[전단응력분포]

해답 ④

34 물이 흐르는 지름 40cm인 관에 게이트 밸브($K = 10$)와 Tee($K = 2$)가 설치되어 있다. 관 마찰계수가 0.04일 때, 게이트밸브와 Tee에 대한 관의 상당길이는 몇 m인가? (단, K는 표에서 얻어진 손실계수이다.)

① 100　　② 120
③ 260　　④ 370

해설 상당관 길이(L_e)

$$L_e = \frac{kd}{f}$$

$$L_e = \frac{(10+2) \times 0.4\text{m}}{0.04} = 120$$

상당관길이
관부속품을 동일구경, 동일유량에 대하여 같은 크기의 마찰손실을 갖는 직관의 길이

해답 ②

35 펌프의 공동현상(cavitation)을 방지하기 위한 방법에 관한 사항으로 틀린 것은?

① 펌프의 설치 위치를 수원보다 낮게 한다.
② 펌프의 흡입측을 가압한다.
③ 펌프의 흡입 관경을 크게 한다.
④ 펌프의 회전수를 크게 한다.

해설 ※ ④ 펌프의 회전수를 작게 한다.

공동현상 방지대책
① 펌프의 설치위치를 수원보다 낮게 설치
② 펌프의 임펠러속도를 작게 한다.
③ 펌프의 흡입측 수두 및 마찰손실을 작게 한다.
④ 펌프의 흡입관경을 크게 한다.
⑤ 양 흡입 펌프를 사용한다.

해답 ④

36 다음 중 동점성계수의 차원을 옳게 표현한 것은? (단, 질량 M, 길이 L, 시간 T로 표시한다.)

① $[ML^{-1}T^{-1}]$　　② $[L^2T^{-1}]$
③ $[ML^{-2}T^{-2}]$　　④ $[ML^{-1}T^{-2}]$

해설 $\nu = \frac{\mu}{\rho} = \frac{\text{N} \cdot \text{s/m}^2}{\text{N} \cdot \text{s}^2/\text{m}^4} = \text{m}^2/\text{s}$

∴ 차원식 = L^2T^{-1}

해답 ②

37 낙구식 점도계는 어떤 법칙을 이론적 근거로 하는가?

① Stokes의 법칙
② 열역학 제1법칙
③ Hagen-Poiseuille의 법칙
④ Boyle의 법칙

해설 점도계의 종류★★★

점도계의 종류	이용한 법칙
낙구식 점도계	스토크스 법칙
오스트왈트(Ostwald)점도계	하겐-포아젤의 법칙
세이볼트(Saybolt) 점도계	
맥마이첼(MacMichael) 점도계	뉴우톤의 점성법칙
스토머(Stomer) 점도계	

해답 ①

38 정용적형 베인펌프의 회전속도가 1500rpm이고 압력상승이 6.86MPa, 송출량이 53L/min일 때 소비된 축동력은 7.4kW이다. 이 펌프의 전효율은 약 몇 %인가?

① 94.6　　② 79.8
③ 80.3　　④ 81.9

해설 펌프의 축동력

$$P(\text{kW}) = \frac{\gamma Q H}{E}$$

$P = 7.4\text{kW}$, $\gamma_W(물) = 9.8\text{kN/m}^3$
$Q = 53\text{L/min} = 53 \times 10^{-3}\text{m}^3/60\text{s}$
$H = \frac{P}{\gamma} = \frac{6.86 \times 10^3 \text{kPa}(\text{kN/m}^2)}{9.8\text{kN/m}^3} = 700\text{m}$

$7.4 = \frac{9.8 \times (53 \times 10^{-3}/60) \times 700}{E}$

∴ $E = 0.8189 ≒ 81.9\%$

해답 ④

39 다음 중 비속도에 관한 설명 중 맞는 것은? (단, 회전속도는 n[rpm], 송출량은 Q[m³/min], 전양정은 H[m]이다.)

① 축류펌프는 원심펌프에 비해 높은 비속도를 가진다.

② 같은 종류의 펌프는 운전조건이 달라도 비속도의 값이 같다.
③ 저용량 고수두용 펌프는 큰 비속도의 값을 가진다.
④ $\dfrac{nQ^{1/2}}{H^{3/4}}$로 정의된 비속도는 무차원수이다.

해설 **비교회전도**(비속도)

$$N_s = \dfrac{N\sqrt{Q}}{H^{\frac{3}{4}}}$$

여기서, N : 펌프의 회전수(rpm)
Q : 유량(m³/min)
H : 전양정(m)
N_s : 비속도(m³/min, rpm, m)

비속도에 관한 설명
① 축류펌프는 원심펌프에 비해 높은 비속도를 가진다.
② 같은 종류의 펌프는 운전조건이 다르면 비속도의 값도 달라진다.
③ 저용량 고수두용 펌프는 작은 비속도의 값을 가진다.
④ 비속도의 단위는 (m³/min, rpm, m) 이다.

해답 ①

40 물을 개방된 용기에 넣고 대기압 하에서 계속 열을 가하여도 액체의 물이 남아 있는 한 물의 온도가 100℃ 이상 온도가 올라가지 않는 것과 가장 관계가 있는 것은?

① 공급된 열이 모두 물의 내부 에너지로 저장되기 때문이다.
② 공급되는 열, 물의 온도 및 주위 온도와의 사이에서 열이 평형상태에 있기 때문이다.
③ 물이 100℃에서 비등하기 때문이다.
④ 공급되는 열량이 100℃에서 한계에 도달하였기 때문이다.

해설 **비등점**(沸騰點) = 끓는점
① 끓고 있는 액체는 온도가 변하지 않고 일정온도를 유지하는데 이는 흡수된 열이 모두 액체 분자 간의 인력을 끊고 기체로 상태변화가 일어나는 데에 쓰여지기 때문이다.
② 끓는점은 액체의 증기압이 외부의 압력과 같아지는 온도이므로 외부의 압력에 따라 변화하게 된다.

해답 ③

제3과목　소방관계법규

41 경보설비 중 단독경보형감지기를 설치하여야 하는 특정소방대상물에 속하지 않는 것은?

① 연면적 400m² 미만의 유치원
② 공동주택 중 연립주택 및 다세대주택
③ 수련시설 내에 있는 기숙사 또는 합숙소로서 연면적 2천m² 미만인 것
④ 교육연구시설 내에 있는 연면적 3천m² 미만의 합숙소

해설 ④ 연면적 3천m² 미만 → 연면적 2천m² 미만

단독경보형감지기 설치대상
(1) 교육연구시설 내에 있는 기숙사 또는 합숙소로서 연면적 2천m² 미만인 것
(2) 수련시설 내에 있는 기숙사 또는 합숙소로서 연면적 2천m² 미만인 것
(3) 수련시설(숙박시설이 있는 것만 해당)
(4) 연면적 400m² 미만의 유치원
(5) 공동주택 중 연립주택 및 다세대주택
※ **연립주택 및 다세대주택**에 설치하는 단독경보형 감지기는 **연동형**으로 설치

해답 ④

42 소방안전관리자를 선임하지 아니한 소방안전관리대상물의 관계인에 대한 벌칙은?

① 100만원 이하의 벌금
② 300만원 이하의 벌금
③ 1000만원 이하의 벌금
④ 3000만원 이하의 벌금

해설 화재예방법 시행령 제50조(벌칙)
300만원 이하의 벌금
(1) 화재안전조사를 거부·방해 또는 기피한 자
(2) 명령을 정당한 사유 없이 따르지 아니하거나 방해한 자
(3) **소방안전관리자를 선임하지 아니한 자**
(4) 소방시설·피난시설·방화시설 및 방화구획 등이 법령에 위반된 것을 발견하였음에도 필요한 조치를 할 것을 요구하지 아니한 소방안전관리자
(5) 소방안전관리자에게 불이익한 처우를 한 관계인
(6) 업무를 수행하면서 알게 된 비밀을 누설한 자

해답 ②

43 위험물시설의 설치 및 변경, 안전관리에 대한 설명으로 옳지 않은 것은?

① 제조소등의 설치자의 지위를 승계한 자는 승계한 날부터 30일 이내에 시·도지사에게 신고하여야 한다.
② 제조소등의 용도를 폐지한 때에는 폐지한 날부터 30일 이내에 시·도지사에게 신고하여야 한다.
③ 위험물안전관리자가 퇴직한 때에는 퇴직한 날부터 30일 이내에 다시 위험물안전관리자를 선임하여야 한다.
④ 위험물안전관리자를 선임한 때에는 선임한 날부터 14일 이내에 소방본부장 또는 소방서장에게 신고하여야 한다.

해설 ② 30일 이내 → 14일 이내
위험물안전관리법 제11조 (제조소등의 폐지)
제조소등의 관계인은 당해 **제조소등의 용도를 폐지한** 때에는 행정안전부령이 정하는 바에 따라 제조소등의 용도를 **폐지한 날부터 14일 이내에 시·도지사에게 신고**

해답 ②

44 자동화재탐지설비의 설치면제 요건에 관한 사항이다. ( )에 들어갈 내용으로 알맞은 것은?

자동화재탐지설비의 기능(감지·수신·경보 기능)과 성능을 가진 ( )를 화재안전기준에 적합하게 설치한 경우에는 그 설비의 유효한 범위안의 부분에서 자동화재탐지설비의 설치가 면제된다.

① 비상경보설비   ② 연소방지설비
③ 물분무등소화설비 ④ 비상방송설비

해설 [별표 5] 소방시설 설치의 면제 기준

설치가 면제되는 소방시설	설치면제 요건
스프링클러설비	• 자동소화장치 • 물분무등소화설비
물분무등소화설비	• 차고·주차장에 스프링클러설비
자동화재탐지설비	자동화재탐지설비의 기능(**감지·수신·경보기능**)과 성능을 가진 다음의 설비 • 화재알림설비 • 스프링클러설비 • 물분무등소화설비

해답 ③

45 액체위험물을 저장 또는 취급하는 옥외탱크저장소 중 몇 리터 이상의 옥외탱크저장소는 정기검사의 대상이 되는가?

① 1만리터 이상   ② 10만리터 이상
③ 50만리터 이상 ④ 100만리터 이상

해설 (1) 정기점검의 대상인 제조소등
① 관계인이 예방규정을 정하여야 하는 제조소등에 해당하는 제조소등

관계인이 예방규정을 정하여야 하는 제조소등
• 지정수량의 10배 이상의 위험물을 취급하는 제조소
• 지정수량의 100배 이상의 위험물을 저장하는 옥외저장소
• 지정수량의 150배 이상의 위험물을 저장하는 옥내저장소
• 지정수량의 200배 이상의 위험물을 저장하는 옥외탱크저장소
• 암반탱크저장소
• 이송취급소
• 지정수량의 10배 이상의 위험물을 취급하는 일반취급소

② 지하탱크저장소
③ 이동탱크저장소

④ 위험물을 취급하는 탱크로서 지하에 매설된 탱크가 있는 제조소·주유취급소 또는 일반취급소

(2) 정기검사의 대상인 제조소등
액체위험물을 저장 또는 취급하는 50만리터 이상의 옥외탱크저장소

(3) 정기점검의 횟수
제조소등의 관계인은 당해 제조소등에 대하여 연 1회 이상 정기점검을 실시

해답 ③

46 소방시설설치유지 및 안전관리에 관한 법률시행령에서 규정하는 소방시설의 종류 중 피난설비에 속하지 않는 것은?

① 제연설비 ② 공기안전매트
③ 유도등 ④ 공기호흡기

해설 ① 제연설비 – 소화활동설비

(소방시설법 시행령 제3조의 별표 1)
소방시설의 종류 ★★★(필수암기)★★★

소방시설	종류
소화설비	① 소화기구 ② 자동소화장치 ③ 옥내 ④ 옥외 ⑤ 스프링클러설비등 ⑥ 물분무등
경보설비	① 단독경보형 ② 비상경보 ③ 시각경보기 ④ 자동화재탐지 ⑤ 화재알림 ⑥ 비상방송 ⑦ 자동화재속보 ⑧ 통합감시 ⑨ 누전경보기 ⑩ 가스누설경보기
피난구조설비	① 피난기구(피난사다리, 구조대, 완강기 등) ② 인명구조기구(방열복, 방화복, 공기호흡기, 인공소생기) ③ 유도등(피난유도선, 피난구유도등, 통로유도등, 객석유도등, 유도표지) ④ 비상조명등 및 휴대용비상조명등
소화용수설비	① 상수도소화용수 ② 소화수조·저수조 그 밖의 소화용수
소화활동설비	① 제연 ② 연결송수관 ③ 연결살수 ④ 비상콘센트 ⑤ 무선통신보조 ⑥ 연소방지

해답 ①

47 하자보수를 하여야 하는 소방시설과 하자보수 보증기간이 옳지 않은 것은?

① 피난기구 – 2년
② 유도표지 – 2년
③ 자동화재탐지설비 – 3년
④ 무선통신보조설비 – 3년

해설 ④ 무선통신보조설비 3년 → 2년

(공사업법 시행령 제6조)
하자보수대상 소방시설과 하자보수보증기간

보증기간	소방시설
2년	① 피난기구 ② 유도등 ③ 유도표지 ④ 비상경보설비 ⑤ 비상조명등 ⑥ 비상방송설비 ⑦ 무선통신보조설비
3년	① 자동소화장치 ② 옥내 ③ 옥외 ④ 스프링클러 ⑤ 간이스프링클러 ⑥ 물분무등 ⑦ 자동화재탐지설비 ⑧ 상수도소화용수설비 ⑨ 소화활동설비(무선통신보조설비 제외)

해답 ④

48 소방기본법상 소방업무의 응원에 대한 설명 중 틀린 것은?

① 소방본부장이나 소방서장은 소방활동을 할 때에 긴급한 경우에는 이웃한 소방본부장 또는 소방서장에게 소방업무의 응원을 요청 할 수 있다.
② 소방업무의 응원 요청을 받은 소방본부장 또는 소방서장은 정당한 사유 없이 그 요청을 거절하여서는 아니 된다.
③ 소방업무의 응원을 위하여 파견된 소방대원은 응원을 요청한 소방본부장 또는 소방서장의 지휘에 따라야 한다.
④ 시·도지사는 소방업무의 응원을 요청하는 경우를 대비하여 출동 대상지역 및 규모와 필요한 경비의 부담 등에 관하여 필요한 사항을 대통령으로 정하는 바에 따라 이웃하는 시·도지사와 협의하여 미리 규약으로 정하여야 한다.

해설 ④ 대통령령 → 행정안전부령

기본법 시행규칙 제8조(소방업무의 상호응원협정)
(시·도지사의 상호응원협정 체결사항)

(1) 소방활동에 관한 사항
  ① 화재의 경계·진압활동
  ② 구조·구급업무의 지원
  ③ 화재조사활동
(2) 응원출동대상지역 및 규모
(3) 소요경비의 부담에 관한 사항
  ① 출동대원의 수당·식사 및 의복의 수선
  ② 소방장비 및 기구의 정비와 연료의 보급
  ③ 그 밖의 경비
  ④ 응원출동의 요청방법
  ⑤ 응원출동훈련 및 평가

해답 ④

49 소방기본법령상 소방본부 종합상황실 실장이 소방청의 종합상황실에 서면·팩스 또는 컴퓨터통신 등으로 보고하여야 하는 화재의 기준에 해당하지 않는 것은?

① 항구에 매어둔 총 톤수가 1000톤 이상인 선박에서 발생한 화재
② 연면적 15000m^2 이상인 공장 또는 화재예방강화지구에서 발생한 화재
③ 지정수량이 1000배 이상의 위험물의 제조소·저장소·취급소에서 발생한 화재
④ 층수가 5층 이상이거나 병상이 30개 이상인 종합병원·정신병원·한방병원·요양소에서 발생한 화재

해설 소방기본법 시행규칙 제3조(종합상황실의 실장의 업무 등)

종합상황실의 실장은 다음에 해당하는 상황이 발생하는 때에는 소방서의 종합상황실의 경우는 소방본부의 종합상황실에, 소방본부의 종합상황실의 경우는 소방청의 종합상황실에 각각 보고하여야 한다.
① 사망자가 5인 이상, 사상자가 10인 이상
② 이재민이 100인 이상
③ 재산피해액이 50억원 이상 발생한 화재
④ 관공서·학교·정부미도정공장·문화재·**지하철 또는 지하구의 화재**
⑤ 관광호텔, 층수가 **11층** 이상인 건축물, 지하상가, 시장, 백화점, **지정수량의 3천배 이상의 위험물의 제조소·저장소·취급소, 층수가 5층** 이상이거나 객실이 30실 이상인 숙박시설, 층수가 5층 이상이거나 **병상이 30개 이상인 종합병원**·정신병원·한방병원·요양소, 연면적 **1만5천m^2 이상인 공장** 또는 화재예방강화지구에서 발생한 화재
⑥ 철도차량, 항구에 매어둔 총 톤수가 1천톤 이상인 선박, 항공기, 발전소 또는 변전소에서 발생한 화재
⑦ 가스 및 화약류의 폭발에 의한 화재
⑧ **다중이용업소의 화재**

해답 ③

50 방염업자가 다른 사람에게 등록증을 빌려준 경우 1차 행정처분으로 옳은 것은?

① 영업정지 6개월
② 9개월 이내의 영업정지
③ 12개월 이내의 영업정지
④ 24개월 이내의 영업정지

해설 [별표 1] 행정처분기준(제9조 관련)
2. 개별기준
가. 소방시설업에 대한 행정처분기준

위반사항	근거 법조문	행정처분기준		
		1차	2차	3차
5) 법 제8조제1항을 위반하여 다른 자에게 등록증 또는 등록수첩을 빌려준 경우	법 제9조	영업 정지 6개월	등록 취소	

(소방시설법 제35조) 과징금처분
영업정지 처분에 갈음하는 과징금처분
★★ 자주출제(필수정리) ★★

과징금 처분권자	과징금 부과금액		
	소방시설관리업	소방시설업	위험물 제조소
시·도지사	3천만원 이하	2억원 이하	2억원 이하

해답 ①

51 소방대라 함은 화재를 진압하고 화재, 재난·재해 그 밖의 위급한 상황에서 구조·구급 활동 등을 하기 위하여 구성된 조직체를 말한다. 소방대의 구성원으로 틀린 것은?

① 소방공무원   ② 의무소방원
③ 의용소방대원   ④ 소방안전관리원

해설 (기본법 제2조) 정의
(1) 소방대상물
건축물, 차량, 선박, 선박 건조 구조물, 산림, 그 밖의 인공 구조물 또는 물건
(2) 관계지역
소방대상물이 있는 장소 및 그 이웃 지역으로서 화재의 예방·경계·진압, 구조·구급 등의 활동에 필요한 지역
(3) 관계인
소방대상물의 소유자·관리자 또는 점유자
(4) 소방대
화재를 진압하고 화재, 재난·재해, 그 밖의 위급한 상황에서 구조·구급 활동 등을 하기 위하여 다음 각 목의 사람으로 구성된 조직체
① 소방공무원
② 의무소방원
③ 의용소방대원

해답 ④

52 소방시설 설치 및 관리에 관한 법상 중앙소방기술 심의위원회의 심의사항이 아닌 것은?

① 화재안전기준에 관한사항
② 소방시설의 설계 및 공사감리의 방법에 관한 사항
③ 소방시설에 하자가 있는지의 판단에 관한 사항
④ 소방시설공사의 하자를 판단하는 기준에 관한 사항

해설 소방시설법 제18조(소방기술심의 위원회)
(1) 중앙소방기술심의위원회(중앙위원회)
① 화재안전기준에 관한 사항
② 소방시설의 구조와 원리 등에서 공법이 특수한 설계 및 시공에 관한 사항
③ 소방시설의 설계 및 공사감리의 방법에 관한 사항
④ 소방시설공사의 하자를 판단하는 기준에 관한 사항
⑤ 신기술·신공법 등 검토·평가에 고도의 기술이 필요한 경우로서 중앙위원회에 심의를 요청한 사항
⑥ 그밖에 소방기술 등에 관하여 대통령령으로 정하는 사항

(2) 지방소방기술심의위원회(지방위원회)
① 소방시설에 하자가 있는지의 판단에 관한 사항
② 그밖에 소방기술 등에 관하여 대통령령으로 정하는 사항

해답 ③

53 위험물안전관리법령상 관계인이 예방규정을 정하여야 하는 위험물 제조소 등에 해당하지 않는 것은?

① 지정수량 10배의 특수인화물을 취급하는 일반취급소
② 지정수량 20배의 휘발유를 고정된 탱크에 주입하는 일반취급소
③ 지정수량 40배의 제3석유류를 용기에 옮겨 담는 일반취급소
④ 지정수량 15배의 알코올을 버너에 소비하는 장치로 이루어진 일반취급소

해설 (위험물법 시행령 제15조)
관계인이 예방규정을 정하여야 하는 제조소 등
① 지정수량 10배 이상 제조소
② 지정수량 100배 이상 옥외저장소
③ 지정수량 150배 이상 옥내저장소
④ 지정수량 200배 이상 옥외탱크저장소
⑤ 암반탱크저장소
⑥ 이송취급소
⑦ 지정수량 10배 이상 일반취급소
다만, 제4류 위험물(특수인화물 제외)만을 **지정수량의 50배 이하**로 취급하는 일반취급소(제1석유류·알코올류의 취급량이 지정수량의 10배 이하인 경우)로서 다음의 어느 하나에 해당하는 것을 **제외**한다.
㉠ 보일러·버너 또는 이와 비슷한 것으로서 위험물을 소비하는 장치로 이루어진 일반취급소
㉡ 위험물을 용기에 옮겨 담거나 차량에 고정된 탱크에 주입하는 일반취급소

해답 ③

54 소방시설공사업법령상 전문 소방시설공사업의 등록기준 및 영업범위의 기준에 대한 설명

으로 틀린 것은?

① 법인인 경우 자본금은 최소 1억원 이상이다.
② 개인인 경우 자산평가액은 최소 1억원 이상이다.
③ 주된 기술인력 최소 1명 이상, 보조기술인력 최소 3명 이상을 둔다.
④ 영업범위는 특정소방대상물에 설치되는 기계분야 및 전기분야 소방시설의 공사·개설·이전 및 정비이다.

해설 (공사업법 시행령 제2조의 별표 1)
소방시설공사업의 등록기준 및 영업범위

종류	기술인력	영업범위
전문	(1) 주인력 : 기술사 또는 기사(기계+전기) 1인 이상 (2) 보조인력 : 2인 이상 법인 : 1억원 이상 개인 : 1억원 이상	• 모든 특정소방대상물
일반 기계	(1) 주인력 : 기술사 또는 기사(기계분야) 1인 이상 (2) 보조인력 : 1인 이상 법인 : 1억원 이상 개인 : 1억원 이상	• 연면적 1만m² 미만 • 위험물제조소등
일반 전기	(1) 주인력 : 기술사 또는 기사(전기분야) 1인 이상 (2) 보조인력 : 1인 이상 법인 : 1억원 이상 개인 : 1억원 이상	• 연면적 1만m² 미만 • 위험물제조소등

해답 ③

55 소방기본법령상 소방용수시설별 설치기준 중 옳은 것은?

① 저수조는 지면으로부터의 낙차가 4.5m 이상일 것
② 소화전은 상수도와 연결하여 지하식 또는 지상식의 구조로 하고, 소방용 호스와 연결하는 소화전의 연결금속구의 구경은 50mm로 할 것
③ 저수조 흡수관의 투입구가 사각형의 경우에는 한 변의 길이가 60cm 이상일 것
④ 급수탑 급수배관의 구경은 65mm 이상으로 하고, 개폐밸브는 지상에서 0.8m 이상 1.5m 이하의 위치에 설치하도록 할 것

해설 소방용수시설의 설치기준
(1) 공통기준
① 주거지역·상업지역 및 공업지역 : **수평거리 100m 이하**
② ①외의 지역 : 수평거리 140m 이하
(2) 소방용수시설별 설치기준
① 소화전의 설치기준 : 상수도와 연결하여 지하식 또는 지상식의 구조로 하고, 소방용호스와 연결하는 소화전의 연결금속구의 구경은 65mm로 할 것
② 급수탑의 설치기준 : 급수배관의 구경은 100mm 이상으로 하고, 개폐밸브는 지상에서 1.5m 이상 1.7m 이하의 위치에 설치하도록 할 것
③ 저수조의 설치기준
㉠ 지면으로부터의 **낙차가 4.5m 이하**일 것
㉡ 흡수부분의 **수심이 0.5m 이상**일 것
㉢ 소방펌프자동차가 쉽게 접근할 수 있도록 할 것
㉣ 흡수에 지장이 없도록 토사 및 쓰레기 등을 제거할 수 있는 설비를 갖출 것
㉤ 흡수관의 투입구가 사각형의 경우에는 한 변의 길이가 60cm이상, **원형**의 경우에는 **지름이 60cm 이상**일 것
㉥ 저수조에 물을 공급하는 방법은 상수도에 연결하여 자동으로 급수되는 구조일 것

해답 ③

56 위험물안전관리법상 제6류 위험물은?

① 황   ② 칼륨
③ 황린   ④ 질산

해설 ① 황–제2류 위험물(가연성고체)
② 칼륨–제3류 위험물(금수성)
③ 황린–제3류 위험물(자연발화성)

제6류 위험물(산화성액체)

품 명	판단기준	지정수량
과염소산($HClO_4$)		
과산화수소(H_2O_2)	농도 36중량% 이상	300kg
질산(HNO_3)	비중 1.49 이상	
할로겐간화합물		

해답 ④

57 화재안전기준에 따라 소화기구를 설치하여야 할 특정 소방대상물은 연면적이 몇 제곱미터 이상인 것인가?

① 10m²　　② 33m²
③ 300m²　　④ 600m²

해설 소방시설법 시행령 제11조 [별표4]
소화기구 설치대상
(1) 연면적 33m² 이상인 것
(2) 가스시설, 발전시설 중 전기저장시설 및 국가유산
(3) 터널
(4) 지하구

해답 ②

58 제4류 인화성 액체 위험물 중 품명 및 지정수량이 맞게 짝지어진 것은?

① 제1석유류(수용성액체) – 100리터
② 제2석유류(수용성액체) – 500리터
③ 제3석유류(수용성액체) – 1000리터
④ 제4석유류 – 6000리터

해설 제4류 위험물의 지정수량

성질	품 명		지정수량
인화성 액체	특수인화물		50L
	제1석유류	비수용성	200L
		수용성	400L
	알코올류		400L
	제2석유류	비수용성	1,000L
		수용성	2,000L
	제3석유류	비수용성	2,000L
		수용성	4,000L
	제4석유류		6,000L
	동식물유류		10,000L

해답 ④

59 특정소방대상물에 설치하는 물품으로 방염처리대상이 아닌 것은?

① 창문에 설치하는 블라인드
② 두께가 2mm 미만인 종이벽지
③ 무대용 섬유판
④ 영화상영관에 설치된 스크린

해설 (소방시설법 시행령 제30조)
방염성능기준 이상의 실내장식물 설치대상
(1) 근린생활시설 중 의원, 치과의원, 한의원, 조산원, 산후조리원, 체력단련장, 공연장 및 종교집회장
(2) 건축물의 옥내에 있는 시설
　① 문화 및 집회시설
　② 종교시설
　③ 운동시설(수영장은 제외)
(3) 의료시설
(4) 교육연구시설 중 합숙소
(5) 노유자시설
(6) 숙박이 가능한 수련시설
(7) 숙박시설
(8) 방송통신시설 중 방송국 및 촬영소
(9) 다중이용업소
(10) 층수가 11층 이상인 것(아파트 등은 제외)

(소방시설법 시행령 제31조)
방염대상물품 및 방염성능기준
(1) 제조 또는 가공 공정에서 방염 처리하여야 하는 물품
　① 창문에 설치하는 커튼류(블라인드 포함)
　② 카펫
　③ 벽지류(두께가 2mm 미만 종이벽지 제외)
　④ 전시용 합판·목재 또는 섬유판, 무대용 합판·목재 또는 섬유판(합판·목재류의 경우 불가피하게 설치 현장에서 방염처리한 것을 포함)
　⑤ 암막·무대막(영화상영관과 가상체험 체육시설업에 설치하는 스크린을 포함)
　⑥ 섬유류, 합성수지류로 제작된 소파·의자 (단란주점, 유흥주점, 노래연습장업)
(2) 건축물 내부의 천장이나 벽에 부착하거나 설치하는 다음의 것
(다만, 가구류와 너비 10cm 이하인 반자돌림대 등과 내부마감재료는 제외).
　① 종이류(두께 2mm 이상인 것)·합성수지류 또는 섬유류를 주원료로 한 물품
　② 합판이나 목재
　③ 간이 칸막이
　④ 흡음재(흡음커튼 포함), 방음재(방음커튼 포함)
(3) 방염성능기준
　① 불꽃을 올리며 20초 이내

② 불꽃을 올리지 아니하고 30초 이내
③ 탄화면적 50cm² 이내, 탄화길이 20cm 이내
④ 불꽃의 접촉 횟수 3회 이상
⑤ 최대연기밀도 400 이하

해답 ②

60 화재가 발생하는 경우 인명 또는 재산의 피해가 클 것으로 예상되는 때 소방대상물의 개수·이전·제거, 사용금지 등의 필요한 조치를 명할 수 있는 자는?

① 시·도지사
② 의용소방대장
③ 기초자치단체장
④ 소방본부장 또는 소방서장

해설 (화재예방법 제14조)
화재안전조사 결과에 따른 조치명령
소방관서장은 행정안전부령으로 정하는 바에 따라 관계인에게 그 소방대상물의 개수·이전·제거, 사용의 금지 또는 제한, 사용폐쇄, 공사의 정지 또는 중지, 그 밖에 필요한 조치를 명할 수 있다.

소방관서장
① 소방청장 ② 소방본부장 ③ 소방서장

해답 ④

제4과목 소방기계시설의 구조 및 원리

61 분말소화설비의 배관과 선택밸브의 설치기준에 대한 내용으로 옳지 않은 것은?

① 배관은 겸용으로 설치할 것
② 강관은 아연도금에 따른 배관용탄소강관을 사용할 것
③ 동관은 고정압력 또는 최고사용압력의 1.5배 이상의 압력에 견딜 수 있는 것을 사용할 것
④ 선택밸브는 방호구역 또는 방호대상물마다 설치할 것

해설 분말소화설비의 배관 설치기준
① 전용으로 할 것
② 강관을 사용하는 경우
  ㉠ 아연도금에 의한 배관용 탄소강관
  ㉡ 축압식은 20℃에서 압력이 2.5MPa 이상 4.2MPa 이하인 것에 있어서는 압력배관용 탄소강관 중 이음이 없는 스케줄 40 이상의 것
③ 동관을 사용하는 경우
  고정압력 또는 최고사용압력의 1.5배 이상의 압력에 견딜 수 있는 것을 사용
④ 밸브류는 개폐위치 또는 개폐방향을 표시한 것
⑤ 배관방식은 토너먼트 방식으로 설치한다.

해답 ①

62 의료시설인 경우 구조대를 설치하여야 할 층은?

① 지하 2층   ② 지하 1층
③ 지상 1층   ④ 지상 3층

해설 소방대상물의 설치장소별 피난기구의 적응성

구분 \ 층별	1층	2층	3층	4층 이상 10층 이하
노유자시설			미구교다승	구¹⁾교다승
의료시설·근린생활시설 중 입원실이 있는 의원·접골원·조산원			미트구교다승	트구교다승
다중이용업소로서 영업장의 위치가 4층 이하인 다중이용업소		미사구완다승		
그 밖의 것			트공가교미사구완다승	공가²⁾교사구완다승

[비고]
1) 구조대의 적응성은 장애인 관련 시설로서 주된 사용자 중 스스로 피난이 불가한 자가 있는 경우 추가로 설치하는 경우에 한한다.
2) 간이완강기의 적응성은 숙박시설의 3층 이상에 있는 객실에 추가로 설치하는 경우에 한한다.

어두문자 암기방법

피난용트랩 ⇒ 트	피난교 ⇒ 교
피난사다리 ⇒ 사	미끄럼대 ⇒ 미
구조대 ⇒ 구	다수인피난장비 ⇒ 다
승강식피난기 ⇒ 승	완강기 ⇒ 완
간이완강기 ⇒ 간	공기안전매트 ⇒ 공

해답 ④

63 옥내소화전 설비가 각 층에 5개씩 설치되어 있을 때 당해건물의 옥내소화전 전용 유효수량은 얼마 이상 확보하여야 하는가?

① $2.6m^3$ 이상 ② $5.2m^3$ 이상
③ $10.4m^3$ 이상 ④ $65m^3$ 이상

해설 옥내소화전설비의 수원의 유효수량

$$Q(m^3) = N \times 2.6m^3$$

여기서, Q : 수원의 양(m^3)
　　　　N : 가장 많은 층의 옥내소화전개수
　　　　　　(최대 2개)

∴ $Q = 2 \times 2.6 = 5.2m^3$ 이상

해답 ②

64 대형소화기의 능력단위 기준 및 보행거리 배치 기준이 적절하게 표시된 것은?

① A급화재 : 10단위 이상, B급화재 : 20단위 이상, 보행거리 : 30m 이내
② A급화재 : 20단위 이상, B급화재 : 20단위 이상, 보행거리 : 30m 이내
③ A급화재 : 10단위 이상, B급화재 : 20단위 이상, 보행거리 : 40m 이내
④ A급화재 : 20단위 이상, B급화재 : 20단위 이상, 보행거리 : 40m 이내

해설 소화기

구 분	기 준	보행거리
소형	능력단위 1단위 이상	20m 이내
대형	A급 : 10단위 이상 B급 : 20단위 이상	30m 이내

[뇌새김 암기법 : 소형 1,2 대형 1,2,3]

해답 ①

65 스프링클러 설비의 배관에 대한 내용 중 잘못된 것은?

① 습식설비의 청소용으로 교차배관 끝에 설치하는 개폐밸브는 40mm 이상으로 설치한다.
② 급수배관 중 가지배관의 배열은 토너먼트 방식이 아니어야 한다.
③ 수직배수배관의 구경은 65mm 이상으로 하여야 한다.
④ 습식스프링클러설비외의 설비에는 헤드를 향하여 상향으로 가지배관의 기울기를 250분의 1 이상으로 한다.

해설 스프링클러설비의 배관 설치기준
(1) 배관의 구경은 수리계산에 따르는 경우 **가지배관의 유속은 6m/s**, 그 밖의 배관의 유속은 **10m/s**를 초과할 수 없다.
(2) 가지배관의 배열은 다음 기준에 따른다.
　① 토너먼트(tournament)방식이 아닐 것
　② 교차배관에서 분기되는 지점을 기점으로 **한쪽 가지배관에 설치되는 헤드의 개수는 8개 이하로 할 것**
(3) 교차배관의 구경은 **최소구경이 40mm 이상**이 되도록 할 것
(4) 청소구는 교차배관 끝에 개폐밸브를 설치하고, 호스접결이 가능한 나사식 또는 고정배수 배관식으로 할 것
(5) 하향식헤드를 설치하는 경우에 헤드접속배관은 가지관상부에서 분기할 것
(6) **수직배수배관의 구경은 50mm 이상으로 하여야 한다.**

해답 ③

66 연결송수관설비의 송수구에 대한 설치기준으로 틀린 것은?

① 하나의 건축물에 설치된 각 수직배관이 중간에 개폐밸브가 설치되지 아니한 배관으로 상호 연결되어 있는 경우에는 건축물마다 1개씩 설치할 수 있다.
② 연결배관에 개폐밸브를 설치시는 그 개폐상태를 쉽게 확인 및 조작할 수 있는 옥외 또는 기계실 등에 설치한다.
③ 건식의 경우에 송수구, 자동배수밸브, 체크밸브, 자동배수밸브의 순으로 자동배수밸브 및 체크밸브를 설치한다.
④ 송수구는 가까운 곳의 보기 쉬운 곳에 "연결송수관설비 송수구"라고 표시한 표지와 송수구역 일람표를 설치한다.

해설 연결송수관설비의 송수구
① 소방차가 쉽게 접근할 수 있고 잘 보이는 장소에 설치할 것
② 지면으로부터 **높이가 0.5m 이상 1m 이하**의 위치에 설치할 것
③ 송수구는 화재층으로부터 지면으로 떨어지는 유리창 등이 송수 및 그 밖의 소화작업에 지장을 주지 아니하는 장소에 설치할 것
④ 송수구로부터 연결송수관설비의 주배관에 이르는 연결배관에 개폐밸브를 설치한 때에는 그 개폐상태를 쉽게 확인 및 조작할 수 있는 옥외 또는 기계실 등의 장소에 설치할 것
⑤ 구경 **65mm**의 **쌍구형**으로 할 것
⑥ 송수구에는 그 가까운 곳의 보기 쉬운 곳에 송수압력범위를 표시한 표지를 할 것
⑦ 송수구는 연결송수관의 **수직배관마다 1개 이상**을 설치할 것
⑧ 송수구의 부근에는 자동배수밸브 및 체크밸브를 다음 각목의 기준에 따라 설치할 것
　㉠ 습식 : 송수구 → 자동배수밸브 → 체크밸브
　㉡ 건식 : 송수구 → 자동배수밸브 → 체크밸브 → 자동배수밸브
⑨ 송수구에는 가까운 곳의 보기 쉬운 곳에 "연결송수관설비송수구"라고 표시한 표지를 설치할 것
⑩ 송수구에는 이물질을 막기 위한 마개를 씌울 것

해답 ④

67 가연성가스의 저장·취급시설에 설치하는 연결살수설비의 송수구는 그 방호대상물로부터 얼마 이상의 거리를 두어야 하는가?

① 10m 이상　　② 15m 이상
③ 20m 이상　　④ 25m 이상

해설 연결살수설비의 송수구
① 소방차가 쉽게 접근할 수 있고 노출된 장소에 설치할 것. 이 경우 **가연성가스의 저장·취급시설**에 설치하는 연결살수설비의 송수구는 그 방호대상물로부터 **20m 이상**의 거리를 두거나 방호대상물에 면하는 부분이 **높이 1.5m 이상 폭 2.5m 이상**의 철근콘크리트 벽으로 가려진 장소에 설치
② 송수구는 구경 **65mm의 쌍구형**으로 설치할 것. 다만, 하나의 송수구역에 부착하는 살수헤드의 수가 10개 이하인 것에 있어서는 **단구형**의 것으로 할 수 있다.
③ 개방형헤드를 사용하는 송수구의 호스접결구는 각 송수구역마다 설치할 것.
④ 지면으로부터 **높이가 0.5m 이상 1m 이하**의 위치에 설치할 것
⑤ 송수구로부터 주배관에 이르는 연결배관에는 개폐밸브를 설치하지 아니 할 것.
⑥ 송수구의 부근에는 "연결살수설비 송수구"라고 표시한 표지와 송수구역 일람표를 설치할 것.
⑦ 송수구에는 이물질을 막기 위한 **마개**를 씌워야 한다.

해답 ③

68 포소화설비의 자동식 기동장치로 폐쇄형스프링클러헤드를 사용하고자 하는 경우 ㉠ 부착면의 높이 (m)와 ㉡ 1개의 스프링클러헤드의 경계면적(m^2) 기준은?

① ㉠ 바닥으로부터 높이 5m 이하, ㉡ $18m^2$ 이하
② ㉠ 바닥으로부터 높이 5m 이하, ㉡ $20m^2$ 이하
③ ㉠ 바닥으로부터 높이 4m 이하, ㉡ $18m^2$ 이하
④ ㉠ 바닥으로부터 높이 4m 이하, ㉡ $20m^2$ 이하

해설 포소화설비의 자동식 기동장치
폐쇄형 스프링클러헤드를 사용하는 경우
① 표시온도가 **79℃ 미만**인 것을 사용하고, 1개의 스프링클러헤드의 경계면적은 $20m^2$ **이하**로 할 것
② 부착면의 높이는 바닥으로부터 **5m 이하**로 하고, 화재를 유효하게 감지할 수 있도록 할 것
③ 하나의 감지장치 경계구역은 하나의 층이 되도록 할 것

해답 ②

69 물분무소화설비의 화재안전기준에 대한 설명 중 틀린 것은?

① 차량이 주차하는 바닥은 배수구를 향해

1/100 이상의 기울기를 유지할 것
② 배수구에서 새어나온 기름을 모아 소화할 수 있도록 길이 40m 이하마다 집수관, 소화핏트 등 기름분리장치를 설치할 것
③ 차량이 주차하는 장소의 적당한 곳에 높이 10cm 이상의 경계턱으로 배수구를 설치할 것
④ 케이블트레이에 적용하는 펌프의 분당 방수량은 투영된 바닥면적 $1m^2$에 대하여 12L 이상으로 할 것

해설 **물분무 소화설비의 배수설비**
① 차량이 주차하는 장소의 적당한 곳에 높이 **10cm 이상의 경계턱**으로 배수구를 설치할 것
② 배수구에는 새어나온 기름을 모아 소화할 수 있도록 길이 **40m 이하마다 집수관·소화핏트** 등 **기름분리장치**를 설치할 것
③ 차량이 주차하는 바닥은 배수구를 향하여 **2/100 이상의 기울기**를 유지할 것
④ 배수설비는 가압송수장치의 최대송수능력의 수량을 유효하게 배수할 수 있는 크기 및 기울기로 할 것

해답 ①

70 주차장에 필요한 분말소화약제 120kg을 저장하려고 한다. 이 때 필요한 저장용기의 내용적(L)으로서 맞는 것은?
① 96
② 120
③ 150
④ 180

해설 **저장용기의 충전비**(L/kg)

종별	주성분	화학식	충전비
제1종	탄산수소나트륨	$NaHCO_3$	0.80 이상
제2종	탄산수소칼륨	$KHCO_3$	1.00 이상
제3종	제1인산암모늄	$NH_4H_2PO_4$	1.00 이상
제4종	탄산수소칼륨+ 요소	$KHCO_3+(NH_2)_2CO$	1.25 이상

① 차고 주차장 : 제3종 분말약제
② 충전비 $C(L/kg) = \dfrac{V(L)}{G(kg)}$

∴ $1 = \dfrac{V(L)}{120(kg)}$ ∴ $V=120L$

해답 ②

71 폐쇄형스프링클러 헤드를 사용하는 경우 설치 장소별 헤드의 기준개수로 옳지 않은 것은?
① 지하층을 제외한 층수가 10층 이하인 소방대상물로서 소매시장의 경우는 20개
② 지하층을 제외한 층수가 11층 이상인 소방대상물(아파트 제외)의 경우는 30개
③ 지하층을 제외한 층수가 10층 이하인 소방대상물로서 공장(특수가연물을 저장·취급하는 것)의 경우는 30개
④ 지하층을 제외한 층수가 10층 이하인 소방대상물로서 창고(래크식 창고 포함, 특수가연물을 저장·취급하는 것)의 경우는 30개

해설 **헤드의 기준개수(폐쇄형)**

소방대상물			기준 개수
지하층 제외 10층 이하	공장	특수가연물	30개
		그 밖의 것	20개
	근린생활시설·판매시설·운수시설 또는 복합건축물	판매시설 또는 복합건축물(판매시설 설치 복합건축물)	30개
		그 밖의 것	20개
	그 밖의 것	헤드높이 8m 이상	20개
		헤드높이 8m 이하	10개
아파트			10개
지하층제외 11층 이상·지하가 또는 지하역사			30개

※ 아파트 등의 각 동이 주차장으로 서로 연결된 구조인 경우 해당 주차장 부분의 기준개수는 30개로 할 것

스프링클러설비의 수원의 양
① 29층 이하(20분 기준)
$$Q(m^3) = N \times 1.6m^3 \text{ 이상}$$
② 30층 이상 49층 이하(40분 기준)
$$Q(m^3) = N \times 3.2m^3 \text{ 이상}$$
③ 50층 이상(60분 기준)
$$Q(m^3) = N \times 4.8m^3 \text{ 이상}$$
N : 폐쇄형헤드 기준개수(기준개수보다 적은 경우 설치개수)

해답 ①

72 할로겐화합물 소화설비 전역방출방식의 분사 헤드에 관한 내용으로 틀린 것은?

① 할론 2402를 방출하는 분사헤드는 당해 소화약제가 무상(霧狀)으로 분무되는 것으로 할 것
② 할론 1211의 방사압력은 0.2MPa 이상으로 할 것
③ 할론 1301의 방사압력은 0.3MPa 이상으로 할 것
④ 할론 2402의 방사압력은 0.1MPa 이상으로 할 것

해설 ③ 0.3MPa → 0.9MPa

할론소화설비의 분사헤드
(1) 가연물이 비산하지 아니하는 장소에 설치할 것
(2) 할론 2402를 방사하는 분사헤드는 당해 소화약제가 무상으로 분무되는 것으로 할 것
(3) 할론 분사헤드의 방사압력 및 방출시간

종류	방사압력	방출시간
할론2402	0.1 MPa 이상	
할론1211	0.2 MPa 이상	10초 이내
할론1301	0.9 MPa 이상	

해답 ③

73 호스릴 이산화탄소소화설비는 섭씨 20°C에서 하나의 노즐마다 분당 몇 kg 이상의 소화약제를 방사할 수 있어야 하는가?

① 40　② 50
③ 60　④ 80

해설 **호스릴 이산화탄소 소화설비**

수평거리	노즐방사량(20°C)	약제저장량(노즐당)
15m이하	60kg/min 이상	90kg 이상

해답 ③

74 포소화설비의 유지관리에 관한 기준으로 틀린 것은?

① 수동식 기동장치의 조작부는 바닥으로부터 높이 0.8m 이상 1.5m 이하의 위치에 설치할 것
② 기동장치의 조작부에는 가까운 곳의 보기 쉬운곳에 "기동장치의 조작부"라고 표시한 표지를 설치할 것
③ 항공기격납고의 경우 수동식 기동장치는 각 방사구역마다 1개 이상 설치할 것
④ 호스 접결구에는 가까운 곳의 보기 쉬운 곳에 "접결구"라고 표시한 표지를 설치할 것

해설 **포소화설비의 수동식 기동장치**
① 직접조작 또는 원격조작에 따라 가압송수장치·수동식개방밸브 및 소화약제 혼합장치를 기동할 수 있는 것으로 할 것
② 2 이상의 방사구역을 가진 포소화설비에는 방사구역을 선택할 수 있는 구조로 할 것
③ 바닥으로부터 **0.8m 이상 1.5m 이하**의 위치에 설치
④ 기동장치의 조작부 및 호스 접결구에는 가까운 곳의 보기 쉬운 곳에 각각 "기동장치의 조작부" 및 "접결구"라고 표시한 표지를 설치
⑤ 차고 또는 주차장에 설치하는 포소화설비의 수동식 기동장치는 **방사구역마다 1개 이상** 설치할 것
⑥ **항공기격납고**에 설치하는 포소화설비의 수동식 기동장치는 각 **방사구역마다 2개 이상**을 설치하되, 그 중 1개는 각 방사구역으로부터 가장 가까운 곳 또는 조작에 편리한 장소에 설치하고, 1개는 화재감지수신기를 설치한 감시실 등에 설치할 것

해답 ③

75 옥외소화전설비에는 옥외소화전마다 그로부터 얼마의 거리에 소화전함을 설치하여야 하는가?

① 5m 이내　② 6m 이내
③ 7m 이내　④ 8m 이내

해설 **옥외소화전함 설치개수**

옥외소화전 개수	옥외소화전함
10개 이하	소화전마다 5m 이내 장소에 1개 이상 설치
11개 이상 30개 이하	11개 소화전함을 분산설치
31개 이상	소화전 3개마다 1개 이상 설치

해답 ①

76 제연설비의 설치장소에 따른 제연구역의 구획으로서 그 기준에 옳지 않은 것은?

① 거실과 통로는 각각 제연구획 할 것
② 하나의 제연구역의 면적은 600m² 이내로 할 것
③ 하나의 제연구역은 직경 60m 원내에 들어갈 수 있을 것
④ 하나의 제연구역은 2개 이상 층에 미치지 아니하도록 할 것

해설 제연구역의 구획기준
① 하나의 제연구역의 면적은 1000m² 이내
② 거실과 통로는 각각 제연구획
③ 통로상의 제연구역은 보행 중심선으로 길이가 60m를 초과하지 아니할 것
④ 하나의 제연구역은 직경 60m 원내에 들어갈 수 있을 것
⑤ 하나의 제연구역은 2개 이상 층에 미치지 않을 것

해답 ②

77 바닥면적이 80m²인 특수가연물 저장소에 물분무소화설비를 설치하려고 한다. 펌프의 1분당 토출량의 기준은 1m²에 몇 L를 곱한 양 이상이 되어야 하는가?

① 10 ② 16
③ 20 ④ 32

해설 물분무소화설비의 펌프 분당토출량

소방대상물	펌프의 토출량(L/분)
특수가연물 저장, 취급	바닥면적(m²)(최대방수구역기준 최소 50m²)×10L/m²·분
차고, 주차장	바닥면적(m²)(최대방수구역기준 최소 50m²)×20L/m²·분
절연유 봉입 변압기	표면적(바닥부분제외)(m²) ×10L/m²·분
케이블 트레이, 덕트	투영된 바닥면적(m²)×12L/m²·분
콘베이어벨트 등	벨트부분의 바닥면적(m²)×10L/m²·분

[뇌새김 암기법 : 특절콘10/케12/차20]

해답 ①

78 연결살수설비의 헤드를 스프링클러헤드로 설치하고자 할 경우 건축물의 천장 또는 반자의 각 부분으로부터 하나의 살수헤드까지의 수평거리의 기준은?

① 1.7m 이하   ② 2.1m 이하
③ 2.3m 이하   ④ 3.7m 이하

해설 연결살수설비의 헤드
(1) 천장, 반자에서 살수헤드까지 수평거리
① 연결살수설비 전용헤드(개방형헤드) : 3.7m 이하
② 스프링클러헤드(폐쇄형헤드) : 2.3m 이하
(다만, 살수헤드의 부착면과 바닥과의 높이가 2.1m 이하인 부분은 살수헤드의 살수분포에 따른 거리로 할 수 있다)
(2) 연결살수설비 전용헤드 수별 급수관의 구경

헤드수	1개	2개	3개	4~5개	6~10개
배관구경(mm)	32	40	50	65	80

해답 ③

79 상수도 소화용수설비의 소화전과 수도배관의 호칭지름이 옳게 연결된 것은?

① 40mm 이상 – 75mm 이상
② 65mm 이상 – 75mm 이상
③ 80mm 이상 – 75mm 이상
④ 100mm 이상 – 75mm 이상

해설 상수도소화용수설비
① 호칭지름 75mm 이상의 수도배관에 호칭지름 100mm 이상의 소화전을 접속
② 소화전은 소방자동차 등의 진입이 쉬운 도로변 또는 공지에 설치
③ 소화전은 소방대상물의 수평투영면의 각 부분으로부터 140m 이하가 되도록 설치

해답 ④

80 판매시설을 설치한 지상 5층 복합건축물에 폐쇄형 스프링클러헤드를 30개 설치하려고 한다. 이때 필요한 최소 수원의 량은 얼마인가?

① 16m³   ② 24m³
③ 32m³   ④ 48m³

해설 폐쇄형스프링클러설비의 수원의 양
(1) 29층 이하(기준시간 20분)
$$Q(\text{m}^3) = N \times 1.6\text{m}^3$$
(2) 30층 이상 49층 이하(기준시간 40분)
$$Q(\text{m}^3) = N \times 3.2\text{m}^3$$
(3) 50층 이상(기준시간 60분)
$$Q(\text{m}^3) = N \times 4.8\text{m}^3$$
Q : 수원의 양[m^3]
N : 헤드의 기준개수

기준개수보다 적은 경우 그 설치개수
(1) 판매시설을 설치한 복합건축물의 헤드기준개수는 30개
(2) $Q(\text{m}^3) = 30 \times 1.6\text{m}^3 = 48\text{m}^3$ 이상

헤드의 기준개수(폐쇄형)

소방대상물			기준개수
지하층제외 10층 이하	공장	특수가연물	30개
		그 밖의 것	20개
	근린생활시설·판매시설·운수시설 또는 복합건축물	판매시설 또는 복합건축물(판매시설 설치 복합건축물)	30개
		그 밖의 것	20개
	그 밖의 것	헤드높이 8m 이상	20개
		헤드높이 8m 이하	10개
아파트			10개
지하층제외 11층 이상·지하가 또는 지하역사			30개

※ 아파트 등의 **각 동이 주차장으로 서로 연결된 구조**인 경우 해당 주차장 부분의 기준개수는 30개로 할 것

해답 ④

소방설비기사 - 기계분야

2024년 5월 CBT 시행

제1과목 소방원론

01 다음 중 조연성 가스에 해당하는 것은?

① 천연가스 ② 산소
③ 수소 ④ 부탄

지연성(조연성)가스
자기 자신은 타지 않고 남의 연소를 도와주는 가스

조연성 가스
산소, 오존, 불소, 염소, 일산화질소, 이산화질소

해답 ②

02 마그네슘의 화재시 이산화탄소소화약제를 사용하면 안되는 이유는?

① 마그네슘과 이산화탄소가 반응하여 흡열반응을 일으키기 때문이다.
② 마그네슘과 이산화탄소가 반응하여 가연성의 탄소가 생성되기 때문이다.
③ 마그네슘이 이산화탄소에 녹기 때문이다.
④ 이산화탄소에 의한 질식의 우려가 있기 때문이다.

마그네슘(Mg) : 제2류 위험물(금수성)
① 물과 반응하여 수소기체 발생
  $Mg + 2H_2O \rightarrow Mg(OH)_2 + H_2$
② 마그네슘과 CO_2의 반응식
  $2Mg + CO_2 \rightarrow 2MgO + C$
  $Mg + CO_2 \rightarrow MgO + CO$
  (마그네슘과 CO_2는 폭발적으로 반응)

해답 ②

03 소화기구의 구분에서 간이소화용구에 해당되지 않는 것은?

① 이산화탄소소화기 ② 마른모래
③ 팽창질석 ④ 팽창진주암

간이소화용구의 능력단위

간이소화용구		능력단위
1. 마른모래	삽을 상비한 50L 이상의 것 1포	0.5단위
2. 팽창질석 또는 팽창진주암	삽을 상비한 80L 이상의 것 1포	

해답 ①

04 보일오버(Boil over) 현상에 대한 설명으로 옳은 것은?

① 아래층에서 발생한 화재가 위층으로 급격히 옮겨 가는 현상
② 연소유의 표면이 급격히 증발하는 현상
③ 탱크 저부의 물이 급격히 증발하여 기름이 탱크 밖으로 화재를 동반하여 방출하는 현상
④ 기름이 뜨거운 물 표면 아래에서 끓는 현상

유류저장탱크의 화재 발생현상
① 보일오버 ② 슬롭오버 ③ 프로스오버

★★★ 요점정리 (필수 암기) ★★★

• 보일 오버 (boil over)
  탱크 바닥의 물이 비등하여 유류가 연소하면서 분출
• 슬롭 오버 (slop over)
  물이 연소유 표면으로 들어갈 때 유류가 연소하면서 분출
• 프로스 오버 (froth over)
  탱크 바닥의 물이 비등하여 유류가 연소하지 않고 분출
• 블레비 (BLEVE)
  액화가스 저장탱크 폭발현상

해답 ③

05 소화설비에 사용되는 CO_2에 대한 설명으로 틀린 것은?

① 용기 내에 기상으로 저장되어 있다.
② 상온, 상압에서는 기체 상태로 존재한다.
③ 공기보다 무겁다.
④ 무색, 무취이며 전기적으로 비전도성이다.

해설 ① CO_2 및 할론 : 액체 상태로 저장

CO_2의 물리적성질
① 무색, 무취이다.
② 임계온도 : 31.35℃
③ 증기비중은 1.52로 공기보다 무겁다.
④ 비전도성이므로 전기화재에 적합하다.
⑤ 삼중점 : 압력 0.53MPa, 온도 −56.3℃에서 고체, 액체, 기체가 공존

해답 ①

06 감광계수(m^{-1})에 대한 설명으로 옳은 것은?

① 0.5는 거의 앞이 보이지 않을 정도이다.
② 10은 화재 최성기 때의 농도이다.
③ 0.5는 가시거리가 20~30m 정도이다.
④ 10은 연기감지기가 작동하기 직전의 농도이다.

해설 **감광계수와 가시거리**

감광계수	가시거리(m)	상태
0.1	20~30	연기감지기 작동
0.3	5	피난에 지장
0.5	3	어두움을 느끼기 시작
1.0	1~2	거의 앞이 보이지 않을 정도
10	0.2~0.5	화재 최성기

※ **감광계수** : 연기 속을 투과한 빛의 양으로 연기의 농도를 광화학적으로 표시하는 방법

해답 ②

07 불꽃의 색상을 저온으로부터 고온 순서로 옳게 나열한 것은?

① 암적색, 휘백색, 황적색
② 휘백색, 암적색, 황적색
③ 암적색, 황적색, 휘백색
④ 휘백색, 황적색, 암적색

해설 **불꽃의 색과 온도** ★★

색	담암적색	암적색	적색	황색	황적색	백적색	휘백색
온도 (℃)	500	700	850	1050	1100	1300	1500

해답 ③

08 다음 중 가연성 물질이 산소와 급격히 화합할 때 열과 빛을 내는 현상에 해당하는 것은?

① 복사 ② 기화
③ 응고 ④ 연소

해설 **연소의 정의**
빛과 발열을 동반한 급격한 산화반응

해답 ④

09 인화점이 낮은 것부터 높은 순서로 옳게 나열된 것은?

① 아세톤<이황화탄소<에틸알코올
② 이황화탄소<에틸알코올<아세톤
③ 에틸알코올<아세톤<이황화탄소
④ 이황화탄소<아세톤<에틸알코올

해설 **위험물의 류별 및 인화점**

품명	이황화탄소	아세톤	에틸알코올
류별	제4류 특수인화물	제4류 제1석유류	제4류 알코올류
인화점	−30℃	−18℃	13℃

해답 ④

10 무창층이 개구부로서 갖추어야 할 조건으로 옳은 것은?

① 개구부 크기가 지름 30cm의 원이 내접할 수 있는 것
② 해당 층의 바닥면으로부터 개구부 밑부분까지의 높이가 1.5m인 것
③ 내부 또는 외부에서 쉽게 파괴 또는 개방할 수 있을 것
④ 창에 방범을 위하여 40cm 간격으로 창살을 설치한 것

[해설] (1) **무창층** : 지상층 중 개구부의 면적의 합계가 해당 층의 **바닥면적의 30분의 1 이하**가 되는 층
(2) 개구부 인정요건
① 크기는 **지름 50cm 이상**의 원이 통과할 수 있을 것
② 해당 층의 바닥면으로부터 개구부 밑 부분까지의 **높이가 1.2m 이내**일 것
③ 도로 또는 차량이 진입할 수 있는 **빈터**를 향할 것
④ 화재 시 건축물로부터 쉽게 피난할 수 있도록 **창살**이나 그 밖의 **장애물**이 설치되지 않을 것
⑤ 내부 또는 외부에서 쉽게 부수거나 열 수 있을 것

[해답] ③

11 다음 중 불연재료에 해당하지 않는 것은?

① 기와 ② 아크릴
③ 유리 ④ 콘크리트

[해설] (1) **불연재료** : **콘**크리트, 석재, 벽돌, 기와, 철강, **알**루미늄, 유리, 시멘트모르타르, 회
[뇌새김 기억법 : 콘/알철모/석유/회기벽]
(2) **준불연재료** : 석고보드, 목모시멘트판, 펄프시멘트판, 미네랄텍스
[뇌새김 기억법 : 고모시미]
(3) **난연재료** : 난연합판, 난연플라스틱판

[해답] ②

12 이산화탄소 소화약제 고압식 저장용기의 충전비를 옳게 나타낸 것은?

① 1.5 이상, 1.9 이하
② 1.1 이상, 1.9 이하
③ 1.1 이상, 1.4 이하
④ 1.4 이상, 1.5 이하

[해설] **CO_2 소화약제의 저장용기 충전비(L/kg)**

저압식	고압식
1.1 ~ 1.4	1.5 ~ 1.9

※ 충전비 : 저장용기 용적과 소화약제의 중량비 (L/kg)

[해답] ①

13 소방시설의 구분에서 피난설비에 해당하지 않는 것은?

① 무선통신보조설비
② 완강기
③ 구조대
④ 공기안전매트

[해설] ① 무선통신보조설비 : 소화활동설비
(소방시설법 시행령 제3조의 별표 1)
소방시설의 종류 ★★★(필수암기)★★★

소방시설	종 류	
소화설비	① 소화기구 ③ 옥내 ⑤ 스프링클러설비등	② 자동소화장치 ④ 옥외 ⑥ 물분무등
경보설비	① 단독경보형 ③ 시각경보기 ⑤ 화재알림 ⑦ 자동화재속보 ⑨ 누전경보기	② 비상경보 ④ 자동화재탐지 ⑥ 비상방송 ⑧ 통합감시 ⑩ 가스누설경보기
피난구조 설비	① 피난기구(피난사다리, 구조대, 완강기 등) ② 인명구조기구(방열복, 방화복, 공기호흡기, 인공소생기) ③ 유도등(피난유도선, 피난구유도등, 통로유도등, 객석유도등, 유도표지) ④ 비상조명등 및 휴대용비상조명등	
소화 용수설비	① 상수도소화용수 ② 소화수조·저수조 그 밖의 소화용수	
소화 활동설비	① 제연 ③ 연결살수 ⑤ 무선통신보조	② 연결송수관 ④ 비상콘센트 ⑥ 연소방지

[해답] ①

14 알킬알루미늄 화재시 사용할 수 있는 소화제로 가장 적당한 것은?

① 물 ② 팽창진주암
③ 이산화탄소 ④ Halon 1301

[해설] **알킬알루미늄의 소화제**
① 팽창질석
② 팽창진주암
③ 마른모래(건조사)

[해답] ②

15 청정소화약제 중 HCFC-22가 82%인 것은?

① HCFC BLEND A
② IG-541
③ HFC-227ea
④ IG-55

해설 청정소화약제의 종류

번호	약제명	화학식
1	FC-3-1-10	C_4F_{10}
2	HCFC BLEND A	HCFC-123($CHCl_2CF_3$) : 4.75% HCFC-22($CHClF_2$) : 82% HCFC-124($CHClFCF_3$) : 9.5% $C_{10}H_{16}$: 3.75%
3	HCFC-124	$CHClFCF_3$
4	HFC-125	CHF_2CF_3
5	HFC-227ea	CF_3CHFCF_3
6	HFC-23	CHF_3
7	HFC-236fa	$CF_3CH_2CF_3$
8	FIC-13I1	CF_3I
9	IG-01	Ar
10	IG-100	N_2
11	IG-541	N_2 : 52%, Ar : 40%, CO_2 : 8%
12	IG-55	N_2 : 50%, Ar : 50%
13	FK-5-1-12	$CF_3CF_2C(O)CF(CF_3)_2$

해답 ①

16 제2류 위험물에 해당하지 않는 것은?

① 황 ② 황화인
③ 적린 ④ 황린

해설 ④ 황린 : 제3류 위험물중 자연발화성물질

제2류 위험물의 지정수량

성질	품명	지정 수량
가연성고체	• 황화인, 적린, 황 • 철분, 금속분, 마그네슘 • 인화성고체	• 100kg • 500kg • 1,000kg

해답 ④

17 연료로 사용하는 가스에 관한 설명 중 틀린 것은?

① 도시가스, LPG는 모두 공기보다 무겁다.
② $1Nm^3$의 CH_4를 완전 연소시키는데 필요한 공기량은 약 $9.52Nm^3$이다.
③ 메탄의 공기 중 폭발범위는 약 5~15% 정도이다.
④ 부탄의 공기 중 폭발범위는 약 1.9~8.5% 정도이다.

해설 증기비중 ★★자주출제★★

• 공기의 평균 분자량 = 29
• 증기비중 = $\dfrac{M(분자량)}{29(공기평균분자량)}$

① 도시가스의 주성분은 메탄(CH_4)이다.
② 증기비중은 공기보다 약 0.5배(16/29) 가볍다.

해답 ①

18 다음 중 인화성 물질이 아닌 것은?

① 기어유 ② 질소
③ 이황화탄소 ④ 에터

해설 제4류 위험물(인화성 액체)

구분	지정품목	기타 조건 (1atm에서)
특수 인화물	이황화탄소, 다이에틸에터	• 발화점 100℃ 이하 • 인화점 -20℃ 이하이고 비점이 40℃ 이하
제1 석유류	아세톤, 휘발유	• 인화점 21℃ 미만
알코올류		C_1~C_3까지 포화 1가 알코올 (변성알코올 포함)
제2 석유류	등유, 경유	• 인화점 21℃ 이상 70℃ 미만
제3 석유류	중유, 크레오소트유	• 인화점 70℃ 이상 200℃ 미만
제4 석유류	기어유, 실린더유	• 인화점 200℃ 이상 250℃ 미만
동식물 유류		동물의 지육 등 또는 식물의 종자나 과육으로부터 추출한 것으로서 1기압에서 인화점이 250℃ 미만인 것

해답 ②

19 다음 중 분진 폭발의 위험성이 가장 낮은 것은?

① 소석회 ② 알루미늄분
③ 석탄분말 ④ 밀가루

해설 분진폭발 없는 물질
① 생석회 : CaO(시멘트의 주성분)
② 소석회($Ca(OH)_2$)
③ 석회석 분말
④ 시멘트

해답 ①

20 강화액에 대한 설명으로 옳은 것은?

① 침투제가 첨가된 물을 말한다.
② 물에 첨가하는 계면 활성제의 총칭이다.
③ 물이 고온에서 쉽게 증발하게 하기 위해 첨가한다.
④ 알칼리 금속염을 사용한 것이다.

해설 ※ K_2CO_3 – 알칼리 금속염

강화액 소화약제
① 물에 **탄산칼륨**(K_2CO_3)을 녹인 수용액
② 어는점(빙점)이 **-20℃ 이하**로 겨울철 사용가능
③ 봉상은 A급 화재, 무상은 ABC급 화재에 사용
④ K급(튀김기름)화재에도 매우 효과적
④ 부촉매 효과에 의한 화염억제작용과 재연소방지작용

해답 ④

제2과목 소방유체역학

21 공기 중에서 무게가 941N인 돌의 무게가 물 속에서 500N이면 이 돌의 체적은 몇 m³인가? (단, 공기의 부력은 무시한다.)

① 0.045 ② 0.034
③ 0.028 ④ 0.012

해설 부력 산출 공식

$F_B(부력) = \gamma(유체) \times V(잠긴 체적)$

① $F_B(부력) = 941 - 500 = 441N$
② $441N = 9800N/m^3 \times V(잠긴 체적)$
③ $V = \dfrac{441N}{9800N/m^3} = 0.045m^3$
④ 돌이 물속에 잠겨 있기 때문에 잠긴 부피와 전체 부피는 같다.

해답 ①

22 그림과 같이 60° 기울어진 4m×8m의 수문이 A지점에서 힌지(hinge)로 연결되어 있을 때 이 수문을 열기 위한 최소 힘 F는 몇 kN인가?

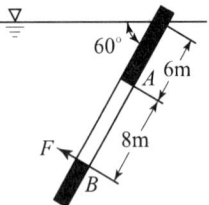

① 1450 ② 1540
③ 1590 ④ 1650

해설 수문개방을 위한 최소한의 힘

$$F = \gamma \bar{y} \sin\theta A$$

$F = 9.8kN \times (6+4)m \times \sin60 \times (4\times8)m^2$
$F = 2715.86kN$

$$y_P = \dfrac{I_C}{yA} + \bar{y}$$

여기서, I_C : 도심에 관한 단면 2차 관성모멘트
$(\dfrac{가로 \times 세로^3}{12} = \dfrac{4 \times 8^3}{12})$

$\bar{y}$: 면적의 도심 $(6 + \dfrac{8}{2} = 10m)$

A : 수문의 단면적 $(4 \times 8 = 32m^2)$

y_P : 힘의 작용점인 압력의 중심

$y_P = \dfrac{I_C}{yA} + \bar{y} = \dfrac{\dfrac{4\times8^3}{12}}{10\times32} + 10 = 10.53m$

∴ $\sum M_A = 0 : F \times 8 - 2715.86(10.53 - 6) = 0$
$F = 1537.86kN$

해답 ②

23 수조바닥보다 5m 높은 곳에서 작동하는 소방펌프의 흡입측에 설치된 진공계가 280mmHg를 가리키고 있다. 이때 수조내 수면의 높이는 약 몇 m인가? (단, 흡입관에서의 마찰 손실은 무시한다.)

① 1.2 ② 2.8
③ 3.2 ④ 4.0

해설
① 진공계의 지시값(흡입수두)
$$H = 280\text{mmHg} \times \frac{10.332\text{m}}{760\text{mmHg}} = 3.81\text{m}$$
② 수조내 수면의 높이
$$H = 5 - 3.81 = 1.19\text{m} ≒ 1.2\text{m}$$

해답 ①

24 어떤 팬이 1000rpm으로 회전할 때의 전압은 155mmAq, 풍량은 240m³/min이다. 이것과 상사한 팬을 만들어 1650rpm, 전압 200mmAq로 작동할 때 풍량은 약 몇 m³/min인가? (단, 비속도는 같다.)

① 356　　② 366
③ 386　　④ 396

해설 상사의 법칙 ★★★
$$Q_2 = Q_1 \times \left(\frac{N_2}{N_1}\right) \times \left(\frac{D_2}{D_1}\right)^3$$
$$H_2 = H_1 \times \left(\frac{N_2}{N_1}\right)^2 \times \left(\frac{D_2}{D_1}\right)^2$$
$$P_2 = P_1 \times \left(\frac{N_2}{N_1}\right)^3 \times \left(\frac{D_2}{D_1}\right)^5$$

여기서, Q_1 : 변경 전 유량, Q_2 : 변경 후 유량
　　　H_1 : 변경 전 양정(압력)
　　　H_2 : 변경 후 양정(압력)
　　　P_1 : 변경 전 동력, P_2 : 변경 후 동력
　　　N_1 : 변경 전 rpm, N_2 : 변경 후 rpm
　　　D_1 : 변경 전 임펠러직경
　　　D_2 : 변경 후 임펠러직경

$$Q_2 = 240 \times \frac{1650}{1000} = 396\text{m}^3/\text{min}$$

해답 ④

25 소방호스의 노즐로부터 유속 4.9m/s로 방사되는 물제트에 피토관의 흡입구를 갖다 대었을 때 피토관의 수직부에 나타나는 수주의 높이는 약 몇 m인가? (단, 중력가속도는 9.8m/s²이고, 손실은 무시한다.)

① 1.22　　② 0.25
③ 2.69　　④ 3.69

해설 속도수두
$$H = \frac{U^2}{2g}$$

여기서, H : 속도수두(m)
　　　U : 유속(m/s)
　　　g : 중력가속도(9.8m/s²)

$$\therefore H = \frac{4.9^2}{2 \times 9.8} = 1.22\text{m}$$

해답 ①

26 동점성계수가 0.6×10⁻⁶m²/s인 유체가 내경 30cm인 파이프 속을 평균유속 3m/s로 흐른다면 이 유체의 레이놀즈수는 얼마인가?

① 1.5×10⁶　　② 2.0×10⁶
③ 2.5×10⁶　　④ 3.0×10⁶

해설 레이놀드 수
$$Re No = \frac{Du\rho}{\mu} = \frac{Du}{\nu}$$

$$\text{ReNo} = \frac{0.3\text{m} \times 3\text{m/s}}{0.6 \times 10^{-6}\text{m}^2/\text{s}} = 1.5 \times 10^6$$

해답 ①

27 압력을 일정하게 하고 증기를 계속 가열하면 온도가 포화온도보다 높아지며 체적은 더욱 증가한다. 이와 같이 포화 온도 이상으로 가열된 증기를 무엇이라 하는가?

① 습포화 증기　　② 과열 증기
③ 건포화 증기　　④ 불포화 증기

해설 과열증기(過熱蒸氣)
일정한 압력에서 증기와 액체가 끓지 않고 평형을 유지할 수 있도록 끓는점 이상으로 가열된 증기
(예) 100℃ 이상 가열된 수증기

해답 ②

28 호주에서 무게가 20N인 어느 물체를 한국에서 재어보니 19.8N이었다면 한국에서의 중력가

속도는 약 몇 m/s² 인가? (단, 호주에서의 중력 가속도는 9.82m/s² 이다.)

① 9.80　　② 9.78
③ 9.75　　④ 9.72

해설 중력가속도
　　20N　→　9.82m/s^2
　　19.8N　→　X
　∴ $X = \dfrac{19.8}{20} \times 9.82 = 9.72 \text{m/s}^2$

해답 ④

29 노즐의 계기압력 400kPa로 방사되는 옥내소화전에서 저수조의 수량이 10m³이라면 저수조의 물이 전부 소비되는데 걸리는 시간은? (단, 노즐의 내경은 10mm로 한다.)

① 약 75분　　② 약 95분
③ 약 150분　　④ 약 180분

해설 ① 방수량 계산 공식

$$Q = 0.653 \times D^2 \times \sqrt{10P}$$

　Q : 방수량(l/min)　D : 노즐내경(mm)
　P : 방사압(MPa)

② 노즐의 방수량 계산
　※ 400kPa = 0.4MPa(∵ 1MPa = 1000kPa)
　$Q = 0.653 \times 10^2 \times \sqrt{10 \times 0.4} = 130.6 (l/\text{min})$

③ 저수조의 물이 소비되는 시간
　※ $10\text{m}^3 = 10 \times 10^3 l$
　$Q = \dfrac{10 \times 10^3}{130.6} = 76.57 \text{min}$

해답 ①

30 피스톤-실린더로 구성된 용기 안에 140kPa, 10℃의 공기(이상기체)가 들어있다. 이 기체가 폴리트로픽 과정($PV^{1.5}$ = 일정)을 거쳐 800 kPa까지 압축되었다. 이때 공기의 온도는 약 몇 ℃인가?

① 158℃　　② 287℃
③ 233℃　　④ 506℃

해설 ① 폴리트로픽 변화
　$PV^n = C$ (n : 폴리트로픽 지수)
　P(압력), V(부피), T(절대온도) 관계식

$$\dfrac{T_2}{T_1} = \left(\dfrac{V_1}{V_2}\right)^{n-1} = \left(\dfrac{P_2}{P_1}\right)^{\frac{n-1}{n}}$$

② $\dfrac{T_2}{T_1} = \left(\dfrac{P_2}{P_1}\right)^{\frac{n-1}{n}}$ 식을 이용하면

③ $\dfrac{273 + X}{273 + 10} = \left(\dfrac{800}{140}\right)^{\frac{1.5-1}{1.5}}$

④ $X ≒ 233℃$

해답 ③

31 어떤 이상기체의 압력이 10% 낮아지고 온도가 30℃ 내려갔을 때 밀도변화가 없다면 초기 온도는 몇 ℃인가?

① 27℃　　② 57℃
③ 227℃　　④ 270℃

해설 초기온도

① $\dfrac{T_2}{T_1} = \dfrac{P_2}{P_1}$, $\dfrac{273 - 30}{273 - X} = \dfrac{90}{100}$

② $X = 3℃$

③ ∴ 초기온도 = 30 - 3 = 27℃

해답 ①

32 곧은 원관 내 완전난류 유동에 대한 마찰손실 수두에 대한 설명으로 틀린 것은?

① 속도의 제곱에 비례한다.
② 관의 길이에 비례한다.
③ 관경에 비례한다.
④ 마찰계수에 비례한다.

해설 ※ 난류의 수두손실은 관경에 반비례한다.

달시-바이스바하(Darcy-Weisbach) 공식

$$\Delta h_L (\text{m}) = f \times \dfrac{l}{d} \times \dfrac{u^2}{2g}$$

여기서, Δh_L : 마찰손실수두(m)
　　　　f : 마찰손실계수

l : 배관길이(m)
u : 유속(m/s)
g : 중력가속도(9.8m/s^2)
d : 배관내경(m)

마찰손실계수

층류 : $f = \dfrac{64}{Re}$

난류 : $f = \dfrac{0.3164}{Re^{0.25}}$ (Blasius식)

$\dfrac{1}{\sqrt{f}} = 2.0 \times \log(Re\sqrt{f}) - 0.8$ (prandtl식)

해답 ③

33 직경이 D인 원형 축과 슬라이딩 베어링 사이에(간격 $= t$, 길이 $= L$)에 점성계수가 μ인 유체가 채워져 있다. 축을 ω의 각속도로 회전시킬 때 필요한 토크를 구하면? (단, $t \ll D$)

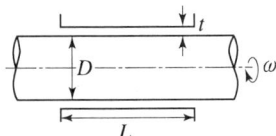

① $T = \mu\dfrac{\omega D}{2t}$ ② $T = \dfrac{\pi\mu\omega D^2 L}{2t}$

③ $T = \dfrac{\pi\mu\omega D^3 L}{2t}$ ④ $T = \dfrac{\pi\mu\omega D^3 L}{4t}$

해설 각속도와 토크의 관계식

$$T = \dfrac{\pi\mu\omega D^3 L}{4t}$$

해답 ④

34 다음 식 중에서 연속방정식이 아닌 것은?

① $\dfrac{dA}{A} + \dfrac{d\rho}{\rho} + \dfrac{dV}{V} = 0$

② $V \times dr = 0$

③ $d(\rho A V) = 0$

④ $\dfrac{\partial \rho}{\partial t} + \nabla \cdot (\rho V) = 0$

해설 연속 방정식

질량보존의 법칙을 유체유동에 적용한 방정식

① $\overline{m} = Au\rho$ ...... 질량유량
② $\overline{G} = Aur$ ...... 중량유량
③ $\overline{Q} = Au$ ...... 용량유량

해답 ②

35 관마찰계수가 0.022인 지름 50 mm 관에 물이 흐르고 있다. 이 관에 부차적 손실계수가 각각 10, 1.8인 밸브와 티이(Tee)가 결합되어 있을 경우 관의 상당길이는 몇 m인가?

① 24.3 ② 24.9
③ 25.4 ④ 26.8

해설 등가길이

$$Le = \dfrac{kd}{f}$$

여기서, k : 손실계수, d : 내경
f : 마찰손실계수

$\therefore Le = \dfrac{10 \times 0.05}{0.022} + \dfrac{1.8 \times 0.05}{0.022} = 26.82\text{m}$

해답 ④

36 지름의 비가 1 : 2인 두 원형 물 제트가 정지한 수직평판의 양쪽에 수직으로 부딪혀서 평형을 이루려면 분출속도의 비는?

① 1 : 1 ② 2 : 1
③ 4 : 1 ④ 8 : 1

해설 운동량 방정식

$$F = Q_1 U_1 \rho_1 = Q_2 U_2 \rho_2$$

여기서, F : 힘(N)
ρ : 밀도(kg/m^3)
Q : 유량(m^3/s)
V : 유속(m/s)

① $Q = UA = AU$ 이므로 식에 대입하면
$F = Q_1 U_1 \rho_1 = Q_2 U_2 \rho_2$
$F = A_1 U_1^2 \rho_1 = A_2 U_2^2 \rho_2$

② $\frac{\pi}{4} \times 1^2 \times U_1^2 \times 1000 = \frac{\pi}{4} \times 2^2 \times U_2^2 \times 1000$

③ $U_1^2 = 4U_2^2$ 양변에 루트를 씌우면

④ $\sqrt{U_1^2} = \sqrt{4U_2^2}$

∴ $U_1 = 2U_2$

해답 ②

37 그림의 역 U자관 manometer에서 압력차 $P_X - P_Y$는 몇 Pa인가?

① 2826 ② 3215
③ 4116 ④ 5045

① $P_A = P_B$ 이므로

② $P_X - \gamma_1 h_1 = P_Y - \gamma_2 h_2 - \gamma_3 h_3$

∴ $P_X - P_Y = \gamma_1 h_1 - \gamma_2 h_2 - \gamma_3 h_3$

㉠ 물의 비중량(γ_1) = 9800N/m³

㉡ 기름의 비중량
(γ_3) = $\gamma_w \times S$ = 9800 × 0.9 = 8820N/m³

③ $P_X - P_Y$ = 9800 × 1.5 − 9800
× (1.5 − 0.2 − 0.4) − 8820 × 0.2
= 4116N/m²(Pa)

해답 ③

38 주사기 통의 단면적이 A이고 바늘의 단면적이 A_n인 주사기 내에 밀도가 ρ인 유체를 플런저 속도 V로 밀어주기 위해 가해야 하는 힘을 구하면? (단, 점성효과는 무시하고 준정상 상태로 가정한다.)

① $\frac{1}{2} \rho A \left[\frac{A^2}{(A_n)^2} - 1 \right] V^2$

② $\rho A \left[\frac{A^2}{(A_n)^2} - 1 \right] V^2$

③ $\frac{1}{2} \rho A \left[1 - \frac{(A_n)^2}{A^2} \right] V^2$

④ $\rho A \left[1 - \frac{(A_n)^2}{A^2} \right] V^2$

해설 주사기에 가하여야 하는 힘

$$F = \frac{1}{2} \rho A \left[\frac{A^2}{(A_n)^2} - 1 \right] V^2$$

해답 ①

39 액체 분자들 사이의 응집력과 고체면에 대한 부착력의 차이에 의하여 관내 액체표면과 자유표면 사이에 높이 차이가 나타나는 것과 가장 관계가 깊은 것은?

① 관성력 ② 점성
③ 뉴턴의 마찰법칙 ④ 모세관현상

해설 모세관 현상의 상승높이

$$상승높이\ h = \frac{4\sigma\cos\theta}{rd}$$

① 액체 속에 폭이 좁고 긴 관을 넣었을 때, 관 내부의 액체 표면이 외부의 표면보다 높거나 낮아지는 현상

② 액체의 응집력과 관과 액체 사이의 부착력에 의한 현상이다

③ 식물의 뿌리에서 무기양분과 물을 흡수하는 것

해답 ④

40 열전도도(thermal conductivity)가 가장 낮은 것은?

① 은 ② 철
③ 물 ④ 공기

해설 열전도율(열전도도)
어떤 물질의 열전달을 나타내는 수치다.
① 공기의 열전도율은 약 0.023W/m·℃
② 물의 열전도도는 공기의 5배 정도
③ 금속은 열전도도가 좋은 편이다.

해답 ④

제3과목 소방관계법규

41 방염처리업자의 지위를 승계한 자는 그 지위를 승계한 날부터 며칠 이내에 관련서류를 협회에 제출하여야 하는가?

① 10일   ② 15일
③ 30일   ④ 60일

해설 소방공사업법 제7조(지위승계 신고 등)
소방시설업자 지위 승계를 신고하려는 자는 그 상속일, 양수일, 합병일 또는 인수일부터 **30일 이내**에 신고서류(전자문서 포함)를 **협회에 제출**해야 한다.

소방공사업법 제2조(정의) 소방시설업
① 소방시설설계업 ② 소방시설공사업
③ 소방공사감리업 ④ 방염처리업

해답 ③

42 지정수량 미만인 위험물의 저장 또는 취급에 관한 기술상의 기준은 무엇으로 정하는가?

① 위험물제조소 등의 내규로 정한다.
② 행정자치부령으로 정한다.
③ 소방청의 내규로 정한다.
④ 시·도의 조례로 정한다.

해설 위험물법 제4조
(지정수량 미만인 위험물의 저장·취급)
지정수량 미만인 위험물의 저장 또는 취급에 관한 기술상의 기준은 **시·도의 조례**로 정한다.

해답 ④

43 연면적이 33m² 가 되지 않아도 소화기 또는 간이 소화용구를 설치하여야 하는 특정소방대상물은?

① 국가유산   ② 판매시설
③ 유흥주점영업소 ④ 변전실

해설 소방시설법 시행령 제11조 별표4(소화기구 설치대상)
① 연면적 **33m² 이상**인 것
② 가스시설, 발전시설 중 **전기저장시설 및 국가유산**
③ 터널
④ 지하구
※ 소화기구 : 소화기, 간이소화용구, 자동확산소화기

해답 ①

44 무창층을 정의할 때 사용되는 개구부의 요건과 거리가 먼 것은?

① 개구부의 크기가 지름 50cm 이상의 원이 통과할 수 있을 것
② 해당 층의 바닥면으로부터 개구부 밑부분까지의 높이가 1.2m 이내일 것
③ 개구부는 도로 또는 차량이 진입할 수 있는 빈터를 향할 것
④ 내부 또는 외부에서 쉽게 파괴 또는 개방할 수 없을 것

해설 (1) **무창층** : 지상층 중 개구부의 면적의 합계가 해당 층의 **바닥면적의 30분의 1 이하**가 되는 층
(2) **개구부 인정요건**
① 크기는 **지름 50cm 이상**의 원이 통과할 수 있을 것
② 해당 층의 바닥면으로부터 개구부 밑 부분까지의 **높이가 1.2m 이내**일 것
③ 도로 또는 차량이 진입할 수 있는 **빈터**를 향할 것
④ 화재 시 건축물로부터 쉽게 피난할 수 있도록 **창살**이나 그 밖의 **장애물**이 설치되지 않을 것
⑤ 내부 또는 외부에서 쉽게 부수거나 열 수 있을 것

해답 ④

45 위험물을 취급함에 있어서 정전기가 발생할 우려가 있는 설비는 공기 중의 상대습도를 몇 [%] 이상으로 하는 방법으로 정전기를 유효하게 제거할 수 있는 설비를 설치하여야 하는가?

① 30% ② 55%
③ 70% ④ 90%

해설 위험물안전관리법 시행규칙 [별표 4]
(정전기 제거설비)
① 접지에 의한 방법
② 공기 중의 **상대습도를 70% 이상**으로 하는 방법
③ 공기를 **이온화**하는 방법

해답 ③

46 소방공사감리를 함에 있어 규정을 위반하여 감리를 하거나 거짓으로 감리한 자에 대한 벌칙은?

① 1년 이하의 징역 또는 1천만원 이하의 벌금
② 1년 이하의 징역 또는 2천만원 이하의 벌금
③ 2년 이하의 징역 또는 1천만원 이하의 벌금
④ 3년 이하의 징역 또는 3천만원 이하의 벌금

해설 소방공사업법 제36조(벌칙)
(1년 이하의 징역 또는 1천만원 이하의 벌금)
① 영업정지 기간에 영업을 한 자
② 규정을 위반하여 설계나 시공을 한 자
③ **규정을 위반하여 감리를 하거나 거짓으로 감리한 자**
④ 규정을 위반하여 공사감리자를 지정하지 아니한 자
⑤ 보고를 거짓으로 한 자
⑥ 공사감리 결과보고서의 제출을 거짓으로 한 자
⑦ 소방시설업자가 아닌 자에게 소방시설공사등을 도급한 자
⑧ 도급받은 소방시설의 설계, 시공, 감리를 하도급한 자
⑨ 하도급받은 소방시설공사를 다시 하도급한 자
⑩ 소방기술자의 의무를 위반하여 법 또는 명령을 따르지 아니하고 업무를 수행한 자

해답 ①

47 건축허가등의 동의 대상물의 범위로 옳지 않은 것은?

① 연면적이 400제곱미터 이상인 건축물
② 항공기 격납고
③ 방송용 송 · 수신탑
④ 지하층 또는 무창층이 있는 건축물로서 바닥면적이 50제곱미터 이상인 층이 있는 것

해설 소방시설법 시행령 제7조
(건축허가등의 동의대상물의 범위 등)
(1) 연면적 400m^2 **이상**인 건축물이나 시설
  다만, 다음의 경우에는 기준 이상인 건축물
  ① **학교시설 : 100m^2**
  ② **노유자** 시설 및 **수련시설 : 200m^2**
  ③ **정신의료기관 : 300m^2**
  ④ **장애인 의료재활시설 : 300m^2**
(2) **지하층 또는 무창층 150m^2**(공연장 100m^2) 이상
(3) 차고 · 주차장 또는 주차 용도로 사용되는 시설
  ① 바닥면적이 200m^2 **이상**인 층
  ② 기계주차 20대 이상
(4) 층수가 6층 이상
(5) **항공기격납고**, 관망탑, 항공관제탑, 방송용 송수신탑
(6) 공동주택, 의원(입원실, 인공신장실이 있는 것) · 조산원 · 산후조리원, 숙박시설, 위험물 저장 및 처리 시설, 풍력발전소 · 전기저장시설, 지하구
(7) 노유자시설
(8) **요양병원**(의료재활시설은 제외)
(9) 750배 이상의 특수가연물을 저장 · 취급
⑩ 가스시설 100톤 이상인 것

해답 ④

48 소방기본법령상 소방대장은 화재, 재난 · 재해 그 밖의 위급한 상황이 발생한 현장에 소방활동구역을 정하여 소방활동에 필요한 자로서 대통령령으로 정하는 사람 외에는 그 구역에의 출입을 제한할 수 있다. 다음 중 소방활동구역에 출입할 수 없는 사람은?

① 소방활동구역 안에 있는 소방대상물의 소유자 · 관리자 또는 점유자
② 전기 · 가스 · 수도 · 통신 · 교통의 업무에

종사하는 사람으로서 원활한 소방활동을
위하여 필요한 사람
③ 시 · 도지사가 소방활동을 위하여 출입을
허가한 사람
④ 의사 · 간호사 그 밖의 구조 · 구급업무에
종사하는 사람

해설 (기본법 시행령 제8조) 소방활동구역의 출입자
(1) 소방대상물의 소유자, 관리자, 점유자
(2) 원활한 소화활동을 위하여 필요한 자
    (전기, 가스, 수도, 통신, 교통업무종사자 등)
(3) 구급, 구조업무 종사자(의사, 간호사 등)
(4) 보도업무 종사자
(5) 수사업무 종사자
(6) 소방대장이 허가한 자

해답 ③

49 면적이나 구조에 관계없이 물분무 등 소화설비를 반드시 설치하여야 하는 특정소방대상물은?

① 통신기기실   ② 항공기격납고
③ 전산실   ④ 주차용건축물

해설 (소방시설법 시행령 제15조의 별표 4)
물분무등 소화설비 설치대상
① 항공기 격납고
② 주차용 건축물로 연면적 800m² 이상
③ 차고 및 주차장으로 주차용도 사용면적 200m² 이상
④ 기계장치 주차시설 20대 이상
⑤ 전기실, 발전실, 변전실, 축전지실, 통신기기실, 전산실의 바닥면적 300m² 이상

해답 ②

50 지정수량의 몇 배 이상의 위험물을 취급하는 제조소는 관계인이 예방규정을 정하여야 하는가?

① 5배   ② 10배
③ 100배   ④ 200배

해설 (위험물법 시행령 제15조)
관계인이 예방규정을 정하여야 하는 제조소 등
① 지정수량 10배 이상 제조소
② 지정수량 100배 이상 옥외저장소
③ 지정수량 150배 이상 옥내저장소
④ 지정수량 200배 이상 옥외탱크저장소
⑤ 암반탱크저장소
⑥ 이송취급소
⑦ 지정수량 10배 이상 일반취급소

해답 ②

51 도시의 건물 밀집지역 등 화재가 발생할 우려가 높거나 화재가 발생하는 경우 그로 인하여 피해가 클 것으로 예상되는 일정한 구역으로서 대통령령이 정하는 지역에 대하여 시 · 도지사가 지정하는 것은?

① 화재예방강화지구 ② 화재경계구역
③ 방화경계구역   ④ 재난재해지역

해설 화재예방강화지구의 지정 등(화재예방법 제18조)
(1) 지정권자 : 시 · 도지사
(2) 화재안전조사 : 소방관서장
(3) 화재안전조사 실시주기 : 연1회 이상
(4) 소방훈련과 교육 : 연1회 이상
(5) 훈련 및 교육통보 : 10일 전 까지

화재예방강화지구의 지정대상지역 ★★필수암기★★
① 시장지역
② 공장 · 창고가 밀집한 지역
③ 목조건물이 밀집한 지역
④ 노후 · 불량건축물이 밀집한 지역
⑤ 위험물의 저장 및 처리시설이 밀집한 지역
⑥ 석유화학제품을 생산하는 공장이 있는 지역
⑦ 산업단지
⑧ 소방시설 · 소방용수시설 또는 소방 출동로가 없는 지역
⑨ 물류단지
⑩ 소방관서장이 화재예방강화지구로 인정하는 지역

해답 ①

52 소방용수시설을 주거지역에 설치하고자 하는 경우 소방대상물과 수평거리는 몇 m 이하가 되도록 하여야 하는가?

① 50m   ② 100m
③ 150m   ④ 200m

해설 (기본법 시행규칙 제6조 ②항 별표 3)
소방용수시설의 거리기준

① 주거지역, 상업지역, 공업지역 : 100m 이내
② 그 밖의 지역 : 140m 이내

상수도 소화용수 설비
① 호칭지름 75mm 이상의 수도배관에 호칭지름 100mm 이상의 소화전을 접속
② 소화전은 소방자동차 등의 진입이 쉬운 도로변 또는 공지에 설치
③ 소화전은 소방대상물의 수평투영면의 각 부분으로부터 140m 이하가 되도록 설치

해답 ②

53 제 4류 위험물을 저장하는 위험물제조소의 주의사항을 표시한 게시판의 내용으로 적합한 것은?

① 화기엄금 ② 물기엄금
③ 화기주의 ④ 물기주의

해설 (위험물법 시행규칙 제28조의 별표 4)
제조소의 주의사항 게시판 ★

위험물의 유별 종류	주의사항
제1류 중 알칼리금속과산화물 제3류 중 금수성 물질	물기엄금
제2류 (인화성고체 제외)	화기주의
제2류 중 인화성고체 제3류 중 자연발화성물품 제4류 제5류	화기엄금

- **물기엄금** : 청색바탕에 백색문자
- **화기주의, 화기엄금** : 적색바탕에 백색문자

해답 ①

54 소방신호의 종류에 속하지 않는 것은?

① 경계신호 ② 해제신호
③ 경보신호 ④ 훈련신호

해설 (기본법 시행규칙 제10조)
소방신호의 종류 ★★자주출제★★
① 경계신호 : 화재 예방상 필요하다고 인정되거나 화재위험경보 발령 시
② 발화신호 : 화재가 발생한 때 발령
③ 해제신호 : 소화활동이 필요 없다고 인정되는 때 발령
④ 훈련신호 : 훈련상 필요하다고 인정되는 때 발령

해답 ③

55 소방대상물의 방염성능 기준으로 옳지 않은 것은?

① 버너의 불꽃을 제거한 때부터 불꽃을 올리지 아니하고 연소하는 상태가 그칠 때까지 시간은 30초 이내
② 탄화한 면적은 50제곱센티미터 이내, 탄화의 길이는 20센티미터 이내
③ 불꽃에 의하여 완전히 녹을 때까지 불꽃의 접촉횟수는 5회 이상
④ 버너의 불꽃을 제거한 때부터 불꽃을 올리며 연소하는 상태가 그칠 때까지 시간은 20초 이내

해설 ③ 5회 이상 → 3회 이상

(소방시설법 시행령 제31조)
방염대상물품 및 방염성능기준
(1) 제조 또는 가공 공정에서 방염 처리하여야 하는 물품
  ① 창문에 설치하는 커튼류(블라인드 포함)
  ② 카펫
  ③ **벽지류**(두께가 2mm 미만 종이벽지 제외)
  ④ 전시용 합판·목재 또는 섬유판, 무대용 합판·목재 또는 섬유판(합판·목재류의 경우 불가피하게 설치 현장에서 방염처리한 것을 포함)
  ⑤ 암막·무대막(영화상영관과 **가상체험 체육시설업**에 설치하는 스크린을 포함)
  ⑥ 섬유류, 합성수지류로 제작된 소파·의자 (단란주점, 유흥주점, 노래연습장업)
(2) 건축물 내부의 천장이나 벽에 부착하거나 설치하는 다음의 것
  (다만, 가구류와 너비 10cm 이하인 반자돌림대 등과 내부마감재료는 제외).
  ① **종이류(두께 2mm 이상인 것)**·합성수지류 또는 섬유류를 주원료로 한 물품
  ② 합판이나 목재
  ③ 간이 칸막이
  ④ 흡음재(흡음커튼 포함), 방음재(방음커튼 포함)
(3) 방염성능기준
  ① 불꽃을 올리며 20초 이내
  ② 불꽃을 올리지 아니하고 30초 이내

③ 탄화면적 50cm² 이내, 탄화길이 20cm 이내
④ 불꽃의 접촉 횟수 3회 이상
⑤ 최대연기밀도 400 이하
(4) 방염처리 된 제품 사용권장
(소방본부장 또는 소방서장)
① 다중이용업소・의료시설・노유자시설・숙박시설 또는 장례식장에서 사용하는 **침구류・소파 및 의자**
② 건축물 내부의 천장 또는 벽에 부착하거나 설치하는 **가구류**

해답 ③

56 하자보수보증기간이 2년이 아닌 소방시설은?

① 유도등 ② 피난기구
③ 무선통신보조설비 ④ 자동소화장치

해설 (공사업법 시행령 제6조)
하자보수대상 소방시설과 하자보수보증기간

보증기간	소방시설
2년	① 피난기구 ② 유도등 ③ 유도표지 ④ 비상경보설비 ⑤ 비상조명등 ⑥ 비상방송설비 ⑦ 무선통신보조설비
3년	① 자동소화장치 ② 옥내 옥외 ④ 스프링클러 ⑤ 간이스프링클러 ⑥ 물분무등 ⑦ 자동화재탐지설비 ⑧ 상수도소화용수설비 ⑨ 소화활동설비(무선통신보조설비 제외)

해답 ④

57 소방시설 중 화재를 진압하거나 인명구조 활동을 위하여 사용하는 설비로 나열된 것은?

① 상수도소화용수설비, 연결송수관설비
② 연결살수설비, 제연설비
③ 연소방지설비, 피난설비
④ 무선통신보조설비, 통합감시시설

해설 소화활동설비 : 화재를 진압하거나 인명구조활동을 위하여 사용하는 설비
① 제연설비 ② 연결송수관설비
③ 연결살수설비 ④ 비상콘센트설비
⑤ 무선통신보조설비 ⑥ 연소방지설비

해답 ②

58 소방시설 설치 및 관리에 관한 법령상 펄프공장의 작업장, 음료수공장의 충전을 하는 작업장 등과 같이 화재안전기준을 적용하기 어려운 특정소방대상물에 설치하지 아니할 수 있는 소방시설의 종류가 아닌 것은?

① 상수도소화용수설비
② 스프링클러설비
③ 연결송수관설비
④ 연결살수설비

해설 소방시설을 설치하지 아니하는 특정소방대상물의 범위

특정소방대상물	소방시설
음료수 공장의 세정 또는 충전하는 작업장 그 밖에 이와 비슷한 용도로 사용하는 것	스프링클러설비, 상수도소화용수설비 및 연결살수설비(스, 상, 살)
정수장, 수영장, 목욕장, 어류양식용 시설 그 밖에 이와 비슷한 용도로 사용되는 것	자동화재탐지설비, 상수도소화용수설비 및 연결살수설비(자, 상, 살)

해답 ③

59 성능위주설계를 할 수 있는 자가 보유하여야 하는 기술인력의 기준은?

① 소방기술사 2인 이상
② 소방기술사 1인 및 소방설비기사 2인(기계 및 전기분야 각 1인)이상
③ 소방분야 공학박사 2인 이상
④ 소방기술사 1인 및 소방분야 공학박사 1인 이상

해설 성능위주설계를 할 수 있는 자의 자격・기술인력 및 자격에 따른 설계범위

성능위주설계자의 자격	기술인력
1. 전문소방시설설계업을 등록한 자 2. 전문소방시설설계업 등록기준에 따른 기술인력을 갖춘 자로서 소방청장이 정하여 고시하는 연구기관 또는 단체	소방기술사 2명 이상

해답 ①

60 형식승인대상 소방용품에 속하지 않는 것은?

① 방염제 ② 구조대
③ 완강기 ④ 휴대용비상조명등

해설 소방시설법 시행령 제37조
(형식승인대상 소방용품)
[별표 3] 소방용품
1. 소화설비를 구성하는 제품 또는 기기
   (1) 소화기구(소화약제 외의 것을 이용한 간이 소화용구는 제외)
   (2) 자동소화장치
   (3) 소화설비를 구성하는 소화전, 관창, 소방호스, 스프링클러헤드, 기동용 수압개폐장치, 유수제어밸브 및 가스관선택밸브
2. 경보설비를 구성하는 제품 또는 기기
   (1) 누전경보기 및 가스누설경보기
   (2) 경보설비를 구성하는 발신기, 수신기, 중계기, 감지기 및 음향장치(경종만 해당)
3. 피난구조설비를 구성하는 제품 또는 기기
   (1) 피난사다리, 구조대, 완강기, 간이완강기 (지지대를 포함)
   (2) 공기호흡기(충전기를 포함)
   (3) 피난구유도등, 통로유도등, 객석유도등 및 예비 전원이 내장된 비상조명등
4. 소화용으로 사용하는 제품 또는 기기
   (1) 소화약제
   (2) 방염제(방염액·방염도료 및 방염성물질)

해답 ④

제4과목 소방기계시설의 구조 및 원리

61 연결살수설비의 배관에 관한 설치기준 중 옳은 것은?

① 개방형헤드를 사용하는 연결살수설비의 수평주행배관은 헤드를 향하여 상향으로 100분의 5 이상의 기울기로 설치한다.
② 가지배관 또는 교차배관을 설치하는 경우에는 가지배관의 배열은 토너멘트 방식이어야 한다.
③ 교차배관에는 가지배관과 가지배관사이마다 1개 이상의 행가를 설치하되, 가지배관 사이의 거리가 4.5m를 초과하는 경우에는 4.5m 이내마다 1개 이상 설치한다.
④ 가지배관은 교차배관 또는 주배관에서 분기되는 지점을 기점으로 한쪽 가지배관에 설치되는 헤드의 개수는 6개 이하로 하여야 한다.

해설 연결살수설비의 배관 설치기준
(1) 연결살수설비 전용헤드수별 급수관의 구경

헤드수	1개	2개	3개	4~5개	6~10개
배관구경 (mm)	32	40	50	65	80

(2) 폐쇄형헤드를 사용하는 연결살수설비의 시험배관
   ① 송수구에서 가장 먼 거리에 위치한 가지배관의 끝으로부터 연결하여 설치할 것
   ② 시험장치 배관의 구경은 25mm 이상으로 하고, 그 끝에는 물받이 통 및 배수관을 설치하여 시험 중 방사된 물이 바닥으로 흘러내리지 아니하도록 할 것
(3) 개방형헤드를 사용하는 연결살수설비에 있어서의 수평주행배관은 헤드를 향하여 상향으로 **100분의 1 이상의 기울기**로 설치하고 주배관 중 낮은 부분에는 자동배수밸브를 기준에 따라 설치하여야 한다.
(4) 가지배관 또는 교차배관을 설치하는 경우에는 가지배관의 배열은 **토너멘트방식이 아니어야 하며**, 가지배관은 교차배관 또는 주배관에서 분기되는 지점을 기점으로 한 쪽 가지배관에 설치되는 헤드의 개수는 8개 이하로 하여야 한다.

해답 ③

62 방호체적 550m³인 전기실에 하론 1301 설비를 할 때 필요한 소화약제의 양(kg)은 최소 얼마 이상으로 하여야 하는가? (단, 가로 2m, 세로 0.8m인 유리창 2개소와 가로 1m, 세로 2m의 자동폐쇄장치가 설치된 방화문이 있다.)

① 176.0 ② 188.4
③ 183.68 ④ 330.0

해설 할론1301 약제저장량(kg)

$$Q = V \times K_1 + A \times K_2$$

여기서, Q : 할론1301 약제저장량(kg)
V : 방호구역체적(m^3)
K_1 : 방호구역 $1m^3$당 약제량(kg/m^3)
할론1301의 $K_1 = 0.32 kg/m^3$
A : 개구부면적(m^2)
(자동폐쇄장치 없는 개구부면적)
K_2 : 개구부 $1m^2$당 약제량(kg/m^2)
할론1301의 $K_2 = 2.4 kg/m^2$

∴ $Q(kg) = 550m^3 \times 0.32 kg/m^3 + 2m \times 0.8m$
$\times 2$개소$\times 2.4 kg/m^2$
$= 183.68 kg$

해답 ③

63 물분무소화설비의 화재안전기준에서 차고 또는 주차장에서의 방수량은 바닥면적 $1m^2$에 대하여 매 분당 얼마 이상이어야 하는가?

① 10L ② 20L
③ 30L ④ 40L

해설 물분무소화설비의 펌프 분당토출량

소방대상물	펌프의 토출량(L/분)
특수가연물 저장, 취급	바닥면적(m^2)(최대방수구역기준 최소 $50m^2$)$\times 10L/m^2 \cdot$ 분
차고, 주차장	바닥면적(m^2)(최대방수구역기준 최소 $50m^2$)$\times 20L/m^2 \cdot$ 분
절연유 봉입 변압기	표면적(바닥부분제외)(m^2) $\times 10L/m^2 \cdot$ 분
케이블 트레이, 닥트	투영된 바닥면적(m^2)$\times 12L/m^2 \cdot$ 분
콘베이어벨트 등	벨트부분의 바닥면적(m^2) $\times 10L/m^2 \cdot$ 분

해답 ②

64 폐쇄형스프링클러 헤드를 사용하는 포소화설비 자동기동장치에 대한 설명으로 잘못된 것은?

① 하나의 감지장치 경계구역은 하나의 층이 되도록 할 것
② 표시온도가 79℃ 미만인 것을 사용할 것
③ 1개의 스프링클러헤드의 경계 면적은 $20m^2$ 이하로 할 것
④ 부착면의 높이는 바닥으로부터 3m 이하로 할 것

해설 포소화설비의 자동식 기동장치
① 자동화재탐지설비의 감지기의 작동 또는 폐쇄형 스프링클러헤드의 개방과 연동하여 가압송수장치·일제개방밸브 및 포 소화약제 혼합장치를 기동시킬 수 있을 것
② 폐쇄형 스프링클러헤드를 사용하는 경우
  ㉠ 표시온도가 79℃ **미만**인 것을 사용하고, 1개의 스프링클러헤드의 경계면적은 $20m^2$ **이하**로 할 것
  ㉡ 부착면의 높이는 바닥으로부터 5m **이하**로 하고, 화재를 유효하게 감지할 수 있도록 할 것
  ㉢ 하나의 감지장치 경계구역은 **하나의** 층이 되도록 할 것

해답 ④

65 스프링클러헤드의 방수구에서 유출되는 물을 세분시키는 작용을 하는 것은?

① 클래퍼 ② 워터모터공
③ 리타팅 챔버 ④ 디프렉터

해설 디플렉터(반사판) : 헤드 방수구에서 유출되는 물을 세분시키는 작용을 하는 것

해답 ④

66 화재조기진압용 스프링클러설비의 수원은 화재시 기준력과 기준수량 및 천장높이 조건에서 몇 분간 방사할 수 있어야 하는가?

① 20 ② 30
③ 40 ④ 60

해설 화재조기진압용 스프링클러설비의 수원
수리학적으로 가장 먼 가지배관 3개에 각각 4개의 스프링클러헤드가 동시에 개방되었을 때 헤드선단의 압력이 표2.2.1에 의한 값 이상으로 **60분간** 방사할 수 있는 양으로 계산식은 다음과 같다.

$$Q = 12 \times 60 \times K\sqrt{10p}$$

여기서, Q : 수원의 양(L)
K : 상수[L/min/(MPa)$^{1/2}$]
p : 헤드선단의 압력(MPa)

해답 ④

67 소화용수가 지표면으로부터 내부수조바닥 까지의 깊이가 몇 m 이상인 지하에 있는 경우에 가압송수장치를 설치하여야 하는가?

① 4 ② 4.5
③ 5 ④ 5.5

해설 소화용수설비 설치기준
① 채수구는 지면으로부터 높이가 0.5m 이상 1.0m 이하의 위치에 설치한다.
② 유수량 $0.8m^3$/분 이상인 유수를 사용할 수 있는 경우에는 소화수조를 설치하지 않을 수 있다.
③ 소화수조 또는 저수조가 지표면으로부터 **깊이가 4.5m 이상**인 경우 **가압송수장치를 설치**한다.
④ 흡수관 투입구는 한 변 또는 직경이 0.6m 이상으로 하여야 한다.

해답 ②

68 숙박시설·노유자시설 및 의료시설로 사용되는 층에 있어서의 피난기구는 그 층의 바닥면적이 몇 m^2마다 이상을 설치하여야 하는가?

① 300 ② 500
③ 800 ④ 1000

해설 피난기구의 설치개수
① 층마다 설치할 것
② 피난기구는 기준에 의한 개수 이상을 설치

특수장소	설치개수
숙박시설, 노유자시설, 의료시설로 사용되는 층	$500m^2$마다 1개 이상
위락시설, 문화집회 및 운동시설, 판매시설, 복합용도의 층	$800m^2$마다 1개 이상
아파트	각 세대마다
그 밖의 용도의 층	$1,000m^2$마다 1개 이상

③ 숙박시설의 경우(휴양콘도미니엄 제외) 추가로 객실마다 완강기 또는 둘 이상의 간이완강기를 설치할 것
④ 의무관리대상 공동주택의 경우 관리주체가 관리하는 공동주택 구역마다 공기안전매트 1개 이상 추가 설치

해답 ②

69 아파트에 설치하는 주거용 주방자동소화장치의 설치기준 중 부적합한 것은?

① 아파트의 각 세대별 주방에 설치한다.
② 소화약제 방출구는 환기구의 청소부분과 분리되어 있어야 한다.
③ 자동식 소화기에 사용하는 가스누설 경보 차단장치는 감지부와 1m 이내에 위치한다.
④ 탐지부는 수신부와 분리하여 설치하되, 공기보다 무거운 가스 사용시는 바닥에서 30cm 이하에 위치한다.

해설 주거용 주방자동소화장치의 설치기준
① 소화약제 방출구는 환기구의 청소부분과 분리되어 있어야 하며, 형식승인 받은 유효설치 높이 및 방호면적에 따라 설치할 것
② 감지부는 형식승인 받은 유효한 높이 및 위치에 설치할 것
③ 차단장치(전기 또는 가스)는 상시 확인 및 점검이 가능하도록 설치할 것
④ 가스용 주방자동소화장치를 사용하는 경우 탐지부는 수신부와 분리하여 설치하되, 공기보다 가벼운 가스를 사용하는 경우에는 천장 면으로부터 30cm 이하의 위치에 설치하고, 공기보다 무거운 가스를 사용하는 장소에는 바닥 면으로부터 30cm 이하의 위치에 설치할 것

구분	공기보다 가벼운 가스	공기보다 무거운 가스
탐지부	천장 면 30cm 이하	바닥 면 30cm 이하

⑤ 수신부는 주위의 열기류 또는 습기 등과 주위온도에 영향을 받지 아니하고 사용자가 상시 볼 수 있는 장소에 설치할 것

해답 ③

70 부속용도로 사용하고 있는 통신기기실의 경우 몇 m^2마다 수동식 소화기 1개 이상을 추가로 비치하여야 하는가?

① 30 ② 40
③ 50 ④ 60

해설 부속용도별로 추가하여야 할 소화기구
발전실·변전실·송전실·변압기실·배전반실·통신기기실·전산기기실·기타 이와 유사한 시설이 있는 장소에는 해당 용도의 **바닥면적 $50m^2$**

마다 적응성이 있는 소화기 1개 이상 (다만, 통신기기실·전자기기실을 제외한 장소에 있어서는 교류 600V 또는 직류750V 이상의 것에 한한다)

해답 ③

71 연소방지설비 방수헤드의 설치기준 중 다음 ( ) 안에 알맞은 것은?

> 방수헤드간의 수평거리는 연소방지설비 전용헤드의 경우에는 (㉠)m 이하, 스프링클러헤드의 경우에는 (㉡)m 이하로 할 것

① ㉠ 2, ㉡ 1.5
② ㉠ 1.5, ㉡ 2
③ ㉠ 1.7, ㉡ 2.5
④ ㉠ 2.5, ㉡ 1.7

해설 연소방지설비의 헤드 설치기준
① 헤드간의 수평거리

전용헤드	개방형 스프링클러헤드
2m 이하	1.5m 이하

③ 환기구·작업구마다 지하구의 양쪽방향으로 살수헤드를 설정하되, **한쪽 방향의 살수구역의 길이는 3m 이상**으로 할 것. 다만, 환기구 사이의 간격이 700m를 초과할 경우에는 700m 이내마다 **살수구역**을 설정할 것.

해답 ①

72 옥내소화전이 1층에 4개, 2층에 4개, 3층에 2개가 설치된 소방대상물이 있다. 옥내소화전설비를 위해 필요한 최소 수원의 수량은?

① $2.6m^3$
② $5.2m^3$
③ $13m^3$
④ $26m^3$

해설 옥내소화전 수원의 양

$$Q(m^3) = N \times 2.6m^3$$

여기서, N : 옥내소화전이 가장 많은 층의 설치개수(최대 2개)
∴ $Q = 2 \times 2.6 = 5.2m^3$

해답 ②

73 연결송수관설비의 가압송수장치를 기동하는 방법 및 기동스위치에 대한 설치 기준으로 틀린 것은?

① 가압송수장치는 방수구가 개방될 때 자동으로 기동되거나 수동스위치의 조작에 따라 기동되도록 할 것
② 수동스위치는 2개 이상을 설치하되 그 중 1개는 송수구로부터 5m 이내의 보기 쉬운 장소에 바닥으로부터 높이 0.8m 이상 1.5m 이하로 설치할 것
③ 수동스위치는 2개 이상을 설치하되 그 중 1개는 송수구 부근에 1.5mm 이상의 강판함에 수납하여 설치할 것
④ 가압송수장치의 기동을 표시하는 표시등을 설치할 것

해설 연결송수관설비의 가압송수장치
가압송수장치는 방수구가 개방될 때 자동으로 기동되거나 또는 수동스위치의 조작에 따라 기동되도록 할 것. 이 경우 **수동스위치는 2개 이상**을 설치하되, 그 중 1개는 다음 각목의 기준에 따라 송수구의 부근에 설치하여야 한다.
① **송수구로부터 5m 이내의 보기 쉬운 장소에 바닥으로부터 높이 0.8m 이상 1.5m 이하**로 설치할 것
② **1.5mm 이상의 강판함**에 수납하여 설치할 것. 이 경우 문짝은 불연재료로 설치할 수 있다.
③ 접지하고 빗물 등이 들어가지 아니하는 구조로 할 것

해답 ④

74 방수구가 각 층에 2개씩 설치된 소방대상물에 연결송수관 가압송수장치를 설치하려 한다. 가압송수장치의 설치대상과 최상층 말단의 노즐에서 요구되는 최소 방사압력, 토출량이 적합한 것은?

① 설치대상 : 높이 60m 이상인 소방대상물
   방사압력 : 0.25MPa 이상
   토출량 : 2200L/min 이상
② 설치대상 : 높이 70m 이상인 소방대상물
   방사압력 : 0.25MPa 이상
   토출량 : 2200L/min 이상
③ 설치대상 : 높이 60m 이상인 소방대상물
   방사압력 : 0.35MPa 이상

토출량 : 2400L/min 이상
④ 설치대상 : 높이 70m 이상인 소방대상물
방사압력 : 0.35MPa 이상
토출량 : 2400L/min 이상

해설 **연결송수관설비의 가압송수장치**
① 지표면에서 최상층 방수구의 높이가 70m 이상의 특정소방대상물에 설치
② 펌프의 토출량은 2,400L/min(계단식 아파트의 경우에는 1,200L/min) 이상
다만, 해당 층에 설치된 방수구가 3개를 초과(방수구가 5개 이상인 경우에는 5개)하는 것에 있어서는 1개마다 800L/min(계단식 아파트의 경우에는 400L/min)를 가산한 양이 되는 것으로 할 것
③ **펌프의 양정**은 최상층에 설치된 노즐선단의 압력이 0.35MPa 이상의 압력이 되도록 할 것

해답 ④

75 유압기기를 제외한 전기설비, 케이블실에 이산화탄소 소화설비를 전역방출방식으로 설치할 경우 방호구역의 체적이 600m³이라면 이산화탄소 소화약제 저장량은 몇 kg인가? (단, 이 때 설계농도는 50%이고, 개구부 면적은 무시한다.)

① 780   ② 960
③ 1200   ④ 1620

해설 **이산화탄소의 약제저장량(kg)**

$$Q = V \times K_1 + A \times K_2$$

여기서, Q : 이산화탄소 약제저장량(kg)
  V : 방호구역체적(m³)
  K_1 : 방호구역 1m³당 약제량(kg/m³)
   유압기기를 제외한 전기설비, 케이블실의 $K_1 = 1.3$kg/m³
  A : 개구부면적(m²)
   (자동폐쇄장치 없는 개구부면적)
  K_2 : 개구부 1m²당 약제량(kg/m²)
   심부화재의 $K_2 = 10$kg/m²

∴ $Q(kg) = 600m^3 \times 1.3kg/m^3 = 780kg$

해답 ①

76 제연설비의 설치장소에 따른 제연구역의 구획에 대한 내용 중 틀린 것은?

① 하나의 제연구역의 면적은 1000m² 이내로 할 것
② 하나의 제연구역은 3개 이상 층에 미치지 아니하도록 할 것
③ 통로상의 제연구역은 보행중심선의 길이가 60m를 초과하지 아니할 것
④ 하나의 제연구역은 직경 60m 원내에 들어갈 수 있을 것

해설 **제연구역 구획기준**
① 하나의 제연구역의 면적은 1000m² 이내
② 거실과 통로는 각각 제연구획
③ 통로상의 제연구역은 보행 중심선으로 길이가 60m를 초과하지 아니할 것
④ 하나의 제연구역은 직경 60m 원내에 들어갈 수 있을 것
⑤ 하나의 제연구역은 2개 이상 층에 미치지 아니하도록 할 것

해답 ②

77 스프링클러설비의 급수배관 설계를 수리계산으로 할 경우 가지배관의 유속은 ( )m/s, 그밖의 배관의 유속은 ( )m/s를 초과할 수 없다. 빈 칸에 값을 순서대로 맞게 나타낸 것은?

① 3, 6   ② 3, 10
③ 6, 10   ④ 10, 12

해설 **스프링클러설비의 수리계산 시 배관 내 유속 제한**
① 가지배관 유속 : 6m/s 이하
② 그 밖의 배관 유속 : 10m/s 이하

해답 ③

78 연결살수설비의 설치 대상이 아닌 것은?

① 판매시설로서 해당 용도 건물로 바닥면적의 합계가 700m²인 것
② 백화점 용도 건물의 지하층으로서 바닥면적의 합계가 700m²인 것
③ 학교용도 건물의 지하층으로서 700m²인

것
④ 탱크의 용량이 40톤인 지상 노출 가스탱크 시설

해설 연결살수설비의 설치대상
① **판매시설**로서 해당 용도로 사용되는 부분의 바닥면적의 합계가 1000m² **이상**인 것
② 지하층으로서 바닥면적의 합계가 150m² 이상인 것. 국민주택규모 이하인 아파트의 지하층과 학교의 지하층에 있어서는 700m² 이상인 것
③ 가스시설 중 지상에 노출된 탱크의 용량이 30톤 이상인 탱크시설
④ 특정소방대상물에 부속된 연결통로

해답 ①

79 특별피난계단의 계단실 및 부속실 제연설비의 화재안전기술기준상 차압 등에 관한 기준 중 다음 괄호 안에 알맞은 것은?

> 제연설비가 가동되었을 경우 출입문의 개방에 필요한 힘은 ( )N 이하로 하여야 한다.

① 12.5 ② 40
③ 70   ④ 110

해설 특별피난계단의 계단실 및 부속실 제연설비의 차압 등
① 제연구역과 옥내와의 사이에 유지하여야 하는 최소차압은 40Pa(옥내에 스프링클러설비가 설치된 경우 12.5Pa) 이상
② 제연설비가 가동되었을 경우 출입문의 개방에 필요한 힘은 **110N 이하**
③ 출입문이 일시적으로 개방되는 경우 개방되지 아니하는 제연구역과 옥내와의 차압은 제1항의 기준에 불구하고 차압의 **70% 이상**이어야 한다.
④ 계단실과 부속실을 동시에 제연 하는 경우 부속실의 기압은 계단실과 같게 하거나 계단실의 기압보다 낮게 할 경우에는 부속실과 계단실의 **압력차이는 5Pa 이하**

해답 ④

80 제연설비의 배출기와 배출풍도에 관한 설명 중 틀린 것은?
① 배출기와 배출 풍도의 접속부분에 사용하는 캔버스는 내열성이 있는 것으로 할 것
② 배출기의 전동기 부분과 배풍기 부분은 분리하여 설치할 것
③ 배출기 흡입측 풍도안의 풍속은 15m/s 이상으로 할 것
④ 배출기의 배출측 풍도안의 풍속은 20m/s 이하로 할 것

해설 배출기 및 배출풍도
① 배출기
  ㉠ 배출기와 배출풍도의 접속부분에 사용하는 캔버스는 내열성(석면 재료는 제외)이 있는 것으로 할 것.
  ㉡ 배출기의 전동기 부분과 배풍기 부분은 분리하여 설치하여야 하며 배풍기 부분은 유효한 내열처리 할 것.
② 배출풍도
  ㉠ 배출풍도는 아연도금강판 등 내식성·내열성이 있는 것으로 할 것
  ㉡ 배출기 흡입측 풍도안의 풍속은 15m/s 이하로 하고, 배출측의 풍속은 20m/s 이하로 할 것
③ 배출풍도의 강판의 두께

풍도단면의 긴변 또는 직경의 크기	강판두께
450mm 이하	0.5mm 이상
450mm 초과 750mm 이상	0.6mm 이상
750mm 초과 1500mm 이상	0.8mm 이상
1500mm 초과 2250mm 이상	1.0mm 이상
2250mm 초과	1.2mm 이상

④ 유입풍도안의 풍속 : 20m/s 이하

해답 ③

소방설비기사 – 기계분야

2024년 7월 CBT 시행

제1과목 소방원론

01 제1종 분말소화약제인 탄산수소나트륨은 어떤 색으로 착색되어 있는가?

① 백색   ② 담회색
③ 담홍색   ④ 회색

해설 분말약제의 주성분 및 착색(필수암기)

종 별	주성분	약 제 명	착 색
제1종	$NaHCO_3$	탄산수소나트륨 중탄산나트륨	백색
제2종	$KHCO_3$	탄산수소칼륨 중탄산칼륨	담회색
제3종	$NH_4H_2PO_4$	제1인산암모늄	담홍색 (핑크색)
제4종	$KHCO_3$ $+(NH_2)_2CO$	탄산수소칼륨 + 요소	회색 (쥐색)

해답 ①

02 수소의 공기 중 폭발범위에 가장 가까운 것은?

① 1.25~54vol%   ② 4~75vol%
③ 5~15vol%   ④ 1.05~6.7vol%

해설 공기 중 가스의 폭발위(연소범위)

가스	아세틸렌	수소	가솔린	프로판
폭발 범위	2.5~81%	4.0~75%	1.2~7.6%	2.1~9.5%

※ 아세틸렌가스의 폭발범위가 가장 넓다.

해답 ②

03 나이트로셀룰로오스에 대한 설명으로 잘못된 것은?

① 질화도가 낮을수록 위험성이 크다.
② 물을 첨가하여 습윤시켜 운반한다.
③ 화약의 원료로 쓰인다.
④ 고체이다.

해설 나이트로셀룰로오스[$(C_6H_7O_2(ONO_2)_2)_3]_n$
: 제5류 위험물

셀룰로오스(섬유소)에 **진한 질산과 진한 황산**의 혼합액을 작용시켜서 만든 것
① 직사광선, 산 접촉 시 분해 및 자연 발화한다.
② 건조상태에서는 폭발위험이 크나 **수분함유 시 폭발위험성이 없어 저장·운반이 용이**하다.
③ 질산섬유소라고도 하며 화약에 이용 시 면약(면화약)이라 한다.
④ 질소함유율(질화도)이 높을수록 폭발성이 크다.
⑤ 저장 시 20% 이상의 수분을 첨가하여 저장한다.

해답 ①

04 포소화설비의 국가화재안전기준에서 정한 포의 종류 중 저발포라 함은?

① 팽창비가 20 이하인 것
② 팽창비가 120 이하인 것
③ 팽창비가 250 이하인 것
④ 팽창비가 1000 이하인 것

해설 저발포와 고발포

포종류	단백포	합성계면 활성제포	수성 막포	알코올포
저발포 (팽창비 20배 이하)	3%, 6%	3%, 6%	3%, 6%	3%, 6%
고발포 (팽창비 80배 이상 1000배 미만)	–	1%, 1.5%, 2%	–	–

해답 ①

05 실내온도 15℃에서 화재가 발생하여 900℃가 되었다면 기체의 부피는 약 몇 배로 팽창되었는가? (단, 압력은 1기압으로 일정하다.)

① 2.23　　② 4.07
③ 6.45　　④ 8.05

해설 샤를의 법칙(P(압력) = 일정)

① $V_2 = V_1 \times \dfrac{T_2}{T_1}$

② $V_2 = V_1 \times \dfrac{(273+900)\text{K}}{(273+15)\text{K}} = 4.07\,V_1$

참고 보일의 법칙

T(온도) = 일정　$P_1 V_1 = P_2 V_2$

샤를의 법칙

P(압력) = 일정　$\dfrac{V_1}{T_1} = \dfrac{V_2}{T_2}$

보일-샤를의 법칙

$\dfrac{P_1 V_1}{T_1} = \dfrac{P_2 V_2}{T_2}$

해답 ②

06 분자식이 CF₂BrCl인 할로겐화합물 소화약제는?

① Halon 1301　② Halon 1211
③ Halon 2402　④ Halon 2021

해설 할로겐화합물 소화약제 명명법

할론 ⓐ ⓑ ⓒ ⓓ
　　ⓐ : C원자수　　ⓑ : F원자수
　　ⓒ : Cl원자수　　ⓓ : Br원자수

할로겐화합물 소화약제

구분 \ 종류	할론 2402	할론 1211	할론 1301	할론 1011
분자식	$C_2F_4Br_2$	CF_2ClBr	CF_3Br	CH_2ClBr

해답 ②

07 재료와 그 특성의 연결이 옳은 것은?

① PVC 수지 – 열가소성
② 페놀수지 – 열가소성
③ 폴리에틸렌 수지 – 열경화성
④ 멜라민수지 – 열가소성

해설 ① 열가소성 수지

열을 가하면 변형되는 것[플라스틱, 폴리에틸렌(PE), 폴리프로필렌(PP), 폴리스틸렌(PS), 폴리염화비닐(PVC)]

② 열경화성 수지

열을 가하면 굳어지는 것(페놀수지, 베이클라이트, 요소수지, 멜라민수지)

해답 ①

08 다음 중 표면연소에 대한 설명으로 올바른 것은?

① 목재가 산소와 결합하여 일어나는 불꽃연소 현상
② 종이가 정상적으로 화염을 내면서 연소하는 현상
③ 오일이 기화하여 일어나는 연소 현상
④ 코크스나 숯의 표면에서 산소와 접촉하여 일어나는 연소 현상

해설 표면연소

표면에서 산소와 접촉하여 일어나는 연소현상

연소의 형태 ★★★ 자주출제(필수암기) ★★★

① 표면연소(surface reaction)
　숯, 코크스, 목탄, 금속분
② 증발 연소(evaporating combustion)
　파라핀(양초), 황, 나프탈렌, 왁스, 휘발유, 등유, 경유, 아세톤 등 제4류 위험물
③ 분해연소(decomposing combustion)
　석탄, 목재, 플라스틱, 종이, 합성수지, 중유
④ 자기연소(내부연소)
　질화면(나이트로셀룰로오스), 셀룰로이드, 나이트로글리세린 등 제5류 위험물
⑤ 확산연소(diffusive burning)
　아세틸렌, LPG, LNG 등 가연성 기체
⑥ 불꽃연소 + 표면연소
　목재, 종이, 셀룰로오즈류, 열경화성수지

해답 ④

09 목조건축물에서 화재가 최성기에 이르면 천장, 대들보 등이 무너지고 강한 복사열을 발생한다. 이 때 나타낼 수 있는 최고 온도는 약 몇 ℃인가?

① 300　　② 600
③ 900　　④ 1300

해설 건축물 구조형태에 따른 화재특징

구 분	목조건축물	내화건축물
연소 형태	고온 단시간형	저온 장시간형
최고 온도	1300℃	1000℃

해답 ④

10 물의 기화열을 이용하여 열을 흡수하는 방식으로 소화하는 방법은?

① 냉각소화 ② 질식소화
③ 제거소화 ④ 촉매소화

해설 소화원리 ★★★★★
① 냉각소화 : 가연성 물질을 발화점 이하로 온도를 냉각

> 물이 소화약제로 사용되는 이유
> ① 물의 기화열(539 kcal/kg)이 크기 때문
> ② 물의 비열 (1kcal/kg℃)이 크기 때문

② 질식소화 : 산소농도를 21%에서 15% 이하로 감소

> 질식소화 시 산소의 유지농도 : 10~15%

③ 억제소화(부촉매소화, 화학적소화) : 연쇄반응을 억제

> • 부촉매 : 화학적 반응의 속도를 느리게 하는 것
> • 부촉매 효과 : 할론소화약제
>   [할로겐족원소 : 불소(F), 염소(Cl), 브로민(Br), 아이오딘(I)]

④ 제거소화 : 가연성물질을 제거시켜 소화

> • 산불이 발생하면 화재의 진행방향을 앞질러 벌목
> • 화학반응기의 화재 시 원료공급관의 밸브를 폐쇄
> • 유전화재 시 폭약으로 폭풍을 일으켜 화염을 제거
> • 촛불을 입김으로 불어 화염을 제거

⑤ 피복소화 : 가연물 주위를 공기와 차단
⑥ 희석소화 : 가연물의 연소농도를 희석
⑦ 유화소화(에멀전소화) : 유류화재 시 물분무로 방사하여 액체표면에 불연성의 유막을 형성하여 소화

해답 ①

11 건축물의 화재발생시 인간의 피난 특성으로 틀린 것은?

① 평상시 사용하는 출입구나 통로를 사용하는 경향이 있다.
② 화재의 공포감으로 인하여 빛을 피해 어두운 곳으로 몸을 숨기는 경향이 있다.
③ 화염, 연기에 대한 공포감으로 발화지점의 반대방향으로 이동하는 경향이 있다.
④ 화재시 최초로 행동을 개시한 사람을 따라 전체가 움직이는 경향이 있다.

해설 ② 화재의 공포감으로 인하여 빛을 향해 밝은 곳으로 피난하려는 경향이 있다.

화재 시 인간의 본능 ★★
① 귀소본능 : 화재시 인간은 피난을 위하여 자신이 들어온 길 또는 평상시 사용하던 통로(복도, 계단)로 탈출하려는 경향
② 지광본능 : 화재시 인간은 주위가 어두워지면 밝은 곳으로 피난하려는 경향
③ 추종본능 : 화재시(비상시) 인간은 군중 중 한 사람의 지도자가 나타나면 그 지도자를 따라 행동하려는 경향
④ 퇴피본능 : 인간은 화재를 감지하면 반사적으로 화재지역으로부터 멀리 피난하려는 경향
⑤ 좌회본능 : 인간은 대부분 오른손이나 오른발을 사용하여 발달하였으므로 회전할 경우에는 주로 오른손이나 오른발을 이용하여 왼쪽으로 회전(좌회전)하려는 경향

해답 ②

12 탄화칼슘이 물과 반응할 때 발생되는 기체는?

① 일산화탄소 ② 아세틸렌
③ 황화수소   ④ 수소

해설 탄화칼슘(CaC_2) : 제3류 위험물 중 칼슘탄화물
① 물과 접촉시 **아세틸렌을 생성**하고 열을 발생

$$CaC_2 + 2H_2O \rightarrow Ca(OH)_2 + \underset{(아세틸렌)}{C_2H_2 \uparrow} + 27.8 kcal$$

② 물 및 포약제에 의한 소화는 절대 금하고 마른 모래 등으로 피복소화

해답 ②

13 건축물의 피난·방화구조 등의 기준에 관한 규칙에서 건축물의 바깥쪽에 설치하는 피난계단의 유효너비는 몇 m 이상으로 하여야 하는가?

① 0.6　　　② 0.7
③ 0.9　　　④ 1.2

해설 **건축물의 바깥쪽에 설치하는 피난계단의 구조**
① 계단은 출입구외의 창문등으로부터 2m이상의 거리를 두고 설치
② 건축물의 내부에서 계단으로 통하는 출입구에는 60분+방화문 또는 60분방화문을 설치할 것
③ 계단의 유효너비는 0.9m 이상
④ 계단은 내화구조로 하고 지상까지 직접 연결되도록 할 것

해답 ③

14 탄산가스에 대한 일반적인 설명으로 옳은 것은?

① 산소와 반응시 흡열반응을 일으킨다.
② 산소와 반응하여 불연성 물질을 발생시킨다.
③ 산화하지 않으나 산소와는 반응한다.
④ 산소와 반응하지 않는다.

해설 **이산화탄소의 일반적 성질**
① 산소와 반응하지 않는 불연성이다.
② 연소가스 중 가장 많은 양을 차지하고 있으며 자체의 독성은 없으나 다량 존재 시 질식우려가 있다.

이산화탄소(CO_2)의 물리적 성질
① CO_2의 허용농도 : 0.5% (5000ppm)
② CO_2의 임계온도 : 31℃
③ CO_2의 삼중점 : 압력 0.53MPa, 온도 -56.3℃에서 고체, 액체, 기체가 공존
④ CO_2의 호흡곤란 : 6% 이상

해답 ④

15 건축물에 화재가 발생하여 일정 시간이 경과하게 되면 일정 공간 안에 열과 가연성가스가 축적되고 한순간에 폭발적으로 화재가 확산되는 현상을 무엇이라 하는가?

① 보일오버현상　　② 플래쉬오버현상
③ 패닉현상　　　　④ 리프팅현상

해설 **플래쉬 오버(flash over)현상**
① 폭발적인 착화현상
② 폭발적인 연소현상
③ 급격한 화염의 확대현상
④ 급격한 화재의 확대현상

플래쉬 오버의 발생시각
① 개구율(개구부 크기) : 클수록 빠르다.
② 내장재료 : 가연성일수록 빠르다
③ 화원의 크기 : 클수록 빠르다.
④ 열전도율 : 작을수록 빠르다.
⑤ 내장재료의 두께 : 얇을수록 빠르다.
⑥ 가연물의 표면적 : 넓을수록 빠르다.
⑦ 온도 : 높을수록 빠르다.
⑧ 압력 : 높을수록 빠르다.
⑨ 연소속도 : 빠를수록 빠르다.
⑩ 화재하중 : 클수록 빠르다.

해답 ②

16 표준상태에 있는 메탄가스의 밀도는 몇 g/L인가?

① 0.21　　　② 0.41
③ 0.71　　　④ 0.91

해설 **공기의 밀도**

$$\rho = \frac{PM}{RT}$$

여기서, ρ : 밀도(g/L), P : 압력(atm)
M : 분자량
R : 기체상수(0.082atm · L/mol · K)
T : 절대온도(273+t℃)

① 표준상태(0℃, 1atm)
② 메탄(CH_4)의 분자량 = 12+4 = 16
③ $\rho = \dfrac{1 \times 16}{0.082 \times (273+0)} = 0.71 \text{g/L}$

해답 ③

17 위험물의 유별 성질이 가연성 고체인 위험물은 제 몇 류 위험물인가?

① 제1류 위험물　　② 제2류 위험물
③ 제3류 위험물　　④ 제4류 위험물

해설 위험물의 분류 및 성질

류별	성질
제1류	산화성고체
제2류	가연성고체
제3류	자연발화성 및 금수성
제4류	인화성액체
제5류	자기반응성
제6류	산화성액체

해답 ②

18 피난계획의 일반적 원칙이 아닌 것은?

① 피난경로는 간단명료할 것
② 2방향의 피난동선을 확보하여 둘 것
③ 피난수단은 이동식 시설을 원칙으로 할 것
④ 인간의 특성을 고려하여 피난계획을 세울 것

해설 피난대책의 일반적인 원칙 ★★★
① **2방향 원칙**에 따라 피난통로를 확보할 것
② 피난수단은 **원시적 방법**을 원칙으로 할 것
③ 피난설비는 **고정식 설비**를 원칙으로 하고 보조적으로 이동식 설비를 고려할 것
④ 피난대책은 Fool proof와 Fail safe의 원칙을 중요시 할 것
⑤ 피난경로는 **간단하고 명료**하게 할 것

해답 ③

19 물의 기화열이 539cal 인 것은 어떤 의미인가?

① 0℃의 물 1g이 얼음으로 변화하는데 539cal의 열량이 필요하다.
② 0℃의 얼음 1g이 물로 변화하는데 539cal의 열량이 필요하다.
③ 0℃의 물 1g이 100℃의 물로 변화하는데 539cal의 열량이 필요하다.
④ 100℃의 물 1g이 수증기로 변화하는데 539cal의 열량이 필요하다.

해설 ① 물의 기화잠열(기화열)
100℃ 물(액체) 1g이 1기압 100℃ 수증기(기체)로 변화하는데 필요한 열량(cal/g)
② 얼음의 융해잠열(융해열)
0℃ 얼음(고체) 1g이 1기압 0℃ 물(액체)로 변화하는데 필요한 열량(cal/g)
• 물의 기화잠열 : 539cal/g(2256J/g)
• 얼음의 융해잠열 : 80cal/g(335J/g)

해답 ④

20 다음 중 제4류 위험물에 적응성이 있는 것은?

① 옥내소화전설비   ② 옥외소화전설비
③ 봉상수소화기   ④ 물분무소화설비

해설 제4류 위험물의 적응소화설비
① 포소화설비
② 물분무 소화설비

참고 가연성 액체(제4류 위험물)의 유류화재
제4류위험물 중 비수용성인 물질은 물로 소화할 경우 대부분 물보다 액체비중이 가벼워 물 위로 연소 유류가 퍼지면서 화재면(연소면)이 확대되어 더 위험하다.

해답 ④

제2과목   소방유체역학

21 용량 2000L의 탱크에 물을 가득 채운 소방차가 화재현장에 출동하여 노즐압력 390kPa(계기압력), 노즐구경 2.5cm를 사용하여 방수한다면 소방차 내의 물이 전부 방수되는데 걸리는 시간은?

① 약 2분 30초   ② 약 3분 30초
③ 약 4분 30초   ④ 약 5분 30초

해설 방수량 산출 공식

$$Q = 0.653 D^2 \sqrt{10P}$$

여기서, Q : 방수량(L/분) D : 내경(mm)
P : 방수압력(MPa)

① $D = 2.5\,cm = 25\,mm$, $390\,kPa = 0.39\,MPa$
② $\therefore Q = 0.653 \times (25\,mm)^2 \times \sqrt{10 \times 0.39}$
$= 805.98\,L/min$
③ $\therefore 방수시간 = 2000\,L \times \dfrac{1\,min}{805.98\,L} = 2.48분$

$$2.48\text{분} = 2\text{분} + 0.48 \times \frac{60}{1\text{분}} = 2\text{분 } 29\text{초}$$
$$\fallingdotseq 2\text{분 } 30\text{초}$$

해답 ①

22 커다란 탱크의 밑면에서 물이 0.05m³/s로 일정하게 흘러나가고, 위에서는 단면적 0.025m², 분출 속도가 8m/s의 노즐을 통하여 탱크로 유입되고 있다. 탱크 내 물은 몇 m³/s 으로 늘어나는가?

① 0.15 ② 0.0145
③ 0.3   ④ 0.03

해설 늘어나는 물의 양
= 유입되는 물의 양 – 유출되는 물의 양
$Q = (0.025\text{m}^2 \times 8\text{m/s}) - 0.05\text{m}^3/\text{s} = 0.15\text{m}^3/\text{s}$

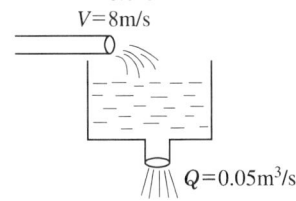

해답 ①

23 두 물체를 접촉시켰더니 잠시 후 두 물체가 열평형상태에 도달하였다. 이 열평형 상태는 무엇을 의미하는가?

① 두 물체의 온도가 서로 같으며 더 이상 변화하지 않는 상태
② 한 물체에서 잃은 열량이 다른 물체에서 얻은 열량과 같은 상태
③ 두 물체의 비열은 다르나 열용량이 서로 같아진 상태
④ 두 물체의 열용량은 다르나 비열이 서로 같아진 상태

해설 열역학 법칙
① **열역학 제0법칙**(열의 평형법칙)
   열평형상태에 있는 물체의 온도는 같다.
   (온도계의 원리)

② **열역학 제1법칙**(에너지보존의 법칙)
   ㉠ 열과 일은 서로 교환이 가능하다.
   ㉡ 열전달의 총합은 이루어진 일의 총합과 같다.

③ **열역학 제2법칙**
   ㉠ 열은 스스로 저온에서 고온으로 이동 불가
   ㉡ 효율이 100%인 열기관은 없다.
   ㉢ 자발적인 반응은 비가역적이다.
   ㉣ 엔트로피는 증가하는 쪽으로 흐른다.

해답 ①

24 유동 단면이 30cm×40cm인 사각 덕트를 통하여 비중 0.86, 점성계수가 0.027N·s/m²인 기름이 2m/s의 유속으로 흐른다. 이 때 수력직경에 기초한 레이놀즈수는?

① 18670 ② 21850
③ 32150 ④ 33290

해설 레이놀즈수
$$ReNo = \frac{\rho u_s L}{\mu}$$

여기서, ρ : 유체의 밀도(kg/m³)
u_s : 유체의 평균속도(m/s)
$L(d_h)$: 특성길이(수력직경)(m)
μ : 유체의 점성계수
(N·s/m² = kg/m·s)

① $\rho = 0.86 \times 1000 = 860\text{kg/m}^3$, $u_s = 2\text{m/s}$

② $L(d_h)$ 수력직경 $= \frac{2 \times (\text{가로} \times \text{세로})}{\text{가로} + \text{세로}}$
$L(d_h) = \frac{2 \times (0.3\text{m} \times 0.4\text{m})}{0.3\text{m} + 0.4\text{m}} = 0.3429$

③ $\mu = 0.027\text{kg/m·s}$

④ $ReNo = \frac{860 \times 2 \times 0.3429}{0.027} \fallingdotseq 21850$

해답 ②

25 비중이 0.8인 물질이 흐르는 배관에 수은 마노미터를 설치하여 한쪽 끝은 대기에 노출시켰다. 내부 게이지 압력이 58.8kPa 이라면 수은주의 높이 차이는 약 몇 cm 인가?

① 0.441　② 0.469
③ 44.1　④ 46.9

해설 압력차 계산공식
$$\Delta P = P_1 - P_2 = (\gamma_1 - \gamma_2)R$$
① 수은의 비중량 $\gamma_1 = 13.6 \times 9.8 \mathrm{kN/m^3}$
　$\gamma_2 = S \times \gamma_w = 0.8 \times 9.8 \mathrm{kN/m^3}$
② $\Delta P = 58.8 \mathrm{kPa} = 58.8 \mathrm{kN/m^2}$
③ $58.8 = (13.6 \times 9.8 - 0.8 \times 9.8)R$
④ $R = \dfrac{58.8}{13.6 \times 9.8 - 0.8 \times 9.8}$
　　$= 0.4688 \mathrm{m} \fallingdotseq 46.9 \mathrm{cm}$

해답 ④

26 두 개의 견고한 밀폐용기 A, B가 밸브로 연결되어 있다. 용기 A에는 온도 300K, 압력 100kPa의 공기 $1\mathrm{m^3}$, 용기 B에는 온도 300K, 압력 330kPa의 공기 $2\mathrm{m^3}$가 들어있다. 밸브를 열어 두 용기 안에 들어있는 공기(이상기체)를 혼합한 후 장시간 방치하였다. 이때 주위온도는 300K로 일정하다. 내부 공기의 최종 압력은 약 몇 kPa 인가?

① 177　② 210
③ 215　④ 253

해설 돌턴의 부분압력법칙
혼합기체의 전압력은 부분압력의 총합과 같다.

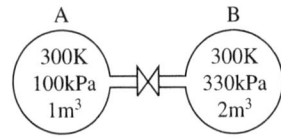

① A용기의 부분압력 계산
　$P_1 V_1 = P_2 V_2$ (온도일정)
　$100 \mathrm{kPa} \times 1 \mathrm{m^3} = P_A \times 3 \mathrm{m^3}$
　$P_A = \dfrac{100 \mathrm{kPa} \times 1 \mathrm{m^3}}{3 \mathrm{m^3}} = \dfrac{100}{3} \mathrm{kPa}$
② B용기의 부분압력 계산
　$P_1 V_1 = P_2 V_2$ (온도일정)
　$330 \mathrm{kPa} \times 2 \mathrm{m^3} = P_B \times 3 \mathrm{m^3}$
　$P_B = \dfrac{330 \mathrm{kPa} \times 2 \mathrm{m^3}}{3 \mathrm{m^3}} = 220 \mathrm{kPa}$
③ 전체압력 계산
　$P_T = P_A + P_B = \dfrac{100}{3} + 220 \fallingdotseq 253 \mathrm{kPa}$

해답 ④

27 다음 중 점성계수 μ의 차원은 어느 것인가? (단, M : 질량, L : 길이, T : 시간의 차원이다.)

① $[ML^{-1}T^{-2}]$　② $[ML^{-2}T^{-1}]$
③ $[M^{-1}L^{-1}T]$　④ $[ML^{-1}T^{-1}]$

해설 점성계수의 단위
① 중력단위 : $\mathrm{N \cdot s/m^2}[FTL^{-2}]$
② 질량단위 : $\mathrm{kg/m \cdot s}[ML^{-1}T^{-1}]$

해답 ④

28 열전달 면적이 A이고 온도 차이가 10℃, 벽의 열전도율이 10W/(m·K), 두께 25cm인 벽을 통한 열전달률이 100W이다. 동일한 열전달 면적인 상태에서 온도 차이가 2배, 벽의 열전도율이 4배가 되고 벽의 두께가 2배가 되는 경우 열전달율은 몇 W인가?

① 50　② 200
③ 400　④ 800

해설 열전달율의 계산
$$P = \dfrac{Q}{t} = \dfrac{KA(T_H - T_C)}{L}$$
여기서, P : 열전달율
　　　T_H : 고온의 열저장고의 온도
　　　T_C : 저온의 열저장고의 온도
　　　A : 전달되는 판의 면적
　　　Q : 열의 형태로 전달된 에너지
　　　L : 전달되는 판의 두께
　　　t : 열이 전달되는 시간
　　　k : 열전도도
① 온도차이는 2배$= 2(T_H - T_C)$
② 열전도율이 4배$= 4K$

③ 벽의 두께가 2배 = 2L

④ $P_2 = \dfrac{Q}{t} = \dfrac{4KA \times 2(T_H - T_C)}{2L}$

⑤ $P_2 = 4 \times \dfrac{KA \times (T_H - T_C)}{L}$

⑥ $P_1 = \dfrac{KA \times (T_H - T_C)}{L} = 100\,\text{W}$

⑦ ∴ $P_2 = 4P_1 = 4 \times 100\,\text{W} = 400\,\text{W}$

해답 ③

29 압력 $P_1 = 100\text{kPa}$, 온도 $T_1 = 300\text{K}$, 체적 $V_1 = 1.0\text{m}^3$인 밀폐계(closed system)의 이상기체가 $PV^{1.3}$ = 일정인 폴리트로픽 과정(Polytropic process)을 거쳐 압력 $P_2 = 300\text{kPa}$까지 압축된다면 최종상태의 온도 T_2는 대략 얼마인가?

① 350K ② 390K
③ 430K ④ 470K

해설 폴리트로픽 변화

$$\dfrac{T_2}{T_1} = \left(\dfrac{V_1}{V_2}\right)^{n-1} = \left(\dfrac{P_2}{P_1}\right)^{\frac{n-1}{n}}$$

$PV^n = C$ (n : 폴리트로픽 지수)
P : 압력, V : 부피, T : 절대온도

① $\dfrac{T_2}{T_1} = \left(\dfrac{P_2}{P_1}\right)^{\frac{n-1}{n}}$ 식을 이용하면

② $\dfrac{T_2}{300} = \left(\dfrac{300}{100}\right)^{\frac{1.3-1}{1.3}}$

③ $T_2 = 300 \times \left(\dfrac{300}{100}\right)^{\frac{1.3-1}{1.3}} ≒ 390\,\text{K}$

해답 ②

30 일반적인 베르누이 방정식을 적용할 수 있는 조건으로 구성된 것은?

① 비압축성 흐름, 점성 흐름, 정상 유동
② 압축성 흐름, 비점성 흐름, 정상 유동
③ 비압축성 흐름, 비점성 흐름, 비정상 유동
④ 비압축성 흐름, 비점성 흐름, 정상 유동

해설 베르누이 방정식 성립조건
① 정상유동(정상류)
② 유체는 **비압축성**이다.
③ 유체는 마찰이 없다.(점성력 = 0)
④ 유체 입자는 유선에 따라 유동(적용되는 임의의 두 점은 같은 유선상에 있다.)

베르누이 방정식

$$\text{전수두 } H(\text{m}) = \dfrac{U_1^2}{2g} + \dfrac{P_1}{r} + Z_1$$
$$= \dfrac{U_2^2}{2g} + \dfrac{P_2}{r} + Z_2$$

해답 ④

31 관내에 물이 흐르고 있을 때, 그림과 같이 액주계를 설치하였다. 관내에서 물의 평균유속은 약 몇 m/s 인가?

① 2.6 ② 7
③ 11.7 ④ 137.2

해설
$$u_o = \sqrt{2g \Delta h}$$

여기서, u_o : 유체의 속도(m/s)
g : 중력가속도(9.8m/s^2)
Δh : 속도수두(m)

① $\Delta h = 9\text{m} - 2\text{m} = 7\text{m}$
② $u_o = \sqrt{2 \times 9.8 \times 7} = 11.71\,\text{m/s}$

해답 ③

32 유체의 압축률에 대한 기술로서 틀린 것은?

① 체적탄성계수의 역수에 해당한다.
② 유체의 압축률이 작을수록 압축하기 힘들다.
③ 압축률은 단위압력변화에 대한 체적의 변형률을 말한다.

④ 체적의 감소는 밀도의 감소와 같은 뜻을 갖는다.

해설 ④ 체적(부피)의 감소는 밀도의 증가와 같은 뜻을 갖는다.
밀도(ρ) = kg/m³[m(질량)/V(부피)]
즉 V(부피)만 감소하고 m(질량)은 변하지 않으면 ρ(밀도)값은 증가한다.

체적탄성계수
$$K = -\frac{\Delta P}{\Delta V/V} = \frac{\Delta P}{\Delta \rho/\rho}$$

압축률
$$\beta = \frac{1}{K}$$

해답 ④

33 아래 그림과 같이 단위 중량이 각각 γ_A, γ_B ($\gamma_A > \gamma_B$)인 두 개의 섞이지 않는 액체가 용기에 담겨져 있다. 액체의 계기압력의 연직 분포를 정확하게 묘사하고 있는 그림은?

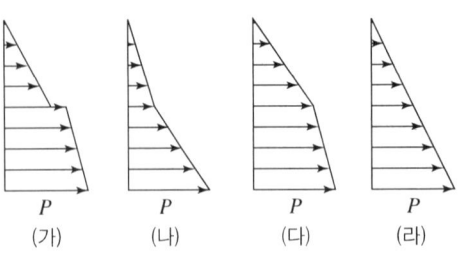

① (가) ② (나)
③ (다) ④ (라)

해설 압력(pressure) : P
$$P = \gamma h$$

여기서, P : 압력(kN/m²), γ : 비중량(kM/m³)
h : 높이(m)
① 비중량이 크면 지시계기압력이 높다.
② 비중량이 작으면 지시계기압력이 작다.
③ 높이차에 의하여 바닥면의 지시압력이 가장 크다.

해답 ②

34 물 속 같은 깊이에 수평으로 잠겨있는 원형 평판의 지름과 정사각형 평판의 한 변의 길이가 같을 때 두 평판의 한쪽 면이 받는 정수력학적 힘의 비는?

① 1 : 1   ② 1 : 1.13
③ 1 : 1.27   ④ 1 : 1.62

해설 수평면에 작용하는 힘
$$F = PA = \gamma h A$$

여기서, F : 힘(kN), P : 압력(kN/m²)
A : 단면적(m²), γ : 비중량(kN/m³)
h : 높이(m)

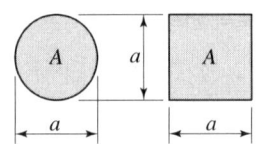

① 원형평판지름 = 정사각형 한변 길이
② 지름과 한변의 길이를 a로 가정
③ 원형평판단면적 $A = \dfrac{\pi a^2}{4}$
④ 정사각형 단면적 = $A = a \times a = a^2$
⑤ 힘은 단면적에 비례하므로
힘의 비 = $\dfrac{\pi a^2}{4} : a^2$
⑥ $\dfrac{\pi a^2}{4} : a^2 = \dfrac{\pi}{4} : 1 = 0.785 : 1$
⑦ $0.785 : 1 = 1 : \dfrac{1}{0.785} = 1 : 1.27$

해답 ③

35 수평원형관 내에 밀도 $\rho = 860$kg/m³인 유체가 평균유속 0.6m/s로 정상상태 하에서 흐르고 있다. 관마찰계수가 0.04라면 이 관벽에서

의 전단응력은 약 몇 Pa인가?

① 0.16　　② 0.55
③ 1.55　　④ 15.17

해설
① $\rho = 860\text{kg/m}^3 = 860\text{N}\cdot\text{s}^2/\text{m}^4$
② $\tau_0 = \dfrac{f\rho u^2}{8} = \dfrac{0.04 \times 860 \times 0.6^2}{8}$
$= 1.55\text{N/m}^2(\text{Pa})$

해답 ③

36 펌프 운전 중에 펌프 입구와 출구에 설치된 진공계, 압력계의 지침이 흔들리고 동시에 토출유량이 변화하는 현상으로 송출압력과 송출유량 사이에 주기적인 변동이 일어나는 이와 같은 현상은?

① 수격 현상　　② 서징 현상
③ 공동 현상　　④ 와류 현상

해설 서징(Surging)현상(맥동현상) ★★★
펌프 운전 중 주기적으로 운동, 양정, 토출량이 변화하는 현상 즉, 송출압력과 송출유량의 주기적인 변동이 발생하는 현상
① 서징(맥동)현상 발생원인
　㉠ 펌프의 양정곡선이 산형특성이며 사용범위가 우상특성일 것
　㉡ 토출측 배관이 길고 중간에 수조, 공기저장기가 있을 때
　㉢ 토출량 조절밸브가 수조나 공기저장기보다 아래에 있을 때
② 서징(맥동)현상 방지대책
　㉠ 펌프의 양수량을 증가시키거나 임펠러 회전수를 변화시킨다.
　㉡ 배관 내 공기제거 및 단면적, 유속, 유량조절
　㉢ 유량조절밸브는 펌프의 토출측 직후에 설치
　㉣ 배관 중에 수조나 공기 저장조 제거한다.

해답 ②

37 물을 0.025m³/s의 유량으로 퍼 올리고 있는 펌프가 있다. 흡입측 계기압력은 −3kPa이고 이 보다 100m 위에 위치한 곳의 계기압력은 100kPa이었다. 배관에서 발생하는 마찰손실이 14m라 할 때 펌프가 물에 가해야 할 동력은 약 몇 kW인가? (단, 흡입, 송출측 관지름은 모두 100mm이고 물의 밀도는 $\rho = 1000\text{kg/m}^3$ 이다.)

① 10.3　　② 16.7
③ 21.8　　④ 30.5

해설 펌프의 수동력
① $(3+100)\text{kPa} \times \dfrac{10.332\text{m}}{101.325\text{kPa}} = 10.50\text{m}$
② $H = 10.5 + 100 + 14 = 124.5\text{m}$
③ $P(\text{kW}) = \gamma QH$
$= 9.8\text{kN/m}^3 \times 0.025\text{m}^3/\text{s} \times 124.50\text{m}$
$= 30.50\text{kW}$

필수 암기 사항(2차 실기시험에 출제됨) ★★★
펌프의 동력계산
① 수동력
$$L_W(\text{kW}) = \gamma QH$$
※ [주의] 수동력 계산 시 펌프의 효율 및 전달계수 K값은 무시한다.

② 축동력
$$L_S(\text{kW}) = \dfrac{\gamma QH}{E}$$
※ [주의] 축동력 계산 시 전달계수 K값은 무시한다.

③ 모터동력
$$P(\text{kW}) = \dfrac{\gamma \times Q \times H}{E} \times K$$

여기서, γ : 비중량(kN/m³, 물의 비중량 = 9.8kN/m³)
Q : 유량(m³/s)
H : 전양정(m)
E : 펌프의 효율(%/100)
K : 전달계수

해답 ④

38 시간 Δt 사이에 물체의 선운동량이 ΔP만큼 변했을 때 $\dfrac{\Delta P}{\Delta t}$는 무엇을 뜻하는가?

① 운동량의 변화 ② 충격량의 변화
③ 가속도   ④ 힘

[해설] ① 시간 Δt 의 단위는 s
② 선운동량 ΔP의 단위는 kg·m/s
③ $\dfrac{\Delta P}{\Delta t} = \dfrac{\text{kg·m/s}}{\text{s}} = \text{kg·m/s}^2(\text{N})$
④ kg·m/s²(N)은 **힘의 단위**이다.

선운동(liner momentum)
물체의 질량과 선속도의 곱(kg m/s)

[해답] ④

39 국소대기압이 98.6kPa인 곳에서 펌프에 의하여 흡입되는 물의 압력을 진공계로 측정하였다. 진공계가 7.3kPa을 가리켰을 때 절대 압력은 몇 kPa 인가?

① 0.93   ② 9.3
③ 91.3   ④ 105.9

[해설] 절대압의 계산
절대압 = 국소 대기압 + 게이지압(계기압)
절대압 = 국소 대기압 – 진공압
∴ 절대압 = 98.6 – 7.3 = 91.3kPa

[해답] ③

40 관내의 흐름에서 부차적 손실에 해당되지 않는 것은?

① 관 단면의 급격한 확대에 의한 손실
② 유동단면의 장애물에 의한 손실
③ 직선 원관 내의 손실
④ 곡선부에 의한 손실

[해설] 배관의 마찰손실
① **주손실** : 직관의 마찰손실
② **부차적 손실**(부분적 손실)
 ㉠ 배관단면의 급격한 확대 및 축소
 ㉡ 유동단면의 장애물에 의한 손실
 ㉢ 배관부속품
 ㉣ 유로의 급격한 변경부분
  (곡선부에 의한 손실)

[해답] ③

제3과목 소방관계법규

41 화재예방강화지구의 지정 등에 관한 설명으로 잘못된 것은?

① 화재예방강화지구는 소방본부장 또는 소방서장이 지정한다.
② 화재가 발생할 우려가 크거나 화재가 발생할 경우 피해가 클 것으로 예상되는 지역을 지정할 수 있다.
③ 소방관서장은 화재의 예방강화를 위하여 필요하다고 인정하는 때에는 관계인에 대하여 소방용수시설 또는 소화기구의 설치를 명할 수 있다.
④ 소방관서장은 화재예방강화지구안의 관계인에 대하여 소방상 필요한 훈련 및 교육을 실시할 수 있다.

[해설] (화재예방법 제18조) 화재예방강화지구의 지정 등
(1) 지정권자 : 시·도지사
(2) 화재안전조사 : 소방관서장
(3) 화재안전조사 실시주기 : 연1회 이상
(4) 소방훈련과 교육 : 연1회 이상
(5) 훈련 및 교육통보 : 10일 전까지

화재예방강화지구의 지정대상지역 ★★필수암기★★
① 시장지역
② 공장·창고가 밀집한 지역
③ 목조건물이 밀집한 지역
④ 노후·불량건축물이 밀집한 지역
⑤ 위험물의 저장 및 처리시설이 밀집한 지역
⑥ 석유화학제품을 생산하는 공장이 있는 지역
⑦ 산업단지
⑧ 소방시설·소방용수시설 또는 소방 출동로가 **없는** 지역
⑨ 물류단지
⑩ 소방관서장이 화재예방강화지구로 인정하는 지역

[해답] ①

42 소방시설 중 "화재를 진압하거나 인명구조활동을 위하여 사용하는 설비"로 구분되는 것은?

① 피난설비   ② 소화설비
③ 소화용수설비   ④ 소화활동설비

해설 (소방시설법 시행령 제3조 관련 별표 1) 소방시설
① 소화설비 : 물 또는 그 밖의 소화약제를 사용하여 소화하는 기계·기구 또는 설비
② 경보설비 : 화재발생 사실을 통보하는 기계·기구 또는 설비
③ 피난설비 : 화재가 발생할 경우 피난하기 위하여 사용하는 기구 또는 설비
④ 소화용수설비 : 화재를 진압하는데 필요한 물을 공급하거나 저장하는 설비
⑤ 소화활동설비 : 화재를 진압하거나 인명구조 활동을 위하여 사용하는 설비

해답 ④

43 소방시설설치유지 및 안전관리에 관한 법령상 형식승인 대상 소방용품에 포함되지 않는 것은?

① 구조대　　　② 완강기
③ 공기호흡기　　④ 휴대용비상조명등

해설 소방시설법 시행령 제6조
(형식승인대상 소방용품) [별표 3] 소방용품
1. 소화설비를 구성하는 제품 또는 기기
   (1) 소화기구(소화약제 외의 것을 이용한 간이소화용구는 제외)
   (2) 자동소화장치
   (3) 소화설비를 구성하는 소화전, 관창, 소방호스, 스프링클러헤드, 기동용 수압개폐장치, 유수제어밸브 및 가스관선택밸브
2. 경보설비를 구성하는 제품 또는 기기
   (1) 누전경보기 및 가스누설경보기
   (2) 경보설비를 구성하는 발신기, 수신기, 중계기, 감지기 및 음향장치(경종만 해당)
3. 피난구조설비를 구성하는 제품 또는 기기
   (1) 피난사다리, 구조대, 완강기 및 간이완강기
   (2) 공기호흡기(충전기를 포함)
   (3) 피난구유도등, 통로유도등, 객석유도등 및 예비 전원이 내장된 비상조명등
4. 소화용으로 사용하는 제품 또는 기기
   (1) 소화약제
   (2) 방염제(방염액·방염도료 및 방염성물질)

해답 ④

44 제1류 위험물로서 성질상 산화성고체에 해당되지 않는 것은?

① 아염소산염류
② 무기과산화물
③ 다이크로뮴산염류
④ 과염소산

해설 ④ 과염소산($HClO_4$) : 제6류 위험물

제1류 위험물 및 지정수량

성질	위험물 품명	지정수량
산화성 고체	1. 아염소산염류	50kg
	2. 염소산염류	
	3. 과염소산염류	
	4. 무기과산화물	
	5. 브로민산염류	300kg
	6. 질산염류	
	7. 아이오딘산염류	
	8. 과망가니즈산염류	1,000kg
	9. 다이크로뮴산염류	

해답 ④

45 소방시설공사업법에서 "소방시설업"에 포함되지 않는 것은?

① 소방시설설계업　② 소방시설공사업
③ 소방공사감리업　④ 소방시설점검업

해설 (공사업법 제2조) 소방시설업의 종류
① 소방시설설계업　② 소방시설공사업
③ 소방공사감리업　④ 방염처리업

해답 ④

46 소방본부장이 화재안전조사위원회 위원으로 임명하거나 위촉할 수 있는 사람이 아닌 것은?

① 소방시설관리사
② 과장급 직위 이상의 소방공무원
③ 소방 관련 분야의 석사학위 이상을 취득한 사람
④ 소방 관련 법인 또는 단체에서 소방 관련 업무에 3년 이상 종사한 사람

해설 (화재예방법 시행령 제11조)
화재안전조사위원회의 구성·운영 등
(1) 위원장 1명을 포함한 7명 이내의 위원으로, 위원장은 소방관서장이 된다.
(2) 위원은 소방관서장이 임명하거나 위촉
  ① 과장급 직위 이상의 소방공무원
  ② 소방기술사
  ③ 소방시설관리사
  ④ 소방 관련 분야의 석사학위 이상
  ⑤ 소방 관련 법인 또는 단체에서 소방 관련 업무에 5년 이상 종사한 사람
  ⑥ 소방과 관련한 교육 또는 연구에 5년 이상 종사한 사람
(3) 위촉위원의 임기는 2년, 한 차례만 연임

해답 ④

47 중앙소방기술심의위원회의 위원의 자격으로 잘못된 것은?

① 소방시설관리사
② 석사 이상의 소방관련 학위 소지자
③ 소방관련단체에서 소방관련업무에 5년 이상 종사한 자
④ 대학교·연구소에서 소방과 관련된 교육 또는 연구에 3년 이상 종사한 자

해설 ④ 대학교 또는 연구소에서 소방과 관련된 교육 또는 연구에 5년 이상 종사한 자

(소방시설법 시행령 제22조) 위원의 임명·위촉
중앙소방기술심의위원회의 위원의 자격
  ① 소방기술사
  ② 석사 이상의 소방관련 학위 소지자
  ③ 소방시설관리사
  ④ 소방관련 법인·단체에서 소방관련업무에 5년 이상 종사한 자
  ⑤ 소방공무원 교육기관, 대학교 또는 연구소에서 소방과 관련된 교육 또는 연구에 5년 이상 종사한 자

(소방시설법 제18조) 소방기술심의 위원회
① 중앙소방기술심의위원회(중앙위원회)
  ㉠ 화재안전기준에 관한 사항
  ㉡ 소방시설의 구조와 원리 등에서 공법이 특수한 설계 및 시공에 관한 사항
  ㉢ 소방시설의 설계 및 공사감리의 방법에 관한 사항
  ㉣ 소방시설공사의 하자를 판단하는 기준에 관한 사항
  ㉤ 그밖에 소방기술 등에 관하여 대통령령으로 정하는 사항
② 지방소방기술심의위원회(지방위원회)
  ㉠ 소방시설에 하자가 있는지의 판단에 관한 사항
  ㉡ 그밖에 소방기술 등에 관하여 대통령령으로 정하는 사항

해답 ④

48 소방시설 등에 대한 자체점검을 실시하지 아니하거나, 관리업자 등으로 하여금 정기적으로 점검하게 하지 아니한 자의 벌칙은?

① 3년 이하의 징역 또는 1천500만원 이하의 벌금
② 300만원 이하의 벌금
③ 1년 이하의 징역 또는 1천만원 이하의 벌금
④ 6개월 이상의 징역 또는 1천만원 이하의 벌금

해설 소방시설법 제58조(벌칙)
1년 이하의 징역 또는 1천만원 이하의 벌금
① 소방시설등에 대하여 **스스로 점검**을 하지 아니하거나 관리업자 등으로 하여금 정기적으로 **점검하게 하지 아니한 자**
② **소방시설관리사증**을 빌려주거나 이를 알선한 자
③ 동시에 **둘 이상의 업체**에 취업한 자
④ 합격표시를 위조 또는 변조하여 사용한 자
⑥ 관계인의 **정당한 업무를 방해**하거나 출입·검사 업무를 수행하면서 알게 된 **비밀을 다른 사람에게 누설**한 자

해답 ③

49 위험물안전관리법령에서 정한 게시판의 주의사항으로 잘못된 것은?

① 제2류 위험물(인화성고체 제외) : 화기주의
② 제3류 위험물 중 자연발화성물질 : 화기엄금

③ 제4류 위험물 : 화기주의
④ 제5류 위험물 : 화기엄금

해설 ③ 제4류 위험물 : 화기엄금

위험물제조소의 표지 및 게시판
① 표지는 한 변의 길이가 0.3m 이상, 다른 한 변의 길이가 0.6m 이상인 직사각형
② 바탕은 백색, 문자는 흑색

게시판의 설치기준
① 한 변의 길이가 0.3m 이상, 다른 한 변의 길이가 0.6m 이상인 직사각형으로 할 것
② 위험물의 유별·품명 및 저장최대수량 또는 취급최대수량, 지정수량의 배수 및 안전 관리자의 성명 또는 직명을 기재할 것
③ 게시판의 **바탕은 백색**으로, 문자는 흑색으로 할 것
④ 저장 또는 취급하는 위험물에 따라 주의사항 게시판을 설치할 것

위험물의 종류	주의사항 표시	게시판의 색
제1류(알칼리금속 과산화물) 제3류(금수성 물품)	물기엄금	청색바탕에 백색문자
제2류(인화성 고체 제외)	화기주의	
제2류(인화성 고체) 제3류(자연발화성 물품) 제4류 제5류	화기엄금	적색바탕에 백색문자

해답 ③

50 방염성능기준 이상의 실내장식물 등을 설치하여야 하는 특정소방대상물에 속하지 않는 것은?

① 숙박시설
② 노유자시설
③ 운동시설로서 수영장
④ 종합병원

해설 (소방시설법 시행령 제30조)
방염성능기준 이상의 실내장식물 설치대상
(1) 근린생활시설 중 **의원**, 치과의원, 한의원, 조산원, 산후조리원, 체력단련장, 공연장 및 종교집회장
(2) 건축물의 옥내에 있는 시설
① 문화 및 집회시설

② 종교시설
③ 운동시설(수영장은 제외)
(3) 의료시설
(4) 교육연구시설 중 **합숙소**
(5) 노유자시설
(6) 숙박이 가능한 **수련시설**
(7) **숙박**시설
(8) 방송통신시설 중 **방송국 및 촬영소**
(9) 다중이용업소
(10) 층수가 11층 이상인 것(아파트 등은 제외)

해답 ③

51 소방시설 설치 및 관리에 관한 법령상 소방시설 등의 자체점검 중 종합점검을 받아야 하는 특정소방대상물 대상기준으로 틀린 것은?

① 제연설비가 설치된 터널
② 스프링클러설비가 설치된 특정소방대상물
③ 공공기관 중 연면적이 1000m² 이상인 것으로서 옥내소화전설비 또는 자동화재탐지설비가 설치된 것(단, 소방대가 근무하는 공공기관은 제외한다.)
④ 호스릴방식의 물분무등소화설비만이 설치된 연면적 5000m² 이상인 특정소방대상물(단, 위험물 제조소등은 제외한다.)

해설 **종합점검 대상**
(1) 해당 특정소방대상물의 소방시설 등이 신설된 경우
(2) **스프링클러설비**가 설치된 특정소방대상물
(3) 물분무등 소화설비(호스릴방식 제외)가 설치된 **연면적 5천m² 이상**(위험물제조소등을 제외)
(4) **단란주점영업과 유흥주점영업, 영화상영관·비디오물감상실업·복합영상물제공업, 노래연습장업, 산후조리업, 고시원업, 안마시술소**의 영업장이 설치된 **연면적이 2천m² 이상**인 것
(5) **제연설비**가 설치된 **터널**
(6) **공공기관** 중 연면적 1,000m² 이상인 것으로서 옥내소화전설비 또는 **자동화재탐지설비**가 설치된 것. 다만, 소방대가 근무하는 공공기관은 제외

해답 ④

52 특정소방대상물에 소방시설이 화재안전기준에 따라 설치되지 아니한 때 특정소방대상물의 관계인에게 필요한 조치를 명할 수 있는 명령권자는?

① 관할구역 구청장
② 시·도지사
③ 소방본부장 또는 소방서장
④ 소방안전관리자를 감독할 수 있는 위치에 있는 특정소방대상물의 관계인

해설 소방시설법 제12조
(특정소방대상물에 설치하는 소방시설의 관리 등)
① 특정소방대상물의 관계인은 대통령령으로 정하는 소방시설을 **화재안전기준**에 따라 **설치·관리**하여야 한다.
② **소방본부장이나 소방서장**은 소방시설이 화재안전기준에 따라 설치·관리되고 있지 아니할 때에는 해당 특정소방대상물의 **관계인에게 필요한 조치를 명할 수 있다.**
③ 특정소방대상물의 관계인은 소방시설을 설치·관리하는 경우 화재 시 소방시설의 기능과 성능에 지장을 줄 수 있는 폐쇄(잠금을 포함)·차단 등의 행위를 하여서는 아니 된다.

해답 ③

53 소방자동차의 출동을 방해한 자에 대한 벌칙은?

① 1년 이하의 징역 또는 1천만원 이하의 벌금
② 3년 이하의 징역 또는 3천만원 이하의 벌금
③ 5년 이하의 징역 또는 5천만원 이하의 벌금
④ 10년 이하의 징역 또는 1억원 이하의 벌금

해설 기본법 제50조(벌칙)
5년 이하의 징역 또는 5천만원 이하의 벌금
① 재진압·인명구조 또는 구급활동을 **방해하는** 행위
② 현장에 출동하거나 현장에 출입하는 것을 **고의로 방해하는** 행위
③ 화재진압·인명구조 또는 구급활동을 **방해하는** 행위
④ 소방자동차의 출동을 방해한 사람
⑤ 사람을 구출하는 일 또는 불을 끄거나 불이 번지지 아니하도록 하는 일을 **방해**한 사람
⑥ 정당한 사유 없이 소방용수시설 또는 비상소화장치를 사용하거나 소방용수시설 또는 비상소화장치의 효용을 해치거나 그 정당한 사용을 **방해**한 사람

해답 ③

54 소방기본법령상 소방활동구역의 출입자에 해당되지 않는 자는?

① 소방활동구역 안에 있는 소방대상물의 소유자·관리자 또는 점유자
② 전기·가스·수도·통신·교통의 업무에 종사하는 사람으로서 원활한 소방활동을 위하여 필요한 자
③ 화재건물과 관련 있는 부동산업자
④ 취재인력 등 보도업무에 종사하는 자

해설 (기본법 시행령 제8조)
소방활동구역의 출입자
(1) 소방대상물의 소유자, 관리자, 점유자
(2) 원활한 소화활동을 위하여 필요한 자
   (전기, 가스, 수도, 통신, 교통업무종사자 등)
(3) 구급, 구조업무 종사자(의사, 간호사 등)
(4) 보도업무 종사자
(5) 수사업무 종사자
(6) 소방대장이 허가한 자

해답 ③

55 옥외탱크저장소의 액체위험물탱크 중 그 용량이 얼마이상인 탱크는 기초·지반검사를 받아야 하는가?

① 10만리터 이상   ② 30만리터 이상
③ 50만리터 이상   ④ 100만리터 이상

해설 (위험물법 시행령 제8조)
탱크안전 성능검사의 대상이 되는 탱크 등
① 기초. 지반검사 : 옥외탱크저장소의 액체위험물탱크 중 용량이 **100만L 이상인 탱크**
② 충수. 수압검사 : 액체위험물 저장, 취급탱크
③ 용접부 검사
④ 암반탱크 검사

해답 ④

56 하자보수대상 소방시설과 하자보수보증기간을 나타낸 것으로 잘못된 것은?

① 피난기구 – 2년
② 비상경보설비 – 2년
③ 무선통신보조설비 – 3년
④ 자동소화장치 – 3년

해설 ③ 무선통신보조설비 – 2년

(공사업법 시행령 제6조)
하자보수대상 소방시설과 하자보수보증기간

보증기간	소방시설	
2년	① 피난기구 ③ 유도표지 ⑤ 비상조명등 ⑦ 무선통신보조설비	② 유도등 ④ 비상경보설비 ⑥ 비상방송설비
3년	① 자동소화장치 ③ 옥외 ⑤ 간이스프링클러 ⑦ 자동화재탐지설비 ⑨ 소화활동설비(무선통신보조설비 제외)	② 옥내 ④ 스프링클러 ⑥ 물분무등 ⑧ 상수도소화용수설비

해답 ③

57 위험물안전관리법상 과징금 처분에서 위험물제조소 등에 대한 사용의 정지가 공익을 해칠 우려가 있을 때, 사용정지처분에 갈음하여 얼마의 과징금을 부과할 수 있는가?

① 5천만원 이하   ② 1억원 이하
③ 2억원 이하   ④ 3억원 이하

해설 법령별 과징금의 최고금액

구분	소방시설법	소방시설공사업법	위험물안전관리법
갈음하는 처분	관리업자 영업정지 갈음	소방시설업자 영업정지 갈음	제조소의 사용정지 갈음
과징금 최고금액	3천만원 이하	2억원 이하	2억원 이하

해답 ③

58 화재를 예방·경계하거나 진압하고 화재, 재난·재해 그 밖의 위급한 상황에서의 구조·구급활동 등을 통하여 국민의 생명·신체 및 재산을 보호함으로써 공공의 안녕질서 유지와 복리증진에 이바지함을 목적으로 하는 것은?

① 소방시설설치유지 및 안전관리에 관한 법률
② 다중이용업소의 안전관리에 관한 특별법
③ 소방시설공사업법
④ 소방기본법

해설 (기본법 제1조) 소방기본법의 목적
① 화재를 예방, 경계, 진압
② 화재, 재난, 재해 그 밖의 위급한 상황에서의 구조, 구급활동
③ 국민의 생명, 신체 및 재산을 보호
④ 공공의 안녕질서와 복리증진에 이바지함

해답 ④

59 위험물을 저장 또는 취급하는 탱크의 용적의 산정기준에서 탱크의 용량은?

① 당해 탱크의 내용적에 공간용적을 더한 용적
② 당해 탱크의 내용적에서 공간용적을 뺀 용적
③ 당해 탱크의 내용적에 공간용적을 곱한 용적
④ 당해 탱크의 내용적을 공간용적으로 나눈 용적

해설 탱크 용적의 산정 기준
탱크의 용량 = 탱크의 내용적 - 공간용적

해답 ②

60 다음 특정소방대상물 중 노유자(老幼者)시설에 속하지 않는 것은?

① 아동관련시설   ② 장애인시설
③ 노인복지시설   ④ 정신보건시설

해설 (소방시설법 시행령 제5조 별표 2)
노유자시설
① 아동관련시설   ② 노인관련시설
③ 장애인관련시설   ④ 정신질환자관련시설
⑤ 노숙인관련시설   ⑥ 한센인요양시설 등

해답 ④

제4과목 소방기계시설의 구조 및 원리

61 옥내소화전방수구는 소방대상물의 층마다 설치하되, 당해 소방대상물의 각 부분으로부터 하나의 옥내소화전방수구까지의 수평거리가 몇 m 이하가 되도록 하는가?

① 20m   ② 25m
③ 30m   ④ 40m

해설 소화전방수구까지의 수평거리

옥내소화전설비 (호스릴방식 포함)	옥외소화전설비
25m 이하	40m 이하

호스릴소화설비의 수평거리

호스릴포	포소화전	CO_2	할론	분말
15m 이하	25m 이하	15m 이하	20m 이하	15m 이하

해답 ②

62 스프링클러설비의 화재안전기준에서 스프링클러헤드를 설치할 경우 살수에 방해가 되지 아니하도록 스프링클러헤드로부터 반경 몇 cm 이상의 공간을 확보하여야 하는가?

① 20   ② 40
③ 60   ④ 90

해설 스프링클러 헤드의 설치
① 헤드로부터 반경 60cm 이상의 공간을 보유할 것(단, 벽과 헤드간의 공간은 10cm 이상)
② 헤드와 그 부착면과의 거리는 30cm 이하로 할 것
③ 배관·행가 및 조명기구 등 살수가 방해될 경우 그로부터 아래에 설치하여 살수에 장애가 없도록 할 것

해답 ③

63 소화수조 및 저수조의 화재안전기준에서 지하에 설치하는 소화용수설비의 흡수관 투입구와 소화용수설비에 설치하는 채수구는 소화수조의 소요수량이 80m³일 때 각각 몇 개 설치하는가?

① 흡수관투입구 → 1개 이상, 채수구 → 1개
② 흡수관투입구 → 1개 이상, 채수구 → 2개
③ 흡수관투입구 → 2개 이상, 채수구 → 2개
④ 흡수관투입구 → 2개 이상, 채수구 → 3개

해설 소화수조 또는 저수조의 설치기준
① 지하에 설치하는 소화용수설비의 흡수관투입구
  ㉠ 한 변이 0.6m 이상 또는 직경이 0.6m 이상
  ㉡ 소요수량이 80m³ 미만인 것 : 1개 이상
  ㉢ **소요수량이 80m³ 이상인 것 : 2개 이상**
  ㉣ "흡수관투입구"라고 표시한 표지를 할 것
② 채수구 설치기준
  ㉠ 65mm 이상의 나사식 결합금속구를 설치

소요수량과 채수구수

소요 수량	20m³ 이상 40m³ 미만	40m³ 이상 100m³ 미만	100m³ 이상
채수구수	1개	2개	3개

  ㉡ 채수구 설치위치 : 0.5m 이상 1m 이하
  ㉢ "채수구"라고 표시한 표지를 할 것
  ㉣ 소화용수설비 설치면제 : 유수의 양이 0.8 m³/min 이상인 유수를 사용할 수 있는 경우

해답 ③

64 상수도소화용수설비 소화전의 설치에서 호칭지름 75mm의 수도배관에 호칭지름 100mm의 소화전을 접속할 때 소화전은 소방대상물의 수평투영면의 각 부분으로부터 몇 m이하가 되도록 설치하여야 하는가?

① 40m   ② 80m
③ 100m   ④ 140m

해설 상수도 소화용수설비
① 호칭지름 75mm 이상의 수도배관에 호칭지름 100mm 이상의 소화전을 접속
② 소화전은 소방자동차 등의 진입이 쉬운 도로변 또는 공지에 설치
③ 소화전은 소방대상물의 **수평투영면의 각 부분으로부터 140m 이하**가 되도록 설치

해답 ④

65 연결살수설비의 배관 중 하나의 배관에 부착하

는 살수헤드의 수가 8개인 경우 배관의 구경은 몇 mm 이상의 것을 사용하여야 하는가?

① 65mm ② 80mm
③ 100mm ④ 125mm

해설 연결살수 전용헤드 수별 급수관의 구경

부착하는 살수헤드의 개수	1개	2개	3개	4개~5개	6개~10개
배관구경(mm)	32	40	50	65	80

해답 ②

66 분말소화설비의 호스릴방식에 있어서 하나의 노즐당 1분간에 방사하는 약제량으로 옳지 않는 것은?

① 제 1종 분말은 45kg
② 제 2종 분말은 27kg
③ 제 3종 분말은 27kg
④ 제 4종 분말은 20kg

해설 ④ 제4종 분말은 18kg

호스릴 분말소화설비
① 수평거리가 15m 이하가 되도록 할 것
② 개방밸브는 호스릴의 설치장소에서 수동으로 개폐
③ 저장용기는 호스릴을 설치하는 장소마다 설치
④ 호스릴 분말소화설비(노즐당)

종 별	저장량(kg)	방사량(kg/min)
제1종	50	45
제2종, 제3종	30	27
제4종	20	18

⑤ 저장용기에는 보기 쉬운 곳에 적색의 표시등을 설치하고, 이동식 분말 소화설비가 있다는 뜻을 표시한 표지를 할 것

해답 ④

67 연결송수관설비의 송수구에 관하여 설명한 것이다. 옳은 것은?

① 지면으로부터 높이가 0.8~1.5m 이하의 위치에 설치할 것
② 연결송수관의 수직배관마다 2개 이상을 설치할 것
③ 구경 65mm의 쌍구형으로 할 것
④ 습식의 경우에는 송수구·자동배수밸브·체크밸브·자동배수밸브의 순으로 설치할 것

해설 ① 0.8~1.5m → 0.5~1m
② 2개 이상 → 1개 이상
④ 송수구, 자동배수밸브, 체크밸브, 자동배수밸브 → 송수구, 자동배수밸브, 체크밸브

연결송수관설비의 송수구 설치기준
① 소방차가 쉽게 접근할 수 있고 잘 보이는 장소에 설치
② 지면으로부터 높이가 0.5m 이상 1m 이하의 위치에 설치
③ 송수 및 소화작업에 지장을 주지 아니하는 장소에 설치
④ 연결배관에 개폐밸브를 설치한 때에는 그 개폐 상태를 쉽게 확인 및 조작할 수 있는 옥외 또는 기계실 등의 장소에 설치할 것
⑤ 구경 65mm의 쌍구형으로 할 것
⑥ 송수구에는 송수압력범위를 표시한 표지를 할 것
⑦ 송수구는 연결송수관의 수직배관마다 1개 이상을 설치할 것
⑧ 송수구의 부근에는 자동배수밸브 및 체크밸브를 설치할 것.
  ㉠ 습식 : 송수구·자동배수밸브·체크밸브의 순으로 설치
  ㉡ 건식 : 송수구·자동배수밸브·체크밸브·자동배수밸브의 순으로 설치
⑨ 송수구에는 "연결송수관설비송수구"라고 표시한 표지를 설치
⑩ 송수구에는 이물질을 막기 위한 마개를 씌울 것

해답 ③

68 호스릴 이산화탄소소화설비에 있어서는 하나의 노즐에 대하여 몇 kg 이상으로 하여야 하는가?

① 45kg 이상 ② 60kg 이상
③ 90kg 이상 ④ 120kg 이상

해설 호스릴 이산화탄소소화설비

수평거리	저장량 (노즐당)	방사량 (20℃)	개방밸브
15m 이하	90kg 이상	60kg/min 이상	수동개폐가능

해답 ③

69 소방대상물내의 보일러실에 제1종 분말소화약제를 사용하여 전역방출방식인 분말소화설비를 설치할 때 필요한 약제량(kg)으로서 맞는 것은? (단, 방호구역의 개구부에 자동개폐장치를 설치하지 아니한 경우로 방호구역의 체적은 120m³, 개구부의 면적은 20m²이다.)

① 84 ② 120
③ 140 ④ 162

해설 $Q = 120\text{m}^3 \times \dfrac{0.6\text{kg}}{\text{m}^3} + 20\text{m}^2 \times \dfrac{4.5\text{kg}}{\text{m}^2} = 162\text{kg}$

분말소화약제의 저장량
① 전역방출방식

종별	체적계수 K_1 (kg/m³)	면적계수 K_2 (kg/m²) (자동폐쇄장치 미설치 시)
제1종	0.60	4.5
제2종, 제3종	0.36	2.7
제4종	0.24	1.8

② 호스릴 분말소화설비

종별	노즐당 약제량(kg)
제1종	50kg
제2종, 제3종	30kg
제4종	20kg

해답 ④

70 다음과 같이 간이 소화용구를 비치하였을 경우 능력 단위의 합은?

- 삽을 상비한 마른모래 50L포 2개
- 삽을 상비한 팽창질석 160L포 1개

① 1단위 ② 2단위
③ 2.5단위 ④ 3단위

 간이소화용구의 능력단위

간이소화용구		능력단위
마른모래	삽을 상비한 50L 이상의 것 1포	0.5단위
팽창질석 또는 팽창진주암	삽을 상비한 80L 이상의 것 1포	

$Q = 50\text{L} \times 2 \times \dfrac{0.5\text{단위}}{50\text{L}} + 160\text{L} \times \dfrac{0.5\text{단위}}{80\text{L}}$
$= 2\text{단위}$

해답 ②

71 특별피난계단의 부속실 등에 설치하는 급기가압방식 제연설비의 측정, 시험, 조정 항목을 열거한 것이다. 이에 속하지 않는 것은?

① 배연구의 설치 위치 및 크기의 적정 여부 확인
② 화재감지기 동작에 의한 제연설비의 작동 여부 확인
③ 출입문의 크기와 열리는 방향이 설계 시와 동일한지 여부 확인
④ 출입문이 모두 닫혀있는 상태에서 제연설비를 가동시킨 후 출입문 개방에 필요한 힘을 측정

해설 **제연설비의 시험, 측정 및 조정 등**
① 출입문 등의 크기와 열리는 방향이 설계 시와 동일한지 여부 확인
② 조정가능여부 또는 재설계·개수의 여부 결정
③ 출입문이 모두 닫혀있는 상태에서 제연설비를 가동시킨 후 출입문 개방에 필요한 힘을 측정
④ 출입문마다 제연설비가 작동하고 있지 아니한 상태에서 폐쇄력 측정
⑤ 화재감지기를 동작시켜 제연설비가 작동여부 확인

해답 ①

72 예상제연구역의 공기유입량이 시간당 30000 m³이고 유입구를 60cm×60cm의 크기로 사용할 때 공기유입구의 최소설치수량은 몇 개인가?

① 4개 ② 5개
③ 6개 ④ 7개

해설 **공기유입구 수**

$$N = \dfrac{\text{이론공기유입량 } Q_1(\text{m}^3/\text{s})}{\text{실제공기유입량 } Q_2(\text{m}^3/\text{s})}$$

① 이론유입량
$Q_1 = 30000\text{m}^3/\text{hr} = 30000\text{m}^3/3600\text{s}$
② 실제유입량
$Q_2 = uA = 5\text{m/s} \times 0.6\text{m} \times 0.6\text{m}$
③ $N = \dfrac{30000\text{m}^3/3600\text{s}}{5\text{m/s} \times 0.6\text{m} \times 0.6\text{m}} = 4.63$개
④ 소수점 이하는 무조건 절상하므로 5개

해답 ②

공기 유입구 설치기준
① 공기유입순간의 풍속은 5m/s 이하
② 유입구의 구조는 유입공기를 상향으로 분출하지 않도록 설치
③ 공기유입구의 크기는 당해 예상제연구역 배출량 $1m^3$/min에 대하여 $35cm^2$ 이상

해답 ②

73 소화수조 또는 저수조가 지표면으로부터의 깊이가 지하 5m인 곳에 설치된 가압송수장치에서 소화용수량이 $100m^3$일 때 가압송수장치의 1분당 양수량은?

① 1000L 이상　② 1100L 이상
③ 2200L 이상　④ 3300L 이상

소화용수의 가압송수장치
① 소화수조 또는 저수조가 지표면으로부터의 깊이가 4.5m 이상인 지하에 있는 경우에는 다음 표에 의하여 가압송수장치를 설치

소요수량과 가압송수장치의 분당 양수량

소요수량	$20m^3$ 이상 $40m^3$ 미만	$40m^3$ 이상 $100m^3$ 미만	$100m^3$ 이상
분당 양수량	1100L 이상	2200L 이상	3300L 이상

② 소화수조가 옥상 또는 옥탑의 부분에 설치된 경우에는 지상에 설치된 채수구에서의 압력이 0.15MPa 이상

해답 ④

74 할로겐화합물 및 불활성기체소화약제 소화설비의 분사헤드 설치기준 중 잘못된 것은?

① 천장의 높이가 3.7m를 초과할 경우에는 추가로 다른 열의 분사헤드를 설치한다.
② 분사헤드의 설치높이는 방호구역의 바닥으로부터 최소 0.2m 이상 최대 3.7m 이하로 하여야 한다.
③ 분사헤드의 오리피스의 면적은 분사헤드가 연결되는 배관구경면적의 80%를 초과하여서는 안 된다.
④ 분사헤드의 부식 방지조치를 하여야 하며 오리피스의 크기, 제조일자, 제조업체가 표시되도록 한다.

③ 배관구경면적의 80% → 배관구경면적의 70%

할로겐화합물 및 불활성기체소화약제 소화설비의 분사헤드
① 헤드 설치높이 : 0.2m 이상 최대 3.7m 이하
② 천장높이가 3.7m를 초과할 경우에는 추가로 다른 열의 분사헤드를 설치할 것.
③ 헤드에는 부식방지조치를 할 것
④ 오리피스의 크기, 제조일자, 제조업체가 표시되도록 할 것
⑤ 헤드의 오리피스의 면적은 배관구경면적의 70% 이하

해답 ③

75 케이블 트레이에 물분무소화설비를 설치 할 때 저장하여야 할 수원의 양은 몇 m^3인가? (단, 케이블 트레이의 투영된 바닥면적은 $70m^2$이다.)

① 28　② 12.4
③ 14　④ 16.8

케이블트레이 수원의 양
$Q = 70m^2 \times 12L/m^2 \cdot min \times 20min$
$= 16800L = 16.8m^3$

물분무설비의 수원의 양 ★★★★★

소방대상물	수원의 저수량
특수가연물	바닥면적(m^2)(최대방수구역 기준 최소 $50m^2$)$\times 10L/m^2 \cdot$ 분 $\times 20min$
차고, 주차장	바닥면적(m^2)(최대방수구역 기준 최소 $50m^2$)$\times 20L/m^2 \cdot$ 분 $\times 20min$
절연유 봉입 변압기	표면적(바닥부분제외)(m^2)$\times 10L/m^2 \cdot$ 분 $\times 20min$
케이블 트레이, 닥트	투영된 바닥면적(m^2)$\times 12L/m^2 \cdot$ 분 $\times 20min$
콘베이어벨트	벨트부분의 바닥면적(m^2)$\times 10L/m^2 \cdot$ 분 $\times 20min$

해답 ④

76 다음 중 연결송수관설비의 배관을 습식으로 하여야 할 소방대상물의 최소 기준으로 맞는 것은?

① 지하 3층 이상
② 지상 10층 이상
③ 연면적 $15000m^2$ 이상
④ 지면으로부터 높이가 31m 이상

[해설] **연결송수관설비의 배관**
① 주 배관구경 : 100mm 이상
② 높이 31m 이상 또는 지상 11층 이상 : 습식설비

해답 ④

77 판매시설의 4층 이상 10층 이하에 유용한 피난기구로만 조합된 것은?

① 피난용트랩, 피난교
② 피난사다리, 미끄럼대
③ 피난교, 미끄럼대
④ 구조대, 피난사다리

[해설] **소방대상물의 설치장소별 피난기구의 적응성**

구분 \ 층별	1층	2층	3층	4층 이상 10층 이하
노유자시설		미구교다승		구¹⁾교다승
의료시설·근린생활시설 중 입원실이 있는 의원·접골원·조산원			미트구 교다승	트구 교다승
다중이용업소로서 영업장의 위치가 4층 이하인 다중이용업소			미사구완다승	
그 밖의 것			트공간교 미사구 완다승	공간²⁾ 교사구 완다승

[비고]
1) 구조대의 적응성은 장애인 관련 시설로서 주된 사용자 중 스스로 피난이 불가한 자가 있는 경우 추가로 설치하는 경우에 한한다.
2) 간이완강기의 적응성은 숙박시설의 3층 이상에 있는 객실에 추가로 설치하는 경우에 한한다.

어두문자 암기방법

피난용트랩 ⇒ 트	피난교 ⇒ 교
피난사다리 ⇒ 사	미끄럼대 ⇒ 미
구조대 ⇒ 구	다수인피난장비 ⇒ 다
승강식피난기 ⇒ 승	완강기 ⇒ 완
간이완강기 ⇒ 간	공기안전매트 ⇒ 공

해답 ④

78 폐쇄형 스프링클러헤드에 대하여 급격한 수압을 고려해야하는 시험은?

① 수격시험 ② 강도시험
③ 잠기누수시험 ④ 작동시험

[해설] **폐쇄형 스프링클러 헤드의 시험**
① 강도시험 ② 진동시험
③ 수격시험 ④ 살수분포시험
⑤ 작동온도시험 ⑥ 감도시험
⑦ 방수량 시험

해답 ①

79 물분무헤드의 설치에서 전압이 110kV 초과 154kV 이하일 때 전기기기와 물분무헤드 사이에 몇 cm 이상의 거리를 확보하여 설치하여야 하는가?

① 80cm ② 110cm
③ 150cm ④ 180cm

[해설] **물분무헤드와 전기기기와의 이격거리**

전압(kV)	거리(cm)	전압(kV)	거리(cm)
66 이하	70 이상	154 초과 181 이하	180 이상
66 초과 77 이하	80 이상	181 초과 220 이하	210 이상
77 초과 110 이하	110 이상	220 초과 275 이하	260 이상
110 초과 154 이하	150 이상	—	—

해답 ③

80 옥외소화전설비의 시공 시 사용되는 배관이 아닌 것은?

① 배관용 탄소강관
② 압력 배관용 탄소강관
③ 콘크리트 배관(지하매설시)
④ 소방용 합성수지배관(지하매설시)

[해설] **옥외소화전설비의 배관설치기준**
(1) 배관 내 사용압력이 1.2MPa 미만일 경우
 ① 배관용 탄소 강관(KS D 3507)
 ② 이음매 없는 구리 및 구리합금관(KS D 5301). 다만, 습식의 배관에 한한다.
 ③ 배관용 스테인리스 강관(KS D 3576) 또는 일반배관용 스테인리스 강관(KS D 3595)
 ④ 덕타일 주철관(KS D 4311)
(2) 배관 내 사용압력이 1.2MPa 이상일 경우에

① 압력 배관용 탄소 강관(KS D 3562)
② 배관용 아크용접 탄소강 강관(KS D 3583)
(3) 소방용 **합성수지배관**으로 설치할 수 있는 경우
    ① 배관을 **지하**에 매설하는 경우
    ② 다른 부분과 **내화구조로 구획**된 덕트 또는 피트의 내부에 설치하는 경우
    ③ 천장과 반자를 불연재료 또는 준불연재료로 설치하고 **소화배관 내부**에 항상 **소화수가 채워진 상태**로 설치하는 경우

해답 ③

무료 동영상과 함께하는 소방설비(기계분야) 필기

2025

2025년 2월 CBT 시행
2025년 5월 CBT 시행
2025년 8월 CBT 시행

무료 동영상과 함께하는
소방설비(기계분야) 필기

소방설비기사 - 기계분야
2025년 2월 CBT 시행

본 문제는 CBT시험대비 기출문제 복원입니다.

제1과목 소방원론

01 소화기구(자동확산소화기를 제외한다)는 바닥으로부터 높이 몇 m 이하의 곳에 비치하여야 하는가?

① 0.5 ② 1.0
③ 1.5 ④ 2.0

해설 소화기구 설치기준(자동확산소화기 제외)
(1) 용어의 정의 및 배치기준

소형소화기	대형소화기
1단위 이상, 대형소화기능력단위 미만	A급 10단위 이상, B급 20단위 이상
보행거리 20m 이내	보행거리 30m 이내

(2) 높이 1.5m 이하의 곳에 비치

해답 ③

02 BLEVE 현상을 가장 옳게 설명한 것은?

① 물이 뜨거운 기름표면 아래서 끓을 때 화재를 수반하지 않고 over flow 되는 현상
② 물이 연소유의 뜨거운 표면에 들어갈 때 발생되는 over flow 현상
③ 탱크 바닥에 물과 기름의 에멀견이 섞여있을 때 물의 비등으로 인하여 급격하게 over flow 되는 현상
④ 탱크 주위 화재로 탱크 내 인화성 액체가 비등하고 가스부분의 압력이 상승하여 탱크가 파괴되고 폭발을 일으키는 현상

해설 유류저장탱크의 화재 발생현상
① 보일오버 ② 슬롭오버 ③ 프로스오버

★★★ 요 점 정 리 (필수 암기) ★★★

- **보일오버**(boil over)
  탱크바닥의 물이 비등하여 유류가 연소하면서 분출
- **슬롭오버**(slop over)
  물이 연소유 표면으로 들어갈 때 유류가 연소하면서 분출
- **프로스오버**(froth over)
  탱크바닥의 물이 비등하여 유류가 연소하지 않고 분출
- **블레비**(BLEVE)
  액화가스저장탱크 폭발현상

해답 ④

03 불연성기체나 고체 등으로 연소물을 감싸 산소공급을 차단하는 소화방법은?

① 질식소화   ② 냉각소화
③ 연쇄반응차단소화 ④ 제거소화

해설 소화원리
(1) 냉각소화 : 가연성 물질을 발화점 이하로 온도를 냉각

물이 소화약제로 사용되는 이유
• 물의 기화열(539kcal/kg)이 크기 때문
• 물의 비열(1kcal/kg · ℃)이 크기 때문

(2) 질식소화 : 산소농도 15% 이하로 감소

산소의 유지농도 : 10~15%

(3) 억제(부촉매)소화 : 연쇄반응 억제

- 부촉매 : 반응속도를 느리게 하는 것
- 부촉매 효과 : 할로젠화합물소화약제
  [할로젠원소 : 불소(F), 염소(Cl), 브로민(Br), 아이오딘(I)]

(4) 제거소화 : 가연성물질을 제거시켜 소화

- 산불화재 시 화재의 진행방향을 앞질러 벌목
- 화학반응기 화재 시 원료공급밸브 폐쇄
- 유전화재 시 폭약의 폭풍으로 화염을 제거
- 촛불을 입김으로 불어 화염을 제거

해답 ①

04 화재에 관한 설명으로 옳은 것은?

① PVC 저장창고에서 발생한 화재는 D급화재이다.
② PVC 저장창고에서 발생한 화재는 B급화재이다.
③ 연소의 색상과 온도와의 관계를 고려할 때 일반적으로 암적색보다는 휘적색의 온도가 높다.
④ 연소의 색상과 온도와의 관계를 고려할 때 일반적으로 휘백색보다는 휘적색의 온도가 높다.

해설 ① D급 화재→A급 화재
② D급 화재→A급 화재
③ 암적색(700℃)보다 휘적색(950℃)의 온도가 높다.
④ 휘백색(1500℃)보다는 휘적색(950℃)의 온도가 낮다.

연소의 색과 온도 ★★★

색	암적색	적색	휘적색	황적색	백적색	휘백색
온도(℃)	700	850	950	1100	1300	1500

해답 ③

05 소화방법 중 제거소화에 해당되지 않는 것은?

① 산불이 발생하면 화재의 진행방향을 앞질러 벌목함
② 방안에서 화재가 발생하면 이불이나 담요로 덮음
③ 가스 화재시 밸브를 잠궈 가스흐름을 차단함
④ 불타고 있는 장작더미 속에서 아직 타지 않은 것을 안전한 곳으로 운반

해설 (1) 피복소화 : 가연물 주위를 공기와 차단
방안에서 화재 시 이불이나 담요로 덮음
(2) 제거소화 : 가연성물질을 제거시켜 소화
• 산불화재 시 화재의 진행방향을 앞질러 벌목
• 화학반응기 화재 시 원료공급밸브 폐쇄
• 유전화재 시 폭약의 폭풍으로 화염을 제거
• 촛불을 입김으로 불어 화염을 제거

해답 ②

06 화재의 소화원리에 따른 소화방법의 적용이 잘못된 것은?

① 냉각소화 : 스프링클러설비
② 질식소화 : 이산화탄소소화설비
③ 제거소화 : 포소화설비
④ 억제소화 : 할로겐화합물소화설비

해설 ③ 질식 및 냉각 소화 : 포소화설비

해답 ③

07 이산화탄소에 대한 설명으로 틀린 것은?

① 불연성 가스로서 공기보다 무겁다.
② 임계온도는 97.5℃이다.
③ 고체의 형태로 존재할 수 있다.
④ 상온, 상압에서 기체 상태로 존재한다.

해설 ② 임계온도는 31℃ 이다.

CO_2의 물리적 성질
(1) 허용농도 : 0.5% (5000ppm)
(2) 임계온도 : 31℃
(3) 삼중점 : 압력 0.53MPa, 온도 −56.3℃에서 고체, 액체, 기체가 공존
(4) 호흡곤란 : 6% 이상

해답 ②

08 고층건축물에서 연기의 제어 및 차단은 중요한 문제이다. 연기제어의 기본방법이 아닌 것은?

① 희석
② 차단
③ 배기
④ 복사

해설 연기 제어방법
(1) 연기의 **차단**
구획화, 축연, 급기가압
(2) 연기의 **배기**
배연, 연기의 하강방지
(3) 연기의 **희석**

해답 ④

09 가연물의 주된 연소형태를 틀리게 나타낸 것은?

① 목재 : 표면연소   ② 섬유 : 분해연소
③ 황 : 증발연소   ④ 피크린산 : 자기연소

해설 ① 목재 : 분해연소

연소의 형태 ★★ 자주출제(필수암기) ★★★
① 표면연소(surface reaction)
   코크스, 숯, 목탄, 금속분
② 증발연소(evaporating combustion)
   황, 나프탈렌, 파라핀(양초), 휘발유, 등유, 경유, 아세톤 등 제4류 위험물
③ 분해연소(decomposing combustion)
   석탄, 목재, 플라스틱, 종이, 섬유, 합성수지, 중유
④ 자기연소(내부연소)
   나이트로셀룰로오스, 셀룰로이드, 나이트로글리세린 등 제5류 위험물
⑤ 확산연소(diffusive burning)
   아세틸렌, LPG, LNG 등 가연성 기체

해답 ①

10 목재건물의 화재성상은 내화건물에 비하여 어떠한가?

① 저온장기형이다.   ② 저온단기형이다.
③ 고온장기형이다.   ④ 고온단기형이다.

해설 건축물의 구조형태와 화재특징

구 분	목조건축물	내화건축물
연소형태	고온 단시간형	저온 장시간형
최고온도	1300℃	1000℃

해답 ④

11 다음 중 인화점이 가장 낮은 물질은?

① 산화프로필렌   ② 이황화탄소
③ 메틸알코올   ④ 등유

해설 제4류 위험물의 인화점

명칭	화학식	품명	인화점(℃)
산화프로필렌	CH_3CH_2CHO	특수인화물	-37
이황화탄소	CS_2	특수인화물	-30
메틸알코올	CH_3OH	알코올류	11
등유	-	제2석유류	43~72

해답 ①

12 다음 연소생성물 중 인체에 가장 독성이 높은 것은?

① 이산화탄소   ② 일산화탄소
③ 황화수소   ④ 포스겐

해설 연소 중 발생 가스 ★★ 매회출제(필수암기) ★★
① 일산화탄소(CO)
   • 인명피해가 가장 크다.
   • 피 속의 헤모글로빈과 결합 산소운반 방해
② 이산화탄소(CO_2)
   자체의 독성은 없고 많은 양을 흡입 시 질식사
③ 아황산가스(SO_2)
   황 함유 물질이 완전 연소 시 발생
④ 황화수소(H_2S)
   황 함유 물질이 불완전 연소 시 발생
⑤ 아크로레인(CH_2CHCHO)
   석유제품, 유지류 연소 시 발생
⑥ 포스겐($COCl_2$)
   독성이 가장 크다.

해답 ④

13 황린에 대한 설명으로 틀린 것은?

① 발화점이 매우 낮아 자연발화의 위험이 높다.
② 자연발화 방지를 위해 강알칼리수용액에 저장한다.
③ 독성이 강하고 지정수량이 20kg 이다.
④ 연소시 오산화인의 흰 연기를 낸다.

해설 ② 자연발화방지를 위해 **약알칼리수용액(pH=9 이하)**에 저장한다.

P_4(황린) : 제3류(자연발화성)
(1) 물속에 저장(착화점 약 50℃)
(2) 물의 pH=9 유지(인화수소(PH_3)생성방지)
(3) 직사광선 및 산성화 방지
(4) 공기를 차단하고 260℃로 가열하면 적린이 된다.

해답 ②

14 제1종 분말소화약제가 요리용 기름이나 지방질 기름의 화재시 소화효과가 탁월한 이유에 대한 설명으로 가장 옳은 것은?

① 비누화 반응을 일으키기 때문이다.
② 아이오딘화 반응을 일으키기 때문이다.
③ 브로민화 반응을 일으키기 때문이다.
④ 질화 반응을 일으키기 때문이다.

해설 제1종 분말($NaHCO_3$: 탄산수소나트륨)
식용유 및 지방 화재 시 가연물질인 지방산과 Na^+ 이온이 반응을 일으켜 **비누거품을 생성**하므로(**비누화 현상**) 소화효과가 좋다.

해답 ①

15 물리적 방법에 의한 소화라고 볼 수 없는 것은?
① 부촉매의 연쇄반응 억제작용에 의한 방법
② 냉각에 의한 방법
③ 공기와의 접촉 차단에 의한 방법
④ 가연물 제거에 의한 방법

해설 (1) 물리적소화
① 냉각에 의한 방법
② 공기와의 접촉차단에 의한 방법
③ 가연물 제거에 의한 방법
④ 농도를 희석하는 방법
(2) 화학적소화(억제소화, 부촉매소화)
• 부촉매 : 반응속도를 느리게 하는 것
• 부촉매 효과 : 할로젠화합물소화약제
• 할로젠족원소 : 불소(F), 염소(Cl), 브로민(Br), 아이오딘(I)

해답 ①

16 화재의 일반적 특성이 아닌 것은?
① 확대성 ② 정형성
③ 우발성 ④ 불안정성

해설 ② 정형성 : 일정한 형식이나 틀을 띠는 성질

화재의 특성
① 우발성
② 불안정성
③ 성장성
④ 확대성

해답 ②

17 화재발생시 피난기구로 직접 활용할 수 없는 것은?
① 완강기   ② 무선통신보조설비
③ 피난사다리   ④ 구조대

해설 ② 무선통신보조설비 : 소화활동설비로 간접적으로 활용

(소방시설법 시행령 제3조의 별표 1)
소방시설의 종류 ★★★(필수암기)★★★

소방시설	종 류
소화설비	① 소화기구 ② 자동소화장치 ③ 옥내 ④ 옥외 ⑤ 스프링클러설비등 ⑥ 물분무등
경보설비	① 단독경보형 ② 비상경보 ③ 시각경보기 ④ 자동화재탐지 ⑤ 화재알림 ⑥ 비상방송 ⑦ 자동화재속보 ⑧ 통합감시 ⑨ 누전경보기 ⑩ 가스누설경보기
피난구조설비	① 피난기구(피난사다리, 구조대, 완강기 등) ② 인명구조기구(방열복, 방화복, 공기호흡기, 인공소생기) ③ 유도등(피난유도선, 피난구유도등, 통로유도등, 객석유도등, 유도표지) ④ 비상조명등 및 휴대용비상조명등
소화용수설비	① 상수도소화용수 ② 소화수조·저수조 그 밖의 소화용수
소화활동설비	① 제연 ② 연결송수관 ③ 연결살수 ④ 비상콘센트 ⑤ 무선통신보조 ⑥ 연소방지

해답 ②

18 건물 화재시 패닉(panic)의 발생원인과 직접적인 관계가 없는 것은?
① 연기에 의한 시계 제한
② 유독가스에 의한 호흡 장애
③ 외부와 단절되어 고립
④ 건물의 불연 내장재

해설 패닉(panic, 공포감)의 발생원인
① 연기에 의한 시계 제한
② 유독가스에 의한 호흡장애
③ 외부와 단절되어 고립

해답 ④

19 자연발화가 원인이 되는 열의 발생 형태가 다른 것은?

① 기름종이 ② 고무분말
③ 석탄 ④ 퇴비

해설 자연발화의 형태 ★★★★★
① 산화열에 의한 자연발화
  석탄, 건성유, 고무분말, 금속분, 기름걸레
② 분해열에 의한 자연발화
  셀룰로이드, 나이트로셀룰로오스, 나이트로글리세린
③ 흡착열에 의한 자연발화
  활성탄, 목탄분말
④ 미생물열에 의한 자연발화
  퇴비, 먼지

해답 ④

20 제1종 분말소화약제의 열분해 반응식으로 옳은 것은?

① $2NaHCO_3 \rightarrow Na_2CO_3 + CO_2 + H_2O$
② $2KHCO_3 \rightarrow K_2CO_3 + CO_2 + H_2O$
③ $2NaHCO_3 \rightarrow Na_2CO_3 + 2CO_2 + H_2O$
④ $2KHCO_3 \rightarrow K_2CO_3 + 2CO_2 + H_2O$

해설 분말약제의 열분해 반응식 ★★★★

종별	열분해 반응식
1종	270℃ $2NaHCO_3 \rightarrow Na_2CO_3 + CO_2 + H_2O$ 850℃ $2NaHCO_3 \rightarrow Na_2O + 2CO_2 + H_2O$
2종	190℃ $2KHCO_3 \rightarrow K_2CO_3 + CO_2 + H_2O$ 590℃ $2KHCO_3 \rightarrow K_2O + 2CO_2 + H_2O$
3종	$NH_4H_2PO_4 \rightarrow HPO_3 + NH_3 + H_2O$
4종	$2KHCO_3 + (NH_2)_2CO \rightarrow K_2CO_3 + 2NH_3 + 2CO_2$

해답 ①

제2과목 소방유체역학

21 10kW의 전열기를 3시간 사용하였다. 전 방열량은?

① 12810 ② 16170
③ 25800 ④ 108000

해설 발열량 산출공식(줄의 법칙)

$$W = Pt$$

여기서, W : 발열량[kJ], P : 전력[kW]
  t : 시간[s]

• $P = 10$ kW
• $t = 3$ 시간 $= 3 \times 3600$ s
$W = 10 \times 3 \times 3600s = 108,000$ kW·s(kJ)

열량, 일, 힘의 단위 관계 ★자주출제★
① W·s = J
② kW·s = kJ
③ 1[kWh] = 860[kcal]
④ 1[cal] = 4.186[J]
⑤ 1[J] = [N·m] = 0.24[cal]
⑥ $1J = \frac{1}{4.186}$ cal ≒ 0.24cal

해답 ④

22 다음 중 유체의 밀도를 측정하는 방법과 가장 관계가 없는 것은?

① 비중계를 이용하는 방법
② 질량을 알고 있는 추를 이용하는 방법
③ 이미 알고 있는 체적의 용기를 이용하여 액체의 질량을 재는 방법
④ 작은 관으로 액체를 통과시켜 일정량의 액체가 통과하는데 요하는 시간으로 측정하는 방법

해설 유체의 밀도를 측정하는 방법
① 비중계를 이용하는 방법
② 질량을 알고 있는 추를 이용하는 방법
③ 이미 알고 있는 체적의 용기를 이용하여 액체의 질량을 재는 방법

해답 ④

23 동점성계수가 $1 \times 10^{-6} m^2/s$인 유체가 지름 2cm의 원관 속을 흐르고 있다. 원관 내 유체의 평균속도가 5cm/s라면 마찰계수는?

① 0.064   ② 0.64
③ 0.032   ④ 0.32

해설 관 마찰계수

$$f(관 마찰계수) = \frac{64}{ReNo}$$

① $ReNo = \frac{Du\rho}{\mu} = \frac{Du}{v}$

② $D = 2cm = 0.02m$

③ $u = 5cm/s = 0.05m/s$

④ $ReNo = \frac{0.02 \times 0.05}{1 \times 10^{-6}} = 1000$

∴ $f = \frac{64}{1000} = 0.064$

해답 ①

24 소방호스의 마찰손실에 대한 설명으로 가장 옳은 것은?

① 마찰손실은 호스길이에 반비례한다.
② 호스지름이 클수록 마찰손실이 크다.
③ 속도가 빠를수록 마찰손실이 크다.
④ 마찰손실은 호스의 거칠기(조도)와 무관하다.

해설 ① 반비례 → 비례
② 크다 → 작다
④ 무관 → 밀접

달시-웨스바스(Darcy-Weisbach) 공식

$$\Delta h_L = f \times \frac{l}{D} \times \frac{u^2}{2g}$$

여기서, Δh_L : 마찰손실수두(m)
f : 마찰손실계수
l : 배관길이(m)
u : 유속(m/s)
g : 중력가속도(9.8m/s^2)
D : 배관내경(m)

해답 ③

25 그림과 같은 액주계에서 원형 파이프 중심의 절대 압력은 약 몇 kPa 인가? (단, 대기압은 101kPa이다.)

① 10   ② 107
③ 95   ④ 111

해설

$P_A + r_1 h_1 = P_B + r_2 h_2$

① $P_C = P_D$
② $P_A + \gamma_1 h_1 = P_B + \gamma_2 h_2$
③ $P_A = P_B + \gamma_2 h_2 - \gamma_1 h_1$
④ $P_B = $ 대기압(101kPa)

$\gamma_1 = \gamma_W(물) \times S(비중) = 9.8kN/m^3 \times 2$
$\gamma_2 = \gamma_W(물) \times S(비중) = 9.8kN/m^3 \times 4$
$h_1 = 10cm = 0.1m$
$h_2 = 20cm = 0.2m$

⑤ $P_A = 101kPa + (9.8kN/m^3 \times 4 \times 0.2)$
$\quad\quad + (9.8kN/m^3 \times 2 \times 0.1)$
$\quad\quad ≒ 107kPa$

해답 ②

26 견고한 밀폐 용기 안에 어떤 물질 1kg이 압력 2MPa, 온도 250℃ 상태에 있으며 압축성 인자($Z = Pv/RT$) 값은 0.9232이다. 이 물질의 기체상수가 0.4615kJ/kg·k 일 때 용기의 체적은 약 몇 m^3 인가?

① 0.0532   ② 0.0577

③ 0.1114   ④ 0.1207

해설 **완전기체 방정식**

$$PV = WRT$$

여기서, P : 압력(kN/m²)
V : 부피(m³)
W : 무게(kg)
R : 기체상수(kJ/kg·K)
T : 절대온도(273+t℃)K

① $V = \dfrac{WRT}{P}$

② $P = 2\text{MPa} = 2 \times 10^3 \text{kPa}(\text{kN/m}^2)$

③ $W = 1\text{kg}$

④ $R = 0.4615 \text{kJ/kg·K}$

⑤ $T = (273+250)\text{K}$

⑥ $V = \dfrac{1 \times 0.4615 \times (273+250)}{2 \times 10^3} = 0.12068\text{m}^3$

⑦ 용기의 체적
$V = 0.12068 \times 0.9232 \fallingdotseq 0.1114\text{m}^3$

열량, 일, 힘의 단위 관계 ★자주출제★
① W·s = J
② kW·s = kJ
③ 1[kWh] ≒ 860[kcal]
④ 1[cal] = 4.186[J]
⑤ 1[J] = [N·m] = 0.24[cal]
⑥ 1J = $\dfrac{1}{4.186}$cal ≒ 0.24cal

해답 ③

27 다음은 어떤 열역학 법칙을 설명한 것인가?

"열은 그 스스로 저열원체에서 고열원체로 이동할 수 없다."

① 열역학 제 0법칙   ② 열역학 제 1법칙
③ 열역학 제 2법칙   ④ 열역학 제 3법칙

해설 **열역학 법칙**
(1) **열역학 제0법칙**(열의 평형법칙)
    열평형상태에 있는 물체의 온도는 같다.
    (온도계의 원리)
(2) **열역학 제1법칙**(에너지보존의 법칙)
    ① 열과 일은 서로 교환이 가능하다.
    ② 열전달의 총합은 이루어진 일의 총합과 같다.

(3) **열역학 제2법칙**
    ① 열은 스스로 저온에서 고온으로 이동 불가
    ② 효율이 100%인 열기관은 없다.
    ③ 자발적인 반응은 비가역적이다.
    ④ 엔트로피는 증가하는 쪽으로 흐른다.

해답 ③

28 다음 설명 중 틀린 것은?

① 일반적인 베르누이 방정식은 마찰이 없는 비압축성 정상 유동에서 유선을 따라 성립한다.
② 베르누이 방정식은 질량보존의 법칙만으로 유도될 수 있다.
③ 에너지선은 수력기울기선보다 속도수두 만큼 위에 있다.
④ 수력기울기선은 위치수두와 압력수두의 합을 나타낸다.

해설 **베르누이 방정식 성립조건**(에너지보존의 법칙을 응용)
① 정상유동(정상류)
② 유체는 비압축성이다.
③ 유체는 마찰이 없다.(점성력 = 0)
④ 유체 입자는 유선에 따라 유동

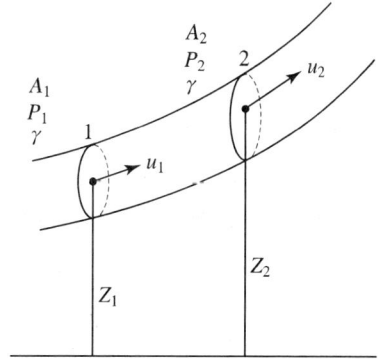

베르누이 방정식

$$H = \dfrac{U^2}{2g} + \dfrac{P}{r} + Z$$

여기서, H : 전에너지(m), $\dfrac{U^2}{2g}$: 속도수두(m)
$\dfrac{P}{r}$: 압력수두(m), Z : 위치수두(m)

해답 ②

29 펌프 입구의 진공계 및 출구의 압력계 지침이 흔들리고 송출유량도 주기적으로 변화하는 이상 현상은?

① 공동현상(cavitation)
② 수격작용(water hammering)
③ 맥동현상(surging)
④ 언밸런스(unbalance)

해설 써징(맥동)현상(Surging) ★★★
펌프 운전 중 송출압력과 송출유량의 주기적인 변동이 발생하는 현상

(1) 써징(맥동)현상 발생원인
  ① 펌프의 양정곡선이 산형특성이며 사용범위가 우상특성일 것
  ② 토출측 배관이 길고 중간에 수조, 공기저장기가 있을 때
  ③ 토출량 조절밸브가 수조나 공기저장기보다 아래에 있을 때

(2) 써징(맥동)현상 방지대책
  ① 펌프의 양수량을 증가시키거나 임펠러 회전수를 변화시킨다.
  ② 배관 내 공기제거 및 단면적, 유속, 유량조절
  ③ 유량조절밸브는 펌프의 토출측 직후에 설치
  ④ 배관 중에 수조나 공기 저장조를 제거한다.

해답 ③

30 지름 20cm, 속도 1m/s인 물 제트가 그림에서와 같이 넓은 평판에 60° 경사지게 충돌한다. 제트가 평판에 수직으로 작용하는 힘 F_N은 약 몇 N인가? (단, 중력은 무시한다.)

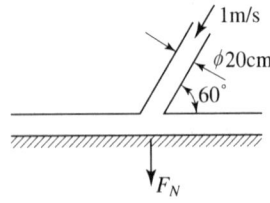

① 2.72 ② 3.14
③ 27.2 ④ 31.4

해설 운동량 방정식
$$\sum F_y = \rho Q(V_{y2} - V_{y1})$$

여기서, ρ : 밀도(kg/m³)
Q : 유량(m³/s)
V : 유속(m/s)

① $D = 20\text{cm} = 0.2\text{m}$, $V = 1\text{m/s}$, $\theta = 60°$
② $V_{y2} = 0$, $V_{y1} = V\sin\theta$
③ $V_{y1} = 1\sin 60$
④ $\sum F_y = \rho Q(V_{y2} - V_{y1})$
⑤ $-F = 1000 \times \left(\dfrac{\pi}{4} \times 0.2^2 \times 1\right)(0 - 1\sin 60)$
$= -27.21 \text{kg} \cdot \text{m/s}^2(\text{N})$
⑥ $F = 27.21\text{N}$

해답 ③

31 그림과 같은 펌프가 물을 낮은 저수조에서 높은 저수조로 직경 20cm인 관을 통하여 350m³/hr로 전달한다. 관마찰 손실은 대략 $h_t = \dfrac{25V^2}{2g}$ (V : 관내 평균, 유속)이고, 펌프 동력과 효율이 각각 90kW와 75%일 때 두 수조의 높이 차는 약 몇 m 인가? (단, 물의 비중량은 9790N/m³이고, 기타 부차 손실은 무시한다.)

① 8.7   ② 18.7
③ 38.7   ④ 58.7

해설 모터동력
$$P(\text{kw}) = \dfrac{\gamma QH}{E} \times K$$

① $V = \dfrac{Q}{A} = \dfrac{350\text{m}^3/3{,}600\text{s}}{\dfrac{\pi}{4} \times (0.2\text{m})^2} = 3.09\text{m/s}$

② $h_f = \dfrac{25V^2}{2g} = \dfrac{25 \times 3.09^2}{2 \times 9.8} = 12.18\text{m}$

③ $\gamma_W = 9790\text{N/m}^3 = 9.790\text{kN/m}^3$

④ 전양정 계산

$90 = \dfrac{9.790 \times (350/3,600) \times H}{0.75}$

$H = \dfrac{90 \times 0.75}{9.790 \times (350/3,600)} = 70.92\text{m}$

⑤ 수조의 높이차 = 전양정 − 관마찰손실
= 70.92m − 12.18m
= 58.74m

펌프의 동력계산 필수암기사항(2차 실기 출제됨) ★★★

(1) 수동력

$L_W(\text{kW}) = \gamma QH$

(2) 축동력

$L_S(\text{kW}) = \dfrac{\gamma QH}{E}$

(3) 모터동력

$P(\text{kW}) = \dfrac{\gamma QH}{E}K$

여기서, γ : 비중량(kN/m³,
물의 비중량 = 9.8kN/m³)
Q : 유량(m³/s), H : 전양정(m)
E : 효율(%/100), K : 전달계수

해답 ④

32 내경 27mm의 배관 속을 정상류의 물이 매분 150L 흐를 때 속도수두는 약 몇 m 인가?

① 1.11 ② 0.97
③ 0.77 ④ 0.56

해설 속도수두

$H = \dfrac{u^2}{2g}$

$u = \dfrac{Q}{A} = \dfrac{0.15\text{m}^3/60\text{s}}{\dfrac{\pi}{4} \times (0.027\text{m})^2} = 4.37\text{m/s}$

$\therefore H = \dfrac{4.37^2}{2 \times 9.8} = 0.97\text{m}$

해답 ②

33 연속방정식에 대한 설명으로 가장 적합한 것은?

① 질량 보존의 법칙을 만족한다.
② 뉴턴의 제2법칙을 만족시키는 방정식이다.
③ 단면적과 유량은 서로 반비례한다는 관계를 구할 수 있다.
④ 연속방정식에 따르면 실제 유체의 경우 경계면에서 속도는 상대적으로 0 이어야 한다.

해설 연속 방정식
질량보존의 법칙을 유체유동에 적용한 방정식

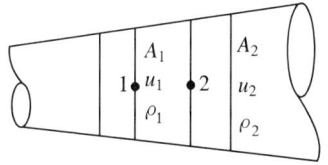

(1) 질량유량($\overline{m}$: kg/s)

$\overline{m} = A_1 u_1 \rho_1 = A_2 u_2 \rho_2$

(2) 중량유량($\overline{G}$: kN/s)

$\overline{G} = A_1 u_1 \gamma_1 = A_2 u_2 \gamma_2$

(3) 용량유량($\overline{Q}$: m³/s)

$\overline{Q} = A_1 u_1 = A_2 u_2$

여기서, A : 단면적(m²), u : 유속(m/s)
ρ : 밀도(kg/m³), γ : 비중량(kN/m³)

해답 ①

34 대기압의 크기는 760mmHg이고, 수은의 비중은 13.6일 때 240mmHg의 절대압력은 계기압력으로 약 몇 kPa인가?

① −32.0 ② 32.0
③ −69.3 ④ 69.3

해설 ① 게이지압 = 절대압 − 대기압
② 게이지압 = 240mmHg − 760mmHg
= −520mmHg

$Pg = -520\text{mmHg} \times \dfrac{101.325\text{kPa}}{760\text{mmHg}} = -69.33\text{kPa}$

해답 ③

35 절대온도, 비체적이 각각 T_1, v_1인 이상기체 1kg의 압력을 P로 일정하게 유지한 상태로 가열하여 절대온도를 $4T_1$까지 상승시킨다. 이상기체가 한 일은?

① Pv_1
② $2Pv_1$
③ $3Pv_1$
④ $4Pv_1$

해설 **샤를의 법칙**

$$P(압력) = 일정 \quad \frac{v_1}{T_1} = \frac{v_2}{T_2}$$

여기서, T_1 : 처음온도, T_2 : 나중온도
v_1 : 처음부피, v_2 : 나중부피

$T_1 = 1$일 때 $T_2 = 4$

$\therefore \frac{v_1}{1} = \frac{v_2}{4} \quad v_2 = 4v_1$

이상기체가 한 일

$$W = P(v_2 - v_1)$$

여기서, W : 이상기체가 한 일, P : 압력
v_1 : 처음부피, v_2 : 나중부피

$W = P(4v_1 - v_1) = 3Pv_1$

해답 ③

36 회전속도 N rpm일 때 송출량 Q m³/min, 전양정 H m인 원심펌프를 상사한 조건에서 회전속도를 1.4Nrpm으로 바꾸어 작동할 때 유량 및 전양정은?

① $1.4Q$, $1.4H$
② $1.4Q$, $1.96H$
③ $1.96Q$, $1.4H$
④ $1.96Q$, $1.96H$

해설 **상사의 법칙** ★★★

$$Q_2 = Q_1 \times \left(\frac{N_2}{N_1}\right) \times \left(\frac{D_2}{D_1}\right)^3$$

$$H_2 = H_1 \times \left(\frac{N_2}{N_1}\right)^2 \times \left(\frac{D_2}{D_1}\right)^2$$

$$P_2 = P_1 \times \left(\frac{N_2}{N_1}\right)^3 \times \left(\frac{D_2}{D_1}\right)^5$$

여기서, Q_1 : 변경 전 유량, Q_2 : 변경 후 유량
H_1 : 변경 전 양정(압력)
H_2 : 변경 후 양정(압력)
P_1 : 변경 전 동력, P_2 : 변경 후 동력
N_1 : 변경 전 rpm, N_2 : 변경 후 rpm
D_1 : 변경 전 임펠러직경
D_2 : 변경 후 임펠러직경

① $Q_2 = Q \times \left(\frac{1.4N}{N}\right) = 1.4Q$

② $H_2 = H \times \left(\frac{1.4N}{N}\right)^2 = 1.96H$

해답 ②

37 비중이 1.03인 바닷물에 전체 부피의 15%가 수면 위에 떠있는 빙산이 있다. 이 빙산의 비중은 얼마 정도인가?

① 0.876
② 0.927
③ 1.927
④ 0.155

해설 **부력과 무게 관계**

$$F_B(부력) = F_W(무게)$$
$$\gamma_{(액체)} \times V_{(잠긴)} = \gamma_{(물체)} \times V_{(전체)}$$
$$S_1 \times \gamma_w \times V_{(잠긴)} = S_2 \times \gamma_w \times V_{(전체)}$$

여기서, γ : 비중량(N/m³), V : 부피(m³)
S : 비중
γ_w : 물(9800N/m³ = 9.8kN/m³)

① $V_{(전체)} = 1$, $V_{(잠긴)} = 1 - 0.15(15\%) = 0.85$

② $S_1 \times \gamma_w \times V_{(잠긴)} = S_2 \times \gamma_w \times V_{(전체)}$

③ $1.03 \times 9.8 \times 0.85 = S_2 \times 9.8 \times 1$, $S_2 = 0.876$

해답 ①

38 지름 30cm인 원형 관과 지름 45cm인 원형 관이 급격하게 면적이 확대되도록 직접 연결되어 있을 때 작은 관에서 큰 관 쪽으로 매초 230L의 물을 보내면 연결부의 손실수두는 약 몇 m 인가? (단, 면적이 A_1에서 A_2로 급확대 될 때 작은 관을 기준으로 한 손실계수는 $\left(1 - \frac{A_1}{A_2}\right)^2$ 이다.)

① 0.025　　② 0.125
③ 0.135　　④ 0.167

해설 배관의 축소 및 확대손실

(1) 관이 급격히 축소하는 경우

$$\Delta H_L(m) = K\frac{u^2}{2g}$$

여기서, ΔH_L : 손실수두, K : 축소손실계수
u : 유속(축소배관), g : 중력가속도

$$K(\text{축소손실계수}) = \left(\frac{1}{A_C} - 1\right)$$

A_C : A_1/A_2에 대한 축소계수

(2) 관이 급격히 확대하는 경우

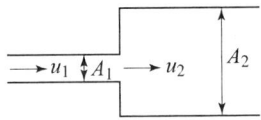

$$\Delta H_L(m) = \frac{(u_1-u_2)^2}{2g} = K\frac{u_1^2}{2g}$$

여기서, ΔH_L : 손실수두, K : 확대손실계수
u_1 : 유속(작은배관)
u_2 : 유속(확대배관)
g : 중력가속도

$$K(\text{확대손실계수}) = \left[1 - \left(\frac{A_1}{A_2}\right)\right]^2$$

$$K(\text{확대손실계수}) = \left[1 - \left(\frac{d_1}{d_2}\right)^2\right]^2$$

d_2가 무한히 크면 즉 $d_2 \gg d_1$이면 $K=1$

① $d_1 = 30\text{cm} = 0.3\text{m}$
　$d_2 = 45\text{cm} = 0.45\text{m}$

② $230\text{L/s} = 0.23\text{m}^3/\text{s}$

③ $u_1 = \dfrac{0.23}{\dfrac{\pi}{4} \times 0.3^2} = 3.25\text{m/s}$

④ $u_2 = \dfrac{0.23}{\dfrac{\pi}{4} \times 0.45^2} = 1.45\text{m/s}$

⑤ $K = \left[1 - \left(\dfrac{0.3}{0.45}\right)^2\right]^2 = 0.3086$

⑥ $\Delta H_L(m) = K\dfrac{u_1^2}{2g} = 0.3086 \times \dfrac{3.25^2}{2 \times 9.8}$
　　　　　　 $= 0.166\text{m}$

해답 ④

39 1mm의 간격을 가진 2개의 평행 평판 사이에 물이 채워져 있는데 아래 평판은 고정시키고, 위 평판을 1m/s의 속도로 움직였다. 평판 사이 물의 속도 분포는 직선적이고 물의 동점성계수가 $0.804 \times 10^{-6}\text{m}^2/\text{s}$일 때 평판의 단위 면적($1\text{m}^2$)에 걸리는 전단력은 약 몇 N 인가?

① 0.6　　② 0.7
③ 0.8　　④ 0.9

해설 전단응력

점성계수와 속도기울기(속도구배)에 비례한다.

$$\tau = \frac{F}{A} = \mu\frac{du}{dy}$$

여기서, τ : 전단응력(N/m^2(Pa))
　　　 F : 힘(N)
　　　 A : 단면적(m^2)
　　　 μ : 점성계수($\text{N}\cdot\text{s/m}^2$)
　　　 $\dfrac{du}{dy}$: 속도기울기(속도구배)(s^{-1})

① 평판과 평판의 간격(높이)
　$y = 1\text{mm} = 1 \times 10^{-3}\text{m}$
　위 평판속도 $u = 1\text{m/s}$
　아래평판 속도 $u = 0$(정지상태)

② $\dfrac{du}{dy} = \dfrac{\Delta u}{\Delta y} = \dfrac{1\text{m/s}}{1 \times 10^{-3}\text{m}} = 1000\text{s}^{-1}$

　물의 밀도 $\rho_w = 1000\text{N}\cdot\text{s}^2/\text{m}^4$

③ $\mu = \nu \times \rho_w$
　　$= 0.804 \times 10^{-6}\text{m}^2/\text{s} \times 1000\text{N}\cdot\text{s}^2/\text{m}^4$
　　$= 0.804 \times 10^{-3}\text{N}\cdot\text{s/m}^2(\text{Pa}\cdot\text{s})$

④ $\tau = \mu \times \dfrac{du}{dy} = 0.804 \times 10^{-3}\text{Pa}\cdot\text{s} \times 1000\text{s}^{-1}$
　　$= 0.80\text{Pa}(\text{N/m}^2)$

해답 ③

40 그림과 같은 수문 AB가 받는 수평성분 F_H와 수직성분 F_V는 각각 약 몇 N인가?

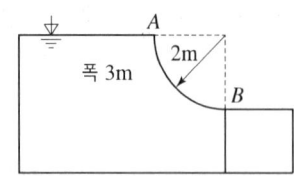

① $F_H = 24400$, $F_V = 46181$
② $F_H = 58800$, $F_V = 46181$
③ $F_H = 58800$, $F_V = 92363$
④ $F_H = 24400$, $F_V = 92363$

해설 수평분력
$$F_H = \gamma \bar{h} A$$

수직분력
$$F_V = \gamma V$$

여기서, γ : 비중량, $\bar{h}$: 평균높이
A : 단면적, V : 부피

① γ_W(물) $= 9800\text{N/m}^3$
② $\bar{h} = \dfrac{2\text{m}}{2} = 1\text{m}$
③ $A = 2\text{m} \times 3\text{m} = 6\text{m}^2$
④ $V = \dfrac{\pi}{4} \times (2\text{m})^2 \times 3\text{m}$
⑤ $F_H = 9800\text{N/m}^3 \times 1\text{m} \times 6\text{m}^2 = 58800\text{N}$
⑥ $F_V = 9800\text{N/m}^3 \times \left(\dfrac{\pi \times (2\text{m})^2}{4}\right) \times 3\text{m}$
　　$= 92,363\text{N}$

해답 ③

제3과목　소방관계법규

41 소방시설공사업자는 소방시설공사 결과 소방시설에 하자가 있는 경우 하자보수를 하여야 한다. 다음 중 하자보수를 하여야 하는 소방시설과 소방시설별 하자보수보증기간이 잘못 나열된 것은?

① 유도등 : 2년
② 자동화재탐지설비 : 3년
③ 스프링클러설비 : 3년
④ 무선통신보조설비 : 3년

해설 ④ 무선통신보조설비 3년 → 2년

(공사업법 시행령 제6조)
하자보수대상 소방시설과 하자보수보증기간

보증기간	소방시설
2년	① 피난기구　② 유도등 ③ 유도표지　④ 비상경보설비 ⑤ 비상조명등　⑥ 비상방송설비 ⑦ 무선통신보조설비
3년	① 자동소화장치　② 옥내 ③ 옥외　④ 스프링클러 ⑤ 간이스프링클러　⑥ 물분무등 ⑦ 자동화재탐지설비　⑧ 상수도소화용수설비 ⑨ 소화활동설비(무선통신보조설비 제외)

해답 ④

42 위험물 간이저장탱크 설비기준에 대한 설명으로 맞는 것은?

① 통기관은 지름 최소 40mm 이상으로 한다.
② 용량은 600L 이하 이어야 한다.
③ 탱크의 주위에 너비는 최소 1.5m 이상의 공지를 두어야 한다.
④ 수압시험은 50kpa의 압력으로 10분간 실시하여 새거나 변형되지 아니하여야 한다.

해설 ① 40mm → 25mm
③ 1.5m → 1m
④ 50kPa → 70kPa

(위험물법 시행규칙 제33조의 별표9조)
간이탱크저장소의 위치·구조 및 설비기준
(1) 간이저장탱크는 그 수를 3 이하로 할 것,
(2) 동일한 품질의 간이저장탱크를 2 이상 설치금지
(3) 옥외탱크의 주위에 너비 1m 이상의 공지를 둘 것
(4) 탱크와 전용실의 벽과의 사이에 0.5m 이상의

간격을 유지
(5) 용량은 600L 이하
(6) 두께 3.2mm 이상의 강판, 70kPa의 압력으로 10분간의 수압시험을 실시
(7) 간이저장탱크에는 밸브 없는 통기관을 설치
  ① **통기관**의 지름은 25mm 이상
  ② 통기관은 옥외에 설치하되, 그 선단의 높이는 **지상 1.5m 이상**
  ③ 통기관의 선단은 수평면에 대하여 아래로 **45도 이상** 구부려 빗물 등이 침투하지 않도록 할 것
  ④ 가는 눈의 구리망 등으로 **인화방지장치**를 할 것

해답 ②

43 다음 중 경보설비에 해당되지 않는 것은?

① 자동화재탐지설비 ② 무선통신보조설비
③ 통합감시시설   ④ 누전경보기

해설 ② 무선통신보조설비 : 소화활동설비

(소방시설법 시행령 제3조의 별표 1)
소방시설의 종류 ★★★(필수암기)★★★

소방시설	종류	
소화설비	① 소화기구	② 자동소화장치
	③ 옥내	④ 옥외
	⑤ 스프링클러설비등	⑥ 물분무등
경보설비	① 단독경보형	② 비상경보
	③ 시각경보기	④ 자동화재탐지
	⑤ 화재알림	⑥ 비상방송
	⑦ 자동화재속보	⑧ 통합감시
	⑨ 누전경보기	⑩ 가스누설경보기
피난구조 설비	① 피난기구(피난사다리, 구조대, 완강기 등)	
	② 인명구조기구(방열복, 방화복, 공기호흡기, 인공소생기)	
	③ 유도등(피난유도선, 피난구유도등, 통로유도등, 객석유도등, 유도표지)	
	④ 비상조명등 및 휴대용비상조명등	
소화 용수설비	① 상수도소화용수	
	② 소화수조·저수조 그 밖의 소화용수	
소화 활동설비	① 제연	② 연결송수관
	③ 연결살수	④ 비상콘센트
	⑤ 무선통신보조	⑥ 연소방지

해답 ②

44 다음 용어 설명 중 옳은 것은?

① "소방시설"이라 함은 소화설비·경보설비·피난설비·소화용수설비 그 밖에 소화활동설비로서 대통령령이 정하는 것을 말한다.
② "소방시설등"이라 함은 소방시설과 비상구 그 밖에 소방 관련 시설로서 행정안전부장관령이 정하는 것을 말한다.
③ "특정소방대상물"이라 함은 소방시설을 설치하여야 하는 소방대상물로서 소방청장령이 정하는 것을 말한다.
④ "소방용품"라 함은 소화기(消火器)·소화약제(消化藥制)·방염도료(防炎塗料) 그 밖에 소방시설을 구성하는 기기로서 시·도지사령이 정하는 것을 말한다.

해설 ② 행정안전부장관령 → 대통령령
③ 소방청장령 → 대통령령
④ 시·도지사령 → 대통령령

해답 ①

45 소화활동 및 화재조사를 원활히 수행하기 위해 화재현장에 출입을 통제하기 위하여 설정하는 것은?

① 화재경계지구 지정
② 소방활동구역 설정
③ 방화제한구역 설정
④ 화재통제구역 설정

해설 **소방활동구역의 설정(기본법 제23조)**
① **소방대장**은 화재, 재난·재해 그 밖의 위급한 상황이 발생한 현장에 소방활동 구역을 정하여 소방활동에 필요한 자로서 대통령령이 정하는 자 외의 자에 대하여는 그 구역에의 출입을 제한할 수 있다.
② **경찰공무원**은 소방대가 소방활동구역에 있지 아니하거나 **소방대장의 요청**이 있는 때에는 규정에 따른 조치를 할 수 있다.

해답 ②

46 다음 특정소방대상물 중 주거용 주방자동소화장치를 설치하여야 하는 것은?

① 아파트
② 터널로서 길이가 1000m 이상인 터널
③ 국가유산 및 가스시설
④ 항공기 격납고

해설 (소방시설법 시행령 제11조의 별표 4)
(1) 소화기구 설치대상
  ① 연면적 $33m^2$ 이상인 것
  ② 가스시설, 발전시설 중 전기저장시설 및 국가유산
  ③ 터널
(2) 주거용 주방자동소화장치 설치대상
  : 아파트등 및 오피스텔의 모든 층

해답 ①

47 화재의 예방 및 안전관리관한 법령상 특수가연물의 저장 및 취급 기준 중 석탄·목탄류를 발전용으로 저장하는 경우 쌓는 부분의 바닥면적은 몇 m^2 이하인가? (단, 살수설비를 설치하거나, 방사능력 범위에 해당 특수가연물이 포함되도록 대형수동식소화기를 설치하는 경우이다.)

① 200
② 250
③ 300
④ 350

해설 특수가연물의 저장 및 취급기준
(화재예방법 시행령 제19조 제2항 [별표3])
(1) 품명·최대저장수량·단위부피(체적)당 질량·관리책임자 성명·직책, 연락처 및 화기취급의 금지표시 설치
(2) 기준(석탄·목탄류의 발전용은 예외)
  ① 품명별로 구분하여 쌓을 것
  ② 저장 기준

구분	높이	바닥면적(m^2)
일반기준	10m 이하	50(석탄·목탄류 200) 이하
살수설비, 대형소화기	15m 이하	200(석탄·목탄류 300) 이하

  ③ 최소 6m 이상 간격을 유지(쌓는 높이보다 0.9m 이상 높은 내화구조 벽체 설치 시 예외)

④ 쌓는 부분의 바닥면적 사이 간격

구분	쌓는 부분의 바닥면적 사이 이격거리
실내	1.2m 또는 쌓는 높이의 1/2 중 큰 값 이상
실외	3m 또는 쌓는 높이 중 큰 값 이상

해답 ③

48 소방시설 설치 및 관리에 관한 법령상 소화설비를 구성하는 제품 또는 기기에 해당하지 않는 것은?

① 가스누설경보기   ② 소방호스
③ 스프링클러헤드   ④ 분말자동소화장치

해설 소방용품(소방시설법 시행령 제6조의 별표3) ★★★
(1) 소화설비를 구성하는 제품 또는 기기
  ① 소화기구(간이소화용구 제외)
  ② 자동소화장치
  ③ **소화설비를 구성하는 소화전**, 관창, 소방호스, 스프링클러헤드, 기동용 수압개폐장치, 유수제어밸브 및 가스관선택밸브
(2) 경보설비를 구성하는 제품 또는 기기
  ① 누전경보기 및 **가스누설경보기**
  ② 경보설비를 구성하는 **발신기, 수신기, 중계기, 감지기 및 음향장치(경종만 해당)**
(3) 피난구조설비를 구성하는 제품 또는 기기
  ① 피난사다리, 구조대, 완강기(지지대 포함) 및 간이완강기(지지대 포함)
  ② 공기호흡기(충전기 포함)
  ③ 피난구유도등, 통로유도등, 객석유도등 및 예비 전원이 내장된 비상조명등
(4) 소화용으로 사용하는 제품 또는 기기
  ① 소화약제[자동소화장치와 소화설비용만 해당한다]
  ② 방염제(방염액·방염도료 및 방염성물질)
(5) 그 밖에 행정안전부령으로 정하는 소방 관련 제품 또는 기기

해답 ①

49 다음 중 화재의 예방 및 안전관리에 관한 법률 시행령에서 규정하는 화재예방강화지구의 지정대상지역에 해당되는 기준과 가장 거리가 먼 것은?

① 시장지역
② 공장 · 창고가 밀집한 지역
③ 소방시설 · 소방용수시설 또는 소방출동로가 없는 지역
④ 금융업소가 밀집한 지역

해설 화재예방강화지구의 지정 등(화재예방법 제18조)
(1) 지정권자 : 시 · 도지사
(2) 화재안전조사 : 소방관서장
(3) 화재안전조사 실시주기 : 연1회 이상
(4) 소방훈련과 교육 : 연1회 이상
(5) 훈련 및 교육통보 : 10일 전 까지

화재예방강화지구의 지정대상지역 ★★★필수암기★★
① 시장지역
② 공장 · 창고가 밀집한 지역
③ 목조건물이 밀집한 지역
④ 노후 · 불량건축물이 밀집한 지역
⑤ 위험물의 저장 및 처리시설이 밀집한 지역
⑥ 석유화학제품을 생산하는 공장이 있는 지역
⑦ 산업단지
⑧ 소방시설 · 소방용수시설 또는 소방 출동로가 없는 지역
⑨ 물류단지
⑩ 소방관서장이 화재예방강화지구로 인정하는 지역

해답 ④

50 특정소방대상물 중 근린생활시설과 가장 거리가 먼 것은?

① 안마원   ② 조산원
③ 한의원   ④ 무도학원

해설 ④ 무도학원 : 위락시설

근린생활시설
① 슈퍼마켓과 일용품등의 소매점(1천m² 미만)
② 휴게음식점, 제과점, 일반음식점, 기원, 노래연습장 및 단란주점(150m² 미만)
③ 이용원, 미용원, 목욕장 및 세탁소
④ 의원, 치과의원, **한의원**, 침술원, 접골원, 조산원 및 **안마원**
⑤ 탁구장, 테니스장, 체육도장, 체력단련장(500m² 미만)
⑥ 공연장 또는 종교집회장(300m² 미만)

해답 ④

51 다음 중 소화활동설비가 아닌 것은?

① 제연설비   ② 연결송수관설비
③ 비상방송설비   ④ 연소방지설비

해설 ③ 비상방송설비 : 경보설비

(설치유지법률 시행령 제3조의 별표 1)
(소방시설법 시행령 제3조의 별표 1)
소방시설의 종류 ★★★(필수암기)★★★

소방시설	종류
소화설비	① 소화기구　② 자동소화장치 ③ 옥내　④ 옥외 ⑤ 스프링클러설비등　⑥ 물분무등
경보설비	① 단독경보형　② 비상경보 ③ 시각경보기　④ 자동화재탐지 ⑤ 화재알림　⑥ 비상방송 ⑦ 자동화재속보　⑧ 통합감시 ⑨ 누전경보기　⑩ 가스누설경보기
피난구조설비	① 피난기구(피난사다리, 구조대, 완강기 등) ② 인명구조기구(방열복, 방화복, 공기호흡기, 인공소생기) ③ 유도등(피난유도선, 피난구유도등, 통로유도등, 객석유도등, 유도표지) ④ 비상조명등 및 휴대용비상조명등
소화용수설비	① 상수도소화용수 ② 소화수조 · 저수조 그 밖의 소화용수
소화활동설비	① 제연　② 연결송수관 ③ 연결살수　④ 비상콘센트 ⑤ 무선통신보조　⑥ 연소방지

해답 ③

52 다음 중 소방법상의 소방대상물이 아닌 것은?

① 산림   ② 선박건조구조물
③ 항공기   ④ 차량

해설 (기본법 제2조)
용어의 정의
소방대상물 : 건축물, 차량, 선박(항구 안에 매어둔 선박), 선박건조구조물, 산림, 그 밖의 공작물 또는 물건

해답 ③

53 소방시설업의 등록 결격사유에 해당하지 않는 것은?

① 피성년후견인

② 소방시설업의 등록이 취소된 날로부터 3년이 지난 자
③ 위험물안전관리법에 따른 금고 이상의 형의 집행유예선고를 받고 그 유예기간 중에 있는 자
④ 위험물안전관리법에 따른 금고 이상의 실형의 선고를 받고 그 집행이 종료되거나 집행이 면제된 날로부터 2년이 지나지 아니한 자

[해설] ② 3년이 지나지 아니한 자
→ 2년이 지나지 아니한 자

소방시설업의 등록의 결격사유(공사업법 제5조)
(1) 피성년후견인
(2) 소방관계법령에 따른 금고 이상의 실형을 선고받고 그 집행이 끝나거나 면제된 날부터 **2년이 지나지 아니한 사람**
(3) 소방관계법령에 따른 금고 이상의 형의 집행유예를 선고받고 그 **유예기간 중**에 있는 사람
(4) 등록하려는 소방시설업 등록이 취소된 날부터 **2년이 지나지 아니한 자**
(5) 법인의 대표자가 등록의 **결격사유에 해당**하는 경우 그 법인
(6) 법인의 임원이 등록의 **결격사유에 해당**하는 경우 그 법인

해답 ②

54 다른 시·도간 소방업무에 관해 상호응원협정을 체결하고자 할 때 포함되어야 할 사항이 아닌 것은?

① 응원출동의 요청방법
② 소방신호방법의 통일
③ 소요경비의 부담에 관한 사항
④ 응원출동 대상지역 및 규모

[해설] 기본법 시행규칙 제8조(소방업무의 상호응원협정)
(시·도지사의 상호응원협정 체결사항)
(1) 소방활동에 관한 사항
  ① 화재의 경계·진압활동
  ② 구조·구급업무의 지원
  ③ 화재조사활동
(2) 응원출동대상지역 및 규모

(3) 소요경비의 부담에 관한 사항
  ① 출동대원의 수당·식사 및 의복의 수선
  ② 소방장비 및 기구의 정비와 연료의 보급
  ③ 그 밖의 경비
  ④ 응원출동의 요청방법
  ⑤ 응원출동훈련 및 평가

해답 ②

55 소방기본법령상 소방본부 종합상황실 실장이 소방청의 종합상황실에 서면·팩스 또는 컴퓨터통신 등으로 보고하여야 하는 화재의 기준에 해당하지 않는 것은?

① 항구에 매어둔 총 톤수가 1000톤 이상인 선박에서 발생한 화재
② 연면적 15000m² 이상인 공장 또는 화재예방강화지구에서 발생한 화재
③ 지정수량이 1000배 이상의 위험물의 제조소·저장소·취급소에서 발생한 화재
④ 층수가 5층 이상이거나 병상이 30개 이상인 종합병원·정신병원·한방병원·요양소에서 발생한 화재

[해설] **소방기본법 시행규칙 제3조(종합상황실의 실장의 업무 등)**
종합상황실의 실장은 다음에 해당하는 상황이 발생하는 때에는 소방서의 종합상황실의 경우는 소방본부의 종합상황실에, 소방본부의 종합상황실의 경우는 소방청의 종합상황실에 각각 보고하여야 한다.
① 사망자가 **5인** 이상, 사상자가 **10인** 이상
② 이재민이 **100인** 이상
③ 재산피해액이 **50억원** 이상 발생한 화재
④ 관공서·학교·정부미도정공장·문화재·**지하철 또는 지하구**의 화재
⑤ 관광호텔, 층수가 **11층** 이상인 건축물, 지하상가, 시장, 백화점, **지정수량의 3천배 이상의 위험물의 제조소·저장소·취급소, 층수가 5층 이상이거나 객실이 30실 이상인 숙박시설, 층수가 5층 이상이거나 병상이 30개 이상인 종합병원·정신병원·한방병원·요양소, 연면적 1만5천m² 이상인 공장** 또는 화재예방강화지구에서 발생한 화재

⑥ 철도차량, 항구에 매어둔 총 톤수가 1천톤 이상인 선박, 항공기, 발전소 또는 변전소에서 발생한 화재
⑦ 가스 및 화약류의 폭발에 의한 화재
⑧ **다중이용업소의 화재**

해답 ③

56 특정소방대상물의 관계인은 소방안전관리자가 해임한 날부터 며칠 이내에 선임하여야 하는가?

① 10일   ② 14일
③ 30일   ④ 90일

해설 소방안전관리자 선임신고 등(화재예방법 제26조)
관계인이 소방안전관리자 또는 소방안전관리보조자를 선임한 경우에는 행정안전부령으로 정하는 바에 따라 **선임한 날부터 14일 이내에 소방본부장 또는 소방서장에게 신고**

**소방안전관리자의 선임신고 등
(화재예방법 시행규칙 제14조)**
관계인은 소방안전관리자를 해당하는 날부터 30일 이내에 선임

해답 ③

57 특수가연물의 저장 및 취급의 기준을 위반한 자의 과태료 금액은?

① 20만원   ② 200만원
③ 100만원   ④ 150만원

해설 화재예방법 제52조(과태료)
200만원 이하의 과태료
(1) 불을 사용할 때 지켜야 하는 사항 및 **특수가연물의 저장 및 취급 기준을 위반한 자**
(2) 소방설비등의 설치 명령을 정당한 사유 없이 따르지 아니한 자
(3) 기간 내에 선임신고를 하지 아니하거나 소방안전관리자의 성명 등을 게시하지 아니한 자
(4) 기간 내에 선임신고를 하지 아니한 자
(5) 기간 내에 소방훈련 및 교육 결과를 제출하지 아니한 자

해답 ②

58 다음 중에서 소방안전관리자를 두어야 할 특정소방대상물로서 1급 소방안전관리대상물이 아닌 것은?

① 지하구
② 연면적 15,000m² 이상인 것
③ 건물의 층 수가 11층 이상인 것
④ 1천 톤 이상의 가연성가스 저장 시설

해설 (1) **특급 소방안전관리대상물**
① 50층 이상(지하층 제외)이거나 지상으로부터 높이가 200m 이상 아파트
② 30층 이상(지하층 포함)이거나 지상으로부터 높이가 120m 이상(아파트는 제외)
③ 연면적 10만m² 이상(아파트 제외)

(2) **1급 소방안전관리대상물**
① **30층 이상**(지하층 제외)이거나 지상으로부터 높이가 **120m 이상인 아파트**
② 연면적 **1만5천m² 이상**(아파트 및 연립주택 제외)
③ 층수가 **11층 이상**(아파트는 제외)
④ 가연성가스 **1천톤 이상** 저장·취급하는 시설

(3) **2급 소방안전관리대상물**
① 옥내, 스프링, 물분무등(호스릴방식 제외) 설치대상
② 가연성가스 100톤 이상 1천톤 미만 저장·취급하는 시설
③ 지하구
④ 공동주택
⑤ 보물 또는 국보로 지정된 목조건축물

(4) **3급 소방안전관리대상물**
특급, 1급, 2급에 해당하지 아니하는 특정소방대상물로서 간이스프링클러설비 또는 자동화재탐지설비를 설치하여야하는 특정소방대상물

해답 ①

59 특정소방대상물의 증축 또는 용도변경 시의 소방시설기준 적용의 특례에 관한 설명 중 옳지 않은 것은?

① 증축되는 경우에는 기존부분을 포함한 전체에 대하여 증축 당시의 소방시설 등의 설치에 관한 대통령령 또는 화재안전기준을

적용한다.
② 증축 시 기존부분과 증축되는 부분이 내화구조로 된 바닥과 벽으로 구획되어 있는 경우에는 기존부분에 대하여는 증축당시의 소방시설 등의 설치에 관한 대통령령 또는 화재안전기준을 적용하지 아니한다.
③ 용도 변경되는 경우에는 기존 부분을 포함한 전체에 대하여 용도 변경 당시의 소방시설 등의 설치에 관한 대통령령 또는 화재안전기준을 적용한다.
④ 용도 변경 시 특정소방대상물의 구조·설비가 화재연소 확대 요인이 적어지거나 피난 또는 화재진압 활동이 쉬워지도록 용도 변경되는 경우에는 전체에 용도변경되기 전의 소방시설 등의 설치에 관한 대통령령 또는 화재안전기준을 적용한다.

해설 특정소방대상물의 증축 또는 용도변경 시의 소방시설기준 적용의 특례
(소방시설법 시행령 제15조)
특정소방대상물이 용도변경되는 경우에는 **용도변경되는 부분에 대해서만** 용도변경 당시의 소방시설의 설치에 관한 대통령령 또는 화재안전기준을 적용한다.

해답 ③

60 제4류 위험물로서 제1석유류인 수용성 액체의 지정수량은 몇 리터인가?

① 100 ② 200
③ 300 ④ 400

해설 제4류 위험물의 지정수량

성질	품명		지정수량
인화성 액체	1. 특수인화물		50L
	2. 제1석유류	비수용성액체	200L
		수용성액체	**400L**
	3. 알코올류		400L
	4. 제2석유류	비수용성액체	1,000L
		수용성액체	2,000L
	5. 제3석유류	비수용성액체	2,000L
		수용성액체	4,000L
	6. 제4석유류		6,000L
	7. 동식물유류		10,000L

해답 ④

제4과목 소방기계시설의 구조 및 원리

61 소화용수설비의 저수조 소요수량이 120m³인 경우 채수구는 최소 몇 개를 설치하여야 하는가?

① 1개 ② 2개
③ 3개 ④ 4개

해설 소화수조 또는 저수조의 설치기준
① 지하에 설치하는 소화용수설비의 흡수관투입구
  ㉠ 한 변이 0.6m 이상 또는 직경이 0.6m 이상
  ㉡ 소요수량이 80m³ 미만인 것 : 1개 이상
  ㉢ **소요수량이 80m³ 이상인 것 : 2개 이상**
  ㉣ "흡수관투입구"라고 표시한 표지를 할 것
② 채수구 설치기준
  ㉠ 65mm 이상의 나사식 결합금속구를 설치

소요수량과 채수구수

소요수량	20m³ 이상 40m³ 미만	40m³ 이상 100m³ 미만	100m³ 이상
채수구수	1개	2개	3개

  ㉡ 채수구 설치위치 : 0.5m 이상 1m 이하
  ㉢ "채수구"라고 표시한 표지를 할 것
  ㉣ 소화용수설비 설치면제 : 유수의 양이 0.8m³/min 이상인 유수를 사용할 수 있는 경우

해답 ③

62 제연설비의 화재안전기준상 제연설비의 제연구역 구획에 대한 내용 중 잘못된 것은?

① 통로상의 제연구역은 보행중심선의 길이가 60m를 초과하지 아니할 것
② 하나의 제연구역은 직경이 최대 50m인 원 안에 들어갈 수 있을 것
③ 하나의 제연구역 면적은 1000m² 이내로 할 것
④ 거실과 통로는 각각 제연구획 할 것

해설 ② 하나의 제연구역은 직경 **60m** 원내에 들어갈 수 있을 것

제연구역 구획기준
① 하나의 제연구역의 면적은 1000m² 이내
② 거실과 통로는 각각 제연구획

③ 통로상의 제연구역은 보행 중심선으로 길이가 **60m를 초과하지 아니할 것**
④ 하나의 제연구역은 **직경 60m 원내에 들어갈 수 있을 것**
⑤ 하나의 제연구역은 2 이상의 층에 미치지 않도록 할 것

해답 ②

63 이산화탄소 소화설비의 배관에 관한 사항으로 옳지 않은 것은?

① 강관을 사용하는 경우 고압저장 방식에서는 압력배관용 탄소강관 중 스케줄 80 이상의 것을 사용한다.
② 강관을 사용하는 경우 저압저장 방식에서는 압력배관용 탄소강관 중 스케줄 40 이상의 것을 사용한다.
③ 동관을 사용하는 경우 이음이 없는 것으로서 고압저장방식에서는 내압 15MPa 이상의 압력에 견딜 수 있는 것을 사용한다.
④ 동관을 사용하는 경우 이음매 없는 것으로서 저압저장방식에서는 내압 3.75MPa 이상의 압력에 견딜 수 있는 것을 사용한다.

해설 이산화탄소소화설비의 배관 설치기준
① 배관은 전용으로 할 것
② 강관을 사용하는 경우의 배관
 압력배관용 탄소강관중 스케줄 80(저압식은 스케줄 40) 이상의 것
 (다만, 배관의 호칭이 **20mm 이하**인 경우에는 **스케줄 40 이상**인 것을 사용할 수 있다.)
③ 동관을 사용하는 경우의 배관(이음이 없는 동 및 동합금관)

고압식	16.5MPa 이상의 압력에 견딜 수 있는 것
저압식	3.75MPa 이상의 압력에 견딜 수 있는 것

④ 개폐밸브 또는 선택밸브의 배관부속

고압식	1차측(개폐밸브 또는 선택밸브 이전) 배관부속의 최소사용설계압력은 9.5MPa
	2차측 배관부속의 최소사용설계압력은 4.5MPa
저압식	배관부속의 최소사용설계압력은 4.5MPa

해답 ③

64 백화점의 7층에 적용되지 않는 피난기구는 다음 어느 것인가?

① 구조대　　② 피난밧줄
③ 피난교　　④ 완강기

해설 소방대상물의 설치장소별 피난기구의 적응성

구분 \ 층별	1층	2층	3층	4층 이상 10층 이하
노유자시설			미구교다승	구[1]교다승
의료시설·근린생활시설 중 입원실이 있는 의원·접골원·조산원			미트구 교다승	트구 교다승
다중이용업소로서 영업장의 위치가 4층 이하인 다중이용업소		미사구완다승	미사구완다승	
그 밖의 것			트공간교 미사구 완다승	공간[2] 교사구 완다승

[비고]
1) 구조대의 적응성은 장애인 관련 시설로서 주된 사용자 중 스스로 피난이 불가한 자가 있는 경우 추가로 설치하는 경우에 한한다.
2) 간이완강기의 적응성은 숙박시설의 3층 이상에 있는 객실에 추가로 설치하는 경우에 한한다.

어두문자 암기방법

피난용트랩 ⇒ 트　　피난교 ⇒ 교
피난사다리 ⇒ 사　　미끄럼대 ⇒ 미
구조대 ⇒ 구　　다수인피난장비 ⇒ 다
승강식피난기 ⇒ 승　　완강기 ⇒ 완
간이완강기 ⇒ 간　　공기안전매트 ⇒ 공

해답 ②

65 상수도소화용수설비의 설치에 있어 호칭지름 75mm 이상의 수도배관에 소화전을 접속할 때 소화전의 최소구경은 몇 mm 이상인가?

① 75mm　　② 80mm
③ 100mm　　④ 125mm

해설 (1) 상수도 소화용수 설비
① 호칭지름 **75mm 이상**의 **수도배관**에 호칭지름 **100mm 이상**의 **소화전**을 접속
② 소화전은 소방자동차 등의 진입이 쉬운 도로변 또는 공지에 설치
③ 소화전은 소방대상물의 수평투영면의 각 부분으로부터 140m 이하가 되도록 설치

(2) 소방용수시설의 거리기준
① 주거지역, 상업지역, 공업지역 : 100m 이내
② 그 밖의 지역 : 140m 이내

해답 ③

66 차고 및 주차장에 단백포 소화약제를 사용하는 포소화설비를 하려고 한다. 바닥면적 $1m^2$에 대한 포소화약제의 1분당 방사량의 기준은?

① 5.0L 이상　② 6.5L 이상
③ 6.0L 이상　④ 3.7L 이상

해설 포헤드의 방식

소방대상물	수원의 양	
차고, 주차장 및 항공기 격납고	• 포워터스프링클러설비 포워터스프링클러헤드수×75L/분×10분 • 포헤드설비 바닥면적(200m² 초과인 경우 200) × 표준방사량(K값) × 10분 [표준방사량K값(L/m² · 분)]	
	포소화약제의 종류	바닥면적 1m²당 방사량
	단백포	6.5L 이상
	합성계면활성제포	8.0L 이상
	수성막포	3.7L 이상
특수가연물 저장·취급 장소	포소화약제의 종류	바닥면적 1m²당 방사량
	단백포	6.5L 이상
	합성계면활성제포	6.5L 이상
	수성막포	6.5L 이상

해답 ②

67 제연설비의 배출구를 설치할 때 예상 제연구역의 각 부분으로부터 하나의 배출구까지의 수평거리는 몇 m 이내가 되어야 하는가?

① 5m　② 10m
③ 15m　④ 20m

해설 제연설비
① 예상제연구역의 각 부분으로부터 하나의 배출구까지의 수평거리는 10m 이하
② 배출기의 흡입측 풍도 안의 풍속은 15m/s 이하로 하고 배출측 풍속은 20m/s 이하
③ 유입 풍도 안의 풍속은 20m/s 이하로 할 것

해답 ②

68 할로젠화합물 소화설비의 축압식 저장용기에는 질소가스를 가압하여 충전한다. 20℃를 기준으로 했을 때, 이 저장용기내 질소가스 축압의 기준은?

① 할론 1211은 2.2MPa 또는 5MPa
② 할론 1301은 2.5MPa 또는 4.2MPa
③ 할론 1211은 0.7MPa 이상 1.4MPa 이하
④ 할론 1301은 0.9MPa 이상 1.6MPa 이하

해설 (1) 할론소화약제의 저장용기 충전압력(축압식)

할론	가스압력	충전가스
1211	1.1MPa 또는 2.5MPa(20℃)	질소(N_2)
1301	2.5MPa 또는 4.2MPa(20℃)	질소(N_2)

(2) 할론소화약제의 저장용기 충전비

할론	가압식	축압식
2402	0.51 이상 0.67 미만	0.67 이상 2.75 이하
1211		0.7 이상 1.4 이하
1301		0.9 이상 1.6 이하

해답 ②

69 연결송수관설비의 배관설치 내용으로 적합한 것은?

① 주배관으로 설치한 구경 80mm의 배관
② 주 배관의 구경이 100mm 이상인 옥내소화전설비의 배관과는 겸용
③ 스프링클러설비의 배관과 구경 90mm인 주배관을 겸용
④ 물분무소화설비의 배관과 구경 80mm인 주배관을 겸용

해설 연결송수관설비의 배관 및 방수구
(1) 주 배관의 구경은 100mm 이상의 것으로 할 것. 다만, 주 배관의 구경이 100mm 이상인 옥내소화전설비의 배관과는 겸용할 수 있다.
(2) 높이 31m 이상 또는 11층 이상은 습식설비로 할 것
(3) 호스접결구는 높이 0.5m 이상 1m 이하의 위치에 설치
(4) 방수구는 구경 65mm의 것으로 설치

해답 ②

70 펌프의 토출관과 흡입관 사이의 배관도중에 설치한 흡입기에 펌프토출량의 일부를 보내어 농도 조정밸브에서 조정된 포소화약제의 필요량을 포소화약제 탱크에서 펌프흡입측으로 보내어 조합하는 방식은?

① 프레져사이드 푸로포셔너방식
② 라인 푸로포셔너방식
③ 프레져 푸로포셔너방식
④ 펌프 푸로포셔너방식

해설 포소화약제의 혼합장치
(1) 펌프 프로포셔너 방식
  펌프의 토출관과 흡입관 사이의 배관도중에 설치한 흡입기에 펌프에서 토출된 물의 일부를 보내고, 농도 조정밸브에서 조정된 포소화약제의 필요량을 포소화약제 탱크에서 펌프 흡입측으로 보내어 이를 혼합하는 방식

(2) 프레져 프로포셔너 방식
  펌프와 발포기의 중간에 설치된 벤추리관의 벤추리작용과 펌프 가압수의 포 소화약제 저장탱크에 대한 압력에 의하여 포소화약제를 흡입·혼합하는 방식

(3) 라인 프로포셔너 방식
  펌프와 발포기의 중간에 설치된 벤추리관의 벤추리 작용에 의하여 포소화약제를 흡입·혼합하는 방식

(4) 프레져사이드 프로포셔너 방식
  펌프의 토출관에 압입기를 설치하여 포 소화약제 압입용 펌프로 포소화약제를 압입시켜 혼합하는 방식

해답 ④

71 옥내소화전설비에서 옥상수조를 설치하지 아니하는 경우에 해당되지 않는 것은?

① 옥상이 없는 건축물 또는 인공구조물이거나 지하층만 있는 건축물
② 고가수조를 가압송수장치로 설치한 옥내소화전 설비
③ 수원이 건축물의 최상층에 설치된 방수구보다 높은 위치에 설치된 경우
④ 건축물의 높이가 지표면으로부터 최상층 바닥까지 10m 이하인 경우

해설 옥상수조 설치 예외에 해당하는 경우
(1) **지하층만** 있는 건축물
(2) **고가수조**를 가압송수장치로 설치한 경우
(3) 수원이 건축물의 최상층에 설치된 **방수구보다 높은 위치**에 설치된 경우
(4) 건축물의 높이가 지표면으로부터 **10m 이하**인 경우
(5) 주펌프와 동등 이상의 성능이 있는 별도의 펌프로서 **내연기관의 기동과 연동**하여 작동되거나 **비상전원**을 연결하여 설치한 경우
(6) **학교·공장·창고시설**로서 **동결의 우려**가 있는 장소
(7) **가압수조**를 가압송수장치로 설치한 경우

해답 ④

72 연결살수설비전용헤드를 사용하는 연결살수설비에서 배관의 구경이 32mm인 경우 하나의 배관에 부착할 수 있는 살수헤드의 개수는?

① 1개　　　　② 2개
③ 3개　　　　④ 4개

해설 **연결살수설비의 설치기준**
(1) 개방형헤드를 하나의 송수구역에 설치하는 살수헤드의 수는 **10개 이하**
(2) 연결살수설비 전용헤드 수별 **급수관의 구경**

전용 헤드수	1개	2개	3개	4~5개	6~10개
배관구경(mm)	32	40	50	65	80

(3) 하나의 살수헤드까지의 **수평거리**

연결살수설비 전용헤드	스프링클러헤드
3.7m 이하	2.3m 이하

해답 ①

73 11층 건축물의 주위에 옥외소화전이 5개 설치되어 있다. 필요한 수원의 저수량은?

① $7m^3$　　　　② $14m^3$
③ $28m^3$　　　④ $35m^3$

해설 **옥외소화전설비의 수원의 양**
$$Q(m^3) = N \times 7m^3$$
여기서, N : 옥외소화전의 설치개수(최대 2개)
∴ $Q(m^3) = 2 \times 7m^3 = 14m^3$

해답 ②

74 옥내소화전이 하나의 층에는 6개로, 또 다른 하나의 층에는 3개로, 나머지 모든 층에는 4개씩으로 설치되어 있다. 수원의 수량(m^3)의 최소 기준은?

① $7.8m^3$ 이상　　② $10.4m^3$ 이상
③ $5.2m^3$ 이상　　④ $15.6m^3$ 이상

해설 **옥내소화전설비의 수원의 양**
$$Q(m^3) = N \times 2.6m^3$$
여기서, N : 옥내소화전이 가장 많은 층의 설치개수(최대 2개)
∴ $Q(m^3) = 2 \times 2.6m^3 = 5.2m^3$

해답 ③

75 지표면에서 최상층 방수구의 높이가 70m 이상의 소방대상물에 습식 연결송수관설비 펌프를 설치할 때 최상층에 설치된 노즐선단의 최소 압력으로 적합한 것은?

① 0.15MPa 이상　　② 0.25MPa 이상
③ 0.35MPa 이상　　④ 0.45MPa 이상

해설 **연결송수관설비의 가압송수장치**
① 지표면에서 최상층 방수구의 높이가 **70m 이상**에 설치
② 펌프 토출량은 **2400L/min**(계단식 아파트의 경우에는 1,200L/min)이상
　다만, 해당 층에 설치된 방수구가 **3개를 초과**(방수구가 5개 이상인 경우에는 **5개**)하는 것에 있어서는 **1개마다 800L/min(계단식 아파트의 경우에는 400L/min)**를 가산한 양이 되는 것으로 할 것
③ **펌프의 양정**은 최상 층 노즐선단 방수압이 **0.35MPa 이상** 되도록 할 것

해답 ③

76 스프링클러헤드의 설치에 있어 층고가 낮은 사무실의 양쪽 벽면 상단에 측벽형 스프링클러헤드를 설치하여 방호하려고 한다. 사무실의 폭이 몇 m 이하일 때 헤드의 포용이 가능한가?

① 9m 이하　　　② 10.8m 이하
③ 12.6m 이하　　④ 15.5m 이하

해설 **스프링클러헤드 설치기준**
스프링클러헤드는 특정소방대상물의 천장·반자·천장과 반자 사이·덕트·선반 기타 이와 유사한 부분(폭이 1.2m를 초과하는 것)에 설치해야 한다. 다만, **폭이 9m 이하인 실내에 있어서는 측벽에 설치할 수 있다.**

해답 ①

77 스프링클러설비의 헤드 설치높이가 10m 이상인 지하철 대합실의 경우 전용 수원의 최소 기준량(m^3)은?

① $25m^3$　　　　② $32m^3$
③ $16m^3$　　　　④ $48m^3$

해설 폐쇄형 스프링클러설비의 수원 양

$$Q = N \times 1.6\text{m}^3$$

여기서, N: 헤드기준개수(기준개수보다 적은 경우 그 설치개수)
지하철 대합실의 기준개수 $N = 30$개
$Q = 30 \times 1.6\text{m}^3 = 48\text{m}^3$ 이상

폐쇄형헤드의 기준개수

설치장소			기준 개수
지하층제외 10층 이하	공장	특수가연물	30개
		그 밖의 것	20개
	근린생활시설·판매시설·운수시설 또는 복합건축물	**판매시설 또는 복합건축물**(판매시설 설치 복합건축물)	30개
		그 밖의 것	20개
	그 밖의 것	헤드높이 8m 이상	20개
		헤드높이 8m 이하	10개
아파트			10개
지하층제외 11층 이상(아파트 제외)·지하가 또는 지하역사			30개

※ 아파트 등의 각 동이 주차장으로 서로 연결된 구조인 경우 해당 주차장 부분의 기준개수는 30개로 할 것

해답 ④

78 인산염을 주성분으로 한 분말소화약제를 사용하는 분말소화설비의 소화약제 저장용기의 내용적은 소화약제 1kg당 얼마이어야 하는가?

① 0.8L
② 0.92L
③ 1L
④ 1.25L

해설 분말약제 종류에 따른 저장용기의 내용적

소화약제의 주성분	약제 1kg당 저장용기 내용적
제1종(탄산수소나트륨)	0.8L
제2종(탄산수소칼륨)	1.0L
제3종(제1인산암모늄)	1.0L
제4종(탄산수소칼륨+요소)	1.25L

해답 ③

79 포소화설비의 화재안전기준에서 고정포방출구 방식으로 소화약제를 방출하기 위하여 필요한 약제량을 산출하는 다음 공식에 대한 설명으로 틀린 것은?

$$Q = A \times Q_1 \times T \times S$$

① Q: 포소화약제의 양(L)
② T: 방출시간(min)
③ A: 탱크의 체적(m^3)
④ S: 포소화약제의 사용농도(%)

해설 고정포방출구방식의 약제량 계산

구 분	약제 저장량
❶ 고정포 방출구	$Q = A \times Q_1 \times T \times S$ 여기서, Q: 포소화약제의 양(L) A: 저장탱크의 액표면적(m^2) Q_1: 단위 포소화수용액의 양 ($\text{L/m}^2 \cdot \text{min}$) T: 방출시간(min) S: 포소화약제의 사용농도(%)
❷ 보조소화전	$Q = N \times S \times 8{,}000\text{L}$ 여기서, Q: 포소화약제의 양(L) N: 호스 접결구 개수 (3개 이상인 경우는 3개) S: 포소화약제의 사용농도(%)
❸ 배관보정	가장 먼 탱크까지의 송액관(내경 75mm 이하 제외)에 충전하기 위하여 필요한 양 $Q = V \times S \times 1{,}000$ 여기서, Q: 포소화약제의 양(L) V: 송액관 내부의 체적(m^3) S: 포소화약제의 사용농도(%)
❹ 합계	고정포방출구방식의 약제량 = ❶+❷+❸

해답 ③

80 연소할 우려가 있는 개구부에 드렌처설비를 설치할 경우 스프링클러헤드를 설치하지 아니할 수 있다. 이 경우 드렌처설비 설치기준으로 잘못된 것은?

① 드렌처헤드는 개구부 위측에 2.5m 이내마다 1개를 설치한다.
② 제어밸브는 소방대상물 층마다에 바닥 면으로부터 0.5m 이상 1.5m 이하의 위치에 설치한다.
③ 드렌처설비는 드렌처헤드가 가장 많이 설치된 제어밸브에 설치된 드렌처헤드를 동

시에 사용하는 경우에 방수량이 80L/min 이상이어야 한다.
④ 드렌처설비는 드렌처헤드가 가장 많이 설치된 제어밸브에 설치된 드렌처헤드를 동시에 사용하는 경우의 헤드선단에 방수압력이 0.1MPa 이상이어야 한다.

해설 **드렌처설비 설치기준**
① 헤드는 개구부 위 측에 **2.5m 이내마다 1개를** 설치
② 제어밸브는 **0.8m 이상 1.5m 이하**의 위치에 설치
③ 수원의 수량

$$Q(m^3) = N \times 1.6 m^3$$
여기서, N : 드렌처헤드의 설치개수

④ 헤드선단에 방수압력이 **0.1MPa 이상**, 방수량이 **80L/min 이상**이 되도록 할 것

해답 ②

소방설비기사 – 기계분야
2025년 5월 CBT 시행

본 문제는 CBT시험대비 기출문제 복원입니다.

제1과목 소방원론

01 다음 중 증발잠열(kJ/kg)이 가장 큰 것은?

① 질소 ② 할론 1301
③ 이산화탄소 ④ 물

해설

구분	증발잠열(kJ/kg)
질소(N_2)	48
할론1301	119
이산화탄소(CO_2)	576.6
물	2257

해답 ④

02 다음 중 인화점이 가장 낮은 것은?

① 경유 ② 메틸알코올
③ 이황화탄소 ④ 등유

해설 제4류 위험물의 인화점

명칭	품명	인화점
경유	2석유류	50~70℃
메틸알코올	알코올류	11℃
이황화탄소	특수인화물	-30℃
등유	2석유류	43~72℃

해답 ③

03 황린과 적린이 서로 동소체라는 것을 증명하는 데 가장 효과적인 실험은?

① 비중을 비교한다.
② 착화점을 비교한다.
③ 유기용제에 대한 용해도를 비교한다.
④ 연소 생성물을 확인한다.

해설 동소체
같은 원소로 구성되어 있으나 성질이 다른 단체

원소	동 소 체
산소	산소와 오존
탄소	다이아몬드, 흑연, 숯
황	사방황, 단사황, 고무상황
인	붉은인, 노란인

- 동소체가 성질이 다른 이유
  원자배열상태가 다르기 때문이다.
- 동소체의 증명
  연소 시 같은 물질이 생성되면 동소체이다.

해답 ④

04 화재에 대한 설명으로 옳지 않은 것은?

① 인간이 제어하여 인류의 문화, 문명의 발달을 가져오게 한 근본적인 존재를 말한다.
② 불을 사용하는 사람의 부주의와 불안정한 상태에서 발생되는 것을 말한다.
③ 불로 인하여 사람의 신체, 생명 및 재산상의 손실을 가져다주는 재앙을 말한다.
④ 실화, 방화로 발생하는 연소현상을 말하며 사람에게 유익하지 못한 해로운 불을 말한다.

해설 불에 대한 정의
인간이 제어하여 인류의 문화, 문명의 발달을 가져오게 한 근본적인 존재를 말한다.

해답 ①

05 다음 중 증기 비중이 가장 큰 것은?

① Halon 1301 ② Halon 2402
③ Halon 1211 ④ Halon 104

해설 증기비중

$$S = \frac{M(분자량)}{공기평균분자량(29)}$$

할로겐화합물 소화약제

종류 구분	할론 2402	할론 1211	할론 1301	할론 1011	할론 104
분자식	$C_2F_4Br_2$	CF_2ClBr	CF_3Br	CH_2ClBr	CCl_4
분자량	259.9	165.4	148.93	129.4	153.82

할로겐원소 원자량
C(탄소) = 12, F(불소) = 19, Cl(염소) = 35.5
Br(브로민, 취소) = 79.9

할로겐화합물 소화약제 명명법
할론 ⓐ ⓑ ⓒ ⓓ
ⓐ : C 원자 수   ⓑ : F 원자 수
ⓒ : Cl 원자 수   ⓓ : Br 원자 수

해답 ②

06 분말소화기의 소화약제로 사용하는 탄산수소나트륨이 열분해하여 발생하는 가스는?

① 일산화탄소   ② 이산화탄소
③ 사염화탄소   ④ 산소

해설 분말약제의 열분해

종 별	약제명	착색	열분해 반응식
제1종	탄산수소 나트륨	백 색	$2NaHCO_3 \xrightarrow{\Delta}$ $Na_2CO_3 + CO_2 + H_2O$
제2종	탄산수소 칼륨	담회색	$2KHCO_3 \xrightarrow{\Delta}$ $K_2CO_3 + CO_2 + H_2O$
제3종	제1인산 암모늄	담홍색	$NH_4H_2PO_4 \xrightarrow{\Delta}$ $HPO_3 + NH_3 + H_2O$
제4종	탄산수소칼 륨 + 요소	회(백) 색	$2KHCO_3 + (NH_2)_2CO \xrightarrow{\Delta}$ $K_2CO_3 + 2NH_3 + 2CO_2$

해답 ②

07 화재시 이산화탄소를 사용하여 화재를 진압하려고 할 때 산소의 농도를 13vol%로 낮추어 화재를 진압하려면 공기 중 이산화탄소의 농도는 약 몇 vol%가 되어야 하는가?

① 18.1   ② 28.1
③ 38.1   ④ 48.1

해설 이산화탄소의 농도(%)

$$CO_2(\%) : \frac{21 - O_2(\%)}{21} \times 100$$

$O_2 = 13\%$ 일 때

$$\therefore CO_2(\%) = \frac{21-13}{21} \times 100 = 38.10\%$$

참고 Gv(방출된 가스량 : m^3)

$$Gv = \frac{21 - O_2(\%)}{O_2(\%)} \times 방호구역체적(m^3)$$

해답 ③

08 목재건축물의 화재 진행과정을 순서대로 나열한 것은?

① 무염착화 – 발염착화 – 발화 – 최성기
② 무염착화 – 최성기 – 발염착화 – 발화
③ 발염착화 – 발화 – 최성기 – 무염착화
④ 발염착화 – 최성기 – 무염착화 – 발화

해설 목조건축물의 화재

화원 → 무염착화 → 발염착화 → 출화 → 최성기

해답 ①

09 소화약제로 사용될 수 없는 물질은?

① 탄산수소나트륨
② 인산암모늄
③ 다이크로뮴산나트륨
④ 탄산수소칼륨

해설 분말약제의 주성분 및 착색

종별	주성분	약제명	착색
1종	$NaHCO_3$	탄산수소나트륨	백 색
2종	$KHCO_3$	탄산수소칼륨	담회색
3종	$NH_4H_2PO_4$	제1인산암모늄	담홍색
4종	$KHCO_3 + (NH_2)_2CO$	탄산수소칼륨 + 요소	회색

해답 ③

10 동식물유류에서 "아이오딘값이 크다"라는 의미를 옳게 설명한 것은?

① 불포화도가 높다.

② 불건성유이다.
③ 자연발화성이 낮다.
④ 산소와의 결합이 어렵다.

해설 아이오딘값이 크면 불포화도가 높다.

동식물유류의 분류

	아이오딘값	종 류
건성유	130 이상	아마인유, 들기름, 해바라기 기름
반건성유	100~130	참기름, 채종유, 목화씨기름
불건성유	100 이하	땅콩기름, 올리브유, 동백유, 피마자유

- 아이오딘값
  옥소가(沃素價)라고도 하며 100g의 유지에 의해서 흡수되는 아이오딘의 g수
- 건성유는 걸레 등에 젖은 상태로 방치시 자연발화 위험

해답 ①

11 황의 주된 연소 형태는?

① 확산연소   ② 증발연소
③ 분해연소   ④ 자기연소

해설 ★★★ 자주출제(필수암기) ★★★

연소의 형태
① 표면연소(surface reaction)
   숯, 코크스, 목탄, 금속분
② 증발 연소(evaporating combustion)
   파라핀(양초), 황, 나프탈렌, 왁스, 휘발유, 등유, 경유, 아세톤 등 제4류 위험물
③ 분해연소(decomposing combustion)
   석탄, 목재, 플라스틱, 종이, 합성수지, 중유
④ 자기연소(내부연소)
   질화면(나이트로셀룰로오스), 셀룰로이드, 나이트로글리세린등 제5류 위험물
⑤ 확산연소(diffusive burning)
   아세틸렌, LPG, LNG 등 가연성 기체
⑥ 불꽃연소 + 표면연소
   목재, 종이, 셀룰로오스류, 열경화성수지

해답 ②

12 버너의 불꽃을 제거한 때부터 불꽃을 올리지 아니하고 연소하는 상태가 그칠 때까지의 시간은?

① 방진시간   ② 방염시간
③ 잔진시간   ④ 잔염시간

해설 **방염성능기준**
① 불꽃을 올리며(잔염시간) : 20초 이내
② 불꽃을 올리지 아니하고(잔진시간) : 30초 이내
③ 탄화면적 : $50cm^2$ 이내, 탄화길이 : 20cm 이내
④ 불꽃 접촉횟수 : 3회 이상
⑤ 최대연기밀도 : 400 이하

해답 ③

13 유류 저장탱크에 화재 발생시 열유층에 의해 탱크 하부에 고인 물 또는 에멀전이 비점 이상으로 가열되어 부피가 팽창되면서 유류를 탱크 외부로 분출시켜 화재를 확대 시키는 현상은?

① 보일오버   ② 롤오버
③ 백드래프트   ④ 플래시오버

해설 **유류저장탱크의 화재 발생현상**

① 보일오버   ② 슬롭오버   ③ 프로스오버

★★★ 요점정리(필수 암기) ★★★

- 보일 오버(boil over)
  탱크 바닥의 물이 비등하여 유류가 연소하면서 분출
- 슬롭 오버(slop over)
  물이 연소유 표면으로 들어갈 때 유류가 연소하면서 분출
- 프로스 오버(froth over)
  탱크 바닥의 물이 비등하여 유류가 연소하지 않고 분출
- 블레비(BLEVE)
  액화가스 저장탱크 폭발현상

해답 ①

14 일반적으로 화재시 진행상황 중 플래시오버는 어느 시기에 발생하는가?

① 화재발생 초기
② 성장기에서 최성기로 넘어가는 분기점
③ 최성기에서 감쇄기로 넘어가는 분기점
④ 감쇄기 이후

해설 (1) **플래쉬 오버(flash over) 발생 시기**
성장기 또는 성장기에서 최성기로 넘어가는 분기점

(2) 플래쉬 오버(flash over)현상
화재 시 발생한 가연성가스가 건물 내 상층부에 체류하다가 연소범위 내 농도가 되면 착화하여 화염으로 쌓이고 상층부의 열이 축적되어 축적된 열이 실내에 복사열로 방출되어 실내가 화염으로 덮이는 현상

※ 플래쉬 오버 발생 시기 : 성장기
※ 주요 발생 원인 : 열의 공급

[구획화재의 설계화재 곡선]

해답 ②

15 화씨 95도를 켈빈(Kelvin)온도로 나타내면 약 몇 K 인가?

① 368 ② 308
③ 252 ④ 178

해설 **켈빈온도 구하는 법**

$$K(kelvin) = 273 + t℃$$

화씨온도(℉)를 섭씨온도(℃)로 변환하는 법

$$℃ = \frac{5}{9}(℉ - 32)$$

① $℃ = \frac{5}{9} \times (95-32) = 35℃$

② $K(kelvin) = 273 + 35 = 308K$

해답 ②

16 가연물질이 되기 위한 구비조건 중 적합하지 않은 것은?

① 산소와 반응이 쉽게 이루어진다.
② 연쇄반응을 일으킬 수 있다.
③ 산소와의 접촉 면적이 작다.
④ 발열량이 크다.

해설 **가연물의 조건**
① 산소와 친화력이 클 것
② 발열량이 클 것
③ 표면적이 넓을 것
④ 열전도도가 작을 것
⑤ 활성화 에너지가 적을 것
⑥ 연쇄반응을 일으킬 것
⑦ 활성이 강할 것

해답 ③

17 이산화탄소에 대한 설명으로 틀린 것은?

① 무색, 무취의 기체이다.
② 비전도성이다.
③ 공기보다 가볍다.
④ 분자식은 CO_2 이다.

해설 **증기비중**

$$S = \frac{M(분자량)}{공기평균분자량}$$

CO_2의 분자량$(M) = 12 + (16 \times 2) = 44$

∴ CO_2의 증기 비중 $= \frac{44}{29} = 1.52$

해답 ③

18 연소점에 관한 설명으로 옳은 것은?

① 점화원 없이 스스로 불이 붙는 최저온도
② 산화하면서 발생된 열이 축척되어 불이 붙는 최저 온도
③ 점화원에 의해 불이 붙는 최저 온도
④ 인화 후 일정시간 이상 연소상태를 계속 유지할 수 있는 온도

해설 **인화점과 발화점 및 연소점**
① 인화점 : 점화원에 의하여 인화되는 최저온도
② 발화점 : 점화원 없이 가열된 열의 축적에 의하여 발화되는 최저온도
② 연소점 : 발화 후 연속적으로 연소할 수 있는 최저온도

해답 ④

19 화재시 계단실내 수직방향의 연기 상승 속도 범위는 일반적으로 몇 m/s의 범위에 있는가?

① 0.05~0.1 ② 0.8~1.0
③ 3~5 ④ 10~20

해설 연기의 유동(이동)속도

수평방향	수직방향	계단실내
0.5~1m/s	2~3m/s	3~5m/s

해답 ③

20 제1종 분말소화 약제의 색상으로 옳은 것은?

① 백색 ② 담회색
③ 담홍색 ④ 청색

해설 분말약제의 주성분 및 착색

종별	주성분	약제명	착색
1종	$NaHCO_3$	탄산수소나트륨	백색
2종	$KHCO_3$	탄산수소칼륨	담회색
3종	$NH_4H_2PO_4$	제1인산암모늄	담홍색
4종	$KHCO_3 + (NH_2)_2CO$	탄산수소칼륨+요소	회색

해답 ①

제2과목 소방유체역학

21 물의 압력파에 의한 수격작용을 방지하기 위한 방법 중 적합하지 않은 것은?

① 관로 내의 관경을 축소시킨다.
② 관로 내 유체의 유속을 낮게 한다.
③ 수격방지기를 설치한다.
④ 펌프의 속도가 급격히 변화하는 것을 방지한다.

해설 ① 관로내의 관경을 확대시킨다.

수격작용 방지대책
① 관경을 크게 하고 유속을 낮춘다.
② 펌프에 플라이 휠을 설치한다.
③ 조압수조(에어 챔버) 또는 수격방지기 설치

④ 밸브는 펌프 송출구 가까이 설치하고 적당한 밸브제어
⑤ 배관은 가능한 직선적으로 시공

해답 ①

22 글로브 밸브에 의한 손실을 지름이 10cm이고 관마찰계수가 0.025인 관의 길이로 환산한다면 상당 길이는 몇 m 인가? (단, 글로브 밸브의 부차적 손실계수는 10 이다.)

① 20 ② 25
③ 40 ④ 80

해설 ① $K=10$, $d=10cm=0.1m$, $f=0.025$
② $L_e = \dfrac{10 \times 0.1}{0.025} = 40m$

상당관 길이(L_e)

$$L_e = \frac{KD}{f}$$

여기서, K : 부차적 손실계수
D : 배관직경
f : 관 마찰계수

해답 ③

23 압축률에 대한 설명으로 틀린 것은?

① 압축율은 체적탄성계수의 역수이다.
② 유체의 체적감소는 밀도의 감소와 같은 뜻을 가진다.
③ 압축률은 단위압력 변화에 대한 체적의 변화율을 의미한다.
④ 압축률이 작은 것은 압축하기 어렵다.

해설 ※ V(부피)만 감소하고 m(질량)은 변하지 않으면 ρ(밀도)값은 증가한다.
② 유체의 체적 감소는 밀도의 증가와 같은 뜻을 갖는다.

(1) 체적탄성계수

$$K = -\frac{\Delta P}{\Delta V/V} = \frac{\Delta P}{\Delta \rho/\rho}$$

여기서, K : 체적탄성계수, ΔP : 압력
ΔV : 감소체적, V : 처음 체적

$\Delta \rho$: 감소 밀도, ρ : 처음 밀도
β : 압축률

(2) 압축률

$$\beta = \frac{1}{K}$$

여기서, β : 압축률, K : 체적탄성계수

(3) 밀도

$$\rho = \frac{m}{V}$$

여기서, m : 질량, V : 부피

해답 ②

24 다음 중 같은 단위가 아닌 것은?

① J
② $kg \cdot m^2/s^2$
③ $Pa \cdot m^3$
④ $N \cdot s$

해설
① $J = N \cdot m$
② $kg \cdot m^2/s^2 = kg \cdot m/s^2 \times m = N \cdot m$
③ $Pa \cdot m^3 = N/m^2 \times m^3 = N \cdot m$

단위
① $J = 1N \cdot m$ ② $1Pa = N/m^2$ ③ $N = kg \cdot m/s^2$

해답 ④

25 이상기체의 정압비열 C_p와 정적비열 C_v의 관계식으로 옳은 것은? (단, R은 기체상수이다.)

① $C_v - C_p = R$
② $C_p - C_v = R$
③ $C_p = C_v$
④ $C_p / C_v = R$

해설
$$C_P - C_v = R$$

C_P : 정압비열, C_v : 정적비열

비열비

$$k_P = \frac{C_P(정압비율)}{C_v(정적비열)} > 1$$

비열비는 항상 1보다 크다.

해답 ②

26 베르누이 방정식 $\left[\dfrac{P}{\gamma} + \dfrac{V^2}{2g} + Z = C\right]$을 유도할 때 가정으로 올바르지 못한 것은?

① 마찰이 없는 흐름이다.
② 정상상태의 흐름이다.
③ 비압축성유체의 흐름이다.
④ 유동장 내 임의의 두 점에 대하여 성립한다.

해설 베르누이 방정식 성립조건
① 정상유동(정상류)
② 유체는 비압축성이다.
③ 유체는 마찰이 없다.(점성력 = 0)
④ 유체 입자는 유선에 따라 유동
(적용되는 임의의 두 점은 같은 유선상에 있다.)

베르누이 방정식

전수두 $H = \dfrac{U_1^2}{2g} + \dfrac{P_1}{r} + Z_1 = \dfrac{U_2^2}{2g} + \dfrac{P_2}{r} + Z_2$

해답 ④

27 관의 지름이 45cm이고 관로에 설치된 오리피스의 지름이 3cm이다. 이 관로에 물이 유동하고 있을 때 오리피스의 전후 압력수두 차이가 12cm이었다. 유량을 계산하면? (단, 유량계수는 0.66이다.)

① $0.03725 m^3/s$
② $0.0675 m^3/s$
③ $0.000715 m^3/s$
④ $0.00855 m^3/s$

해설 오리피스의 유속과 유량

$$u = C_o \sqrt{2gH} \quad Q = uA$$

① 유속계산
$C_o = 0.66$, $g = 9.8 m/s^2$
$H = 12cm = 0.12m$
$u = 0.66 \times \sqrt{2 \times 9.8 \times 0.12} = 1.01 m/s$

③ 유량계산
$u = 1.01 m/s$, $d = 3cm = 0.03m$
$Q = 1.01 \times \dfrac{\pi}{4} \times (0.03)^2 = 0.000714 m^3/s$

해답 ③

28 유량이 $0.5 m^3/min$일 때 손실수두가 5m인 관로를 통하여 20m 높이 위에 있는 저수조로 물을 이송하고자 한다. 펌프의 효율이 90%라고 할 때 펌프에 공급해야 하는 전력은 약 몇 kW

인가?

① 0.45　　② 1.84
③ 2.27　　④ 136

해설 ① $Q = 0.5\text{m}^3/60\text{s}$
② $H = 5\text{m} + 20\text{m} = 25\text{m}$, $E = 90\% = 0.9$
③ $P = \dfrac{9.8 \times (0.5/60) \times 25}{0.9} = 2.27\text{kW}$

필수 암기 사항(2차 실기시험에 출제됨) ★★★

펌프의 동력계산

① 수동력

$$L_W(\text{kW}) = \gamma QH$$

※ [주의] 수동력 계산 시 펌프의 효율 및 전달계수 K값은 무시한다.

② 축동력

$$L_S(\text{kW}) = \dfrac{\gamma QH}{E}$$

※ [주의] 축동력 계산 시 전달계수 K값은 무시한다.

③ 모터동력

$$P(\text{kW}) = \dfrac{\gamma \times Q \times H}{E} \times K$$

여기서, γ : 비중량(kN/m³),
　　　　　물의 비중량 = 9.8kN/m³)
　　　Q : 유량(m³/s)
　　　H : 전양정(m)
　　　E : 펌프의 효율(%/100)
　　　K : 전달계수

해답 ③

29 두께가 5mm인 창유리의 내부 온도가 15℃, 외부 온도가 5℃이다. 창의 크기는 1m×3m이고 유리의 열전도율이 1.4W/m·K이라면 창을 통한 열전달률은 몇 kW인가?

① 1.4　　② 5.0
③ 5.7　　④ 8.4

해설 $T_H = (273 + 15)\text{K} = 288\text{K}$
$T_C = (273 + 5)\text{K} = 278\text{K}$
$A = 1\text{m} \times 3\text{m} = 3\text{m}^2$
$L = 5\text{mm} = 0.005\text{m}$

$K = 1.4\text{W/m} \cdot \text{K}$

$P = \dfrac{1.4 \times 3 \times (288 - 278)}{0.005} = 8400\text{W} = 8.4\text{kW}$

열전달율

$$P = \dfrac{Q}{t} = \dfrac{KA(T_H - T_C)}{L}$$

여기서, P : 열전달율
　　　T_H : 고온의 열저장고의 온도
　　　T_C : 저온의 열저장고의 온도
　　　A : 전달되는 판의 면적
　　　Q : 열의 형태로 전달된 에너지
　　　L : 전달되는 판의 두께
　　　t : 열이 전달되는 시간
　　　k : 열전도도

해답 ④

30 이상기체를 온도변화 없이 압축시키는 경우 열의 출입 및 내부에너지의 변화를 옳게 표현한 것은?

① 열방출, 내부에너지 감소
② 열방출, 내부에너지 불변
③ 열흡수, 내부에너지 증가
④ 열흡수, 내부에너지 불변

해설 (1) 엔탈피

$$H = U + PV_S$$

여기서, H : 엔탈피, U : 내부에너지
　　　P : 압력, V_S : 비체적

(2) 이상기체
　㉠ 온도가 높고 압력이 낮으면 이상기체에 가깝다.
　㉡ Joule의 법칙을 만족하는 기체
　㉢ 보일-샤를의 법칙을 만족하는 기체
　㉣ 기체입자는 완전탄성체이다.
　㉤ 내부에너지는 체적에 무관하고 온도에 의해 변화
　㉥ 온도변화에도 일정한 비열을 갖는다.
　㉦ 아보가드로의 법칙을 만족하는 기체

해답 ②

31 다음 계측기 중 측정하고자 하는 것이 다른 것은?

① Bourdon 압력계 ② U자관 마노미터
③ 피에조미터   ④ 열선풍속계

해설 ① 부르돈관 압력계 : 압력측정
② U자관마노미터 : 압력차를 측정
③ 피에조미터 : 유체의 정압측정
④ 유체의 유속측정

열선풍속계
휘스톤 브리지(Wheastone bridge) 원리 이용하여 유동하는 유체유속측정

해답 ④

32 물의 유속을 측정하기 위하여 피토 정압관(pitot statictube)을 사용하였더니 정압과 정체압의 차가 5cmHg 이다. 수은의 비중이 13.6이라면 유속은 몇 m/s인가?

① 3.65   ② 5.16
③ 7.30   ④ 13.3

해설 **정압관의 유속측정**

$$U = \sqrt{2gH}$$

① $H = 5\text{cmHg} = \dfrac{10.332\text{m}}{76\text{cmHg}} = 0.68\text{m}$

② $U = \sqrt{2 \times 9.8 \times 0.68} = 3.65\text{m/s}$

해답 ①

33 직경 20cm의 소화용 호스에 물이 질량유량 100kg/s로 흐른다. 이때의 평균유속은 약 몇 m/s 인가?

① 1   ② 1.5
③ 2.18   ④ 3.18

해설 **질량유량**

$$\overline{m} = A u \rho$$

여기서, $\overline{m}$: 질량유량(kg/s)
A : 단면적(m²)
ρ : 밀도(kg/m³)
(물의 밀도 $\rho_w = 1000\text{kg/m}^3$)

$u = \dfrac{\overline{m}}{A\rho} = \dfrac{100\text{kg/s}}{\dfrac{\pi}{4} \times (0.2\text{m})^2 \times 1000\text{kg/m}^3}$

$= 3.18\text{m/s}$

해답 ④

34 그림에서 호 AB면에 작용하는 수직분력은 약 몇 kN인가?

① 1168.8   ② 2323.4
③ 976.4   ④ 568.34

해설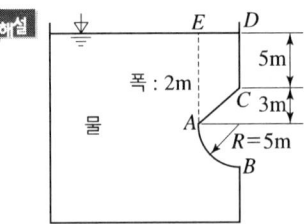

① AB에 작용하는 하방수직분력은 곡면 AB 위에 가상의 물 무게, 즉 $ABCDE$의 물 무게에 해당한다.
② $F_H = \gamma V_{ABCDE}$
③ $\gamma(\text{물}) = 9.8\,\text{kN/m}^3$
④ $F_H = 9.8 \times \left[8 \times 5 \times 2 + \dfrac{\pi}{4} \times 5^2 \times 2 \right]$
$= 1168.8\,\text{kN}$

해답 ①

35 회전속도 1000rpm일 때 송출량 $Q\,\text{m}^3/\text{min}$, 전양정 $H\,\text{m}$인 원심펌프가 상사한 조건에서 송출량이 $1.1Q\,\text{m}^3/\text{min}$가 되도록 회전속도를 증가시킬 때, 전양정은?

① $0.91H$ ② H
③ $1.1H$ ④ $1.21H$

해설 상사의 법칙

$$Q_2 = Q_1 \times \frac{N_2}{N_1} \times \left(\frac{D_2}{D_1}\right)^3$$

$$H_2 = H_1 \times \left(\frac{N_2}{N_1}\right)^2 \times \left(\frac{D_2}{D_1}\right)^2$$

$$P_2 = P_1 \times \left(\frac{N_2}{N_1}\right)^3 \times \left(\frac{D_2}{D_1}\right)^5$$

여기서, Q_1 : 변경전 유량, Q_2 : 변경후 유량
H_1 : 변경전 양정, H_2 : 변경후 양정
P_1 : 변경전 동력, P_2 : 변경후 동력
N_1 : 변경전 회전수, N_2 : 변경후 회전수
D_1 : 변경전 임펠러직경
D_2 : 변경후 임펠러직경

① $Q_2 = Q_1 \times \frac{N_2}{N_1}$ 에서 $N_2 = \frac{Q_2 \times N_1}{Q_1}$

② $N_2 = \frac{1.1Q \times 1000}{Q} = 1100 \text{rpm}$

③ $H_2 = H_1 \times \left(\frac{1100}{1000}\right)^2 = 1.21 H_1$

해답 ④

36 어떤 기체를 20℃에서 등온 압축하여 압력이 0.2MPa에서 1MPa으로 변할 때 처음과 나중의 체적비는 얼마인가?

① 8 : 1 ② 5 : 1
③ 3 : 1 ④ 1 : 1

해설 등온압축은 온도가 일정

$$P_1 V_1 = P_2 V_2 \ (P : 절대압)$$

① $\frac{V_2}{V_1} = \frac{P_1}{P_2}$

② $\frac{V_2}{V_1} = \frac{0.2}{1} = \frac{1}{5}$

③ $V_1 : V_2 = 5 : 1$

해답 ②

37 표준대기압 상태인 어떤 지방의 호수 속에 있던 공기의 기포가 수면으로 올라오면서 지름이 2배로 팽창하였다. 이 때 기포의 최초 위치는 수면으로부터 약 몇 m 인가? (단, 기포 내의 공기는 Boyle의 법칙에 따른다.)

① 36 ② 72
③ 108 ④ 144

해설 보일의 법칙

$$T(온도) = 일정 \quad P_1 V_1 = P_2 V_2$$

일정량의 기체가 차지하는 부피는 압력에 반비례한다.

구의 부피

$$V = \frac{4}{3} \pi r^3$$

① 직경 $d_1 = 1$ 일 때 $d_2 = 2$
② 반지름 $r_1 = 1$ 일 때 $r_2 = 2$
③ 지면에서 기포부피 $V_1 = \frac{4}{3} \times \pi \times 1^3 = \frac{4\pi}{3}$
④ 수면에서 기포부피 $V_2 = \frac{4}{3} \times \pi \times 2^3 = \frac{32\pi}{3}$

$$\therefore \frac{V_2}{V_1} = \frac{\frac{32\pi}{3}}{\frac{4\pi}{3}} = 8배$$

⑤ $101.3 \text{kPa} \times \frac{10.332\text{m}}{101.3\text{kPa}} = 10.332\text{m}$

$$\therefore H = (8 \times 10.332) - 10.332 = 72.3\text{m}$$

해답 ②

38 그림과 같이 속도 V인 유체가 정지하고 있는 곡면 깃에 부딪혀 θ의 각도로 유동 방향이 바뀐다. 유체가 곡면에 가하는 힘의 x, y성분의 크기를 $|F_x|$와 $|F_y|$라 할 때, $|F_x| / |F_y|$는? (단, 유동 단면적은 일정하고 $0° < \theta < 90°$이다.)

① $\dfrac{1 - \cos\theta}{\sin\theta}$ ② $\dfrac{\sin\theta}{1 - \cos\theta}$

③ $\dfrac{1-\sin\theta}{\cos\theta}$ ④ $\dfrac{\cos\theta}{1-\sin\theta}$

해설 운동량 방정식

$$-F_x = \rho Q(V\cos\theta - V)$$

$$\dfrac{F_y}{F_x} = \dfrac{\rho Q(V\sin\theta - 0)}{\rho Q(V - V\cos\theta)} = \dfrac{\sin\theta}{1-\cos\theta}$$

해답 ②

39 저장용기로부터 20℃의 물을 길이 300m, 직경 900mm인 콘크리트 수평 원관을 통하여 공급하고 있다. 유량이 1.25m³/s일 때 원관에서의 압력강하는 몇 kPa 인가? (단, 물의 동점성계수는 1.31×10^{-6}m²/s이고, 관마찰계수는 0.023이다.)

① 16.1   ② 14.8
③ 12.3   ④ 11.9

해설 달시(Darcy) 공식

$$\Delta h_L(m) = f \times \dfrac{l}{D} \times \dfrac{u^2}{2g}$$

여기서, Δh_L : 마찰손실수두(m)
  f : 마찰손실계수
  l : 배관길이(m)
  u : 유속(m/s)
  g : 중력가속도(9.8m/s²)
  D : 배관내경(m)

① $f = 0.023$, $l = 300$m, $D = 900$mm $= 0.9$m
  $g = 9.8$m/s²
  $u = \dfrac{Q}{A} = \dfrac{1.25\text{m}^3/\text{s}}{\dfrac{\pi}{4} \times (0.9\text{m})^2} = 1.96\text{m/s}$

② $\Delta h_L = 0.023 \times \dfrac{300}{0.9} \times \dfrac{1.96^2}{2 \times 9.8} = 1.50$m

③ $P = \gamma h = 9.8\text{kN/m}^3 \times 1.50\text{m}$
  $= 14.7\text{kN/m}^2(\text{kPa})$

해답 ②

40 다음 중 유체의 점성과 가장 관련이 적은 것은?

① 중력   ② 분자운동
③ 분자의 응집력   ④ 분자의 운동량 수송

해설 유체의 점성과 관련요소
① 분자운동
② 분자의 응집력
③ 분자의 운동량수송

해답 ①

제3과목 소방관계법규

41 특정소방대상물로서 숙박시설에 해당되지 않는 것은?

① 호텔   ② 모텔
③ 휴양콘도미니엄   ④ 오피스텔

해설 ④ 오피스텔 : 업무시설

(소방시설법 시행령 제5조의 별표2) 숙박시설
① 숙박업(일반) : 손님이 잠을 자고 머물 수 있도록 시설(취사시설 제외) 및 설비 등의 서비스를 제공하는 영업
② 숙박업(생활) : 손님이 잠을 자고 머물 수 있도록 시설(취사시설 포함) 및 설비 등의 서비스를 제공하는 영업
③ 고시원(근린생활시설에 해당하지 않는 것)

해답 ④

42 근린생활시설 중 일반목욕장인 경우 연면적 몇 m² 이상이면 자동화재탐지설비를 설치해야 하는가?

① 500   ② 1000
③ 1500   ④ 2000

해설 (소방시설법 시행령 제11조의 별표4)
자동화재탐지설비 설치대상
(1) 근린생활시설(목욕장 제외), 의료시설(정신의료기관 및 요양병원 제외), 위락시설, 장례시설 및 복합건축물로서 **연면적 600m² 이상**인 경우에는 모든 층

(2) 근린생활시설 중 **목욕장**, 문화 및 집회시설, 종교시설, 판매시설, 운수시설, 운동시설, 업무시설, 공장, 창고시설, 위험물 저장 및 처리 시설, 항공기 및 자동차 관련 시설, 교정 및 군사시설 중 국방·군사시설, 방송통신시설, 발전시설, 관광 휴게시설, 지하상가로서 **연면적 1천m² 이상**인 경우에는 모든 층

해답 ②

43 다음 중 화재를 진압하거나 인명구조 활동을 위하여 사용하는 소화활동설비에 포함되지 않는 것은?

① 비상콘센트설비   ② 무선통신보조설비
③ 연소방지설비   ④ 자동화재속보설비

해설 ④ 자동화재속보설비 : 경보설비

(소방시설법 시행령 제3조의 별표 1)
소방시설의 종류 ★★★(필수암기)★★★

소방시설	종 류
소화설비	① 소화기구 ② 자동소화장치 ③ 옥내 ④ 옥외 ⑤ 스프링클러설비등 ⑥ 물분무등
경보설비	① 단독경보형 ② 비상경보 ③ 시각경보기 ④ 자동화재탐지 ⑤ 화재알림 ⑥ 비상방송 ⑦ 자동화재속보 ⑧ 통합감시 ⑨ 누전경보기 ⑩ 가스누설경보기
피난구조설비	① 피난기구(피난사다리, 구조대, 완강기 등) ② 인명구조기구(방열복, 방화복, 공기호흡기, 인공소생기) ③ 유도등(피난유도선, 피난구유도등, 통로유도등, 객석유도등, 유도표지) ④ 비상조명등 및 휴대용비상조명등
소화용수설비	① 상수도소화용수 ② 소화수조·저수조 그 밖의 소화용수
소화활동설비	① 제연 ② 연결송수관 ③ 연결살수 ④ 비상콘센트 ⑤ 무선통신보조 ⑥ 연소방지

해답 ④

44 둘 이상의 위험물을 같은 장소에서 저장 또는 취급하는 경우에 있어서 당해 장소에서 저장 또는 취급하는 각 위험물의 수량을 그 위험물의 지정수량으로 각각 나누어 얻은 수의 합계가 얼마 이상인 경우 당해 위험물은 지정수량 이상의 위험물로 보는가?

① 0.5   ② 1
③ 2   ④ 3

해설 **(위험물법 제5조) 위험물의 저장 및 취급의 제한**
둘 이상의 위험물을 같은 장소에서 저장 또는 취급하는 경우에 있어서 당해 장소에서 저장 또는 취급하는 각 위험물의 수량을 그 위험물의 지정수량으로 각각 나누어 얻은 수의 **합계가 1 이상**인 경우 당해 위험물은 **지정수량 이상의 위험물로 본다.**

해답 ②

45 소방대상물이 공장이 아닌 경우 일반 소방시설설계업의 영업범위는 연면적 몇 제곱미터 미만인 경우인가?

① 5000   ② 10000
③ 20000   ④ 30000

해설 **(공사업법 시행령 제2조 제1항의 별표1)**
소방시설설계업의 등록기준 및 영업범위

구분		기술인력	영업범위
전문		• 주인력 : 기술사1명 이상 • 보조인력 : 1명 이상	• 모든 특정소방대상물
일반	기계	• 주인력 : 기술사 또는 기사(기계)1명 이상 • 보조인력 : 1명 이상	• 아파트(제연설비제외) • 3만m²(공장1만m²) 미만(제연설비 제외) • 위험물제조소등
	전기	• 주인력 : 기술사 또는 기사(전기)1명 이상 • 보조인력 : 1명 이상	• 아파트 • 3만m²(공장1만m²) 미만 • 위험물제조소등

해답 ④

46 화재의 예방 및 안전관리에 관한 법령상 옮긴 물건 등의 보관기간은 소방관서의 인터넷 홈페이지에 공고하는 기간의 종료일 다음 날부터 며칠로 하는가?

① 3   ② 4
③ 5   ④ 7

[해설] 화재예방법 시행령 제17조
(옮긴 물건 등의 보관기간 및 보관기간 경과 후 처리)
① 소방관서장은 그날부터 14일 동안 공고
② 옮긴 물건 등의 보관기간은 공고기간의 종료일 다음 날부터 7일까지

해답 ④

47 소방시설공사업자가 소방시설공사를 하고자 할 때, 다음 중 옳은 것은?

① 건축허가와 동의만 받으면 된다.
② 시공 후 완공검사만 받으면 된다.
③ 소방시설 착공신고를 하여야 한다.
④ 건축허가만 받으면 된다.

[해설] (공사업법 시행규칙 제12조) 착공신고등
소방시설공사 착공 전까지 소방본부장 또는 소방서장에게 신고

해답 ③

48 화재의 예방 및 안전관리에 관한 법령상 특수가연물의 수량 기준으로 옳은 것은?

① 면화류 : 200kg 이상
② 가연성고체류 : 500kg 이상
③ 나무껍질 및 대팻밥 : 300kg 이상
④ 넝마 및 종이부스러기 : 400kg 이상

[해설] (화재예방법 시행령 제19조) [별표 2]
특수가연물

품명		수량(이상)
면화류		200kg
나무껍질 및 대팻밥		400kg
넝마 및 종이부스러기, 사류, 볏짚류		1,000kg
가연성고체류		3,000kg
석탄·목탄류		10,000kg
가연성액체류		2m³
목재가공품 및 나무부스러기		10m³
합성수지류	발포시킨 것	20m³
	그 밖의 것	3,000kg

해답 ①

49 건축물 등의 신축·증축·개축·재축 또는 이전의 허가·협의 및 사용승인의 권한이 있는 행정기관은 건축허가 등을 함에 있어서 미리 그 건축물 등의 공사시 공지 또는 소재지를 관할하는 소방본부장 또는 소방서장의 동의를 받아야 한다. 다음 중 건축허가 등의 동의대상물의 범위로서 옳지 않은 것은?

① 주차장으로 사용되는 층 중 바닥면적이 200m² 이상인 층이 있는 시설
② 무창층이 있는 건축물로서 바닥면적이 150m² 이상인 층이 있는 것
③ 승강기 등 기계장치에 의한 주차시설로서 자동차 10대 이상을 주차할 수 있는 시설
④ 수련시설로서 연면적 200m² 이상인 건축물

[해설] (소방시설법 시행령 제7조)
건축허가등의 동의대상물의 범위 등
(1) 연면적 400m² 이상
다만, 다음에 해당하는 경우에는 기준 이상
① 학교시설 : 100m²
② 노유자시설 및 수련시설 : 200m²
③ 정신의료기관 : 300m²
④ 장애인 의료재활시설 : 300m²
(2) 지하층 또는 무창층 150m²(공연장 100m²)
(3) 차고·주차장 또는 주차용도로 사용시설
① 차고·주차장 : 200m² 이상
② 기계장치에 의한 자동차 20대 이상
(4) 층수가 6층 이상인 건축물
(5) 항공기격납고, 관망탑, 항공관제탑, 방송용 송수신탑
(6) 공동주택, 의원(입원실, 인공신장실이 있는 것)·조산원·산후조리원, 숙박시설, 위험물 저장 및 처리 시설, 풍력발전소·전기저장시설, 지하구
(7) 노유자시설((1)의 ②에 해당하지 않는 시설)
(8) 요양병원(의료재활시설은 제외)
(9) 750배 이상의 특수가연물을 저장·취급
(10) 가스시설로서 지상 노출 탱크 100톤 이상

해답 ③

50 소방대라 함은 화재를 진압하고 화재, 재난·재해 그 밖의 위급한 상황에서 구조·구급 활

동 등을 하기 위하여 구성된 조직체를 말한다. 소방대의 구성원으로 틀린 것은?

① 소방공무원 ② 의무소방원
③ 의용소방대원 ④ 소방안전관리원

해설 (기본법 제2조) 정의
(1) 소방대상물
건축물, 차량, 선박, 선박 건조 구조물, 산림, 그 밖의 인공 구조물 또는 물건
(2) 관계지역
소방대상물이 있는 장소 및 그 이웃 지역으로서 화재의 예방·경계·진압, 구조·구급 등의 활동에 필요한 지역
(3) 관계인
소방대상물의 소유자·관리자 또는 점유자
(4) 소방대
화재를 진압하고 화재, 재난·재해, 그 밖의 위급한 상황에서 구조·구급 활동 등을 하기 위하여 다음 각 목의 사람으로 구성된 조직체
① 소방공무원
② 의무소방원
③ 의용소방대원

해답 ④

51 소방시설공사 착공신고 후 소방시설의 종류를 변경한 경우에 조치사항으로 적정한 것은?

① 건축주는 변경일부터 30일 이내에 소방본부장 또는 소방서장에게 신고하여야 한다.
② 소방시설공사업자는 변경일부터 30일 이내에 소방본부장 또는 소방서장에게 신고하여야 한다.
③ 건축주는 변경일로부터 7일 이내에 소방본부장 또는 소방서장에게 신고하여야 한다.
④ 소방시설공사업자는 변경일로부터 7일 이내에 소방본부장 또는 소방서장에게 신고하여야 한다.

해설 소방공사업법 시행규칙 제12조(착공신고 등)
(1) 행정안전부령으로 정하는 **중요한 사항**
① 시공자
② 설치되는 **소방시설의 종류**
③ 책임시공 및 기술관리 소방기술자

(2) 공사업자는 "행정안전부령으로 정하는 **중요한 사항**"이 변경된 경우에는 **변경일 부터 30일 이내에 소방본부장 또는 소방서장에게 신고하여야 한다.
(3) 소방본부장 또는 소방서장은 소방시설공사 착공신고 또는 변경신고를 받은 경우에는 2일 이내에 처리하고 그 결과를 신고인에게 통보하여야한다.

해답 ②

52 시·도지사가 설치하고 유지·관리하여야 하는 소방용수시설이 아닌 것은?

① 저수조 ② 상수도
③ 소화전 ④ 급수탑

해설 (소방기본법 제10조)
소방용수시설의 설치 및 관리 등
① 시·도지사는 소방활동에 필요한 **소화전·급수탑·저수조**("소방용수시설")를 설치하고 유지·관리하여야 한다.
② 「수도법」에 따라 소화전을 설치하는 일반수도사업자는 관할 소방서장과 사전협의를 거친 후 소화전을 설치하여야 하며, 설치 사실을 관할 소방서장에게 통지하고, 그 소화전을 유지·관리하여야 한다.

해답 ②

53 다음 위험물 중 자기반응성 물질은 어느 것인가?

① 황린 ② 염소산염류
③ 알칼리토금속 ④ 질산에스터류

해설 ① 황린-제3류(자연발화성)
② 염소산염류-제1류(산화성고체)
③ 알칼리토금속-제3류(금수성)
④ 질산에스터류-제5류(자기반응성)

해답 ④

54 소방시설공사가 완공되고 나면 누구에게 완공검사를 받아야 하는가?

① 소방시설 설계업자
② 소방시설 사용자

③ 소방본부장 또는 소방서장
④ 시 · 도지사

해설 소방공사업법 시행규칙 제13조
(소방시설의 완공검사 신청 등)
공사업자는 소방시설공사의 **완공검사** 또는 **부분완공검사**를 받으려면 소방시설공사 완공검사신청서 또는 소방시설 부분완공검사신청서를 **소방본부장 또는 소방서장**에게 **제출**하여야 한다.

해답 ③

55 소방안전관리대상물의 소방안전관리자로 선임된 자가 실시하여야 할 업무가 아닌 것은?
① 소방계획서 작성 ② 자위소방대 구성
③ 소방시설공사   ④ 소방훈련 및 교육

해설 (화재예방법 제24조)
소방안전관리자 업무
(1) **소방계획서의 작성 및 시행**
(2) **자위소방대** 및 초기대응체계의 **구성 · 운영 · 교육**
(3) 피난시설, 방화구획 및 방화시설 관리
(4) 소방시설, 소방 관련 시설의 관리
(5) **소방훈련 및 교육**
(6) 화기 취급의 감독
(7) 소방안전관리에 관한 **업무수행 기록 · 유지**
(8) 화재발생시 초기대응
(9) 소방안전관리에 필요한 업무

해답 ③

56 자동화재탐지설비 등 대통령령으로 정하는 소방시설에 하자가 있을 때, 관계인에 의해 하자 발생에 관한 통보를 받는 공사업자는 며칠 이내에 이를 보수하거나 보수일정을 기록한 하자보수 계획을 관계인에게 서면으로 알려야 하는가?

① 1일   ② 3일
③ 5일   ④ 7일

해설 (공사업법 제15조) 공사의 하자보수 등
관계인은 소방시설의 하자가 발생하였을 때에는 공사업자에게 그 사실을 알려야 하며, 통보를 받은 공사업자는 **3일 이내**에 하자를 보수하거나 보수 일정을 기록한 하자보수계획을 관계인에게 서면으로 알려야 한다.

(공사업법 시행령 제6조)
하자보수대상 소방시설과 하자보수보증기간

보증 기간	소방시설
2년	① 피난기구 ② 유도등 ③ 유도표지 ④ 비상경보설비 ⑤ 비상조명등 ⑥ 비상방송설비 ⑦ 무선통신보조설비
3년	① 자동소화장치 ② 옥내 ③ 옥외 ④ 스프링클러 ⑤ 간이스프링클러 ⑥ 물분무등 ⑦ 자동화재탐지설비 ⑧ 상수도소화용수설비 ⑨ 소화활동설비(무선통신보조설비 제외)

해답 ②

57 소방대상물에 대한 화재안전조사결과 화재가 발생되면 인명 또는 재산의 피해가 클 것으로 예상 되는 경우 소방본부장 또는 소방서장이 소방대상물 관계인에게 조치를 명 할 수 있는 사항과 가장 거리가 먼 것은?

① 이전명령   ② 개수명령
③ 사용금지명령   ④ 증축명령

해설 (화재예방법 제14조)
화재안전조사 결과에 따른 조치명령
소방관서장은 행정안전부령으로 정하는 바에 따라 관계인에게 그 소방대상물의 **개수 · 이전 · 제거, 사용의 금지 또는 제한, 사용폐쇄, 공사의 정지 또는 중지**, 그 밖에 필요한 조치를 명할 수 있다.

소방관서장
① 소방청장 ② 소방본부장 ③ 소방서장

해답 ④

58 소방기본법령상 소방대장은 화재, 재난 · 재해 그 밖의 위급한 상황이 발생한 현장에 소방활동구역을 정하여 소방활동에 필요한 자로서 대통령령으로 정하는 사람 외에는 그 구역에의 출입을 제한할 수 있다. 다음 중 소방활동구역에 출입할 수 없는 사람은?

① 소방활동구역 안에 있는 소방대상물의 소유자·관리자 또는 점유자
② 전기·가스·수도·통신·교통의 업무에 종사하는 사람으로서 원활한 소방활동을 위하여 필요한 사람
③ 시·도지사가 소방활동을 위하여 출입을 허가한 사람
④ 의사·간호사 그 밖의 구조·구급업무에 종사하는 사람

해설 (기본법 시행령 제8조) 소방활동구역의 출입자
(1) 소방대상물의 소유자, 관리자, 점유자
(2) 원활한 소화활동을 위하여 필요한 자 (전기, 가스, 수도, 통신, 교통업무종사자 등)
(3) 구급, 구조업무 종사자(의사, 간호사 등)
(4) 보도업무 종사자
(5) 수사업무 종사자
(6) 소방대장이 허가한 자

해답 ③

59 소방안전관리자 선임에 관한 설명 중 옳은 것은?

소방안전관리대상물의 관계인이 소방안전관리자를 선임한 경우에는 행정안전부령이 정하는 바에 따라 선임한 날부터 (㉠) 이내에 (㉡)에게 신고하여야 한다.

① ㉠ 14일 ㉡ 시·도지사
② ㉠ 14일 ㉡ 소방본부장이나 소방서장
③ ㉠ 30일 ㉡ 시·도지사
④ ㉠ 30일 ㉡ 소방본부장이나 소방서장

해설 (소방시설법 제26조)
소방안전관리자 선임신고
소방안전관리대상물의 관계인이 소방안전관리자를 선임한 경우에는 행정안전부령으로 정하는 바에 따라 선임한 날부터 **14일** 이내에 **소방본부장이나 소방서장**에게 신고

해답 ②

60 원활한 소방활동을 위하여 소방용수시설에 대한 조사를 실시하는 사람은?

① 소방청장
② 시·도지사
③ 소방본부장 또는 소방서장
④ 안전행정부장관

해설 (기본법 시행규칙 제7조) 소방용수시설 및 지리조사
(1) 실시권자 : 소방본부장 또는 소방서장
(2) 조사주기 : 월 1회 이상
(3) 조사내용
  ① 소방용수시설에 대한 조사
  ② 도로의 폭, 교통상황, 도로변의 토지의 고저, 건축물의 개황 그 밖의 소방활동에 필요한 지리조사
(4) 조사결과 보관 : 2년간

해답 ③

제4과목 소방기계시설의 구조 및 원리

61 제연설비에서 통로상의 제연구역은 최대 얼마까지로 할 수 있나?

① 수평거리로 70m까지
② 직경거리로 50m까지
③ 직선거리로 30m까지
④ 보행중심선의 길이로 60m까지

해설 제연구역 구획기준
① 하나의 제연구역의 면적은 1000m^2 이내
② 거실과 통로는 **각각** 제연구획
③ 통로상의 제연구역은 보행 중심선으로 길이가 **60m를 초과하지 아니할 것**
④ 하나의 제연구역은 **직경 60m 원내**에 들어갈 수 있을 것
⑤ 하나의 제연구역은 **2 이상의 층**에 미치지 않도록 할 것

해답 ④

62 소화약제가 가스인 할론소화기의 적응 대상물로 부적합한 것은?

① 전기실　　② 건축물, 기타 공작물
③ 가연성 고체　④ 금속성 물품

해설 할론소화약제의 적응성
① 건축물, 기타공작물
② 전기실 및 전산실
③ 통신기기실
④ 가연성고체류 또는 합성수지류
⑤ 가연성액체류
⑥ 가연성가스

해답 ④

63 물분무 소화설비의 배관재료로서 가장 부적합한 재료는?

① 연관
② 배관용 탄소강관(백관)
③ 배관용 탄소강관(흑관)
④ 압력배관용 탄소강관

해설 ① 연관 – 납으로 제작된 관

물분무소화설비의 배관 설치기준
(1) 배관 내 사용압력이 1.2MPa 미만일 경우
　① 배관용 탄소 강관
　② 이음매 없는 구리 및 구리합금관. 다만, 습식의 배관에 한한다.
　③ 배관용 스테인리스 강관 또는 일반배관용 스테인리스 강관
　④ 덕타일 주철관
(2) 배관 내 사용압력이 1.2MPa 이상일 경우
　① 압력 배관용 탄소 강관
　② 배관용 아크용접 탄소강 강관
(3) 소방용 합성수지배관으로 설치할 수 있는 경우
　① 배관을 지하에 매설하는 경우
　② 다른 부분과 내화구조로 구획된 덕트 또는 피트의 내부에 설치하는 경우
　③ 천장과 반자를 불연재료 또는 준불연 재료로 설치하고 소화배관 내부에 항상 소화수가 채워진 상태로 설치하는 경우

해답 ①

64 분말소화 설비의 배관 청소용 가스는 어떻게 저장 유지 관리하여야 하는가?

① 축압용 가스용기에 가산 저장 유지
② 가압용 가스용기에 가산 저장 유지
③ 별도 용기에 저장 유지
④ 필요시에만 사용하므로 평소에 저장 불필요

해설 분말소화설비의 가압용 또는 축압용 가스

구 분	질소가스 사용 시	이산화탄소 사용 시
가압용 가스	40L(질소)/1kg(약제) 이상(35℃, 1기압 기준)	20g(CO_2)/1kg(약제) +배관청소에 필요한 양
축압용 가스	10L(질소)/1kg(약제) 이상(35℃, 1기압 기준)	20g(CO_2)/1kg(약제) +배관청소에 필요한 양

※ 배관 청소용 가스는 별도 용기에 저장

해답 ③

65 제연구획은 소화활동 및 피난상 지장을 가져오지 않도록 단순한 구조로 하여야 하며 하나의 제연구역의 면적은 얼마로 하여야 하는가?

① 700m² 이내　② 1000m² 이내
③ 1300m² 이내　④ 1500m² 이내

해설 제연구역 구획기준
① 하나의 제연구역의 면적은 1000m² 이내
② 거실과 통로는 **각각** 제연구획
③ 통로상의 제연구역은 보행 중심선으로 길이가 **60m를 초과하지 아니할 것**
④ 하나의 제연구역은 **직경 60m 원내**에 들어갈 수 있을 것
⑤ 하나의 제연구역은 **2 이상의 층**에 미치지 않도록 할 것

해답 ②

66 건식 연결송수관 설비에서 설치순서로 적당한 것은?

① 송수구 – 자동배수밸브 – 체크밸브
② 송수구 – 체크밸브 – 자동배수밸브
③ 송수구 – 자동배수밸브 – 체크밸브 – 자동배수밸브
④ 송수구 – 체크밸브 – 자동배수밸브 – 체크밸브

해설 연결송수관설비의 송수구 설치기준
(1) 지면으로부터 높이가 0.5m 이상 1m 이하의 위

치에 설치
　(2) 구경 **65mm의 쌍구형**으로 할 것
　(3) 송수구는 연결송수관의 **수직배관마다 1개** 이상을 설치할 것
　(4) 송수구의 부근에는 자동배수밸브 및 체크밸브를 설치할 것
　　① **습식** : 송수구 → 자동배수밸브 → 체크밸브의 순으로 설치(송자체)
　　② **건식** : 송수구 → 자동배수밸브 → 체크밸브 → 자동배수밸브의 순으로 설치(송자체자)

해답 ③

67 5층 건물의 연면적이 $65000m^2$ 인 소방대상물에 설치되어야 하는 소화수조 또는 저수조의 저수량은 최소 얼마 이상이 되도록 하여야 하는가? (단, 각층의 바닥면적은 동일하다.)

① $180m^3$ 이상　② $240m^3$ 이상
③ $200m^3$ 이상　④ $220m^3$ 이상

해설 **소화수조 및 저수조등**
① 채수구 또는 흡수관투입구는 소방차가 **2m** 이내의 지점까지 접근할 수 있는 위치에 설치
② 소화수조 또는 저수조의 저수량

소방대상물별 기준면적

소방대상물의 구분	기준면적
1층 및 2층의 바닥면적 합계가 $15000m^2$ 이상인 소방대상물	$7500m^2$
그 밖의 소방대상물	$12500m^2$

수원의 양

$Q(m^3)$
$= \dfrac{연면적(m^2)}{기준면적(m^2)}(소수점 이하의 수는 1로 본다) \times 20m^3$

• 각 층의 바닥면적
　$A = \dfrac{65000m^2}{5층} = 13000m^2/층$
• 1층 및 2층의 바닥면적 합계
　$= 13000m^2/층 \times 2개층 = 26000m^2$
• 기준면적 : $7500m^2$

① $Q(m^3) = \dfrac{65000m^2}{7500m^2}(K) \times 20m^3$

② $K = \dfrac{65000m^2}{7500m^2} = 8.67 ≒ 9$

③ $Q(m^3) = K \times 20m^3 = 9 \times 20m^3 = 180m^3$

해답 ①

68 이산화탄소 소화설비의 자동식 기동장치 설치 기준으로 적합하지 않은 것은?

① 기동장치는 자동화재탐지설비의 감지기의 작동과 연동하여야 할 것
② 자동식 기동장치에는 수동으로도 기동할 수 있는 구조로 할 것
③ 가스 압력식 기동용 가스용기의 체적은 5L 이상으로 할 것
④ 기동용 가스용기에 저장하는 이산화탄소의 충전비는 1.3 이상으로 할 것

해설 **CO_2 소화설비의 자동식 기동장치**
(1) 자동화재탐지설비의 감지기의 작동과 연동하는 것으로 할 것
(2) 수동으로도 기동할 수 있는 구조로 할 것
(3) **전기식 기동장치**로서 **7병 이상**의 저장용기를 동시에 개방하는 설비에 있어서는 **2병 이상**의 저장용기에 **전자개방밸브를 부착**할 것
(4) 가스 압력식 기동장치
　① 기동용가스용기 및 해당 용기에 사용하는 밸브는 **25MPa 이상**의 압력에 견딜 수 있는 것으로 할 것
　② 기동용 가스용기에는 **내압시험압력의 0.8배 내지 내압시험압력 이하**에서 작동하는 안전장치를 설치할 것
　③ 기동용가스용기의 **체적은 5L 이상**으로 하고, 해당 용기에 저장하는 질소 등의 비활성 기체는 **6.0MPa 이상(21℃ 기준)**의 압력으로 충전할 것
(5) **기계식 기동장치**에 있어서는 저장용기를 쉽게 개방할 수 있는 구조로 할 것

해답 ④

69 연결송수관설비의 방수구 설치에서 지하가 또는 지하층의 바닥면적의 합계가 $3000m^2$ 이상일 때 이 층의 각 부분으로부터 방수구까지의

수평거리 기준은?

① 25m ② 50m
③ 65m ④ 100m

해설 연결송수관설비의 방수구 수평거리
방수구로부터 그 층의 각 부분까지의 거리가 다음의 기준을 초과하는 경우에는 그 기준 이하가 되도록 방수구를 추가하여 설치할 것
(1) **지하상가** 또는 지하층의 바닥면적 합계 3000 m² 이상 : **25m 이하**
(2) 그 밖의 것 : **50m 이하**

해답 ①

70 거실제연설비의 배출량 기준이다. ( )에 맞는 것은?

> 거실의 바닥면적이 400m² 미만으로 구획된 예상 제연구역에 대해서는 바닥면적 1m²당(㉠) 이상으로 하되, 예상 제연구역 전체에 대한 최저 배출량은(㉡) 이상으로 하여야한다.

① ㉠ 0.5m³/min, ㉡ 10000m³/hr
② ㉠ 1m³/min, ㉡ 5000m³/hr
③ ㉠ 1.5m³/min, ㉡ 15000m³/hr
④ ㉠ 2m³/min, ㉡ 5000m³/hr

해설 배출량 및 배출방식
(1) 바닥면적이 400m² 미만에 대한 배출량
 ① 바닥면적 1m²당 1m³/min 이상으로 할 것
 ② 최소 배출량은 5,000m³/hr 이상으로 할 것
(2) 바닥면적 400m² 이상인 거실의 배출량
 (제연경계로 구획되지 않은 경우)

구분	직경 40m인 원의 범위 안	직경 40m인 원의 범위 초과
배출량	40,000m³/h 이상	45,000m³/h 이상

해답 ②

71 아파트의 각 세대별 주방에 설치되는 주거용 주방자동소화장치의 설치기준에 적합하지 않은 항목은?

① 감지부의 설치위치는 유효설치 높이로, 환기구의 중앙 근처에 설치

② 탐지부는 수신부와 분리하여 설치
③ 자동소화장치의 가스차단장치는 주방배관의 개폐밸브로부터 5m 이하의 위치에 설치
④ 수신부는 열기류 또는 습기등과 주위온도에 영향을 받지 아니하는 장소에 설치

해설 주거용 주방자동소화장치 설치기준
(1) 소화약제 **방출구**는 환기구의 청소부분과 분리되어 있어야 하며, 형식승인 받은 유효설치 높이 및 방호면적에 따라 설치할 것
(2) 감지부는 형식승인 받은 유효한 높이 및 위치에 설치할 것
(3) 차단장치(전기 또는 가스)는 상시 확인 및 점검이 가능하도록 설치할 것
(4) 가스용 주방자동소화장치를 사용하는 경우 **탐지부는 수신부와 분리하여 설치**
[탐지부 설치위치]

구분	공기보다 가벼운 가스	공기보다 무거운 가스
탐지부	천장면으로부터 30cm 이하	바닥면으로부터 30cm 이하

(6) 수신부는 주위의 열기류 또는 습기 등과 주위온도에 영향을 받지 않고 사용자가 상시 볼 수 있는 장소에 설치할 것

해답 ③

72 연결송수관설비의 가압송수장치 설치에서 방수구의 수량이 가장 많이 설치된 층이 6개라면 이 때 필요한 펌프의 분당 토출량은 얼마 이상이어야 하는가? (단, 소방대상물은 지표면에서 최상층 방수구의 높이가 70m 이상인 일반건물이다.)

① 3600L ② 4800L
③ 6000L ④ 4000L

해설 연결송수관설비의 가압송수장치
① 지표면에서 최상층 방수구의 높이가 70m 이상에 설치
② 펌프 토출량은 2400L/min(계단식 아파트의 경우에는 1,200L/min)이상
 다만, 해당 층에 설치된 방수구가 3개를 초과(방수구가 5개 이상인 경우에는 5개)하는 것에 있어서는 **1개마다 800L/min(계단식 아파트**

의 경우에는 400L/min를 가산한 양이 되는 것으로 할 것
③ 펌프의 양정은 최상 층 노즐선단 방수압이 0.35MPa 이상 되도록 할 것
④ $Q(m^3) = 2,400L/min + 800L/min \times 2 = 4,000L/min$

해답 ④

73. 스프링클러 헤드의 배치에서 특수가연물을 저장하는 랙식 창고에서는 방호대상물의 각 부분으로부터 수평거리(헤드의 살수반경)는 몇 m 이하인가?

① 1.7
② 2.3
③ 2.5
④ 3.2

해설 스프링클러헤드의 수평거리

설치장소			설치기준
천장·반자·천장과 반자 사이·덕트·선반 기타 이와 유사한 부분(폭이 1.2m를 초과하는 것)에 설치	무대부, 특수가연물 저장·취급 장소 및 창고		수평거리 1.7m 이하
	특정소방대상물 및 (일반)창고	기타 구조	수평거리 2.1m 이하
		내화 구조	수평거리 2.3m 이하
	아파트		수평거리 2.6m 이하
랙식창고			랙높이 3m 이하 마다

해답 ①

74. 배관 내에 헤드까지 물이 항상 차있어 가압된 상태에 있는 스프링클러 설비는?

① 폐쇄형 습식
② 폐쇄형 건식
③ 개방형 습식
④ 개방형 건식

해설
(1) **습식스프링클러설비**
가압송수장치에서 **폐쇄형스프링클러헤드까지 배관 내에 항상 물이 가압되어 있다가** 화재로 인한 열로 폐쇄형스프링클러헤드가 개방되면 배관 내에 유수가 발생하여 습식유수검지장치가 작동하게 되는 스프링클러설비
(2) **부압식스프링클러설비**
가압송수장치에서 준비작동식유수검지장치의 1차 측까지는 항상 **정압**의 물이 가압되고, 2차 측 폐쇄형 스프링클러헤드까지는 소화수가 부압으로 되어 있다가 화재 시 감지기의 작동에 의해 정압으로 변하여 유수가 발생하면 작동하는 스프링클러설비를 말한다.
(3) **준비작동식스프링클러설비**
가압송수장치에서 준비작동식유수검지장치 1차 측까지 배관 내에 항상 물이 가압되어 있고 **2차 측에서 폐쇄형스프링클러헤드까지 대기압 또는 저압으로 있다가** 화재발생시 감지기의 작동으로 준비작동식유수검지장치가 작동하여 폐쇄형스프링클러헤드까지 소화용수가 송수되어 폐쇄형스프링클러헤드가 열에 따라 개방되는 방식의 스프링클러설비
(4) **건식스프링클러설비**
건식유수검지장치 2차 측에 압축공기 또는 질소 등의 기체로 충전된 배관에 폐쇄형스프링클러헤드가 부착된 스프링클러설비로서, 폐쇄형스프링클러헤드가 개방되어 배관내의 압축공기 등이 방출되면 건식유수검지장치 1차 측의 수압에 의하여 건식유수검지장치가 작동하게 되는 스프링클러설비
(5) **일제살수식스프링클러설비**
가압송수장치에서 일제개방밸브 1차측까지 배관 내에 항상 물이 가압되어 있고 **2차 측에서 개방형스프링클러헤드까지 대기압으로 있다**가 화재발생시 자동감지장치 또는 수동식 기동장치의 작동으로 일제개방밸브가 개방되면 스프링클러헤드까지 소화용수가 송수되는 방식의 스프링클러설비

해답 ①

75. 어느 소방대상물에 옥외소화전이 6개가 설치되어 있다. 옥외소화전 설비를 위해 필요한 최소 수원의 수량은?

① $10m^3$
② $14m^3$
③ $21m^3$
④ $35m^3$

해설 옥외소화전설비의 수원의 양

$$Q = N \times 7m^3$$

N : 옥외소화전의 설치개수(최대 2개)
∴ $Q = 2 \times 7 = 14m^3$

해답 ②

76 소방대상물의 설치장소별 피난기구 중 의료시설, 근린 생활시설 중 입원실이 있는 의원 등의 시설에 적응성이 가장 떨어지는 피난기구는?

① 피난교
② 구조대(수직강하식)
③ 피난사다리(금속제)
④ 미끄럼대

해설 소방대상물의 설치장소별 피난기구의 적응성

구분 \ 층별	1층	2층	3층	4층 이상 10층 이하
노유자시설	미구교다승			구¹⁾교다승
의료시설·근린생활시설 중 입원실이 있는 의원·접골원·조산원			미트구 교다승	트구 교다승
다중이용업소로서 영업장의 위치가 4층 이하인 다중이용업소			미사구완다승	
그 밖의 것			트공간교 미사구 완다승	공간²⁾ 교사구 완다승

[비고]
1) 구조대의 적응성은 장애인 관련 시설로서 주된 사용자 중 스스로 피난이 불가한 자가 있는 경우 추가로 설치하는 경우에 한한다.
2) 간이완강기의 적응성은 숙박시설의 3층 이상에 있는 객실에 추가로 설치하는 경우에 한한다.

어두문자 암기방법

피난용트랩 ⇒ 트	피난교 ⇒ 교
피난사다리 ⇒ 사	미끄럼대 ⇒ 미
구조대 ⇒ 구	다수인피난장비 ⇒ 다
승강식피난기 ⇒ 승	완강기 ⇒ 완
간이완강기 ⇒ 간	공기안전매트 ⇒ 공

해답 ③

77 11층 이상의 소방대상물에 설치하는 연결송수관 설비의 방수구를 단구형으로 설치하여도 되는 것은?

① 스프링클러설비가 유효하게 설치되어 있고 방수구가 2개소 이상 설치된 층
② 오피스텔의 용도로 사용되는 층
③ 스프링클러 설비가 설치되어 있지 않은 층
④ 아파트의 용도 이외로 사용되는 층

해설 방수구 설치기준
(1) 소방대상물의 층마다 설치
　• 방수구설치 예외
　　① 아파트의 1층 및 2층
　　② 피난층
(2) 11층 이상의 부분에 설치하는 방수구는 쌍구형
　• 단구형으로 할 수 있는 장소
　　① 아파트의 용도로 사용되는 층
　　② 스프링클러설비가 유효하게 설치되어 있고 방수구가 2개소 이상 설치된 층
(3) 호스 접결구 설치위치
　바닥으로부터 높이 0.5m 이상 1m 이하
(4) 방수구의 구경은 65mm의 것
(5) 방수구는 개폐기능을 가진 것

해답 ①

78 할론소화약제의 저장용기에서 가압용 가스용기는 질소가스가 충전된 것으로 하고, 그 압력은 21℃에서 최대 얼마의 압력으로 축압되어야 하는가?

① 2.2MPa
② 3.2MPa
③ 4.2MPa
④ 5.2MPa

해설 (1) 가압용가스용기의 압력
　21℃에서 2.5MPa 또는 4.2MPa
(2) 할론소화약제의 저장용기 충전압력(축압식)

할론	가스압력	충전가스
1211	1.1MPa 또는 2.5MPa(20℃)	질소(N_2)
1301	2.5MPa 또는 4.2MPa(20℃)	질소(N_2)

(3) 할론소화약제의 저장용기 충전비

할론	가압식	축압식
2402	0.51 이상 0.67 미만	0.67 이상 2.75 이하
1211		0.7 이상 1.4 이하
1301		0.9 이상 1.6 이하

해답 ③

79 연결살수설비를 전용헤드로 건축물의 실내에 설치할 경우 헤드간의 거리는 약 몇 m 인가? (단, 헤드의 설치는 정방향 간격이다.)

① 2.3m
② 3.5m
③ 3.7m
④ 5.2m

해설 연결살수설비의 설치기준

(1) 개방형헤드를 하나의 송수구역에 설치하는 살수헤드의 수는 10개 이하
(2) 연결살수설비 전용헤드 수별 **급수관의 구경**

전용 헤드수	1개	2개	3개	4~5개	6~10개
배관구경(mm)	32	40	50	65	80

(3) 하나의 살수헤드까지의 **수평거리**

연결살수설비 전용헤드	스프링클러헤드
3.7 m 이하	2.3 m 이하

(4) 정방형 설치 시 헤드간의 거리
$$S = 2r\cos 45°$$
$$\therefore S = 2 \times 3.7 \times \cos 45° = 5.2\text{m}$$

해답 ④

80 포소화설비의 포헤드를 설치하고자 한다. 방호대상 바닥면적이 40m²일 때 필요한 최소 포헤드 수는?

① 4개 ② 5개
③ 6개 ④ 8개

해설 포헤드 설치기준

포워터스프링클러헤드	포헤드
바닥면적 8m² 마다 1개 이상	바닥면적 9m² 마다 1개 이상

$$N = \frac{40\text{m}^2}{9\text{m}^2} = 4.44 \quad \therefore 5\text{개(소수점 이하는 절상)}$$

해답 ②

소방설비기사 – 기계분야

2025년 8월 CBT 시행

본 문제는 CBT시험대비 기출문제 복원입니다.

제1과목 소방원론

01 다음 중 분진폭발을 일으킬 가능성이 가장 낮은 것은?

① 마그네슘 분말   ② 알루미늄 분말
③ 종이 분말   ④ 석회석 분말

해설 분진폭발 없는 물질
① 생석회 : CaO(시멘트의 주성분)
② 소석회($Ca(OH)_2$)
③ 석회석 분말
④ 시멘트

해답 ④

02 불활성 가스에 해당하는 것은?

① 수증기   ② 일산화탄소
③ 아르곤   ④ 아세틸렌

해설 불활성 가스(주기율표상 0족(18족) 원소)
① He(헬륨) ② Ne(네온) ③ Ar(아르곤)
④ Kr(크립톤) ⑤ Xe(크세논) ⑥ Rn(라돈)

해답 ③

03 제1류 위험물에 해당하는 것은?

① 염소산나트륨   ② 과염소산
③ 나트륨   ④ 황린

해설 위험물의 분류

품명	화학식	유별
① 염소산나트륨	$NaClO_3$	제1류
② 과염소산	$HClO_4$	제6류
③ 나트륨	Na	제3류
④ 황린	P_4	제3류

제1류 위험물 및 지정수량

성질	품명	지정수량
산화성 고체	1. 아염소산염류	50kg
	2. 염소산염류	
	3. 과염소산염류	
	4. 무기과산화물	
	5. 브로민산염류	300kg
	6. 질산염류	
	7. 아이오딘산염류	
	8. 과망가니즈산염류	1,000kg
	9. 다이크로뮴산염류	

해답 ①

04 메탄 80vol%, 에탄 15vol%, 프로판 5vol%인 혼합가스의 공기 중 폭발 하한계는 약 몇 vol%인가? (단, 메탄, 에탄, 프로판의 공기 중 폭발 하한계는 5.0%, 3.0%, 2.1% 이다.)

① 3.23   ② 3.61
③ 4.02   ④ 4.28

해설 혼합가스의 폭발한계

$$\frac{V_m}{L_m} = \frac{V_1}{L_1} + \frac{V_2}{L_2} + \frac{V_3}{L_3} + \cdots \frac{V_n}{L_n}$$

여기서, V_m : 혼합가스의 전체농도(%)
L_m : 혼합가스의 폭발 하한값 또는 상한값
L : 단일가스의 폭발 하한값 또는 상한값
V : 단일가스의 부피농도(%)

$$\frac{100}{L_m} = \frac{80}{5} + \frac{15}{3} + \frac{5}{2.1} \quad \therefore L_m = 4.28\%$$

해답 ④

05 탄화칼슘의 화재시 물을 주수하였을 때 발생하는 가스로 옳은 것은?

① C_2H_2 ② H_2

③ O_2 ④ C_2H_6

해설 제3류 위험물의 물과 반응식

▶ 반응식(금수성)
① 칼륨 $2K + 2H_2O \rightarrow 2KOH + H_2 \uparrow$
② 나트륨 $2Na + 2H_2O \rightarrow 2NaOH + H_2 \uparrow$
③ 탄화칼슘 $CaC_2 + 2H_2O \rightarrow Ca(OH)_2 + C_2H_2 \uparrow$

보호액속에 저장 위험물
① 석유(파라핀, 경유, 등유) 속 보관 : 칼륨(K), 나트륨(Na)
② 물속에 보관 : 이황화탄소(CS_2), 황린(P_4)

해답 ①

06 탄산수소나트륨이 주성분인 분말소화약제는 제 몇 종 분말인가?

① 제1종   ② 제2종
③ 제3종   ④ 제4종

해설 분말약제의 주성분 및 착색

종별	주성분	약제명	착색
1종	$NaHCO_3$	탄산수소나트륨	백색
2종	$KHCO_3$	탄산수소칼륨	담회색
3종	$NH_4H_2PO_4$	제1인산암모늄	담홍색
4종	$KHCO_3 + (NH_2)_2CO$	탄산수소칼륨+요소	회색

해답 ①

07 건축물의 피난·방화구조 등의 기준에 관한 규칙에 따르면 철망모르타르로서 그 바름 두께가 최소 몇 cm 이상인 것을 방화구조로 규정하는가?

① 2   ② 2.5
③ 3   ④ 3.5

해설 방화구조 기준

구조 내용	기준
• 철망 모르타르	바름 두께가 2cm 이상
• 석고판 위에 시멘트 모르타르 또는 회반죽 • 시멘트 모르타르위에 타일을 붙인 것	두께의 합계가 2.5cm 이상
• 심벽에 흙으로 맞벽치기한 것	그대로 모두 인정
• 방화 2급 이상에 해당하는 것	

해답 ①

08 피난계획의 일반원칙 중 fool proof 원칙에 해당하는 것은?

① 저지능인 상태에서도 쉽게 식별이 가능하도록 그림이나 색채를 이용하는 원칙
② 피난설비를 반드시 이동식으로 하는 원칙
③ 한 가지 피난기구가 고장이 나도 다른 수단을 이용할 수 있도록 고려하는 원칙
④ 피난설비를 첨단화된 전자식으로 하는 원칙

해설 Fool proof 와 Fail safe

① Fool proof
화재 시 사람의 심리상태는 긴장상태가 되어 인간의 행동특성에 따라 행동하는 것을 고려하여 **원시적이고 간단명료**하게 배려한 대책을 말한다. 피난 또는 **유도표지**가 문자보다는 색과 형태를 이용한다든가 피난방향으로 문을 열 수 있도록 하는 것이 이에 속한다.

② Fail safe
피난 시 하나의 수단 또는 방법이 고장 등으로 불가능하더라도 다른 방법에 의하여 피난할 수 있도록 고려하는 것을 말한다. **2방향 이상의 피난통로를 확보**한다든가 또는 **예비 전원을 확보**하는 것이 이에 속한다.

해답 ①

09 갑작스런 화재 발생시 인간의 피난 특성으로 틀린 것은?

① 본능적으로 평상시 사용하는 출입구를 사용한다.
② 최초로 행동을 개시한 사람을 따라서 움직인다.
③ 공포감으로 인해서 빛을 피하여 어두운 곳으로 몸을 숨긴다.
④ 무의식중에 발화 장소의 반대쪽으로 이동한다.

해설 화재 시 인간의 본능

① 귀소 본능 : 화재시 인간은 피난을 위하여 자신이 들어온 길 또는 평상시 사용하던 통로(복도, 계단)로 탈출하려는 경향

② 지광 본능 : 화재시 인간은 주위가 어두워지면 **밝은 곳으로 피난하려는 경향**
③ 추종 본능 : 화재시(비상시) 인간은 군중 중 한 사람의 지도자가 나타나면 그 지도자를 따라 행동하려는 경향
④ 퇴피 본능 : 인간은 화재를 감지하면 반사적으로 화재지역으로부터 멀리 피난하려는 경향
⑤ 좌회 본능 : 인간은 대부분 오른손이나 오른발을 사용하여 발달하였으므로 회전할 경우에는 주로 오른손이나 오른발을 이용하여 왼쪽으로 회전(좌회전)하려는 경향

해답 ③

10 0℃, 1기압에서 44.8m³의 용적을 가진 이산화탄소가스를 액화하여 얻을 수 있는 액화탄산가스의 무게는 몇 kg 인가?

① 88 ② 44
③ 22 ④ 11

해설 이상기체 상태방정식 ★★★★

$$PV = \frac{W}{M}RT = nRT$$

여기서, P : 압력(atm), V : 부피(m³)
W : 무게(kg), M : 분자량
R : 기체상수(0.082 atm·m³/kmol·K)
T : 절대온도(273+t℃)K

① $W = \frac{PVM}{RT}$

② $W = \frac{1 \times 44.8 \times 44}{0.082 \times (273+0)} = 88.06\text{kg}$

해답 ①

11 열에너지가 물질을 매개로 하지 않고 전자파의 형태로 옮겨지는 현상은?

① 복사   ② 대류
③ 승화   ④ 전도

해설 열전달의 방법
① 전도(Conduction)
  물체와 물체가 직접 접촉 열이 전달
② 대류(Convection)
  밀도차에 의한 공기의 순환 열이 전달
③ 복사(Radiation)
  • 복사열이 전자파형태로 열이 전달
  • 지구에 태양열이 전달되는 것 : 복사열

해답 ①

12 피난계획의 기본 원칙에 대한 설명으로 옳지 않은 것은?

① 2방향의 피난로를 확보하여야 한다.
② 환자 등 신체적으로 장애가 있는 재해약자를 고려한 계획을 하여야 한다.
③ 안전구획을 설정하여야 한다.
④ 안전구획은 화재 층에서 연기전파를 방지하기 위하여 수직관통부에서의 방화, 방연 성능이 요구된다.

해설 피난대책의 일반적인 원칙
① **2방향 원칙**에 따라 피난통로를 확보할 것
② 피난수단은 **원시적 방법**을 원칙으로 할 것
③ 피난설비는 **고정식 설비**를 원칙으로 하고 보조적으로 이동식설비를 고려할 것
④ 피난대책은 Fool proof와 Fail safe의 원칙을 중요시 할 것
⑤ 피난경로는 **간단하고 명료**하게 할 것

해답 ④

13 화재 급수에 따른 화재 분류가 틀린 것은?

① A급 – 일반화재   ② B급 – 유류화재
③ C급 – 가스화재   ④ D급 – 금속화재

해설 화재의 분류

종류	등급	색표시	주된 소화 방법
일반화재	A급	백색	냉각소화
유류 및 가스 화재	B급	황색	질식소화
전기화재	C급	청색	질식소화
금속화재	D급	–	피복소화
주방화재	K급	–	냉각 및 질식소화

해답 ③

14 금수성 물질에 해당하는 것은?

① 트라이나이트로톨루엔
② 이황화탄소

③ 황린
④ 칼륨

해설 위험물의 분류

품명	특성	유별
① 트라이나이트로톨루엔	자기반응성	제5류
② 이황화탄소	인화성액체	제4류
③ 황린	자연발화성	제3류
④ 칼륨	금수성	제3류

보호액속에 저장 위험물
① 석유(파라핀, 경유, 등유) 속 보관
 : 칼륨(K), 나트륨(Na)

▶ 반응식(금수성)
① 칼륨 $2K + 2H_2O \rightarrow 2KOH + H_2 \uparrow$
② 나트륨 $2Na + 2H_2O \rightarrow 2NaOH + H_2 \uparrow$
③ 탄화칼슘 $CaC_2 + 2H_2O \rightarrow Ca(OH)_2 + C_2H_2 \uparrow$

② 물속에 보관 : 이황화탄소(CS_2), 황린(P_4)

해답 ④

15 건축물의 주요 구조부에 해당되지 않는 것은?

① 내력벽   ② 기둥
③ 주계단   ④ 작은 보

해설 건축물의 주요 구조부

① 내력벽	② 기둥	③ 바닥
④ 보	⑤ 지붕틀	⑥ 주계단

(어두문자 암기법 : 내주기만하면 바보지)

해답 ④

16 가연물이 되기 위한 조건으로 가장 거리가 먼 것은?

① 열전도율이 클 것
② 산소와 친화력이 좋을 것
③ 표면적이 넓을 것
④ 활성화에너지가 작을 것

해설 ① 열전도율이 작을 것

가연물의 조건
① 산소와 친화력이 클 것
② 발열량이 클 것
③ 표면적이 넓을 것
④ 열전도도가 작을 것

⑤ 활성화 에너지가 적을 것
⑥ 연쇄반응을 일으킬 것
⑦ 활성이 강할 것

해답 ①

17 위험물안전관리법령상 과산화수소는 그 농도가 몇 중량퍼센트 이상인 경우 위험물에 해당하는가?

① 1.49   ② 30
③ 36   ④ 60

해설 위험물의 기준

종류	기준
황	• 순도 60% 이상
철분	• 53μm 통과하는 것이 50% 미만은 제외
마그네슘	• 2mm체를 통과 못하는 것 제외 • 직경 2mm 이상 막대모양 제외
과산화수소	• 순도 36% 이상
질산	• 비중 1.49 이상

해답 ③

18 소화효과를 고려하였을 경우 화재시 사용할 수 있는 물질이 아닌 것은?

① 이산화탄소   ② 아세틸렌
③ Halon 1211 ④ Halon 1301

해설
① 이산화탄소 : 소화약제
② 아세틸렌 : 가연성기체
③ 할론 1211 : 할론 소화약제
④ 할론 1301 : 할론 소화약제

해답 ②

19 일반적으로 공기 중 산소농도를 몇 vol% 이하로 감소시키면 연소상태의 중지 및 질식소화가 가능하겠는가?

① 15   ② 21
③ 25   ④ 31

해설 소화원리
① 냉각소화 : 가연성 물질을 발화점 이하로 온도를 냉각

물이 소화약제로 사용되는 이유
• 물의 기화열(539kcal/kg)이 크기 때문
• 물의 비열 (1kcal/kg℃)이 크기 때문

② 질식소화 : 산소농도를 21%에서 15% 이하로 감소

　질식소화 시 산소의 유지농도 : 10~15%

③ 억제소화(부촉매소화, 화학적소화) : 연쇄반응을 억제

　• 부촉매 : 화학적 반응의 속도를 느리게 하는 것
　• 부촉매 효과 : 할론소화약제
　　[할로젠족원소 : 불소(F), 염소(Cl), 브로민(Br), 아이오딘(I)]

④ 제거소화 : 가연성물질을 제거시켜 소화

　• 산불이 발생하면 화재의 진행방향을 앞질러 벌목
　• 화학반응기의 화재 시 원료공급관의 밸브를 폐쇄
　• 유전화재 시 폭약으로 폭풍을 일으켜 화염을 제거
　• 촛불을 입김으로 불어 화염을 제거

⑤ 피복소화 : 가연물 주위를 공기와 차단
⑥ 희석소화 : 가연물의 연소농도를 희석
⑦ 유화소화(에멀전소화) : 유류화재 시 물분무로 방사하여 액체표면에 불연성의 유막을 형성하여 소화

해답 ①

20 공기의 평균 분자량이 29일 때 이산화탄소의 기체 비중은 얼마인가?

① 1.44　　② 1.52
③ 2.88　　④ 3.24

해설 ① 이산화탄소의 분자량
　　$CO_2 = 12 + 16 \times 2 = 44$
② 증기비중
　　$S = \dfrac{44(분자량)}{29(공기평균분자량)} = 1.52$

공기의 조성
산소(O_2) 21%, 질소(N_2) 78%, 아르곤(Ar) 1%
　• 공기 중 산소의 부피(%) = 21%
　• 공기 중 산소의 중량(무게)(%) = 23%

공기의 평균 분자량
$28(N_2) \times 0.7803 + 32(O_2) \times 0.2099 + 40(Ar) \times 0.0094 + 44(CO_2) \times 0.0003 = 28.95 ≒ 29$
　• 공기의 평균 분자량 = 29
　• 증기비중 $= \dfrac{M(분자량)}{29(공기평균분자량)}$

해답 ②

제2과목　소방유체역학

21 그림과 같이 화살표방향으로 물이 흐르고 있는 호칭구경 100mm의 배관에 압력계와 전압 측정을 위한 피토계가 설치되어 있다. 압력계와 피토계의 지시바늘이 각각 392kPa, 402kPa을 가리키고 있다면 유속은 약 몇 m/s 인가?

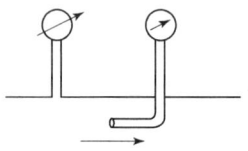

① 2.24　　② 3.16
③ 4.47　　④ 6.32

해설 피토관의 유속 ★★★

$$U = \sqrt{2gH}$$

① 피토계기압 = 정압 + 속도수두압
② 압력계 = 정압
③ 속도수두압 = 피토계기압 − 정압
④ 속도수두압 = 402 − 392 = 10kpa
⑤ 속도수두 $H = \dfrac{P}{\gamma} = \dfrac{10 \text{kN/m}^2}{9.8 \text{kN/m}^3} = 1.02\text{m}$
⑥ $U = \sqrt{2 \times 9.8 \times 1.02} = 4.47 \text{m/s}$

해답 ③

22 물이 상온, 대기압에서 완전히 증발하여 같은 조건의 수증기로 바뀌었다면 부피는 약 몇 배로 증가하는가? (단, 물의 밀도는 1000kg/m³, 상온, 대기압에서 수증기 1몰의 부피는 22.4L 이다.)

① 1250　　② 1400
③ 1550　　④ 1650

해설 ① 물(액체)　　1몰 = 18g(18mL)
　　수증기(기체)　1몰 = 22.4L(22.4×10^3mL)
② 팽창비 $N = \dfrac{22.4 \times 10^3 \text{mL}}{18 \text{mL}} ≒ 1250$

해답 ①

23 기준면보다 10m 높은 곳에서 물의 속도가 2m/s 이다. 이곳의 압력이 900Pa이라면 전수두는 약 몇 m 인가?

① 18.3　　② 15.3
③ 10.3　　④ 8.6

해설 베르누이의 정리

$$H(m) = \frac{U^2}{2g} + \frac{P}{r} + Z$$

여기서, H : 전수두(m), $\frac{U^2}{2g}$: 속도수두(m)

$\frac{P}{r}$: 압력수두(m), Z : 위치수두(m)

① $u = 2\text{m/s}$
② $P = 900\text{Pa} = 0.9\text{kPa}(\text{kN/m}^2)$
③ $Z = 10\text{m}$
④ $H = \frac{(2\text{m/s})^2}{2 \times 9.8\text{m/s}^2} + \frac{0.9\text{kN/m}^2}{9.8\text{kN/m}^3} + 10\text{m}$
　　$= 10.30\text{m}$

해답 ③

24 지름이 5cm인 원관 속에 비중이 0.55인 유체가 0.01m³/s의 유량으로 흐르고 있다. 이 유체의 동점성계수가 $1 \times 10^{-5}\text{m}^2/\text{s}$ 일 때 이 유체의 흐름은 어떤 상태인가?

① 층류　　② 임계흐름
③ 난류　　④ 천이유동

해설 (1) 레이놀드 수의 계산공식

$$ReNo = \frac{Du\rho}{\mu} = \frac{Du}{v} = \frac{4Q}{\pi Dv}$$

① $D = 5\text{cm} = 0.05\text{m}$
② $u = \frac{Q}{A} = \frac{0.01}{\frac{\pi}{4} \times 0.05^2} = 5.09\text{m/s}$
③ $v = 1 \times 10^{-5}\text{m}^2/\text{s}$
④ $ReNo = \frac{Du}{v} = \frac{0.05 \times 5.09}{1 \times 10^{-5}} = 25464.79$
⑤ $ReNo > 4000$ 이므로 ∴ 난류

(2) 레이놀드수에 따른 구분
① 층류 : $ReNo < 2100$
② 임계영역(전이영역) : $2100 < ReNo < 4000$
③ 난류 : $ReNo > 4000$

해답 ③

25 점성계수와 동점성계수에 관한 설명으로 올바른 것은?

① 동점성계수 = 점성계수 × 밀도
② 점성계수 = 동점성계수 × 중력가속도
③ 동점성계수 = 점성계수/밀도
④ 점성계수 = 동점성계수/중력가속도

해설 동점성계수

$$\nu = \frac{\mu}{\rho}$$

여기서, ν : 동점성계수(m^2/s)
　　　μ : 점성계수($\text{N} \cdot \text{s/m}^2 = \text{kg/m} \cdot \text{s}$)
　　　ρ : 밀도($\text{N} \cdot \text{s}^2/\text{m}^4 = \text{kg/m}^3$)

해답 ③

26 그림과 같은 관을 흐르는 유체의 연속방정식을 맞게 기술한 것은?

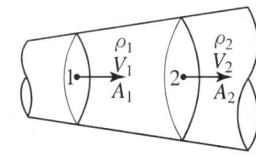

① 방정식은 $\rho_1 A_1 V_1 = \rho_2 A_2 V_2$로 표시된다.
② 배관 내의 속도가 일정하다.
③ 방정식은 $\rho_1 A_1 = \rho_2 A_2$로 표시된다.
④ 방정식은 $\rho_1 V_1 = \rho_2 V_2$로 표시된다.

해설 연속방정식(질량불변의 법칙 이용)
① 질량유량

$$\overline{m}(\text{kg/s}) = A_1 U_1 \rho_1 = A_2 U_2 \rho_2$$

② 중량유량

$$\overline{G}(\text{kgf/s}) = A_1 U_1 \gamma_1 = A_2 U_2 \gamma_2$$

③ 용량유량

$$Q(\text{m}^3/\text{s}) = A_1 U_1 = A_2 U_2$$

해답 ①

27 부차 손실계수가 $K=5$인 밸브를 관마찰계수 $f=0.025$, 지름 2cm인 관으로 환산한다면 등가길이는 몇 m인가?

① 2 ② 2.5
③ 4 ④ 5

해설 등가길이

$$Le = \frac{Kd}{f}$$

여기서, L_e : 등가길이(m), K : 손실계수
 d : 내경, f : 마찰손실계수

$$L_e = \frac{5 \times 0.02\text{m}}{0.025} = 4\text{m}$$

등가길이(상당관 길이)
관부속품을 동일구경, 동일유량에 대하여 같은 크기의 마찰손실을 갖는 직관의 길이

해답 ③

28 압축률에 대한 설명으로 틀린 것은?

① 압축률은 체적탄성계수의 역수이다.
② 압축률의 단위는 압력의 단위인 Pa이다.
③ 밀도와 압축률의 곱은 압력에 대한 밀도의 변화율과 같다.
④ 압축률이 크다는 것은 같은 압력변화를 가할 때 압축하기 쉽다는 것을 의미한다.

해설 ② 압축률의 단위는 압력단위의 역수인 m^2/N 이다.

체적탄성계수와 압축률 관계

$$K = -\frac{\Delta P}{\Delta V/V} = \frac{\Delta P}{\Delta \rho/\rho}, \quad \beta = \frac{1}{K}$$

여기서, K : 체적탄성계수, ΔP : 압력
 ΔV : 감소체적, V : 처음체적
 $\Delta \rho$: 감소밀도, ρ : 처음밀도
 β : 압축률

해답 ②

29 판의 절대온도 T가 시간 t에 따라 $Ct^{1/2}$로 변하고 있다. 이 판의 흑체방사도는 시간에 따라 어떻게 변하는가?
(단, σ는 Stefan-Boltzman 상수이다.)

① σC ② σC^4
③ $\sigma C^4 t$ ④ $\sigma C^4 t^2$

해설 (1) 흑체의 정의
입사하는 모든 복사선을 흡수하는 물체 즉 흡수능력이 100%인 물체이다.
(2) Stefan-Boltzman의 흑체 방사도

$$E = \sigma C^4 t^2$$

해답 ④

30 액체추진 로켓을 발사하기 위하여 고온고압의 배기가스를 배출한다. 단면적, 온도와 압력 등 모든 조건이 같은 상태에서 배출속도만 2배로 높이면 추진력은 몇 배가 되는가?

① $\sqrt{2}$ ② 2
③ $2\sqrt{2}$ ④ 4

해설 로켓의 추진력

$$F = Au^2\rho$$

$F_1 = A_1 u_1^2 \rho_1$

모든 조건이 같고 배출속도만 4배로 높이면
$u_2 = 2u_1$ 이므로
$F_2 = A_1(2u_1)^2\rho_1 = A_1 4 u_1^2 \rho_1$

$$\frac{F_2}{F_1} = \frac{A_1 4 u_1^2 \rho_1}{A_1 u_1^2 \rho_1} = 4\text{배}$$

해답 ④

31 캐비테이션 방지법이 아닌 것은?

① 흡입관 내면의 마찰저항을 될 수 있으면 적게 한다.
② 펌프의 흡입양정을 될 수 있으면 길게 하여 유입이 순조롭게 한다.
③ 펌프 흡입관의 직경을 펌프 구경보다 크게 한다.
④ 회전속도를 낮추어 흡입속도를 줄인다.

해설 공동현상 방지대책
① 펌프의 설치위치를 수원보다 낮게 설치
② 펌프의 임펠러속도를 감속한다.

③ 펌프의 흡입측 수두 및 마찰손실을 작게 한다.
④ 펌프의 흡입관경을 크게 한다.
⑤ 양 흡입 펌프를 사용한다.
※ ② 펌프의 흡입양정을 될 수 있으면 짧게 한다.

해답 ②

32 물탱크의 바닥에 설치된 수도꼭지를 통해 흘러나오는 체적유량은 물 깊이의 제곱근에 비례한다. ($Q = K\sqrt{h}$) 비례상수 K의 차원을 $M^a L^b T^c$로 나타낼 때 $a+b+c$는 얼마인가? (단, M은 질량, L은 길이, T는 시간의 차원이다.)

① 1/2
② 1
③ 3/2
④ 2

해설

① 체적유량
$$Q = uA = \sqrt{2gh} \times \frac{\pi}{4}d^2$$
$$Q = \frac{\pi}{4}d^2 \times \sqrt{2g} \times \sqrt{h} = K\sqrt{h}$$
$$K = \frac{\pi}{4}d^2 \times \sqrt{2g}$$
$$d = m^2, \quad g = 9.8 m/s^2$$

② 단위만 생각하면
$$K = m^2 \times \sqrt{m/s^2}$$
$$K = m^2 \times \sqrt{m} \times \sqrt{s^{-2}}$$
$$K = m^2 \times m^{\frac{1}{2}} \times s^{-\frac{2}{2}}$$
$$K = m^{\frac{5}{2}} \times s^{-1}$$

③ 차원으로 나타내면
M : 질량, L : 길이, T : 시간
$$K = M^0 L^{\frac{5}{2}} T^{-1}$$
$$a = 0 \quad b = \frac{5}{2} \quad c = -1$$
$$a+b+c = 0 + \frac{5}{2} - 1 = \frac{3}{2}$$

해답 ③

33 질량이 3kg인 공기(이상기체)가 온도 323K로 일정하게 유지되면서 체적이 4배가 되었다면 이 계(system)가 한일은 약 몇 kJ 인가? (단, 공기의 기체상수는 287J/kg·K 이다.)

① 48
② 96
③ 193
④ 386

해설 등온팽창시 일
$$_1W_2 = GRT \ln\left(\frac{V_2}{V_1}\right)$$

① 체적이 4배로 변화
$$V_2 = 4V_1$$

② $_1W_2 = 3 \times 287 \times 323 \times \ln\left(\frac{4V_1}{V_1}\right)$
$= 385532.62 J ≒ 386 kJ$

해답 ④

34 비중이 0.95인 물체를 비중이 1.023인 바닷물에 띄우면 전체 체적의 몇 %가 물속에 잠기겠는가?

① 95%
② 93%
③ 90%
④ 88%

해설 부력과 중량(무게)
$$F_B(부력) = F_w(무게)$$
$$r_{액체} \times V_{잠긴} = r_{물체} \times V_{전체}$$
$$r_W \times S_{유체} \times V_{잠긴부피} = r_W \times S_{물체} \times V_{전체부피}$$
$$S_{유체} \times V_{잠긴부피} = S_{물체} \times V_{전체부피}$$
$$1.023 \times V_{잠긴부피} = 0.95 \times V_{전체부피}$$
$$\frac{V_{잠긴부피}}{V_{전체부피}} = \frac{0.95}{1.023} \times 100 = 92.86\% ≒ 93\%$$

해답 ②

35 송풍기의 입구와 출구의 압력은 각각 −36 mmHg, 110kPa이고, 송출유량은 8m³/min 일 때 공기동력은 몇 kW인가? (단, 흡입관과 송출관의 직경은 같다.)

① 15.3
② 7.5
③ 150
④ 204

757

해설 공기동력

$$P(\text{kW}) = \frac{Q(\text{m}^3/\text{min}) \times P_T(\text{mmAq})}{102 \times 60}$$

① $Q = 8\text{m}^3/\text{min}$

② $P_{입구} = -36\text{mmhg} \times \dfrac{10332\text{mmAq}}{760\text{mmhg}}$
  $= 489.41\text{mmAq}$

③ $P_{출구} = 110\text{kPa} \times \dfrac{10332\text{mmAq}}{101.325\text{kPa}}$
  $= 11216.58\text{mmAq}$

④ $P_T = 11216.58 + 489.41 = 11705.99\text{mmAq}$

⑤ $P = \dfrac{8\text{m}^3/\text{min} \times 11705.99\text{mmAq}}{102 \times 60} = 15.30\text{kW}$

해답 ①

36 안지름 10cm인 수평 원관의 층류유동으로 2000m 떨어진 곳에 원유(점성계수 $\mu = 0.02\text{N} \cdot \text{s/m}^2$, 비중 $s = 0.86$)를 $0.12\text{m}^3/\text{min}$의 유량으로 수송하려 할 때 펌프에 필요한 동력은 약 몇 W 인가? (단, 펌프의 효율은 100%로 가정한다.)

① 55 ② 65
③ 73 ④ 82

해설

① $\gamma = \gamma_w(9.8\text{kN/m}^3) \times S(비중)$
  $\gamma = \gamma_w(9.8\text{kN/m}^3) \times 0.86 = 8.428\text{kN/m}^3$

② $Q = 0.12\text{m}^3/\text{min} = 0.12\text{m}^3/60\text{s}$

③ 손실수두 계산
  하겐-포아젤의 법칙(층류)
  $$H = \frac{\Delta P}{\gamma} = \frac{128\mu l Q}{\gamma \pi d^4}$$
  $\mu = 0.02\text{N} \cdot \text{s/m}^2$, $l = 2000\text{m}$
  $Q = 0.12\text{m}^3/\text{min} = 0.12\text{m}^3/60\text{s}$
  $\gamma = 9800\text{N/m}^3 \times 0.86 = 9800 \times 0.86\text{N/m}^3$
  $d = 10\text{cm} = 0.1\text{m}$
  $H = \dfrac{128 \times 0.02 \times 2000 \times (0.12/60)}{9800 \times 0.86 \times \pi \times 0.1^4} = 3.87\text{m}$

④ $P = \dfrac{8.428 \times (0.12/60) \times 3.87}{1}$
  $= 0.06523\text{kW} = 65.23\text{W}$

해답 ②

37 온도가 20℃인 이산화탄소 3kg이 체적 0.3m³인 용기에 가득 차 있다. 가스의 압력은 몇 kPa인가? (단, 이산화탄소는 기체상수가 189 J/kg·K인 이상기체로 가정한다.)

① 23.4 ② 113.3
③ 519.3 ④ 553.8

해설 완전기체 방정식

$$PV = WRT$$

여기서, P : N/m²(Pa), V : m³, W : kg,
  R : J/kg · K, T : $(273 + t℃)$K

① $P = \dfrac{WRT}{V}$

② $P = \dfrac{3 \times 189 \times (273 + 20)}{0.3}$
  $= 553770\text{Pa}(\text{N/m}^2) = 553.8\text{kPa}(\text{kN/m}^2)$

  $\text{J} = \text{N} \cdot \text{m}$, $\text{Pa} = \text{N/m}^2$, $\text{kPa} = \text{kN/m}^2$

해답 ④

38 물탱크의 수직벽면에 반구형(hemisphere) 곡면을 물에 완전히 잠기도록 설치한다. 곡면이 물 쪽으로 볼록한 경우 (a)와 오목한 경우 (b)에 곡면에 작용하는 정수력의 수평방향 성분의 크기 비는?

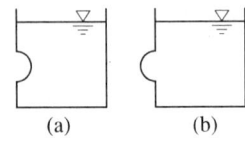

(a)   (b)

① $\pi : 3$ ② $4 : 3$
③ $1 : 1$ ④ $3 : 4$

해설 수평분력

$$F_H = \gamma \bar{h} A$$

수직분력

$$F_V = \gamma V$$

(a)   (b)

∴ 곡면에 작용하는 정수력의 수평방향성분의 크기 비는 1 : 1이다.

해답 ③

39 그림과 같이 수평면에 대하여 60° 기울어진 경사관에 비중 $S=13.6$인 수은이 채워져 있으며, A와 B에는 물이 채워져 있다. A의 압력이 250kPa, B의 압력이 200kPa일 때, 길이 L은 몇 cm 인가?

① 36.0 ② 39.0
③ 41.6 ④ 45.1

해설

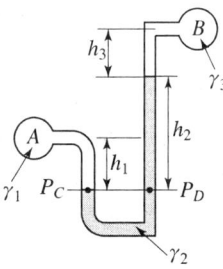

① $P_C = P_D$
② $P_C = P_A + \gamma_1 h_1$
③ $P_D = P_B + \gamma_2 h_2 + \gamma_3 h_3$
④ $P_A + \gamma_1 h_1 = P_B + \gamma_2 h_2 + \gamma_3 h_3$
⑤ $250 \text{kN/m}^2 + 9.8 \times 0.2$
   $= 200 \text{kN/m}^2 + 9.8 \times 13.6 \times h_2 + 9.8 \times 0.4$
⑥ $h_2 = 0.36 \text{m} = 36 \text{cm}$

⑦ $L \times \sin 60° = 36$
⑧ $L = \dfrac{36}{\sin 60°} = 41.6 \text{cm}$

$\text{kPa} = \text{kN/m}^2$
$P(\text{kN/m}^2) = \gamma(\text{kN/m}^3) \times h(\text{m})$
$\gamma_w(\text{물}) = 9800 \text{N/m}^3 = 9.8 \text{kN/m}^3$
$\gamma = \gamma_w \times S$

해답 ③

40 다음 유체 기계들의 압력 상승이 일반적으로 큰 것부터 순서대로 바르게 나열한 것은?

① 압축기(compressor) – 블로어(blower) – 팬(fan)
② 블로어(blower) – 압축기(compressor) – 팬(fan)
③ 팬(fan) – 블로어(blower) – 압축기(compressor)
④ 팬(fan) – 압축기(compressor) – 블로어(blower)

해설 **압력상승 크기순서**
① 압축기(compressor)
② 블로어 = 송풍기(Blower)
③ 팬(Fan)

해답 ①

제3과목 소방관계법규

41 다음 중 품질이 우수하다고 인정되는 소방용품에 대하여 우수품질인증을 할 수 있는 자는?

① 산업통상자원부장관
② 시·도지사
③ 소방청장
④ 소방본부장 또는 소방서장

해설 **(소방시설법 제43조) 우수품질제품에 대한 인증**
① 소방청장은 형식승인의 대상이 되는 소방용품 중 품질이 우수하다고 인정하는 소방용품에 대하여 우수품질인증을 할 수 있다.

② 우수품질인증의 유효기간은 5년의 범위에서 행정안전부령으로 정한다.
③ 우수품질인증을 위한 기술기준, 제품의 품질관리 평가, 우수품질인증의 갱신, 수수료, 인증표시 등 우수품질인증에 관하여 필요한 사항은 행정안전부령으로 정한다.

해답 ③

42 한국소방안전원의 업무와 거리가 먼 것은?

① 소방기술과 안전관리에 관한 각종 간행물의 발간
② 소방기술과 안전관리에 관한 교육 및 조사·연구
③ 화재보험 가입에 관한 업무
④ 화재예방과 안전관리의식의 고취를 위한 대국민 홍보

해설 (기본법 제41조) 소방안전원의 업무
① 소방기술과 안전관리에 관한 교육 및 조사·연구
② 소방기술과 안전관리에 관한 각종 간행물의 발간
③ 화재예방과 안전관리의식의 고취를 위한 대국민 홍보
④ 소방업무에 관하여 행정기관이 위탁하는 업무
⑤ 소방안전에 관한 국제협력
⑥ 그 밖에 회원에 대한 기술지원 등 정관으로 정하는 사항

해답 ③

43 소방시설관리업의 업종별 등록기준 중 전문소방시설관리업의 주된 기술인력으로 맞는 것은?

① • 소방시설관리사 자격을 취득한 후 소방관련 실무경력 5년 이상인 사람 1명 이상
• 소방시설관리사 자격을 취득한 후 소방관련 실무경력 3년 이상인 사람 1명 이상
② • 소방시설관리사 자격을 취득한 후 소방관련 실무경력 5년 이상인 사람 1명 이상
• 소방시설관리사 자격을 취득한 후 소방관련 실무경력 3년 이상인 사람 2명 이상
③ • 소방시설관리사 자격을 취득한 후 소방관련 실무경력 5년 이상인 사람 2명 이상
• 소방시설관리사 자격을 취득한 후 소방관련 실무경력 3년 이상인 사람 1명 이상
④ • 소방시설관리사 자격을 취득한 후 소방관련 실무경력 5년 이상인 사람 2명 이상
• 소방시설관리사 자격을 취득한 후 소방관련 실무경력 3년 이상인 사람 2명 이상

해설 (소방시설법 시행령 제45조제1항 [별표 9])
소방시설관리업의 업종별 등록기준 및 영업범위

구분	기술인력	영업범위
전문	• 주된 기술인력 – 관리사 5년 이상 1명 – 관리사 3년 이상 1명 • 보조 기술인력 – 고급 : 2명 이상 – 중급 : 2명 이상 – 초급 : 2명 이상	모든 특정소방대상물
일반	• 주된 기술인력 – 관리사 1년 이상 1명 • 보조 기술인력 – 중급 : 1명 이상 – 초급 : 1명 이상	1급, 2급, 3급

해답 ①

44 연면적이 3만 m² 이상 20만 m² 미만인 특정소방대상물(아파트는 제외한다.) 또는 지하층을 포함한 층수가 16층 이상 40층 미만인 특정소방대상물의 공사 현장인 경우 소방공사 책임감리원의 배치기준은?

① 특급 감리원 이상의 소방감리원 1명 이상
② 고급 감리원 이상의 소방감리원 1명 이상
③ 중급 감리원 이상의 소방감리원 1명 이상
④ 초급 감리원 이상의 소방감리원 1명 이상

해설 (공사업법 시행령 제11조의 별표4)
소방공사감리원의 배치기준

감리원의 배치기준		소방시설공사 현장의 기준
책임	보조	
소방 기술사	초급	• 20만m² 이상 • 지하층포함 40층 이상
특급	초급	• 3만m² 이상 20만m² 미만(아파트 제외) • 지하층포함 16층 이상 40층 미만

감리원의 배치기준		소방시설공사 현장의 기준
책임	보조	
고급	초급	• 물분무등소화설비(호스릴방식 제외) 또는 제연설비 • 3만m² 이상 20만m² 미만 아파트
중급		• 5천m² 이상 3만m² 미만
초급		• 5천m² 미만 • 지하구

해답 ①

45 제4류 위험물을 저장하는 위험물제조소의 주의사항을 표시한 게시판의 내용으로 적합한 것은?

① 화기엄금 ② 물기엄금
③ 화기주의 ④ 물기주의

해설 (위험물법 시행규칙 제28조의 별표 4)
제조소의 주의사항 게시판 *

위험물의 유별 종류	주의사항
제1류 중 알칼리금속과산화물 제3류 중 금수성 물질	물기엄금
제2류 (인화성고체 제외)	화기주의
제2류 중 인화성고체 제3류 중 자연 발화성물품 제4류 제5류	화기엄금

• **물기엄금** : 청색바탕에 백색문자
• **화기주의, 화기엄금** : 적색바탕에 백색문자

해답 ①

46 소방안전관리대상물의 관계인은 소방훈련과 교육을 실시한 때에는 그 실시결과를 소방훈련·교육실시결과기록부에 기재하고 이를 몇 년간 보관하여야 하는가?

① 1년 ② 2년
③ 3년 ④ 5년

해설 (화재예방법 시행규칙 제36조)
근무자 및 거주자에 대한 소방훈련과 교육
① 관계인은 소방훈련과 교육을 **연 1회 이상 실시**해야 한다.
② 관계인은 소방훈련과 교육을 실시했을 때에는 그 실시 결과 **2년간 보관**해야 한다.

(화재예방법 시행규칙 제37조)
소방훈련 및 교육 실시 결과의 제출
관계인은 소방훈련 및 교육을 실시한 날부터 **30일 이내**에 소방훈련·교육 실시 결과서를 작성하여 **소방본부장 또는 소방서장**에게 제출해야 한다.

해답 ②

47 특정소방대상물의 근린생활시설에 해당되는 것은?

① 기원   ② 전시장
③ 기숙사   ④ 유치원

해설 ① 기원 : 근린생활시설
② 전시장 : 문화 및 집회시설
③ 기숙사 : 공동주택
④ 유치원 : 노유자시설

근린생활시설
① 수퍼마켓
② **기원**, 노래연습장·단란주점 (바닥면적 합계 150m² 미만)
③ **의원**, 안마시술소
④ 탁구장, 테니스장, 체육도장, 체력단련장, 에어로빅장, 볼링장, 당구장, 실내낚시터, 골프연습장, 물놀이형 시설 및 그 밖에 이와 비슷한 것으로서 같은 건축물에 해당 용도로 쓰는 바닥면적의 합계가 500m² 미만인 것
⑤ 금융업소
⑥ 종교집회장으로 바닥면적의 합계가 300m² 미만인 것
⑦ 학원, 독서실

해답 ①

48 위험물 제조소에는 보기 쉬운 곳에 기준에 따라 "위험물 제조소"라는 표시를 한 표지를 설치하여야 하는데 다음 중 표지의 기준으로 적합한 것은?

① 표지의 한 변의 길이는 0.3m 이상, 다른 한 변의 길이는 0.6m 이상인 직사각형으로 하되 표지의 바탕은 백색으로 문자는 흑색으로 한다.
② 표지의 한 변의 길이는 0.2m 이상, 다른

한 변의 길이는 0.4m 이상인 직사각형으로 하되 표지의 바탕은 백색으로 문자는 흑색으로 한다.
③ 표지의 한 변의 길이는 0.2m 이상, 다른 한 변의 길이는 0.4m 이상인 직사각형으로 하되 표지의 바탕은 흑색으로 문자는 백색으로 한다.
④ 표지의 한 변의 길이는 0.3m 이상, 다른 한 변의 길이는 0.6m 이상인 직사각형으로 하되 표지의 바탕은 흑색으로 문자는 백색으로 한다.

해설 (위험물법 시행규칙 제28조의 별표 4)
위험물제조소의 표지 및 게시판
① 표지는 한 변의 길이가 0.3m 이상, 다른 한 변의 길이가 0.6m 이상인 직사각형
② 바탕은 백색, 문자는 흑색

해답 ①

49 소방시설공사업법령에 따른 소방시설공사 중 특정소방대상물에 설치된 소방시설등을 구성하는 것의 전부 또는 일부를 개설, 이전 또는 정비하는 공사의 착공신고 대상이 아닌 것은?

① 수신반
② 소화펌프
③ 동력(감시)제어반
④ 제연설비의 제연구역

해설 **소방시설공사의 착공신고 대상**
특정소방대상물에 설치된 소방시설등을 구성하는 다음 각 목의 어느 하나에 해당하는 것의 전부 또는 일부를 개설, 이전 또는 정비하는 공사. 다만, 고장 또는 파손 등으로 인하여 작동시킬 수 없는 소방시설을 긴급히 교체하거나 보수하여야 하는 경우에는 신고하지 않을 수 있다.
① 수신반
② 소화펌프
③ 동력(감시)제어반

해답 ④

50 화재의 예방 및 안전관리에 관한 법령상 특수가연물의 수량 기준으로 옳은 것은?

① 면화류 : 200kg 이상
② 가연성고체류 : 500kg 이상
③ 나무껍질 및 대팻밥 : 300kg 이상
④ 넝마 및 종이부스러기 : 400kg 이상

해설 (화재예방법 시행령 제19조 [별표 2]) 특수가연물

품명		수량(이상)
면화류		200kg
나무껍질 및 대팻밥		400kg
넝마 및 종이부스러기, 사류, 볏짚류		1,000kg
가연성고체류		3,000kg
석탄·목탄류		10,000kg
가연성액체류		2m³
목재가공품 및 나무부스러기		10m³
합성수지류	발포시킨 것	20m³
	그 밖의 것	3,000kg

해답 ①

51 종합상황실장의 업무와 직접적으로 관련이 없는 것은?

① 재난상황의 전파 및 보고
② 재난상황의 발생 신고접수
③ 재난상황이 발생한 현장에 대한 지휘 및 피해조사
④ 재난상황 수습에 필요한 정보수집 및 제공

해설 (기본법 시행규칙 제3조)
종합상황실의 실장의 업무 등
① 화재, 재난·재해 그 밖에 구조·구급이 필요한 상황의 발생의 신고접수
② 접수된 재난상황을 검토하여 가까운 소방서에 인력 및 장비의 동원을 요청하는 등의 사고수습
③ 하급소방기관에 대한 출동지령 또는 동급 이상의 소방기관 및 유관기관에 대한 지원요청
④ 재난상황의 전파 및 보고
⑤ 재난상황이 발생한 현장에 대한 지휘 및 피해현황의 파악
⑥ 재난상황의 수습에 필요한 정보수집 및 제공

해답 ③

52 소방기본법에 의하여 5년 이하의 징역 또는 5천만원 이하의 벌금에 해당하는 위반사항이 아닌 것은?

① 불이 번질 우려가 있는 소방대상물 및 토지를 일시적으로 사용하거나 그 사용의 제한 또는 소방활동에 필요한 처분을 방해한 자
② 정당한 사유 없이 소방용수시설을 사용하거나 소방용수시설의 효용을 해하거나 그 정당한 사용을 방해한 자
③ 화재현장에서 사람을 구출하는 일 또는 불을 끄거나 불이 번지지 아니하도록 하는 일을 방해한 자
④ 화재진압을 위하여 출동하는 소방자동차의 출동을 방해한 자

해설 ① 300만원 이하의 벌금

(기본법 제50조 벌칙)
5년 이하의 징역 또는 5천만원 이하의 벌금
(1) 다음 어느 하나에 해당하는 행위를 한 사람
   ① 위력을 사용하여 출동한 소방대의 화재진압·인명구조 또는 구급활동을 **방해하는 행위**
   ② 소방대가 화재진압·인명구조 또는 구급활동을 위하여 현장에 출동하거나 현장에 출입하는 것을 **고의로 방해하는 행위**
   ③ 출동한 소방대원에게 폭행 또는 협박을 행사하여 화재진압·인명구조 또는 구급활동을 **방해하는 행위**
   ④ 출동한 소방대의 소방장비를 파손하거나 그 효용을 해하여 화재진압·인명구조 또는 구급활동을 **방해하는 행위**
(2) 소방자동차의 출동을 **방해한 사람**
(3) 사람을 구출하는 일 또는 불을 끄거나 불이 번지지 아니하도록 하는 일을 **방해한 사람**
(4) 정당한 사유 없이 소방용수시설 또는 비상소화장치를 사용하거나 소방용수시설 또는 비상소화장치의 효용을 해치거나 그 **정당한 사용을 방해한 사람**

해답 ①

53 제조소등의 위치·구조 또는 설비의 변경 없이 당해 제조소등에서 저장하거나 취급하는 위험물의 품명·수량 또는 지정수량의 배수를 변경하고자 할 때는 누구에게 신고하여야 하는가?

① 안전행정부장관
② 시·도지사
③ 관할소방협회장
④ 관할소방서장

해설 (위험물법 제6조) 위험물시설의 설치 및 변경 등
(1) 위치·구조 또는 설비의 변경 없이 품명·수량 또는 지정수량의 배수를 변경하고자 하는 자는 **변경하고자 하는 날의 1일 전까지 시·도지사에게 신고**하여야 한다.
(2) 신고를 하지 아니하고 위험물의 품명·수량 또는 지정수량의 배수를 변경할 수 있는 경우
   ① **주택의 난방시설**(공동주택의 중앙난방시설 제외)을 위한 저장소 또는 취급소
   ② **농예용·축산용 또는 수산용**으로 난방시설 또는 건조시설을 위한 **지정수량 20배 이하**의 저장소

해답 ②

54 형식승인을 얻지 아니한 소방용품을 판매할 목적으로 진열했을 때의 벌칙으로 옳은 것은?

① 3년 이하의 징역 또는 3000만원 이하의 벌금
② 2년 이하의 징역 또는 1500만원 이하의 벌금
③ 1년 이하의 징역 또는 1000만원 이하의 벌금
④ 1년 이하의 징역 또는 500만원 이하의 벌금

해설 소방시설법 제57조(벌칙)
3년 이하의 징역 또는 3천만원 이하의 벌금
① 명령을 정당한 사유 없이 위반한 자
② 관리업의 등록을 하지 아니하고 영업을 한 자
③ **형식승인을 받지 아니하고 소방용 기계·기구**를 제조 또는 수입한자
④ **형식승인을 받지 아니한 소방용품을 판매·진열**하거나 소방시설공사에 사용한 자
⑤ 거짓, 부정한 방법으로 지정기관의 지정을 받은 자

해답 ①

55 특정소방대상물이 증축되는 경우 소방시설기준 적용에 관한 설명 중 옳은 것은?

① 기존 부분을 포함한 특정소방대상물의 전체에 대하여 증축 당시의 화재안전기준을 적용한다.
② 기존 부분을 포함한 특정소방대상물의 전체에 대하여 증축 전에 적용되던 화재안전기준을 적용한다.
③ 특정소방대상물의 기존 부분은 증축 전에 적용되던 화재안전기준을 적용하고, 증축 부분은 증축 당시의 화재안전기준을 적용한다.
④ 특정소방대상물의 증축 부분은 증축 전에 적용되던 화재안전기준을 적용하고, 기존 부분은 증축 당시의 화재안전기준을 적용한다.

해설 (소방시설법 시행령 제15조)
특정소방대상물의 증축 또는 용도변경시의 소방시설기준 적용의 특례
소방본부장 또는 소방서장은 특정소방대상물이 증축되는 경우에는 기존부분을 포함한 특정소방대상물의 전체에 대하여 증축 당시의 소방시설등의 설치에 관한 대통령령 또는 화재안전기준을 적용하여야 한다. 다만, 다음 각 호의 어느 하나에 해당하는 경우에는 기존부분에 대하여는 증축 당시의 소방시설등의 설치에 관한 대통령령 또는 화재안전기준을 적용하지 아니한다.
① 기존부분과 증축부분이 내화구조로 된 바닥과 벽으로 구획된 경우
② 기존부분과 증축부분이 **자동방화셔터 또는 60분+방화문**으로 구획되어 있는 경우
③ 자동차생산 공장 등 화재위험이 낮은 특정소방대상물 내부에 **연면적 33제곱미터 이하**의 직원 휴게실을 증축하는 경우
④ 자동차생산 공장 등 화재위험이 낮은 특정소방대상물에 캐노피(3면 이상에 벽이 없는 구조의 캐노피)를 설치하는 경우

해답 ①

56 위험물안전관리법에 의하여 자체소방대를 두는 제조소로서 제4류 위험물의 최대수량의 합이 지정수량 24만배 이상 48만배 미만인 경우 보유하여야 할 화학소방자동차와 자체소방대원의 기준으로 옳은 것은?

① 2대, 10인 ② 3대, 10인
③ 3대, 15인 ④ 4대, 20인

해설 ① **자체소방대를 설치 대상 사업소**
  ㉠ 지정수량의 3천배 이상의 제4류 위험물을 취급하는 제조소 또는 일반취급소(단, 일반취급소를 제외)
  ㉡ 지정수량의 50만배 이상의 제4류 위험물을 저장하는 옥외탱크저장소
② **자체소방대에 두는 화학소방자동차 및 인원**

제4류 위험물의 최대수량의 합	화학소방자동차	자체소방대원의 수
지정수량의 3천배 이상 12만배 미만	1대	5인
지정수량의 12만배 이상 24만배 미만	2대	10인
지정수량의 24만배 이상 48만배 미만	3대	15인
지정수량의 48만배 이상	4대	20인
옥외탱크저장소 지정수량의 50만배 이상	2대	10인

해답 ③

57 제4류 위험물 제조소의 경우 사용전압이 22kV인 특고압 가공전선이 지나갈 때 제조소의 외벽과 가공전선 사이의 수평거리(안전거리)는 몇 [m] 이상이어야 하는가?

① 2m ② 3m
③ 5m ④ 10m

해설 (위험물법 시행규칙 제28조의 별표 4)
제조소의 안전거리(6류 취급제조소 제외)
(22kV = 22,000V)

구 분	안전거리
• 사용전압 7,000V 초과 35,000V 이하	3m 이상
• 사용전압 35,000V 초과	5m 이상
• 주거용	10m 이상
• 고압가스, 액화석유가스, 도시가스	20m 이상
• 학교·병원·극장	30m 이상
• 지정문화유산·천연기념물	50m 이상

해답 ②

58 소방시설등의 자체점검 시 특급소방안전관리대상물을 관리업자가 점검하는 경우 특정소방대상물의 규모 등에 따른 점검인력의 배치기준 중 주된 기술인력으로 맞는 것은?

① 소방시설관리사 경력 5년 이상 1명 이상
② 소방시설관리사 경력 4년 이상 1명 이상
③ 소방시설관리사 경력 3년 이상 1명 이상
④ 소방시설관리사 경력 2년 이상 1명 이상

해설 (소방시설법 시행규칙 제20조 제1항의 별표4)
점검인력의 배치기준

구분	주된 기술인력	보조 기술인력
• 50층 이상 • 성능위주설계	관리사 **5년** 1명 이상	고급 1명 및 중급 1명
• 특급	관리사 **3년** 1명 이상	**고급**1명 및 **초급**1명
• 1급 • 2급	관리사 1명 이상	중급1명 및 초급1명
• 3급	관리사 1명 이상	초급2명

해답 ③

59 소방본부장 또는 소방서장은 건축허가 등의 동의요구서류를 접수한 날부터 며칠 이내에 건축허가 등의 동의여부를 회신하여야 하는가? (단, 허가 신청한 건축물 등의 연면적이 30만 m² 이상인 경우)

① 7일   ② 10일
③ 14일   ④ 30일

해설 ※ 연면적 30만 m² : 특급소방안전관리대상물

(소방시설법 시행규칙 제3조)
건축허가등의 동의요구
① 건축허가등의 동의여부 회신기간

특급소방안전관리대상물외	특급소방안전관리대상물
5일 이내	10일 이내

② 보완이 필요한 경우에는 **4일 이내**의 기간을 정하여 보완을 요구
③ 건축허가등을 취소하였을 때에는 취소한 날부터 7일 이내에 건축물 등의 시공지 또는 소재지를 관할하는 소방본부장 또는 소방서장에게 그 사실을 통보

해답 ②

60 방염성능기준 이상의 실내장식물 등을 설치하여야 하는 특정소방대상물에 속하지 않는 것은?

① 숙박시설
② 노유자시설
③ 운동시설로서 수영장
④ 종합병원

해설 (소방시설법 시행령 제30조)
방염성능기준 이상의 실내장식물 설치대상
(1) 근린생활시설 중 의원, 치과의원, 한의원, 조산원, 산후조리원, 체력단련장, 공연장 및 종교집회장
(2) 건축물의 옥내에 있는 시설
  ① 문화 및 집회시설
  ② 종교시설
  ③ 운동시설(수영장은 제외)
(3) 의료시설
(4) 교육연구시설 중 **합숙소**
(5) 노유자시설
(6) 숙박이 가능한 **수련시설**
(7) **숙박시설**
(8) 방송통신시설 중 **방송국 및 촬영소**
(9) 다중이용업소
(10) 층수가 11층 이상인 것(아파트 등은 제외)

해답 ③

제4과목 소방기계시설의 구조 및 원리

61 할론소화설비에서 국소방출방식의 경우 할론소화약제의 양을 산출하는 식은 다음과 같다. 여기서 A는 무엇을 의미하는가? (단, 가연물이 비산할 우려가 있는 경우로 가정한다.)

$$Q = X - Y \frac{a}{A}$$

① 방호공간의 벽면적의 합계
② 창문이나 문의 틈새면적의 합계

③ 개부구 면적의 합계
④ 방호대상물 주위에 설치된 벽의 면적의 합계

해설 할론소화약제 산출방식(국소방출방식)

$$Q = X - Y\frac{a}{A}$$

여기서, Q : 방호공간 $1m^3$에 대한 할론소화약제량(kg/m³)
X, Y : 소화약제의 종별에 따른 수치
a : 방호대상물 주위에 설치된 벽면적 합계(m²)
A : 방호공간의 벽 면적 합계(m²)

해답 ①

62 절연유 봉입 변압기에 있어서 물분무 소화설비를 적용할 경우에 바닥면적을 제외한 표면적을 합한 면적 $1m^2$당 20분간 방수할 수 있는 양 이상으로 하려면 물분무 살수 기준량은 몇 L/min 인가?

① 4.0　　② 8.5
③ 10.0　　④ 12.0

해설 물분무소화설비의 수원의 양

소방대상물	수원의 저수량
특수가연물	바닥면적(m²)(최소 50m²)×10L/m²·분×20min
차고, 주차장	바닥면적(m²)(최소 50m²)×20L/m²·분×20min
절연유 봉입 변압기	표면적(바닥부분제외)(m²)×10L/m²·분×20min
케이블트레이, 덕트	투영된 바닥면적(m²)×12L/m²·분×20min
콘베이어벨트	벨트부분의 바닥면적(m²)×10L/m²·분×20min

해답 ③

63 상수도소화용수설비 설치 소방대상물로서 적합한 것은?

① 연면적 $5000m^2$ 이상인 사무소 건물
② 가스시설로서 연면적 $5000m^2$ 이상인 것
③ 가스시설로서 지상에 노출된 탱크의 저장용량 합계가 50ton인 것
④ 지하층을 제외한 11층 이상인 건축물로 연면적 $3000m^2$인 판매시설

해설 상수도소화용수설비 설치대상
(1) 연면적 $5000m^2$ 이상인 것
(2) 가스시설로서 지상에 노출된 탱크의 저장용량의 합계가 100톤 이상인 것
(3) 자원순환 관련 시설 중 폐기물재활용시설 및 폐기물처분시설

해답 ①

64 폐쇄형헤드를 사용하는 연결살수설비의 주배관과 연결하여야 하는 대상으로 적절치 않은 것은?

① 옥내소화전설비의 주배관
② 수도배관
③ 옥상에 설치된 물탱크
④ 스프링클러설비의 주배관

해설 폐쇄형헤드를 사용하는 연결살수설비의 주배관과 연결대상
① 옥내소화전설비의 주배관
② 수도배관
③ 옥상에 설치된 수조

해답 ④

65 다음 ( )안에 맞는 수치는?

분말소화설비 가압용가스의 설치는 가압용가스에 이산화탄소를 사용하는 것에 있어서의 이산화탄소는 소화약제 1kg에 대하여 ( )g에 배관의 청소에 필요한 양을 가산한 양 이상으로 할 것

① 10　　② 20
③ 30　　④ 40

해설 분말소화설비의 가압용 또는 축압용 가스

구 분	질소가스 사용 시	이산화탄소 사용 시
가압용 가스	40L(질소)/1kg(약제)이상(35℃, 1기압 기준)	20g(CO_2)/1kg(약제)+배관청소에 필요한 양
축압용 가스	10L(질소)/1kg(약제)이상(35℃, 1기압 기준)	20g(CO_2)/1kg(약제)+배관청소에 필요한 양

해답 ②

66 옥외소화전 설비에서 가압 송수장치로 압력수조를 이용한 최소압력은 몇 MPa인가? (단, P : 필요한 압력(MPa), p_1 : 소방용 호스의 마찰손실 수두압(MPa), p_2 : 배관의 마찰손실 수두압(MPa), p_3 : 낙차의 환산 수두압(MPa)이다.)

① $P = p_1 + p_2 + p_3 + 0.25$
② $P = p_1 + p_2 + p_3 + 0.17$
③ $P = p_1 + p_2 + p_3 + 0.13$
④ $P = p_1 + p_2 + p_3 + 0.10$

해설 옥외소화전설비의 압력수조방식

$$P = P_1 + P_2 + P_3 + 0.25\text{MPa}$$

여기서, P : 필요한 압력(MPa)
P_1 : 호스의 마찰손실 수두압(MPa)
P_2 : 배관의 마찰손실 수두압(MPa)
P_3 : 낙차의 환산 수두압(MPa)

해답 ①

67 제연설비에 있어서 거실내 유입공기의 배출방식으로서 맞지 않는 것은?

① 수직풍도에 따른 배출
② 배출구에 따른 배출
③ 플랩댐퍼에 따른 배출
④ 제연설비에 따른 배출

해설 특별피난계단의 계단실 및 부속실 제연설비 유입공기의 배출방식
(1) 수직풍도에 따른 배출
  ① 자연배출식
  ② 기계배출식
(2) 배출구에 따른 배출
(3) 제연설비에 따른 배출

해답 ③

68 16층의 아파트에 각 세대마다, 12개의 폐쇄형 스프링클러헤드를 설치하였다. 이 때 소화펌프의 토출량은 몇 L/min 이상인가?

① 800 ② 960
③ 1600 ④ 2400

해설 (1) 폐쇄형헤드 사용 시 펌프의 토출량

$$Q = N \times 80\text{L/분}$$

여기서, N : 헤드기준개수(기준개수보다 적은 경우 그 설치개수)
아파트의 기준개수 $N = 10$개
$Q = 10 \times 80\text{L/min} = 800\text{L/min}$ 이상

(2) 폐쇄형헤드의 기준개수

설치장소			기준개수
지하층제외 10층 이하	공장	특수가연물	30개
		그 밖의 것	20개
	근린생활시설·판매시설·운수시설 또는 복합건축물	판매시설 또는 복합건축물(판매시설 설치된 복합건축물)	30개
		그 밖의 것	20개
	그 밖의 것	헤드 부착높이 8m 이상	20개
		헤드 부착높이 8m 이하	10개
아파트			10개
지하층제외 11층 이상(아파트 제외)·지하가 또는 지하역사			30개

※ 아파트 등의 각 동이 주차장으로 서로 연결된 구조인 경우 해당 주차장 부분의 기준개수는 30개로 할 것

해답 ①

69 자동식 소화설비의 누수로 인한 유수검지 장치의 오작동을 방지하기 위한 목적으로 설치되는 것은?

① 솔레노이드 ② 리타딩 챔버
③ 물올림 장치 ④ 성능시험배관

해설 리타딩 챔버의 설치목적
습식스프링클러설비의 유수검지장치 오동작을 방지하는 안전장치

해답 ②

70 연결송수관설비의 주배관이 옥내소화전설비의 배관과 겸용할 수 있는 경우는 옥내소화전설비의 주배관의 구경이 몇 mm 이상이어야 하는가?

① 구경이 100mm 이상인 경우
② 구경이 80mm 이상인 경우
③ 구경이 65mm 이상인 경우
④ 구경이 50mm 이상인 경우

해설 **연결송수관설비의 배관**
① 주배관의 구경은 100mm 이상의 것으로 할 것 다만, 주 배관의 구경이 100mm 이상인 **옥내소화전설비의 배관**과는 **겸용**할 수 있다
② 지면으로부터의 높이가 31m **이상**인 소방대상물 또는 지상 **11층 이상**인 소방대상물에 있어서는 **습식설비**로 할 것

해답 ①

71 분말소화설비의 저장용기에 설치된 밸브 중 잔압방출시 열림, 닫힘 상태가 맞게 된 것은?

① 가스도입밸브 — 닫힘
② 주밸브(방출밸브) — 열림
③ 배기밸브 — 닫힘
④ 클리닝밸브 — 열림

해설 **잔압방출 중 밸브개폐상태**

폐 쇄	개 방
① 가스도입밸브 ② 크리닝밸브 ③ 주밸브	① 배기밸브 ② 선택밸브

해답 ①

72 급기 가압방식으로 실내를 가압할 때 그 실의 문 틈새를 통하여 누출되는 공기의 양에 대한 설명 중 옳은 것은?

① 문의 틈새면적에 비례한다.
② 문을 경계로 한 실내외의 기압차에 비례한다.
③ 문의 틈새면적에 반비례한다.
④ 문을 경계로 한 실내외의 기압차에 반비례한다.

해설 **급기풍량 계산방법**

$$Q(\mathrm{m^3/s}) = 0.827 \times A \times P^{1/N}$$

여기서, Q : 누설량($\mathrm{m^3/s}$)

A : 틈새면적($\mathrm{m^3}$)
P : 문을 경계로한 실내외 기압차(Pa)
N : 누설면적상수
  (일반출입문=2, 창문=1.6)
∴ 누출되는 공기의 양(Q)은 문의 틈새면적(A)에 비례한다.

해답 ①

73 옥내·옥외 소화전 노즐에 사용되는 적합한 호스 결합금구의 호칭구경은 각각 몇 mm 이상으로 하여야 하는가?

① 40, 50 ② 40, 65
③ 50, 55 ④ 50, 60

해설 **옥내 및 옥외 소화전설비의 비교**

구분	옥내	옥외
수평거리	25m 이하	40m 이하
방수량	130L/min	350L/min
방수압	0.17MPa	0.25MPa
호스구경	40mm 이상	65mm의 것

해답 ②

74 포소화설비의 배관에 대한 설명으로 틀린 것은?

① 송액관은 적당한 기울기를 유지하고 그 낮은 부분에 배액밸브를 설치한다.
② 포헤드설비의 가지배관의 배열은 토너먼트 방식으로 한다.
③ 송액관은 전용으로 한다.
④ 포워터스프링클러설비의 한쪽 가지배관에 설치하는 헤드의 수는 8개 이하로 한다.

해설 **포소화설비의 배관**
(1) 송액관은 포의 방출 종료 후 배관 안의 액을 배출하기 위하여 **적당한 기울기**를 유지하도록 하고 그 낮은 부분에 **배액밸브**를 설치
(2) 가지배관의 배열은 **토너먼트방식이 아니어야 할 것**
(3) 한쪽 가지배관에 설치하는 헤드의 수는 **8개 이하**
(4) 송액관은 **전용**으로 해야 한다.

해답 ②

75 굽도리판이 탱크 벽면으로부터 내부로 0.5m 떨어져서 설치된 직경 20m의 플로팅루프 탱크에 고정포 방출구가 설치되어 있다. 고정포 방출구로 부터의 포방출량은 약 몇 L/min 이상 이어야 하는가? (단, 포방출량은 탱크벽면과 굽도리판 사이의 환상면적 m²당 4L/min 이상을 기준으로 한다.)

① 1134.5　　② 1256.5
③ 91.5　　　④ 122.5

해설 (1) 플루팅루프탱크의 액표면적(환상면적)

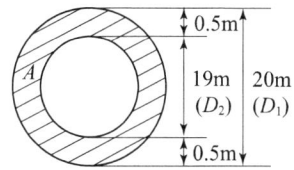

(2) 고정포방출구 포방출량(L/min)

$Q = A \times Q_1$

$Q = \frac{\pi}{4}(20^2 - 19^2)m^2 \times 4L/m^2 \cdot 분$

$= 122.52 L/min$

고정포방출구방식의 약제량 계산

구분	약제저장량
❶ 고정포 방출구	$Q = A \times Q_1 \times T \times S$ 여기서, Q : 포소화약제의 양(L) 　　　A : 저장탱크의 액표면적(m²) 　　　Q_1 : 단위 포소화수용액의 양 　　　　　(L/m² · min) 　　　T : 방출시간(min) 　　　S : 포소화약제의 사용농도(%)
❷ 보조 소화전	$Q = N \times S \times 8000L$ 여기서, Q : 포소화약제의 양(L) 　　　N : 호스 접결구 개수 　　　　　(3개 이상의 경우는 3개) 　　　S : 포소화약제의 사용농도(%)
❸ 배관 보정	가장 먼 탱크까지의 송액관(내경 75mm 이하 제외)에 충전하기 위하여 필요한 양 $Q = V \times S \times 1000L/m^3$ 여기서, Q : 포소화약제의 양(L) 　　　V : 송액관 내부의 체적(m³) 　　　S : 포소화약제의 사용농도(%)
❹ 합계	고정포방출구 방식의 약제량 = ❶+❷+❸

해답 ④

76 소방시설관리업의 등록기준에 의한 소화기구의 장비기준에 해당하지 않는 것은?

① 소화기고정틀 · 저울
② 내부조명기 · 반사경
③ 비커 · 캡스퍼너
④ 메스시린더 · 헤드취부랜치

해설 자체점검의 점검장비

소방시설	점검장비
• 모든 소방시설	• 방수압력측정계 • 절연저항계 • 전류전압측정계
• 소화기구	• 저울
• 옥내소화전설비 • 옥외소화전설비	• 소화전밸브압력계
• 스프링클러설비 • 포소화설비	• 헤드결합렌치
• 이산화탄소소화설비 • 분말소화설비 • 할론소화설비 • 할로겐화합물 및 불활성기체 소화설비	• 검량계 • 동관누설시험기 • 소화약제의 저장량 측정 점검기구
• 자동화재탐지설비 및 시각경보기	• 열감지기시험기 • 연감지기시험기 • 공기주입시험기 • 감지기시험기연결막대 • 음량계
• 누전경보기	• 누전계
• 무선통신보조설비	• 무선기
• 제연설비	• 풍속풍압계 • 폐쇄력측정기 • 차압계
• 통로유도등 • 비상조명등	• 조도계

(주) • 누전계 - 누전전류 측정용
　　• 무선기 - 통화시험용
　　• 조도계 - 최소눈금 0.1럭스 이하

해답 ④

77 포소화설비를 표면하 주입방식으로 설치하는 경우에 대한 설명으로 적당하지 않은 것은?

① 상부주입식의 경우에 탱크 화재시 고정포 방출구가 파손되는 단점을 보완할 수 있다.
② 탱크의 직경이 크고 점도가 낮은 위험물 저장탱크의 방호에 적합하다.

③ 콘루프(원추 지붕) 탱크의 형태 및 수용성 위험물 탱크에는 적용할 수 없다.
④ 발포기의 허용배압이 위험물에 가해지는 압력보다 클수록 발포기의 크기를 적게 할 수 있다.

해설 ③ 콘루프(원추지붕)(고정지붕구조)탱크의 형태에 적용한다.

(1) 저부(표면하)포주입법
콘루프탱크에 설치하는 고정포방출구방식이며 탱크의 아래 부분에 설치하여 화재 시 방출된 포가 탱크의 밑면으로부터 떠오르게 하여 소화하는 방법

(2) 고정포방출구의 종류

포방출구	포주입법	탱크종류
Ⅰ형	상부 포주입법	고정지붕구조
Ⅱ형		고정지붕구조 부상덮개부착 고정지붕구조
특형		부상지붕구조
Ⅲ형	저부(표면하) 포주입법	고정지붕구조
Ⅳ형		

(주) • 고정지붕구조((콘루프(CRT)탱크)
• 부상지붕구조(플루팅루프(FRT)탱크)

해답 ③

78 개방형 헤드를 사용하는 연결살수설비에서 하나의 송수구역에 설치하는 살수헤드의 수는 몇 개 인가?

① 10개 이하 ② 15개 이하
③ 20개 이하 ④ 30개 이하

해설 연결살수설비의 설치기준
(1) 개방형헤드를 하나의 송수구역에 설치하는 살수헤드의 수는 **10개 이하**
(2) 연결살수설비 전용헤드 수별 급수관의 구경

전용 헤드수	1개	2개	3개	4~5개	6~10개
배관구경(mm)	32	40	50	65	80

(3) 하나의 살수헤드까지의 수평거리

연결살수설비 전용헤드	스프링클러헤드
3.7m 이하	2.3m 이하

해답 ①

79 개방형스프링클러설비의 방수구역 및 일제개방밸브에서 하나의 방수구역을 담당하는 헤드의 기준개수는 몇 개 이하인가?

① 30 ② 40
③ 50 ④ 60

해설 개방형스프링클러의 방수구역 및 일제개방밸브
(1) 하나의 방수구역은 2개 층에 미치지 않아야 한다.
(2) **방수구역마다** 일제개방밸브를 설치해야 한다.
(3) 하나의 방수구역 담당헤드의 개수는 50개 이하
(4) 2개 이상의 방수구역으로 나눌 경우 하나의 방수구역 담당헤드의 개수는 25개 이하

해답 ③

80 하향식 폐쇄형 스프링클러 헤드는 살수에 방해가 되지 않도록 헤드주위 반경 몇 센티미터 이상의 살수공간을 확보하여야 하는가?

① 40cm ② 45cm
③ 50cm ④ 60cm

해설 스프링클러헤드의 설치기준
(1) **반경 60cm 이상**의 공간을 보유할 것
 (단, 벽과 헤드간의 공간은 **10cm 이상**)
(2) 부착면과의 거리는 **30cm 이하**로 할 것
(3) 배관·행거 및 조명기구 등 살수가 방해될 경우 그로부터 아래에 설치하여 살수에 장애가 없도록 할 것
(4) 스프링클러헤드의 반사판은 그 부착 면과 평행하게 설치할 것

해답 ④

소방설비기사 필기 – 기계분야

초판 발행	2010년 2월 10일
개정2판 발행	2010년 12월 10일
개정3판 2쇄 발행	2011년 5월 15일
개정4판 발행	2012년 3월 5일
개정5판 발행	2013년 1월 15일
개정6판 발행	2014년 2월 5일
개정7판 발행	2015년 1월 15일
개정8판 발행	2016년 1월 15일
개정9판 발행	2017년 1월 15일
개정10판 발행	2018년 1월 15일
개정11판 발행	2019년 1월 15일
개정12판 발행	2020년 1월 5일
개정13판 발행	2021년 1월 10일
개정14판 발행	2022년 1월 10일
개정15판 발행	2022년 5월 25일
개정16판 발행	2023년 1월 10일
개정17판 발행	2023년 7월 15일
개정18판 발행	2024년 1월 10일
개정19판 발행	2024년 3월 15일
개정20판 발행	2024년 6월 3일
개정21판 발행	2025년 1월 10일
개정22판 발행	2025년 3월 15일
개정23판 발행	2025년 7월 17일
개정24판 발행	2026년 1월 5일

우수회원인증	
닉네임	
신청일	

필히 **(파랑, 빨강)** 볼펜 사용. **화이트** 사용 금지

인지

지은이 ▪ 강석민 · 정진홍
펴낸이 ▪ 홍세진
펴낸곳 ▪ 세진북스

주소 ▪ (우)10207 경기도 고양시 일산서구 산율길 56(구산동 145-1)
전화 ▪ 031-924-3092
팩스 ▪ 031-924-3093
홈페이지 ▪ http://www.sejinbooks.kr

출판등록 ▪ 제 315-2008-042호(2008.12.9)
ISBN ▪ 979-11-5745-726-7 13530

값 ▪ 35,000원

- 이 책의 출판권은 도서출판 세진북스가 가지고 있습니다.
- 이 책의 일부 또는 전체에 대한 무단 복제와 전재를 금합니다.

세진북스에는 당신과 나
그리고 우리의 미래가 있습니다.